Ed. Autenrieth
Technische Mechanik

Ein Lehrbuch der Statik und Dynamik

für Maschinen- und Bauingenieure

Zweite Auflage

Neu bearbeitet von

Prof. Dr. Ing. Max Ensslin
in Stuttgart

Mit 297 Textfiguren

Springer-Verlag Berlin Heidelberg GmbH
1914

Alle Rechte, insbesondere das der
Übersetzung in fremde Sprachen, vorbehalten.

Copyright 1914 by Springer-Verlag Berlin Heidelberg
Ursprünglich erschienen bei Julius Springer in Berlin 1914
Softcover reprint of the hardcover 2nd edition 1914

ISBN 978-3-662-23003-9   ISBN 978-3-662-24963-5 (eBook)
DOI 10.1007/978-3-662-24963-5

Vorrede zur ersten Auflage.

Seit einer langen Reihe von Jahren mit dem Unterricht in der technischen Mechanik an der hiesigen technischen Hochschule betraut, unternehme ich es, mehrfachen Aufforderungen zufolge, meine über technische Mechanik gehaltenen Vorträge durch den Druck zu veröffentlichen und zwar nachstehend denjenigen Teil derselben, der sich auf die Dynamik der im Gleichgewicht befindlichen und der nicht im Gleichgewicht befindlichen, also bewegten Körper, d. h. auf **Statik** und **Kinetik** bezieht. Hierbei wäre es denn angemessen gewesen, dem Buche den Titel: „**Technische Dynamik**" zu geben, allein der Umstand, daß man auch heute noch unter **Dynamik** vielfach nur die Lehre von den Kräften versteht, insofern dieselben **Bewegung** hervorrufen, war die Veranlassung, das vorliegende Buch in herkömmlicher Weise als ein Lehrbuch der **Statik und Dynamik** zu bezeichnen, obgleich in ihm die Statik als ein Teil der Dynamik aufgefaßt ist.

Zunächst möge es mir gestattet sein, den Standpunkt zu kennzeichnen, von welchem aus ich meine Lehraufgabe behandeln zu müssen geglaubt habe.

Die **Mechanik**, durch Forderungen des praktischen Lebens hervorgerufen, hat im Laufe der Zeit an praktischer Bedeutung immer mehr zugenommen und dementsprechend auch eine weitgehende Ausbildung im Sinne der Praxis erfahren. Anderseits ist es den Mathematikern gelungen, in ihrem Sinn die Mechanik zu einen rein theoretischen Wissenschaft anszugestalten, zu einer Wissenschaft, die auf der Stufe, die sie zurzeit erreicht hat, füglich als ein Teil der Mathematik angesehen werden kann. Die Mechanik läßt sich also in zweierlei Weise auffassen: das eine Mal als eine praktische Ziele verfolgende Wissenschaft, dazu bestimmt, gewisse Aufgaben der Physik und der Technik zu lösen, das andere Mal als eine abstrakte, wie die **reine Mathematik** zunächst von keinerlei praktischen Rücksichten beeinflußte, für ihre Lehren den größtmöglichen Grad von Allgemeinheit anstrebende, also möglichst „ökonomisch" verfahrende, gleichsam um ihrer selbst willen zu betreibende mathematische Wissenschaft, die das Mittel liefert, auch „die in der Natur vor sich gehenden Bewegungen vollständig und auf die einfachste Weise zu beschreiben". Diese zweite Auffassungsweise entspricht vorzugsweise dem Standpunkt der Universität; ist ja doch die Universität von alters her die für die Pflege der reinen Geisteswissenschaften bestimmte Stätte. Aber die technischen Hochschulen haben eine andere Bestimmung. Der Technik wegen ins Leben gerufen, müssen sie auch die Forderungen der Technik als Richtschnur unverrückt im Auge behalten.

Welche Forderungen stellt nun die Technik an die Mechanik? oder mit anderen Worten: Wie ist die Mechanik zu behandeln, wenn sie den Forderungen der Technik gerecht werden soll? Hierfür kann uns der dem Techniker so überaus wichtige Zweig der Mechanik, die Festigkeits- und Elastizitätslehre, einen deutlichen Fingerzeig geben.

Bei diesem bedeutungsvollen Fache des Ingenieurs pflegt man an den technischen Hochschulen zunächst die speziellen Fälle des Zuges, Druckes, der Biegung und Torsion von Stäben in eingehendster Weise durchzunehmen, dabei stets in Fühlung mit den wirklichen Verhältnissen bleibend, und erst dann, wenn die nötigen genauen Einsichten in die betreffenden, praktisch so wichtigen Einzelheiten erzielt sind, sich auf einen allgemeineren, höheren Standpunkt zu erheben und die allgemeine mathematische Elastizitätstheorie folgen zu lassen. Daß dieser bei der Elastizitäts- und Festigkeitslehre an den technischen Hochschulen eingeschlagene Weg tatsächlich der richtige ist, darüber herrscht kein Zweifel.

Was aber für den einen Teil der Mechanik des Ingenieurs sich bewährt hat, das dürfte auch für das Ganze vorbildlich sein. Demgemäß erschiene es Verfasser verkehrt, an den technischen Hochschulen die für zukünftige Ingenieure bestimmte Mechanik gleich von möglichst allgemeinem Standpunkt aus, als analytische oder theoretische Mechanik zu behandeln, hierbei die praktische Verwertung der gewonnenen Resultate im wesentlichen den betreffenden speziellen Ingenieurfächern überlassend. Nein! Zunächst eine den Bedürfnissen des Ingenieurs besonders Rechnung tragende, auch auf die Anwendungen ein Hauptgewicht legende technische Mechanik und dann erst für Weiterstrebende eine von allgemeineren, höheren Gesichtspunkten aus dargelegte und auf entsprechende höhere Probleme angewandte theoretische Mechanik. Man sage da nicht, daß ja an den Vorschulen schon Mechanik getrieben werde und daß man daher recht wohl an der technischen Hochschule mit einer mehr dem akademischen Standpunkt entsprechenden, allgemein gehaltenen theoretischen Mechanik beginnen könne. Demgegenüber möchte Verfasser behaupten, daß die Mechanik für den Ingenieur einen integrierenden Teil seiner Fachwissenschaft bildet und daß deshalb auch die Mechanik ihren gesamten Auf- und Ausbau in einer zweckentsprechenden Weise einheitlich an der technischen Hochschule erhalten muß. Sie hat sich daher auch nicht auf einen von anderer Seite gelieferten Unterbau zu stützen, so wenig ihr Ausbau nach oben außerhalb der technischen Hochschule erfolgen sollte.

Noch über einen weiteren Punkt will Verfasser sich hier aussprechen. Logischerweise ist die Statik als ein Teil der allgemeinen Dynamik anzusehen. Soll nun die Statik nicht als besondere Wissenschaft, sondern tatsächlich als ein Teil der allgemeinen Dynamik erscheinen, so darf auch die Statik, falls sie besonders behandelt wird, auf keiner anderen Grundlage, als ausschließlich auf den allgemeinen Grundprinzipien der Dynamik aufgebaut werden, überdies muß ein und derselbe Kraftbegriff in der ganzen Dynamik zu Recht bestehen. Was soll man aber in der technischen Mechanik unter einer Kraft sich vorstellen?

Der Techniker denkt sich unter einer Kraft, die an einem Körper sich geltend macht, unwillkürlich einen auf den Körper ausgeübten Zug oder Druck. Wesentlich auf diesem Kraftbegriff beruht beim Konstrukteur das „statische Gefühl". Die Versinnlichung der Kraft durch einen persönlich ausgeübten Zug oder Druck ist überhaupt so natürlich und so tief eingewurzelt, daß er selbst in der theoretischen Mechanik, trotz seiner künstlichen, wissenschaftlich wohl begründeten Unterdrückung, noch eine latente Rolle spielen dürfte. Wenn nun aber zweckmäßigerweise in der Statik die Kraft als ein ausgeübter Zug oder Druck aufgefaßt wird, so sollte dieser Kraftbegriff, dem oben Gesagten gemäß, auch in der ganzen technischen Dynamik aufrecht erhalten bleiben. Daß dieses unter voller Wahrung der Wissenschaftlichkeit geschehen, oder mit anderen Worten: daß auch hierbei ein streng logischer Aufbau der ganzen Dynamik auf den für sie festgesetzten Grundprinzipien erfolgen kann, dürften die Ausführungen des vorliegenden Buches zeigen.

Indessen ist zuzugeben, daß der vorerwähnte Kraftbegriff für alle Zweige der Mechanik nicht allgemein genug ist. Da aber bei eventuellem späterem Aufsteigen zur theoretischen Mechanik, in der bekanntlich die Kraft lediglich als eine mathematische

Größe aufgefaßt wird, nämlich als Produkt aus Masse und Beschleunigung, die für die technische Mechanik so geeignete Auffassung der Kraft als eines ausgeübten Zuges oder Druckes einer allgemeineren Auffassung keineswegs hindernd im Wege steht und darum in der theoretischen Mechanik nicht wieder ausgemerzt zu werden braucht, so liegt auch keine Veranlassung vor, in der technischen Mechanik von dem erwähnten, ihr so angemessenen Kraftbegriffe abzugehen.

Verfasser findet sich zunächst durch äußere Gründe veranlaßt, in seinen Vorträgen über technische Mechanik mit der Statik zu beginnen. Er erachtet es aber auch vom pädagogischen Standpunkt aus nicht für ungerechtfertigt, in dieser Weise zu verfahren und die Statik, diesen so wichtigen Spezialfall der Dynamik, mit der für den Techniker erforderlichen Ausführlichkeit zuerst durchzunehmen. Bei einem solchen Unterrichtsgang müssen dann eben einige Sätze zunächst als Axiome aufgestellt werden, die nachträglich im kinetischen Teil der Dynamik wieder ihren axiomatischen Charakter verlieren, indem sie dort ihren Beweis finden.

Bezüglich der in diesem Buche behandelten Lehrgegenstände möchte Verfasser bemerken, daß es ihm angemessen erschien, die neuerdings auch zu praktischer Bedeutung gelangte Kreiselbewegung in der technischen Dynamik nicht unerwähnt zu lassen. Um jedoch im Sinn der vorliegenden Dynamik zu verfahren, hat Verfasser, sich auf die Theorie des nutationsfreien Kreisels beschränkend, eine Lösung dieses Problems der Kreiselbewegung gegeben, die dasselbe an andere, in der technischen Dynamik ohnehin zu behandelnde Aufgaben passend anreiht und auf verhältnismäßig einfachem Wege Aufschluß darüber gibt, woher es kommt, daß ein rotierender schwerer Kreisel in schiefer Lage merkwürdigerweise nicht umfällt.

Des weiteren hat es Verfasser für zweckmäßig gehalten, in der Dynamik der bewegten materiellen Systeme als eine geeignete Anwendung das Wesentlichste aus der Dynamik der Maschinen mit zu entwickeln. Auch im übrigen glaubt Verfasser, mit der von ihm getroffenen Auswahl der Lehrgegenstände den Forderungen der auf die technische Dynamik sich stützenden speziellen Ingenieurfächer in wünschenswertem Maße gerecht geworden zu sein und ebenso in seinen Ausführungen sich möglichster Klarheit und Gründlichkeit befleißigt zu haben. In dieser Beziehung dienten ihm hauptsächlich die von ihm mannigfach benutzten meisterhaften Darlegungen eines Belanger, Delaunay (seines unvergeßlichen Lehrers), Duhamel, Grashof, A. Ritter und Schell als treffliche Vorbilder. Bei dieser Gelegenheit möchte Verfasser es auch nicht versäumen, der nützlichen Dienste zu gedenken, die ihm einst bei seinen ersten Studien in Mechanik das durch klare und praktische Behandlung tatsächlicher Verhältnisse sich auszeichnende Lehrbuch der Mechanik von Ad. Wernicke geleistet hat. Ebenfalls soll nicht unerwähnt bleiben, daß dem vom Verein „Hütte" herausgegebenen bekannten Taschenbuch verschiedene Erfahrungsresultate für das vorliegende Buch entnommen wurden.

Erfreulicherweise ist die Statik heutzutage wohl den meisten Ingenieuren eine geläufige Wissenschaft. Das kann aber von der Dynamik der bewegten Körper, trotz ihrer großen Bedeutung für das Maschinenfach, noch nicht in gleichem Maße behauptet werden. Deshalb ist es dem Verfasser in seinem Buche hauptsächlich auch darum zu tun, durch eine praktische, möglichst faßliche, aber trotzdem streng wissenschaftliche Darlegung, der letztgenannten Disziplin noch weiteren Eingang bei den Ingenieuren zu verschaffen, in diesem seinem Bestreben sich eins wissend auch mit den Verfassern der in der letzten Zeit erschienenen geschätzten Lehrbücher der technischen Mechanik von Keck, Föppl, Hoppe u. a.

So möge denn das hier Gebotene mit Wohlwollen aufgenommen werden als ein von einem Ingenieur verfaßtes, für Ingenieure bestimmtes Lehrbuch der technischen Dynamik.

Stuttgart, im Sommer 1900.

Ed. Autenrieth.

Vorrede zur zweiten Auflage.

Als ich mit der Neubearbeitung des Werkes meines hochgeschätzten Lehrers Ed. v. Autenrieth begann, war ich entschlossen, den Grundzug des Werkes, die Einfachheit der Darstellung, das allmähliche Aufsteigen vom Einfachen zum Schwierigeren zu wahren. Es sollte ein Werk bleiben, bestimmt für die erste Einführung von Studierenden der Technik in die Mechanik, und bestimmt, dem in der Praxis stehenden Ingenieur ein Ratgeber zu sein. Da ich mich in den Grundfragen bezüglich der Stoffeinteilung auf den Standpunkt gestellt habe, den Autenrieth in der Vorrede zur ersten Auflage dargelegt hat, so habe ich meine Aufgabe darin erblickt, die seit dem Erscheinen der ersten Auflage neu gestellten Anforderungen der Technik, die in der Hauptsache aus dem inzwischen eingeführten Schnellbetrieb erwachsen sind, ferner die neueren Versuchsarbeiten und auch Fortschritte auf pädagogischem Gebiet zu berücksichtigen.

Die Einführung des Schnellbetriebes stellte an die Dynamik weitere Ansprüche gegen früherhin. So wurden die Schwingungen und Kreiselwirkungen, die Gleichförmigkeit des Ganges von Maschinen und die Massenwirkungen eingehend behandelt, meist zuerst nach einer einfachen anschaulichen Methode, der in zweiter Linie die strengere Methode an die Seite gestellt wurde. Damit sollte das Eindringen in ein dem Studierenden unbekanntes Gebiet erleichtert und ihm, wenn er erst einmal die Hauptsache anschaulich erfaßt hat, die Möglichkeit gegeben werden, den Nutzen einer allgemeineren Behandlung für das schärfere Verständnis, sowie den Wert höherer Methoden für die Kürze und Übersichtlichkeit der Darstellung schätzen zu lernen.

Der Ingenieur braucht die anschauliche Erkenntnis und gibt den einfachsten Methoden den Vorzug, da ihm im Laufe der Zeit von seiner mathematischen Schulung manches verloren geht. Wer aber an die exakte Bearbeitung schwieriger Probleme herantreten will, muß über die elementarsten anschaulichen Hilfsmittel hinausgehen und sich die abstrakten abkürzenden höheren Methoden zu eigen machen; für den weiter Vordringenden geht der Weg vom Anschaulichen zum Abstrakten. Wenn auch die Erfüllung der zuerst genannten Forderung in diesem Buch in den Vordergrund gestellt ist, so ist doch auch der zweiten Forderung insofern Rechnung getragen, als ihre Erfüllung angebahnt wurde.

Die Mechanik beweglicher Systeme und die zu ihrer exakten Behandlung nötigen Lagrangeschen Gleichungen sind nicht mehr in das Buch aufgenommen, schon deshalb, weil eine verständliche Darlegung mit Anwendungen zu viel Raum erfordert hätte. Daher mußte auch das Regulierproblem wegbleiben. Ich bedaure das lebhaft und hoffe, es irgendwie nachholen zu können. Was mit elementaren Hilfsmitteln immerhin dynamisch streng geleistet werden kann, ist in dem Abschnitt über die Gleichförmigkeit des Ganges einer Kolbenmaschine und die in ihr auftretenden Massenwirkungen gezeigt. Hier soll besonders auf die dynamische Strenge des angewandten Verfahrens hingewiesen werden; es ist ja vielfach bei dynamischen Aufgaben der Technik üblich, durch eine vereinfachende Annahme die Aufgabe in eine statische zu verwandeln, um sich die Lösung dadurch zu erleichtern; erst nachträglich sucht man dann die dynamische Wirkung zu berücksichtigen. Ein lehrreiches Beispiel hierfür bildet die Schwungradberechnung einer Kolbenmaschine, die einmal nach dem üblichen Näherungsverfahren Radingers, dann, wie schon erwähnt, nach einem strengen Verfahren vorgeführt ist, wobei schließlich die Ergebnisse zahlenmäßig verglichen werden können. Das strenge dynamische Verfahren verspricht auch sonst Nutzen, wo immer eine Maschine mit merklich ungleichförmigem Gang zu untersuchen ist, sofern die Beschleunigungen oder die zu beschleunigenden Massen hohe Werte haben.

Neuere Versuchsarbeiten sind in den Abschnitten über Reibung und über Stoß berücksichtigt. Wenn die Lehre von der Reibung ganz auf dem Versuch aufgebaut ist und die Reibungsgesetze in der Hauptsache als empirische Formeln erscheinen mit Erfahrungskoeffizienten, in denen mehr oder weniger viele Einflüsse enthalten sind, so mag das vom theoretischen Standpunkt aus wenig befriedigen; aber die früher geübte Aufstellung von Reibungshypothesen und die darauf gebauten Berechnungen befriedigten weder in theoretischer noch in praktischer Hinsicht. Die heute gebräuchlichen Reibungskoeffizienten sind als Erfahrungskoeffizienten gekennzeichnet, die in einfach aussehenden und einfach ausrechenbaren Reibungsgesetzen stehen, welch letzteren selbst aber keine oder keine große physikalische Bedeutung zukommt. Der Hauptwert liegt dabei in den Reibungsversuchen selbst; es möge auch hier bemerkt werden, daß es noch verschiedene technisch wichtige Reibungsvorgänge gibt, die einer experimentellen Untersuchung harren.

Das führt auf den Wert des Experimentes in der Mechanik. Über diesen ist heutigentages kaum mehr ein Wort zu verlieren. Die Lebensarbeit C. Bachs hat in dieser Richtung Bahn gebrochen. Wenn man die experimentellen Arbeiten auf dem Gebiet der Mechanik etwa aus den letzten anderthalb Jahrzehnten überblickt, so erkennt man das Bestreben, auch feinere Untersuchungsmethoden heranzuziehen — es sei an die Weg-Zeit-Indikatoren oder Druck-Zeit-Indikatoren zur Verfolgung rasch verlaufender Vorgänge erinnert —, ferner bei der Verarbeitung der Versuchsergebnisse, da wo die einfachsten Methoden nicht mehr ausreichen, vor der Anwendung höherer Methoden nicht zurückzuschrecken und schließlich, wenn viele Untersuchungen über Einzelfragen vorliegen, einen umfassenden Standpunkt zu gewinnen.

Was die pädagogische Seite betrifft, so wurde immer die Anschauung vorangestellt und aus dieser heraus sind die Grundbegriffe formuliert. Ich hatte öfters Gelegenheit, auf den in den letzten Jahren von Prof. Dr. Eug. Meyer eingeführten Demonstrationsversuch Bezug zu nehmen. Er leistet im Vortrag wertvolle Dienste und wirkt belebend und anregend. Die lebendige Anschauung vermag immer mehr als das bloße Wort und die Tafelskizze. Daß ohne die geistige Durchdringung auch die schönste Demonstration nichts hilft, wird auch vom entschiedensten Anhänger des Demonstrationsmodelles nicht bestritten. Noch besser ist es, wenn der Studierende sich selbst mit dem Modell und den mechanischen Vorgängen in Übungen beschäftigt, weil er dann zur Sache selbst in Beziehung tritt und der Trieb zur Betätigung geweckt wird.

An der Verwendung der Vektoren durfte seit dem erfolgreichen Vorgehen Föppls nicht mehr vorübergegangen werden. Die Vektoren bilden, insbesondere in dem schwierigen Kapitel von der Drehung eines Körpers um eine beliebige sich bewegende Achse, das eleganteste und kürzeste Darstellungsmittel. Man wird im Kapitel über die Drehung förmlich auf die Vektordarstellung hingedrängt. Das ist in gleichem Maße in den einfacheren Teilen der Mechanik nicht im gleichen Maße der Fall. Da ich nun die Vektorenrechnung zu den höheren eleganten Hilfsmitteln zähle, zu denen der Studierende erst hinaufwachsen muß, da ferner auf die Mehrzahl der Ingenieure Rücksicht genommen werden sollte, die die Vektoranalysis nicht kennen, und da nicht zum geringsten schließlich das vortreffliche Werk Föppls vorliegt, das die Vektordarstellung von Anfang an fast ausschließlich verwendet, so habe ich die Vektordarstellung erst später herangezogen und einen kurzen Anhang mit dem Allernötigsten und einigen Beispielen angefügt, die den mit dieser Rechnungsart nicht Vertrauten von der Kürze und Eleganz und dem Nutzen der Vektoranalysis für die technische Mechanik überzeugen und zum Studium anregen sollen.

Das Prinzip der virtuellen Geschwindigkeiten, das hauptsächlich in der Elastizitätslehre Verwendung findet, ist in allgemeiner Fassung nicht aufgenommen; die Keime hierzu findet man in dem Kapitel über Arbeit.

Ich habe die Mechanik mit dem populären Kraft- und Ursach-Begriff angefangen, der aus unserer Muskelempfindung herauswächst, habe auch die anthropomorphe Auffassung beibehalten, obwohl ich die dagegen erhobenen Einwände kenne. Ich halte den Rest von Metaphysik, der diesem Ursachbegriff anhaftet, für nicht bedenklich; dagegen erscheint mir die populäre Auffassung des Kraftbegriffes als zweckmäßig und bequem für den Ingenieur, der immer mit Kräften zu tun hat und sie als Ursachen von Formänderungen und Bewegungen bezeichnet. Feinere Auffassungen, die einer schärferen Kritik standhalten, sind für die Einführung in die Mechanik, auch für Studierende, die auf der technischen Hochschule anfangen, zu schwierig und passen nicht in den Rahmen des vorliegenden einfach gehaltenen Buches. Wer sich mit dem einfachen Standpunkt vertraut gemacht hat und weitergehende intellektuelle Bedürfnisse hat, wird in E. Machs „Entwicklung der Mechanik" und in dem in systematischer Hinsicht bemerkenswerten Buch „Elementare Mechanik" von G. Hamel Belehrung finden. Entsprechend dem in diesem Werk festgehaltenen Grundsatz: Vom Einfachsten ausgehend schrittweise zum Schwierigeren höher zu steigen, sind philosophisch-kritische Erörterungen beiseite gelassen; sie würden den Studierenden ohne Zweifel von der Hauptsache ablenken, der Anwendung der Mechaniklehren auf technische Probleme; zu den technischen Anwendungen anzuleiten, bildet aber das Ziel dieses Buches. Entwicklungsgeschichte und Prinzipien der Mechanik können in einer für höhere Semester bestimmten fakultativen Vorlesung behandelt werden.

Das Lehrgebäude der technischen Mechanik mit einem Minimum von Axiomen zu errichten, oder etwa mit dem umfassenden Arbeitsprinzip der Dynamik anzufangen, die Gleichgewichtsbedingungen der Statik, das Kräfteparallelogramm und anderes daraus zu deduzieren, wurde kaum in Betracht gezogen, da es sich mit dem induktiven Zug des Buches nicht verträgt. Für den Anfänger verspricht das Tempo und die Ausführlichkeit der Authenriethschen Darstellung mehr Erfolg, als höchste Ökonomie und knappste Systematik.

Erfahrungszahlen wurden nur so weit angeführt, als sie nicht in der „Hütte" und anderen Ingenieurtaschenbüchern zu finden sind, und als sie zu grundsätzlichen Erörterungen oder zur Veranschaulichung gebraucht wurden.

Mehrere sonstige Maßnahmen, die alle zu besprechen zu weit führen würden, erklären sich aus dem mehrfach erwähnten Grundsatz, das leichter Verständliche vor dem Schwierigeren zu behandeln.

Für das aufopfernde Mitlesen der Korrektur bin ich Herrn Gewerbelehrer Fr. Aicher zu großem Dank verpflichtet.

Stuttgart, im Winter 1913/14.

Max Ensslin.

Inhaltsverzeichnis.

	Seite
1. Kapitel. **Einleitung in die Mechanik**	1

1. Gegenstand der Mechanik. — 2. Einteilung der Mechanik. — 3. Entwicklungsstufen der Mechanik.

2. Kapitel. **Kraft, Raum, Zeit. Statische und dynamische Kräfte** . . 6

4. Ausgangspunkt des Kraftbegriffes. Merkmale einer Kraft. Kraftmessung. Krafteinheit. Darstellung der Kraft durch einen Vektor. — 5. Prinzip der Gegen- oder Wechselwirkung. — 6. Das Trägheitsgesetz. — 7. Raum- und Zeitmessung.

I. Abschnitt.
Statik.

3. Kapitel. **Die Zusammensetzung und das Gleichgewicht der Kräfte.** 14

§ 1. Zusammensetzung von Kräften, die einen Punkt angreifen und in einer Ebene liegen 14

8. Der Satz vom Parallelogramm der Kräfte. — 9. Graphische Zusammensetzung der Kräfte. — 10. Graphische Gleichgewichtsbedingung. — 11. Zerlegung einer Kraft. — 12. Analytische Zusammensetzung der Kräfte. — 13. Analytische Gleichgewichtsbedingungen.

§ 2. Zusammensetzung von Kräften mit gemeinschaftlichem Angriffspunkt, die nicht in einer Ebene wirken 19

14. Satz vom Parallelepiped der Kräfte. — 15. Zusammensetzung beliebig vieler Kräfte, die alle den gleichen Punkt A angreifen. — 16. Gleichgewichtsbedingungen.

§ 3. Zusammensetzung von Kräften, die einen frei beweglichen starren Körper in verschiedenen Punkten angreifen und in einer Ebene gelegen sind 21

17. Axiom von der Verschiebbarkeit einer Kraft in ihrer Wirkungslinie. — 18. Das Hebelgesetz als Folge des vorigen Satzes. Statisches Moment. Gleichgewicht dreier Kräfte an einem Körper. — 19. Graphische Zusammensetzung von Kräften, die in einer Ebene gelegen sind und diese in beliebigen Punkten angreifen. Seileck oder Seilpolygon. — 20. Graphische Gleichgewichtsbedingungen für Kräfte in einer Ebene. — 21. Graphische Zusammensetzung paralleler Kräfte. — 22. Das

Kräftepaar und seine Wirkung. Sätze vom Kräftepaar. — 23. Zusammensetzung von Kräftepaaren, die in der gleichen Ebene oder in Parallelebenen gelegen sind. — 24. Reduktion von Kräften in einer Ebene. — 25. Die analytischen Gleichgewichtsbedingungen für Kräfte in einer Ebene. Analytische Bestimmung der Resultanten. — 26. Weitere Betrachtungen.

§ 4. **Zusammensetzung von Kräften, die an einem starren Körper in verschiedenen Punkten und in beliebigen Richtungen wirken** 41

27. Zusammensetzung beliebiger Kräftepaare. — 28. Reduktion der Kräfte. — 29. Die allgemeinen Gleichgewichtsbedingungen. — 30. Sonderfälle. Reduktion auf ein Kräftepaar. Reduktion auf eine Resultante. — 31. Zentralachse. — 32. Das sogenannte Nullsystem. — 33. Parallele Kräfte.

4. Kapitel. **Die Lehre vom Schwerpunkt** 55

§ 5. Allgemeines. Schwerpunkt spezieller Linien, Flächen und Körper 55

34. Richtung der Schwerkraft. — 35. Spezifisches Gewicht. — 36. Allgemeine Erläuterungen über den Schwerpunkt. — 37. Momentensätze. — 38. Fall einer Symmetralebene. — 39. Fall eines Mittelpunktes. — 40. Schwerpunkte von ebenen Gebilden. — 41. Dreieckumfang. — 42. Kreisbogen. — 43. Beispiel einer weiteren Linienverbindung. — 44. Dreiecksfläche. — 45. Vierecksfläche. — 46. Trapezfläche. — 47. System von Rechtecken. — 48. Kreisausschnitt. — 49. Ausschnitt einer Ringfläche. — 50. Kreisabschnitt. — 51. Halber Parabelabschnitt. — 52. Beliebig begrenzte ebene Fläche. — 53. Moment einer Fläche in Beziehung auf irgendeine Achse. — 54. Schwerpunkt einer Pyramidenoberfläche und eines Kegelmantels. — 55. Kugelzone und Kugelschale. — 56. Prismen und Zylinder. — 57. Pyramide und Kegel. — 58. Kugelausschnitt. — 59. Kugelabschnitt. — 60. Umdrehungsparaboloid. — 61. Die Guldinsche Regel.

5. Kapitel. **Von den Widerstandskräften an Körpern mit beschränkter Beweglichkeit** 70

§ 6. Allgemeine Grundlagen 70

62. Stützendrücke und Stützenwiderstände. Einspannungsmomente. Richtung des Stützenwiderstandes. Lasten und Widerstände. Eingeprägte Kräfte und Reaktionen. — 63. Arten der Stützung. Stabiles, labiles, indifferentes Gleichgewicht. Freiheitsgrade und ihr Zusammenhang mit den Reaktionen.

§ 7. Ermittlung von Stützkräften ausschließlich von Reibungswiderständen 77

64. Beispeile: a) Dachbinder mit vertikalen Stützenwiderständen. — b) Dachbinder mit einem schrägen Stützenwiderstand. — c) Träger durch Parallelkräfte belastet. — 1. Rechnerische Lösung. — 2. Graphische Lösung. Zusatz, Biegungsmoment, Biegungsmomentenlinie und Seilpolygon. — d) Dreigelenkbogen. — e) Steuerungshebel. — f) Einseitig eingespannter Balken (Freiträger).

Inhaltsverzeichnis. XV

Seite

§ 8. **Statische Stablität** 84
    65. Stabilität eines starren Körpers.

§ 9. **Statisch bestimmte und statisch unbestimmte Stützung** 85
    66. Kennzeichen der statisch bestimmten und statisch unbestimmten Stützung.

§ 10. **Reibung** 88
    67. Allgemeines über Reibung. Schädliche und nützliche Reibung. Arten der Reibung. Vom physikalischen Vorgang bei der Reibung und der Aufstellung von Reibungsgesetzen. — 68. Reibungskoeffizient, Reibungswinkel. — Beispiel: Querverschiebung einer Eisenbahnwagenachse. — 69. Größe und Richtung der Haftreibung unterhalb der Gleitgrenze. Die Haftreibung eine Reaktion. — 70. Unterschied zwischen Bewegungsreibung und Haftreibung. — 71. Trockene und Schmierreibung. Hauptergebnisse. — 72. Lagerreibung. Versuche. — 73. Lagerreibungskoeffizient und Coulombscher Reibungskoeffizient. — 74. Adhäsion. — 75. Rollwiderstand. Kugel oder Walze zwischen ebenen und zwischen zylindrischen Führungen. — 76. Kugel- oder Walzenlager. Versuche von Stribeck. — 77. Spurzapfenreibung. — 78. Über den praktischen Gebrauch der in der Literatur angegebenen Reibungskoeffizienten.

§ 11. **Beispiele der Ermittlung von Stützkräften mit Reibung** 113
    79. Zulässige Lagen der Belastung einer angelehnten Leiter. — 80. Führungsreibung. — 81. Körper in einer Keilnut beweglich. Reibung in einer zylindrischen Rinne. Umfangsreibung eines Kegels.

§ 12. **Einfache Maschinen mit Reibung** 122
    82. Schiefe Ebene mit Reibung. — 83. Der Keil. — 84. Quetschwalzen. — 85. Die Schraube. Drehmoment und Axialkraft. — 1. Annäherung. — 2. Annäherung mit Berücksichtigung scharfgängigen Gewindes. — 86. Das Rad an der Welle. Der Hebel. Reibungskreis. — 87. Die gewöhnliche doppelarmige Wage.

6. Kapitel. (§ 13.) **Starre Stabverbindungen. Fachwerke** 138
    88. Allgemeines. — 89. Beispiele einfacher Stabverbindungen. — 90. Allgemeines über Fachwerke. — 91. Kräftepläne für die einzelnen Knoten eines einfachen Balkenfachwerkes (Knotenpunktsmethode graphisch). — 92. Der Cremonasche Kräfteplan (Cremonaplan). Reziproker Kräfteplan. Beispiel: Cremonaplan für einen Kran. — 93. Anderes graphisches Verfahren. Methode der Querdurchschneidung. — 94. Culmanns Methode. — 95. Ritters Momentenmethode.

7. Kapitel. (§ 14.) **Bewegliche Stabverbindungen** 157
    96. Von den Sprengwerken. — 97. Das einfache symmetrische Sprengwerk. — 98. Symmetrisches Sprengwerk mit Spannriegel. — 99. Polygonales Sprengwerk. — 100. Ein spezieller Be-

Inhaltsverzeichnis.

Seite

lastungsfall des Sprengwerkes. — 101. Kuppeldach. — 102. Von den Hängwerken.

8. Kapitel. (§ 15.) **Seilartige Körper** 171

103. Allgemeines. Ideales und wirkliches Seil. — 104. Seilsteifigkeit. — 105. Flaschenzüge. — 106. Seilpolygon als Gleichgewichtsform eines belasteten Seiles. — 107. Änderung des Seilpolygones mit der Lage des Poles des Kräftepolygones. Polachse und Culmannsche Gerade. — 108. Hilfskonstruktionen. 109. Seilpolygon eines gegebenen Kräftesystemes, das durch drei vorgeschriebene Punkte U, V, W geht. — 110. Gleichgewicht eines schweren in zwei Punkten frei aufgehängten Seiles. Gewöhnliche Kettenlinie oder Seilkurve. Parabel als Seilkurve. 111. Seilreibung. — 112. Die einfache Bandbremse. — 113. Die Differentialbremse. — 114. Idealer Riemen- oder Seiltrieb.

9. Kapitel. **Arbeit** 194

§ 16. Übersetzungen 194

115. Gleichförmige lineare Geschwindigkeit. — 116. Gleichförmige Umfangsgeschwindigkeit. Umlaufzahl, Winkelgeschwindigkeit. — 117. Übersetzungen ins Langsame oder Schnelle. — a) Übersetzung durch ein Zahnräderpaar. — b) Übersetzung durch mehrere Zahnräderpaare. — c) Übersetzung durch Schnecke und Schneckenrad. — d) Übersetzung zwischen zwei Riemen- oder Seilscheiben. — e) Hebel oder Wellrad. Kraftübersetzung. 118. Beispiele betr. Übersetzungen. — a) Schiefe Ebene vom Steigungswinkel α. — b) Ein- und mehrgängige Schraube — c) Flaschenzüge. — d) Winde zum Lastheben.

§ 17. Mechanische Arbeit. Energie. Wirkungsgrad. Arbeit und Leistung 202

119. Mechanische Arbeit. — 120. Arbeit einer längs des Weges veränderlichen Kraft. — 121. Arbeit eines Kräftepaares oder einer Drehkraft. — 122. Arbeit der Kraft und Last an einer reibungslosen Maschine. — 123. Satz von der Erhaltung der Energie. Energieströme. — 124. Wirkungsgrad. — 125. Arbeit und Leistung. — 126. Kraftübertragung durch ein Triebwerk. — 127. Arbeitsprinzip und Gleichgewichtsbedingung. — 1. Die Brückenwage. — 2. Die Robervalsche Tafelwage. — 3. Bestimmung der Leitlinie für das Gegengewicht einer Falltüre.

II. Abschnitt.

Dynamik des materiellen Punktes (Kinetik des materiellen Punktes).

128. Aufgaben und Bezugssystem der Dynamik 220

10. Kapitel. **Theoretische Grundlagen** 222

§ 18. Kinematische Hilfslehren 222

129. Gleichung der Bewegung in der Bahn. — 130. Gleichförmige Bewegung. — 131. Ungleichförmige Bewegung. Zeichnerische Ermittlung der Geschwindigkeit. — 132. Beschleunigung. Zeich-

Inhaltsverzeichnis.   XVII

Seite

nerische Ermittlung der Beschleunigung. — 133. Winkelgeschwindigkeit bei einer ungleichförmigen Drehbewegung. — 134. Winkelbeschleunigung. — 135. Die gleichförmig beschleunigte Bewegung in einer Geraden. — 136. Der freie Fall im luftleeren Raum. — 137. Die gleichförmig beschleunigte Drehbewegung. — 138. Andere Bestimmung der Bewegung im Raum. — 139. Periodische Bewegung in einer Geraden. Grundbegriffe der Schwingung oder Oszillation. Kurbelschleife. — 140. Parallelogramm der Wege, Geschwindigkeiten und Beschleunigungen. Prinzip der Unabhängigkeit (Trennung, Überlagerung).

§ 19. **Trägheit und Masse. Das dynamische Grundgesetz des materiellen Punktes** 246
141. Statische und dynamische Kraft. Masse. Dynamisches Grundgesetz.

§ 20. **Maßeinheiten und -systeme** 252
142. Fundamentale und abgeleitete Einheiten. — 143. Technisches und absolutes Maßsystem.

§ 21. **Grundlehren der Dynamik des materiellen Punktes.** 256
144. Der materielle Punkt. — 145. Kräfteparallelogramm. — 146. Dynamische Kraft oder Beschleunigungskraft. Trägheitswiderstand der Masse. Prinzip von D'Alembert. — 147. Was sind Beschleunigungskräfte?

11. Kapitel. **Geradlinige Bewegung eines materiellen Punktes** . . . 261
§ 22. **Allgemeine Lehren und Sätze** 261
148. Die Grundgleichung für die geradlinige Bewegung. — 149. Allgemeine Bemerkungen über die Probleme des vorliegenden Kapitels. — 150. Der Satz vom Antrieb oder von der Bewegungsgröße. — 151. Der Satz von der Arbeit, oder der kinetischen Energie.

12. Kapitel. **Beispiele zur geradlinigen Bewegung eines materiellen Punktes** 267
§ 23. **Bewegung in der Horizontalebene** 267
152. Aufgabe. — 153. Aufgabe.

§ 24. **Vertikalbewegung eines materiellen Punktes unter alleiniger Berücksichtigung der Schwerkraft** . . . 269
154. Der freie Fall im leeren Raum. — 155. Der vertikal aufwärts geworfene Körper.

§ 25. **Geradlinige Bewegung eines materiellen Punktes auf einer schiefen Ebene** 272
156. Abwärtsbewegung bei fehlender Reibung. — 157. Aufwärtsbewegung bei fehlender Reibung. — 158. Berücksichtigung eines konstanten Reibungswiderstandes.

§ 26. **Beispiele zur Bestimmung der Beschleunigungskraft einer geradlinigen Schwingungsbewegung** 278
159. Kurbelschleifenbewegung. Einfache harmonische Schwingung. — 160. Kreuzkopfbewegung eines einfachen Kurbelgetriebes.

Inhaltsverzeichnis.

	Seite
§ 27. Die Beschleunigungskraft ist eine Funktion des Abstandes	282
161. Wirkung eines Puffers.	
§ 28. Die Beschleunigungskraft ist eine Funktion der Zeit.	283
162. Aufgabe. Mündungsgeschwindigkeit eines Geschosses. — 163. Aufgabe. Endgeschwindigkeit eines Preßlufthammers.	
§ 29. Geradlinige Bewegung im widerstehenden Mittel	285
164. Das Widerstandsgesetz. — 165. Die Fallbewegung in der Luft. — 166. Fallschirm. — 167. Im Wasser niedersinkende Körper.	
§ 30. Widerstand der Straßen- und Schienenfahrzeuge	290
168. Die Bestandteile des Bewegungswiderstandes	
§ 31. Anlauf und Auslauf einer geradlinigen Bewegung. Arbeit und Leistung hierbei	293
169. Beispiel. — 170. Zeitdiagramm der Leistung.	
13. Kapitel. **Krummlinige Bewegung eines materiellen Punktes**	295
§ 32. Kinematisches	295
171. Entstehung einer krummlinigen Bewegung. — 172. Geschwindigkeit und Beschleunigung einer ebenen krummlinigen Bewegung. — 173. Deviation. — 174. Gleichförmige Kreisbewegung. — 175. Hodograph und Beschleunigung. — 176. Räumliche Bewegung eines Punktes.	
§ 33. Fortsetzung mit Beiziehung des dynamischen Grundgesetzes	301
177. Die Beschleunigungskraft der krummlinigen Bewegung. Tangentialkraft, Zentripetalkraft. — 178. Die Eulersche Methode der Behandlung einer krummlinigen Bewegung. — 179. Die Mac Laurinsche Methode. — 180. Einführung von Polarkoordinaten bei einer ebenen krummlinigen Bewegung. — 181. Zentralbewegung. Flächensatz der Zentralbewegung des materiellen Punktes. — 182. Parabolische Bewegung.	
§ 34. Bestimmung der Beschleunigungskraft bei gegebener Bewegung	308
183. Gleichförmige Bewegung eines freien materiellen Punktes in einem Kreis. — 184. Bewegung eines freien materiellen Punktes in einer Schraubenlinie.	
§ 35. Planetenbewegung	311
185. Planetenbewegung und Gravitationsgesetz.	
§ 36. Die Sätze vom Antrieb, von der Arbeit und der Flächensatz bei der krummlinigen Bewegung	313
186. Satz vom Antrieb. — 187. Satz von der Arbeit. — 188. Satz vom Moment einer dynamischen Kraft und vom Moment der Bewegungsgröße.	
§ 37. Der schiefe Wurf	319
189. Bewegung eines schief geworfenen Körpers im leeren Raum.	

Inhaltsverzeichnis. XIX

§ 38. Bewegung eines materiellen Punktes auf einer gekrümmten festen Bahnlinie 322
190. Bewegung eines materiellen Punktes auf vorgeschriebener Bahn. Unfreie oder gezwungene Bewegung. Bahnwiderstand. Zentrifugalkraft.

§ 39. Beispiele von Bewegungen materieller Punkte auf vorgeschriebenen Bahnlinien bei fehlenden Tangentialwiderständen 326
191. Zwangläufige Bewegung eines schweren materiellen Punktes in einem vertikalen Kreis. — 192. Das mathematische Pendel. — 193. Zwangläufige Bewegung eines schweren materiellen Punktes auf einer in einer Vertikalebene gelegenen beliebigen Kurve. — 194. Bewegung eines schweren materiellen Punktes in einem horizontalen Kreis. — 195. Konisches Pendel. — 196. Überhöhung des äußeren Schienenstranges in einer Eisenbahnkurve. — 197. Bewegung eines schweren materiellen Punktes in der Zykloide.

§ 40. Beispiele von Bewegungen materieller Punkte auf vorgeschriebener Bahn bei vorhandenem Tangentialwiderstand 336
198. Bewegung eines materiellen Punktes in einem vertikalen Kreis unter Einwirkung seines Eigengewichtes, des Reibungswiderstandes W_t' und eines Tangentialwiderstandes W_t'' proportional dem Quadrate der Geschwindigkeit. — 199. Bewegung eines materiellen Punktes in einer vertikalen Kurve unter Einwirkung seines Eigengewichtes und eines konstanten Tangentialwiderstandes W_t. — 200. Bewegung eines schweren materiellen Punktes in einem horizontalen Kreis unter Berücksichtigung der Reibung.

14. Kapitel. **Relative Bewegung eines materiellen Punktes** 340

§ 41. Allgemeine Erläuterungen und Sätze 340
201. Über die bei einer relativen Bewegung auftretenden Fragen. — 202. Absolute, relative und Führungsgeschwindigkeit. — 203. Beispiel.

§ 42. Relative Bewegung eines materiellen Punktes bei einer Translation des Koordinatensystemes 347
204. Absolute, relative und Führungsbeschleunigung bei einer Relativbewegung mit Translation des bewegten Koordinatensystemes. — 205. Die Beschleunigungskräfte der Relativbewegung bei einer Translation des Koordinatensystemes.

§ 43. Anwendungen 350
206. Beispiel. — 207. Beispiel. — 208. Beispiel. — 209. Beispiel.

§ 44. Relativbewegung eines materiellen Punktes bei einer Drehung des Koordinatensystemes 355
210. Absolute, relative und Führungsbeschleunigung. Coriolisbeschleunigung. — 211. Die Beschleunigungskräfte der Relativbewegung bei einer Drehung des Koordinatensystemes. Die Ergänzungskräfte der Relativbewegung.

II*

XX   Inhaltsverzeichnis.

Seite
§ 45. **Zwangläufige Bewegung und Gleichgewicht eines schweren materiellen Punktes auf einer starren Bahnlinie, die um eine gegebene Achse gedreht wird** 360
212. Allgemeine Voraussetzung. — 213. Röhre horizontal gelegen, Drehachse vertikal. — 214. Die Röhrenachse ist in einer durch die vertikale Drehachse gehenden Ebene gelegen. — 215. Spezielle Fälle. — 216. Gnômemotor (Rotationsmotor).

§ 46. **Einfluß der Erdrotation auf das Verhalten schwerer Körper** 372
217. Vorbemerkung. — 218. Beeinflussung des Senkels. — 219. Einfluß der Erdrotation auf das Gewicht eines Körpers. — 220. Der freie Fall und die Wurfbewegung.

III. Abschnitt.
Die Dynamik des materiellen Körpers.

15. Kapitel. **Grundlehren** 377
§ 47. **Allgemeine Erläuterungen** 377
221. Begriff des materiellen Körpers. — 222. Äußere und innere Kräfte. Prinzip von d'Alembert für einen materiellen Körper und für ein materielles System. — 223. Äußere Kräfte durch innere hervorgerufen.

§ 48. **Aus der Kinematik des starren Körpers** 381
224. Erklärungen. — 225. Zusammensetzung von Translationen. — 226. Zusammensetzung einer Translation und einer Drehung. 227. Zusammensetzung zweier Drehungen um parallele Achsen. — 228. Vektorielle Darstellung von Winkelgeschwindigkeiten. Zerlegung und Zusammensetzung nach dem Parallelogrammgesetz. — 229. Zusammensetzung zweier Drehungen um Achsen, die sich schneiden. — 230. Zusammenhang zwischen den Komponenten der Umfangs- und Winkelgeschwindigkeit eines um eine Achse kreisenden Punktes. Zusatz: Analogie zwischen der Reduktion von Kräften und Kräftepaaren und der Reduktion von Winkelgeschwindigkeiten und Translationsgeschwindigkeiten. — 231. Bewegung einer ebenen Figur in ihrer Ebene. Momentanzentrum. — 232. Elementarbewegung eines um einen unbeweglichen Punkt drehbaren starren Körpers. — 233. Elementarbewegung eines freien Körpers. — 234. Bestimmung der Momentanachse.

§ 49. **Der Schwerpunktssatz des materiellen Körpers** ... 396
235. Satz von der Bewegung des Schwerpunktes eines materiellen Körpers. — 236. Bewegung des Schwerpunkts eines materiellen Systems.

§ 50. **Anwendung des d'Alembertschen Prinzipes auf die Translation eines materiellen Körpers** 400
237. Bewegung einer Reihe von starr miteinander verbundener Massen. — 238. Die Spannungen in den Verbindungsstangen zwischen den einzelnen Wagen eines Eisenbahnzuges mit starren Kupplungen. — 239. Bremsberg. — 240. Lasten an einer Rollen-

Inhaltsverzeichnis. XXI

verbindung. — 241. Aufgabe. — 242. Sicherheit gegen das Umkippen bei einem in gleitende Bewegung versetzten Körper. — 243. Die Einwirkung der Trägheitskräfte auf die Insassen eines Eisenbahnwagens.

§ 51. **Satz von der Arbeit und der kinetischen Energie eines materiellen Körpers** 408
244. Entwicklung des Satzes. — 245. Die Arbeit der inneren Kräfte. — 246. Die lebendige Kraft eines bewegten Körpers.

§ 52. **Der Satz von der Größe der Bewegung eines materiellen Körpers** 412
247. Entwicklung des Satzes.

16. Kapitel. **Drehung eines starren Körpers** 414
§ 53. **Drehung eines starren Körpers um eine feste Achse.** 414
248. Ungleichförmige Drehung eines Umdrehungskörpers um seine geometrische Drehachse. Sätze vom Antrieb und von der Arbeit eines Drehmomentes. — 249. Schwungrad als Kraftspeicher (Ilgner-Aggregat). — 250. Beispiel. Bremsen einer Fördermaschine. — 251. Auslaufversuch mit einem Ilgner-Aggregat. — 252. Schwungrad und Gleichförmigkeit des Ganges. Schwungradberechnung und Drehkraftdiagramm nach Radinger. — 253. Rollbewegung von Rädern ohne und mit Rücksicht auf den Rollwiderstand.

§ 54. **Die Berechnung der Trägheitsmomente** 432
254. Flächenträgheitsmomente. Trägheitshalbmesser. — 255. Axiale Trägheitsmomente von Massen. — 256. Reduktionssatz. — 257. Rechtwinkliges Parallelepiped. — 258. Kreiszylinder. Reduzierte Masse. — 259. Gerader Stab von konstantem Querschnitt. — 260. Kreiskegel. — 261. Kugel. — 262. Ring.

§ 55. **Die Hauptträgheitsmomente eines homogenen Körpers** 440
263. Trägheitsellipsoid.

§ 56. **Lagerdrücke eines rotierenden Körpers** 443
264. Ermittlung der Lagerdrücke eines rotierenden Körpers. Freie Achsen. — 265. Fundamentalaufgabe des Ausgleichs der Drehmassen einer Lokomotivkurbelachse.

§ 57. **Die Zentrifugalkräfte rotierender Körper** 447
266. Die Resultante und das Moment der Zentrifugalkräfte. — 267. Besondere Fälle. — 268. Zentrifugalkraft einer materiellen ebenen Fläche. — 269. Zentrifugalkraft eines Körpers von gerader Achse. — 270. Praktische Bestimmung der Zentrifugalkraft eines homogenen Körpers, der eine durch die Drehachse gehende Symmetralebene besitzt.

§ 58. **Drehung eines starren Körpers um eine beliebige, bewegliche Achse, als Teilaufgabe der allgemeinen Bewegung eines starren Körpers** 453
271. Moment der Bewegungsgröße. Drall. Zeitliche Änderung des Dralles. — 272. Feste und sich bewegende Achsen. — 273.

Die Eulerschen Gleichungen. Momentanachse, Geometrische Hauptachse, Achse des Dralles und ihre gegenseitige Stellung. — 274. Beispiel. — 275. Stabile und instabile Drehachsen.

§ 59. Kreisel 473
276. Allgemeines. — 277. Hauptgleichung des Kreisels. Kreiselwirkung. Dreifingerregel der linken Hand. — 278. Aktives Moment, das eine Präzession verursacht. Stabilisierendes Gegenmoment und Freiheitsgrad zum Präzessieren. Erhaltung der Drehachse des kräftefreien Kreisels. Stabilität der Kreiselachse gegen Stöße. — 279. Warum fällt ein schwerer Kreisel nicht um, richtet sich vielmehr auf? Reguläre und pseudoreguläre Präzession. Nutation. — 280. Kreiselwirkungen an schnellaufenden Radsätzen. — 281. Der Kreisel als Kompaß. — 282. Vektorielle Darstellung der Hauptgleichung des Kreisels.

17. Kapitel. **Lehre von der Schwingungen** 490
§ 60. Einfache harmonische Schwingung 490
283. Die Zentralkraft oder Direktionskraft einer einfachen sinusförmigen harmonischen Schwingung. — 284. Beispiele einfacher harmonischer Schwingungen. 1. Mathematisches Pendel mit kleinem Ausschlag. — 2. Punktmasse an einer Feder. — 3. Punktmasse an einem einseitig eingespannten Biegungsstab.

§ 61. Geometrische Analyse der Schwingungen 494
285. Bedeutung der allgemeinen Gleichung einer einfachen harmonischen Schwingung. Vor- und Nacheilung. Phasenverschiebung oder -unterschied. Graphische Darstellungen. — 286. Zusammensetzung und Zerlegung von Schwingungen. Harmonische Analyse. Fourierscher Satz. Graphisches Verfahren von Fischer-Hinnen.

§ 62. Drehende Schwingungen 509
287. Ableitung der Gleichung einer einfachen Torsionsschwingung. — 288. Einfaches Verfahren zur Ermittlung der Schwingungsdauer einer harmonischen Drehungsschwingung. — 289. Physisches Pendel. — 290. Der Schwingungsmittelpunkt. — 291. Der Druck im Aufhängepunkt eines physischen Pendels. — 292. Experimentelle Ermittlung des Trägheitsmomentes durch einen Schwingungsversuch. — 293. Schwingungsdauer einer Magnetnadel. — 294. Bifilare Aufhängung und experimentelle Ermittlung des Trägheitsmomentes von Rotationskörpern.

§ 63. Gedämpfte Schwingungen 518
295. Vorbereitung: Kurbelschleife, angetrieben von einer nach einem Exponentialgesetz veränderlichen Kurbel. — 296. Gedämpfte Schwingung; dämpfender Widerstand der Geschwindigkeit proportional. — 297. Gedämpfte Schwingung; dämpfender Widerstand folgt dem Reibungsgesetz $R = \mu N$.

§ 64. Erzwungene Schwingungen 531
298. Allgemeines. Einfaches Beispiel. Resonanz. — 299. Die erregende Kraft ist keine einfache Sinusfunktion, sondern eine beliebige periodische Funktion. Beispiel. Torsionsschwingungen

Inhaltsverzeichnis. XXIII

einer Schiffswelle, kritische Umlaufzahlen. — 300. Erzwungene Schwingung mit Dämpfung. Allgemeiner Lösungsgang. — 301. Schleudern einer Welle infolge der Exzentrizität eines auf ihr sitzenden Rades. — 302. Ausgleich rotierender Massen. — 303. Gekoppelte Schwingungen. — 1. Zwei Massen mit einem masselosen elastischen Zwischenglied. — 2. Drei Massen mit zwei masselosen elastischen Zwischengliedern.

18. Kapitel. **Dynamik des Kurbelgetriebes als Beispiel aus der Systemdynamik in einfacher Behandlung** 558

304. Aufgabestellung 558

§ 65. Gleichförmigkeit des Ganges 560
305. Ungleichförmigkeitsgrad. — 306. Die Berechnung der Umlaufgeschwindigkeit nach dem Energiegesetz. — 307. Geschwindigkeitsenergie und reduzierte Masse der Schubstange. — 308. Lebendige Kraft des Kolbens, der Welle und des Schwungrades. — 309. Zahlenbeispiel. Ungleichförmigkeitsgrad eines Vierzylinder-Automobilmotors im Leerlauf

§ 66. Von der Reduktion der Massen und Kräfte 570
310. Ersatz eines materiellen Körpers durch materielle Punkte. Bedeutung der Ersatzpunkte und reduzierten Massen. — 311. Reduktion einer Masse und einer Kraft. Beziehungen zwischen reduzierter Kraft und reduzierter Masse. — 312. Beispiel der Reduktion der Massen einer Motorwinde. — 313. Beispiel der Reduktion der Kräfte an einer Motorwinde. Bemerkung über die Reibungswiderstände.

§ 67. Ungleichförmigkeitsgrad der belasteten Maschine . 576
314. Bestimmung der Arbeit der treibenden und widerstehenden Kräfte. Graphische Integration. Fortsetzung des Beispieles in 309. — 315. Winkelbeschleunigung der Kurbel. — 316. Das Energie-Massendiagramm nach Wittenbauer.

§ 68. Massendrücke und Massenausgleich 584
317. Massenausgleich an Maschinen mit hin- und hergehenden Massen. — 318. Anwendung auf Vier- und Sechszylinderautomobilmotor. Rechnerisches und graphisches Verfahren.

19. Kapitel. **Lehre vom Stoß** 593
§ 69. Der Stoß freier Körper 593
319. Allgemeine Bemerkung. — 320. Gerader Stoß zweier freier Körper. — 321. Der Verlust an lebendiger Kraft beim Stoß. — 322. Experimentelle Bestimmung des Stoßelastizitätskoeffizienten. 323. Schiefer Zentralstoß zweier freier Körper. — 324. Stoß einer Kugel gegen eine feste Ebene.

§ 70. Der unfreie Stoß 602
325. Stoß eines materiellen Punktes gegen einen materiellen Körper. Stoßmittelpunkt. Aufhängung eines Pendelkörpers, der einen Stoß erfährt. Ballistisches Pendel. — 326. Stoß gegen einen Körper mit fester Drehachse. — 327. Stoß rotierender Körper. — 328. Stoß eines rotierenden Körpers gegen einen zwischen parallelen Führungen beweglichen.

§ 71. Experimentelle Ermittlung des Stoßverlaufes und der größten Stoßkraft 607
329. Der Stoßdruck. Versuche über Stoß. Die der Lehre vom Stoß zugrunde liegenden Annahmen

20. Kapitel. **Anhang. Einiges aus der Vektorenrechnung** 613
330. Begriff des Skalars und des Vektors. Addition und Subtraktion. — 331. Differential eines Vektors. — 332. Inneres, skalares Produkt zweier Vektoren. — 333. Anwendung: Bewegung einer geraden starren Stange (Schubstange). — 334. Das äußere, vektorielle Produkt zweier Vektoren. — 335. Vektorielle Ableitung der Hauptgleichung der allgemeinen Drehung eines starren Körpers. Drall. Satz von der absoluten und relativen Drallgeschwindigkeit.

Berichtigung:

Seite 57, Zeile 14 von oben lies y_0 statt xy_0.

„ 325, „ 2 „ unten lies „Gegenkraft" statt „Eigenkraft".

1. Kapitel.

Einleitung in die Mechanik.

1. Gegenstand der Mechanik. Wird ein vom Boden aufgehobener Stein sich selbst überlassen, so fällt er bekanntlich in einer Vertikalen herab und zwar mit zunehmender Geschwindigkeit. Wird ein Stein vertikal aufwärts geworfen, so erhebt er sich in der betreffenden Vertikalen mit abnehmender Geschwindigkeit bis zu einer gewissen Höhe und fällt hierauf in der gleichen Vertikalen beschleunigt wieder zurück. Wirft man einen Stein schief hinaus, so bemerkt man, daß derselbe eine krummlinige Bahn von bestimmter Form durchläuft. Wird ein frei beweglicher ruhender Körper gleichzeitig nach verschiedenen Richtungen gezogen, oder, wie man auch sagt, von „Kräften" angegriffen, so fängt derselbe im allgemeinen sich zu bewegen an und führt eine Bewegung aus, die abhängt von den auf den Körper ausgeübten Kräften. Unter Umständen bleibt aber der Körper, trotzdem er gezogen wird, in Ruhe. Man sagt dann: er befinde sich im Gleichgewicht.

Derartige Erscheinungen konnten nicht verfehlen, den menschlichen Geist zum Nachdenken anzuregen, sie haben eine besondere Wissenschaft hervorgerufen: die Mechanik. Danach würde sich die Mechanik mit der Bewegung und dem Gleichgewicht der Körper in der Natur beschäftigen und als eine physikalische Disziplin erweisen.

2. Einteilung der Mechanik. Soll eine stattfindende Bewegung erforscht werden, so ist vor allem die Art und Weise, wie der Körper sich bewegt, genau festzusetzen. Ist das geschehen, so liegt es nahe, auch den Ursachen der beobachteten Bewegung nachzuspüren, d.h. die der Bewegung zugrunde liegenden Kräfte aufzusuchen. Es treten also bei der Erforschung einer Bewegung zwei verschiedenartige Aufgaben auf: eine geometrischen und eine physikalischen Charakters. Dementsprechend hat man denn auch die Mechanik eingeteilt in Kinematik oder Phoronomie und in

Dynamik, wobei unter Kinematik oder Phoronomie die Theorie der Bewegungszustände und unter Dynamik die Theorie der die Bewegungszustände bedingenden Kräfte verstanden wird.

Die Kinematik können wir auffassen als eine Erweiterung der Geometrie. Bekanntlich ist schon in der Geometrie von Bewegungen die Rede; man denke nur an die Entstehung gewisser Kurven und Flächen (Rollkurven, Umdrehungsflächen, Regelflächen usw.), aber bei allen diesen Bewegungen bleibt die Zeit, während der die Bewegungen erfolgen, außer acht. In der Kinematik dagegen wird auch die Zeit berücksichtigt, in der die betreffenden Ortsveränderungen vor sich gehen.

Was sodann die Dynamik betrifft, so fallen ihr zweierlei Aufgaben zu: entweder hat sie für stattfindende Bewegungen die denselben zugrunde liegenden Kräfte zu ermitteln, oder sie hat die Bewegungen zu bestimmen, die von gegebenen Kräften hervorgerufen werden. Letzterenfalls kann es sich aber ereignen, worauf schon eingangs aufmerksam gemacht wurde, daß die Kräfte gar keine Bewegung hervorrufen und sich gegenseitig im Gleichgewicht halten. Diesen speziellen Fall behandelt die Statik. Die Statik steht also nicht der Dynamik gegenüber, sie bildet vielmehr einen Teil der Dynamik. Trotzdem findet man sehr häufig noch die Mechanik statt in Kinematik und Dynamik, in Statik und Dynamik eingeteilt. In diesem Fall hat man dann eben unter Statik die Lehre von den Kräften zu verstehen, insofern dieselben im Gleichgewicht sind, und unter Dynamik die Lehre von den Kräften, insofern dieselben Bewegung hervorrufen, die Kinematik dagegen anzusehen als eine geometrische Wissenschaft, der Dynamik als Hilfswissenschaft dienend. In diesem Sinne genommen stimmt die Dynamik überein mit der als Kinetik bezeichneten Lehre von der Bewegungserzeugung durch Kräfte.

Wie man in der Mathematik Linien, Flächen, geometrische Körper in ihre kleinsten Teile, Elemente genannt, zerlegt, bzw. die erstgenannten Größen als zusammengesetzt ansieht aus ihren Elementen, so pflegt man auch in der Mechanik die von ihr in Betracht gezogenen materiellen Körper aufzufassen als Vereinigungen, Systeme von materiellen Punkten, oder kurz als materielle Systeme. Danach wäre in einem materiellen Punkte nur eine unendlich kleine Menge von Materie enthalten, oder mit anderen Worten: ein materieller Punkt würde nur eine unendlich kleine Masse besitzen. Indessen pflegt man den materiellen Punkt auch noch anders aufzufassen. Wenn man sagt: ein schief hinausgeworfener Stein beschreibe eine Parabel, oder: die Erde bewege sich in einer Ellipse um die Sonne, so sieht man hierbei, da ja eine Linie nur von einem Punkte beschrieben werden kann, stillschweigend von den Dimensionen dieser Körper ab und denkt sich die ganze Materie des betreffenden Körpers in einen Punkt verdichtet. Ein solcher ideeller, eine endliche Masse enthaltender Punkt wird dann ebenfalls materieller Punkt genannt.

Bei einem bewegten Körper sind im allgemeinen die Bewegungen seiner einzelnen Punkte nicht die gleichen: während der Körper im Raume fortschreitet, kann er sich gleichzeitig noch drehen; es erscheint daher auch zweckmäßig, in der Mechanik zunächst die Bewegung und das Gleichgewicht von materiellen Punkten zu behandeln und darauf die Betrachtung der Bewegung und des Gleichgewichts von Körpern oder materiellen Systemen folgen zu lassen und demgemäß die Mechanik einzuteilen in:

I. Mechanik des materiellen Punktes und
II. Mechanik materieller Systeme. (Körper oder Systeme von Körpern.)

Letztere kann dann entsprechend den verschiedenen Aggregatzuständen der Naturkörper wieder zerlegt werden in:

1. Mechanik der festen Körper,
2. Mechanik der tropfbar flüssigen Körper oder Hydromechanik.
3. Mechanik der luftförmigen Körper oder Aeromechanik.

3. Die verschiedenen Entwickelungsstufen der Mechanik. Die Mechanik ist nach dem, was oben gesagt wurde, ein Teil der Physik, sie ist eine Naturwissenschaft und damit eine Erfahrungswissenschaft. Dementsprechend hat die Mechanik im Laufe der Zeit tatsächlich auch eine Behandlung erfahren, ähnlich derjenigen, die den übrigen Zweigen der Physik zuteil geworden ist: Wie man bei diesen durch Beobachtungen und Experimente zunächst Spezialgesetze für die verschiedenen Klassen von Erscheinungen ausfindig machte, beispielsweise in der Optik das Reflexionsgesetz, das Brechungsgesetz usw., so ermittelte man auch für die verschiedenen in das Gebiet der Mechanik fallenden Erscheinungsarten die Gesetze, die den betreffenden Erscheinungen zugrunde liegen. Dahin gehören: Das Hebelgesetz, das Gesetz vom Parallelogramm der Kräfte, das Gesetz des freien Falles u. a. Indem man nun die zahlreichen Spezialgesetze der Mechanik als feststehende Grundgesetze ansah, konnte man ein erstes wissenschaftliches System der Mechanik aufstellen, das System der **Elementarmechanik**. Dieses System kommt mit Recht auch heute noch beim Unterricht in der Mechanik an niederen technischen Lehranstalten zur Geltung. Aber auch in den Lehrkursen der allgemeinen **Experimentalphysik** pflegt man die Mechanik ähnlich wie die anderen physikalischen Disziplinen zu behandeln, ihre einzelnen Gesetze durch das Experiment vor Augen zu führen und zu bestätigen und damit die Mechanik als Elementarmechanik zum Ausdruck zu bringen. Bei der Elementarmechanik blieb man jedoch nicht stehen. In Anbetracht ihrer zahlreichen Spezialgesetze lag es nahe, zu untersuchen, ob zwischen denselben nicht vielleicht ein Zusammenhang bestehe. Das hat sich in der Tat herausgestellt. Man hat nämlich gefunden, daß die einzelnen Spezialgesetze der Elementarmechanik alle auf einigen wenigen „**Grundprinzipien**" beruhen, aus denen sie durch reine Verstandesoperationen, durch **rationale** Tätigkeit allein, abgeleitet werden können. Damit war ein zweites, höheres System der Mechanik festgesetzt, dasjenige der **höheren oder rationellen Mechanik**. Diese **höhere Mechanik**, die mit Rücksicht auf ihre Grundlagen noch als eine **physikalische Disziplin** bezeichnet werden muß, kann aber auch mit einer **mathematischen Wissenschaft** verglichen werden. Wie in Geometrie und Algebra von wenigen Axiomen ausgegangen wird, so geht man in der **höheren oder rationellen Mechanik** von wenigen **Grundprinzipien** aus. Während aber die Axiome der reinen Mathematik **unmittelbar als richtig eingesehen** werden, ist dies bei den Grundprinzipien der Mechanik nicht in gleicher Weise der Fall, deren Richtigkeit sich vielmehr erst durch das Übereinstimmen der aus ihnen gezogenen Folgerungen mit den Beobachtungsresultaten erweist.

Die Grundprinzipien der Mechanik sind als **nicht weiter zerlegbare Tatsachen der Natur** aufzufassen.

Als Begründer der **höheren oder rationellen Mechanik** ist **Newton** (1643—1727) zu bezeichnen, der in seinem berühmten Werke „**Philosophiae naturalis principia mathematica**", von drei Prinzipien ausgehend, auf **geometrischem** Wege erstmals ein System der rationellen Mechanik aufstellte. Aber seine **synthetischen Ableitungen** sind überaus künstlich. Es war daher für die Mechanik ein großer Fortschritt, als man es unternahm, die inzwischen erfundene **Differential- und Integralrechnung** für die Mechanik nutzbar zu machen und an Stelle der geometrischen Konstruktion das rechnerische Verfahren zu setzen. So entstand durch **Eulers** Vorgehen (Euler 1707—1783) die sogenannte **analytische Mechanik**, die bald nach Euler durch **Lagrange** (1736—1813) in dessen klassischem Werke: „**Mécanique analy-**

tique" einen hohen Grad von Vervollkommnung erreichte[1]). In der Regel versteht man heutzutage unter analytischer Mechanik eine höhere oder rationelle Mechanik, bei der das Augenmerk mehr auf die Entwickelung allgemeiner Theorien, als auf die praktischen Anwendungen der Mechanik gerichtet ist. Man will also mit „analytisch" nicht gerade zum Ausdruck bringen, daß es sich um eine Mechanik handele, bei der die analytische Methode ausschließlich zur Anwendung kommt im Gegensatz zur synthetischen Methode, vielmehr will man damit nur den mehr theoretischen Charakter der betreffenden höheren Mechanik andeuten.

Bei den von Newton für die Mechanik aufgestellten drei Prinzipien ließ man es jedoch nicht bewenden. So hat neuerdings der Physiker Hertz[2]) in scharfsinniger Weise gezeigt, wie man in der Mechanik auch mit einem einzigen Prinzip auskommen könnte.

Endlich hat man es auch unternommen, die Mechanik ihrer physikalischen Grundlage ganz zu entheben und sie nicht mehr aufzufassen als die Lehre von den Bewegungen der Körper in der Natur, sondern als eine abstrakte Wissenschaft, die sich mit gedachten Bewegungen hypothetischer Raumgebilde beschäftigt. Eine solche Mechanik, theoretische Mechanik genannt, ist dann kein Teil der Physik mehr, sondern eine besondere Wissenschaft, die der Physik als Grundlage dient; sie ist eine Mechanik allgemeinster Art, von der die gewöhnliche oder physikalische Mechanik nur einen speziellen Fall bildet. So wird in der theoretischen Mechanik beispielsweise die Masse eines materiellen Punktes lediglich als Koeffizient aufgefaßt, durch den einem geometrischen Punkt ein gewisser Wert beigelegt wird, und die Kraft definiert als Produkt aus Masse und Beschleunigung, wobei mit Rücksicht darauf, daß es Beschleunigungen verschiedener Ordnung gibt, auch Kräfte verschiedener Ordnung unterschieden werden können.

Aber nicht bloß in theoretischer Beziehung hat die Mechanik in der Neuzeit eine bedeutende Weiterentwickelung erfahren, sondern auch nach der Seite der praktischen Anwendungen hin. So gab die mächtig emporstrebende Technik Anlaß zur Bearbeitung der verschiedensten mechanischen Probleme und weiterhin zur Ausgestaltung einer besonderen, den Bedürfnissen des Technikers möglichst entsprechenden Mechanik, der sogenannten technischen Mechanik. Diese auf physikalischer Grundlage ruhende tech-

---

[1]) Näheres über die Entwickelung der Mechanik hauptsächlich in Dühring, „Kritische Geschichte der allgemeinen Prinzipien der Mechanik" und in Mach, „Die Mechanik in ihrer Entwickelung".
[2]) Hertz, Gesammelte Werke. Bd. III „Die Prinzipien der Mechanik".

nische Mechanik, die eine der Hauptgrundlagen des Bau- und Maschinenwesens bildet, wird sowohl als Elementarmechanik, wie auch als höhere oder rationelle Mechanik dargelegt; es kommt hier eben darauf an, welcher Kategorie von Technikern sie zu dienen hat. Bei der für den Ingenieur bestimmten technischen Mechanik muß angesichts der dem Ingenieur gestellten Aufgaben unbedingt der höhere Standpunkt eingenommen werden, gehört doch auch die höhere Mathematik zum unentbehrlichen Rüstzeug des Ingenieurs.

2. Kapitel.

Kraft, Raum, Zeit. Statische und dynamische Kräfte.

4. Ausgangspunkt des Kraftbegriffes. Merkmale einer Kraft. Kraftmessung. Krafteinheit. Darstellung durch einen Vektor. Was wir beim Spannen oder Zusammendrücken einer Feder empfinden, beim Biegen eines Stabes, beim Abschieben einer Kegelkugel, beim Auffangen eines Schwungballes usf. nennen wir eine Kraft und sagen, die Kraft sei die Ursache, die Formänderung oder die Änderung des Bewegungszustandes die Wirkung. Wenn wir also von Kräften sprechen, so ist uns das nichts Fremdes; wir haben in den Muskeln einen besonderen Kraftsinn, wir üben selbst Kräfte aus nach unserem Willen und fühlen die Kräfte, die als ein äußerer Zwang auf uns einwirken. Dieser Zwang wird von anderen Körpern auf den unsrigen ausgeübt, indem sie ihn festhalten oder in seiner Bewegung beeinflussen. Sind wir nicht selbst mit unserem Körper an der Formänderung oder der Änderung des Bewegungszustandes beteiligt, so denken wir uns unsere Muskelempfindung eingeschaltet und bringen den mechanischen Vorgang so unserer Auffassung nahe, z. B. die Spannkraft im Stab eines Fachwerkes oder in der Kupplung zwischen 2 Eisenbahnwagen, ja sogar die Anziehung oder Abstoßung zweier magnetischer oder elektrisch geladener Massen und zweier Himmelskörper, und schließlich Kräfte zwischen den kleinsten Stoffteilchen, den Molekülen, die die Phantasie der Gelehrten geschaffen hat, um manche sinnlich nicht wahrnehmbare Vorgänge durch ein mechanisches Gleichnis zu versinnlichen und zu erklären. Unser Muskelsinn ist aber zur Vergleichung der Kräfte aus einfachen Gründen nicht geeignet;

wir brauchen zur Kraftvergleichung oder -messung ein objektives Kennzeichen, das immer zuverlässige und eindeutige Angaben zu machen gestattet.

Eine Kraft ist durch Größe, Richtung, Sinn und Angriffspunkt gekennzeichnet.

Wir werden uns zuerst mit der Messung der Größe einer Kraft beschäftigen. Statt daß wir eine vertikal aufgehängte Schraubenfeder mit unserer Muskelkraft verlängern, hängen wir ein Gewichtstück an, das vermöge der Anziehungskraft der Erde die gleiche Verlängerung hervorruft; beide Kräfte nennen wir dann gleich groß. Eine $n$fache Kraft wird ausgeübt, wenn wir n unter sich gleiche Gewichtstücke, mit anderen Worten die $n$fache Masse oder Stoffmenge anhängen, die wir vorher auf der bekannten gleicharmigen Wage hinsichtlich ihrer Gleichheit geprüft haben. Bei diesem Abwägen gleicher Stoffmengen machen wir leicht die Wahrnehmung, daß es hierbei auf Form, Größe, Farbe und chemische Beschaffenheit u. a. m. nicht ankommt. Als Vergleichsmasse nehmen wir vorläufig vorbehaltlich späterer Zusätze, die Masse des in Paris aufbewahrten Ur-kg-Stückes an, das, auf der Hebelwage verglichen, einem Liter Wasser von 4^0 C gleichwertig ist. Da nun jeder Kraft eine bestimmte Ausdehnung der Feder entspricht, die man an einer Skala markieren kann, so besitzt man in der Feder ein Mittel zur Kraftmessung, ein sog. Dynamometer.

Auf den Schalen einer gleicharmigen Wage liege je 1 kg-Masse, anderseits sei eine gleich große Masse an einer Feder aufgehängt; bringt man Wage und Feder an verschiedene Orte der Erde, so ändert sich an der Wage nichts, während die Feder, deren Temperatur gleich bleiben möge, andere, wenn auch nur wenig verschiedene Anzeigen macht; die populäre Ausdrucksweise dafür lautet: Die Masse oder Stoffmenge eines Körpers ist überall gleich groß, das Gewicht derselben Masse, d. i. die von der Erde auf diese ausgeübte Anziehung ist jedoch verschieden; sie ändert sich mit der geographischen Breite und der Höhenlage des Erdortes. Man ist hier noch zum Zwecke eindeutiger Aussagen genötigt, als Krafteinheit die Erdanziehung auf ein kg-Stück an einer ganz bestimmten Stelle der Erdoberfläche zu definieren; man hat eine Stelle vereinbart, wo die Beschleunigung eines freifallenden Körpers $g = 9,81$ [m/sec^2] beträgt (vgl. **143**); diese Krafteinheit heißt kurz „1 kg-Gewicht". Streng genommen müßte man alle Dynamometerskalen mit der an dem bezeichneten Erdort erhaltenen Skala eichen; da aber das Gewicht von 1 kg-Masse am Äquator nur um rd. 5 g kleiner ist als am Pol, so darf man im technischen Gebrauch von den kleinen Verschiedenheiten der Erdanziehung absehen und

8   Kraft, Raum, Zeit. Statische und dynamische Kräfte.

pflegt unter 1 kg-Gewicht die auf der Erdoberfläche überall als konstant angenommene Erdanziehung auf 1 kg-Masse anzunehmen.

Wir kehren zu der genaueren Auffassung zurück und stellen die grundsätzliche Verschiedenheit der Messungen mit gleicharmiger Hebelwage und Dynamometer fest: mit der Wage können **Massen verglichen** werden, mit dem Dynamometer werden **Kräfte gemessen**. Der eigentliche Sinn des Begriffes „Masse" wird erst ganz klar, wenn man auf die dynamischen Wirkungen der Kräfte eingeht. Solange man nur die statischen Wirkungen betrachtet, wie es in den nächsten Kapiteln der Fall sein wird, genügt das eben Gesagte.

Da wo eine Kraft angreift, liegt ihr sog. Angriffspunkt; befestigt man dort einen Faden und übt einen Zug aus, so gibt der gespannte Faden die **Richtung** des Zuges an. Wäre der Faden druckfest und an der Befestigungsstelle gelenkig, so könnte in derselben Richtung wie zuvor ein Druck ausgeübt werden. Wir haben demnach auf einer und derselben Kraftrichtung zweierlei **Kraftsinne** zu unterscheiden. Eine Kraft kann durch eine „Strecke" oder einen „Vektor" dargestellt werden, beide haben die gleichen Merkmale: Größe, Richtung und Sinn. Man wählt zur Darstellung einen Kräftemaßstab, z. B. 1 mm = 100 kg, zeichnet in der Kraftrichtung eine Gerade und trägt auf dieser z. B. für 10000 kg Kraft eine Länge von 100 mm auf; den Kraftsinn bezeichnet man durch eine Pfeilspitze. Die Gerade, in der eine Kraft wirkt, heißt deren **Wirkungslinie**.

Eine Kraft, die fortwährend Richtung und Größe beibehält, wird konstant genannt, sonst veränderlich.

5. Prinzip der Gegen- oder Wechselwirkung. (Aktion und Reaktion.) Wir betrachten nochmals einen durch ein Gewicht gespannten elastischen Faden, der an einem Ende aufgehängt ist. Den Faden selbst wollen wir der Einfachheit halber gewichtlos annehmen. Bis jetzt war stets nur von einer Kraft die Rede, die den Faden spannt, es war die vertikal abwärts wirkende Last. Entfernen wir jedoch den oberen Aufhängepunkt und halten den Faden derart fest, daß sich an seinem bisherigen Zustand nichts ändert, so müssen wir zu diesem Zweck einen vertikal aufwärts gerichteten Zug ausüben. Es ist also am Faden außer der ersten Kraft noch eine zweite dieser entgegengesetzt tätig. Da der Dehnungszustand des Fadens der gleiche ist wie zuvor, so ist auch die anspannende Kraft die gleiche, wie die des Gewichtes, das wir von Anfang an als Ursache der Fadendehnung angesehen haben.

Es kommt auch offenbar hinsichtlich der erforderlichen Kraft auf das gleiche hinaus, ob man das eine Ende festhält und das andere belastet, oder umgekehrt, wenn nur die Fadendehnung beidemal gleich groß ist. Denkt man sich den Faden druckfest, so läßt sich das Gesagte auf diesen Fall wörtlich übertragen. Drückt man mit der Hand gegen eine feste Wand, so fühlt man einen Widerstand, der auch dadurch zuwege kommt, daß man auf eine bewegliche Wand drückt, während jemand dahinter steht und durch einen Gegendruck von gleicher Größe und Richtung die Bewegung verhindert. Man denke noch an eine Brücke und ihr Auflager, an eine Maschinenwelle und ihre Lagerstellen, ja selbst an zwei Magnetpole, zwei Weltkörper, zwischen die man durch ein Zugband oder eine Druckstange eine ideelle Verbindung bringt: man erkennt aus all diesen Beispielen: eine Kraft tritt nie allein auf, sondern stets zusammen mit einer gleich großen und entgegengesetzten Kraft; Kraft und Gegenkraft, Aktion und Reaktion, zwischen zwei Körpern sind gleich groß. Dies ist das von Newton herrührende Gegen- oder Wechselwirkungsprinzip. Dasselbe wird besonders deutlich und bestimmt, wenn man auf die inneren Kräfte übergeht. Unter äußeren Kräften verstehen wir solche, die ein Körper von einem anderen aus erfährt; die inneren Kräfte entstehen im Inneren eines Körpers von festem Zusammenhang, wenn dieser von äußeren Kräften ergriffen wird. Die hierauf bezüglichen Darlegungen kann man später in **222** nachlesen. Vgl. **146**.

Der vorhin betrachtete Faden mit den beiden gleich großen und entgegengesetzten Kräften an seinen Enden bleibt in Ruhe. Er ändert seinen Zustand und seine Lage gegenüber der Umgebung nicht, so lange die Kräfte ungeändert bleiben. Man benützt für eine solche Sachlage die Ausdrucksweise: Zwei gleich große und entgegengesetzte Kräfte mit gleicher Wirkungslinie halten sich an einem Körper das Gleichgewicht, und umgekehrt: Halten sich zwei Kräfte an einem Körper das Gleichgewicht, so sind sie gleich groß, haben die gleiche Wirkungslinie und entgegengesetzten Wirkungssinn. Das gilt, wie leicht einzusehen, unabhängig von der Form und Größe des belasteten Körpers, unabhängig davon, ob er mehr oder weniger elastisch ist, also auch dann, wenn er ganz starr wäre, d. h. durch keine noch so große Kraft eine Formänderung erlitte. Letzteres nimmt man mit Vorteil stets dann an, wenn man übersieht, daß es auf die Formänderung gar nicht ankommt; indem man so etwas für die besondere Aufgabe Unwesentliches wegläßt, vereinfacht man diese und kann seine Gedanken auf das Wesentliche vereinigen.

Die beiden oben gesperrt gedruckten Sätze bleiben auch dann noch richtig, wenn die Entfernung der Angriffspunkte der beiden Kräfte kürzer und kürzer wird und schließlich auf einen mathematischen Punkt zusammenschrumpft; an einem und demselben Punkt halten sich zwei gleich große und entgegengesetzte Kräfte das Gleichgewicht, sie heben sich gegenseitig auf, üben also überhaupt keine Wirkung aus. Wir können also überall, wo es uns zweckdienlich erscheint, zwei gleich große und entgegengesetzt wirkende Kräfte hinzudenken, weil dadurch an dem vorher bestehenden Zustand der Ruhe oder Bewegung nichts geändert wird, weil eben tatsächlich damit gar nichts geschieht. Davon werden wir sehr häufig und mit großem Nutzen Gebrauch machen können.

6. Das Trägheitsgesetz. In den folgenden Kapiteln wird zuerst die Statik, d. h. die Lehre vom Gleichgewicht der Kräfte behandelt. Um klar zu bleiben, müssen wir uns davon Rechenschaft geben, was man unter dem Gleichgewichtszustand eines Körpers verstehen will. Es ist der Ruhezustand und der Zustand der gleichförmigen Bewegung. Der Ruhezustand ist schon als Gleichgewichtszustand bezeichnet worden; dabei sind am betrachteten Körper entweder gar keine Kräfte tätig, oder solche, die sich gegenseitig aufheben und keinen den Ruhezustand störenden Überschuß haben.

Bezüglich des Zustandes der gleichförmigen Bewegung, mit dem wir bei der Lehre von den Maschinen zu tun haben werden, klären uns einige Tatsachen am schnellsten auf. Über eine drehbar gelagerte Rolle ist ein Faden gelegt, an dessen Enden zwei gleiche Gewichte gleichzeitig und vorsichtig angehängt werden. Es herrscht dann Gleichgewicht und Ruhe, die so lange erhalten bleibt, als an den wirklichen Kräften nichts geändert wird. Das ist der uns schon als Gleichgewichtsfall bekannte Ruhezustand. Läßt man nun auf der einen Seite eine zusätzliche Kraft auf einem gewissen Weg oder während einer gewissen Zeit einwirken, so werden die beiden Gewichte in Bewegung gesetzt. Von dem Augenblicke an, in dem die Kraft zu wirken aufhört, kann man mit Hilfe geeigneter Vorkehrungen beobachten, daß die Bewegung gleichförmig weiterverläuft, d. h. daß die Gewichte in gleichen Zeiten gleiche Wegstrecken zurücklegen.

Bei feiner Beobachtung würde man freilich finden, daß die Bewegung verlangsamt wird; man wird aber bald bemerken, daß dies um so weniger der Fall ist, je leichter sich die Rolle in ihren Lagern dreht, und man faßt die Überzeugung, daß wenn die Rolle sich ganz ungehindert drehen könnte, wenn ferner der Faden ganz biegsam wäre und die Luft der Bewegung keinen Widerstand entgegensetzte, die Bewegung absolut gleichförmig sein und bleiben müßte; ohne hemmende oder treibende Kraft würde also die Bewegung fortdauernd gleichförmig sein. Die hierbei an der Vorrichtung tätigen Kräfte sind die gleichen, wie im früher betrachteten Ruhezustand, und sind als statische Kräfte zu bezeichnen. Wir haben also nicht nur diesen letzteren, sondern auch die gleichförmige Bewegung als einen Gleichgewichtsfall anzusprechen. Wir bezeichnen sie mit dem Sammelnamen: Beharrungszustand. Dynamische Kraftwirkungen wären dagegen die, die einen ruhenden Körper in Bewegung setzen, oder eine ungleichförmige Bewegung hervorrufen, wobei die Bewegung beschleunigt oder verzögert werden kann.

Es erscheint zweckmäßig, daß der Studierende, schon ehe er die Statik in Angriff nimmt, den Unterschied zwischen statischen und dynamischen Kräften kennen lernt, weshalb das Trägheitsgesetz schon hier in seinem ganzen Umfang mitgeteilt wird. Wir müssen uns jetzt noch darüber klar werden, daß nicht allein zur Änderung der Geschwindigkeit eines geradlinig sich bewegenden Körpers Kräfte nötig sind, sondern auch zur Änderung der Bewegungsrichtung, also zur Erzeugung einer krummlinigen Bewegung. Dies geht aus folgendem Versuch hervor. Durch eine horizontale festliegende berußte Glasplatte geht eine Drehachse, auf der ein Kurbelarm steckt. In einiger Entfernung von der Achse befindet sich im Arm eine Vertiefung, in diese ist ein Kügelchen frei hineingelegt. Bei langsamer Umdrehung wird das Kügelchen im Kreis herumgeführt; es ändert seine Bewegungsrichtung fortwährend; sie fällt jederzeit mit der augenblicklichen Tangentenrichtung zusammen. Bei genügend rascher Drehung verläßt das Kügelchen die Vertiefung und zeichnet auf der Glastafel eine gerade Tangente an den vorher durchlaufenen Kreis in der Bewegungsrichtung des frei gewordenen Kügelchens. **Das frei bewegliche Kügelchen bewegt sich also geradlinig in der ihm augenblicklich eigenen Bewegungsrichtung**, und wie wir dem oben Gesagten gemäß hinzufügen dürfen, **mit gleichförmiger Geschwindigkeit**. Das hiermit beschriebene Trägheitsgesetz lautet: **Ein bewegter Körper verharrt in gleichförmiger geradliniger Bewegung, wenn keine äußeren Kräfte auf ihn einwirken, oder solche, die sich an ihm aufheben.** Kräfte, die diesen Bewegungszustand ändern, heißen **dynamische** Kräfte und sind entweder beschleunigende bzw. verzögernde Kräfte, wenn sie in der Bewegungsrichtung wirken, oder ablenkende Kräfte, wenn sie auf der augenblicklichen Bewegungsrichtung senkrecht stehen. Statische Kräfte sind demnach solche, die an einem ruhenden oder gleichförmig und geradlinig bewegten Körper angreifen; dynamische Kräfte treten auf, wenn ein Körper nicht gleichförmig oder nicht geradlinig bewegt wird; nach welcher Maßbeziehung dies geschieht, ist später anzugeben.

Die Formänderung durch eine statische Kraft muß sich so langsam ausbilden, daß der Körper während des Aufbringens der Last nicht in Schwingung gerät; eine Schwingung ist eine ungleichförmige Bewegung, deren Untersuchung eine Aufgabe der Dynamik ist. Die Formänderung durch eine Änderung der Temperatur wird hier nicht betrachtet.

Bei näherem Zusehen bemerken wir leicht, daß die angeführten Experimente für das Trägheitsgesetz nicht beweiskräftig sind; wir sind gar nicht imstande, eine absolut geradlinige gleichförmige Bewegung herzustellen. Dreht sich doch z. B. die berußte Glasscheibe bei unserem zweiten Experiment mit der Erde und die aufgeschriebene Linie kann gar keine mathematisch genaue Gerade sein. Trotzdem hegen wir keinen Augenblick einen Zweifel an der Zweckmäßigkeit, das Trägheitsgesetz wie oben formuliert zu haben; es beirrt uns nicht, daß wir bei den Versuchen von störenden Einflüssen abstrahieren mußten. Wir sind auch sicher, daß keinerlei Beobachtung die obige Formulierung des Trägheitsgesetzes umstoßen kann, und wir sprechen, angeregt durch die Beobachtung, mit der Sicherheit einer Definition aus: Wenn an einem Körper keine Kraft angreift, also das fehlt, oder gleich und entgegengesetzt vorhanden ist, was wir von unserer Muskelempfindung her kennen, so ist der Körper in Ruhe oder in geradliniger gleichförmiger Bewegung, kurz im Beharrungszustand. Jede Änderung des Beharrungszustandes schreiben wir einer Kraft zu. Vgl. S. 6.

7. Raum- und Zeitmessung. Unser Raum- und Zeitsinn befähigt uns nur, Raumgrößen und Zeiträume ungefähr zu vergleichen, es muß daher ein objektives Maß vereinbart werden.

Die Längeneinheit, das Meter (m), ist durch die Länge eines in Paris aufbewahrten Platin-Iridiumstabes verkörpert, wenn dessen Temperatur 0^0 C beträgt. Die tausendfache Länge heißt Kilometer (km), der 100., 1000. Teil Zentimeter und Millimeter, (cm) und (mm); der tausendste und millionste Teil des Millimeters heißt μ und $\mu\mu$. Als Urmaß ist auch schon ein bestimmtes Vielfaches der Wellenlänge einer bestimmten Lichtart vorgeschlagen worden. Das wäre ein Naturmaß statt eines Prototypes.

Die Zeiteinheit wird durch die Zeitdauer dargestellt, die verstreicht, wenn ein periodisch sich bewegender Körper, ein Pendel, die Unruhe einer Taschenuhr, die um ihre Achse sich drehende

Erde, die um die Sonne kreisende Erde eine bestimmte Lage relativ zu bestimmten anderen Körpern wieder einnimmt. Dabei ist von vornherein angenommen, der Zeitraum zwischen der Wiederkehr je zweier aufeinanderfolgender Deckungslagen sei gleich groß. Trotz der hierin liegenden logischen und tatsächlichen Schwierigkeit wird man nichts anderes machen können, als eine **Normaluhr** zu vereinbaren, von der man am ehesten annehmen kann, daß sie richtig geht. Als diese Normaluhr sieht man die sich um ihre Achse drehende Erde an und definiert als 1 Tag = 24 Std. = 24·60 Minuten = 24·60·60 Sekunden, die Zeit einer Umdrehung. Irgendeine mit der Erde fest verbundene Richtung ist der Uhrzeiger, der nach einem Tag genau die gleiche Richtung einnimmt, und zwar gegenüber dem als ruhend angenommenen Fixsternenhimmel. Die Ausführung dieser Messung haben die Astronomen zu übernehmen, die zwei aufeinanderfolgende Meridiandurchgänge eines Fixsternes bzw. der Sonne beobachten. Die im ersteren Fall verstreichende Zeit heißt ein **Sterntag**, im letzteren Fall ein **Sonnentag**, im Jahresmittel ein mittlerer Sonnentag, dessen 86400. Teil die praktisch gebrauchte Zeitsekunde ist. 365 Sonnentage sind 366 Sterntagen gleich.

Wir zweifeln zwar keinen Augenblick, daß es gleich große Zeiten gebe; wie aber die Gleichheit tatsächlich nachgewiesen wird, darin liegt die Schwierigkeit.

I. Abschnitt.

Statik.

3. Kapitel.

Die Zusammensetzung und das Gleichgewicht der Kräfte.

§ 1. Zusammensetzung von Kräften, die einen Punkt angreifen und in einer Ebene liegen.

Die Kraft, die zwei andere am gleichen Punkt angreifende Kräfte ersetzt oder, in umgekehrter Richtung wirkend ins Gleichgewicht setzt, heißt deren Resultante (Resultierende, Mittelkraft). Die gleich große Gegenkraft, die die ursprünglichen Kräfte ins Gleichgewicht setzt, nennt man Gegenresultante.

8. Der Satz vom Parallelogramm der Kräfte. Die Resultante R zweier Kräfte P_1 und P_2, die einen und denselben Punkt A nach verschiedenen Richtungen angreifen, ist sowohl nach Richtung als nach Größe ausgedrückt durch die von A ausgehende Diagonale des aus den Kraftstrecken P_1 und P_2 gebildeten Parallelogrammes (Fig. 1).

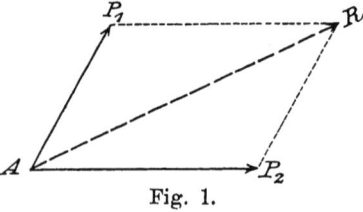

Fig. 1.

Damit ist der zunächst als Axiom zu betrachtende Satz vom Parallelogramm der Kräfte zum Ausdruck gebracht.

9. Graphische Zusammensetzung der Kräfte. Handelt es sich um die Zusammensetzung der Kräfte P_1, P_2, P_3, P_4 (Fig. 2), die alle den Punkt A angreifen, so wird man, falls die Kräfte graphisch, d. h. auf der Zeichnung als Kraftstrecken gegeben sind, die Resultante R dieser Kräfte P zweckmäßigerweise auch auf

§ 1. Zusammensetzung von Kräften, die einen Punkt angreifen usw.   15

graphischem Wege bestimmen. Dabei ist es am nächstliegenden, unter Benutzung des Satzes vom Kräfteparallelogramm durch aufeinanderfolgendes Zusammensetzen von je zwei Kräften die Gesamtresultante R zu konstruieren (Fig. 2). Berücksichtigt man aber, daß die gesuchte Resultante R durch die Lage des Punktes B_4 des Linienzuges AB_1B_2-B_3B_4 (Fig. 2) bestimmt ist, dessen einzelne Strecken gleich und parallel den gegebenen Kraftstrecken P

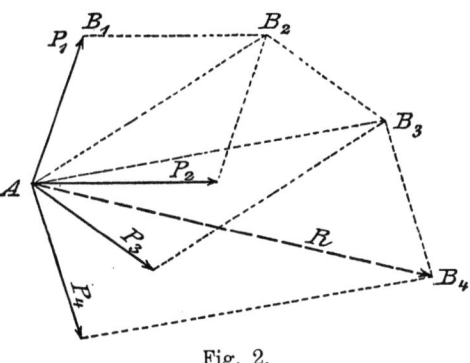

Fig. 2.

sind, so erhält man die Resultante der Kräfte P einfacher, indem man, von A ausgehend, die einzelnen Kraftstrecken in der Richtung der betreffenden Kräfte aneinander aufträgt (Fig. 3) und den Anfangspunkt A dieses Kräftezuges mit dem Endpunkt B_4 desselben verbindet. Durch die Verbindungslinie AB_4 ist dann die Resultante R der Kräfte P nach Richtung und Größe bestimmt. In welcher Reihenfolge hierbei die einzelnen Kraftstrecken aufgetragen werden, ist gleichgültig. Den Kräftezug $AB_1 \ldots B_4$

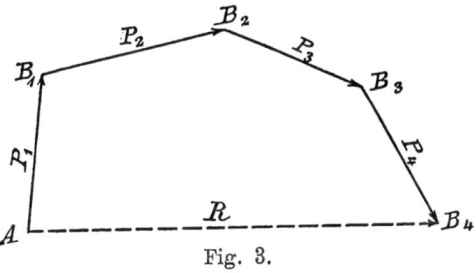

Fig. 3.

Fig. 2 und 3 nennt man das Krafteck oder Kräftepolygon, und die Verbindungslinie AB_4 die Schlußlinie des Kraftecks. **Die Resultante R der den Punkt A angreifenden Kräfte P ist also nach Größe und Richtung ausgedrückt durch die vom Anfangspunkt des Kraftecks aus gezogene Schlußlinie des letztern.**

Wirken die zusammenzusetzenden Kräfte P in einer und derselben Geraden, so fällt auch das Kräftepolygon in eine Gerade, dabei erkennt man, daß die gesuchte Resultante gleich der algebraischen Summe der Komponenten ist, wenn man diejenigen der letzteren, die nach der einen Seite der gemeinschaftlichen Wirkungslinie gerichtet sind, als $+$, die entgegengesetzt wirkenden als $-$ bezeichnet. Die Resultante ist dann nach derjenigen Seite gerichtet. deren Vorzeichen sie trägt.

10. Graphische Gleichgewichtsbedingung. Kommt bei der Konstruktion des Kraftecks dessen Endpunkt auf den Anfangspunkt zu liegen, so ist die Resultante R der Kräfte $P=0$, d. h. es sind die Kräfte P im Gleichgewicht. Damit ergibt sich als graphische Gleichgewichtsbedingung für Kräfte in der Ebene, die einen und denselben Punkt angreifen: **Es muß das Krafteck sich schließen.** Z. B. sind drei denselben Punkt angreifende Kräfte $P_1 P_2 P_3$ nur dann im Gleichgewicht, wenn sich das Kräftedreieck schließt. Sind $\alpha_1 \alpha_2 \alpha_3$ die den Seiten $P_1 P_2 P_3$ gegenüberliegenden Winkel, so ist nach dem Sinussatz der Trigonometrie:

$$P_1 : P_2 : P_3 = \sin \alpha_1 : \sin \alpha_2 : \sin \alpha_3.$$

Auf dieselbe Weise bestätigt man auch, **daß zwei gleiche, einen und denselben Punkt in entgegengesetzten Richtungen angreifende Kräfte sich im Gleichgewicht befinden.**

11. Zerlegung einer Kraft. Der Satz vom Parallelogramm der Kräfte zeigt uns auch, wie eine Kraft R in 2 Komponenten oder Seitenkräfte P_1 und P_2, deren Richtungslinien vorgeschrieben sind, oder wie man kürzer zu sagen pflegt, in ihre Komponenten nach zwei Achsen zerlegt werden kann. Man ersieht nämlich aus dem Kräfteparallelogramm ohne weiteres, daß die gesuchten Komponenten nichts anderes sind als die Projektionen der zu zerlegenden Kraft R auf die beiden gegebenen Richtungslinien, wobei diese letzteren zugleich wechselseitig die Projektionsrichtungen angeben. Häufig ist in der Mechanik ohne weitere Beifügung von der Komponente einer Kraft nach einer bestimmten Achse die Rede. In diesem Falle ist dann immer die Orthogonalprojektion der Kraft auf die betreffende Achse gemeint.

Wird zu gegebenen Kräften P, für die das Kräftepolygon die Kraft R als Resultante ergeben hat, noch eine Kraft R' gleich und entgegengesetzt R, d. h. die umgekehrte Kraft R oder die sogenannte Gegenresultante hinzugefügt, so hat man ein Kräftesystem, für das das Kräftepolygon sich schließt; es sind daher die Kräfte P mit ihrer Gegenresultanten im Gleichgewicht. Das können wir benutzen, um auf graphischem Wege eine gegebene Kraft R in beliebig viele Komponenten P zu zerlegen. Man wird einfach ein geschlossenes Polygon konstruieren, in dem die umgekehrte Kraft R, also die Kraft R', eine Seite bildet und die übrigen Polygonseiten parallel den vorgeschriebenen Richtungslinien gezogen sind. Die betreffenden Seiten dieses Polygons geben dann die gesuchten Komponenten zunächst nach Größe an. Um nun auch die Richtungen der Komponenten zu erhalten, beachtet man, daß in dem zur Konstruktion der Resultanten R dienenden Kräfte-

§ 1. Zusammensetzung von Kräften, die einen Punkt angreifen usw.

polygon (Fig. 3) die Kraftpfeile alle im gleichen Sinn aufeinanderfolgen und, vorliegenden Falles dieser Sinn durch die Richtung der Kraft R' festgesetzt ist. Bei Anwendung dieses Verfahrens zeigt es sich aber auch, daß die Aufgabe, eine Kraft in Komponenten zu zerlegen, die mit ihr in einer und derselben Ebene sich befinden, nur dann eine **eindeutige** Lösung zuläßt, wenn die Zerlegung in nicht mehr als zwei Komponenten von gegebener Richtung erfolgen soll.

12. Analytische Zusammensetzung der Kräfte. Soll die Resultante R der den Punkt A angreifenden Kräfte $P_1 P_2 P_3 \ldots$ auf **analytischem** Wege festgesetzt werden, so müssen auch die Kräfte P **analytisch** gegeben sein, d. h. man muß außer den **Größen** dieser Kräfte noch die **Winkel** derselben mit einer bestimmten von A aus gezogenen Richtung kennen. Nehmen wir den gemeinschaftlichen Angriffspunkt A als Ursprung eines rechtwinkligen Koordinatensystems an, dessen $+x$-Achse durch eine uhrzeigermäßige Drehung um 90^0 in die $+y$-Richtung gelangt, so bestimmen wir die Richtungen der Kräfte P dadurch, daß wir die von A ausgehende $+x$-Achse im Sinne der Zeiger einer Uhr um A drehen, bis sie mit der von A wegführenden Kraftrichtung zusammenfällt, und dann die Winkel messen, die bei der Drehung beschrieben werden. Diese Winkel pflegt man die **Richtungswinkel der Kräfte** zu nennen.

Sind $\alpha_1 \alpha_2 \alpha_3 \ldots$ die Winkel der Kräfte $P_1 P_2 P_3 \ldots$ mit der $+x$-Achse, so ergeben sich als Komponenten dieser Kräfte nach den Koordinatenachsen:

$$X_1 = P_1 \cos \alpha_1; \quad X_2 = P_2 \cos \alpha_2; \quad X_3 = P_3 \cos \alpha_3; \quad \ldots$$
$$Y_1 = P_1 \sin \alpha_1; \quad Y_2 = P_2 \sin \alpha_2; \quad Y_3 = P_3 \sin \alpha_3; \quad \ldots$$

Damit hat man an Stelle der ursprünglich gegebenen Kräfte P eine Reihe von Kräften, die in der x-Achse wirken, und eine Reihe von Kräften in der y-Achse wirkend. Setzt man nun die in der x-Achse wirkenden Kräfte zusammen zu der Resultanten X und die in der y-Achse wirkenden zur Resultanten Y, wobei man erhält:

$$X = X_1 + X_2 + \ldots = \Sigma P_i \cos \alpha_i \text{ und } Y = Y_1 + Y_2 + \ldots = \Sigma P_i \sin \alpha_i,$$

so sind die sämtlichen Kräfte P reduziert auf die beiden Kräfte X und Y, die senkrecht aufeinanderstehen. Hierbei ist $i = 1, 2, 3 \ldots$ zu setzen. Die Resultante R dieser beiden letzteren Kräfte ist dann auch die gesuchte Resultante der Kräfte P. Für die **Größe** von R ergibt sich demgemäß:

$$R = \sqrt{X^2 + Y^2}.$$

18 Statik. Die Zusammensetzung und das Gleichgewicht der Kräfte.

Um nun auch die Richtung von R zu erhalten, bestimmt man den Richtungswinkel φ von R aus den Gleichungen:

$$\cos\varphi = \frac{X}{R} \quad \text{und} \quad \sin\varphi = \frac{Y}{R},$$

in welchen Gleichungen die Vorzeichen von X und Y zu berücksichtigen sind, während für R der Absolutwert zu nehmen ist. Mit dem Cosinus und Sinus des Winkels ist aber der Winkel selbst in unzweideutiger Weise festgesetzt.

In dieser Darstellung ist P stets ein Absolutwert; die Richtung der Kraft wird ausschließlich durch den Sinus und Cosinus des Richtungswinkels bestimmt. So bedeutet z. B. $X = P \cdot \cos 0 = +P$ eine von A aus in der $+x$-Richtung wirkende Kraft von der Stärke P; $Y = P \sin 270^0 = -P$ eine in der $-y$-Richtung wirkende Kraft P. Oft benutzt man statt dieser strengen Auffassungsweise die bequeme: eine in der $+x$-Richtung wirkende Kraft ist positiv, eine entgegengesetzte negativ in die obigen Gleichungen einzusetzen. Für α ist dann der spitze Winkel zwischen der x-Achse und der Kraftrichtung zu nehmen.

Die strenge, geordnete Auffassungsweise wird immer benützt, wenn ausgedehnte Berechnungen mit algebraischen Symbolen auszuführen sind.

13. Analytische Gleichgewichtsbedingungen. Die Bedingung für das Gleichgewicht von Kräften in der Ebene, die einen und denselben Punkt angreifen, ist: Die Resultante R der Kräfte muß $= 0$ sein, oder

$$0 = R = \sqrt{X^2 + Y^2},$$

womit:

$X = 0$ und $Y = 0$ oder $\Sigma P_i \cos \alpha_i = 0$ und $\Sigma P_i \sin \alpha_i = 0$,

wobei wieder $i = 1, 2, 3 \ldots$ zu setzen ist, d. h. in Worten:

Es muß die algebraische Summe der Komponenten sämtlicher Kräfte nach zwei aufeinander senkrecht stehenden Achsen je $=0$ sein. Oder auch: Es muß die algebraische Summe der Projektionen sämtlicher Kräfte auf zwei aufeinander senkrecht stehende Achsen je $=0$ sein.

Wirken die gegebenen Kräfte alle in einer und derselben Geraden, so hat man, in Übereinstimmung mit dem in 9 Gesagten, als einzige Gleichgewichtsbedingung:

Es muß die algebraische Summe der gegebenen Kräfte $=0$ sein, wobei die nach der einen Seite gerichteten Kräfte als $+$, die entgegengesetzt wirkenden als $-$ zu bezeichnen sind.

§ 2. Zusammensetzung von Kräften mit gemeinschaftlichem Angriffspunkt, die nicht in einer Ebene wirken.

14. Satz vom Parallelepiped der Kräfte. Soll die Resultante R der drei Kräfte $P_1 P_2 P_3$, die einen und denselben Punkt A angreifen, aber nicht in der gleichen Ebene wirken, bestimmt werden, so setze man mittels des Kräfteparallelogrammes zunächst die beiden Kräfte P_1 und P_2 zur Resultanten R_1 zusammen und hierauf R_1 mit der dritten der Kräfte P, mit P_3, zu der Resultanten R, dann stellt die letztere Kraft R die gesuchte Resultante der 3 Kräfte P_1, P_2 und P_3 vor. Hierbei zeigt nun Fig. 4, daß R ausgedrückt ist durch die von A ausgehende Diagonale eines Parallelepipeds, für das der Angriffspunkt A der Kräfte P eine Ecke ist und die von A ausgehenden Kanten von den Kraftstrecken $P_1 P_2 P_3$ gebildet werden. Damit ist der Satz vom Parallelepiped der Kräfte zum Ausdruck gebracht.

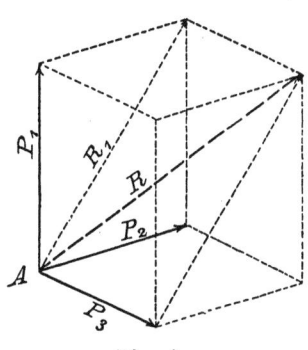

Fig. 4.

Aus Fig. 4 geht aber auch hervor, daß die Komponenten $P_1 P_2 P_3$ die Projektionen der Kraft R auf die drei in A sich schneidenden Geraden sind, in denen diese Kräfte P wirken. Stehen die drei Kräfte P senkrecht aufeinander, so bilden sie die Orthogonalprojektionen der Kraft R. Bezeichnet man in diesem Fall mit α, β, γ die Winkel von R mit den Komponenten $P_1 P_2 P_3$, so hat man

$$P_1 = R \cos \alpha; \quad P_2 = R \cos \beta; \quad P_3 = R \cos \gamma$$

und
$$R^2 = P_1^2 + P_2^2 + P_3^2$$

oder
$$R^2 = R^2 (\cos^2 \alpha + \cos^2 \beta + \cos^2 \gamma),$$

woraus
$$\cos^2 \alpha + \cos^2 \beta + \cos^2 \gamma = 1,$$

die bekannte Beziehung.

15. Zusammensetzung beliebig vieler Kräfte, die alle den gleichen Punkt A angreifen. Sollen die Kräfte $P_1 P_2 P_3 \ldots$ zu einer Resultanten R zusammengesetzt werden, so kann man wieder verfahren wie bei den Kräften in der Ebene, und unter Anwendung des Satzes vom Kräfteparallelogramm durch sukzessives Zusammensetzen von je zwei Kräften die Resultante R bestimmen. Es ergibt sich aber auch hier wieder, daß diese Resultante R ausgedrückt ist durch die Verbindungslinie des Punktes A mit dem Endpunkt des von A ausgehenden, durch die einzelnen Kraftgrößen und Kraftrichtungen bestimmten Krafteckes. Der Unterschied gegenüber von früher ist nur der, daß jetzt das Krafteck nicht mehr ein „ebenes", sondern ein „räumliches" ist. Damit zeigt sich aber die graphische Bestimmung der Resultanten vorliegenden Falles als ungeeignet. Man wird daher analytisch vorzugehen haben. Zu dem Ende nehmen wir den gemeinschaftlichen Angriffspunkt A als Ursprung eines rechtwinkligen räumlichen Koordinatensystems an und bezeichnen die Winkel der gegebenen Kräfte $P_1 P_2 \ldots$ mit den positiven Zweigen der Koordinatenachsen mit $\alpha_1, \beta_1, \gamma_1; \alpha_2, \beta_2, \gamma_2; \ldots$ Nunmehr zerlegt man jede der Kräfte P in ihre Komponenten nach den Koordinatenachsen, wobei man erhält:

$$X_1 = P_1 \cos \alpha_1; \quad Y_1 = P_1 \cos \beta_1; \quad Z_1 = P_1 \cos \gamma_1$$
$$X_2 = P_2 \cos \alpha_2; \quad Y_2 = P_2 \cos \beta_2; \quad Z_2 = P_2 \cos \gamma_2.$$

Setzt man jetzt die in der x-Achse wirkenden Kräfte zusammen zu der Resultanten

$$X = X_1 + X_2 + \ldots = \Sigma P_i \cos \alpha_i \quad \ldots \ldots (1)$$

und ebenso die in der y-Achse, sowie in der z-Achse wirkenden Kräfte zu den Resultanten Y, bzw. Z, die sich ergeben aus:

$$Y = Y_1 + Y_2 + \ldots = \Sigma P_i \cos \beta_i$$
$$\text{und} \quad Z = Z_1 + Z_2 + \ldots = \Sigma P_i \cos \gamma_i \quad \ldots (1)$$

wo $i = 1, 2, 3 \ldots$ ist, so hat man an Stelle der ursprünglich gegebenen Kräfte P die drei in den Koordinatenachsen wirkenden Kräfte X, Y, Z. Diese lassen sich aber nach dem Satz vom Kräfteparallelepiped zu einer Resultanten R vereinigen, welche Kraft R dann auch die Resultante der Kräfte P ist. Zur Bestimmung von R hat man zunächst

$$R = \sqrt{X^2 + Y^2 + Z^2} \quad \ldots \ldots (2)$$

Um auch die Richtung der Resultanten R oder die Winkel φ, χ, ψ, von R mit den positiven Zweigen der Koordinatenachsen zu erhalten, bemerken wir wieder, daß die Komponenten X, Y, Z von R nach den Koordinatenachsen auch die Projektionen von R auf diese Achsen sind. Man hat daher:

$$X = R \cdot \cos \varphi; \quad Y = R \cdot \cos \chi; \quad Z = R \cdot \cos \psi,$$

woraus $\quad \cos \varphi = \dfrac{X}{R}; \quad \cos \chi = \dfrac{Y}{R}; \quad \cos \psi = \dfrac{Z}{R} \quad \ldots (3)$

Hierbei sind für X, Y, Z die algebraischen Werte und für R der Absolutwert zu nehmen.

16. Gleichgewichtsbedingungen. Sollen die den Punkt A angreifenden Kräfte P im Gleichgewicht sein, so müssen sie sich auf eine Resultante $R=0$ zurückführen lassen. Es muß also im Gleichgewichtsfall das Kräftepolygon sich schließen. Das ist die graphische Bedingung des Gleichgewichtes.

Die analytische Gleichgewichtsbedingung, die durch $R=0$ oder, da $R=\sqrt{X^2+Y^2+Z^2}$, durch die Gleichungen $X=0$; $Y=0$; $Z=0$ ausgedrückt ist, läßt sich dagegen aussprechen:

Es muß die algebraische Summe der Komponenten sämtlicher Kräfte nach drei aufeinander senkrechten Achsen je $=0$ sein.

§ 3. Zusammensetzung von Kräften, die einen frei beweglichen starren Körper in verschiedenen Punkten angreifen und in einer Ebene gelegen sind.

17. Axiom von der Verschiebbarkeit einer Kraft in ihrer Wirkungslinie. Die Gleichgewichtsbedingung für Kräfte, die an einem Punkt angreifen, konnte mit Hilfe eines einzigen Axioms aufgestellt werden, nämlich mit dem Parallelogramm der Kräfte. Das entspricht dem Umstand, daß bei dem materiellen Punkt als einzige Bewegungsmöglichkeit eine Verschiebung in Betracht gezogen wird. Wir beschäftigen uns jetzt mit einem starren Körper, d. h. mit einem Gebilde, dessen Punkte in stets gleicher Entfernung voneinander bleiben. Einen starren Körper gibt es in Wirklichkeit nicht, alle Körper sind elastisch und ändern unter dem Einfluß von Kräften ihre Form; der starre Körper ist eine Abstraktion, die dann zulässig und zweckmäßig ist, wenn der Gleichgewichts- oder Bewegungszustand von den tatsächlich auftretenden Formänderungen nicht beeinflußt wird. Ein starrer Körper kann sich nun unter dem Einfluß von Kräften verschieben und drehen. Dieser weiteren Bewegungsmöglichkeit entsprechend, braucht man zur Aufstellung des Gleichgewichtes eine weitere Grundlage, das Hebelgesetz. Man kann dieses auch auf Grund des Axioms von der Verschiebbarkeit einer Kraft an einem starren Körper ableiten. Das letztere Axiom hat folgenden Inhalt.

An dem Krangerüst Fig. 5 seien $B_1 C_1$ und BC Vertikale, die oberhalb A und A_1 druck- und knickfest und unterhalb A und A_1 zugfest sein mögen.

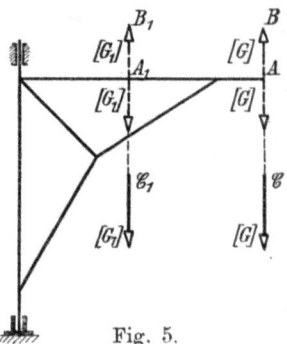

Fig. 5.

22 Statik. Die Zusammensetzung und das Gleichgewicht der Kräfte.

Hängt ein Gewichtstück G bei C und besteht dann Gleichgewicht, so wird an diesem Gleichgewichtszustand der äußeren Kräfte nichts geändert, wenn das Gewichtstück an irgendeine andere Stelle von BC gebracht wird. Dasselbe gilt, wenn ein Gewichtstück auf $B_1 A_1 C_1$ verschoben wird.

Denn man darf z. B. in A zwei gleiche und einander entgegengesetzte Kräfte G hinzufügen, weil diese keinen Einfluß auf den vorhandenen Gleichgewichtszustand haben. Die ersichtlichen Kräfte G lassen sich jetzt auch wie folgt gruppieren; die gegebene Kraft G und von den hinzugefügten die entgegengesetzte heben sich nach 5 auf, wie auch eine einfache Beobachtung lehrt. Dann verbleibt nur noch die mit dem gegebenen G gleichgerichtete Kraft G in A, d. h. die von C nach A in ihrer Wirkungslinie verschobene Kraft. Diese Verschiebung beeinflußt in offenkundiger Weise die inneren Kräfte des belasteten Körpers; wenn man also nach diesen fragt, darf man den Angriffspunkt einer Kraft nicht an eine andere Stelle der Wirkungslinie verschieben. Wohl aber ist dies zulässig, wenn allein nach dem Gleichgewichtszustand der äußeren Kräfte gefragt wird. Das Gesagte gilt allgemein und auch für eine dynamische Kraft, da es z. B. für die Fortbewegung eines Eisenbahnwagens gleichgültig ist, ob man vorn mit einer Kraft zieht oder hinten am Wagen auf der gleichen Wirkungslinie mit der gleichen Kraft schiebt. Daher gilt der Satz: **Der Angriffspunkt einer Kraft, die einen starren Körper angreift, kann auf der Wirkungslinie der Kraft beliebig verschoben werden, ohne daß dadurch der Bewegungs- oder Gleichgewichtszustand des von der Kraft angegriffenen Körpers geändert würde, nur muß der Angriffspunkt der Kraft stets in fester Verbindung mit dem Körper stehen.** Der Begriff des starren Körpers und der Satz von der Verschiebbarkeit einer Kraft sind aufs engste miteinander verknüpft; und noch ein anderes: es ist nicht nötig, an einem starren Körper von einem Angriffspunkt einer Kraft zu sprechen; da der Angriffspunkt ohne Änderung des Gleichgewichts- oder Bewegungszustandes auf der Kraftrichtung verschoben werden kann, so ist als **Angriffsstelle einer Kraft nicht ein Punkt, sondern ein geometrischer Ort, die Angriffslinie, bestimmt.**

18. Das Hebelgesetz als Folge des vorigen Satzes. Statisches Moment. Im Punkt A einer starren Ebene (Fig. 6) mögen sich die beiden Kräfte P und $P' = -P$ aufheben. P' läßt sich nach dem Satz vom Kräfteparallelogramm auch durch seine Komponenten P_1 und P_2 ersetzen. Nach dem Satz 17 wird am bestehenden Gleichgewichts- und Ruhezustand nichts geändert, wenn P, P_1, P_2

§ 3. Zusammensetzung von Kräften usw.

auf ihren Wirkungslinien verschoben werden, z. B. nach A_1, B_1, B_2 ($A_1 B_1 \perp A B_1$ und $A_1 B_2 \perp A B_2$), worauf man ohne Folgen für Gleichgewicht und Ruhe so viel von der starren Ebene wegnehmen kann, daß der angedeutete Schwinghebel $B_1 A_1 B_2$ übrig bleibt, der in A_1 einen festen Drehpunkt haben kann, er ist mit $P_1 P_2 P$ belastet. Eine Drehung erfolgt nicht, und zwar unter folgender Bedingung. Nach dem Sinusgesetz Abschnitt 10 ist

$$P_1 : P_2 = \sin \alpha_2 : \sin \alpha_1$$
$$P_1 \sin \alpha_1 = P_2 \sin \alpha_2.$$

Multipliziert man ferner beiderseits mit $A A_1 = l$, so ist mit Rücksicht auf die eingeschriebene Bezeichnung

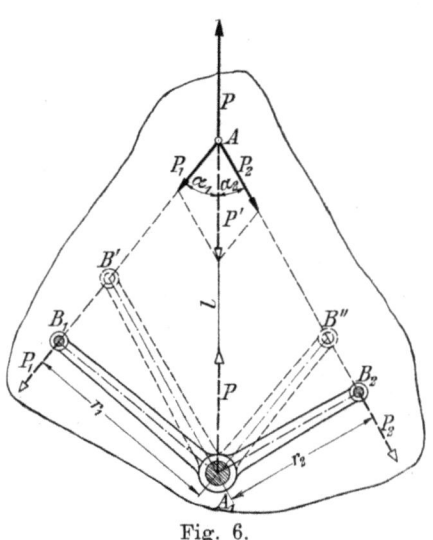

Fig. 6.

$$P_1 l \sin \alpha_1 = P_2 l \sin \alpha_2$$
$$P_1 r_1 = P_2 r_2 \quad \ldots \ldots \quad (4)$$

Diese Bedingung muß erfüllt sein, wenn die Kräfte P_1 und P_2 den Hebel nicht drehen sollen. r_1 und r_2 sind die Längen der Lote von A_1 aus auf die Kraftrichtungen von P_1 und P_2. Das Gleichgewicht des Hebels gegen Drehung ist demnach von den belastenden Kräften und ihrem senkrechten Abstand vom Drehpunkt abhängig, so zwar, daß $P_1 r_1 = P_2 r_2$ ist. Diese Produkte heißen die statischen Momente der Kräfte P_1 und P_2 in bezug auf den Drehpunkt A_1 oder in bezug auf eine durch 0 gehende und auf der Ebene von P_1 und r_1 bzw. von P_2 und r_2 senkrechte Drehachse und die Gl. $P_1 r_1 = P_2 r_2$ heißt das Hebelgesetz oder der Satz von den statischen Momenten. Offenbar heben sich die zwei einander entgegengesetzten Drehwirkungen von P_1 und P_2 am Hebel gerade auf. Das Drehmaß dieser Kräfte ist um so größer, je größer die Kraft und je länger der Hebelarm ist, und ist dem obigen zufolge durch das einfache Produkt: Kraft mal Hebelarm = statisches Moment = $P \cdot r$ gemessen. Wir werden in Zukunft eine feststehende Ausdrucks- und Bezeichnungsweise benutzen: Das statische Moment der Kraft P_2 sucht den Hebel in Fig. 6 im Zeigersinn der Uhr, das statische Moment der Kraft P_1 im Gegenzeigersinn um A_1 zu drehen; wenn nötig legen wir

24 Statik. Die Zusammensetzung und das Gleichgewicht der Kräfte.

dem ersteren Moment ein $+$-, dem letzteren ein $-$-Zeichen bei. Das eine Moment kann als Wirkung, das andere als die gleich große Gegenwirkung aufgefaßt werden, wodurch das **Gegenwirkungsprinzip** für Momente ausgedrückt ist: **Moment und Gegenmoment sind an einem starren Körper einander gleich.**

Unter der Ebene des statischen Momentes verstehen wir die Ebene der Kraft und ihres Hebelarmes.

Nicht allein der Hebel $B_1 A_1 B_2$, sondern auch ein beliebiger anderer, z. B. $B' A_1 B''$, ist unter dem Einfluß von P_1 und P_2 im Gleichgewicht, sofern nur immer die Beziehung $P_1 r_1 = P_2 r_2$ erfüllt ist. Allen Hebeln von der Art $B' A_1 B''$ ist der gleiche senkrechte Abstand r_1 bzw. r_2 zwischen A_1 und der Richtung P_1 bzw. P_2 gemeinsam. Die Drehwirkung von P_1 um A_1 hängt demnach, wo der Angriffspunkt von P_1 liege, d. h. wie der Hebel im einzelnen auch gestaltet sein möge, von der Kraft und ihrem senkrechten Abstand vom Drehpunkt ab. An die Stelle des Hebels können ebensogut Rollen treten, deren Radien r_1 und r_2 sind. Übrigens können dann P_1 und P_2, die den Rollenumfang berühren, an jedem beliebigen Punkt des Rollenumfanges tangential angreifen, es ist stets $P_1 r_1 = P_2 r_2$ und damit besteht nach dem Hebelgesetz Gleichgewicht gegen Drehen.

Auf das Hebelgesetz wird man auch durch Beobachtungen an Hebeln geführt, wobei man auch auf den Einfluß der Reibung im Drehpunkt des Hebels aufmerksam wird.

Zusatz: **Gleichgewichtsbedingung für drei in einer Ebene wirkende Kräfte.** Der Anblick der Fig. 6, die drei in A_1, B_1, B_2 angreifende und in einer Ebene gelegene Kräfte P, P_1 und P_2 zeigt, die sich im Gleichgewicht befinden, lehrt in Verbindung mit dem dazu Gesagten, daß drei solche Kräfte an einem Körper sich nur dann im Gleichgewicht befinden, wenn sich die Kraftrichtungen in einem Punkte schneiden. Denn die Resultante aus zweien dieser Kräfte muß der dritten entgegengesetzt gleich sein und mit ihrer Wirkungslinie zusammenfallen.

19. Graphische Zusammensetzung von Kräften, die in einer Ebene gelegen sind und diese in beliebigen Punkten angreifen. Seileck oder Seilpolygon. Es handle sich um die Zusammensetzung der Kräfte P_1, P_2, P_3, P_4 (Fig. 7), die, in einer und derselben Ebene wirkend, einen starren Körper in den gegebenen Punkten A_1, A_2, A_3, A_4 angreifen.

Zunächst könnte man P_1 und P_2 in ihren Wirkungslinien bis zu ihrem Durchschnittspunkte C' verschieben und hier nach dem Satz vom Parallelogramm der Kräfte zu der Resultanten R_1 zusammen-

§ 3. Zusammensetzung von Kräften usw. 25

setzen, hierauf R_1 in ähnlicher Weise mit der Kraft P_3 zur Resultanten R_2 vereinigen und schließlich R_2 mit P_4 zu der gesuchten Resultanten R; allein man kann die Zusammensetzung der Kräfte auch noch auf anderem Wege bewerkstelligen. Man konstruiert ein Krafteck $B_1 B_2 \ldots B_5$ (Fig. 8) wie in dem Fall, in dem die Kräfte einen gemeinschaftlichen Angriffspunkt haben, nimmt in der Ebene des Kraftecks einen Punkt O, den sog. Pol des Kraftecks, beliebig an, verbindet diesen Punkt O mit den Eckpunkten B des Kraftecks, zieht $C_0 C_1$ (Fig. 7) parallel $O B_1$; $C_1 C_2$ parallel $O B_2$ usf. So

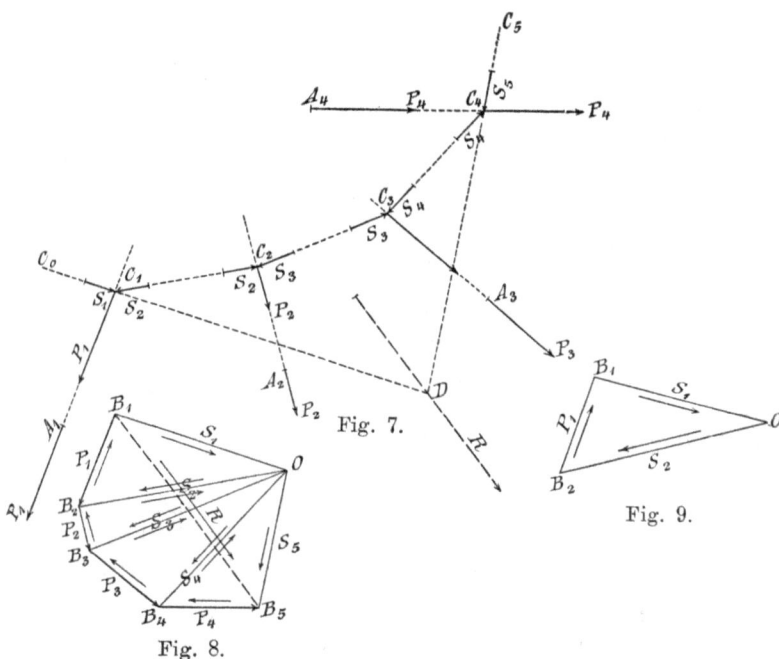

Fig. 7.

Fig. 8.

Fig. 9.

entsteht ein Polygon $C_0 C_1 C_2 C_3 C_4 C_5$ (Fig. 7), dessen Eckpunkte auf den Wirkungslinien der gegebenen Kräfte P liegen und dessen Seiten parallel den betreffenden „Polstrahlen" des Kraftecks sind. Nun verschiebt (vgl. 17) man die gegebenen Kräfte P in ihren Wirkungslinien bis zu den Eckpunkten C des zuletzt konstruierten Polygons (Fig. 7) und zerlegt hier die Kräfte P in ihre Komponenten S nach den Seiten dieses Polygons, indem man sich hierbei des in 11 angedeuteten Verfahrens bedient. Um beispielsweise die Komponenten S_1 und S_2 der Kraft P_1 nach $C_1 C_0$ und $C_1 C_2$ zu erhalten, muß man die zu zerlegende Kraft P_1 umkehren und sodann durch die Endpunkte der Kraftstrecke P_1 Parallelen mit $C_1 C_0$ und $C_1 C_2$ ziehen. Damit bekommt man das Kräftedreieck $B_1 B_2 O$ (Fig. 9) und aus demselben die gesuchten Komponenten S_1 und S_2 nach Größe und Pfeilsinn. Wir sehen aber, daß es ganz unnötig ist, dieses Kräftedreieck (Fig. 9) besonders zu konstruieren, es ist ja in Fig. 8 schon vorhanden. Diese letztere Figur zeigt überhaupt, daß die gesuchten Komponenten S der Kräfte P durch die Strahlen des Kräftepolygons bestimmt sind.

Die in den Polygonseiten $C_1 C_2$, $C_2 C_3$, $C_3 C_4$ (Fig. 5) wirkenden Kräfte S heben sich, weil jeweils gleich und entgegengesetzt, auf. Es bleiben somit nur noch die in den äußersten Polygonseiten $C_0 C_1$ und $C_4 C_5$ vorhandenen Kräfte S_1 und S_5 übrig, zwei Kräfte, die die ursprünglich gegebenen Kräfte P ersetzen. Verlängert man nun die äußersten Polygonseiten $C_0 C_1$ und $C_5 C_4$ bis zu ihrem Schnittpunkt D, verschiebt die Kräfte S_1 und S_5 in ihren Wirkungslinien bis D und setzt sie hier zusammen zu der Resultanten R, dann stellt diese Kraft R auch die Resultante der ursprünglich gegebenen Kräfte P vor. Im Kräftepolygon (Fig. 8) drücken die Kraftstrecken $B_1 O$ und $O B_5$ die Kräfte S_1 und S_5 nach Größe und Richtung aus, demgemäß ist auch die Resultante R der Kräfte S_1 und S_5 oder die Resultante der Kräfte P angegeben nach Größe und Richtung durch die Strecke $B_1 B_5$ (Fig. 8). Die Größe der Resultanten R ist gleich, mögen die Kräfte P in einem einzigen oder in verschiedenen Punkten einer Ebene angreifen. Im letzteren Falle bildet das Seileck das Hilfsmittel, mit dem die Lage der Resultante bestimmt wird.

Verschiebt man die gegebenen Kräfte P in ihrer Ebene parallel mit sich selbst, und zwar jede ganz beliebig, so ändert sich damit nicht das Kräftepolygon, wohl aber die Lage des Punktes D, durch den die Resultante R der Kräfte P hindurchgehen muß; man kann daher sagen:

Durch Parallelverschiebung der gegebenen Kräfte P ändert sich weder die Größe noch die Richtung der Resultanten, nur ihre Lage wird eine andere.

Bringt man in den äußersten Polygonseiten $C_0 C_1$ und $C_4 C_5$ (Fig. 7) Kräfte S_1' bzw. S_5' an, die den in Fig. 7 bezeichneten Kräften S_1 und S_5 gleich und entgegengesetzt sind, und in den Punkten C_1, C_2, C_3, C_4 wieder die Kräfte P_1, P_2, P_3, P_4, so halten sich die Kräfte P, S_1' und S_5' im Gleichgewicht. Dieses Gleichgewicht bleibt aber auch bestehen, wenn man von dem starren Körper, an dem die Kräfte wirken, so viel wegschneidet, daß nur noch ein materielles Polygon $C_0 C_1 \ldots C_4 C_5$ übrig bleibt. Nimmt man des weiteren die Verbindungen der Stäbe des erwähnten Polygons in den Punkten C gelenkartig beweglich an, so werden sich die Kräfte P_1, S_1' und S_5' auch an einem solchen Stabpolygon

§ 3. Zusammensetzung von Kräften usw.

noch im Gleichgewicht befinden. Die einzelnen Stäbe eines Stabpolygons sind entweder gezogen oder zusammengedrückt, je nachdem die beiden gleichen, entgegengesetzten, an den Enden jedes Stabes wirkenden Kräfte S entweder auseinander oder gegeneinander gerichtet sind. Handelt es sich um lauter Zugkräfte S an den Stäben, wie in Fig. 7, so könnten letztere auch durch biegsame Seilstücke ersetzt werden, man hätte dann ein Seileck. Das hat Veranlassung gegeben, das Polygon $C_0 C_1 \ldots$ überhaupt als Seileck oder Seilpolygon zu bezeichnen.

Für die Konstruktion des Seilecks merke man sich folgende, im obigen enthaltene Regel:

Eine Seite des Seilecks, z. B. $C_2 C_3$, verbindet diejenigen beiden Kräfte, mit denen der Polstrahl $OB_3 \parallel C_2 C_3$ in einem Punkte zusammentrifft, d. h. hier P_2 und P_3.

Solche Seilpolygone spielen in der graphischen Statik eine große Rolle; wir wollen indessen hier nicht näher auf dieselben eingehen. In **107** u. f. wird von ihnen noch weiter die Rede sein.

20. Graphische Gleichgewichtsbedingungen für Kräfte in einer Ebene. Fällt im Krafteck (Fig. 8) der Endpunkt des Kräftezuges P auf den Anfangspunkt desselben, so ist damit zum Ausdruck gebracht, daß die Resultante R der Kräfte P gleich Null ist, daß die äußersten Seiten des Seilecks C (Fig. 7), da sie einem und demselben Strahl des Kraftecks parallel gezogen wurden, einander parallel sind, und daß die in diesen äußersten Seileckseiten wirkenden, die gegebenen Kräfte P ersetzenden Kräfte S gleiche Größe und entgegengesetzte Richtung haben. Fielen nun die äußersten Seileckseiten in eine und dieselbe Gerade, so fänden sich damit die Kräfte P zurückgeführt auf zwei gleiche, in der nämlichen Geraden wirkende, entgegengesetzt gerichtete Kräfte S, also auf zwei Kräfte, die im Gleichgewicht sind. Fallen aber die äußersten Seileckseiten nicht in ein und dieselbe Gerade, oder mit anderen Worten: ist das Seileck kein geschlossenes, so können auch die beiden die Kräfte P ersetzenden Kräfte S sich nicht aufheben, es können die Kräfte P nicht im Gleichgewicht sein. Demgemäß hat man als graphische Bedingung des Gleichgewichtes für Kräfte in einer starren Ebene:

Es muß sowohl das Krafteck als auch das Seileck sich schließen.

Schließt sich nur das Krafteck, nicht aber das Seileck, so reduzieren sich, wie erwähnt, die gegebenen Kräfte P auf zwei gleiche, in parallelen Geraden entgegengesetzt wirkende Kräfte S oder auf ein sog. Kräftepaar, eine Bewegungsursache besonderer Art, die wir später eingehender betrachten.

21. Graphische Zusammensetzung paralleler Kräfte. Dieselbe läßt sich wieder mittels eines Seilpolygons leicht bewerkstelligen (Fig. 10), es fällt hierbei nur das Kräftepolygon in eine und dieselbe Gerade. Daraus folgt dann unmittelbar der Satz:

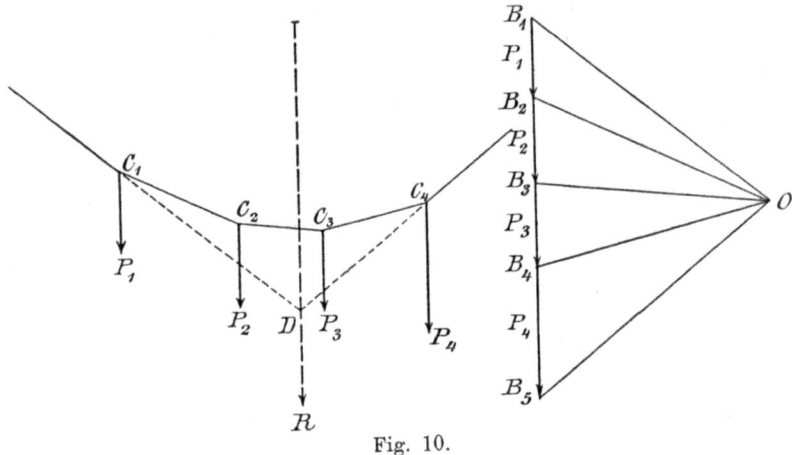
Fig. 10.

Die Resultante paralleler Kräfte ist parallel den gegebenen Kräften und gleich ihrer algebraischen Summe, wobei die nach der einen Richtung wirkenden Kräfte als positiv, und die nach der entgegengesetzten Richtung wirkenden als negativ zu bezeichnen sind. Die Resultante wirkt dann in dem Sinne, der durch ihr Vorzeichen angegeben ist.

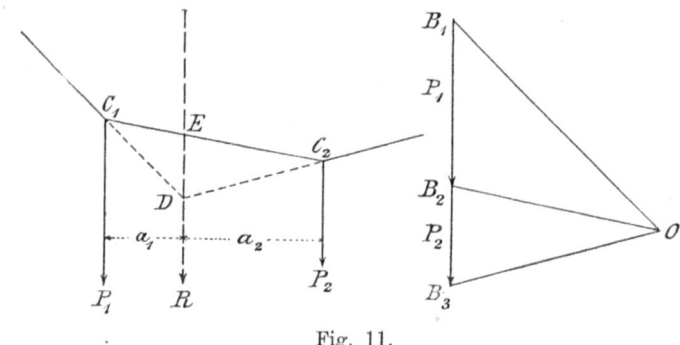
Fig. 11.

1. Nehmen wir jetzt zwei parallele und gleich gerichtete Kräfte P_1 und P_2 und konstruieren mittels eines Seilpolygons die Resultante R (Fig. 11), so ergibt sich

$$R = P_1 + P_2.$$

§ 3. Zusammensetzung von Kräften usw.

Überdies hat man:
$$\triangle C_1 ED \sim \triangle OB_2 B_3 \quad \text{und} \quad \triangle C_2 ED \sim \triangle OB_2 B_3.$$
Daraus folgt:
$$\frac{C_1 E}{ED} = \frac{B_2 O}{B_1 B_2} \quad \text{und} \quad \frac{ED}{EC_2} = \frac{B_2 B_3}{B_2 O}.$$

Werden die entsprehenden Seiten dieser Gleichungen miteinander multipliziert, so erhält man:
$$\frac{C_1 E}{EC_2} = \frac{B_2 B_3}{B_1 B_2} = \frac{P_2}{P_1}$$

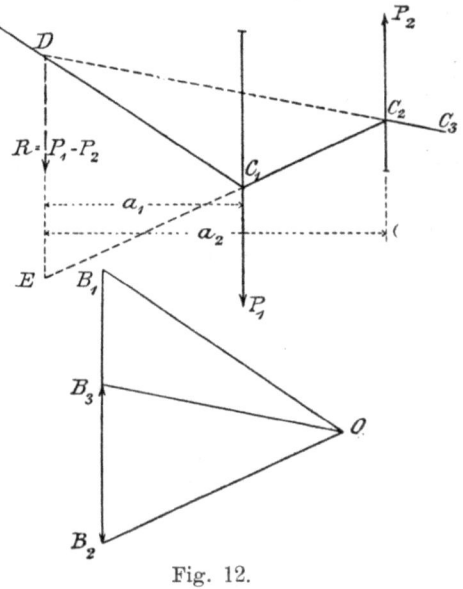

oder auch, wenn man die Abstände der Kräfte P_1 und P_2 von der Wirkungslinie der Resultanten R mit a_1, beziehungsweise a_2 bezeichnet,
$$\frac{a_1}{a_2} = \frac{P_2}{P_1}; \quad P_1 a_1 = P_2 a_2.$$

Es ist also die Resultante R der beiden parallelen und gleich gerichteten P_1 und P_2 zwischen den letzteren gelegen und hat eine solche Lage, daß
$$P_1 a_1 = P_2 a_2.$$

Fig. 12.

2. Sind die beiden Kräfte P_1 und P_2 entgegengesetzt gerichtet (Fig. 12), so erhält man
$$R = P_1 - P_2$$
und auf ähnliche Weise, wie vorhin, wieder die Beziehung
$$P_1 a_1 = P_2 a_2.$$
Diesmal liegt aber R nicht zwischen P_1 und P_2.

3. Bei der Konstruktion der Resultanten von zwei parallelen und entgegengesetzt gerichteten, gleichen Kräften P ergibt sich $R = 0$, oder sagen wir unendlich klein, und der Durchschnittspunkt D der beiden äußersten Seilpolygonseiten im Unendlichen gelegen. Die Resultante eines Kräftepaares wäre damit eine unendlich kleine und ferne Kraft, also keine wirkliche Kraft. Darum erfordern die Kräftepaare auch eine besondere Behandlung.

Statik. Die Zusammensetzung und das Gleichgewicht der Kräfte.

22. Das Kräftepaar und seine Wirkung. Sätze vom Kräftepaar. Den Tförmigen Steckschlüssel, mit dem man das Ventil eines Hydranten öffnet, bedient man in der Weise, daß man die beiden Enden des Querstückes mit den Händen faßt und mit der einen zieht und mit der andern gleich stark drückt, und zwar in paralleler Richtung. Das tut man ohne Überlegung instinktiv und übt dabei ein sog. Kräftepaar aus, d. h. zwei gleich große, einander entgegengesetzte Parallelkräfte, die in einem gewissen Abstand voneinander angreifen. Die Schraubenspindel des Hydranten wird durch den beschriebenen Handgriff gedreht, ohne daß eine seitliche Kräftewirkung auf die Spindel ausgeübt wird. Das Kräftepaar sucht an einem frei beweglichen Körper eine reine Drehwirkung hervorzurufen. Freilich ist die Lage des Kräftepaares, das auf einen Steckschlüssel ausgeübt wird, eine ganz spezielle; die Ebene, die man durch die beiden Kräfte des Paares hindurchgelegt denken kann, die sog. Ebene des Kräftepaares, steht nämlich auf der Drehachse des Steckschlüssels senkrecht; diese Stellung gibt man der Ebene des Kräftepaares ebenfalls ganz instinktiv, indem man der Beweglichkeit des Steckschlüssels, der nur um seine Achse drehbar ist, sich anpaßt. Man kann aber jetzt in Gedanken leicht vollends zu einem vollständig frei drehbaren Körper übergehen und erkennt die Richtigkeit der allgemeineren Aussage über die Wirkung des Kräftepaares. Was übrigens an dem Steckschlüssel eintritt, wenn die Ebene des ausgeübten Kräftepaares schräg zur Achse des Schlüssels steht, ist wohl an sich leicht zu vermuten — es tritt neben dem Drehbestreben um die Achse des Schlüssels eine Biegung dieser Achse auf — wird jedoch dann erst vollkommen durchsichtig, wenn wir die Zerlegung von Kräftepaaren kennen gelernt haben.

Wir haben jetzt noch die Größe des Kräftepaares anzugeben, von der die Stärke der von ihm ausgehenden Drehwirkung abhängt. Die Drehwirkung einer Kraft in bezug auf einen Drehpunkt wird durch das statische Moment der Kraft in bezug auf diesen Drehpunkt gemessen. Nehmen wir nun in unserem obigen Beispiel den Drehpunkt auf der Achse des Steckschlüssels und in der Ebene des Kräftepaares und bezeichnen mit r_1 und r_2 die senkrechten Abstände dieses Punktes von den beiden Kräften P des Paares, so ist das statische Moment der beiden Kräfte:

$$M = Pr_1 + Pr_2 = P \cdot a,$$

wenn $r_1 + r_2 = a$ den senkrechten Abstand der beiden Kräfte des Paares — den sog. Hebelarm des Kräftepaares — bedeutet; die beiden Anteile Pr_1 und Pr_2 drehen gleichsinnig und sind

§ 3. Zusammensetzung von Kräften usw.

deshalb zu addieren. Wie sich a auf r_1 und r_2 verteilt, ist gleichgültig; es muß nur $r_1 + r_2 = a$ sein. Das Kräftepaar hat demnach folgende Hauptmerkmale: Größe, Stellung, Drehsinn; sie sind festgelegt durch das statische Moment, durch die Stellung der Ebene der beiden Kräfte und den Drehsinn; über den letzteren wird im Abschn. 27 das Erforderliche vereinbart.

Wie eine Kraft nie ohne Gegenkraft in Tätigkeit treten kann, so ein Kräftepaar nie ohne Gegenkräftepaar, womit das Gegenwirkungsprinzip für Momente zum Ausdruck gebracht ist. Kräftepaar und Gegenkräftepaar sind miteinander im Gleichgewicht. Erläuterungen hierzu werden im 5. Kapitel über die Widerstandskräfte gegeben.

Über die Kräftepaare lassen sich einige Sätze auf dem Wege der Überlegung ableiten.

1. Satz: **Ein Kräftepaar kann in seiner Ebene beliebig verschoben oder auch in eine Parallelebene versetzt und dort verschoben werden, ohne daß dadurch der Bewegungszustand des starren Körpers, an dem das Kräftepaar wirkt, eine Änderung erleidet.**

Wir beweisen zunächst, daß ein Kräftepaar in seiner Ebene parallel verschoben werden darf.

Es sei $P(A_1 A_2)P$ (Fig. 13) das gegebene Kräftepaar, $A_1' A_2'$ eine an beliebiger Stelle der Ebene des Kräftepaares gezogene Strecke gleich und parallel $A_1 A_2$, also $A_1 A_2 A_2' A_1'$ ein Parallelogramm. Bringt man nun in A_1' und A_2' je zwei gleiche und direkt entgegengesetzte Kräfte P gleich und parallel den Kräften P des gegebenen Kräftepaares an, so wird dadurch am Bewegungszustand des starren Körpers, an dem das gegebene Kräftepaar wirkt, nichts geändert. Wir können aber jetzt die einmal durchstrichenen Kräfte P zusammensetzen zu einer Resultanten $R_1 = 2P$, die zwischen ihren

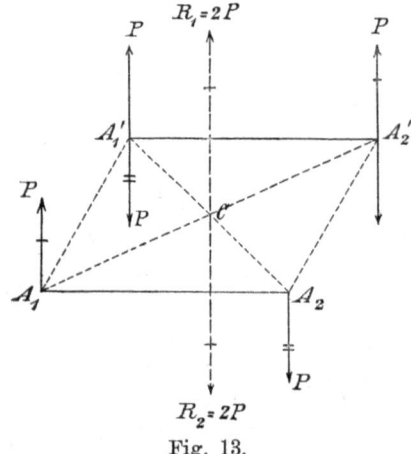

Fig. 13.

Komponenten, und zwar in gleichen Abständen von denselben, also durch den Punkt C, hindurchgeht. Ebenso liefern die zweimal durchstrichenen Kräfte P eine Resultante $R_2 = 2P$, die gleich-

32 Statik. Die Zusammensetzung und das Gleichgewicht der Kräfte.

falls durch C hindurchgeht. Somit können die vier durchstrichenen Kräfte P ersetzt werden durch die beiden einander gleichen und direkt entgegengesetzten Kräfte R_1 und R_2, woraus folgt, daß die genannten vier Kräfte P sich aufheben. Es bleiben daher nur noch die in der Figur nicht durchstrichenen, das Kräftepaar $P(A_1'A_2')P$ bildenden Kräfte P übrig. Letzteres Kräftepaar kann demgemäß das ursprünglich gegebene ersetzen. Damit ist der Beweis geliefert, daß man ein Kräftepaar in seiner Ebene parallel verschieben darf.

Sieht man jetzt die Fig. 13 als eine perspektivische Zeichnung an, in der die sämtlichen angedeuteten Kräfte in senkrechter Lage zur Ebene des Parallelogramms $A_1A_2A_2'A_1'$ angenommen sind, so erkennt man sofort, daß das ursprünglich gegebene Kräftepaar $P(A_1A_2)P$ ersetzt werden kann durch das in einer Parallelebene gelegene Kräftepaar $P(A_1'A_2')P$. Somit ist es überhaupt zulässig, ein Kräftepaar in eine Parallelebene (zunächst parallel mit sich selbst) zu versetzen, ohne am Bewegungszustande des vom Kräftepaar angegriffenen starren Körpers etwas zu ändern.

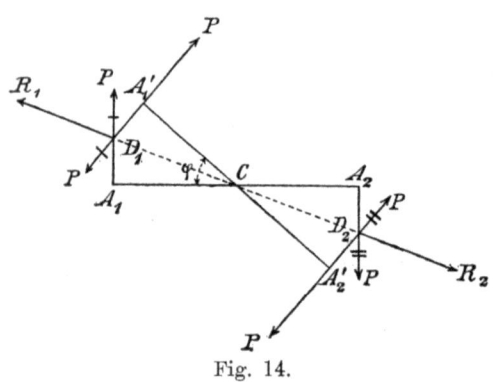

Fig. 14.

Gehen wir wieder von dem ursprünglich gegebenen Kräftepaar $P(A_1A_2)P$ aus, legen durch die Mitte C von A_1A_2 (Fig. 14) unter einem beliebigen Winkel φ eine Gerade, tragen auf derselben die Strecken

$$CA_1' = CA_1 \quad \text{und} \quad CA_2' = CA_2$$

ab, bringen in A_1' und A_2' je zwei gleiche und direkt entgegengesetzte Kräfte P senkrecht zu $A_1'A_2'$ gerichtet an, so wird dadurch der Bewegungszustand des starren Körpers nicht geändert. Nunmehr können die einfach durchstrichenen Kräfte P zu einer durch D_1 gehenden in der Halbierungslinie CD_1 des Winkels A_1CA_1' wirkenden Resultanten R_1 zusammengesetzt werden, ebenso die doppelt durchstrichenen Kräfte P zu der Resultanten R_2 in der Richtung CD_2 wirkend. Da aber $R_2 = R_1$, so heben sich alle vier durchstrichenen Kräfte P auf. Es bleibt also nur noch das Kräftepaar $P(A_1'A_2')P$ übrig, woraus folgt, daß dieses das ursprünglich gegebene Kräftepaar $P(A_1A_2)P$ ersetzen kann, und daß man

§ 3. Zusammensetzung von Kräften usw. 33

demgemäß ein Kräftepaar tatsächlich um den Mittelpunkt seines Hebelarmes beliebig in seiner Ebene drehen darf. Wenn man aber ein Kräftepaar parallel verschieben und dann noch um einen beliebigen Winkel in seiner Ebene drehen kann, ohne den Bewegungszustand des starren Körpers, an dem das Kräftepaar wirkt, dadurch zu ändern, so heißt das nichts anderes als:

2. Satz. **Man darf das Kräftepaar in seiner Ebene beliebig verschieben, ohne damit den Bewegungszustand des von dem Kräftepaar angegriffenen starren Körpers zu ändern.**

Zudem ist es nach dem, was wir oben gefunden haben, erlaubt, das Kräftepaar in eine Parallelebene zu versetzen. In dieser kann es dann wieder beliebig verschoben werden.

3. Satz. **Ein Kräftepaar kann durch ein anderes, in der gleichen Ebene gelegenes Kräftepaar ersetzt werden, wenn letzteres dasselbe Moment besitzt wie ersteres.**

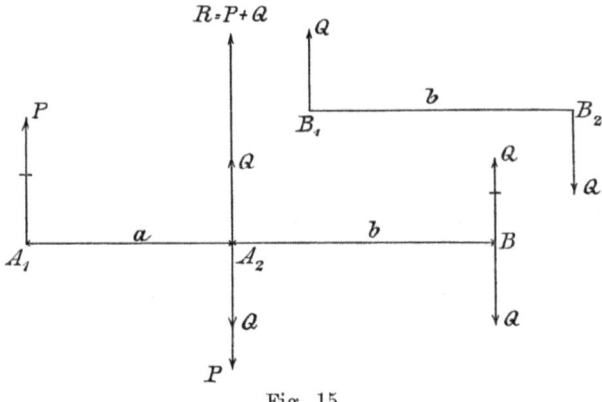

Fig. 15.

Um zu beweisen, daß das Kräftepaar $Q(B_1 B_2)Q$ (Fig. 15) dieselbe Wirkung hat wie das Kräftepaar $P(A_1 A_2)P$, wenn $Q\cdot(B_1 B_2) = P(A_1 A_2)$, oder wenn $Q\cdot b = Pa$, tragen wir von A_2 aus in der Verlängerung von $A_1 A_2$ die Strecke $A_2 B$ ab gleich b: bringen in A_2 und B senkrecht zu $A_2 B$ je zwei gleiche und direkt entgegengesetzte Kräfte Q an und setzen die durchstrichenen, nach oben gerichteten Kräfte P und Q zusammen zu einer Resultanten $R = P + Q$. Diese Resultante R, die, parallel den Komponenten P und Q, nach oben gerichtet ist, geht mit Rücksicht darauf, daß der Voraussetzung nach $P\cdot a = Q\cdot b$ ist, durch den Punkt A_2 hindurch, sie hebt also die beiden ebenfalls in A_2 wirkenden, nach unten gerichteten Kräfte P und Q auf; übrig bleiben daher nur

34 Statik. Die Zusammensetzung und das Gleichgewicht der Kräfte.

die beiden, das Kräftepaar $Q(A_2B)Q$ bildenden Kräfte Q. Demgemäß ersetzt auch dieses Kräftepaar $Q(A_2B)Q$ vom Momente $Q\cdot b$ das Kräftepaar $P(A_1A_2)P$ vom Momente $P\cdot a$, womit der oben ausgesprochene Satz bewiesen ist.

Durch Angabe des Momentes des Kräftepaares und der Ebene, parallel der das Kräftepaar zu wirken hat, ist daher ein Kräftepaar vollständig bestimmt.

23. Zusammensetzung von Kräftepaaren, die in der gleichen Ebene oder in Parallelebenen gelegen sind. Es seien zunächst die beiden in einer Ebene oder in Parallelebenen gelegenen Kräftepaare von den Momenten $+Pa$ und $+Qb$ zusammenzusetzen.

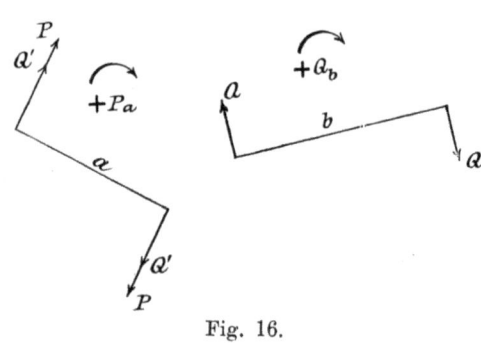

Fig. 16.

Das Kräftepaar $+Qb$ (Fig. 16) können wir ersetzen durch das Kräftepaar $+Q'a$, wobei $Q'a=Qb$ sein muß, hierauf verschieben wir das Kräftepaar $Q'a$, bis die Wirkungslinien der Kräfte P und Q' sich decken, und setzen die in einer und derselben Geraden wirkenden Kräfte P und Q' zusammen je zu der Resultanten $R=P+Q'$; damit erhält man aber ein Kräftepaar vom Moment

$$Ra=(P+Q')a=Pa+Q'a=Pa+Qb.$$

Hätte man die Kräftepaare $+Pa$ und $-Qb$ zusammenzusetzen gehabt, würde sich in ähnlicher Weise ein resultierendes Kräftepaar ergeben haben vom Momente

$$Ra=(P-Q')a=Pa-Q'a=Pa-Qb.$$

Demgemäß ist der Satz erwiesen:

Zwei Kräftepaare, die in der gleichen Ebene oder in Parallelebenen wirken, lassen sich ersetzen durch ein einziges, in derselben Ebene, bzw. in einer Parallelebene gelegenes Kräftepaar, dessen Moment gleich der algebraischen Summe der Momente der gegebenen Kräftepaare ist.

Daraus folgt weiter:

Beliebig viele Kräftepaare, die in der gleichen Ebene oder in den Parallelebenen eines Körpers gelegen sind, lassen sich vereinigen zu einem einzigen, resultierenden Kräftepaar, dessen Ebene parallel den Ebenen der gegebenen Kräftepaare ist und dessen Moment durch die algebraische Summe der Momente dieser Kräftepaare angegeben wird.

24. Reduktion von Kräften in einer Ebene. Beliebige Kräfte in einer Ebene können nach **19** mit Hilfe des Seileckes zu einer Resultierenden oder in besonderem Fall zu einem Kräftepaar vereinigt werden, wodurch das Kräftebild vereinfacht und übersichtlicher gemacht wird. Die durch Zeichnung gefundenen Kräfte ersetzen die gegebenen Kräfte vollständig hinsichtlich des Gleichgewichtes oder des Bewegungszustandes.

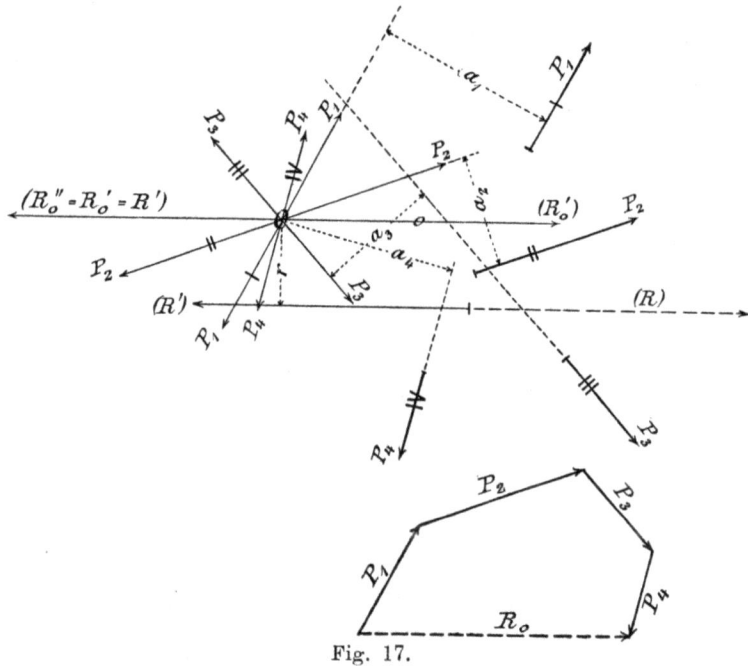

Fig. 17.

Auf analytischem Wege verschafft man sich eine Übersicht und ein vereinfachtes Kräftebild, indem man die Kräfte auf einen beliebigen Punkt, das sog. **Reduktionszentrum** (Bezugspunkt), reduziert, ein Punkt, dem vorerst keine physikalisch-mechanische Bedeutung zukommt.

Wir nehmen in der Ebene der Kräfte $P_1 P_2 P_3 P_4$ Fig. 17 einen beliebigen Punkt O als Reduktionszentrum an, ziehen durch O Parallelen mit den Wirkungslinien der gegebenen Kräfte P und bringen auf jeder dieser Parallelen in O zwei der betreffenden Kraft P gleiche und einander entgegengesetzte Kräfte an. Dadurch erfährt der Gleichgewichts- oder Bewegungszustand des von den gegebenen Kräften ergriffenen starren Körpers keine Änderung. Wir haben jetzt in Fig. 17 vier in O angreifende, nach Richtung und Größe mit den vier gegebenen Kräften übereinstimmende Kräfte, und vier durch römische Ziffern gekennzeichnete Kräftepaare; die ersteren lassen sich ersetzen durch eine einzige, O angreifende Resultante R_0, die sog. Reduktionsresultante, die letzteren nach **23** durch ein resultierendes Kräftepaar vom Moment M_0, das sog. Reduktionsmoment. Das Wort: Reduktionsmoment darf man benützen, weil nach **22** die Wirkung des resultierenden Kräftepaares durch sein statisches Moment gemessen wird. Physikalisch bedeutet die Reduktion der gegebenen Kräfte auf den Punkt O, daß Reduktionsresultante und -moment die gegebenen Kräfte in ihrer Wirkung auf den Gleichgewichts- oder Bewegungszustand des belasteten Körpers ersetzen können oder, mit ihnen in Gegenwirkung gebracht, sie aufheben, ihnen das Gleichgewicht halten.

Aus dieser letzten Bemerkung läßt sich ein wichtiger Schluß ziehen. Zunächst ist daran zu erinnern, das die Reduktionsresultante R_0 nach einer in **19** gemachten Bemerkung die gleiche Größe und Richtung hat, wie die tatsächliche Resultante R der gegebenen Kräfte, die in Fig. 17 gestrichelt eingetragen ist und deren senkrechter Abstand von O mit r bezeichnet sei. Man füge nun am belasteten Körper zu der Reduktionsresultanten und dem Reduktionsmoment die Gegenresultante R' der gegebenen Kräfte in ihrer tatsächlichen Wirkungslinie hinzu, dann besteht Gleichgewicht, d. h. u. a. der ruhend gedachte Körper bleibt in Ruhe und dreht sich um keinen Punkt, auch nicht um O, welcher Punkt im übrigen völlig willkürlich angenommen war. Daher muß das statische Moment der Gegenresultanten mit dem Reduktionsmoment M_0 und daher auch mit dem gleichwertigen Moment der gegebenen Kräfte in bezug auf O im Gleichgewicht sein; die algebraische Summe dieser Momente um O verschwindet:

$$-R'\cdot r + \Sigma P_i a_i = 0 \quad \text{oder} \quad R'\cdot r = \Sigma P_i a_i \ \ . \ \ . \ \ (5)$$

wo $i = 1, 2, 3 \ldots$ ist. Das statische Moment der Gegenresultanten $R'\cdot r$ ist von dem Moment der Resultanten M_0 nur durch den Drehsinn, d. h. durch das Vorzeichen verschieden; die Größe beider ist gleich. Die letzte Gleichung besagt also auch: **Das statische Moment der Resultanten verschiedener Kräfte in einer Ebene in bezug auf einen beliebigen Punkt ist nach Größe und Drehsinn gleich dem Moment der Komponenten für den gleichen Punkt.**

Im allgemeinen liefern die gegebenen Kräfte P in bezug auf ein beliebiges Reduktionszentrum O ihrer Ebene eine Reduktionsresultante R_0 und ein Reduktionsmoment M_0. Im einzelnen sind daher drei Fälle zu unterscheiden:

1. $M_0 = 0$ und $R \gtreqless 0$; 2. $M_0 \gtreqless 0$ und $R_0 = 0$; 3. $R_0 = 0$ und $M_0 = 0$.

Die Bedeutung der Fälle 1 und 2 ist erst in der Dynamik zu erörtern, sie entsprechen einer reinen Parallelverschiebung bzw. einer reinen Drehung der starren Ebene. Die dritte Möglichkeit besagt, daß die gegebenen Kräfte in bezug auf jeden beliebigen Punkt O ihrer Ebene keine Kraftwirkung und keine Momentwirkung ergeben. Unter diesen Umständen müssen die gegebenen Kräfte im Gleichgewicht sein; m. a. W. die starre Ebene wird in Ruhe oder in gleichförmiger Bewegung verharren. Es genügt sogar schon, daß das Gesagte für einen einzigen Punkt der Ebene erfüllt ist.

25. Die analytischen Gleichgewichtsbedingungen für Kräfte in einer Ebene. Analytische Bestimmung der Resultanten. Wir erhalten also für das Gleichgewicht von Kräften, die in einer Ebene wirken, zwei Gleichgewichtsbedingungen: es muß für einen Punkt O der Ebene der Kräfte sowohl die Reduktionsresultante $R_0 = 0$, als auch das Reduktionsmoment $M_0 = 0$ sein. Durch eine einzige Kraft oder durch ein einziges Kräftepaar lassen sich die gegebenen Kräfte im allgemeinen offenbar nicht ersetzen, weil die Reduktionsresultante nur durch eine Gegenkraft und ein Reduktionsmoment nur durch ein Gegenmoment von gleicher Größe aufgehoben werden kann.

Soll nun die Reduktionsresultante im Punkt O verschwinden, so muß nach 13 die algebraische Summe der Komponenten der auf O reduzierten Kräfte P nach zwei durch O gehenden rechtwinkligen Koordinatenachsen gleich Null sein, oder, was auf dasselbe herauskommt, es muß die algebraische Summe der Komponenten der gegebenen Kräfte nach zwei aufeinander senkrechten Achsen sich gleich Null ergeben; gemäß $M_0 = 0$ muß ferner die algebraische Summe sämtlicher in Fig. 17 römisch bezifferter Kräftepaare gleich Null sein.

Wir berechnen zuerst die Reduktionsresultante und das Reduktionsmoment. Die in einer Ebene wirkenden Kräfte P werden auf ein rechtwinkliges Koordinatensystem bezogen, das durch den beliebigen Punkt O in der gleichen Ebene gelegt ist. Über die Wahl des Koordinatensystems vgl. Fig. 18 und 12. Die Kräfte sind durch ihre Größe $P_1 P_2 \ldots$ und ihren Richtungswinkel $\alpha_1 \alpha_2 \ldots \alpha_i$ gegen die $+x$-Achse und durch die Koordinaten ihres Angriffspunktes $(x_1 y_1)$, $(x_2 y_2) \ldots (x_i y_i)$ gegeben; ihre Resultante habe die Größe R, der

38 Statik. Die Zusammensetzung und das Gleichgewicht der Kräfte.

gesuchte Richtungswinkel von R sei φ; die Koordinaten des gesuchten Angriffspunktes von R seien $(x_0 y_0)$. Auf die Koordinaten des Angriffspunktes kommt es indes, wie schon in **17** bemerkt, nicht an, sondern einzig auf die Lage der Wirkungslinie. Es wird sich in Übereinstimmung hiermit herausstellen, daß man unter den $(x_i y_i)$ sich nicht bestimmte Punkte vorzustellen hat, sondern die laufenden Koordinaten der Wirkungslinie einer Kraft. Vorerst sehe man jedoch $(x_i y_i)$ als Koordinaten eines Punktes an, in dem P_i angreift.

Wir wählen den Koordinatenanfang O als Reduktionszentrum und denken uns dort zu jeder Kraft P_i zwei ihr gleich große und einander entgegengesetzte Kräfte angebracht, die zu P_i parallel sind. Die Kräfte sind in ihre Komponenten X_i und Y_i nach den Koordinatenachsen zerlegt. Für die Reduktionsresultante R_0 hat man nach **12**

$$\left.\begin{array}{l} X = R_0 \cos \varphi = \Sigma P_i \cos \alpha_i \\ Y = R_0 \sin \varphi = \Sigma P_i \sin \alpha_i \\ R_0 = \sqrt{X^2 + Y^2}; \quad \cos \varphi = X/R_0; \quad \sin \varphi = Y/R_0 \end{array}\right\} \ . \ . \ (6)$$

wobei in den Ausdrücken von $\cos \varphi$ und $\sin \varphi$ für X und Y die algebraischen Werte zu nehmen sind, während dem R_0 sein Absolutwert zu geben ist.

Die tatsächliche Resultante R hat, wie schon in **24** bemerkt, die gleiche Größe und Richtung wie die Reduktionsresultante R_0. Es fehlt nur noch die Kenntnis ihrer Lage, sowie des Drehsinnes ihres statischen Momentes in bezug auf das Reduktionszentrum O. Die Lage ist bekannt, wenn man den Abstand der Wirkungslinie der Resultanten R vom Punkt O angeben kann, was mit Hilfe des Satzes in **24** geschieht: Das statische Moment der Resultanten verschiedener Kräfte in einer Ebene in bezug auf einen beliebigen Punkt dieser Ebene ist nach Größe und Drehsinn gleich der algebraischen Summe der Momente der Komponenten für den gleichen Punkt; danach lautet die Momentengleichung für den Punkt O

$$M_0 = R \cdot r = P_1 a_1 + P_2 a_2 + \ldots = \Sigma P_i a_i$$

oder mit Anwendung des letzterwähnten Satzes auf die einzelnen Kräfte bzw. deren Komponenten, von denen in Fig. 18 P_i mit Komponenten X_i und Y_i gezeichnet ist:

$$\left.\begin{array}{l} M_0 = R \cdot r = (Y_1 x_1 - X_1 y_1) + (Y_2 x_2 - X_2 y_2) + \ldots \\ = \Sigma (Y_i x_i - X_i y_i) \end{array}\right\} \ . \ . \ (7)$$

Die Identität der beiden letzten Gleichungen läßt sich auch

§ 3. Zusammensetzung von Kräften usw.   39

anschaulich aus Fig. 18 ableiten, aus der z. B. für die Kraft P_i abgelesen wird

$$Y_i x_i - X_i y_i = P_i \sin \alpha_i \cdot x_i - P_i \cos \alpha_i \cdot y_i$$
$$= P_i (x_i \sin \alpha_i - y_i \cos \alpha_i)$$
$$= P_i (\overline{ac} - \overline{ab}) = P_i a_i.$$

Die Berechnung der Resultanten und des resultierenden Momentes geht nun folgendermaßen vor sich: Aus Gl. (6) ergibt sich die Resultante nach Größe R und Richtung φ. Aus Gl. (7) findet man sodann das Reduktionsmoment M_0 nach Größe und Vorzeichen, d. h. Drehsinn. Mit Hilfe der schon gefundenen Resultanten R läßt sich darauf der Abstand r der Resultanten R vom Reduktionszentrum O berechnen; es ist $r = M_0/R$. An einem um O mit Halbmesser r beschriebenen Kreis ist R in der Richtung φ als Tangente so anzutragen, daß der vorgeschriebene Drehsinn eingehalten ist; ist z. B. M_0 positiv gefunden, so heißt das laut früherer Vereinbarung, daß R um O im Uhrzeigersinn dreht.

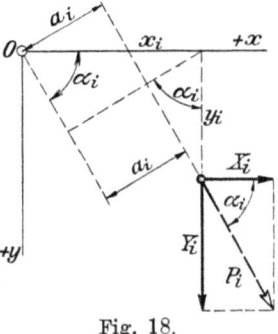

Fig. 18.

Man wird nun anfänglich glauben, es sei möglich, den Angriffspunkt $x_0 y_0$ der Resultanten zu bestimmen. Suchen wir demgemäß nach Gleichungen für x_0 und y_0. Wir mögen aber suchen wie wir wollen, es bietet sich nur eine einzige Gleichung dar: Die Momentengleichung der Resultanten R um O, die zufolge Gl. (7) lautet

$$R \cdot r = Y x_0 - X y_0$$
$$= \Sigma (Y_i x_i - X_i y_i).$$

Aus dieser einzigen Gleichung können jedoch x_0 und y_0 nicht getrennt berechnet werden. Die Gleichung stellt nur eine Beziehung zwischen x_0 und y_0 dar. Es ist also kein Punkt angebbar, sondern bloß ein geometrischer Ort, auf dem $x_0 y_0$ liegt. Weil die Gleichung in x_0 und y_0 vom 1. Grad ist, so ist der geometrische Ort eine gerade Linie, die Wirkungslinie von R. Hierdurch wird nur bestätigt, was zu erwarten war (s. S. 22), daß nämlich an einem starren Körper für eine Kraft kein Angriffspunkt, sondern nur die Angriffslinie in Betracht kommt, wenn es sich um Gleichgewicht oder Bewegung handelt.

Die Gleichgewichtsbedingungen für Kräfte in einer Ebene lauten schließlich zufolge dem eingangs Erwähnten:

40 Statik. Die Zusammensetzung und das Gleichgewicht der Kräfte.

oder
$$R_0 = 0 \quad \text{und} \quad M_0 = 0$$
$$\Sigma X_i = 0; \quad \Sigma Y_i = 0; \quad \Sigma(Y_i x_i - X_i y_i) = 0.$$

Soll die Resultante von **parallelen Kräften** bestimmt werden, so kann man unter Benützung eines rechtshändigen Koordinatensystems die x-Achse senkrecht zu den gegebenen Kräften wählen und den $+x$-Zweig nach rechts gehen lassen. Der $+y$-Zweig geht dann nach unten. Die gegebenen Kräfte $P_1 P_2 P_3 P_4$ (Fig. 19) wirken im Abstand $0, a_2 a_3 a_4$ vom Reduktionszentrum O; die Resultante R ist nach Gl. (6)

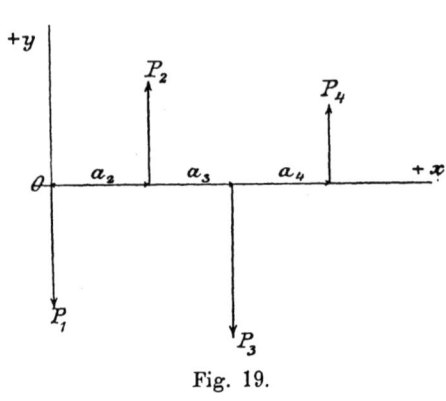

Fig. 19.

$$R = R_0 = P_1 - P_2 + P_3 - P_4 = \Sigma P_i.$$

Die Resultante paralleler Kräfte ist also parallel den gegebenen Kräften und gleich der algebraischen Summe derselben.

Die Resultante R befinde sich im Abstand x_0 von O; wir ermitteln x_0 mit Hilfe des Momentensatzes:

$$R \cdot x_0 = P_1 \cdot 0 - P_2 a_2 + P_3 a_3 - P_4 a_4.$$

Hieraus findet sich die Größe von x_0 und überdies das Vorzeichen des Momentes $R \cdot x_0$, womit auch noch der Drehsinn des Momentes von R um O festgelegt ist.

26. Weitere Betrachtungen. Findet man, daß für einen in der Ebene der Kräfte gewählten Punkt O_1 die Summe der statischen Momente der Kräfte $P = 0$ ist, so ist der Fall einer Zurückführung der Kräfte P auf ein Kräftepaar ausgeschlossen, indem die algebraische Summe der statischen Momente der Kräfte eines Kräftepaares in Beziehung auf jeden in der Ebene des Kräftepaares gelegenen Punkt sich stets gleich dem Moment des Kräftepaares ergibt und daher, wenn die gegebenen Kräfte P sich auf ein Kräftepaar reduzierten, die Summe ihrer statischen Momente in Beziehung auf den gewählten Punkt O nicht $= 0$ sein könnte. Es könnten also im vorliegenden Falle die Kräfte P sich nur noch entweder auf eine durch den angenommenen Punkt O_1 gehende Resultante reduzieren oder die Kräfte P müßten im Gleichgewicht sein.

Wäre für einen zweiten Punkt O_2 die Summe der statischen

Momente der Kräfte P ebenfalls $= 0$, so wäre damit das Gleichgewicht der Kräfte P immer noch nicht bedingt, es könnte ja die Resultante der Kräfte P durch O_1 und durch O_2 hindurchgehen. Ist aber für einen dritten Punkt O_3, der mit den beiden Punkten O_1 und O_2 nicht in einer Geraden liegt, die Momentensumme wieder $= 0$, so muß notwendigerweise Gleichgewicht stattfinden. Wir können also die Gleichgewichtsbedingungen für Kräfte in der Ebene auch noch in anderer Form ausdrücken als weiter oben geschehen ist, indem wir sagen:

Im Falle des Gleichgewichts muß die algebraische Summe der statischen Momente der gegebenen Kräfte P in Beziehung auf drei in der Ebene der Kräfte befindliche, nicht in einer und derselben Geraden, sonst aber beliebig gelegene Punkte je gleich Null sein.

Findet man ein anderes Mal, daß die algebraische Summe der Komponenten der Kräfte P nach zwei angenommenen, aufeinander senkrechten Koordinatenachsen $= 0$ ist, die algebraische Summe der statischen Momente der Kräfte P in Beziehung auf einen in der Koordinatenebene gelegenen Punkt O aber $= M$, so ist damit erwiesen, daß die Kräfte P sich auf ein Kräftepaar vom Moment M reduzieren. Tatsächlich ist für die Kräfte des Kräftepaares die algebraische Summe ihrer Komponenten nach jeder Achse $= 0$, oder was dasselbe, die algebraische Summe der Projektionen der Kräfte auf jede beliebige Achse $= 0$, womit $R = 0$ sich ergibt.

Da aber $Rr = M$, so wird $r = \dfrac{M}{R} = \dfrac{M}{0} = \infty$.

Das steht im Einklang mit dem, was früher bezüglich des Kräftepaares gesagt wurde, daß nämlich die Resultante eines Kräftepaares eine unendlich kleine und ferne Kraft sei.

§ 4. Zusammensetzung von Kräften, die an einem starren Körper in verschiedenen Punkten und in beliebigen Richtungen wirken.

27. Zusammensetzung beliebiger Kräftepaare. Es seien zunächst nur die beiden Kräftepaare $P(A_1 A_2)P$ vom Moment $M_1 = P \cdot a$ und $Q(B_1 B_2)Q$ vom Moment $M_2 = Q \cdot b$, die in den sich schneidenden Ebenen I und II (Fig. 20) wirken, zusammenzusetzen. Zu diesem Zwecke trägt man auf der Durchschnittslinie der beiden Ebenen I und II die beliebige Strecke $A_0 B_0 = c$ auf und ersetzt die gegebenen Kräftepaare durch die Kräftepaare $P'(A_0 B_0) P'$ und $Q'(A_0 B_0) Q'$, oder $P' \cdot c$ und $Q' \cdot c$, wobei $P' \cdot c = Pa$ und $Q'c = Qb$ sein muß, bestimmt hierauf die Resultanten R' der in A_0 und B_0 angreifenden

42 Statik. Die Zusammensetzung und das Gleichgewicht der Kräfte.

Kräfte P' und Q', dann bilden diese beiden Kräfte R', wie leicht zu erkennen ist, ein Kräftepaar $R'(A_0 B_0) R'$, das gesuchte resultierende Kräftepaar.

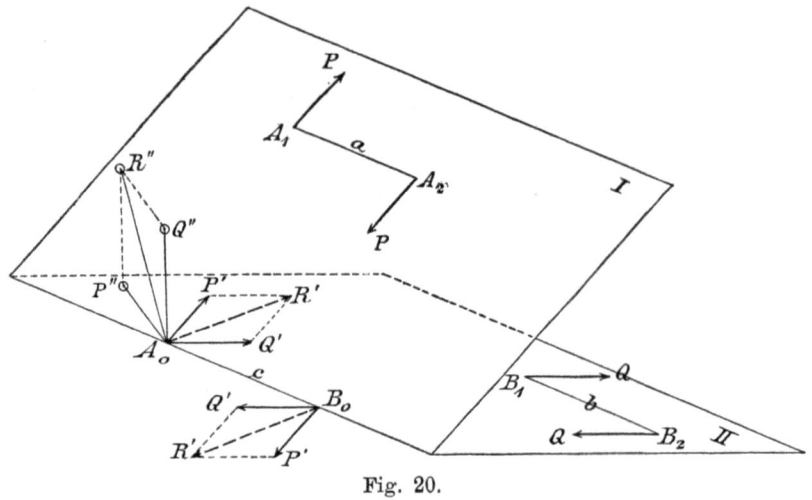

Fig. 20.

Handelt es sich um eine ganze Reihe von Kräftepaaren, die in verschiedenen, sich schneidenden Ebenen wirken, so könnte man je zwei nach dem soeben erläuterten Verfahren zusammensetzen und auf diese Weise schließlich das resultierende Kräftepaar erhalten, es ist indessen zweckmäßiger, sich der folgenden, von Poinsot angegebenen Methode zu bedienen.

Zur Begründung dieser Methode wird nachstehendes angeführt:

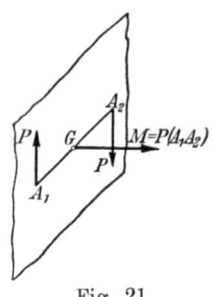

Fig. 21.

Es stelle $P(A_1 A_2) P$ in Fig. 21 ein gegebenes Kräftepaar vom Moment $M = P(A_1 A_2) = Pa$ vor. In einem beliebigen Punkt C der Ebene des Kräftepaares errichte man ein Lot und trage auf diesem Lot von C aus nach der Seite hin, von der aus das gegebene Kräftepaar im Uhrzeigersinn drehend erscheint, eine Strecke (Vektor) CD ab, der man so viel willkürlich wählbare Längeneinheiten gibt, als das Moment $P \cdot a$ Maßeinheiten hat, dann bestimmen Richtung und Größe der Strecke CD vollständig das gegebene Kräftepaar. Dabei nennt man die Gerade CD die Achse des Kräftepaares und die Richtung CD, durch die der Drehungssinn des gegebenen Kräftepaares angegeben wird, die Achsenrichtung des Kräftepaares; durch Achsenrichtung und Moment ist daher ein Kräftepaar vollständig bestimmt.

§ 4. Zusammensetzung von Kräften usw.

Sollen jetzt wieder die Kräftepaare $P(A_1 A_2)P$ vom Moment $M_1 = Pa$ und $Q(B_1 B_2)Q$ vom Moment $M_2 = Qb$ Fig. 20 zusammengesetzt werden, so errichtet man in A_0 Fig. 20 auf den Ebenen I und II Lote $A_0 P''$ und $A_0 Q''$, trägt auf diesen Loten die die gegebenen Kräftepaare nach Poinsot darstellenden Strecken $A_0 P'' = M_1$ und $A_0 Q'' = M_2$ ab, zeichnet das Parallelogramm $P'' A_0 Q'' R''$, zieht in demselben die Diagonale $A_0 R''$, dann stellt die letztere, als Achse eines Kräftepaares aufgefaßt, die Resultante der Kräftepaare $P(A_1 A_2)P$ und $Q(B_1 B_2)Q$ vor. Der Beweis hierfür ist folgender:

Winkel $P'' A_0 P' = 90^0$; Winkel $Q'' A_0 Q' = 90^0$; somit Winkel $P'' A_0 Q'' =$ Winkel $P' A_0 Q'$. Ferner Strecke $A_0 P'' = M_1 = P \cdot a = P' \cdot c$; Strecke $A_0 Q'' = M_2 = Q \cdot b = Q' \cdot c$, daher Parallelogramm $P'' A_0 Q'' R''$ ähnlich dem Parallelogramm $P' A_0 Q' R'$ und demgemäß: Diagonale $(A_0 R'') = R' \cdot c = M$.

Durch die Länge $A_0 R''$ ist also tatsächlich das Moment M des resultierenden Kräftepaares $R'(A_0 B_0)R'$ angegeben. Da aber $A_0 R''$ senkrecht steht auf $A_0 R'$ und damit auf der Ebene des resultierenden Kräftepaares $R'(A_0 B_0)R'$, so bestimmt die Parallelogrammdiagonale $A_0 R''$ auch die Ebene des resultierenden Kräftepaares. Man bemerkt nun weiter, daß, wenn man vom Punkte R'' gegen A_0 hin sieht, das resultierende Kräftepaar $R'(A_0 B_0)R'$ tatsächlich im Uhrzeigersinne dreht, es bringt daher die Richtung $A_0 R''$ der Diagonalen $A_0 R''$ auch den Drehungssinn des resultierenden Kräftepaares richtig zum Ausdruck. Mit einem Worte: Die Diagonale $A_0 R''$ des aus den Momentenstrecken M_1 und M_2 konstruierten Parallelogramms gibt vollständig das resultierende Kräftepaar an. Hieraus können wir aber den allgemeinen Satz entnehmen:

Man kann Kräftepaare genau wie Kräfte zusammensetzen, wenn man die Kräftepaare nach der Vorschrift Poinsots darstellt und die betreffenden Momentenstrecken wie Kraftstrecken ansieht und zusammensetzt. Dabei entspricht der Fall von Kräftepaaren, die in beliebigen Ebenen gelegen sind, dem Fall von Kräften, die alle einen und denselben Punkt angreifen, und der Fall von Kräftepaaren in der gleichen oder in Parallelebenen dem Fall von Kräften, in einer und derselben Geraden wirkend.

28. Reduktion der Kräfte. Ein starrer Körper werde in den Punkten $A_1, A_2, A_3 \ldots A_i$ von den Kräften $P_1, P_2, P_3 \ldots P_i$ angegriffen. Die Koordinaten der Angriffspunkte A in Beziehung auf ein beliebig angenommenes rechtwinkliges Koordinatensystem seien $x_1 y_1 z_1$; $x_2 y_2 z_2$; $\ldots x_i y_i z_i$, und die Winkel der Kräfte P mit den positiven Zweigen der Koordinatenachsen $\alpha_1 \beta_1 \gamma_1$; $\alpha_2 \beta_2 \gamma_2$; $\ldots$

44 Statik. Die Zusammensetzung und das Gleichgewicht der Kräfte.

$\alpha_i \beta_i \gamma_i$, alsdann ergeben sich die Komponenten der Kräfte P nach den Koordinatenachsen:

$$X_1 = P_1 \cos \alpha_1; \quad Y_1 = P_1 \cos \beta_1; \quad Z_1 = P_1 \cos \gamma_1$$
$$X_2 = P_2 \cos \alpha_2; \quad Y_2 = P_2 \cos \beta_2; \quad Z_2 = P_2 \cos \gamma_2$$
$$\cdots\cdots\cdots\cdots\cdots\cdots\cdots\cdots\cdots$$

Bringt man jetzt, der Kraft P_1 entsprechend, in den Punkten O, B_1 und C_1 (Fig. 22), (welche Punkte man in fester Verbindung mit dem starren Körper sich zu denken hat), so wie Fig. 22 zeigt, die einander gleichen und direkt entgegengesetzten, den Komponenten $X_1 Y_1 Z_1$ der Kraft P_1 gleichen und parallelen Kräfte $X_1 Y_1 Z_1$ an, so wird dadurch am Bewegungszustande des starren Körpers

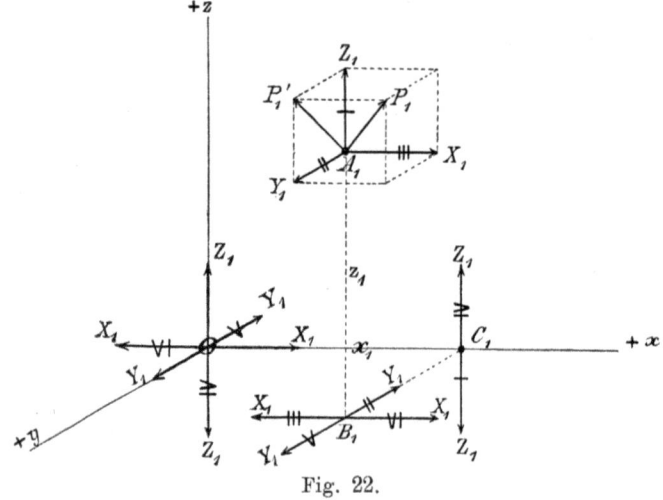

Fig. 22.

nichts geändert. Damit hat man aber statt der Kraft P_1 nunmehr die drei im Ursprung O wirkenden Komponenten X_1, Y_1, Z_1 der Kraft P_1 nach den Koordinatenachsen, sowie die in der Figur 22 durchstrichenen 6 Kräftepaare. In gleicher Weise erhält man an Stelle der übrigen Kräfte P_2, P_3 ... deren nach O parallel versetzte Komponenten X_2, Y_2, Z_2; X_3, Y_3, Z_3; ... und je 6 Kräftepaare. Man vereinigt nun die in einer und derselben Koordinatenachse wirkenden Kräfte je zu einer Resultanten, wobei sich ergibt:

$$\left.\begin{aligned} X &= X_1 + X_2 + X_3 + \ldots = \Sigma P_i \cos \alpha_i \\ Y &= Y_1 + Y_2 + Y_2 + \ldots = \Sigma P_i \cos \beta_i \\ Z &= Z_1 + Z_2 + Z_3 + \ldots = \Sigma P_i \cos \gamma_i \end{aligned}\right\} \quad \ldots \quad (8)$$

und setzt schließlich die drei Kräfte XYZ wieder zu einer Resultanten

$$R_0 = \sqrt{X^2 + Y^2 + Z^2} \text{ zusammen} \quad \ldots \quad (9)$$

§ 4. Zusammensetzung von Kräften usw. 45

Es lassen sich aber auch die vorhandenen Kräftepaare zusammensetzen, wobei man zunächst diejenigen vereinigt, deren Ebenen auf einer und derselben Koordinatenachse senkrecht stehen. So liefern die senkrecht zur x-Achse, also in Parallelebenen wirkenden Kräftepaare ein resultierendes Kräftepaar, dessen Moment M_x durch die algebraische Summe der Momente der einzelnen Kräftepaare angegeben wird, wobei die Momente derjenigen Kräftepaare als positiv bezeichnet sind, die, von einem auf dem $+$ Zweig der x-Achse gelegenen Punkte aus in der Richtung gegen den Ursprung O hin angesehen, in positivem Sinn, d. h. im Sinne des Uhrzeigers drehend erscheinen. Demgemäß hat man:

$$M_x = (Z_1 y_1 - Y_1 z_1) + (Z_2 y_2 - Y_2 z_2) + \ldots = \Sigma (Z_i y_i - Y_i z_i)$$

desgleichen ergibt sich:

$$\left.\begin{aligned} M_y &= (Y_1 z_1 - Z_1 x_1) + (X_2 z_2 - Z_2 x_2) + \ldots = \Sigma (X_i z_i - Z_i x_i) \\ M_z &= (Y_1 x_1 - X_1 y_1) + (Y_2 x_2 - X_2 y_2) + \ldots = \Sigma (Y_i x_i - X_i y_i) \end{aligned}\right\} \quad (10)$$

Damit sind die sämtlichen Kräftepaare zurückgeführt auf nur drei Kräftepaare, deren Ebenen senkrecht stehen auf den Koordinatenachsen und deren Momente durch die Werte von M_x, M_y, M_z angegeben werden. Trägt man daher behufs der graphischen Darstellung dieser drei Kräftepaare vom Ursprung O (Fig. 23) des Koordinatensystems aus auf den Koordinatenachsen die Momente M_x, M_y, M_z in einem beliebig gewählten Maßstab als Strecken ab, und zwar je nach deren Vorzeichen auf der positiven oder negativen Seite der Koordinatenachsen, konstruiert über den Strecken M_x,

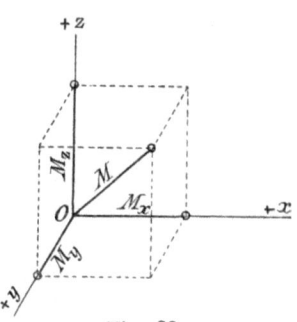

Fig. 23.

M_y, M_z ein Parallelepiped und zieht von O aus die Diagonale OM des letzteren, dann stellt diese Diagonale OM, deren Länge wir mit M bezeichnen wollen, die Resultante der Kräftepaare M_x, M_y, M_z in vollständig bestimmter Weise vor.

Das Moment des resultierenden Kräftepaares wäre demgemäß ausgedrückt durch

$$M = \sqrt{M_x^2 + M_y^2 + M_z^2} \quad \ldots \ldots \quad (11)$$

Damit sind jetzt die sämtlichen Kräfte P zurückgeführt auf eine durch den Punkt O gehende Kraft R_0 und ein Kräftepaar M.

Wir sind hier veranlaßt, dem Begriff des statischen Momentes einer Kraft in bezug auf einen Punkt einen weiteren hinzuzufügen: den des statischen Momentes einer Kraft in bezug auf eine Achse.

46   Statik. Die Zusammensetzung und das Gleichgewicht der Kräfte.

Die Kraft P_1 in Fig. 22 vermag nur mit ihren Komponenten Y_1 und Z_1 eine Drehwirkung um die x-Achse auszuüben, und zwar mit dem statischen Moment $Z_1 y_1 - Y_1 \cdot z_1$. Die x-Komponente von P_1 dagegen übt keine Drehwirkung um die x-Achse aus. Die Drehwirkung der Kraft P um die x-Achse bezeichnen wir von jetzt ab als das statische Moment der Kraft P in bezug auf die Achse der x. Allgemein findet man demnach das statische Moment einer Kraft P in bezug auf eine zu P windschiefe Achse BB

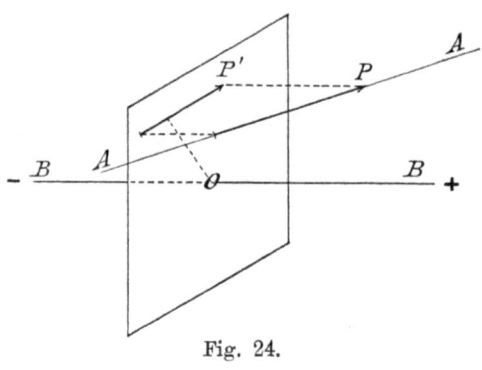

Fig. 24.

(Fig. 24) wie folgt: Man projiziere P auf eine zur Achse BB normale Ebene; die Projektion sei P'. In bezug auf den Schnittpunkt O der Achse BB mit der Projektionsebene besitzt P' ein statisches Moment, gleich P' mal senkrechter Abstand zwischen P' und O. Dies ist das gesuchte Moment. In Fig. 22 sei z. B. die x-Achse diejenige Achse, in bezug auf die das statische Moment der Kräfte P gebildet werden soll. Dann ist die yz-Ebene die Projektionsebene und P_1 die Projektion, die man in die yz-Ebene der Fig. 22 verschoben denken kann. Sie ist überdies in die Komponenten Y_1 und Z_1 zerlegt und dann der Satz zur Anwendung gebracht: das statische Moment von P' in bezug auf O ist gleich der algebraischen Summe der statischen Momente der Komponenten von P' für O. Man erkennt gleichzeitig, daß dieser Satz nicht nur für Momente in bezug auf einen Punkt gilt, sondern auch für Momente in bezug auf eine Achse.

Das Reduktionsmoment M ist nun das Moment der gegebenen Kräfte in bezug auf den Punkt O; durch das eingeschlagene Verfahren bzw. durch die Gl. (10) ist dieses Moment ersetzt durch drei Seitenmomente $M_x M_y M_z$ der gegebenen Kräfte in bezug auf drei Achsen (nämlich die drei Koordinatenachsen).

Nunmehr kann man auch die Winkel $\varphi \chi \psi$ der Resultanten R oder der gleich großen Reduktionsresultanten R_0 gegen die drei Koordinatenachsen, sowie die Winkel $\lambda \mu \nu$ der Achse des resultierenden Kräftepaares gegenüber den gleichen Achsen angeben; die Richtungscosinusse betragen

§ 4. Zusammensetzung von Kräften usw.

$$\left.\begin{array}{ccc} \cos\varphi = \dfrac{X}{R} & \cos\chi = \dfrac{Y}{R} & \cos\psi = \dfrac{Z}{R} \\ \cos\lambda = \dfrac{M_x}{M} & \cos\mu = \dfrac{M_y}{M} & \cos\nu = \dfrac{M_z}{M} \end{array}\right\} \quad (12)$$

worin XYZ, $M_x M_y M_z$ mit den algebraischen, R und M mit den absoluten Werten einzusetzen sind.

Der Winkel zwischen der Richtung der Resultanten R und der Richtung der Achse des resultierenden Kräftepaares sei δ; nach einem Satz der analytischen Geometrie hat man:

$$\cos\delta = \cos\varphi\cos\lambda + \cos\chi\cos\mu + \cos\psi\cos\nu$$
$$= \frac{XM_x + YM_y + ZM_z}{R\cdot M} \quad \ldots \ldots (13)$$

Die ursprünglich am starren Körper angreifenden Kräfte P sind also zurückgeführt auf eine in O angreifende Kraft R, die sogenannte Reduktions- oder Translationsresultante und ein Kräftepaar vom Moment M, dessen Ebene, senkrecht zur Diagonale OM (Fig. 23) des aus M_x, M_y, M_z gebildeten Parallelepipeds, wir durch O gehend annehmen können und dessen beide Kräfte wir mit Q bezeichnen wollen. Man kann aber ganz allgemein die Reduktion noch etwas weiter treiben, indem man das resultierende Kräftepaar in seiner Ebene verschiebt, bis eine der beiden Kräfte Q des Kräftepaares ebenfalls durch O geht, und hierauf die in O angreifenden Kräfte R und Q zu einer Resultanten S zusammensetzt. Damit sind dann die am starren Körper wirkenden Kräfte P zurückgeführt auf zwei im allgemeinen windschief gegeneinander gelegene Kräfte S und Q. Die gegebenen Kräfte lassen sich offenbar auf unendlich viele Arten auf zwei windschiefe Kräfte reduzieren. Durch diese Bemerkung wird jedoch die Übersicht kaum klarer. Wir werden vielmehr auf die Frage hingeführt, ob es unter den unendlich vielen Arten der Reduktion eines gegebenen Kräftesystemes nicht eine gebe, die einfacher ist als alle andern. Wir werden uns mit dieser Frage in **31** beschäftigen.

29. Die allgemeinen Gleichgewichtsbedingungen. Sollen die am starren freien Körper beliebig wirkenden Kräfte P im Gleichgewicht sich befinden, so muß, da die Reduktionsresultante R_0 das resultierende Kräftepaar M nicht aufheben kann, sowohl $R_0 = 0$, als auch $M = 0$ sein, woraus folgt:

$$X = 0; \quad Y = 0; \quad Z = 0 \text{ und } M_x = 0; \quad M_y = 0; \quad M_z = 0,$$

d. h.: Es muß im Gleichgewichtsfalle die algebraische Summe der Komponenten sämtlicher Kräfte nach irgend

48 Statik. Die Zusammensetzung und das Gleichgewicht der Kräfte.

drei aufeinander senkrechten Achsenrichtungen und ebenso die algebraische Summe der statischen Momente der Kräfte in Beziehung auf die drei angenommenen Achsen je gleich Null sein.

30. Sonderfälle. Reduktion auf ein Kräftepaar. Reduktion auf eine Resultante.

a) **Die den Körper angreifenden Kräfte lassen sich auf ein Kräftepaar reduzieren.** Dann muß die Resultante oder die Reduktionsresultante Null sein und damit auch deren Komponenten nach den drei Koordinatenachsen.

Die Bedingungen für das Auftreten eines alleinigen Kräftepaares lauten also:
$$X = Y = Z = R = 0.$$

Das Kräftepaar und die Richtung seiner Achse folgt aus den Gl. (10):

$$M_x = \Sigma(Z_i y_i - Y_i z_i) \qquad \cos\lambda = M_x/M$$
$$M_y = \Sigma(X_i z_i - Z_i x_i) \qquad \cos\mu = M_y/M$$
$$M_z = \Sigma(Y_i x_i - X_i y_i) \qquad \cos\nu = M_z/M$$
$$M = \sqrt{M_x^2 + M_y^2 + M_z^2}.$$

b) **Die am starren Körper angreifenden Kräfte reduzieren sich auf eine Resultante.**

Diese Resultante R greift im allgemeinen außerhalb des an beliebiger Stelle wählbaren Reduktionszentrums an; in diesem kann man ohne weiteres zwei mit R gleich große und einander entgegengesetzte Kräfte hinzudenken, worauf man ein Kräftepaar und eine in dessen Ebene liegende Kraft vor Augen hat, die mit einer Resultanten gleichwertig sind. Die Achse dieses Kräftepaares und die Richtung jener Kraft stehen senkrecht aufeinander; der Winkel δ zwischen den beiden Richtungen ist ein rechter, daher ist in Gl. (13) $\delta = \pi/2$, $\cos\delta = 0$.

Für das Auftreten einer Resultante hat man hiernach gemäß Gl. (13) die Bedingung, daß der Zähler des Ausdruckes für $\cos\delta$ verschwindet:
$$XM_x + YM_y + ZM_z = 0.$$

Für den ganz besonderen Fall, daß die allein auftretende Resultante durch das Reduktionszentrum geht, müßte sein
$$M_x = M_y = M_z = M = 0.$$

31. Zentralachse. Wir gehen jetzt an die Beantwortung der Frage, die am Schluß von **28** gestellt wurde. Beliebige, einen starren Körper ergreifende Kräfte liefern in bezug auf ein willkür-

§ 4. Zusammensetzung von Kräften usw.

lich angenommenes Reduktionszentrum nach 28 eine Resultante und ein resultierendes Kräftepaar. Ändert man die Lage des Reduktionszentrums, so bleibt zwar die Resultante (Reduktionsresultante) gleich groß und gleich gerichtet, das resultierende Kräftepaar hat jedoch jeweils eine andere Größe und seine Ebene eine andere Stellung. **Wir suchen diejenige Lage der Resultanten, in bezug auf die die Ebene des resultierenden Momentes senkrecht steht und das Moment gleichzeitig, wie sich beweisen läßt, ein Minimum wird.** Diese ausgezeichnete Lage der Resultanten wird Zentralachse genannt. Die Frage ist zunächst rein formaler Natur, ein physikalisch mechanischer Sinn wird sich später in einem besonderen Fall herausstellen. Die gegebenen Kräfte liefern in bezug auf das Reduktionszentrum, d. i. den Koordinatenanfang, die Resultante R (Komponenten X, Y, Z; Richtungswinkel von R gegen die drei Koordinatenachsen $\varphi\chi\psi$) und das Kräftepaar M (Komponenten $M_x M_y M_z$. Richtungswinkel des Poinsotschen Momentvektors $M: \lambda\mu\nu$). Die Zentralachse, die auch die Richtungswinkel $\varphi\chi\psi$ hat, gehe durch einen Punkt $x_0 y_0 z_0$. Wir reduzieren nunmehr die gegebenen Kräfte R und M auf den neuen Reduktionspunkt x_0, y_0, z_0, für den sie eine Reduktionsresultante R und ein resultierendes Kräftepaar M' ergeben. Die Ebene des resultierenden Kräftepaares M' in bezug auf die Zentralachse steht der Forderung gemäß auf der Zentralachse senkrecht. (Komponenten von M' seien $M_x' M_y' M_z'$; Richtungswinkel der Achse dieses Kräftepaares $\lambda = \varphi$; $\mu = \chi$; $\psi = \nu$.) Gesucht wird eine Beziehung zwischen $x_0 y_0 z_0$ und den gegebenen Größen R (XYZ; $\varphi\chi\psi$) und $M(M_x M_y M_z)$, d. h. die Gleichung der Zentralachse.

Das resultierende Kräftepaar M', dessen Achse mit der Zentralachse zusammenfällt, hat nach Gl. (10) die Komponenten:

$$M_x' = M_x - Zy_0 + Yz_0$$
$$M_y' = M_y - Xz_0 + Zx_0$$
$$M_z' = M_z - Yx_0 + Xy_0.$$

Soll die Achse von M' mit der Achse der Reduktionsresultanten zusammenfallen, so müssen die beiderseitigen Richtungskosinusse gleich sein, d. h. nach Gl. (12):

$$\frac{X}{R} = \frac{M_x'}{M'}; \qquad \frac{Y}{R} = \frac{M_y'}{M'}; \qquad \frac{Z}{R} = \frac{M_z'}{M'}$$

oder

$$\frac{M_x'}{X} = \frac{M_y'}{Y} = \frac{M_z'}{Z} = \frac{M'}{R}.$$

50 Statik. Die Zusammensetzung und das Gleichgewicht der Kräfte.

Durch Einsetzen der obenstehenden Werte von $M_x' M_y' M_z'$ in die letzte Gleichung erhält man

$$\frac{M_x - Zy_0 + Yz_0}{X} = \frac{M_y - Xz_0 + Zx_0}{Y} = \frac{M_z - Yx_0 + Xy_0}{Z} \quad (14)$$

wofür auch durch Kombination folgende Gleichungen angeschrieben werden können:

$$\left.\begin{array}{l}(M_x - Zy_0 + Yz_0)Y - (M_y - Xz_0 + Zx_0)X = 0 \\ (M_y - Xz_0 + Zx_0)Z - (M_z - Yx_0 + Xy_0)Y = 0 \\ (M_z - Yx_0 + Xy_0)X - (M_x - Zy_0 + Yz_0)Z = 0\end{array}\right\} \quad (15)$$

Durch diese 3 in $x_0 y_0 z_0$ linearen Beziehungen ist der analytischen Geometrie zufolge eine Gerade, die von uns gesuchte Zentralachse des Kräftesystems, bestimmt; $x_0 y_0 z_0$ sind, als Veränderliche aufgefaßt, die laufenden Koordinaten der Zentralachse. Von den drei Gleichungen genügen zwei zur Festlegung dieser Achse; welche zwei gewählt werden, ist gleichgültig, da die dritte durch Umformen aus den beiden andern hervorgeht.

Die drei Gleichungen werden auch erhalten, wenn man den Ausdruck für das resultierende Kräftepaar

$$M'^2 = (M_x - Zy_0 + Yz_0)^2 + (M_y - Xz_0 + Zx_0)^2 + (M_z - Yx_0 + Xy_0)^2$$

je nach den Koordinaten $x_0 y_0 z_0$ ableitet und die Ableitung gleich Null setzt, womit die Bedingung für ein Minimum von M' ausgesprochen wird. Das heißt: In bezug auf die Zentralachse hat das statische Moment der gegebenen Kräfte seinen kleinsten Wert. Dieses Moment wird Hauptmoment genannt.

Die Gleichung der Zentralachse läßt sich noch in anderer Form schreiben; fügt man in dem obenstehenden Gleichungstrio z. B. in der ersten Gleichung $+ Z^2 z_0 - Z^2 z_0$ hinzu und verfährt bei den beiden andern entsprechend, so erhält man

$$\left.\begin{array}{l}+ M_x Y - M_y X + R^2 z_0 - Z(Xx_0 + Yy_0 + Zz_0) = 0 \\ + M_y Z - M_z Y + R^2 x_0 - X(Xx_0 + Yy_0 + Zz_0) = 0 \\ + M_z X - M_x Z + R^2 y_0 - Y(Xx_0 + Yy_0 + Zz_0) = 0\end{array}\right\} \quad (16)$$

woraus

$$\frac{1}{Z}\left(z_0 - \frac{M_y X - M_x Y}{R^2}\right) = \frac{1}{X}\left(x_0 - \frac{M_z Y - M_y Z}{R^2}\right) = \frac{1}{Y}\left(y_0 - \frac{M_x Z - M_z X}{R^2}\right)$$

Aus dieser Form der Gleichungen der Zentralachse erkennt man, daß auf ihr ein ausgezeichneter Punkt gelegen ist, für den die Klammerausdrücke den Wert Null annehmen. Dieser Punkt heißt der Mittelpunkt des gegebenen Kräftesystems.

32. Das sogenannte Nullsystem. Wir haben gesehen, daß unter allen Umständen sich die Kräfte P auf die zwei Kräfte S und Q zurückführen lassen, die im allgemeinen windschief gegeneinander gelegen sind. Suchen wir jetzt diese beiden Kräfte S und Q analytisch zu bestimmen. Wir nehmen ein rechtwinkliges Koordinatensystem an und bezeichnen wie früher die Summe der x-Komponenten der gegebenen Kräfte P mit $\Sigma P\cos\alpha$, die Summe der y-Komponenten mit $\Sigma P\cos\beta$ und die Summe der z-Komponenten mit $\Sigma P\cos\gamma$, ferner die Summen der statischen Momente der Kräfte P in Beziehung auf die drei Koordinatenachsen mit M_x, M_y, M_z. Desgleichen bezeichnen wir die Komponenten der Kräfte S und Q nach den Koordinatenachsen mit S_x, S_y, S_z und Q_x, Q_y, Q_z, endlich die Koordinaten der Angriffspunkte B' und B'' der Kräfte S und Q mit x', y', z'; x'', y'', z''. Man hat nun zur Bestimmung von S und Q:

$$S_x + Q_x = \Sigma P\cos\alpha; \quad S_y + Q_y = \Sigma P\cos\beta; \quad S_z + Q_z = \Sigma P\cos\gamma;$$

ferner:
$$S_z \cdot y' - S_y \cdot z' + Q_z \cdot y'' - Q_y \cdot z'' = M_x$$
$$S_x \cdot z' - S_z \cdot x' + Q_x \cdot z'' - Q_z \cdot x'' = M_y$$
$$S_y \cdot x' - S_x \cdot y' + Q_y \cdot x'' - Q_x \cdot y'' = M_z.$$

Setzt man in die drei letzten dieser Gleichungen die aus den drei ersten Gleichungen bestimmten Werte von Q_x, Q_y, Q_z ein, so ergibt sich:

$$S_z(y' - y'') - S_y(z' - z'') + y'' \Sigma P\cos\gamma - z'' \Sigma P\cos\beta = M_x$$
$$S_x(z' - z'') - S_z(x' - x'') + z'' \Sigma P\cos\alpha - x'' \Sigma P\cos\gamma = M_y$$
$$S_y(x' - x'') - S_x(y' - y'') + x'' \Sigma P\cos\beta - y'' \Sigma P\cos\alpha = M_z.$$

Aus diesen drei Gleichungen lassen sich die neun Unbekannten S_x, S_y, S_z; x', y', z'; x'', y'', z'' nicht bestimmen. Multipliziert man nun die erste dieser drei letzten Gleichungen mit $(x' - x'')$, die zweite mit $(y' - y'')$, die dritte mit $(z' - z'')$ und addiert die erhaltenen drei Gleichungen, so zeigt sich:

$$\Sigma P\cos\alpha\,(z''y' - y''z') + \Sigma P\cos\beta\,(x''z' - x''x') +$$
$$+ \Sigma P\cos\gamma\,(y''x' - x''y') =$$
$$= M_x(x' - x'') + M_y(y' - y'') + M_z(z' - z'').$$

In dieser Gleichung kommen die unbekannten Kräfte S und Q gar nicht mehr vor, es sind darin nur noch die Koordinaten der Angriffspunkte B' und B'' der Kräfte S und Q als Unbekannte enthalten. Nimmt man jetzt, was erlaubt ist, den Angriffspunkt B' beliebig an, infolgedessen die Koordinaten $x'y'z'$ desselben in der

52 Statik. Die Zusammensetzung und das Gleichgewicht der Kräfte.

letzten Gleichung als gegebene Größen auftreten, so gibt diese Gleichung einen geometrischen Ort an für den Punkt B''. Dieser geometrische Ort ist, da die Gleichung zwischen den Koordinaten x'', y'', z'' des Punktes B'' vom ersten Grade nach diesen Größen, eine Ebene, und zwar eine Ebene, die durch den Punkt B' hindurchgeht, insofern die Koordinaten x', y', z' dieses letzteren Punktes die Gleichung befriedigen. Da aber die Kraft Q, deren ursprünglicher Angriffspunkt B'' ist, in ihrer Wirkungslinie beliebig verschoben werden darf, so müssen auch die Koordinaten jedes auf der Wirkungslinie von Q gelegenen Punktes die erwähnte Ebenengleichung befriedigen, d. h. es muß die Kraft Q überhaupt in dieser Ebene liegen.

Wir sehen also, daß dem angenommenen Punkte B' im Raume bei gegebenem Kräftesystem P eine bestimmte, durch B' gehende Ebene entspricht. Diese Ebene wird nach Möbius **Nullebene** genannt und der Punkt B' **Nullpunkt**, weil für jede durch B' in der erwähnten Ebene gezogene Gerade $B'D$ die Momentensumme der Kräfte P sich gleich **Null** ergibt. Reduziert man nämlich das Kräftesystem P auf die beiden Kräfte S und Q, so schneidet sowohl die Kraft S, die durch den Punkt B' hindurchgeht, als die Kraft Q, die mit der Geraden $B'D$ in einer und derselben Ebene liegt, die Gerade $B'D$, weshalb auch die statischen Momente der beiden Kräfte S und Q in Beziehung auf die Gerade $B'D$ je gleich Null sind.

Das System zusammengehöriger **Nullpunkte** und **Nullebenen** heißt ein **Nullsystem**. Diese Nullsysteme spielen in der **Geometrie der Lage** eine wichtige Rolle. Es ist aber nicht unsere Aufgabe, uns mit diesem Gegenstand hier weiter zu beschäftigen.

Das Vorangehende enthält eine **Geometrie der Kräfte** in analytischgeometrischer Darstellung; der Zweck derselben ist, das Kräftebild eines beliebig belasteten Körpers möglichst zu vereinfachen und übersichtlich zu machen. Diese rein formalen Darstellungen erhalten eine weitere Bedeutung dadurch, daß sie in derselben Form zur einfachsten und übersichtlichsten Beschreibung des Geschwindigkeitszustandes eines beliebig bewegten Körpers gebraucht werden können. Vgl. 230.

33. Parallele Kräfte. Ein starrer Körper sei von lauter parallelen Kräften P_i in den Punkten $x_i y_i z_i$ eines beliebig angenommenen, mit dem Körper verbundenen rechtwinkligen Koordinatensystems ergriffen; die Richtungswinkel aller dieser Kräfte mit den positiven Richtungen des Koordinatensystems sind dann gleich groß; sie mögen mit $\alpha \beta \gamma$ bezeichnet werden; dann erhält man für die Komponenten der Resultante R der parallelen Kräfte nach (8):

$$X = \Sigma P_i \cos \alpha_i = \cos \alpha \Sigma P_i$$

§ 4. Zusammensetzung von Kräften usw.

$Y = \Sigma P_i \cos \beta_i = \cos \beta \, \Sigma P_i$

$Z = \Sigma P_i \cos \gamma_i = \cos \gamma \, \Sigma P_i$

$R = \sqrt{X^2 + Y^2 + Z^2} = \sqrt{(\cos^2 \alpha + \cos^2 \beta + \cos^2 \gamma)(\Sigma P_i)^2} = \Sigma P_i.$

Die Resultante der parallelen Kräfte ist an einem räumlichen Körper, wie an einer starren Ebene gleich der algebraischen Summe der Einzelkräfte.

Die Lage der durch den Punkt $x_0 y_0 z_0$ gehenden Resultanten erhält man mit Hilfe des Satzes (vgl. **24**): Das statische Moment der Resultanten ist gleich der algebraischen Summe der statischen Momente der Komponenten; dieser Satz auf die drei Koordinatenachsen als Momentenachsen angewandt, liefert nach (10):

$M_x = Z y_0 - Y z_0 = \Sigma(Z_i y_i - Y_i z_i)$

$M_y = X z_0 - Z x_0 = \Sigma(X_i z_i - Z_i x_i)$

$M_z = Y x_0 - X y_0 = \Sigma(Y_i x_i - X_i y_i)$

oder mit Rücksicht auf die obenstehenden Gleichungen und nach Zusammenfassen der mit gleichen cos multiplizierten Glieder:

$\cos \gamma \left(y_0 - \dfrac{\Sigma P_i y_i}{R} \right) - \cos \beta \left(z_0 - \dfrac{\Sigma P_i z_i}{R} \right) = 0$

$\cos \alpha \left(z_0 - \dfrac{\Sigma P_i z_i}{R} \right) - \cos \gamma \left(x_0 - \dfrac{\Sigma P_i x_i}{R} \right) = 0$

$\cos \beta \left(x_0 - \dfrac{\Sigma P_i x_i}{R} \right) - \cos \alpha \left(y_0 - \dfrac{\Sigma P_i y_i}{R} \right) = 0.$

Multipliziert man die erste dieser Gleichungen mit $\cos \alpha$ und die zweite mit $\cos \beta$ und addiert beide Gleichungen, so kommt nach geeigneter Umformung die dritte heraus. Zur Bestimmung von $x_0 y_0 z_0$ stehen also nicht drei, sondern nur zwei lineare Gleichungen zur Verfügung; analytisch geometrisch gesprochen heißt das: es ist unter diesen Umständen nicht ein Punkt, sondern eine Gerade bestimmt, die Gleichung der Wirkungslinie der Resultanten der parallelen Kräfte. Man erhielte aus dem vorhergehenden Abschnitt durch Spezialisieren dieselben Gleichungen, weshalb wir jene Gerade als die Zentralachse der parallelen Kräfte ansprechen dürfen. Für diese Achse ist das statische Moment des Kräftesystems ein Kleinstwert, der vorliegenden Falles Null ist, da parallele Kräfte in bezug auf eine zu ihnen parallele Achse (vgl. S. 46) kein statisches Moment besitzen.

Dreht man nun sämtliche Kräfte P um ihre festliegend zu denkenden Angriffspunkte, so ändern sich in den Gleichungen der

54 Statik. Die Zusammensetzung und das Gleichgewicht der Kräfte.

Zentralachse nur die Werte $\alpha\beta\gamma$, während die Klammerausdrücke ungeändert bleiben, d. h. die Zentralachsen drehen sich gleichzeitig mit den Kräften. Die Gleichungen aller denkbaren Zentralachsen können aber durch einen und denselben Wert:

$$x_0 = \frac{\Sigma P_i x_i}{R} \qquad y_0 = \frac{\Sigma P_i y_i}{R} \qquad z_0 = \frac{\Sigma P_i z_i}{R} \quad . \quad . \quad (17)$$

befriedigt werden, da dieser die Klammerausdrücke zu Null macht. Damit ist ein allen Zentralachsen gemeinsamer Schnittpunkt bestimmt, der sog. Mittelpunkt der parallelen Kräfte.

Dreht man also die einen Körper angreifenden parallelen Kräfte um ihre Angriffspunkte, indem man ihre Größe ungeändert läßt, so geht die Resultante durch einen und denselben Punkt, den Mittelpunkt der parallelen Kräfte, dessen Koordinaten durch die obenstehenden Gleichungen festgelegt sind. Der Mittelpunkt paralleler Kräfte ist also ein ausgezeichneter Fixpunkt des Kräftesystems.

Wählt man demzufolge im Falle eines mit parallelen Kräften belasteten Körpers das Reduktionszentrum im Mittelpunkt dieser Kräfte, so liefern sie für den Mittelpunkt nur eine Resultante, jedoch kein resultierendes Kräftepaar. Parallelkräfte lassen sich also in ihrer Wirkung auf den Gleichgewichts- oder Bewegungszustand des belasteten Körpers durch eine einzige im Mittelpunkt der parallelen Kräfte angreifende Einzelkraft ersetzen. Jede andere durch den Mittelpunkt hindurchgehende Achse wird von dieser Einzelkraft geschnitten, die also in bezug auf jede dieser Achsen das statische Moment Null ergibt. Da das Moment der Resultanten für eine Achse gleich der algebraischen Summe der Momente der Komponenten, d. h. hier der gegebenen parallelen Kräfte, ist, so kann ausgesprochen werden: die algebraische Summe der statischen Momente paralleler Kräfte, die einen Körper belasten, ist in bezug auf jede durch den Mittelpunkt dieser Kräfte gehende Achse gleich Null.

Praktisch wichtig ist vorzugsweise der Fall paralleler und gleichsinniger Kräfte; in diesem liegt der Mittelpunkt stets innerhalb der Angriffspunkte der parallelen Kräfte. Was von der Zentralachse und vom Mittelpunkt gesagt worden ist, gilt jedoch auch für parallele Kräfte mit verschiedenem Sinn; dabei kann der Mittelpunkt auch außerhalb der Angriffspunkte der parallelen Kräfte liegen und ist dann, soll ein physikalischer Sinn damit verknüpft werden, in starre Verbindung mit dem belasteten Körper gebracht zu denken.

Der Sonderfall eines Kräftepaares mit sog. unendlich fernem Mittelpunkt soll hier nicht weiter erörtert werden.

§ 5. Allgemeines. Schwerpunkte spezieller Linien, Flächen und Körper.

Der Mittelpunkt paralleler Kräfte ist im vorhergehendem lediglich als ein ausgezeichneter geometrischer Punkt aufgetreten; seine physikalische Bedeutung wird, falls die Parallelkräfte Schwerkräfte sind, sich im nächsten Kapitel herausstellen.

---

4. Kapitel.

Die Lehre vom Schwerpunkt.

§ 5. Allgemeines. Schwerpunkte spezieller Linien, Flächen und Körper.

34. Richtung der Schwerkraft. Ein durch ein Gewicht gespannter Faden eines Senkels gibt die Richtung der Schwerkraft oder der Erdanziehung auf das Gewichtsstück an, die als Lotlinie oder Vertikale bezeichnet wird. Die Lotlinien stehen überall senkrecht auf der Oberfläche ruhender Flüssigkeiten. Da nun der Meeresspiegel eine krumme Oberfläche hat, so sind die Lotlinien an verschiedenen Erdorten nicht parallel. Nur für verhältnismäßig nahe beieinander gelegene Erdorte dürfen Lotlinien als parallel angesehen werden; auf alle Fälle ist es gestattet, die Gewichte der einzelnen Teile der in der technischen Mechanik in Betracht gezogenen Körper als parallele Kräfte zu behandeln.

Eine Ebene normal zur Lotlinie ist eine Horizontalebene, eine in dieser gezogene Gerade eine Horizontale. Die Horizontallage wird mit der Wasserwage oder Libelle geprüft.

Die Intensität der Schwerkraft wird durch das Gewicht gemessen, als dessen Einheit man das Kilogramm, als Kraft aufgefaßt, vereinbart hat, wenigstens in den Kreisen der Ingenieure, ausschließlich der Elektroingenieure, die unter 1 kg die Einheit der Masse verstehen (s. 143). Über die Kraftmessung ist das Erforderliche in 1 gesagt.

35. Spezifisches Gewicht. Unter diesem versteht man für gewöhnlich diejenige Zahl, die angibt, wieviel mal ein Körper schwerer ist als das gleiche Volumen Wasser. Vielfach bezeichnet man aber auch als spezifisches Gewicht eines Körpers das Gewicht der Raumeinheit des Körpers, entsprechend den Bezeichnungen: Spezifische Ausdehnung eines Stabes = Ausdehnung der Längeneinheit des Stabes; spezifischer Druck = Druck auf die Flächeneinheit.

36. Allgemeine Erläuterungen über den Schwerpunkt. Oben wurde bemerkt, daß jeder irdische Körper und damit auch jedes Element eines solchen von der Schwerkraft angegriffen sei. Ist dV das Raumelement eines Körpers und γ das spezifische Gewicht dieses Elementes, d. h. das Gewicht seiner Raumeinheit, so ist die Größe der das Element angreifenden, vertikal abwärts gerichteten Schwerkraft ausgedrückt durch $\gamma \cdot dV$. Es wirkt daher an dem ganzen Körper ein System von unendlich vielen parallelen und gleich gerichteten Kräften $\gamma \cdot dV$. Man versteht nun unter dem Schwerpunkt eines Körpers den Mittelpunkt der parallelen, gleich gerichteten Schwerkräfte, die an den einzelnen Elementen des Körpers wirken. Die Wirkungslinie der resultierenden Schwerkraft heißt Schwerachse oder Schwerlinie. Demgemäß erhält man mit Rücksicht auf das in **33** (Gl. 17) Gefundene für die Koordinaten x_0, y_0, z_0 des Schwerpunktes, wenn die Koordinaten eines beliebigen Elementes des Körpers mit x, y, z bezeichnet werden:

$$x_0 = \frac{\Sigma \gamma \cdot dV \cdot x}{\Sigma \gamma \cdot dV}; \qquad y_0 = \frac{\Sigma \gamma \cdot dV \cdot y}{\Sigma \gamma \cdot dV}; \qquad z_0 = \frac{\Sigma \gamma \cdot dV \cdot z}{\Sigma \gamma \cdot dV}.$$

Bei einem homogenen oder gleichartigen Körper ist das spezifische Gewicht γ für alle Elemente des Körpers dasselbe, also unabhängig von der Lage des Elements und daher:

$$x_0 = \frac{\Sigma dV \cdot x}{\Sigma dV}; \qquad y_0 = \frac{\Sigma dV \cdot y}{\Sigma dV}; \qquad z_0 = \frac{\Sigma dV \cdot z}{\Sigma dV}.$$

Die Koordinaten des Schwerpunktes eines homogenen Gebildes sind also unabhängig vom spezifischen Gewicht des Körpers, so daß man hier von der physikalischen Bedeutung des Schwerpunktes absehen kann. Dies führt uns dazu, den Begriff des Schwerpunktes überhaupt allgemeiner zu fassen und den Schwerpunkt irgendeiner homogenen Größe m zu definieren als einen geometrischen Punkt, dessen Koordinaten x_0, y_0, z_0 in Beziehung auf ein räumliches rechtwinkliges Koordinatensystem dadurch erhalten werden, daß man die Größe in ihre Elemente dm zerlegt, die Abstände x, y, z der letzteren von den drei Grundebenen bestimmt und die Quotienten

$$\frac{\Sigma dm \cdot x}{\Sigma dm}, \qquad \frac{\Sigma dm \cdot y}{\Sigma dm}, \qquad \frac{\Sigma dm \cdot z}{\Sigma dm}$$

bildet. Diese Quotienten bedeuten Längen, die man ansehen kann als die Koordinaten x_0, y_0, z_0 eines gewissen Punktes im Raume, des sogenannten Schwerpunktes. Man hat also:

$$x_0 = \frac{\Sigma dm \cdot x}{\Sigma dm}; \qquad y_0 = \frac{\Sigma dm \cdot y}{\Sigma dm}; \qquad z_0 = \frac{\Sigma dm \cdot z}{\Sigma dm} \quad . \quad (18)$$

§ 5. Allgemeines. Schwerpunkte spezieller Linien, Flächen und Körper.

Das Produkt aus dem Elemente dm einer Größe und seinem Abstande von einer Grundebene nennen wir das **Moment des Elementes** in Beziehung auf diese Ebene und die Summe der Momente sämtlicher Elemente einer Größe das **Moment der ganzen Größe** in Beziehung auf die angenommene Grundebene. So wäre $dm \cdot x$ das Moment eines Elementes der Größe m in Beziehung auf die yz-Ebene des Koordinatensystems und $\Sigma dm \cdot x$ das Moment der ganzen Größe m in Beziehung auf die gleiche Ebene. Da aber aus

$$x_0 = \frac{\Sigma dm \cdot x}{\Sigma dm} \quad \text{folgt:} \quad mx_0 = \Sigma dm \cdot x,$$

so ist das Moment einer Größe in Beziehung auf eine Ebene auch ausgedrückt durch das Produkt aus der Größe und dem Abstand ihres Schwerpunktes von dieser Ebene.

Arithmetisch gesprochen ist x_0 nichts anderes als der Durchschnittswert der x der einzelnen dm; dasselbe gilt von xy_0 und z_0.

37. Momentensätze. Hat man ein System von Größen $m_1 m_2 m_3 \ldots$, deren Schwerpunkte in den Abständen $x_1 x_2 x_3 \ldots$ von einer angenommenen Grundebene liegen, so ergibt sich, wenn x_0 der Abstand des Schwerpunktes des Gesamtsystems von der Grundebene:

$$(m_1 + m_2 + m_3 + \ldots) x_0 = \Sigma dm \cdot x$$
$$= \Sigma dm_1 \cdot x + \Sigma dm_2 \cdot x + \Sigma dm_3 \cdot x + \ldots$$
$$= m_1 x_1 + m_2 x_2 + m_3 x_3 + \ldots$$

Es ist daher das Moment eines Systems von Größen in Beziehung auf irgendeine Ebene gleich der Summe der Momente der einzelnen Größen in Beziehung auf dieselbe Ebene.

Handelt es sich dagegen um das Moment einer Größe m, die als die Differenz zweier Größen m_1 und m_2 aufgefaßt werden kann, so kann man, um dieses Moment zu erhalten, zuerst die Summe der Elementarmomente $dm_1 \cdot x$ bilden für die Größe m_1 und hierauf diejenigen Elementarmomente wieder in Abzug bringen, die man zuviel genommen hat, nämlich $\Sigma dm_2 \cdot x$. Das gibt

$$\Sigma dm \cdot x = \Sigma dm_1 x - \Sigma dm_2 x$$

oder
$$m \cdot x_0 = (m_1 - m_2) x_0 = m_1 x_1 - m_2 x_2,$$

d. h. das Moment der Differenz zweier Größen ist gleich der Differenz der Momente dieser Größen.

Jede durch den Schwerpunkt gehende Gerade ist eine **Schwerachse**. Nach einer gegen Ende von **33** gemachten Bemerkung ist die algebraische Summe der Momente der Schwerkräfte in bezug auf jede Schwerachse gleich Null. Ist das Gebilde homogen, so ist auch die algebraische Summe der Momente der Elemente, aus denen das Gebilde besteht, in bezug auf jede Schwerachse gleich Null.

38. Fall einer Symmetralebene. Besitzt ein Gebilde m eine Symmetralebene, so befindet sich in ihr auch der Schwerpunkt des Gebildes.

Zum Beweis nehmen wir die Symmetralebene als eine Koordinatenebene, z. B. als yz-Ebene an und beachten, daß in diesem Fall jedem Element dm_1 von der Abszisse $+x$ ein Element dm_1 von der Abszisse $-x$ entspricht, daß also

$$\Sigma dm \cdot x = 0 \quad \text{und demgemäß} \quad m \cdot x_0 = 0; \quad x_0 = 0.$$

39. Fall eines Mittelpunktes. Hat ein Gebilde einen geometrischen Mittelpunkt, so fällt in diesen der Schwerpunkt des Gebildes, m. a. W. bei einem homogenen Gebilde mit einem geometrischen Mittelpunkt fällt der physikalische Schwerpunkt mit dem Mittelpunkt zusammen.

Im Begriffe des Mittelpunktes liegt es, daß, wenn man ein Element dm_1 des Gebildes mit dem Mittelpunkt verbindet und die Verbindungslinie über den Mittelpunkt hinaus um sich selbst verlängert, der Endpunkt dieser Geraden wieder mit einem Element dm_1 zusammentrifft, so daß das ganze Gebilde als zusammengesetzt angesehen werden kann aus paarweise auftretenden, einander entsprechenden Elementen. Legt man nun durch den Mittelpunkt eine beliebige Ebene, die man wieder als yz-Ebene eines rechtwinkligen Koordinatensystems ansehen mag, und bezieht auf diese das Moment des Gebildes, so wird für diese Grundebene

$$\Sigma dm \cdot x = \Sigma(dm_1 \cdot x_1 - dm_1 x_1) + \ldots = 0, \quad \text{also} \quad m x_0 = 0; \quad x_0 = 0,$$

d. h. es liegt der Schwerpunkt des Gebildes in dieser beliebigen, durch den Mittelpunkt gehenden Ebene. Wenn aber der Schwerpunkt in jeder durch den Mittelpunkt gelegten Ebene sich befinden muß, so kann er nur in diesem Mittelpunkt liegen.

40. Schwerpunkte von ebenen Gebilden. Der Schwerpunkt eines ebenen Gebildes liegt stets in der Ebene des Gebildes. Wählt man nämlich die Ebene des Gebildes als Grundebene, so ist das Moment $dm \cdot x$ eines jeden Elementes dm des Gebildes in Beziehung auf diese Grundebene gleich Null, woraus folgt

$$\Sigma dm \cdot x = 0; \quad m x_0 = 0; \quad x_0 = 0.$$

41. Dreieckumfang. In den folgenden Nummern werden die Schwerpunkte einiger Linienverbindungen bestimmt. Den Ab-

§ 5. Allgemeines. Schwerpunkte spezieller Linien, Flächen und Körper. 59

stand y_0 des Schwerpunktes des Dreieckumfanges von der Dreieckseite b erhalten wir aus der Momentengleichung

$$(a+b+c)y_0 = c \cdot \frac{h}{2} + a \cdot \frac{h}{2},$$

woraus

$$y_0 = \frac{h}{2} \cdot \frac{a+c}{a+b+c}.$$

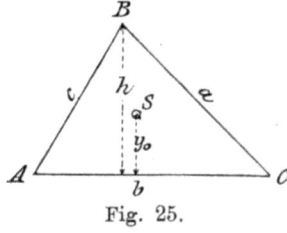

Fig. 25.

In gleicher Weise berechnen sich die Abstände des Schwerpunktes von den beiden anderen Dreieckseiten. Mit diesen Abständen ist dann die Lage des Schwerpunktes bestimmt.

Indessen läßt sich der Schwerpunkt einfacher dadurch festsetzen, daß man denselben wieder als den Mittelpunkt der Elementargewichte des Gebildes auffaßt und demgemäß den Durchschnittspunkt der Resultanten dieser Gewichte mit der Ebene des Dreiecks, welch letzteres man sich in horizontaler Lage denken mag, bestimmt.

Bezeichnet man mit γ das Gewicht der Längeneinheit des Dreieckumfanges und nimmt die Gewichte der Dreieckseiten a, b, c (Fig. 26) in den Mitten D, E, F dieser Dreieckseiten an, so kann man die Gewichte γa und γc von a und c ersetzen durch ihre Resultante $\gamma(a+c)$, die die Dreiecksebene in dem Punkte G treffe. Dieser Punkt

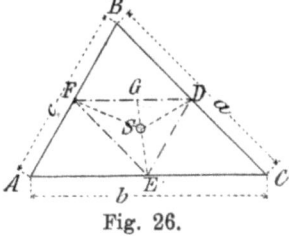

Fig. 26.

G muß auf der Verbindungslinie FD so gelegen sein, daß

$$\gamma \cdot c(FG) = \gamma a(DG)$$

oder
$$\frac{DG}{FG} = \frac{c}{a} = \frac{c/2}{a/2} = \frac{ED}{EF},$$

EG ist somit Halbierungslinie des Winkels DEF des Dreiecks DEF. Jetzt hat man nur noch die in G angreifende Resultante $\gamma(a+c)$ mit dem in E wirkenden Gewicht γb der Dreieckseite b zusammenzusetzen, um die Resultante R sämtlicher am Dreieckumfang wirkender Elementargewichte zu erhalten, deren Durchschnittspunkt S mit der Dreiecksebene den gesuchten Schwerpunkt liefert. Der Schwerpunkt S muß also auf GE, der Halbierungslinie des Winkels DEF liegen, ebensogut aber auch auf den Halbierungslinien der beiden anderen Winkel des Dreiecks DEF. Somit fällt der gesuchte Schwerpunkt des Dreieckumfanges in den Mittelpunkt des dem Dreieck DEF einbeschriebenen Kreises.

42. Kreisbogen. Der Schwerpunkt liegt jedenfalls in der Ebene des Kreisbogens und auf der eine Symmetralachse des Kreisbogens bildenden Halbierungslinie des dem Kreisbogen entsprechenden Zentriwinkels. Wird letzterer mit 2α bezeichnet, so erhält man den Abstand x_0 des gesuchten Schwerpunktes vom Kreismittelpunkt aus

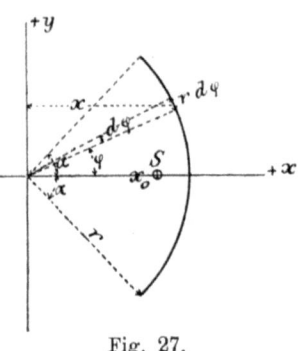

Fig. 27.

$$x_0 \cdot 2r\alpha = \int_{-\alpha}^{+\alpha} r\,d\varphi \cdot r \cos\varphi = 2r^2 \sin\alpha,$$

womit sich ergibt

$$x_0 = \frac{r \sin\alpha}{\alpha}.$$

Beim Halbkreis ist dann

$$x_0 = \frac{2r}{\pi}.$$

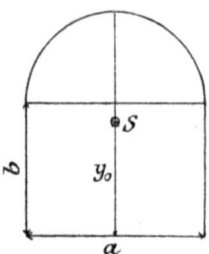

Fig. 28.

43. Beispiel einer weiteren Linienverbindung. Um den Schwerpunkt S der in Fig. 28 angegebenen Linienverbindung zu erhalten, bestimmt man den Schwerpunktsabstand y_0 aus der Momentengleichung in Beziehung auf die Grundlinie a

$$\left(\frac{a}{2}\pi + \frac{a}{2} + 3b + 2a\right) y_0 = \frac{a}{2}\pi\left(\frac{a}{\pi}+b\right) + \frac{a}{2}\left(b+\frac{a}{4}\right) + 3b \cdot \frac{b}{2} + a \cdot b.$$

44. Dreiecksfläche. Zerlegt man die Dreiecksfläche durch Parallelen mit einer der Seiten in unendlich schmale Flächenstreifen, so liegen die Schwerpunkte der letzteren alle auf der zu der betreffenden Dreieckseite gehörenden Transversalen. Nimmt man nun diese Transversale als Momentenachse an, so ist die Summe der Momente der einzelnen Flächenstreifen in Beziehung auf die gewählte Achse gleich Null. Es muß daher der Schwerpunkt der Dreiecksfläche auf der erwähnten Transversalen sich befinden. Aber ebensogut muß er auch auf den beiden anderen Transversalen des Dreiecks liegen, mithin fällt derselbe in den Durchschnittspunkt der Transversalen des Dreiecks. Damit wird dann (Fig. 29)

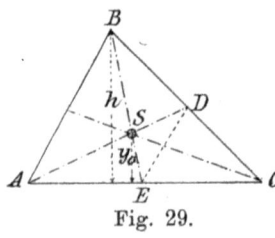

Fig. 29.

$$\frac{SD}{SA} = \frac{DE}{BA} = \frac{CD}{CB} = \frac{1}{2}; \quad SD = \frac{1}{2}SA; \quad SD = \frac{1}{3}AD;$$

§ 5. Allgemeines. Schwerpunkte spezieller Linien, Flächen und Körper. 61

$$SE = \frac{1}{3} BE.$$

Es ist also auch:
$$y_0 = \frac{1}{3} h.$$

45. Viereckfläche. Man zieht (Fig. 30) die Diagonale AC und bestimmt die Schwerpunkte S_1 und S_2 der beiden Dreiecke ABC und ADC, nimmt die Verbindungslinie $S_1 S_2$ als Momentenachse an, alsdann muß der Schwerpunkt S des Vierecks auf dieser Achse liegen, weil die Summe der Momente der beiden Dreiecke ABC und ADC und damit das Moment des Vierecks in Beziehung auf die Achse $S_1 S_2$ gleich Null sich ergibt. Zieht man hierauf die Diagonale BD und bestimmt die Schwerpunkte S_3 und S_4 der beiden Dreiecke

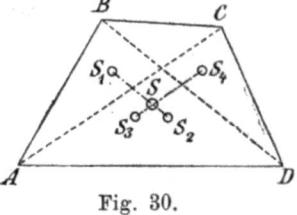

Fig. 30.

ABD und CBD, so muß der Schwerpunkt S des Vierecks auch auf der Geraden $S_3 S_4$ liegen, er fällt daher in den Durchschnittspunkt der beiden „Schwerlinien" $S_1 S_2$ und $S_3 S_4$.

46. Trapezfläche. Bei der Zerlegung des Trapezes in unendlich schmale Streifen durch Parallelen mit den parallelen Seiten erkennt man, daß die Schwerpunkte der Streifen auf der Verbindungslinie der Mittelpunkte E und F der parallelen Seiten des Trapezes sich befinden und daß demgemäß auch der Schwerpunkt S des ganzen Trapezes auf der Geraden EF liegen muß. Es handelt sich daher

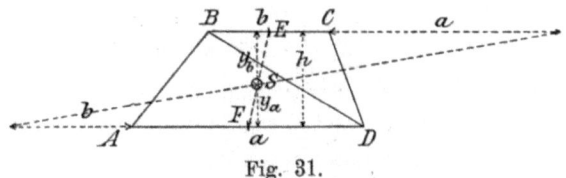

Fig. 31.

nur noch um die Bestimmung der Entfernung des Schwerpunktes von einer der beiden parallelen Seiten AD oder BC. Bezeichnet man AD mit a, BC mit b, die Höhe des Trapezes mit h und die Schwerpunktsabstände von AD und BC mit y_a bzw. y_b, so liefert die Momentengleichung in Beziehung auf AD, wenn man das Trapez durch die Diagonale BD in zwei Dreiecke zerlegt,

$$y_a \cdot \frac{1}{2}(a+b)h = \frac{1}{2} ah \cdot \frac{h}{3} + \frac{1}{2} bh \cdot \frac{2h}{3} \quad \text{oder}$$

$$y_a(a+b) = \frac{h}{3}(a+2b).$$

Ebenso erhält mnn aus der Momentengleichung bezogen auf BC

$$y_b(a+b) = \frac{h}{3}(b+2a),$$

womit sich ergibt

$$\frac{y_a}{y_b} = \frac{a+2b}{b+2a} = \frac{\frac{a}{2}+b}{\frac{b}{2}+a}.$$

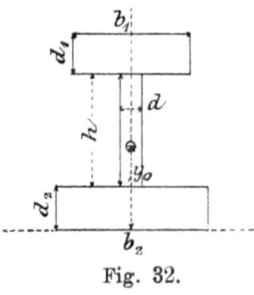

Fig. 32.

Hierauf beruht die in obiger Fig. 31 angedeutete Konstruktion des Schwerpunktes S.

47. System von Rechtecken. Als Beispiel wollen wir den $\underline{\text{I}}$-Querschnitt Fig. 32 wählen. Mit den Bezeichnungen der Figur 32 erhält man bei der angedeuteten Zerlegung des Querschnittes:

$$y_0(b_1 d_1 + hd + b_2 d_2) = b_1 d_1 \left(d_2 + h + \frac{d_1}{2}\right)$$
$$+ hd \cdot \left(d_2 + \frac{h}{2}\right) + b_2 d_2 \cdot \frac{d_2}{2},$$

woraus sich y_0 und damit der auf der Symmetralachse des Querschnittes liegende Schwerpunkt des letzteren ergibt.

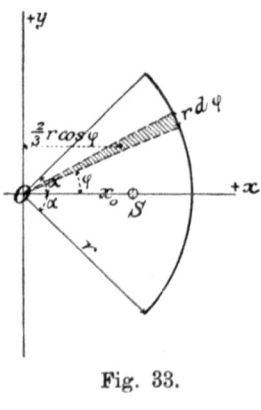

Fig. 33.

48. Kreisausschnitt. Der Halbmesser des Kreises sei $=r$ und der den Ausschnitt bestimmende Zentriwinkel $=2\alpha$ (Fig. 33).

Der Schwerpunkt S des Kreisausschnittes liegt auf der Halbierungslinie dieses Winkels. Ist x_0 der Abstand des Schwerpunktes S vom Kreismittelpunkt O, so liefert die Momentengleichung in bezug auf die angenommene y-Achse:

$$x_0 \cdot r^2 \alpha = \int_{-\alpha}^{+\alpha} \frac{1}{2} r^2 d\varphi \cdot \frac{2}{3} r \cos\varphi = \frac{r^3}{3} \cdot 2 \sin\alpha,$$

woraus

$$x_0 = \frac{2}{3} \cdot \frac{r \sin\alpha}{\alpha}.$$

§ 5. Allgemeines. Schwerpunkte spezieller Linien, Flächen und Körper. 63

Damit erhält man für die Halbkreisfläche, also mit $\alpha = \dfrac{\pi}{2}$

$$x_0 = \frac{4r}{3\pi}.$$

49. Ausschnitt einer Ringfläche. Es sei r_1 der äußere und r_2 der innere Halbmesser, 2α der Zentriwinkel und x_0 der Abstand des auf der Halbierungslinie des Winkels 2α gelegenen Schwerpunktes S vom Kreismittelpunkt O (Fig. 34), alsdann hat man:

$$x_0(r_1^2 - r_2^2)\alpha =$$

$$= r_1^2 \alpha \cdot \frac{2}{3} \cdot \frac{r_1 \sin \alpha}{\alpha} - r_2^2 \alpha \cdot \frac{2}{3} \cdot \frac{r_2 \sin \alpha}{\alpha},$$

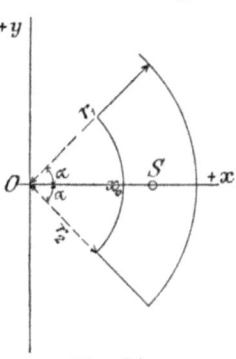

Fig. 34.

woraus

$$x_0 = \frac{2}{3} \cdot \frac{r_1^3 - r_2^3}{r_1^2 - r_2^2} \cdot \frac{\sin \alpha}{\alpha}.$$

Für die halbe Ringfläche ist mit $\alpha = \pi/2$

$$x_0 = \frac{4}{3\pi} \cdot \frac{r_1^3 - r_2^3}{r_1^2 - r_2^2}.$$

50. Kreisabschnitt. Derselbe wird angesehen als Differenz eines Kreisausschnittes und eines Dreiecks (Fig. 35), womit man als Momentengleichung in bezug auf die y-Achse erhält:

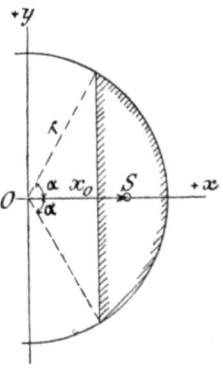

Fig. 35.

$$x_0(r^2 \alpha - r^2 \sin \alpha \cos \alpha) = r^2 \alpha \cdot \frac{2}{3} \cdot \frac{r \sin \alpha}{\alpha} - r^2 \sin \alpha \cos \alpha \cdot \frac{2}{3} r \cos \alpha$$

oder $\quad x_0(\alpha - \sin \alpha \cos \alpha) = \dfrac{2}{3} r \sin \alpha (1 - \cos^2 \alpha) = \dfrac{2}{3} r \sin^3 \alpha$

$$x_0 = \frac{4}{3} r \cdot \frac{\sin^3 \alpha}{2\alpha - \sin 2\alpha}.$$

51. Halber Parabelabschnitt. Die Gleichung der Parabel Fig. 36 ist

$$y^2 = 2px.$$

Die schraffierte Fläche hat den Inhalt $(2/3) \cdot xy$. Die Koordinaten des Schwerpunktes seien x_0, y_0 (Fig. 36), damit liefert die Momentengleichung in bezug auf die y-Achse:

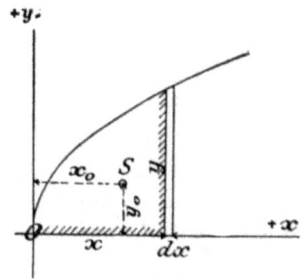

Fig. 36.

$$x_0 \cdot \frac{2}{3}xy = \int_0^x y\,dx \cdot x = \int_0^x x\sqrt{2px}\cdot dx = \sqrt{2p}\int_0^x x^{\frac{3}{2}}\,dx$$

oder
$$x_0 \cdot \frac{2}{3}xy = \sqrt{2p}\cdot\frac{2}{5}\cdot x^{\frac{5}{2}} = \frac{2}{5}x^2\cdot\sqrt{2px} = \frac{2}{5}x^2 y,$$

woraus
$$x_0 = \frac{3}{5}x.$$

Ebenso ergibt die Momentengleichung in bezug auf die x-Achse

$$y_0 \cdot \frac{2}{3}xy = \int_0^x y\,dx\cdot\frac{y}{2} = \frac{1}{2}\int_0^x 2px\,dx = \frac{px^2}{2} = \frac{y^2 x}{4},$$

womit
$$y_0 = \frac{3}{8}y.$$

Für die nicht schraffierte Parabelfläche vom Inhalt $(1/3)\cdot xy$ erhält man ebenso

$$x_0' = \frac{3}{10}x \qquad y_0' = \frac{3}{4}y.$$

52. Beliebig begrenzte ebene Fläche. Um zunächst eine Schwerlinie für die gegebene Fläche F zu erhalten, d. h. eine Gerade, auf der der Schwerpunkt S der Fläche liegen muß, geht man zweckmäßigerweise wieder auf die physikalische Bedeutung des Schwerpunktes zurück, setzt die Fläche F als schwer und homogen voraus, wobei das Gewicht der Flächeneinheit $=1$ sei, und denkt sich die Fläche F in vertikale Lage gebracht. Alsdann teilt man F durch Vertikalen in einzelne schmale Streifen, bestimmt möglichst genau die Flächeninhalte $f_1, f_2, f_2 \ldots$ der Streifen, nimmt deren Schwerpunkte, was bei entsprechend schmalen Streifen genau genug ist, in den Mitten zwischen den Trennungslinien der Streifen an, konstruiert für die in diesen Schwerpunkten wirkenden Gewichte $f_1, f_2, f_3 \ldots$ der Flächenstreifen ein Seilpolygon und zieht durch den Durchschnittspunkt C der äußersten Seilpolygonseiten eine Vertikale, so ist diese eine vertikale Schwerlinie der Fläche F. Indem man hierauf die Fläche F in lauter horizontale Streifen f zerlegt, sodann die Kräfte f in horizontaler Richtung wirkend annimmt und für diese Kräfte ebenfalls ein Seilpolygon konstruiert usw., erhält man auch eine horizontale Schwerlinie, deren Durchschnittspunkt mit der vertikalen Schwerlinie den gesuchten Schwerpunkt S der Fläche liefert.

Mechanisch wird der innerhalb einer ebenen Figur gelegene Schwerpunkt dadurch bestimmt, daß man die Figur aus Karton

§ 5. Allgemeines. Schwerpunkte spezieller Linien, Flächen und Körper. 65

ausschneidet und auf einer Nadelspitze balanciert, oder auch dadurch, daß man die Kartonfigur nacheinander in zwei verschiedenen, nicht auf der gleichen Schwerachse befindlichen Punkten an einem Faden aufhängt und den Schnittpunkt der beiden Fadenrichtungen, d. h. zweier Schwerachsen, markiert; er ist der Schwerpunkt.

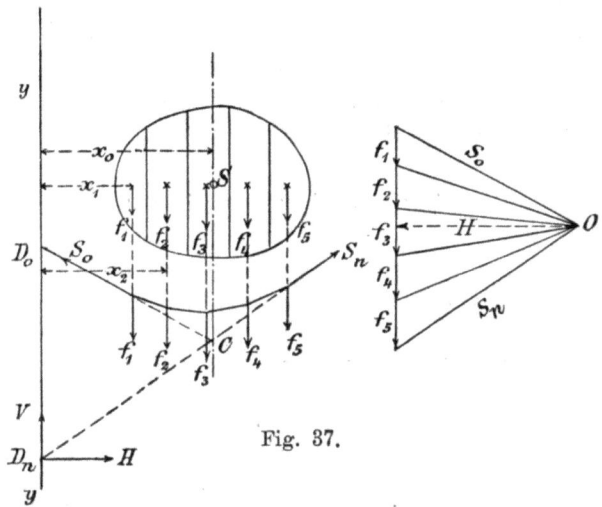

Fig. 37.

53. Moment einer Fläche in Beziehung auf irgendeine Achse.
Um das Moment M der Fläche F in Beziehung auf die beliebig angenommene Achse yy (Fig. 37) auf graphischem Wege zu erhalten, teilt man die Fläche F durch Gerade parallel dieser Achse in schmale Flächenstreifen $f_1, f_2, f_3 \ldots f_n$ ein und konstruiert für diese wie vorhin ein Seilpolygon, dessen äußerste Seiten die Achse yy in den Punkten D_0 und D_n schneiden, dann ist das Moment der Fläche F in Beziehung auf die Achse yy ausgedrückt durch das Produkt
$$H \cdot (D_0 D_n),$$
wobei H die Poldistanz im Kräftepolygon bedeutet.

Um dieses zu beweisen, betrachtet man das Gleichgewicht des in seinen Eckpunkten von den Gewichten $f_1, f_2, f_3 \ldots f_n$ angegriffenen, durch die in den äußersten Seilpolygonseiten wirkenden Spannkräfte S_0 und S_n ins Gleichgewicht gesetzten Seilpolygons und schreibt die Gleichung der statischen Momente der am Seilpolygon im Gleichgewicht befindlichen Kräfte für den Punkt D_0 als Drehpunkt an, indem man den Punkt D_n als Angriffspunkt der Spannkraft S_n ansieht und letztere in D_n ersetzt sich denkt durch ihre Komponenten H und V. Diese Momentengleichung ergibt
$$H \cdot (D_0 D_n) = f_1 x_1 + f_2 x_2 + f_3 x_3 + \ldots + f_n x_n = F \cdot x_0.$$

Autenrieth-Ensslin, Technische Mechanik. 2. Aufl.

54. Schwerpunkt einer Pyramidenoberfläche und eines Kegelmantels. Lassen wir die Basis der Pyramide unberücksichtigt, so liegt der Schwerpunkt S der Pyramidenoberfläche jedenfalls auf der Geraden, die die Spitze der Pyramide mit dem Schwerpunkt des Umfanges der Basis verbindet, indem man ja die erwähnte Oberfläche durch Parallelebenen mit der Basis in lauter einander ähnliche, Dreiecke bildende Ringe zerlegen kann. Ist nun h die Höhe der Pyramide, so sind die Momente der dreieckigen Seitenflächen F_1, F_2, F_3 ... der Pyramide in bezug auf die Basis derselben ausgedrückt durch:

$$F_1 \cdot \frac{h}{3}, \qquad F_2 \cdot \frac{h}{3}, \qquad F_3 \cdot \frac{h}{3}, \ldots$$

Man hat daher, wenn der Abstand des gesuchten Schwerpunktes S von der Basis der Pyramide mit z_0 bezeichnet wird:

$$F \cdot z_0 = \frac{h}{3}(F_1 + F_2 + F_3 + \ldots) = \frac{h}{3} \cdot F,$$

woraus $$z_0 = \frac{h}{3}.$$

Betrachten wir jetzt einen **Kegel**, so kann derselbe als eine Pyramide von unendlich vielen dreieckigen Seitenflächen angesehen werden. Demgemäß liegt auch der Schwerpunkt eines Kegelmantels auf der Verbindungslinie der Kegelspitze mit dem Schwerpunkt des Umfangs der Basis in einem Abstand z_0 von der Basis gleich dem dritten Teil der Höhe h des Kegels.

Abgestumpfte Pyramiden und Kegel werden als Differenz zweier Pyramiden bzw. Kegel aufgefaßt und dementsprechend behandelt.

55. Kugelzone und Kugelschale. Es sei (Fig. 38) der Kugelmittelpunkt Ursprung eines rechtwinkligen Koordinatensystems und die Kugelzone durch zwei Ebenen parallel der yz-Ebene bestimmt, so daß die x-Achse die Symmetralachse der Kugelzone bildet. Um nun den Abstand x_0 des Schwerpunktes S der Kugelzone vom Kugelmittelpunkt zu erhalten, zerlegen wir die Kugelzone durch Ebenen senkrecht zur x-Achse in lauter unendlich schmale ringförmige Elemente und schreiben die Momentengleichung in Beziehung auf die yz-Ebene an. Dieselbe ergibt:

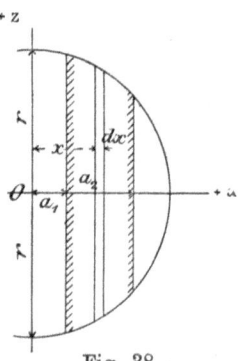

Fig. 38.

§ 5. Allgemeines. Schwerpunkte spezieller Linien, Flächen und Körper. 67

$$2r\pi(a_2-a_1)x_0 = \int_{a_1}^{a_2} 2r\pi \cdot dx \cdot x = 2r\pi\frac{a_2{}^2-a_1{}^2}{2},$$

woraus $x_0 = \dfrac{a_1+a_2}{2}.$

Der Schwerpunkt der Kugelzone und ebenso derjenige der Kugelschale liegt also in der Mitte der Höhe von Kugelzone bzw. Kugelschale.

56. Prismen und Zylinder. Um die Schwerpunkte derartiger Körper zu bestimmen, zerlegt man die letzteren durch Ebenen parallel den beiden parallelen Endflächen in lauter unendlich dünne Scheiben. Die Schwerpunkte dieser Scheiben liegen alle auf der Geraden, die die Schwerpunkte der parallelen Endflächen verbindet, oder auf der sogenannten Achse des Prismas bzw. Zylinders. Nimmt man nun eine beliebige, durch die erwähnte Achse gelegte Ebene als Momentenebene an, so ergibt sich das Moment des Körpers in Beziehung auf diese Ebene gleich Null. Daraus läßt sich schließen, daß auch die Schwerpunkte der Prismen und Zylinder auf den Achsen dieser Körper liegen müssen. Eine Ebene durch die Mitte der Achse parallel den parallelen Endflächen enthält aber ebenfalls den Schwerpunkt, weil das Moment des Körpers in bezug auf diese Mittelebene gleich Null sich zeigt. Darum liegt der Schwerpunkt bei Prisma und Zylinder in der Mitte der Achse dieser Körper.

57. Pyramide und Kegel. Ziehen wir zunächst eine Pyramide mit dreieckiger Basis in Betracht (Fig. 39). Wir zerlegen die Pyramide durch Ebenen parallel der Basis in unendlich dünne Scheiben, alsdann liegen die Schwerpunkte dieser Scheiben auf der Verbindungslinie der Pyramidenspitze D mit dem Schwerpunkt F der Basis. Diese Verbindungslinie DF bildet eine Schwerlinie der Pyramide. Somit liegt der Schwerpunkt S der Pyramide im Durchschnittspunkt der sich in einem Punkte schneidenden, von den Ecken der Pyramide nach dem Schwerpunkte der gegenüberliegenden Dreiecksfläche gezogenen Geraden. Daher hat man:

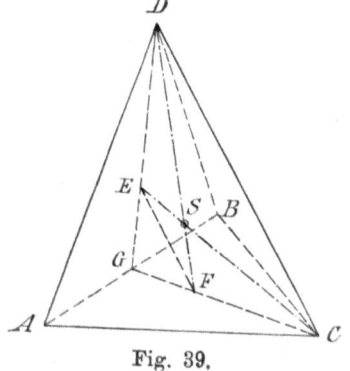

Fig. 39.

$$\frac{GF}{GC}=\frac{GE}{GD}=\frac{1}{3} \quad \text{und} \quad \frac{SF}{SD}=\frac{EF}{DC}=\frac{GE}{GD}=\frac{1}{3}$$

oder $\qquad SF = \frac{1}{3} SD$ und damit $SF = \frac{1}{4} DF$.

Ist nun h die Höhe der Pyramide, so ergibt sich der Abstand z_0 des Schwerpunktes der Pyramide von der Basis $= h/4$.

Bildet die Basis der Pyramide ein beliebiges Polygon, so zerlegt man das letztere durch Diagonalen in Dreiecke und damit die gegebene Pyramide in dreiseitige Pyramiden von gemeinschaftlicher Spitze. Die Schwerpunkte dieser dreiseitigen Pyramiden liegen aber alle in einer Ebene parallel der Basis im Abstand $h/4$ von letzterer. Es muß daher der Schwerpunkt der gegebenen Pyramide ebenfalls in dieser Ebene sich befinden. Anderseits muß derselbe auch auf der Verbindungslinie der Pyramidenspitze mit dem Schwerpunkte der Basis liegen. Der Durchschnittspunkt dieser Geraden mit der erwähnten Ebene liefert mithin den gesuchten Schwerpunkt.

In gleicher Weise bestimmt sich der Schwerpunkt eines Kegels.

Abgestumpfte Pyramiden und Kegel werden als Differenzen zweier Pyramiden bzw. Kegel betrachtet. Bei diesen Körpern ergibt sich der Abstand z_0 ihres Schwerpunktes von der Basis aus der Momentengleichung in Beziehung auf die Basis, und mit diesem Abstand z_0 in Anbetracht dessen, daß der gesuchte Schwerpunkt auf der Verbindungslinie der Schwerpunkte der parallelen Endflächen liegen muß, dann auch die Lage des Schwerpunktes selbst.

58. Kugelausschnitt. Derselbe besitzt eine durch den Kugelmittelpunkt gehende Symmetralachse, auf der dann auch der Schwerpunkt des Kugelausschnittes sich befindet (Fig. 40). Die Symmetralachse nehmen wir zur x-Achse und den Kugelmittelpunkt zum Ursprung eines rechtwinkligen Koordinatensystems an. Bezeichnet man nun den Abstand des gesuchten Schwerpunktes vom Kugelmittelpunkt mit x_0 und denkt sich den Kugelausschnitt durch konzentrische Kugelflächen in lauter unendlich dünne Schalen von der Dicke $d\varrho$ zerlegt, so ergibt die Momentengleichung in Beziehung auf die yz-Ebene, wenn 2α der Zentriwinkel des Kugelausschnittes und r der Kugelhalbmesser:

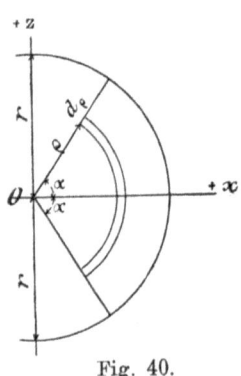

Fig. 40.

$$2r\pi(r - r\cos\alpha) \cdot \frac{r}{3} \cdot x_0 = \int_0^r 2\varrho\pi(\varrho - \varrho\cos\alpha)\,d\varrho \cdot \frac{\varrho + \varrho\cos\alpha}{2}$$

oder $\qquad \frac{2}{3} r^3 \pi (1 - \cos\alpha) x_0 = \pi (1 - \cos\alpha)(1 + \cos\alpha) \int_0^r \varrho^3\,d\varrho$

§5. Allgemeines. Schwerpunkte spezieller Linien, Flächen und Körper. 69

$$\frac{2}{3}r^3 \cdot x_0 = (1 + \cos\alpha) \cdot \frac{r^4}{4}; \qquad x_0 = \frac{3}{8}r(1 + \cos\alpha),$$

damit erhält man dann bei der **Halbkugel** mit $\alpha = \dfrac{\pi}{2}$.

$$x_0 = \frac{3}{8}r.$$

59. Kugelabschnitt. Derselbe wird angesehen als Differenz eines Kugelausschnittes und eines Kreiskegels (Fig. 41), womit sich der Abstand x_0 des Schwerpunktes des Kugelabschnittes vom Kugelmittelpunkt in bekannter Weise wieder aus einer Momentengleichung in Beziehung auf eine Ebene durch den Kugelmittelpunkt senkrecht zur Symmetralachse des Kugelabschnittes ergibt.

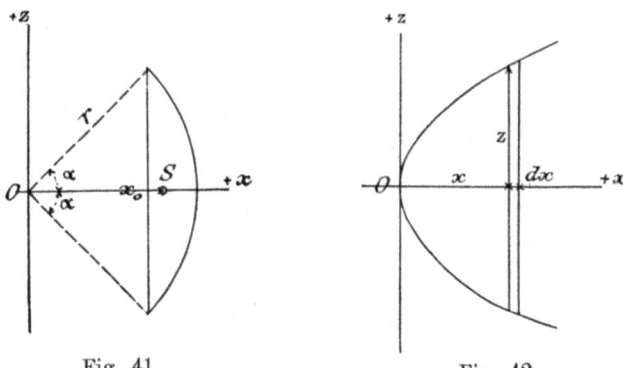

Fig. 41.   Fig. 42.

Man kann den Schwerpunktsabstand x_0 des Kugelabschnittes vom Inhalt V aber auch unmittelbar bestimmen aus:

$$V x_0 = \int_{x=r\cos\alpha}^{x=r} z^2 \pi \cdot dx \cdot x = \pi \int_{r\cos\alpha}^{r}(r^2 - x^2) x\, dx \qquad \text{usw.}$$

60. Umdrehungsparaboloid (Fig. 42). Für den körperlichen Inhalt V desselben erhält man

$$V = \int z^2 \pi\, dx = \int 2px \cdot \pi \cdot dx = p\pi \cdot x^2 = \frac{1}{2} z^2 \pi \cdot x$$

und als Momentengleichung in Beziehung auf die yz-Ebene

$$V \cdot x_0 = \int z^2 \pi \cdot dx \cdot x = 2p\pi \int x^2\, dx = 2p\pi \cdot \frac{x^3}{3} = z^2 \pi \cdot \frac{x^2}{3},$$

woraus
$$x_0 = \frac{2}{3} x.$$

70 Statik. Von d. Widerstandskräften an Körpern m. beschr. Beweglichkeit.

61. Die Guldinsche Regel. Mittels derselben läßt sich auf Grund der Lehre vom Schwerpunkt sowohl die Oberfläche, als der körperliche Inhalt eines Umdrehungskörpers (Fig. 43) für jede beliebige Meridiankurve bestimmen. Nimmt man als x-Achse die gegebene Drehachse an, so ergibt sich für die durch Umdrehung der Meridiankurve s um die gegebene Achse erzeugte Umdrehungsfläche:

$$F = \int 2z\pi \cdot ds = 2\pi \int ds \cdot z \overset{1)}{=} 2\pi \cdot s \cdot z_0' = s \cdot 2 z_0' \pi,$$

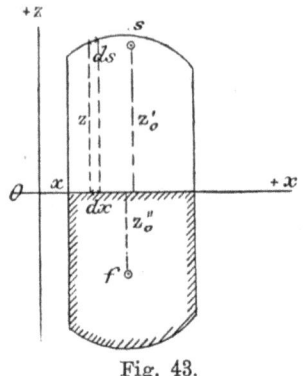

Fig. 43.

wobei s die Länge der erzeugenden Meridiankurve und $2 z_0' \pi$ der vom Schwerpunkt des Kurvenstückes s bei einer Umdrehung beschriebene Weg.

Für den körperlichen Inhalt V des Umdrehungskörpers erhält man dagegen, wenn f der Inhalt der erzeugenden Fläche (schraffierte Fläche in Fig. 43), $df = z \cdot dx$ ein Element derselben, und z_0'' der Abstand des Schwerpunktes der Fläche f von der Umdrehungsachse:

$$V = \int z^2 \pi \cdot dx = 2\pi \int z\, dx \cdot \frac{z}{2} = 2\pi \int df \cdot \frac{z}{2} = 2\pi f z_0'' = f \cdot 2 z_0'' \pi.$$

Es ist also der körperliche Inhalt eines Umdrehungskörpers gleich dem Produkt aus der erzeugenden Fläche und dem Weg des Schwerpunktes der letzteren bei einer Umdrehung.

---

5. Kapitel.

Von den Widerstandskräften an Körpern mit beschränkter Beweglichkeit.

§ 6. Allgemeine Grundlagen.

62. Stützendrücke und Stützenwiderstände. Einspannungsmomente. Richtung des Stützenwiderstandes. Lasten und Widerstände. Eingeprägte Kräfte und Reaktionen. Eine Brücke erfährt

---

[1] $\int ds \cdot z$ ist die Summe der Momente der Bogenelemente ds in Beziehung auf die x-Achse, und daher das Moment des ganzen Bogens s für die gleiche Achse.

§ 6. Allgemeine Grundlagen. 71

in ihren Auflagern, ein eingemauerter Träger an seiner Befestigungsstelle einen Zwang, der ihn an einer Bewegung hindert, die er bei fehlenden Auflagern oder bei fehlender Befestigung ausführen würde. Die Bestimmung dieser sog. Widerstandskräfte an einem Körper mit beschränkter Beweglichkeit bildet eine Aufgabe der Statik, und zwar eine Aufgabe der Statik starrer Körper, solange die Widerstandskräfte nicht von der Formänderung des belasteten Körpers oder seiner Lagerstellen abhängen, andernfalls eine Aufgabe der Statik elastischer Körper, die in der Elastizitätslehre erledigt wird. Wir beschränken uns hier auf den ersten Fall.

Der gestützte Körper übt auf seine Auflager oder seine Befestigung eine sog. Auflagekraft, und an einer Stelle, wo er eingemauert, eingeklemmt, eingespannt ist, ein Kräftepaar aus. Um anschaulich zu sein, wollen wir in zwei einfachen Fällen die Auflagekräfte nach Größe und Richtung durch einen Versuch bestimmen.

Den wagerechten Träger, Fig. 44, der in ersichtlicher Weise belastet und in den beiden Punkten A und B frei gestützt ist, denken wir uns an den Unterstützungsstellen je auf eine Wage gestellt, worauf die beiden Auflagedrücke, deren Richtung offenkundig die Vertikale ist, unmittelbar abgewogen werden können. Der Auflagedruck des Balkens auf seine Unterstützungsstelle, d. h. auf die Wage, ist vertikal abwärts gerichtet.

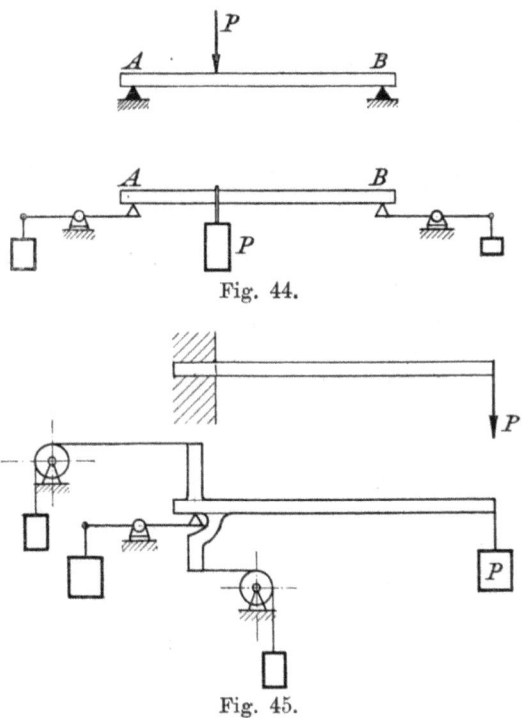

Fig. 44.

Fig. 45.

Auch an dem einseitig eingespannten Träger, Fig. 45, können wir die an dem Auflager tätigen Kräfte durch einen Versuch ermitteln. Wir denken uns, die Befestigung in dem Mauerwerk sei ganz entfernt. Zweifellos hat der Träger auf seine Befestigungsstelle senkrecht abwärts gedrückt. Wir stellen daher unter diese Stelle eine

Wage, die den vertikalen Druck abzuwägen gestattet. Jetzt könnte der Träger noch um diesen Stützpunkt kippen. Daran können wir ihn durch ein Kräftepaar verhindern, dessen Ebene mit der Ebene der gegebenen Lasten und der Lagerachse zusammenfällt, das aber sonst in sehr verschiedener Weise am Träger angebracht werden kann. Zum Beispiel denken wir uns mit dem Träger ein Querstück fest verbunden und an dessen Enden Seile befestigt, die in paralleler und einander entgegengesetzter Richtung über Rollen geführt werden. An beiden Enden werden gleich viel Gewichte angehängt, bis der Träger in seiner ursprünglichen Lage bleibt und nicht mehr zu kippen sucht. Das Kräftepaar $G \cdot a$ ist es offenbar, das vom Balken auf das Querstück und von da auf die Seile übertragen wird, wo es abgewogen wurde. Demnach besteht die Wirkung des Trägers auf seine Befestigung (Einspannungsstelle) in einer Vertikalkraft und einem sog. Einspannungsmoment. Andere Kräfte und Momente treten im vorliegenden Fall nicht auf. Man könnte sie sonst in ähnlicher Weise durch geeignete Vorrichtungen abwägen. Wer den Versuch selbst ausführt, kann keinen Augenblick darüber im Zweifel sein, ob er alle am Auflager angreifenden Kraftwirkungen berücksichtigt hat. Denn hätte er eine vergessen, so wäre kein Gleichgewicht zustande gekommen; die Auflagestelle würde seitlich verschoben oder der Körper um sie kippen. Leicht erkennt man, daß man im allgemeinsten Fall drei Komponenten etwa in drei aufeinander senkrechten Richtungen und drei Momente um diese Richtungen abwägen müßte. Meist treten nur einige davon in Wirklichkeit auf. Was der Balken, Fig. 44, oder der Träger, Fig. 45, auf sein Auflager ausübt, ist der sog. Auflagedruck bzw. das Auflage- oder Stützmoment. Die Auflage oder die Befestigung ihrerseits übt rückwärts auf den gestützten Körper nach dem Gegenwirkungsprinzip eine gleich große Gegenkraft bzw. ein Gegen-Kräftepaar aus, die als Auflage- oder Stützenwiderstand, oder Auflagereaktion bzw. als Reaktions- oder Einspannungsmoment bezeichnet werden.

Man pflegt nun die Auflagerwirkungen nicht durch Versuch, sondern durch Rechnung zu bestimmen und geht zu diesem Zweck stets in stereotyper Weise vor: Man macht den Träger „frei", d. h. man denkt sich Auflager und Befestigungen entfernt und ersetzt deren vorherige Wirkungen auf den Träger durch Anbringen des Auflagerwiderstandes und gegebenenfalls des Einspannungsmomentes. Der Körper steht dann unter dem Einfluß der gegebenen aktiven und der gesuchten passiven Kräfte, wofür man auch die Ausdrucksweise Lasten und Widerstände oder eingeprägte Kräfte und Reaktionen benützt, im Gleichgewicht. Er darf als „frei"

§ 6. Allgemeine Grundlagen.

betrachtet werden und unterliegt den im vorigen Abschnitt angegebenen Gleichgewichtsbedingungen, mit deren Hilfe die gesuchten Auflagerwiderstände berechnet werden. Der Bestimmung der Stützenwiderstände ist aus dem Grund ein besonderes Kapitel gewidmet, weil diese in allererster Linie bekannt sein müssen, ehe man an die Ermittlung der innern Kräfte und die Wahl der Konstruktionsabmessungen herangehen kann. Die Ermittlung der innern Kräfte ist vorwiegend eine Aufgabe der Festigkeitslehre; in diesem Buche werden wir nur die Ermittlung der Stabkräfte in einem Fachwerk zu behandeln haben.

Auf die beschriebene Weise werden wir auch späterhin öfters vorgehen, wenn unbekannte Zwangskräfte gesucht sind: Man macht den zu untersuchenden Körper „frei" vom Zwang und hat dafür die vorher tätigen Zwangswirkungen an ihm anzubringen, die im allgemeinen in Kräften und Kräftepaaren bestehen.

Zu den aktiven oder eingeprägten Kräften gehören in der Statik das Eigengewicht, sonstige Gewichte, wie Flaschenzug mit Last, auf einem Speicherboden aufgeschichtete Waren; Wasser-, Luft-, Dampfdruck, Winddruck, Schneelast u. a.; zu den Reaktionen gehören dagegen die Kräfte, die durch Einschränkung der Beweglichkeit entstehen, darunter auch die Reibung. Dem Gesagten zufolge kann man die Reaktionen als solche Kräfte definieren, die durch Einschränkung der Beweglichkeit entstehen. Von den Widerständen oder Reaktionen wird jetzt ausführlich die Rede sein.

Es ist zuerst die Frage nach der Richtung eines Widerstandes zu erörtern, der von einer ebenen oder gewölbten Unterstützungsfläche auf einen gestützten Körper ausgeübt wird.

Wir wissen, wie schwer ein Schlitten auf einer ebenen unbeschneiten Straße fortgeschoben werden kann. Viel besser geht es auf kurzem dichtem Rasen, noch besser auf Schnee, und auf blanker Eisfläche ist die in der Schubrichtung, also parallel zur Ebene auszuübende Kraft ganz gering. Dieser Kraft entgegengesetzt gleich ist der Widerstand, den die Unterstützungsebene in ihrer eigenen Richtung entgegenzusetzen vermag; er ist um so geringer, je weniger rauh die Ebene ist. Durch völlige Abstraktion von einem derartigen Widerstand gelangen wir zu dem Satz: Eine absolut glatte Fläche vermag keine tangentiale Kraft auszuüben; der Widerstand einer glatten Ebene gegen einen Körper, der auf ihr ruht, oder auf ihr verschoben wird, steht an der Berührungsstelle normal zur Ebene; auf einer glatten krummen Oberfläche geht er normal von dieser aus, d. h. er ist normal zur Tangentialebene im Berührungspunkt. Denn in einem kleinen Bezirk kann die krumme Oberfläche mit ihrer Tangentialebene vertauscht werden.

Wir werden jetzt die Frage behandeln, wie ein Körper gestützt werden muß, damit er sich gerade im stabilen Gleichgewicht befindet, m. a. W. welche Stützkräfte zu diesem Zweck notwendig sind, und welche im Hinblick auf ein sicheres Gleichgewicht als überflüssig oder überzählig zu bezeichnen sind. An diese mehr geometrische oder kinematische Frage schließt sich die statische Frage nach der Größe der Widerstände.

63. Arten der Stützung. Stabiles, labiles, indifferentes Gleichgewicht. Freiheitsgrade und ihr Zusammenhang mit den Reaktionen. Ein in einem einzigen Punkte gestützter Körper ist um diesen Punkt drehbar. Wirkt auf ihn ein Kräftepaar oder eine Kraft ein, die ein Moment in bezug auf den Stützpunkt besitzt, so ist er nicht im Gleichgewicht. Ist er dagegen bloß durch eine Kraft belastet, deren Wirkungslinie durch den Stützpunkt geht, so befindet er sich im Gleichgewicht, weil im Stützpunkt eine gleich große und entgegengesetzte Stützkraft hervorgerufen wird, die die Last aufhebt. Dabei sind drei Fälle zu unterscheiden: 1. der Angriffspunkt der Last fällt mit dem Stützpunkt zusammen, der Körper verharrt dann in jeder Stellung, in die man ihn durch Drehung um den Stützpunkt bringt; er befindet sich im indifferenten oder unentschiedenen Gleichgewicht. 2. Der Angriffspunkt der Last liegt außerhalb des Stützpunktes und die Last wirkt vom Stützpunkt weg, so daß eine Verlängerung des zwischen beiden Punkten gelegenen Körperstückes angestrebt wird; würde man den Körper um seinen Stützpunkt etwas aus seiner Gleichgewichtslage herausdrehen, wobei die Richtung der Last parallel bleibt, so entstünde ein Moment, das den Körper wieder in seine alte Gleichgewichtslage zurückführen würde; man sagt, der Körper befinde sich im **stabilen** oder **sichern** Gleichgewicht. 3. Ist unter sonst gleichen Umständen die Last gegen den Stützpunkt hin gerichtet, so wird der gestützte Körper bei kleinster Auslenkung aus der Gleichgewichtslage immer mehr aus dieser entfernt, das Gleichgewicht wird in diesem Fall **labil** oder **unsicher** genannt.

Der bisher betrachtete Körper war in seinem Stützpunkt allseitig drehbar gedacht, ein solcher Körper kann keinerlei Kräftepaar aufnehmen, ohne aus dem Gleichgewicht zu kommen und ohne in Drehung zu geraten. Liegt in jenem Drehpunkt der Ursprung eines rechtwinkligen Koordinatensystems, so wird der Körper dadurch in eine beliebige neue Lage überführt, daß man eine z. B. in die x-Richtung fallende Achse r einen Winkel φ in der xy-Ebene durchlaufen läßt, dann einen Winkel ϑ in der rz-Ebene und hierauf

§ 6. Allgemeine Grundlagen.

dem Körper um die r-Achse eine Drehung um den Winkel ψ gibt. Die neue Lage ist hiernach gegen die alte durch drei Bestimmungswinkel festlegbar, die man nach Art der Punktkoordinaten als Winkelkoordinaten auffassen kann. Man sagt dann, der Körper habe drei **Freiheitsgrade für Drehung**, d. h. er kann sich um drei beliebige Achsen gleichzeitig in ganz unabhängiger Weise drehen. Diese drei Achsen gehen in unserem Beispiel durch einen Punkt, was aber im allgemeinen nicht nötig ist, wenn von drei Freiheitsgraden für Drehung die Rede ist. Dagegen hat der hier betrachtete Körper offenbar keinen Freiheitsgrad für Verschiebung; damit hängt nun auch die Art der Stützkräfte zusammen, die er im Gleichgewichtsfall aufnehmen kann:

Jeder Freiheitsgrad schließt die Übertragbarkeit einer bestimmten Kraftwirkung auf die Stützstellen aus. Hat ein Körper drei Freiheitsgrade für Drehung, so vermag er im Ruhezustande keine Stützmomente (Kräftepaare) um drei beliebige Achsen aufzunehmen. Der begonnene Gedankengang läßt sich jetzt in naheliegender Weise vervollständigen, womit man einen vollständigen Überblick über die Bewegungsmöglichkeiten und über die Folgen von deren Einschränkung für die Art der auftretenden Reaktionskräfte gewinnt.

Denkt man sich einen Körper auf einer geraden festliegenden Führung verschiebbar aufgesteckt, die absolut glatt sein soll und — etwa durch dreikantige Form — eine Drehbarkeit ausschließt, so sagt man, er habe **einen Freiheitsgrad für Verschiebung**; ist die Richtung der letzteren die x-Achse, so kann er im Gleichgewichtsfall keine Komponenten in der x-Richtung aufnehmen. Man kann nun diese Führung selbst auf eine in der y-Richtung gelegene Führung schieben, und diese schließlich auf eine in der z-Richtung verlaufende. Dann erhält der Körper nacheinander zwei neue Verschiebungsmöglichkeiten und damit zwei neue Freiheitsgrade für Verschiebung. Er besitzt nunmehr drei Freiheitsgrade für Verschieben und kann, ohne aus dem Gleichgewicht zu kommen, keinerlei Stützkraft aufnehmen, also weder eine X-, noch eine Y-, noch eine Z-Komponente. Die Lage eines Punktes, in die er lediglich durch Verschieben gelangt, ist bei drei Freiheitsgraden durch drei Verschiebungskoordinaten xyz bestimmt. Wäre der Körper um die drei Führungen auch noch drehbar, so erhielte er auch noch drei Freiheitsgrade für Drehung; er kann jetzt, ohne aus dem Gleichgewicht zu kommen, keinerlei Kraft und keinerlei Kräftepaar mehr aufnehmen. Er ist vollständig frei beweglich; **der vollständig frei bewegliche Körper hat also sechs Freiheitsgrade**.

Obwohl in den unmittelbar folgenden Abschnitten kein Gebrauch davon gemacht wird, sei doch bemerkt, daß nach dem Gesagten eine beliebige neue Lage eines Körpers gegenüber einer Ursprungslage oder gegenüber einem festen Koordinatensystem durch sechs Koordinaten angegeben werden kann, durch drei Verschiebungsgrößen und drei Drehwinkel. Soviel Lagekoordinaten zur eindeutigen Bestimmung der Lage eines Körpers oder eines Systems beweglicher Körper angegeben werden müssen, soviel Freiheitsgrade sind vorhanden. Bei einem gewöhnlichen Kurbelgetriebe z. B. ist bloß eine Koordinate hierzu erforderlich; es hat **einen Freiheitsgrad** oder, wie man statt dessen auch sagt, es ist **zwangläufig**.

Die 0 bis 6 Freiheitsgrade kommen in Natur und Technik vor. Man denke nur an die Knochengelenke unseres eigenen Körpers, an Stative zur Befestigung von Instrumenten, an Stative feinerer Mikroskope, an Kugel- und Universalgelenke, an Glocke und Klöppel.

Wird die Beweglichkeit eines Körpers durch Anbringen von Stützpunkten, Führungen oder schließlich durch vollständiges Festklemmen beschränkt, so lassen sich die Stützkräfte ohne weiteres mit den uns bekannten Gleichgewichtsbedingungen der Statik ausrechnen, **wenn man die Beweglichkeit nur so weit einschränkt, als absolut nötig ist**, um die beabsichtigte Unbeweglichkeit den wirkenden Kräften gegenüber gerade zu erzielen, womit gleichzeitig gewährleistet ist, daß sich der Körper unter dem Einfluß seiner Belastung im **sichern Gleichgewicht** befindet.

Man kann die statischen Gleichgewichtsbedingungen sogar unmittelbar dazu verwenden, um auf die unbedingt nötige Art der Unterstützung zu schließen.

So muß z. B. für einen Körper, der nur in einer Ebene von Kräften ergriffen ist und sich in Ruhe befindet, nach **25** $\Sigma X = \Sigma Y = 0$ und $\Sigma M = 0$ sein; d. h. er darf sich in der Ebene nicht verschieben und nicht drehen. Ersteres wird durch Anordnen eines Gelenkzapfens senkrecht zur Ebene der Kräfte bewirkt, letzteres durch Festhalten eines einzigen weiteren Punktes, jedoch derart, daß in der Verbindungslinie desselben mit dem Gelenk ein weiterer Zwang nicht ausgeübt wird; denn das ist überflüssig, weil die Kräfte in Richtung der Verbindungslinie in vollständig ausreichender und bestimmter Weise vom Gelenkzapfen aufgenommen werden. Diese zweite Stützstelle äußert bei fehlender Reibung einen Widerstand nur senkrecht zur Auflagefläche. Denkt man sich den Körper elastisch und in der Verbindungsgeraden der beiden Lager durch eine Zug- oder Druckkraft beansprucht, so wird der Körper

§ 7. Ermittlung von Stützkräften ausschließl. von Reibungswiderständen. 77

auf der zweiten Stützstelle gleiten; diesen Stützpunkt kann man daher ein Gleitlager nennen.

§ 7. Ermittlung von Stützkräften ausschließlich von Reibungswiderständen.

64. Beispiele: a) Dachbinder mit vertikalen Stützenwiderständen (Fig. 46), belastet durch sein Eigengewicht Q und durch den Winddruck P. Gesucht sind die Auflagerwiderstände in der Gelenkstütze A' und im Gleitlager A''. Wir haben hier die am Schluß des vorigen Abschnittes besprochene Sachlage.

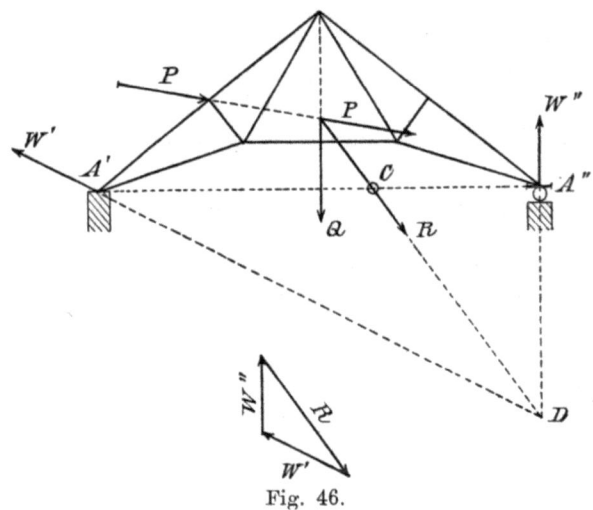

Fig. 46.

Man vereinigt den Winddruck P und das Eigengewicht Q zu einer Resultierenden R. Die Ebene des Dachbinders ist dann durch drei Kräfte belastet, die sich an ihr das Gleichgewicht halten. Drei beliebige in einer Ebene wirkende und im Gleichgewicht befindliche Kräfte müssen sich aber nach 18 in einem Punkt schneiden, den man findet, wenn man die Wirkungslinie zweier der Kräfte zum Schnitt bringt. Am Gleitlager A'' steht der Stützenwiderstand W'' senkrecht auf der Gleitfläche, ist also, da letztere wagrecht liegt, senkrecht gerichtet und geht durch A''. Die nach Lage und Größe vollständig gegebene Kraft R schneidet die Richtung von W'' in D; damit ist auch die Richtung DA des Stützenwiderstands W' in A' bestimmt und das sich schließende Kräftedreieck von R, W' und W'' aufzeichenbar. Damit sind die Stützenwiderstände auf graphischem Wege gefunden; dieser ist im vorliegenden Fall auch am meisten empfehlenswert.

Man könnte die Stützenwiderstände indes auch berechnen, und zwar den einen Stützenwiderstand W'' aus der Momentengleichung um das andere Auflager A', weil der andere Stützenwiderstand in bezug auf A' den Hebelarm Null und das Moment Null besitzt. Es wäre das Moment von W'' um A' gleich dem Moment von R um A', woraus W'' folgt. Die Vertikalkomponente V' von W' erhielte man sodann aus $\Sigma V = 0$, d. h. aus $V' + W'' = Q + P \cos (PQ)$; schließlich wäre die Horizontalkomponente von W' gleich der Horizontalkomponente von R oder, was das gleiche ist, von P.

Das Gelenk in A' muß so konstruiert sein, daß es einen Horizontalschub mit Sicherheit aufnehmen kann.

b) **Dachbinder mit einem schrägen Stützenwiderstand.** Ist das Gleitlager in A'' nicht horizontal, sondern schräg angeordnet, so sind die Stützenwiderstände ebenso bestimmbar wie unter a) beschrieben. Es ist jetzt nur W''' schräg, statt vorhin vertikal gerichtet.

Ist die Gleitfläche des Lagers bei A'' nach innen, d. h. nach dem überdeckten Raum hin schief, so wird dem Kräftedreieck zufolge W' etwas kleiner und W'' etwas größer als unter a); W'' besitzt auch eine nach links gehende Horizontalkomponente. Man wird ein schräges Gleitlager dann anordnen, wenn sich zeigt, daß dadurch der Binder oder die Brücke zwischen A' und A'' entlastet wird.

c) **Träger durch Parallelkräfte belastet.** Wirken lediglich, wie häufig vorkommt, Parallelkräfte, vertikal zur Verbindungsgeraden der beiden Stützpunkte, so braucht man keine Gelenkstütze, die auch Horizontalschub aufnehmen kann, weil ein solcher jetzt fehlt. Man legt, wie die übliche Ausdrucksweise lautet, den Träger zweimal frei auf, d. h. auf Gleitlager. Dieser häufig vorkommende Fall ist näher zu betrachten.

1. **Rechnerische Lösung:** Der zweimal frei aufliegende Träger in Fig. 47 habe die Spann-

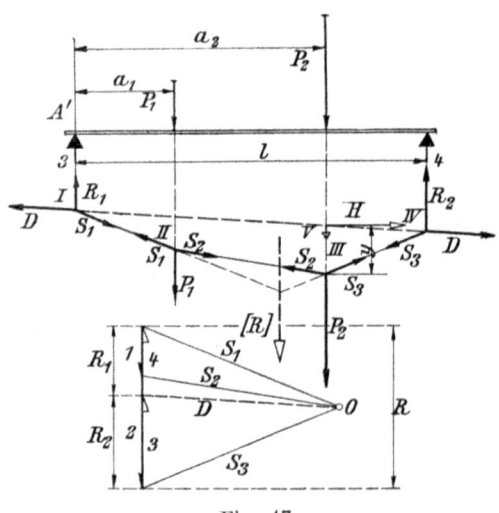

Fig. 47.

§ 7. Ermittlung von Stützkräften ausschließl. von Reibungswiderständen. 79

weite l [m] und trägt die Lasten $P_1 P_2 P_3 \ldots$ im Abstand $a_1 a_2 a_3 \ldots$ vom linken Auflager A'. Die Auflagerwiderstände R_1 (links) und R_2 (rechts) sind gesucht.

Man verfährt in allen diesen und ähnlichen Fällen stets gleich: Zuerst berechnet man den einen Auflagerwiderstand, etwa R_2, aus einer Momentengleichung um das andere Auflager, die lautet:

$$R_2 \cdot l = P_1 a_1 + P_2 a_2 + P_3 a_3 + \ldots = \Sigma P \cdot a,$$

woraus $\quad R_2 = \dfrac{P_1 a_1 + P_2 a_2 + P_3 a_3 + \ldots}{l} = \dfrac{\Sigma P a}{l}.$

Sodann berechnet man den andern Auflagerwiderstand aus der Komponentengleichung $\Sigma V = 0$:

$$R_1 + R_2 = P_1 + P_2 + P_3 + \ldots = \Sigma P$$

$$R_1 = P_1 + P_2 + P_3 + \ldots - R_2 = \Sigma P - R_2.$$

Ist eines der P den andern entgegengesetzt, so hat es um A' ein den andern entgegengerichtetes Moment; das Moment dieser Kraft Pa erhält also ein —-Zeichen. Auch in die Komponentengleichung geht dieses P mit dem —-Zeichen ein.

2. **Graphische Lösung:** Man zeichnet, wie in **19** gezeigt, das Krafteck der Kräfte $P_1 P_2 P_3 \ldots$ mit dem willkürlich angenommenen Pol O und den Polstrahlen $S_1 S_2 S_3 \ldots$; hierauf das Seileck I, II, III, IV, wo I, II, III, IV die Schnittpunkte der Parallelen zu den Seilstrahlen $S_1 S_2 S_3$ mit den Kraftrichtungen von $R_1 P_1 P_2 \ldots R_2$ sind.

Zieht man noch die sogen. Schlußlinie DD und zu ihr im Kräfteplan die Parallele D, so wird behauptet, daß die Kraftstrecken R_1 und R_2 die Auflagerwiderstände in I und IV seien.

Zum Beweis ist zunächst festzustellen, daß die Komponentengleichung $R_1 + R_2 = P_1 + P_2 + \ldots$ durch die Konstruktion erfüllt ist. Anstatt nachzuweisen, daß auch die Momentengleichung befriedigt ist, kann als Ersatz hierfür festgestellt werden, daß die Kräfte P laut Konstruktion die gleiche Resultierende haben wie die Auflagerwiderstände, nur von entgegengesetztem Sinn. Dies ist laut Konstruktion Fig. 47 in der Tat der Fall. Beide Resultierende $R = P_1 + P_2 + \ldots$ und $R' = -R = R_1 + R_2$ haben auch die gleiche Lage. Sie heben sich also auf. Demnach sind R_1 und R_2 tatsächlich die gesuchten Auflagerwiderstände in I und IV.

Es kann indes auch das Bestehen der Momentengleichung nach dem Vorgang von **21** nachgewiesen werden.

Zusatz: **Biegungsmoment und Biegungs-Momentenlinie.** In der Festigkeitslehre wird das Moment der äußeren Kräfte in bezug auf einen Balkenquerschnitt gebraucht, das sogenannte Biegungsmoment. Befindet sich der zu untersuchende Querschnitt etwa im Abstand a_2 vom linken Auflager, so denke man sich den Balken bei P_2 eingespannt und betrachte die Kräfte auf der einen Seite, etwa links von P_2: ihr Moment für den genannten Querschnitt ist $M = R_1 \cdot a_2 - P_1(a_2 - a_1)$; die Ebene des Kräftepaares M enthält die Balkenachse, diese wird gebogen, weshalb das Moment Biegungsmoment genannt wird.

Man hätte ebensogut die Kräfte auf der rechten Seite von P_2 nehmen können; ihr Moment für den Querschnitt bei P_2 ist genau so groß wie das zuerst angegebene, denn beide halten sich bei P_2 am Balken das Gleichgewicht. Tatsächlich wählt man immer diejenige Seite des zu untersuchenden Querschnittes, auf der die Momentberechnung am einfachsten ist.

Ermittelt man das Moment auf diese Art für eine Reihe von Balkenquerschnitten, so kann man die Momente an den zugehörigen Stellen des Balkens als Ordinaten auftragen; die Verbindungslinie der Ordinatenendpunkte ist die sog. Biegungsmomentenlinie. Man kann nun das Biegungsmoment für jede Stelle unmittelbar aus dem Seilpolygon entnehmen, wenn dieses wie oben einschließlich der Schlußlinie (= Verbindungsgerade der Auflagerknotenpunkte des Seilpolygons) gezeichnet vorliegt.

Das Seilpolygon ist dann eine geschlossene Figur; die zwischen den äußersten Polygonstrahlen befindlichen, den gegebenen Kräften parallelen Ordinatenstücke y sind den Biegungsmomenten proportional, und zwar ist

$$M = H \cdot y,$$

wo H den Horizontalzug des Kräftepolygons bedeutet.

Zum Beweis denke man sich den Balken in der Ebene der Kräfte erweitert und die Kräfte an die Stellen I II III IV geschoben, wo sie im Seilpolygon liegen. Dadurch wird nach **17** am Gleichgewicht und an den Momenten nichts geändert, auch dadurch nicht, daß man in der Linie I IV sich zwei gleiche und entgegengesetzte Kräfte DD hinzudenkt, deren Größe aus dem Kräftepolygon entnommen wird.

Sucht man nun das Moment der links von P bzw. III gelegenen äußeren Kräfte R_1 und P_1 in bezug auf den Querschnitt von P_2 oder, was dasselbe ist, in bezug auf Punkt III, so kann R_1 und P_1 mit Hilfe des Seilpolygons in einfacherer Weise ausgedrückt werden, wobei noch bemerkt werden mag, daß durch das Hineinzeichnen des Seilpolygons und das Hinzudenken der Spannkräfte $+S_1$ und $-S_1$, $+S_2$ und $-S_2$ usf. auch nichts am Gleich-

§ 7. Ermittlung von Stützkräften ausschließl. von Reibungswiderständen. 81

gewichtszustand geändert wird. R_1 und D (links) können nämlich dem Kräftepolygon zufolge durch S_1 ersetzt werden und S_1 und P_1 ihrerseits durch ihre Resultante S_2. Die Resultante S_2 geht aber durch den Momentenpunkt III, liefert also kein Moment für III. Von den anfänglich betrachteten Kräften R_1 und P_1 nebst $+D$ und $-D$, bleibt demnach nur das nach rechts wirkende $-D$ als momentgebend für III übrig. Nach Zerlegen von D in H und V, so daß V durch III geht, ist das Moment der betrachteten Kräfte oder, was das gleiche ist, das Moment von H für O:

$$M = H \cdot y$$

wo H der Horizontalzug des Kräftedreiecks und y der Abstand zwischen Seilpolygon und Schlußlinie an der Stelle III ist. H ist mit dem Kräftemaßstab, y mit dem Längenmaßstab abzumessen.

Liegen die Auflager R_1 und R_2 nicht außen rechts und links, so sieht das durch die Schlußlinie geschlossene Seilpolygon weniger einfach aus, kann auch eine verschränkte Figur sein. Am Ablesen des Momentes $M = H \cdot y$ ändert sich jedoch nichts.

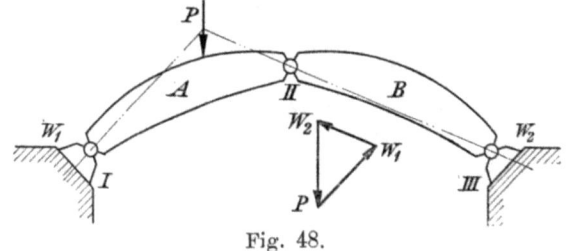

Fig. 48.

d) **Dreigelenkbogen** Fig. 48. Als solcher wird eine Verbindung zweier Tragkörper A und B mit drei reibungsfrei gedachten Gelenken I, II, III bezeichnet; an den Auflagern liegen die fest verankerten „Kämpfergelenke". Dazwischen das „Scheitelgelenk". Die Belastung wirkt in der Ebene der drei Gelenke. Nach Lösen eines Kämpfergelenkes (etwa III) wäre die Verbindung beweglich und als Brücke unbrauchbar. Zur Herstellung einer geometrisch unbeweglichen Verbindung ist es nötig und gerade hinreichend, den frei gemachten Endpunkt III mittels eines Gelenkbolzens festzuhalten. Unter dieser Voraussetzung ist der Dreigelenkbogen auch statisch bestimmt. Es treten an ihm nur bestimmt kontrollierbare und einfach bestimmbare Kräfte auf. Es sollen die Auflagerwiderstände und der Druck im Scheitelgelenk bestimmt werden.

Es wirke nur eine Last an einem Tragkörper.

Bedenkt man, daß von den Kämpfergelenken nur Kräfte (keine Momente) ausgehen, so können die Auflager entfernt gedacht und ihre Wirkung durch Anbringen einer Kraft an der Stützstelle ersetzt werden. Da im Scheitelgelenk auch nur eine Kraft übertragen wird, so ist der Tragkörper B, an dem P nicht angreift, nur in zwei Punkten durch Kräfte belastet; er kann nur dann im Gleichgewicht sein, wenn diese Kräfte gleich groß und entgegengesetzt sind, und die Verbindungsgerade der zwei Punkte als gemeinsame Wirkungslinie haben; diese letztere ist die Richtung des einen Stützwiderstandes. Beide Tragkörper zusammen sind unter dem Einfluß der Last und der zwei Stützwiderstände, also unter dem Einfluß dreier Kräfte im Gleichgewicht. Die drei Kräfte müssen sich dabei nach **18** in einem Punkte schneiden. Mit Hilfe dieser Angaben kann das Kräftedreieck in Fig. 48 gezeichnet werden, womit die gesuchten Stützwiderstände $W_1 W_2$ (Kämpferdrücke) gefunden sind; gleichzeitig aber auch der Druck im Scheitelgelenk, der dem oben Gesagten zufolge dem Widerstand W_2 gleich ist.

Die Kämpfer- und Scheiteldrücke können auch berechnet werden, was in **97** geschehen wird.

Wirken beliebige Kräfte in der Figurenebene, so setzen sich die Kämpfer- und Scheiteldrücke offenbar aus zwei Anteilen zusammen: aus dem Anteil, der durch die am rechten Tragkörper angreifenden Kräfte hervorgerufen wird, während der linke unbelastet ist, und einem Anteil, den die Lasten des linken Tragkörpers für sich allein hervorrufen, während der rechte unbelastet ist. Die Wirkung der Gesamtbelastung auf die Kämpfer- und Scheitelgelenke erhält man, wenn man die Einzelwirkungen zu einer Resultierenden vereinigt.

Man bestimmt also zuerst die Scheitel- und Kämpferdrücke für den Fall, daß bloß die Belastung des rechten Tragkörpers in Tätigkeit ist, wobei es sich empfiehlt, die Lasten mit Hilfe des Seileckes zu einer Resultierenden zu vereinigen. Dann hat man die eingangs gestellte Aufgabe auf die beschriebene Art zu lösen und erhält so die Kämpferdrücke W_1' und W_2' und den Scheiteldruck S'.

Ebenso stellt man für den Fall, daß die Lasten am linken Tragkörper allein wirken, W_1'' und W_2'' und S'' fest.

Schließlich sind W_1' mit W_1'', W_2' mit W_2'', S' und S'' mittels des Kräfteparallelogrammes zu den Resultierenden W_1, W_2 und S zu vereinigen, womit die gesuchten Gesamtwirkungen an Scheitel- und Kämpfergelenken gefunden sind.

Man kann die Aufgabe auch auf einmal graphisch lösen. Die Aufgabe lautet dann: das Seilpolygon eines gegebenen Lasten-

§ 7. Ermittlung von Stützkräften ausschließl von Reibungswiderständen. 83

systems durch drei vorgeschriebene Punkte zu legen. Die Lösung findet man in **109**.

e) **Steuerungshebel.** Der in a drehbare Hebel bac (Fig. 49) soll ein Ventil bewegen, das in c die vertikale Belastung Q absetzt. Welche Antriebskraft P muß der Steuerungsnocken d auf die Rolle bei b ausüben, wenn von der in Wirklichkeit geringfügigen Gelenkreibung abgesehen wird?

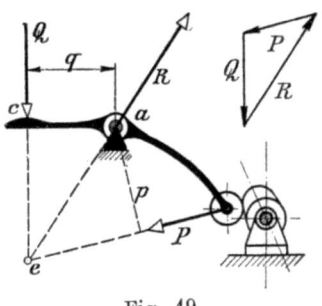

Fig. 49.

Der Steuerungsnocken wirkt auf die Steuerrolle mit einer Kraft P ein, deren Wirkungslinie die gemeinsame Berührungsnormale ist. Die gemeinschaftliche Tangente im Berührungspunkt berührt den Kreisumfang der Steuerungsrolle, die Normale geht also durch den Kreismittelpunkt b, dessen Verbindungsgerade mit dem Berührungspunkt somit die Wirkungslinie von P bestimmt. Man denke sich den Hebel frei gemacht und die Lasten Q und P und den Stützwiderstand R in c, b und a angebracht, die zwei ersteren in gegebener Richtung. An dem Hebel halten sich nunmehr drei Kräfte das Gleichgewicht, sie müssen sich in einem Punkt e schneiden, der als Schnittpunkt der Lasten P und Q gefunden wird. In der Verbindungsgeraden ea wirkt der Stützwiderstand R. Mit diesen Angaben kann das sich schließende Kräftedreieck von Q, P und R gezeichnet werden, womit die gesuchten Kräfte P und R gefunden sind.

P allein hätte man auch einfach berechnen können aus der Momentengleichung um a, nachdem man die Hebelarme von P und Q in bezug auf a aus der Zeichnung entnommen hat; es wäre

$$P \cdot p = Q \cdot q,$$

woraus

$$P = Q\left(\frac{q}{p}\right).$$

Wird der Steuerhebel cab in b mit einer Stange angetrieben, so wirkt die Antriebskraft in der Stangenrichtung. Sonst ändert sich an der Lösung nichts.

f) **Einseitig eingespannter Balken** (sog.

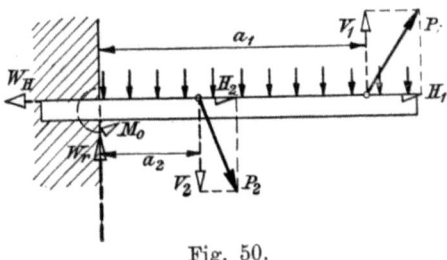

Fig. 50.

6*

84 Statik. Von d. Widerstandskräften an Körpern m. beschr. Beweglichkeit.

Freiträger) mit beliebiger Belastung (Fig. 50). Es sollen die an der Einspannstelle auftretenden Widerstände angegeben werden.

Diese bestehen aus einer Kraft bzw. aus deren Horizontal- und Vertikalkomponente W_h und W_v, und aus einem Kräftepaar M_0. Man denke sich den Balken an der Einspannstelle „frei gemacht" und bringe die Widerstände W_h, W_v und M_0 so an, wie sie vor dem „Freimachen" am Balken gewirkt haben (vgl. auch Fig. 45). Dann sind Lasten und Widerstände im Gleichgewicht und es gelten die Gleichgewichtsbedingungen von **25**. Ist q die gleichmäßige Belastung der Längeneinheit des Balkens von der Länge l, so ist:

$$V_1 + ql - V_2 + W_v = 0$$
$$H_1 + H_2 - W_h = 0.$$

Als Momentendrehpunkt wird die Einspannung gewählt. Das Moment der gleichmäßigen Belastung ist nach **24** gleich dem Moment ihrer Resultanten; diese ist ql und greift im Abstand $\frac{l}{2}$ von der Einspannung an; das Reaktionsmoment an der Einspannung, das sog. Einspannungsmoment, ist um den gewählten Momentenpunkt herum immer noch in Wirksamkeit, während die Reaktionskräfte durch den Drehpunkt gehen und das Moment Null haben, daher ist:

$$ql \cdot \frac{l}{2} + V_2 \cdot a_2 - V_1 \cdot a_1 - M_0 = 0.$$

Aus den drei Gleichungen folgen ohne weiteres die gesuchten Reaktionen W_v, W_h und M_0.

§ 8. Statische Stabilität.

65. Stabilität eines starren Körpers. Ein starrer Körper mit einer beliebigen Vertikallast ruht auf einer ebenen Unterlage in einzelnen Punkten oder in einer beliebig begrenzten Fläche (z. B. in der kreuzförmigen Fläche Fig. 51) der sog. Stützfläche. In dieser soll nur Druck übertragen werden, kein Zug. Unter welchen Umständen kippt er um?

Man bewege eine Tangente an den Umfang der Stützfläche so um die letztere rings herum, daß die Stützfläche nie geschnitten wird; die eingehüllte Fläche sei als Standfläche bezeichnet. Bei einzelnen Stützpunkten erhält man die Standfläche, wenn durch die äußersten Punkte Gerade

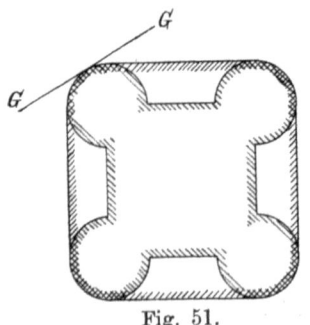

Fig. 51.

gelegt werden, die mit einer außen herumgelegten und straff gespannten Schnur zusammenfallen. Der Körper kann offenbar nur um eine solche Tangente bzw. äußerste Verbindungsgerade kippen; sie heißen **Kipp- oder Drehkanten**. Sobald die Resultante sämtlicher Lasten die ebene Unterlagsfläche außerhalb der Standfläche schneidet, kippt der Körper um, was ohne Beweis anschaulich klar ist.

Ein fahrbarer Drehkran ruht auf vier Rädern, die nötigenfalls durch Radschuhe festgestellt werden. Das Eigengewicht des fahrbaren Teiles abgesehen vom Ausleger sei Q, dasjenige des Auslegers sei G und die Nutzlast sei P. Man bilde die Resultante R der parallelen Kräfte Q, G und P (**21**); soll der Kran standfest sein, so muß die Wirkungslinie von R die Unterlage innerhalb der Standfläche schneiden. Das Moment der Resultanten in bezug auf die nächstgelegene Kippkante wird als **Stabilitätsmoment** bezeichnet. Ist e der kleinste Abstand zwischen der Wirkungslinie von R und dem Rand der Standfläche, so ist $R \cdot e$ das Stabilitätsmoment.

Geht R durch den Rand der Standfläche, ist also $e = 0$, so ist der gestützte Körper an der Grenze des Gleichgewichtes.

Beschreibt beim Schwenken des Drehkranes die Resultierende R aller vertikalen Lasten einen Zylinder, der die ebene Unterlage in einem Kreis schneidet, so muß die Standfläche, um den Kran stabil zu machen, so angeordnet werden, daß ihr Umfang ganz außerhalb jenes Kreises liegt.

Die Lasten brauchen nicht notwendigerweise alle vertikal zu wirken; die Resultante R kann auch schief auf der Unterstützungsebene sein; nur muß sie eine Vertikalkomponente haben, deren Moment um die Kippkante größer ist, als das kippende Moment der Horizontalkomponente um die gleiche Kante, kurz das **Kippmoment** muß kleiner sein als das Stabilitätsmoment. Das ist immer der Fall, wenn die schiefe Kraft die Unterstützungsebene innerhalb der Standfläche schneidet. Die Horizontalkomponente ist in geeigneter Weise abzufangen, damit keine Verschiebung in der Horizontalebene eintritt.

§ 9. Statisch bestimmte und statisch unbestimmte Stützung.

66. Kennzeichen der statisch bestimmten und statisch unbestimmten Stützung. Der Zweck der Lagerung oder Abstützung eines Bauwerkes, einer Maschine oder eines Teiles derselben, besteht allgemein gesprochen darin, daß die Beweglichkeit so weit eingeschränkt wird, als es der Zweck der Konstruktion verlangt; im besondern Fall der Ruhe soll sich die Konstruktion im stabilen

Gleichgewicht befinden. Wird die Beweglichkeit nur so weit eingeschränkt, als nötig und hinreichend ist, um die genannte Absicht gerade zu erreichen, so lassen sich die Stützenwiderstände (Komponenten oder Momente) mit Hilfe der Gleichgewichtsbedingungen der Statik bestimmen, sie sind **statisch bestimmt**.

Zur Entlastung der Konstruktion oder zur Erhöhung ihrer Tragfähigkeit werden nun gelegentlich weitere Stützpunkte angeordnet oder weitere Teile der Konstruktion mit den Auflagern unbeweglich verbunden. Was an Stützpunkten und Einspannstellen mehr angeordnet ist als notwendig, wird **überzählig** genannt. In diesem Falle können die Stützenwiderstände oder Stützmomente nicht mehr allein mit Hilfe der statischen Gleichgewichtsbedingungen bestimmt werden; sie sind **statisch unbestimmt**.

Wir haben jetzt die unterscheidenden Merkmale zwischen statisch bestimmter und unbestimmter Stützung kennen zu lernen. Bei statisch bestimmter Stützung könnte man ein Auflager in Richtung des Auflagerwiderstandes um ein kleines Stück verschieben oder eine Einspannungsstelle ein wenig drehen, ohne daß die Stützenwiderstände oder das Einspannungsmoment ihre Größe ändern. Würde aber dieselbe Änderung an statisch unbestimmten Auflagerungen vorgenommen, so würden sofort alle Stützenwiderstände beeinflußt. Dies soll an einem Beispiel erläutert werden: Wir haben im vorhergehenden Abschnitt eine Reihe von Konstruktionen betrachtet, die statisch bestimmt gestützt sind. Man betrachte nochmals den zweimal frei aufliegenden Träger mit Belastung nach Fig. 47. Eine kleine Bewegung eines Stützpunktes in Richtung des Stützenwiderstandes beeinflußt dessen Größe nicht. Es ist auch gleichgültig, ob der Träger elastisch ist oder ob er als starr angesehen wird.

Wird jedoch ein dritter Stützpunkt hinzugefügt, so können die Stützenwiderstände mit Hilfe der Gleichgewichtsbedingungen der Statik allein nicht mehr bestimmt werden. Der über drei Lager durchlaufende sog. kontinuierliche Träger (Fig. 52) z. B. sei gleichmäßig mit q kg auf die Längeneinheit belastet und der dritte Stützpunkt in der Mitte angebracht. Mit den Bezeichnungen der Figur lautet die Momentengleichung um das Außenlager:

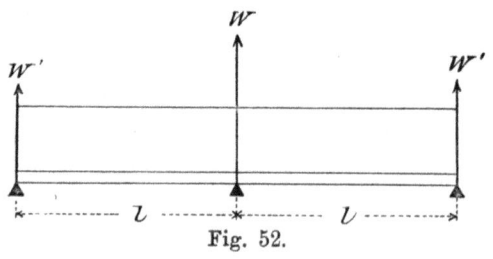

Fig. 52.

$$W' \cdot 2l + W'' \cdot l = 2ql \cdot l \quad \text{oder} \quad 2W' + W'' = 2ql.$$

§ 9. Statisch bestimmte und statisch unbestimmte Stützung.

Die Vertikalkomponentengleichung lautet:
$$W' + W'' + W' = 2ql \quad \text{oder} \quad 2W' + W'' = 2ql,$$
d. i. dieselbe Gleichung wie oben; sie läßt eine getrennte Bestimmung der Stützenwiderstände nicht zu. Würde man den Träger als starr annehmen, so käme das einem Verzicht auf die Ermittlung der Auflagerwiderstände gleich, die doch in Wirklichkeit sicher ganz bestimmte Werte haben. Die Hypothese des starren Körpers ist also bei überzähliger Stützung nicht zulässig, mit anderen Worten: die Ermittelung der Stützenwiderstände statisch unbestimmter Körper gehört nicht in die Mechanik starrer Körper. Die Größe der statisch unbestimmten Stützenwiderstände hängt vielmehr von der Elastizität des gestützten Körpers und der gegenseitigen Höhenlage der Auflager ab. Hebt man z. B. das mittlere Auflager Fig. 52, so wird dieses mehr belastet, die Außenlager entlastet. Die Stützendrücke hängen von der Formänderung ab, die der gestützte Körper infolge seiner eigenen Elastizität oder des Verhaltens der Stützstellen annehmen kann oder muß. Für jede, innerhalb rationeller Grenzen, beliebige Höhenlage der Auflager besteht Gleichgewicht zwischen Lasten und Stützwiderständen; es sind also ebensoviele Gleichgewichtssysteme von Lasten und Widerständen denkbar als Verlagerungen der Stützpunkte; ihre Zahl ist beliebig groß. Zu jedem Gleichgewichtssystem von Lasten und Widerständen gehört ein bestimmter Formänderungszustand. Welcher von diesen unendlich vielen denkbaren Formänderungszuständen tatsächlich auftritt, hängt von dem tatsächlichen Verhalten der Stützpunkte ab, die nur einen einzigen Formänderungszustand wirklich zulassen. Erst durch die Formänderung werden die statisch unbestimmten Stützenwiderstände wirklich bestimmbar. Analytisch ausgedrückt heißt das: es gibt für eine statisch unbestimmt gestützte Konstruktion unendlich viele Wertegruppen der Stützenwiderstände, die den statischen Gleichgewichtsbedingungen genügen; erst das Eingehen auf die den Auflagerbedingungen entsprechende Formänderung der Konstruktion liefert so viele weitere Gleichungen, als überzählige Stützungen angeordnet sind, wodurch eine eindeutige Berechnung der Stützenwiderstände möglich wird. Sind mehrere überzählige Stützen oder Einspannstellen vorhanden, so entspricht einer jeden eine Formänderungsbedingung, in der der Einfluß der betreffenden Stützstelle zum Ausdruck gelangt.

Es soll nun noch ein Fall besprochen werden, in dem ein statisch unbestimmtes Stützmoment an einer überzähligen Einspannungsstelle auftritt. Der zweimal frei aufgelagerte Träger Fig. 47 ist unter dem Einfluß der gegebenen Lasten im stabilen

88 Statik. Von d. Widerstandskräften an Körpern m. beschr. Beweglichkeit.

Gleichgewicht und gerade zureichend unterstützt. Wird nun der Träger an einem der beiden Auflager überdies fest eingespannt, so ist die Beweglichkeit mehr eingeschränkt als des stabilen Gleichgewichts wegen erforderlich wäre. Durch die Einspannung wird der Träger gezwungen, an der Einspannstelle eine ganz bestimmte Richtung beizubehalten. Die Einspannung wird durch ein Kräftepaar — das sog. Einspannungsmoment — bewirkt, dessen Ebene die Balkenachse enthält; es ist nur dann Null, wenn die gebogene Balkenachse am Auflager die gleiche Neigung hat wie beim Freiaufliegen. Hebt oder senkt man ein Auflager oder gibt man, ohne die Höhe der Stützstellen zu verändern, dem Träger an der Einspannstelle eine andere Richtung, so wird dadurch die Größe der Stützwiderstände und des Einspannungsmomentes geändert.

Da es also auf die Formänderung ankommt, so gehört die Ermittelung statisch unbestimmter Stützenwiderstände oder Stützmomente in die Elastizitätslehre.

Durch diese Darlegungen soll dem Studierenden der Unterschied zwischen statisch bestimmter und unbestimmter Stützung klargemacht werden. Er ist kurz folgender: Statisch bestimmte Stützenwiderstände sind von kleinen Verlagerungen der punktförmig gedachten Stützstellen sowie von der kleineren oder größeren Elastizität des gestützten Körpers unabhängig. Überzählige Stützwiderstände oder Stützmomente sind an einem starren Körper unbestimmbar. Statisch unbestimmte Stützenwiderstände sind von der Formänderung abhängig. Werden überzählige Stützpunkte verlagert, so entstehen selbst an einem unbelasteten Körper Stützenwiderstände.

§ 10. Reibung.

67. Allgemeines über Reibung. Schädliche und nützliche Reibung. Arten der Reibung. Vom physikalischen Vorgang bei der Reibung und der Aufstellung von Reibungsgesetzen. Soll ein Möbelstück auf dem Zimmerboden, ein Kolben in einem Maschinenzylinder verschoben werden, so muß man die verschiebende Kraft auf eine gewisse Größe steigern, bis eine Bewegung eintritt; eine solche Kraft ist auch dann noch aufzuwenden, wenn eine gleichförmige Bewegung eingeleitet ist. Der auftretende Widerstand hängt also nicht damit zusammen, daß dem gleitenden Körper eine wachsende Geschwindigkeit erteilt wird, und ist nicht als dynamische Kraft aufzufassen. Man bezeichnet diesen Widerstand als Reibung, und zwar als Haftreibung gegenüber Gleiten oder Reibung der Ruhe, ehe ein Gleiten eintritt, und als Bewegungs-

§ 10. Reibung.

reibung, wenn eine gegenseitige Verschiebung des gleitenden Körpers und seiner Unterlage tatsächlich stattfindet. Dabei kann offenkundig die Unterlage auch in Bewegung sein, und es kommt dann nur auf den Geschwindigkeitsunterschied, die relative Geschwindigkeit, an; der schneller bewegte Körper wird stets als der gleitende, der langsamer bewegte als die Unterlage bezeichnet (Einrücken einer Reibkupplung). Der Sitz der Reibung ist die Berührungsstelle zwischen gleitendem Körper und Unterlage, die Richtung der Reibung in der gemeinschaftlichen Berührungsebene gelegen; der Sinn der Reibung ist derart, daß sie am gleitenden Körper in der Berührungsstelle der angestrebten oder ausgeführten Bewegung entgegenwirkt, während sie an der Unterlage im Sinne der Bewegung angreift, diese also mitzunehmen sucht.

Durch die Haftreibung wird die Beweglichkeit eines Körpers eingeschränkt, wir haben die Haftreibung daher im Sinne der Darlegungen in **62** und **63** zu den Reaktionen zu zählen, weshalb wir sie auch hier im Kapitel über Reaktionen zu behandeln haben. Die Bewegungsreibung ist dagegen als aktive oder eingeprägte Kraft aufzufassen, wie in der Dynamik noch auszuführen ist (**147**). Daß die Haftreibung im allgemeinen als eine Reaktion von unbekannter Größe und Richtung auftritt, wird in **69** ausführlich erörtert.

Wie wir noch sehen werden, ist die Reibung eine Kraft, die niemals positive Arbeit leisten kann. In diesem Sinne bezeichnet man sie gelegentlich als passiven Widerstand. Die Reibungsarbeit geht in Wärme, zum Teil auch in Elektrizität über.

Die Reibung ist oft ein unerwünschtes Hemmnis, oft wird sie aber auch nutzbar gemacht, und schließlich bildet die Reibung sogar die unerläßliche Voraussetzung für das Gehen von Mensch und Tier oder für das Fahren der Landfuhrwerke. Die Arbeit, die eine Maschine verrichten soll, wird z. B. durch die in den Lagern, Führungen, an den Zahnrädern usf. auftretende Reibung beeinträchtigt. Nutzbar verwertet wird die Reibung dagegen zur Arbeits- und Bewegungsübertragung bei Riemen- und Seiltrieben, Spills, Reibkupplungen, Reibscheiben und -rädern; man benützt sie ferner zum Festhalten von Lasten (mehrmaliges Umschlingen von Pflöcken mit Tauen, Selbstsperrung von Lasthebemaschinen), zum Bremsen, d. h. zum Verlangsamen oder Aufhalten einer Bewegung. Schließlich ist das Gehen oder Fahren ohne die Haftreibung zwischen Schuhsohlen und Boden oder Rad und Schiene unmöglich; weder Mensch noch Fahrzeug kommen ohne die Reibung von der Stelle.

Von der Reibung des Gleitens verschieden ist die **Rollreibung** von Rädern, Rollen, Walzen und Kugeln, die mit der Formänderung am rollenden Körper und seiner Unterlage zusammenhängt, sowie auch die Bohrreibung, die an Spur- oder Stützzapfen auftritt. Von beiden wird später die Rede sein.

Die Größe der gleitenden Reibung hängt nach Maßgabe von Beobachtungen ab von der Beschaffenheit der gleitenden Oberflächen (Rauhigkeit, Elastizität, Härte des Materials der Gleitflächen), vom Druck, mit dem der gleitende Körper gegen die Unterlage gepreßt wird, von der Gleitgeschwindigkeit, vom Schmierungszustand (trocken, naß, gefettet), von der Temperatur.

Es erscheint vom wissenschaftlichen Standpunkt aus als eine selbstverständliche Forderung, daß man die erwähnten Einflüsse einzeln durch Versuche prüft und ziffernmäßig festlegt, und sodann die jeweils sich abspielenden Vorgänge zu verstehen und eine Gesetzmäßigkeit aufzustellen sucht, die einer möglichst allgemeinen Anwendung fähig ist. Allein so viel Versuche nach den einzelnen Richtungen hin angestellt sind, so ist man doch noch zu keiner allgemein anerkannten Auffassung über das Wesen der Reibung gelangt, noch viel weniger zu Gesetzen von allgemeiner Anwendbarkeit. Das Auftreten der Haftreibung, solange noch kein Gleiten stattfindet, scheint durch das Ineinander-Eindringen der Berührungsflächen nach Maßgabe ihrer Rauhigkeit und Elastizität bedingt zu sein; die Reibung der Bewegung dagegen in einem Schwingungsvorgang zu bestehen, bei dem der gleitende Körper mit seinen Unebenheiten über die Vertiefungen und Erhöhungen der Unterlage hinweghüpft, wobei der Elastizität des Materials und der Größe der bewegten Masse ein Einfluß auf den Vorgang und damit auf die Größe der Reibung zukäme. Falls eine Schmierschicht in der Gleitfläche ist, handelt es sich um Flüssigkeitsreibung, nicht mehr um Reibung zwischen festen Körpern. Dieser Vorgang spielt sich dann auf einer ganz anderen physikalischen Grundlage ab. Man spricht in diesem Falle von Schmierreibung, im Gegensatz zur trockenen Reibung. Was die erwähnten Schwingungen betrifft, so treten sie augenfällig bei abgefederten Fahrzeugen (Eisenbahnfahrzeugen, Automobilen) auf und beeinflussen die Haftreibung (Adhäsion zwischen Rad und Schiene bzw. zwischen Luftreifen und Straße), führen wohl auch nicht bloß beim Anlaufen, sondern selbst bei normaler Fahrt zu Gleiten des Rades gegenüber der Schiene oder dem Boden, was vor kurzem von Riedler auf dem Automobilprüfstand beobachtet wurde.

Es erscheint jedoch vorerst recht fraglich, ob durch exakte Untersuchung der Einzelheiten in Verbindung mit einer Erklärung die Aufstellung eines allgemeinen Gesetzes für die gleitende Reibung gelingen wird. Ein solches Gesetz hätte zunächst wissenschaftlichen

Wert; sollte es zu praktischen Rechnungen verwendet werden können, so müßte es jedenfalls **einfach** sein. Man war bis jetzt gezwungen, unter Verzicht auf die allgemeine Lösung Einzelfälle zu untersuchen, die dabei in Frage kommenden Haupteinflüsse fest- und klarzustellen, womit man Ergebnisse erhält, die innerhalb des Versuchsbereiches auf ähnliche praktische Verhältnisse übertragbar sind. Der Untersuchung wurden dabei unterzogen entweder Einzelteile, wie Lager, Getriebe (Schnecken, Zahnräder usw.) oder ganze Maschinen, und das Untersuchungsergebnis in Tabellen oder Kurvenbildern niedergelegt, zum Teil auch in die Form einer Gleichung gebracht; damit sind die bei den Versuchen vorhanden gewesenen Verhältnisse festgelegt; wie man solche Feststellungen praktisch zu verwerten hat, soll besprochen werden, wenn erst die übliche Darstellung des Reibungsgesetzes gegeben ist. Da dieses Gesetz zwar einfach ist, aber eine umfassende Bedeutung nicht hat, so ist man häufig in Einzelfällen genötigt, selbst Versuche anzustellen, um für die Bedürfnisse dieses Einzelfalles zuverlässige Grundlagen zu beschaffen. Diesen Weg muß der Ingenieur immer dann beschreiten, wenn es wegen der Kompliziertheit der Aufgabe nicht gelingt, alle in Betracht kommenden Einflüsse wissenschaftlich zu erfassen und exakt zu formulieren. In solchen Fällen wird man darauf auszugehen haben, nach experimenteller Feststellung der Tatsachen die Haupteinflüsse herauszuschälen. C. Bach hat in vorbildlicher Weise gezeigt, wie die Hauptsache durch eine Näherungsrechnung ausgedrückt und diese selbst durch eine Berichtigungszahl mit den Versuchen in Übereinstimmung gebracht wird.

68. Reibungskoeffizient. Reibungswinkel. Ein fester Körper (Fig. 53) sei mit der Kraft N normal auf eine ebene feste Unterlage gedrückt und dicht über der letzteren von einer Kraft T parallel der Auflagefläche ergriffen. Hierbei wird der **Normaldruck** N durch den Normalwiderstand W_n der Unterlage aufgehoben. Bei absolut glatter Auflagefläche setzt die treibende Kraft T den Körper auf seiner Unterlage in Bewegung. In Wirklichkeit tritt jedoch wegen der Rauhigkeit der Berührungsflächen ein Tangentialwiderstand auf, der sog. **Reibungswiderstand** W_t, und man muß die treibende Kraft T auf einen gewissen Wert steigern, bis der Gleitkörper sich auf der Unterlage zu bewegen anfängt. Nach dem Wechselwirkungsgesetz sind, solange keine Bewegung eintritt, W_t und T einander gleich

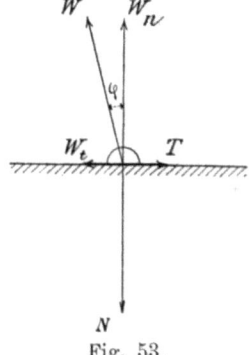

Fig. 53.

und entgegengesetzt und halten sich das Gleichgewicht. Der Reibungswiderstand W_t wächst mit der treibenden Kraft T, aber nur bis an eine bestimmte Grenze. Von besonderer Wichtigkeit ist der Grenzwert $W_t = R$ des Reibungswiderstandes, der auftritt, wenn die treibende Kraft den Körper gerade an die Gleitgrenze, d. h. an die Grenze zwischen Ruhe und Bewegung gebracht hat, wenn also die Haftreibung in die Bewegungsreibung übergeht. Der Grenzwert R, die sog. Haftreibung, bildet also den Höchstwert, den der Reibungswiderstand anzunehmen vermag. Nach dem Gesagten sind drei Fälle zu unterscheiden: 1. Es herrscht Ruhe oder Gleichgewicht; 2. es ist die Gleitgrenze, d. h. die Grenze des Gleichgewichtes erreicht; 3. es erfolgt Bewegung, je nachdem

$$T \lesseqgtr R.$$

Es kommt nun ganz besonders auf die Größe der äußerstenfalls auftretenden Grenzreibung an, mit anderen Worten: auf die Größe der Haftreibung. Aus einer Reihe von Wahrnehmungen geht hervor, daß die Haftreibung in besonders hohem Maße von der Größe des Normaldruckes abhängt. Nimmt man, vorbehaltlich späterer Berichtigung, an, der Reibungswiderstand R hänge in der denkbar einfachsten Art vom Normaldruck N ab, indem er diesem proportional ist, so kann man schreiben (Coulombsches Reibungsgesetz):

$$R = \mu \cdot N, \ldots \ldots \ldots (19)$$

worin $\mu = R/N$ den von 1 kg Normaldruck erzeugten Reibungswiderstand, kurz die Reibungsziffer der Ruhe bedeutet. Nach bereits erwähnten Wahrnehmungen ist der Reibungskoeffizient auch noch von einer Reihe anderer Einflüsse abhängig, also im allgemeinen keine Konstante.

Denken wir uns den gleitenden Körper „frei gemacht", d. h. die Unterlage weggenommen, und die von ihr ausgeübten Kräfte:

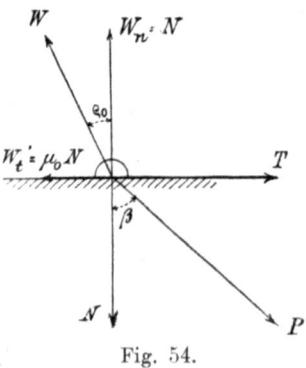

Fig. 54.

nämlich den vertikal aufwärts gerichteten Normalwiderstand $W_n = N$ und den Reibungswiderstand $W_t = R$ an der Berührungsfläche des Gleitkörpers angebracht, so herrscht Gleichgewicht. Setzt man den Normalwiderstand und den Tangential- oder Reibungswiderstand zu einer Resultierenden W zusammen, so ist diese der Gesamtwiderstand W der Unterlage; W ist schief gegen letztere gerichtet und bildet mit der Berührungsnormalen oder,

§ 10. Reibung. 93

was dasselbe ist, mit dem Normalwiderstand den Winkel φ, wobei

$$\operatorname{tg} \varphi = \frac{W_t}{W_n} = \frac{W_t}{N}.$$

Steigert man die treibende Kraft, so wächst auch W_t und damit $\operatorname{tg}\varphi$ oder φ selbst. An der Gleichgewichts- oder Gleitgrenze ist $W_t = R = \mu_0 N$ und es sei $\varphi = \varrho_0$ geworden (Fig. 54); hiermit wird an dieser Grenze

$$\operatorname{tg} \varphi = \frac{R}{N} = \frac{\mu_0 N}{N} = \mu_0 = \operatorname{tg} \varrho_0 \ldots \ldots (20)$$

Der Winkel ϱ_0 heißt der Reibungswinkel der Ruhe.

An der Gleitgrenze bildet also der Gesamtwiderstand W der Unterlage den Reibungswinkel ϱ_0 mit der Normalen.

In diesem Falle bleibt der gleitende Körper an der Gleichgewichtsgrenze, wie groß auch der Gesamtdruck P auf der Unterlage ist. Der Gesamtdruck P muß nur den Reibungswinkel mit der Berührungsnormalen bilden. Der Grund hierfür liegt darin, daß die Komponenten von P, nämlich $R = P \cdot \sin \varrho_0$ und $N = P \cdot \cos \varrho_0$ die an der Gleichgewichtsgrenze bestehende Beziehung $\operatorname{tg} \varrho_0 = \mu_0 = \dfrac{R}{N}$ befriedigen.

Mit Hilfe des Reibungswinkels ϱ_0 läßt sich überblicken, was geschieht, wenn der Gesamtdruck P gegen den gleitenden Körper den beliebigen Winkel β mit der Normalen bildet. Ist nämlich $\beta = \varrho_0$, so ist der gleitende Körper dem soeben Gesagten zufolge an der Grenze des Gleichgewichts. Ist $\beta > \varrho_0$, so ist die Tangentialkomponente $T = P \cdot \sin \beta = N \cdot \operatorname{tg} \beta$ größer als die höchstens erzielbare Reibung $R = \mu_0 \cdot N = N \cdot \operatorname{tg} \varrho_0$; der Körper setzt sich in Bewegung unter dem Einfluß von $T - R$. Ist dagegen $\beta < \varrho_0$, so ist die Tangentialkomponente $T = N \cdot \operatorname{tg} \beta$ kleiner als die Grenzreibung $R = \mu_0 \cdot N = N \cdot \operatorname{tg} \varrho_0$, bei deren Überschreiten erst Bewegung eintritt; das gilt, wie groß auch P sein möge. **Solange also die Richtung des Gesamtdruckes P gegen einen Gleitkörper mit der Normalen in der Berührungsfläche einen Winkel einschließt, der kleiner ist als der Reibungswinkel oder gerade diesem gleich ist, besteht Gleichgewicht; kein noch so großer Druck kann dann ein Gleiten herbeiführen.**

Zu jeder durch die Berührungsnormale gehenden Gleitrichtung gehört ein Reibungswinkel, wodurch der sog. Reibungskegel entsteht. Solange P innerhalb des Reibungskegels liegt, besteht Gleichgewicht, wie groß immer P sein mag.

Beispiel: Die Treibachse einer Lokomotive, deren Abmessungen

Fig. 55 zeigt, trägt in beiden Lagern ein Gewicht von je $\dfrac{G}{2} = 8000$ kg; das Gewicht des Radsatzes ist 4000 kg, es sei zu gleichen Teilen auf die Laufkreise verteilt. Es ist diejenige in der Achsrichtung wirkende Kraft H anzugeben, die die Achse an die Gleitgrenze gegen seitliches senkrecht zum Gleise erfolgendes Verschieben bringt. Konizität der Räder $\operatorname{tg} \alpha = 1:20$. Ferner $b = 90$ cm.

Die Resultierende von $2 \cdot \dfrac{G}{2} = G$ geht durch die Achsmitte und vereinigt sich dort mit der gesuchten Kraft H zu einer Resultanten, die mit den beiden Schienenreaktionen W_1 und W_2 im Gleichgewicht ist; die Wirkungsgeraden von R, W_1 und W_2 schneiden sich also in einem Punkt. Diesen findet man als Schnittpunkt der Richtungen von W_1 und W_2. Diese Richtungen selbst aber schließen mit der Berührungsnormalen des Rades und der Schiene je den Reibungswinkel ϱ ein. Man trägt demnach an die beiden Vertikalen, die in den Endpunkten der Strecke $a = 150$ cm errichtet sind, mit Hilfe von $\operatorname{tg}\alpha = 1:20$ und $\operatorname{tg}\varrho = \mu = 0{,}4$ die Winkel $\alpha + \varrho$

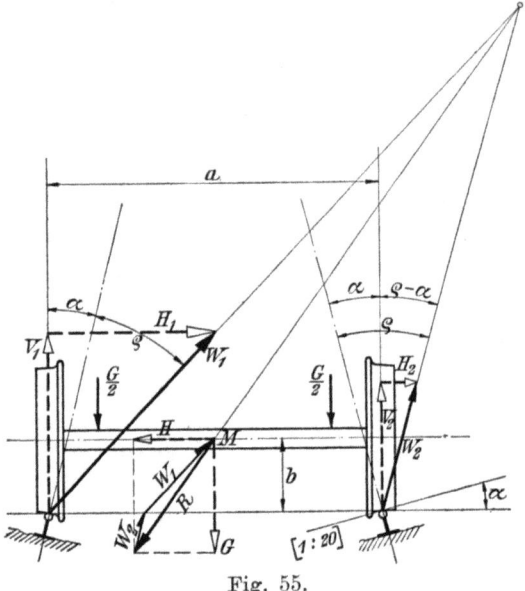

Fig. 55.

bzw. $\alpha - \varrho$ an (s. Fig. 55). Nach dem über das Zeichenblatt hinausfallenden Schnittpunkt zieht man jetzt durch den Mittelpunkt M der Achsmittellinie eine Gerade (durch M und eine beliebige Stelle sind Parallelen zu ziehen und die zwischen die Richtungen von W_1 und W_2 fallenden Abschnitte in dem Verhältnis zu teilen, in dem M die eine Parallele teilt). Das ist die Richtung von R. Das Kräftedreieck kann jetzt aus den bekannten Richtungen von W_1, W_2, R gezeichnet werden, indem man beachtet, daß die Vertikalkomponente G gleich der gegebenen Achsbelastung + Gewicht des Radsatzes ist.

Der Studierende führe die Zeichnung selbst aus und stelle der zeichnerischen Lösung die rechnerische gegenüber, um sich ein Urteil über die gegenseitige Anwendbarkeit zu bilden.

§ 10. Reibung. 95

69. Größe und Richtung der Haftreibung unterhalb der Gleitgrenze. Die Haftreibung eine Reaktion. Der Anfänger kommt leicht auf den Glauben, die Reibung habe stets den Wert $R = \mu_0 N$. Das ist aber nur der ganz besondere Wert der Haftreibung an der Gleitgrenze. Unterhalb dieser Grenze kann die Reibung jeden beliebigen Wert $< \mu_0 N$ und überdies jede beliebige Richtung haben. Man kann in der Tat gegen einen auf ebener Unterlage ruhenden Körper einen ganz beliebig gerichteten Horizontaldruck ausüben, solange er noch nicht die Größe $\mu_0 N$ erreicht oder überschreitet. Die Haftreibung hat also durchaus den Charakter einer Reaktion, die zunächst nach Größe und Richtung als Unbekannte auftritt und wenn sie statisch bestimmt ist, mit Hilfe der Gleichgewichtsbedingungen der Statik ermittelt werden muß, und wenn sie statisch unbestimmt ist, außerdem noch unter Berücksichtigung der eintretenden Formänderung. Eigentlich ist das letztere stets der Fall. Es ist aber praktisch undurchführbar, alle Reibungsaufgaben als statisch unbestimmte Aufgaben zu behandeln. Man befaßt sich in der Regel nicht näher mit dem Druck- und Deformationszustand in der Berührungsfläche zwischen Gleitkörper und Unterlage, sondern nimmt fast immer eine punktförmige Berührung an. Dann kann man vielfach die Größe des Reibungswiderstandes auch unterhalb der Gleitgrenze sofort mit Hilfe der statischen Gleichgewichtsbedingungen angeben. Es sei aber wenigstens ein Fall beispielshalber erwähnt, aus dem hervorgeht, daß selbst die ebengenannte vereinfachende Annahme die statische Unbestimmtheit der Aufgabe keineswegs immer zu beseitigen vermag. Man wird solchen Fällen später noch öfters begegnen. Ein horizontaler Balken sei zweimal frei aufgelagert und in der Mitte mit P belastet. Er biegt sich durch und die Auflagerstellen suchen gegenüber den Auflagern eine relative Bewegung auszuführen. Es wird dabei ein Reibungswiderstand wachgerufen, der an der Gleitgrenze allerdings den Wert $\mu_0 N$ hat, vorher aber, d. h. ehe die Auflagerstelle gleitet, eine statisch unbestimmte Größe ist, die von der Formänderung des Balkens abhängt. Würde man diese beobachten, so könnte man mit Hilfe einfacher Gleichungen der Elastizitätslehre die Größe des Reibungswiderstandes berechnen.

Wo immer die Gleitgrenze noch nicht erreicht ist, hat man sich jedenfalls die grundsätzliche Frage vorzulegen, ob die Haftreibung statisch bestimmbar ist oder nicht.

70. Unterschied zwischen Bewegungsreibung und Haftreibung. Diesen veranschaulicht E. Meyer durch folgenden Versuch: Ein mit Gewichten beschwertes Kästchen kann mit Hilfe einer Schnur über einen ebenen Tisch gezogen werden; man kann außerdem senkrecht zur Schnurrichtung einen Zug mit einer schwachen Feder oder einer Gummischnur ausüben; beide Züge mögen durch den Schwerpunkt des gleitenden Körpers gehen und Feder oder Gummischnur so schwach sein, daß man mit ihnen, ohne sie zu zerreißen, weitaus nicht imstand ist, die Haftreibung zu überwinden. Wird nun das Kästchen mit der Schnur gleichförmig über den Tisch weggezogen, so fühlt man als Widerstand die der Gleitgeschwindigkeit entgegengesetzte Bewegungsreibung μN, die meist merklich kleiner ist als die an der Gleitgrenze vorhandene Haftreibung $\mu_0 \cdot N$. Während man nun vor Eintritt des Gleitens mit der Gummischnur allein keine Bewegung hervorzubringen vermochte, gelingt es nach Eintritt des Gleitens, den Gleitkörper durch die geringste Kraft senkrecht zur Gleitrichtung abzulenken. Nach Eintritt des Gleitens ist also die Haftreibung verschwunden und an ihre Stelle ist die Bewegungsreibung μN getreten, die stets der Gleitgeschwindigkeit entgegengesetzt ist. Durch den Hinzutritt der kleinen seitlichen Kraft entsteht eine von der anfänglichen Zugrichtung ein wenig abweichende Resultante, deren Richtung das Gleiten und die Gleitgeschwindigkeit jetzt annehmen. Ist die Resultante gerade gleich μN, so erfolgt das Gleiten auch in der neuen Richtung gleichförmig.

Über einen instruktiven Modellversuch E. Meyers berichtet O. Mies in Dingl. pol. Journal 1913.

In Wirklichkeit kann der Übergang der Haftreibung in Gleitreibung bei einem Automobil vorkommen, das zu heftig gebremst wird oder eine Kurve zu rasch nimmt. Setzen wir den Fall, ein Automobil fahre auf der einen Seite einer Hauptstraße, die bekanntlich eine Leibung hat; die Radachsen und das ganze Fahrzeug sind dann gegen den Horizont geneigt. Werden jetzt die Hinterräder plötzlich gebremst, so daß die Räder auf dem Boden schleifen, so geht die bisher vorhanden gewesene Haftreibung plötzlich in die viel kleinere Bewegungsreibung über. Wegen dieser Schiefstellung ist eine Gewichtskomponente wirksam, die wie der Zug der Gummischnur im beschriebenen Beispiel wirkt und das Fahrzeug dreht. Unter ungünstigen Umständen kippt das Fahrzeug um.

71. Trockene und Schmierreibung. Hauptergebnisse. Auf den Unterschied zwischen beiderlei Arten der Reibung ist schon im vorhergehenden hingewiesen worden; nach den heute vorliegenden Beobachtungen läßt er sich wie folgt beschreiben:

Der Reibungswiderstand bezogen auf die Flächeneinheit ist

bei trockenen Gleitflächen	bei geschmierten Gleitflächen
proportional dem Normaldruck	vom Normaldruck unabhängig
an der Gleitgrenze größer als bei Bewegung; dann von der Geschwindigkeit wenig abhängig;	von der Geschwindigkeit abhängig;
von der Rauhigkeit der Gleitflächen abhängig	von der Rauhigkeit der Gleitflächen wenig abhängig

§ 10. Reibung.

Vielfach sind die Gleitflächen weder ganz trocken noch vollständig geschmiert; vollständige Schmierung soll dabei gleichbedeutend sein mit einer vollständigen Trennung der Gleitflächen durch eine Schmierschicht, also durch eine Flüssigkeit. Der erwähnte Zustand liegt zwischen dem Zustand der trockenen und der Schmierreibung und unterliegt vermutlich keinem sehr einfachen Gesetz.

Versuche, die sich vorwiegend auf trockene Reibung und den ebengenannten Zwischenzustand bezogen, sind von L. Klein (Mitteil. Forsch.-Arb. V. D. I. Heft 10) angestellt an guß- und schmiedeeisernen Scheiben mit hölzernen Bremsklötzen; die Scheiben waren teils bearbeitet, teils unbearbeitet; teils mit Benzin gereinigt und trocken, teils gefettet, der Reibungskoeffizient μ der Bewegung in Gl. (20) erwies sich bei Geschwindigkeiten von 1 bis 20 [m/sek] und Anpressungen (= Anpressungskraft geteilt durch die gepreßte Fläche) von 1 bis 10 [kg/qcm] als annähernd unveränderlich.

Durch die Versuche sollten weniger die physikalischen Gesetze der Reibung als vielmehr in erster Linie die günstigsten Verhältnisse für Bremsen mit Holzklötzen ermittelt werden, wobei folgendes gefunden wurde. An unbearbeiteten Eisenflächen nützt sich der Bremsklotz viel rascher ab als an bearbeiteten, die Reibung ist trotzdem kleiner und schwankend; der Bremsklotz hüpft merklich. Für die Bremsscheiben erwies sich sauber bearbeitetes Schmiedeeisen als dem Gußeisen überlegen. Die Oberfläche soll im Betrieb rein gehalten werden.

Als geeignetstes Holz für Bremsbacken stellte sich Pappelholz heraus, dessen Fasern parallel zur Bewegungsrichtung liegen. Hierfür ist $\mu = 0{,}6$ bis $0{,}65$. Wird die Bremsscheibe warm, so nimmt die Reibung ab.

Die Werte der Reibungskoeffizienten findet man in der Originalarbeit und auszugsweise in der „Hütte", weiter in Werken über Maschinenelemente; auf die Wiedergabe dieser und anderer Erfahrungszahlen muß hier verzichtet werden. Hier kann nur das Grundsätzliche erörtert und die Anwendung gezeigt werden.

Über den Gebrauch der in der Literatur angegebenen Reibungskoeffizienten enthält **78** das Erforderliche.

Die Schmierreibung wird in **72** eingehend besprochen.

Unter Bezugnahme auf die in der Hütte aufgeführten Reibungskoeffizienten und die in Enzykl. d. math. Wiss., Bd. IV, Mechanik, S. 197 ff. von v. Mises zusammengestellten und kritisch besprochenen Versuchsergebnisse (dort auch ausführliche Literaturangaben) kann aus dem heute vorliegenden Versuchsmaterial folgendes über die trockene Reibung geschlossen werden:

1. Die Haftreibung (μ_0) an der Gleitgrenze ist fast stets größer als die Bewegungsreibung (μ). Einige Experimentatoren haben einen stetigen Übergang von μ_0 nach μ gefunden; nach primitiver Wahrnehmung fällt der Haftreibungskoeffizient μ_0 plötzlich auf den Wert der Bewegungsreibung.

2. Das Material und die Beschaffenheit der Oberfläche der aneinander gleitenden Körper ist von Einfluß auf die Reibung (z. B. Bremsklotz aus Pappel, Eiche, Ulme usf., auf Schmiedeeisen oder Gußeisen, glatt oder rauh; Faserrichtung des Holzes parallel oder senkrecht zur Gleitrichtung vgl. Klein a. o. a. O.).

3. Bei kleinen Gleitgeschwindigkeiten wächst μ bis auf ein bei 1 bis 2 [m/sek] auftretendes Maximum (Conti findet dies bei Eiche parallel zur Faser auf Gußeisen trocken). Der Zuwachs ist indes gering und technisch kaum von Bedeutung. Bei großen Gleitgeschwindigkeiten nimmt μ merklich ab, was für den Bahnbetrieb (Rad und Schiene, Rad und Bremsklotz) wichtig ist.

Nach Versuchen mit Bremsen (Gußeisen auf Stahl) von Poirée, Bochet und Wichert entschied sich der Verein deutscher Eisenbahnverwaltungen für folgende Formel

$$\mu = \frac{\mu_0 - \mu_\infty}{1 + av} + \mu_\infty = \frac{\mu_0 + \mu_\infty av}{1 + av} = \mu_0 \frac{1 + cav}{1 + av},$$

worin

$$\mu_\infty = c\mu_0 = 0{,}187\,\mu_0; \quad a = 0{,}216; \quad v\,[\text{m/sek}].$$

$\mu_0 = 0{,}45$ für trockene, $\mu_0 = 0{,}25$ für nasse Flächen,

also

$$\mu = \mu_0 \frac{1 + 0{.}0405\,v}{1 + 0{,}216\,v} = \mu_0 \frac{1 + 0{,}0112\,V}{1 + 0{,}06\,V}.$$

4. Der Reibungskoeffizient steigt mit wachsender Pressung $p = \frac{P}{f}$. Einige Experimentatoren fanden bei von Null aus steigender Pressung erst eine Abnahme von μ auf ein Minimum und dann eine Zunahme. Voraussetzung für eine Aussage von bestimmt faßbarem Sinn bildet hierbei eine genau bestimmbare Druckfläche.

5. Ein Holzklotz findet an einer eisernen Fläche eine andere Reibung wie ein Eisenklotz an einer hölzernen Fläche, unter sonst gleichen Umständen, das erklärt sich aus dem in beiden Fällen völlig verschiedenen Deformationszustand.

6. Die Haftreibung μ_0 ist nach Coulomb von der Berührungszeit abhängig, während der der Gleitkörper und die Unterlage vor Eintritt der Verschiebungskraft unter Pressung standen.

7. Einbringen von Schmiermitteln zwischen die Gleitflächen verwischt den Einfluß des Materials des Gleitkörpers und der Unterlage.

Bei praktischen Rechnungen ist man meist genötigt, die Veränderlichkeit des Reibungskoeffizienten durch Wahl eines konstanten Mittelwertes zu berücksichtigen.

72. Lagerreibung. Versuche. Zwischen Zapfen und Lager befindet sich im normalen Zustand eine Schmierschicht, die die Berührung fester Körper verhindert. An die Stelle der trockenen Reibung aneinander gleitender fester Körper tritt die viel kleinere Flüssigkeitsreibung. Das Reibungsgesetz $R = \mu \cdot N$ darf also streng genommen nicht auf die Lagerreibung übertragen werden. Wie nun die Pressung $p = \dfrac{dN}{df}$ auch über die Druckfläche zwischen Zapfen und Lager verteilt sein möge, jedenfalls treten am Zapfenumfang der Drehrichtung entgegengerichtete Tangentialwiderstände auf, die die Drehung des Zapfens zu hemmen suchen. Man pflegt sie durch eine resultierende Tangentialkraft R zu ersetzen, die das gleiche Moment um die Drehachse besitzt, wie die Tangentialwiderstände. Auf die Komponenten pflegt man keine Rücksicht zu nehmen.

Die Ermittlung des Momentes der Lagerreibung bildet vorliegenden Falles die Hauptaufgabe; dieses Moment ist, da die Erkenntnis des Kräftezustandes in der Druckfläche noch wenig gefördert und man noch nicht imstande ist, die an jedem Flächenelement auftretende Reibung voraus zu berechnen, durch Versuche zu bestimmen. Die Feststellung des Zustandes in den einzelnen Teilen der Druckfläche[1]) bildet eine Aufgabe der wissenschaftlichen Forschung, wobei die Lehren der Hydrodynamik heranzuziehen sind. Das liegt außerhalb der Aufgabe dieses Buches. Vielmehr soll allein gezeigt werden, wie der Techniker da vorgeht, wo eine korrekte schulmäßige Lösung nicht möglich oder zu verwickelt ist, ein praktisches Bedürfnis nach der Erkenntnis der Tatsachen und der Erlangung eines brauchbaren Zahlenmateriales aber trotzdem vorliegt.

Zur Messung des Reibungsmomentes dienen sog. Reibungswagen. Stribeck hat folgende Konstruktion angegeben (Fig. 56): Mit dem zweiarmigen Hebel ABC, dessen fester Drehpunkt in B liegt, wird eine Druckkraft P auf die Stange CD ausgeübt und von dieser auf die Zugstange DW übertragen. In W befindet sich eine von außen angetriebene, zweimal gelagerte Welle. Zwischen beide Lagerstellen wird das zu prüfende Lager gebracht, so daß es die Welle umschließt. Auf das Versuchslager wird mit der Stange WD ein Lagerdruck ausgeübt. Wird die Welle in der Pfeil-

---

[1]) Willkürliche Annahmen über die Druckverteilung in einem Lager zu ersinnen, die nicht auf exakten Beobachtungen beruhen oder durch solche nach-

richtung gedreht, so sucht sie das Versuchslager mittels des Reibungsmomentes mitzunehmen. Das Gestänge kommt in die gezeichnete Lage und die Kraft P erhält einen Hebelarm m, und P äußert ein Moment um W, nämlich $P \cdot m = M$, das Reibungsmoment wird demnach unmittelbar abgewogen. Das Schweremoment der Stangen CD und WD wird durch die gestrichelt angedeutete Ausgleichsvorrichtung ausbalanziert.

Ist M gemessen, so folgt $R = \dfrac{M}{r}$ und es zeigt sich, daß R unter normalen Verhältnissen klein ist gegenüber dem Lagerdruck P. Bei einem richtig arbeitenden Lager kann von der Komponentenwirkung R abgesehen werden, das Reibungsmoment ist allein von Bedeutung. Mit der Reibungswage kann nun geprüft werden, welchen Einfluß der Lagerdruck, die Zapfenumfangs-

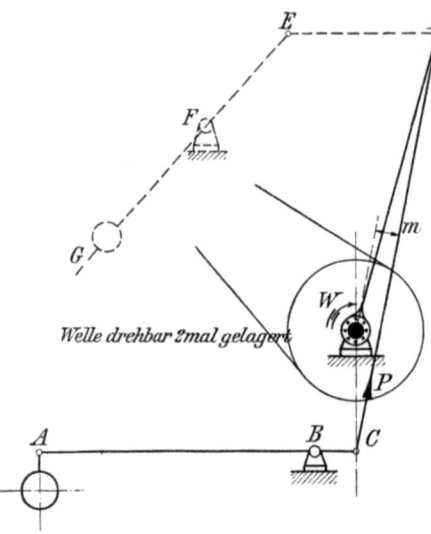

Fig. 56.

---

geprüft werden, ist wertlos. Versuche über die Verteilung der Pressung in einem zylindrischen Traglager hat Beauchamp-Tower angestellt; C. Bach gibt in seinen „Maschinenelementen" beistehendes Bild davon:

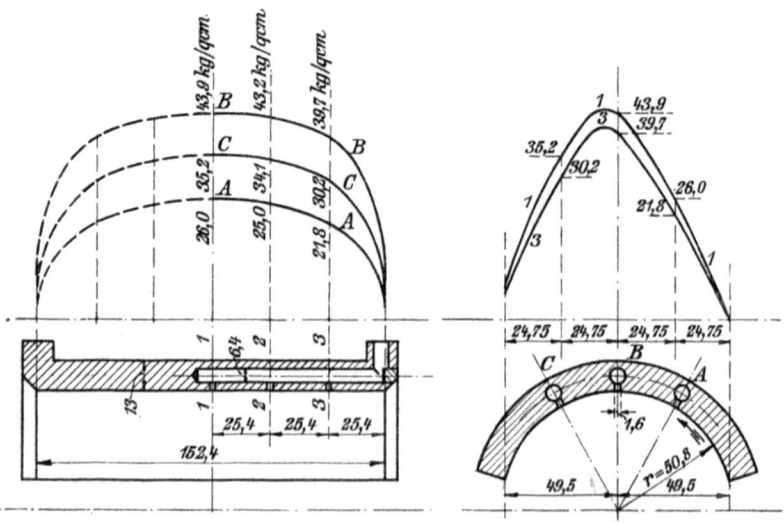

§ 10. Reibung.

geschwindigkeit, das Schmieröl, das Lagermetall, die Lagertemperatur, der Zustand der Lager- und Zapfenflächen u. a. auf die Größe des Reibungsmomentes ausüben. Die Beobachtungen werden tabelliert und zweckmäßigerweise in Schaubildern dargestellt. Dann wird man eine die Beobachtungen richtig wiedergebende Gesetzmäßigkeit aufzustellen suchen. Da es noch nicht gelungen ist, die Versuchsresultate durch eine umfassende Gesetzmäßigkeit wiederzugeben, so greift der Techniker zu dem ihm geläufigen Reibungsgesetz:

$$R = \mu' \cdot P,$$

wobei R eine die irgendwie verteilten Reibungswiderstände ersetzende Einzelkraft ist, die den Zapfenumfang berührend gedacht ist. μ' ist der sog. Lagerreibungskoeffizient. Das Reibungsmoment wird dann unter gleichzeitiger Einführung der spezifischen Pressung $p = \dfrac{P}{ld}$, die man durch die durchschnittlich auf 1 qcm Zapfenprojektion $l \cdot d$ entfallende Kraft auszudrücken pflegt:

$$M = R \cdot r = \mu' P \cdot r = 0{,}5 \cdot \mu' p l r^2 \quad \ldots \ldots \quad (21)$$

Nachdem durch den Versuch und die Abmessungen des Versuchskörpers alle Größen dieser Gleichung bis auf μ' bekannt sind, kann μ' berechnet werden. Wie man sieht, ist der Wert μ' nicht allein von den Versuchen, sondern auch von der Form der angenommenen Gesetzmäßigkeit abhängig.

Ist nun μ' in seiner Abhängigkeit von den verschiedenen maßgebenden Einflüssen durch Versuche festgestellt, so kann die Umfangsreibung R und das Reibungsmoment des Zapfens aus obigen Gleichungen unter Benützung des Versuchsmaterials berechnet werden. Auf diese Weise erhält man mit der Wirklichkeit übereinstimmende Werte auch dann, wenn das Reibungsgesetz nicht richtig ist. Es ist eben die Abhängigkeit des Momentes M von den verschiedenen Einflüssen ganz in den Koeffizienten μ' hineingelegt, der in der Formel zwar sehr einfach, wie eine Konstante aussieht, in Wirklichkeit aber veränderlich ist. Das Wertvolle liegt hierbei offenbar in den Versuchsergebnissen, seien sie in Zahlentafeln oder Schaubildern niedergelegt. Die Form der Gl. (21) hat vielleicht außer ihrer Einfachheit keine sonstigen Vorzüge zu beanspruchen. In der Tat erweckt Gl. (21) zunächst den Eindruck, als ob M proportional mit P wachse. Den Versuchen von Stribeck und Lasche zufolge ist aber bei dem Produkt $\mu' \cdot p$ unter gewissen Umständen eine Neigung zur Unveränderlichkeit erkennbar, was bedeutet, daß die Lagerreibung unter gewissen Umständen gar nicht oder nur wenig vom Lagerdruck abhängt; das würde auf die Hypothese von Newton hinweisen, derzufolge die innere Reibung einer Flüssigkeit — d. h. hier des Schmiermittels — vom Druck unabhängig sein soll. Aber einmal gilt die Beziehung $\mu' \cdot p = $ konst. nur angenähert und unter gewissen, den Versuchsberichten zu entnehmenden Umständen, ferner hört auch die angenäherte Geltung dann auf, wenn die Schmierschicht verschwindet, was (ohne Zuhilfenahme von Preßschmierung) bei niederen Geschwindigkeiten, wo der Zapfen nicht mehr genug Öl mitnimmt, oder bei hohen Pressungen, wo das Öl herausgedrückt wird, eintritt. Ist nun auch die Feststellung $\mu' \cdot p =$ konst. von wissenschaftlichem Interesse, so ist für den Konstrukteur hauptsächlich von Wert, bei welchen Pressungen, Geschwindigkeiten und Temperaturen die Schmierung versagt, unter welchen Umständen Ringschmierung oder Preßschmierung anzuwenden ist u. a. Vgl. 126, 3. Beispiel.

Der Konstrukteur von Lagern wird sich also zuvörderst an die Versuchsergebnisse halten, nicht an ein mehr oder minder hypothetisches Reibungsgesetz, das in den praktisch wichtigen Grenzfällen doch seine Gültigkeit verliert.

Bezüglich des Einflusses der Zapfengeschwindigkeit v ergeben die Versuche, daß die Reibung der Ruhe am größten ist ($\mu_0' = 0{,}14$ bei Sellerslager; $\mu_0' = 0{,}24$ bei Weißmetallschalen), dann mit steigendem v zunächst auf einen Kleinstwert abnimmt (Sellerslager $\mu' = 0{,}0035$; Weißmetallschalen 0,0021), um mit v wieder zuerst rascher, dann langsamer zu steigen und schließlich von $v > 10$ [m/sek] ab fast unveränderlich zu sein. Ein noch nicht eingelaufenes Lager hat einen größeren Reibungswiderstand als ein eingelaufenes. Während der Periode des Anlaufens bis die volle Geschwindigkeit und gleichbleibende Temperatur erreicht ist, nimmt der Reibungswiderstand ab.

Bezüglich des Einflusses der Lagertemperatur faßt Lasche seine Beobachtungen in der Gleichung

$$\mu' \cdot p \cdot t = 2$$

zusammen, wo $p = 1$ bis 15 kg/qcm die Pressung auf 1 qcm Zapfenprojektionsfläche $\left(p = \dfrac{P}{l d}\right)$, $t = 30$ bis 100^0 C die Lagertemperatur bedeutet und die Umfangsgeschwindigkeit des Zapfens $v = 1$ bis 20 m/sek betragen kann.

Die Einzelergebnisse sind in den Originalversuchsberichten von Stribeck und Lasche, Z. Ver. deutsch. Ing. 1902, S. 1341, 1881, nachzusehen.

73. Lagerreibungskoeffizient und Coulombscher Reibungskoeffizient. Auf ein Flächenelement df eines Lagers (Fig. in Fußnote S. 100) entfalle die Kraft $dN = p df = p r d\varphi \cdot db$. Macht man die Annahme, es gelte das Coulombsche Reibungsgesetz Gl. (19), so betrüge die in df tätige tangentiale Reibung $dR = \mu \cdot dN$. Das Moment der Lagerreibung ist:

$$M = \iint \mu p\, df \cdot r = \mu r \iint p\, df = \mu \cdot rS,$$

wenn $S = \iint p\, df$ die auf die abgewickelte Tragfläche des Lagers entfallende Normalkraft ist.

Wir vergleichen damit den üblichen Ausdruck für das Reibungsmoment Gl. (21), in dem der Lagerreibungskoeffizient μ' verwendet wird:

$$M = \mu' P \cdot r.$$

Der Coulombsche Reibungskoeffizient und der Lagerreibungskoeffizient stehen also in der Beziehung

$$\mu' = \mu \cdot \frac{S}{P} \quad \ldots \ldots \ldots \ldots (22)$$

worin S nur angegeben werden kann, wenn die Druckverteilung im Lager bekannt ist.

Man hat mehrfach versucht, die Lagerreibung zu berechnen, indem das Coulombsche Gesetz benützt und eine Hypothese über die Druckverteilung im Lager gemacht wurde, also im ganzen auf Grund von zwei Hypothesen (von Reye).

Will man diese so berechnete Lagerreibung mit der experimentell ermittelten vergleichen, so kommt der oben angegebene Zusammenhang zwischen μ und μ' in Frage.

Für den Ingenieur empfiehlt es sich mehr, sich auf Versuche zu stützen, und die Versuchsergebnisse mit Hilfe von (21) darzustellen, als Hypothesen zu ersinnen, in der Absicht, die Theorie der Reibung auf eine breitere Grundlage zu stellen und allgemeinere Einblicke zu gewinnen. Diese sind auf dem von Tower eingeschlagenen Wege des Versuchs zu suchen, wobei überdies zu bedenken ist, daß die Verhältnisse in Wirklichkeit wegen der von vielen Zufälligkeiten abhängigen Größe der Reibung überaus mannigfaltig sind.

74. Adhäsion. Die Bezeichnung Adhäsion wird in mehrfachem Sinne gebraucht. Man nennt so die Reibung zwischen Rad und Boden oder Schiene. Sie folgt dem Gesetz $R = \mu N$, wo μ die Reibungsziffer der Ruhe oder der Bewegung bedeutet. R wirkt am Radumfang berührend und ist dem Sinn des angestrebten oder ausgeführten Gleitens entgegengesetzt.

Gänzlich hiervon verschieden ist die Kraft, mit der zwei glatte, kongruente, trockene Flächen aneinander haften. Die zum Trennen der Berührungsflächen erforderliche Normalkraft wird ebenfalls Adhäsion genannt. Man stellt diese Kraft an zwei ebenen aufeinandergelegten Glasplatten fest, selbst dann noch, wenn sie im luftleeren Raum sich befinden. Sie kann nicht vom Normaldruck der sich berührenden Körper herrühren, muß vielmehr auf eine Molekularwirkung zurückgeführt werden. Auch zum Verschieben in der Flächenrichtung ist eine Adhäsion genannte Kraft nötig, über die dem Verfasser Versuche nicht bekannt sind. Man ist neuerdings geneigt, dieser Adhäsion einen Anteil an der Kraftübertragung von Riemen und Stahlbändern zuzuschreiben, die erfahrungsgemäß bei glatten Scheibenoberflächen und gefetteten Riemen günstiger ist[1]) als bei rauhen und ungefetteten, die im letzteren Fall doch nach der üblichen Auffassung einen größeren Widerstand gegen Gleiten haben, und mehr Umfangsreibung übertragen müßten. Von der molekularen Adhäsion ist zu vermuten, daß sie mit der Größe der Berührungsfläche wächst und unabhängig vom Normaldruck ist. Welcher Anteil der von einem Riemen übertragenen Kraft auf die Reibung des Gleitens, und welcher auf die molekulare Adhäsion entfällt, ist vorläufig nicht zu entscheiden. Nach Brix ist die Adhäsion, wenn trockene Flächen aufeinandergleiten, gering.

Die Adhäsion zwischen Rädern und Boden bzw. Schienen ist erfahrungsgemäß am größten, wenn die Räder auf der Unterlage nur rollen, aber nicht gleiten, und wird bedeutend kleiner, wenn die Räder schleifen. Da nun die Adhäsion diejenige Kraft ist, die beim Bremsen das Fahrzeug zum Stillstand bringen oder dessen Lauf verlangsamen soll, so kommt das Fahrzeug früher zum Stehen, wenn die Räder mit der Bremse nicht gänzlich festgestellt werden, sondern an den Bremsbacken schleifen, am Boden oder auf den Schienen aber nicht. Mit andern Worten heißt das: Zur Erzielung der größten Bremswirkung soll die Bewegungsreibung μN_1 zwischen Rad und Bremsklotz höchstens gleich oder besser etwas kleiner sein, als die Haftreibung $\mu_0 N$ zwischen Rad und Boden bzw. Schiene. Das vollständige Festbremsen der Räder ist wertlos und beeinträchtigt die Bremswirkung ($\mu N_1 \leq \mu_0 Q$, wo N_1 die Anpressung des Bremsklotzes und Q der Achsdruck ist).

75. Rollwiderstand. Kugel oder Walze zwischen ebenen und zylindrischen Führungen. Ein Wagen kann bekanntlich leichter auf ebener Straße fortbewegt werden, wenn die Räder ohne zu gleiten auf dem Boden rollen, als wenn sie infolge des Bremsens gleiten müssen, oder auch leichter als ein Schlitten, dessen Kufen auf dem Boden gleiten. Der Rollwiderstand kann also kleiner sein als der Gleitwiderstand, was eben bei einem Räderfahrzeug prak-

---

[1]) Ganz abgesehen davon, daß an rauhen Scheibenoberflächen sich der Riemen rasch abnützen würde.

§ 10. Reibung. 105

tisch verwertet wird; das ist auch der Grund, weshalb man nicht selten Kugellager, statt Gleitlager verwendet und weshalb man eine schwere Last auf Walzen fortrollt. Wir wollen den Vorgang des Wälzens oder Rollens näher betrachten.

Eine oder mehrere Walzen oder Kugeln befinden sich zwischen ebenen und parallelen Stützflächen. Auf eine Walze oder Kugel drückt die Last Q. Wären die Walzen und Stützflächen starr und rauh, so entstünde kein Widerstand, wenn die Last fortgerollt wird; es würde dazu die kleinste Horizontalkraft ausreichen. In Wirklichkeit muß man aber die Horizontalkraft auf einen gewissen Betrag steigern, bis eine Wälzbewegung beginnt. Diese an der „Wälzgrenze" auftretende Horizontalkraft ist dem Rollwiderstand entgegengesetzt gleich. Da den Versuchen zufolge zwischen dem Rollwiderstand der Ruhe und dem der Bewegung kein Unterschied gefunden wird, so fragen wir jetzt nach den Kräften, die an der Walze im Beharrungszustand angreifen; die Kräfte im Beharrungszustand sind im Gleichgewicht, haben also weder eine Resultante, noch ein Moment, m. a. W. die Lasten und Widerstände sind entgegengesetzt gleich und haben die gleiche Wirkungslinie. Wir wollen uns die beiden Stützflächen als rauh, aber nur die eine als nachgiebig, die andere als starr vorstellen. Dann wird an der Wälzgrenze im oberen Berührungspunkt der Walze (Fig. 57a) mit der starren Stützfläche die Last Q und — vermöge der Haftreibung — die Tangentialkraft T auf die Walze übertragen; ihre Resultante geht an der Drehachse vorbei. An der unteren, nachgiebigen Stützfläche sinkt die Walze ein und es entstehen in der Berührungsfläche Widerstände,

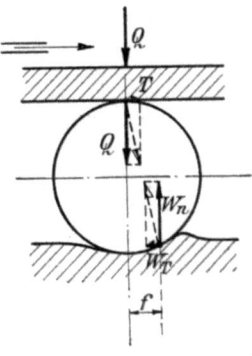

Fig. 57a.

deren Resultante die Resultante aus Q und T gerade aufhebt. Sind W_n und W_t die Komponenten des Widerstandes, so ist wegen des Gleichgewichtes $W_n = Q$ und $W_t = T$.

Wären die beiden Stützflächen aus dem gleichen Material, so ginge die resultierende Kraft und der resultierende Widerstand genau durch die Achse der Walze. Letzteres trifft nicht mehr zu, sobald die Stützflächen aus verschiedenem Material bestehen.

Nehmen wir der Allgemeinheit halber verschiedene Materialien für die Stützflächen an; dann mögen Q und W_n im Abstand f_1 und f_2 von der durch die Walzenmitte gehenden Vertikalen liegen. Dann lautet die Gleichgewichtsbedingung für die Momente der an der Walze angreifenden Kräfte, sofern man noch annimmt, die

Formänderung sei klein und der Abstand zwischen T und W dürfe gleich $2r$ gesetzt werden (Fig. 57 b):

$$T \cdot 2r = Q \cdot (f_1 + f_2).$$

Dabei bedeutet $T \cdot 2r$ das aktive Moment der Rollbewegung und $Q \cdot (f_1 + f_2)$ das Gegenmoment des Rollwiderstandes. Die zum Überwinden des Rollwiderstandes erforderliche Kraft oder auch der Rollwiderstand selbst hat die Größe

$$T = \frac{1}{2} \frac{f_1 + f_2}{r} Q$$

oder wenn bei gleicher Beschaffenheit der Stützflächen $f_1 = f_2 = f$ gesetzt werden darf (Fig. 57 b):

$$T = \frac{f}{r} \cdot Q \qquad \ldots \ldots \quad (23)$$

womit das Moment des Rollwiderstandes $M = 2Qf$ wird.

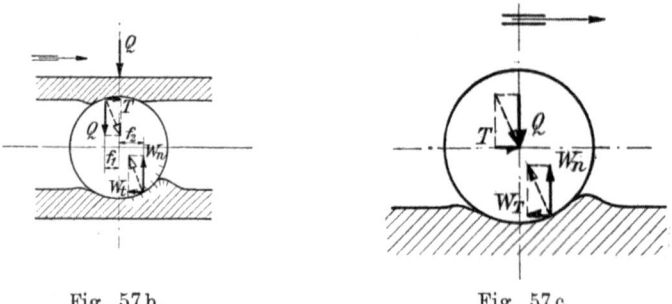

Fig. 57 b.   Fig. 57 c.

Greift, wie z. B. bei einem Rad, die verschiebende Horizontalkraft an der Drehachse an, so ergibt sich (nach Fig. 57 c) wiederum

$$T = \frac{f}{r} Q.$$

Man nennt f den **Hebelarm oder Koeffizienten der rollenden Reibung**; er hat, wie r, die Dimension einer Länge. Er wird als eine Konstante aufgefaßt, was voraussetzt, daß T mit Q proportional wächst; das kann nur durch Versuche entschieden werden; ebenso die Frage, ob f in den beiden oben angeführten Fällen der Walze und des Rades gleich groß ist.

Kugel oder Walze zwischen zylindrischen Führungen. Ein Kugel- oder Walzenlager mit den aus Fig. 58 ersichtlichen Abmessungen enthält nur eine Kugel, die mit Q kg belastet ist. Es soll das zum Überwinden des Rollwiderstandes erforderliche Moment angegeben werden. Der Studierende zeichne sich unter der An-

§ 10. Reibung.

nahme, daß die Walze oder Kugel starr sei, die Formänderung am inneren und äußeren Laufring nach dem Vorbild der Fig. 57a, hierauf je für sich 1. die Kugel mit den Kraftkomponenten T und Q; 2. den inneren Laufring mit den von der Kugel ausgeübten Kraftkomponenten Q und T (den vorigen gleich und entgegengesetzt), wobei Q am Hebelarm f in bezug auf die Achsmitte angreift, ferner die zentral wirkende Reaktion Q, ein Reaktionsmoment M_i und eine Reaktionskraft T, letztere in der Wellenmitte. 3. den äußeren Laufring mit den Gegenkräften Q und T der Kugel, Q wieder am Hebelarm f angreifend und ferner die zentral wirkende Kraft Q und das zum Wälzen nötige Antriebmoment M_a und eine Reaktion T in der Wellenmitte, durch eine gedachte Walze aufgefangen.

Das Gleichgewicht an Kugel, äußerem bzw. innerem Laufring erfordert

$$M = 2Tr = 2Qf$$

$$M_a = T \cdot r_a - Qf = \frac{f}{r} Q r_a - Qf = Qf \frac{r_a - r}{r} = Qf \frac{r_0}{r}$$

$$M_i = T \cdot r_i + Qf = \frac{f}{r} Q r_i + Qf = Qf \frac{r_i + r}{r} = Qf \frac{r_0}{r}.$$

Hiernach ist, wie auch zu erwarten, das Antriebmoment am äußeren Laufring gleich dem Reaktionsmoment am inneren Laufring; das Moment zur Überwindung des Rollwiderstandes einer zwischen zylindrischen Führungen befindlichen tragenden Kugel oder Walze hat die Größe

$$M = Qf \frac{r_0}{r} \quad . \quad . \quad . \quad . \quad . \quad (23\,\mathrm{a})$$

Für mehrere tragende Kugeln vgl. 76.

Das Auftreten des Rollwiderstandes wird allgemein mit der Formänderung in Zusammenhang gebracht. Die einzelnen Erklärungsversuche weichen untereinander ab. Man kann sich folgende Vorstellung bilden, bei der die Walze als starr vorausgesetzt ist, die Stützfläche dagegen als vollkommen elastisch.

Wird zunächst die Walze senkrecht in die Stützfläche eingepreßt, so wird das Material der Stützfläche in der Richtung des Einpressens verkürzt und sucht sich quer dazu auszubreiten, denn bekanntlich zieht sich z. B. ein in die Länge gestreckter Kautschukstab quer zusammen, ein durch Druck verkürzter wird dagegen dicker. Infolge dessen wird das Material der Stützfläche sich senkrecht zur Druckrichtung ausbreiten und sich symmetrisch zur Mittelebene der Walze oder der Druckachse der Kugel relativ gegen die Oberfläche der Walze bewegen. Die entstehenden Tangentialkräfte in der Berührungsfläche heben sich aus Symmetriegründen auf. Wird nun die Walze fortgerollt, so wird das Material vor der Walze gegenüber der letzteren gedehnt und an der Walze hingleiten, und das Material hinter der Walze sich zusammenziehen und ebenfalls am Walzenumfang gleiten, wobei ein Punkt, oder eine gewisse Strecke der Berührungsfläche, wo der stärkste Anpressungsdruck herrscht, in relativer Ruhe bleibt. Beide Gleitbewegungen gehen relativ zu der Walze so vor sich, daß ein Gleitwiderstand auftritt, der an einer Stelle der Berührungsfläche in Haftreibung, an den andern in Bewegungsreibung besteht. Der Gleitwiderstand wirkt bremsend auf die Rollbewegung ein. So ließe sich das Entstehen eines Rollwiderstandes auf Gleitreibung zurückführen. Die Erklärung stimmt noch, wenn die Walze elastisch, die Stützfläche starr angenommen wird, sie stimmt aber nicht mehr, wenn beide gleich elastisch sind, da ja dann keine, oder höchstens wegen der verschiedenen Form von Walze und Stützfläche nur noch geringfügige Relativbewegungen der beiden Materialien erfolgen. Sicher ist aber auch in diesem Fall noch Rollwiderstand vorhanden. Es reicht also die gegebene Erklärung nicht aus. Bei vollkommener Elastizität und gleichem Material von Walze und Stützfläche wird man immer anzunehmen haben, daß im Beharrungszustand die Kraftverteilung symmetrisch sei; es wird dann die Symmetrieachse in Ruhe oder gleichförmiger Bewegung sein und die Formänderung des vor der Symmetrieachse gelegenen Materials sich genau so ausbilden, wie sie sich hinter der Symmetrieachse zurückbildet, letzteres überdies ohne Zeitverlust. Sobald man aber annimmt, daß zur Rückbildung der Formänderung Zeit nötig sei, oder daß bleibende Formänderungen auftreten, läßt sich der Rollwiderstand ungezwungen erklären, denn dann wird gleichsam ein Stauhügel von Material vor der Walze oder der Kugel hergeschoben. Dann erfordert die Wälzbewegung andauernde Kraft und Arbeit. Bei der Unsicherheit der Erklärung empfiehlt es sich, sich an die Versuchsresultate zu halten, also durch Versuch f zu bestimmen, bei verschiedenen Belastungen, Durchmessern, Materialien und bei dem Kräfteangriff, wie er bei Walzen und Kugeln einerseits und bei Rädern anderseits vorkommt.

76. Kugel- oder Walzenlager. Versuche von Stribeck. Fig. 58. Zwischen zwei ringförmigen Laufflächen (Laufringen) liegen z Kugeln oder Walzen. Die Gesamtbelastung P wird von einer Lauffläche auf die andere zentrisch übertragen, und zwar durch die Hälfte der Kugeln. Davon wird durch jede Kugel ein Teil übertragen, nämlich symmetrisch zu P die Beträge $P_0 P_1 P_2 \ldots$

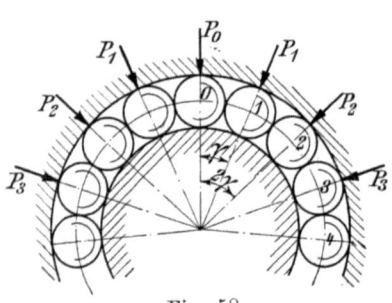

Fig. 58.
$r_a r_i r =$ Hlbm. d. Ringe u. d. Walzen.

Dann lautet die Gleichgewichtsbedingung der Komponenten in Richtung von P:

$$P = P_0 + 2 P_1 \cos \gamma + 2 P_2 \cos 2 \gamma + \ldots$$

Die Summe der Einzelbelastungen aller tragenden Kugeln ist bezeichnet mit

$$S = P_0 + 2 P_1 + 2 P_2 + \ldots \qquad \ldots \quad (24)$$

Die Kräfte $P_0 P_1 P_2 \ldots$ sind durch die Formänderung bestimmt, die die Kugeln bzw. Walzen und die Laufringe erleiden; die Er-

§ 10. Reibung

mittlung dieser Kräfte ist eine Aufgabe der Elastizitätslehre. Stribeck findet unter der Annahme, daß die Kugeln allein elastisch sind und sich nach einer von Hertz angegebenen Gleichung deformieren, während die Laufflächen als starr angesehen werden:

womit
$$P_1 = P_0 \cos^{\frac{3}{2}} \gamma \qquad P_2 = P_0 \cos^{\frac{3}{2}} 2\gamma \ldots,$$

$$P = P_0 (1 + 2 \cos^{\frac{5}{2}} \gamma + 2 \cos^{\frac{5}{2}} 2\gamma + \ldots).$$

Für spielfrei sich berührende Kugeln findet Stribeck:

$z =$	10	15	20
$\gamma =$	36°	24°	18°
$P : P_0 =$	2,28	3,44	4,58
$=$	$z : 4{,}38$	$z : 4{,}36$	$z : 4{,}37$
S nach (24) $=$	1,23 P	1,22 P	1,21 P

d. h. die Summe der Einzelbelastungen ist nahezu unveränderlich und von der Zahl der Kugeln unabhängig, auch die Werte P/P_0 sind fast genau $z/4{,}37$.

Die Belastung der stärkst gedrückten Kugel ist also $P_0 = 4{,}37 \cdot \dfrac{P}{z}$.

Da zwischen den Kugeln Spielräume verbleiben, wird diese Kugel stärker gepreßt als bei sich berührenden Kugeln in Fig. 58, und die Summe S aller Einzelbelastungen wird kleiner als obiger Wert angibt. Stribeck setzt:

$$P_0 = 5 \cdot P/z,$$

womit $\quad S = 1{,}2 \cdot P$

und für
$z =$	10	15	20
$P_0 =$	$P/2$	$P/3$	$P/4$

Diese nicht in die Mechanik starrer Körper gehörigen Darlegungen müssen mitgeteilt werden, weil die Form des Reibungsmomentes hiermit zusammenhängt, und damit der Koeffizient der rollenden Reibung eines Kugellagers. Damit soll auch darauf hingewiesen werden, daß die aus Versuchen mit Hilfe von Gl. (23) berechneten Koeffizienten der rollenden Reibung nicht mit den in Rede stehenden identisch sein müssen, da in der Gleichung des Reibungsmomentes eines Kugellagers noch weitere Annahmen stecken.

Wir ermitteln nun das zum Drehen des Kugellagers erforderliche Reibungsmoment. Die Kugeln wälzen sich auf den Laufringen, ohne zu gleiten, was man einsieht, wenn man sie sich verzahnt

110 Statik. Von d. Widerstandskräften an Körpern m. beschr. Beweglichkeit.

denkt. Zum Fortwälzen der mit $P_0 P_1 P_2 \ldots$ belasteten Kugeln ist, sofern man von der Verschiedenheit der Kugeleindrücke am äußeren hohl gekrümmten und inneren erhaben gekrümmten Laufring absieht und $f_1 = f_2 = f$ setzt, das zum Überwinden des Rollwiderstandes erforderliche Moment nach Gl. (23a):

$$M = P_0 f \frac{r_0}{r} + 2 P_1 f \frac{r_0}{r} + 2 P_2 f \frac{r_0}{r} + \ldots = f \frac{r_0}{r} S = 1{,}2\, P f \frac{r_0}{r}.$$

Mit der Reibungswage von Stribeck wird das Moment des am äußeren Laufringumfang (Halbmesser r_a) angreifenden Rollwiderstandes gemessen; es beträgt nach letzter Gleichung

$$M = 1{,}2\, P f \frac{r_0}{r} \quad \ldots \ldots \quad (25)$$

Ist M abgewogen, so kann der Rollwiderstandskoeffizient f des Kugellagers berechnet werden. Zum Vergleich mit dem Zapfenreibungskoeffizienten empfiehlt es sich, das Moment des Rollwiderstandes in der Form zu schreiben

$$M = \mu_i \cdot P \cdot r_z \quad \ldots \ldots \quad (25a)$$

wobei $\mu_i P$ eine ideelle Umfangskraft im Abstand r_z von der Drehachse[1]) und μ_i einen ideellen auf r_z bezogenen Reibungskoeffizienten des Kugellagers bedeutet, der letztere hängt mit f nach folgender Gleichung zusammen:

$$f = \mu_i \frac{r_z \cdot r}{1{,}2 \cdot r_0} \quad \ldots \ldots \quad (26)$$

Mit den Abmessungen der Versuchseinrichtung Stribecks ist:

$$f = \frac{3{,}5 \cdot 1{,}11}{1{,}2 \cdot 5{,}1} \cdot \mu_i = 0{,}67\, \mu_i \; [\text{cm}].$$

Stribeck fand den Rollwiderstand des Kugellagers in weiten Grenzen von der Geschwindigkeit unabhängig, und die Reibung der Ruhe nicht merklich verschieden von der Bewegungsreibung. Zwischen 18^0 und 40^0 C Lagertemperatur war μ_i wenig verschieden. Zwischen $P = 1000$ und 3000 kg wurde μ_i wenig veränderlich und im Mittel gleich $0{,}0015$ gefunden, entsprechend $f = 0{,}001$ [cm].

Unterhalb $P = 1000$ kg nimmt μ_i mit abnehmender Belastung erheblich zu ($\mu_i = 0{,}0033$ bei $P = 380$ kg).

Gl. (21) und (25) gestatten die Reibung in Gleit- und Kugel-

---

[1]) Der Abstand r_z ist willkürlich wählbar; um (25a) mit (24) vergleichen zu können, wählt Stribeck den Halbmesser r_z dort, wo der innere Laufring des Kugellagers auf die Welle gesteckt ist, wo sich also sonst das Gleitlager befinden würde.

§ 10. Reibung. 111

lagern bei gleicher Belastung und gleichem Durchmesser des Zapfens bzw. der inneren Lauffläche zu vergleichen.

77. Spurzapfenreibung (Bohrreibung) Fig. 59. Ein Spurzapfen wird gegen das Spurlager mit der Normalkraft N gepreßt und relativ gegen das Lager gedreht. Es soll das zur Überwindung der sog. Spurzapfen- oder Bohrreibung erforderliche Drehmoment angegeben werden.

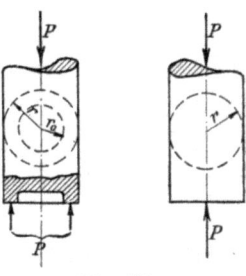

Fig. 59.

Da man die Druck- und Reibungsverteilung in der Berührungsfläche nicht kennt, so ist das Moment der Spurzapfenreibung durch Versuche zu bestimmen. Die Ergebnisse werden abhängen können von der Belastung N, vom Zustand der sich berührenden Oberflächen (trocken, geschmiert, glatt, rauh), von der Drehgeschwindigkeit, der Temperatur, dem Schmiermittel, von Ruhe oder Bewegung; besonders ist darauf hinzuweisen, daß der Zustand des Lagers sich während des Betriebes ändern kann nach Maßgabe der Abnützung, wovon die Druckverteilung entscheidend beeinflußt wird.

Liegen Versuche über die Größe des Momentes der Steuerzapfenreibung vor, so ist es erwünscht, sie in die Form einer Gleichung zu kleiden. Es ist üblich, die Gleichung für jenes Moment unter zwei Annahmen aufzustellen. 1. Der Druck verteile sich gleichmäßig über die Berührungsfläche. 2. Die Reibung an einem Flächenelement befolge das Coulombsche Reibungsgesetz $dR = \mu' \cdot dN$. Unter Zugrundelegen dieser Annahmen folgt für das Moment der Reibung

a) eines vollen Spurzapfens vom Halbmesser r:

$$M = \frac{2}{3} \mu' P r \quad \ldots \ldots \ldots \ldots (27)$$

b) für einen Ringspurzapfen oder die ebene Ringfläche eines Kammzapfens (Halbmesser r und r_0):

$$M = \frac{2}{3} \mu' P \frac{r^3 - r_0^3}{r^2 - r_0^2} \ldots \ldots \ldots (28)$$

Aus diesen Gleichungen wird, nachdem die Versuchswerte eingesetzt sind, μ' berechnet. Damit ist man in der Lage, mit Benützung des nunmehr bekannten μ' die Größe des Reibungsmomentes eines Spurzapfens zu berechnen. Irgendwelcher physikalische Wert kommt den beiden letzten Gleichungen nicht zu. Ihr Vorzug besteht einzig in ihrer einfachen Form, die eine rasche Berechnung des Reibungsmomentes gestattet, sofern μ' aus Versuchen bekannt ist.

Versuche mit ebenen Ringzapfen stellte Woodbury an, s. Hütte; die in der Hütte angegebenen Reibungskoeffizienten sind in Gl. (28) einzusetzen.

78. Über den praktischen Gebrauch der in der Literatur angegebenen Reibungskoeffizienten. Bei technischen Aufgaben über Reibung handelt es sich entweder lediglich um die Abschätzung der Größe der Reibung, oder es handelt sich darum, die Gesamtwirkung mehrerer Kräfte und Widerstände zu verfolgen, unter denen sich auch die Reibung befindet. Man kann in letzterer Hinsicht an die Untersuchung des dämpfenden Einflusses der Reibung auf einen Bewegungszustand, etwa auf eine Schwingung, denken.

Wir wenden uns dem ersten Fall zu. Bei der Auswahl des Reibungskoeffizienten aus Literaturangaben hat man sich vor allem zu vergewissern, ob die Umstände, für die die Reibung abgeschätzt werden soll, denen hinreichend ähnlich sind, die bei den Versuchen vorhanden waren. Vermag man sich hiervon nicht zu überzeugen, so muß man, sofern der Fall wichtig genug ist, selbst Versuche anstellen. Dazu wird der Ingenieur, gerade wenn es sich um Reibung handelt, besonders häufig Anlaß haben. Ganz besonders ist zu betonen, daß der Wert des Reibungskoeffizienten nicht bloß von den Beobachtungswerten abhängt, sondern auch von der Form des angenommenen Reibungsgesetzes. Da die letztere wegen der schon in 67 geschilderten Schwierigkeiten oft willkürlich angenommen werden muß, so darf der aus irgendeiner Literaturquelle übernommene Reibungskoeffizient nur mit dem Reibungsgesetz zusammen verwendet werden, das der Berechnung des Reibungskoeffizienten aus den Versuchen zugrunde gelegt war.

Sodann hat man sich bei der Wahl des Reibungskoeffizienten stets die Frage vorzulegen: soll die zu veranschlagende Reibung nicht unterschätzt oder nicht überschätzt werden? Bildet die Reibung einen **schädlichen** Widerstand (Lager-, Führungsreibung u. a.), so darf man μ nicht zu niedrig wählen, wenn man sich keiner Enttäuschung aussetzen will. Handelt es sich dagegen um **nützliche** Reibung zum Festhalten einer Last, zum Übertragen einer Bewegung oder mechanischer Arbeit, so darf der Reibungskoeffizient nicht zu hoch veranschlagt werden. Die in Wirklichkeit an Maschinen und Mechanismen auftretende Reibung ist nämlich keine unveränderliche Größe, sie hängt vielmehr von vielen Umständen und Zufällen ab, bei einem Maschinenlager von der Sorgfalt der Montierung, der Wartung, der Güte des Schmieröles, vom Schutze des Lagers gegen Staub und Witterung; an eine Bremse oder Kupplung kann mehr oder weniger Fett gebracht werden; die Schienen und Wege sind bald trocken, bald naß usf.; man muß also, ohne ins Extreme zu verfallen, darauf gefaßt sein, daß nicht immer die günstigsten Verhältnisse vorhanden sind.

Dieser Gesichtspunkt ist auch gegenüber manchen in Laboratorien ausgeführten Versuchen festzuhalten. Versuche über die Größe der Lagerreibung oder über die Reibung von Getrieben werden wohl natürlicherweise an sorgfältig hergestellten und sorgfältig montierten und gewarteten Exemplaren vorgenommen. Wie weit man im wirklichen Betrieb imstande ist, einen solchen Zustand herzustellen und insbesonders dauernd aufrecht zu erhalten, darf nicht außer acht gelassen werden, wenn man sich ein Urteil über das voraussichtliche Verhalten im Betrieb bilden will.

§ 11. Beispiele der Ermittlung von Stützkräften mit Reibung.

Die bei einem Versuch geprüften Lager werden in der Mehrzahl der Fälle an der Unterseite der Zapfen satt anliegen und eine ruhende Last zu tragen haben. In Wirklichkeit wirken oft Kräfte von wechselnder Größe und Richtung auf eine Welle, ihre durchgebogene Gestalt ändert sich immer und der Lagerzapfen vermag nicht satt in seinem Lager zu bleiben, auch nicht, wenn er von Anfang an bestens eingepaßt ist. Das muß auf die Druckverteilung und damit auf die Lagerreibung von Einfluß sein. Alle diese Umstände können dazu beitragen, daß unter den häufig ungünstigeren Verhältnissen der Wirklichkeit die Reibung größer ausfällt, als sie bei einem Laboratoriumsversuch festgestellt wird.

Schließlich muß noch eines Umstandes gedacht werden, den erst derjenige würdigen wird, der selbst auf die Schwierigkeit gestoßen ist, die auftreten kann, wenn in einer Berechnung der Einfluß der Reibung neben andern Einflüssen zu berücksichtigen ist. Hier kann das Ergebnis stark durch die Form des angenommenen Reibungsgesetzes beeinflußt werden. Ein Bewegungsvorgang wird anders verlaufen, wenn die Reibung dem Normaldruck proportional und von der Geschwindigkeit unabhängig ist, als wenn sie der ersten Potenz der Geschwindigkeit proportional ist oder wenn sie mit dem Quadrat der Geschwindigkeit wächst. Das ist sehr einleuchtend. Aber es ist nicht immer einfach, über die voraussichtlich auftretende Art der Reibung zum voraus Sicheres anzunehmen. Wählt man nun — etwa der einfachen Durchführbarkeit der Rechnung zuliebe — z. B. die Reibung der Geschwindigkeit proportional, so muß man sich mindestens bewußt bleiben, daß man nur Ergebnisse erzielen wird, die qualitativ aufklärend sein können. Zu quantitativen Feststellungen wird man Versuche zu machen haben.

Über die von Painlevé an der Coulombschen Formulierung des Reibungsgesetzes geübte Kritik vgl. Enzykl. d. math. Wiss., Mechanik, 2. Teilband, S. 193.

§ 11. Beispiele der Ermittlung von Stützkräften mit Reibung.

79. Zulässige Lagen der Belastung einer angelehnten Leiter.

Eine gewichtlos vorausgesetzte Leiter stütze sich in A' gegen einen vollständig glatten Boden und in A'' gegen eine ebensolche vertikale Wand (Fig. 60). Befindet sich eine Last P im beliebigen Punkt C der Leiter, so kann diese nicht im Gleichgewicht sein. Von der glatten Wand und dem glatten Boden können nämlich nur Normalwiderstände ausgehen. Bringt man diese Widerstände und die Last P an der „freigemachten" Leiter an, so bemerkt man, daß die Gleichgewichtsbedingung $\Sigma H = 0$ nicht erfüllt ist. Durch einen Pflock in A' werde nun die Beweglichkeit der Leiter eingeschränkt, und zwar geschieht das durch den von A' ausgehenden Horizontalwiderstand H' nur so weit, daß die Leiter ins stabile Gleichgewicht gebracht wird. Die

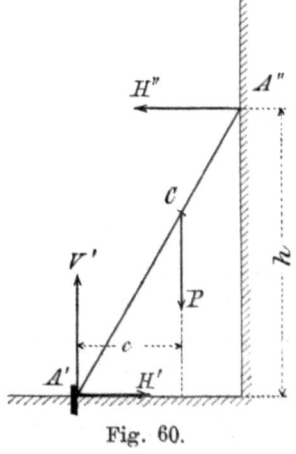

Fig. 60.

114 Statik. Von d. Widerstandskräften an Körpern m. beschr. Beweglichkeit.

Widerstände $V'H'H''$ sind demnach nach **63** und **66** statisch bestimmt und ergeben sich aus den Gleichgewichtsbedingungen:

$$V' = P; \quad H'' \cdot h = P \cdot c; \quad H'' = P \cdot \frac{c}{h}; \quad H' = H'' = P \cdot \frac{c}{h}.$$

Bei jeder Lage der Last wird Gleichgewicht stattfinden. Graphisch findet man den schiefen von A' ausgehenden Widerstand $W = \sqrt{V'^2 + H'^2}$, wenn man den Schnittpunkt von P und H'' mit A' verbindet und das Kräftedreieck zeichnet. Man verfolge graphisch die Wirkung einer schiefen Last P.

Nehmen wir nunmehr an, der Pflock bei A' fehle, es seien aber Boden und Wand rauh: ($\mu_1 = \operatorname{tg} \varrho_1$ Haftreibungskoeffizient für den Boden und $\mu_2 = \operatorname{tg} \varrho_2$ für die Wand). Wie steht es unter diesen Umständen um das Gleichgewicht der Leiter?

Jetzt wird die Beweglichkeit der Leiter an zwei Stellen eingeschränkt, also mehr als nötig und hinreichend, um sie ins stabile Gleichgewicht zu setzen. Die Widerstände sind daher nach **66** statisch unbestimmt.

Wir sind jedoch imstande, ihre Größe wenigstens für den Grenzfall anzugeben, wo sich die Leiter an der Gleitgrenze befindet. Dabei schließen nämlich die in A' und A'' auftretenden Widerstände W' und W''' den Reibungswinkel ϱ_1 bzw. ϱ_2 mit den Normalen in A' bzw. A'' ein, womit das Kräftedreieck aus $PW'W'''$ gezeichnet werden kann, da ja alle Richtungen und die Größe von P bekannt sind. Das geht aber, wie man gleich erkennt, nur für eine einzige Stellung der Last P; diese muß genau durch den Schnittpunkt D' von W' und W''' gehen, d. h. durch Punkt C in Fig. 61.

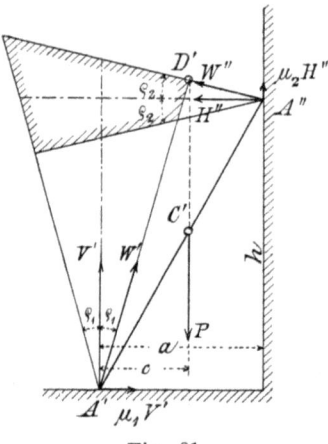

Fig. 61.

Man fragt sofort, was geschieht, wenn P oberhalb oder unterhalb von Punkt C sich befindet. Bei der Beantwortung erweist sich die graphische Lösung im vorliegenden Fall als besonders lehrreich und übersichtlich.

Würde nämlich P oberhalb C angreifen, und nehmen wir an, die Leiter befände sich im Punkt A'' noch an der Gleitgrenze, so läge der Schnittpunkt von P mit W''' auf $A''D'$ rechts von D' und der Widerstand W' würde mit der Normalen in A' einen größeren Winkel bilden als den Reibungswinkel ϱ_1. Während die Leiter

§ 11. Beispiele der Ermittlung von Stützkräften mit Reibung.

in A'' sich an der Gleitgrenze befinden könnte, wäre die Gleitgrenze in A' schon überschritten, die Leiter rutscht. Gleiches beweist man, wenn man P zuerst mit $A'D'$ zum Schnitt bringt und den Zustand in A'' beschreibt. Die Leiter gleitet also aus, sobald die Last, wenn sie auch nur klein ist, über den Punkt C hinaufkommt. Die Leiter kann über den Punkt C hinauf nicht bestiegen werden. Der Schnittpunkt D' der äußerstenfalles auftretenden Richtungen der Stützwiderstände ist also für diese Aufgabe ein wichtiger Grenzpunkt. Sobald die Richtung der Last durch den Grenzpunkt geht, ist die Leiter an die Gleitgrenze gebracht. Der Grenzpunkt rückt nach A'' selbst, wenn die Leiter unter dem Reibungswinkel ϱ_1 aufgestellt wird. Dann ist die Leiter ganz hinauf besteigbar und zwar von jeder Last, unter der die Leiter selbst nicht bricht.

Würde P unterhalb C angreifen, so wäre die Leiter unter allen Umständen im Gleichgewicht. Die Richtung des Widerstandes in A' liegt zwischen der Vertikalen durch A' und zwischen $A'D'$; die des Widerstandes in A'' zwischen der Horizontalen durch A'' und zwischen $A''D'$. Der Schnittpunkt der im Gleichgewicht befindlichen drei Kräfte: Last und zwei Widerstände liegt innerhalb des „charakteristischen Vierecks", das in Fig. 60 schraffiert ist; wegen der statischen Unbestimmtheit kann aber dieser Punkt und damit auch die Größe des Widerstandes ohne Eingehen auf die Formänderung nicht angegeben werden.

An der Gleitgrenze können die Widerstände auch berechnet werden, nachdem W' und W'' in ihre Komponenten V' und $\mu_1 V'$ bzw. H'' und $\mu_2 H''$ zerlegt sind; die Gleichgewichtsbedingungen lauten
$$H'' = \mu_1 V'; \quad V' + \mu_2 H'' = P;$$
$$Pc' = H''h + \mu_2 H'' \cdot a = H''(h + \mu_2 a),$$
womit
$$V' \cdot (1 + \mu_1 \mu_2) = P; \quad V' = \frac{P}{(1 + \mu_1 \mu_2)}; \quad H'' = \frac{\mu_1 P}{(1 + \mu_1 \mu_2)}.$$
Die Lage des Grenzpunktes C ist bestimmt durch
$$c' = \frac{\mu_1 (h + \mu_2 a)}{1 + \mu_1 \mu_2}.$$
Sind Wand und Boden gleich rauh ($\mu_1 = \mu_2 = \mu$; $\varrho_1 = \varrho_2 = \varrho$) und wird die Leiter unter dem Reibungswinkel ϱ gegen die Vertikale $\left(\operatorname{tg}\varrho = \frac{a}{h} = \mu\right)$ aufgestellt, so erhielte man
$$c' = \frac{\mu h\left(1 + \mu\dfrac{a}{h}\right)}{1 + \mu^2} = \mu h = \mu \frac{a}{\mu} = a$$
in Übereinstimmung mit dem oben Bemerkten.

116 Statik. Von d. Widerstandskräften an Körpern m. beschr. Beweglichkeit.

Soll auch das Eigengewicht der Leiter berücksichtigt werden, so ist ebenso zu verfahren, wie soeben geschehen; nur bedeutet dann P die Resultante aus Eigengewicht und beweglicher Last, oder auch das Eigengewicht allein, wenn außerdem keine bewegliche Last auf der Leiter sich befindet. Je schwerer die Leiter ist, desto höher hinauf kann sie bestiegen werden.

80. Führungsreibung. Ein Gleitkörper ist von parallelen Führungsleisten umschlossen oder umschließt seinerseits eine Geradführung. Bei fehlender Reibung würde ihn jede zur Achse der Führung parallele Kraft verschieben. Er werde nun bei Vorhandensein von Reibung in den Führungen von einer Kraft ergriffen, die ihn zu kippen sucht. Die Kraft wirkt z. B. in einer zu den Führungen parallelen Symmetralebene des parallelepipedischen Gleitstückes in Fig. 62. Es ist nun die Frage, ob die unter $\sphericalangle \varphi$ gegen $A_2 A_3$ geneigte, in B angreifende Kraft das gewichtlose Gleitstück bewegt, oder ob es sich in der Führung klemmt. Es ist ohne weiteres klar, daß eine Kraft P einen gewissen Winkel $\varphi > 0$ mit der Normalen $A_2 A_3$ auf der Führung bilden muß, wenn überhaupt ein Gleiten eingeleitet werden soll.

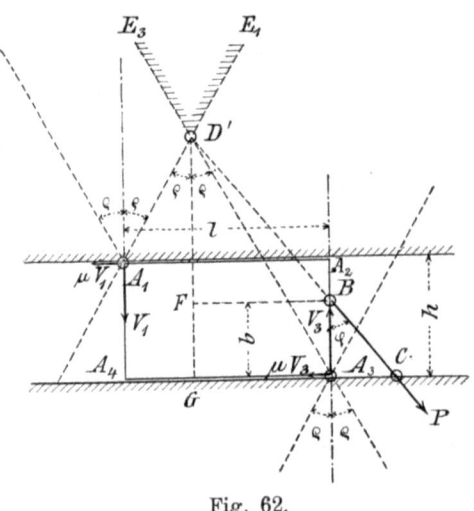

Fig. 62.

Stellen wir uns vor, zwischen Gleitstück und Führung sei ein kleiner Spielraum, so kantet das Gleitstück ein wenig um A_3, bis A_1 sich gegen die obere Führung legt. Wären die Körper starr, so hätte das Kanten ein Ende und es würden sich Gleitstück und Führung nur in den Punkten (bzw. Linien) A_3 und A_1 berühren. Dort würde bei Einleitung einer Führungsbewegung allein Reibung auftreten. Damit ist aber die Beweglichkeit längs der Führung an zwei Stellen eingeschränkt, während eine einzige hierzu notwendig und hinreichend wäre. Nach den Darlegungen in **63** und **66** sind daher die in A_3 und A_1 auftretenden Reibungswiderstände statisch unbestimmt. Ganz allein an der Gleitgrenze ist man imstande, die beiden in A_3 und A_1 von der Führung auf das Gleitstück ausgeübten Widerstände W_3 und W_1 rechnerisch oder zeichnerisch zu ermitteln. Letzteres ist hier über-

§ 11. Beispiele der Ermittlung von Stützkräften mit Reibung   117

sichtlicher. W_3 und W_1 bilden an der Gleitgrenze die Reibungswinkel ϱ mit den Führungsnormalen $A_3 A_2$ bzw. $A_4 A_1$. Sie wirken im Sinne $A_3 E_3$ bzw. $A_1 E_1$ und schneiden sich in D'. An der Gleitgrenze besteht noch Gleichgewicht, daher müssen sich die drei an dem Gleitstück angreifenden Kräfte $P W_1 W_3$ — man denke sich dieses freigemacht — in einem Punkt schneiden; das ist der Punkt D'. Nunmehr ist die Richtung aller Kräfte bekannt und das Kräftedreieck kann für eine gegebene Größe P gezeichnet werden; womit die beiden Widerstände W_1 und W_3 an der Gleitgrenze gefunden sind.

Man erkennt nun sofort, daß solange P durch D' geht, das Gleitstück sich an der Gleitgrenze befindet und die Widerstände W_1 und W_3 bestimmbar sind, so z. B. im Fall der Fig. 62.

Verlangt man dagegen, die treibende Kraft solle stets durch Punkt B (Fig. 62) gehen, so befindet sich das Gleitstück nur dann an der Gleitgrenze, wenn die Kraft P die Richtung BD' hat, also unter einem Grenzwinkel $\varphi = \varphi'$ gegen die Führungsnormale wirkt, dessen Größe aus Fig. 62 wie folgt abgelesen wird.

$$\operatorname{tg} \varphi' = \frac{FB}{FD'} = \frac{GA_3}{D'G - FG} = \frac{\dfrac{l + h \cdot \operatorname{tg} \varrho}{2}}{\dfrac{l + h \cdot \operatorname{tg} \varrho}{2 \cdot \operatorname{tg} \varrho} - b} = \frac{\mu_0 (l + \mu_0 h)}{l + \mu_0 (h - 2b)}.$$

Weil P in dieser Gleichung nicht vorkommt, so kommt es an der Gleitgrenze auf die Größe von P nicht an, sondern allein auf die Richtung.

Ist diese Richtung steiler, als φ' angibt, schneidet also die Richtung von P den in Fig. 62 schraffierten Winkelraum $E_1 D' E_3$, so erfolgt keine Bewegung, wie groß auch P sei. Ist dagegen die Neigung φ der durch B gehenden Kraft P größer als φ', so bewegt sich das Gleitstück.

Man übersieht auch, was geschieht, wenn die treibende Kraft nach Fig. 63 an einem Hebel exzentrisch zur Führung angreift. Schneidet nämlich die Wirkungslinie von P den schraffierten Winkelraum, so klemmt sich das Gleitstück in der Führung, selbst wenn P noch so klein wäre. Die Widerstände W_3 und W_1 sind statisch unbestimmt, und es sind Überlegungen anzustellen, die denen in **79** völlig gleichen. Wir brauchen sie hier nicht zu wiederholen. Liegt dagegen P zwischen dem Grenzpunkt D' und der Führung, so tritt stets Bewegung ein, wenn, wie bisher, der Gleitkörper als gewichtlos vorgestellt wird.

Es ist noch von Wert, sich die Führung in Fig. 63 als vertikal vorzustellen. Dann wird jede Last, die außerhalb des Grenzpunktes D'

118 Statik. Von d. Widerstandskräften an Körpern m. beschr. Beweglichkeit.

aufgelegt wird, das Gleitstück festklemmen. Der Grenzpunkt D' selbst rückt um so weiter hinaus, je länger die Führung gemacht wird. Wollte man also absichtlich eine Führung machen, die sich leicht klemmt, und damit die Last festhält, so müßte man sie **kurz**

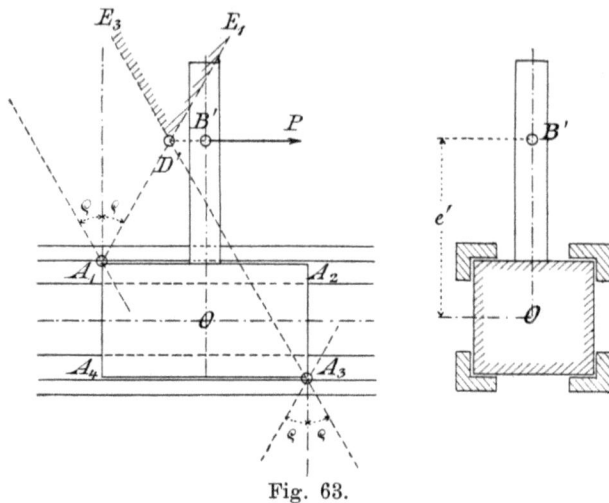

Fig. 63.

wählen. Dagegen muß eine Führung, die sich nicht leicht klemmen soll, bekanntlich lang sein.

Die oben hinsichtlich des Gleichgewichtes an der Gleitgrenze angestellte Überlegung gilt auch für eine gleichförmige Führungs-

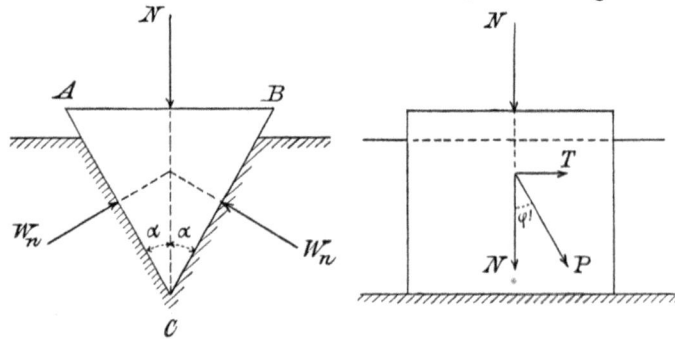

Fig. 64.

bewegung, nur ist der Grenzpunkt dann weiter von der Führung entfernt, weil die Reibung der Bewegung und deren Reibungswinkel kleiner sind als die Reibung der Ruhe.

81. Körper in einer Keilnut beweglich. Reibung in einer zylindrischen Rinne. Umfangsreibung eines Kegels. Ein keil-

§ 11. Beispiele der Ermittlung von Stützkräften mit Reibung.

förmiger prismatischer Körper ABC (Fig. 64) werde durch die Kraft N, die in der den Keilwinkel 2α halbierenden Symmetralebene des Keiles normal zu dessen Schneide wirkt, in eine Keilnut, d. h. in eine keilförmige Rinne hineingedrückt, die durch zwei den Winkel 2α einschließende Ebenen gebildet wird. Zugleich werde der Keil in O von einer Kraft T parallel der Schneide des Keiles angegriffen. Es soll die zur gleichförmigen Verschiebung des Keiles längs seiner Nut erforderliche Kraft T angegeben werden, ebenso die Kraft T an der Gleitgrenze.

a) Wenn der Keil in seiner Nut gleichförmig verschoben wird, so ist der einzige Bewegungswiderstand die Bewegungsreibung in Richtung der Verschiebung. Nach **70** ist die vor Eintritt der Bewegung vorhanden gewesene Haftreibung mit Beginn des Gleitens verschwunden und es ist lediglich die in der Gleitrichtung wirkende Bewegungsreibung vorhanden. Die Keilbelastung N wird daher lediglich von zwei Normaldrücken W_n aufgehoben, die senkrecht zur Berührungsfläche von der Keilnut auf den Keil übertragen werden; man hat hierfür
$$2 W_n \cdot \sin \alpha = N.$$
Damit ergibt sich für die Bewegungsreibung beim Verschieben des Keiles
$$T = 2 W_n \cdot \mu = \mu \frac{N}{\sin \alpha} = \mu' \cdot N \quad \ldots \quad (29)$$
wo $\mu' = \mu/\sin \alpha$ den Reibungskoeffizienten der Bewegung in der Keilnut bedeutet.

b) Vor Eintritt der Bewegung ist die Haftreibung in den Berührungsflächen von Keil und Nut eine Reaktion (s. **69**), und zwar ist sie vom Formänderungszustand des Keiles und der Nut abhängig, also statisch unbestimmt. Es muß auf ihre Angabe verzichtet werden. Wir suchen sie wenigstens zwischen zwei Grenzwerte einzuschließen.

Nehmen wir an, an der Gleitgrenze habe sich die in der Ebene von N und W_n vorhanden gewesene Haftreibung dem Wert Null genähert, so sind in dieser Ebene auch an der Gleitgrenze nur N und W_n tätig, also ergibt sich für die an der Gleitgrenze der Längsverschiebung des Keiles auftretende Kraft T
$$T_0 = 2 \mu_0 W_n = \mu_0 \frac{N}{\sin \alpha} = \mu_0' \cdot N \quad \ldots \quad (30)$$

Hält man die vorangehende Überlegung für unsicher und glaubt, es werde schließlich in der Ebene von N und W_n doch eine längs CB und CA nach oben wirkende Haftreibung auftreten, so kann diese höchstens den Wert $\mu_0 W_n$ annehmen, dann wird die

Keilbelastung sowohl vom Normalwiderstand in den Berührungsflächen als auch von der Haftreibung aufgefangen und es ist:

$$W_n \cdot \sin \alpha + \mu_0 \cdot W_n \cdot \cos \alpha = \frac{N}{2}$$

$$W_n = \frac{N}{2(\sin \alpha + \mu_0 \cos \alpha)},$$

daher die Kraft T_0 an der Gleitgrenze der Bewegung in der Keilnut

$$T_0' = 2\mu_0 W_n = \frac{\mu_0 N}{\sin \alpha + \mu_0 \cos \alpha} = \mu_0'' \cdot N \quad \ldots \quad (30\,\mathrm{a})$$

Dieser Wert ist kleiner als der in Gl. (30) angegebene. Bei der immerhin vorhandenen Unsicherheit kann man demnach in allen Fällen, wo man die Größe von T_0 nicht überschätzen soll, den zuletzt angegebenen Wert von T_0' benützen, in allen Fällen dagegen, wo T_0 nicht unterschätzt werden darf, den zuerst angegebenen Wert.

Nehmen wir jetzt an, auf den Keil wirke eine schiefe Kraft P, nämlich die Resultante der bisherigen Kräfte N und T, und geben wir den Winkel φ zwischen P und der Richtung der Normalen N an; wir haben dann an der Gleitgrenze:

$$\operatorname{tg} \varphi = \frac{T_0}{N} = \frac{\mu_0' \cdot N}{N} = \mu_0',$$

also ist der gesuchte Winkel an der Gleitgrenze:

$$\varphi = \varrho_0',$$

wo ϱ_0' auch eine Art Reibungswinkel darstellt, nämlich den, der bei der Bewegung in der Keilnut an der Gleitgrenze auftritt. Während des Gleitens ist dieser Winkel kleiner, weil dann μ' auch kleiner als μ_0' ist. Auch hierbei ist das oben zu den Gl. (30) und (30a) Bemerkte zu beachten.

Handelt es sich um die Reibung, die bei der **Längsbewegung** eines **Zylinders in einer zylindrischen Rinne** auftritt, wenn der Zylinder mit der Normalkraft N in die Rinne gepreßt wird, so empfiehlt es sich, die zur Überwindung der Haftreibung und der Bewegungsreibung erforderliche Längskraft in der Form

$$T = \mu' \cdot N \quad \text{bzw.} \quad T_0 = \mu_0' \cdot N$$

anzunehmen und die Reibungskoeffizienten durch Versuch zu bestimmen.

Das Vorstehende findet auf Reibräder Anwendung; diese können zur Bewegungsübertragung bei kleinen Kräften benützt werden. Weiteres suche man in Werken über Maschinenelemente. Weitere Anwendungen bilden die Reibungskupplungen mit Keilrillen; diese sind in den zylindrischen Umfang der treibenden Kupplungshälfte

§ 11. Beispiele der Ermittlung von Stützkräften mit Reibung. 121

eingeschnitten; mit der getriebenen sind radial bewegliche Kupplungsklötze verbunden, die mit keilförmigen Vorsprüngen in die Keilrillen der treibenden Kupplungshälfte eingepreßt und durch die in den Keilflächen entstehende Umfangsreibung mitgenommen werden.

Die Umfangsreibung eines Kegels, der sich in der zugehörigen Kegelfläche dreht, wird sehr häufig zu Kupplungs- und Bremszwecken benützt, da durch die Kegelform die Anpressung und infolgedessen auch die Reibung in den Berührungsflächen gesteigert wird. Es soll die Beziehung zwischen dem axialen Anpressungsdruck N und der übertragbaren Reibung an der Gleitgrenze und während des Gleitens angegeben werden. Bei der Bewegung eines Keiles in der Keilnut gleiten ebene geneigte Flächen aneinander, hier sind es krumme konische Flächen. Im übrigen ist hinsichtlich der Umfangsreibung der konischen Flächen grundsätzlich nichts anderes zu bemerken, als bei der Führungsreibung zwischen ebenem Keil und Nut.

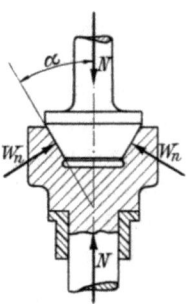

Fig. 65.

Man findet entsprechend den beiden obenerwähnten Auffassungen (vgl. Fig. 65)

$$\left.\begin{array}{ll} \text{a) } N = W_n \cdot \sin \alpha; & W_n = \dfrac{N}{\sin \alpha} \\ \text{b) } N = W_n' \sin \alpha + \mu \cdot W_n' \cos \alpha; & W_n' = \dfrac{N}{(\sin \alpha + \mu \cos \alpha)} \end{array}\right\} \quad (31)$$

daher die Umfangskraft in der Gleitrichtung $T = \mu \cdot W_n$:

$$\left.\begin{array}{ll} \text{a) } & T = \dfrac{\mu N}{\sin \alpha}, \\ \text{b) } & T' = \dfrac{\mu N}{(\sin \alpha + \mu \cdot \cos \alpha)} \end{array}\right\} \quad \ldots \quad (32)$$

Welche von den beiden letzten Gleichungen gegebenenfalls zu benützen ist, kann nach den zu Gl. (30) und (30a) gemachten Bemerkungen entschieden werden.

Dies ist die mit Hilfe eines Reibkegels übertragbare Umfangskraft, wenn die axiale Anpressungskraft N beträgt. Das durch Reibung übertragbare Drehmoment läßt sich, wenn man die weitere Annahme macht, die Umfangsreibung sei im mittleren Umfang der konischen Berührungsfläche vereinigt, in der Form schreiben:

$$M = T \cdot r \quad \text{bzw.} \quad T' \cdot r \quad \ldots \ldots \quad (33)$$

Setzt man hierin T aus (32a) bzw. (32b) ein, so erhält man für die Anpressungskraft N, die zur Übertragung eines verlangten Drehmomentes M erforderlich ist

$$N = \frac{M}{r} \frac{\sin \alpha}{\mu} \quad \text{bzw.} \quad N' = \frac{M}{r} \frac{\sin \alpha + \mu \cos \alpha}{\mu} \quad \ldots \quad (34)$$

Da bei ausrückbaren Kupplungen, z. B. eines Automobiles, eine große Anpressungskraft nicht erwünscht ist, so wählt man α, um N zu beschränken, klein (9 bis 12°). Den Reibungskoeffizienten pflegt man als zwischen 0,15 und 0,25 liegend anzusehen; an Versuchen über die Reibung von Konuskupplungen fehlt es nach Wissen des Verfassers noch ganz, hier ist noch eine empfindliche Lücke auszufüllen.

Um die zur Übertragung eines bestimmten Drehmomentes M erforderliche Anpressung N nicht zu unterschätzen, ist μ nicht zu hoch in Rechnung zu stellen. Ein Rechnungsbeispiel findet man in **125**.

§ 12. Einfache Maschinen mit Reibung.

82. Schiefe Ebene mit Reibung. Auf einer schiefen Ebene von der Horizontalneigung α befindet sich ein Körper vom Gewicht Q, das durch seine Komponenten senkrecht zur schiefen Ebene $N = Q \cdot \cos \alpha$ und längs der schiefen Ebene $T = Q \cdot \sin \alpha$ ersetzt sei. Ferner wirke die treibende Kraft P unter dem Winkel α gegen die Horizontale, also längs der schiefen Ebene aufwärts. Hat nun P gerade den Wert $P = Q \cdot \sin \alpha$, so ist der Körper auf der schiefen Ebene im Gleichgewicht, ohne daß sich Reibung am Körper geltend machte. Wäre die schiefe Ebene vollkommen glatt, so würde bei der geringsten Steigerung von P über $P = Q \cdot \sin \alpha$ hinaus eine Aufwärtsbewegung des Körpers auf der schiefen Ebene erfolgen, bei der geringsten Abnahme eine Abwärtsbewegung. Ist aber Reibung vorhanden, so wirkt am Körper der angestrebten Bewegung entgegen der Reibungswiderstand $R = \mu \cdot N = \mu \cdot Q \cdot \cos \alpha$. Wir betrachten jetzt die Grenzfälle, in denen eine Aufwärts- bzw. Abwärtsbewegung eintritt.

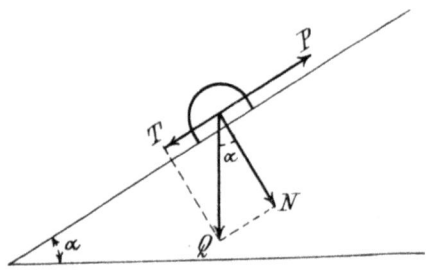

Fig. 66.

1. **Gleitgrenze für Aufwärtsbewegung:** An dem Körper, dessen Unterlage entfernt gedacht werde, wirken die treibende Kraft P' längs der schiefen Ebene aufwärts, die Last Q vertikal

§ 12. Einfache Maschinen mit Reibung.

abwärts, und der Auflagerwiderstand D der schiefen Ebene unter dem Reibungswinkel ϱ gegen die Normale, und zwar derart, daß D eine Komponente längs der schiefen Ebene abwärts besitzt. Die drei Kräfte P', Q und D sind im Gleichgewicht und man liest aus dem Kräftedreieck, in dem Q und die Richtungen aller Kräfte bekannt sind, ab (vgl. Fig. 67a):

$$P' : Q = \sin(\alpha + \varrho) : \sin\varrho ; \qquad P' = \frac{\sin(\alpha + \varrho)}{\sin\alpha} Q$$

oder da $\sin(\alpha + \varrho) = \sin\alpha \cdot \cos\varrho + \cos\alpha \cdot \sin\varrho$ ist:

$$P' = (\sin\alpha + \mu \cdot \cos\alpha) Q, \quad \ldots \ldots \quad (35\,\mathrm{a})$$

was auch unmittelbar abgelesen werden kann.

2. Gleitgrenze für Abwärtsbewegung; Festhalten von Q. An dem Gleitkörper greifen an: P'' längs der schiefen Ebene aufwärts, Q vertikal abwärts und der Auflagerwiderstand D der

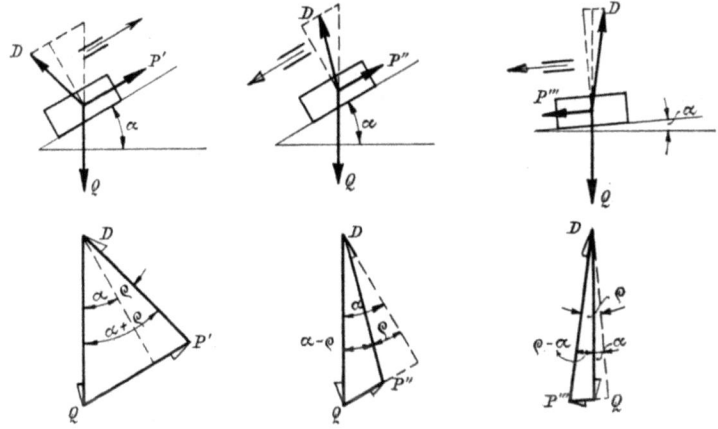

Fig. 67a bis c.

schiefen Ebene, von der schiefen Ebene gegen den Gleitkörper hin gerichtet, und zwar so, daß D eine Komponente längs der schiefen Ebene aufwärts hat. Aus dem Kräftedreieck folgt (vgl. Fig. 67b):

$$P'' : Q = \sin(\alpha - \varrho) : \sin\alpha ; \qquad P'' = \frac{\sin(\alpha - \varrho)}{\sin\alpha} Q$$

oder da $\sin(\alpha - \varrho) = \sin\alpha \cdot \cos\varrho - \cos\alpha \cdot \sin\varrho$ ist

$$P'' = (\sin\alpha - \mu \cdot \cos\alpha) Q, \quad \ldots \ldots \quad (35\,\mathrm{b})$$

was ebenfalls unmittelbar abgelesen werden kann.

Mit dieser Kraft kann man Q gerade noch festhalten und am Abwärtsgleiten hindern.

Bei einer gewissen Steigung braucht man gar keine Kraft mehr zum Festhalten der Last, es ist $P'' = 0$. Die Last bleibt dann

124 Statik. Von d. Widerstandskräften an Körpern m. beschr. Beweglichkeit.

auf der schiefen Ebene liegen und man sagt, die schiefe Ebene habe die Eigenschaft der **Selbsthemmung**. Soll nun P'' Null sein, so muß auch die rechte Seite von Gl. (35b) verschwinden, d. h. da Q selbst nicht Null ist, muß sein

$$0 = \sin \alpha - \mu \cdot \cos \alpha$$

oder
$$\operatorname{tg} \alpha = \mu = \operatorname{tg} \varrho \quad \ldots \ldots \quad (36)$$

Als Bedingung für die Eigenschaft der Selbsthemmung der Last auf der schiefen Ebene ergibt sich also, daß deren Steigungswinkel α gleich oder kleiner als der Reibungswinkel sein muß. Ist demnach $\alpha > \varrho$, so gleitet der Körper die schiefe Ebene herab; ist $\alpha = \varrho$, so befindet sich der Körper an der Gleitgrenze, was zur experimentellen Bestimmung von ϱ benützt werden kann.

Ist $\alpha < \varrho$, so braucht man auch zum Abwärtsbewegen eine Kraft, die sich auf dem gleichen Weg wie oben (vgl. Fig. 67c) ergibt zu

$$P''' = \frac{\sin(\varrho - \alpha)}{\sin \alpha} \cdot Q. \quad \ldots \ldots \quad (35c)$$

83. Der Keil. Ein Keil Fig. 68a stützt sich einerseits gegen eine feste Ebene A'' und anderseits gegen eine in einer Führung

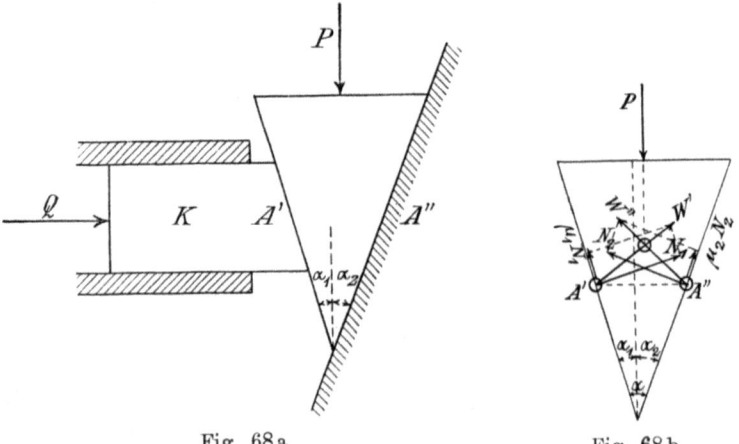

Fig. 68a.   Fig. 68b.

bewegliche Keilbeilage K. Senkrecht zur Richtung der Führung drückt eine Kraft P auf den Keil, während in Richtung der Führung ein Widerstand Q an der Keilbeilage tätig ist. Die Kraft P ist gegen die beiden schrägen Flächen des Keiles unter den Winkeln α_1 und α_2 geneigt. Es soll die Beziehung zwischen P und Q an der Gleitgrenze der Einwärtsbewegung des Keiles angegeben werden, wenn die Annahme gemacht wird, die Führung der Beilage sei so lang, daß keinerlei Klemmwirkung eintritt.

§ 12. Einfache Maschinen mit Reibung.

Macht man den Keil frei, so hat man statt der Stützflächen die Widerstände W' und W'' derselben am Keil anzubringen, alsdann müssen die drei Kräfte $PW'W''$ im Gleichgewicht sein. W' bzw. W'' bilden mit den Stütznormalen N_1 und N_2 die Reibungswinkel ϱ_1 und ϱ_2, so zwar, daß W' und W'' eine der Bewegung entgegengerichtete Komponente $\mu_1 N_1$ bzw. $\mu_2 N_2$ (s. Fig. 68 b) besitzen. Mit diesen Angaben kann das Dreieck der Kräfte $PW'W''$ gezeichnet werden.

Ebenso befindet sich die Keilbeilage Fig. 68c unter dem Einfluß der Kräfte W (mit Komponenten N und μN), W' (mit

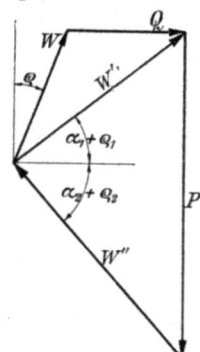

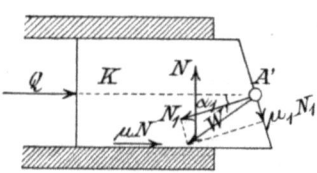

Fig. 68c. Fig. 68d.

Komponenten N_1 und $\mu_1 N_1$) und Q im Gleichgewicht, wobei wieder $\sphericalangle(W', \mu_1 N_1) = \varrho_1$ und $\sphericalangle(W, \mu N) = \varrho$ sei; deshalb schließt sich das Kräftedreieck der drei letztgenannten Kräfte. Da man die Richtungen von W, W' und W'' an der Gleichgewichtsgrenze kennt, so sind alle Winkel in den Kräftedreiecken bekannt und man überzeugt sich leicht von der Richtigkeit der in Fig. 68d eingeschriebenen Winkel. Man liest dann aus den Kräftedreiecken ab:

$$W' : Q = \sin(90^0 + \varrho) : (\sin(90^0 - \varrho - \alpha_1 - \varrho_1)$$
$$P' : W' = \sin(\alpha_1 + \varrho_1 + \alpha_2 + \varrho_2) : \sin(90^0 - \alpha_2 - \varrho_2)$$
$$P' = \frac{\cos \varrho \cdot \sin(\alpha_1 + \alpha_2 + \varrho_1 + \varrho_2)}{\cos(\alpha_1 + \varrho_1 + \varrho) \cdot \cos(\alpha_2 + \varrho_2)} \cdot Q$$

oder nach einfacher Umformung

$$P' = \frac{\operatorname{tg}(\alpha_1 + \varrho_1) + \operatorname{tg}(\alpha_2 + \varrho_2)}{1 - \mu \operatorname{tg}(\alpha_1 + \varrho_1)} \cdot Q .$$

Das ist der Grenzwert der Keilkraft an der Gleitgrenze für Einwärtsbewegung. Läßt man nun P' kleiner werden, so kommt man schließlich an die Gleitgrenze für Aufwärtsbewegung, wo der Keil hinauszuweichen strebt; die Kraft P'' erhält man dann, da jetzt alle Reibungswiderstände ihren Sinn umgekehrt haben, wenn man die Reibungskoeffizienten oder Reibungswinkel mit negativen Zeichen versieht, zu

$$P'' = \frac{\operatorname{tg}(\alpha_1 - \varrho_1) + \operatorname{tg}(\alpha_2 - \varrho_2)}{1 + \mu \operatorname{tg}(\alpha_1 - \varrho_1)} \cdot Q$$
$$= \frac{\operatorname{tg}(\alpha_1 - \varrho_1) - \operatorname{tg}(\varrho_2 - \alpha_2)}{1 + \mu \operatorname{tg}(\alpha_1 - \varrho_1)} \cdot Q .$$

Wäre nun $\operatorname{tg}(\alpha_1 - \varrho_1) = \operatorname{tg}(\varrho_2 - \alpha_2)$ oder $\alpha_1 - \varrho_1 = \varrho_2 - \alpha_2$; $\alpha_1 + \alpha_1 = \varrho_1 + \varrho_2$ oder, da $\alpha_1 + \alpha_2$ gleich dem Keilwinkel α,
$$\alpha = \varrho_1 + \varrho_2 ,$$
so erhielte man $P'' = 0$ für jeden beliebigen endlichen Wert von Q; es wäre demgemäß gar keine Kraft P am Keil nötig, um denselben am Zurückgehen zu verhindern. Der Keil bleibt also eingeklemmt, er wirkt selbstsperrend, wenn
$$\alpha = \varrho_1 + \varrho_2 .$$

Hierbei mag noch bemerkt werden, daß keiner der beiden Winkel α_1 und α_2, deren unterer Grenzwert $= 0$ ist und deren Summe $\alpha = \varrho_1 + \varrho_2$ sein soll, damit den Wert $\varrho_1 + \varrho_2$ übersteigen kann.

Ist $P = 0$ und der Keil trotzdem im Gleichgewicht, dann müssen die beiden Auflagerwiderstände W' und W'', die nunmehr allein noch am Keil sich betätigen, einander das Gleichgewicht halten und demgemäß in einer und derselben Geraden $A'A''$ (Fig. 68 b) wirken.

Bezeichnet man jetzt mit φ_1 und φ_2 die Winkel von $A'A''$ mit den Normalen zu den Auflageflächen des Keiles in A' bzw. A'', dann hat man:
$$\varphi_1 + \varphi_2 = \alpha$$
und mit $\alpha = \varrho_1 + \varrho_2$: $\quad \varphi_1 + \varphi_2 = \varrho_1 + \varrho_2 .$

Da aber φ_1 nicht größer sein kann als ϱ_1, und φ_2 nicht größer als ϱ_2, und mit $\varphi_1 < \varrho_1$ sich aus der letzten Gleichung $\varphi_2 > \varrho_2$ ergäbe, so bedingt damit die Gleichung $\varphi_1 + \varphi_2 = \varrho_1 + \varrho_2$:
$$\varphi_1 = \varrho_1 \quad \text{und} \quad \varphi_2 = \varrho_2 ,$$
d. h. den Grenzzustand des Gleichgewichts. Ist also der Keilwinkel
$$\alpha = \varrho_1 + \varrho_2 ,$$
dann befindet sich bei beliebiger Größe der Kraft Q der von keiner Kraft P angegriffene Keil stets an der Grenze des Gleichgewichts. Wäre dagegen der Keilwinkel $\alpha < \varrho_1 + \varrho_2$, so zeigte sich der Keil ebenfalls im Gleichgewicht, aber nicht an der Grenze desselben. Man kann daher sagen: damit der Keil bei fehlender Kraft P unter Einwirkung der Kraft Q nicht zurückgehe, muß der Keilwinkel
$$\alpha \lessgtr \varrho_1 + \varrho_2$$
sein.

§ 12. Einfache Maschinen mit Reibung. 127

Bei einer sogenannten Keilverbindung, wie sie in Fig. 69 angedeutet ist, liegen die Verhältnisse ganz ähnlich; man hat hier nur in den obigen Formeln an Stelle der Kraft Q die Stabkraft S zu setzen, um auch für die Keilverbindung die betreffenden Formeln zu erhalten. Daher wird auch in der Keilverbindung der Keil sich bei Einwirkung der Zugkräfte S nicht von selbst lösen, wenn der Keilwinkel
$$\alpha \lesseqgtr \varrho_1 + \varrho_2,$$
es mögen die Zugkräfte S so groß sein als sie wollen.

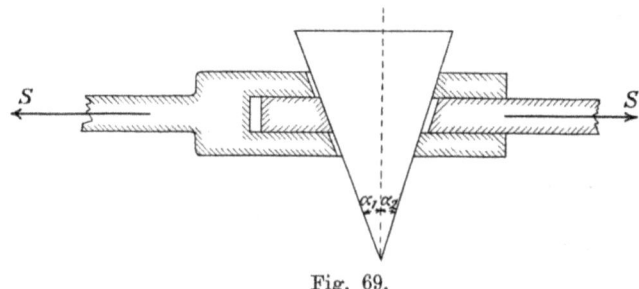

Fig. 69.

Handelt es sich um einen Keil, der durch eine Kraft P in ein Stück Holz eingetrieben ist (Fig. 70), so bleibt dieser Keil auch nach Wegnahme der Kraft P im Holze stecken, wenn die Winkel φ_1 und φ_2 der Geraden $A'A''$ mit den Normalen zu den beiden Keilflächen die betreffenden Reibungswinkel ϱ_1 bzw. ϱ_2 nicht überschreiten.

Da aber hier
$$\varphi_1 = \alpha_1 \quad \text{und} \quad \varphi_2 = \alpha_2,$$
so kann man auch sagen, daß der Keil stecken bleibt, wenn
$$\alpha_1 \lesseqgtr \varrho_1 \quad \text{und} \quad \alpha_2 \lesseqgtr \varrho_2.$$

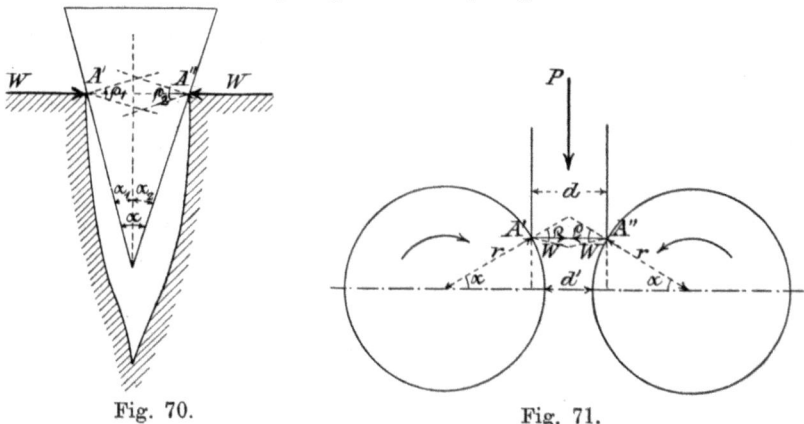

Fig. 70.   Fig. 71.

128 Statik. Von d. Widerstandskräften an Körpern m. beschr. Beweglichkeit.

84. Quetschwalzen. Soll ein Eisenstab von der Dicke d mittels zweier Quetschwalzen (Fig. 71) vom Halbmesser r auf die Dicke d' gebracht werden, so müssen die Walzen imstande sein, den Stab einzuklemmen. Dies ist der Fall, wenn
$$\alpha \lessgtr \varrho.$$
Nun hat man aber
$$r - r\cos\alpha = \frac{d-d'}{2}$$
oder
$$r = \frac{d-d'}{2} \cdot \frac{1}{1-\cos\alpha}.$$

Die erste Bedingung für die Brauchbarkeit der Walzen ist daher
$$\alpha < \varrho \quad \text{und damit} \quad r > \frac{d-d'}{2} \cdot \frac{1}{1-\cos\varrho}.$$

85. Die Schraube, Drehmoment und Axialkraft. Wickelt man eine schiefe Ebene um einen Kreiszylinder, so daß die Basis beider zusammenfällt, so entsteht eine Schraubenlinie, die auf einer Mantellinie des Zylinders gleich lange Stücke abschneidet, die sog. **Steigung** oder **Ganghöhe** h der Schraubenlinie. Führt man nun eine dreieckige oder rechteckige Profilfläche von der Höhe $AB = h/2$ $\left(\text{allgemein } \frac{h}{2i}\right)$ an der Schraubenlinie entlang, wobei die Profilfläche stets in einer Axialebene des Zylinders bleiben muß, so beschreibt die Profilfläche das sog. **Schraubengewinde**; der Zylinder wird **Kern** genannt. Ist $AB = \frac{h}{2}$, so entsteht eine **einzügige** oder **eingängige Schraube**; ist $AB = \frac{h}{2i}$, eine i-gängige Schraube.

Man erinnere sich hierbei auch an das Gewindeschneiden auf der Drehbank.

Ist das Profil des Schraubengewindes ein Dreieck, so erhält man eine **scharfgängige**, ist es ein Rechteck oder Quadrat, — eine **flachgängige Schraube**. Das scharfgängige Gewinde wird bei gleicher axialer Belastung stärker gegen die Mutter gepreßt als das flachgängige; das führt zu größerer Reibung, weshalb scharfgängige Schrauben zur **Befestigung** gewählt werden, womit dem selbsttätigen Lösen der Mutter entgegengewirkt wird; dagegen flachgängige zur **Übertragung von Kräften und Bewegungen**, wo der Bewegungswiderstand klein gehalten werden soll.

1. **Annäherung:** Es kann die Schraube fest, die Mutter drehbar sein und umgekehrt; das bleibt auf die zu untersuchenden

§ 12. Einfache Maschinen mit Reibung. 129

Kraftverhältnisse ohne Einfluß. Nehmen wir ersteres an und betrachten die Kraftverhältnisse in der Abwicklung, die im mittleren Schraubengang vollzogen sei [Zylinderhalbmesser $r_m = 0{,}5(r_a + r_i)$]. Damit ist dann die Aufgabe auf die schiefe Ebene zurückgeführt mit dem einen Unterschied, daß die bewegende Kraft P_m an der Mutter nicht längs der schiefen Ebene wirkt, sondern senkrecht zur Axialbelastung Q der Mutter (Fig. 67a zu vergleichen mit Fig. 72), also unter dem Winkel α gegen die Neigung des mittleren Schraubenganges, dessen Halbmesser r_m sei. Aus der Abwicklung des mittleren Schraubenganges liest man folgende Beziehung zwischen h, r_m, α ab (Fig. 72):

$$\operatorname{tg}\alpha = h : 2\pi r_m.$$

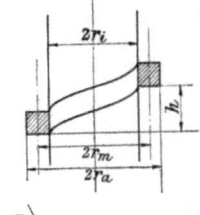

Wird die Mutter mit einem Schlüssel gedreht, mit einer Kraft P am Hebelarm r, so ist die an der Mutter im Abstand r_m angreifende Drehkraft P_m zu berechnen aus

$$P_m \cdot r_m = P \cdot r.$$

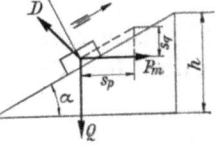

Fig. 72.

Wir betrachten die drei praktisch wichtigsten Fälle, die unter $\alpha)$, $\beta)$, $\gamma)$ angeführt sind und fragen jeweils nach der Größe der bewegenden Kraft P_m oder des bewegenden Momentes

$$M = P \cdot r = P_m \cdot r_m.$$

$\alpha)$ **Heben der Last Q.** Mutter und Schraube seien im mittleren Gewindegang abgewickelt. An der „frei gemachten" Abwicklung der Mutter greift die Last Q in axialer Richtung, die Kraft P_m' senkrecht dazu und der Widerstand D des Gewindes gegen die Mutter unter dem Reibungswinkel ϱ gegen die Normale auf der schiefen Ebene an, wobei D eine der Bewegung entgegenwirkende, längs der schiefen Ebene abwärts wirkende Komponente hat. An der Gleitgrenze sind Q, P_m', D im Gleichgewicht. Das Kräftedreieck kann gezeichnet werden, da alle Kraftrichtungen bekannt sind und die Größe von Q gegeben ist. Aus dem Kräftedreieck liest man ab (Fig. 73a):

$$P_m' = Q \cdot \operatorname{tg}(\alpha + \varrho) \quad \ldots \ldots \quad (37)$$

Ohne Reibung wäre

$$P_0 = Q \cdot \operatorname{tg}\alpha. \quad \ldots \ldots \ldots \quad (37a)$$

$\beta)$ **Festhalten der Last. Bedingung für die Selbsthemmung.** Läßt man P_m kleiner werden, so sucht die Last zu sinken, d. h. die Mutter sich rückwärts zu drehen. Sofort wirkt die Reibung entgegengesetzt wie beim Lastheben und unterstützt das Festhalten der Last. Der Gegendruck der Schraube liegt jetzt auf der anderen Seite der Normalen wie unter α). An der Gleitgrenze sind Q, P_m'', D im Gleichgewicht und man liest aus dem Kräftedreieck ab (Fig. 73 b):

$$P_m'' = Q \cdot \operatorname{tg}(\alpha - \varrho) \quad \ldots \ldots \quad (38)$$

Dies ist die Kraft zum Festhalten der Last an der Grenze des Abwärtsgleitens. Soll die Schraube die Eigenschaft der **Selbsthemmung** haben, so ist diese Kraft Null. Die Schraube dreht sich nicht, auch wenn eine noch so große Last Q in der Spindelachse angreift. Die Reibung im Gewinde hält die Last fest; es ist dann, da Q selbst nicht Null ist:

$$0 = \operatorname{tg}(\alpha - \varrho),$$

daher

$$\alpha = \varrho \quad \ldots \ldots \ldots \ldots \quad (39)$$

Eine flachgängige Schraube besitzt daher die Eigenschaft der Selbsthemmung, wenn ihr Neigungswinkel $\alpha \lessgtr$ dem Reibungswinkel ϱ ist.

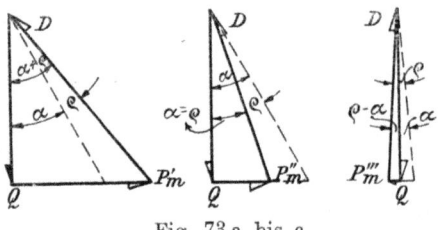

Fig. 73 a bis c.

γ) **Senken der Last bei Selbsthemmung**, wenn $\alpha \leq \varrho$. Die Antriebkraft P_m''' an der Mutter wirkt jetzt so, daß sich die Mutter im Sinn von Q längs der Spindel verschiebt. Zeichnet man das Kräftedreieck nach dem unter α) geschilderten Vorgang, so gilt an der Gleitgrenze (Fig. 73 c):

$$P_m''' = Q \operatorname{tg}(\varrho - \alpha) \quad \ldots \ldots \quad (40)$$

Zur Drehung der Schraubenmutter gegenüber der Spindel oder umgekehrt ist das Moment $M = P \cdot r = P_m r_m$ erforderlich, es beträgt zufolge (37), (38), (40):

α) für Lastheben

$$M' = Q \cdot r \cdot \operatorname{tg}(\alpha + \varrho)$$

β) für Festhalten der Last

$$M'' = Q \cdot r \cdot \operatorname{tg}(\alpha - \varrho) \quad \Bigg\} \quad \ldots \ldots \quad (41)$$

γ) Lastsenken bei Selbsthemmung

$$M''' = Q \cdot r \cdot \operatorname{tg}(\varrho - \alpha).$$

2. **Annäherung mit Berücksichtigung scharfgängigen Gewindes.** Es soll wiederum das Drehmoment M an der Spindel angegeben werden, das einen Spindeldruck Q erzeugt, z. B. an der Spindelpresse (Fig. 74).

§ 12. Einfache Maschinen mit Reibung. 131

Die Kraft Q drückt die Schraubenspindel nach oben gegen die feste Schraubenmutter; es erfährt daher die Schraubenspindel in jedem Flächenelement dF der Berührungsfläche zwischen Schraubenspindel und Schraubenmutter einen Normalwiderstand dN und einen Tangentialwiderstand $\mu \cdot dN$. Denkt man sich die

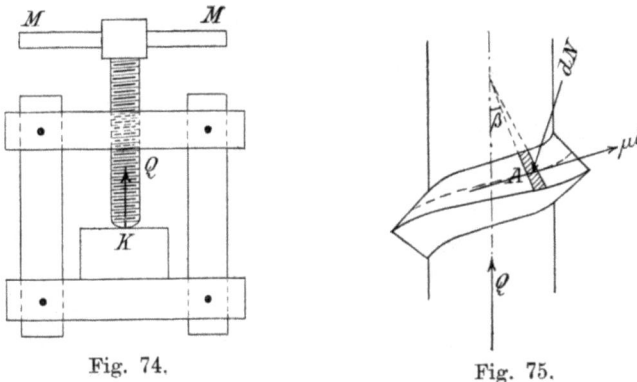

Fig. 74. Fig. 75.

genannte Berührungsfläche durch die aufeinanderfolgenden Lagen der die Schraubenfläche des Gewindes erzeugenden Geraden (CA in Fig. 76) in lauter unendlich schmale Flächenstreifen dF zerlegt (Fig. 75), so liegen die Angriffspunkte A der Widerstände dN und μdN auf einer mittleren Schraubenlinie, deren Steigungswinkel $= \alpha$ und deren Grundkreishalbmesser $= r$ sei. Von den Flächenelementen dF betrachten wir eines mit den daran wirkenden Widerständen dN und μdN (Fig. 75). Was den Tangentialwiderstand μdN betrifft, so wirkt derselbe in der Tangente EA (Fig. 76), an die eben erwähnte mittlere Schraubenlinie und zwar aufwärts Die Wirkungslinie des Normalwiderstandes dN dagegen ist die Normale zur Schraubenfläche im Punkte A. Um aber diese Normale zu erhalten, wird man durch A (Fig. 76) die erzeugende Gerade AC der Schraubenfläche ziehen (dieselbe schneidet die

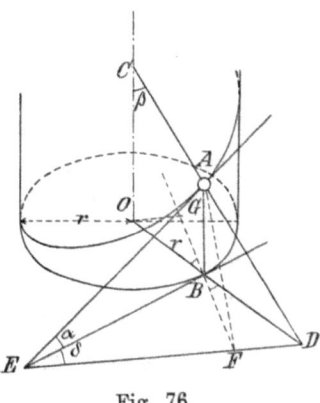

Fig. 76.

Schraubenachse unter dem gegebenen Winkel β), durch diese, sowie durch die Tangente EA an die Schraubenlinie eine Ebene legen und auf dieser Ebene, deren Horizontalspur ED, in A ein Lot errichten. Dieses Lot gibt dann die Normale zur Schraubenfläche im Punkte A und damit die Wirkungslinie des Widerstandes dN an.

9*

132 Statik. Von d. Widerstandskräften an Körpern m. beschr. Beweglichkeit.

Unter Berücksichtigung der Fig. 76 und 77 hat man nun im Fall des Gleichgewichtes der Schraubenspindel ($BF \perp ED$; $\sphericalangle GBO = \sphericalangle DBF = BEF = \delta$):

$$Q = \Sigma(dN\cos\gamma - \mu dN\cdot \sin\alpha) = (\cos\gamma - \mu\sin\alpha)\Sigma dN$$

und

$$M' = \Sigma[dN\cdot \sin\gamma(OG) + \mu dN\cos\alpha\cdot r]$$
$$= [(OG)\sin\gamma + \mu r\cos\alpha]\Sigma dN = (r\sin\delta\cdot \sin\gamma + \mu r\cos\alpha)\Sigma dN$$

oder nach Einsetzung des aus der ersten Gleichung bestimmten Wertes von ΣdN

$$M' = Qr\cdot \frac{\sin\delta\cdot \sin\gamma + \mu\cos\alpha}{\cos\gamma - \mu\sin\alpha}.$$

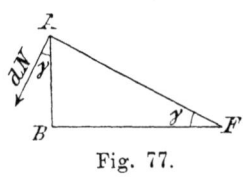

Fig. 77.

Dies wäre die Beziehung zwischen M' und Q; allein in der Gleichung für M' sind noch die Winkel δ und γ enthalten, die nicht unmittelbar gegeben sind, also erst in den gegebenen Winkeln α und β ausgedrückt werden müssen. Zu diesem Zwecke beachten wir, daß

$$\sin\delta = \frac{BF}{BE} = \frac{AB\cdot \cotg\gamma}{AB\cdot \cotg\alpha} = \frac{\cotg\gamma}{\cotg\alpha},$$

damit wird

$$M' = Qr\cdot \frac{\tg\alpha\cdot \cos\gamma + \mu\cos\alpha}{\cos\gamma - \mu\sin\alpha} = Qr\cdot \frac{\tg\alpha + \mu\cos\alpha\cdot \dfrac{1}{\cos\gamma}}{1 - \mu\sin\alpha\cdot \dfrac{1}{\cos\gamma}}.$$

Jetzt wäre noch $\dfrac{1}{\cos\gamma}$ in Funktion der gegebenen Winkel α und β auszudrücken. Man hat

$$AB = BD\cdot \cotg\beta = BE\cdot \tg\delta\cdot \cotg\beta = AB\cdot \cotg\alpha\cdot \tg\delta\cdot \cotg\beta,$$

also:

$$\cotg\delta = \cotg\alpha\cdot \cotg\beta$$

und damit

$$\frac{1}{\sin^2\delta} = 1 + \cotg^2\delta = 1 + \cotg^2\alpha\cdot \cotg^2\beta,$$

oder nach Einsetzung von $\sin\delta = \dfrac{\cotg\gamma}{\cotg\alpha}$

$$\frac{\tg^2\gamma}{\tg^2\alpha} = 1 + \cotg^2\alpha\cdot \cotg^2\beta;\quad \tg^2\gamma = \tg^2\alpha + \cotg^2\beta.$$

oder

$$\sec^2\gamma = \frac{1}{\cos^2\gamma} = 1 + \tg^2\alpha + \cotg^2\beta,$$

§ 12. Einfache Maschinen mit Reibung. 133

damit wird

$$M' = Qr \frac{\operatorname{tg}\alpha \pm \mu \cos\alpha \sqrt{1 + \operatorname{tg}^2\alpha + \operatorname{cotg}^2\beta}}{1 \mp \mu \sin\alpha \sqrt{1 + \operatorname{tg}^2\alpha + \operatorname{cotg}^2\beta}} \quad \ldots \quad (42)$$

Das obere Vorzeichen entspricht hierbei der von uns angenommenen Gleichgewichtsgrenze, mit dem unteren Vorzeichen erhält man dagegen denjenigen Wert M'' des treibenden Kräftepaares M, unter welchen letzteres nicht sinken darf, wenn nicht die Schraubenspindel infolge des Druckes Q in die Höhe gehen soll.

Um für die **flachgängige** Schraube die Werte von M' und M'' zu bekommen, hat man nur $\beta = 90^0$ zu setzen, womit

$$M' = Qr \cdot \frac{\operatorname{tg}\alpha + \mu}{1 - \mu \operatorname{tg}\alpha} = Qr \cdot \operatorname{tg}(\alpha + \varrho) \quad \ldots \quad (43)$$

und

$$M'' = Qr \cdot \frac{\operatorname{tg}\alpha - \mu}{1 + \mu \operatorname{tg}\alpha} = Qr \cdot \operatorname{tg}(\alpha - \varrho) \quad \ldots \quad (44)$$

Diese Gleichungen stimmen mit (41) überein.

86. Das Rad an der Welle. Der Hebel. Reibungskreis. Auf einer horizontalen, an ihren Enden mit zylindrischen Drehzapfen vom Halbmesser r versehenen Welle, Fig. 78, vom Halbmesser b sei ein Rad vom Halbmesser a zentrisch befestigt. An diesem Rad

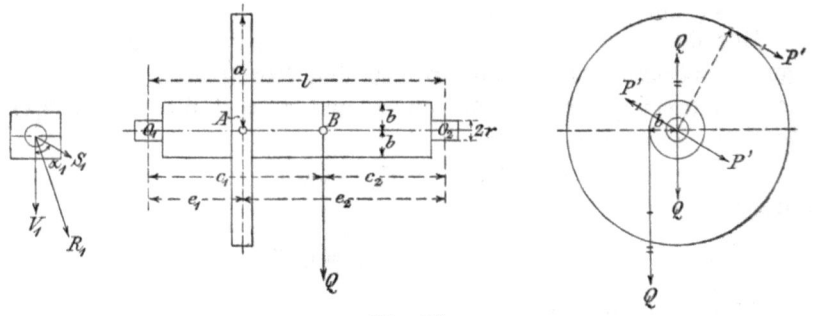

Fig. 78.

wirke eine Tangentialkraft P, die der Last Q, die an einem um die Welle gewickelten Seil hänge, das Gleichgewicht halte. Welche Beziehung besteht zwischen P und Q?

Bei fehlender Reibung würde im Gleichgewichtsfall die einfache Hebelgleichung $P \cdot a = Q \cdot b$ gelten, woraus $P = Q \cdot b/a$. Tritt dagegen in den Lagern Reibung auf, so kann die treibende Kraft P auf einen Wert P' gesteigert werden, ehe sich die Welle zu drehen anfängt. Ebenso kann man die Kraft P auf einen gewissen Wert P'' vermindern, ehe sich die Welle im entgegengesetzten Sinn zu drehen anfängt.

Suchen wir nun für die gegebene Last Q die Werte von P' und von P'' auf. Ist $P = P'$, so befindet sich die Welle an der oberen Grenze des Gleichgewichts, es erzeugte die geringste Vergrößerung von P eine Umdrehung der Welle im Sinne von P. Um nun P' zu bestimmen, legen wir je durch die beiden Kräfte P' und Q Ebenen senkrecht zur Wellenachse, die die letztere in den Punkten A und B schneiden. Hierauf bringen wir in A parallel der Kraft P' zwei gleiche und entgegengesetzte Kräfte P' an, und in B parallel der Kraft Q die gleichen und entgegengesetzten Kräfte Q. Hierdurch wird am Gleichgewichtszustand der Welle nichts geändert.

An der Welle greift nun an: vorwärtsdrehend das Kräftepaar $P \cdot a$; rückwärtsdrehend das Kräftepaar $Q \cdot b$ und — die Vorwärtsdrehung hemmend — die beiden Zapfenreibungsmomente M_1 und M_2 im Lager O_1 und O_2. An der Gleitgrenze besteht noch Gleichgewicht auch bezüglich der Drehmomente um $O_1 O_2$, daher ist:

$$P'a = Q \cdot b + M_1 + M_2.$$

Die Zapfenreibungsmomente hängen nun von den Lagerdrücken ab, die infolge von P' und Q entstehen. Q in A allein angreifend, möge die zu Q parallelen Lagerdrücke V_1 und V_2 hervorrufen. P' in B allein wirkend gedacht, möge die zu P' parallelen Lagerdrücke S_1 und S_2 hervorrufen.

Zur Bestimmung der Auflagerdrücke V_1 und V_2 hat man, wenn man den Abstand des Punktes B von den Mittelpunkten O_1 und O_2 der zylindrischen Drehzapfen mit c_1 und c_2 und die Länge $O_1 O_2$ der Welle mit l bezeichnet:

$$V_1 \cdot l = Q \cdot c_2, \qquad V_2 \cdot l = Q \cdot c_1,$$

woraus

$$V_1 = Q \frac{c_2}{l}, \qquad V_2 = Q \frac{c_1}{l}.$$

Ebenso findet man für S_1 und S_2

$$S_1 = P' \frac{e_2}{l}, \qquad S_2 = P' \frac{e_1}{l},$$

unter e_1 und e_2 die Abstände des Punktes A von O_1 und O_2 verstanden. Nunmehr wirken in O_1 senkrecht zur Wellenachse und den Winkel α_1 miteinander bildend, die Auflagerdrücke V_1 und S_1. Diese Kräfte V_1 und S_1 zusammengesetzt liefern den Zapfendruck R_1 auf das Lager bei O_1 und zwar

$$R_1 = \sqrt{V_1^2 + S_1^2 + 2 V_1 S_1 \cos \alpha_1};$$

desgleichen erhält man für den Zapfendruck auf das Lager bei O_2:

$$R_2 = \sqrt{V_2^2 + S_2^2 + 2 V_2 S_2 \cos \alpha_1}.$$

§ 12. Einfache Maschinen mit Reibung.

Damit werden die Reibungsmomente M_1 und M_2 bei O_1 und O_2:
$$M_1 = \mu R_1 r \quad \text{und} \quad M_2 = \mu R_2 r.$$
Diese Werte von M_1 und M_2 in die Gleichgewichtsbedingung für die Welle:
$$P'a - Qb = M_1 + M_2 \quad \ldots \ldots \quad (a)$$
eingesetzt, ergeben dann:
$$P'a - Qb = \mu r (R_1 + R_2)$$
$$= \mu r \left(\sqrt{V_1^2 + S_1^2 + 2 V_1 S_1 \cos \alpha_1} + \sqrt{V_2^2 + S_2^2 + 2 V_2 S_2 \cos \alpha_1}\right)$$
oder mit den oben gefundenen Werten von V_1, S_1, V_2, S_2
$$\left.\begin{array}{l} P'a - Qb = \mu \left(\dfrac{r}{l}\right) \cdot \left(\sqrt{Q^2 c_2^2 + P'^2 e_2^2 + 2 Q P c_2 e_2 \cos \alpha_1}\right. \\ \left. + \sqrt{Q^2 c_1^2 + P'^2 e_1^2 + 2 Q P c_1 e_1 \cos \alpha_1}\right) \end{array}\right\} \quad (45)$$

Aus dieser Gleichung läßt sich die Unbekannte P' bestimmen. Ist im besonderen Fall P' wie Q vertikal abwärts gerichtet, womit $\alpha_1 = 0$, so erhält man:
$$P'a - Qb = \mu r (V_1 + V_2 + S_1 + S_2) = \mu r (Q + P')$$
und daher
$$P' = Q \frac{b + \mu r}{a - \mu r} \quad \ldots \ldots \quad (46)$$

Will man die Beziehung zwischen P' und Q haben für den Fall, daß der Punkt A nicht, wie angenommen, zwischen O_1 und O_2 liegt, sondern auf der Verlängerung von $O_1 O_2$ (über O_2 hinaus), so hat man nur in obigen Gleichungen der Größe e_2 das entgegengesetzte Vorzeichen beizulegen. Damit ist man dann auch in den Stand gesetzt, die Beziehung zwischen P' und Q anzugeben bei einer Winde, die mittels einer am Ende O_2 der Wellenachse angebrachten Handkurbel in Bewegung gesetzt werden soll.

Was endlich den untern Grenzwert P'' der Kraft P betrifft, so erhält man denselben, wenn man in dem Ausdruck für P' das Vorzeichen von μ umkehrt.

Die obige Lösung ist zwar korrekt, aber umständlich; es verlohnt sich nicht, die zur genauen Auswertung der Gleichung für P' erforderliche Mühe aufzuwenden. Die Zapfenreibungsmomente M_1 und M_2 hängen von den Lagerdrücken R_1 und R_2 ab und letztere wiederum von P'; der Wert von R_1 und R_2 ergibt sich aber fast gleich groß, ob man dazu den genauen Wert P' oder den etwas kleineren Wert P benützt, der sich ohne Berücksichtigung der Reibung aus der Momentengleichung $Pa = Qb$ ergibt, d. h. $P = Q \dfrac{b}{a}$; damit erhält man:

und hiermit:
$$S_1 = \frac{Pe_2}{l} = \frac{Qbe_2}{al} \quad \text{und} \quad S_2 = \frac{Pe_1}{l} = \frac{Qbe_1}{al}$$

$$R_1 = \frac{Q}{l}\sqrt{c_2^2 + \frac{b^2}{a^2}e_2^2 + 2\frac{b}{a}c_2 e_2 \cos\alpha_1},$$
$$R_2 = \frac{Q}{l}\sqrt{c_1^2 + \frac{b^2}{a^2}e_1^2 + 2\frac{b}{a}c_1 e_1 \cos\alpha_1},$$
. . . . (47)

mit denen die Reibungsmomente M_1 und M_2 genügend genau gefunden werden. Schließlich folgt die gesuchte Drehkraft P' aus Gl. (a).

Statt des Rades und der Welle könnten auch irgendwie geformte Hebel an der Achse $O_1 O_2$ befestigt sein; sind die Richtungen der äußeren Kräfte P und Q und deren Abstände von der Achse $O_1 O_2$ dieselben wie zuvor, so bleibt auch der angegebene Rechnungsgang und das Ergebnis ungeändert.

Der zweiarmige Hebel, dessen Arme in einer zur Drehachse senkrechten Ebene gelegen und in der gleichen Ebene belastet sind, wurde schon auf S. 23 betrachtet und sein Gleichgewicht ohne Rücksicht auf Zapfenreibung untersucht. Wir wollen jetzt auch die Zapfenreibung berücksichtigen und gleichzeitig ein von Herrmann angegebenes graphisches Verfahren beschreiben, das Gleichgewicht mit Hilfe des Reibungskreises auszudrücken. Ohne Reibung sind in Fig. 49 die drei Kräfte P, Q, R der Richtung nach bekannt, da ja R durch den Drehpunkt geht. Das Kräftedreieck kann daher gezeichnet und P und R gefunden werden. Tritt nun Reibung an der Drehachse auf, so fängt der Hebel erst an sich zu drehen, wenn P einen Grenzwert $P' > P$ erreicht hat. Die Resultante aus P' und Q geht jetzt neben der Drehachse vorbei, was man sieht, wenn man das Kräftedreieck in Fig. 49 abändert, und es besteht immer noch Gleichgewicht, da die Gleitgrenze nicht überschritten ist. Die beiden Kräfte P' und Q haben das gleiche Moment in bezug auf die Drehachse, wie die Resultante R', nämlich
$$P'a - Qb = R'\varrho,$$
und dieses wird durch das Zapfenreibungsmoment $\mu R'r$ aufgehoben, wenn r den Zapfenhalbmesser und μ den Zapfenreibungskoeffizienten bedeutet. Der Abstand ϱ der Resultanten R' von O folgt daher aus der Gleichung $R'\varrho = \mu R'r$ zu
$$\varrho = \mu r \dots \dots \dots \dots (48)$$

Zeichnet man demnach um O einen Kreis, den sog. Reibungskreis, mit dem Halbmesser $\varrho = \mu r$, so berührt die Resultante R' diesen Kreis. Da R' durch den Schnittpunkt von P' und Q geht

§ 12. Einfache Maschinen mit Reibung. 137

und den Reibungskreis berührt, so kann das Kräftedreieck für P', Q,. R' gezeichnet werden, womit sich P' und R ergibt. Welcher von den beiden möglichen Berührungspunkten zu wählen ist, hängt von dem Sinn der angestrebten Drehung ab, worüber man sich vor Aufzeichnen des Kräftedreiecks klar zu werden hat. Die Ausführung des sehr anschaulichen und durchsichtigen Verfahrens stößt auf die Schwierigkeit, daß der Halbmesser des Reibungskreises meist verhältnismäßig klein ist, weshalb man, um eine einigermaßen genaue Figur zu bekommen, einen großen Zeichenmaßstab verwenden muß. Aus diesem Grunde vermag der Reibungskreis bei einer Drehung tatsächlich nicht die Bedeutung zu erlangen, wie der Reibungswinkel bei der fortschreitenden Bewegung; grundsätzlich käme ihm die gleiche Bedeutung zu.

87. Die gewöhnliche doppelarmige Wage. Es sei C in Fig. 79 der Aufhängepunkt des Wagbalkens, S der Schwerpunkt desselben und G_0 sein Gewicht, ferner G_1 das Gewicht der einen Wagschale und G_2 das Gewicht der anderen. Soll nun die Vorrichtung überhaupt als Wage benutzbar sein, so muß der Wagbalken horizontale Lage haben, wenn keine Gewichte in den Wagschalen sich befinden, und diese Lage beibehalten, wenn man gleiche Gewichte Q in die beiden Wagschalen legt. Damit und unter Berücksichtigung der Bezeichnungen der Fig. 79 erhält man dann:

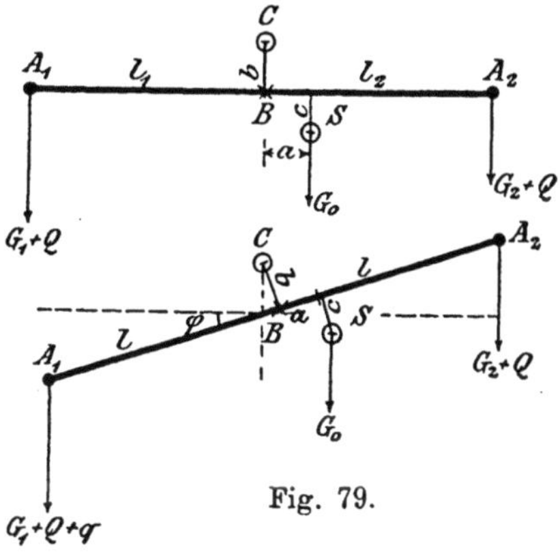

Fig. 79.

$$G_1 l_1 = G_2 l_2 + G_0 a$$
und
$$(G_1 + Q) l_1 = (G_2 + Q) l_2 + G_0 a,$$
woraus
$$Q \cdot l_1 = Q \cdot l_2 \quad \text{oder} \quad l_1 = l_2,$$

d. h. es müssen die beiden Arme $A_1 B$ und $A_2 B$ des Wagbalkens genau die gleiche Länge besitzen. Setzt man jetzt $l_1 = l_2 = l$, so geht die erste Gleichung über in

$$(G_1 - G_2) l = G_0 a.$$

Legt man in die linksseitige, mit Q belastete Wagschale noch ein Zulagegewicht q, so wird sich der Wagbalken um C drehen im Uhrzeigersinn und nach Erreichung einer gewissen Horizontalneigung φ wieder im Gleichgewicht befinden. In diesem Fall ist dann

$$(G_1 + Q + q)(l \cos \varphi - b \sin \varphi) = (G_2 + Q)(l \cos \varphi + b \sin \varphi)$$
$$+ G_0 (c \sin \varphi + a \cos \varphi + b \sin \varphi),$$
woraus:
$$\operatorname{tg} \varphi = \frac{(G_1 - G_2 + q) l - G_0 a}{G_0 (c + b) + b (G_1 + G_2 + 2Q + q)}$$
und mit Berücksichtigung der Gleichung $(G_1 - G_2) l = G_0 \cdot a$
$$\operatorname{tg} \varphi = \frac{q l}{G_0 (c + b) + b (G_1 + G_2 + 2Q + q)}.$$

Von einer guten Wage wünscht man, daß sie bei einem und demselben Zulagegewicht q immer denselben Ausschlag φ gebe, was auch für Gewichte Q sich in den Wagschalen befinden. Diese Bedingung ist durch $b = 0$ erfüllt, in welchem Fall
$$\operatorname{tg} \varphi = \frac{q l}{G_0 \cdot c}$$
wird.

Bei einer guten Wage müssen also die Aufhängepunkte A_1 und A_2 der beiden Wagschalen und der Aufhängepunkt C des Wagbalkens in einer geraden Linie liegen.

Aus Gleichung $\operatorname{tg} \varphi = \dfrac{q l}{G_0 c}$ erkennen wir, daß eine Wage um so empfindlicher sich zeigt, je kleiner das Gewicht G_0 des Wagbalkens und je kleiner der Abstand c des Schwerpunktes des Wagbalkens von der durch die Aufhängepunkte gehenden Geraden ist.

Läge der Schwerpunkt S des Wagbalkens über der Geraden $A_1 C A_2$, wobei c negativ wäre, erhielte man $\operatorname{tg} \varphi$ negativ, es kippte also die Wage bei jedem Zulagegewicht q um.

---

6. Kapitel (§ 13).

Starre Stabverbindungen. Fachwerke.

88. Allgemeines. Zum Tragen oder Fortschaffen von Lasten benützt man häufig Tragkonstruktionen, die aus geraden Stäben bestehen. Sie sind in sog. Knotenpunkten verbunden, die hier als reibungslose Gelenke angesehen werden, und daher nur Kräfte, aber keine Kräftepaare (biegende Momente) übertragen können. Eine aus starren Stäben bestehende Verbindung wird als starr bezeichnet, wenn die Knotenpunkte ihre gegenseitige Lage nicht ändern können, andernfalls als beweglich, so z. B. eine Kette.

Im nachfolgenden ist die Aufgabe zu lösen, die in den einzelnen Stäben auftretenden Kräfte anzugeben, um später mit Hilfe der Festigkeitslehre den Stabquerschnitt bestimmen zu können. Dabei ist stets so vorzugehen, daß man zuerst die Auflagerwiderstände bestimmt, die seitens der Lasten in den Stützpunkten der Stabverbindung hervorgerufen werden; hierauf sind die in den einzelnen Stäben wirkenden Kräfte zu ermitteln, die sog. **innern Kräfte** der Stabverbindung, denen gegenüber die Lasten und Auflagerwiderstände als **äußere Kräfte** bezeichnet werden. Zur Lösung gebraucht man folgende Sätze:

I. Ist eine Stabverbindung im Gleichgewicht, so ist jeder Stab und jeder Knoten unter dem Einfluß aller an ihm angreifenden Kräfte im Gleichgewicht. Damit sind die Regeln von 10 und 13 anwendbar.

II. Jeder Stab wirkt in einem seiner Endpunkte auf den dortigen Knoten oder Stützpunkt mit einer Kraft ein, die wegen der Gleichheit von Wirkung und Gegenwirkung derjenigen Kraft gleich und entgegengesetzt ist, die er selbst von jenem Knoten oder Stützpunkt erfährt.

III. Ein Stab, der nur in seinen Endpunkten von Kräften angegriffen wird, überträgt nur eine reine Zug- bzw. Druckkraft, d. h. die Resultierenden, die an den beiden Stabenden angreifen, fallen mit der Stabachse zusammen und sind einander entgegengesetzt gleich; denn bei anderer Richtung der Resultierenden würde der Stab nicht im Gleichgewicht sein.

Ein Stab, der auch zwischen seinen Endpunkten beliebig belastet ist, überträgt an seinen Endpunkten im allgemeinen schief zur Stabachse gerichtete Kräfte, vgl. S. 77.

Das Eigengewicht der Stäbe ist in seinem Einfluß auf die Stabbeanspruchung erst bei weit gespannten oder stark ausladenden Konstruktionen zu berücksichtigen, meist dadurch, daß es auf die Stabenden verteilt wird.

89. Beispiele einfacher Stabverbindungen. Bei der Bestimmung der Stabkräfte verfährt man stets in der Weise, daß man zuerst die Auflagerwiderstände sucht. Erst wenn diese bekannt sind, kann man an die Ermittlung der Stabkräfte gehen. Zu diesem Zweck macht man jeden Stab frei, d. h. man denkt sich dessen Verbindung am Knotenpunkt gelöst und hat zur Aufrechterhaltung des ursprünglichen Gleichgewichtszustandes die Kräfte an der Trennungsstelle anzubringen, die vor der Lostrennnng dort gewirkt haben; am bequemsten ist es meist, sie in Horizontal- und Vertikalkomponenten zu zerlegen. Den Sinn der Kräfte nimmt man nach Gefühl an und braucht gar nicht ängstlich zu sein, ob man sich nicht geirrt haben könnte. Das ergibt sich ganz unzweideutig, wenn man die Gleichgewichtsbedingungen der die einzelnen Stäbe belastenden Kräfte anschreibt. Die Ausrechnung liefert schließlich die gesuchte Komponente entweder positiv oder negativ, was bedeutet, daß im ersten Fall der Kraftsinn richtig gewählt war, im letzteren Fall falsch, es ist dann der angenommene Kraftsinn- und Pfeil umzukehren. Bei Anwendung der Gleichgewichtsbedingungen für die Kraftkomponenten hat man entgegengesetzt wirkende Kräfte mit entgegengesetztem Vorzeichen zu versehen, beim Anschreiben der Gleichgewichtsbedingungen für die Momente rechts drehende Momente von links drehenden durch $+$- und $-$-Zeichen zu unterscheiden (die Kräfte selbst sind hierbei mit ihrem Absolutwert einzuführen). In dieser Weise ist jeder Stab für sich zu behandeln, wobei das oben unter II angeführte Gegenwirkungsprinzip zu beachten ist. Am letzten Stab sind durch die vorangegangene Rechnung sämtliche Kräfte bekannt, so daß die Anwendung der Gleichgewichtsbedingung eine Rechnungsprobe bildet.

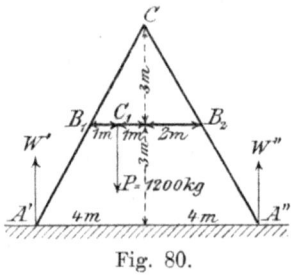

Fig. 80.

Beispiel 1: Als erstes Beispiel wollen wir die in Fig. 80 angedeutete Stabverbindung in Betracht ziehen.

Zunächst bestimmen wir die in A' und A'' wirkenden Auflagerwiderstände W' und W'' aus den Gleichgewichtsbedingungen für die ganze Stabverbindung. Diese Widerstände können wir, da vorliegendenfalles kein Bestreben einer Horizontalverschiebung der starren Stabverbindung auf ihrer horizontalen Unterlage, und damit kein Anlaß zum Auftreten eines Reibungswiderstandes vorhanden ist, ohne weiteres vertikal aufwärts gerichtet annehmen. Für W' liefert dann die Momentengleichung in bezug auf den Drehpunkt A''

$$W' \cdot 8 = 1200 \cdot 5 \, ; \qquad W' = 750 \, ,$$

während die Komponentengleichung $W' + W'' = 1200$ des weiteren $W'' = 450$ ergibt.

Nunmehr betrachten wir einen einzelnen Stab, z. B. den Stab $A'C$ (Fig. 81a). An demselben wirkt in A' der soeben bestimmte Auflagerwiderstand W', sodann in B_1 eine vorläufig noch unbekannte, von dem Stab $B_1 B_2$ ausgeübte Kraft P_1, deren Horizontal- und Vertikalkomponente $= H_1$ bzw. $= V_1$ sei. In welchem Sinn diese letzteren Komponenten wirken, läßt sich vorliegendenfalles auf Grund einer einfachen Überlegung wohl angeben; manchmal ist aber der betreffende Wirkungssinn nicht sofort einleuchtend; dann nimmt man diesen Wirkungssinn einfach nach Gutdünken an. Würden nun H_1 und V_1 tatsächlich entgegengesetzt gerichtet

Starre Stabverbindungen. Fachwerke. 141

sein, als man angenommen hat, so zeigte sich dies im Rechnungsresultat, indem sich in diesem Fall H_1 und V_1 negativ herausstellten. Denken wir uns in unserem Beispiel an dem um C drehbaren Stab $A'C$ (Fig. 81a) die Kraft H_1 in B_1 nach rechts gerichtet und die Kraft V_1 nach unten, so gibt die Momentengleichung für den Drehpunkt C:

$$W' \cdot 4 = H_1 \cdot 3 + V_1 \cdot 2,$$

aus welcher Gleichung sich die unbekannten Kräfte H_1 und V_1 nicht ermitteln lassen. Man braucht also noch eine zweite Gleichung zwischen H_1 und V_1. Diese liefert das Gleichgewicht des in B_1 frei gemachten, um B_2 drehbaren Stabes $B_1 B_2$ (Fig. 81b). An diesem Stab wirken in B_1, entsprechend dem Gesetz der Wechsel-

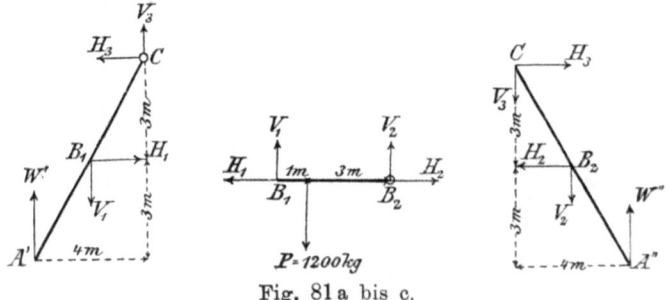

Fig. 81a bis c.

wirkung, in entgegengesetzten Richtungen wie am Stab $A'C$, die Kräfte H_1 und V_1, womit man als Gleichgewichtsbedingung des um B_2 drehbaren Stabes $B_1 B_2$ erhält:

$$V_1 \cdot 4 = 1200 \cdot 3 \quad \text{und daraus} \quad V_1 = 900.$$

Mit diesem Wert von V_1 ergibt sich dann

$$H_1 = 400.$$

Aus dem Umstand, daß V_1 und H_1 sich als positiv erweisen, kann auf die richtige Annahme des Wirkungssinnes von V_1 und H_1 geschlossen werden[1]). Nunmehr mag der Stab $B_1 B_2$ auch in B_2 durch Anbringung der Kräfte H_2 und V_2 frei gemacht werden. Ist der Stab ganz frei, so handelt es sich bei ihm um drei Gleichgewichtsbedingungen, von denen übrigens eine, nämlich die Momentengleichung für den Punkt B_2, schon benutzt wurde, infolgedessen nur noch die beiden Komponentengleichungen

$$V_1 + V_2 = 1200 \quad \text{und} \quad H_1 = H_2$$

---

[1]) Es empfiehlt sich, im Fall eine Kraft im Rechnungsresultat negativ erscheint, sofort in den Figuren die Korrektur bezüglich des Wirkungssinnes der Kraft vorzunehmen und nicht das negative Vorzeichen durch die Rechnung durchzuschleppen.

zur Verfügung stehen. Diese liefern mit den gefundenen Werten von V_1 und H_1

$$V_2 = 300 \quad \text{und} \quad H_2 = 400.$$

Kehren wir jetzt wieder zum Stab $A'C$ zurück und machen denselben vollends ganz frei, indem wir in C die beiden vom Stab CA'' auf ihn ausgeübten Kräfte H_3 und V_3 anbringen. Man hat dann wegen des Gleichgewichtes des Stabes $A'C$ außer der schon benutzten Momentengleichung für den Drehpunkt C noch

$$H_3 = H_1 = 400 \quad \text{und} \quad W' + V_3 = V_1,$$

woraus $\quad V_3 = 150.$

Schließlich wird man auch den Stab CA'' (Fig. 81c) in Betracht ziehen, obgleich alle an ihm wirkenden Kräfte nunmehr bekannt sind, und die drei Gleichgewichtsbedingungen für denselben

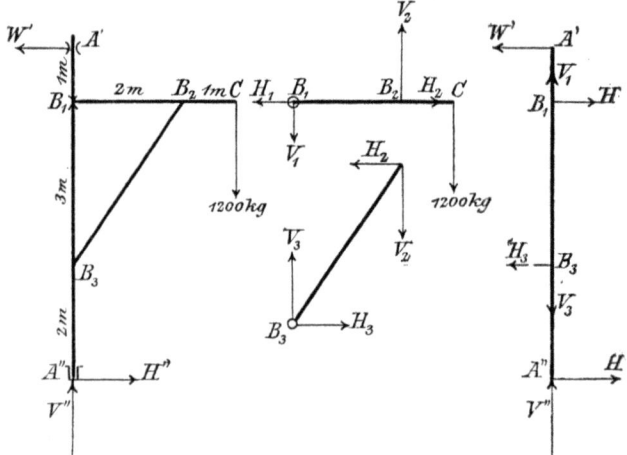

Fig. 82.

anschreiben. Zeigen sich nämlich diese Gleichgewichtsbedingungen durch die Kräfte erfüllt, so kann man daraus auf die Richtigkeit der berechneten Kräfte schließen.

Beispiel 2: Die Stabkräfte im Kran Fig. 82 sind zu berechnen. (Alle Stäbe sind in einer Ebene gelegen.)

a) Lagerwiderstände. Das Halslager bei A' vermag keinen Vertikalwiderstand aufzunehmen, der Lagerwiderstand W' ist also horizontal gerichtet. Der Lagerwiderstand W'' in A'' ist in seine Horizontal- und Vertikalkomponente H'' und V'' zerlegt. Um A'' als Drehpunkt lautet die Momentengleichung der äußeren Kräfte

$$W' \cdot 6 = 1200 \cdot 3; \quad W' = 600 \text{ kg}.$$

Die Komponentengleichungen $\Sigma H = 0$ und $\Sigma V = 0$ liefern für die am ganzen Kran tätigen äußeren Kräfte:

$$H'' = W' = 600 \text{ kg} \qquad V'' = 1200 \text{ kg}.$$

Es sei hervorgehoben, daß bis hierher innere Kräfte nicht vorkommen; diese haben auf die Größe der äußeren Kräfte keinen Einfluß.

b) **Strebe $B_1 C$.** Sie wird zuerst in B_2 freigemacht und hierauf die dort angreifende Kraft des Stabes $B_3 B_2$ in ihre Komponenten H_2 und V_2 zerlegt, angebracht. Das Momentengleichgewicht um B_1 liefert:

$$V_2 \cdot 2 = 1200 \cdot 3; \qquad V_2 = 1800 \text{ kg}.$$

Macht man Stab $B_1 C$ auch in B_1 frei, so sind dort die Komponenten V_1 und H_1 anzubringen; für V_1 folgt aus $\Sigma V = 0$:

$$V_1 = V_2 - 1200 = 600 \text{ kg}.$$

H_2 und das gleich große H_1 können erst später angegeben werden.

c) **Strebe $B_3 B_2$** ist nur an den Endpunkten belastet. Am oberen Ende greifen H_2 und V_2 gleich und entgegengesetzt wie am Stab $B_1 C$ an. Am untern Ende V_3 und H_3 und zwar nach Regel III:

$$V_3 = V_2 = 1800 \quad \text{und} \quad H_3 = H_2.$$

Aus der Momentengleichung um B_3 folgt

$$H_2 \cdot 3 = V_2 \cdot 2$$
$$H_2 = \tfrac{2}{3} \cdot V_2 = \tfrac{2}{3} \cdot 1800 = 1200 \text{ kg}.$$

Nachträglich folgt an Strebe $B_1 C$:

$$H_1 = H_2 = 1200 \text{ kg}.$$

d) **Strebe $A' A''$.** An ihr sind nunmehr alle Kräfte bekannt: Die Lagerwiderstände W' in A'; H'' und V'' in A''; die Stabkräfte V_1 und H_1 in B_1 seitens des Stabes $B_1 C$ und zwar gleich und entgegengesetzt wie an diesem wirkend; die Stabkräfte V_3 und H_3 in B_3 seitens $B_3 B_2$ gleich und entgegengesetzt wie an diesem selbst wirkend. War die bisherige Ausrechnung richtig, so müssen die angeführten Kräfte am Stab $A' A''$ im Gleichgewicht sein, d. h. $\Sigma H = 0; \Sigma V = 0; \Sigma M = 0$ (um A''):

$$H'' - H_3 + H_1 - W' = 600 - 1200 + 1200 - 600 = 0$$
$$V'' - V_3 + V_1 = 1200 - 1800 + 600 = 0$$
$$H_1 \cdot 5 - W' \cdot 6 - H_3 \cdot 2 = 1200 \cdot 5 - 600 \cdot 6 - 1200 \cdot 2 = 0.$$

Die Probe stimmt.

90. Allgemeines über Fachwerke. Als Fachwerk wird eine Stabverbindung bezeichnet, deren einzelne Stäbe nur Zug oder Druck erfahren. Die Stäbe sind miteinander durch reibungslose Gelenke, sog. Knoten, verbunden; die Belastung wird unmittelbar auf die Knoten übertragen. In diesem Fall wird eine Biegung von den Stäben ferngehalten, bei der ein Stabquerschnitt ungleichmäßig beansprucht wäre, was eine volle Ausnützung des Materiales nicht zuläßt. Unter den genannten Umständen werden in den Knoten nur Zug oder Druckkräfte auf die Stäbe übertragen und die Stabquerschnitte sind gleichmäßig mit Zug oder Druck ausgefüllt, die Festigkeit des Materiales kann voll ausgenützt werden. Das ist der Zweck der Konstruktion der Fachwerke, deren Gewicht ein leichtes werden soll.

Liegen die Stäbe und die äußeren Kräfte (Lasten und Stützenwiderstände in einer Ebene, so spricht man von einem ebenen Fachwerk, sonst von einem Raumfachwerk. Wir betrachten in diesem Abschnitt nur ebene Fachwerke. Ein Fachwerk mit einer festen drehbaren und einer reibungslos verschiebbaren Stütze wird, wegen der Analogie mit einem zweimal frei aufliegenden Balken, ein Balkenfachwerk genannt.

Um drei Knoten durch starre Stäbe in unveränderlichem Abstand zu halten, braucht man drei Stäbe, für jeden weiteren je zwei neue, also bei k Knoten für die ersten drei Knoten drei Stäbe, für die übrigen $(k-3)$ Knoten $2 \cdot (k-3)$ Stäbe, also für alle k Knoten
$$n = 3 + 2(k-3) = 2k - 3 \text{ Stäbe}.$$
Ein Fachwerk mit gerade dieser Stabzahl heißt ein einfaches; ein solches mit mehr Stäben ein zusammengesetztes oder verstärktes, weil die zugefügten Stäbe der Verstärkung des Fachwerkes dienen sollen; ein solches mit weniger Stäben ist beweglich.

Mit diesen geometrischen Festlegungen sind aber auch statische Eigenschaften verbunden. Hier wird die Übersicht erleichtert, wenn man nach Mohr die Auflagerwirkungen durch Stützstäbe ersetzt. Ein festes Auflager ist durch zwei, etwa zueinander senkrechte Stäbe vollständig ersetzt, die mit dem Auflagerknoten und zwei Fixpunkten durch reibungslose Gelenke verbunden sind, vgl. Fig. 86; ein bewegliches Auflager ist durch einen Stützstab ersetzt. Das einfache Balkenfachwerk besteht so aus $(2k-3)$ Fachwerks- und 3 Stützstäben, also im ganzen aus $2k$ Stäben, deren Stabkräfte gesucht sind und zu ihrer Bestimmung $2k$ Gleichungen erfordern.

Wenn das ganze Fachwerk im Gleichgewicht ist, so ist es auch jeder seiner k Knoten. Wir betrachten einen von ihnen und machen ihn frei, indem wir alle in ihm zusammentreffenden Stäbe durchschneiden und die Stabkräfte, die vor dem Durchschneiden dort gewirkt haben, an den Schnittstellen in Richtung der Stabachsen anbringen, die Zugkräfte vom Knoten weg, die Druckkräfte gegen den Knoten hin, auch die auf den Knoten wirkende äußere Kraft ist anzubringen. Dann haben wir das Gleichgewicht der aufgezählten Kräfte an einem Punkt zu betrachten, wofür wir nach Abschnitt 13 zwei Bedingungen $\Sigma X=0$ und $\Sigma Y=0$ zur Verfügung haben. Für alle k Knotenpunkte stehen also $2k$ Gleichgewichtsbedingungen zur Verfügung. Diese genügen gerade zur Berechnung der $2k$ unbekannten Stabkräfte des einfachen Balkenfachwerks, und zwar braucht man drei Gleichungen zur Bestimmung der drei unbekannten Stützstabkräfte, und $(2k-3)$ verbleiben zur Bestimmung der $(2k-3)$ Stabkräfte des Fachwerkes.

Daß man zur Ermittlung der Kräfte in den Auflagerstäben drei Bedingungen braucht, stimmt damit überein, daß das Gleichgewicht der äußeren Kräfte, nämlich der Lasten und Auflagerwiderstände, die einen ebenen Körper, hier das ganze ebene Fachwerk, angreifen, nach Abschn. 25 durch drei Gleichgewichtsbedingungen $\Sigma X=0$; $\Sigma Y=0$; $\Sigma M=0$ bestimmt ist, aus denen die Auflagerwiderstände am festen und am beweglichen Stützpunkt ermittelbar sind.

Die Auflagerwiderstände und Stabkräfte eines einfachen ebenen Balkenfachwerkes sind also mit den statischen Gleichgewichtsbedingungen bestimmbar, man nennt ein solches Fachwerk **statisch bestimmt**, und zwar **äußerlich statisch bestimmt**, wenn man zum Ausdruck bringen will, daß die Auflagerwiderstände oder die Kräfte in den entsprechenden Stützstäben mit Hilfe der Gleichgewichtsbedingungen der Statik allein berechenbar sind, **innerlich statisch bestimmt**, wenn man dasselbe hinsichtlich der Stabkräfte ausdrücken will.

Ein einfaches Fachwerk ist demnach gleichzeitig innerlich statisch bestimmt, ein Balkenfachwerk äußerlich statisch bestimmt; ersteres ist durch $n=2k-3$ Fachwerkstäbe gekennzeichnet, letzteres durch drei Stützstäbe.

Zieht man jedoch zum Zweck der Verstärkung mehr als $2k-3$ Fachwerkstäbe ein, sog. **überzählige** Stäbe, weil sie nämlich zur Aufrechterhaltung des gegenseitigen Abstandes der Knoten nicht unbedingt erforderlich sind, so wird das Fachwerk **innerlich statisch unbestimmt**; die Anzahl der $(2k-3)$ Gleichgewichtsbedingungen zur Bestimmung der Stabkräfte läßt sich nicht vermehren; sie genügt also nicht mehr.

Ganz Ähnliches tritt ein bei den Auflagerwiderständen. Bringt man zum Zweck vermehrter Tragfähigkeit mehr als ein festes und ein bewegliches Auflager an, wodurch die Zahl der Stützstäbe größer als 3 wird, so genügen die allein verfügbaren drei Gleichgewichtsbedingungen nicht mehr zur Berechnung der Auflagerwiderstände. Das Fachwerk ist jetzt **äußerlich statisch unbestimmt**, die hinzugefügten Stützstäbe bzw. Auflagerarten heißen **überzählig**.

Die Berechnung statisch unbestimmter Auflagerwiderstände oder Stabkräfte kann nur mit Hilfe der Elastizitätslehre ausgeführt werden, weil sie von der Formänderung abhängen, die das Fachwerk unter den gegebenen Verhältnissen annehmen kann bzw. muß.

Die Anwendung überzähliger Stützpunkte oder Stäbe empfiehlt sich nur dann, wenn sicher ist, daß genau montiert wird, und daß der Baugrund fest ist. Von beiden Voraussetzungen hängt der Spannungszustand des statisch unbestimmten Fachwerkes im höchsten Maße ab.

Die Berechnung der statisch unbestimmten Konstruktionen ist die Aufgabe der Elastizitätslehre, hier werden nur einfache ebene Balkenfachwerke betrachtet.

Statt nun die $2k$ Stabkräfte und Stützenwiderstände aus $2k$ Gleichgewichtsbedingungen zu berechnen, die für die k Knotenpunkte aufgestellt werden können, benützt man einfacher eines der nachstehend beschriebenen graphischen Verfahren.

91. Kräftepläne für die einzelnen Knoten eines einfachen Balkenfachwerkes (Knotenpunktsmethode graphisch).

Die gesuchten Stabkräfte werden bestimmt, nachdem zuerst die Auflagerwiderstände mit Hilfe eines Seilpolygones oder durch Rechnung ermittelt sind.

Ein Knoten befindet sich unter Einfluß der an ihm angreifenden äußeren Kräfte (Last oder Auflagerwiderstand) sowie der Stabkräfte der in ihm zusammentreffenden Stäbe im Gleichgewicht. Nach Abschn. 10 muß sich dann das Krafteck der genannten Kräfte schließen. Da nun die äußeren Kräfte nach Größe und Richtung, die Stabkräfte nach Richtung bekannt sind, so läßt sich das Krafteck für einen Knoten stets dann konstruieren, wenn am Knoten nicht mehr als zwei unbekannte Stabkräfte angreifen.

Man beginnt daher mit der Aufzeichnung des Kraftecks an einem Knoten, für den das zuletzt Gesagte zutrifft, also bei dem symmetrisch belasteten Polonceauschen oder französischen Dachstuhl (Fig. 83) am Knoten I; die Knoten in Fig. 83 sind römisch, die Stäbe arabisch beziffert. Zum Knoten I (Fig. 83) gehört das sich schießende Krafteck I in Fig. 84, wodurch die Stabkräfte 1 und 2 bestimmt sind. Die im Inneren des Kraftecks I gezeichneten Pfeile geben den Sinn der am Knoten I angreifenden Kräfte an; man kann nun sofort feststellen, ob in den Stäben 1 und 2 Zug oder Druck auftritt. Kraft 1 wirkt vom Knoten I weg, d. h. Stab 1 der am Stabende I eine gleich große Gegenkraft aufnimmt, ist gezogen. Kraft 2 wirkt gegen den Knoten I hin, d. h. Stab 2 ist gedrückt. Es empfiehlt sich, dies sofort in den Figuren sichtbar zu machen, etwa dadurch, daß man Druckstäbe in der Fachwerksfigur mit einer Doppellinie (Föppl) versieht, und eine Zugkraft im Krafteck durch 2 auf der entsprechenden Kraftstrecke selbst markierte Pfeile kennzeichnet, eine Druckkraft durch entgegengesetzte Pfeile (vgl. Fig. 87).

Jetzt geht man zu einem benachbarten Knoten über, etwa zum Knoten II, und macht diesen „frei". An ihm wirken die ge-

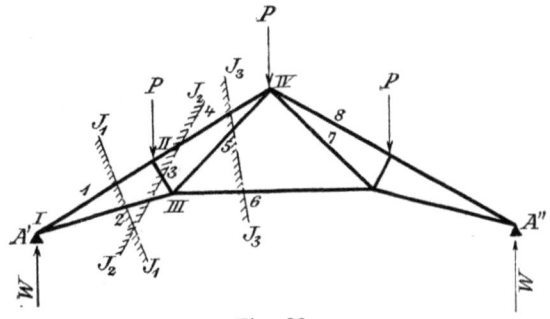

Fig. 83.

gebene äußere Kraft P und die soeben ermittelte Stabkraft 1, außerdem die Stabkräfte 3 und 4 in gegebener Richtung. Stabkraft 1 wirkt am Knoten 2 in gleicher Größe, aber entgegengesetzter Richtung wie am Knoten I. Damit läßt sich das Krafteck II in der aus Fig. 84 ersichtlichen Weise aufzeichnen und zwar entweder für sich, oder wie in Fig. 84 mit Ersparnis einer Linie, im Anschluß an das Krafteck I. Ebenso erledigt sich hierauf Knoten III durch Krafteck III.

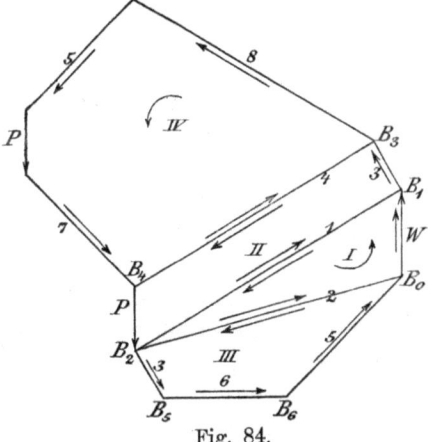

Fig. 84.

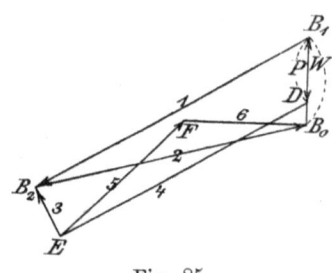

Fig. 85.

Damit sind alle Stabkräfte bestimmt, sofern wegen der symmetrischen Form und Belastung des Dachstuhles dessen rechte Seite genau so beansprucht ist, wie die linke. Zur Probe kann schließlich das Krafteck IV gezeichnet werden, das sich als ein geschlossenes zu erweisen hat.

Die aneinander gereihten Kraftecke bezeichnet man als **Kräfteplan**. Als Eigentümlichkeit des in Rede stehenden Planes kann mit Rücksicht auf die jetzt vorzubereitende einfachste Aufzeichnung festgestellt werden, daß zu jedem Knoten im Fachwerk ein sich schließendes Krafteck im Kräfteplan gehört, das die im Knoten zusammentreffenden äußeren und inneren Kräfte gleichsinnig aneinandergereiht enthält, und daß einzelne Kräfte mehrfach im Kraftplan vorkommen, schließlich auch, daß die Anordnung der äußeren und inneren Kräfte in den einzelnen Kraftecken ohne erkennbare Regel willkürlich erfolgt ist. Besonders die beiden letzten Feststellungen werden als Nachteil empfunden und dienen als Ausgangspunkt für eine Vereinfachung der Kräfteplankonstruktion. Dieser läßt sich nach dem Vorgang von Cremona und Bow so einrichten, daß jede Kraft nur einmal in ihm vorkommt und daß er in ganz stereotyper und mechanischer Weise nach festen Regeln aufgezeichnet werden kann, was im Sinn ökonomischen Arbeitens gelegen ist und durchaus unbedenklich erscheint, da die statischen Grundlagen die gleichen sind, wie im Vorhergehenden. Der sog. Cremonasche Kräfteplan erfordert überdies weniger Platz und gestattet eher eine größere Zeichnungsgenauigkeit als die der auseinandergezogenen Kräftepläne.

Es handelt sich jetzt nicht um neue statische Gesichtspunkte, sondern bloß um die Frage der einfachsten geometrischen Anordnung des neuen Kräfteplanes der heutzutage in Unterricht und Praxis am meisten bevorzugt wird.

92. Der Cremonasche Kräfteplan (Cremonaplan). Reziproker Kräfteplan. In Fig. 85 ist der Kräfteplan Fig. 84 des Dachstuhles Fig. 83 so zusammengeschoben, daß jede äußere und innere Kraft nur einmal in ihm vorkommt. Den Kräfteplan in dieser Art zusammenzuschieben, gelingt in einfachen Fällen leicht. So zeigt Fig. 86 den durch passendes Zusammenschieben auf die einfachste Form gebrachten Kräfteplan eines Vordaches. Es ist aber keineswegs nötig, die einfachste Form des Kräfteplanes durch langwieriges Probieren zu suchen. Maxwell hat bemerkt, daß zwischen der Fachwerksfigur und der einfachsten Form des Kräfteplanes bestimmte geometrische Beziehungen bestehen, nach denen der einfachste Kräfteplan schließlich ganz mechanisch aufgezeichnet werden kann, auch für schwierigere Fälle der Belastung und beliebige Fachwerksformen. Bow und Cremona und andere haben diese Beziehungen weiter verfolgt und die nach Cremona benannten „Cremonapläne" in die technische Praxis eingeführt. (Enzykl. der math. Wiss. Mechanik, Bd. I, S. 347, besonders S. 397.)

Starre Stabverbindungen. Fachwerke. 149

Es empfiehlt sich, von einem einfachen Fall, in dem man nach einigem Probieren den einfachsten Kräfteplan selbst herausfindet, auszugehen, etwa von Fig. 85, um die wesentlichen geometrischen Beziehungen zwischen Kräfteplan und Fachwerksfigur zu erkennen.

Zunächst überzeugen wir uns, daß der einfachste Kräfteplan oder, wie wir von jetzt an sagen werden, der Cremonaplan, alles enthält, was die für die einzelnen Knoten gezeichneten Kräftepläne enthalten haben. Außer sämtlichen inneren und äußeren Kräften finden wir auch die geschlossenen Kraftecke der Fig. 84 wieder als geschlossene Kraftecke vor, allerdings teilweise verschränkt.

Dies ist in der Tat alles, was man nötig hat.

Zur glatten Aufzeichnung des Cremonaplanes erweist sich eine systematische Bezifferung und Benennung der Fachwerks-

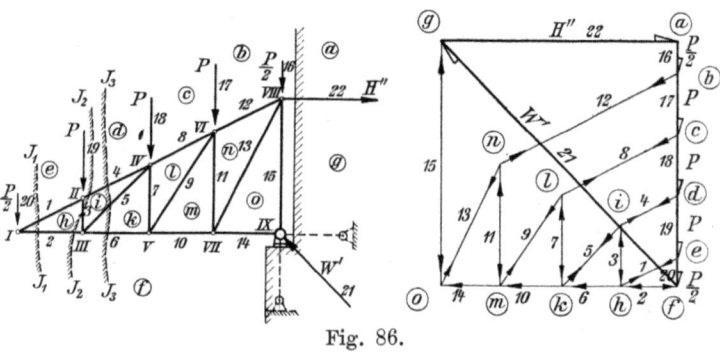

Fig. 86.

figur und des Kräfteplanes als geradezu unentbehrlich. Wir versehen in der Fachwerksfigur die Knotenpunkte mit römischen und die Stäbe mit arabischen Ziffern, ferner die „Stabecke" oder „Stabpolygone" mit kleinen lateinischen Buchstaben, die mit einem kleinen Kreis umgeben werden können.

Wenn nun, wie wir vermuten, die Konstruktion des Cremonaplanes letzten Endes eine rein geometrische Aufgabe sein wird, so wird es sich dabei nur noch um Linien und Punkte handeln und nicht mehr um Lasten, Widerstände und Stabkräfte. Um den geometrischen Kern der Aufgabe herauszuschälen, ist es für das Folgende ganz wesentlich, die äußeren Kräfte des Fachwerkes, die Lasten und Stützenwiderstände, sich durch Stäbe — Last- und Stützstäbe — ersetzt vorzustellen; so haben wir jetzt in Fig. 86 die Laststäbe 16 bis 20 und die Stützstäbe 21 und 22. Stützstab 21 könnte übrigens durch einen horizontalen und einen vertikalen Stützstab ersetzt werden. Nunmehr besteht die Fachwerksfigur nur noch aus geometrischen Linien, und zwar aus geschlossenen

Stabecken, d. h. geschlossenen Dreiecken, gebildet aus Fachwerksstäben, innerhalb deren keine weiteren Stäbe sich befinden, und offenen Stabecken, gebildet aus einer Folge aneinandergereihter Last-, Stütz- oder Fachwerksstäbe, z. B. offenes Stabeck a, gebildet aus Laststab 16 und Stützstab 22; offenes Stabeck c, gebildet aus Laststab 18, Fachwerksstab 8, Laststab 17; offenes Stabeck f, gebildet aus Laststab 20, Fachwerksstäben 2, 6, 10, 14 und Stützstab 21.

Im Kräfteplan erhalten die Stabkräfte die gleichen arabischen Ziffern, wie in der Fachwerksfigur, und zwar gleichermaßen, ob es sich um Fachwerks-, Last- oder Stützstäbe handelt.

Im Kräfteplan treffen sich nun in einem Punkt z. B. die Stabkräfte 5, 6, 7, während die Stäbe 5, 6, 7 in der Fachwerksfigur ein geschlossenes Stabeck (Dreieck) bilden, der Treffpunkt sei mit k bezeichnet; ebenso treffen sich in einem Punkt des Kräfteplanes die Kraft des Laststabes 20, die Stabkräfte 2, 6, 10, 14 und die Kraft des Stützstabes 21, während die betreffenden Stäbe das offene Stabeck f der Fachwerksfigur bilden, der Treffpunkt sei im Kräfteplan mit f bezeichnet; ebenso treffen sich im Kräfteplan in einem Punkt die Kräfte in den Laststäben 17 und 18 und die Stabkraft 8, während die betreffenden Stäbe in der Fachwerksfigur das offene Stabeck c bilden, wir bezeichnen den Treffpunkt im Kräfteplan mit c. So zeigt sich, daß **jedem geschlossenen oder offenen Stabeck der Fachwerksfigur ein Punkt des Cremonaplanes** (Fig. 86) zugeordnet ist; und umgekehrt, [wie aus dem letzten Abschnitt wiederholt sei, daß **jedem Knotenpunkt der Fachwerksfigur ein geschlossenes Krafteck des Kräfteplanes zugeordnet ist.**

Im Knoten VIII z. B. treffen sich die Stäbe 12, 13, 15 und die Last- und Stützstäbe 16 und 22; die entsprechenden **Kräfte bilden im Cremonaplan einen geschlossenen Linienzug mit gleichsinnig aufeinanderfolgenden Kraftpfeilen.**

Jeder Linie in der Fachwerksfigur entspricht schließlich eine parallele Linie im Cremonaplan. Die beiden Figuren haben also reziproke Eigenschaften: **jedem Punkt in der einen ist ein Polygon in der anderen zugeordnet; jeder Linie in der einen entspricht eine Parallele in der anderen.**

Die Aufzeichnung des Cremonaschen Kräfteplanes läuft demnach, wie schon bemerkt, auf eine rein geometrische Aufgabe[1])

---

[1]) Die Beziehungen, sofern sie als ausschließlich der Geometrie angehörig betrachtet werden können, sind eingehend untersucht, auch analytisch formuliert, vgl. die Monographien: Timerding, Geometrie der Kräfte; Henneberg, Graphische Statik der starren Systeme.

Starre Stabverbindungen. Fachwerke. 151

hinaus; nämlich zu einer gegebenen Fachwerksfigur, die durch Last- und Stützstäbe ergänzt ist, eine reziproke Figur zu zeichnen, die die eben erwähnten Eigenschaften hat. Die Aufgabe läßt nur eine einzige Lösung zu. Durch die Einführung der „Last- und Stützstäbe" insbesondere wird die Aufgabe in eine rein geometrische verwandelt; diese Hilfsvorstellung ist also für die geometrische Auffassung sehr wichtig.

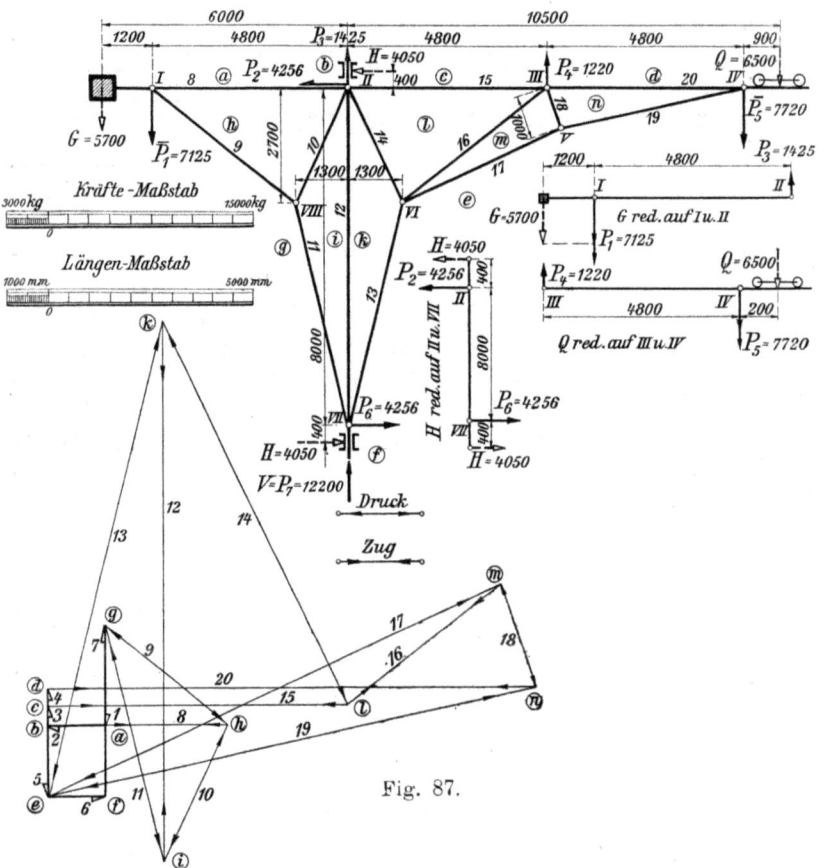

Fig. 87.

Hervorzuheben ist noch, daß in dem Cremonaplan die äußeren Kräfte (Lasten und Auflagerwiderstände) einen geschlossenen Linienzug bilden und daß die äußeren Kräfte im Kräfteplan in derselben Reihenfolge aneinandergefügt sind, in der sie in der Fachwerksfigur stehen, wenn man diese im Zeigersinn oder im Gegenzeigersinn umkreist.

Das Aufzeichnen des Cremonaschen Kräfteplanes sei nunmehr am Beispiel des Krans (Fig. 87) beschrieben:

1. Zuerst werden die Auflagerdrücke bestimmt. Das obere Halslager kann nur eine Horizontalkraft H aufnehmen, die sich aus der Momentengleichung um das untere Halslager mit den eingeschriebenen Hebelarmen wie folgt ergibt:

$$H \cdot 8000 = 6500 \cdot 10\,500; \quad H = 4050 \text{ kg}.$$

Die Vertikalkomponente des Spurlagerdruckes ist

$$V = P_7 = 6500 + 5700 = 12\,200 \text{ kg}.$$

2. Der Cremonaplan kann nur für den Fall gezeichnet werden, daß die äußeren Kräfte (Lasten und Widerstände) in den Knoten angreifen. Das liegt in der Natur der Sache. Um ihn auch dann zeichnen zu können, wenn die äußeren Kräfte außerhalb der Knoten angreifen, muß man diese auf die Knoten umrechnen, reduzieren. Dies hat so zu geschehen, daß die reduzierten Kräfte die gleichen Komponenten und Momente haben wie die gegebenen äußeren Kräfte. Die Reduktion hat ferner nur auf die beiden der Laststelle nächst gelegenen Knoten zu erfolgen, die auf dem belasteten Stab gelegen sind. Anzunehmen, daß mehr als 2 Stützpunkte in Mitleidenschaft gezogen werden, widerspricht dem statisch bestimmten Charakter der Lösung. Von den reduzierten Kräften wird weiterhin angenommen, daß sie auch die gleichen Stabkräfte, wenigstens sofern es sich um Zug oder Druck handelt, hervorrufen, wie die gegebenen. Dies stimmt nicht genau, aber meist mit genügender Annäherung. Die offenkundig außer acht gelassene Biegung kann nachträglich berücksichtigt werden.

Wie bei der Reduktion zu verfahren ist, sei für die Nutzlast Q gezeigt; diese wird auf die beiden Nachbarknoten IV und III des belasteten Stabes reduziert, zu welchem Zweck man Stab III÷IV als zweiarmigen Hebel mit festem Drehpunkt bei IV ansehen kann. In III ist die aufwärts gerichtete Hebelkraft

$$6500 \cdot \frac{200}{4800} = 1220 \text{ kg}.$$

Sie ersetzt die Nutzlast bezüglich Größe und Sinn des Momentes um den Punkt IV. Dieser selbst erhält sodann die Kraft

$$6500 + 1220 = 7720 \text{ kg}$$

nach abwärts. Die reduzierten Kräfte haben demgemäß auch die gleiche Komponente $7720 - 1220 = 6500$, wie die Nutzlast, sind also der gegebenen Last statisch äquivalent. Ebenso verfährt man mit den anderen außerhalb der Knoten angreifenden äußeren Kräften. Das Ergebnis sind die ausgezogen gezeichneten Knotenpunktslasten in Fig. 87. Die gegebenen Lasten sind gestrichelt gezeichnet.

3. Die Knotenpunkte der Fachwerksfigur werden römisch, die Fachwerks-, Last- und Stützstäbe arabisch beziffert und die geschlossenen und offenen Stabecke mit kleinen lateinischen eingekreisten Buchstaben bezeichnet. Bei der Numerierung der Last- und Stützstäbe wird man zweckmäßigerweise die Regel S. 151 befolgen und einen bestimmten Umkreisungssinn einhalten.

4. Nachdem ein Kräftemaßstab gewählt ist, wird zuerst das Krafteck der äußeren Kräfte aufgezeichnet. Man beginnt mit irgendeiner äußeren Kraft und reiht — das Fachwerk in bestimmten, an sich willkürlich wählbarem Sinn umkreisend — die äußeren Kräfte so aneinander, wie sie bei dieser Umkreisung aufeinander folgen (P_1, P_2 bis P_7). **Abgehen von dieser Reihenfolge bedeutet einen Verstoß gegen eine Hauptregel der Aufzeichnung des Cremonaplanes.** Man erhält dann entweder einen falschen Kräfteplan, oder aber mindestens keinen Cremonaplan. Im Krafteck der äußeren Kräfte werden nun die Treffpunkte zweier Kräfte sofort numeriert, indem man die Regel beachtet, daß zu jedem Stabeck ein Punkt des Kräfteplanes gehört, in dem sich alle Stabrichtungen dieses Stabeckes schneiden. Zum Beispiel müssen sich die Stäbe P_4, P_5, $\overline{20}$ des offenen Stabeckes ⓓ in demjenigen Punkt des Kraftecks schneiden, wo die beiden äußeren Kräfte P_4 und P_5 zusammenstoßen. Dieser Punkt sei ⓓ genannt, durch ihn geht gleichzeitig die Stabrichtung $\overline{20}$. Ebenso Stabeck ⓔ mit Stäben P_5, $\overline{19}$, $\overline{17}$, $\overline{13}$, P_6; dazu gehört Treffpunkt ⓔ im Krafteck, wo P_5, P_6 zusammenstoßen und wo die Richtungen $\overline{19}$, $\overline{17}$, $\overline{13}$ hindurchgehen. In der gleichen Weise werden die „Knoten" ⓐ bis ⓖ in das Krafteck eingetragen und zu den in den Stabecken ⓐ bis ⓖ vorkommenden Stabrichtungen bzw. in den Knoten ⓐ bis ⓖ des Kraftecks Parallelen gezogen, die man sofort mit ihrer Nummer versehe.

Jetzt sucht man die „Knoten" ⓗ bis ⓝ im Krafteck, die zu den geschlossenen Stabecken ⓗ und ⓝ gehören. Der Knoten ⓗ des Kraftecks ist als Schnittpunkt der Stabrichtungen $\overline{8}$ und $\overline{9}$ bestimmt, durch ihn geht die 3. Seite des Stabeckes ⓗ, nämlich $\overline{10}$. Ebenso findet man die Knoten ⓘ bis ⓝ des Kraftecks. Schließlich muß die Verbindungslinie der Krafteckknoten ⓜ und ⓝ parallel der Stabrichtung $\overline{18}$ sich ergeben, worin eine Zeichnungsprobe gelegen ist.

Damit ist die Größe der Stabkräfte bestimmt und es fragt sich nur noch, ob ein Stab gezogen oder gedrückt ist. Um das zu entscheiden, benützt man den Satz, daß zu jedem Fachwerksknoten ein geschlossenes Polygon des Kraftecks gehört, das aus den im

Fachwerksknoten zusammentreffenden Stabrichtungen besteht. Da dieses Polygon das Gleichgewicht der an dem betreffenden Knoten angreifenden Kräfte versinnbildlicht, so folgen die Kraftpfeile gleichsinnig aufeinander, und zwar ist der Pfeilsinn durch den Pfeil der äußeren Kraft bestimmt, falls eine solche am Knoten angreift. So gehört z. B. zum Knoten VII das geschlossene Polygon 6, 7, 11, 12, 13 des Krafteckes, wobei die Reihenfolge der Zahlen in Übereinstimmung mit dem Sinn der äußeren Kräfte P_6 und P_7 steht und den Pfeilsinn der am Knoten VII angreifenden Kräfte bestimmt. Demnach sind die Stabkräfte S_{11} und S_{13} auf den Knoten VII zu gerichtet, die Stabkraft S_{12} dagegen vom Knoten weg; erstere sind also Druckkräfte, letztere ist eine Zugkraft. Analog verfährt man mit jeder anderen Stabkraft, die zu einem von einer äußeren Kraft ergriffenen Knoten gehört. Kommt man nach Erledigung dieser Knoten zu einem solchen, an dem, wie z. B. an V, VI, VIII nur Stabkräfte angreifen, so sind diese entweder durch die vorhergehenden Ermittlungen schon als Druck oder Zug bekannt, oder es fehlt in dem Krafteck dieses Knotens nur eine Kraft, deren Sinn dadurch bestimmt ist, daß sich das Krafteck schließt (z. B. S_{17} am Knoten V aus dem Krafteck $\overline{17}$, $\overline{18}$, $\overline{19}$, wo S_{18} und S_{19} schon vorher ermittelt waren).

93. Anderes graphisches Verfahren. Methode der Querdurchschneidungen. Statt die einzelnen Knotenpunkte des Fachwerkes frei zu machen und die graphischen Gleichgewichtsbedingungen für die Knotenpunkte zur Bestimmung der unbekannten Stabkräfte zu benützen, kann man auch das Fachwerk durch Schnitte wie $J_1 J_1$, $J_2 J_2$, ... (Fig. 83 u. 86) je in zwei Teile vollständig trennen, an den Schnittstellen die betreffenden Spannkräfte anbringen und aus den Gleichgewichtsbedingungen für die abgeschnittenen Fachwerksteile die unbekannten Stabkräfte auf graphischem Wege ermitteln, wobei man sich zu erinnern hat, daß auch für Kräfte in derselben Ebene, die nicht durch einen und denselben Punkt hindurchgehen, das Kräftepolygon im Gleichgewichtsfall sich schließen muß.

Sollen dementsprechend die Spannkräfte in den Stäben des Fachwerkes (Fig. 83) festgesetzt werden, so wird man zunächst den links vom Schnitt $J_1 J_1$ gelegenen, unter Einwirkung der Kräfte W, S_1, S_2 im Gleichgewicht befindlichen Fachwerksteil $A'J_1J_1$ in Betracht ziehen und aus dem Kräftedreieck $B_0 B_1 B_2$ (Fig. 85) die Stabkräfte S_1 und S_2 bestimmen, hierauf für den Fachwerksteil $A'J_2J_2$, an dem sich die Kräfte W, P, S_2, S_3, S_4 im Gleichgewicht halten, das Kräftepolygon $B_2 B_0 B_1 D E B_2$ (Fig. 85) konstruieren und diesem Kräftepolygon die unbekannten Kräfte S_3 und S_4 entnehmen und endlich noch die Kräfte S_5 und S_6 aus dem Kräftepolygon $B_0 B_1 D E F B_0$ für den Fachwerksteil $A' J_3 J_3$ festsetzen. Auf diese Weise ergibt sich schließlich ein Kräfteplan, der mit dem für das gleiche Fachwerk konstruierten Cremonaschen Kräfteplan vollständig übereinstimmt. Dasselbe zeigt sich bei dem Kräfteplan (Fig. 86).

Was die Reihenfolge der zu führenden Schnitte JJ betrifft, so ist hier der Umstand maßgebend, daß mit Hilfe des Kräftepolygons für einen abgeschnittenen Fachwerksteil stets nur zwei Stabkräfte sich bestimmen lassen, daß man also nicht zu einem Schnitt übergehen darf, der einen Fachwerksteil mit mehr als zwei unbekannten Stabkräften liefert. So hätte man z. B. bei Fachwerk

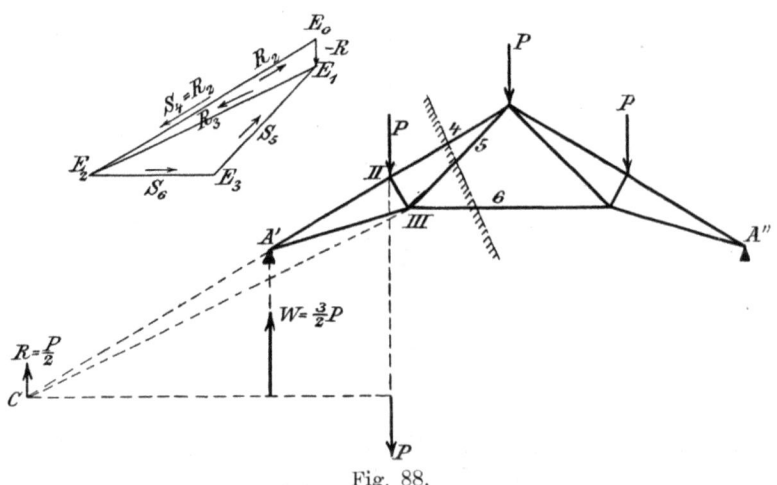

Fig. 88.

(Fig. 83) nicht zuerst den Schnitt $J_3 J_3$ und den Fachwerksteil $A' J_3 J_3$ in Betracht ziehen dürfen, vielmehr hätte man zur Bestimmung der drei unbekannten, am Fachwerksteil auftretenden Stabkräfte S_4, S_5, S_6 bei Anwendung der vorliegenden Methode die Aufstellung des ganzen Kräfteplanes bis zu dem betreffenden Schnitt $J_3 J_3$ nötig gehabt. Man kann aber, wie Culmann, der Begründer der graphischen Statik, gezeigt hat, die Stabkräfte S_4, S_5, S_6 doch auch unmittelbar aus dem Gleichgewicht des Fachwerksteiles $A' J_3 J_3$ bestimmen.

94. Culmanns Methode. Die erwähnten drei Stabkräfte S_4, S_5, S_6 am Fachwerk (Fig. 88), die, wie ja auf anderem Wege schon festgesetzt worden ist, ganz bestimmte Werte haben, bilden mit den bekannten Kräften W und P ein Gleichgewichtssystem. Es liegt somit die Aufgabe vor, Kräfte S zu ermitteln, die, in den vorgeschriebenen Geraden 4, 5 und 6 wirkend, den Kräften W und P das Gleichgewicht halten. Hat man solche Kräfte gefunden, dann sind dieselben auch die gesuchten. Demgemäß ergeben sich die Kräfte S_4, S_5, S_6 in folgender Weise:

Ist R die Resultante von W und P, C (Fig. 88) der Durchschnittspunkt der Wirkungslinie von R mit der Stabachse 4, dann kann man die in C angreifend gedachte Kraft R mit Hilfe des Kräftedreiecks $F_0 E_1 E_2$ (Fig. 88, oben) zerlegen in die beiden Komponenten R_2 und R_3 nach CII und $CIII$. Nimmt man jetzt S_4 gleich und entgegengesetzt R_2 an und, in den Stabachsen 5 und 6 wirkend, Kräfte S_5 bzw. S_6, die der Kraft R_3 das Gleichgewicht halten und aus dem Kräftedreieck $E_1 E_2 E_3$ sich ergeben, dann sind

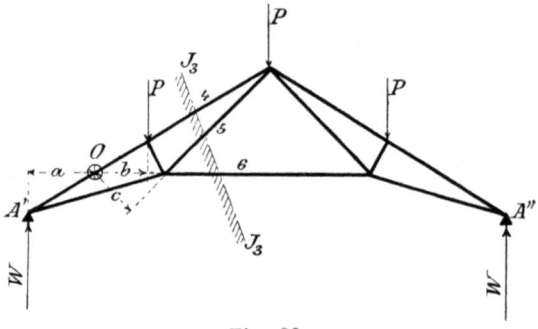

Fig. 89.

die so bestimmten Kräfte S_4, S_5, S_6 die gesuchten Stabkräfte. Tatsächlich bilden ja diese Kräfte mit der Kraft R, also auch mit den Kräften W und P ein Gleichgewichtssystem, wie das geschlossene Kräftepolygon $E_0 E_1 E_3 E_2$ zeigt.

95. Ritters Momentenmethode. Wir wollen wieder das Fachwerk (Fig. 88) ins Auge fassen und annehmen, daß es sich lediglich um die Berechnung der Spannkraft S_5 des Stabes 5 handle.

Zur Berechnung von S_5 ziehen wir den durch den Schnitt $J_3 J_3$ abgetrennten, unter Einwirkung der Kräfte W, P, S_4, S_5, S_6 im Gleichgewicht befindlichen Fachwerksteil $A' J_3 J_3$ (Fig. 89) in Betracht und schreiben die Momentengleichung der genannten Kräfte in Beziehung auf den Durchschnittspunkt der zwei unbekannten, zunächst nicht zu bestimmenden Kräfte S_4 und S_6, d. h. in Beziehung auf den Durchschnittspunkt O der Stabachsen 4 und 6 an, womit wir erhalten:

$$S_5 \cdot c = W \cdot a + P \cdot b.$$

Aus dieser Gleichung läßt sich, nachdem man die Hebelarme c, a, b auf der Zeichnung abgemessen hat, die Größe der Kraft S_5 berechnen. Man kann aber gleichzeitig auch erkennen, ob der Stab 5 gezogen oder gedrückt ist. Wie man nämlich sieht, sind die beiden Kräfte W und P bestrebt, den Fachwerksteil $A'J_3J_3$ um den Punkt O im Sinne des Uhrzeigers zu drehen. Diese Drehung wird durch die Kraft S_5 verhindert. S_5 muß also im Gegenzeigersinn drehen und demgemäß von der Schnittfläche des Stabes 5 hinweg wirken. Damit zeigt sich aber der Stab 5 auf Zug beansprucht.

Diese von A. Ritter erdachte Methode ist u. a. besonders dann mit Vorteil zu verwenden, wenn es sich bei einem einfachen Fachwerk nur um die Ermittelung einer einzigen Stabkraft handelt und durch den betreffenden Stab ein Schnitt geführt werden kann, der außer diesem Stab nicht mehr als zwei weitere Stäbe trifft.

7. Kapitel (§ 14).
Bewegliche Stabverbindungen.

96. Von den Sprengwerken. Soll ein Balken, der über eine Öffnung gelegt ist, lediglich von den beiden „Widerlagern" aus unterstützt werden, so kann dies nach Art der Figuren 90 geschehen. Hierbei nennt man die betreffenden, zur Unterstützung des Balkens dienenden Konstruktionen Sprengwerke. Diese Sprengwerke suchen, wenn sie belastet werden, ihre Spannweiten $A'A''$ zu vergrößern und üben auf ihre Stützpunkte A' und A'' nicht bloß vertikale Auflagerdrucke, sondern stets auch einen Horizontalschub aus, welcher Horizontalschub bei nur vertikaler Belastung des Sprengwerkes sich für beide Widerlager als gleich

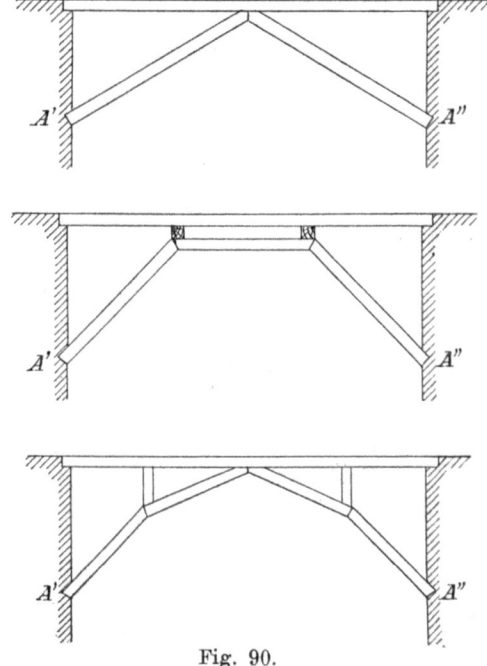

Fig. 90.

stark erweist. Es geht das aus der Gleichgewichtsbedingung für das ganze Sprengwerk: Summe sämtlicher horizontalen Kräfte gleich Null, hervor.

97. Das einfache symmetrische Sprengwerk. Dasselbe besteht aus zwei gleich langen, von gleich hoch gelegenen Stützpunkten A' und A'' ausgehenden, sich gegeneinander stemmenden Streben $A'C$ und $A''C$ (Fig. 91).

Nimmt man an, daß dieses Sprengwerk nur im Knotenpunkt C belastet sei, und zwar mit P, so ergeben sich vorliegendenfalles die Komponenten V und H der beiden gleichen Auflagerwiderstände W aus

$$2V = P; \quad V = \frac{P}{2}; \quad H \cdot h = V \cdot \frac{l}{2}; \quad H = P \cdot \frac{l}{4h},$$

oder auch $$H = V \cdot \cotg \alpha = \frac{P}{2} \cotg \alpha.$$

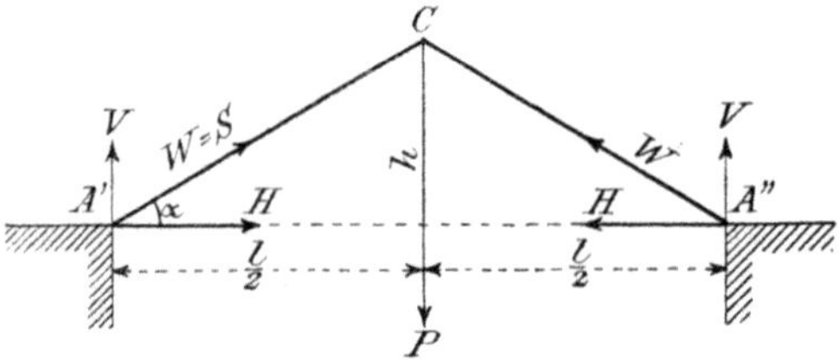

Fig. 91.

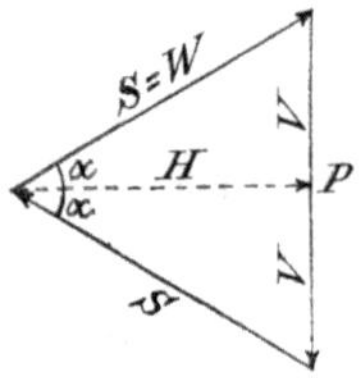

Fig. 92.

Die Resultante von V und H, d. h. der Auflagerwiderstand W muß im vorliegenden Falle in der Richtung $A'C$ bzw. $A''C$ wirken, es ist daher die Kraft S, mit der die Streben zusammengedrückt werden:

$$S = W = \sqrt{V^2 + H^2} = \frac{P}{2} \sqrt{1 + \left(\frac{l}{2h}\right)^2}$$

oder auch $$S = \frac{V}{\sin \alpha} = \frac{P}{2} \cosec \alpha.$$

Anderseits erhält man auch S als Komponente von P nach CA' und CA'', weshalb sich hier die graphische Bestimmung der am Sprengwerk in Betracht kommenden Kräfte besonders einfach gestaltet (s. Fig. 92).

Aus den Ausdrücken für H und S ersehen wir, daß, je kleiner α, um so größer die Werte von H und S sich ergeben. Für $\alpha = 0$ werden H und S unendlich groß.

Die sog. Kniehebelpresse ist nichts anderes als ein einfaches Sprengwerk, dessen Schub den Druck auf den zu pressenden Körper abgibt. Dieser Druck wäre demnach ausgedrückt durch
$$\frac{P}{2}\cotg\alpha.$$

Nehmen wir jetzt an, das Sprengwerk sei an einer beliebigen Stelle B mit P belastet (Fig. 93). Auch in diesem Falle ist statische Bestimmtheit vorhanden, weil die drei Gleichgewichtsbedingungen für jede der beiden Streben ausreichen, die an den Streben auftretenden unbekannten Kräfte zu bestimmen. Macht man nämlich die Strebe $A'C$ frei, so hat man dafür in A' den Auflagerwiderstand W' oder seine beiden Komponenten H' und V' anzubringen und in C den Gegendruck T der Strebe $A''C$ oder dessen Komponenten H und V.

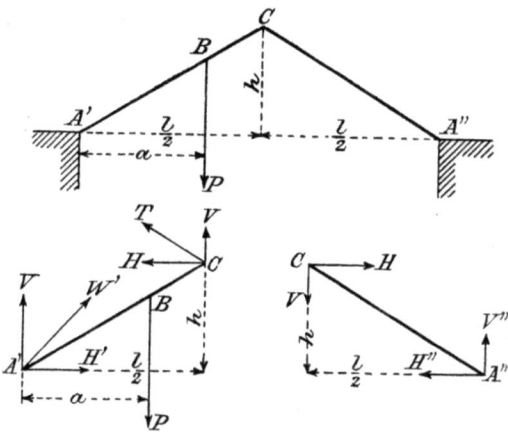

Fig. 93.

Nun sind die Gleichgewichtsbedingungen für die Strebe $A'C$:

$$V' + V = P; \quad H' = H; \quad Pa = H \cdot h + V \cdot \frac{l}{2}.$$

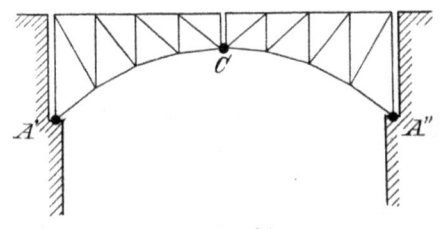

Fig. 94.

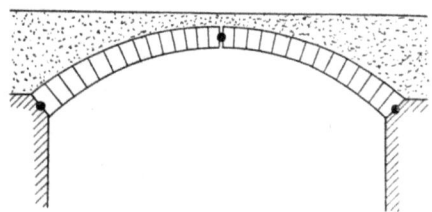

Fig. 95.

An der Strebe $A''C$ wirkt in C eine der obengenannten Kraft T gleiche und direkt entgegengesetzte Kraft T und in A'' der Auflagerwiderstand W'' oder dessen Komponenten H'' und V''. Diese Kräfte sind ebenfalls im Gleichgewicht. Man hat daher:

$$V = V''; \quad H = H'' \quad \text{und} \quad Hh = V \cdot \frac{l}{2}.$$

Aus vorstehenden sechs Gleichungen lassen sich nun die sechs unbekannten Kräfte H', V', H, V, H'', V'' in unzweideutiger Weise berechnen.

Graphische Lösungen findet man auf Seite 81 und in **109**.

Nach den obigen Angaben können die Drücke in den Kämpfer- und Scheitelgelenken der Bogenträger Fig. 94 und 95 berechnet werden, deren Tragkörper aus Fachwerk oder Beton bestehen können.

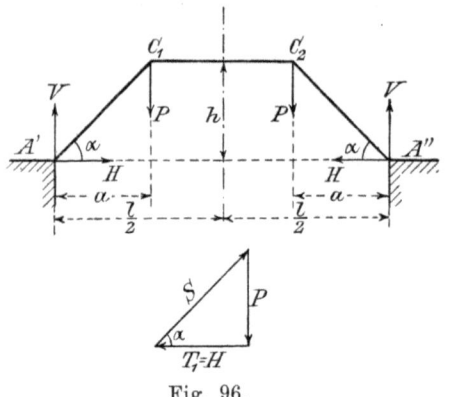

Fig. 96.

98. Symmetrisches Sprengwerk mit Spannriegel.

1. Ein solches zeigt Fig. 96, wobei $C_1 C_2$ der sogenannte Spannriegel. Dasselbe sei in den Knotenpunkten C_1 und C_2 je mit P belastet. Aus der Symmetrie des Ganzen folgt die Gleichheit der wegen der Gelenke bei C_1 und C_2 nach $A'C_1$ und $A''C_2$ gerichteten Auflagerwiderstände W' bzw. W'' und daraus, sowie aus dem Gleichgewicht des Ganzen, außer der Gleichheit der Horizontalkomponenten H,
$$2V = 2P; \quad V = P.$$
Desgleichen ergibt das Gleichgewicht der um C_1 drehbaren Strebe $A'C_1$:
$$V \cdot a = H \cdot h,$$
womit der Horizontalschub H des Sprengwerks:
$$H = \frac{a}{h} V = \frac{a}{h} P = P \cdot \cotg \alpha.$$

Ferner findet sich die Kraft S, mit der die Streben ihrer Länge nach zusammengedrückt werden, aus:
$$W' = W'' = S = \sqrt{V^2 + H^2} = P \cosec \alpha.$$

Am Knotenpunkt C_1 wirken die Kräfte S, P und der Gegendruck T_1 des Spannriegels $C_1 C_2$. Diese Kräfte sind im Gleichgewicht, man hat daher
$$T_1 = S \cos \alpha = H = P \cotg \alpha.$$

Dasselbe Resultat liefert auch das Kräftedreieck für den Knotenpunkt C_1 (Fig. 96).

Für den Knotenpunkt C_2 ergibt sich ebenso
$$T_2 = P \cotg \alpha.$$

Bewegliche Stabverbindungen. 161

Mithin ist der Spannriegel $C_1 C_2$, der in C_1 von der Kraft T_1 und in C_2 von der Kraft T_2 angegriffen wird, wegen $T_1 = T_2$ tatsächlich im Gleichgewicht.

2. Wäre jedoch das symmetrische Sprengwerk in den beiden Knotenpunkten C_1 und C_2 **nicht gleich** belastet gewesen, vielmehr in C_1 mit P_1 und in C_2 mit P_2, so hätte sich ergeben:
$$T_1 = P_1 \cotg\alpha \quad \text{und} \quad T_2 = P_2 \cotg\alpha,$$
es hätte sich dann der Spannriegel $C_1 C_2$ und damit auch das ganze Spannwerk **nicht** im Gleichgewicht befunden, das Sprengwerk hätte sich bewegt.

Das vorliegende symmetrische Sprengwerk ist also nur in dem Falle im Gleichgewicht, wenn es in seinen Knotenpunkten C_1 und C_2 **gleiche** Lasten P trägt; sollen dagegen zwei **verschiedene** Lasten P_1 und P_2, die in den durch die Abstände a vorgeschriebenen

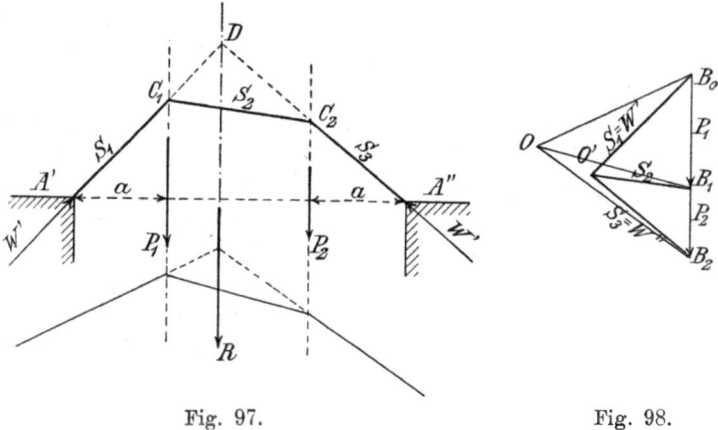

Fig. 97.   Fig. 98.

Vertikalen wirken, von A' und A'' aus gestützt werden mittels eines aus drei Stäben bestehenden Sprengwerkes, so muß dieses eine andere Form als beim vorhergehenden Belastungsfall erhalten; es kann sich hierbei nicht mehr um ein **symmetrisches** Sprengwerk handeln.

3. Zur Bestimmung der neuen Gleichgewichtsform bedient man sich am besten des graphischen Verfahrens, wie folgt:

Man setzt zunächst die beiden, in den vorgeschriebenen Vertikalen wirkenden Lasten P_1 und P_2 (Fig. 97) mit Hilfe eines Seilpolygons (O Pol des Kräftepolygons, Fig. 98) zu der Resultanten R zusammen, nimmt auf der Wirkungslinie der letzteren über $A'A''$, einen Punkt D beliebig an, verbindet diesen Punkt mit A' und A'', bestimmt die Durchschnittspunkte C_1 und C_2 der Geraden DA' und DA'' mit den Wirkungslinien der Lasten P_1 bzw. P_2, dann gibt

Autenrieth-Ensslin, Technische Mechanik. 2. Aufl. 11

das Polygon $A'C_1C_2A''$ eine Gleichgewichtsform des Sprengwerks an. Hätte man den Punkt D an anderer Stelle der Wirkungslinie von R angenommen, würde sich eine andere Gleichgewichtsform ergeben haben.

Zum Beweis ziehen wir in Fig. 98 $B_0O' \parallel DA'$ und $B_2O' \parallel A''D$, sodann durch den Schnittpunkt O' eine Parallele mit C_1C_2, die B_0B_2 vorläufig in B_1' schneide. Nun hat man wegen der Ähnlichkeit der Dreiecke C_1DS_2 und $O'B_0B_1'$, sowie DS_2C_2 und $B_1'B_2O'$, und weil überdies die Resultante R von P_1 und P_2 die Strecke C_1C_2 im Verhältnis $C_1S_2 : S_2C_2 = P_2 : P_1$ teilt,

$$B_0B_1' : B_1'B_2 = P_1 : P_2 = B_0B_1 : B_1B_2.$$

Es fällt daher B_1' mit B_1 zusammen, infolgedessen sich das Polygon $A'C_1C_2A''$ als ein zum Kräftepolygon $O'B_0B_2$ gehöriges Seilpolygon ergibt. Letzteres ist aber im Gleichgewicht unter Einwirkung der Kräfte W', P_1, P_2 und W'', somit stellt das Polygon $A'C_1C_2A''$ tatsächlich eine Gleichgewichtsform des Sprengwerkes dar.

99. Polygonales Sprengwerk. Wie bei den festen Stabverbindungen, so ist es auch bei den beweglichen Stabverbindungen und insbesondere bei den Sprengwerken angezeigt, die Konstruktion so anzuordnen, daß die einzelnen Stäbe nie auf Biegung in Anspruch genommen werden können. Letzteres wird bei einem Sprengwerk, das zur Unterstützung gegebener Lasten zu dienen hat, dadurch erreicht, daß man die Knotenpunkte des Sprengwerks auf den vertikalen Wirkungslinien der gegebenen Lasten annimmt.

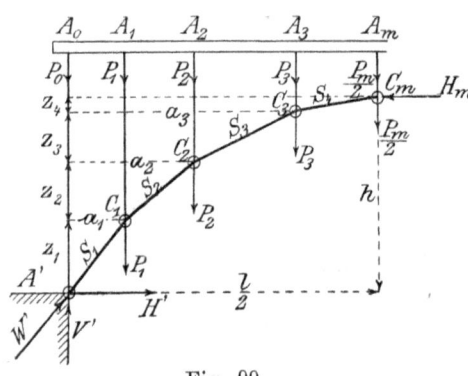

Fig. 99.

Soll beispielsweise ein horizontaler, eine gegebene Belastung tragender Balken durch ein Sprengwerk in bestimmten Punkten $A_0, A_1, A_2, A_3 \ldots$ unterstützt werden (Fig. 99), so wird man letzteres so anordnen, daß seine Knotenpunkte $C_1, C_2, C_3 \ldots$ senkrecht unter den Punkten $A_1, A_2, A_3 \ldots$ des Balkens liegen und demgemäß mittels der vertikalen Stützen $A_1C_1, A_2C_2, A_3C_3 \ldots$ die vertikalen Drucke $P_1, P_2, P_3 \ldots$ aufnehmen können, die der belastete horizontale Balken auf seine Stützpunkte $A_1, A_2, A_3 \ldots$ ausübt.

Bewegliche Stabverbindungen. 163

In der Regel ist die Weite l der vom Sprengwerk zu überspannenden Öffnung, sowie die Scheitelhöhe h des Sprengwerks über den Auflagerpunkten A' und A'' gegeben, auch handelt es sich meistens um Unterstützung von Lasten, die symmetrisch zu der Vertikalen durch die Mitte der Spannweite wirken. Nehmen wir dies an, so muß auch die eben erwähnte Vertikale Symmetralachse des Polygons sein, das bei der vorliegenden Belastung die Gleichgewichtsform für das Sprengwerk angibt. In diesem Falle genügt es, eine der beiden Sprengwerkshälften in Betracht zu ziehen. Wirkt dann in der vertikalen Symmetralachse des Sprengwerks auch eine Last, so wird man, um die volle Symmetrie der Belastung des Sprengwerks aufrecht zu erhalten, diese Last zur Hälfte an der linksseitigen und zur Hälfte an der rechtsseitigen Sprengwerkshälfte wirkend sich denken. Nimmt man jetzt die rechtsseitige Sprengwerkshälfte weg, so hat man dafür, wenn die linksseitige Sprengwerkshälfte im Gleichgewicht bleiben soll, im Scheitel C_m des Sprengwerks einen horizontalen Gegendruck H_m an der linksseitigen Sprengwerkshälfte anzubringen. Zur Bestimmung dieser horizontalen Kraft H_m liefert die Momentengleichung in Beziehung auf den Punkt A':

$$H_m \cdot h = P_1 a_1 + P_2 a_2 + P_3 a_3 + \frac{P_m}{2} \cdot \frac{l}{2}$$

$$H_m = \frac{P_1 a_1 + P_2 a_2 + P_3 a_3 + P_m \cdot l/4}{h}.$$

Nimmt man sodann auch das Widerlager des Sprengwerks bei A' weg, so hat man dieses durch den Auflagerwiderstand W' oder dessen Komponenten H' und V' zu ersetzen. Alsdann erfordert das Gleichgewicht der linksseitigen Sprengwerkshälfte

$$H' = H_m \quad \text{und} \quad V' = P_1 + P_2 + P_3 + \frac{P_m}{2}.$$

Nunmehr können wir übergehen zur Bestimmung der Gleichgewichtsform des Sprengwerks und der Spannkräfte S der einzelnen Stäbe.

Betrachten wir zunächst den untersten Stab $A'C_1$. An ihm wirken, wenn man den Druck P_0 der Stütze $A'A_0$ unmittelbar durch den Widerstand der Unterlage aufgehoben sich denkt, in A' die beiden schon ermittelten Kräfte H' und V', ferner in C_1 die Belastung P_1 und der Druck S_2, den der Stab $C_1 C_2$ in der Richtung $C_2 C_1$ auf den ihn unterstützenden Stab $A'C_1$ ausübt. Unter Einwirkung dieser Kräfte befindet sich der Stab $A'C_1$ im Gleichgewicht, es muß daher, wenn z_1 die Höhe des Knotenpunktes C_1 über der Horizontalen durch A',

$$V' \cdot a_1 = H' \cdot z_1 \quad \text{sein.}$$

11*

Daraus läßt sich z_1 berechnen und damit die Lage des Knotenpunktes C_1 angeben. Man erhält aber auch die Kraft S_1, die den Stab $A'C_1$ zusammendrückt, aus

$$S_1 = W' = \sqrt{H'^2 + V'^2}.$$

Ferner hat man, wenn H_2 und V_2 Horizontal- und Vertikalkomponenten von S_2 bezeichnen,

$$V' = P_1 + V_2; \quad H' = H_2; \quad S_2 = \sqrt{H_2{}^2 + V_2{}^2}.$$

In gleicher Weise behandeln wir den Stab $C_1 C_2$. An seinem unteren Ende wirkt die nunmehr bekannte Horizontalkraft H_2 nach rechts und die Vertikalkraft V_2 nach oben, ferner in C_2 die Last P_2 vertikal abwärts und ebenso die Vertikalkomponente V_3 des Druckes S_3, den der Stab $C_2 C_3$ in der Richtung $C_3 C_2$ auf den Stab

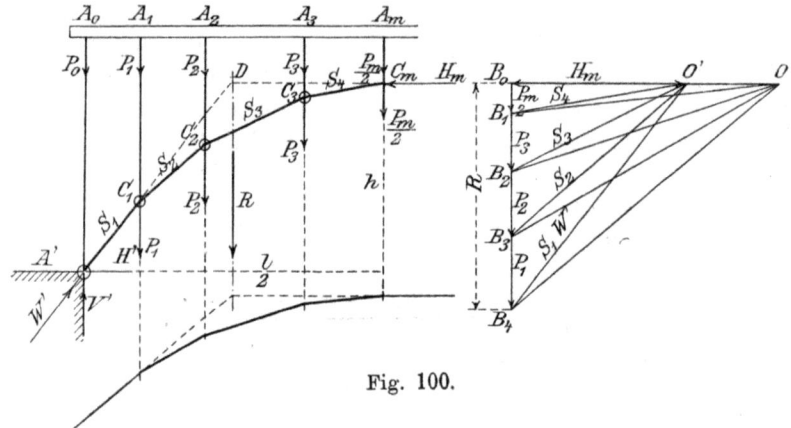

Fig. 100.

$C_1 C_2$ ausübt, sowie nach links die Horizontalkomponente H_3 von S_3. Das Gleichgewicht des Stabes $C_1 C_2$ ergibt alsdann, wenn z_2 die Höhe des Punktes C_2 über der Horizontalen durch C_1

$$V_2 (a_2 - a_1) = H_2 \cdot z_2,$$

woraus z_2 und damit auch die Höhenlage des Knotenpunktes C_2 sich bestimmt. Des weiteren hat man:

$$V_2 = P_2 + V_3; \quad H_2 = H_3; \quad S_3 = \sqrt{H_3{}^2 + V_3{}^2}.$$

So lassen sich denn der Reihe nach nicht bloß die Lagen der Knotenpunkte des Sprengwerks, sondern auch die Spannkräfte sämtlicher Stäbe des letzteren berechnen.

Noch rascher führt das graphische Verfahren zum Ziel.

Um den Horizontalschub $H_m = H'$ des Sprengwerks zu erhalten, setzen wir zunächst mittels eines Seilpolygons die Wirkungslinie der Resultanten R der Kräfte P_1, P_2, P_3, $P_m/2$ fest (Fig. 100), wobei wir den Pol O des Kräftepolygons auf der Horizontalen durch den Anfangspunkt B_0 der „Kraftvertikalen" $B_0 B_4$ annehmen. Da nun die Kräfte W', H_m und R an der linksseitigen Sprengwerkshälfte im Gleichgewicht sind und sich demgemäß in einem Punkte schneiden müssen, so kann der gemeinschaftliche Punkt der drei Kräfte nur der Durchschnittspunkt D der Horizontalen durch den Knotenpunkt C_m mit der Wirkungslinie von R sein. Verbindet man daher A' mit D, so gibt $A'D$ die Wirkungslinie von W' an. Zieht man hierauf im Kräftepolygon durch den unteren Endpunkt B_4 der Kraftvertikalen eine Parallele mit $A'D$, die die Horizontale durch B_0 in O' trifft, so ist W' durch $B_4 O'$ und H_m durch $O'B_0$ angegeben.

Was die Kraft S_4 betrifft, die den Stab $C_m C_3$ seiner Länge nach zusammendrückt, so ist dieselbe die Resultante von $P_m/2$ und H_m, also nach Größe und Richtung durch den Strahl $O'B_1$ dargestellt. Zieht man daher durch C_m eine Parallele $C_m C_3$ mit $O'B_1$, dann bestimmt diese die Lage des Knotenpunktes C_3. Betrachtet man jetzt den Stab $C_3 C_2$, so wirken an demselben in C_3 die beiden Kräfte S_4 und P_3, die zusammengesetzt die Kraft S_3 liefern, durch die der Stab $C_3 C_2$ zusammengedrückt wird. Mithin gibt der Strahl $O'B_2$ des Kräftepolygons die Kraft S_3 nach Größe und Richtung an und eine Parallele mit diesem Strahl durch den Knotenpunkt C_3 die richtige Lage der Polygonseite $C_3 C_2$ und des Knotenpunktes C_2. In dieser Weise fährt man fort. Hierdurch erhält man schließlich die Gleichgewichtsform des Sprengwerks durch ein Seilpolygon angegeben, bei dem die Poldistanz im Kräftepolygon gleich dem Horizontalschub $H_m = H'$ des Sprengwerks ist.

100. Ein spezieller Belastungsfall des Sprengwerkes. Nicht selten kommt es vor, daß ein Sprengwerk in der Weise der Fig. 101 eine in horizontalem Sinn gleichförmig verteilte Belastung zu tragen hat. In diesem Falle müssen, wenn das Sprengwerk sich im Gleichgewicht befinden soll, die Knotenpunkte desselben auf einer Parabel mit vertikaler, durch die Mitte der Spannweite gehender Achse liegen.

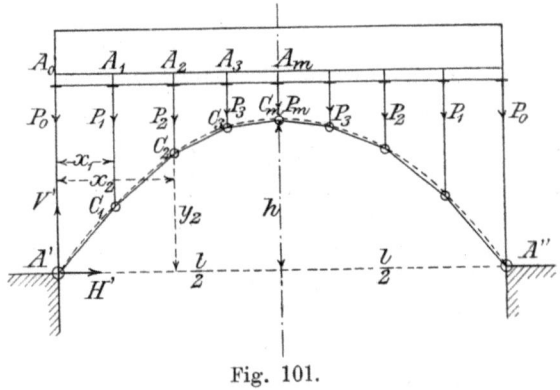

Fig. 101.

Zum Beweis hierfür ziehen wir das Gleichgewicht eines vom Widerlager A' aus bis zu einem beliebigen Knotenpunkt sich erstreckenden Sprengwerksteiles in Betracht, z. B. des Sprengwerksteiles $A'C_2$, und schreiben die Momentengleichung für die an demselben wirkenden Kräfte in Beziehung auf den Knotenpunkt C_2 an. Diese Momentengleichung lautet:

$$V' \cdot x_2 = P_0 x_2 + P_1(x_2 - x_1) + H' \cdot y_2.$$

Da aber anderseits auch der horizontale, gleichmäßig mit q pro Längeneinheit belastete, in den Punkten A_0, A_1, A_2 ... unterstützte und in diesen Punkten unterbrochen angenommene Balken $A_0 A_1 A_2$ ... im Gleichgewicht sich befindet und demgemäß

$$P_0 x_2 + P_1(x_2 - x_1) = q x_2 \cdot \frac{x_2}{2},$$

so hat man
$$V' x_2 = \frac{q x_2^2}{2} + H' \cdot y_2$$

oder allgemein, wenn x und y die Koordinaten eines beliebigen Knotenpunktes bezeichnen:

$$V' x = \frac{q x^2}{2} + H' \cdot y.$$

Ist nun l die Spannweite und h die Scheitelhöhe des Sprengwerks, so ergibt sich zunächst:

$$V' = \frac{q l}{2} \quad \text{und damit} \quad \frac{q l}{2} \cdot x = \frac{q x^2}{2} + H' y$$

oder $H' y = \dfrac{q x}{2}(l - x)$, woraus mit $x = \dfrac{l}{2}$ und $y = h$:

$$H' \cdot h = \frac{q l^2}{8}; \quad H' = \frac{q l^2}{8 h}$$

und
$$\frac{q l^2}{8 h} \cdot y = \frac{q x}{2}(l - x); \quad y = \frac{4 h}{l^2} x(l - x).$$

Dies die Gleichung einer Parabel mit vertikaler, durch die Mitte der Spannweite l hindurchgehender Achse.

101. Kuppeldach. Wir wollen annehmen, daß über einem regelmäßigen Achteck ein Kuppeldach von gegebenem polygonalem Profil angeordnet werden soll. Hierbei kann man in der Weise verfahren, daß man zum Tragen der belasteten Dachfläche in den Vertikalebenen durch die Eckpunkte A des Achtecks und der vertikalen Kuppelachse lauter dem vorgeschriebenen Kuppelprofil entsprechend gestaltete Sprengwerke als Gratsparren aufstellt. Von diesen Sprengwerken, die wir nicht bloß übereinstimmend geformt, sondern auch übereinstimmend in den Knotenpunkten belastet annehmen, liegen dann je zwei in der gleichen Vertikalebene, damit je ein einziges zur vertikalen Kuppelachse symmetrisch angeordnetes und belastetes Sprengwerk $A'C_0 A''$ bildend.

Im allgemeinen werden die erwähnten Sprengwerke $A'C_0A''$ nicht die den gegebenen Knotenpunktsbelastungen entsprechende Gleichgewichtsform besitzen, es werden daher auch die einander gegenüberliegenden Knotenpunkte C' und C'' sich gegenseitig zu nähern oder zu entfernen suchen. Um nun die angestrebte Bewegung der Knotenpunkte zu verhindern, liegt es am nächsten, die einander entsprechenden, in der gleichen Höhe gegenüber befindlichen Knotenpunkte C' und C'' durch Stäbe direkt miteinander zu verbinden. Diese horizontalen Verbindungsstäbe $C'C''$ erfahren dann Zug- oder Druckkräfte, je nachdem die Knotenpunkte C' und C'' sich nach außen oder nach innen bewegen wollen. Nur wenn das Sprengwerk die Gleichgewichtsform zeigt, werden die erwähnten Verbindungsstäbe $C'C''$ nicht in Anspruch genommen.

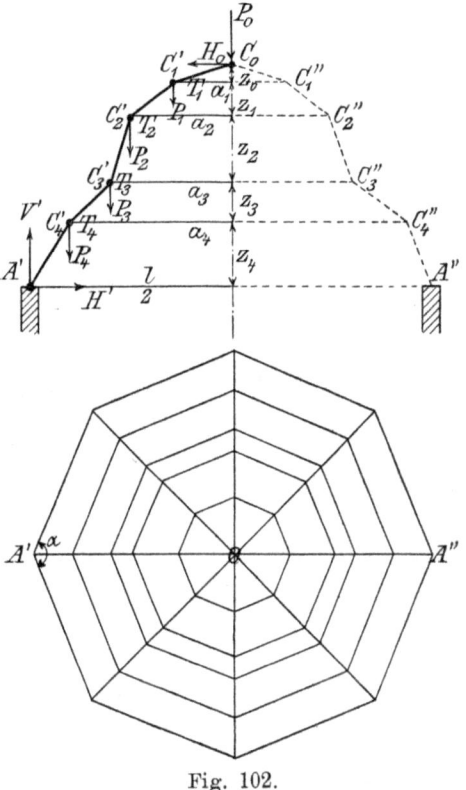

Fig. 102.

Suchen wir jetzt die Spannkräfte sämtlicher Stäbe eines solchen Sprengwerkes $A'C_0A''$ (Fig. 102) zu bestimmen.

Zunächst führen wir durch den Scheitel C_0 der Stabverbindung einen vertikalen Schnitt, bringen an der zu betrachtenden linksseitigen Hälfte der Stabverbindung in C_0 wieder, wie früher, die Kräfte $P_0/2$ und H_0, sowie an den Schnittstellen der horizontalen Verbindungsstäbe $C'C''$ die betreffenden Spannkräfte T an. Des weiteren ersetzen wir das feste Widerlager A' durch die Widerstände V' und H'.

Nunmehr liefert das Gleichgewicht der Stabverbindung $A'C_0$ nicht, wie früher, $H_0 = H'$, sondern

$$H_0 = T_1 + T_2 + T_3 + T_4 + H',$$

wobei die Verbindungsstäbe $C'C''$ vorläufig als gezogen angenommen sind.

Desgleichen kann H_0 auch nicht aus der Momentengleichung für den Punkt A' berechnet werden, indem in dieser Momentengleichung auch noch die unbekannten Spannkräfte T vorkommen; man hat vielmehr zur Ermittlung von H_0 das Gleichgewicht des obersten Stabes $C_0 C_1'$ in Betracht zu ziehen. Dasselbe ergibt:

$$H_0 \cdot z_0 = \frac{P_0}{2} \cdot a_1.$$

Aus dieser Gleichung läßt sich, da bei der gegebenen Sprengwerksform die Höhe z_0 des Punktes C_0 über dem Punkt C_1' bekannt ist, die Kraft H_0 berechnen. Macht man den Stab $C_0 C_1'$ auch in C_1' frei, so hat man am Stab $C_0 C_1'$ in C_1' die Gegendrücke V_1 und H_1 der Unterstützung anzubringen, worauf man erhält:

$$V_1 = \frac{P_0}{2} \text{ und } H_1 = H_0$$

und damit die Spannkraft S_1 des Stabes $C_0 C_1'$:

$$S_1 = \sqrt{V_1^2 + H_1^2}.$$

Vom Stab $C_0 C_1'$ gehen wir zum Stab $C_1' C_2'$ über. An diesem wirken in C_1' außer der Belastung P_1 die vom Stab $C_0 C_1'$ ausgeübten Drücke V_1 und H_1, sowie von seiten des Stabes $C_1' C_1''$ die Kraft T_1, welche letztere wir, wie schon oben erwähnt, als einen Zug voraussetzen mögen. Man hat daher wegen des Gleichgewichtes des um C_2' drehbaren Stabes $C_1' C_2'$.

$$H_1 \cdot z_1 = T_1 z_1 + (P_1 + V_1)(a_2 - a_1)$$

oder

$$H_0 \cdot z_1 = T_1 z_1 + \left(P_1 + \frac{P_0}{2}\right)(a_2 - a_1).$$

Hieraus ergibt sich T_1. Würde nun dieses T_1 sich negativ herausstellen, so wäre damit angedeutet, daß der Stab $C_1' C_1''$ in Wirklichkeit nicht gezogen, sondern zusammengedrückt ist.

Nimmt man vom Stab $C_1' C_2'$ die Unterlage in C_2' weg, so hat man dafür an ihm in C_2' die beiden Widerstände V_2 und H_2 der Unterlage anzubringen; alsdann muß wegen des Gleichgewichtes des Stabes $C_1' C_2'$ sein:

$$H_2 = H_1 - T_1; \quad V_2 = P_1 + V_1 = P_1 + \frac{P_0}{2}$$

und

$$S_2 = \sqrt{V_2^2 + H_2^2},$$

unter S_2 die Spannkraft des Stabes $C_1' C_2'$ verstanden.

In gleicher Weise werden auch die folgenden Stäbe behandelt, bis man schließlich aus dem Gleichgewicht des untersten Stabes $C_4' A'$ auch den Horizontalschub H' und den vertikalen Auflagerdruck V' des Sprengwerkes erhält.

Nicht minder einfach gestaltet sich die Bestimmung der Stabkräfte auf **graphischem** Wege, wobei man, wie in Fig. 103, die Kräftepolygone für die einzelnen Knotenpunkte des Sprengwerkes entsprechend aneinanderreiht. Man fängt mit dem Knotenpunkt C_0 an. An demselben sind die Kräfte H_0, $P_0/2$ und S_1 im Gleichgewicht. Dementsprechend trägt man $B_0 B_1 = P_0/2$ auf, zieht durch B_0 eine Horizontale und durch B_1 eine Parallele mit $C_1'C_0$, alsdann gibt OB_0 die Horizontalkraft H_0 und $B_1 O$ die Spannkraft S_1 des Stabes $C_1'C_0$ an. Hierauf geht man zu dem Knotenpunkt C_1' über, der sich unter Einwirkung der Kräfte S_1, P_1, T_1 und S_2 im Gleichgewicht befindet. Um nun die unbekannten Kräfte T_1 und S_2 zu erhalten, trägt man $B_1 B_2 = P_1$ auf, zieht durch B_2 eine Horizontale und durch O eine Parallele mit $C_1'C_2'$, dann ist die Kraft T_1 ausgedrückt durch $B_2 B_2'$ und die Kraft S_2 durch $B_2'O$.

Ebenso zeichnet man für die übrigen Knotenpunkte die Kräftepolygone auf, wodurch man schließlich den ganzen Kräfteplan (Fig. 103) erhält.

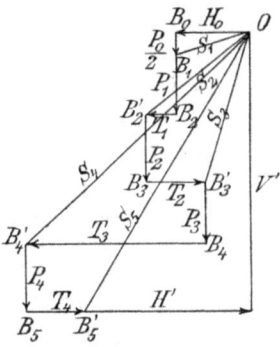

Fig. 103.

In Wirklichkeit pflegt man die horizontalen Verbindungsstäbe $C'C''$, die das Ausweichen der Knotenpunkte nach außen oder nach innen verhindern sollen, nicht anzubringen, vielmehr die angestrebte Bewegung der Knotenpunkte dadurch zu vereiteln, daß man die in einer und derselben Horizontalebene gelegenen Knotenpunkte der die Gratsparren der Kuppel bildenden Sprengwerke ringsum miteinander verbindet. Diese, vorliegendenfalles regelmäßige Achtecke darstellenden Horizontalringe können vollständig die obigen, den Kuppelraum durchdringenden Verbindungsstäbe $C'C''$ ersetzen. Wollen nämlich die in einer Horizontalebene befindlichen Knotenpunkte nach außen sich bewegen, so werden sie hieran durch den betreffenden Horizontalring, dessen Polygonseiten in diesem Falle auf Zug beansprucht wären, wirksam verhindert. Bei angestrebter Einwärtsbewegung der Knotenpunkte würden dagegen diese Polygonseiten ihrer Länge nach zusammengedrückt. Ein solcher die Auflagerpunkte A sämtlicher Sprengwerke verbindender, achteckiger Horizontalring vermöchte dann auch den auf den Unterbau der Kuppel ausgeübten Horizontalschub aufzunehmen, so daß auf diesen Unterbau sich nur vertikale Auflagerdrücke von seiten der belastenden Kuppel geltend machten. Bedenkt man des weiteren, daß diese Horizontalringe schon anderer konstruktiver Gründe wegen vorhanden sein müssen, so wird man unbedingt der Anordnung der Horizontalringe, bei der der Raum unter der Kuppel ganz frei bleibt, seinen Beifall zollen.

Was nun die Zug- beziehungsweise Druckkräfte U betrifft, die in den die polygonalen Horizontalringe bildenden Stäben wirken, so sind diese nichts anderes, als die Komponenten der oben gefundenen Kräfte T nach den betreffenden Polygonseiten. Es können daher die Kräfte U leicht bestimmt werden, insofern man hat

$$2\,U\cos\frac{\alpha}{2} = T,$$

unter α den Achteckswinkel verstanden. Graphisch ergeben sich die Kräfte U, wie in Fig. 104 angegeben.

Betrachten wir jetzt noch einmal das ganze aus den Sparren $C_0 C_1 C_2 C_3 C_4 A$ und den Horizontalringen C_1, C_2, C_3, C_4 und A bestehende Gerippe der Kuppel, so erkennen wir, daß, wenn man den über irgendeinem Horizontalring C gelegenen Teil der Kuppel wegnimmt, der unter diesem Horizontalring befindliche Kuppelteil im Gleichgewicht bleibt und für sich eine oben offene Kuppel bildet. So kann man beispielsweise den Kuppelteil $C_3 C_0 C_3$ wegnehmen, ohne hierdurch das Gleichgewicht des Kuppelteiles $A C_4 C_3 C_3 C_4 A$ aufzuheben. Will man dann haben, daß dieser untere Kuppelteil im gleichen Spannungszustand bleibe, so hat man eben in den Knotenpunkten C_3 zu den Belastungen P_3 noch die Drücke S_3 hinzuzufügen, die die Sparrenstäbe $C_2 C_3$ auf die Knotenpunkte C_3 ausüben.

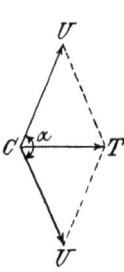

Fig. 104.

Was nun diese Kräfte S_3 betrifft, so sieht man, daß dieselben um so größer sind, je größer die Belastungen der Knotenpunkte C_2, C_1 und C_0 angenommen werden, auch erkennt man, daß die Belastungen der Knotenpunkte C_3 und C_4 keinen Einfluß auf die Kräfte S_3 haben. Demgemäß kann man sagen, wenn man sich die Knotenpunktsbelastungen $P_0 P_1 P_2 P_3 P_4$ beweglich, d. h. von den Knotenpunkten entfernbar denkt, daß in den Gratsparren der Kuppel der größte Druck eintritt bei Vollbelastung der Kuppel.

Nehmen wir an, es seien die Knotenpunkte C_3 allein belastet, dann ergibt sich ein Druck in dem Horizontalring $C_3 C_3$. Wären dagegen nur die über dem Horizontalring $C_3 C_3$ gelegenen Knotenpunkte belastet, so würde der Horizontalring $C_3 C_3$ einen Zug erleiden infolge des nach außen gerichteten Horizontalschubs der Streben $C_2 C_3$. Endlich bemerken wir, daß die Belastungen der unterhalb des Horizontalringes $C_3 C_3$ befindlichen Knotenpunkte auf den letzteren ohne Einfluß bleiben. Daraus läßt sich nun weiter schließen, daß ein **Horizontalring** den größten **Druck** erfährt, wenn nur der **unter**e bis zu diesem Ring sich erstreckende Kuppelteil belastet ist, dagegen den größten **Zug**, wenn nur der **über** dem Ring gelegene Kuppelteil die Belastung trägt.

102. Von den Hängwerken. Hat man die Gleichgewichtsform eines Sprengwerkes bestimmt, die einem gegebenen Lastsystem entspricht, so bleibt die betreffende Stabverbindung auch im Gleichgewicht, wenn man den Knotenpunktsbelastungen die entgegengesetzte Richtung gibt, nur sind dann die Stäbe nicht mehr zusammengedrückt, sondern **gezogen**. Eine derartig beanspruchte Stabverbindung nennt man, wenn man die Knotenpunktsbelastungen wieder vertikal abwärts gerichtet annimmt, ein **Hängwerk**. Die Theorie der Hängwerke entspricht genau derjenigen der Sprengwerke.

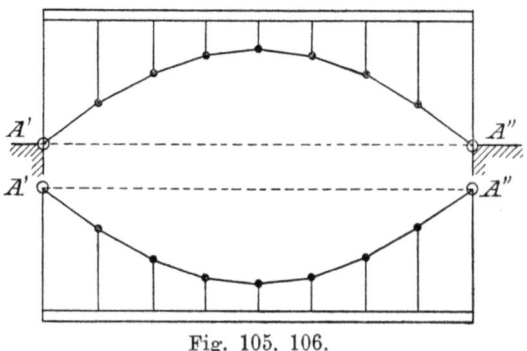

Fig. 105, 106.

Demgemäß ergibt sich auch, daß in dem Fall, in dem eine Kette wie in Fig. 106 zum Tragen einer in horizontalem Sinne gleichförmig verteilten Belastung dient, bei Vernachlässigung des Eigengewichtes der Kette und der Hängstangen, die Knotenpunkte der Kette wie beim entsprechenden Sprengwerk (Fig. 105) auf einer **Parabel** von vertikaler, durch die Mitte der Spannweite gehender Achse liegen müssen, wenn die Kette sich im Gleichgewicht befinden soll. Eine Anordnung wie in Fig. 106 zeigt aber eine **Kettenbrücke** in ihrer einfachsten Gestalt.

---

8. Kapitel. (§ 15.)

Seilartige Körper.

103. Ideales und wirkliches Seil. Seile, Riemen, Stahlbänder, Drähte u. a. dienen zur Übertragung von Zugkräften und von Bewegungen, auch zum Bremsen und Festhalten von Lasten. Sieht man von der Steifigkeit der Seile gegen Biegung und von der Elastizität des Seiles gegen Zug ab, so gelangt man zu der

Abstraktion des vollkommen biegsamen, ausdehnungslosen Fadens, der, ohne irgendeinen Biegungswiderstand zu äußern, um die kleinste Rolle geschlungen werden könnte und auch unter größter Zugbelastung sich nicht verlängern würde. Dieser ideale Faden wäre eine besondere Art des starren Körpers. In vielen Fällen genügt es, einen seilartigen Körper als nicht dehnbar und völlig biegsam anzusehen; keineswegs aber immer. Hat man ein Seil um eine Rolle zu schlingen, so darf man diese nicht zu klein machen, vollends nicht, wenn das Seil über die Rolle laufen soll; das starke Seil einer Drahtseilbahn darf man an den Auflagestellen keinen scharfen Knick bilden lassen; bei schnell laufenden Riemen darf man nicht von der Elastizität des Fadens absehen, wenn man die an solchen Riemen beobachteten Erscheinungen erklären will. Eine auf der Annahme des starren Körpers beruhende Berechnung würde in ihren Ergebnissen nicht im Einklang mit der Wirklichkeit stehen.

Noch eine Folgerung aus der Hypothese des starren Seiles sei hervorgehoben. Ist ein solches ideales Seil über eine Rolle oder Scheibe gelegt, so kann man wegen der Reibung an einem Seilende stärker ziehen als am andern, ohne daß das Seil auf der Scheibe gleitet. Bei Steigerung der einen Zugkraft wird schließlich die Gleitgrenze erreicht und zwar für alle Stellen des Seiles gleichzeitig; ebenso gleiten, wenn einmal die Gleitgrenze überschritten ist, alle Punkte des Seiles mit gleicher Geschwindigkeit. Bei einem elastischen Seil trifft beides nicht zu; nicht alle die Seilscheibe berührenden Teile des Seiles kommen gleichzeitig an die Gleitgrenze, auf einem gewissen Stück des Umschlingungsbogens kann die Gleitgrenze überschritten sein, also Bewegungsreibung vorhanden sein, während ein anderes Stück noch nicht gleitet und durch Haftreibung gehalten wird. Innerhalb dieses Stückes ist die Verteilung der Reibungswiderstände statisch unbestimmt. Der ideale Riemen läuft sodann überall mit gleicher Geschwindigkeit, der tatsächliche Riemen nicht, vgl. Fig. 124, aus der auch die Gleitgeschwindigkeit des Riemens gegenüber der Scheibe entnommen werden kann.

Es ist demnach die Hypothese des ausdehnungslosen, absolut biegsamen Seiles keineswegs immer geeignet, die tatsächlichen Verhältnisse mit befriedigender Genauigkeit wiederzugeben.

Wir betrachten jetzt solche Fälle, wo die Hypothese des vollkommen biegsamen ausdehnungslosen Fadens mit hinreichender Annäherung zulässig sein möge. Das Eigengewicht des Seiles werden wir je nach Bedarf berücksichtigen oder außer acht lassen.

104. Seilsteifigkeit. Ein vollkommen biegsames Seil würde sich gemäß Fig. 107a und 108 um eine Rolle legen. Tatsächlich hat aber ein Seil eine gewisse Steifigkeit. Wird die Last Q durch die Kraft P in die Höhe gezogen, so muß das mit der Last Q emporsteigende Seilstück sich beim Aufwinden auf die Rolle krümmen, das von der Rolle ablaufende Seilstück hat sich anderseits wieder gerade zu strecken. Hierbei geht aber der Krümmungshalbmesser des Seiles nicht plötzlich von einem unendlich großen Wert in den endlichen Wert a über und ebensowenig von dem Wert a in einen unendlich großen Wert, vielmehr erfolgt der Übergang stetig. Die beiden Seilmitten stehen beim wirklichen Seil weiter voneinander ab als bei dem idealen. Aber im Ruhezustand wäre die Seilform auf der Kraft- und auf der Lastseite immer noch gleich. Ein kleiner Unterschied könnte wegen der Zapfenreibung entstehen, weil man die Kraft, ohne den Gleichgewichtszustand zu stören, etwas steigern kann; damit würde die Krümmung des Seiles auf der Kraftseite ein wenig kleiner, auch der Hebelarm der Kraft, aber nur unerheblich.

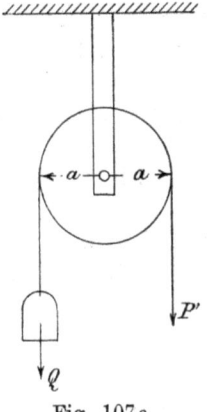

Fig. 107a.

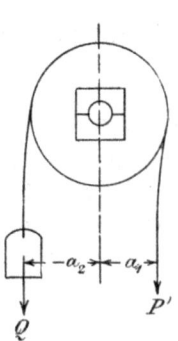

Fig. 107b.

In dem gleichen Sinne wirkt aber ein stärkerer Einfluß, die unvollkommene Biegungselastizität des Seiles. Biegt man nämlich ein Drahtseil nach dem Radius der Rolle und gibt es dann frei, so nimmt es nach der Entlastung seine ursprüngliche gerade Form nicht genau wieder an, es bleibt eine gewisse Verbiegung zurück, die sich wohl im Lauf der Zeit noch weiter zurückbildet, eine Folge kleiner Bewegungen, die im Innern des Seiles während der Formänderung vor sich gehen und bei der Ausbildung und Rückbildung der Formänderung von innerer Reibung begleitet sind, wobei andauernd Arbeit aufgezehrt wird. Aus diesem Grunde wird das Seil, wenn es in Richtung der Kraft läuft, sich an der Auflaufstelle sträuben, sofort die Krümmung der Rolle anzunehmen, die Last bekommt während der Bewegung des Seiles einen größeren Hebelarm als während der Ruhe ($a_2 > a$). Das Entgegengesetzte tritt auf der Kraftseite ein, wo das Seil die Krümmung der Rolle beizubehalten strebt. Hier wird der Hebelarm der Kraft während der Bewegung kleiner als er während der Ruhe war ($a_1 < a$). Sieht man von der Zapfenreibung vorerst ab, so fordert das Gleichgewicht (Fig. 107b)

$$P' \cdot a_1 = Q \cdot a_2$$

oder
$$P' = \frac{a_2}{a_1} Q = Q \cdot \left(1 + \frac{\xi}{a}\right),$$

unter a den Halbmesser der Rolle und unter ξ eine Größe verstanden, die mit wachsendem Seildurchmesser zunimmt.

In dieser Form pflegt man den Einfluß der **Seilsteifigkeit** auszudrücken und ξ als eine von Belastung und Geschwindigkeit unabhängige Konstante anzusehen. Das widerspricht der obigen Auffassung, die ein Wachsen von ξ mit der Geschwindigkeit erwarten läßt, und bedarf weiterer Klärung durch das Experiment.

Auch ist die Bezeichnung Seilsteifigkeit für den erörterten Widerstand nicht glücklich.

Man kommt zum gleichen Ergebnis, wenn man von einem absolut biegsamen Seil ausgeht, und zur Berücksichtigung der sog. Seilsteifigkeit den Hebelarm der Last um ξ, den sog. **Hebelarm der Seilsteifigkeit**, vergrößert.

Berücksichtigt man noch die Zapfenreibung und setzt dabei für $P' + Q$ angenähert $2Q$, so lautet die Momentengleichung um die Rollenachse (Zapfenhalbmesser r)

$$P' \cdot a = Q \cdot a + \mu' \cdot 2 \cdot Q \cdot r + Q \cdot \xi$$
$$P' = \left(1 + 2\mu'\frac{r}{a} + \frac{\xi}{a}\right) \cdot Q. \quad \ldots \quad (49)$$

wofür man zusammenfassend schreiben kann.

$$P' = \zeta \cdot Q \quad \ldots \ldots \ldots \ldots \quad (49\,\text{a})$$

Hierbei stellt ζ einen **Widerstandskoeffizienten** dar, der bei Hanfseilen je nach der Seilstärke 1,05 bis 1,17, bei Ketten 1,04 bis 1,05 gesetzt zu werden pflegt, vorausgesetzt, daß die Rollendurchmesser genügend groß gemacht sind.

Soll der untere Grenzwert von P, nämlich P'', für Lastsenken angegeben werden, so tritt Q als Kraft und P'' als Last auf, und man hat, wenn man Gl. (49a) auch in diesem Fall als gültig annimmt,

$$Q = P'' \cdot \zeta \quad \text{oder} \quad P'' = \frac{Q}{\zeta}.$$

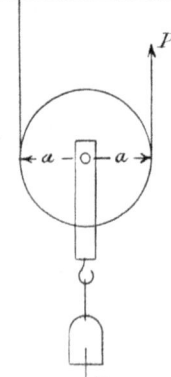

Fig. 108.

An der Gleitgrenze ist bei der Ausrechnung der Haftreibungskoeffizient μ_0' der Ruhe, und während der Bewegung der Reibungskoeffizient μ' der Bewegung zu benützen; indes ist es üblich, in

Seilartige Körper. 175

beiden Fällen für ζ den gleichen Wert anzunehmen. Letzterer Gebrauch bedarf experimenteller Prüfung.

Bei einer losen Rolle findet man ebenso an der Gleichgewichtsgrenze für Lastheben, wenn S die Spannkraft des Seiles an seinem befestigten Ende bedeutet (Fig. 108),

$$P' = S \cdot \zeta \quad \text{und} \quad P' + S = Q,$$

woraus $\quad P' = Q \cdot \dfrac{\zeta}{(1+\zeta)} \quad \ldots \ldots \ldots \quad (50)$

Beim Lastsenken hat man dagegen

$$S = P'' \cdot \zeta \quad \text{und} \quad P'' + S = Q,$$

woraus $\quad P'' = \dfrac{Q}{(1+\zeta)} \quad \ldots \ldots \ldots \quad (50\text{a})$

Man hat auch hier, um aus dem Wert von P' denjenigen von P'' zu erhalten, in dem Ausdruck für P' an Stelle von ζ den reziproken Wert $\dfrac{1}{\zeta}$ zu setzen.

105. Flaschenzüge.

a) Gewöhnlicher Flaschenzug. Das Prinzip desselben geht aus Fig. 109 hervor. In Wirklichkeit sitzen die festen und die losen Rollen je auf einer Achse, wodurch der übliche gedrängte Zusammenbau entsteht.

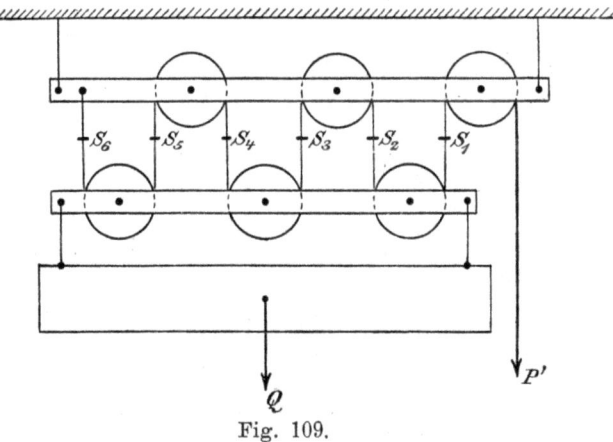

Fig. 109.

Das Seil ist an der Flasche der festen Rolle befestigt und läuft von einer festen Rolle ab; es sind dann gleich viel feste und lose Rollen vorhanden. (Bezügl. anderer Anordnungen s. u.)

Es soll die Beziehung zwischen der Kraft P' und der Last Q an der Gleichgewichtsgrenze für Lastheben angegeben werden.

Bei fehlender Zapfenreibung und Seilsteifigkeit wären die Seilzüge $S_1 S_2 \ldots S_n$ in den Seilstücken, die zwischen den festen und losen Rollen sich befinden, gleich groß, da die Spannkraft sich beim Umlegen des Seiles um eine Rolle nicht ändert.

Bei n losen Rollen und der geschilderten Anordnung wird die Last Q von $2n$ unter sich gleichen Seilzügen S getragen, es ist also, da überdies die konstante Spannkraft im Seil $S = P_0$ ist:

$$P_0 = S; \qquad 2n \cdot S = Q; \qquad \text{daher} \quad P_0 = \frac{Q}{2n} \quad \ldots \text{(51)}$$

Mit Berücksichtigung der Zapfenreibung und Seilsteifigkeit ist dagegen nach Gl. (49a)

$$P' = \zeta \cdot S_1; \qquad S_1 = \zeta \cdot S_2; \qquad S_2 = \zeta \cdot S_3; \ldots \quad S_{2n} = \zeta \cdot S_{2n-1},$$

d. h.

$$S_1 = \frac{P'}{\zeta}; \qquad S_2 = \frac{S_1}{\zeta} = \frac{P'}{\zeta^2}; \qquad S_3 = \frac{P'}{\zeta^3} \ldots S_{2n} = \frac{P'}{\zeta^{2n}}.$$

Denkt man sich die Seile über den losen Rollen durchschnitten und die Seilzüge $S_1 S_2 \ldots$ an den Schnittstellen angebracht, so folgt aus dem Gleichgewicht des abgetrennten Teiles:

$$Q = S_1 + S_2 + S_3 + \ldots S_{2n} = P'\left(\frac{1}{\zeta} + \frac{1}{\zeta^2} + \frac{1}{\zeta^3} + \ldots \frac{1}{\zeta^{2n}}\right)$$

$$= \frac{P'}{\zeta^{2n}}(1 + \zeta + \zeta^2 + \ldots \zeta^{2n-1}) = \frac{P'}{\zeta^{2n}} \frac{\zeta^{2n} - 1}{\zeta - 1},$$

daher lautet die Beziehung zwischen P' und Q bei n losen und n festen Rollen, die nach Fig. 109 angeordnet sind, an der Gleichgewichtsgrenze des Lasthebens

$$P' = \frac{\zeta^{2n}(\zeta - 1)}{\zeta^{2n} - 1} Q = \frac{\zeta - 1}{1 - \left(\frac{1}{\zeta^{2n}}\right)} Q \quad \ldots \text{(51a)}$$

An der Gleichgewichtsgrenze des Lastsenkens ergäbe sich nach der Schlußbemerkung in **104**

$$P'' = \frac{\left(\frac{1}{\zeta}\right) - 1}{1 - \zeta^{2n}} Q \quad \ldots \ldots \text{(51b)}$$

Diese Ausdrücke gehen bei fehlenden Widerständen, d. h. mit $\zeta = 1$ in die obige Gleichung $P = \frac{Q}{2n}$ über, wie der Studierende selbst nachweisen kann, indem er den wahren Wert des unbestimmten Bruches $\frac{0}{0}$ mit Hilfe der Differentialrechnung ermittelt.

Die Flaschenzüge sind nicht immer nach Fig. 109 angeordnet; man vergleiche hierzu die Werke über Hebezeuge, z. B. Ernst.

Seilartige Körper.   177

Infolgedessen findet man für die einzelnen Anordnungen verschiedene Beziehungen zwischen P und Q.

b) **Potentialrollenzug.** Das Prinzip desselben zeigt Fig. 110. Bei demselben hat man:

$$S_3 = \zeta \cdot S_4; \quad S_3 + S_4 = Q; \quad S_3 = \frac{Q}{1 + \frac{1}{\zeta}};$$

ebenso $\quad S_2 = \dfrac{S_3}{1+\frac{1}{\zeta}}; \quad S_1 = \dfrac{S_2}{1+\frac{1}{\zeta}} \;$ und schließlich $P' = \zeta S_1$.

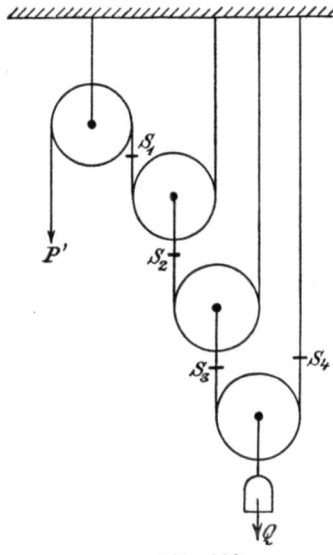

Fig. 110.

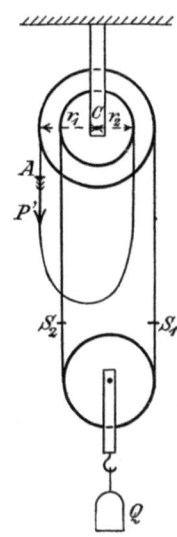

Fig. 111.

Damit wird:

$$P' = \frac{\zeta \cdot Q}{\left(1+\frac{1}{\zeta}\right)^3} \quad \text{und bei } n \text{ losen Rollen} \quad P' = \frac{\zeta \cdot Q}{\left(1+\frac{1}{\zeta}\right)^n},$$

welcher Ausdruck für P' bei Vernachlässigung von Zapfenreibung und Seilsteifigkeit, also mit $\zeta = 1$, übergeht in:

$$P' = \frac{Q}{2^n}.$$

c) **Differentialflaschenzug** (Fig. 111). Bei diesem sind die beiden oberen Rollen von den Halbmessern r_1 und r_2 fest miteinander verbunden, so daß sie sich nur zusammen um die gemeinschaftliche Achse C drehen können. Eine endlose Kette ist nach Fig. 111 über die losen und die festen Rollen geführt.

Autenrieth-Ensslin, Technische Mechanik. 2. Aufl.   12

Nimmt man vorliegendenfalles den Wert von ζ näherungsweise für sämtliche Rollen **gleich** an, so erhält man zur Bestimmung der treibenden Kraft P' an der Gleichgewichtsgrenze für Lastheben, wenn diese Kraft im Punkte A der Kette abwärts zieht, die Gleichung

$$P'r_1 + S_2 r_2 = \zeta \cdot S_1 r_1.$$

Anderseits hat man aber

$S_1 = \zeta \cdot S_2$ und $S_1 + S_2 = Q$, woraus $S_2 = \dfrac{Q}{1+\zeta}$ und $S_1 = \dfrac{\zeta Q}{1+\zeta}$.

Damit wird dann

$$P'r_1 + \frac{Q}{1+\zeta}r_1 = \frac{\zeta^2 \cdot Q}{1+\zeta} \cdot r_1 \quad \text{oder} \quad P' = \frac{\left(\zeta^2 - \dfrac{r_2}{r_1}\right)}{1+\zeta} \cdot Q.$$

An der Gleichgewichtsgrenze für Lastsenken erhielte man den Wert P'' der Kraft P dadurch, daß man in dem oben für P' gefundenen Ausdruck an Stelle von ζ den reziproken Wert $\dfrac{1}{\zeta}$ setzte. Demgemäß würde

$$P'' = \frac{\zeta}{1+\zeta}\left(\frac{1}{\zeta^2} - \frac{r_2}{r_1}\right)Q.$$

Hätte man nun $\dfrac{r_2}{r_1} = \dfrac{1}{\zeta^2}$, zeigte sich $P'' = 0$.

Soll daher bei der wegen der Differenz in der Klammer als **Differentialflaschenzug** bezeichneten Hebevorrichtung die Last Q, auch wenn die Kraft P zu wirken aufgehört hat, nicht herabsinken, sondern in Ruhe bleiben, soll also der Flaschenzug die Eigenschaft der **Selbsthemmung** haben, so muß sein

$$\frac{r_2}{r_1} \gtrless \frac{1}{\zeta^2}.$$

Bei Vernachlässigung von Zapfenreibung und Kettensteifigkeit ist $\zeta = 1$ und

$$P_0 = P' = P'' = \frac{1}{2}\left(1 - \frac{r_2}{r_1}\right)Q.$$

106. Seilpolygon als Gleichgewichtsform eines belasteten Seiles. Wir suchen die Form, die das Tragseil einer Drahtseilbahn annimmt, wenn ein Wagen oder deren mehrere das Seil belasten; auch das Eigengewicht des Seiles kann zu den Lasten gehören; das Seil hat eine bestimmte Länge und ist an zwei gegebenen Punkten befestigt. Von der Seilsteifigkeit und der Elastizität des Seiles werde abgesehen.

Um diese und ähnliche Aufgaben lösen zu können, besprechen wir zunächst einen einfachen Fall (Fig. 112).

Ein vollkommen biegsames Seil $C_0 C_1 \ldots C_{n+1}$ ist von den nach Größe und Richtung gegebenen Kräften $P_0 P_1 \ldots P_n$ (Kräftesystem der P) ergriffen und in C_0 und C_{n+1} befestigt oder von Reaktionskräften festgehalten. Es sind die Bedingungen für das Gleichgewicht des Seiles gesucht.

Setzt man den Fall, die Reaktionskraft S_0 in C_0 sei nach Größe und Richtung gegeben, dann muß die Zugkraft S_1 im ersten Seilstück der Kraft S_0 gleich und entgegengesetzt sein, weil mit Hilfe eines Seiles in C_0 auf anderem Wege kein Gleichgewicht herbeigeführt werden könnte. Man hat also das Seilstück $C_0 C_1$ in C_0 in der der Kraft S_0 entgegengesetzten Richtung abzutragen und erhält so die richtige Lage dieses Seilstückes. Denkt man sich hierauf den Knotenpunkt C_1 als Angriffspunkt von S_0 und

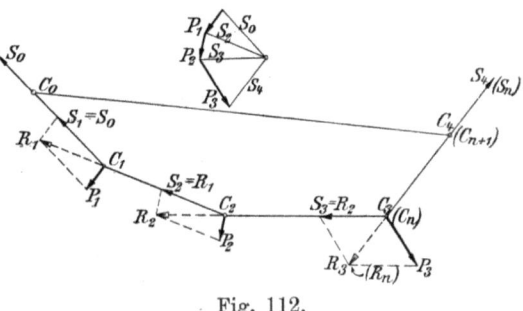

Fig. 112.

ferner S_0 mit der gegebenen Last P zu einer Resultanten R_1 zusammengesetzt, so muß R_1, wenn keine Drehung des folgenden Seilstückes $C_1 C_2$ um C_1 eintreten soll, die Richtung dieses Seilstückes sein; dieses Stück muß also in der der Kraft R_1 entgegengesetzten Richtung abgetragen werden. In gleicher Weise werden die übrigen Seilstücke angefügt und nehmen dann ihre richtige Lage ein.

Wir gewahren bei der Ausführung, daß S_2 die Resultante der vorausgegangenen Last P_1 und der Reaktion S_0 ist, ebenso S_3 die Resultante aus $S_0 P_1 P_2$, usf. Bezüglich des letzten Seilstückes C_n, C_{n+1} bemerken wir, daß es in C_{n+1} angegriffen ist von der Reaktionskraft S_n und in C_n von der Resultanten R_n aus der Spannkraft S_{n-1} des vorhergehenden Seilstückes und aus der Last P_n des Knotenpunktes C_n oder, was dasselbe ist, aus der Resultanten R_n von $S_0 P_1 P_2 \ldots P_n$. Soll nun auch das letzte Seilstück im Gleichgewicht sein, so muß die Reaktionskraft S_n gleich und entgegengesetzt der Resultanten R_n sein, also im Fall der Fig. 112 P_4 gleich und entgegengesetzt zu R_3.

Demgemäß läßt sich die Gleichgewichtsform des Seiles, sowie die Spannkraft eines jeden Seilstückes mit Hilfe eines Kräftepolygones zeichnen, in dem das gegebene Kräftesystem $P_1 P_2 \ldots P_n$ und die Reaktion S_0 nach Größe und Richtung gegeben ist und die Reaktion S_n schließlich nach Größe und Richtung mitbestimmt wird. Mit Hilfe dieses Kräftepolygones kann die Gleichgewichtsform des gegebenen Seiles ohne weiteres konstruiert werden, da dessen Seiten nunmehr bekannte Richtung und vorgeschriebene Länge haben.

Wie das Vorausgehende zeigt, ist die Gleichgewichtsform eines Seiles, das in bestimmten Punkten gegebene Lasten trägt und eine gegebene Länge hat, eindeutig bestimmt, wenn eine Seilkraft, also etwa diejenige an einem Seilende bekannt ist. Ist nun das Seil in zwei gegebenen Punkten befestigt — so z. B. bei einer Seilbahn —, so sind die Seilzüge an beiden Enden unbekannte Reaktionen, es kann also nicht ohne weiteres wie oben vorgegangen werden. Man kann jedoch die Lösung auf graphischem Weg durch mehrfaches Probieren suchen, wie folgt:

Man sieht die gesuchte Seilkurve als ein aus geraden Stücken bestehendes Seilpolygon an. Man wählt demgemäß auf dem Seil eine — nicht zu große — Anzahl von Punkten, unter ihnen jedenfalls die Angriffspunkte der Einzellasten. Die Gewichte der zwischen zwei Punkten befindlichen Seilstücke verteilt man auf diese Punkte und sucht die Raddrücke des Seilbahnwagens gegen das Tragseil so gut als möglich abzuschätzen. Eigengewichte und Raddrücke bilden das gegebene Lastsystem, dessen Kräftezug jetzt gezeichnet wird. Man nimmt nun die Richtungen der Seilreaktionen an den Aufhängepunkten nach Gutdünken an, was man so gut als möglich zu schätzen sucht. Durch die so angenommenen Richtungen der äußersten Seilzüge S_0 und S_n ist auch der Pol des Kräftepolygons festgelegt und man zeichnet, an einem Aufhängepunkt beginnend, die zu den bisher gemachten Annahmen gehörende Gleichgewichtsform des Seiles, indem man wie oben angegeben verfährt. Der beim Zeichnen gefundene Endpunkt des Seiles wird nun im allgemeinen nicht mit dem zweiten Aufhängepunkt zusammenfallen, weil man die richtigen Richtungen der Reaktionen aufs erstemal kaum erraten haben wird. Jetzt hat man die Lage des Poles so lange zu ändern, bis der Endpunkt des Seiles in den gegebenen Aufhängepunkt hineinfällt. Man wird bald finden, ob man zu diesem Zweck den Pol nach oben oder nach unten, nach rechts oder nach links zu verschieben hat. Möglicherweise hat man auch die vorher angenommene Richtung der Raddrücke zu berichtigen.

Man kann auch daran denken, sich ein verkleinertes Modell zu machen und die Richtung des Seiles aus diesem etwa photographisch zu entnehmen, womit das Probieren auf dem Zeichenbrett abgekürzt werden kann und man überdies immer mit den

Seilartige Körper. 181

wirklichen Verhältnissen mehr in Berührung bleibt. Das Modell muß aber dem Original geometrisch und mechanisch ähnlich sein, d. h. die Modellabmessungen sind den wirklichen proportional zu verkleinern, die Modellkräfte ebenfalls. Daß dann die Gleichgewichtsform ähnlich verändert wird, folgt aus Fig. 112. Unter den Abmessungen sind hier die Koordinaten der Aufhängpunkte und die Seillänge, nicht der Seilquerschnitt gemeint.

Eine einfachere Aufgabe liegt vor, wenn das gegebene Kräftesystem nicht bloß nach Größe und Richtung, sondern auch hinsichtlich seiner Lage unveränderlich ist, und wenn man die Aufgabe stellt, die zu diesem Kräftesystem gehörigen Seilpolygone zu konstruieren. Die Seilpolygonseiten haben in diesem Fall keine vorgeschriebene Länge mehr wie bei der vorigen Aufgabe.

Die Zahl der Seilpolygone, die zu einem gegebenen ebenen Kräftesystem gehören, ist ∞^3; denn man kann den Pol des Kräftepolygones ∞^2 viele Lagen geben, und den Punkt, in dem die Konstruktion des Seilpolygones begonnen wird, auf der Kraftrichtung P_1 an unendlich vielen Stellen annehmen. Culmann hat eine wichtige geometrische Beziehung zwischen all diesen Seil- und Kräftepolygonen bemerkt, die im nächsten Abschnitt erörtert wird.

107. Änderung des Seilpolygones mit der Lage des Poles des Kräftepolygones. Polachse und Culmannsche Gerade. In Fig. 113

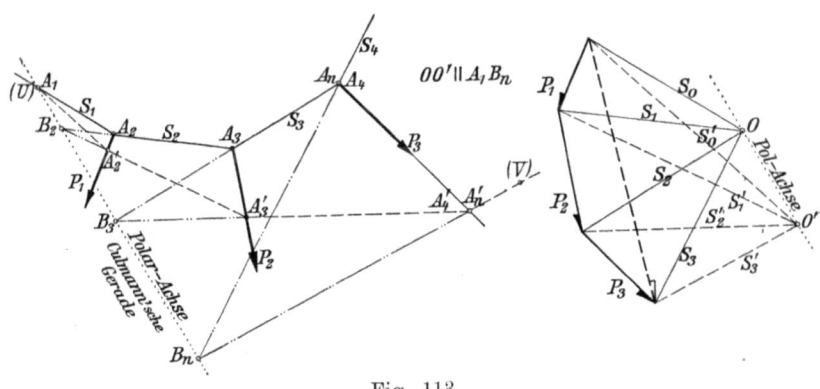

Fig. 113.

ist $A_1 A_2 \ldots A_n$ ein zum Pol O und $A_1 A_2' \ldots A_n'$ ein zum Pol O' gehöriges Seilpolygon des Kräftesystemes der P. Die beiden zugehörigen Kräftepolygone zeigt Fig. 113 rechts. Mit Benützung der Bezeichnungen in Fig. 113 kann man sagen, es seien die Kräfte S_0, S_3 und die Resultante R des gegebenen Kräftesystemes im Gleichgewicht also vektoriell geschrieben (**330**)

$$\mathfrak{S}_0 + \mathfrak{S}_3 = \mathfrak{R}$$
ebenso
$$\mathfrak{S}_0' + \mathfrak{S}_3' = \mathfrak{R}$$
also
$$\mathfrak{S}_0 + \mathfrak{S}_3 = \mathfrak{S}_0' + \mathfrak{S}_3'$$
oder
$$\mathfrak{S}_0 - \mathfrak{S}_0' = \mathfrak{S}_3' - \mathfrak{S}_3.$$

Man kann nun die Verbindungsstrecke OO' der beiden Pole ebenfalls als eine Kraft von bestimmter Größe und Richtung ansehen, es ist dann
$$\mathfrak{S}_0 - \mathfrak{S}_0' = \mathfrak{S}_3' - \mathfrak{S}_3 = \overline{O'O}.$$

Statt dessen kann man auch sagen, es sei die Hilfskraft $\overline{OO'}$ im Gleichgewicht mit $\mathfrak{S}_0$ und $-\mathfrak{S}_0'$ oder es sei $\overline{OO'}$ im Gleichgewicht mit $\mathfrak{S}_3'$ und $-\mathfrak{S}_3$, das heißt gleichzeitig, die drei Kräfte $\mathfrak{S}_0$, $-\mathfrak{S}_0'$ und $\overline{OO'}$ gehen durch einen Punkt der starr gedachten Ebene des Kräftesystemes der P.

Nun kennt man diesen Punkt als den Schnittpunkt A_1 der Wirkungslinie von $\mathfrak{S}_0$ und $-\mathfrak{S}_0'$; damit ist auch die Lage der Hilfskraft $\overline{OO'}$ auf einer durch A_1 gehenden Parallelen $A_1 B_4$ zu $\overline{OO'}$ bestimmt. Anderseits sind auch die Kräfte $\overline{OO'}$, $\mathfrak{S}_3$ und $-\mathfrak{S}_3'$ im Gleichgewicht, schneiden sich daher ebenfalls in einem Punkt. Dieser ist der Schnittpunkt von $\mathfrak{S}_3$ und $\mathfrak{S}_3'$ und muß auf der durch A_1 gehenden Wirkungslinie der Hilfskraft $\overline{OO'}$ liegen, es ist der Punkt B_4.

Entfernt man P_3, so ergibt sich analog für das übriggebliebene System der P, daß sich auch $\mathfrak{S}_2$ und $\mathfrak{S}_2'$ in einem Punkt B der zu $\overline{OO'}$ parallelen Geraden $A_1 B_4$ schneiden, d. h. die Schnittpunkte zweier entsprechender Seiten beider Seilpolygone liegen auf einer zu OO' parallelen Geraden, der sog. **Culmannschen Geraden** oder **Polarachse**, der gegenüber man die Verbindungsgerade der Pole die **Polachse** nennt.

Wählt man den Pol O an einer andern Stelle derselben Polachse $\overline{OO'}$ und konstruiert das durch A_1 gehende zugehörige Seilpolygon, so gehen die neuen Seilpolygonseiten wieder durch die vorerwähnten Punkte $A_1 B_2 B_3 B_4$ der Culmannschen Geraden und es gilt der Satz:

Bewegt sich für ein gegebenes Kräftesystem der P der Pol O des Kräftepolygones auf einer Geraden, der Polachse, so dreht sich jede Seite des Seilpolygones um einen festen Punkt; diese festen Punkte $A_1 B_2 B_3 B_4$ liegen auf einer zur Polachse parallelen Geraden, der Polarachse oder Culmannschen Geraden.

108. Hilfskonstruktionen. I. Ableitung eines weiteren Seilpolygones zu einem gegebenen mit Hilfe der Cul-

Seilartige Körper.

mannschen Geraden. Ist $A_1 A_2 A_3 \ldots$ in Fig. 113 das gegebene Seilpolygon und $O P_1 P_2 P_3$ das zugehörige Kräftepolygon mit Pol O, so bringe man die Seiten des Seilpolygones zum Schnitt mit einer beliebigen durch A_1 gehenden (Culmannschen) Geraden in den Punkten $A_1 B_2 B_3 \ldots$ Ziehe durch A_1 in beliebiger Richtung die Seite $A_1 B_2'$ des neuen Seilpolygones, so ergibt die Verbindungsgerade von B_2 mit A_2' dessen zweite Seite $A_2' A_3'$; diejenige von B_3 mit A_3' die dritte Seite $A_3' A_4'$ usf.

Da sich die ins Kräftepolygon übertragenen Richtungen der neuen Seilstrahlen in einem Punkt O' schneiden, so kann man, indem man diese Konstruktion ausführt, auch den zum neuen Seilpolygon gehörigen Pol O' finden.

Die Polachse $\overline{OO'}$ muß sich parallel der Culmannschen Geraden ergeben.

II. **Konstruktion eines Seilpolygones, das durch zwei vorgeschriebene Punkte U und V geht.** Gegeben ist das Kräftesystem $P_1 P_2 \ldots$ in Fig. 113 und die Punkte U und V. Zeichne das Kräftepolygon der P mit einem beliebig gewählten O und hierauf das durch den einen der vorgeschriebenen Punkte U gehende zugehörige Seilpolygon. Ziehe durch U eine beliebige (Culmannsche) Gerade und bestimme deren Schnittpunkte $B_1 B_2 \ldots$ mit den verlängerten Seilpolygonseiten; der äußerste sei B_3. Soll nun die letzte Polygonseite durch den andern vorgeschriebenen Punkt V gehen, so verbinde man V mit B_3, womit die letzte Polygonseite erhalten ist. Die anderen erhält man durch Anwendung der unter I beschriebenen Konstruktion und weiß, weil man dabei eine durch U gehende Culmannsche Gerade benutzt, daß der konstruierte Seilzug auch durch U geht, womit die Aufgabe gelöst ist. Den Pol O' des durch U und V gehenden Seilpolygones findet man im Kräftepolygon als Schnittpunkt zweier gehörig ins Kräftepolygon übertragener Seilstrahlen dieses Seilpolygones. Die Aufgabe läßt offenbar unendlich viele Lösungen zu, da die Richtung der benützten Culmannschen Geraden willkürlich angenommen war.

Auch hätte man nach Belieben eine andere Seilpolygonseite durch den vorgeschriebenen Punkt V führen können.

III. **Culmannsche Gerade aller Seilpolygone, die durch zwei gegebene Punkte U und V gehen.** Die Culmannschen Geraden aller Seilpolygone, die durch U gehen, bilden ein durch U gehendes Strahlenbüschel, ebenso diejenigen der durch V gehenden Polygone ein durch V gehendes Strahlenbüschel. Daher haben alle durch U und V gehenden Seilpolygone eine gemeinsame Culmannsche Gerade, nämlich die Verbindungsgerade der vorgeschriebenen

184   Statik.

Punkte U und V, und die zugehörigen Pole liegen auf der Parallelen, die zu UV durch den nach II konstruierten Pol O' gezogen ist.

109. Seilpolygon eines gegebenen Kräftesystemes, das durch drei vorgeschriebene Punkte U, V, W geht. Das Seilpolygon eines gegebenen Kräftesystems (z. B. der Lasten eines Dreigelenkbogens) soll durch drei Punkte UVW (zwei Kämpfer- und ein Scheitelgelenk) gelegt werden.

Konstruiere nach II in **108** das durch zwei Punkte U und V gehende Seilpolygon nebst dem Pol O' seines Kräftepolygones, ebenso das durch zwei andere Punkte V und W gehende Seilpolygon nebst Pol O''. Nach III liegen die Pole aller durch U und V gelegten Seilpolygone des Kräftesystemes auf der durch O' zu UV parallel gezogenen Polachse, ebenso die Pole aller durch V und W gelegten Seilpolygone auf der durch O'' zu VW parallel gezogenen Polachse. Der Schnittpunkt O der beiden bezeichneten Polachsen ist der Pol desjenigen Kräftepolygones, dessen Seilpolygon durch die drei Punkte UVW geht. Hat man diesen Pol O bestimmt, so kann das gesuchte Seilpolygon gezeichnet werden, indem man mit einem Seilstrahl beginnt, der durch einen der gegebenen Punkte geht (damit sind die Reaktionen in Kämpfer- und Scheitelgelenk nach Größe und Richtung bestimmt).

Man hätte zur Konstruktion des gesuchten Poles O auch diejenige Polachse benützen können, die zu den durch WU gehenden Seilpolygonen gehört, und durch den Pol O''' derselben geht. **Die drei durch die Pole $O'O''O'''$ zu UV bzw. VW bzw. WU parallelen Polachsen schneiden sich in einem Punkt O, dem Pol des durch UVW gehenden Seilpolygones.**

110. Gleichgewicht eines schweren in zwei Punkten frei aufgehängten Seiles. Gewöhnliche Kettenlinie oder Seilkurve. Parabel als Seilkurve. Ein bloß der Schwere unterworfenes Seil, von dem jede Längeneinheit das konstante Gewicht q besitze, sei in seinen Enden A' und A'' aufgehängt. Man soll die Form bestimmen, die das Seil unter dem Einfluß seines Eigengewichtes annimmt.

Da die Belastungen alle vertikal sind, so ist die Seilkurve eine ebene Kurve, überdies die Horizontalkomponente H der Spannkraft S des Seiles von konstanter Größe.

Wir beziehen die Seilkurve auf ein rechtwinkliges Koordinatensystem, dessen y-Achse die Vertikale durch den tiefsten Punkt A_0 der Seilkurve ist und dessen Ursprung sich im Abstand a unter dem Punkt A_0 befindet (Fig. 114).

Seilartige Körper.

Das Gleichgewicht eines bei A aus dem Seil herausgeschnittenen Elementes $AA' = ds$ erfordert (Nebenfigur 114):

$$V + q\,ds = V + dV; \quad dV = q\,ds = q\,dx \cdot \sqrt{1 + \left(\frac{dy}{dx}\right)^2} = q\,dx \cdot \sqrt{1 + u^2};$$

ferner ist $V = H \cdot \operatorname{tg} \varphi = H \cdot u$; daher $dV = H \cdot du$, womit

$$H \cdot du = q\,dx \cdot \sqrt{1 + u^2} \quad \text{oder} \quad \frac{du}{\sqrt{1 + u^2}} = \frac{q}{H}\,dx.$$

Die Integration dieser Differentialgleichung der Seilkurve ergibt

$$\ln\left(u + \sqrt{1 + u^2}\right) = \frac{q}{H} \cdot x + C,$$

wobei C die Integrationskonstante. Zur Abkürzung sei von jetzt ab $H/q = a$ gesetzt.

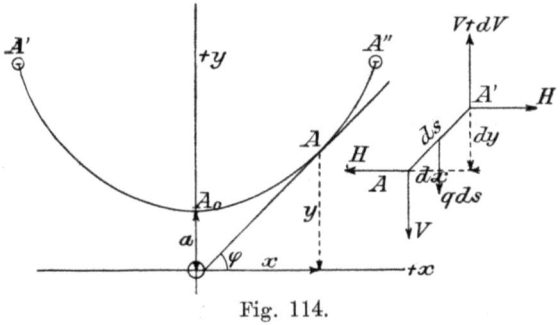

Fig. 114.

Zur Bestimmung von C hat man

$$\frac{dy}{dx} = u = 0 \quad \text{für} \quad x = 0; \quad \text{das gibt} \quad C = 0, \text{ also}$$

$$\ln\left(u + \sqrt{1 + u^2}\right) = \frac{x}{a} \quad \text{oder} \quad u + \sqrt{1 + u^2} = e^{\frac{x}{a}},$$

unter e die Basis des natürlichen Logarithmensystemes verstanden. Aus der letzten Gleichung erhält man, wenn man auf den reziproken Wert übergeht und sodann die linke Seite mit $-u + \sqrt{1 + u^2}$ erweitert

$$-u + \sqrt{1 + u^2} = e^{-\frac{x}{a}},$$

durch Subtraktion der beiden letzten Gleichungen erhält man

$$u = \frac{dy}{dx} = \frac{1}{2}\left(e^{\frac{x}{a}} - e^{-\frac{x}{a}}\right),$$

woraus durch nochmalige Integration folgt

$$y = \frac{a}{2}\left(e^{\frac{x}{a}} + e^{-\frac{x}{a}}\right) = a\,\mathfrak{Cos}\,\frac{x}{a} = \frac{H}{q}\,\mathfrak{Cos}\,\frac{qx}{H} \quad \ldots \quad (52)$$

das ist die Gleichung der gewöhnlichen Kettenlinie oder Seilkurve. Für $x=0$ liefert Gl. (52) $y=a=H/q$; demnach bedeutet a die Länge eines Seilstückes, dessen Gewicht gleich dem Horizontalzug des Seiles ist.

Ist das Seil flach gespannt, d. h. ist die Neigung des Seiles gegen die x-Achse klein, so ist $\operatorname{tg}\varphi = \dfrac{dy}{dx} = u$ klein gegen 1 und es wird $\sqrt{1+u^2} = $ rd. 1, oder auch $ds=$ rd. dx bzw. $qds=qdx$. Anders ausgedrückt heißt das: die Belastung der Längeneinheit der Horizontalprojektion des Seiles ist konstant. Unter dieser Annahme lautet die Differentialgleichung der Seilkurve

$$du = \frac{q}{H}dx; \quad \frac{d^2y}{dx^2} = \frac{1}{a};$$

integriert gibt

$$\frac{dy}{dx} = \frac{x}{a} + C_1$$

und nochmals integriert

$$y = \frac{x^2}{2a} + C_1 x + C_2.$$

Das flache Seil oder ein Seil, das auf der Längeneinheit der Horizontalprojektion eine konstante Belastung trägt, nimmt Parabelform an. Legt man den Koordinatenanfang in den Scheitel, d. h. ist $y=0$ für $x=0$ und $\dfrac{dy}{dx}=0$ für $x=0$, so wird $C_1 = 0$ und $C_2 = 0$ und die Parabel als Seilkurve nimmt die Gleichung an:

$$y = \frac{q}{2H} x^2. \qquad \qquad (53)$$

Ist l die Spannweite, d. h. der Horizontalabstand der beiden Aufhängepunkte und liegen diese in gleicher Höhe, so ist h die Einsenkung des Seiles im Scheitel, der sog. Durchhang; er beträgt nach der letzten Gleichung

$$h = \frac{q}{2H}\left(\frac{l}{2}\right)^2 = \frac{ql^2}{8H} = \frac{Ql}{8H}, \qquad (54)$$

wenn $Q=ql$ das Gesamtgewicht des Seiles ist. Ein Eisendraht von 2,5 mm Durchmesser (1000 m wiegen 37,5 kg) hat 40 m Spannweite und einen Durchhang von 80 cm; sein Horizontalzug ist

$$H = \frac{ql^2}{8h} = \frac{37{,}5 \cdot 40^2}{8 \cdot 1000 \cdot 0{,}8} = 9{,}38 \; [\text{kg}].$$

Seilartige Körper. 187

Die Spannung im ganzen Draht darf bei flach gespanntem Draht oder Seil konstant $= H$ angenommen werden; sie ist im Aufhängepunkt genau

$$S = \sqrt{H^2 + \left(\frac{Q}{2}\right)^2} = H\sqrt{1 + \left(\frac{Q}{2H}\right)^2}$$

d. h. $S =$ rd. H, solange $\left(\frac{Q}{2H}\right)^2 = \left(\frac{4h}{l}\right)^2$ genügend klein im Verhältnis zu eins ist.

111. Seilreibung. Um einen festgehaltenen Kreiszylinder sei ein vollkommen biegsames Seil in einer Ebene senkrecht zur Zylinderachse, wie in Fig. 115 angedeutet, geschlungen. An den beiden Enden A_1 und A_2 des Seiles wirken die Kräfte Q und P, wodurch das Seil auf den Zylinder längs des Bogens $B_1 B_2$ aufgedrückt wird. Ist $P = Q$, so ist auch kein Bestreben einer Bewegung des Seiles über den Zylinder vorhanden, weder in dem einen, noch in dem anderen Sinn, es kommen daher auch keine Reibungswiderstände längs $B_1 B_2$ in Betracht. Vergrößert man aber

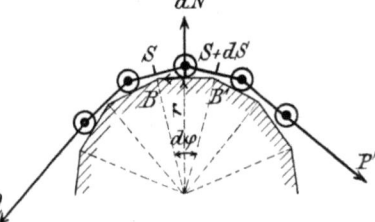

Fig. 115.   Fig. 116.

allmählich die in A_2 am Seil wirkende Kraft P, so wird das Seil, falls seine Unterlage, der feste Zylinder, nicht vollkommen glatt ist, eine Zeitlang noch im Gleichgewicht bleiben, so lange nämlich die Kraft einen gewissen Grenzwert P' nicht überschritten hat, dann aber sich im Sinne von B_1 gegen B_2 bewegen. Welches ist nun dieser Grenzwert P'?

Statt des vollkommen biegsamen Seiles können wir uns eine Kette von unendlich kurzen Gliedern und reibungslosen Gelenken denken, und statt der zylindrischen Unterlage eine prismatische, wobei der Querschnitt des Prismas ein reguläres Polygon von unendlich vielen, unendlich kleinen Seilen ds bildet (Fig. 116).

An der Gleichgewichtsgrenze des Seiles nimmt die Spannkraft des Seiles längs $B_1 B_2$ von Q bis P' zu. Bei B sei die Spannkraft S und bei B' $S + dS$. Man hat dann unter Berücksichtigung von Fig. 116 die Gleichgewichtsbedingungen:

$$(S+dS)\cos\frac{d\varphi}{2} = S\cos\frac{d\varphi}{2}+\mu dN \quad \text{oder} \quad dS\cdot\cos\frac{d\varphi}{2} = \mu dN;$$

und
$$(2S+dS)\sin\frac{d\varphi}{2} = dN = \frac{1}{\mu}\cdot dS\cdot\cos\frac{d\varphi}{2},$$

woraus
$$\mu(2S+dS)\cdot\operatorname{tg}\frac{d\varphi}{2} = dS$$

und mit Beschränkung auf die unendlich kleinen Größen der ersten Ordnung

$$\mu\cdot 2S\cdot\operatorname{tg}\frac{d\varphi}{2} = dS \quad \text{oder} \quad \mu S\cdot\frac{ds}{r} = dS; \quad \frac{dS}{S} = \frac{\mu ds}{r}$$

$$\int_Q^{P'}\frac{dS}{S} = \int_0^s\frac{\mu ds}{r}; \quad \ln\left(\frac{P'}{Q}\right) = \frac{\mu s}{r}$$

$$P' = Q\cdot e^{\frac{\mu s}{r}} \quad \text{oder da} \quad s = r\alpha$$
$$P' = Q\cdot e^{\mu\alpha} \quad \ldots\ldots\ldots (55)$$

wobei $e = 2{,}718\ldots$ die Grundzahl des natürlichen Logarithmensystems und α der in Bogenmaß ausgedrückte „Umschlingungswinkel"[1]).

Dies ist die **Grundformel** für die Seilreibung. Bei derselben hat man sich zu merken, daß P' **die größere** und Q **die kleinere** der Spannkräfte an den Seilenden bedeutet.

Wäre $\mu = 0$, erhielte man $P' = Q$, woraus hervorgeht, daß die Spannung eines Seiles sich nicht ändert, wenn dasselbe um einen abgerundeten, absolut glatten Körper gezogen wird.

Ist dieser Körper aber rauh, so nimmt die Seilspannung von der Last gegen die Kraft hin, d. h. im Sinne der angestrebten Bewegung des Seiles nach einem Exponentialgesetz zu; das ist eine sehr starke Zunahme, wie man sofort sieht.

Nimmt man als Reibungskoeffizienten für Hanfseile auf Holz nach Morin $\mu = 0{,}33$ an, so wird damit, wenn das Seil einmal um den Zylinder herumgeschlungen, also $\alpha = 2\pi$ ist, angenähert:
$$P' = 8Q$$
und bei n-maliger Umwickelung
$$P' = 8^n Q.$$

---

[1]) Zur Umrechnung von Gradmaß in Bogenmaß dient die Beziehung
$$\alpha = \frac{\alpha^0}{57{,}3} = \frac{\alpha'}{3438} = \frac{\alpha''}{206\,265}\,.$$
Die zum Zentriwinkel α^0 gehörige Bogenlänge im Kreis mit Radius r ist: $b = r\cdot\alpha$.

Bei kleinen Winkeln dürfen je nach Bedarf sin, Sehne, Bogenlänge, tg des kleinen Winkels miteinander verwechselt werden; bei 6^0 beträgt der Unterschied zwischen sin und tg etwa $1/2\,\%$.

Ganz besonders wichtig ist es, im Auge zu behalten, daß die Gl. (55) nur für das ideale Seil oder Band gilt, daß also ihre Gültigkeit um so geringer wird, in je höherem Maß das wirkliche Seil oder Band die Eigenschaft der Biegungssteifigkeit und der Elastizität hat. Eiserne Spiralbänder oder gußeiserne oder stählerne Spreizringe, wie sie an Kupplungen und Bremsen Verwendung gefunden haben, dürfen nicht mehr entfernt als ideale Seile angesehen werden. Die Druck- und Reibungsverhältnisse in diesen sind völlig andere, als die Gleichung $S_2 = S_1 e^{\mu a}$ angibt. Diese Verhältnisse können nur durch Eingehen auf die Formänderung rechnerisch gefaßt werden. Da dies aber sehr schwierig ist, tun vor allem Versuche not.

112. Die einfache Bandbremse. Die Einrichtung derselben geht aus Fig. 117 hervor.

Ist M ein Kräftepaar, das die Bremsscheibe in dem angedeuteten Sinne drehen will, und K die am Hebel $A_1 D$ in D wirkende Kraft, die die angestrebte Drehung gerade noch zu verhindern imstande ist, so hat man, wenn S_1 die Spannkraft des Bremsbandes in $A_1 B_1$ und S_2 diejenige in $A_2 B_2$

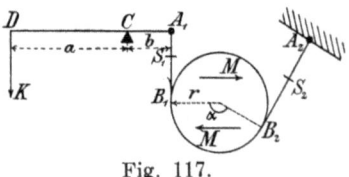

Fig. 117.

ferner:
$$Ka = S_1 b;$$
$$M + S_1 r = S_2 r;$$
$$S_2 - S_1 = \frac{M}{r}.$$

Es ist also $S_2 > S_1$ und daher, da die Bremsscheibe sich an der Grenze des Gleichgewichtes befindet und an ihr der volle Reibungswiderstand zur Geltung kommt:
$$S_2 = S_1 \cdot e^{\mu a}.$$
Da aber
$$S_2 - S_1 = \frac{M}{r}, \quad \text{so wird} \quad S_1(e^{\mu a} - 1) = \frac{M}{r};$$
$$S_1 = \frac{M}{r(e^{\mu a} - 1)} \quad \text{und damit} \quad K = \frac{b}{a} \cdot \frac{M}{r(e^{\mu a} - 1)}.$$

Wirkte das Kräftepaar M an der Bremsscheibe im entgegengesetzten Sinn, so hätte man:
$$S_2 < S_1 \quad \text{und damit} \quad S_1 = S_2 \cdot e^{\mu a}; \quad S_2 = \frac{M}{r(e^{\mu a} - 1)};$$
$$S_1 = \frac{M \cdot e^{\mu a}}{r(e^{\mu a} - 1)}; \quad K = \frac{b}{a} \cdot \frac{M}{r} \cdot \frac{e^{\mu a}}{e^{\mu a} - 1}.$$

In diesem Falle wäre K größer als zuvor. Vgl. auch S. 189 oben.

113. Die Differentialbremse. Statt nur das eine Ende des Bremsbandes am Bremshebel zu befestigen, können auch die beiden Enden des Bandes, wie in Fig. 118 angegeben, mit dem Bremshebel verbunden werden.

Man erhält dann wieder wie vorhin:

$$S_2 = S_1 e^{\mu a}; \quad S_1 = \frac{M}{r(e^{\mu a} - 1)} \quad \text{und} \quad S_2 = \frac{M \cdot e^{\mu a}}{r(e^{\mu a} - 1)}.$$

Das Gleichgewicht des Bremshebels erfordert nun

$$Ka = S_2 b_2 - S_1 b_1 = \frac{M}{r(e^{\mu a} - 1)} (b_2 \cdot e^{\mu a} - b_1).$$

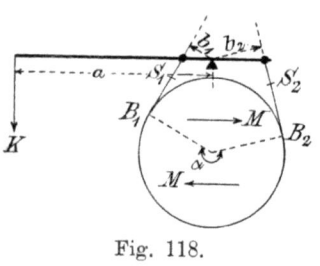

Fig. 118.

Es hängt also von der Größe der Differenz $(b_2 \cdot e^{\mu a} - b_1)$ ab, ob die zum Bremsen nötige Kraft K groß oder klein ausfällt. Darum nennt man auch die betrachtete Bremse Differentialbremse.

Wäre der Drehungssinn des Kräftepaares M der entgegengesetzte gewesen, hätte sich $S_1 > S_2$ ergeben und demgemäß

$$S_2 = \frac{M}{r(e^{\mu a} - 1)} \quad \text{und} \quad S_1 = \frac{M \cdot e^{\mu a}}{r(e^{\mu a} - 1)}$$

$$Ka = \frac{M}{r(e^{\mu a} - 1)} (b_1 e^{\mu a} - b_2).$$

Im Falle die Hebelarme b_1 und b_2 so gewählt wären, daß die maßgebende Differenz $(b_2 e^{\mu a} - b_1)$, beziehungsweise $(b_1 e^{\mu a} - b_2)$ sich gleich Null ergäbe, würde auch die Kraft K gleich Null werden, d. h. es würde die kleinste Kraft K ausreichen zum Bremsen der Scheibe. Vgl. auch S. 189 oben.

114. Idealer Riemen- oder Seiltrieb. Um zwei gleich große Riemenscheiben, deren parallele Achsen senkrecht übereinander liegen (sog. senkrechter Riementrieb), ist ein absolut biegsames, ausdehnungsloses Band so straff umgelegt, daß es möglich ist, mit einer an der Scheibe O_1 angreifenden Kraft P eine an der Scheibe O_2 hängende Last Q zu heben. Welches ist nun die Beziehung zwischen P und Q im Gleichgewichtsfall und wie groß muß vor Einwirkung der Kräfte P und Q die Spannung S_0 — die sog. Vorspannung — sein, wenn das Band auf den Scheiben nicht gleiten soll, wenn vielmehr eine gleichsam zwangläufige Übertragung der Kraft eintreten soll (Fig. 119).

Sobald die Kräfte P und Q wirksam werden, wird das eine Trum straffer gespannt, indem die anfängliche Spannung S_0 auf S_2 steigt, das andere wird schlaffer, indem seine Spannung von S_0 auf S_1 sinkt. Das Gleichgewicht der an der Scheibe tätigen Kräfte, unter denen das Riemengewicht wegen der Symmetrie herausfällt, verlangt:
$$P \cdot a = (S_2 - S_1)\, r \quad \text{und} \quad Q \cdot b = (S_2 - S_1) \cdot r,$$
also
$$P \cdot a = Q \cdot b = U \cdot r,$$

wenn $U = S_2 - S_1$ die übertragene Umfangskraft bedeutet; diese ist nach der letzten Gleichung bekannt, nicht aber ihre Bestandteile S_2 und S_1, die im allgemeinen statisch unbestimmte Reaktionen sind. Die beiden Seilzüge S_2 und S_1 können für sich nur bestimmt werden, wenn die Belastung so weit gesteigert wird, daß der Riemen gerade an die Gleitgrenze kommt. An dieser ist nach Gl. (55), wenn α der umspannte Bogen und μ der Haftreibungskoeffizient ist und wenn $P' = S_2$ und $Q = S_1$ geschrieben wird:
$$S_2 = S_1 \cdot e^{\mu \alpha}; \quad U = S_2 - S_1 = S_1(e^{\mu \alpha} - 1)$$
$$S_1 = \frac{U}{(e^{\mu \alpha} - 1)}; \quad S_2 = \frac{U \cdot e^{\mu \alpha}}{(e^{\mu \alpha} - 1)} \quad \ldots (56)$$

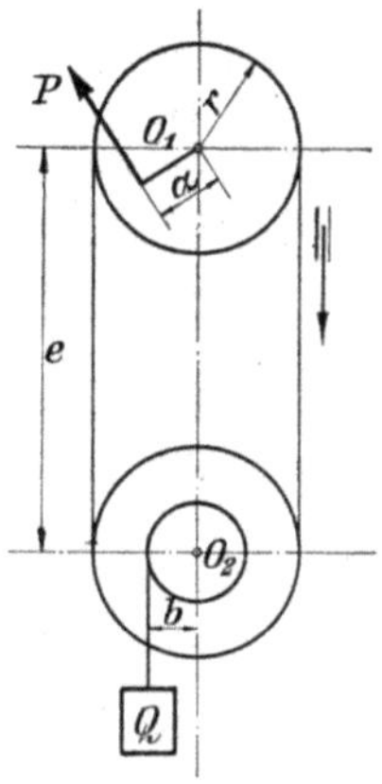

Der Achsdruck, das ist der Druck, den die beiden Riemenzüge auf die Achse einer Riemscheibe absetzen, ist während der Kraftübertragung:

Fig. 119.

$$D = S_1 + S_2 \ldots \ldots (57)$$

Im unbelasteten Zustand oder bei Leerlauf (ohne Widerstände) ist er dagegen:
$$D_0 = 2 S_0 \ldots \ldots \ldots (58)$$

Für einen senkrechten Riementrieb mit zwei gleichen Scheiben und angenähert für einen wenig geneigten mit wenig verschiedenen Scheibendurchmessern kann man die Gleichheit von D und D_0 beweisen, allerdings nur, wenn man die Hypothese des ausdehnungslosen Seiles aufgibt und auf die Formänderung des elastischen Seiles eingeht. Dann wird nach Eintritt der Belastung das eine Bandstück um ebensoviel verkürzt, wie das andere verlängert. Sofern die Verlängerung oder Verkürzung der Belastungsänderung proportional angenommen werden darf, wird infolgedessen die Vorspannung S_0 in einem Trum auf $S_2 = S_0 + \triangle S$ steigen, und im andern Trum auf $S_1 = S_0 - \triangle S$ sinken, womit (Grashof)
$$S_0 = \tfrac{1}{2}(S_1 + S_2), \ldots \ldots (59)$$

daraus folgt auch $D_0 = D$, d. h. der **Achsdruck ist bei Leerlauf und bei Belastung konstant**. Dabei mag man sich die Riemengeschwindigkeit als klein vorstellen. Damit läßt sich aber die Beziehung zwischen der Vorspannung S_0 und der an der Gleitgrenze übertragbaren Umfangskraft U angeben; es ist nämlich mit Gl. (56)

$$S_0 = \frac{S_1 + S_2}{2} = \frac{U}{2} \frac{e^{\mu\alpha} + 1}{e^{\mu\alpha} - 1} \quad \ldots \ldots (60)$$

So groß muß mindestens die Vorspannung S_0 eines senkrechten Riementriebes sein, wenn der Riemen auf der Scheibe nicht gleiten soll. Lediglich auf Grund der Hypothese des ausdehnungslosen Seiles, also ohne Eingehen auf die Formänderung, hätte diese Beziehung nicht aufgestellt werden können. Daß während der Annahme eines elastischen Riemens die Beziehung $S_2 = S_1 \cdot e^{\mu\alpha}$, die nach der Bemerkung zu Gl. (55) nur für das ideale Seil an der Gleitgrenze gilt, immer noch als zutreffend angesehen wurde, ist ein Mangel dieser Überlegung, der ausdrücklich erwähnt werden muß.[1]) Wie aber die Anpressung und Reibung zwischen einem **elastischen Band und der Scheibe** verteilt ist, ist eine schwierige, in die Elastizitätslehre gehörige Frage.

Die von Grashof herrührende Gl. (59) ist überdies an die Voraussetzung gebunden, daß die an der Dehnung beteiligten Riemenstücke in Fig. 119 beiderseits gleich lang seien. Nach R. Hennig ist dies nicht der Fall; infolgedessen wäre die Grashofsche Beziehung (59) überhaupt unrichtig. Auch der Gl. (60) kommt kaum irgendwelcher tatsächlicher oder aufklärender Wert zu.

Man hat sich daran gewöhnt, die Gl. (59) und (60) als allgemein gültig anzusehen, und auch bei **wagerechten Riementrieben** anzuwenden. Das ist nicht richtig. Bei einem vertikalen Riementrieb mit idealem Riemen herrscht vollkommene Symmetrie der geometrischen Form des Riementriebs in bezug auf die Verbindungslinie der Achsmitten $O_1 O_2$. Bei einem horizontalen Riementrieb hört diese Symmetrie auf. Selbst im unbelasteten Zustand hat das obere und das untere Trum verschiedene Form. Die Durchhänge, auf die man bei senkrechtem Riementrieb nicht zu achten hatte, und das Eigengewicht des Riemens erlangen jetzt eine maßgebende Bedeutung. Die Spannkraft S muß ja im leerlaufenden Riemen nahezu gleich groß sein, aber das obere Trum hat eine kleinere Spannweite l_1 zwischen den Berührungspunkten und einen kleineren Durchgang h_1 als das

---

[1]) Vgl. auch **103**, S. 172. Die Beziehung $S_2 = S_1 \cdot e^{\mu\alpha}$ würde noch aus einem weiteren Grunde unrichtig sein, wenn nämlich außer der Reibung, der Ruhe und der Bewegung die so gut wie unerforschte Adhäsion (74) in Betracht käme, was nach der günstigen Wirkung des Einfettens des Riemens wahrscheinlich wird.

untere ($l_2 h_2$). Sofern das Band genügend flach gespannt ist, und e den Achsabstand bedeutet, besteht folgender Zusammenhang lediglich infolge der geometrischen Verhältnisse und der Gleichheit der Riemenspannung S_0 (Fig. 120):

$$\frac{l_2}{l_1} = \frac{1}{2\dfrac{l_1}{e} - 1}; \quad \frac{h_2}{h_1} = \frac{1}{\left(2\dfrac{l_1}{e} - 1\right)^2}.$$

Als Seilform ist dabei die Parabel angenommen.

Wird nun Kraft vom Riemen übertragen, so kann z. B. der Durchhang oben kleiner, unten größer werden, oder auch umgekehrt, je nachdem das obere oder das untere Trum das ziehende oder geschleppte ist. Während es bei senkrechtem Riementrieb möglich wäre, durch Eingehen auf die Formänderung des Riemens die statisch unbestimmten Kräfte S_1 und S_2 auch vor Eintritt der Gleitgrenze zu bestimmen, werden diese Seilzüge S_1 und S_2 nunmehr beim horizontalen Riementrieb durch Achsenabstand, Spannweite und Durchhang des oberen und unteren Trums bestimmt. Damit ist auch der Achsdruck D als Summe der Seilzüge $S_1 + S_2$ bekannt geworden. Jetzt ist aber die Grashofsche Beziehung (59) völlig unbrauchbar. Die Frage nach den Seilzügen und dem Achsdruck darf demnach auch bei idealem Seil nicht ohne Rücksicht auf die geometrischen Verhältnisse beantwortet werden[1]).

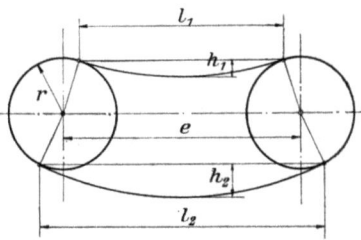

Fig. 120.

Der Seiltrieb ist kein Getriebe von unveränderlicher Form, seine Form hängt vielmehr von der Belastung ab, desgleichen der Achsdruck, der im allgemeinen die geometrische Summe der Durchhangsspannungen ist. Die Reibung kommt erst an der Gleitgrenze in Betracht, für die äußerstenfalls übertragbare Umfangskraft, die tatsächliche Umfangskraft die im Betriebe zulässig ist, ist stets kleiner.

An dieser Stelle kann nur das statische Verhalten des idealen ausdehnungslosen Seiles berührt werden. Ganz beiläufig sei erwähnt, daß in dem laufenden Riemen infolge der Zentrifugalkraft eine überall gleich große Spannung δv^2 ($\delta = $ Dichte des Riemens) entsteht, die von der Krümmung des Riemens unabhängig ist. Denkt man sich den laufenden Riemen gewichtlos, so könnte man die Riemenscheiben fortnehmen, der Riemen würde seine Form beibehalten und in der Luft schweben; er hat eine Gleichgewichtsform angenommen, an der sich Zentrifugalkräfte und Riemenspannung das Gleichgewicht

---

[1]) Auf die Bedeutung des Durchhanges für den Achsdruck haben erstmals R. Hennig 1910 und G. Duffing 1913 hingewiesen.

halten. Die Zentrifugalkräfte tragen also beim unelastischen Riemen nichts zur Vermehrung oder Verminderung des Achsdruckes bei; dieser ist nur von den beiden Durchhängen des Riementriebes abhängig und wird niemals Null. Durchhangs- und Fliehspannungen addieren sich.

Die Hypothese des idealen Seiles reicht aber zur Erklärung der wichtigsten Erfahrungstatsache, daß ein schnellaufender Riemen mehr Kraft überträgt als ein langsamlaufender, nicht aus. In der vollständigen Riementheorie muß die Elastizität des Riemens berücksichtigt werden, die Ausbildung und Rückbildung der Formänderung im gezogenen und geschleppten Trum, die Verteilung der Reibung, Anpressung und Spannung längs der riemenbedeckten Scheibenumfänge, es müssen sich dann die Verschiedenheit der Geschwindigkeit der einzelnen Riemenpunkte und die Beschleunigungen, das Klettern des Riemens auf den Scheiben, der sog. Schlupf[1]), erklären, es ist die der unbekannten Adhäsion zukommende Bedeutung zu prüfen, der Einfluß der Luft, der Gleitgeschwindigkeit auf die Reibung u. a.

---

9. Kapitel.
Arbeit.
§ 16. Übersetzungen.

115. Gleichförmige lineare Geschwindigkeit. Nach den Darlegungen im Abschn. 6 betrachtet man in der Statik Körper, die sich unter dem Einfluß von Kräften in Ruhe oder gleichförmiger Bewegung, d. h. im Beharrungszustand befinden; die wirkenden Kräfte werden unter diesen Umständen als statische bezeichnet. Wir beschäftigen uns im nachfolgenden mit der Arbeit, die eine Maschine im Beharrungszustand verrichtet, d. h. mit der statischen Arbeit; um diese handelt es sich z. B. bei der Betriebsmaschine einer Fabrik, solange die Maschine gleichmäßig belastet ist. Erst späterhin werden wir auf das Anlaufen und Bremsen und auf Schwankungen in der Geschwindigkeit, sowie auf die hierbei auftretenden Bewegungs-, Kraft-, und Arbeitsverhältnisse eingehen.

---

[1]) In der neuesten Auflage der „Maschinenelemente" teilt C. Bach Versuchsergebnisse von Hr. Friederich über die Bewegungsreibung von Leder auf Gußeisen mit.

Lederriemen 5 mm stark und 100 mm breit auf gußeiserner Scheibe von 510 mm Drm., halbe Umschlingung:

$\mu = 0{,}2$ entsprechend $e^{\mu\pi} = 1{,}87$; Gleitgeschw. 1 cm/sec.
$\mu = 0{,}6$ „ $e^{\mu\pi} = 6{,}59$ „ 10 „
$\mu = 0{,}85$ „ $e^{\mu\pi} = 14{,}4$ „ 25 „
μ bis $0{,}95$ „ $e^{\mu\pi} = 19{,}8$ „ 50 „

S_1 zwischen 20 und 350 kg; S_2 zwischen 10 und 50 kg Einzelheiten der Versuchsausführung sind nicht angegeben. Bezüglich der Gültigkeit der Gl. $S_2 = S_1 \cdot e^{\mu a}$ vgl. S. 172 und 189.

§ 16. Übersetzungen.

Vor der Besprechung des Arbeitsbegriffes haben wir den Begriff der gleichförmigen Geschwindigkeit zu erläutern. Legt ein Körper in gleichen Zeiten gleiche Wegstrecken zurück, so bewegt er sich gleichförmig, und zwar um so schneller, je größer sein Weg in der Zeiteinheit, seine Geschwindigkeit, ist. Sofern man die Geschwindigkeit auf der Bahnlinie von einer Drehgeschwindigkeit unterscheiden will, spricht man von linearer Geschwindigkeit oder Bahngeschwindigkeit, meist sagt man kurz Geschwindigkeit. Wird in t [sec] ein Weg von s [m] zurückgelegt, so ist die Geschwindigkeit:

$$v = \frac{s}{t} \text{ [m/sek]}.$$

Als Maßzahl einer Geschwindigkeit ist in der technischen Mechanik [m/sek] gebräuchlich; in der Fahrzeugtechnik gibt man die Fahrgeschwindigkeit V in [km/std] = 1000 m/3600 sek = 1/3,6 [m/sek] an. Es ist dann v [m/sek] = V/3,6 [km/std].

$$V \text{ [km/std]} = 3{,}6\, v \text{ [m/sek]}.$$

Ein Schnellbahnwagen mit 200 [km/std] Geschwindigkeit legt also sekundlich $v = 200 : 3{,}6 = 55{,}6$ [m/sek] zurück.

116. Gleichförmige Umfangsgeschwindigkeit, Umlaufzahl, Winkelgeschwindigkeit. Eine Drehbewegung projiziert sich in Richtung der Drehachse als Kreisbewegung. Alle mit der Drehachse verbundenen Punkte beschreiben in der Projektion Kreisbahnen, deren Umfänge bei gleichförmiger Drehung mit konstanter „Umfangsgeschwindigkeit" durchlaufen werden. Die Richtung der letzteren ist die augenblickliche Bewegungsrichtung, d. h. die der Kreistangente. Bedeutet n die Umlaufzahl der Drehachse in einer Minute, so ist die Umfangsgeschwindigkeit im Abstand r [m] von der Achse

$$v = \frac{2\pi r n}{60} = \frac{\pi n}{30} \cdot r \text{ [m/sek]} \quad \ldots \ldots \quad (61)$$

Die Umfangsgeschwindigkeit der Kreisbewegung ist dem Abstand r von der Drehachse proportional und beträgt im Abstand $r = 1$

$$\omega = \frac{\pi n}{30} \text{ [1/sek]}. \quad \ldots \ldots \ldots \quad (62)$$

Diese Größe ist der in 1 [sek] im Einheitskreis ($r = 1$) durchlaufene Bogen, d. h. der in 1 [sek] durchlaufene Winkel im Bogenmaß (S. 188 u.); ω heißt die Winkelgeschwindigkeit. Der Sekundenzeiger einer Uhr z. B., der in 1 Min. den Bogen 2π durchläuft, hat eine Winkelgeschwindigkeit von $\omega = \dfrac{2\pi}{60}$; da der Bogen eine Verhältniszahl ist (S. 188 u.) und die Zeit in [sek] gemessen wird, so ist die Maßzahl der Winkelgeschwindigkeit [1/sek]. Nach den Regeln über das Rechnen mit Bogengrößen kann man die Winkelgeschwindigkeit auch als die Anzahl von Radieneinheiten ansehen, die in 1 [sek] auf der Kreisbahn eines Punktes zurückgelegt werden, oder auch als den in 1 [sek] durchlaufenen Winkel (im Bogenmaß). Durch Vereinigen der beiden letzten Gleichungen erhält man für die Umfangsgeschwindigkeit im Abstand r von der Drehachse auch:

$$v = r \cdot \omega \; [\text{m/sek}] \quad \ldots \ldots \ldots (63)$$

Man mißt die Winkelgeschwindigkeit im Bogenmaß, weil das für die Berechnungen bequemer ist, als der Gebrauch des Gradmaßes. Durch die Winkelgeschwindigkeit wird die Geschwindigkeit einer Drehbewegung eindeutig und am einfachsten gekennzeichnet, sicherlich einfacher als durch die Umfangsgeschwindigkeit, bei der immer noch der Abstand r von der Drehachse mit anzugeben wäre.

117. Übersetzungen ins Langsame oder Schnelle. Die Umlaufzahl eines rasch laufenden Automobilmotors ist für die Treibachse zu hoch; sie wird durch Einschalten eines Mechanismus ins Langsame übersetzt. Das Umgekehrte, die Übersetzung ins Schnelle, ist z. B. beim Antrieb von Schmirgelscheiben nötig. Wir verstehen unter der **Übersetzung der Umlaufzahl** oder der **Tourenübersetzung** das Verhältnis

$$\varphi_n = \frac{\text{Umlaufzahl der getriebenen Welle}}{\text{Umlaufzahl der treibenden Welle}} = \frac{n_2}{n_1} = \frac{\omega_2}{\omega_1} \quad (64)$$

Ist $\varphi_n \gtreqless 1$, so erfolgt Übersetzung ins Schnelle bzw. ins Langsame. Als Mechanismen zur Übersetzung der Umlaufzahl benützt man Zahnräder, Riemen- oder Seilscheiben, Reibscheiben oder -Räder. Zusammenfassend kann man sie als **Räderübersetzungen** bezeichnen und sie in 2 Gruppen einteilen: in zwangläufige und nicht zwangläufige, je nachdem der geometrische Zusammenhang stets unverändert erhalten bleibt oder nicht (genauer s. S. 76).

a) **Übersetzung durch ein Zahnräderpaar.** Zwei Kreise I und II mit festgelagerten Drehpunkten sind durch eine Verzahnung gezwungen, miteinander im Eingriff zu bleiben und sich mit gleicher Umfangsgeschwindigkeit v zu drehen, daher ist (Fig. 121):

$$v = \frac{2\pi r_1 n_1}{60} = \frac{2\pi r_2 n_2}{60} = r_1 \omega_1 = r_2 \omega_2,$$

§ 16. Übersetzungen. 197

woraus für die Übersetzung des Räderpaares folgt

$$\varphi_n = \frac{n_2}{n_1} = \frac{r_1}{r_2} = \frac{\omega_2}{\omega_1} = \varphi_\omega \quad \ldots \quad (65\,\mathrm{a})$$

Auf das Rad I sind z_1, auf Rad II z_2 Zähne geschnitten. Zu diesem Zweck sind die Umfänge der beiden sog. Teilkreise I und II in z_1 bzw. z_2 gleiche Teile von der Länge t — Teilung genannt — eingeteilt. Es ist $z_1 \cdot t = 2\pi r_1$ und $z_2 \cdot t = 2\pi r_2$, daher ist auch:

$$\varphi_n = \varphi_\omega = \frac{n_2}{n_1} = \frac{\omega_2}{\omega_1} = \frac{r_1}{r_2} = \frac{z_1}{z_2} \quad \ldots \quad (65\,\mathrm{b})$$

b) **Übersetzung durch mehrere Räderpaare.** Die Räderpaare müssen so verbunden sein, daß das getriebene Rad eines Paares und das treibende des folgenden gleiche Umlaufzahl haben,

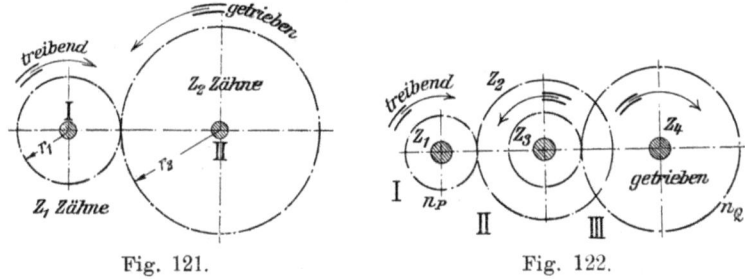

Fig. 121.　　　　　　Fig. 122.

z. B. dadurch, daß Rad II und III (Fig. 122) auf einer Achse festgekeilt sind ($n_2 = n_3$); dann ist, wenn $\varphi_{\omega_1} \varphi_{\omega_2} \varphi_\omega$ bzw. die Übersetzung des Räderpaares I÷II, die Übersetzung des Räderpaares III÷IV und die Gesamtübersetzung zwischen erster treibender und letzter getriebener Achse bedeuten:

$$n_2 = \varphi_{\omega_1} \cdot n_1$$
$$n_4 = \varphi_{\omega_2} \cdot n_3 = \varphi_{\omega_2} \cdot n_2$$
$$\varphi_\omega = \frac{n_4}{n_1} = \frac{\varphi_{\omega_2} \cdot n_2}{n_1} = \frac{\varphi_{\omega_2} \cdot \varphi_{\omega_1} \cdot n_1}{n_1} = \varphi_{\omega_1} \cdot \varphi_{\omega_2} \quad \ldots \quad (66)$$

Dieses Ergebnis läßt sich offenkundig verallgemeinern durch den Satz: **Die Gesamtübersetzung ist gleich dem Produkt der Einzelübersetzungen.**

c) **Übersetzung durch Schnecke und Schneckenrad.** Die i-zügige oder i-gängige Schnecke (in Fig. 123 $i = 2$) treibt ein Schneckenrad mit z Zähnen an. Dreht sich die unverschieblich gelagerte Schnecke einmal, so werden i Radzähne vorgeschoben; dreht sie sich $\frac{1}{i}$ mal, so wird 1 Radzahn, und dreht sie sich $\frac{z}{i} = n_1$ mal, so werden z Radzähne vorgeschoben, d. h. das Schneckenrad dreht sich $n_2 = 1$ mal; die Übersetzung zwischen Schnecke und Rad ist also:

$$\varphi_\omega = \varphi_n = \frac{n_2}{n_1} = \frac{1}{\frac{z}{i}} = \frac{i}{z} \quad \ldots \ldots (67)$$

Zahnräder, Schneckengetriebe und auch Kettentrieb (Automobil, Fahrrad) gehören zu den **zwangläufigen** Mechanismen, bewegen sich in einer ganz bestimmten, durch die geometrischen Verhältnisse vorgeschriebenen Weise; sie können nicht gegeneinander gleiten.

Für manche Zwecke erscheint der zwangläufige Zusammenhang nicht erwünscht, man wählt dann Übertragungsmechanismen, deren Elemente gegeneinander gleiten können, z. B. Riemen- und Seiltrieb, Friktionsscheiben oder Räder. Beim Auftreten plötzlicher Kräfte oder Widerstände können die Elemente dieser Getriebe gegeneinander gleiten oder in sich nachgeben.

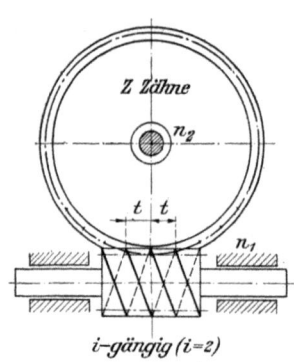

Fig. 123.

d) **Übersetzung zwischen zwei Riemen- oder Seilscheiben.** Bei zwangläufiger Bewegung wären Riemengeschwindigkeit und Umfangsgeschwindigkeit der treibenden und getriebenen Scheibe gleich. Tatsächlich ist nach Versuch (A. Fieber, Kammerer, Z. Ver. deutsch. Ing. 1909, S. 1641) die Laufgeschwindigkeit des Riemens an einzelnen Stellen verschieden, auch wenn der Riementrieb sich im Beharrungszustand befindet, und zwar am größten (v_1) bei dem Auflauf auf die treibende Scheibe und deren Umfangsgeschwindigkeit v_1 gleich; am kleinsten (v_2) bei dem Auflauf auf die getriebene Scheibe und deren Umfangsgeschwindigkeit v_2 gleich. Es tritt also ein Verlust an Umfangsgeschwindigkeit $v_1 - v_2$ ein, der in Teilen der kleineren Geschwindigkeit v_2 ausgedrückt, als **Schlupf** ψ des Riemengetriebes bezeichnet wird, definiert durch die Gleichung:

$$\psi = \frac{v_1 - v_2}{v_2},$$

daraus folgt: $\quad v_1 = (1 + \psi)v_2$

oder $\quad r_1 \omega_1 = (1 + \psi) r_2 \omega_2$

somit Übersetzung des Riementriebes

$$\varphi_n = \varphi_\omega = \frac{n_2}{n_1} = \frac{\omega_2}{\omega_1} = \frac{1}{1+\psi} \cdot \frac{r_1}{r_2}.$$

Bei Zwanglauf wäre $\psi = 0$.

§ 16. Übersetzungen. 199

Ursache des Riemenschlupfes ist die Elastizität des Riemens; diese Art von Schlupf zeigt jeder Riemen, da alle Riemen elastisch sind. Nicht gemeint ist damit das Rutschen des ganzen Riemens auf der Scheibe, wenn der Riemen überlastet ist; er springt dann meist von der Scheibe ab. Näheres über den Schlupf gehört in die Riementheorie. Hier genügt es, auf die Tatsache hinzuweisen.

Auch die Luftreifen der Automobile weisen einen Schlupf gegenüber der Straße auf, und zwar keineswegs bloß beim Anfahren oder

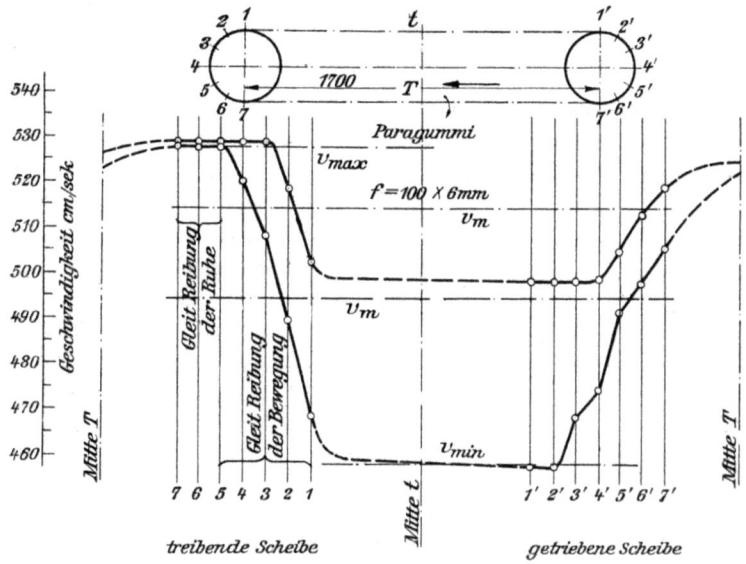

Fig. 124.

Bremsen, sondern auch bei gleichförmiger Fahrt, wohl eine Folge davon, daß das Rad über die Unebenheiten der Straße gleichsam wegspringt und den Boden nicht immer gleich stark preßt.

e) **Hebel- oder Wellrad. Kraftübersetzung.** Soll eine große Kraft z. B. zum Lastheben ausgeübt werden, während bloß eine kleine verfügbar ist, so hat schon Archimedes als Mittel zur Kraftsteigerung den Hebel angewandt. Andere, von der älteren Literatur als „Potenzen" bezeichnete Hilfsmittel sind das sog. „Rad auf der Welle" (Haspel oder Kurbel mit Windentrommel), die schiefe Ebene, die Schraube, der Keil, der Flaschenzug. Die treibende Kraft sei kurz Kraft P genannt, am angetriebenen Ende des Mechanismus befindet sich die Last Q. Von Reibung sei vorerst abgesehen. Man spricht dann von einem ideellen Getriebe und nennt die Kraft P die **ideelle Triebkraft** P_0. Was mit dem Mechanismus erreicht werden soll, ist eine **Kraftsteigerung**, eine Kraftübersetzung von der Größe

$$\frac{Q}{P_0},$$

was man bei fehlender Reibung als die **ideelle Kraftübersetzung** bezeichnen kann. Für den Hebel und das Wellrad bzw. die Windentrommel mit Kurbel oder Haspel ist nach dem Momentensatz und mit den Bezeichnungen der Fig. 125 die ideelle Kraftübersetzung

$$\frac{Q}{P_0} = \frac{p}{q}.$$

Nun sind die erwähnten Mechanismen zwangläufig; einem bestimmten Kraftweg s_p entspricht ein durch den geometrischen Zusammenhang des Mechanismus eindeutig bestimmter Lastweg s_q oder wenn man die Wege auf die Zeiteinheit bezieht, zu einer bestimmten Kraftgeschwindigkeit v_p eine ganz bestimmte Lastgeschwindigkeit v_q.

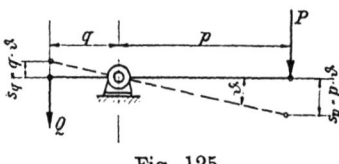

Fig. 125.

Macht z. B. der Hebel, Fig. 125, eine kleine Drehung um den Bogen $d\vartheta$, so ist der Kraftweg $s_p = p \cdot d\vartheta$ und der Lastweg $s_q = q \cdot d\vartheta$; da die Geschwindigkeiten sich hierbei wie die Wege verhalten, so hat man

$$\frac{s_q}{s_p} = \frac{v_q}{v_p} = \frac{q \cdot d\vartheta}{p \cdot d\vartheta} = \frac{q}{p} = \varphi_v \quad \ldots \ldots (68)$$

Wir wollen dieses Verhältnis die **Geschwindigkeitsübersetzung** nennen; dem obigen zufolge ist dasselbe der reziproke Wert der ideellen Kraftübersetzung, es ist also

$$\varphi_v = \frac{\text{Lastweg}}{\text{Kraftweg}} = \frac{\text{Lastgeschwindigkeit}}{\text{Kraftgeschwindigkeit}} = \frac{\text{ideelle Triebkraft}}{\text{Last}} \quad (68)$$

$\varphi_v > 1$ bedeutet eine Übersetzung ins Schnelle und eine Kraftverminderung; $\varphi_v < 1$ eine Übersetzung ins Langsame und eine Kraftsteigerung.

118. Beispiele betr. Übersetzungen. a) **Schiefe Ebene vom Steigungswinkel** α. 1. Die Last Q wird von einer längs der schiefen Ebene wirkenden Kraft bewegt; der Kraftweg sei s_p, der gleichzeitige Lastweg ist nach Fig. 127 $s_q = s_p \cdot \sin\alpha$, daher die Übersetzung

$$\varphi_v = \frac{s_q}{s} = \sin\alpha$$

§ 16. Übersetzungen. 201

2. Die Last Q wird von einer zur Basis der schiefen Ebene parallelen Kraft P bewegt. Dann ist nach Fig. 72 $s_q = s_p \cdot \operatorname{tg}\alpha$, daher die Übersetzung

$$\varphi_v = \frac{s_q}{s_p} = \operatorname{tg}\alpha.$$

b) i-gängige Schraube. An der Mutter greift, etwa mittels eines Schlüssels ausgeübt, ein Kräftepaar an, dessen Ebene senkrecht zur Schraubenachse steht und das auf den mittleren Gewindehalbmesser r_m reduziert die Größe $P_m \cdot r_m$ haben möge. Durch Abwickeln im mittleren Gewindegang erhält man die Sachlage Fig. 72. Es ist dann ebenso wie unter a), 2.

$$\varphi_v = \frac{s_q}{s_p} = \operatorname{tg}\alpha.$$

Die Ganghöhe einer i-gängigen Schraube oder Schnecke, deren Teilung t ist, hat die Größe $h = i \cdot t$, daher ist dem Steigungsdreieck Fig. 72 zufolge:

$$\operatorname{tg}\alpha = h : 2\pi r_m = i \cdot t : 2\pi r_m,$$

womit

$$\varphi_v = \operatorname{tg}\alpha = i \cdot t : 2\pi r_m.$$

c) Flaschenzüge, Seilmaschinen. Den gewöhnlichen Flaschenzug zeigt Fig. 109. Zieht man am Kraftende s_p [m] Seil ab, so wird das Seil innerhalb des Flaschenzuges um ebensoviel kürzer. Der Seilweg s_p läßt sich auch noch anders ausdrücken: Hat sich beim Abziehen von s_p [m] Seil die Last um s_q gehoben, so haben sich die beiden Flaschen um s_q einander genähert, wobei jedes Seilstück zwischen beiden Flaschen um s kürzer wurde. Ist das Zugseil an der Flasche der festen Rollen angebunden und sind n lose Rolle vorhanden, so sind $2n$-Seilstücke vorhanden, die sich je um s_q verkürzt haben. Die Gesamtverkürzung des Seiles beträgt also $2 \cdot n \cdot s_q$, um welches Stück das Kraftende des Seiles abgezogen werden muß, weshalb $s_p = 2 \cdot n \cdot s_q$ ist; die Übersetzung des Flaschenzuges nach Fig. 109 ist daher:

$$\varphi_v = \frac{s_q}{s_p} = \frac{1}{2n}.$$

Bei anderer Anordnung des Flaschenzuges (vgl. S. 177) ändert sich auch der Ausdruck für die Übersetzung.

d) Winde zum Lastheben. Es soll die Gesamtübersetzung $\varphi_{v\,total}$ des Hubwerkes der in Fig. 126 dargestellten Winde angegeben werden, mit anderen Worten: die Lastgeschwindigkeit als Bruchteil $\varphi_{v\,total}$ der Kraftgeschwindigkeit oder die ideelle Triebkraft als Bruchteil $\varphi_{v\,total}$ der Last.

Die Motorwelle mache $n_p = 450$ Umläufe in der Minute (Winkelgeschwindigkeit ω_p); im Abstand r von der Motorachse denke man sich die Triebkraft tangential angreifend, die Umfangsgeschwindigkeit ist $v_p = r \cdot \omega_p$; die Lastgeschwindigkeit sei v_q: die Geschwindigkeit des auf der Trommel umlaufenden Seiles sei v' ($r' = 36{,}3$ cm Trommelhalbmesser; $v' = r'\omega'$). Dann ist die Weg- oder Geschwindigkeitsübersetzung vom Motor bis zur Windentrommel nach (68), (64)

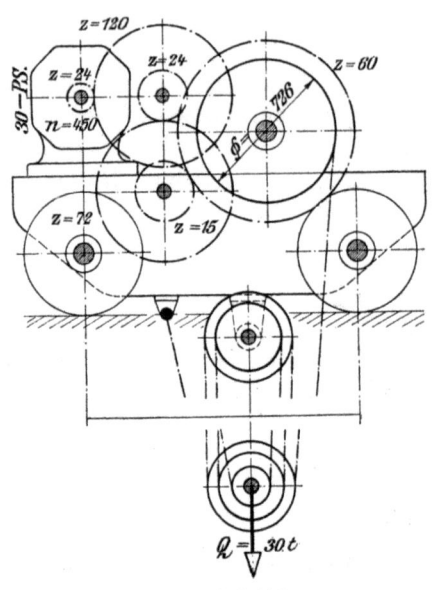

Fig. 126.

$$\varphi_{v1} = \frac{v'}{v_p} = \frac{r'\omega'}{r\omega_p} = \frac{r'}{r} \cdot \varphi_\omega$$
$$= \frac{r'}{r} \cdot \frac{z_1}{z_2} \cdot \frac{z_3}{z_4} \cdot \frac{z_5}{z_6}.$$

Für den Flaschenzug mit i-losen Rollen hat man ferner

$$\varphi_{v2} = \frac{v_q}{v'} = \frac{1}{2i};$$

also durch Multiplikation nach (66):

$$\varphi_{v\,total} = \varphi_{v1} \cdot \varphi_{v2} = \frac{v_q}{v_p} = \frac{r'}{r} \cdot \frac{z_1 z_3 z_5}{z_2 z_4 z_6} \cdot \frac{1}{2i}.$$

Mit Benützung der in Fig. 126 stehenden Zahlen, mit $r' = 36{,}3$ cm und mit dem willkürlich gewählten Kraftarm $r = 1$ cm ergibt sich

$$\varphi_{v\,total} = \frac{36{,}3}{1} \cdot \frac{24 \cdot 24 \cdot 15}{120 \cdot 72 \cdot 60} \cdot \frac{1}{2 \cdot 3} = 0{,}101 = \frac{1}{9{,}92},$$

in Worten: die Lastgeschwindigkeit ist der 9,92te Teil der Kraftgeschwindigkeit der im Abstand 1 cm von der Motorachse angreifend gedachten Antriebskraft oder die ideelle Antriebskraft ist der 9,92te Teil der Last.

Die Lastgeschwindigkeit beträgt demnach:

$$v_q = \varphi_{v\,total} \cdot v_p = \frac{r'}{r} \cdot \frac{z_1 \cdot z_3 \cdot z_5}{z_2 \cdot z_4 \cdot z_6} \cdot \frac{1}{2i} \frac{\pi r n_p}{30} = 0{,}101 \cdot \frac{\pi \cdot 450}{30} = 4{,}76\,(\text{cm/sek}).$$

§ 17. Mechanische Arbeit. Energie. Wirkungsgrad. Arbeit und Leistung.

119. Mechanische Arbeit. Mechanische Arbeit wird verrichtet bei Vorgängen, die dem Gebiet der Mechanik angehören, also beim

§ 17. Mechanische Arbeit. Energie. Wirkungsgrad. Arbeit und Leistung. 203

Heben und Befördern von Lasten, beim Überwinden eines Widerstandes anläßlich des Bearbeitens von Rohstoffen, bei der Formänderung eines elastischen Körpers, beim Beschleunigen oder Verzögern eines bewegten Körpers, also beim Anfahren oder Bremsen eines Fahrzeuges, im Zylinder einer Kraftmaschine oder Pumpe u. a. m. Allen solchen Vorgängen gemeinsam ist es, daß eine Kraft auf einer gewissen Wegstrecke in Tätigkeit ist, „arbeitet". Wir beschränken uns hier darauf, die Arbeit bei einer gleichförmigen Bewegung zu betrachten, wo statische Arbeit von statischen Kräften verrichtet wird. Das einfachste Beispiel, das gleichförmige senkrechte Heben einer Last G auf eine gewisse Höhe h, zeigt am deutlichsten, was die Größe einer Arbeit bestimmt. In diesem Fall wird der Weg der Last in der Richtung der Kraft zurückgelegt. Ist eine doppelt so große Last auf die gleiche Höhe zu heben oder eine und dieselbe Last auf die doppelte Höhe, so ist das eine Verdoppelung des einfachen Effektes; es wird dazu die doppelte Arbeit benötigt, da man die Endwirkung durch Wiederholen des Hebens der einfachen Last auf die einfache Höhe erzielen kann. Man hat daher die Hubarbeit zu messen durch das Produkt

$$A = G \cdot h.$$

Wir können die Last aber auch mit einem Schrägaufzug heben, also die gleiche Endwirkung auf einem andern Wege erzielen; um

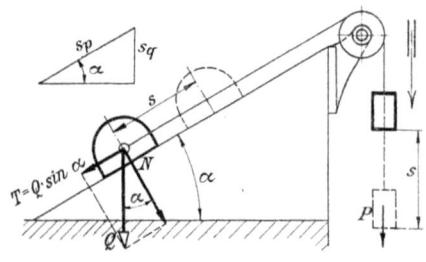

Fig. 127.

nicht von der Hauptsache abgelenkt zu werden, setzen wir für den Schrägaufzug eine schiefe Ebene ohne Reibung (Fig. 127). Die vertikale Lastrichtung schließt jetzt mit dem schiefen Lastweg einen Winkel ein. Wir zerlegen die Last längs der schiefen Ebene und senkrecht dazu in ihre Komponenten $T = G \cdot \sin \alpha$ und $N = G \cdot \cos \alpha$; der Förderweg längs der schiefen Ebene ist $s = \dfrac{h}{\sin \alpha}$. Jetzt können wir feststellen, daß das Produkt: Kraft längs der schiefen Ebene mal Weg auf der schiefen Ebene $= G \cdot \sin \alpha \left(\dfrac{h}{\sin \alpha} \right) = G \cdot h$ die gleiche Größe hat wie beim senkrechten Heben, nämlich eben $G \cdot h$; die gleiche Endwirkung ist auf zweierlei Weise erzielt und als Maß der verrichteten Arbeit ergibt sich auf beiderlei Weise die Größe $G \cdot h$. Indem wir das Gemeinsame hervorheben, erkennen wir, was für die Größe der Arbeit bestimmend ist: es ist das Produkt aus dem Arbeitsweg und der längs diesem wirkenden Kraft. Das Parallelverschieben der Komponente $G\cdot\cos\alpha$ erfordert keinerlei Arbeit, denn es wird in Richtung der Komponente kein Arbeitsweg zurückgelegt. Eine mit dem vorgeschriebenen Weg s den Winkel α bildende Kraft P kann somit in eine **Arbeitskomponente** $P\cdot\cos\alpha$ und eine **arbeitslose Komponente** $P\cdot\sin\alpha$ zerlegt werden und leistet die Arbeit

$$A = P\cdot\cos\alpha\cdot s = P\cdot s\cdot\cos\alpha \quad\ldots\ldots \quad(69)$$

Wegen der zulässigen Vertauschung der Faktoren dieses Produktes kann man die Arbeit messen durch das Produkt: Weg mal Projektion der Kraft auf den Weg oder auch durch das Produkt: Kraft mal Projektion des Weges auf die Kraft.

Ein gekrümmter Weg kann als die stetige Aufeinanderfolge von lauter denkbar kurzen schiefen Ebenen angesehen werden. Die Arbeitskomponente einer schief zur Kurve gerichteten Kraft ist deren Projektion $T = P\cdot\cos\beta$ auf die Kurventangente (Fig. 128) und die Arbeit auf dem Wegelement ds der Kurve beträgt $T\cdot ds$, die Gesamtarbeit daher

$$A = \int T\cdot ds.$$

Der Normaldruck auf die Kurve ist an der Arbeitsleistung nicht beteiligt; seine Arbeitsleistung ist Null.

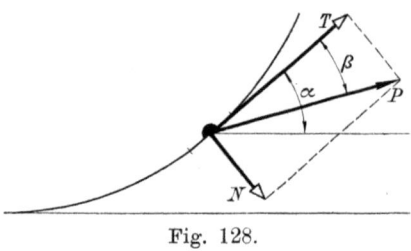

Fig. 128.

Die Merkmale einer Arbeit sind indes durch die Größe $P\cdot s\cdot\cos\alpha$ noch nicht ganz erschöpft; je nachdem eine treibende Kraft Arbeit leistet oder ein Widerstand überwunden wird, stimmt der Sinn der Kraft mit dem Sinn des Kraftweges überein oder es ist der Sinn des Widerstandes dem Sinne des Widerstandsweges entgegengesetzt. Bei der Lastförderung mit der schiefen Ebene, Fig. 127, wirkt z. B. die Antriebkraft P vertikal abwärts und der Widerstand T der Last im Sinne des Pfeiles längs der schiefen Ebene abwärts (man denke sich das Seil hinter der Last durchschnitten und an den Schnittstellen die zuvor wirkende Kraft T in der Seilrichtung angebracht). Bewegt sich P in Richtung des befiederten Pfeiles um s weiter, so ist die Arbeit $P\cdot s$ und wird mit $+$-Zeichen versehen, weil der Sinn von P mit dem Sinn von s übereinstimmt. Anderseits hat die Arbeit des Widerstandes T auf dem (vorliegendenfalles gleichen) Weg s die Größe $T\cdot s$; sie wird mit $-$-Zeichen versehen, weil T und s entgegengesetzten Sinnes sind. Man hat demnach die Arbeit einer Triebkraft von der Arbeit eines Widerstandes durch $+$- und $-$-Zeichen zu unterscheiden.

§ 17. Mechanische Arbeit. Energie. Wirkungsgrad. Arbeit und Leistung. 205

Während nun eine Kraft durch Größe, Richtung und Richtungssinn gekennzeichnet ist, genügen zur Kennzeichnung einer Arbeit zwei Merkmale: Größe und Vorzeichen. Dagegen gehört die Richtung, in der eine Arbeitsleistung vor sich geht, nicht zu den Merkmalen, die anzugeben sind, wenn man eine Arbeit in zureichender Weise kennzeichnen will. Mathematisch gesprochen ist eine Kraft als eine gerichtete, durch einen Vektor darstellbare Größe anzusehen, eine Arbeit dagegen als eine reine Zahlgröße, als sog. Skalar, der nicht durch einen Vektor darstellbar ist.

120. Arbeit einer längs des Weges veränderlichen Kraft. Man sehe wie oben den Weg s als die stetige Aufeinanderfolge von denkbar kurzen Wegstücken ds an. Solange die Kraft P den denkbar kurzen Weg ds zurücklegt, darf sie als unveränderlich angesehen werden. Ist α der Winkel zwischen P und ds, so hat die sog. Elementararbeit auf ds die Größe $P \cdot \cos\alpha \cdot ds$, daher ist die Gesamtarbeit die Summe der Elementararbeiten

$$A = \int P \cdot \cos\alpha \cdot ds \quad \ldots \ldots \quad (70)$$

Beispiel: Arbeit zur Formänderung einer Feder. Solange die Feder, etwa eine zylindrische Schraubenfeder, nicht überlastet wird, ist die Verlängerung s der belastenden Kraft P proportional, also $s = c \cdot P$. Die belastende Kraft P legt den Weg s in ihrer eigenen Richtung zurück, es ist also $\alpha = 0$ und $\cos\alpha = 1$; also

$$A = \int P\,ds = \int \frac{s}{c}\,ds = \frac{s^2}{2c} = \frac{1}{2} P \cdot s.$$

Das sieht man auch wie folgt ein; statt daß der Weg von einer veränderlichen Kraft durchlaufen wird, kann man auch annehmen, er werde von einer konstanten Kraft durchlaufen, die dann dem Durchschnittswert der Kraft längs des ganzen Weges gleich sein muß. Ist nun die Kraft dem Weg proportional, so ist ihr Durchschnittswert einfach das arithmetische Mittel aus Anfangs- und Endwert, also $\dfrac{(0+P)}{2} = \dfrac{P}{2}$, womit wieder das obige Ergebnis erhalten wird.

121. Arbeit eines Kräftepaares oder einer Drehkraft. An einer Kurbel oder einem Rad greife im Abstand r von der sich gleichförmig drehenden Welle eine konstante Drehkraft vom Moment $M = P \cdot r$ an und durchlaufe einen Drehwinkel ϑ (im Bogenmaß); da P hierbei den Umfangsweg $r \cdot \vartheta$ zurücklegt, so ist die Arbeit bei dieser Drehbewegung

$$A = P \cdot r \cdot \vartheta = M \cdot \vartheta \quad \ldots \ldots \quad (71)$$

Von einem Kräftepaar M, das den Winkel ϑ durchläuft, gilt dasselbe. Die Arbeit eines treibenden Drehmomentes wird von der

Arbeit eines widerstehenden Drehmomentes durch $+\cdot$ und $-\cdot$ Zeichen unterschieden (vgl. S. 204). Ist die Drehkraft veränderlich, so gilt das im letzten Abschnitt Bemerkte.

122. Arbeit der Kraft und Last an einer reibungslosen Maschine. Unter einer Maschine verstehen wir eine Vorrichtung zur Arbeitsleistung oder mit einer allgemeineren Ausdrucksweise, deren Sinn später deutlich wird, eine Vorrichtung zur Arbeitsumformung. In der Mechanik befassen wir uns nur mit Maschinen zur Leistung mechanischer Arbeit. In einer Hebemaschine wird z. B. mit einer kleinen Antriebskraft eine große Last gehoben; vermöge der in der Maschine angewandten Übersetzung muß hierbei in gleichen Zeiten die Kraft einen großen, die Last einen kleinen Weg machen.

Wir betrachten zunächst eine sog. ideale oder verlustfreie Maschine, diese soll keine Reibungswiderstände besitzen, auch von Formänderungen in der Maschine werden wir absehen, und die Bewegung der Maschine überdies als zwangläufig voraussetzen. Durch diese in Wirklichkeit teilweise nie erfüllten Voraussetzungen haben wir uns allerdings von den tatsächlichen Verhältnissen entfernt, jedoch mit Absicht, um die erste Betrachtung einfach zu gestalten. Das nicht Berücksichtigte ist später in Betracht zu ziehen.

Wenn eine solche Maschine unter Belastung gleichförmig arbeitet, so sind die Kräfte im Gleichgewicht, es ist nach den Regeln der Statik die Antriebkraft ein bestimmter Bruchteil der Last, also etwa $P \cdot m = Q$, und, wegen der gegebenen Übersetzung, der Kraftweg ein bestimmtes Vielfache des Lastweges, also etwa $s_p = n \cdot s_q$. Durch Multiplikation erhält man $m \cdot P \cdot s_p = n \cdot Q \cdot s_q$ und es zeigt sich bei der Durchführung in allen Einzelfällen, als eine Folge der Gleichgewichtsbedingung und des Zwanglaufes der Maschine, daß $m = n$.

Bei einer schiefen Ebene ist z. B. $P = Q \sin \alpha$ und $s_q = s_p \sin \alpha$, womit nach obiger Gleichung $m = n$ folgt.

Bei einem idealen Flaschenzug (Fig. 109) ist $P = Q/2n$ (Gleichgewichtsbedingung) und $s_p = 2 n s_q$ (Zwanglaufbedingung), womit ebenfalls $m = n$ wird. Ebenso bei einem Schneckengetriebe u. a.

Demnach ist bei einer idealen Maschine die **Arbeit der Kraft gleich der Arbeit der Last**, m. a. W.; die algebraische Arbeitssumme ist Null.

Dies ist das sog. Arbeitsprinzip der Mechanik für eine ideale zwangläufige Maschine; es ist hier erschlossen aus einer statischen und einer geometrischen (kinematischen) Bedingung.

123. Satz von der Erhaltung der Energie. Energieströme. Man kann die mechanische Arbeit einer Gas-, Dampf- oder Wasserkraftmaschine in elektrischen Strom verwandeln, mit diesem einen

§ 17. Mechanische Arbeit. Energie. Wirkungsgrad. Arbeit und Leistung. 207

Elektromotor treiben und die mechanische Arbeit des Elektromotors zum Lastheben benützen; man könnte mit dem elektrischen Strom auch in einer Akkumulatorenbatterie chemische Wirkungen hervorrufen, die späterhin ihrerseits zur Erzeugung von elektrischem Strom verwendet werden können. Aus Kohle wird durch Verbrennung Wärme gewonnen, mit dieser Dampf erzeugt und mit dem Dampf eine Dampfmaschine getrieben, die in einer Pumpe Druckluft oder Druckwasser erzeugt, womit schließlich wieder allerhand mechanische Arbeit verrichtet werden kann. Überblickt man diese Vorgänge, so bildet sich die Vorstellung, daß ihnen etwas Gemeinsames, im Innersten Wesensgleiches zugrunde liege, das bald in der Form von mechanischer Arbeit, bald in der Form elektrischen Stromes, chemischer Wirkung, Wärme, Druckluft oder -Wasser u. a. in die Erscheinung trete. Weil sich nun dieses Gemeinsame, wenn man die Vorgänge in geeigneter Weise leitet, immer in mechanische Arbeit verwandeln läßt, so wird es als Arbeitsfähigkeit oder Energie bezeichnet, und die mechanische Arbeit kann als gemeinschaftliches Energiemaß benützt werden. Die Energie ist also verwandelbar und nimmt bald die Form mechanischer, bald die elektrischer, chemischer, kalorischer (Wärme-) Energie an, mit denen gleichzeitig ohne weitere Besprechung die Energie der Strahlung angeführt werden soll. So ist z. B. in der Kohle chemische Energie enthalten, die bei der Verbrennung in einer Dampfkesselfeuerung in Energie des Kesseldampfes, in Wärmeenergie der heiß abziehenden Schornsteingase, in Energie der Wärmestrahlung und -Leitung, in chemische Energie unvollkommen verbrannter Kohlen (Ruß, Kohlenoxyd) verwandelt wird. Die Energie des Kesseldampfes findet sich, in andere Formen verwandelt, wieder vor in der Wärmeenergie des Kondenswassers der Dampfleitung, in der Wärmeenergie der Leitung und Strahlung, in der Energie der mechanischen Arbeit der Maschinenwelle, in der Energie der Reibungswärme, die durch Führungs-, Lager- und Luftreibung entsteht, in der Wärmeenergie des Auspuffdampfes oder des Kondensates im Kondensator. Es ist als ob die Energie wie ein Flüssigkeitsstrom in die Maschinenanlage hineingeleitet würde; unsere Absicht geht dahin, ihn in unverminderter Stärke fortzuleiten, und ihn schließlich in einer bestimmten Form zu Nutzzwecken bereit zu haben. Aber wider unsern Willen wird das Bett des Hauptstromes durchbrochen und es fließen, gleichsam infolge von Undichtheiten, eine Reihe von Nebenbächen seitwärts fort, sich dem von uns beabsichtigten Verwendungszweck entziehend. Es ist von großem Nutzen, sich die Vorgänge in Technik und Natur unter dem Bild einer Energieströmung zu veranschaulichen. Einer gleichförmig arbeitenden

Hebemaschine z. B. wird ein Strom von Energie in der Antriebsarbeit zugeführt, während aus ihr ein Energiestrom als Lasthebearbeit herauskommt und ein anderer in Form von Reibungswärme, verursacht durch Reibung in Lagern oder im Getriebe. Sofort erhebt sich nun die Frage nach der Stärke dieser Ströme. Dem Auge Robert Mayers war es vergönnt, die sich ihm darbietenden Vorgänge zu umfassen; er verknüpfte sie durch ein geistiges Band. Ohne neue Experimente zu benötigen, bildete er sich aus seinem Anschauungskreis die Auffassung: daß die Energie der Form nach verwandelbar, der Größe nach aber vor und nach der Verwandlung unveränderlich sei. Er verglich, mit dieser Auffassung ausgerüstet, die Erwärmung eines Gases bei konstantem Volumen und die Erwärmung bei konstantem Druck, wobei das expandierende Gas gegen einen Widerstand Arbeit leistet. Bei diesem Vorgang wird Wärme lediglich in Arbeit verwandelt, und Robert Mayer konnte aus den damals allgemein zugänglichen spezifischen Wärmen der Gase bei konstantem Druck und Volumen das sog. mechanische Wärmeäquivalent berechnen, d. h. die Wärmemenge, mit der die Einheit der mechanischen Arbeit 1 [kgm] geleistet werden kann. Mit den heute bekannten Zahlen liefert die Berechnung Rob. Mayers, daß mit 1/427 [WE] 1 [kgm] geleistet werden kann. Wegen der erkannten Wesensgleichheit der mechanischen und der Wärmeenergie sagt Rob. Mayer, 1/427 [WE] sei 1 [kgm] äquivalent, oder umgekehrt 427 [kgm] Arbeit seien 1 [WE] äquivalent. In der Tat bestätigte Joule auf ganz anderem Wege, indem er mechanische Arbeit durch Reibung in Wärme verwandelte, das Rechnungsergebnis Rob. Mayers — übrigens in ganz unabhängiger Weise — durch das Experiment. Er maß auch, wieviel elektrische Energie (Joule) nötig ist, um eine gewisse Wärmemenge (Stromwärme) in einer Drahtspirale zu erzeugen. Nachdem so an einfachen Energieumwandlungen nachgewiesen war, daß einer bestimmten mechanischen Energie eine ganz bestimmte Wärmeenergie äquivalent sei und umgekehrt, daß ferner einer bestimmten elektrischen Energie eine bestimmte Wärmeenergie äquivalent sei und umgekehrt, und ähnliches mehr, konnten auch zusammengesetzte Energieumwandlungen untersucht werden, mit dem Ergebnis, daß bis heute keine physikalische Tatsache aufgefunden wurde, die sich mit dem Energieprinzip nicht hätte vereinigen lassen. Der Satz von der Erhaltung der Energie steht daher in Übereinstimmung mit den heute bekannten physikalischen Tatsachen.

Wenn nun vorhin die mechanische Arbeit als ein geeigneter Maßstab zur Messung aller Energieformen bezeichnet wurde, so ist doch auf den Unterschied zwischen mechanischer Arbeit und Energie

§ 17. Mechanische Arbeit. Energie. Wirkungsgrad. Arbeit und Leistung.

hinzuweisen. Arbeit und Arbeitsfähigkeit sind nicht das gleiche. Der Energie oder Arbeitsfähigkeit kann die Eigenschaft der Dauer beigelegt werden, der mechanischen Arbeit nicht. Diese ist vielmehr etwas Vorübergehendes, wie der einfache Vorgang beim Lastheben mit einer Winde lehrt. Hier ist die Energie anfänglich als Dauerform im menschlichen Körper aufgespeichert; dann wird sie beim Drehen der Kurbel in mechanische Arbeit verwandelt, die aber keine Beständigkeit hat, sondern sofort weiter verwandelt wird in die Energie des gehobenen Gewichtes und in Reibungswärme, denen wieder die Eigenschaft der Dauer zukommt. Kann man doch mit dem gehobenen Gewicht, indem man es niedersinken läßt, wieder Arbeit leisten. Demgegenüber könnte man die mechanische Arbeit als eine Übergangs- oder Durchgangsform ansehen, die allerdings zur unmittelbaren Messung der Energie vor allem geeignet ist. Man kann das etwa mit der Zeit vergleichen, die nur in der Gegenwartsform meßbar ist, also in der unbeständigen Übergangsform zwischen den Dauerformen der Vergangenheit und Zukunft.

Auf die Unterscheidung zwischen potentieller und aktueller Energie werden wir in der Dynamik zu sprechen kommen.

124. Wirkungsgrad. Wir anerkennen es jetzt als zweckmäßig, eine Maschine als eine Vorrichtung zur Energieumformung zu bezeichnen, werden uns jedoch nunmehr nur noch mit solchen Maschinen befassen, in denen mechanische Energie umgeformt wird, und außerdem nur die unvermeidlichen Widerstände infolge gleitender oder rollender Reibung, Seilsteifigkeit, zu überwinden sind, gelegentlich auch Luftwiderstände.

Wir erkennen auch, daß die im Beharrungszustand befindliche ideale Maschine zur Verrichtung mechanischer Arbeit ein Spezialfall einer Maschine ist und daß der für diese aus Gleichgewicht- und Zwanglaufbedingung abgeleitete Satz: „Arbeit der Kraft = Arbeit der Last" ein Spezialfall des Energieprinzips ist. Wir erweitern diesen Satz für die tatsächliche mechanische Maschine; er lautet nach dem Energieprinzip: Die in der Antriebarbeit zugeführte Energie ist gleich der in der Nutzarbeit entnommenen Energie zuzüglich der in der Maschine verbrauchten Reibungsenergie. Das ist in Fig. 129 im Bild der Energieströmung dargestellt. Die beiden die Maschine verlassenden Energieströme: Nutzarbeit A_n und Reibungsarbeit A_r sind gerade so stark wie der in die Maschine eingeleitete Energiestrom A_z:

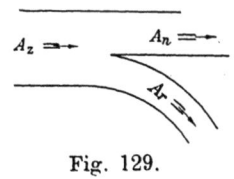

Fig. 129.

$$A_z = A_n + A_r.$$

Wegen der schädlichen Widerstände wird nur ein Bruchteil η der zugeführten Energie A_z in nutzbare Energie A_n verwandelt. η ist der Gütegrad der Energieumwandlung in der Maschine und heißt der Wirkungsgrad, er ist also:

$$\eta = \frac{A_n}{A_z} = \frac{A_z - A_r}{A_z} = 1 - \frac{A_r}{A_z} \quad \ldots \quad (72)$$

η ist in der idealen Maschine $= 1$; dabei ist $A_n = A_z = P_0 \cdot s$, wenn P_0 die Antriebkraft der idealen Maschine und s deren Arbeitsweg bedeutet. Für die tatsächliche Maschine ist $A_z = P \cdot s$, wenn P die Antriebkraft der wirklichen Maschine ist. Sollen beide Maschinen gleiche Nutzarbeit leisten, so folgt durch Vergleich

$$\eta = \frac{P_0}{P} \quad \ldots \ldots \ldots \quad (72\,\mathrm{a})$$

Wir betrachten noch eine zusammengesetzte Maschine zur Verrichtung mechanischer Arbeit, die aus einer Anzahl von Triebwerkselementen besteht, z. B. aus einem Schneckengetriebe mit Kettenantrieb, einer Räderübersetzung und einer losen Rolle; dem Kettenantrieb werde die Arbeit A_z zugeführt; auf die Schneckenwelle übertragen wird wegen der Kettenreibung $A_1 = \eta_1 A_z$. Von dieser gelangt wegen Schnecken- und Lagerreibung nur $A_2 = \eta_2 \cdot A_1 = \eta_1 \cdot \eta_2 \cdot A_z$ auf den Triebling des Räderpaares. Von dieser Arbeit wird auf die Seiltrommel wegen Zahn- und Lagerreibung am Zahnräderpaar $A_3 = \eta_3 \cdot A_2 = \eta_1 \cdot \eta_2 \cdot \eta_3 \cdot A_z$ übertragen; von hier auf das Seil wegen der Seilsteifigkeit $A_4 = \eta_4 \cdot A_3 = \eta_1 \cdot \eta_2 \cdot \eta_3 \cdot \eta_4 \cdot A_z$ und schließlich von hier auf den Lasthaken wegen Seilsteifigkeit und Zapfenreibung der losen Rolle $A_n = \eta_5 \cdot A_4$, daher

$$A_n = \eta_1 \cdot \eta_2 \cdot \eta_3 \cdot \eta_4 \cdot \eta_5 \cdot A_z.$$

Da nun der Gesamtwirkungsgrad $\eta = A_n : A_z$ beträgt, so folgt

$$\eta = \eta_1 \cdot \eta_2 \cdot \eta_3 \cdot \eta_4 \cdot \eta_5 \quad \ldots \ldots \ldots \quad (73)$$

d. h. der Gesamtwirkungsgrad ist das Produkt der Wirkungsgrade aller Getriebeelemente.

125. Arbeit und Leistung. Es gibt Fälle, in denen es nur auf die „Größe einer Arbeit" ankommt, nicht auf die Zeit, die zu ihrer Verrichtung gebraucht wurde, dann ist die Anzahl der kgm anzugeben. Soll z. B. der Wirkungsgrad einer im Beharrungszustand befindlichen Maschine ermittelt werden, so mißt man in einer bestimmten, sonst aber beliebigen Zeit die Antriebarbeit und die Lastarbeit und vergleicht sie nach Gl. (72), wobei die Zeit herausfällt. In andern Fällen kommt es auf die „Leistungsfähigkeit" einer Maschine an; diese hat in bestimmter Zeit eine vorgeschriebene Arbeit zu verrichten (Feuerspritze, Pumpe bei Wassereinbruch).

§ 17. Mechanische Arbeit. Energie. Wirkungsgrad. Arbeit und Leistung.

Als Maßstab für die Leistungsfähigkeit ist die in der Zeiteinheit verrichtete Arbeit anzusehen, die „Leistung" [mkg/sek]; in der Technik ist eine größere Einheit gebräuchlich, die sog. Pferdestärke oder Pferdekraft: 1 PS = 75 [kgm/sek].

Wird ein Widerstand P kg in jeder Sekunde längs eines Weges v [m] überwunden, mit anderen Worten: beträgt die Arbeitsgeschwindigkeit v [m/sek] und die Arbeitskomponente der Triebkraft oder des Widerstandes P kg, so ist die Leistung

$$L = P \cdot v \, [\text{kgm/sek}] \qquad (74)$$

und in PS ausgedrückt

$$N = \frac{Pv}{75} [\text{PS}] \qquad (75)$$

Setzt man $P \cdot v = P \cdot r \cdot \omega = M \cdot \omega$, wo M [kgm] das Drehmoment des Widerstandes oder der Antriebkraft an einer Maschinenwelle bedeutet, so erhält man für die Leistung an der Welle:

$$L = M [\text{kgm}] \cdot \omega [1/\text{sek}] = M \cdot \omega [\text{kgm/sek}] \quad (76)$$

Ist die Geschwindigkeit z. B. bei Fahrzeugen in [km/std] angegeben, also $V = 3{,}6 \cdot (v \text{ m/sek}) [\text{km}]$ und $v = \left(\frac{V \text{ km/std}}{3{,}6}\right) [\text{m/sek}]$, so ist die Leistung in PS:

$$N = \frac{P \cdot V}{270} [\text{PS}] \qquad (77)$$

Der Unterschied zwischen Arbeit und Leistung mag noch an einem Beispiel erläutert werden. Eine Dynamomaschine in einer Kraftzentrale leiste 1000 PS. Damit ist die sekundlich gelieferte Energiemenge, die Mächtigkeit des aus der Dynamo heraustretenden Energiestromes, gekennzeichnet. Ein Fabrikant wünscht nun die Energie zum Antrieb seiner Maschinen zu kaufen. Er kauft aber nicht etwa 1000 PS, sondern bezahlt nur die von ihm z. B. in $z = 10$ std tatsächlich bezogene Energiemenge, wobei die Mächtigkeit des empfangenen Energiestromes entsprechend dem wechselnden Kraftbedarf innerhalb der z std schwanken kann. Wird nun durchschnittlich in dieser Zeit $N = 600$ [PS] gebraucht, so sind das $600 \cdot 75 = 75 N$ [kgm] in 1 [sek] oder in 1 std $60 \cdot 60 \cdot 75 N$ [mkg], also in z std $3600 \cdot 75 N \cdot z$ [kgm]. Das ist eine reine Arbeitsmenge [kgm]; denn sie wird erhalten als Produkt aus einer Anzahl kgm/sek ($= 75 N$) und einer Anzahl sek ($= 3600 \cdot z$), wobei die Zeit herausfällt.

Man nennt die von 1 PS in 1 Std. geleistete Arbeit eine Pferdekraft-Stunde [PS-std]. Der Fabrikant kauft also nicht N [PS], sondern Nz [PS-std], elektrisch ausgedrückt: nicht Kilowatt, sondern Kilowattstunden.

Beispiel: Auf eine Welle, die n Umläufe in der Minute macht, werden N [PS] übertragen, indem eine Umfangskraft P [kg] an einem Halbmesser r [cm] (Maß!) $= \left(\dfrac{r^{cm}}{100}\right)$ [m], mit anderen Worten ein Drehmoment $M_d = Pr$ [kgcm] wirkt.

Die Arbeitsgeschwindigkeit der Umfangskraft ist nach Gl. (61)

$$v = \dfrac{2\pi (r^{cm})}{100} \cdot \dfrac{n}{60}\ \text{[m/sek]},$$

womit

$$N = \dfrac{P \cdot 2\pi (r^{cm}) \cdot n}{100 \cdot 60 \cdot 75} = \dfrac{P \cdot (r^{cm})}{71\,600}\ \text{[PS]}$$

$$N = \dfrac{M_d [\text{kgcm}] \cdot n}{71\,600} \quad \text{oder} \quad M_d = 71\,600\,\dfrac{N}{n}\ \text{[kgcm]}\ . \quad (78)$$

Beispiel: Die Leistung einer Kraftmaschine kann mit einer Bremse bestimmt werden, die auf einer Bremsscheibe sitzt. Das durch Schrauben regelbare Bremsmoment $M_d = P \cdot r$ wird gemessen, indem das Bremsgewicht P mit einer Wage und der Hebelarm der Bremse mit dem Maßstab ermittelt wird. Die unbelastete Bremse sei in bezug auf O ausgeglichen, d. h. im Momentengleichgewicht. Die Reibungswärme wird durch Luft- und Wasserkühlung abgeführt. Während des Bremsversuches muß die Libelle a einspielen. Ist z. B. $P = 30{,}4$ kg, $r = 75$ cm und $n = 220$ gefunden, so ist die Bremsleistung, d. h. die an der Maschinenwelle verfügbare Nutzleistung, nach (78):

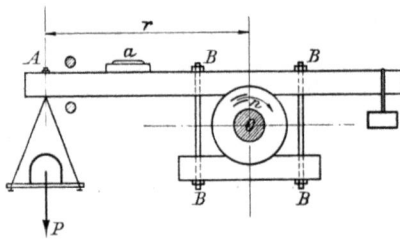

Fig. 130.

$$N = \dfrac{M_d [\text{kgcm}] \cdot n}{71\,600} = \dfrac{M_d [\text{kgm}] \cdot n}{716} = \dfrac{30{,}4 \cdot 75 \cdot 220}{71\,600} = 7\ \text{[PS]}.$$

Beispiel: Ein Automobilmotor, der bei 1300 Umläufen in der Min. $N_e = 100$ PS leistet, ist mit dem Triebwerk durch eine Konuskupplung verbunden. Welcher axiale Anpressungsdruck P ist erforderlich?

Man wählt den mittleren Halbmesser der Kupplung möglichst groß, etwa $r = 28$ cm, ferner nach S. 122 die Öffnung des Konus $\alpha = 10^0$, $\mu = 0{,}15$; dann wird nach Gl. (34) mit Gl. (78):

$$P = \dfrac{M \sin \alpha}{r\ \mu} = 71\,600\,\dfrac{N \sin \alpha}{n\ \mu r} = 71\,600\,\dfrac{100}{1300}\,\dfrac{0{,}1736}{0{,}15 \cdot 28} = 227\ \text{kg}.$$

§ 17. Mechanische Arbeit. Energie. Wirkungsgrad. Arbeit und Leistung. 213

Nach der zweiten Gl. (34) wäre
$$P = 71\,600 \frac{N \sin\alpha + \mu\cos\alpha}{n} \cdot \frac{1}{\mu r} = 71\,600 \frac{100}{1300} \cdot \frac{0{,}1736 + 0{,}15 \cdot 0{,}98}{0{,}15 \cdot 28} = 420 \text{ kg}.$$

Die in 81 dargelegten Auffassungen des Reibungsvorganges führen zu außerordentlich verschiedenen Ergebnissen, woraus die Notwendigkeit von Versuchen hervorgeht.

126. Kraftübertragung durch ein Triebwerk. Hier ist die Frage, wie groß unter Berücksichtigung der Triebwerksverluste das Antriebmoment M_p oder die Antriebkraft P einer Maschine zu wählen sei, wenn an der Lastwelle ein Lastmoment M_q übertragen oder wenn eine Last Q gehoben werden soll. Die Antriebwelle macht n_p, die Lastwelle n_q Umläufe in der Minute, die Lastgeschwindigkeit ist v_q, die Kraftgeschwindigkeit v_p [m/sek]; daher die Tourenübersetzung $\varphi_\omega = n_q : n_p$ und die Geschwindigkeitsübersetzung $\varphi_v = v_q : v_p$. Gesucht ist eine Beziehung zwischen M_q und M_p bzw. Q und P, in der die Verluste und die Übersetzung des Triebwerkes zum Ausdruck kommen.

Der Wirkungsgrad des Triebwerkes ist nach (72)
$$\eta = \frac{A_n}{A_z} = \frac{N_n}{N_z} = \frac{\text{(Nutz-)Leistung der Last}}{\text{(zugeführte od. aufgewendete) Leist. d. Kraft}}.$$

Mit Benützung von (78) wird
$$\eta = \frac{\dfrac{M_q \cdot n_q}{71\,600}}{\dfrac{M_p \cdot n_p}{71\,600}} = \frac{M_q \cdot n_q}{M_p \cdot n_p} = \frac{M_q}{M_p} \cdot \varphi_\omega,$$

daher
$$\frac{M_q}{M_p} = \frac{\eta}{\varphi_\omega} \qquad \ldots \ldots (79)$$

Wünscht man die Kraftübersetzung in der Schlußgleichung zum Ausdruck zu bringen, so hat man zu setzen:
$$\eta = \frac{\text{Arbeit der Last}}{\text{Arbeit der Kraft}} = \frac{Q s_q}{P \cdot s_p} = \frac{Q}{P} \cdot \varphi_v,$$

daher
$$\frac{Q}{P} = \frac{\eta}{\varphi_v} \qquad \ldots \ldots (80)$$

In der idealen, ohne schädliche Widerstände arbeitenden Maschine ist $\eta = 1$; bezeichnet P_0 die Antriebkraft und M_{p0} das Antriebmoment der idealen Maschine, so ist nach den letzten beiden Gleichungen
$$\frac{M_q}{M_{p0}} = \frac{1}{\varphi_\omega}; \qquad \frac{Q}{P_0} = \frac{1}{\varphi_v};$$

durch Division ergibt sich

$$\eta = \frac{M_{p_0}}{M_p}; \quad \eta = \frac{P_0}{P}.$$

Beispiel: Wirkungsgrad einer Schraube bei Lastheben ohne und mit Selbsthemmung.

Nach Gl. (72a), (37) und (37a) ist der Wirkungsgrad

$$\eta = \frac{\operatorname{tg}\alpha}{\operatorname{tg}(\alpha+\varrho)}.$$

Mit $\mu = 0{,}1 = \operatorname{tg}\varrho$; $\varrho = 5°43'$ ergibt sich

für $\alpha = 5°$ $10°$ $15°$ $20°$ $25°$
$\eta = 46{,}2$ $62{,}8$ $70{,}7$ $75{,}6$ $78{,}5\%$

Die Schraube ist selbsthemmend, wenn $\alpha \leq \varrho$; für $\alpha = \varrho$ wird $\eta = \operatorname{tg}\varrho/\operatorname{tg}2\varrho = \frac{1}{2}(1-\operatorname{tg}^2\varrho)$. **Der Wirkungsgrad einer Schraube, die die Eigenschaft der Selbsthemmung hat, ist demnach stets kleiner als 50%** Dies gilt für jede Maschine mit Selbsthemmung, deren Eigenwiderstände also so groß sind, daß sie zum Festhalten der Last ausreichen.

Beispiel: Wirkungsgrad des Rades an der Welle (86) oder des Hebels, Fig. 78.

Der Wirkungsgrad ist von den Abmessungen der Maschine und von der Reibung abhängig. Versucht man $\eta = P_0/P$ mit Benützung von $P_0 = Q(b/a)$ und von P', das aus Gl. (45) berechnet werden müßte, zu bestimmen, so erkennt man, daß dies außerordentlich umständlich ist; hauptsächlich stehen die aufzuwendenden Mittel in keinem Verhältnis zum Zweck. Unter diesen Umständen wird der Wirkungsgrad η durch Versuch bestimmt und man führt in einer allgemeinen Berechnung die Beziehung zwischen Last und Kraft oder Lastmoment und Kraftmoment gemäß Gl. (79) und (80) ein.

Beispiel: Der mechanische Wirkungsgrad einer Maschine ist durch das Verhältnis der nutzbar gemachten Arbeit zur aufgewendeten Arbeit bestimmt. Bei einer Wärmekraftmaschine wird die in der Sekunde nutzbar gemachte Arbeit N_e mit einer Bremse gemessen, die sekundliche Arbeit N_i der Kraft, d. i. des Dampfes oder Gases, mit dem Indikator. Versuche an einem Dieselmotor ergaben bei verschiedener Belastung der gleichen Maschine

$N_i = 106{,}4$ $88{,}1$ $72{,}1$ $52{,}7$ $21{,}2$ PS
$N_e = 86{,}7$ $69{,}6$ $53{,}0$ $34{,}9$ 0 „

Der Unterschied $N_i - N_e$ entfällt auf die an der Maschine auftretenden Reibungswiderstände und beträgt:

$N_r = N_i - N_e = 19{,}7$ $18{,}5$ $19{,}1$ $17{,}8$ $21{,}2$ PS
$\eta_m = N_e/N_i = 81{,}4$ $79{,}0$ $73{,}6$ $66{,}2$ $-$ „

Der mechanische Wirkungsgrad sinkt demnach mit abnehmender Belastung, da die Reibung immer stärker ins Gewicht fällt.

Von Interesse ist die Tatsache, daß sich die Eigenreibung der vorliegenden Maschine bei allen Belastungen als merklich konstant erwiesen hat. Da die Umlaufzahl bei den verschiedenen Belastungen nur wenig verschieden ist, so ist der vom Luftwiderstand herrührende Anteil der Reibung ebenfalls als konstant anzusehen. Der auf Zapfen- und Führungsreibung entfallende Betrag ist nun gleichgroß, also unabhängig von der Größe der Belastung und von den Lager- und Führungsdrücken. Das deutet auf die Schmierreibung hin, die nach 71 vom Normaldruck unabhängig ist. Vgl. auch S. 102.

Beispiel: Es soll das Drehmoment des Motors, mit dem das Hubwerk der Winde (Fig. 126) angetrieben wird, angegeben wer-

§ 17. Mechanische Arbeit. Energie. Wirkungsgrad. Arbeit und Leistung. 215

den, wenn der Wirkungsgrad der Zahnrädervorgelege je 96% (bei unbearbeiteten Gußzähnen $90 \div 95\%$, bei bearbeiteten bis über 98%) beträgt und der Koeffizient des Seilwiderstandes in Ermangelung von Versuchsangaben zu $k=1{,}04$ angenommen wird. Es sollen die im Beharrungszustand an den 4 Getriebewellen auftretenden Drehmomente und deren Umlaufzahlen angegeben werden, wenn der Hubmotor 30 PS bei 450 Umdrehungen in der Minute leistet. Nutzlast und Hakengeschirr wiegen 30500 kg.

Wirkungsgrad des Flaschenzuges mit i losen Rollen, $(2i-1)$ losen und festen Rollen

$$\eta_1 = \frac{P_0}{P} = \frac{k^{2i}-1}{2i \cdot k^{2i-1}(k-1)} = \frac{0{,}268}{2 \cdot 3 \cdot 1{,}218 \cdot 0{,}04} = 0{,}917$$

Wirkungsgrad der 3 Zahnrädervorgelege nach (73)

$$\eta_2 = 0{,}96^3 = 0{,}885$$

Wirkungsgrad der Trommel $\eta_3 = 0{,}96$

Gesamtwirkungsgrad $\eta = \eta_1 \cdot \eta_2 \cdot \eta_3 = 0{,}917 \cdot 0{,}885 \cdot 0{,}96 = 0{,}78$.

Gesamtgeschwindigkeitsübersetzung φ_v zwischen einem im Abstand r von der Motorachse befindlichen Punkt, in dem die Triebkraft P angreifend gedacht ist, und der Last, wenn r' den Trommelhalbmesser und φ_ω die gesamte Tourenübersetzung der 3 Vorgelege bedeutet, nach Gl. (68) und (73)

$$\varphi_v = \frac{r'}{r} \varphi_\omega \cdot \frac{1}{2i} = \frac{r'}{r} \frac{1}{60} \cdot \frac{1}{2 \cdot 3}.$$

Nach Gl. 80 ist demzufolge

$$\frac{Q}{P} = \frac{\eta}{\varphi_v} = \frac{\eta \cdot r \cdot 2i}{r' \cdot \varphi_\omega}.$$

Da $P \cdot r = M_1$ [kgcm] das Antriebmoment an der Motorwelle ist, so hat man

$$Q = \frac{\eta \cdot 2i}{r' \cdot \varphi_w} \cdot M_1 = \frac{0{,}78 \cdot 2 \cdot 3 \cdot 60}{36{,}3} M_1 = 7{,}72\, M_1 \text{ [kg]}.$$

Das Antriebmoment an der Motorwelle hat andererseits nach Gl. (78) die Größe

$$M_1 = 71\,600 \cdot \frac{N}{n} = 71\,600 \frac{30}{450} = 4770 \text{ [kgcm]},$$

woraus

$$Q = 7{,}72 \cdot 4770 = 36\,800 \text{ [kg]},$$

während die nominelle Höchstlast 30000 kg beträgt.

Die Drehmomente sind an der
2. Welle . . . . $M_2 = 4770 \cdot 0{,}96 \cdot 5$ $= 23\,700$ kgcm
3. Welle . . . . $M_3 = 4770 \cdot 0{,}96^2 \cdot 5 \cdot 3$ $= 65\,400$ „
4. (Trommel-)Welle . . $M_4 = 4770 \cdot 0{,}96^3 \cdot 5 \cdot 3 \cdot 4 = 253\,000$ „

Ferner ist

$$n_1 = 450; \qquad n_2 = \frac{450}{5} = 90;$$

$$n_3 = \frac{450}{5 \cdot 3} = 30; \qquad n_4 = \frac{450}{5 \cdot 3 \cdot 4} = 7{,}5 \text{ i. d. Min.}$$

127. Arbeitsprinzip und Gleichgewichtsbedingung. Aus einer Gleichgewichts- und aus der Zwanglaufbedingung einer idealen Maschine ist der umkehrbare Arbeitssatz: „Arbeit der Kraft gleich Arbeit der Last" abgeleitet worden (vgl. **122**). Er wurde überdies in **124** als ein Sonderfall des Prinzipes der Erhaltung der Energie erkannt. Man kann diese Folgerung auch umkehren. Ist für eine zwangläufige ideale Maschine der Arbeitssatz erfüllt, so besteht Gleichgewicht: Die Maschine befindet sich in Ruhe oder im Beharrungszustand. Sobald man in den Besitz des Energiegesetzes gelangt ist, das in dem bezeichneten mechanischen Sonderfall schon frühe von einzelnen Forschern erschaut worden ist, vermag man mit seiner Hilfe die Gleichgewichtsbedingungen der Kräfte abzuleiten, z. B. für die schiefe Ebene, die Schraube, es läßt sich selbst der Parallelogrammsatz erschließen. An die Spitze des ganzen Mechaniklehrgangs gestellt, würde der Satz eine sehr kurze Ableitung der Gleichgewichtsbedingungen, sowie der für Maschinen gültigen Beziehungen gestatten. Es erscheint jedoch für einen Studierenden, der noch nicht mit den Gleichgewichtsbedingungen vertraut ist, außerordentlich schwierig, den vollen Inhalt des Arbeitssatzes zu erfassen und diesen Satz als eine primäre Erkenntnis in sich aufzunehmen. Der Gewinn, der in einer kurzen Ableitung der Lehrsätze der Mechanik gelegen sein kann, wird dadurch in Frage gestellt, daß diese Sätze auf eine ganz formale Weise sich ergeben, die dem Anfänger das Vertrautwerden mit der Statik eher erschwert. Daher ist hier auf diesen vielleicht doch nur scheinbaren Gewinn an Zahl der Axiome, sowie an Zeit und Umfang der Darlegung verzichtet. Der eigentliche Nutzen des Arbeitssatzes kommt ja doch an ganz anderer Stelle zum Vorschein, nämlich bei der Lösung schwieriger Aufgaben. Da diese aber erst später in Angriff genommen werden, so genügt es, mit der allgemeinen Bedeutung und Verwendbarkeit des Arbeitsprinzipes auch erst später vertraut zu werden, wogegen freilich die Begriffe Arbeit und Leistung vom Ingenieur sehr frühzeitig gebraucht werden.

Wie das Arbeitsprinzip zur Aufstellung der Gleichgewichtsbedingung benützt werden kann, sei an zwei einfachen Beispielen erläutert.

1. Die Brückenwage. Das Prinzip derselben geht aus Fig. 131 hervor. Wir verfolgen zunächst die Bewegung der Wage, wenn

§ 17. Mechanische Arbeit. Energie. Wirkungsgrad. Arbeit und Leistung. 217

der Wagbalken AD um einen kleinen Winkel $d\varphi$ ausschlägt, etwa so, daß A nach oben rückt. Die Punkte B und D senken sich unter die Horizontale um $CB \cdot d\varphi$ und $CD \cdot d\varphi$; um ebensoviel senken sich auch, bei hinreichender Kleinheit von $d\varphi$, die Punkte E und F. Da F hierbei um K schwingt, so bewegt sich Punkt G um $\left(\dfrac{GK}{FK}\right) \cdot CD \cdot d\varphi$ nach abwärts. Ist nun die Wage von Anfang an so konstruiert, daß

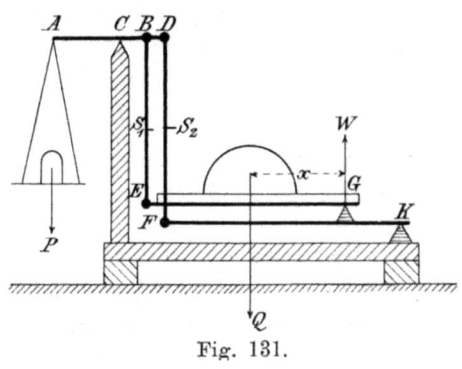

Fig. 131.

$$CB:CD = GK:FK,$$

daß also
$$CB = \left(\frac{GK}{FK}\right) \cdot CD,$$

so ist die Senkung von G gleich der Senkung von B oder damit auch von E; die „Brücke" EG bleibt also beim Wägen sich selbst parallel. Dem Gesagten zufolge ist der Weg der Kraft (d. h. des Gewichtes) $= AC \cdot d\varphi$ und der Weg der Last Q:

$$CB \cdot d\varphi = \left(\frac{GK}{FK}\right) \cdot CD \cdot d\varphi.$$

Nach dem Arbeitsprinzip: Arbeit der Kraft gleich Arbeit der Last ist daher:

$$P \cdot AC \cdot d\varphi = Q \cdot CB \cdot d\varphi = Q \left(\frac{GK}{FK}\right) CD \cdot d\varphi$$

$$P = Q \left(\frac{GK}{FK}\right) \cdot \left(\frac{CD}{AC}\right).$$

Das Produkt der rechts von Q stehenden Klammerausdrücke ist die Übersetzung der Wage (Gl. 68). Ist z. B. $\left(\dfrac{GK}{FK}\right) = \dfrac{1}{10}$ und $\dfrac{CD}{AC} = \dfrac{1}{10}$, so ist

$$P = \frac{Q}{100},$$

d. h. die Wage ist eine Zentesimalwage.

Zur äußersten Verminderung der Reibung sind die Gelenkpunkte als Schneidenlager ausgebildet.

2. Die Robervalsche Tafelwage. Das Prinzip geht aus Fig. 132 hervor, C und C' sind die festen Drehpunkte, $A_1 A_2 A_1' A_2'$

ein Gelenkparallelogramm. Bei einer kleinen Drehung der Wagbalken $A_1 A_2$ und $A_1' A_2'$ um den Winkel $d\varphi$ hebt sich z. B. A_1 und damit P um $l_1 \cdot d\varphi$, während sich A_2 und damit Q um $l_2 \cdot d\varphi$ senkt. Nach dem Arbeitsprinzip ist:

$$P \cdot l_1 \, d\varphi = Q \cdot l_2 \cdot d\varphi$$
$$P \cdot l_1 = Q \cdot l_2,$$

gleichgültig wie groß x_1 und x_2 sind, d. h. wo auf den Wagschalen auch die Gewichte liegen mögen.

3. **Bestimmung der Leitlinie für das Gegengewicht einer Fallture.** Es soll für die um C drehbare Fallture AC (Fig. 133) vom Gewicht $2Q$ die Leitlinie für das Gegengewicht G so bestimmt werden, daß die Türe sich in jeder Lage im Gleichgewicht befindet. Fallture ein

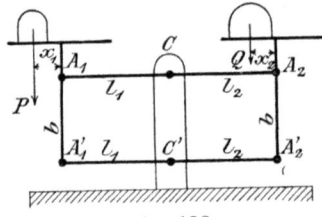
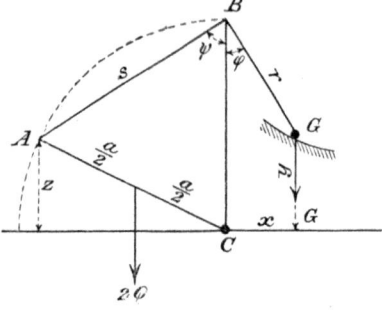

Fig. 132. Fig. 133.

homogenes Rechteck. ABG ein über eine feste Rolle bei B gehendes Seil, das die Fallture mit dem Gegengewicht G verbindet. x und y die Koordinaten des Gegengewichts G.

Das Arbeitsprinzip ergibt, wenn Reibungswiderstände nicht zu berücksichtigen sind:

$$2Q \cdot \frac{dz}{2} - G \cdot dy = 0,$$

woraus durch Integration:

$$Qz = Gy + C.$$

Für $z = 0$ sei $y = b$ und damit $C = -Gb$

$$Qz = G(y - b).$$

Wenn $z = 0$, hänge das rechtsseitige Seiltrum vertikal herab. In diesem Falle ist aber die Seilspannung $S = G$. Andererseits ergibt sich bei horizontaler Lage der Fallture diese Spannung S auch aus der Gleichung

$$S \cdot \cos 45^0 \cdot a = 2Q \cdot \frac{a}{2}.$$

§ 17. Mechanische Arbeit. Energie. Wirkungsgrad. Arbeit und Leistung. 219

Man hat daher:
$$G \cdot \cos 45^0 = Q; \qquad G = Q \cdot \sqrt{2},$$
womit die Gleichung $Qz = G(y-b)$ übergeht in
$$z = (y-b)\sqrt{2}.$$
Des weiteren ist:
$$s \cdot \cos \psi = a - z; \qquad z = a - s \cdot \cos \psi,$$
$$r \cdot \cos \varphi = a - y; \qquad y = a - r \cos \varphi$$
und damit $\quad a - s \cdot \cos \psi = (a - r \cos \varphi - b)\sqrt{2}.$

Da aber $\quad s^2 = s \cos \psi \cdot 2a,$

woraus $\quad s \cdot \cos \psi = \dfrac{s^2}{2a},$

so ergibt sich schließlich mit $s + r = l$:
$$a - \frac{(l-r)^2}{2a} = (a - r \cos \varphi - b)\sqrt{2}$$
als Polargleichung der gesuchten Leitlinie. Will man die Linie auf ein rechtwinkliges Koordinatensystem mit dem Ursprung C und der y-Achse CB bezogen erhalten, setzt man
$$r \cos \varphi = a - y \quad \text{und} \quad r \sin \varphi = x,$$
wodurch $\quad r^2 = x^2 + (a-y)^2.$

Damit geht die Kurvengleichung über in:
$$a - \frac{\left[l - \sqrt{x^2 + (a-y)^2}\right]}{2a} = (y-b)\sqrt{2}.$$

II. Abschnitt.
Dynamik des materiellen Punktes.
(Kinetik des materiellen Punktes.)

128. Aufgaben und Bezugssystem der Dynamik. Die Statik handelt vom Gleichgewicht der Kräfte an einem ruhenden oder gleichförmig bewegten Körper. Die Dynamik befaßt sich mit der ungleichförmigen Bewegung und den mit ihr verknüpften Kräften. Der Dynamik fallen zwei Aufgaben zu:

1. Den Verlauf einer wirklich vorkommenden Bewegung und ihre wesentlichen Merkmale zu beschreiben. Dies ist die Aufgabe der Phoronomie oder Kinematik, die nur der Begriffe Raum und Zeit bedarf. Unter Kinematik versteht man besonders noch die Lehre von der Bewegung der Mechanismen, von Reuleaux Zwanglauflehre genannt. Die Dynamik im engeren Sinn handelt von den mit der Bewegung verbundenen Kräften.

2. Aus gegebenen bewegenden Kräften mit Rücksicht auf die vorhandenen Bewegungsmöglichkeiten die Bewegung vorauszusagen. Dieses dynamische Problem wird kinetisch genannt, und sofern auch noch die Reaktionen oder inneren Kräfte angegeben werden sollen, kinetostatisch.

Soll eine wirklich vorkommende Bewegung genau beschrieben werden, so muß vor allem ein eindeutig festgelegter Beobachtungsstandpunkt gewählt werden, der durch 4 in unveränderlicher Entfernung voneinander bleibende Punkte bestimmt ist, die nicht in einer Ebene liegen; durch diese kann man in eindeutiger Weise ein dreiachsiges Koordinatensystem legen. Irgendeine Lage eines bewegten Punktes ist dann durch die 3 z. B. rechtwinkligen Koordinaten xyz anzugeben, an deren Stelle auch gleichwertige Angaben in Polar- oder Kugelkoordinaten treten können. Die aufeinanderfolgenden Lagen eines bewegten Punktes bilden seine Bahn in bezug auf den gewählten Standpunkt. Die Bahn kann je nach Umständen durch Beobachtung, Zeichnung oder Modellversuch ermittelt werden. Die Kenntnis der Bahn ermöglicht jedoch nur eine ganz allgemeine

Beschreibung der Bewegung, etwa als gerad- oder krummlinig, eben, räumlich. Tritt aber zur Ortsangabe oder -messung auch noch die Zeitmessung, so daß die Lage des **bewegten Punktes zu jeder Zeit** angegeben werden kann, so läßt sich schon viel mehr und Genaueres über die Bewegung aussagen; man kann von einem bestimmten Fixpunkt der Bahn aus die Bahnlänge angeben, die der bewegte Punkt nach Verfluß von t [sek] durchlaufen hat; sie heißt der **Weg** des Punktes und die Gleichung $s = f(t)$ die **Weggleichung** des bewegten Punktes. Die Intensität, mit der der Weg in der Zeiteinheit zunimmt, ist ein Maß für die Schnelligkeit der Bewegung, für deren **Geschwindigkeit**; die Intensität, mit der sich die Geschwindigkeit mit der Zeit ändert, die **Beschleunigung**; mit diesen noch eingehend zu besprechenden Begriffen ist die Bewegung in bezug auf den gewählten Standpunkt eindeutig beschrieben. Weitere Begriffe — etwa die zeitliche Änderung der Beschleunigung — sind entbehrlich.

Es soll gleich hervorgehoben werden, daß, wenn die Lage des bewegten Punktes zu jeder Zeit bekannt ist, auch seine Geschwindigkeit und Beschleunigung zu jeder Zeit angegeben werden kann; wie sich auch umgekehrt aus dem zeitlichen Verlauf der Beschleunigung, sofern dieser vollständig bekannt ist, auf Geschwindigkeit und Weg schließen läßt; nur muß dazu noch, wie aus **153** deutlicher hervorgehen wird, in einem bestimmten Zeitpunkt die Geschwindigkeit und die Lage des bewegten Punktes bekannt sein.

Nun kann der bisher eingenommene Beobachtungsstandpunkt selbst in Bewegung sein, z. B. die Erdoberfläche, das Gestell eines Fahrzeuges (Eisenbahnwagen, Fahrstuhl, Glocke mit Klöppel, Zylinder eines Rotationsmotors mit Kolben u. a.), wobei die Bewegung des bisherigen Standpunktes von einem neuen, durch 4 nicht in einer Ebene liegende und gegenseitig unveränderliche Punkte bestimmten Standpunkt aus beobachtet wird. Was vom alten Standpunkt aus beobachtet und beurteilt wurde, also Bahn, Geschwindigkeit und Beschleunigung, nicht minder auch die später zu betrachtenden Beschleunigungskräfte, sind als **relativ** zum ersten Beobachtungsstandpunkt zu bezeichnen; in bezug auf den neuen Standpunkt, sofern dieser unbewegt ist, nennt man sie **absolut**. Ob der neue Standpunkt sich selbst bewegt, kann nur entschieden werden, wenn man in der beschriebenen Art von 4 neuen Fixpunkten ausgeht. Wenn man keine neuen mehr aufzufinden vermag, so bleibt die Frage, ob der zuletzt eingenommene Standpunkt sich bewege und wie, offen.

Ob sich ein Standpunkt dreht, kann wenigstens theoretisch mit Hilfe von Kreiseln entschieden werden, die kräftefrei und allseitig drehbar gelagert sind, etwa in einem kardanischen Gelenk.

222   Dynamik des materiellen Punktes.

Wir begnügen uns mit dieser Feststellung und lassen die Frage nach einem absolut ruhenden Bezugsystem offen. In diese hier eindringen zu wollen, verspricht für die technische Mechanik nicht einmal viel Nutzen, ganz abgesehen von der Schwierigkeit der Frage. Dagegen werden wir uns eingehend mit der Untersuchung der Bewegung und Kraftverhältnisse zu befassen haben, die auftreten, wenn ein Beobachtungsstandpunkt gegenüber einem anderen, den man als ruhend voraussetzt, merklich sich ändert. Ist diese Frage geklärt, so wird dadurch auch auf die allgemeinere Frage ein Licht geworfen, unter welchen Bedingungen man von der Bewegung eines Beobachtungsstandpunktes ohne allzu großen Fehler absehen darf und wenn nicht; davon wird bei der relativen Bewegung die Rede sein. So ist auszusprechen, daß alle unsere Angaben und Ermittlungen über Bewegungen relativ sind. Meist genügt es bei technischen Aufgaben, ein mit der Erde fest verbundenes Koordinatensystem als absolut ruhend anzusehen; der Fehler wird kaum merklich, macht sich jedoch bei Untersuchung eines weitgehenden Schusses schon deutlich bemerkbar.

Das Trägheitsgesetz des materiellen Punktes in 6 ist auf einen absolut ruhenden Standpunkt bezogen gedacht.

---

10. Kapitel.
Theoretische Grundlagen.

§ 18. Kinematische Hilfslehren.

129. Gleichung der Bewegung in der Bahn. In Fig. 134 sei $A'OA''$ die Bahnlinie eines sich bewegenden Punktes und O ein auf dieser Linie beliebig angenommener fester Punkt, der die Bahn in zwei Zweige teilt, in einen positiven und einen negativen. Dabei wollen wir den Zweig OA'' als den positiven festsetzen.

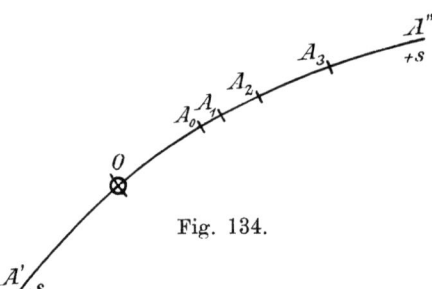

Fig. 134.

In dem Augenblick, von dem an wir bei der zu beobachtenden Bewegung die Zeit zählen, also zur Zeit 0, sei A_0 die Lage des bewegten Punktes in der Bahn; nach Verfluß von t_1 Zeiteinheiten, d. h. zur Zeit t_1, befinde sich der Punkt in A_1, zur Zeit t_2 in A_2 usf. Man mißt nun der Bahnlinie entlang die Abstände $s_1, s_2, s_3 \ldots$ der auf der Bahnlinie bezeichneten Punkte $A_1, A_2, A_3 \ldots$ von dem festen Punkt O, legt den gemessenen Abständen s, je nach der Lage des betreffenden Punktes A auf dem $+$- oder $-$-Zweig der Bahnlinie, das $+$- oder $-$-Zeichen bei, trägt in einem rechtwinkligen Koordinatensystem (Fig. 135) die Zeitabschnitte $t_1, t_2, t_3 \ldots$ als Abszissen, die zugehörigen Werte $s_1, s_2, s_3 \ldots$ als Ordinaten auf und verbindet die Endpunkte der letzteren durch eine stetige Linie.

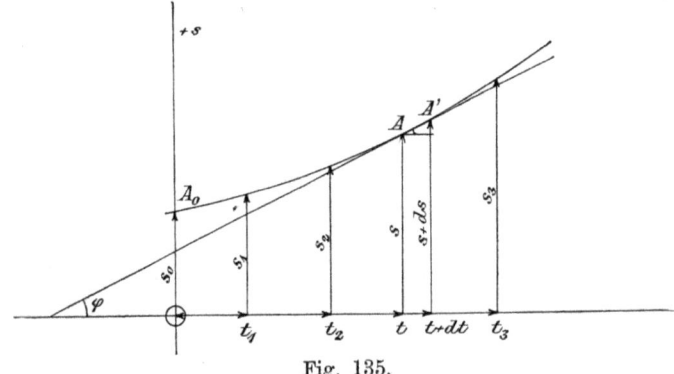

Fig. 135.

Aus dem so erhaltenen Diagramm, dem Zeit-Weg-Diagramm der Bewegung, kann zu einem beliebigen t das zugehörige s und damit die jeweilige Lage des bewegten Punktes in seiner Bahnlinie entnommen werden. Ist

$$s = f(t) \quad \ldots \ldots \ldots (81)$$

die Gleichung der (s, t)-Linie oder Zeit-Weg-Linie, so kann man aus dieser den Abstand s für einen beliebigen Punkt auch berechnen.

130. Gleichförmige Bewegung. Angenommen, es habe sich als Zeit-Weg-Linie eine Gerade ergeben und demzufolge als Gleichung der Bewegung in der Bahn die Gleichung

$$s = a + ct.$$

Diese Gleichung liefert für $t = 0$, $s = s_0 = a$; es ist daher der Koeffizient a der anfängliche Abstand des bewegten Punktes vom festen Punkt O der Bahnlinie. Setzt man des weiteren nacheinander $t = 1, = 2, = 3, \ldots$ Zeiteinheiten, so erhält man als entsprechende Werte von s:

$$s_1 = a + c; \quad s_2 = a + 2c; \quad s_3 = a + 3c; \ldots$$

und damit

$$s_1 - s_0 = c; \quad s_2 - s_1 = c; \quad s_3 - s_2 = c; \ldots$$

224 Dynamik des materiellen Punktes. Theoretische Grundlagen.

$s_1 - s_0$; $s_2 - s_1$; $s_3 - s_2$; ... sind aber die Wegstrecken, die vom bewegten Punkte in den aufeinander folgenden Zeiteinheiten beschrieben werden. Im vorliegenden Falle legt also der Punkt in **gleichen Zeitabschnitten gleiche Wegstrecken zurück, d. h. die durch die Gleichung** $s = a + ct$ **ausgedrückte Bewegung ist eine gleichförmige.**

Es handle sich nunmehr um zwei in einer und derselben Bahnlinie gleichförmig sich bewegende Punkte *I* und *II*. Für den Punkt *I* sei die Gleichung der Bewegung in der Bahn

$$s = a + c't;$$

für den Punkt *II* dagegen:

$$s = a + c''t;$$

wobei $c' > c''$. Für $t = 0$ ergibt sich bei beiden Punkten $s = a$, beide bewegte Punkte befinden sich somit zu Zeit 0 an der gleichen Stelle der Bahn. Da aber $c' > c''$, so ist für jedes beliebige t der Abstand s des Punktes *I* vom festen Bahnpunkt *O* größer als derjenige des Punktes *II*, der Punkt *I* kommt also schneller voran als der Punkt *II*, oder: die Geschwindigkeit des Punktes *I* ist eine größere als diejenige des Punktes *II*. Der Koeffizient c in der Gleichung $s = a + ct$ bedingt daher den Grad der Geschwindigkeit der Bewegung, er wird deshalb kurzweg als Geschwindigkeit bezeichnet. Oben fanden wir

$$s_1 - s_0 = c; \quad s_2 - s_1 = c; \quad s_3 - s_2 = c; \ldots$$

oder c als den **Weg in der Zeiteinheit. Somit hätte man bei der gleichförmigen Bewegung unter der Geschwindigkeit zu verstehen den in der Zeiteinheit tatsächlich zurückgelegten Weg.**

Legt nun ein gleichförmig sich bewegender Punkt in t Zeiteinheiten den Weg s zurück, so ist seine Geschwindigkeit

$$v = \frac{s}{t}.$$

131. Ungleichförmige Bewegung. Zeichnerische Ermittlung der Geschwindigkeit. Jede Bewegung, die nicht gleichförmig ist, nennt man **ungleichförmig**. Da eine gleichförmige Bewegung im Zeit-Weg-Diagramm Fig. 135 sich als Gerade abbildet, so ist jede Bewegung, deren Zeit-Weg-Linie eine Kurve ist, ungleichförmig.

Was ist nun bei einer ungleichförmigen Bewegung unter der Geschwindigkeit zu verstehen?

Ein ungleichförmig sich bewegender Punkt durchlaufe einer Beobachtung zufolge in Δt [sek] einen Weg Δs [m], seiner Bahn ent-

§ 18. Kinematische Hilfslehren.

lang gemessen. In 1 sek legt er folglich den Weg $v_m = \frac{\Delta s}{\Delta t}$ zurück; dieser ist als die durchschnittliche Geschwindigkeit in dem Zeitabschnitt Δt zu bezeichnen. Das ist aber noch nicht die wahre Geschwindigkeit; denn der Punkt kann sich während der Zeit Δt teils schneller, teils langsamer bewegen. Der wahren Geschwindigkeit nähert man sich nun um so mehr, je kürzer man die Beobachtungszeit wählt. Genau wird sie erst dann erhalten, wenn Δt denkbar kurz angenommen wird, womit auch Δs denkbar klein wird, und damit auch der Fehler, den man begeht, wenn man die Bewegung auf Δs während Δt [sek] als gleichförmig annimmt. Die wahre Geschwindigkeit v des Punktes in seiner Bahn zur Zeit t ergibt sich demnach als Grenzwert $0:0$ des Verhältnisses $\frac{\Delta s}{\Delta t}$, als der sog. Differentialquotient oder die Ableitung $\frac{ds}{dt}$ des Weges nach der Zeit:

$$v = \frac{ds}{dt} = \lim \frac{\Delta s}{\Delta t} = \dot{s}\,^{1)} \quad \ldots \ldots \quad (82)$$

Ist also der zeitliche Verlauf einer Bewegung durch $s = f(t)$ gegeben, so erhält man die Geschwindigkeit zur Zeit t durch Ableiten von s nach t. Wir bestätigen das für die oben besprochene gleichförmige Bewegung $s = a + ct$; nach t abgeleitet gibt $v = \dot{s} = c$, in Übereinstimmung mit dem oben unmittelbar hergeleiteten Ergebnis. Wäre anderseits $s = 10 \cdot t^2$, und die Geschwindigkeit 10 sek nach Beginn der Zeitmessung gesucht, so wäre $v = \frac{ds}{dt} = 20\,t$, also für $t = 10$ [sek] $v = 200$ [m/sek].

Von der Richtung der Geschwindigkeit soll in **171** die Rede sein. Hier wollen wir nur vom Vorzeichen von v sprechen. Die Zeit, während der eine Bewegung verfolgt wird, ist als eine positive und zunehmende Größe anzusehen, daher ist dt stets positiv. Infolgedessen ist das Vorzeichen von $v = \frac{ds}{dt}$ einzig vom Vorzeichen von ds abhängig. v ist $\langle \pm$, wenn $ds \langle \pm$ ist, d. h. wenn der Abstand vom Fixpunkt 0 der Bahn Fig. 134 wächst oder abnimmt, Nennt man eine Bewegung in der $\langle \pm s$-Richtung eine Vorwärts-

---

[1]) Wir werden im Nachfolgenden häufig die bequeme Schreibweise benützen, derzufolge die erste, zweite usf. Ableitung einer Größe s nach der Zeit mit $\dot{s}$, $\ddot{s}$, bei höheren Ableitungen mit $s^{(n)}$ bezeichnet wird.

226 Dynamik des materiellen Punktes. Theoretische Grundlagen.

bzw. Rückwärtsbewegung, so ist v bei der Vorwärtsbewegung positiv, bei der Rückwärtsbewegung negativ.

Bei einer ungleichförmigen Bewegung ist v mit der Zeit veränderlich; man versteht unter Geschwindigkeit v einer ungleichförmigen Bewegung zur Zeit t die Strecke, die der bewegte Punkt in einer Sekunde zurücklegen würde, wenn er sich vom bezeichneten Zeitpunkt ab gleichförmig weiterbewegte.

Während $\frac{ds}{dt}$ streng genommen ein Grenzwert ist, ist es üblich und bequem, ds und dt als sehr kleine Werte aufzufassen, im Sinne von $\varDelta s$ und $\varDelta t$. Die während dt sich abspielende Bewegung nennt man Elementarbewegung. Wenn bei Gebrauch dieser Auffassung $ds = v \cdot dt$ gesetzt wird, so läßt sich das sehr faßlich so aussprechen: **Während einer denkbar kurzen Zeit darf man die Geschwindigkeit (d. h. die zeitliche Wegänderung) so berechnen, als ob die Elementarbewegung gleichförmig wäre**, m. a. W. als ob ds mit dt proportional sich änderte.

Wir wenden dies zur zeichnerischen Ermittlung der Geschwindigkeit auf einen bestimmten Fall an, indem wir noch weitere Erläuterungen über das Zeit-Weg-Diagramm anknüpfen. Fig. 136 zeigt einen Antrieb einer Schüttelrinne. Die Wege s der Schüttelrinne, von einer Totlage T_1 aus gemessen, sind für eine Anzahl von Stellungen der Antriebkurbel durch Zeichnung ermittelt und in der darunter stehenden Figur in Abhängigkeit des Kurbelwinkels aufgetragen. Wenn die Antriebkurbel gleichförmig umläuft, so bildet sie gleichsam einen Uhrzeiger, und man darf statt des Kurbelwinkels die diesem proportionale Zeit setzen. Für die Bahngeschwindigkeit zur Zeit t erhält man einen Näherungswert, wenn man unter Berücksichtigung des benützten Weg- und Zeitmaßstabes aus der Figur den in einer kleinen Zeit $\varDelta t$ zurückgelegten Weg $\varDelta s$ entnimmt und $v = \frac{\varDelta s}{\varDelta t}$ bildet, d. h. den Differenzenquotienten an Stelle des Differentialquotienten. Das Weg-Zeit-Diagramm gibt nun dem freien Auge Aufschluß über den zeitlichen Verlauf der Geschwindigkeit. Läßt man nämlich $\varDelta t$ und damit $\varDelta s$ denkbar klein werden, so wird $\frac{ds}{dt} = \lim \frac{\varDelta s}{\varDelta t} = \operatorname{tg} \alpha$ die Tangens des Neigungswinkels der Weg-Zeit-Kurve gegen die t-Achse, und da $\operatorname{tg} \alpha$ mit α zunimmt, so bildet die Neigung der Weg-Zeit-Kurve ein Maß für die Geschwindigkeit. Letztere ist da am größten, wo die (s, t)-Kurve am steilsten ist, und da gleich Null, wo diese Kurve der Zeitachse parallel läuft. Man kann demnach durch Tangenten-

§ 18. Kinematische Hilfslehren. 227

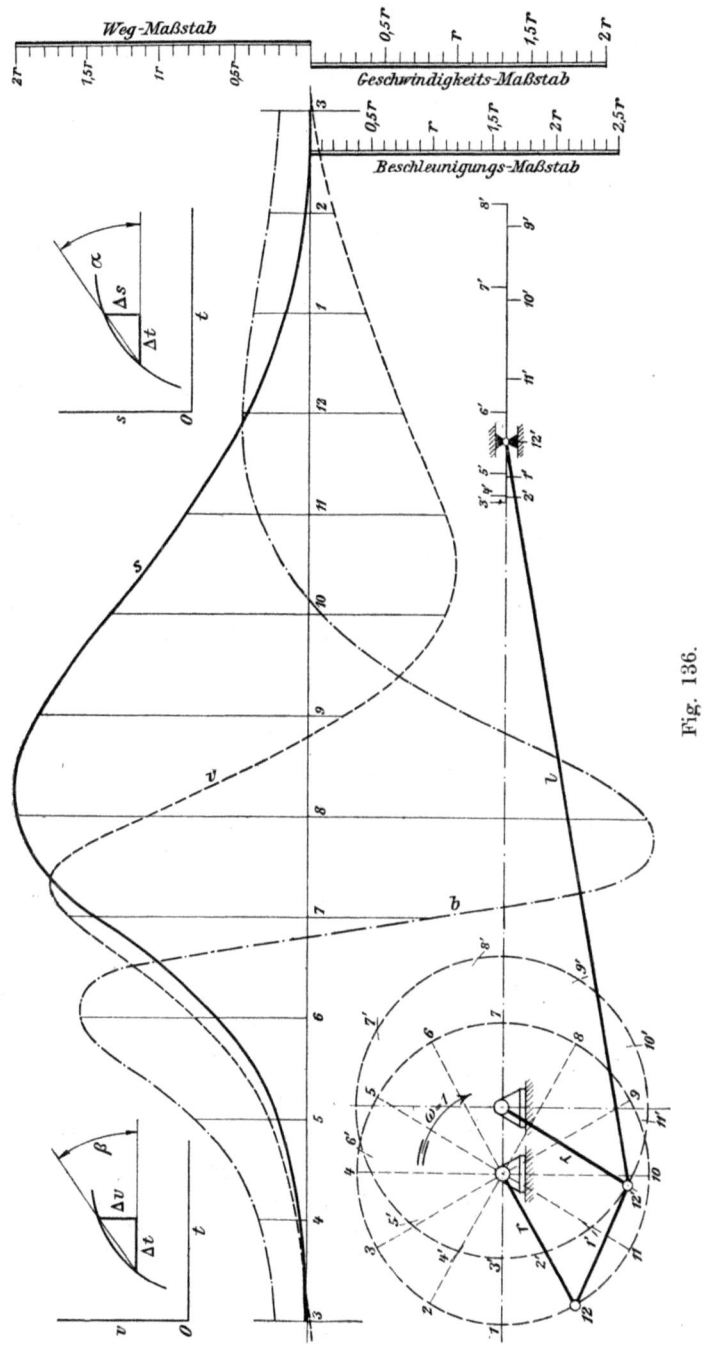

Fig. 136.

15*

228 Dynamik des materiellen Punktes. Theoretische Grundlagen.

ziehen[1]) die Geschwindigkeit näherungsweise ermitteln, dazu verwendet man am zweckmäßigsten ein Spiegellineal, d. h. ein Lineal mit Dreieckquerschnitt aus schwarzem undurchsichtigem Glas, das zwei aufeinander senkrecht stehende Spiegelflächen hat. An flachen Stellen der Kurve erzielt man die größte Genauigkeit durch Zeichnen der Normalen, an stark gekrümmten Stellen durch Zeichnen der Tangenten. Bei der Ausrechnung ist der Zeichenmaßstab zu berücksichtigen. Bedeutet in der Zeichnung 1 mm Abszisse m [sek] und 1 mm Ordinate n [m], so sind Δt mm der Zeichnung gleich $m \cdot \Delta t$ [sek] und Δs [mm] der Zeichnung gleich $n \cdot \Delta s$ [m] in Wirklichkeit, so daß

$$v = \lim \frac{\Delta s}{\Delta t} = \frac{n \cdot \Delta s}{m \cdot \Delta t} = \frac{n}{m} \cdot \operatorname{tg} \alpha \quad \ldots \ldots \quad (83)$$

Das aus der Zeichnung entnommene $\operatorname{tg} \alpha$ muß also mit dem Maßstabverhältnis $n : m$ multipliziert werden, damit die gesuchte Geschwindigkeit erhalten wird.

132. Beschleunigung. Zeichnerische Ermittlung der Beschleunigung. Um eine ungleichförmige Bewegung, bei der sich die Geschwindigkeit im Lauf der Zeit ändert, genau beschreiben zu können, ist es unerläßlich, ein Maß für die Geschwindigkeitsänderung aufzustellen. Wir müssen das schon aus dem Grunde tun, weil, wie in **6** und **141** dargelegt, mit einer Geschwindigkeitsänderung eine dynamische Kraft verbunden ist. Um mit diesem wichtigen Begriff recht vertraut zu werden, betrachten wir zunächst den denkbar einfachsten Fall, in dem die Geschwindigkeit längs der Bahn gleichmäßig mit der Zeit wächst oder abnimmt. Man nennt diese Bewegung gleichförmig verändert, und zwar gleichförmig beschleunigt, oder gleichförmig verzögert, je nachdem die Geschwindigkeit mit der Zeit proportional wächst oder abnimmt. Ist z. B. die Geschwindigkeit zu Beginn der Beobachtung v_0, und ist sie nach 1 [sek] um b gestiegen, hat also den Wert $v_0 + b$, dann beträgt sie wegen ihrer gleichförmigen Zunahme nach 2 [sek] $v_0 + 2b$ und nach t [sek]

$$v = v_0 + b \cdot t \quad \ldots \ldots \ldots \quad (84)$$

Die Zunahme b der Geschwindigkeit in einer Sekunde heißt die Beschleunigung, die Abnahme Verzögerung. Soll z. B. ein Förderkorb, der im Schacht eines Bergwerkes mit 15 [m/sek] Geschwindigkeit abwärts fährt, durch Bremsen in 5 [sek] gleichmäßig

---

[1]) Ein anderes Verfahren gibt R. Slaby in Z. Ver. Deutsch. Ing. 1913, S. 821 an; siehe noch ebenda S. 1887. Vgl. auch A. Wagener, Physikal. Zeitschr. 1909, S. 57.

§ 18. Kinematische Hilfslehren.

verzögert und stillgesetzt werden, so muß die Geschwindigkeit in einer Sekunde um $15 : 5 = 3$ [m/sek] : [sek] geändert werden; die Verzögerung beträgt demnach 3 [m/sek] in einer Sekunde.

Die Maßzahl einer Beschleunigung erhält man, wenn man die Gl. (84) nach b auflöst:

$$b = \frac{v - v_0}{t}.$$

Die Maßzahl einer Beschleunigung ist demnach der Quotient der Maßzahl von $v - v_0$, d. h. [m/sek] und der Zeit t [sek], das gibt [m/sek^2].

Zeichnet man, nach dem Vorbild des Zeit-Weg-Diagrammes, nunmehr das Zeit-Geschwindigkeits-Diagramm der gleichförmig veränderten Bewegung, indem man als wagrechte Abszissen die Zeit t, als senkrechte Ordinaten die zugehörigen Geschwindigkeiten des bewegten Punktes aufträgt, so ergibt sich eine gegen die t-Achse geneigte Gerade.

Wir können sofort beifügen, daß die Zeitgeschwindigkeitslinie einer ungleichförmig veränderten Bewegung eine Kurve ist.

Wie drückt sich nun die Beschleunigung längs der Bahn bei einer beliebig veränderten Bewegung aus? Wir verfahren genau wie bei der Definition der Geschwindigkeit einer ungleichförmigen Bewegung auf S. 225. Zur Zeit t sei die Geschwindigkeit v; Δt [sek] nachher $v + \Delta v$. Sie hat sich demnach in Δt [sek] um Δv geändert, in einer Sekunde also durchschnittlich um $\frac{\Delta v}{\Delta t}$. Das ist die durchschnittliche Beschleunigung b_m während Δt sek. Diese kann sich aber innerhalb des Zeitraumes Δt selbst noch ändern, jedoch um so weniger, je kleiner Δt angenommen wird. Je kleiner man Δt wählt, desto mehr nähert sich das Verhältnis $\frac{\Delta v}{\Delta t}$ einem festen Grenzwert, der angibt mit welcher Intensität sich die Geschwindigkeit momentan ändert; aus der durchschnittlichen Beschleunigung b_m wird schließlich die wahre Beschleunigung b

$$b = \lim \frac{\Delta v}{\Delta t} \bigg|_{\Delta t = 0} = \frac{dv}{dt} = \dot{v} \quad \ldots \ldots \quad (85)$$

Da nun nach (83) $v = \frac{ds}{dt}$ ist, so hat man auch

$$b = \frac{dv}{dt} = \frac{d^2s}{dt^2} = \ddot{s} \quad \ldots \ldots \quad (85\mathrm{a})$$

Die Beschleunigung eines bewegten Punktes längs seiner Bahn wird also durch einmaliges Ableiten der Geschwindigkeit $v = \varphi(t)$ oder durch zweimaliges Ableiten des

Weges $s = f(t)$ nach der Zeit erhalten. Man bestätige das sogleich für den einfachsten Fall, der gleichförmig veränderten Bewegung (vgl. **130**, Anfang).

Das Vorzeichen der Beschleunigung ist, da dt stets positiv ist, durch das Vorzeichen von dv bestimmt. Nun ist nach der Vereinbarung auf S. 226 die Geschwindigkeit bei Vorwärtsbewegung positiv, bei Rückwärtsbewegung negativ; demnach ist die Geschwindigkeitsänderung dv positiv bei beschleunigter Vorwärts- und verzögerter Rückwärtsbewegung, und negativ bei verzögerter Vorwärts- und beschleunigter Rückwärtsbewegung. Dies läßt sich auch kürzer ausdrücken, wenn die Beschleunigung als gerichtete Größe aufgefaßt wird (vgl. **140**). Wenn die einfache Schwingungsbewegung betrachtet wird, mag man sich hieran erinnern.

Der Studierende lasse sich die Mühe nicht verdrießen, den oben geschilderten Grenzübergang $\lim \frac{\Delta v}{\Delta t}$ an Hand eines Zahlenbeispieles selbst allmählich zu vollziehen. Er wird auf diese Weise den Beschleunigungsbegriff sich anschaulich und exakt zu eigen machen. Dazu gibt gleich das folgende Beispiel Gelegenheit.

Die Beziehung $s = f(t)$ zwischen dem Weg eines Punktes und der Zeit ist nicht immer in Form einer Gleichung angebbar. Man muß sie sich besonders bei verwickelten Mechanismen oder unbekannten Bewegungsvorgängen (Bewegung des Schreibstiftes eines Indikators, eines Ventiles, eines Selbstgreifers zum Transport von Kohle u. dgl.) durch Zeichnung, Modellversuch oder mit Meßvorrichtungen (Stimmgabel, Weg-Zeit-Indikatoren) erst verschaffen. Wir haben dies für die Bewegung einer Schüttelrinne in Fig. 136 ausgeführt, und aus dem Weg-Zeit-Diagramm kann sodann die Geschwindigkeit in einer Reihe von Zeitpunkten nach S. 226 graphisch ermittelt werden. Die gefundenen Werte werden gleichfalls in Funktion der Zeit aufgetragen (Fig. 136) und zum Ausgleich der unvermeidlichen Zeichenfehler durch einen mit Gefühl eingezeichneten Kurvenzug verbunden. Aus der so erhaltenen Zeit-Geschwindigkeits-Kurve können schließlich die Beschleunigungen näherungsweise durch Tangentenziehen gefunden werden, wie die Geschwindigkeit aus dem Zeit-Weg-Diagramm. Das ist auf S. 226 ausführlich dargelegt. Das Zeit-Geschwindigkeits-Diagramm gibt auch in ganz analoger Weise sofort anschauliche Auskunft über den zeitlichen Verlauf der Beschleunigung. Die Beschleunigung ist am größten da, wo sich die Geschwindigkeit am stärksten mit der Zeit ändert, d. h. da, wo die Zeit-Geschwindigkeits-Kurve am steilsten ist, und ist Null da, wo diese Kurve der Zeitachse parallel läuft. Bedeutet in der Zeichnung 1 [mm] Abszisse m [sek] und 1 [mm] Ordinate n

§ 18. Kinematische Hilfslehren. 231

[m/sek], so sind Δt [mm] aus Zeichnung $m \cdot \Delta t$ [sek] in Wirklichkeit, und Δv [mm] aus Zeichnung $n \cdot \Delta v$ [m/sek] in Wirklichkeit und man hat für die Beschleunigung längs der Bahn nach Gl. (85)

$$b = \lim \frac{n \cdot \Delta v}{m \cdot \Delta t} = \frac{n}{m} \operatorname{tg} \beta \quad \ldots \ldots \quad (86)$$

wobei tg β der aus dem Diagramm zu entnehmende Neigungswinkel der (v, t)-Kurve im Punkt (v, t) gegen die Zeitachse bedeutet. Die Beschleunigung wird also aus dem (v, t)-Diagramm erhalten, indem man tg β mit dem Maßstabverhältnis $\frac{n}{m}$ multipliziert.

Auch hier empfiehlt es sich, die gefundenen Beschleunigungswerte in Funktion der Zeit aufzuzeichnen und zum Ausgleich der unvermeidlichen Zeichnungsfehler eine Kurve zu ziehen. Das ganze graphische Verfahren verlangt exaktes Zeichnen.

133. Winkelgeschwindigkeit bei einer ungleichförmigen Drehbewegung. Den Begriff der Winkelgeschwindigkeit einer gleichförmigen Drehbewegung und den Anlaß zur Aufstellung desselben haben wir schon in 116 kennen gelernt. Wir haben ihn jetzt für eine ungleichförmige Drehbewegung zu erweitern, bei der ein vom festen Drehpunkt zum bewegten Punkt gezogener Fahrstrahl in gleichen Zeiten ungleiche Winkel durchläuft.

Man braucht im folgenden nur an die Bewegung in einer Ebene senkrecht zur Drehachse zu denken. Wir betrachten eine Drehung in einer denkbar kurzen Zeit dt, wobei der Drehwinkel $d\varphi$ (im Bogenmaß) durchlaufen worden sei. Nach der Bemerkung auf S. 226 darf diese Elementarbewegung als gleichförmig angesehen werden. In einer Sekunde würde dann der Winkel $\frac{d\varphi}{dt}$ zurückgelegt; das ist die Winkelgeschwindigkeit ω zur Zeit t:

$$\omega = \frac{d\varphi}{dt} = \dot\varphi\,{}^1) \quad \ldots \ldots \quad (87)$$

Eigentlich kann man in der Dynamik des materiellen Punktes die Begriffe Winkelgeschwindigkeit und Winkelbeschleunigung vermeiden; man würde sie erst bei der Drehung eines Körpers vermissen. Allein man kann sie zur Beschreibung der Zentralbewegung eines Punktes sehr gut gebrauchen. Auch schließt sich die Ableitung in natürlicher Folge an das Vorhergehende an.

Beispiel: Die Erde dreht sich in einem Sterntag einmal um ihre Achse, d. h. in 23 Std. 56 Min. 4 Sek. = 86 164 sek mittlerer Sonnenzeit. Wie groß ist die Winkelgeschwindigkeit der Erde? Die minutliche Umlaufzahl der Erde ist $n = 60/86\,164$; daher nach Gl. (87):

$$\omega = \frac{\pi n}{30} = \frac{\pi \cdot 60}{30 \cdot 86\,164} = \frac{1}{13\,710} [1/\text{sek}].$$

---
[1] Vgl. S. 225 wegen der Schreibweise.

232 Dynamik des materiellen Punktes. Theoretische Grundlagen.

Das sind Bogeneinheiten in einer Sekunde; in Bogensekunden ausgedrückt ist das $206\,265 : 13\,710 = 15{,}05''$. Die Erde dreht sich etwa halb so schnell wie der kleine Uhrzeiger.

134. Winkelbeschleunigung. Beim Anfahren einer Maschine, z. B. eines Elektromotors für eine Umkehrwalzenstraße oder eine Schachtförderanlage findet eine ungleichförmige Drehbewegung statt. In solchen Fällen, wie überhaupt bei jeder ungleichförmigen Drehung, ändert sich die Winkelgeschwindigkeit mit der Zeit. Wir betrachten eine Elementardrehung während dt sek; innerhalb dieses Zeitraumes darf nach S. 226 die denkbar einfachste Geschwindigkeitsänderung angenommen werden, nämlich die gleichförmige, d. h. der Zeit proportionale. Ist also $d\omega$ die Änderung der Winkelgeschwindigkeit in dt [sek], so ist die sekundliche Änderung der Winkelgeschwindigkeit die sog. Winkelbeschleunigung

$$\varepsilon = \frac{d\omega}{dt} = \frac{d^2\varphi}{dt^2} = \dot{\omega} = \ddot{\varphi}\,{}^1) \quad \ldots \ldots \quad (88)$$

wenn $d\varphi = \omega \cdot dt$ den in dt vom Fahrstrahl durchlaufenen Drehwinkel im Bogenmaß bedeutet. Setzt man $\omega = \pi n/30$ ein, so ist auch

$$\varepsilon = \frac{\pi}{30} \cdot \frac{dn}{dt} \quad \ldots \ldots \ldots \quad (88\,\text{a})$$

wo n die minutliche Umlaufzahl ist.

Mit der Winkelbeschleunigung ist auch eine Bahn- oder Umfangsbeschleunigung verknüpft. Sie beträgt z. B. für einen im konstanten Abstand r von der Drehachse befindlichen Punkt nach (85) und (63)

$$b = \frac{du}{dt} = \frac{d(r\omega)}{dt} = r \frac{d\omega}{dt} = r \cdot \varepsilon \quad \ldots \ldots \quad (89)$$

Zwischen Bahn- und Umfangsbeschleunigung b und Winkelbeschleunigung ε besteht demnach eine analoge Beziehung wie zwischen Umfangsgeschwindigkeit u und Winkelgeschwindigkeit ω (vgl. Gl. 63).

Die Maßzahl einer Winkelbeschleunigung ist $[1:\text{sek}^2]$; denn sie entsteht gemäß $\varepsilon = d\omega/dt$, indem man die Maßzahl von $d\omega$, d. h. [1/sek] mit der Maßzahl von dt, d. h. [sek] dividiert.

Beispiel: Ein Elektromotor mit einer höchsten Umlaufzahl von $n = 50$ in einer Minute soll in einer Minute 55 mal umgesteuert werden, indem er ohne Pause abwechselnd gleichförmig beschleunigt und verzögert wird. Wie groß ist die Winkelbeschleunigung?

Zahl der Beschleunigungen und Verzögerungen $2 \cdot 55 = 110$ in einer Minute; Dauer einer Beschleunigungs- oder Verzögerungsperiode

---

[1]) Vgl. S. 225 wegen der Schreibweise.

§ 18. Kinematische Hilfslehren. 233

60/110 [sek] = 0,555 [sek]. Hierbei steigt oder sinkt die Umlaufzahl gleichförmig von 0 auf 50 und umgekehrt, also um 50 in 0,555 [sek]; d. h. die sekundliche Änderung der Umlaufzahl beträgt $dn/dt = 50/0,555 = 90$, daher Winkelbeschleunigung nach Gl. (88a)

$$\varepsilon = \frac{\pi}{30}\frac{dn}{dt} = \frac{\pi}{30}\,90 = 9{,}42\ [1/\text{sek}^2].$$

135. Die gleichförmig beschleunigte Bewegung in einer Geraden.
Wir stellen die dieser Bewegung eigentümlichen Beziehungen zwischen Weg, Geschwindigkeit, Beschleunigung und Zeit auf, um eine wirklich vorkommende Bewegung daraufhin prüfen zu können, ob sie gleichförmig beschleunigt ist, oder um sie anzuwenden, wo man von einer Bewegung weiß, daß sie gleichförmig beschleunigt ist.

a) Einfache Überlegung: Die gleichbleibende Beschleunigung in Richtung der geraden Bahnlinie sei b. Die Bewegung beginnt mit der Anfangsgeschwindigkeit v_0 zur Zeit $t=0$. Dann gilt die auf S. 228 angeführte Definitionsgleichung für die Endgeschwindigkeit nach t sek: $v = v_0 + bt$.

Die mittlere Geschwindigkeit v_m in t sek ist wegen des gleichmäßigen Anwachsens der Geschwindigkeit das arithmetische Mittel aus Anfangs- und Endgeschwindigkeit:

$$v_m = \tfrac{1}{2}(v + v_0) = v_0 + \tfrac{1}{2}bt \quad \ldots \ldots \quad (90)$$

Der in t sek zurückgelegte Weg ist offenbar gleich groß, ob er mit veränderlicher Geschwindigkeit durchlaufen wird oder mit einer konstanten mittleren Geschwindigkeit v_m; er beträgt daher bei gleichförmig beschleunigter Bewegung:

$$s = v_m \cdot t = v_0 t + \tfrac{1}{2} b t^2 \quad \ldots \ldots \quad (91)$$

woraus ersichtlich ist, daß der Weg aus zwei Anteilen besteht, entsprechend einer Überlagerung einer gleichförmigen Bewegung mit Geschwindigkeit v_0 und einer gleichförmig beschleunigten mit Beschleunigung b.

Setzt man in $s = v_m \cdot t$ den Wert v_m aus Gl. (90) und t aus Gl. (84) ein, so wird

$$s = \frac{v^2 - v_0^2}{2b} \quad \ldots \ldots \ldots \quad (92)$$

Für die gleichförmig verzögerte Bewegung gelten dieselben Gleichungen mit negativem b (Verzögerung = negative Beschleunigung) und $v_0 > v$, also

$$\left.\begin{array}{ll} v = v_0 - bt & v_m = v_0 - \tfrac{1}{2}bt \\ s = v_0 t - \tfrac{1}{2} b t^2 & s = \dfrac{v_0^2 - v^2}{2b} \end{array}\right\} \ \ldots \ (93)$$

234 Dynamik des materiellen Punktes. Theoretische Grundlagen.

Ist im besonderen $v_0 = 0$, so gilt für die **gleichförmig veränderte Bewegung mit Anfangsgeschwindigkeit 0**:

$$\left. \begin{array}{ll} v = bt & v_m = \tfrac{1}{2} bt \\ s = \tfrac{1}{2} \cdot bt^2 & s = \dfrac{v^2}{2b} \end{array} \right\} \quad \ldots \quad (94)$$

Aus der Weggleichung $s = \tfrac{1}{2} bt^2$ folgt als Kennzeichen einer gleichförmig veränderten Bewegung, daß die Wegstrecken sich wie die Quadrate der Zeiten verhalten. Wo das durch Beobachtung festgestellt wird, ist die Bewegung gleichförmig verändert.

b) Das Integrationsverfahren s. 154; vgl. auch 137.

136. Der freie Fall im luftleeren Raum. Galilei fand als erster die Gesetze des freien Falles schwerer Körper. Offenkundig fallen verschieden große und verschieden geformte Körper nicht gleich schnell. Über diese Feststellung war man zuvor nicht hinausgekommen. Galilei schrieb die Erscheinung dem Einfluß des Luftwiderstandes zu und faßte die Überzeugung, daß im luftleeren Raum alle Körper gleich schnell fallen würden, was durch den Versuch bestätigt wird. So konnte sich Galilei die einfachere Frage vorlegen, wie die Körper im luftleeren Raum fallen würden, oder mindestens unter Umständen, wo der Luftwiderstand keine merkliche Größe hat. Da Galilei nicht in der Lage war, die Fallbewegung unmittelbar zu beobachten, so bildete er sich eine Annahme, wohl in der Voraussicht, die daraus folgenden Schlüsse durch Beobachtung prüfen zu können. Aus der Annahme, daß die Fallgeschwindigkeit mit der Fallzeit proportional wachse, leitete er die oben angeführten Gleichungen ab und sah sich veranlaßt, den damals unbekannten Begriff der Beschleunigung zu bilden. Aus der Weggleichung der gleichförmig beschleunigten Bewegung schloß er, daß die Fallräume dem Quadrat der Fallzeiten proportional wachsen müßten. Galilei bestätigte dies durch Beobachtungen an der schiefen Ebene, die leichter auszuführen waren, weil die Bewegung auf dieser langsamer vor sich geht, dem freien Fall aber im übrigen ähnlich verläuft. Damit hatte Galilei den Nachweis erbracht, daß die zunächst nur in seiner Vorstellung angenommene, gleichmäßig beschleunigte Bewegung — der einfachste überhaupt denkbare Fall einer ungleichförmigen Bewegung — physikalisch vorkommt, mit anderen Worten, daß der freie Fall ohne Luftwiderstand gleichförmig beschleunigt verläuft. Er hat gleichzeitig die Mechanik um den grundlegenden Begriff der Beschleunigung bereichert.

Die Beschleunigung des freien Falles wird stets mit g bezeichnet. Ihre ungefähre Größe kann man abschätzen, wenn man einen Stein

§ 18. Kinematische Hilfslehren. 235

eine bekannte Höhe ohne Anfangsgeschwindigkeit herabfallen läßt und die Fallzeit beobachtet; die Fallbeschleunigung ist dann nach Gl. (94) $g = \dfrac{2s}{t^2}$ [m/sec²].

Pendelversuche liefern die genauesten Werte von g. An einem Erdort von der geographischen Breite φ^0 und der Meereshöhe h [m] ist:

$$g = 9{,}806056 - 0{,}025028 \cos 2\varphi - 0{,}000003\, h.$$

Die Gleichungen für den freien Fall ohne Anfangsgeschwindigkeit im luftleeren Raum folgen aus (94) mit $b = g$ und mit $s = h$ (Fallhöhe):

$$\left.\begin{aligned} v &= gt & v_m &= \tfrac{1}{2} \cdot gt \\ h &= \tfrac{1}{2} g t^2 & h &= \dfrac{v^2}{2g} & v &= \sqrt{2 \cdot gh} \end{aligned}\right\} \quad \ldots \ (95)$$

Beispiel: Ein Stein falle in einen Schacht. Nach t [sek] hört man ihn aufschlagen. Wie tief ist der Schacht? Schallgeschwindigkeit c. Luftwiderstand nicht zu berücksichtigen.

Die Tiefe des Schachtes sei h. Um diese Tiefe zu durchfallen, braucht der Stein nach Gl. (95)

$$t_1 = \sqrt{\dfrac{2h}{g}} \, [\text{sek}].$$

Sodann braucht der Schall, um den Weg h zurückzulegen, $t_2 = \dfrac{h}{c}$ [sek].
Es ist daher:

$$t = t_1 + t_2 = \sqrt{\dfrac{2h}{g}} + \dfrac{h}{c},$$

woraus h gefunden werden kann.

137. Die gleichförmig beschleunigte Drehbewegung. Die Gleichungen der gleichförmig beschleunigten Bewegung in einer Geraden, die in **135** abgeleitet sind, könnte man unmittelbar auf eine gleichförmige Drehung eines Fahrstrahles übertragen, der sich nach Art eines Kurbelarmes bewegt, wenn man statt Weg, Geschwindigkeit und Beschleunigung längs der Geraden jetzt Drehwinkel, Winkelgeschwindigkeit und Winkelbeschleunigung setzt.

Man kann diese Gleichungen aber auch durch Integration ableiten. Die gleichförmig beschleunigte Drehung ist durch die Unveränderlichkeit der Winkelbeschleunigung $\varepsilon = \ddot{\varphi} = c$, die als gegeben anzusehen ist, gekennzeichnet. Durch zweimalige Integration folgt

$$\dot{\varphi} = ct + b, \qquad \varphi = \dfrac{ct^2}{2} + bt + a,$$

wo a und b Integrationskonstante sind. Man hat sie aus den Anfangs- oder Grenzbedingungen zu bestimmen, d. h. aus der Lage und Geschwindigkeit, die in einem bestimmten Zeitpunkt bekannt sein müssen. Der Zeitpunkt braucht indes nicht gerade notwendig der Beginn der Bewegung oder der Zeitmessung zu sein. In unserer Aufgabe sei der Drehwinkel φ von derjenigen Lage des Fahrstrahles aus gemessen, die dieser zur Zeit $t=0$ einnimmt, d. h. es sei $\varphi=0$ für $t=0$; zur gleichen Zeit sei die Winkelgeschwindigkeit des Fahrstrahles $\dot{\varphi}=\omega_0$, d. h. es sei $\dot{\varphi}=\omega_0$ für $t=0$. Setzt man beide Bedingungen in obige Gleichungen ein, so hat man zur Bestimmung der Integrationskonstanten

$$\omega_0 = 0 + b, \qquad 0 = 0 + 0 + a,$$

d. h. $\qquad b = \omega_0 \quad \text{und} \quad a = 0.$

Damit und mit $\dot{\varphi}=\omega$ lauten die Gleichungen der **gleichförmig beschleunigten Drehbewegung**

$$\omega = \omega_0 + ct; \qquad \varphi = \omega_0 t + \tfrac{1}{2}\cdot ct^2 \quad \ldots \quad (96)$$

denen analog den Gl. (93) noch folgende beigefügt werden können:

$$\omega_m = \tfrac{1}{2}(\omega + \omega_0) = \omega_0 + \tfrac{1}{2}ct; \qquad \varphi = \frac{\omega^2 - \omega_0^2}{2c} \quad (96\text{a})$$

Bei gleichförmig verzögerter Drehung ist die Winkelverzögerung c negativ.

Aus Gl. (96a) folgt unter Benützung von $\omega = \dfrac{\pi n}{30}$:

$$c = \frac{\omega - \omega_0}{t} = \frac{\pi}{30}\frac{n - n_0}{t} = \varepsilon \quad \ldots \quad (97)$$

Das Integrationsverfahren führt rascher zum Ziel als die einfache Überlegung, die in **135** angestellt wurde und sich fortwährend auf die Anschauung von dem Bewegungszustand stützte. Das analytische Verfahren erfordert fast keine Anschauung; seine Überlegenheit kommt bei schwierigeren Aufgaben zur Geltung, vorausgesetzt, daß die erforderliche Abstraktionsfähigkeit und formale Gewandheit erworben und daß die einfachen Anschauungen geläufig sind.

Beispiel: Das gleiche wie auf S. 232. Es soll noch der Drehwinkel während einer Beschleunigungs- oder Verzögerungsperiode angegeben werden.

Zu Beginn der Beschleunigungsperiode ($t=0$) ist $n_0 = 0$ und $\omega_0 = 0$; zu Ende ($t = 0{,}555$ sek; S. 233) $n = 50$; daher die Winkelbeschleunigung oder -Verzögerung nach Gl. (97)

$$\varepsilon = c = \frac{\pi}{30}\frac{50 - 0}{0{,}555} = 9{,}42 \; [1/\text{sek}^2]$$

und nach (96) $\varphi = 0 + \frac{1}{2} \cdot 9{,}42 \cdot 0{,}555^2 = 1{,}45$. Das sind Bogeneinheiten; in Graden ist das $1{,}45 \cdot 57{,}3 = 83^0$.

138. Andere Bestimmung der Bewegung im Raum. Statt zuerst die Bahnlinie eines Punktes und hierauf die Bewegung des Punktes in seiner Bahn festzusetzen, kann man die Bewegung eines Punktes im Raum auch dadurch bestimmen, daß man den bewegten Punkt in seinen verschiedenen Lagen auf die drei Achsen eines räumlichen Koordinatensystemes projiziert und für den projizierten Punkt, wie auf S. 222 beschrieben, angibt, wo er sich in jedem Augenblick auf der Projektionsachse befindet. In einem rechtwinkligen xyz-Koordinatensystem möge für die Bewegung des auf die x-Achse projizierten Punktes die Gleichung $x = \varphi(t)$ gefunden sein und für die Projektionsbewegung längs der beiden anderen Achsen $y = \chi(t)$ und $z = \psi(t)$. Damit ist man imstande, für jeden beliebigen Zeitpunkt t die Koordinaten des Punktes im Raume, also seine Lage angeben zu können.

Aus einer der drei Gleichungen für x, y und z kann t berechnet und in die beiden anderen Gleichungen eingesetzt werden, die dann t nicht mehr enthalten. Die zwei sich ergebenden Gleichungen in x, y, z bestimmen eine Raumkurve, die Bahnlinie. Die drei Gleichungen

$$x = \varphi(t), \quad y = \chi(t), \quad z = \psi(t) \ \ldots \ (98)$$

sind ebenfalls die Bahngleichungen des bewegten Punktes, aber in Parameterform, d. h. in Funktion des Parameters t. Wir bemerken auch den Unterschied zwischen Bahngleichung kurzweg, Bahngleichung in Parameterform, Gl. (98), und Weggleichung, Gl. (81). Erstere gibt nur die geometrische Form der Bahn an; die zweite die Lage des bewegten Punktes zu jeder Zeit, die letztere die Weglänge, die der Punkt nach Ablauf irgendeiner Zeit auf seiner Bahn zurückgelegt hat.

Hat das Koordinatensystem eine unveränderliche, im Raum feste Lage, so ist die auf dasselbe bezogene Bewegung die **wirkliche** oder **absolute**; ist aber das Koordinatensystem selbst in Bewegung, so bezeichnet man die auf das bewegliche Koordinatensystem bezogene Bewegung des Punktes als **relative** oder **scheinbare**.

Die Parametergleichung der Bahn enthält schon alles, was zur vollständigen Angabe der Geschwindigkeit und Beschleunigung nach Größe, Richtung und Richtungssinn notwendig ist. Zuvörderst erkennt man, daß die Geschwindigkeiten und Beschleunigungen des beweglichen Punktes in den drei Projektions- oder Koordinatenrichtungen ohne weiteres nach (82) und (85) durch ein- bzw. zwei-

238 Dynamik des materiellen Punktes. Theoretische Grundlagen.

maliges Ableiten der Gl. (98) nach t erhalten werden. Wie man nun aus den Geschwindigkeiten und Beschleunigungen längs der drei Koordinatenachsen auf die wirkliche Geschwindigkeit und Beschleunigung kommt, soll jetzt, nicht analytisch, abgeleitet werden; wir wollen uns vielmehr zuerst mit einem äußerst wichtigen Satz anschaulich vertraut machen, dem Satz von der Zusammensetzung und Zerlegung von Wegen, Geschwindigkeiten und Beschleunigungen (s. **140**).

139. Periodische Bewegung in einer Geraden. Grundbegriffe der Schwingung oder Oszillation. Kurbelschleife. Die rhythmisch hin- und hergehende Bewegung einer Kurbelschleife Fig. 137 bildet ein typisches Beispiel für die einfache Oszillations- oder Schwingungsbewegung, oder wie man zu sagen pflegt, für eine einfache harmonische Schwingung, deren wesentliche Eigenschaften nunmehr festzustellen sind. Dreht sich die Antriebkurbel gleichförmig mit der Winkelgeschwindigkeit ω, so vollführt die Kurbelschleife in gleichen Zeiten gleichviel Hin- und Hergänge, d. h. isochrone Schwingungen. Ein Hin- und ein Hergang bilden zusammen eine volle Schwingung.

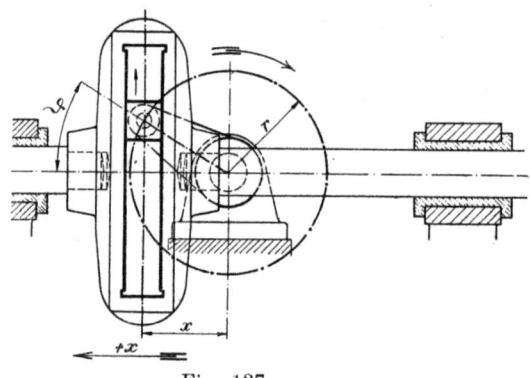

Fig. 137.

Die Zeitdauer derselben heißt die **Schwingungsdauer** oder **Periode** τ sek, womit gleichzeitig auch die Anzahl der in 1 sek ausgeführten Schwingungen — die **Schwingungszahl** oder **Frequenz** ν — bestimmt ist; es ist nämlich

$$\tau = \frac{1}{\nu} \ [\text{sek}] \quad \ldots \ldots \quad (99)$$

Den Weg x der Kurbelschleife messen wir von der Mittellage der Schwingungsbewgung aus und bezeichnen ihn als **Ausschlag**; der größte Ausschlag ist die sog. **Amplitude** r; bei der Kurbelschleife ist dies der Halbmesser r der Antriebkurbel. In den Endlagen der Schwingung steht die Kurbel in den sog. **Totlagen**. Von einer dieser Totlagen aus wird der Kurbelwinkel ϑ, das **Argument** der Schwingung, gemessen. Braucht die Kurbel zum gleichförmigen Durchlaufen von ϑ die Zeit t sek, so ist $\vartheta = \omega t$.

§ 18. Kinematische Hilfslehren.

Bei einer vollen Schwingung durchläuft die Antriebkurbel den Weg $\omega\tau = 2\pi$. Die Schwingungsdauer

$$\tau = \frac{2\pi}{\omega} \quad \ldots \ldots \ldots \quad (100)$$

ist demnach von der Amplitude unabhängig.

Die Kurbelschleifenbewegung ist die Projektion der gleichförmigen Kreisbewegung des Kurbelzapfens auf die Bewegungsrichtung der Kurbelschleife; sie befolgt nach Fig. 137 das Kosinusgesetz:

$$x = r \cdot \cos \omega t \quad \ldots \ldots \ldots \quad (101)$$

und man erhält Geschwindigkeit und Beschleunigung der Kurbelschleifenschwingung zur Zeit t nach (82) und (85) durch zweimaliges Ableiten zu:

$$v_x = \frac{dx}{dt} = -r\omega \sin \omega t = -\omega \sqrt{r^2 - r^2 \cos \omega t}$$

$$= -\omega \sqrt{r^2 - x^2} \quad \ldots \quad (102)$$

$$b_x = \frac{d^2 x}{dt^2} = -r\omega^2 \cos \omega t = -x\omega^2 \quad \ldots \ldots \quad (103)$$

Solange das Argument $\vartheta = \omega t$ zwischen 0 und π liegt, ist $\sin \omega t$ positiv und damit v_x negativ, d. h. die Kurbelschleife bewegt sich im Sinne der abnehmenden x, d. h. in Fig. 137 von rechts nach links; von $\omega t = \pi$ bis 2π ist das entgegengesetzte der Fall; zu den Argumenten $0, \pi, 2\pi$ gehören Umkehrpunkte der Schwingungsbewegung, die Totlagen der Antriebkurbel. In diesen ist die Geschwindigkeit der Schwingung Null, während sie in der Mittellage am größten ist, nämlich $r\omega$; sie stimmt im letzten Falle mit der Umfangsgeschwindigkeit des Kurbelzapfens überein. Trägt man die Geschwindigkeiten v_x in den zugehörigen Wegpunkten x als senkrechte Ordinaten auf, so findet man als Weg-Geschwindigkeits-Kurve der Schwingung eine Ellipse; denn die Gleichung für v_x liefert umgeformt $\left(\frac{v_x}{r\omega}\right)^2 + \left(\frac{x}{r}\right)^2 = 1$, d. i. die Gleichung einer Ellipse mit Halbachsen $r\omega$ und r (Fig. 138).

Von besonderem Interesse ist das Verhalten der Beschleunigung, das die einfachste Schwingungsbewegung am kürzesten kennzeichnet. Die Beschleunigung des schwingenden Punktes ist zufolge Gl. (103) dem Abstand von der Mittellage, dem Ausschlag, proportional; sie ist in der Mittellage Null und in den Endlagen am größten, nämlich $r\omega^2$. Sie ist stets gegen die Mittellage, also zentripetal, gerichtet, da zu $\pm x$ ein $\mp b_x$-Wert gehört. Die Weg-Beschleunigungslinie ist eine durch den Mittelpunkt der Schwingung

240 Dynamik des materiellen Punktes. Theoretische Grundlagen.

gehende Gerade, als Bild der Proportionalität zwischen b_x und x (Fig. 138). Als besonders brauchbare Rechnungsgröße erweist sich die Beschleunigung im Abstand 1 von der Mittellage, sie sei kurz als die spezifische Beschleunigung b_1 der einfachen Schwingung bezeichnet, es ist

$$b_1 = \frac{max\, b_x}{r} = \frac{r\omega^2}{r} = \omega^2 \quad \ldots \ldots \quad (104)$$

damit erhält man einen einfachen Ausdruck für die Schwingungsdauer nach Gl. (100)

$$\tau = \frac{2\pi}{\omega} = \frac{2\pi}{\sqrt{\omega^2}} = 2\pi\sqrt{\frac{1}{b_1}} \quad \ldots \ldots \quad (105)$$

Man wird finden, daß eine ganze Reihe von Schwingungsbewegungen, z. B. die einer Masse an einer elastischen Feder, der Unruhe einer Uhr, eines Pendels von der Art der beschriebenen einfachen sinusartigen oder harmonischen Schwingung sind; ihr gemeinsames Merkmal ist, daß die Beschleunigung dem Ausschlag proportional und stets gegen einen Punkt hin gerichtet ist. Man braucht nur die spezifische Beschleunigung b_1 zu ermitteln und kann dann sofort die Schwingungsdauer oder die Frequenz angeben. Beispiele findet man in **284**.

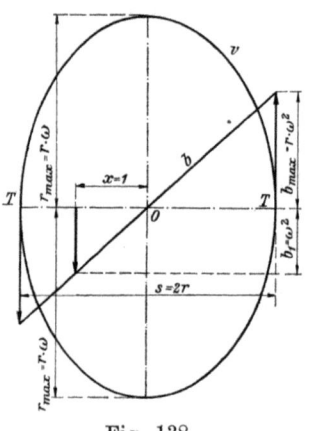

Fig. 138.

Das Weg-Zeit-, Geschwindigkeits-Zeit- und Beschleunigungs-Zeit-Diagramm der Kurbelschleifenbewegung ist in Fig. 139 gezeichnet. Die Cosinus-Welle des Weg-Zeit-Diagramms wird selbsttätig aufgezeichnet, wenn man einen Schreibstift mit der Kurbelschleife hin- und hergehen

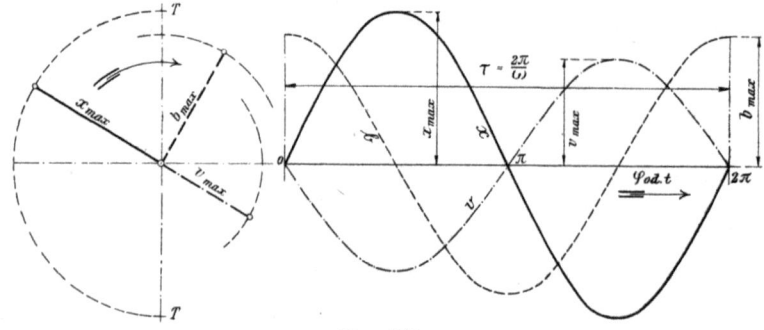

Fig. 139.

§ 18. Kinematische Hilfslehren. 241

läßt und unter ihm senkrecht zur Bewegungsrichtung der Kurbelschleife einen Papierstreifen gleichförmig wegzieht. Dieses Diagramm veranschaulicht sehr gut den zeitlichen Verlauf einer einfachen harmonischen Schwingung; man findet im Bild die Schwingungsdauer oder Periode τ und die Amplitude r.

Beispiel: Ein Schiffsmast macht infolge der Schlingerbewegung des Schiffs 6 Doppelschwingungen in der Minute, der größte Ausschlag beträgt 10^0 nach jeder Seite der Mittellage. Der Drehpunkt der Schwingung liegt 10 m unter Mastspitze. Deren Beschleunigung anzugeben.

Unter der Annahme, daß die Schlingerbewegung eine einfache Sinusschwingung sei, kann sie als Projektion einer gleichförmigen Kreisbewegung, d. h. als Kurbelschleifenbewegung angesehen werden mit $n = 6$ Umläufen in der Minute und einem Radius gleich dem größten Ausschlag der Mastspitze $r = 10 \text{ m} \cdot \sin 10^0 = 10 \cdot 0{,}174 = 1{,}74$ m. Die Winkelgeschwindigkeit der gedachten Antriebkurbel ist $\omega = \dfrac{\pi n}{30} = \pi \cdot \dfrac{6}{30} = 0{,}628$; damit ist die größte Beschleunigung der Mastspitze in den Totlagen der Schlingerbewegung nach obigem:

$$b_{max} = r\omega^2 = 1{,}74 \cdot 0{,}628^2 = 0{,}69 \text{ [m/sek}^2].$$

140. Parallelogramm der Wege, Geschwindigkeiten und Beschleunigungen. Prinzip der Unabhängigkeit (Trennung, Überlagerung). Wir gehen von einigen einfachen Versuchen aus, die uns auf die soeben genannten Sätze hinleiten; sie werden an der Vorrichtung Fig. 140 ausgeführt.

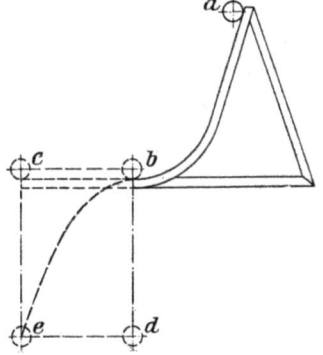

Fig. 140.

1. Man läßt eine kleine Kugel vom Punkt a aus auf einer schiefen, unten horizontal auslaufenden Rinne herab- und auf einer Horizontalen weiterrollen. Nach t sek wird sie in c beobachtet.

2. Man läßt die Kugel in b aus der Ruhelage frei herabfallen und beobachtet die Stelle, wo sie sich nach t sek befindet. Es sei dies Punkt d.

3. Man läßt die Kugel wieder von a aus herabrollen und sich nach Durchlaufen der Rinne in b frei weiterbewegen. Nach t sek beobachtet man sie in e. Man kann jetzt feststellen, daß $bc = de$ und $bd = ce$ ist.

Punkt e findet man demnach aus dem Parallelogramm mit den Seiten bc und bd, die ihrerseits in einfacher Weise gefunden werden, wenn man weiß, wie bc und cd durchlaufen werden; hier offenbar bc gleichförmig mit der in b vorhandenen Horizontalgeschwindigkeit und bd in freiem Fall mit Anfangsgeschwindigkeit Null, gemäß Gl. (95). Die Bewegung längs be erfolgt nach Maßgabe des Beobachteten unter dem gleichzeitigen Einfluß der in b

erlangten Horizontalgeschwindigkeit und der vertikalen Fallbeschleunigung. Die Gesamtwirkung ist die gleiche, wie wenn die beiden Einzelwirkungen gleichzeitig und voneinander unabhängig tätig wären. Die Bewegungen in der Horizontal- nnd Vertikalprojektion spielen sich bei Versuch 3 genau so ab wie bei Versuch 1 und 2.

Man sagt: Die Bewegung längs be sei die Resultierende aus zwei Teilbewegungen; der Weg be die Resultierende aus zwei Teil- oder Seitenwegen, Wegkomponenten genannt. Mit zulässiger Verallgemeinerung darf der Satz vom Wegparallelogramm, wie folgt, ausgesprochen werden:

Der resultierende Weg wird aus den Komponenten mit Hilfe des Parallelogramms gefunden; umgekehrt: Man kann den resultierenden Weg mit Hilfe der Parallelogrammregel in Komponenten zerlegen.

Ebenso wichtig ist das aus den 3 Versuchen sich ergebende Prinzip der Überlagerung oder Trennung, auch Unabhängigkeitsprinzip genannt, das sich als ein allgemeines erweist und überall in Wissenschaft und Technik verwendet wird, wo ein verwickelter Vorgang oder Zustand zu untersuchen ist oder wo das Ergebnis einer großen Anzahl gleichzeitig auftretender Einflüsse angegeben werden soll. Im ersteren Fall trachtet man den Vorgang zu zergliedern und die einzelnen, dabei tätigen Einflüsse zu erkennen, von denen man annehmen darf, daß sie, gleichzeitig und voneinander unabhängig wirkend, die Gesamtwirkung zustande bringen. Man erlangt dadurch den Vorzug, daß man eine Einzelwirkung von der andern losgelöst betrachten kann, womit die Überlegung vereinfacht wird, und die einzelnen Einflüsse hinsichtlich ihres Gewichtes verglichen werden können.

Schließlich ist noch ein wesentlicher Punkt in dem Unabhängigkeits- oder Superpositionsprinzip enthalten: die Gesamtwirkung ergibt sich gleich groß, in welcher Reihenfolge man die Einzelwirkungen vereinigen mag.

Die Überzeugung von der Richtigkeit des Prinzips hat man sich so entstanden zu denken, daß es zuerst an einem einfachen durchsichtigen Fall erkannt worden ist und sich bei Übertragung auf weniger einfache Fälle als richtig bestätigt hat, womit sich das Vertrauen zu seiner weitreichenden Brauchbarkeit immer mehr befestigt. Bei ganz neuartigen Aufgaben empfiehlt es sich, in dem Prinzip nicht mehr als ein Leitmotiv zu sehen, dessen Gültigkeit einer genauen Nachprüfung bedarf.

Der Vergleich des zweiten Versuches mit dem dritten lehrt noch etwas weiteres, was, ohne daß bis jetzt von beschleunigenden Kräften die Rede war, doch sofort verständlich ist. Die Beschleuni-

§ 18. Kinematische Hilfslehren.

gung bei Versuch 2 und 3 schreiben wir dem Einfluß der Schwerkraft zu. Da nun die Bewegung in der Vertikalen bei beiden Versuchen gleich verläuft, einmal ohne, das anderemal mit horizontaler Anfangsgeschwindigkeit, so kann auch ausgesprochen werden: **die beschleunigende Wirkung der Kraft P an einem materiellen Punkt ist von einer etwa anfänglich vorhandenen Geschwindigkeit unabhängig.**

Die Zusammensetzung und Zerlegung von Geschwindigkeiten geschieht wie folgt: Wird einem Körper zu einer bestimmten Zeit gleichzeitig eine Horizontalgeschwindigkeit c_x und eine Vertikalgeschwindigkeit c_y erteilt, so sind die in der denkbar kurzen Zeit dt [sek] horizontal bzw. vertikal zurückgelegten Wege $dx = c_x \cdot dt$ und $dy = c_y \cdot dt$. Den resultierenden Weg ds findet man mit Hilfe des Wegparallelogrammes. Wegen der Kürze von dt ist auch der resultierende Weg denkbar klein, so daß man annehmen darf, auch er werde mit gleichförmiger Geschwindigkeit c durchlaufen und habe die Größe $ds = c \cdot dt$.

Aus dem rechtwinkligen Dreieck dieser Wege folgt $ds^2 = dx^2 + dy^2$:

$$(c \cdot dt)^2 = (c_x \cdot dt)^2 + (c_y \cdot dt)^2$$

oder $\qquad c = \sqrt{c_x^2 + c_y^2}$.

Aus dem in Fig. 141 gezeichneten Wegparallelogramm wird also nach Reduktion aller Seiten im Verhältnis $1 : (dt)^2$ ein dazu ähnliches Parallelogramm der Geschwindigkeit erhalten.

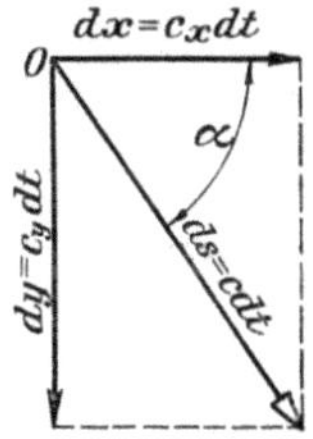

Bilden c_x und c_y einen von 90^0 verschiedenen Winkel, so leitet man das Schlußergebnis leicht mit Hilfe des Kosinussatzes der Trigonometrie selbst ab. Es gilt daher allgemein das Parallelogramm auch für die Zusammensetzung von Geschwindigkeiten: **Geschwindigkeiten können (wie Strecken) nach dem Parallelogrammsatz zu einer Resultierenden vereinigt oder in Komponenten zerlegt werden.**

Fig. 141.

Die Zerlegung von c in eine Horizontal- und eine Vertikalkomponente ergibt, sofern der Winkel zwischen c_x und c mit α bezeichnet wird,

$$c_x = c \cdot \cos \alpha \quad \text{und} \quad c_y = c \cdot \sin \alpha.$$

Da links vom Gleichheitszeichen die Geschwindigkeit des auf eine Achse projizierten bewegten Punktes steht, rechts die Projektion der Geschwindigkeit auf diese Achse, so kann man sagen: **die Geschwindigkeit der Projektion einer Bewegung ist gleich der Projektion der Geschwindigkeit.**

244 Dynamik des materiellen Punktes. Theoretische Grundlagen.

Die Richtung von c fällt der ganzen Darlegung zufolge in die Richtung von ds, d. h. in die Richtung der Bahntangente.

Um die Regel zur Zusammensetzung von **Beschleunigungen** abzuleiten, nehmen wir an, der Körper sei frei beweglich und befinde sich gerade in Ruhe. Es werde ihm gleichzeitig in horizontaler und in vertikaler Richtung eine Beschleunigung b_x und b_y erteilt. Wenn wir die eintretende Bewegung innerhalb der denkbar kurzen Zeit dt sek verfolgen, dürfen wir die Beschleunigung als konstant, die Elementarbewegung in dt sek daher als gleichförmig beschleunigt ansehen. Die Elementarwege in der Horizontalen bzw. Vertikalen sind dann nach Gl. (94): $\boldsymbol{dx} = \frac{1}{2} \cdot b_x (dt)^2$ und $dy = \frac{1}{2} \cdot b_y (dt)^2$. Der tatsächliche Weg ds wird aus dem Wegparallelogramm erhalten, hier nach dem Satz von Pythagoras, wobei die Beschleunigung längs des resultierenden Weges wegen der Kleinheit von dt ebenfalls als konstant angesehen werden darf; es ergibt sich nach Wegheben des gemeinsamen Faktors $\frac{1}{2} \cdot (dt)^2$

$$b = \sqrt{b_x^2 + b_y^2}.$$

Aus dem in Fig. 142 gezeichneten Wegparallelogramm wird also nach Reduktion aller Seiten im Verhältnis $1 : \frac{1}{2} \cdot (dt)^2$ ein dazu

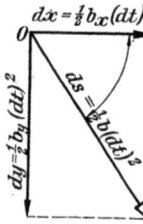

Fig. 142.

ähnliches Parallelogramm der Beschleunigungen; es gilt mit zulässiger Verallgemeinerung: **Beschleunigungen können, wie Strecken, nach der Parallelogrammregel zu einer Resultierenden zusammengesetzt oder in Komponenten zerlegt werden.**

Ferner findet man auf dieselbe Weise, wie das für die Geschwindigkeiten oben gezeigt ist: **Die Beschleunigung in der Projektion einer Bewegung ist gleich der Projektion der Beschleunigung.**

Wir betrachten auch noch den Fall, wo der Punkt, dem die Beschleunigungskomponenten b_x und b_y erteilt sind, nicht in Ruhe ist, sondern schon eine Geschwindigkeit v mit den Komponenten v_x und v_y besitzt und wenden das Prinzip der Überlagerung der Wege an. Unter dem alleinigen Einfluß der Geschwindigkeit v_x und der Beschleunigung b_x legt der Punkt auf der x-Achse in dt sek nach Gl. (91) den Weg $v_x \cdot dt + \frac{1}{2} \cdot b_x (dt)^2$ zurück; unter dem alleinigen Einfluß von v_y und b_y den Weg $v_y \cdot dt + \frac{1}{2} \cdot b_y \cdot (dt)^2$. Diese Teilwege werden nach dem Wegparallelogramm je zu einer Resultierenden $v \cdot dt$ und $\frac{1}{2} b \cdot (dt)^2$ zusammengesetzt. Diese beiden Weganteile liegen im allgemeinen nicht in derselben Richtung; man kann sie unter nochmaliger Benützung des Wegparallelogrammes zu einer Resultierenden ds vereinigen. Vgl. hierzu auch Fig. 159.

§ 18. Kinematische Hilfslehren.

In der Richtung von ds bewegt sich der Punkt tatsächlich, wenn er unter dem Einfluß der Geschwindigkeit $v = \sqrt{v_x^2 + v_y^2}$ und der Beschleunigung $b = \sqrt{b_x^2 + b_y^2}$ steht. ds ist ein denkbar kurzes Stück der wirklichen Bahn des Punktes und fällt in die Richtung der augenblicklichen Bahntangente; die Bahn ist, wenn v und b einen Winkel $\lessgtr 0^0$ oder 180^0 miteinander bilden, eine Kurve. Wir werden auf diese Überlegung zurückkommen, und die Wegkomponente $v \cdot dt$ den Beharrungsweg und $\frac{1}{2} b \, (dt)^2$ die Deviation nennen. Das Parallelogramm mit Seiten $\frac{1}{2} b_x (dt)^2$ und $\frac{1}{2} b_y (dt)^2$ und mit Diagonale $\frac{1}{2} b \cdot (dt)^2$ ist dem Parallelogramm der Beschleunigungen ähnlich.

Wir erkennen schon jetzt, daß eine krummlinige Bewegung durch eine gegen die momentane Geschwindigkeit oder Wegrichtung schief gerichtete Beschleunigung bedingt ist und haben damit das Wesen der krummlinigen Bewegung berührt.

Wir sind in diesem Abschnitt zwanglos auf eine Darstellung der Geschwindigkeiten und Beschleunigungen geführt worden, die wir innerhalb dieses Abschnittes stillschweigend benützt haben, es ist die Darstellung der Geschwindigkeit und Beschleunigung durch eine Strecke oder einen Vektor von bestimmter Länge und Richtung und von bestimmtem Richtungssinn, letzterer ausgedrückt durch einen der Strecke beigegebenen Pfeil. Wir haben die Geschwindigkeits- und Beschleunigungsstrecken nach der Parallelogrammregel zusammengesetzt und zerlegt. Durch die Vektordarstellung haben wir in der Tat die wesentlichen Merkmale der Geschwindigkeit und Beschleunigung eindeutig und geometrisch anschaulich ausgedrückt. Die Länge der Strecke wird um so größer gemacht, je größer die Geschwindigkeit und Beschleunigung ist, zu welchem Zweck man einen Maßstab für beide Größen festlegt. Die Richtung des Geschwindigkeitsvektors ist die augenblickliche Bewegungsrichtung, d. h. die der Bahntangente, und der Sinn dieses Vektors stimmt mit dem augenblicklichen Bewegungssinn überein.

Von der Richtung und dem Sinn der Beschleunigung wird mit der krummlinigen Bewegung zusammen die Rede sein.

Nur so viel sei hier bemerkt, daß eine ungleichförmige Bewegung eines Punktes in einer Geraden nur dann zustande kommen kann, wenn der Beschleunigungsvektor stets mit der Geraden oder mit der Richtung einer anfänglich vorhandenen Geschwindigkeit zusammenfällt. Da bleiben nun hinsichtlich des Richtungssinnes des Beschleunigungsvektors nur zwei Möglichkeiten: entweder fällt der Sinn der Beschleunigung in die schon vorher festgelegte $+s$-Richtung des geraden Weges, oder in die $-s$-Richtung. Dem entspricht auch das $+$- oder $-$-Zeichen der Beschleunigung $b = \dfrac{dv}{dt}$.

246 Dynamik des materiellen Punktes. Theoretische Grundlagen.

Ist b positiv, so weist der Beschleunigungsvektor in die Richtung der zunehmenden s-Werte, bei negativem b in die entgegengesetzte. Das stimmt mit dem auf S. 230 Gesagten überein, ist aber kürzer und faßbarer.

§ 19. Trägheit und Masse. Das dynamische Grundgesetz des materiellen Punktes[1]).

141. Statische und dynamische Kraft. Masse. Dynamisches Grundgesetz. In der Statik haben wir die Kraft als etwas aufgefaßt, was mit dem Muskelsinn wahrnehmbar ist und eine Formänderung eines im Gleichgewicht befindlichen Körpers hervorzubringen sucht. Die von dem Ur-kg-Stück ausgehende Gewichtswirkung wurde als Krafteinheit 1 kg bezeichnet und zwar an einem Erdort, wo die Fallbeschleunigung $g = 9{,}81$ m/sek² ist. Das Gewicht eines Körpers mit einer Federwage gemessen, ist an verschiedenen Stellen der Erde verschieden. Im Gegensatz hierzu pflegt man vom Körper selbst allgemein zu sagen, er habe überall die gleiche „Masse" oder „Stoffmenge". Sie wird im täglichen Verkehr mit der Hebelwage gemessen, deren Angaben im Gegensatz zu denen der Federwage überall die gleichen sind. Aus der Eichung einer Federwage mit Hilfe gleicher Gewichtsstücke geht sodann hervor, daß das Gewicht der Masse der Gewichtstücke proportional gesetzt wird. Näher auf diesen scheinbar einfachen und klaren Massenbegriff einzugehen, war in der Statik kein Bedürfnis. Wir behalten zunächst diese populäre Auffassung der Masse bei, derzufolge in n kg Stücken oder in einer nach Maßgabe einer Wägung äquivalenten Stoffmenge eine n-fache Masse enthalten ist, suchen aber ihren Sinn genauer festzulegen. Mit der „Masse" hat man, abgesehen vom Einkauf von Waren, erst in der Dynamik zu tun. Ein schwerer, an einem Seil hängender Körper kann durch eine ganz kleine Kraft in langsame Bewegung gesetzt werden; sucht man ihn aber schnell, d. h. in kurzer Zeit in rasche Bewegung zu setzen, so fühlt man einen größeren Widerstand, den man der

---

[1]) Vor dem Nachfolgenden ist das in 7 über das Trägheitsgesetz des materiellen Punktes Gesagte zu lesen. Das Trägheitsgesetz kann auch wie folgt ausgesprochen werden: Ein materieller Punkt verharrt, sich selbst überlassen (oder: soviel an ihm liegt, oder: wenn alle andern Körper weggedacht werden) in Ruhe oder in geradlinig gleichförmiger Bewegung. Abänderungen der letzteren sind erfahrungsgemäß stets auf die von außen her erfolgende Einwirkung anderer Körper zufolge ihrer Lage, Entfernung oder Geschwindigkeit zurückführbar. Jeder den Beharrungszustand ändernde Einfluß wird dynamische Kraft genannt. Die Definition derselben hängt also aufs engste mit dem Trägheitsgesetz zusammen. — Entgegengesetzt gleiche Kräfte ändern den Beharrungszustand eines materiellen Punktes nicht.

§ 19. Trägheit und Masse. Das dynamische Grundgesetz.

Masse des Körpers zuschreibt und Trägheit des Körpers nennt. Ähnliches wird wahrgenommen, wenn ein Eisenbahnwagen auf wagrechtem Gleis oder ein leicht drehbar gelagertes großes Schwungrad um seine Drehachse in Bewegung gesetzt werden soll. Umgekehrt vermag ein leichtes, aber mit großer Geschwindigkeit bewegtes Geschoß, wenn es beim Auftreffen plötzlich zur Ruhe kommt, eine große Druckwirkung auszuüben. Die Größe all dieser und anderer Massenwirkungen, d. h. der Kräfte, die man braucht, um eine Masse in Bewegung zu setzen, bzw. die eine Masse äußert, wenn ihre Bewegung vernichtet wird, hängt mit der Intensität der Geschwindigkeitsänderung, mit der Beschleunigung oder Verzögerung zusammen. Denn daß es ohne beschleunigende Kraft keine Geschwindigkeitsänderung gibt, und umgekehrt, ist zugleich mit dem Trägheitsgesetz klar geworden. Wie aber die beschleunigende Kraft mit der Beschleunigung zusammenhängt, erfahren wir aus der Beobachtung. Wir wollen uns dabei bemühen, die Verbindung mit dem bisher benützten statischen Kraftmaß aufrecht zu erhalten; wir legen uns die Frage vor, wie das dynamische Kraftmaß beschaffen sein müsse, wenn es mit dem statischen nicht im Widerspruch stehen soll.

Um nur das Wesentliche hervortreten zu lassen, gehen wir von einem vereinfachten Fall aus, in dem ein Körper lediglich unter dem Einfluß der Spannkraft eines stets gleich gedehnten elastischen Fadens steht. Diese Spannkraft können wir statisch durch die Fadendehnung messen. Wie wir wissen, tritt eine Beschleunigung ein; welches ist aber die Beschleunigung, wenn jene Spannkraft verdoppelt wird? Wird die Beschleunigung dann auch verdoppelt oder wächst sie nach einer andern Funktion? Man könnte wohl eine Annahme hierüber machen — etwa zunächst die denkbar einfachste — und hernach prüfen, ob man nicht mit den Tatsachen in Widerspruch gerät. Es liegt jedoch näher, gleich den Versuch heranzuziehen und die Festsetzungen in Übereinstimmung mit den beobachteten Tatsachen zu treffen. Zur Vornahme der Versuche ist die Zentrifugalmaschine am besten geeignet; da aber die Begriffe Zentripetal- und Zentrifugalkraft erst später erörtert werden sollen, benützen wir die Atwoodsche Fallmaschine, an der mit verschiedenen beschleunigenden Kräften P (d. h. Übergewichten) und mit verschiedenen Massen m experimentiert und die Beschleunigung b beobachtet wird. Bezüglich der Einzelheiten der Versuchsausführung, besonders der Messung der Beschleunigung, wird auf die Physik verwiesen. Wenn wir jetzt nach dem Zusammenhang zwischen Kraft, Masse und Beschleunigung (gemessen bzw. mit Federwage, Hebelwage, Längenmaß und Uhr) fragen, so ist die

248 Dynamik des materiellen Punktes. Theoretische Grundlagen.

Kraft und die Beschleunigung von früher her bekannt, während die Masse als das verhältnismäßig Unbekannte erscheint, und wie sich zeigen wird, einen wesentlich neuen, erweiterten begrifflichen Inhalt bekommt.

Wir werden sehen, ob die bisher benützte Ausdrucksweise, derzufolge die auf der Hebelwage verglichene Masse der Kraft proportional gesetzt wurde, mit den jetzt zu betrachtenden Versuchen über Beschleunigung verträglich ist.

Zunächst besteht, wenn an den beiden Schnüren der Fallmaschine gleiche Gewichtsstücke hängen, kein Anlaß zu einer Beschleunigung: keine Beschleunigung, keine beschleunigende Kraft, in Übereinstimmung mit dem Trägheitsgesetz (Fig. 143 I).

Läßt man dagegen ein kg-Stück frei fallen, so wirkt auf die in ihm steckende Masse die konstante Kraft 1 kg beschleunigend

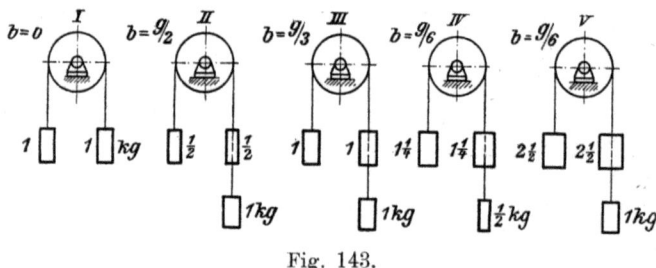

Fig. 143.

und erteilt ihm zufolge den Beobachtungen über den freien Fall eine konstante Beschleunigung von g [m/sek^2]. Läßt man 2 miteinander verbundene Gewichtsstücke von je 1 kg frei fallen, so wirkt auf diese eine konstante Kraft 2 kg beschleunigend und erteilt ihnen — wenigstens im luftleeren Raum — die gleiche Beschleunigung g [m/sek^2]. Wenn also die auf der Wage verglichene „Masse" oben der statischen deformierenden Kraft proportional gesetzt wurde, und wenn sie sich jetzt der beschleunigenden Kraft proportional erweist, so stehen die Auffassungen mit den Tatsachen im Einklang. Das wird auch durch einen Versuch mit der Fallmaschine bestätigt, bei der die Beschleunigung durchaus nicht die spezielle Beschleunigung $g = 9{,}81$ des freien Falles zu sein braucht. Belastet man die Fallmaschine gemäß Fig. 143 II, so stellt sich eine gewisse Beschleunigung ein. Wird nun das beschleunigende Übergewicht und die beschleunigten Massen verdoppelt oder ver-n-facht, so findet man stets die gleiche Beschleunigung. **Bei gleicher Beschleunigung ist also die bewegte Masse der beschleunigenden Kraft proportional.**

§ 19. Trägheit und Masse. Das dynamische Grundgesetz.

Wir vergleichen jetzt den freien Fall von 1 kg mit der Sachlage von Fig. 143 II, wo die beschleunigende Kraft, wie beim freien Fall, 1 kg ist, aber auf eine in $\frac{1}{2} + \frac{1}{2} + 1 = 2$ kg-Stücken steckende doppelt so große Masse einwirkt; an der Fallmaschine wird hierbei eine halb so große, ebenfalls konstante Beschleunigung $(g/2)$ beobachtet. Man bestätigt dies durch Versuch III, bei dem die gleiche beschleunigende Kraft 1 kg auf die in $1 + 1 + 1 = 3$ kg steckende Masse wirkt und die Beschleunigung $g/3$ hervorruft. **Es ist also bei gleichen beschleunigenden Kräften die Beschleunigung den Massen umgekehrt proportional.**

Man läßt nun bei Versuch IV den bewegten Massen ihre vorige Größe, verteilt sie aber so, daß die beschleunigende Kraft geändert wird und z. B. die Häfte ihres vorigen Wertes hat, also $^1/_2$ kg; dann beobachtet mann eine auf die Hälfte verminderte Beschleunigung $g/6$. Weiter in der gleichen Richtung vorgenommene Änderungen bestätigen, **daß gleichen Massen durch verschiedene beschleunigende Kräfte proportionale Beschleunigungen erteilt werden** (Fig. 143 V).

Bildet man bei allen Versuchen den Quotienten aus Kraft durch Masse mal Beschleunigung, so ergibt sich ein unveränderlicher Wert, der c genannt sei, so daß ist:

$$P = c \cdot m \cdot b.$$

Um die Konstante c zu bestimmen, wenden wir diese Beziehung auf den freien Fall an, bei dem das Gewicht $P = G$ als konstante beschleunigende Kraft an der Masse des Gewichtes wirkt und ihr im leeren Raum die konstante Beschleunigung g erteilt, womit:

$$G = c \cdot m \cdot g.$$

Über die Maßeinheiten von G und b bzw. g ist schon verfügt, sie werden in [kg] und [m/sek²] gemessen; die Wahl der Masseneinheit steht dagegen noch vollständig frei; sie wird so getroffen, daß die Konstante $c = 1$ wird, d. h. man nennt die Masse Eins, die in g kg-Stücken steckt; dann nimmt das sog. **dynamische Grundgesetz** die einfache Form an:

$$P = m \cdot b \quad \ldots \ldots \ldots (106)$$

Beschleunigende Kraft = Masse mal Beschleunigung.

Das Trägheitsgesetz bildet einen besonderen Fall des dynamischen Grundgesetzes: Ohne Kraft keine Beschleunigung, sondern eine geradlinige gleichförmige Bewegung.

Die Masse selbst ist aus der Beziehung $G = m \cdot g$ zu bestimmen, beträgt also

250 Dynamik des materiellen Punktes. Theoretische Grundlagen.

$$m = \frac{G}{g} \qquad \ldots \ldots \ldots (107)$$

m wird gleich Eins, wenn $G = g$, d. h. die **technische Massen-einheit** ist in g-kg-Stücken enthalten. Sie führt keinen besonderen Namen. Die Maßzahl der Masse ist nach Gl. (107) [kg : m/sek²] = [kgsek²/m]. Die Masse erscheint also durch die Einheiten der von früher her bekannten Kraft und der Beschleunigung bestimmt.

Wir können nun die **Bedeutung** des im vorangehenden noch unbestimmten **Massenbegriffes** festlegen. Wir fragen nämlich nach der Kraft, die einer Masse m die Beschleunigung 1 erteilt und erhalten mit $b = 1$ aus (106) $P = m$, d. h. **die Masse ist diejenige der Materie eigentümliche Zahl, die angibt, welche Kraft nötig ist, um einem Körper die Beschleunigung 1 zu erteilen.** Die Masse ist also eine Eigenschaft der Materie, wie die Elastizität, Härte, Wärmeleitfähigkeit u. a., kurz die dynamische Eigenschaft der Materie, deren Kennziffer die sog. **spezifische Masse** μ, d. h. die Masse der Volumeinheit ist. Setzen wir nämlich nach **36** $G = \gamma \cdot V$, so wird

$$m = \frac{G}{g} = \frac{\gamma}{g} V = \mu \cdot V,$$

worin eben μ die Masse der Volumeinheit oder die „Dichte" bedeutet. μ ist dann die dynamische Stoffkonstante. Wir sprachen oben auch von der Trägheit eines materiellen Körpers. In der „Masse" besitzen wir einen Maßstab für die Trägheit.

Wie man nun einsieht, ist, sobald eine der beiden Größen Masse und Kraft als das von Anfang an Bekannte gegeben ist, die andere nach dem dynamischen Grundgesetz eindeutig bestimmt, also entweder die Masse als das konstante Verhältnis der Kraft zur Beschleunigung, oder die Kraft als das Produkt aus Masse mal Beschleunigung.

Wir können Kraft und Masse als zwei Benennungen ansehen, die man gebraucht, wenn man von der Wirklichkeit, d. h. der Wirkung eines Körpers auf einen andern, des Stoffes auf den Stoff spricht. Streng genommen kommt man mit einem der beiden Begriffe aus, da ja der andere durch das dynamische Grundgesetz mitbestimmt ist. Davon kann man bei einer wissenschaftlichen Darstellung Gebrauch machen, in der man darauf ausgeht, alles Überflüssige wegzulassen. So hat Hertz die Kraft als etwas Übersinnliches bezeichnet, für das in der Mechanik kein Platz ist. Man kann aber die beiden Begriffe auch nebeneinander benützen, weil es so bequem ist und meines Erachtens nichts schadet. Besonders der Ingenieur, der an seinen Maschinen und Bauten immer mit Kräften zu tun hat, ist mit dem Kraftbegriff so sehr verwachsen, daß er ihn nicht wird missen wollen, auch wenn man ihn überzeugte, daß ihm eigentlich nur Formänderungen, Massen, Beschleunigungen entgegentreten.

§ 19. Trägheit und Masse. Das dynamische Grundgesetz. 251

Kehren wir noch einmal zu unserem Beispiel von der Masse zurück, die mit einem stets gleich stark gedehnten Faden beschleunigt wird. Wir können jetzt auf die Frage antworten, was geschieht, wenn man die Fadendehnung, also die statisch meßbare Kraft, die aber jetzt beschleunigend wirkt, verdoppelt: Es wird auch die Beschleunigung verdoppelt. Den „gedehnten Faden" unseres vereinfachten Beispieles kann man bei den Versuchen mit der Fallmaschine nicht deutlich herausfinden; das gelingt vollkommen, wenn man die Beschleunigungsversuche mit der Zentrifugalmaschine in der von Perry angegebenen Form vornimmt, die man auf statische Art durch Anhängen von Gewichten eichen kann. Hierauf sei nachdrücklich hingewiesen, schon deshalb, weil man daraus sieht, daß die Eigenschaft „Masse" sich nicht nur bei einer geradlinigen Beschleunigung und Verzögerung äußert, sondern auch bei einer Ablenkung aus der geraden Bahn, und nicht nur gegenüber der Schwere oder der allgemeinen Massenanziehung, sondern gegenüber Kräften beliebiger Herkunft.

Bei den oben angestellten Erörterungen der Versuche an der Atwoodschen Fallmaschine haben wir die Intensität der Übergewichte durch eine Federwage auf statische Art bestimmt gedacht, und haben dann gefunden, daß man die Intensität derselben Kraft, wenn sie eine Beschleunigung hervorruft, durch das Produkt $m \cdot b$ zu messen habe. Damit ist der Zusammenhang zwischen der statischen Kraftmessung mit der Federwage und der dynamischen mit dem Produkt $m \cdot b$ klargelegt.

Wir erkennen dem Gesagten zufolge in der Masse eines bestimmten Körpers nicht nur etwas, was bei Wägungen mit der üblichen Hebelwage überall konstant ist, sondern auch etwas, was bei allerlei Beschleunigungsvorgängen konstant bleibt. Der Inhalt des Wortes Masse ist also durch die Betrachtung der dynamischen Vorgänge wesentlich vermehrt worden. Wenn man die Masse im ersten Sinne schon den Attraktionskoeffizienten der Materie genannt hat, im zweiten den Trägheitskoeffizienten, so haben beide dem Gesagten zufolge den gleichen Wert.

Schließlich noch ein Wort zur Massenvergleichung mit Hilfe der üblichen gleicharmigen Wage. Eigentlich zeigt die einspielende Wage ein Momentengleichgewicht an und weiterhin wegen der Gleichheit der Waghebel die Gleichheit der Gewichte, d. h. der Kräfte $G_1 = G_2$. Indem man sodann $G_1 = m_1 \cdot g$ und $G_2 = m_2 \cdot g$ setzt, folgt $m_1 = m_2$, d. h. es werden mit der Wage sowohl Massen als Kräfte verglichen. Stellt man sich nun vor, die Waghebel der gleicharmigen Wage (der Einfachheit halber sei von ihrer Masse und ihrem Gewicht abgesehen) werden im gleichen

252 Dynamik des materiellen Punktes. Theoretische Grundlagen.

Verhältnis so lange vergrößert, bis die Erdanziehung auf die beiden gleich großen Gewichtstücke merklich verschieden wird, dann kommt die Wage aus dem Gleichgewicht, weil zwar die Massen gleich geblieben sind, die Kräfte dagegen sich geändert haben. Demnach dient die Wage in erster Linie zum Vergleich von Kräften und erst in zweiter Linie zur Massenvergleichung, letzteres allerdings immer bei der gebräuchlichen Größe der Wage. Dabei kann man aber fragen, ob es zulässig sei, $G = m \cdot g$ auch dann zu setzen, wenn die Beschleunigung g gar nicht auftritt, was der Fall ist, wenn die Wage ohne Schwingungen zu machen einspielt. Ohne eine logische Begründung zu versuchen, kann man die Berechtigung zu diesem Vorgehen daraus ableiten, daß die Beziehung $G = m \cdot g$ experimentell nachgewiesen ist. (Experimente und merkwürdige Abweichungen s. Enzykl. d. math. Wiss. Bd. V, Physik, S. 19 und 42.) Ein und dasselbe Gewichtstück übt nämlich an verschiedenen Stellen der Erde verschiedene Züge an einer Federwage aus, anderseits wird nach Schwingungsversuchen mit Pendeln g ebenfalls verschieden gefunden, derart, daß der Quotient G/g für eine und dieselbe Stoffmenge konstant ist.

Der Studierende sei hier auf die von E. Mach in seiner „Mechanik in ihrer Entwicklung" aufgestellte Definition der Masse und den sich daraus ergebenden Kraftbegriff und das Gegenwirkungsprinzip aufmerksam gemacht.

§ 20. Maßeinheiten und -systeme.

142. Fundamentale und abgeleitete Einheiten. Maschinen- und Bauingenieure sind zurzeit gewöhnt, als fundamentale Maße der Mechanik die Länge, die Zeit und die Kraft zu benützen und alle übrigen Maße durch diese auszudrücken. Weshalb gerade diese drei Maße in der technischen Mechanik bevorzugt werden, erklärt sich daraus, daß man einen mechanischen Vorgang nur durch Angaben über Raum und Zeit beschreiben kann, und daß, wo es sich in der Technik um die mechanischen Wirkungen der bewegten oder ruhenden Körper aufeinander handelt, dem Ingenieur zuerst die Frage entgegentritt, welche Kraft z. B. aus Festigkeitsrücksichten ertragen oder welche Kraft fortgeleitet werden kann, wobei die Kraft überdies durch den Muskelsinn unmittelbar wahrgenommen werden kann.

Welche Einheiten im einzelnen gewählt werden, ob z. B. als Längeneinheit 1 m, 1 mm, 1 km oder A.; als Zeiteinheit 1 sek, 1 std; als Krafteinheit 1 kg oder 1 t gebraucht wird, hängt von besonderen praktischen Rücksichten und Gewohnheiten ab. Es mag indes dahingestellt sein, welche Einheit benützt wird; hier ist

§ 20. Maßeinheiten und -systeme.   253

zunächst der Zusammenhang der drei Grundmaße mit den übrigen zu erörtern. Die drei Grundeinheiten der Länge, Zeit und Kraft seien mit l, t, k bezeichnet; eine Fläche ist dann in $[l^2]$, ein Rauminhalt in $[l^3]$, eine Geschwindigkeit $v = ds/dt$ in $[lt^{-1}]$, eine Beschleunigung $b = dv/dt$ in $[lt^{-2}]$, eine Masse $m = P/b$ in $[k \cdot t^2 l^{-1}]$, ein statisches Moment einer Kraft in $[kl]$, ein Massenträgheitsmoment Σdmr^2 in $[kt^2l]$, das Gewicht der Volumeinheit in $[kl^{-3}]$, eine Arbeit in $[kl]$, eine Leistung in $[klt^{-1}]$ auszudrücken; es sind also alle diese sog. abgeleiteten Maße der Mechanik auf die drei Grundmaße l, t, k zurückführbar. Man nennt die eingeklammerten Maßbezeichnungen die Dimensionen der betreffenden Größen.

Diese ganz geordnete Ausdrucksweise bildet ein sog. Maßsystem, und zwar das eben angeführte, das technische Maßsystem, weil es in technischen Kreisen gebraucht wird. Die Bezeichnungsweise $[lt^{-1}]$ für eine Geschwindigkeit drückt deutlich aus, daß man dem Geschwindigkeitsbegriff zufolge eine Anzahl Längeneinheiten l durch die zugehörigen Zeiteinheiten t zu dividieren hat, um die Maßzahl der Geschwindigkeit zu erhalten. Der Nutzen der Dimensionsbezeichnungen ist ein doppelter: einmal kann man von gegebenen Einheiten leicht auf andere übergehen, und dann kann man die Dimensionsbezeichnungen zur Prüfung von Gleichungen auf ihre Richtigkeit brauchen.

Einige Beispiele für das zuerst Gesagte: Eine Fahrgeschwindigkeit von 30 Knoten in der Stunde soll in [m/sek] verwandelt werden. Wir bezeichnen die alten Einheiten mit ktl und die neuen mit $k_1 t_1 l_1$. Da 1 [Kn] = 1,852 [km] = 1852 [m], so sind l [Kn] = $1852\,l = l_1$ [m] und t [Std] = $60 \cdot 60 \cdot t = 3600\,t$ [sek]; also ist die Geschwindigkeit in neuen Einheiten $l_1 t_1^{-1} = 1852 \cdot l / 3600 \cdot t = 0,515\, lt^{-1}$ [m/sek], wobei unter lt^{-1} die Zahl der alten Einheiten, z. B. 30 zu verstehen sind; 30 Kn = $0,515 \cdot 30 = 15,43$ [m/sek]; ebenso ist, wenn 1 [km/std] in [m/sek] zu verwandeln ist, $l_1 = 1000\,l$ und $t_1 = 3600\,t$; also $l_1 t_1^{-1} = 1000/3600\,lt^{-1} = (1/3,6)\,lt^{-1}$, also z. B. 72 [km/std] = $72/3,6 = 20$ [m/sek]. Wäre fernerhin eine Pressung [kg/qcm] in englisches Maß ($℔/\square''$ = Pfund aufs Quadratzoll) zu verwandeln, so wäre $l_1^2 = 0,1550\,l^2$ und $k_1 = 2,2205\,k$, also $k_1 l_1^{-2} = 2,205/0,1550\,kl^{-2} = 14,22\,kl^{-2}$; daher 1 [kg/qcm] = $14,22\,[℔/\square'']$. Man ist bei diesen Umrechnungen zwar auf neue Maßeinheiten übergegangen, aber im gleichen Maßsystem ltk geblieben, nämlich im technischen.

Allgemein:
Ist 1 alte Einheit von k gleich a neuen Einheiten,
„ 1   „   „ l „ b „   „
„ 1   „   „ t „ c „   „
so sind k bzw. l bzw. t alte Einheiten, in neuen Einheiten ausgedrückt:
$$k_1 = ak; \quad l_1 = bl; \quad t_1 = ct.$$

254   Dynamik des materiellen Punktes. Theoretische Grundlagen.

In zweiter Linie kann man, wie gesagt, die Dimensionsbezeichnung zur Prüfung von Gleichungen auf ihre Richtigkeit brauchen. In einer Gleichung stehen rechts und links vom Gleichheitszeichen nicht nur gleiche Zahlgrößen mit gleichen Vorzeichen, sondern auch gleiche Maßgrößen oder Dimensionen, z. B. beiderseits l oder kg usf. Beide Seiten einer Gleichung müssen gleichartig oder homogen in den Dimensionen sein. In der Gleichung des Flächensatzes (Satz vom Drehimpuls)

$$M = \frac{d(mvr)}{dt}$$

steht links die Dimension kl, rechts $k \cdot l^{-1} \cdot t^2 \cdot l \cdot t^{-1} \cdot l \cdot t^{-1} = kl$, wie zu verlangen ist. Das Nachprüfen auf die Gleichheit der Dimensionen führt bei größeren Rechnungen gelegentlich zur Auffindung der Stelle, wo ein Fehler gemacht wurde.

Verhältniszahlen entstehen durch Division zweier Größen von gleicher Dimension, z. B. ein Winkel im Bogenmaß durch Division einer Bogenlänge [cm] mit dem Radius [cm]. Die Dimension des Winkels im Bogenmaß $l \cdot l^{-1} = 1$; man nennt solche Größen **dimensionslos**, weil sie keine Dimensionsbezeichnung erhalten.

143. Technisches und absolutes Maßsystem. Die technische Krafteinheit ist die Kraft, mit der ein kg-Stück von der Erde angezogen wird; diese Kraft ist bekanntlich von der Lage des Erdortes abhängig, wenn auch nicht stark. Grundsätzlich ist jedoch das kg als Krafteinheit nur dann eindeutig festgelegt, wenn ein bestimmter Erdort oder besser gesagt ein Ort mit einem bestimmten g vereinbart wird. Dort wird dann ein kg-Stück mit der technischen Krafteinheit 1 kg angezogen. Auch die in g kg steckende technische Masseneinheit ist vom Wert g und daher vom Erdort abhängig.

Die Angabe eines Erdortes ist bei der Vereinbarung der Längen- und Zeiteinheit nicht nötig; gegen diese werden auch keine Einwände erhoben. Nimmt man hinzu, daß g vielleicht zeitlichen Änderungen unterliegt, so kann die Frage aufgeworfen werden, ob man von den drei technischen Grundeinheiten l, t, k die Kraft nicht durch ein anderes vom Erdort unabhängiges Maß ersetzen soll. Als dieses dritte Grundmaß ist von Gauß die Masse vorgeschlagen. Die Einheit der Masse ist nach diesem Vorschlag in dem in Paris aufbewahrten Ur-Kilogramm enthalten und kann von diesem kopiert werden. Reproduzierfähig ist diese Masseneinheit vermöge der Definition, daß sie auch enthalten sei in 1 cbdm Wasser ($= 1$ l) von 4^0 C, allerdings bietet die genaue Volumbestimmung dem Physiker Schwierigkeiten. Die Grundeinheiten des sog. absoluten Maßsystems sind also Länge, Zeit, Masse [l, t, m]. Absolut soll hierbei nichts anderes heißen als von der geographischen Lage unabhängig. Der Hauptunterschied beider Maßsysteme liegt darin, daß im technischen Maßsystem die Kraft die fundamentale, die Masse dagegen die abgeleitete Maßgröße ist; im absoluten ist das Umgekehrte der Fall. Das in beiden Maßsystemen vorkommende kg bedeutet im technischen System eine Kraft, — das Kraft-kg oder kg-Gewicht —, im absoluten eine Masse, — die kg-Masse —.

Welche Einheiten von l, t, m vereinbart werden, ist für die Unterscheidung zwischen technischem und absolutem Maßsystem gleichgültig. Die Physiker haben sich für cm, gr, sek entschieden. Für die Techniker empfehlen sich größere Einheiten, und zwar, wie auch Lehmann vorschlägt, am besten das Meter, die Sekunde und das Kilogramm (Masse). Die **absolute Krafteinheit** ist damit festgelegt als die Kraft, die der Masse 1 [kg] die Beschleunigung 1 [m/sek²] erteilt; sie sei nach Lehmann als **Dezi-Megadyne** [D.M.Dyne] bezeichnet, wobei 1 [D.M.Dyne] = 1 Zehntel Megadyne = $^1/_{10}$ von 1 000 000 Dynen = 100 000 Dynen und 1 Dyne die vom Physiker gebrauchte Krafteinheit ist, die der Masse 1 [g] die Beschleunigung 1 [cm/sek²] erteilt. Von der absoluten Krafteinheit 1 [D.M.Dyne] erhält man wie folgt eine anschauliche Vorstellung: 1 kg-Stück, das **1 absolute Masseneinheit** repräsentiert, übt an einer Federwage einen Zug von $P = m \cdot b = 1 \cdot g = g$ [D.M.Dyne] aus; demnach erzeugt $(1/g)$-kg-Stück den Zug von 1 **Dezimegadyne** (vgl. Fig 144a). Diese absolute Krafteinheit muß also der Masse 1 kg die Beschleunigung 1 [m/sek²] erteilen; in der Tat erhält man, wenn an den beiden Schnüren einer Atwoodschen Fallmaschine je $m_1 = [(g-1)/2g]$-kg-Stücke und als Übergewicht $m_2 = 1/g$ kg-Stücke angehängt werden, die Beschleunigung nach **250** zu:

$$b = \frac{m_2}{2 m_1 + m_2} \cdot g = \frac{\frac{1}{g}}{2\frac{g-1}{2g} + \frac{1}{g}} \cdot g = 1 \text{ [m/sek}^2\text{]}.$$

Die **absolute Arbeitseinheit** wird verrichtet, Fig. 144b, wenn die absolute Krafteinheit 1 Dezimegadyne auf dem Weg von 1 m überwunden wird; sie heißt 1 **Joule**, welche Bezeichnung in der Elektrotechnik gebraucht wird. 1 Joule ist $1/g$ Meter-(Kraft-)Kilogramm; 1 mkg = g Joule.

Die **absolute Einheit der Leistung**, Fig. 144b, ist 1 Joule in der Sekunde, genannt 1 **Watt**, und wird entwickelt, wenn $1/g$ kg-Stücke mit 1 [m/sek] Geschwindigkeit gehoben werden; daher ist 1 Watt = $1/g$ [mkg/sek] oder 1 [mkg/sek] = g Watt.

256 Dynamik des materiellen Punktes. Theoretische Grundlagen.

Wegen des Zusammenhanges mit vielgebrauchten Einheiten der Elektrotechnik sei noch folgendes angeführt:

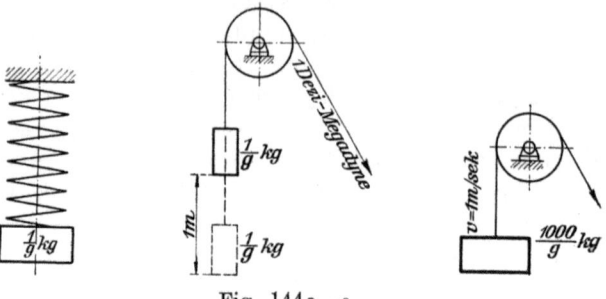

Fig. 144a—c.

1 Kilowatt = 1 kW = 1000 W (s. Fig. 144c),
$$\frac{1000}{g} \text{[mkg/sek]} = \frac{1000}{g} \cdot \frac{1}{75} \text{ PS} = 1{,}36 \text{ PS},$$
1 kW = 1,36 PS = 1 Großpferd [GP][1]
1 PS = 0,736 kW = 0,736 GP, = 102 [mkg/sek]
427 [mkg] äquivalent 1 WE[2] (Kilogramm-Kalorie),
$$1 \text{ Joule} = 1/g \text{ [mkg] äquivalent } \frac{1}{g} \cdot \frac{1}{427} \text{ WE},$$
1 WE äquivalent $427 \cdot g$ Joule,
1 PSstd (Pferdekraftstunde) äquivalent 632 WE,
1 kWstd (Kilowattstunde) äquivalent 860 WE.

§ 21. Grundlehren der Dynamik des materiellen Punktes.

144. Der materielle Punkt. Bewegt sich ein Körper, z. B. ein Schlitten, mit einer daraufsitzenden Person so, daß in einem bestimmten, sonst aber beliebigen Augenblick alle Körperpunkte parallele Bahnen mit gleicher Geschwindigkeit zurücklegen, so braucht man bloß einen dieser Punkte zu betrachten, etwa den Schwerpunkt, in dem die ganze Masse vereinigt gedacht wird. Dieser allein mit Masse begabt gedachte Punkt heißt **materieller Punkt**; er bewegt sich ebenso wie der wirkliche Körper, wenn an ihm alle Kräfte angreifend gedacht werden, die am wirklichen Körper angreifen. Der materielle Punkt braucht also nicht notwendig als unendlich klein vorgestellt zu werden. Bei einer Lokomotive oder der um die Sonne kreisenden Erde trifft das Gesagte

---

[1] Zum Ersatz der alten Pferdestärke vom 1. Januar 1914 ab empfohlen vom Verein Deutscher Ingenieure.

[2] 1 WE = 1 große kg-Kalorie ist die Wärmemenge, durch die 1 kg Wasser von 14,5 auf 15,5° C erwärmt wird.

offenbar nicht mehr zu. Die einzelnen Punkte beschreiben nicht alle parallele Bahnen mit gemeinsamer Geschwindigkeit. Aber in der Hauptsache tun sie das doch, wenn man von der Drehung der Räder, der eigenartigen Bewegung der Schubstange, der Achsendrehung der Erde absieht. Wenn das zulässig ist und wenn nicht, wird man bei weiterem Eindringen in die Mechanik lernen. Vorerst muß man darauf vertrauen, daß man ein gewisses Gefühl dafür hat, unter welchen Umständen man ein bewegtes Gebilde einfach als einen materiellen Punkt auffassen darf. Der materielle Punkt ist eine Abstraktion, unternommen zur Vereinfachung der Beurteilung. Der Schwerpunktssatz wird wesentlich zur Klärung beitragen, unter welchen Umständen man die Annahme eines materiellen Punktes machen darf. Gegenüber dem materiellen Punkt unterscheidet man den **materiellen Körper** (z. B. Schubstange, Kreisel), bei dem außer einer fortschreitenden Bewegung die Drehung wesentlich in Betracht kommt, und ferner das **materielle System** (Lokomotive, Glocke mit Klöppel, Kreisel mit beweglichem Rahmen im Schiff, Planetensystem, Regulator und Kraftmaschine).

145. Kräfteparallelogramm. Beschleunigungen dürfen zufolge **140** wie Strecken nach der Parallelogrammregel zu einer Resultierenden zusammengesetzt und in Komponenten zerlegt werden. Das wurde dort auf Grund des Weg- und Geschwindigkeitsparallelogrammes bewiesen. Multipliziert man nun die Seiten und die Diagonale eines Beschleunigungsparallelogrammes mit einem konstanten Faktor m, nämlich mit der zu beschleunigenden Masse, so entsteht ein dem ersten ähnliches Parallelogramm mit $m \cdot b$ als Seiten. Das sind nach dem dynamischen Grundgesetz die zu den Beschleunigungen gehörigen beschleunigenden Kräfte, die somit auch nach der Parallelogrammregel zusammengesetzt und zerlegt werden dürfen. Der früher als Axiom eingeführte Satz vom Kräfteparallelogramm ist nunmehr mit Hilfe des Parallelogrammes der Beschleunigungen und des dynamischen Grundgesetzes bewiesen. Nach den Bemerkungen in **141** gilt der Satz sowohl für dynamische wie statische Kräfte.

In der Statik wurde manchmal die Wendung benützt, eine Kraft ersetze eine Anzahl anderer Kräfte in ihrer Wirkung auf das Gleichgewicht oder den Bewegungszustand. Was unter der Wirkung auf den Bewegungszustand genau zu verstehen ist, erhellt jetzt aus dem Satz vom Kräfteparallelogramm. Eine beliebige Anzahl von Kräften, die an einem materiellen Punkt angreifen, erteilt diesem die gleiche Beschleunigung wie die Resultante dieser Kräfte.

Wir erinnern uns dann noch an das in der Parallelogrammregel enthaltene Unabhängigkeitsprinzip. Nach diesem darf man die Wirkung einer Kraftkomponente von den übrigen getrennt verfolgen und ihre Teilwirkung ist die gleiche, wie wenn die andern Kraftkomponenten gar nicht da wären, ebensowenig eine etwa anfänglich vorhandene Geschwindigkeit (vgl. S. 243).

146. Dynamische Kraft oder Beschleunigungskraft. Trägheitswiderstand der Masse. Prinzip von D'Alembert. Wenn wir einen Schwungball fortschleudern, so üben wir mit der Hand eine beschleunigende Kraft auf ihn aus, deren Größe nach dem dynamischen Grundgesetz durch das Produkt der Masse des Balles und seiner Beschleunigung gemessen wird. Man drückt die gleiche Tatsache nur mit anderen Worten und von entgegengesetztem Standpunkt gesehen aus, wenn man sagt, der Schwungball setze der Hand einen Widerstand gegen die Beschleunigung entgegen; auch diesen Widerstand, den sog. Trägheitswiderstand der Masse, müssen wir durch das Produkt $m \cdot b$ messen, und wir sagen, der Widerstand sei der beschleunigenden Kraft gleich und entgegengesetzt. Denn es kann auch der Stärkste keine Kraft ausüben, wo er auf keine Gegenkraft trifft[1]), und er kann immer nur gerade so viel Kraft anwenden, als er Gegenkraft findet. In dem Satz: die Kraft sei gleich der Gegenkraft, liegt auch gar keine Erkenntnis, sondern ein Sprachgebrauch.

Wenn also einmal gesagt wird, ein Körper übe auf einen zweiten eine beschleunigende Kraft $m \cdot b$ aus, und das anderemal: der zweite reagiere auf den ersten mit dem Trägheitswiderstand $m \cdot b$, so wird die gleiche Sache doppelt benannt, was im Grunde genommen überflüssig ist; es handelt sich um die zwischen beiden Körpern tatsächlich wirkende Kraft und Gegenkraft; es erscheint zweckmäßig, hierbei das oben gebrauchte Wort Widerstand zu vermeiden und lediglich von einer (dynamischen) Gegenkraft zu sprechen, das Wort Widerstand aber nur im Zusammenhang mit einer Gleichgewichtsbedingung zu verwenden.

---

[1]) Das Gegenwirkungsprinzip enthält eine Aussage über die Kraftübertragung von einem Körper auf einen andern, oder, in einem und demselben Körper, von einer durch eine Trennungsebene erzeugten Schnittfläche auf die andere. Die übertragene Kraft kann man sich durch eine eingeschaltete Zug- oder Druckfeder gemessen denken.

Von der Kraftwirkung zwischen zwei Körpern bzw. von der Fortleitung einer Kraft durch eine gedachte Schnittfläche eines Körpers ist das Gleichgewicht der Kräfte an einem und demselben Körper, sei es an einem im Beharrungszustand befindlichen Körper zwischen Lasten und Widerständen, sei es an einem (nach Größe und Richtung) beschleunigten Körper zwischen Effektivkräften 147 und fingierten Kräften (Trägheitswiderständen). Dieser Unterschied ist in 5 nicht deutlich zum Ausdruck gebracht worden.

Die Bezeichnung Trägheitswiderstand ist in 146, wie auch sonst in der Literatur, in zweierlei Sinn gebraucht, was wohl zu beachten ist. Man sollte aber so nur die fingierte D'Alembertsche Gleichgewichtskraft nennen.

§ 20. Maßeinheiten und -systeme.

Bisher haben wir zwei Körper betrachtet, jetzt betrachten wir den einen materiellen Punkt (Schwungball) für sich, von der Hand „frei gemacht". Um den bestehenden Zustand nicht zu ändern, ist die von außen auf den materiellen Punkt ausgeübte Kraft an diesem anzubringen, die ihn ebenso beschleunigt wie zuvor die Hand. Dies ist die einzige tatsächlich am Massenpunkt angreifende effektive, eingeprägte Kraft. In Gedanken werde nun ein gleich großer Widerstand $-m \cdot b$ hinzugefügt, der sog. Trägheitswiderstand, dann gilt für den freigemachten materiellen Punkt die Gleichung

$$P - m \cdot b = 0.$$

D'Alembert hat hierfür die Ausdrucksweise eingeführt: Die Beschleunigungskraft und der Trägheitswiderstand sind im Gleichgewicht, und hat durch diese der Statik entlehnte Auffassung die dynamische Aufgabe auf eine statische zurückgeführt; man kann nämlich die von früher her bekannten Gleichgewichtsbedingungen für Kräfte, die an einem Punkt angreifen, ohne weiteres auch auf einen ungleichförmig bewegten Massenpunkt anwenden, wenn man am Massenpunkt zu der beschleunigenden Kraft P eine fingierte Kraft, den Trägheitswiderstand $-mb$ der Masse, hinzufügt. Die Kräfte sind dann im Gleichgewicht, wie früher in der Statik Lasten und Stützenwiderstände. Der aus der Einschränkung bzw. Aufhebung der Beweglichkeit hervorgehende statische Stützenwiderstand ist aber eine wirkliche am belasteten Körper angreifende Kraft; man kann sie ebensogut mit einem Seil, an dem ein Gewicht hängt und das in geeigneter Weise über eine Rolle geführt ist, auf die Stützstelle ausüben, d. h. auf den Körper selbst, und die Kräfte am belasteten Körper sind einerseits im Gleichgewicht, anderseits aber auch der Körper selber. Die D'Alembertsche Gleichgewichtskraft, der Trägheitswiderstand $-mb$, ist aber keine wirkliche, sondern eine fingierte Kraft. Denn brächte man an dem materiellen Punkt eine wirkliche Kraft $-mb$, etwa mit Gewicht und Seil, an, so wäre er im statischen Gleichgewicht; mit der fingierten Kraft versehen, sind nun zwar die Kräfte als im Gleichgewicht befindlich anzusehen, nicht aber der Körper, der nicht im Gleichgewichts- oder Beharrungszustand ist, sondern in ungleichförmiger Bewegung.

Die Einführung der fingierten Kraft des Trägheitswiderstandes, durch die dynamische Probleme auf statische zurückgeführt werden, erweist sich als überaus vorteilhaft; nur darf man nicht die fingierten Kräfte für wirkliche nach Art eines Seilzuges am materiellen Punkt angreifende halten. Wir können sie an den geschilderten Merkmalen stets unterscheiden.

Wird späterhin nicht mehr ein materieller Punkt allein, sondern ein Körper oder ein System von Punkten oder Körpern in ungleichförmiger Bewegung betrachtet, so steht zwischen den beschleunigenden Kräften und den fingierten D'Alembertschen Gleichgewichtskräften nicht nur eine Komponentengleichung, sondern auch noch eine Momentengleichung zur Verfügung.

Das beschriebene Verfahren wird als D'Alembertsches Prinzip bezeichnet, es lautet:

An einem ungleichförmig bewegten materiellen Punkt sind die beschleunigende Kraft und der Trägheitswiderstand im Gleichgewicht.

147. Was sind Beschleunigungskräfte? Bleiben wir vorläufig bei einer geradlinigen Bewegung und stellen die Frage der Überschrift in bezug auf ein Geschoß, das sich in einem nicht gezogenen schräg gestellten Lauf eines Geschützes bewegt. Alle Kräfte, die das Geschoß beschleunigen oder verzögern, sollen **aktive** (treibende, hemmende) oder **eingeprägte** Kräfte genannt werden. Bei der geradlinigen Geschoßbewegung im Lauf sind das: beschleunigend, der Druck der Pulvergase; verzögernd, die längs der Bewegungsrichtung genommene Komponente des Geschoßgewichtes, die Reibung am Lauf, der Luftwiderstand. Während in der Statik die Reibung der Ruhe oder die Haftreibung zu den passiven Stützenwiderständen zu zählen war, ist die Reibung der Bewegung in der Dynamik eine verzögernde Kraft und darum den aktiven oder eingeprägten Kräften beizuzählen. Dieser grundsätzliche Unterschied zwischen der Reibung in der Statik und der Reibung in der Dynamik ist wohl im Auge zu behalten. Die senkrecht zur Bahnlinie sich ergebende Gewichtskomponente ist eine Last oder eingeprägte Kraft, die durch eine infolge eingeschränkter Beweglichkeit entstehende Reaktion aufgehoben wird, sie ist mit keiner Geschwindigkeitsänderung weder der Größe noch der Richtung nach verbunden; die resultierende Beschleunigungskraft ist demnach der Gasdruck abzüglich Bahnkomponente des Geschoßgewichts + Reibung + Luftwiderstand.

Die Haftreibung ist eine Reaktion, deren Größe und Richtung zunächst unbekannt sind; die Bewegungsreibung dagegen ist nach Größe und Richtung bekannt; die Richtung ist ja stets der Bewegung entgegengesetzt.

Die beschleunigende Kraft entsteht und verschwindet mit der Beschleunigung, zufolge der Gl. $P = m \cdot b$.

11. Kapitel.
Geradlinige Bewegung eines materiellen Punktes.

§ 22. Allgemeine Lehren und Sätze.

148. Die Grundgleichung für die geradlinige Bewegung. Nach S. 245 kommt eine geradlinige Bewegung nur dann zustande, wenn die Wirkungslinie der Beschleunigungskraft oder der Vektor der Beschleunigung mit der Richtungslinie der Anfangsgeschwindigkeit zusammenfällt; auch darf die Beschleunigungskraft im Laufe der Bewegung ihre Richtung nicht ändern.

Man setzt auf der geraden Bahnlinie einen Fixpunkt O fest, und damit die $+$- und $-s$-Richtung. Steht der materielle Punkt von der Masse m unter dem Einfluß einer beschleunigenden Kraft P, so wird ihm, gleichviel ob er in Ruhe oder schon in Bewegung ist (S. 243), dem dynamischen Grundgesetz zufolge die Beschleunigung b erteilt; es ist also

$$mb = P \quad \text{oder} \quad m \cdot \frac{dv}{dt} = P \quad \ldots \quad (108)$$

Da m positiv ist, so hat P das gleiche Vorzeichen wie die Beschleunigung, ist also $+$, wenn P im Sinne der zunehmenden s wirkt; andernfalls negativ.

Gl. (108) ist die gesuchte Grundgleichung.

149. Allgemeine Bemerkungen über die Probleme des vorliegenden Kapitels. Diese Probleme sind von zweierlei Art:

a) entweder soll für eine gegebene geradlinige Bewegung die Beschleunigungskraft ermittelt werden, oder

b) es ist die Bewegung eines materiellen Punktes zu bestimmen, der von gegebenen, eine Resultante in der geraden Bahnlinie liefernden Kräften ergriffen wird.

Im Falle a) hat man zunächst die Lage des beweglichen Punktes zu jeder Zeit oder wenigstens in genügend vielen Zeitpunkten festzustellen, entweder analytisch in Form der Gleichung $s = f(t)$ oder graphisch in Form der Zeit-Weg-Kurve, worüber in **129** bis **132** das Erforderliche bemerkt worden ist. Aus der Gleichung $s = f(t)$ findet man durch zweimaliges Ableiten nach t die Beschleunigung b; worauf man b nur mit der Masse m des materiellen Punktes zu multiplizieren hat, um die gesuchte Beschleunigungskraft $P = m \cdot b$ zu erhalten.

Aus der Zeit-Weg-Kurve anderseits findet man die Geschwindigkeit und hernach die Beschleunigung durch Tangentenziehen wie in **131** und **132** gezeigt.

Wird nun b und damit P positiv, so heißt das, daß die Beschleunigungskraft zu der betreffenden Zeit in der $+s$-Richtung wirkt, andernfalls entgegengesetzt.

Im Fall b), wenn die Beschleunigungskraft gegeben und die Bewegung des materiellen Punktes gesucht ist, wird P in die Grundgleichung

$$P = m \cdot (dv/dt)$$

eingesetzt, unter Beachtung der für P geltenden Vorzeichenregel. Durch Integration erhält man daraus die Gleichungen der Bewegung des materiellen Punktes.

Die Beschleunigungskraft P ist nun entweder **konstant** oder **veränderlich**; letzterenfalles kann sie als eine alleinige Funktion der Zeit, oder des Abstandes, oder der Geschwindigkeit, oder als eine Funktion von v und s zugleich gegeben sein.

α) Ist die Beschleunigungskraft konstant oder eine Funktion der Zeit allein, so läßt sich die Integration der aus der Grundgleichung $P = m \cdot b = m \cdot (dv/dt)$ sich ergebenden Differentialgleichung

$$dv = \frac{P}{m} \cdot dt$$

ohne weiteres bewerkstelligen.

β) Das gleiche ist der Fall, wenn die Beschleunigungskraft P eine Funktion der Geschwindigkeit allein ist; dann hat man die Grundgleichung in der Form:

$$\frac{dv}{P} = \frac{dt}{m}$$

anzuschreiben.

γ) Ist dagegen P eine Funktion des Weges s allein, so erweitert man die Gleichung $m \cdot dv = P \cdot dt$ mit $v = ds/dt$ und erhält:

$$m \cdot v \cdot dv = P \cdot v \cdot dt = P \cdot ds,$$

worauf sich die Integration durchführen läßt. Da v und ds stets das gleiche Vorzeichen führen, so darf man für v und ds in dieser Gleichung den Absolutwert einsetzen.

δ) Wäre P eine Funktion von v und s, so würde man $v = ds/dt$ und $b = d^2s/dt^2$ setzen und erhielte:

$$\frac{d^2s}{dt^2} = \frac{1}{m} f\left(\frac{ds}{dt}, s\right)$$

eine Differentialgleichung zweiter Ordnung, die unter Umständen integriert werden kann und dann eine Beziehung zwischen s und t liefert.

Auf diese Art sind die vorkommenden Fälle nach einem mathematischen Gesichtspunkte geordnet. Die beiden Fälle, in denen die Kraft als eine Funktion der Zeit bzw. als eine Funktion des Weges gegeben ist, nehmen hierbei eine bevorzugte Stellung ein; wir sehen dies, wenn wir sie in 150 und 151 eingehend behandeln.

150. Der Satz vom Antrieb oder von der Bewegungsgröße. Kennt man, etwa aus einem Versuch, den zeitlichen Verlauf der Beschleunigungskraft, so kann man nach der **zeitlichen Wirkung der Kraft** für die Bewegung fragen. Besonders einfach läßt sich die Geschwindigkeit in einem beliebigen Zeitpunkt angeben, wenn man die Grundgleichung $P = m \cdot (dv/dt)$ oder $m \cdot dv = P \cdot dt$ integriert; man erhält:

$$\int_{v_0}^{v} m \cdot dv = \int_{0}^{t} P \cdot dt \quad \text{oder} \quad m \cdot v - m \cdot v_0 = \int_{0}^{t} P \cdot dt \ . \ . \ (109)$$

Da dt stets positiv angenommen werden kann (S. 225), so erhalten P und v das $+$-Zeichen, wenn beide in der $+s$-Richtung wirken; andernfalls das $-$-Zeichen.

Man nennt $P \cdot dt$ den **Antrieb** der Beschleunigungskraft P in der Zeit dt oder auch den **Elementarantrieb** der Kraft P und das zwischen 0 und t genommene Integral von $P \cdot dt$ den Antrieb der Kraft P in der Zeit t, ferner das Produkt $m \cdot v$ die **Bewegungsgröße** des materiellen Punktes in dem betreffenden Augenblick. Der Satz vom Antrieb oder der Bewegungsgröße Gl. (109) lautet daher in Worten:

Die Änderung der Bewegungsgröße eines materiellen Punktes in einer bestimmten Zeit ist gleich dem Antrieb der Beschleunigungskraft in der gleichen Zeit.

Da m und dt Größen ohne Richtung sind, sog. Skalare, so ist der Antrieb oder die Bewegungsgröße eine Größe von derselben Art, wie eine Geschwindigkeit oder eine Kraft, d. h. eine gerichtete Größe, und ist durch einen Vektor darstellbar. Man darf sie in Rechnung und Zeichnung wie einen Vektor behandeln. Beispiele s. § 28.

151. Der Satz von der Arbeit oder der kinetischen Energie. Kennt man den Verlauf der beschleunigenden Kraft längs des Weges, auf dem sie wirkt, so kann man nach der **Wirkung der Kraft längs des Weges** fragen. Besonders einfach läßt sich dann die Geschwindigkeit an einer beliebigen Stelle der Bahn angeben, wenn man die Grundgleichung $P = m \cdot (dv/dt)$ mit ds erweitert und $ds/dt = v$ setzt, womit sich ergibt:

$$P \cdot ds = m \cdot \frac{dv}{dt} \cdot ds = m \cdot v \cdot dv = d\left(\frac{m v^2}{2}\right).$$

Diese Gleichung ist zu integrieren vom Fixpunkt 0 der Bahn an, bei dessen Durchschreiten der Massenpunkt die Geschwindigkeit v_0 besitze, bis zu einer beliebigen um s [m] davon entfernten Stelle der Bahn, wo die Geschwindigkeit v geworden sei; man erhält:

$$A = \int_0^s P \cdot ds = \tfrac{1}{2} \cdot m \cdot (v^2 - v_0^2) \quad \ldots \quad (110)$$

Hierin ist $P \cdot ds$ nach 119 die Arbeit der Kraft P auf dem Weg ds, wobei P eine beschleunigende oder verzögernde Kraft ist. Das zwischen 0 und s genommene Integral ist die Arbeit A der beschleunigenden Kraft auf dem Weg s, das sog. Linienintegral der Kraft.

P erhält das $+$-Zeichen, wenn es in der $+s$-Richtung wirkt, andernfalls das $-$-Zeichen und ds ist $+$, wenn sich der Punkt in der $+s$-Richtung bewegt, m. a. W. bei Vorwärtsbewegung, dagegen $-$ bei Rückwärtsbewegung. Demnach ist $dA = (+P) \cdot (+ds) = (-P) \cdot (-ds)$ positiv bei beschleunigter Vor- oder Rückwärtsbewegung, und anderseits $dA = (+P)(-ds) = (-P)(+ds)$ negativ bei verzögerter Vor- oder Rückwärtsbewegung. Daher bedeutet $\pm A$ eine Beschleunigungs- bzw. Verzögerungsarbeit. Wir überzeugen uns hiervon auch noch mit Hilfe der rechten Seite der vorletzten Gleichung, derzufolge das Vorzeichen von $d(v^2)$ abhängt, also vom Wachsen oder Sinken des Quadrates der Geschwindigkeit. Der Richtungssinn von v ist dabei ohne jede Bedeutung, denn v^2 ist positiv, mag v selbst das $+$- oder $-$-Zeichen haben. Wir bestätigen damit nur etwas, was schon auf S. 205 ausgeführt worden ist, daß nämlich die Richtung nicht zu den wesentlichen Merkmalen einer Arbeit gehört, die Arbeit ist eine richtungslose, skalare Größe. Wegen des Gebrauches des Vorzeichens in Gl. (110) vgl. S. 262.

Gleichzeitig ist auch die Bedeutung der rechten Seite der Gl. (110) bestimmt; auch sie stellt eine mechanische Arbeit, eine Form von Energie dar, und zwar eine Differenz zweier Energien $\tfrac{1}{2} m v^2$ und $\tfrac{1}{2} m v_0^2$. Es sind dies diejenigen Energien, die die Masse m vermöge ihrer Geschwindigkeit v bzw. v_0 besitzt, also vermöge ihres Geschwindigkeitszustandes. Man nennt sie kinetische Energie oder Geschwindigkeitsenergie, wofür auch die Bezeichnung Wucht vorgeschlagen ist. Früher nannte man die Größe $\tfrac{1}{2} m v^2$ die lebendige Kraft, ein Ausdruck, der zu Verwechslungen Anlaß geben kann, weil es sich nicht um eine Kraft in [kg] handelt, sondern um eine Arbeit in [mkg]; dagegen ist das Eigenschaftswort „lebendig" durchaus sprechend.

§ 22. Allgemeine Lehren und Sätze. 265

Auf eine Masse wird kinetische Energie übertragen, indem ihre Geschwindigkeit erhöht wird, indem sie also beschleunigt wird; es wird ihr kinetische Energie entzogen, wenn sie Geschwindigkeit verliert, wenn sie also verzögert wird.

Der Satz von der (dynamischen) Arbeit oder der kinetischen Energie lautet nach Gl. (110) in Worten:

Die Änderung der kinetischen Energie eines materiellen Punktes auf einem gewissen Weg (oder in einer gewissen Zeit) ist gleich der Arbeit der den materiellen Punkt beschleunigenden oder verzögernden Kräfte auf dem gleichen Weg (oder in der gleichen Zeit).

Mit Hilfe der letzten Gleichung kann man die von einer bewegten Masse aufgenommene oder abgegebene Energie berechnen, wenn ihre Geschwindigkeit erhöht oder ganz oder teilweise vernichtet wird. Die kinetische Energie eines 13 [g] schweren Infanteriegeschosses ist bei 750 [m/sek] Mündungsgeschwindigkeit: $A = \frac{1}{2} \cdot (0{,}013/9{,}81) \cdot 750^2 = 373$ [kgm]; ein Schnellzug von 300 [t] $= 300 \cdot 1000$ [kg] Gesamtgewicht hat bei 90 [km/std] $= 90/3{,}6 = 25$ [m/sek] Fahrgeschwindigkeit eine kinetische Energie von $\frac{1}{2} \cdot (300 \cdot 1000/9{,}81) \cdot 25^2 = 9\,560\,000$ [kgm]; ein Ozeandampfer von 45000 [t] Gewicht und 21,6 Knoten $= 40$ [km/std] $= 11{,}1$ [m/sek] Fahrgeschwindigkeit eine kinetische Energie von $\frac{1}{2}(45\,000 \cdot 1000/9{,}81) \cdot 11{,}1^2 = 283$ Mill. [kgm] $= 283$ [tkm]. Diese Energie muß von den Maschinen angewendet werden, um das Schiff aus der Ruhe auf seine volle Geschwindigkeit zu bringen; sie ist vom Schiffswiderstand und der Gegendampfarbeit aufzuzehren, wenn das Schiff anhalten soll; sie wirkt bei einem Zusammenstoß zerstörend am Schiff selbst und am gestoßenen Körper.

Zur Lösung der eingangs erwähnten Aufgabe wird sich im nachfolgenden noch vielfach Gelegenheit bieten. Der Gang der Lösung sei kurz an einem sehr einfachen Fall gezeigt. Ein frei fallender Körper von 20 kg Gewicht möge eine vertikale Geschwindigkeit von 10 [m/sek] besitzen. Es wird nach der Geschwindigkeit gefragt, die nach weiteren 8 [m] Fallweg vorhanden ist.

Auf dem letzteren ist von dem Gewicht $P = 20$ kg an seiner eigenen Masse eine Beschleunigungsarbeit $A = +P \cdot s = 20 \cdot 8$ [kgm] verrichtet. Die Zunahme der kinetischen Energie beträgt
$$\tfrac{1}{2} \cdot m \cdot (v^2 - v_0^2) = \tfrac{1}{2} \cdot (20/9{,}81)(v^2 - 10^2),$$
also nach dem Satz von der Arbeit Gl. (110);
$$160 = \tfrac{1}{2} \cdot (20/9{,}81)(v^2 - 10^2)$$
$$v = rd\ 16\ [\text{m/sek}].$$

Wir haben im vorhergehenden die Umwandlung der mechanischen Arbeit einer Beschleunigungskraft in kinetische Energie betrachtet und sind dabei auf diese neue Energieform gestoßen, die einem Körper vermöge seiner Geschwindigkeit innewohnt. Wir erkennen fürs erste, daß der Satz von der Arbeit und der kinetischen Energie ein besonderer Fall des Gesetzes von der Erhaltung der Energie ist. Sodann haben wir Anlaß, einen augenfälligen Unterschied der neuen Energieform von anderen festzustellen, wobei wir uns zunächst auf die Mechanik der wägbaren Stoffe beschränken. Wir schreiben dem Wasser in einem Hochbehälter, das einer tiefer gelegenen Turbine zugeführt werden soll, eine Energie zu, die es vermöge seiner Lage hat und behält, solange man den Schieber in der Rohrleitung nicht öffnet. Ebenso sagen wir, ein über dem Boden befindliches Gewicht habe Energie vermöge seiner Lage. Der Pfeil an der gespannten Bogensehne enthalte Energie vermöge der Lage gegenüber dem Bogen. Indem wir das Gemeinsame hervorheben, können wir auf alle diese und ähnliche Fälle die Bezeichnung Energie der Lage anwenden. Das Wasser, das Gewicht, der Pfeil sind durch ihre Lage zu einer Arbeitsleistung befähigt, sie besitzen „Potenz", weshalb man die Energie der Lage auch „potentielle Energie" nennt, man könnte sie auch gebunden oder aufgespeichert nennen. Sie ist jeden Augenblick bereit, in Tätigkeit oder Aktion zu treten, man darf sie nur auslösen, indem man den Wasserschieber öffnet, das Gewicht fallen läßt oder die Bogensehne freigibt. Dann werden die Massen des Wassers, des Gewichtes, des Pfeiles in Bewegung gesetzt, und sie haben die potentielle Energie in anderer Form in sich aufgenommen, die man der Energie der Lage als Energie der Bewegung, als aktuelle oder kinetische Energie gegenüberstellt. Schwingt eine an einer Feder hängende Masse auf und ab, so vollzieht sich periodisch die Wandlung von potentieller Energie in aktuelle und umgekehrt. Während der Beschleunigung geht die potentielle Energie der gespannten Feder in aktuelle über, während der Verzögerung findet das Umgekehrte statt; in den Totlagen der Schwingung, wo die Geschwindigkeit Null ist, ist bloß potentielle, in der Mittellage dagegen, die mit größter Geschwindigkeit durchlaufen wird, bloß aktuelle Energie vorhanden. In allen Lagen aber ist, sofern die Schwingung widerstandsfrei erfolgt, die Summe der augenblicklichen potentiellen und aktuellen Energien konstant und gleich der Energie in den Totlagen oder in der Mittellage.

Der Studierende weise letzteres für den freien Fall durch die Höhe h nach, indem er zeigt, daß jene Energiesumme konstant ist und gleich der Energie zu Beginn der Fallbewegung. Die Arbeitsgleichung für den freien Fall mit Anfangsgeschwindigkeit v_0 ergibt sich durch Erweitern der Gl. (95) $h = v^2/2g$ mit der Masse $m = G/g$. Vergl. auch **154**.

12. Kapitel.
Beispiele zur geradlinigen Bewegung eines materiellen Punktes.

§ 23. Bewegung in der Horizontalebene.

152. Aufgabe. Es soll die Bewegung des auf einer rauhen horizontalen Ebene liegenden, von der horizontalen Kraft P angegriffenen materiellen Punktes m (Fig. 145) bestimmt werden.

Wählt man die Richtung der treibenden Kraft P zur $+s$-Richtung, so hat man

$$m \cdot \frac{dv}{dt} = P - W_t = P - \mu Q,$$

woraus durch Integration

$$v = \int \frac{P - \mu Q}{m} dt$$

und bei konstantem Reibungskoeffizienten μ

$$v = \frac{P - \mu Q}{m} \cdot t + C.$$

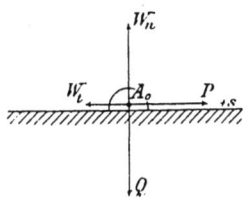

Fig. 145.

Zur weiteren Bestimmung der Bewegung nehmen wir den Ursprung O der Bahnlinie zweckmäßigerweise in der Ausgangslage A_0 des materiellen Punktes an; desgleichen beginnen wir die Zeit zu zählen in dem Augenblick, in dem die Kraft P an den materiellen Punkt herantritt und letzterer infolgedessen seine Ausgangslage A_0 verläßt. Demgemäß wird für $t=0$ auch $v=0$, womit $C=0$

und

$$v = \frac{ds}{dt} = \frac{P - \mu Q}{m} \cdot t,$$

oder

$$ds = \frac{P - \mu Q}{m} t \cdot dt.$$

Diese Gleichung integriert gibt, wenn man berücksichtigt, daß für $t=0$ auch $s=0$ wird:

$$s = \frac{P - \mu Q}{m} \cdot \frac{t^2}{2}.$$

Will man wissen, welche Geschwindigkeit v' der materielle Punkt im Abstand s' vom Ursprung O besitzt, so muß man aus der letzten Gleichung die Zeit bestimmen, die der materielle Punkt braucht, um in den Abstand s' von O zu gelangen, und dann den gefundenen Wert von t in die Gleichung für v einsetzen. Einfacher ist es aber, mittels des Satzes von der Arbeit die Bestimmung von v' vorzunehmen. Der genannte Satz liefert vorliegendenfalls

268 Dynamik des materiellen Punktes. Beispiele zur geradlinigen Bewegung.

$$\frac{1}{2}mv'^2 - 0 = \int_0^{s'} (P - \mu Q)\,ds = (P - \mu Q)s',$$

woraus
$$v' = \sqrt{\frac{2(P - \mu Q)s'}{m}}.$$

Überhaupt empfiehlt es sich, den Satz von der Arbeit in Anwendung zu bringen, wenn die Geschwindigkeit des materiellen Punktes an einer bestimmten Stelle der Bahn angegeben werden soll.

153. Aufgabe. Ein schwerer materieller Punkt vom Gewichte Q, der auf einer horizontalen Ebene aufruht, erhalte in einer gewissen Richtung eine horizontale Geschwindigkeit v_0, man soll die Bewegung des materiellen Punktes bestimmen unter Berücksichtigung der Reibung.

Die am materiellen Punkt (Fig. 146) tatsächlich wirkenden Kräfte sind: das Eigengewicht Q, der normale Bahnwiderstand W_n und der Reibungswiderstand der Bewegung $W_t = \mu Q$. Da nun Q und W_n sich aufheben, bleibt als Beschleunigungskraft der Reibungswiderstand W_t übrig. Der Reibungswiderstand wirkt stets der Bewegung direkt entgegen, es kann also nur eine geradlinige Bewegung in der Richtungslinie von v_0 erfolgen.

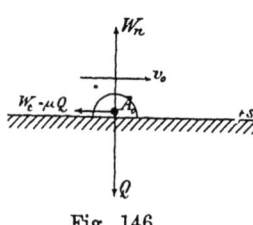

Fig. 146.

Zweckmäßigerweise wird als Ursprung in der Bahn die Ausgangslage des materiellen Punktes angenommen und die Zeit zu zählen begonnen in dem Augenblick, in dem der materielle Punkt mit der Geschwindigkeit v_0 den Ausgangspunkt verläßt. Selbstverständlich wird auch als $+s$-Richtung die Richtung von v_0 gewählt. Man hat daher

$$m \cdot \frac{dv}{dt} = -W_t = -\mu Q = -\mu m g,$$

oder
$$dv = -\mu g\,dt,$$

woraus durch Integration:
$$v = -\mu g t + C.$$

Es ist aber für $t = 0$ die Geschwindigkeit $v = v_0$, also
$$v = C,$$
$$v = v_0 - \mu g t = \frac{ds}{dt}.$$

Integriert:
$$s = v_0 t - \mu g \frac{t^2}{2} + C'.$$

§ 24. Vertikalbewegung eines materiellen Punktes.

Für $t=0$ ist $s=0$, womit $C'=0$
und
$$s=v_0 t - \mu g \frac{t^2}{2}.$$

Der Punkt der Bahnlinie, in dem der materielle Punkt zur Ruhe gelangt, befinde sich im Abstand s' von O und werde in der Zeit t' erreicht. Um nun t' zu erhalten, setzen wir in obiger Gleichung für v, $t=t'$ und $v=0$, worauf sich ergibt:
$$t' = \frac{v_0}{\mu g}.$$

Mit diesem Wert von t berechnet sich s' aus
$$s' = v_0 t' - \mu g \frac{t'^2}{2} = \frac{v_0^2}{\mu g} - \frac{\mu g}{2}\left(\frac{v_0}{\mu g}\right)^2 = \frac{v_0^2}{2\mu g}.$$

Wäre nur s' zu bestimmen gewesen, hätte man den Umweg über t' nicht zu machen brauchen, vielmehr s' direkt berechnen können mittels des Satzes von der Arbeit, wie folgt:
$$0 - \frac{1}{2} m v_0^2 = - \mu m g \cdot s'; \quad s' = \frac{v_0^2}{2\mu g}.$$

So erhielte man beispielsweise mit $g = 9{,}81\ (m/\text{sek}^2)$
für $v_0 = 90\ \text{km}$ in der Stunde und $\mu = \dfrac{1}{200}$
(Eisenbahnzug auf horizontaler Bahn)
$t' = 510\ \text{sek} = 8\ \text{min}\ 30\ \text{sek}$ und $s' = 6371\ \text{m}$.

§ 24. Vertikalbewegung eines materiellen Punktes unter alleiniger Berücksichtigung der Schwerkraft.

154. Der freie Fall im leeren Raume. Ein bei A_0 (Fig. 147) in der Höhe h über dem Boden sich selbst überlassener Körper (materieller Punkt) von der Masse m fällt bekanntlich unter Einwirkung seines Eigengewichtes $Q = mg$ in einer Vertikalen mit der Beschleunigung g herab.

Um nun diese Bewegung eingehender zu bestimmen, setzen wir zuerst in der geradlinigen Bahn des materiellen Punktes den Ursprung O und die $+s$-Richtung fest, und zwar nehmen wir, was am nächsten liegt, den Ausgangspunkt A_0 des materiellen Punktes als Ursprung und die $+s$-Richtung vertikal abwärts an, ebenso fangen wir die Zeit zu zählen an in dem Augenblick, in dem der materielle Punkt den Ausgangspunkt A_0 verläßt.

Zur Zeit t befinde sich der materielle Punkt in A im Abstand s vom Ursprung und besitze die Geschwindigkeit v. Man hat nun zur Zeit t

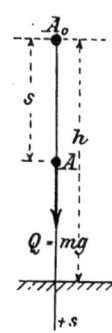

Fig. 147.

270 Dynamik des materiellen Punktes. Beispiele zur geradlinigen Bewegung.

$$m \cdot \frac{dv}{dt} = +Q = +mg; \quad \frac{dv}{dt} = g; \quad dv + gdt,$$

woraus $\quad v = gt + \text{Konst.}$

Da aber für $t=0$ $v=0$ ist, so ergibt sich die Integrationskonstante $= 0$ und damit

$$v = gt,$$

oder $\quad \dfrac{ds}{dt} = gt; \quad ds = gt \cdot dt; \quad s = \dfrac{gt^2}{2} + \text{Konst.}$

Für $t=0$ ist auch $s=0$, daher Konst $= 0$ und

$$s = \frac{gt^2}{2}.$$

Um die Zeit t' zu erhalten, die der Körper zum Durchfallen der Höhe h braucht, setzt man in der letzten Gleichung $s=h$ und $t=t'$, womit

$$t' = \sqrt{\frac{2h}{g}}.$$

Damit wird dann die Geschwindigkeit v' in der Tiefe h unter dem Ausgangspunkt

$$v' = gt' = g\sqrt{\frac{2h}{g}} = \sqrt{2gh}.$$

Dieses Resultat hätte man direkt erhalten können mittels des Satzes von der Arbeit, wie folgt:

$$\frac{1}{2}mv'^2 - 0 = \int_0^h mg \cdot ds = mgh,$$

also $\quad v' = \sqrt{2gh}.$

155. Der vertikal aufwärts geworfene Körper. Ein Körper (materieller Punkt) werde mit der Geschwindigkeit v_0 vertikal aufwärts geworfen; man soll die Höhe bestimmen, bis zu der er steigt, die Zeit, die er zum Aufsteigen braucht, und die Geschwindigkeit, die er erlangt hat, nachdem er im Ausgangspunkt wieder eingetroffen ist (Fig. 148).

Ursprung: der Ausgangspunkt A_0; $+s$-Richtung: vertikal aufwärts; ferner sei $t=0$ bei Beginn der Aufwärtsbewegung.

Zur Zeit t befinde sich der materielle Punkt in A im Abstand s vom Ausgangspunkt A_0, man hat dann:

$$m \cdot \frac{dv}{dt} = -mg; \quad dv = -gdt.$$

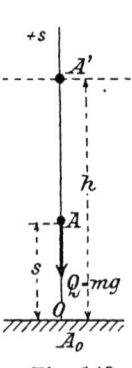

Fig. 148.

§ 24. Vertikalbewegung eines materiellen Punktes.

Daraus $v = -gt + C.$

Für $t = 0$ ist $v = v_0$, somit $v_0 = C$ und damit
$$v = v_0 - gt$$
oder $\dfrac{ds}{dt} = v_0 - gt; \quad ds = v_0 dt - gt \cdot dt$
$$s = v_0 t - \frac{gt^2}{2} + C.$$

Für $t = 0$ ist $s = 0$. Dies gibt $0 = C$ und
$$s = v_0 t - \frac{gt^2}{2}.$$

Zur Zeit t' habe der materielle Punkt den höchsten Punkt A seiner Bahn, die größte Steighöhe h erreicht; zu dieser Zeit ist $v = 0$, daher liefert die Gleichung für v
$$0 = v_0 - gt'; \quad t' = \frac{v_0}{g}.$$

Für $t = t'$ ist aber $s = h$, somit
$$h = v_0 \cdot \frac{v_0}{g} - \frac{g}{2} \cdot \frac{v_0^2}{g^2} = \frac{v_0^2}{2g}.$$

$\dfrac{v_0^2}{2g}$ pflegt man die zu v_0 gehörige **Geschwindigkeitshöhe** zu nennen. Die Steighöhe h hätte man auch mit Hilfe des Satzes von der Arbeit bestimmen können. Derselbe liefert nämlich für den vorliegenden Fall

$$0 - \frac{1}{2} m v_0^2 = \int_0^h -mg \cdot ds = -mgh, \quad \text{woraus } h = \frac{v_0^2}{2g}.$$

Desgleichen erhält man die Geschwindigkeit v des materiellen Punktes im Abstand s vom Ursprung aus

$$\frac{1}{2} m v^2 - \frac{1}{2} m v_0^2 = \int_0^s -mg \cdot ds = -mgs,$$

$$v^2 = v_0^2 - 2gs.$$

Hat der materielle Punkt die größte Höhe h erreicht, so fällt er von da an in der gleichen Vertikalen wieder zurück. Alsdann ist seine Geschwindigkeit u in einem Punkte der Bahn, der sich im Abstand s vom Ursprung, also vom unteren Ausgangspunkt befindet, nach **154**.

$$u = \sqrt{2g(h-s)}, \quad \text{woraus } u^2 = 2gh - 2gs.$$

272 Dynamik des materiellen Punktes. Beispiele zur geradlinigen Bewegung.

Es ist aber $v_0^2 = 2gh$, somit $u^2 = v_0^2 - 2gs$ und daher
$$u = v,$$
d. h. ein und derselbe Punkt der Bahnlinie wird beim Aufsteigen und beim Zurückfallen vom materiellen Punkte stets mit der gleichen Geschwindigkeit durchlaufen.

Um die größte Höhe h zu erreichen, braucht der materielle Punkt, wie wir oben gefunden, die Zeit

$$t' = \frac{v_0}{g} = \sqrt{\frac{2v_0^2}{2g^2}} = \sqrt{\frac{2h}{g}}.$$

Das ist aber auch die Zeit, die der materielle Punkt nötig hat, um die Höhe h zu durchfallen (siehe **154**).

Aufgabe. Welche Höhe hat ein Stein erreicht, der im luftleeren Raum vertikal aufwärts geworfen wurde und nach t Sekunden wieder im Ausgangspunkt angelangt ist?

Die gesuchte Höhe sei h. Nach dem soeben Angeführten braucht der Stein zum Aufsteigen die gleiche Zeit wie zum Herabfallen, nämlich

$$t' = \sqrt{\frac{2h}{g}} \text{ Sekunden.}$$

Demgemäß wäre

$$t = t' + t' = 2\sqrt{\frac{2h}{g}}, \quad \text{woraus} \quad h = \frac{gt^2}{8}.$$

§ 25. Geradlinige Bewegung eines materiellen Punktes auf einer schiefen Ebene.

156. Abwärtsbewegung bei fehlender Reibung. Im Punkte A_0 (Fig. 149) einer schiefen Ebene von der Horizontalneigung α befinde sich ein schwerer materieller Punkt vom Gewichte Q, man soll die erfolgende Bewegung des sich selbst überlassenen materiellen Punktes bestimmen. Wir errichten in A_0 die Normale zur schiefen Ebene und legen durch diese und die Vertikale durch A_0 eine Ebene, alsdann schneidet diese Ebene die schiefe Ebene nach der sogenannten Linie des größten Gefälles, d. h. nach einer Geraden, die von allen in der schiefen Ebene gezogenen Geraden die größte Horizontalneigung, nämlich α besitzt.

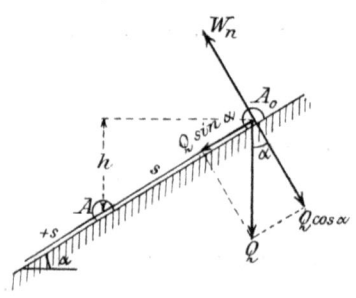

Fig. 149.

Am materiellen Punkt wirkt außer dem Eigengewicht Q noch

§ 25. Geradlinige Bewegung ein. materiellen Punktes a. ein. schiefen Ebene.

der Normalwiderstand W_n der Unterlage. Nun zerlegen wir Q in die Komponenten $Q\cos\alpha$ und $Q\sin\alpha$ normal, beziehungsweise parallel der schiefen Ebene. Die Normalkomponente $Q\cos\alpha$ wird aber vom Normalwiderstand W_n der schiefen Ebene aufgehoben. Somit bleibt als Beschleunigungskraft übrig die Komponente $Q\sin\alpha$ parallel der schiefen Ebene. Man hat also, wenn man A_0 als Ursprung in der Bahnlinie und die $+s$-Richtung nach der Linie des größten Gefälles abwärts gerichtet annimmt, sowie die Zeit zu zählen anfängt in dem Augenblick, in dem der materielle Punkt von A_0 aus sich in Bewegung setzt:

$$m\frac{dv}{dt} = + Q\sin\alpha = mg\sin\alpha, \quad \text{woraus} \quad dv = g\sin\alpha \cdot dt$$

$v = gt\sin\alpha + C$ und, da für $t=0$ $v=0$ und damit $C=0$,

$$v = gt\sin\alpha = \frac{ds}{dt}; \quad ds = gt \cdot dt \cdot \sin\alpha;$$

integriert

$$s = \frac{gt^2}{2}\sin\alpha + C'.$$

Für $t=0$ ist $s=0$, also $C'=0$
und

$$s = \frac{gt^2}{2}\sin\alpha.$$

Will man die Geschwindigkeit v am Ende A einer beliebigen Wegstrecke $A_0 A = s$ haben, so bestimmt man aus der letzten Gleichung t und setzt den Wert von t in die Gleichung für v ein. Damit erhält man:

$$v = g\sin\alpha \cdot \sqrt{\frac{2s}{g\sin\alpha}} \quad \text{oder} \quad v^2 = 2gs\cdot\sin\alpha = 2gh,$$

wobei h die Tiefe des Punktes A unter dem Punkte A_0.

Daraus ersehen wir, daß, wenn man von einem Punkte A_0 aus unter verschiedenen Horizontalneigungen Gerade zieht gegen eine in der Tiefe h unter dem Punkte A_0 befindliche Horizontalebene und in diesen Geraden schwere materielle Punkte herabgleiten läßt, die gleichzeitig von A_0 ohne Anfangsgeschwindigkeit ausgehen, so sind die Geschwindigkeiten dieser materiellen Punkte, wenn sie in der erwähnten Horizontalebene angelangt sind, alle einander gleich und zwar $=\sqrt{2gh}$, d. h. gleich der Geschwindigkeit, die ein von A_0 frei herabgefallener Körper am Ende der Fallhöhe h erlangt hätte.

Den Ausdruck für die Geschwindigkeit v des materiellen Punktes in dem bestimmten Bahnpunkt A hätte man aber auch

274 Dynamik des materiellen Punktes. Beispiele zur geradlinigen Bewegung.

mittels des Satzes von der Arbeit unmittelbar erhalten können, wie folgt: es ist vorliegendenfalles

$$\frac{1}{2} m v^2 - 0 = m g \sin \alpha \cdot s, \quad \text{woraus} \quad v^2 = 2 g s \cdot \sin \alpha = 2 g h.$$

Zum freien Durchfallen der Höhe h seien t Sekunden erforderlich, man hat daher nach Nr. 154: $h = \frac{1}{2} g t^2$.

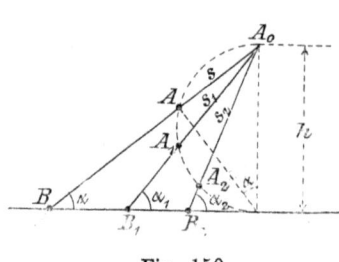

Fig. 150.

Soll jetzt angegeben werden, in welchen Abständen $A_0 A = s$ von A_0 sich nach t Sekunden die zu gleicher Zeit von A_0 ausgegangenen, in verschieden geneigten Rinnen sich bewegenden materiellen Punkte in ihren geraden Bahnlinien befinden, so beachtet man die oben gefundene Gleichung:

$$s = \frac{g t^2}{2} \sin \alpha = h \sin \alpha,$$

Aus dieser Gleichung können wir schließen, daß zur Zeit t die materiellen Punkte alle auf einer über h als Durchmesser beschriebenen **Kugeloberfläche** liegen (siehe Fig. 150).

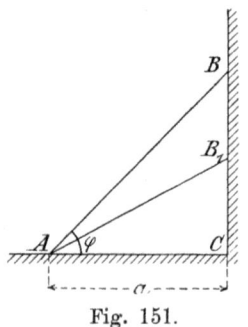

Fig. 151.

Lösen wir jetzt noch die folgende Aufgabe: Von dem Punkte A aus (Fig. 151) werden gegen eine Vertikale CB eine Reihe von Geraden AB gezogen. In diesen Geraden läßt man von ihren in der Vertikalen CB gelegenen Endpunkten B aus materielle Punkte herabgleiten. Es fragt sich nun, in welcher dieser Geraden gleitet der materielle Punkt in kürzester Zeit herab.

Die Horizontalneigung der betreffenden Geraden sei φ und a der Abstand des Punktes A von der Vertikalen CB. Wird BA mit s bezeichnet und durchläuft der materielle Punkt die Strecke s in t Sekunden, so hat man nach dem oben Gefundenen

$$s = \frac{g t^2}{2} \sin \varphi \quad \text{oder da} \quad s = \frac{a}{\cos \varphi}$$

$$a = \frac{g t^2}{2} \sin \varphi \cos \varphi = \frac{g t^2}{4} 2 \sin \varphi \cos \varphi = \frac{g t^2}{4} \cdot \sin 2 \varphi,$$

daraus

$$t^2 = \frac{4 a}{g \cdot \sin 2 \varphi}$$

§ 25. Geradlinige Bewegung ein. materiellen Punktes a. ein. schiefen Ebene. 275

Nun wird t am kleinsten, wenn $\sin 2\varphi$ am größten, d. h. wenn $2\varphi = 90°$; $\varphi = 45°$. Dies ist der gesuchte Winkel.

157. Aufwärtsbewegung bei fehlender Reibung. Ein materieller Punkt vom Gewichte Q erhalte im Punkte A_0 einer schiefen Ebene von der Horizontalneigung α nach der Linie der größten Steigung eine Anfangsgeschwindigkeit v_0 aufwärts. Man soll angeben, bis zu welchem Punkte A' seiner geraden Bahnlinie der materielle Punkt gelangt (Fig. 152).

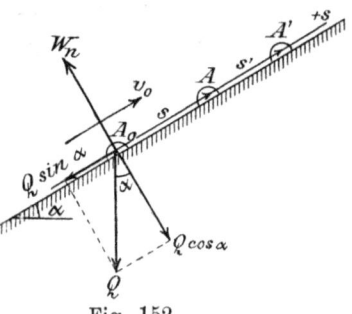

Fig. 152.

Es sei der gesuchte Abstand des Punktes A' vom Ausgangspunkt $A_0 = s$ und t' die Anzahl der Sekunden, die der materielle Punkt braucht, um von A_0 bis A' zu kommen. Ferner sei s der Abstand des materiellen Punktes von A_0 zur Zeit t und v seine Geschwindigkeit zur gleichen Zeit. Wir wählen den Punkt A_0 zum Ursprung und die $+ s$-Richtung aufwärts, daher Beschleunigungskraft zur Zeit t

$$P = -Q \sin \alpha = -mg \sin \alpha = m \cdot dv/dt.$$

Daraus
$$dv = -g \sin \alpha \cdot dt; \quad v = -gt \sin \alpha + C.$$

Für $t = 0$ wird $v = v_0$. Das gibt: $C = v_0$
und
$$v = v_0 - gt \sin \alpha.$$

Diese Gleichung zeigt, daß die Geschwindigkeit v kleiner und kleiner wird.

Nach t' Sekunden sei $v = 0$ geworden, alsdann hat man

$$0 = v_0 - gt' \sin \alpha; \quad t' = \frac{v_0}{g \sin \alpha}.$$

Wenn nun $t > t'$, so wird v negativ und es bewegt sich der materielle Punkt wieder zurück. Mit $t = t'$ hat also der materielle Punkt den höchsten Punkt A' seiner Bahn erreicht. Um die Lage von A' oder den Abstand s' des Punktes A' von A_0 zu erhalten, schreibt man:

$$v = v_0 - gt \sin \alpha = ds/dt,$$

woraus durch Integration

$$s = v_0 t - {}^1/_2 gt^2 \sin \alpha + C'.$$

Hierbei wird $C' = 0$, weil für $t = 0$ auch $s = 0$.

18*

276 Dynamik des materiellen Punktes. Beispiele zur geradlinigen Bewegung.

Man hat daher
$$s = v_0 t - \tfrac{1}{2} g t^2 \sin \alpha.$$
Für $\quad t = t' \quad$ wird $\quad s = s'.$
also
$$s' = v_0 \cdot \frac{v_0}{g \sin \alpha} - \frac{g \sin \alpha}{2} \cdot \left(\frac{v_0}{g \sin \alpha}\right)^2 = \frac{v_0^2}{2 g \sin \alpha}.$$

Diese Resultate hätte man wieder unmittelbar mittels des Satzes von der Arbeit erhalten können, wie folgt:
$$0 - \tfrac{1}{2} m v_0^2 = - m g \sin \alpha \cdot s', \quad \text{woraus} \quad s' = \frac{v_0^2}{2 g \sin \alpha}.$$

Bezeichnet man die Höhe des höchsten Punktes A' der vom materiellen Punkte durchlaufenen Bahnlinie über dem Ausgangspunkt A_0 mit h, so ist
$$h = s' \cdot \sin \alpha = \frac{v_0^2}{2 g \sin \alpha} \cdot \sin \alpha = \frac{v_0^2}{2 g}.$$

Es ist also h gleich der Steighöhe eines mit der Geschwindigkeit v_0 vertikal aufwärts geworfenen Körpers.

In A' angekommen, kehrt, wie schon oben bemerkt wurde, der materielle Punkt wieder in der gleichen Bahnlinie zurück. Seine in A_0 erlangte Geschwindigkeit ist alsdann
$$v = \sqrt{2 g h} = v_0.$$

Überhaupt durchläuft der materielle Punkt bei der Aufwärts- und bei der Abwärtsbewegung einen und denselben Punkt der Bahnlinie stets mit der gleichen Geschwindigkeit.

158. Berücksichtigung eines konstanten Reibungswiderstandes.
Wir nehmen wieder einen materiellen Punkt vom Gewichte Q an im Punkte A_0 einer schiefen Ebene von der Horizontalneigung α (Fig. 153). Dieser materielle Punkt wird auf der schiefen Ebene im Gleichgewicht sich befinden, wenn der Winkel φ, den Q mit der Normalen zur Unterlage einschließt, kleiner ist, als der Reibungswinkel ϱ. Da aber dieser Winkel $\varphi = \alpha$ ist, so kann man sagen:

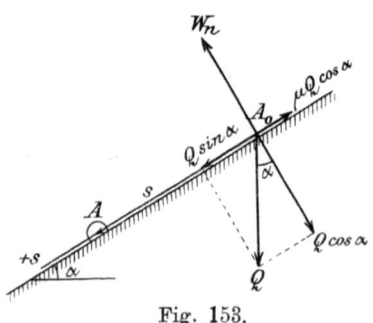

Fig. 153.

Ein materieller Punkt bleibt auf einer schiefen Ebene liegen, solange deren Horizontalneigung α nicht größer ist als der betreffende Reibungswinkel ϱ. Ist $\alpha = \varrho$, so befindet sich der mate-

§ 25. Geradlinige Bewegung ein. materiellen Punktes a. ein. schiefen Ebene. 277

rielle Punkt an der Grenze des Gleichgewichtes, und wenn $\alpha > \varrho$, gleitet der materielle Punkt die schiefe Ebene herab.

a) Es sei nun $\alpha > \varrho$. Die hierbei eintretende Bewegung des materiellen Punktes erfolgt, wie früher, in der Linie des größten Gefälles.

Wird wieder der Ursprung in A_0, die $+s$-Richtung abwärts und für $s=0$ auch $t=0$ angenommen, so hat man:

Beschleunigungskraft
$$P = Q \sin \alpha - \mu Q \cos \alpha$$
oder
$$P = mg(\sin \alpha - \mu \cos \alpha) = m \cdot dv/dt$$
$$v = gt(\sin \alpha - \mu \cos \alpha) = ds/dt$$
$$s = \tfrac{1}{2} gt^2 (\sin \alpha - \mu \cos \alpha).$$

Um die Geschwindigkeit v in Funktion des Abstandes s zu erhalten, wird zweckmäßigerweise der Satz von der Arbeit angewendet:
$$\tfrac{1}{2} mv^2 - 0 = mg(\sin \alpha - \mu \cos \alpha) \cdot s$$
$$v^2 = 2gs(\sin \alpha - \mu \cos \alpha).$$

Angenommen, das Gefälle einer schiefen Ebene sei $1:45$ und $\mu = 1/200$; $s = 6$ km, so ergibt sich, da α so klein, daß man $\cos \alpha = 1$ und $\sin \alpha = \mathrm{tg}\,\alpha$ setzen kann:
$$v^2 = 2 \cdot 9{,}81 \cdot 6000 \left(\frac{1}{45} - \frac{1}{200} \right); \quad v = \sim 44 \text{ m in der Sek.}$$

Bei einem geringeren Gefälle als $1:200$ wäre der materielle Punkt in Ruhe geblieben.

b) Handelt es sich um die **Aufwärtsbewegung** eines materiellen Punktes m auf einer **rauhen** schiefen Ebene in der Linie der größten Steigung, vom Punkte A_0 aus, so kann man fragen, bis zu welchem höchsten Punkte A' seiner geraden Bahnlinie gelangt der materielle Punkt auf der schiefen Ebene, wenn derselbe im Punkte A_0 eine in der Linie der größten Steigung aufwärts gerichtete Geschwindigkeit v_0 erhalten hat.

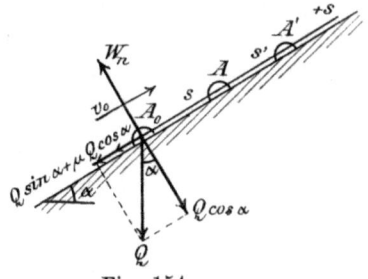

Fig. 154.

Nehmen wir (Fig. 154) den Punkt A_0 als Ursprung und die $+s$-Richtung aufwärts an und beginnen die Zeit zu zählen in dem Augenblick, in dem der materielle Punkt bei seiner Aufwärtsbewegung den Punkt A_0 verläßt, so hat man für die Beschleunigungskraft:

278 Dynamik des materiellen Punktes. Beispiele zur geradlinigen Bewegung.

$$P = -mg \sin \alpha - \mu mg \cos \alpha = -mg(\sin \alpha + \mu \cos \alpha) = m \cdot dv/dt$$

woraus durch Integration:

$$v = -gt(\sin \alpha + \mu \cos \alpha) + C.$$

Nun ist für

$$t = 0 \quad v = v_0, \quad \text{also} \quad v_0 = C$$

und damit

$$v = v_0 - gt(\sin \alpha + \mu \cos \alpha) = ds/dt.$$

Integriert:

$$s = v_0 t - \tfrac{1}{2} gt^2 (\sin \alpha + \mu \cos \alpha).$$

Um die Geschwindigkeit v in Funktion des Abstandes s zu bekommen, könnte man aus den Gleichungen für v und s die Zeit t eliminieren. Einfacher ist es wieder, den Satz von der Arbeit in Anwendung zu bringen. Derselbe liefert:

$$\tfrac{1}{2} mv^2 - \tfrac{1}{2} mv_0^2 = -mg(\sin \alpha + \mu \cos \alpha) \cdot s.$$

Im Punkte A' der Bahn ist $v = 0$ und $s = s'$. Damit geht die letzte Gleichung über in:

$$-\tfrac{1}{2} mv_0^2 = -mg(\sin \alpha + \mu \cos \alpha) \cdot s',$$

woraus

$$s' = \frac{v_0^2}{2g(\sin \alpha + \mu \cos \alpha)}.$$

Mit s' ist aber die Lage des Punktes A' festgesetzt.

§ 26. Beispiele zur Bestimmung der Beschleunigungskraft einer geradlinigen Schwingungsbewegung.

159. Kurbelschleifenbewegung. Einfache harmonische Schwingung. Sobald die Beschleunigung bekannt ist, kennt man damit nach dem dynamischen Grundgesetz $P = m \cdot b$ auch die beschleunigende Kraft. Daß man die Beschleunigung durch zweimaliges Ableiten der Zeit-Weg-Gleichung $s = f(t)$ findet, wurde in (**132**) gezeigt. Die Kurbelschleifenbewegung (vergl. Fig. 137) ist der Typus einer einfachen Schwingungsbewegung; beide folgen nach **139** dem Gesetz.

$$s = r \cdot \cos \omega t,$$

woraus für die Geschwindigkeit

$$v = -r \cdot \omega \cdot \sin \omega t$$

und für die Beschleunigung

$$b = -r \cdot \omega^2 \cos \omega t = -\omega^2 s$$

folgt. Nach dem dynamischen Grundgesetz ist die Beschleunigungskraft, wenn m die schwingende Masse bedeutet:

$$P = -m \omega^2 s.$$

§ 26. Beispiele zur Bestimmung der Beschleunigungskraft usw. 279

Aus dieser Gleichung sehen wir, daß wenn die Masse m auf dem $+s$-Zweig der Bahn sich befindet, die Beschleunigungskraft im Sinne der $-s$ wirkt, und umgekehrt. Die Beschleunigungskraft ist also stets gegen den Ursprung $(s=0)$ gerichtet und dem Abstand s von diesem proportional. Wir haben hier den einfachsten Fall einer „Zentralbewegung" vor uns, deren Kennzeichen darin besteht, daß die auf die bewegte Masse einwirkende Kraft stets gegen einen festen Punkt gerichtet ist.

Der Größtwert der Beschleunigungskraft, der in den beiden Totlagen $s = \pm r$ der hin- und hergehenden Bewegung auftritt, ist

$$P_{max} = \pm m \cdot r \cdot \omega^2.$$

160. Kreuzkopfbewegung eines einfachen Kurbelgetriebes. Es soll der Weg x, die Geschwindigkeit v und die Beschleunigung b eines Kreuzkopfes angegeben werden, wenn die gleichförmig mit

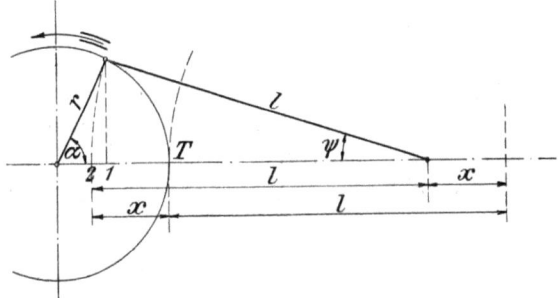

Fig. 155.

der Winkelgeschwindigkeit $\omega = \pi n/30$ umlaufende Kurbel den Winkel α aus einer Totlage T Fig. 155 herausgelegt hat. Der Kreuzkopfweg ist nach Fig. 155

$$x = \overline{T1} + \overline{12} = (r - r \cdot \cos \alpha) + (l - l \cdot \cos \psi).$$

Um ψ durch α auszudrücken, beachte man, daß

$$\overline{13} = r \cdot \sin \alpha = l \cdot \sin \psi$$

ist, woraus

$$\sin \psi = \frac{r}{l} \sin \alpha = \lambda \cdot \sin \alpha,$$

wenn das sog. **Stangenverhältnis** r/l kurz mit λ bezeichnet wird, dann ist ferner

$$\cos \psi = \sqrt{1 - \sin^2 \psi} = \sqrt{1 - \lambda^2 \cdot \sin^2 \alpha},$$

also

$$x = r(1 - \cos \alpha) + l(1 - \sqrt{1 - \lambda^2 \cdot \sin^2 \alpha})$$

280 Dynamik des materiellen Punktes. Beispiele zur geradlinigen Bewegung.

λ ist meist $1:5$, bei Automobilmotoren $1:4{,}3$ bis äußerstens $1:3$. Sofern λ genügend klein ist, darf ohne nennenswerten Fehler unter der Wurzel $(\lambda^4/4)\cdot \sin^4 \alpha$ zugefügt werden, in welchem Fall die folgende Rechnung besonders einfach wird; es ist demnach, da dann unter der Wurzel das vollständige Quadrat von $[1-(\lambda^2/2)\sin^2\alpha]$ steht:

$$x = r(1-\cos\alpha) + l\cdot(\lambda^2/2)\cdot \sin^2\alpha$$

oder da $2\sin^2\alpha = 1-\cos 2\alpha$ ist:

$$x = r(1-\cos\alpha) + l\cdot(\lambda^2/4)(1-\cos 2\alpha)$$

oder mit der Abkürzung $l\cdot\lambda^2/4 = \lambda\cdot r/4 = r_1$

$$x = r(1-\cos\alpha) + r_1(1-\cos 2\alpha) \quad \ldots \ldots (111)$$
$$= r + r_1 - r\cdot\cos\alpha - r_1\cdot\cos 2\alpha$$
$$= r[1+(\lambda/4)] - r[\cos\alpha + (\lambda/4)\cos 2\alpha].$$

Die Kreuzkopfbewegung kann hiernach als Überlagerung zweier Kurbelschleifenbewegungen mit Radien r und r_1 und Umlaufzahlen n und $2n$ aufgefaßt werden, solange die genannte Annäherung zulässig ist.

Durch zweimaliges Differenzieren erhält man für **Geschwindigkeit des Kreuzkopfes**, unter Beachtung, daß $\alpha = \omega\cdot t$ ist:

$$v = dx/dt = +r\cdot\omega\cdot\sin\alpha + 2r_1\cdot\omega\cdot\sin 2\alpha$$
$$= r\cdot\omega\cdot[\sin\alpha + (\lambda/2)\sin 2\alpha] \quad \ldots \ldots (112)$$

und für die **Beschleunigung des Kreuzkopfes**

$$b = dv/dt = -r\omega^2\cdot\cos\alpha - 4r_1\cdot\omega^2\cdot\cos 2\alpha$$

oder mit $4r_1 = \lambda\cdot r$ (s. oben)

$$b = -r\omega^2(\cos\alpha + \lambda\cdot\cos 2\alpha) \quad \ldots \ldots (113)$$

Berechnet man die Werte v und b für eine Anzahl von Kurbelwinkeln und bestimmt die zugehörige Kreuzkopfstellung durch Beschreiben des Kreisbogens vom Radius l um Punkt 3 Fig. 155, so kann man v und b für jede Kreuzkopfstellung auftragen und erhält die (v,x)-Linie und (b,x)-Linie, die den Verlauf der Kreuzkopf-Geschwindigkeit und -Beschleunigung längs der Kreuzkopfbahn, d. h. in Abhängigkeit des Hubes darstellen. Fig. 156.

Die Geschwindigkeit ist in den Totlagen Null und wird am größten, wenn $dv/dt = 0$, d. h. nach Gl. (112) für einen Kurbelwinkel α', der aus der Gleichung

$$\cos\alpha' + \lambda\cdot\cos 2\alpha' = 0$$

folgt, wenn man nach bekannter trigonometrischer Formel $\cos 2\alpha'$ durch den einfachen Winkel ausgedrückt hat und nach $\cos\alpha$ auflöst:

$$\cos\alpha' = \frac{1}{4\lambda}[-1 \pm \sqrt{1+8\lambda^2}].$$

§ 26. Beispiele zur Bestimmung der Beschleunigungskraft usw. 281

Hierin ist, wenn $[\tfrac{1}{4}\lambda] > 1$, das $+$-Zeichen zu wählen, da der Absolutwert eines cos nicht größer als 1 sein kann. Mit $\lambda = \tfrac{1}{5}$ wird dann z. B.

$$\cos\alpha' = \tfrac{5}{4}(-1 + \tfrac{1}{5}\sqrt{33}); \quad \alpha' = 79^0\,16'$$
$$v_{max} = 1{,}02\,r\omega = 1{,}02 \cdot u \quad \ldots \ldots (114)$$

Die mittlere Kolben- oder Kreuzkopfgeschwindigkeit v_m ist, da der Hub $s = 2r$ in 60 sek $(= n$ Kurbelumdrehungen) $2n$ mal ausgeführt wird

somit
$$v_m = \frac{4rn}{60} = \frac{sn}{30} = \frac{2r}{\pi} \cdot \frac{\pi n}{30} = \frac{2}{\pi}r\omega = \frac{2}{\pi} \cdot u \quad .. (115)$$

$$v_{max} = 1{,}02\,\frac{\pi}{2}\,v_m = 1{,}6\,v_m.$$

Am meisten gebraucht werden die Beschleunigungen der beiden Totlagen $\alpha = 0$ und $\alpha = \pi$,
    sie sind in der innern Totlage $b_{1\,max} = r\omega^2(1 + \lambda)$,
  ,, ,, ,, ,, äußern ,, $b_{2\,max} = r\omega^2(1 - \lambda)$.

Bei der Kurbelschleife waren die Beschleunigungen in beiden Totlagen gleich groß, nämlich $r\omega^2$, d. h. gleich der Zentripetalbeschleunigung der Mitte des Kurbelzapfens; für die Kurbelschleife ist $\lambda = r/l = 0$ also $l = \infty$. Infolge der endlichen Schubstangenlänge erscheint beim gewöhnlichen Kurbelgetriebe die Totpunktsbeschleunigung mit einem Faktor $(1 \pm \lambda)$ multipliziert, der um so mehr von 1 abweicht, je kürzer die Stange ist. Während sich ferner die Kurbelschleife in der Mitte ihres Weges am schnellsten bewegt, geschieht dies bei endlicher Stangenlänge etwas außerhalb der Hubmitte; vor und hinter dieser Stelle nimmt die Kreuzkopfgeschwindigkeit ab; die Beschleunigung, wenn der Kreuzkopf sich diesem Punkt nähert, oder die Verzögerung, wenn er sich von diesem entfernt, sind stets gegen diese Stelle hin gerichtet, die mit größter Geschwindigkeit durchlaufen wird. Man behält die Richtung der Beschleunigung des Kreuzkopfes leicht im Gedächtnis, wenn man die Kreuzkopfbewegung als eine Schwingungsbewegung auffaßt,

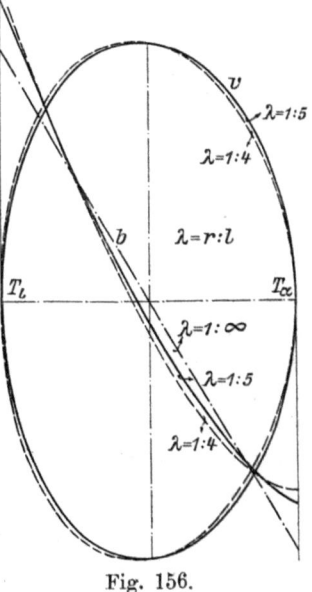

Fig. 156.

282　Dynamik des materiellen Punktes. Beispiele zur geradlinigen Bewegung.

deren Geschwindigkeitsmaximum wegen der endlichen Schubstangenlänge etwas neben der Mitte nach der Seite des äußeren Totpunktes hin verlegt ist.

Beispiel: Ein Automotor von 150 mm Hub und 2100 Umdrehung i. d. M. hat ein Stangenverhältnis $\lambda = 1 : 4,25 = 0,235$. Die Beschleunigung in den beiden Totlagen beträgt mit

$$\omega = \pi \cdot 2100 : 30 = 219,9; \quad \omega^2 = 48\,355:$$
$$max\ b_1 = 0,075 \cdot 48\,355 \cdot 1,235 = 3620 \cdot 1,235 = 4475\ [\text{m/sek}^2].$$
$$max\ b_2 = 0,075 \cdot 48\,355 \cdot 0,765 = 3620 \cdot 0,765 = 2770 \quad \text{,,}$$

Mit dem Kolbenzapfen dieses Automobilmotors gehen $G = 1,8$ kg Gewicht hin und her. Die Trägheitskräfte der hin- und hergehenden Massen in den Totlagen sind, da die Masse $m = G : g = 1,8 : 9,81 = 0,1835$ ist:

$$P_{1\,max} = m \cdot b_{1\,max} = 0,1835 \cdot 4475 = 822\ \text{kg}$$
$$P_{2\,max} = m \cdot b_{2\,max} = 0,1835 \cdot 2770 = 508\ \text{kg}.$$

§ 27. Die Beschleunigungskraft ist eine Funktion des Abstandes.

161. Wirkung eines Puffers. Der Widerstand W, den ein Puffer auf den ihn zusammendrückenden Körper ausübt, kann proportional der Zusammendrückung s und umgekehrt proportional der ursprünglichen Länge l der elastischen Feder angenommen werden. Man kann also setzen

$$W = \frac{c \cdot s}{l},$$

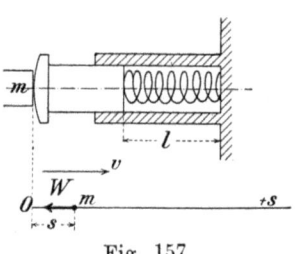

Fig. 157.

worin c eine konstante Größe. Wenn nun ein Körper von der Masse m, der sich gegen den Puffer bewegt, zur Zeit 0 mit dem Puffer in Berührung tritt und in diesem Augenblick die Geschwindigkeit v_0 besitzt, so beginnt im gleichen Augenblick der Widerstand W des Puffers hemmend auf die Bewegung des Körpers m einzuwirken. Nimmt man jetzt das freie Ende des noch nicht zusammengedrückten Puffers als Ursprung 0 und die $+s$-Richtung mit der Bewegungsrichtung des als materiellen Punkt zu betrachtenden Körpers m übereinstimmend an, so erhält man als Beschleunigungskraft von m

$$m \cdot \frac{dv}{dt} = m \cdot \frac{d^2s}{dt^2} = -W = -\frac{cs}{l},$$

oder wenn man die Konstante $c = mb^2 \cdot l$ setzt,

$$m \cdot \frac{d^2s}{dt^2} = -mb^2 \cdot s; \quad \frac{d^2s}{dt^2} = -b^2 s.$$

Integriert man die letzte Differentialgleichung, so ergibt sich
$$s = A \sin bt + B \cos bt,$$
worin A und B die Integrationskonstanten. Um nun diese bestimmen zu können, leitet man s nach t ab, wodurch man erhält:
$$v = \frac{ds}{dt} = Ab \cos bt - Bb \cdot \sin bt.$$

Da nun für $t = 0$, $s = 0$ und $v = v_0$, so liefert mit $t = 0$ die Gleichung für s: $B = 0$ und die Gleichung für v: $A = \frac{v_0}{b}$.

Damit zeigt sich als Gleichung der Bewegung in der Bahn:
$$s = \frac{v_0}{b} \sin bt,$$
auch ist die Geschwindigkeit v ausgedrückt durch
$$v = v_0 \cos bt.$$

Für $t = \frac{\pi}{2b}$ wird $v = 0$ und s am größten, und zwar ist die größte Zusammendrückung
$$s' = \frac{v_0}{b}.$$

Für $t > \frac{\pi}{2b}$ wird v negativ, es geht daher der materielle Punkt m wieder zurück. Ist $t = \frac{\pi}{b}$ geworden, so hat man
$$s = 0 \text{ und } v = -v_0.$$

Nunmehr tritt der nicht weiter verschiebbare Puffer außer Wirksamkeit und es bewegt sich der materielle Punkt m mit der Geschwindigkeit v_0, welche er zur Zeit 0 hatte, wieder vom Puffer hinweg.

Wir werden den obigen Gleichungen wieder begegnen, wenn wir uns in Kapitel 17 mit den Schwingungen beschäftigen. Dort findet man weitere Beispiele für den Fall, daß die beschleunigende Kraft eine Funktion des Abstandes ist.

§ 28. Die Beschleunigungskraft ist eine Funktion der Zeit.

162. Aufgabe. Mündungsgeschwindigkeit eines Geschosses. Der Druck der Pulvergase auf ein Infanteriegeschoß von 10 g Gewicht und 8 mm Durchmesser ist von Dr. Ing. Kirner[1]) mit Hilfe eines optischen Indikators in Funktion der Zeit ermittelt worden. Der

---

[1]) Forsch.-Arb. Ver. deutsch. Ing., Heft 88.

284 Dynamik des materiellen Punktes. Beispiele zur geradlinigen Bewegung.

mittlere Druck der Pulvergase während der Schußzeit von 2/1000 [sek] beträgt etwa 600 [kg/qcm], auf 0,5 [qcm] Geschoßquerschnitt also $0{,}5 \cdot 600 = 300$ kg.

Welches ist die Mündungsgeschwindigkeit?

Der Antrieb des Gasdruckes 300 kg in 2/1000 [sek] ist:

$$\int P \cdot dt = P_m \cdot t = 300 \cdot 2/1000 = 0{,}6 \ [\text{kg} \cdot \text{sek}];$$

die Bewegungsgröße des Geschosses zu Anfang $m \cdot v_0 = 0$ und zu Ende $m \cdot v = (0{,}010/9{,}81) \cdot v$ [kg·sek]; nach dem Satz vom Antrieb ist:

$$P_m \cdot t = m \cdot v, \qquad v = \frac{P_m \cdot t}{m} = \frac{0{,}6 \cdot 9{,}81}{0{,}01} = \text{rd. } 590 \ [\text{m/sek}].$$

Die Masse der Pulvergase, der Drall des Geschosses, die Geschoßreibung und die Luftmasse vor dem Geschoß sind dabei nicht berücksichtigt.

163. Aufgabe. Endgeschwindigkeit eines Preßlufthammers. An einem Preßlufthammer mit 0,612 kg Kolbengewicht und 7,07 qcm Kolbenquerschnitt (Rückseite), 185 mm konstruktivem und etwa 180 mm tatsächlichem Hub wurden von Dr.-Ing. Grödel (Z. Ver. deutsch. Ing. 1913, S. 1185) Zeitdruckdiagramme aufgenommen. Die Dauer des Schlaghubes ergab sich zu 0,024 sek; der mittlere Kolbendruck auf die Rückseite des Kolbens während dieser Zeit zu $f \cdot p_i = 7{,}07 \cdot 5{,}29$ [qcm·kg/qcm] $= 37{,}4$ kg, auf die Vorderseite zu 0,4 kg, also insgesamt zu $P = 37{,}4 - 0{,}4 = 37$ kg. Würde er lediglich zur Erzeugung von Geschwindigkeit dienen, so betrüge die „indizierte" Endgeschwindigkeit nach dem Satz vom Antrieb

$$m \cdot v_i = \int P \cdot dt = P_m \cdot \tau;$$

$$\frac{0{,}612}{9{,}81} \cdot v_i = 37 \cdot 0{,}024; \qquad v_i = \frac{9{,}81 \cdot 37 \cdot 0{,}024}{0{,}612} = 14{,}2 \ [\text{m/sek}].$$

Wegen der Reibung ist die tatsächliche Endgeschwindigkeit v_e kleiner, sie wurde aus dem Zeitdiagramm zu $v_e = 12{,}78$ [m/sek] gefunden. Der indizierten lebendigen Kraft A_i steht somit die um den Reibungsverlust kleinere effektive lebendige Kraft A_e des Kolbens gegenüber und der mechanische Wirkungsgrad (124) wird:

$$\eta_m = \frac{A_e}{A_i} = \frac{\tfrac{1}{2} m v_e^2}{\tfrac{1}{2} m v_i^2} = \left(\frac{v_e}{v_i}\right)^2 = \left(\frac{12{,}78}{14{,}2}\right)^2 = 0{,}81,$$

ein Wert, der indes gewöhnlich höher sein wird.

Man beachte, daß P hier der zeitliche Mittelwert der Kraft (Zeitintegral) ist, im Gegensatz zu dem längs eines Weges genommenen Mittelwert (dem Linienintegral).

§ 29. Geradlinige Bewegung im widerstehenden Mittel.

164. Das Widerstandsgesetz. Wird ein fester Körper durch Luft oder Wasser gleichförmig bewegt, so erfährt er einen Widerstand, den sog. **Widerstand des umgebenden Mediums oder Mittels**; ein solcher Widerstand tritt auch auf, wenn der Körper ruht und das Medium sich relativ gegen ihn bewegt. Wäre man auf Grund von Beobachtung und theoretischen Erwägungen in der Lage, den Widerstand, den ein beliebiges Element der Oberfläche des bewegten Körpers seitens des Mediums erfährt, durch eine hinreichend einfache Gleichung auszudrücken, so könnte man die Resultante und das Moment des Gesamtwiderstandes durch Integration finden. Es besteht aber kaum Aussicht, daß man so weit kommen werde. Der bewegte Körper setzt nämlich das Medium in seiner Nähe selbst in wirbelnde und schwingende Bewegung, es entstehen an gewissen Teilen der Körperoberfläche Über-, an andern Unterdrücke; und nun hängt der Widerstand an irgendeiner Stelle des bewegten Körpers vom Bewegungszustand des Mediums ab, der selbst wiederum von der Form und Größe des bewegten Körpers abhängt, auch von andern in der Nähe befindlichen Körpern. Hier liegt eine überaus schwierige Aufgabe vor, von der in noch höherem Maße das gilt, was von der trockenen und geschmierten Reibung ausgeführt wurde. Man muß sich damit begnügen, in summarischer Weise vorzugehen und unter Verzicht auf die Angabe des Widerstandes an einem beliebigen Flächenelement den Gesamtwiderstand experimentell festzustellen und in eine Formel zu kleiden. Das so erhaltene Widerstandsgesetz darf dann naturgemäß nicht als für die Einzelelemente der Körperoberfläche gültig angesehen und zu Integrationen verwendet werden. Unter dem Luftwiderstand versteht man also die oben erwähnte Resultante bzw. das Moment.

Es ist anderseits gelungen, einfache Fälle ausfindig zu machen, in denen der Bewegungszustand des Mediums und die auf den Körper ausgeübte Kraft zum voraus angegeben werden konnten[1], wodurch das Verständnis für schwierigere Fälle gefördert wird, die der exakten Behandlung zurzeit oder auch später unzugänglich sind.

---

[1] a) Vgl. Hydrodynamik der idealen Flüssigkeit, Föppl, Mechanik III; b) langsame Bewegung in zähen Flüssigkeiten, für die der Widerstand einer bestimmten Körperform rein rechnerisch ermittelt werden konnte. c) v. Kármán beantwortet durch theoretische Überlegung die Frage: Welchem Grenzgebilde strebt das Strömungsbild einer zähen Flüssigkeit um einen festen Körper zu, wenn man zum Grenzfall einer idealen Flüssigkeit übergeht? Er erschließt das quadratische Widerstandsgesetz und weist aus eigenen und anderen Versuchen die Übereinstimmung des beobachteten mit dem von ihm vorausberechneten Widerstandskoeffizienten nach, für den Fall, daß eine senkrecht gestellte ebene Platte und ein Kreiszylinder durch ruhendes Wasser geschleppt werden.

286 Dynamik des materiellen Punktes. Beispiele zur geradlinigen Bewegung.

Auf den Zustand des gasförmigen oder flüssigen Mediums kann hier nicht eingegangen werden; wir müssen uns darauf beschränken, die heute vorliegenden Widerstandsformeln einfach zu verzeichnen.

Ist die Geschwindigkeit des bewegten Körpers sehr klein, so macht sich die Zähigkeit oder innere Reibung des Mediums geltend und der Widerstand wird proportional mit der ersten Potenz der Geschwindigkeit gefunden, ferner mit einer Konstanten ν und einer bestimmten, sonst aber beliebigen linearen Abmessung l des Körpers, entsprechend der Gleichung

$$W = \nu \cdot l \cdot v \qquad (116)$$

wo ν [kg·sek/m²] den Widerstand bedeutet, den ein geometrisch ähnlicher Körper mit $l = 1$ m bei $v = 1$ [m/sek] erfährt.

Bei höherer, jedoch unter der Schallgeschwindigkeit liegender Geschwindigkeit wird für Luft das **quadratische Widerstandsgesetz** als zutreffend beobachtet:

$$W = \psi \cdot \varrho \cdot F \cdot v^2 = \psi_1 \gamma \cdot F \cdot \frac{v^2}{2g} \qquad (117)$$

wo $\varrho = \gamma/g$ die Dichte der Luft, F [qm] der Querschnitt des durchstrichenen Bahnraumes und ψ bzw. ψ_1 ein dimensionsloser Erfahrungskoeffizient ist. Handelt es sich um einfache rechteckige oder gewölbte Platten, so pflegt man unter F die Plattenfläche zu verstehen. Ob im einzelnen Fall der Bahnraumquerschnitt oder die einfache Oberfläche gemeint ist, ist wohl zu unterscheiden.

Der Widerstand hängt jedenfalls von der relativen Geschwindigkeit ab; fällt die Symmetrieachse des bewegten Körpers, z. B. eines Lenkballons, gerade in die Richtung der relativen Geschwindigkeit, so hat der Luftwiderstand die Richtung der Symmetrieachse; im allgemeinen, z. B. bei einem zur Erde niedergehenden Flugzeug, ist der Luftwiderstand schräg zur relativen Geschwindigkeit v zwischen Luft und Flugzeug gerichtet; er kann dann in eine Vertikalkomponente — Auftrieb A — und eine längs v genommene Komponente — Widerstand W kurzhin genannt — zerlegt werden.

Eine ausführliche Zusammenstellung von Versuchsmaterial, sowie eine Einführung in den vorliegenden Gegenstand findet man in W. Schüle, Techn. Thermodynamik I, auch eine Erörterung über die Angriffslinie des Luftwiderstandes, sowie den wichtigen Einfluß der Rückseite des bewegten Körpers. Für die bei Lenkballons vorkommenden Formen liegt ψ meist zwischen 0,06 und 0,033, am günstigsten erweist sich die Fischform, am ungünstigsten ein langgestreckter Kreiszylinder mit kugelförmig abgeschlossenen Enden, wobei ψ auf 0,09 steigt. Hierbei bedeutet F den Bahnraumquerschnitt und ψ wird von der Geschwindigkeit abhängig gefunden.

§ 29. Geradlinige Bewegung im widerstehenden Mittel.

Der Luftwiderstand eines Automobils wird in Fachkreisen nach der Gleichung
$$W = 0{,}0052\, F \cdot V^2 = 0{,}0675\, F v^2$$
berechnet, wobei unter F qm der Bahnraumquerschnitt verstanden wird; auf die im einzelnen sehr verschiedenen Formen der Fahrzeuge wird meist keine Rücksicht genommen.

Für eine senkrecht vom Wind (v bis 10 m/sek) getroffene rechteckige Platte vom Seitenverhältnis $\lambda \leq 1$ findet O. Föppl (Z. Ver. deutsch. Ing. 1912, S. 1930)
$$\psi = 0{,}72 - \frac{3}{\left[7 + 5{,}5\left(\lambda + \dfrac{1}{\lambda}\right)\right]}.$$

Bei Benützung dieses Wertes hat man für F in Gl. (117) die Plattenfläche einzusetzen. Am a. O. findet man auch Angaben über schräggestellte rechteckige ebene und gewölbte Platten.

165. Die Fallbewegung in der Luft. Ist $Q = m \cdot g$ das Gewicht des fallenden Körpers und $W = \psi \cdot \varrho \cdot F \cdot v^2$ der Luftwiderstand, so hat man, wenn der Ausgangspunkt O des Körpers als Ursprung und die $+s$-Richtung vertikal abwärts angenommen wird:
$$m \cdot (dv/dt) = Q - W = m \cdot g - \psi \cdot \varrho \cdot F \cdot v^2.$$
Dabei ist vorausgesetzt, daß ψ konstant ist. Setzt man zur Abkürzung
$$\psi \varrho F = \frac{mg}{k^2}, \quad \text{d. h.} \quad k^2 = \frac{mg}{\psi \varrho F},$$
so schreibt sich die letzte Gleichung
$$m \frac{dv}{dt} = mg\left(1 - \frac{v^2}{k^2}\right) = \frac{mg}{k^2}(k^2 - v^2).$$

Der Luftwiderstand W wächst mit der Geschwindigkeit, bis er den Wert mg erreicht. Dann ist gleichzeitig die Beschleunigung $(dv/dt) = 0$ und die Geschwindigkeit v konstant geworden und zwar gleich k. Da der Luftwiderstand von nun an nicht mehr steigt, so bleibt die Beschleunigung Null, und die Fallbewegung verläuft von nun an gleichförmig, mit der Grenzgeschwindigkeit k. Es fragt sich jetzt, nach wieviel Sekunden tritt diese gleichförmige Bewegung ein?

Aus der letzten Gleichung folgt:
$$dt = \frac{k^2 dv}{g(k^2 - v^2)} = \frac{k^2}{g} \frac{dv}{(k-v)(k+v)} = \frac{k}{2g}\left(\frac{dv}{k-v} + \frac{dv}{k+v}\right).$$

Setzt man zur Abkürzung $(g/k) = \alpha$ und integriert, so erhält man, wenn für $t=0$ auch $v=0$ ist, d. h. wenn der fallende Körper keine Anfangsgeschwindigkeit hat:

$$t = \frac{k}{2g}\ln\frac{k+v}{k-v} \quad \text{oder} \quad v = k\frac{e^{2\alpha t}-1}{e^{2\alpha t}+1} = k\frac{1-e^{-2\alpha t}}{1+e^{-2\alpha t}} = k\cdot\mathfrak{Tg}\,\alpha t.$$

Solange $v < k$, ist (dv/dt) positiv, d. h. die Fallgeschwindigkeit nimmt zu; sie erreicht aber nach der letzten Gleichung den Wert k erst für $t = \infty$. Während des Herabfallens ist also die Geschwindigkeit stets kleiner als k und strebt diesem Grenzwert allmählich zu. Tatsächlich kann dieser schon nach einer endlich großen Fallzeit sehr nahe erreicht werden, und zwar um so früher, je größer α ist.

Aus der letzten Gleichung folgt mit $v = ds/dt$

$$ds = k\frac{e^{2\alpha t}-1}{e^{2\alpha t}+1}\,dt,$$

woraus durch Integration

$$s = \frac{k^2}{g}\ln(e^{\alpha t} + e^{-\alpha t}) + C;$$

da aber für $t=0$ auch $s=0$, so hat man

$$0 = \frac{k^2}{g}\cdot\ln 2 + C$$

und damit

$$s = \frac{k^2}{g}\ln\frac{e^{\alpha t}+e^{-\alpha t}}{2}$$

und nach t aufgelöst

$$t = \frac{k}{g}\ln\left(e^{\frac{gs}{k^2}} + \sqrt{e^{\frac{2gs}{k^2}}-1}\right).$$

Die noch fehlende Beziehung zwischen v und s erhält man mit Hilfe des Satzes von der Arbeit wie folgt:

$$\tfrac{1}{2}\cdot m(v+dv)^2 - \tfrac{1}{2}mv^2 = m\cdot g\cdot ds - W\cdot ds = mg\cdot ds\left(1-\frac{v^2}{k^2}\right)$$

oder

$$v\cdot dv = \frac{g}{k^2}(k^2 - v^2)\cdot ds; \qquad ds = \frac{k^2}{g}\frac{v\,dv}{k^2-v^2}.$$

Integriert

$$s = \frac{k^2}{2g}\ln\frac{k^2}{k^2-v^2}.$$

Diese Gleichungen liefern nur dann Zahlenwerte, die mit der Wirklichkeit übereinstimmen, wenn das quadratische Luftwiderstandsgesetz gilt.

§ 29. Geradlinige Bewegung im widerstehenden Mittel.

166. Fallschirm. Ein hierher gehöriges Beispiel ist der niedersinkende Fallschirm. Der Durchmesser eines solchen sei $= 6$ m und das Gesamtgewicht mg von Insassen und Schirm $= 100$ kg.

In diesem Falle darf man unbedingt, da es sich selbstverständlich um geringere Geschwindigkeiten handelt, wieder das Newtonsche Luftwiderstandsgesetz anwenden und setzen wie früher

$$W = \psi \cdot \gamma \cdot F \cdot \frac{v^2}{g},$$

wobei g die Beschleunigung der Schwere $= 9{,}81$ m/sek², γ das Gewicht eines Kubikmeters Luft $= 1{,}29$ kg; $F = \dfrac{6^2 \pi}{4}$ und $\psi = 0{,}66$. Damit wird nach **165** die Endgeschwindigkeit

$$k = \sqrt{\frac{mg^2}{\psi \gamma F}} = \sqrt{\frac{9{,}81 \cdot 100 \cdot 4}{0{,}66 \cdot 1{,}29 \cdot 6^2 \cdot \pi}} = 6{,}37 \ [\text{m/sek}].$$

Danach dürfte die Brauchbarkeit des angegebenen Fallschirmes zu beurteilen sein.

167. Im Wasser niedersinkende Körper. Bei einem Stein, der im Wasser vertikal niedersinkt, darf der Auftrieb des Wassers nicht vernachlässigt werden. Ist γ das Gewicht eines Kubikmeters Wasser und γ_1 das Gewicht eines Kubikmeters Stein, ferner V der Rauminhalt des Steines, so ergibt sich bekanntlich als Auftrieb A des Wassers: $A = \gamma \cdot V$ und als Gewicht des Steines $Q = \gamma_1 \cdot V$. Demgemäß wirkt am Stein eine vertikal abwärts gerichtete treibende Kraft

$$P = Q - A = V(\gamma_1 - \gamma) = V \cdot \gamma'.$$

Bezeichnet man des weiteren mit W den vertikal aufwärts gerichteten Widerstand des Mittels, so erhält man als Beschleunigungskraft

$$m \cdot \frac{dv}{dt} = P - W = V \cdot \gamma' - \psi_1 \cdot \gamma \cdot F \cdot \frac{v^2}{2g}.$$

Um die Grenzgeschwindigkeit $v = k$ zu finden, der der niedersinkende Stein zustrebt, hat man die gleiche Überlegung anzustellen, wie in **165**, d. h. man hat die rechte Seite der vorigen Gleichung gleich Null zu setzen und erhält:

$$V \cdot \gamma' = \psi_1 \cdot \gamma \cdot F \cdot \frac{k^2}{2g},$$

woraus
$$k = \sqrt{\frac{2g \cdot V \cdot \gamma'}{\psi_1 \cdot F \cdot \gamma}}$$

oder, wenn es sich um eine Kugel vom Halbmesser r handelt:

$$k = \sqrt{\frac{8 \cdot r \cdot g \cdot \gamma'}{3 \cdot \psi_1 \cdot \gamma}}.$$

290 Dynamik des materiellen Punktes. Beispiele zur geradlinigen Bewegung

Nehmen wir jetzt an, daß zwei Kugeln aus Stein von gleichem spezifischem Gewichte γ_1, aber verschiedener Größe gleichzeitig im Wasser herabfallen, so ersehen wir aus

$$k = \sqrt{r\left(\frac{8 \cdot g \cdot \gamma'}{3\,\psi_1 \cdot \gamma}\right)},$$

daß bei der größeren Kugel die Endgeschwindigkeit k sich größer zeigt als bei der kleineren, woraus geschlossen werden kann, daß die größere Kugel im Wasser schneller vorankommt, als die kleinere. Wären dagegen die beiden Kugeln gleich groß, aber von verschiedenem spezifischem Gewicht gewesen, so hätte man zweckmäßigerweise geschrieben:

$$k = \sqrt{\gamma'\left(\frac{8\,r\,g}{3\,\psi_1\,\gamma}\right)},$$

und daraus entnommen, daß die Endgeschwindigkeit k bei der spezifisch schwereren Kugel größer ausfällt, als bei der leichteren, daß also die schwereren Kugeln den leichteren voraneilen.

Diese Tatsachen verwertet man beim **Schlämmen** von Materialien und beim **Aufbereiten der Erze**. Beim Schlämmen werden Körper von einerlei Dichte und verschiedenem Volumen dadurch sortiert, daß man das Gemenge in einen mit Wasser gefüllten Behälter wirft, wobei die größten Stücke zuerst den Boden des Behälters erreichen und sich hier ansammeln, während nach oben das Kaliber der abgesetzten Stücke immer mehr abnimmt. Beim Aufbereiten der Erze dagegen werden Stücke von möglichst gleichem Korn hergestellt und alle zusammen gleichzeitig ins Wasser geworfen. Ist dann Ruhe eingetreten, so zeigen sich am Boden die spezifisch schwersten Stücke abgelagert.

§ 30. Widerstand der Straßen- und Schienenfahrzeuge.

168. Die Bestandteile des Bewegungswiderstandes. Soll ein auf ebener Straße stehendes Räderfuhrwerk in Bewegung gesetzt werden, so muß die bewegende Kraft P auf einen gewissen Wert $P = W$ gesteigert werden, ehe die Bewegung beginnt. Diese Kraft ist dem an der Gleichgewichtsgrenze auftretenden Bewegungswiderstand W gleich und entgegengesetzt. Die Kraft dient zur Überwindung des Rollwiderstandes zwischen Rad und Boden und zur Überwindung der Zapfenreibung.

Auf Schienen ist der Rollwiderstand bedeutend kleiner als auf einer Straße, und auf dieser von dem Material und dem Zustand der Straße abhängig.

Befindet sich das Fahrzeug auf ebener Straße oder ebenem Gleis in geradlinig gleichförmiger Bewegung, so tritt zu den vorigen

§ 30. Widerstand der Straßen- und Schienenfahrzeuge. 291

Widerständen der Luftwiderstand hinzu; auf einer Steigung der Steigungswiderstand, und wenn ein Schienenfahrzeug gleichförmig durch eine Kurve fährt, der Kurvenwiderstand.

Schließlich ist während des Anfahrens noch der Trägheitswiderstand der bewegten Massen zu überwinden.

In der Fahrzeugtechnik pflegt man den Widerstand in Kilogramm auszudrücken, bezogen auf 1 t Fahrzeuggewicht. Wir schließen uns dieser Übung an.

a) **Roll- und Zapfenreibungswiderstand.** Ein Rad sei mit Q belastet, welche Last an der oberen Schale des Gleitlagers vom Durchmesser d angreift. Seitlich wirkt auf dieses Lager die treibende Kraft Z. Die Reaktionen sind: der am Hebelarm der Rollreibung tätige Normalwiderstand, das Zapfenreibungsmoment und die Tangentialkomponente des Rollwiderstandes $T = Z$; die Momentengleichung im Beharrungs-, d. h. Gleichgewichtszustand lautet mit Benützung von Gl. (23) und (21):

$$W \cdot r = Z \cdot r = Qf + M = Qf + \mu' Q r_z$$
$$Z_1 = Z = W = \left(\frac{f}{r} + \mu' \frac{r_z}{r}\right) \cdot Q = k \cdot Q.$$

Der Reibungskoeffizient μ' ist bei Ruhe und Bewegung verschieden. Meist sieht man davon ab, die eingeklammerten Größen dem Einzelfall entsprechend einzusetzen, man faßt sie vielmehr in einen einzigen Koeffizienten k summarisch zusammen, den Widerstand, der beim Fortbewegen von 1 t Fahrzeuggewicht entsteht. Man kann k experimentell bestimmen, indem man das zu untersuchende Fahrzeug von einem andern schleppen läßt und die Kraft im Schleppseil mit einem Dynamometer mißt. Werte von k, vgl. Hütte.

b) **Steigungswiderstand** auf einer schiefen Ebene mit Steigungswinkel α bzw. $s\tfrac{0}{00}$ Steigung.

Es ist

$$\operatorname{tg} \alpha = s/1000,$$

z. B. bei $7\tfrac{0}{00}$ ist $\operatorname{tg} \alpha = 7/1000 = 0{,}007$. Bei den üblichen Steigungen der Straßen pflegt α ein kleiner Winkel zu sein, für den $\operatorname{tg} \alpha$ und $\sin \alpha$ so gut wie gleich groß sind. Beim Befahren einer Steigung von $s\tfrac{0}{00}$ beträgt daher die längs der Steigung abwärts gerichtete Gewichtskomponente, der sog. Steigungswiderstand

$$Z_2 = Q \cdot \sin \alpha = Q \cdot \operatorname{tg} \alpha$$
$$= Q^{kg} \cdot s/1000 = Q^t \cdot s\tfrac{0}{00} \; [\text{kg}].$$

Die Zugkraft bei Aufwärts- bzw. Abwärtsfahrt ist zufolge a) und b) zusammen in kg

$$\left(k \pm s\tfrac{0}{00}\right) \cdot Q^t \; [\text{kg}].$$

19*

292 Dynamik des materiellen Punktes. Beispiele zur geradlinigen Bewegung.

c) Der **Kurvenwiderstand** kann durch Anlaufen der Spurkränze, besonders desjenigen der vordersten unverschieblich gelagerten Achse, der sog. führenden Achse, und durch Seitwärtsgleiten (Schlingern) des Fahrzeuges verursacht werden. Ferner hat bei der Kurvenfahrt das dem Krümmungsmittelpunkt näher gelegene Rad einen kleineren Weg zu machen als das außen gelegene. Beim Automobil wird dies durch das sog. Ausgleichgetriebe (Differential) ermöglicht, bei konischen Rädern durch Selbsteinstellung der erforderlichen Laufkreisdurchmesser, vielfach durch lose auf der Achse steckende Räder. Wo derartiges fehlt, ist bei der Kurvenfahrt reines Rollen ausgeschlossen, das Gleiten aber vermehrt den Widerstand und verursacht außerdem Abnützung. In Eisenbahnfachkreisen rechnet man nach der auf Grund von Versuchen aufgestellten Formel

$$z_3 = \frac{650}{r-55} \; [\mathrm{kg/t}],$$

wo r [m] den Krümmungshalbmesser der Gleismitte bedeutet.

d) Der **Luftwiderstand.** Theoretisch begründete Formeln liegen nicht vor. Die Experimentatoren haben ihre Ergebnisse in empirische Formeln gekleidet, die vielfach auf die Form $a \cdot V + b \cdot V^2$ gebracht sind. v. Borries und Leitzmann geben auf Grund eigener Versuche und der Versuche der Studiengesellschaft für Schnellbahnen (Z. Ver. deutsch. Ing. 1904, S. 810) an:
für neuere Schnellzuglokomotiven:

$$z_4' = 0{,}27 \left(\frac{V}{10}\right) + \frac{6{,}4}{G^t}\left(\frac{V}{10}\right)^2 \; [\mathrm{kg/t}],$$

wo G [t] das Lokomotivgewicht und V [km/std] die Fahrgeschwindigkeit ist;
für den Wagenzug:

$$z_4'' = +\,0{,}12\left(\frac{V}{10}\right) + 0{,}03\left(\frac{V}{10}\right)^2 \; [\mathrm{kg/t}].$$

Bezüglich weiterer Angaben vgl. Eisenbahntechnik, Bd. I, S. 111.

Beispiel: Eine Schnellzuglokomotive von 88 [t] Dienstgewicht soll einen Zug von 250 [t] auf wagrechter Bahn mit 100 [km/std] Geschwindigkeit befördern. Wie groß ist der Fahrwiderstand?

Unter Benützung der in Eisenbahnkreisen üblichen Koeffizienten ist, wenn die Widerstände unter a) und d) zusammengenommen werden:

§ 31. Anlauf und Auslauf einer geradlinigen Bewegung.

$$z' = 4 + 0{,}27 \left(\frac{100}{10}\right) + \frac{6{,}4}{88} \left(\frac{100}{10}\right)^2 = 14 \; [\text{kg/t}]$$

$$z'' = 1{,}5 + 0{,}12 \left(\frac{100}{10}\right) + 0{,}03 \left(\frac{100}{10}\right)^2 = 5{,}7 \; [\text{kg/t}].$$

Gesamtwiderstand $14 \cdot 88 + 5{,}7 \cdot 250 = 1230 + 1420 = 2650$ kg.
Nutzleistung der Lokomotive nach Gl. (77):

$$N_e = \frac{2650 \cdot 100}{270} = \text{rd. } 1000 \; [\text{PS}].$$

§ 31. Anlauf und Auslauf einer geradlinigen Bewegung. Arbeit und Leistung hierbei.

169. Beispiel. Ein Eisenbahnzug, Straßenbahnwagen, Automobil, Fahrstuhl oder Förderkorb können in erster Annäherung als Massenpunkte betrachtet werden, wenn das Anfahren oder Bremsen verfolgt werden soll. Der Überschuß P der Maschinenzugkraft an den Triebradumfängen über die Fahrwiderstände ist zur Beschleunigung der in Gang zu setzenden Masse verfügbar. Wir wollen voraussetzen, es sei die Beschleunigungskraft beim Anfahren konstant. Man kann dann nach der Anfahrzeit t_1 und dem Anfahrweg s_1 fragen vom Beginn des Anfahrens bis zur Erreichung einer vorgeschriebenen Höchstgeschwindigkeit v_1, ferner nach der Anfahrarbeit und -leistung, sofern diese lediglich zur Massenbeschleunigung dienen. Die Arbeit und Leistung zum Überwinden der Fahrwiderstände werden nach den Angaben in **168** für sich ermittelt.

Die Bremsverzögerung darf für die Insassen eines Fahrzeuges nicht unangenehm werden und wird aus diesem Grund zu $b \leq 0{,}8$ [m/sek^2] gewählt. Die Anfahrbeschleunigung ist mit Rücksicht auf wirtschaftliche Gründe zu wählen; je größer die Anfahrbeschleunigung, desto größer die Anfahrleistung, und diese soll nicht zu groß werden im Vergleich zur Leistung im Beharrungszustand, weil sonst die Antriebmaschine zu teuer wird und mit schlechtem mechanischem Wirkungsgrad arbeitet. Bei Dampflokomotiven findet man eine Anfahrbeschleunigung von $b = 0{,}4$ [m/sek^2], bei elektrischen Lokomotiven bis $b = 0{,}6$ [m/sek^2].

Wir beantworten die gestellten Fragen für den einfachen Fall einer gleichförmig beschleunigten Anfahrbewegung. Nach dem dynamischen Grundgesetz ist:

$$P = m \cdot b.$$

Die Anfahrzeit t_1 ergibt sich aus Gl. (94) [v_1 Höchstgeschwindigkeit nach t_1 sek]

$$v_1 = b t_1 \quad \text{zu} \quad t_1 = v_1/b,$$

294 Dynamik des materiellen Punktes. Beispiele zur geradlinigen Bewegung.

ferner der Anfahrweg aus Gl. (94) oder aus Gl. (110)

$$s_1 = \frac{v_1^2}{2b} = \frac{1}{2}\frac{m}{P}v_1^2 \quad \ldots \ldots \ldots (118)$$

Zur Berechnung der Anfahrleistung N_b, die allein zur Massenbeschleunigung gebraucht wird, ist für konstante Beschleunigungskraft während des Anfahrens:

$$N_b = \frac{P \cdot v}{75} = \frac{mbv}{75} \text{ [PS]} \quad \ldots \ldots (119)$$

also bei Erreichen der Höchstgeschwindigkeit v_1:

$$max N_b = \frac{mbv_1}{75} = \frac{Pv_1}{75} \quad \ldots \ldots \ldots (119a)$$

Sobald v_1 erreicht ist, ist die Anfahrbeschleunigung Null und damit $N_b = 0$.

Beispiel: Ein Zug der elektrischen Untergrundbahn hat 70 t Zuggewicht und soll mit $b = 0,7$ [m/sek²] auf 50 [km/std] = 13,9 [m/sek] beschleunigt werden.

Anfahrzeit: $t_1 = 13,9 : 0,7 = 19,85$ sek.
Anfahrweg: $s_1 = 13,9^2 / 2 \cdot 0,7 = 138$ m.
Anfahrleistung: $N_b = \dfrac{70000 \cdot 0,7 \cdot 13,9}{9,81 \cdot 75} = 930$ PS.

Ebenso wird der Bremsvorgang verfolgt.

170. Zeitdiagramm der Leistung. Die Elektriker verwenden registrierende Wattmeter, Zeitindikatoren der Leistung, in denen die Leistung in Funktion der Zeit fortlaufend verzeichnet wird.

Wirkt die Kraft P auf dem Weg ds in Richtung dieses Weges, so ist die Elementararbeit von P

$$dA = P \cdot ds.$$

Hierbei verstreicht die Zeit dt.

Die Leistung ist die in der Zeiteinheit verrichtete Arbeit, sie wird also erhalten, wenn man die Elementararbeit durch die Zeit dt dividiert; wird $ds/dt = v$ gesetzt, so ergibt sich aus letzter Gl.

$$\frac{dA}{dt} = P \cdot \frac{ds}{dt} = P \cdot v = L$$

$$dA = L \cdot dt$$

$$A = \int L \cdot dt = L_m \cdot \tau \quad \ldots \ldots \ldots (120)$$

Hierin bedeutet L_m die mittlere Leistung während der Zeit τ und wird durch Planimetrieren gefunden.

§ 32. Kinematisches. 295

13. Kapitel.
Krummlinige Bewegung eines materiellen Punktes.

§ 32. Kinematisches.

171. Entstehung einer krummlinigen Bewegung. Ein materieller Punkt bewegt sich ohne Einwirkung einer Kraft geradlinig und gleichförmig. Das ist der Inhalt des schon in 6 erläuterten Trägheitsgesetzes. Wird nun der materielle Punkt von einer Kraft ergriffen, die genau mit der Bewegungsrichtung zusammenfällt, so wird er beschleunigt oder verzögert, bewegt sich aber immer noch geradlinig, da er keinen Anlaß hat, aus seiner geraden Bahn herauszutreten. Dies geschieht erst unter dem Einfluß einer ablenkenden Kraft, die schief gegen die augenblickliche Bewegungsrichtung wirkt. Wir erkannten auch schon in **140** S. 245, daß eine krummlinige Bewegung stets mit einer Beschleunigung verknüpft sei, die mit der augenblicklichen Geschwindigkeit einen von 0^0 oder 180^0 verschiedenen Winkel bildet.

172. Geschwindigkeit und Beschleunigung einer ebenen krummlinigen Bewegung. Ehe wir uns den Kräften zuwenden, sind die geometrischen Bewegungsverhältnisse zu besprechen (Fig. 158).

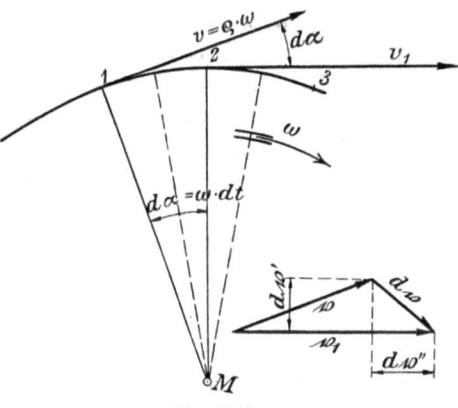

Fig. 158.

Ein Punkt bewege sich in einer ebenen Kurve und befinde sich zur Zeit t in 1 und zur Zeit $t + dt$ in 2, wobei er das Bogenelement ds durchläuft. Je kürzer man sich die Zeit dt denkt, um so mehr nimmt ds die Richtung an, die man die Tangente der Kurve im Punkt 1 nennt. Die augenblickliche Bewegungsrichtung fällt mit der Tangentenrichtung an die Bahn zusammen. Nach den Darlegungen auf S. 226 darf man die Geschwindigkeit innerhalb des denkbar kurzen Zeitelementes dt als gleichförmig ansehen, man erhält demnach für die Geschwindigkeit im Punkt 1

$$\mathfrak{v} = \frac{ds}{dt}.$$

Die augenblickliche Geschwindigkeit hat die Richtung der Tangente an die Bahnkurve. Sie kann als eine Strecke oder ein Vektor dargestellt werden, deren Pfeil die augenblickliche Bewegungsrichtung angibt, deren Richtung die Bahntangente ist und die um so länger gemacht wird, je größer die Geschwindigkeit ist, zu welchem Zweck man sich einen Geschwindigkeitsmaßstab willkürlich wählt.

Das auf $\overline{12}$ folgende Bogenelement $\overline{23}$ wird nun mit der Geschwindigkeit $v_1 = ds/dt$ durchlaufen und v_1 ist, wenn dt denkbar klein angenommen wird, von v nach Größe und Richtung verschieden, aber nur denkbar wenig, wir nennen $d\alpha$ den Winkel zwischen den beiden in 1 und 2 gezogenen „Nachbar"-Tangenten und $dv = v_1 - v$ ist die Änderung der Größe der Geschwindigkeit in dt sek. Die Mittellote über den denkbar kurzen Sehnen $\overline{12}$ und $\overline{23}$ schneiden sich im Krümmungsmittelpunkt M der Kurve; der Krümmungskreis, dessen Halbmesser ϱ sei, geht durch drei denkbar nahe Kurvenpunkte. Zwei Nachbarnormalen schließen den gleichen Winkel $d\alpha$ ein, wie die zwei zugehörigen Nachbartangenten, denn die erwähnten Mittellote werden schließlich bei denkbar kleinen ds zu Kurvennormalen. Bedeutet ω die augenblickliche Winkelgeschwindigkeit des Krümmungshalbmessers, so ist nach (63) und (87): $v = \varrho \omega$ und $d\alpha = \omega \cdot dt$.

Wir tragen nun die Geschwindigkeitsvektoren $\mathfrak{v}_1$ und $\mathfrak{v}$, die wir zum Unterschied von den absoluten Beträgen v_1 und v der Geschwindigkeit mit deutschen Buchstaben schreiben, in der Nebenfigur 158 von einem Punkt O aus ab. Dieser Figur zufolge hat sich die Geschwindigkeit in dt sek nach Größe und Richtung geändert, und zwar um $d\mathfrak{v}$; daher ist die Änderung der Geschwindigkeit in der Zeiteinheit, d. h. die Beschleunigung $\mathfrak{b}$, nach Größe und Richtung ausgedrückt durch

$$\mathfrak{b} = \frac{d\mathfrak{v}}{dt} \qquad \ldots \ldots \ldots (121)$$

Das ist wiederum eine durch einen Vektor darstellbare Größe.

Der Inhalt des Gesagten wird noch deutlicher, wenn wir $d\mathfrak{v}$ in zwei Komponenten längs der Bahn und senkrecht dazu zerlegen; ihre absoluten Größen seien dv' und dv''. dv' kann wegen der Kleinheiten von $d\alpha$ als Bogen um O mit Halbmesser v beschrieben, angesehen werden, weshalb $dv'' = v_1 - v$ und $dv' = v \cdot d\alpha$ gesetzt werden darf. dv'' ist demnach die Änderung der absoluten Größe der Geschwindigkeit in der Bahn in dt sek; die sekundliche Änderung beträgt somit

$$b_t = \frac{dv''}{dt} = \frac{d\left(\dfrac{ds}{dt}\right)}{dt} = \frac{d^2 s}{dt^2} \quad \ldots \ldots (122)$$

§ 32. Kinematisches. 297

sie wird **Bahnbeschleunigung** genannt. Sie hat die Richtung der Bahntangente und ist als Vektor darstellbar.

Die in die Richtung des Krümmungsradius oder der Kurvennormalen fallende und auf den Krümmungsmittelpunkt zu gerichtete Beschleunigungskomponente, die sog. **Zentripetalbeschleunigung** b_c ist anderseits

$$b_c = \frac{dv'}{dt} = \frac{v\,d\alpha}{dt} = \varrho\omega\cdot\omega = \varrho\omega^2 = \frac{v^2}{\varrho} \quad \ldots \quad (123)$$

Auch b_c ist als Vektor darstellbar. Die **Gesamtbeschleunigung** oder **Hauptbeschleunigung** ist nach **140** die Resultante der Bahnbeschleunigung und der Zentripetalbeschleunigung, oder mit der Ausdrucksweise der Vektorenrechnung (s. Anhang) die geometrische Summe des Vektors der Bahnbeschleunigung und des Vektors der Zentripetalbeschleunigung.

173. Deviation. Es ist nützlich, die Bewegung in der Kurve als das Ergebnis zweier gleichzeitiger Teilbewegungen aufzufassen, von denen die eine längs der Bahntangente erfolgt mit der augenblicklichen Geschwindigkeit v, während die andere sofort beschrieben wird. Wir betrachten die Elementarbewegung innerhalb der Zeit dt. Der bewegliche Punkt kommt in dieser Zeit tatsächlich um ds auf der Kurve vorwärts; wäre er anfänglich frei, so käme er lediglich unter dem Einfluß seiner momentanen Geschwindigkeit nach dem Beharrungsgesetz auf der Bahntangente um ein Stück $v\cdot dt$ weiter, das der **Beharrungsweg** genannt sei. Das Wegstück zwischen dem Endpunkt des Beharrungsweges und des tatsächlichen Weges wird als **Deviation** oder **Ablenkung** bezeichnet. Es kann nur unter dem Einfluß einer Kraft zurückgelegt werden, die während der denkbar kurzen Zeit dt

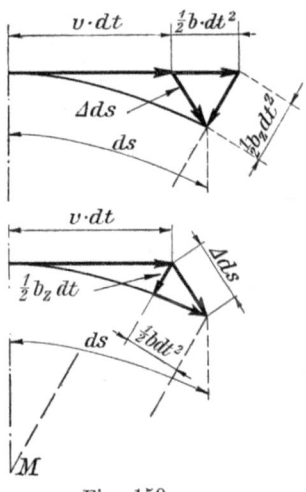

Fig. 159.

als nach Größe und Richtung konstant angesehen werden darf und eine gleichförmig beschleunigte Bewegung längs der Deviation zur Folge hat. Ist b_1 die Beschleunigung längs der Deviation, so ist der Weg in dt sek, d. h. eben die Deviation nach Gl. (94)

$$\Delta ds = \tfrac{1}{2} b_1 dt^2 \quad \ldots \ldots \ldots \quad (124)$$

Der Beharrungsweg und die Deviation geben nach der Parallelogrammregel (m. a. W. geometrisch addiert) den tatsächlichen Weg.

Es ist gelegentlich von Vorteil, die Deviation Δds aus den geometrischen Verhältnissen der Bewegung abzulesen; dann läßt sich die in Richtung der Deviation auftretende Beschleunigung b mit Hilfe der letzten Gleichung angeben. Diese Deviationsbeschleunigung ist mit der **Haupt-** oder **Gesamtbeschleunigung** einer krummlinigen Bewegung identisch, die tangential und normal zur Bahn in die Bahnbeschleunigung b und Zentripetalbeschleunigung b_z zerlegt werden kann.

Der Studierende mache sich klar, daß diese Zerlegung auf die beiden in Fig. 159 angedeuteten Arten ausführbar ist, ohne daß am Ergebnis etwas geändert wird.

Der tatsächliche Weg des beweglichen Punktes auf einer krummen Bahn kommt also zustande unter dem gleichzeitigen Einfluß der Bahngeschwindigkeit und der schief dazu gerichteten Deviations- oder Gesamtbeschleunigung.

Bei gleichförmiger Kreisbewegung ist nur die in Fig. 159 unten ersichtliche zentripetale Deviation vorhanden. Ihre Größe ergibt sich geometrisch wie folgt: Ist $d\varphi$ der sehr kleine Zentriwinkel bei M, so sind die Tangensstrecke $v \cdot dt$ und der Bogen $\varrho \cdot d\varphi$ der Länge nach gleich zu setzen. Die zentripetale Deviation ist dann $\sqrt{\varrho^2 - (\varrho\, d\varphi)^2} = \frac{1}{2}\varrho \cdot d\varphi\ldots$, sofern man bei der hierbei benützten Reihenentwicklung Glieder von höherer Ordnung der Kleinheit wegläßt. Es ist nun

$$\tfrac{1}{2}\varrho \cdot d\varphi^2 = \tfrac{1}{2}\varrho \left(\frac{d\varphi}{dt}\right)^2 \cdot dt^2 = \tfrac{1}{2}\varrho\,\omega^2\, dt^2.$$

Diese zentripetale Deviation ergibt sich in gleicher Größe, wenn man sie als das in dt sek zentripetal zurückgelegte Wegstück ansieht, das unter dem Einfluß einer nach Größe und Richtung innerhalb dt konstanten Zentripetalbeschleunigung sich ausbildet, wodurch die letztere Anschauungsweise als zulässig erwiesen ist.

174. Gleichförmige Kreisbewegung. Bei dieser ist die Winkelgeschwindigkeit ω und die Umfangsgeschwindigkeit v eines im Abstand r von der Drehachse befindlichen Punktes konstant, wobei nach Gl. (63) $v = r\omega$. Die Bahnbeschleunigung dv/dt des Punktes im Umfang ist Null und die Zentripetalbeschleunigung Gl. (123):

$$b_c = v^2/r = r\omega^2 = \frac{\pi^2 n^2 r}{900}\ [\text{m/sek}^2] \quad \ldots \quad (125)$$

Ist T sek die Umlaufzeit, also $\omega T = 2\pi$, so ist auch

$$b_c = \frac{4\pi^2 r}{T^2} \quad \ldots \ldots \quad (125\text{a})$$

Beispiel: Die Kurbelzapfenmitte der Kurbelwelle eines Automobilmotors von 150 mm Hub und 1600 Umdr. i. d. Min. hat eine Umfangsgeschwindigkeit

$$v = 2r\pi n/60 = 0{,}15\,\pi \cdot 1600/60 = 12{,}56\ \text{m/sek}$$

und eine Zentripetalbeschleunigung

$$b_c = v^2/r = 12{,}56^2/0{,}075 = 2100\ [\text{m/sek}^2].$$

§ 32. Kinematisches.

Beispiel: Wie groß ist die Zentripetalbeschleunigung der Erde, wenn angenähert angenommen wird, sie bewege sich gleichförmig um die Sonne in einem Kreis von 148,7 Millionen [km] Radius und die Umlaufzeit betrage $365\tfrac{1}{4}$ Tage

$$365,25 \text{ Tage} = 365,25 \cdot 24 \cdot 60 \cdot 60 \text{ [sek]}.$$

Nach Gl. (125a) ist

$$b_c = \frac{4\pi^2 \cdot 148\,700\,000 \cdot 1000}{365,25^2 \cdot 24^2 \cdot 60^2 \cdot 60^2} = 0,00587 \text{ [km/sek}^2\text{]}.$$

Umfangsgeschwindigkeit in der Erdbahn $u = 29,5$ [km/sek].

175. Hodograph und Beschleunigung. Für jede Bewegung eines Punktes, mag sie sich frei oder auf vorgeschriebener Bahn abspielen, kann man die Nebenfigur 158 für beliebige Zeitpunkte oder Stellen der Bewegung zeichnen und in der angegebenen Weise die Gesamtbeschleunigung ableiten. Um das auszuführen, ermittelt man die Geschwindigkeit (bei einem zwangläufigen Mechanismus werden wir ein geeignetes Verfahren noch kennen lernen) an genügend vielen Bahnstellen und trägt sie als Strecken oder Vektoren von einem Punkt aus ab. Durch die Endpunkte der Geschwindigkeitsstrecken kann sodann ein stetiger Linienzug gelegt werden, der sog. Hodograph, der über die zeitliche Änderung der Geschwindigkeit nach Größe und Richtung anschauliche Auskunft gibt. Der Geschwindigkeitsvektor bewegt sich am Hodographen hin wie ein Zeiger von veränderlicher Länge und Winkelgeschwindigkeit. Verfolgt man diese Zeigerbewegung während einer kurzen Zeit Δt, wobei die Anfangs- und Endlage des Geschwindigkeitsvektors ein kurzes hinreichend gerades Stück des Hodographen von der Länge Δv (am Geschwindigkeitsmaßstab abzulesen) begrenzt, so ist $\Delta v/\Delta t$ angenähert die Gesamtbeschleunigung im betrachteten Zeitpunkt nach Größe und Richtung. Nimmt man noch die Komponenten längs der Bahn, d. h. längs des Geschwindigkeitsvektors (am besten des mittleren während Δt), so erhält man auch die Bahn- und Zentripetalbeschleunigung.

Der Studierende leite mit Hilfe des Hodographen die Zentripetalbeschleunigung einer gleichförmigen Kreisbewegung ab.

176. Räumliche Bewegung eines Punktes. Nachdem wir aus 172 über die ebene Bewegung Bescheid wissen, kann die Bewegung in einer Raumkurve rasch erledigt werden. Durch drei nahe beieinander liegende Kurvenpunkte wird eine Ebene gelegt. Läßt man die Punkte näher und näher zusammenrücken, so strebt die Ebene einer Stellung zu, die man die Schmiegungsebene der Bahn nennt. Innerhalb eines Zeitelementes dt bewegt sich daher der Punkt in der Schmiegungsebene und es gilt von dieser Elementarbewegung genau das in **172** über eine ebene Bewegung Ausgeführte: Ist v die augenblickliche Geschwindigkeit und ϱ der Krümmungshalbmesser der Bahn in der Schmiegungsebene, so ist die **Bahnbeschleunigung** $b_t = dv/dt = d^2s/dt^2$ und die **Zentripetalbeschleunigung** $b_c = v^2/\varrho = \varrho\omega^2$, wenn ω die augenblickliche Winkelgeschwindigkeit des Krümmungshalbmessers ist. Die Resultante aus beiden Beschleunigungen ist die schief zur Bewegungsrichtung oder Bahntangente gerichtete **Haupt-** oder **Gesamtbeschleunigung**. Auch diese liegt in der Schmiegungsebene.

Ist die Zeit-Weg-Gleichung (129) $s = f(t)$ des bewegten Punktes bekannt, so erhält man aus ihr durch Ableiten nach t die Bahngeschwindigkeit $v = ds/dt$ und durch nochmaliges Ableiten die Bahnbeschleunigung $b_t = dv/dt = d^2s/dt^2$; ferner auch die Zentripetalbeschleunigung $b_c = v^2/\varrho$, sofern man noch mit Hilfe einer geometrischen Betrachtung den Krümmungshalbmesser der Bahn gesucht hat. Da b_t und b_c senkrecht aufeinander stehen, so erhält man die Resultante, die Gesamtbeschleunigung b, zu $b = \sqrt{b_t^2 + b_c^2}$.

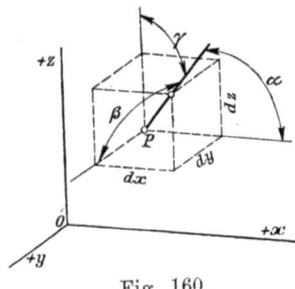

Fig. 160.

Man kann jedoch die räumliche Bewegung des materiellen Punktes nach **138** auch durch Projektion auf die drei Achsen eines rechtwinkligen xyz-Koordinatensystems ausdrücken. Die Bewegung erscheint dann in drei Seitenbewegungen zerlegt:

$$x = \varphi(t) \qquad y = \chi(t) \qquad z = \psi(t). \quad \ldots \quad (98)$$

Zur Zeit t befinde sich der materielle Punkt in A (Fig. 160) und zur Zeit $t + dt$ in A'; die Koordinaten beider Punkte sind (x, y, z) bzw. $(x + dx, y + dy, z + dz)$, wobei dx, dy, dz die in dt sek vom materiellen Punkt durchlaufenen Projektionswege sind. Sind ferner α, β, γ die Winkel der augenblicklichen Bewegungsrichtung, m. a. W. die Winkel zwischen dem Kurvenelement ds und den drei Koordinatenachsen, so ist

$$dx = ds \cdot \cos\alpha; \quad dy = ds \cdot \cos\beta; \quad dz = ds \cdot \cos\gamma.$$

Durch Division mit dt oder Ableiten der Gl. (98) nach t erhält man

$$\frac{dx}{dt} = \frac{ds}{dt} \cdot \cos\alpha; \quad \frac{dy}{dt} = \frac{ds}{dt} \cdot \cos\beta; \quad \frac{dz}{dt} = \frac{ds}{dt} \cdot \cos\gamma$$

$$v_x = v \cdot \cos\alpha; \quad v_y = v \cdot \cos\beta; \quad v_z = v \cdot \cos\gamma \quad . \quad (126)$$

§ 33. Fortsetzung mit Beiziehung des dynamischen Grundgesetzes.

das ist der aus **140** bekannte Satz: die Geschwindigkeit der Projektion eines bewegten Punktes ist gleich der Projektion der Geschwindigkeit.

Man erhält ferner
$$v = \sqrt{v_x^2 + v_y^2 + v_z^2}.$$

Die Beschleunigungen der drei Seitenbewegungen erhält man durch Ableiten von $v_x = dx/dt$ usf. nach t. Diese Seitenbeschleunigungen $b_x b_y b_z$ sind die Komponenten der Gesamt- oder Hauptbeschleunigung b nach den drei Koordinatenachsen; $\lambda \mu \nu$ seien die Richtungswinkel der Gesamtbeschleunigung gegenüber den Koordinatenachsen. Man erhält dann

$$\left.\begin{aligned}b_x &= \frac{dv_x}{dt} = \frac{d^2x}{dt^2} = b \cdot \cos \lambda \\ b_y &= \frac{dv_y}{dt} = \frac{d^2y}{dt^2} = b \cdot \cos \mu \\ b_z &= \frac{dv_z}{dt} = \frac{d^2z}{dt^2} = b \cdot \cos \nu \\ b &= \sqrt{b_x^2 + b_y^2 + b_z^2}\end{aligned}\right\} \quad \ldots \ldots (127)$$

Die Hauptbeschleunigung b darf nicht mit der Bahn- oder Tangentialbeschleunigung b_t verwechselt werden; b ist vielmehr die Resultante aus der Bahnbeschleunigung b_t und der Zentripetalbeschleunigung b_c.

§ 33. Fortsetzung mit Beiziehung des dynamischen Grundgesetzes.

177. Die Beschleunigungskraft der krummlinigen Bewegung. Tangentialkraft, Zentripetalkraft. Jede Beschleunigung schreiben wir der Wirkung einer Kraft zu, gleichviel ob sie nur die Größe der Geschwindigkeit ändert, oder nur ihre Richtung, oder beides zugleich. Nach dem dynamischen Grundgesetz ist die Beschleunigung eines materiellen Punktes der beschleunigenden Kraft proportional und die Beschleunigungskraft wird erhalten, indem man die Beschleunigung mit der Masse m des bewegten Punktes multipliziert: $P = m \cdot b$.

Bei der krummlinigen Bewegung eines materiellen Punktes sagen wir demgemäß, die Haupt- oder Gesamtbeschleunigung b und ihre Komponenten, die Bahn- oder Tangentialbeschleunigung, seien durch eine Beschleunigungskraft $P = m \cdot b$, oder durch deren Komponenten, nämlich durch eine Tangentialkraft $T = m \cdot (dv/dt)$
und eine Zentripetalkraft $N = m \cdot v^2/\varrho = m \cdot r \omega^2$

verursacht. Diese Beschleunigungskräfte haben die gleiche Richtung und den gleichen Richtungssinn wie die Beschleunigungen und sind wie diese gerichtete Größen und durch Vektoren oder Strecken darstellbar.

Die Beschleunigungskraft und ihre Komponenten, die Tangential- und Zentripetalkraft liegen in der Schmiegungsebene der Bahn des bewegten Punktes. Von der **Tangentialkraft** kann man sagen, sie ändere die Größe der Geschwindigkeit, von der Zentripetalkraft dagegen, sie ändere die **Richtung** der Geschwindigkeit und bewirke damit die Krümmung der Bahn.

Ist z. B. die Tangentialkraft stets Null, so ist $dv/dt = 0$ und $v = $ konst., d. h. die Bewegung in der Bahn gleichförmig; die Beschleunigungskraft besteht nur noch in der Zentripetalkraft, ist also stets normal zur Bahnlinie gerichtet. Schwingt man eine Masse, die an einer Schnur befestigt ist, gleichförmig im Kreis herum und sieht der Einfachheit halber vom Gewicht und vom Luftwiderstand ab, so wirkt keine Tangentialkraft auf die Masse ein, sondern ganz allein die gleich große Schnurspannung; das ist die stets gegen das Zentrum der Kreisbewegung gerichtete Zentripetalkraft, die man mit der Schnur auf die Masse ausübt, wodurch man diese zwingt, fortwährend in gleicher Weise ihre Richtung zu ändern, d. h. eine Kreisbahn zu beschreiben. Ist anderseits die Zentripetalkraft stets Null, so ist $v^2/\varrho = 0$, d. h. $\varrho = \infty$, die Bahn ist **gerade**. Damit ist schon früher Gesagtes in anderer Fassung zum Ausdruck gebracht worden.

Den Satz „die Beschleunigung der Projektion ist gleich der Projektion der Beschleunigung" kann man mit Rücksicht auf das dynamische Grundgesetz wie folgt ausdrücken: Die Beschleunigungskraft der Projektion ist gleich der Projektion der Beschleunigungskraft.

178. Die Eulersche Methode der Behandlung einer krummlinigen Bewegung. Diese beruht lediglich in der Verwertung der Tatsache, daß die Beschleunigungskraft stets in der Schmiegungsebene der Bahnlinie wirkt und in die Komponenten

$$T = m \cdot (dv/dt); \qquad N = mv^2/\varrho = mr\omega^2$$

zerlegt werden kann.

Die Eulersche Methode läßt sich besonders dann mit Vorteil verwenden, wenn die **Bewegung gegeben und die Beschleunigungskraft gesucht ist.**

179. Die Mac Laurinsche Methode. Diese beruht auf der Zerlegung der Beschleunigungskraft nach den drei Achsen eines rechtwinkligen Koordinatensystemes. Weg, Geschwindigkeit und Be-

§ 33. Fortsetzung mit Beiziehung des dynamischen Grundgesetzes. 303

schleunigung des bewegten Punktes werden auf die drei Koordinatenachsen projiziert, was in **176** gezeigt wurde. Die Hauptbeschleunigung und damit auch die Beschleunigungskraft schließt mit den Koordinatenachsen die Winkel $\lambda\mu\nu$ ein; die Beschleunigungskraft P habe ferner die Komponenten XYZ, so daß

$$X = P \cdot \cos \lambda, \qquad Y = P \cdot \cos \mu, \qquad Z = P \cdot \cos \nu.$$

Durch Erweitern der Gl. (127) mit der Masse m des materiellen Punktes erhält man für die Komponenten der Beschleunigungskraft

$$\left.\begin{aligned}
X &= P \cdot \cos \lambda = m \cdot b_x = m \cdot \frac{dv_x}{dt} = m \cdot \frac{d^2 x}{dt^2} \\
Y &= P \cdot \cos \mu = m \cdot b_y = m \cdot \frac{dv_y}{dt} = m \cdot \frac{d^2 y}{dt^2} \\
Z &= P \cdot \cos \nu = m \cdot b_z = m \cdot \frac{dv_z}{dt} = m \cdot \frac{d^2 z}{dt^2}
\end{aligned}\right\} \quad \ldots \quad (128)$$

Die Mac Laurinsche Methode empfiehlt sich namentlich in den Fällen, in denen die beschleunigende Kraft gegeben und die stattfindende Bewegung gesucht ist.

Kennt man nämlich in jedem Augenblick die Beschleunigungskraft P, so zerlegt man P in die Komponenten XYZ nach den Koordinatenachsen und bestimmt durch Integration der Gl. (128) die Bewegungen der Projektionen; hat man so $x = \varphi(t);\ y = \chi(t);\ z = \psi(t)$ gefunden, so erhält man durch Elimination von t die 2 Gleichungen der Bahnlinie im Raum.

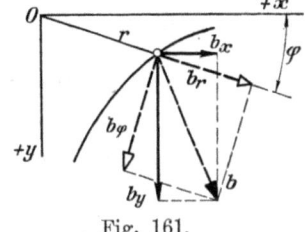

Fig. 161.

180. Einführung von Polarkoordinaten bei einer ebenen krummlinigen Bewegung. Zuweilen ist es von Nutzen, statt der rechtwinkligen Koordinaten (x, y) Polarkoordinaten (r, φ) in bezug auf einen Punkt oder Pol O einzuführen (Fig. 161). Zwischen beiden besteht die Beziehung:

$$x = r \cdot \cos \varphi \quad \text{und} \quad y = r \cdot \sin \varphi.$$

Es sollen Geschwindigkeit und Beschleunigung längs des Fahrstrahles und senkrecht dazu in Polarkoordinaten ausgedrückt werden. In dt sek wächst der Radius r um dr und durchläuft den Winkel $d\varphi$ im Bogenmaß, gleichzeitig wird vom bewegten Massenpunkt die Sehne ds zurückgelegt, wobei nach Fig. 161

$$ds^2 = r^2 \cdot d\varphi^2 + dr^2$$

nach Division mit dt wird

$$\left(\frac{ds}{dt}\right)^2 = r^2 \cdot \left(\frac{d\varphi}{dt}\right)^2 + \left(\frac{dr}{dt}\right)^2.$$

Links steht die Bahngeschwindigkeit v, rechts ihre nach dem Radiusvektor und senkrecht dazu genommenen Komponenten $v_r = dr/dt$ und $v_\varphi = r \cdot (d\varphi/dt) = r \cdot \omega$, wenn ω die Winkelgeschwindigkeit des Radiusvektors ist.

Die Beschleunigung b des Massenpunktes sei in ihre rechtwinkligen Komponenten $b_x = dx/dt$ und $b_y = dy/dt$ und anderseits in ihre Komponenten b_r und b_φ längs r und senkrecht dazu, d. h. längs Bogen $r \cdot d\varphi$ zerlegt. Es sind b_r und b_φ gesucht. Durch Projektion von b_x und b_y auf die Richtung von b_r und b_φ ergibt sich nach Fig. 161

$$\left.\begin{aligned} b_r &= b_x \cdot \cos\varphi + b_y \cdot \sin\varphi = \frac{d^2 x}{dt^2} \cdot \cos\varphi + \frac{d^2 y}{dt^2} \cdot \sin\varphi \\ b_\varphi &= b_y \cdot \cos\varphi - b_x \cdot \sin\varphi = \frac{d^2 y}{dt^2} \cdot \cos\varphi - \frac{d^2 x}{dt^2} \cdot \sin\varphi \end{aligned}\right\}$$

Man hat nun die zwei Ableitungen von $x = r \cdot \cos\varphi$ und $y = r \cdot \sin\varphi$ nach t zu bilden

$$\frac{dx}{dt} = -r \cdot \sin\varphi \cdot \frac{d\varphi}{dt} + \frac{dr}{dt} \cdot \cos\varphi$$

$$\frac{dy}{dt} = r \cdot \cos\varphi \cdot \frac{d\varphi}{dt} + \frac{dr}{dt} \cdot \sin\varphi$$

$$\frac{d^2 x}{dt^2} = \frac{d^2 r}{dt^2} \cdot \cos\varphi - \frac{dr}{dt} \cdot \sin\varphi \cdot \frac{d\varphi}{dt} - r \cdot \sin\varphi \cdot \frac{d^2 \varphi}{dt^2}$$
$$\qquad - \frac{d\varphi}{dt}\left(r \cdot \cos\varphi \cdot \frac{d\varphi}{dt} + \frac{dr}{dt} \cdot \sin\varphi\right)$$

$$\frac{d^2 y}{dt^2} = \frac{d^2 r}{dt^2} \cdot \sin\varphi + \frac{dr}{dt} \cdot \cos\varphi \cdot \frac{d\varphi}{dt} + r \cdot \cos\varphi \cdot \frac{d^2 \varphi}{dt^2}$$
$$\qquad + \frac{d\varphi}{dt}\left(-r \cdot \sin\varphi \cdot \frac{d\varphi}{dt} + \frac{dr}{dt} \cdot \cos\varphi\right).$$

Setzt man die beiden letzten Werte in die Gleichung für b_r und b_φ ein, so erhält man nach Umformen:

$$\left.\begin{aligned} b_r &= \frac{d^2 r}{dt^2} - r\left(\frac{d\varphi}{dt}\right)^2 = \frac{d^2 r}{dt^2} - r \cdot \omega^2 = \ddot{r} - r\omega^2 \\ b_\varphi &= r \cdot \frac{d^2 \varphi}{dt^2} + 2 \frac{dr}{dt} \cdot \frac{d\varphi}{dt} = r \cdot \dot{\omega} + 2\,\dot{r} \cdot \omega \end{aligned}\right\} \quad (129)$$

§ 33. Fortsetzung mit Beiziehung des dynamischen Grundgesetzes. 305

Nun ist
$$\frac{d}{dt}\left(r^2\frac{d\varphi}{dt}\right) = r^2\frac{d^2\varphi}{dt^2} + \frac{d\varphi}{dt}\cdot 2r\cdot\frac{dr}{dt} = r(r\dot\omega + 2\dot r\cdot\omega)$$
womit
$$b_\varphi = \frac{1}{r}\frac{d}{dt}\left(r^2\cdot\frac{d\varphi}{dt}\right) \quad \ldots \ldots \quad (130)$$

Der Fahrstrahl r durchläuft in dt sek eine Sektorenfläche $\frac{1}{2}\cdot(r\cdot d\varphi)\cdot r$; die in der Zeiteinheit durchlaufene Sektorenfläche, die sog. **Flächengeschwindigkeit** oder **Sektorengeschwindigkeit** ist daher

$$\frac{df}{dt} = \frac{\frac{1}{2}\cdot r^2\cdot d\varphi}{dt} = \frac{1}{2}r^2\frac{d\varphi}{dt} = \frac{r^2\cdot\omega}{2} \quad \ldots \quad (131)$$

ihre Ableitung nach der Zeit kann **Sektoren-** oder **Flächenbeschleunigung** genannt werden; sie beträgt:

$$\frac{d^2f}{dt^2} = \frac{d}{dt}\left(\frac{1}{2}r^2\cdot\frac{d\varphi}{dt}\right) = \frac{1}{2}\frac{d}{dt}\left(r^2\frac{d\varphi}{dt}\right) = \frac{1}{2}\frac{d(r^2\omega)}{dt} \quad . \quad (132)$$

Die am materiellen Punkt angreifende Beschleunigungskraft erhält man durch Multiplikation der Beschleunigung mit der Masse m. Die Komponenten der Beschleunigungskraft, nach dem Fahrstrahl und senkrecht dazu genommen, sind daher:

$$P_r = m\cdot\frac{d^2r}{dt^2} - mr\omega^2; \quad P_\varphi = \frac{m}{r}\frac{d}{dt}\left(r^2\frac{d\varphi}{dt}\right) \quad . . \quad (133)$$

181. Zentralbewegung. Flächensatz der Zentralbewegung des materiellen Punktes. Geht die Beschleunigungskraft stets durch einen und denselben Punkt C hindurch, so nennt man C das **Zentrum** (Anziehungs- oder Abstoßungszentrum) und die Bewegung eine **Zentralbewegung**. Sie findet stets in einer Ebene statt, die durch die Anfangsgeschwindigkeit und das Zentrum gelegt wird. Bei einer Zentralbewegung empfiehlt es sich, Polarkoordinaten einzuführen und die in **180** entwickelten Formeln zu verwenden.

Wir können leicht eine allgemeine Eigenschaft der Zentralbewegung ableiten; da die Beschleunigungskraft (Zentralkraft) stets mit b zusammenfällt, so ist $b_\varphi = 0$ und damit auch die Flächenbeschleunigung gleich Null; daher ist die Flächengeschwindigkeit konstant:

$$\frac{df}{dt} = \frac{r^2}{2}\cdot\frac{d\varphi}{dt} = \frac{r^2\omega}{2} = c\,[\text{m/sek}], \quad \ldots \quad (131a)$$

d. h. der **Fahrstrahl durchstreicht in gleichen Zeiten gleiche Flächen**. (Flächensatz der Zentralbewegung.)

Ist umgekehrt bei einer ebenen Bewegung die Flächengeschwindigkeit konstant gefunden worden, so liegt eine Zentralbewegung vor und die Beschleunigungskraft geht immer durch ein Zentrum.

Fällt man vom Zentrum C das Lot $CD = l$ auf die in A gezogene Tangente an die Bahnkurve, so folgt aus der Ähnlichkeit der Dreiecke ACD und $A'AB$: (Fig. 162).

$$\frac{l}{r} = \frac{r\,d\varphi}{ds},$$

womit
$$\frac{ds}{dt} = \frac{1}{l} \cdot r^2 \cdot \frac{d\varphi}{dt}, \quad \text{d. h.} \quad v = \frac{2c}{l}.$$

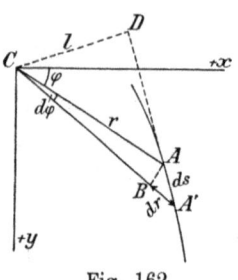

Fig. 162.

Beispiel. Ein materieller Punkt m, von dessen Gewicht der Einfachheit halber abgesehen werde, ist an einer Schnur von der Länge r_1 befestigt und bewegt sich im Kreis um ein Zentrum mit der Winkelgeschwindigkeit ω_1. Welches ist die Winkelgeschwindigkeit ω_2, wenn die Schnur auf r_2 verkürzt wird?

Da eine Zentralbewegung vorliegt, so ist die Flächengeschwindigkeit konstant, es ist also nach dem Flächensatz:

$$\tfrac{1}{2} r_1^2 \omega_1 = \tfrac{1}{2} r_2^2 \omega_2.$$

182. Parabolische Bewegung. Auf einen materiellen Punkt von der Masse m, der zur Zeit 0 nach irgendeiner Richtung eine Geschwindigkeit v_0 erhalten, wirke von dem gleichen Augenblick an eine konstante Kraft P ein, deren Richtung mit derjenigen von v_0 den Winkel α bilde. Man soll die Bewegung des materiellen Punktes bestimmen (Fig. 163).

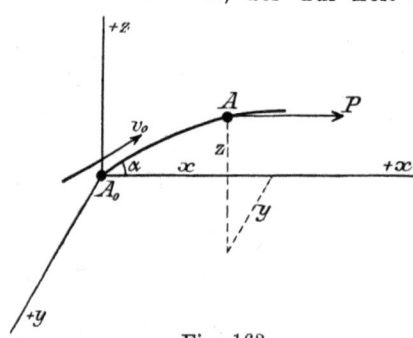

Fig. 163.

Hier leuchtet sofort ein, daß das Mac Laurinsche Verfahren anzuwenden ist. Zu dem Ende nehmen wir die Lage des materiellen Punktes zur Zeit 0 als Ursprung eines rechtwinkligen Koordinatensystems an, dessen $+x$-Achse parallel der Kraft P und dessen xz-Ebene die durch die Richtungslinie von v_0 und die x-Achse gelegte Ebene sei. Man hat nun als Komponenten der Beschleunigungskraft P des materiellen Punktes im Raume nach den Koordinatenachsen:

$$X = +P; \quad Y = 0; \quad Z = 0.$$

§ 33. Fortsetzung mit Beiziehung des dynamischen Grundgesetzes. 307

Suchen wir zunächst die Bewegung der x-Projektion des materiellen Punktes festzusetzen.

Da die Beschleunigungskraft der x-Projektion
$$X = +P,$$
so hat man
$$m \cdot \frac{dv_x}{dt} = P; \quad dv_x = \frac{P}{m} \cdot dt; \quad v_x = \frac{P}{m} t + C.$$

Für $t=0$ wird $v_x = v_0 \cos \alpha$; das gibt $C = v_0 \cos \alpha$ womit
$$v_x = \frac{P}{m} t + v_0 \cos \alpha.$$

Es ist aber
$$v_x = \frac{dx}{dt}$$
und daher
$$dx = \frac{P}{m} \cdot t \cdot dt + v_0 \cos \alpha \cdot dt; \quad x = \frac{P}{m} \frac{t^2}{2} + v_0 t \cos \alpha + D.$$

Für $t=0$ wird $x=0$, daher $D=0$ und
$$x = \frac{P}{m} \frac{t^2}{2} + v_0 t \cos \alpha.$$

Zur Bestimmung der Bewegung der y-Projektion des materiellen Punktes hat man
$$Y = m \cdot \frac{dv_y}{dt} = 0; \quad v_y = E.$$

Zur Zeit 0 ist, da die Projektion von v_0 auf die y-Achse $= 0$ ist, auch $v_y = 0$ und damit, weil v_y konstant, überhaupt $v_y = 0$.

Aus
$$v_y = \frac{dy}{dt} = 0$$
folgt y konstant.

Da aber zur Zeit 0 auch $y=0$, so ist überhaupt $y=0$, d. h. es geht die Bewegung des materiellen Punktes ganz in der xz-Ebene vor sich. Die Bewegung der z-Projektion ergibt sich schließlich aus
$$Z = m \cdot \frac{dv_z}{dt} = 0; \quad v_z = F.$$

Für $t=0$ wird $v_z = v_0 \sin \alpha$, dies liefert
$$v_z = \frac{dz}{dt} = v_0 \sin \alpha; \quad dz = v_0 \sin \alpha \cdot dt$$
$$z = v_0 t \cdot \sin \alpha + G.$$

Zur Zeit 0 ist aber
$$z = 0, \quad \text{womit} \quad G = 0$$
und
$$z = v_0 t \sin \alpha.$$

308 Dynamik des materiellen Punktes. Krummlinige Bewegung e. mat. Punktes.

Eliminiert man aus den beiden Gleichungen die Zeit t, so erhält man die Beziehung

$$x = \frac{1}{2}\frac{P}{m} \cdot \frac{z^2}{(v_0 \sin \alpha)^2} + z \operatorname{cotg} \alpha,$$

d. i. die Gleichung der Bahnlinie des materiellen Punktes. Diese letztere ist also vorliegendenfalles eine Parabel, deren Achse parallel der x-Achse und damit parallel der Richtungslinie der Kraft P.

§ 34. Bestimmung der Beschleunigungskraft bei gegebener Bewegung.

183. Gleichförmige Bewegung eines freien materiellen Punktes in einem Kreis. Ein materieller Punkt m bewege sich mit konstanter Geschwindigkeit c in einem Kreis vom Halbmesser r (Fig. 164), man soll die Beschleunigungskraft P des materiellen Punktes bestimmen.

Diese Aufgabe ist auf Grund geometrischer Anschauung schon gelöst worden. Wenn sie jetzt mit den analytischen Hilfsmitteln, die in **178, 179** und **180** entwickelt wurden, nochmals gelöst wird, so soll damit lediglich der Gebrauch dieser Hilfsmittel an einem einfachen Beispiel gezeigt werden. Das Eigentümliche des analytischen Verfahrens liegt darin, daß von der Anschauung möglichst wenig Gebrauch gemacht wird; das analytische Verfahren selbst ist auf die Anschauung vom Bewegungs- und Kräftezustand aufgebaut, und zwar in sehr allgemein verwertbarer Weise. Die Durchführung selbst ist aber abstrakt. Dafür ist sie kurz. Das wird man schon im vorliegenden einfachen Fall sehen, und noch mehr wird sich die Kürze und die Ersparnis an geometrischer Überlegung bei schwierigeren Aufgaben herausstellen. Jetzt handelt es sich also um die Gewöhnung an das kurze abstrakte Vorgehen, auch um die Frage, welches Verfahren sich im einzelnen Fall am besten eignet.

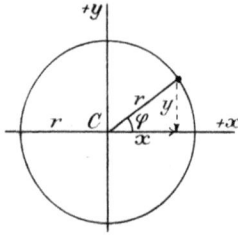

Fig. 164.

Da der Punkt auf dem Kreis in gleichen Zeiten gleiche Bögen beschreibt, werden auch von einem nach dem bewegten Punkte gezogenen Radiusvektor in gleichen Zeiten gleiche Flächenräume beschrieben, d. h. es ist die Flächengeschwindigkeit konstant und die Flächenbeschleunigung $= 0$. Aus letzterem ergibt sich aber, daß die Bewegung eine zentrale ist und die Beschleunigungskraft P immer durch den Kreismittelpunkt hindurchgeht.

§ 34. Bestimmung der Beschleunigungskraft bei gegebener Bewegung. 309

Zur Bestimmung von P hat man nach **180** mit $\ddot{r}=d^2r/dt^2$
$$P=P_r=m(\ddot{r}-r\omega^2)=m(0-r\omega^2)=-mr\omega^2=-mc^2/r.$$

Dabei bedeutet das negative Zeichen, daß die Beschleunigungskraft P **gegen** das Zentrum gerichtet ist.

Dasselbe Resultat hätte man auch nach der Eulerschen Methode erhalten: Da die Geschwindigkeit des materiellen Punktes in seiner kreisförmigen Bahn konstant und damit die Beschleunigung in der Bahn $=0$ ist, wird die **Tangentialkraft** $T=0$. Die Beschleunigungskraft P fällt daher mit der gegen den Krümmungsmittelpunkt gerichteten **Zentripetalkraft** N zusammen; man hat also
$$P=\frac{mc^2}{r}.$$

Nach dem Maclaurinschen Verfahren ist die Lösung der Aufgabe umständlicher.

184. Bewegung eines freien materiellen Punktes in einer Schraubenlinie. Ein materieller Punkt von der Masse m bewege sich mit der konstanten Geschwindigkeit c in einer Schraubenlinie (Fig. 165). Man soll die Beschleunigungskraft P des materiellen Punktes bestimmen. Es sei

r der Halbmesser des Schraubenzylinders
und α der Steigungswinkel der Schraubenlinie.

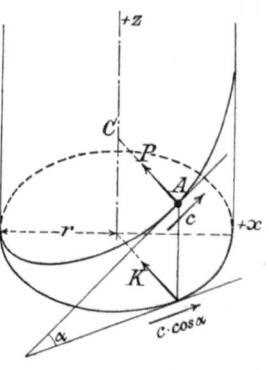

Fig. 165.

Um die Aufgabe zu lösen, projiziert man zweckmäßigerweise den auf der Schraubenlinie sich bewegenden materiellen Punkt auf die Schraubenachse und auf eine Ebene senkrecht zur Schraubenachse. Die gesuchte Beschleunigungskraft ist dann die Resultante aus der Beschleunigungskraft Z der Projektion m auf der Schaubenachse und der Beschleunigungskraft K der in der bezeichneten Projektionsebene sich bewegenden Projektion von m. Was nun die Kraft Z betrifft, so ist diese $=0$. Durchläuft nämlich der materielle Punkt in der Zeit dt auf der Schraubenlinie das Wegelement ds, so legt in derselben Zeit die Projektion auf der Schraubenachse die Wegstrecke
$$dz=ds\cdot\sin\alpha$$

zurück. Man hat daher für die Geschwindigkeit v_z der genannten Projektion

$$v_z = \frac{dz}{dt} = \frac{ds}{dt}\sin\alpha = c\cdot\sin\alpha$$

und damit

$$\frac{dv_z}{dt} = 0, \quad \text{also auch} \quad Z = m\cdot\frac{dv_z}{dt} = 0.$$

Die Beschleunigungskraft P hat also mit der Kraft K gleiche Größe und Richtung. Bestimmen wir jetzt K.

Bewegt sich der materielle Punkt in der Schraubenlinie mit der konstanten Geschwindigkeit c, so bewegt sich die Projektion dieses Punktes auf eine Ebene senkrecht zur Schraubenachse in einem Kreis vom Halbmesser r mit der konstanten Geschwindigkeit

$$v = c\cdot\cos\alpha.$$

Für diese Bewegung ist aber die Beschleunigungskraft, wie wir gesehen haben, die Zentripetalkraft $\frac{mv^2}{r}$.

Man hat daher

$$K = \frac{mc^2\cos^2\alpha}{r},$$

gegen den Kreismittelpunkt gerichtet.

Mit dieser Kraft K ist die ihr gleiche Beschleunigungskraft P bestimmt. Soll also für die Lage A des materiellen Punktes auf der Schraubenlinie die Beschleunigungskraft P angegeben werden, so fällt man von A ein Lot AC auf die Schraubenachse, alsdann wirkt P in der Richtung von A nach C. Des weiteren hat man die Größe von P aus

$$P = \frac{mc^2\cos^2\alpha}{r}.$$

Bei dieser Gelegenheit erhält man auch ein Mittel, für den Punkt A der Schraubenlinie die **Schmiegungsebene** und den **Krümmungshalbmesser** ϱ zu bestimmen. Da nämlich die Beschleunigungskraft P in der Schmiegungsebene wirkt, muß letztere durch das Lot AC hindurchgehen, anderseits geht die Schmiegungsebene auch durch die Tangente an die Schraubenlinie in A, somit ist die Ebene durch AC und durch die Tangente die gesuchte Schmiegungsebene.

Ferner bemerken wir, daß im vorliegenden Falle wegen der konstanten Geschwindigkeit c des materiellen Punktes in der Schraubenlinie die Tangentialkomponente der Beschleunigungskraft $P=0$ ist und deshalb die Kraft P mit ihrer Normalkomponente $N = \frac{mc^2}{\varrho}$

zusammenfällt. Darum ergibt sich durch Gleichsetzung der beiden für P gefundenen Werte

$$\frac{mc^2 \cdot \cos^2\alpha}{r} = \frac{mc^2}{\varrho}; \quad \varrho = \frac{r}{\cos^2\alpha};$$

womit die Größe des Krümmungshalbmessers einer Schraubenlinie bestimmt ist.

§ 35. Planetenbewegung.

185. Planetenbewegung und Gravitationsgesetz. (Kepler, Newton.) Die astronomischen Beobachtungen Tycho de Brahes faßte Kepler in drei Gesetzen zusammen:

1. Die Planeten bewegen sich in Ellipsen, in deren einem Brennpunkt die Sonne steht.
2. Die von der Sonne zu einem Planeten führenden Fahrstrahlen durchstreichen in gleichen Zeiten gleiche Flächen.
3. Die Kuben der großen Achsen der Ellipsen zweier Planeten verhalten sich wie die Quadrate ihrer Umlaufzeiten.

Mit diesen drei Gesetzen hat Kepler die Planetenbewegung in großen Zügen beschrieben. Von den bewegenden Kräften ist darin noch nichts enthalten. Newton erkannte die Planetenbewegung als Zentralbewegung und die Anziehung der Sonne auf einen Planeten (oder der Erde auf den Mond) als eine Kraft von derselben Art, wie die Erdanziehung auf einen fallenden Körper. Aus den drei Keplerschen Gesetzen und dem dynamischen Grundgesetz kann das von Newton entdeckte allgemeine Gravitationsgesetz wie folgt abgeleitet werden.

Ist a die große und b die kleine Halbachse der Planetenbahn, und bedeutet $p = b^2/a$ den Parameter ($=$ Krümmungshalbmesser im spitzen Scheitel der Ellipse) und $\varepsilon = \sqrt{(a^2 - b^2)} : a^2$ die numerische Exzentrizität, so lautet die Polargleichung der Ellipse mit dem Brennpunkt als Pol und der großen Achse als Polarachse, von der aus φ gezählt wird:

$$r = p/(1 + \varepsilon \cdot \cos\varphi) \dots \dots \dots (134)$$

Aus dem 2. Keplerschen Gesetz, dem Flächensatz, folgt nach **181**, daß die Planetenbewegung eine Zentralbewegung ist. Ist $c/2$ die konstante Sektoren- oder Flächengeschwindigkeit, so lautet nach Gl. (131a) das 2. Keplersche Gesetz:

$$r^2 \cdot \omega = c.$$

312 Dynamik des materiellen Punktes. Krummlinige Bewegung e. mat. Punktes.

Durch Ableiten der Ellipsengleichung (134) erhält man:
$$\frac{dr}{dt}=\frac{p\cdot\varepsilon\cdot\sin\varphi}{(1+\varepsilon\cdot\cos\varphi)^2}\cdot\frac{d\varphi}{dt}=\frac{p\cdot\varepsilon\cdot r^2\omega\cdot\sin\varphi}{p^2}=\frac{c\cdot\varepsilon}{p}\sin\varphi$$
$$\frac{d^2r}{dt^2}=\frac{c\cdot\varepsilon\cdot\cos\varphi}{p}\cdot\frac{d\varphi}{dt}=\frac{c\cdot\varepsilon\cdot\omega\cdot\cos\varphi}{p}\cdot\frac{r^2}{r^2}=\frac{c^2\cdot\varepsilon}{r^2\cdot p}\cdot\cos\varphi.$$

Die vom Planeten auf die Sonne zu gerichtete, also längs des Fahrstrahls r wirkende Beschleunigung des Planeten ist nach Gl. (129)
$$b_r=(\ddot{r}-r\omega^2).$$
Setzt man $\ddot{r}=d^2r/dt^2$ aus letzter Gleichung, $\cos\varphi=(p-r)/r\cdot\varepsilon$ aus der Ellipsengleichung und $r\omega^2$ aus dem Flächensatz ein, so folgt
$$b_r=\frac{c^2\varepsilon}{r^2p}\cdot\frac{p-r}{r\varepsilon}-\frac{c^2}{r^3}=\frac{c^2}{r^3}\left(1-\frac{r}{p}+1\right)=-\frac{c^2}{pr^2}.$$

Multipliziert man jetzt noch die Beschleunigung des Planeten mit dessen Masse m, so erhält man für **die von der Sonne auf den Planeten ausgeübte Beschleunigungskraft, d. h. für die allgemeine Newtonsche Gravitationskraft:**
$$F=-\frac{mc^2}{pr^2}\qquad\qquad\qquad(135)$$

Das −-Zeichen bedeutet, daß die Kraft im Sinne der abnehmenden r, d. h. gegen das Zentrum gerichtet ist.

Die Sonne zieht also den Planeten mit einer Kraft an, die dem Abstand beider Körper umgekehrt proportional ist. Dieser Satz folgt aus dem 1. und 2. Keplerschen Gesetz. Aus dem 3. läßt sich noch ein Schluß ziehen. Ist T die Umlaufzeit eines Planeten, also nach dem Flächensatz: Flächengeschwindigkeit mal Umlaufzeit = Ellipsenfläche, d. h. $(\tfrac{1}{2}c)\cdot T=\pi\cdot ab$, so ist nach dem 3. Keplerschen Gesetz $a^3/T^2=$ einer Konstanten ν, die für alle von der Sonne angezogenen Planeten gleich groß ist
$$\nu=\frac{a^3}{T^2}=\frac{a^3c^2}{4\pi^2a^2b^2}=\frac{c^2}{4\pi^2p}.$$

Das stimmt nur angenähert, aber allerdings mit großer Annäherung, wie man aus der Untersuchung der Bewegung zweier Massenpunkte schließen kann, die nach dem Newtonschen Gesetz sich gegenseitig anziehen.

Der letzten Gleichung zufolge ist $c^2/p=\lambda$ für alle Planeten konstant. Mit Benützung dieser Konstanten schreibt sich der Ausdruck für die Sonnenanziehung auf einen Planeten
$$F=-\frac{m\cdot\lambda}{r^2}\;[\mathrm{kg}]$$

§ 36. Sätze vom Antrieb, v. d. Arbeit u. Flächensatz b. d. krumml. Bewegung. 313

wobei die Konstante λ auch vom anziehenden Körper (der Sonne) abhängt; Newton sagte sich aber, daß der eine der beiden sich anziehenden Körper nicht immer die Sonne sein müßte; es gelte das Gesetz vielmehr allgemein für zwei beliebige sich anziehende Körper, z. B. Erde und Mond; und ferner nicht nur zwischen Sonne und Planet, sondern auch nach dem Gegenwirkungsprinzip zwischen Planet und Sonne; dabei wird die Konstante λ mit dem anziehenden Körper sich ändern. Ist also die Anziehung der Sonne auf einen Planeten $m_1 \cdot \lambda_1/r^2$ und die des Planeten auf die Sonne $m_2 \cdot \lambda_2/r^2$, so ist

$$F = \frac{m_1 \lambda_1}{r^2} = \frac{m_2 \lambda_2}{r^2}; \qquad \frac{\lambda_1}{m_2} = \frac{\lambda_2}{m_1} = \varGamma.$$

Nach dem Gesagten ist λ_1 für alle Planeten gleich groß, und da m_2 die Sonnenmasse bedeutet, so ist $\lambda_1/m_2 = \varGamma$ eine universelle Konstante, die allgemeine Gravitationskonstante. Setzt man $\varGamma = \lambda_1/m_2$ in die Kraftgleichung ein, so erhält man für die zwischen 2 Massen m_1 und m_2 tätige allgemeine Anziehungskraft

$$F = \varGamma \frac{m_1 m_2}{r^2}. \qquad \ldots \ldots \ldots \quad (136)$$

Die Gravitationskonstante ist eine benannte Zahl; ihre Dimension ist im technischen Maßsystem [kg^{-1} m^4 sek^{-4}]; ihre Größe ergab sich aus Versuchen (Enzykl. math. Wiss. Bd. V) zu $\varGamma = 6{,}54 \cdot 10^{-10}$. Der Gl. (136) zufolge ist $\varGamma$ die Kraft, mit der zwei im Abstand 1 m befindliche Massen 1 (im technischen Maßsystem in $1/g$ kg-Stücken enthalten) einander anziehen.

§ 36. Die Sätze vom Antrieb, von der Arbeit und der Flächensatz bei der krummlinigen Bewegung.

186. Satz vom Antrieb. Bewegt sich ein materieller Punkt von der Masse m in einer Kurve zur Zeit t mit einer Geschwindigkeit v und steht er unter dem Einfluß einer beschleunigenden Kraft R, die in der Schmiegungsebene gelegen ist (**177**) und mit der Bewegungsrichtung den Winkel φ bildet, so dient nach **177** die Tangentialkraft $T = R \cdot \cos \varphi$ lediglich zur Änderung der Größe der Geschwindigkeit, während die Zentripetalkraft $N = R \cdot \sin \varphi$ nur die Richtung der Geschwindigkeit beeinflußt.

Fragt man nun nach der zeitlichen Wirkung der Beschleunigungskraft auf die Größe der Geschwindigkeit, so genügt es, die Tangentialkraft zu betrachten und man hat

$$m \cdot (dv/dt) = T; \qquad m \cdot dv = T \cdot dt = R \cdot \cos \varphi \cdot dt$$

$$m \cdot v - m \cdot v_0 = \int_0^t T \cdot dt = \int_0^t R \cdot \cos \varphi \cdot dt \quad \ldots \ldots \quad (137)$$

wenn v_0 und v die Geschwindigkeiten des bewegten Punktes zu Beginn und zu Ende der Wirkungszeit von R sind. Bezüglich der Vorzeichen gilt das in **150** Gesagte.

Der Satz vom Antrieb der Tangentialkraft einer krummlinigen Bewegung lautet mit der Ausdrucksweise von **150**:

Die Änderung der Bewegungsgröße eines krummlinig bewegten materiellen Punktes in irgendeiner Zeit ist gleich dem Antrieb der Tangentialkraft in der gleichen Zeit.

Über die Richtung von v und P wird in diesem Satz nichts gesagt; er soll auch nicht zur Bestimmung der Richtung dienen.

Man könnte diesen Satz auch allgemeiner unter gleichzeitiger Rücksicht auf die Richtung entwickeln; doch liegt hier kein Anlaß dazu vor. Wir beschränken uns auf die einfache, oben genau präzisierte Aufgabe.

187. Satz von der Arbeit. Wir verfolgen einen materiellen Punkt von der Masse m, der von einer beschleunigenden Kraft P ergriffen ist, längs einer Wegstrecke der krummen Bahn, wobei sich P nach Größe und Richtung ändern kann. Die Anfangsgeschwindigkeit sei v_0, die Endgeschwindigkeit v. Wir fragen nach der Wirkung der Kraft längs des betrachteten Weges.

Die Bewegung sei auf ein rechtwinkliges Koordinatensystem bezogen; Kraft, Weg, Geschwindigkeit und Beschleunigung sind in die von früher her bekannten Komponenten zerlegt (XYZ; xyz; $v_x v_y v_z$; $b_x b_y b_z$). Die den materiellen Punkt beschleunigende Kraft wirkt zufolge **177** in der Schmiegungsebene der krummen Bahn und hat die Richtung der Hauptbeschleunigung b, die mit der Bahntangente oder Bahngeschwindigkeit den Winkel δ bildet. Nach Gl. (128) ist:

$$X - m \cdot (dv_x/dt) = 0.$$

Mit dx erweitert und mit $dx/dt = v_x$ gibt diese Gleichung:

$$X \cdot dx - m \cdot v_x \cdot dv_x = X \cdot dx - m \cdot d\left(\frac{v_x^2}{2}\right) = 0.$$

Ebenso erhält man für die y- und z-Achse:

$$Y \cdot dy - m \cdot d\left(\frac{v_y^2}{2}\right) = 0; \quad Z \cdot dz - m \cdot d\left(\frac{v_z^2}{2}\right) = 0.$$

Durch Addition ergibt sich

$$X \cdot dx + Y \cdot dy + Z \cdot dz = m \cdot d\frac{v_x^2 + v_y^2 + v_z^2}{2} = m \cdot d\frac{v^2}{2} \quad (138)$$

Wir erkennen auf der linken Seite eine Arbeitssumme, und zwar besteht sie aus den Arbeiten der Kraftkomponenten X, Y, Z

§ 36. Sätze vom Antrieb, v. d. Arbeit u. Flächensatz b. d. krumml. Bewegung. 315

längs der Wegkomponenten dx, dy, dz. Wir weisen nach, daß diese Arbeitssumme gleich der Arbeit der resultierenden Kraft P auf dem Weg ds ist. Es seien $(\alpha\beta\gamma)$ die Richtungswinkel von ds oder der Bahntangente an der Angriffsstelle von P und $(\lambda\mu\nu)$ die Richtungswinkel der Kraft P oder der Gesamtbeschleunigung mit den Koordinatenachsen und δ der Winkel zwischen Kraft P und Weg ds, dann ist nach der analytischen Geometrie

$$\cos\delta = \cos\alpha \cdot \cos\lambda + \cos\beta \cdot \cos\mu + \cos\gamma \cdot \cos\nu$$

oder mit $P \cdot ds$ erweitert und mit $P \cdot \cos\lambda = X$ usf., $ds \cdot \cos\alpha = dx$ usf.

$$P \cdot ds \cdot \cos\delta = X \cdot dx + Y \cdot dy + Z \cdot dz.$$

Links steht die Arbeit der Kraft P auf dem Weg ds, wobei δ der Winkel zwischen P und ds ist, und man erkennt, daß die Arbeit der Resultierenden gleich der Arbeit der Komponenten auf dem gleichen Wege ist.

Nun ist $P \cdot \cos\delta = T$ die Tangentialkraft, also $dA = P \cdot \cos\delta \cdot ds$ sowohl die Elementararbeit von P als auch die Elementararbeit der Tangentialkomponente T von P (die Normalkomponente N, die Zentripetalkraft, leistet keine Arbeit, weil sie senkrecht auf ds steht, also in Richtung von ds keinen Weg zurücklegt). Man erhält demnach

$$dA = T \cdot ds = m \cdot d\left(\frac{v^2}{2}\right),$$

eine Gleichung, die man aus der Gleichung $T = m \cdot (dv/dt)$ auch unmittelbar hätte ableiten können.

Integriert man vom Anfang bis zum Ende des betrachteten Bahnstückes s, dem entlang die durchschnittliche Tangentialkraft T_m herrschen möge, so ergibt sich:

$$A = \int_0^s T \cdot ds = T_m \cdot s = \tfrac{1}{2} \cdot m \cdot (v^2 - v_0^2) \quad \ldots \quad (139)$$

Bezüglich der Vorzeichen gilt das auf S. 262 Bemerkte. Der Satz von der Arbeit oder der kinetischen Energie eines krummlinig bewegten Massenpunktes lautet:

Die Arbeit der beschleunigenden Kraft oder, was dasselbe ist, die Arbeit der Tangentialkraft an der Masse m eines materiellen Punktes ist längs eines Stückes der krummen Bahn gleich der Änderung der kinetischen Energie auf der gleichen Bahnstrecke.

Dieser Satz hat demnach bei gerader und krummer Bahn die gleiche Form. Das hängt damit zusammen, daß Arbeit und kinetische Energie Skalare, d. h. Größen ohne die Eigenschaft der Richtung sind. Es kommt also z. B. bei der kinetischen Energie nur auf die Größe des Geschwindigkeitsquadrats an, nicht aber auf die Richtung der Geschwindigkeit. Vgl. S. 264.

188. Satz vom Moment einer dynamischen Kraft und vom Moment der Bewegungsgröße. Die Bewegung eines materiellen Punktes läßt sich vollständig erledigen, indem man einzig auf die Kräfte achtet, die an ihm wirken; es genügen dazu das dynamische Grundgesetz, der Satz vom Antrieb, und der Satz von der Arbeit. Auf die Momente der Beschleunigungskräfte einzugehen, liegt demnach kein dringender Anlaß vor. Wenn dies jetzt doch geschieht, so ist darin in erster Linie eine Vorbereitung auf die Dynamik des rotierenden Körpers zu erblicken. Denn die Drehung eines Körpers hängt zweifellos von den beschleunigenden Momenten ab.

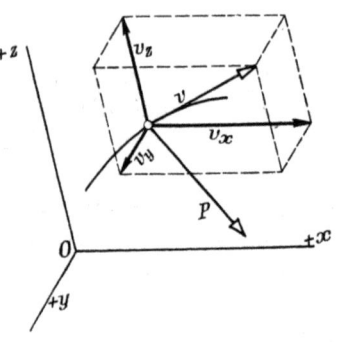

Fig. 166.

Ein Massenpunkt bewege sich in krummer Bahn, die auf ein rechtwinkliges xyz-Koordinatensystem bezogen sei. Im Punkt xyz sei zur Zeit tv die Bahngeschwindigkeit und P die beschleunigende Kraft (Fig. 166).

Für die drei Komponenten des Bahnelementes ds, der Geschwindigkeit v und der Kraft P benützen wir die früheren Bezeichnungen (dx, dy, dz; $v_x v_y v_z$; XYZ). Erweitert man die dritte der Gl. (128) des dynamischen Grundgesetzes mit y und zieht von ihr die mit z erweiterte zweite Gleichung ab, so ergibt sich

$$Z \cdot y - Y \cdot z = m \left(y \cdot \frac{d^2 z}{dt^2} - z \cdot \frac{d^2 y}{dt^2} \right).$$

Statt der rechten Seite kann man auch schreiben:

$$\frac{d}{dt} m \cdot \left(y \frac{dz}{dt} - z \frac{dy}{dt} \right) = \frac{d}{dt} m \cdot (y \cdot v_z - z \cdot v_y).$$

Nun ist die linke Seite der vorletzten Gleichung nach **28** das Moment der Kraft P für die x-Achse, das schon in der Statik mit M_x bezeichnet wurde. Ebenso kann man die rechte Seite als das Moment der Geschwindigkeit v in bezug auf die x-Achse auffassen, was kurz mit $(\text{Mom}\,v)_x$ bezeichnet sei. Über den Begriff des Momentes einer Kraft für eine Achse vergleiche man S. 46. Indem man hinsichtlich der beiden andern Achsen analog verfährt, erhält man

§ 36. Sätze vom Antrieb, v. d. Arbeit u. Flächensatz b. d. krumml. Bewegung. 317

$$\left.\begin{array}{l}M_x = Zy - Yz = \dfrac{d}{dt} m\,(v_z \cdot y - v_y \cdot z) = \dfrac{d}{dt} m \cdot (\text{Mom } v)_x \\[1ex] M_y = Xz - Zx = \dfrac{d}{dt} m\,(v_x \cdot z - v_z \cdot x) = \dfrac{d}{dt} m \cdot (\text{Mom } v)_y \\[1ex] M_z = Yx - Xy = \dfrac{d}{dt} m\,(v_y \cdot x - v_x \cdot y) = \dfrac{d}{dt} m \cdot (\text{Mom } v)_z\end{array}\right\} \quad (140)$$

Momente sind nach Poinsot als Vektoren darstellbar und können wie Vektoren zu einem resultierenden Moment zusammengesetzt und in Komponenten zerlegt werden. Es ist ferner schon in 28 gezeigt worden, daß die Momentkomponenten $M_x M_y M_z$ der Kraft P in bezug auf die 3 Koordinatenachsen zu einem resultierenden Moment M vereinigt werden können, das das Moment von P in bezug auf den Koordinatenanfang bedeutet. Ebenso kann man die rechte Seite von Gl. (140) auslegen. Die Differentiale der Momentkomponenten $(\text{Mom } v)_x$ $(\text{Mom } v)_y$ $(\text{Mom } v)_z$ der Geschwindigkeit v in bezug auf die 3 Koordinatenachsen können als Vektoren aufgefaßt und nach der Parallelepipedregel zu einer Resultierenden zusammengesetzt werden; diese Resultierende ist das Differential des Momentes von v in bezug auf den Koordinatenanfang O; sie hat die Größe $d(\text{Mom } v)_0$.

Den analytischen Wert erhält man durch Quadrieren und Addieren aus den Gl. (140):

$$\begin{aligned}M \cdot dt &= dt \cdot \sqrt{M_x^2 + M_y^2 + M_z^2} \\ &= m \cdot \sqrt{[d(\text{Mom } v)_x]^2 + [d(\text{Mom } v)_y]^2 + [d(\text{Mom } v)_z]^2} \\ &= m \cdot \sqrt{[d(\text{Mom } v)_0]^2} = m \cdot d(\text{Mom } v)_0.\end{aligned}$$

Links steht das mit dt multiplizierte Moment $M = P \cdot a$ der beschleunigenden Kraft in bezug auf O, da dieses als Poinsotscher Vektor darstellbar ist, muß auch rechts vom Gleichheitszeichen ein gleich großer und gleich gerichteter Vektor von gleichem Richtungssinn stehen. Wieso die in dt sek erfolgte Änderung $m \cdot d(\text{Mom } v)_0$ des mit m multiplizierten Momentes der Geschwindigkeit (bezüglich O) diesen letzteren Vektor ergibt, sieht man wie folgt: Zur Abkürzung nennen wir, wie früher, die mit der Masse m multiplizierte Geschwindigkeit v des materiellen Punktes die Bewegungsgröße. Das Moment der Bewegungsgröße $m \cdot v \cdot r$, wo r den senkrechten Abstand zwischen O und der Richtung von v bedeutet, ist ein auf v und r senkrecht stehender Vektor $B = m \cdot v \cdot r$; dieser hat sich in dt sek der Größe und Richtung nach geändert, weil dies inzwischen mit v und r ebenfalls geschehen ist; der neue Vektor B_1 ist von B unendlich wenig nach Größe und Richtung verschieden. Die in dt erfolgte Änderung von B in B_1 ist nach Größe und Richtung durch den Vektor dB dargestellt, der die Spitzen der Vektoren B und B_1 verbindet. Dieser Vektor ist nach obigem dem Vektor $M \cdot dt$ gleich, es ist also

$$M \cdot dt = d(mvr) = dB$$

oder
$$M = P \cdot a = \frac{d(mvr)}{dt} \quad \ldots \ldots (141)$$

oder mit $v = r\omega$, wobei ω die augenblickliche Winkelgeschwindigkeit von r um O bedeutet:

$$M = \frac{d(m \cdot r^2 \cdot \omega)}{dt}.$$

Das Moment der Bewegungsgröße $B = m \cdot v \cdot r = m \cdot r^2 \cdot \omega$ in bezug auf O hat Föppl „Drall" genannt. $\int M \cdot dt$ kann als Drehimpuls (Impulsmoment, Antriebmoment, nach Klein-Sommerfeld kurz Impuls) bezeichnet werden, im Unterschied vom Antrieb oder Verschiebungsimpuls $\int P \cdot dt$.

Die letzte Gleichung enthält den Satz: **Das Moment der einen Massenpunkt m beschleunigenden Kraft in bezug auf einen beliebigen Pol ist gleich der nach der Zeit genommenen Ableitung des Dralles, m. a. W. gleich der zeitlichen Änderung des Dralles:**

$$M = \frac{dB}{dt}, \quad \text{wo } B = m \cdot v \cdot r = m \cdot r^2 \cdot \omega.$$

Der Satz wird erst bei der Untersuchung der Drehung eines Körpers von Nutzen; bei der geradlinigen Bewegung eines Massenpunktes ist er ohne jede Bedeutung. Denn hierbei ist in Gl. (141) $a = r$ und die Gleichung reduziert sich auf das dynamische Grundgesetz. Es muß mindestens eine krummlinige nicht kreisförmige Bewegung vorliegen, sonst verwendet man zweckmäßiger die eingangs genannten Hilfsmittel.

Die Planetenbewegung ist von der vorhin bezeichneten Art. Ein Planet wird vorzugsweise vom Sonnenzentrum angezogen; die Einflüsse der anderen Planeten können dagegen fürs erste vernachlässigt werden. Die beschleunigende Kraft ist einzig die stets durch den gleichen Punkt, das Zentrum, gehende Anziehungskraft. Nimmt man diesen Punkt als Momentenpunkt, so hat die Zentralkraft für ihn das Moment $M = 0$. Für diese Zentralbewegung wird daher

$$dB/dt = 0; \quad B = m \cdot v \cdot r = m \cdot r^2 \cdot \omega = \text{konst.}$$

Betrachtet man zwei Lagen I und II des Planeten mit den Geschwindigkeiten v_1 und v_2, deren senkrechte Abstände vom Zentrum r_1 und r_2 sind, so ist (vergl. hierzu Fig. 166a).

§ 37. Der schiefe Wurf.

$$B = m v_1 r_1 = m v_2 r_2 = \text{konst.}$$
oder
$$v_1 \cdot dt \cdot r_1 = v_2 \cdot dt \cdot r_2$$
$$\tfrac{1}{2} \cdot ds_1 \cdot r_1 = \tfrac{1}{2} \cdot ds_2 \cdot r_2.$$

Das sind die Flächeninhalte der schraffierten Sektoren. Bei jeder Zentralbewegung gilt daher der sog. Flächensatz: **Der vom Anziehungs- oder Abstoßungszentrum zum bewegten Punkt führende Fahrstrahl durchstreicht in gleichen Zeiten gleiche Flächenräume.**

Nennt man den in 1 sek vom Fahrstrahl durchlaufenen Flächeninhalt die Flächen- oder Sektorengeschwindigkeit, so lautet der Satz auch:

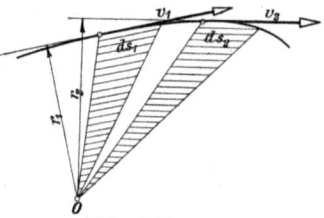

Fig. 166 a.

Bei der Zentralbewegung eines Punktes ist die Flächenoder Sektorengeschwindigkeit eines Fahrstrahles konstant. (2. Keplersches Gesetz s. S. 311.) Dieser Satz wurde in **181** auf anderem Wege gefunden.

§ 37. Der schiefe Wurf.

189. Bewegung eines schief geworfenen Körpers im leeren Raum. Ein schwerer materieller Punkt von der Masse m werde mit der Anfangsgeschwindigkeit v_0 unter dem Winkel α gegen den Horizont hinausgeworfen, man soll die eintretende Bewegung bestimmen.

Wir nehmen zum Ursprung eines rechtwinkligen Koordinatensystems den Ausgangspunkt A_0 des materiellen Punktes an (Fig. 167), als xz-Ebene die Vertikalebene durch v_0, die x-Achse horizontal, die $+z$-Achse vertikal aufwärts gerichtet. Alsdann ist unter Anwendung der Mac Laurinschen Methode bei ähnlichem Vorgehen wie in **182**:

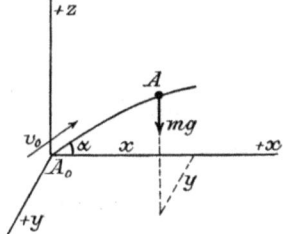

Fig. 167.

$$m \cdot \frac{d^2 x}{d t^2} = 0; \qquad m \cdot \frac{d^2 y}{d t^2} = 0; \qquad m \cdot \frac{d^2 z}{d t^2} = -mg;$$

$$v_x = \frac{dx}{dt} = v_0 \cos \alpha; \qquad v_y = \frac{dy}{dt} = 0; \qquad v_z = \frac{dz}{dt} = v_0 \sin \alpha - g t;$$

$$x = v_0 t \cos \alpha; \qquad y = 0; \qquad z = v_0 t \sin \alpha - \frac{1}{2} g t^2.$$

Daraus ersehen wir, daß die Bewegung ganz in der xz-Ebene, d. h. in der Vertikalebene durch v_0 vor sich geht.

Durch Elimination von t ergibt sich die **Gleichung der Bahn**:

$$z = x \cdot \operatorname{tg} \alpha - \frac{1}{2} g \cdot \frac{x^2}{v_0^2 \cos^2 \alpha}.$$

Setzt man $v_0^2 = 2gh$, so geht die letzte Gleichung über in

$$z = x \cdot \operatorname{tg} \alpha - \frac{x^2}{4h \cos^2 \alpha}.$$

Dies ist die Gleichung einer Parabel $A_0 A'B$ mit vertikaler Achse (Fig. 168).

Bestimmen wir nunmehr die Lage des Kulminationspunktes A', d. h. des Scheitels der Parabel. Es ist:

$$\frac{dz}{dx} = \operatorname{tg} \alpha - \frac{x}{2h \cos^2 \alpha} = 0; \quad \sin \alpha = \frac{x}{2h \cos \alpha}; \quad x = h \sin 2\alpha,$$

damit wird

$$z_{max} = 2 \sin \alpha \cdot \cos \alpha \cdot h \cdot \frac{\sin \alpha}{\cos \alpha} - \frac{4 \sin^2 \alpha \cdot \cos^2 \alpha \cdot h^2}{4 h \cos^2 \alpha},$$

woraus $z_{max} = h \cdot \sin^2 \alpha$.

Um die Wurfweite $A_0 B = w$ (Fig. 168) zu erhalten, setzen wir in der Parabelgleichung $z = 0$ und erhalten:

$$\operatorname{tg} \alpha = \frac{w}{4h \cos^2 \alpha}; \quad w = 2h \cdot 2 \sin \alpha \cdot \cos \alpha = 2h \sin 2\alpha.$$

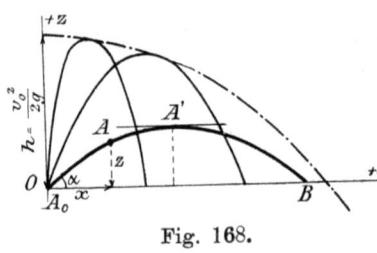

Fig. 168.

Die Wurfweite ist also gleich der doppelten Abszisse des Kulminationspunktes, was vorauszusehen war.

Das Maximum der Höhe wird erreicht, wenn $\sin \alpha = 1$, also $\alpha = 90°$, das Maximum der Wurfweite dagegen, wenn $\sin 2\alpha = 1$; $2\alpha = 90°$; $\alpha = 45°$.

Für die Bahngeschwindigkeit v erhält man:

$$v^2 = v_x^2 + v_z^2$$

oder
$$v^2 = (v_0 \cos \alpha)^2 + (v_0 \sin \alpha - gt)^2$$
$$= v_0^2 \cos^2 \alpha + v_0^2 \sin^2 \alpha + g^2 t^2 - 2 v_0 gt \cdot \sin \alpha$$
$$= v_0^2 + gt(gt - 2 v_0 \sin \alpha).$$

Nun ist aber
$$2z = 2 v_0 t \sin \alpha - gt^2,$$

also $\quad v^2 = v_0^2 - g \cdot 2z = 2g(h-z); \quad v = \sqrt{2g(h-z)}.$

§ 37. Der schiefe Wurf.

Dieses Resultat hätte man einfacher mit Hilfe des Satzes von der Arbeit erhalten, der unmittelbar liefert:

$$\tfrac{1}{2} m v^2 - \tfrac{1}{2} m v_0^2 = - m g z; \qquad v^2 = v_0^2 - 2 g z.$$

Die Geschwindigkeit ist also in jedem Punkte dieselbe, die ein von der Höhe $(h-z)$ herabfallender Körper erlangt. Die Geschwindigkeit wird am kleinsten, wenn z am größten, also im Kulminationspunkt; für diesen ist:

$$v = \sqrt{2g(h - z_{max})} = \sqrt{2gh(1 - \sin^2 \alpha)} = \cos \alpha \sqrt{2gh} = v_0 \cos \alpha = v_x.$$

Stellen wir uns jetzt die Aufgabe, den Winkel zu bestimmen, unter dem der Körper geworfen werden muß, um einen gegebenen Punkt (x, z) zu erreichen.

Die Gleichung der parabolischen Bahn ist:

$$z = x \operatorname{tg} \alpha - \frac{x^2}{4 h \cos^2 \alpha} = x \operatorname{tg} \alpha - \frac{x^2}{4 h}(1 + \operatorname{tg}^2 \alpha),$$

daraus:

$$\operatorname{tg} \alpha = \frac{2h}{x} \pm \sqrt{\frac{4h^2}{x^2} - \frac{x^2 + 4hz}{x^2}} = \frac{2h}{x} \pm \frac{\sqrt{4h^2 - x^2 - 4hz}}{x}.$$

Ist $4h^2 > x^2 + 4hz$, so erhält man zwei Richtungen für v_0; ist dagegen $4h^2 = x^2 + 4hz$, so ist nur eine möglich, wobei $\operatorname{tg} \alpha = \frac{2h}{x}$. Wenn aber $4h^2 < x^2 + 4hz$, dann ergibt sich kein Wert für $\operatorname{tg} \alpha$. Die Gleichung $4h^2 = x^2 + 4hz$ oder $x^2 = 4h(h-z)$ ist diejenige einer Parabel, deren Achse vertikal, mit der z-Achse zusammenfällt und deren Scheitel in der Höhe h über der x-Achse gelegen ist. Liegt nun der Punkt, der getroffen werden soll, innerhalb dieser Parabel, so gibt es für v_0 zwei Richtungen, liegt er auf der Parabel, so gibt es nur eine; befindet er sich außerhalb, so kann der Punkt gar nicht erreicht werden.

Schon oben haben wir den Satz von der Arbeit angewendet und erhalten:

$$\tfrac{1}{2} m v^2 - \tfrac{1}{2} m v_0^2 = - m g z.$$

In dieser Gleichung kommt α nicht vor, d. h. die unter verschiedenen Winkeln mit derselben Anfangsgeschwindigkeit v_0 hinausgeworfenen Körper haben in der gleichen Höhe alle dieselbe Geschwindigkeit.

Über den schiefen Wurf mit Luftwiderstand vgl. C. Cranz, Ballistik in der Enzykl. d. math. Wiss., Mechanik, Teilbd. 3, und G. Hamel, Elem. Mechanik, S. 114.

§ 38. Bewegung eines materiellen Punktes auf einer gekrümmten festen Bahnlinie.

190. Bewegung eines materiellen Punktes auf vorgeschriebener Bahn. Unfreie oder gezwungene Bewegung. Bahnwiderstand. Zentrifugalkraft. Ein sehr allgemeines Bild einer gezwungenen Bewegung gibt die Bewegung eines Eisenbahnwagens in einem schraubenlinienförmig in einem Berg emporgeführten Tunnel. Läßt man den Eisenbahnwagen zu einem Punkt zusammenschrumpfen, der auf dem schraubenlinienförmigen Gleis hingleitet, wobei man sich das Gleis als starren Draht und den Massenpunkt durchbohrt und auf den Draht gesteckt vorstellen mag, so haben wir das, was wir die gezwungene oder unfreie Bewegung eines materiellen Punktes auf vorgeschriebener Bahn nennen. Ein sehr einfaches Beispiel dieser Art, um dessentwillen wir uns übrigens nicht eingehend mit der gezwungenen Bewegung zu beschäftigen brauchten, bildet der freie Fall auf der schiefen Ebene.

Unsere Absicht ist, die unfreie Bewegung des materiellen Punktes auf eine freie zurückzuführen, indem wir uns die Bahn (also den Draht) weggenommen denken und dafür die Kraft N an dem Punkt anbringen, die von der Bahn auf ihn ausgeübt wurde. Diese von der Bahn ausgehende Kraft, im Verein mit den außerdem aktiv am Punkt tätigen Kräften, erteilt dem Punkt die gleiche Bewegung, wie er sie auf der vorgeschriebenen Bahn ausführt.

Wir müssen nun über das, was hier Wirkung der Bahn auf den Punkt und aktive Kraft genannt wurde, Klarheit erlangen. Dazu fassen wir einen einfachen Fall ins Auge, die widerstandsfreie Bewegung eines Punktes auf horizontalem Kreise. In der Tangente wirke keine treibende Kraft und auch keine hemmende, also keine Reibung und kein Luftwiderstand. Er bewegt sich dann gleichförmig im Kreise herum, und ferner kann zwischen dem materiellen Punkt und der Bahn nur eine senkrecht auf der Bahn stehende Kraft N — der **Normalwiderstand der Bahn** — übertragen werden. Als aktive Kraft wirkt am Punkt nur noch sein Eigengewicht. Sonst vermögen wir keine am Punkt angreifenden Kräfte aufzufinden. Unter dem Einfluß der Resultanten aus N und G bewegt sich also der Punkt gleichförmig im Kreise. Wir kennen aber die Kraft, die einen Massenpunkt zu einer gleichförmigen Kreisbewegung zwingt. Es ist die Zentripetalkraft $C = m \cdot r\omega^2$. Sie wirkt als aktiv ablenkende Kraft am materiellen Punkt mit unveränderlicher Stärke und stets auf den Kreismittelpunkt zu gerichtet. Man übt sie z. B. mittels eines stets gleich gespannten Fadens aus, der am Massenpunkt befestigt ist und immer nach der

§ 38. Bewegung ein. materiell. Punktes a. ein. gekrümmt. festen Bahnlinie.

Kreismitte hin gezogen wird. Aus dem bekannten Gewicht des Punktes und der bekannten Zentripetalkraft kann nun nach der Parallelogrammregel der Normalwiderstand N der Bahn konstruiert werden. Wir zerlegen N radial und normal zur Kreisebene in die Komponenten C und D. Da in der Vertikalen keine Bewegung stattfindet, so sind D und G im Gleichgewicht; es ist $D = G$.

Wir können demnach die Wirkung N der Bahn auf den Massenpunkt als aus zwei Teilen bestehend ansehen: aus dem Stützenwiderstand D senkrecht zur Schmiegungsebene der Bahn und aus der Zentripetalkraft C in der Schmiegungsebene. Der erste Bestandteil ist eine statische Reaktion, dadurch entstanden, daß die Beweglichkeit des Punktes in der Vertikalen durch den Widerstand der Bahn verhindert wird. Der zweite Anteil ist von ganz verschiedener Art. Er ist eine aktive dynamische Kraft, die ablenkende Zentripetalkraft. Er ist durchaus keine statische Reaktion seitens der Bahn, die durch Wegnahme eines Freiheitsgrades der Bewegung hervorgerufen wird. Der auf vorgeschriebener Bahn sich bewegende Punkt hat einen Freiheitsgrad, gleichviel ob die Bahn gerade oder krumm ist. Die Zentripetalkraft hat also mit der Einschränkung der Beweglichkeit nichts zu tun. Daß der Teil C der Bahnwirkung tatsächlich als eine aktive Kraft anzusehen ist, wollen wir uns an einem weiteren Beispiel klar machen. Erteilt man einem kleinen Eisenbahnwagen, mit dem die Kinder spielen, auf der ebenen Tischplatte eine Geschwindigkeit und sucht ihn mit der Hand zu einer Kreisbewegung zu zwingen, so muß man stets gleich stark auf die Seite des Wagens drücken; man ersetzt dadurch die Wirkung einer Kurvenschiene, indem man aktiv mit der Hand, genau wie das seitens der Schiene geschieht, die Zentripetalkraft ausübt. Obwohl die Bahnwirkung N aus einem passiven und einem aktiven Bestandteil zusammengesetzt ist, nämlich aus der statischen Reaktion und der dynamischen Aktion, der Zentripetalkraft, so soll sie doch als Normalwiderstand bezeichnet werden.

Auf die aktive Zentripetalkraft reagiert nun der Massenpunkt, zu dem wir zurückkehren, mit dem Trägheitswiderstand seiner Masse; er ist der Zentripetalkraft entgegengesetzt gleich und wird Zentrifugalkraft genannt. Fügt man demnach zu der tatsächlich am materiellen Punkt angreifenden Zentripetalkraft die Zentrifugalkraft hinzu, so sind die radialen Kräfte im Gleichgewicht. Wir folgen hier, genau wie in 146 dem Vorgange D'Alemberts, indem wir der tatsächlichen Kraft eine gleichgroße und entgegengesetzte Scheinkraft oder, wie man auch sagen kann, eine fingierte Kraft, den zentrifugalen Trägheitswiderstand = Masse mal Zentripetalbeschleunigung in Gedanken hinzufügen. Man faßt vielfach die

Zentrifugalkraft als eine aktive und tatsächliche am bewegten Körper angreifende Kraft auf und sagt z. B.: der Faden, an dem eine Masse im Kreis herumgeschwungen wird, wird durch die Zentrifugalkraft gespannt, oder das Eisenbahngleis werde in der Kurve von der Zentrifugalkraft eines durchfahrenden Wagens beansprucht. In der Tat, wenn man nach der Beanspruchung des Fadens oder des Gleises, oder etwa nach der Beanspruchung eines Schwungrades fragt, ist es gerade so, als ob die Zentrifugalkraft eine aktive äußere Kraft wäre, die die inneren Kräfte im Material hervorruft. An dem Gebilde, das die Zentripetalkraft auf den bewegten Massenpunkt überträgt (Faden, Gleis, oder an einem Planeten ein ideelles Zugorgan zwischen Planet und Sonne), wirken allerdings Zentripetalkraft und Zentrifugalkraft als zwei tatsächliche Kräfte, als Kraft und Gegenkraft. Es ist durchaus richtig, hierbei die Zentrifugalkraft als eine tatsächliche Kraft am Übertragungsmittel aufzufassen. Wenn man sie als **aktiv** auffaßt, so ist das freilich nicht richtig, aber bequem und allgemein üblich. Darin ist es auch begründet, daß man in der Zentrifugalkraft auch sonst, aber fälschlicherweise, eine aktive Kraft erblickt.

Wenn man den materiellen Punkt selbst betrachtet und seine krummlinige Bewegung und man fügt, um nach D'Alembert die dynamische Aufgabe in eine statische zu verwandeln, der tatsächlich und aktiv am Punkt angreifenden Kraft die Zentrifugalkraft als gleichgroße Gegenkraft hinzu, so ist es durchaus falsch, diese Kraft als eine am materiellen Punkt tatsächlich angreifende Kraft aufzufassen. Eine tatsächliche Kraft von gleicher Größe und entgegengesetzter Richtung wie die Zentripetalkraft, etwa mittels Seilzuges am materiellen Punkt angebracht, ließe keine gleichförmige Kreisbewegung zustande kommen. Die aktive Kraft und die hinzugefügte tatsächliche Kraft würden sich am materiellen Punkt aufheben; sie wären allerdings im Gleichgewicht, aber der materielle Punkt auch; dieser würde sich dann geradlinig und beim Fehlen sonstiger Kräfte gleichförmig weiterbewegen. Fügt man dagegen nur in Gedanken die Zentrifugalkraft als eine Scheinkraft der aktiven Zentripetalkraft hinzu, so sind die beiden Kräfte zwar im Gleichgewicht, nicht aber der materielle Punkt, dieser führt die Kreisbewegung aus, die er unter dem Zwang der Bahn ausführen muß. Man hat daher die von der Bahn ausgehende Zentripetalkraft zutreffend eine dynamische Zwangskraft genannt.

Das D'Alembertsche Prinzip gestattet, das Gesagte kurz wie folgt auszudrücken: **Fügt man zu den tatsächlichen Kräften (Gewicht, Normalwiderstand N der Bahn) die Zentrifugalkraft als Scheinkraft hinzu, so können die Kräfte als im Gleichgewicht befindlich angesehen werden** (vgl. auch **146**).

§ 38. Bewegung ein. materiell. Punktes a. ein. gekrümmt. festen Bahnlinie. 325

Eine längs der Bahn wirkende aktive Kraft ist bis jetzt noch nicht berücksichtigt. Wir holen dies nach. Der materielle Punkt bewege sich wie in dem eingangs erwähnten Beispiel in einer Schraubenlinie mit vertikaler Achse. Sein Eigengewicht und der Normalwiderstand der Bahn greifen an ihm als tatsächliche Kräfte an, worüber wir schon Bescheid wissen. Es können aber außerdem an ihm weitere aktive Kräfte in Richtung der Bahntangente wirken, beschleunigend etwa der Zug einer Lokomotive oder eines im Wagen befindlichen Motors, verzögernd ein durch die Rauhigkeit der Bahn hervorgerufener Bewegungswiderstand $\mu \cdot N$, ferner der Luftwiderstand. Alle am materiellen Punkt angreifenden tatsächlichen Kräfte kann man nun zu einer Resultanten vereinigen, es ergibt sich die von früher her bekannte Beschleunigungskraft R, die in der Schmiegungsebene der Bahn gelegen ist; unter ihrem Einfluß findet die krummlinige Bewegung statt. Senkrecht zur Schmiegungsebene ist keine Bewegungsmöglichkeit vorhanden, die statische Reaktion der Bahn läßt keine Bewegung und keine Beschleunigungskomponente senkrecht zur Schmiegungsebene zustande kommen; sie setzt alle in dieser Richtung wirkenden Komponenten aktiver Kräfte ins Gleichgewicht. Die resultierende Beschleunigungskraft kann man aber durch ihre ebenfalls in der Schmiegungsebene gelegenen Komponenten, die Zentripetalkraft und die Tangentialkraft ersetzen, und wenn man jetzt noch die entgegengesetzte Tangentialkraft $-m \cdot (dv/dt)$ und die Zentrifugalkraft (als Scheinkräfte) hinzufügt, so darf man auch die in der Schmiegungsebene gelegenen Kräfte als im Gleichgewicht befindlich ansehen, und man erhält schließlich folgende allgemeine Regel zur Untersuchung einer gezwungenen Bewegung (D'Alembertsches Prinzip):

Fügt man an einem krummlinig bewegten Massenpunkt zu den tatsächlich an diesem angreifenden Kräften (worunter auch der Normalwiderstand der Bahn ist) noch die entgegengesetzte Tangentialkraft und die Zentrifugalkraft hinzu, so dürfen sämtliche Kräfte als ein Gleichgewichtssystem angesehen werden, und es liefern die Gleichgewichtsbedingungen die zur Bestimmung der Bewegung des materiellen Punktes und des Normalwiderstandes der Bahn erforderlichen Gleichungen.

Bezüglich der Zentrifugalkraft wiederholen wir zusammenfassend: Wir unterscheiden den bewegten Massenpunkt und den die Zentripetalkraft auf ihn ausübenden Körper. Zwischen beiden wirken als tatsächliche Kräfte: Die Zentripetalkraft als aktive Kraft und die Zentrifugalkraft als gleich große Eigenkraft. Am bewegten Massenpunkt anderseits greift nur eine tatsächliche und

326 Dynamik des materiellen Punktes. Krummlinige Bewegung e. mat. Punktes.

aktive Kraft an, die Zentripetalkraft; die zur Herstellung des Kräftegleichgewichtes hinzugefügte Zentrifugalkraft ist keine tatsächliche am materiellen Punkt angreifende Kraft, sondern einzig eine hinzugedachte Scheinkraft.

Betrachtet man anderseits die Festigkeit des die Zentripetalkraft ausübenden Körpers, so ist es bequem und üblich, die Zentrifugalkraft als eine aktive Kraft anzusehen.

Auch bei der Untersuchung einer gezwungenen Bewegung kann der Satz von der Arbeit (und seltener auch der Satz vom Antrieb der Tangentialkräfte) mit Vorteil verwendet werden. Die senkrecht zur Schmiegungsebene der Bahn tätigen Komponenten der Kräfte oder Widerstände leisten keine Arbeit, weil der materielle Punkt in dieser Richtung keinen Weg zurücklegt. Bezüglich der in der Schmiegungsebene tätigen Kräfte und besonders bezüglich der Tangentialkräfte gilt dasselbe, was für eine krummlinige Bewegung in **187** ausführlich dargelegt ist.

§ 39. Beispiele von Bewegungen materieller Punkte auf vorgeschriebenen Bahnlinien bei fehlenden Tangentialwiderständen.

191. Zwangläufige Bewegung eines schweren materiellen Punktes in einem vertikalen Kreise. Wir wollen annehmen, daß es sich um die Bewegung einer kleinen durchbohrten, als materiellen Punkt anzusehenden Kugel handle, die auf einem sie durchdringenden, kreisförmig gebogenen starren Draht ohne Reibung hin- und hergleiten könne. Dabei sei das Eigengewicht mg der Kugel die einzige treibende Kraft. Außer mg wirkt dann nur noch der Normalwiderstand N der Bahn tatsächlich am materiellen Punkt.

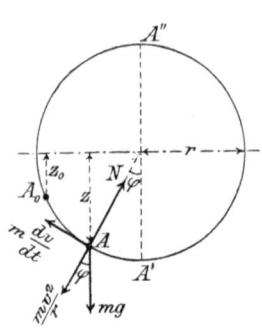

Fig. 169.

Bezeichnet in Fig. 169 der in der Tiefe z_0 unter dem horizontalen Durchmesser gelegene Punkt A_0 die Ausgangsstelle des materiellen Punktes m

v_0 die Anfangsgeschwindigkeit in A_0

und v die Geschwindigkeit des materiellen Punktes in dem Bahnpunkte A, der sich in der Tiefe z unter dem horizontalen Durchmesser befindet,

dann hat man nach dem Satz von der Arbeit:

$$\frac{1}{2}mv^2 - \frac{1}{2}mv_0^2 = mg(z - z_0)$$

$$v^2 = v_0^2 + 2g(z - z_0).$$

§ 39. Beispiele von Bewegungen materieller Punkte usw.

Die Geschwindigkeit nimmt also zu, wenn z zunimmt. Im tiefsten Punkt A' des Kreises ist z am größten $= r$, dort ist daher auch die Geschwindigkeit am größten, im höchsten Punkte A'' der Bahn dagegen, wo $z = -r$, ist v am kleinsten. Demgemäß erhält man

$$v_{max} = \sqrt{v_0^2 + 2g(r - z_0)}; \quad v_{min} = \sqrt{v_0^2 - 2g(r + z_0)}.$$

Suchen wir nunmehr denjenigen Wert der Anfangsgeschwindigkeit v_0 zu ermitteln, bei dem der materielle Punkt bis zum höchsten Punkt A'' des Kreises aufsteigt.

Wir setzen

$$v_{min} = 0 \text{ und erhalten } v_0 = \sqrt{2g(r + z_0)}.$$

Bei dieser Anfangsgeschwindigkeit würde indessen der materielle Punkt in A'' liegen bleiben. Soll nun der Kreis vollständig durchlaufen werden, so muß $v_0 > \sqrt{2g(r + z_0)}$ sein. Ist alsdann der materielle Punkt wieder in seinem Ausgangspunkt A_0 angelangt, so hat er auch wieder die Geschwindigkeit v_0 erlangt, denn für den Punkt A_0 ergibt sich die Geschwindigkeit v aus

$$v^2 = v_0^2 + 2g(z_0 - z_0) = v_0^2.$$

Von A_0 an beginnt daher von neuem die gleiche Bewegung wie zuvor.

Jetzt wollen wir auch den Normaldruck N im Punkt A bestimmen, den die Bahn von seiten des bewegten materiellen Punktes erfährt. Zu dem Ende machen wir den materiellen Punkt frei, indem wir an demselben den Normalwiderstand W der Bahn, gleich und direkt entgegengesetzt N, anbringen. Die am frei gemachten materiellen Punkte tatsächlich wirkenden Kräfte sind nunmehr Eigengewicht mg und Normalwiderstand W der Bahn. (Die Zentrifugalkraft wirkt, wie oben auseinandergesetzt wurde, nicht am materiellen Punkte m, sondern nur als Trägheitswiderstand der Masse an der Unterlage und beeinflußt damit den Druck N, den die Bahn von seiten des bewegten materiellen Punktes erfährt.) Das Gewicht mg und der Bahnwiderstand W zu einer Resultanten zusammengesetzt ergeben daher die Beschleunigungskraft des materiellen Punktes m, womit

$$\text{Zentripetalkraft } \frac{mv^2}{r} = N - mg \cdot \cos \varphi$$

und $N = mg \cos \varphi + \dfrac{mv^2}{r}$ wird.

Die aufgestellten Gleichungen für v und W würde man auch erhalten haben, wenn man entsprechend dem Prinzip von d'Alembert zu den am materiellen Punkt tatsächlich wirkenden Kräften

328 Dynamik des materiellen Punktes. Krummlinige Bewegung e. mat. Punktes.

mg und N noch die entgegengesetzte Tangentialkraft $m \cdot dv/dt$ und die Zentrifugalkraft mv^2/r hinzugefügt und damit das Gleichgewicht des materiellen Punktes herbeigeführt hätte. Es wären dann die Gleichgewichtsbedingungen gewesen

$$N = mg \cdot \cos \varphi + \frac{mv^2}{r}$$

und $\quad m \cdot \dfrac{dv}{dt} = mg \cdot \sin \varphi, \quad$ woraus $\quad dv = g \sin \varphi \cdot dt,$

oder $\quad v\, dv = g \cdot \dfrac{ds}{dt} \cdot \sin \varphi \cdot dt = g \cdot ds \cdot \sin \varphi = g \cdot dz;$

$$\int_{v_0}^{v} v\, dv = \int_{z_0}^{z} g\, dz; \quad \frac{1}{2} v^2 - \frac{1}{2} v_0^2 = g(z - z_0),$$

oder $\quad v^2 = v_0^2 + 2g(z - z_0),$

die oben erhaltene Gleichung für v.

Der Druck, den die Bahn von seiten des bewegten materiellen Punktes m erfährt, ist gleich und direkt entgegengesetzt N, man hat deshalb auch für diesen Druck:

$$N' = N = mg \cos \varphi + \frac{mv^2}{r},$$

eine Gleichung, die den Einfluß der Zentrifugalkraft auf den Normaldruck N' der Bahn erkennen läßt.

Setzt man $\cos \varphi = \dfrac{z}{r}$ und für v den in z ausgedrückten Wert, so erhält man

$$N = mg \cdot \frac{z}{r} + \frac{m}{r}\left[v_0^2 + 2g(z - z_0)\right] = \frac{mg}{r}(3z - 2z_0) + \frac{mv_0^2}{r}.$$

Daraus geht hervor, daß auch N mit z zu- und abnimmt. Demgemäß tritt das Maximum von N im tiefsten Punkte A' der Bahn ein und das Minimum im höchsten Punkte A'', und zwar wird

$$N_{max} = \frac{mv_0^2}{r} + \frac{mg}{r}(3r - 2z_0); \quad N_{min} = \frac{mv_0^2}{r} - \frac{mg}{r}(3r + 2z_0).$$

Setzen wir für v_0^2 denjenigen Wert, bei dem der materielle Punkt gerade noch den höchsten Punkt A'' des Kreises erreicht, nämlich

$$v_0^2 = 2g(r + z_0),$$

so ergibt sich

$$N_{min} = -mg.$$

Der Gegendruck der Bahnlinie ist also in A'' von innen nach außen gerichtet.

§ 39. Beispiele von Bewegungen materieller Punkte usw.

192. Das mathematische Pendel. Die Bewegung eines materiellen Punktes in einem vertikalen Kreise kann auch dadurch bewerkstelligt werden, daß man ihn mit dem einen Ende eines Fadens von der Länge r verbunden sich denkt, dessen anderes Ende festgehalten ist. Eine derartige Vorrichtung nennt man ein **Pendel** und zwar ein **einfaches** oder **mathematisches**.

An Stelle des Normalwiderstandes der kreisförmigen Bahn tritt bei dem Pendel die Fadenspannung S. Soll nun der materielle Punkt den Kreis vollständig beschreiben, wobei der Faden stets gespannt sein muß, so darf die Fadenspannung $S = N$ nie negativ werden. Setzen wir daher

$$N_{min} = 0 \quad \text{oder} \quad \frac{mv_0^2}{r} - \frac{mg}{r}(3r + 2z_0) = 0,$$

dann wird

$$v_0 = \sqrt{3gr + 2gz_0}.$$

So groß muß also die Anfangsgeschwindigkeit in A_0 zum mindesten sein, wenn der Faden stets gespannt bleiben und der materielle Punkt vollständig den Kreis durchlaufen soll. Mit diesem Wert von v_0 ergibt sich

$$v_{max} = \sqrt{5gr} \quad \text{und} \quad N_{max} = 6mg.$$

Geht der materielle Punkt in A_0 (Fig. 170) von der Ruhe aus, so ist

$$v = \sqrt{2g(z - z_0)}.$$

Es kann also z nicht kleiner als z_0 werden. Für $z = z_0$ ist $v = 0$. Der materielle Punkt in A_0 von der Ruhe ausgehend, erreicht im tiefsten Punkte A' der Bahn seine größte Geschwindigkeit, erhebt sich hierauf auf der anderen Seite wieder bis zu dem symmetrisch mit A_0 in der Tiefe z_0 unter dem horizontalen Durchmesser gelegenen Punkte B_0, um sich sodann in der gleichen Weise von B_0 bis A_0 zurückzubewegen. Der materielle Punkt führt also **Schwingungen** aus, die sich fortwährend wiederholen. Ist derselbe vom Grenzpunkt A_0 bis zum anderen gegenüberliegenden Grenzpunkte B_0 gelangt, so hat er eine Schwingung vollendet. Dabei nennt man den Winkel $A_0 C A_1 = \alpha$ den **Ausschlag-** oder **Elongationswinkel** des Pendels.

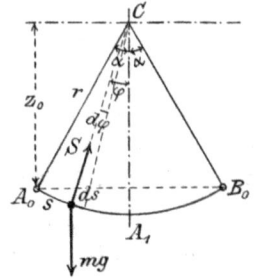

Fig. 170.

Für ein Pendel, das in der angedeuteten Weise hin- und herschwingt, oszilliert, haben wir also

$$v = \frac{ds}{dt} = \pm\sqrt{2g(z-z_0)}; \quad dt = \pm\frac{ds}{\sqrt{2g(z-z_0)}},$$

wobei, wenn die $+s$ auf der Bahnkurve von A_0 aus gegen B_0 gemessen werden, in dem Ausdruck für dt das $+$-Zeichen für den Hingang, das $-$-Zeichen für den Rückgang des materiellen Punktes gilt. Indem wir uns auf das $+$-Zeichen beschränken und

$$ds = -r\,d\varphi$$

setzen, weil für ein positives ds der Winkel φ um $d\varphi$ abnimmt, erhalten wir:

$$dt = -\sqrt{\frac{r}{g}}\cdot\frac{d\varphi}{\sqrt{2\cos\varphi - 2\cos\alpha}}$$

und

$$t = -\sqrt{\frac{r}{g}}\int_\alpha^\varphi \frac{d\varphi}{\sqrt{2\cos\varphi - 2\cos\alpha}}$$

ein elliptisches Integral, das mittels Reihenentwickelung näherungsweise berechnet werden kann, nachdem es auf die sog. Legendresche Normalform gebracht ist (vgl. Föppl, Mechanik IV, § 12. Hamel, Mechanik, S. 147).

Da bekanntlich

$$\cos\varphi = 1 - \frac{\varphi^2}{2!} + \frac{\varphi^4}{4!} - \frac{\varphi^6}{6!} + \cdots,$$

so kann man für kleine Werte von α und φ setzen

$$\cos\alpha = 1 - \frac{\alpha^2}{2} \quad \text{und} \quad \cos\varphi = 1 - \frac{\varphi^2}{2}.$$

Damit wird

$$t = -\sqrt{\frac{r}{g}}\int_\alpha^\varphi\frac{d\varphi}{\sqrt{\alpha^2-\varphi^2}} = -\sqrt{\frac{r}{g}}\left(\arcsin\frac{\varphi}{\alpha}\right)_\alpha^\varphi.$$

Die Schwingungsdauer τ eines mathematischen Pendels von der Länge l ist daher unter der Voraussetzung kleiner Ausschlagwinkel bzw. Schwingungsweiten

$$\tau = -\sqrt{\frac{l}{g}}\left(\arcsin\frac{\varphi}{\alpha}\right)_{\varphi=+\alpha}^{\varphi=-\alpha} = +\sqrt{\frac{l}{g}}\left(\arcsin\frac{\varphi}{\alpha}\right)_{-\alpha}^{+\alpha} = \pi\sqrt{\frac{l}{g}}.$$

Damit zeigt sich die Schwingungsdauer τ des Pendels unabhängig von der Schwingungsweite. Setzt man $\tau = 1$, d. h. gleich 1 Sekunde, so erhält man

$$l = \frac{g}{\pi^2} = 0{,}994\,\text{m}.$$

§ 39. Beispiele von Bewegungen materieller Punkte usw. 331

Die Länge des Sekundenpendels ist also nahezu $= 1$ m. Die genauesten Werte von g erhält man aus Pendelversuchen.

193. Zwangläufige Bewegung eines schweren materiellen Punktes auf einer in einer Vertikalebene gelegenen beliebigen Kurve. Es sei $A_0 A_1 A_2 A_3$ (Fig. 171) das Längenprofil eines auf einer festen Unterlage ruhenden Gleises, auf dem der von A_0 ohne Anfangsgeschwindigkeit ausgehende materielle Punkt m sich zu bewegen hat. Dabei sei das Eigengewicht mg die einzige den materiellen Punkt angreifende treibende Kraft und ein Tangentialwiderstand nicht vorhanden. Um die Geschwindigkeit v in dem in der Tiefe z unter der Horizontalen durch A_0 gelegenen Punkte A zu erhalten, wenden wir den Satz von der Arbeit an. Derselbe liefert:

$$\frac{1}{2} m v^2 = m g \cdot z; \quad v = \sqrt{2 g z}.$$

Dieser Ausdruck für v zeigt, daß die Geschwindigkeit des materiellen Punktes von A_0 bis A_1 zunimmt, in A_1 einen größten Wert erreicht, von A_1 gegen A_2 hin wieder abnimmt, in A_2 einen kleinsten Wert annimmt, hierauf wieder größer und größer wird. Ebenso geht aus der Gleichung für v hervor, daß die Geschwindigkeit v in allen Punkten der Bahn, die in der gleichen Tiefe z unter der Horizontalen durch A_0, also in einer und derselben Horizontalen sich befinden, denselben Wert besitzt.

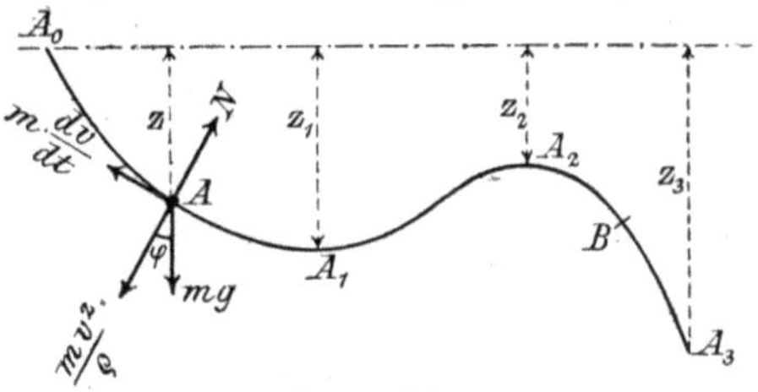

Fig. 171.

Um nun auch den Normalwiderstand N der Bahn zu erhalten, der in A an dem materiellen Punkte sich geltend macht, setzen wir den letzteren ins Gleichgewicht durch Anbringen der entgegengesetzten Tangentialkraft $m \cdot (dv/dt)$ und der Zentrifugalkraft mv^2/ϱ, alsdann ergibt das Gleichgewicht, wenn man den von der Unterlage hinweg gerichteten Widerstand N der Bahn positiv setzt, in dem Teil der Bahnlinie, der seine konkave Seite nach oben kehrt,

$$N - mg \cos \varphi - \frac{m v^2}{\varrho} = 0;$$

$$N = mg \cos \varphi + \frac{m v^2}{\varrho} = m g \left(\cos \varphi + \frac{2 z}{\varrho} \right).$$

In dem Teil dagegen, dessen konkave Seite nach unten gekehrt ist, hat man

332 Dynamik des materiellen Punktes. Krummlinige Bewegung e. mat. Punktes.

$$N - mg\cos\varphi + \frac{mv^2}{\varrho} = 0; \quad N = mg\left(\cos\varphi - \frac{2z}{\varrho}\right)$$

und im Wendepunkt der Bahnlinie, woselbst $\varrho = \infty$

$$N = mg \cdot \cos\varphi.$$

Im erstgenannten Teil der Bahnlinie ist N stets positiv, d. h. nach außen gerichtet, im anderen Teil der Bahnlinie kann N auch negativ werden. In diesem Falle müßte die feste Bahnlinie auf den bewegten materiellen Punkt einen nach innen gerichteten Gegendruck ausüben. Wenn es sich aber um einen auf einem Gleise vom Längenprofil $A_0 A_1 A_2 A_3$ sich bewegenden Wagen handelt, so kann N nur nach außen gerichtet, also positiv sein, ein negatives N würde andeuten, daß der Wagen an der betreffenden Stelle der Bahn auf das Gleis herabgezogen werden müßte, wenn der Wagen seine Unterlage nicht verlassen sollte. Dies ist aber nicht möglich. Es wird also, falls von einem gewissen Punkt B der Bahnlinie an sich bei der Weiterbewegung des materiellen Punktes m der Bahnwiderstand N negativ herausstellt, der als materieller Punkt aufgefaßte Wagen in B seine Unterlage verlassen und sich hierauf wie ein geworfener Körper in parabolischer Bahn fortbewegen.

Zur Bestimmung der Lage des erwähnten Punktes B setzen wir in der Gleichung

$$N = mg\left(\cos\varphi - \frac{2z}{\varrho}\right)$$

$N = 0$ und erhalten damit

$$\cos\varphi = \frac{2z}{\varrho}.$$

Aus dieser Gleichung läßt sich im einzelnen Falle mit Hilfe der Gleichung der Bahnlinie die Lage des Punktes B bestimmen.

Soll der Wagen stets auf dem Gleise bleiben, also N stets positiv sein, so darf an keiner Stelle der Bahn der Quotient $\frac{2z}{\varrho} > \cos\varphi$ und damit auch mit Rücksicht darauf, daß der größte Wert von $\cos\varphi$ gleich 1 ist, $2z$ niemals größer als ϱ sein.

194. Bewegung eines schweren materiellen Punktes in einem horizontalen Kreis. Wir nehmen zunächst an, daß der materielle Punkt in einer engen, kreisförmig gebogenen Röhre ohne Reibung sich bewege. Ist die gegebene Anfangsgeschwindigkeit im Ausgangspunkte A_0 der Bewegung $= v_0$ und im Punkte $A = v$, so ergibt der Satz von der Arbeit mit Rücksicht darauf, daß die beiden

§ 39. Beispiele von Bewegungen materieller Punkte usw.

tatsächlich am materiellen Punkte wirkenden Kräfte mg und N, unter N wieder den Gegendruck der Bahn verstanden, **normal auf der Bahnlinie stehen**:
$$\tfrac{1}{2} m v^2 - \tfrac{1}{2} m v_0^2 = 0,$$
woraus $v = v_0$.

Der materielle Punkt bewegt sich also mit der **konstanten Geschwindigkeit** v_0 in der kreisförmigen horizontalen Röhre. Dabei ergibt sich die Umlaufszeit τ aus $2r\pi/\tau = v_0$
$$\tau = 2 r \pi / v_0.$$

Will man jetzt auch den Bahnwiderstand N haben (Fig. 172), so wird man den materiellen Punkt durch Anbringung der Zentrifugalkraft $m v^2/r$ ins Gleichgewicht setzen, worauf die Gleichgewichtsbedingungen
$$N \cdot \cos \varphi = m g \quad \text{und} \quad N \cdot \sin \varphi = \frac{m v_0^2}{r}$$
den gesuchten Widerstand N nach Größe und Richtung ergeben. Was die letztere betrifft, so erhält man aus den beiden letzten Gleichungen
$$\operatorname{tg} \varphi = \frac{m v_0^2}{r \cdot m g} = \frac{v_0^2}{r g}.$$

195. Konisches Pendel. Die Bewegung des materiellen Punktes in dem vorgeschriebenen horizontalen Kreis vom Halbmesser r läßt sich auch dadurch bewerkstelligen, daß man den materiellen Punkt mittels eines Fadens AC (Fig. 172) an den Punkt C der durch den Kreismittelpunkt O gehenden Vertikalen befestigt, wobei
$$OC = r \operatorname{cotg} \varphi = \frac{r^2 g}{v_0^2},$$
und hierauf dem materiellen Punkt tangentiell zum vorgeschriebenen Kreis die Geschwindigkeit v_0 erteilt. Der materielle Punkt wird alsdann mit der Geschwindigkeit v_0 den horizontalen Kreis vom Halbmesser r beschreiben. An Stelle des stets durch den Punkt C gehenden Bahnwiderstandes N tritt jetzt eben die Spannung S des Fadens.

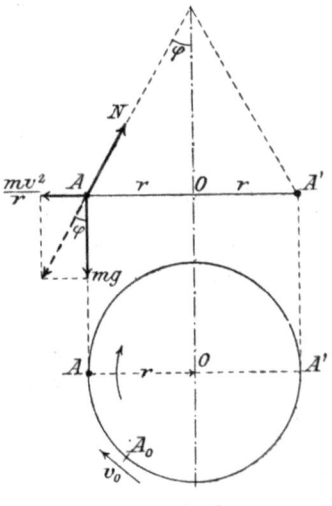

Fig. 172.

Das auf diese Weise erhaltene Pendel wird **konisches Pendel** genannt, weil der Faden bei der Bewegung des materiellen Punktes eine **Kegelfläche** beschreibt.

196. Überhöhung des äußeren Schienenstranges in einer Eisenbahnkurve. Ist (Fig. 173)

v die in Betracht kommende Geschwindigkeit des Bahnzuges,
r der Halbmesser der kreisförmigen Bahnlinie,
e die Entfernung der beiden Schienenstränge, von Mitte zu Mitte gemessen, und
z die Überhöhung des äußeren Schienenstranges,

so erhält man, wenn der Druck N' der Eisenbahnwagen auf das Gleis normal zu letzterem gerichtet sein soll, für den Winkel von N' mit der Vertikalen

$$\operatorname{tg} \varphi = \frac{v^2}{rg}$$

und für die gesuchte Überhöhung

$$z = e \cdot \sin \varphi = e \cdot \operatorname{tg} \varphi = \frac{ev^2}{rg},$$

sofern φ wie meist in Wirklichkeit ein kleiner Winkel ist.

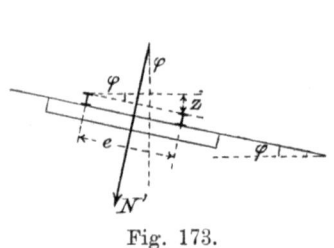

Fig. 173.

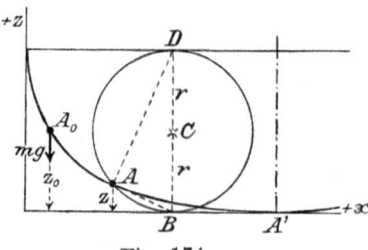

Fig. 174.

Die gerade Gleisstrecke ist eben, die Kurvenstrecke schräg; beide werden durch einen Übergangsbogen ineinander übergeführt, indem sowohl der Krümmungshalbmesser von $\varrho = \infty$ bis $\varrho = r$ allmählich vermindert, als auch die Horizontallage des Gleises allmählich in die Schräglage verändert wird. Der Übergang muß um so sanfter gemacht werden, je höher die Fahrgeschwindigkeit ist.

197. Bewegung eines schweren materiellen Punktes in der Zykloide. Es sei (Fig. 174) der Punkt A_0 der Zykloide die Ausgangsstelle des unter Einwirkung seines Eigengewichtes ohne Anfangsgeschwindigkeit auf der Zykloide sich abwärts bewegenden materiellen Punktes m; v die Geschwindigkeit des letzteren in A, dann hat man, wenn ein tangentieller Widerstand nicht zu berücksichtigen ist:

$$\frac{1}{2} m v^2 = mg(z_0 - z); \quad v = \sqrt{2g(z_0 - z)}.$$

Aus dieser Gleichung für v ersehen wir, daß die Geschwindigkeit des materiellen Punktes mit abnehmendem z zunimmt, also im

§ 39. Beispiele von Bewegungen materieller Punkte usw.

tiefsten Punkte A' der Bahn, wo $z=0$, am größten wird. Vermöge der in A' erlangten Geschwindigkeit geht der materielle Punkt weiter in der Zykloide und erhebt sich wieder bis zu einem Punkt B_0, der mit dem Ausgangspunkt A_0 in derselben Höhe liegt. Überhaupt ist ja in den Bahnpunkten von gleicher Höhenlage die Geschwindigkeit die gleiche. Demgemäß werden dann auch die symmetrisch zu der Vertikalen durch A' gelegenen Elemente der Zykloide vom materiellen Punkt in gleichen Zeiträumen dt durchlaufen, woraus folgt, daß der materielle Punkt dieselbe Zeit braucht, um von A' bis B_0 zu kommen, wie von A_0 bis A'.

Aus
$$v = \frac{ds}{dt} = \pm \sqrt{2g(z_0-z)}$$
ergibt sich
$$dt = \frac{\pm ds}{\sqrt{2g(z_0-z)}},$$
wobei das $+$-Zeichen für die Bewegung A_0 bis B_0 gilt.

Bei der Zykloide bildet die Gerade AD die Normale im Punkte A, daher ist
$$\frac{ds}{dz} = \frac{BD}{BA} = \frac{2r}{\sqrt{z \cdot 2r}} = \sqrt{\frac{2r}{z}}.$$

Da nun bei einer Zunahme der Bogenlänge $A_0A = s$ das z abnimmt, solange der materielle Punkt sich in der Zykloide abwärts bewegt, hat man zu setzen
$$ds = -\sqrt{\frac{2r}{z}} \cdot dz,$$
womit
$$dt = -\sqrt{\frac{r}{g}} \cdot \sqrt{\frac{1}{z(z_0-z)}} \cdot dz$$
und
$$t = -\sqrt{\frac{r}{g}} \int_{z_0}^{z} \frac{dz}{\sqrt{z(z_0-z)}} = -\sqrt{\frac{r}{g}} \left[\arcsin\left(\frac{2z}{z_0}-1\right)\right]_{z_0}^{z}$$
$$= +\sqrt{\frac{r}{g}} \left[\arcsin\left(\frac{2z}{z_0}-1\right)\right]_{z}^{z_0}$$
$$= +\sqrt{\frac{r}{g}} \left[\frac{\pi}{2} - \arcsin\left(\frac{2z}{z_0}-1\right)\right].$$

Bezeichnet man mit t' die Zeit, die der materielle Punkt braucht, um den Zykloidenbogen A_0A' zurückzulegen, so hat man nur in der letzten Gleichung $z=0$ und $t=t'$ zu setzen, womit
$$t' = \pi \sqrt{\frac{r}{g}}.$$

Daraus folgt dann, daß die Dauer τ der Bewegung von A_0 bis B_0

$$\tau = 2\pi\sqrt{\frac{r}{g}} = \pi\sqrt{\frac{4r}{g}}.$$

Da t' unabhängig von z_0 ist, so werden materielle Punkte, die man gleichzeitig von verschiedenen Punkten der Zykloide aus auf letzterer herabgleiten läßt, alle im gleichen Augenblick im tiefsten Punkte A' der Zykloide ankommen. Des weiteren bemerken wir, daß die Schwingungsdauer τ unabhängig ist von der Schwingungsweite. Darum nennt man auch die Zykloide **Tautochrone**.

§ 40. Beispiele von Bewegungen materieller Punkte auf vorgeschriebener Bahn bei vorhandenem Tangentialwiderstand.

198. Bewegung eines materiellen Punktes in einem vertikalen Kreis unter Einwirkung seines Eigengewichtes, des Reibungswiderstandes W_t' und eines Tangentialwiderstandes W_t'' proportional dem Quadrate der Geschwindigkeit[1]). Es sei (Fig. 175) C der Mittelpunkt der kreisförmigen Bahn, r Halbmesser derselben, A_0 die Lage des materiellen Punktes m zur Zeit 0, A zur Zeit t, α der Winkel von CA_0 mit der Vertikalen, φ der Winkel von CA mit letzterer, v_0 Geschwindigkeit des materiellen Punktes in A_0, v Geschwindigkeit in A, μ der Reibungskoeffizient. Alsdann hat man, wenn man den materiellen Punkt in der Lage A in Betracht zieht und $W_t'' = mk'v^2$ setzt:

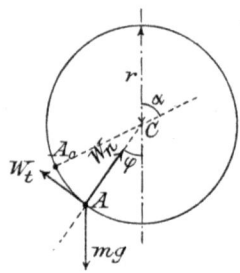

Fig. 175.

$$m \cdot \frac{dv}{dt} = mg\sin\varphi - \mu\left(mg\cos\varphi + \frac{mv^2}{r}\right) - mk'v^2$$

oder

$$v \cdot \frac{dv}{dt} \cdot \frac{dt}{ds} = g\sin\varphi - \mu g\cos\varphi - v^2\left(k' + \frac{\mu}{r}\right),$$

oder wenn man setzt

$$k' + \frac{\mu}{r} = k$$

$$\frac{v\,dv}{ds} = g\sin\varphi - \mu g\cos\varphi - v^2\cdot k$$

---

[1]) Die Lösung soll in erster Linie zeigen, wie eine Aufgabe dieser Art rechnerisch durchgeführt wird.

§ 40. Beispiele von Bewegungen materieller Punkte auf vorgeschrieb. Bahn. 337

Multipliziert man nach Vorgängen diese Gleichung mit $2\,e^{2ks}$, unter e die Grundzahl des natürlichen Logarithmensystems und unter s den Bogen $A_0 A$ verstanden, so ergibt sich

$$\frac{2v\,dv}{ds}\cdot e^{2ks} = 2g\sin\varphi\cdot e^{2ks} - 2\mu g\cos\varphi\cdot e^{2ks} - 2v^2 k\cdot e^{2ks}$$

Anderseits ist

$$\frac{d(v^2\cdot e^{2ks})}{ds} = v^2\cdot e^{2ks}\cdot 2k + e^{2ks}\cdot 2v\cdot\frac{dv}{ds},$$

Damit geht Gl. (3) über in

$$\frac{d(v^2\cdot e^{2ks})}{ds} = 2g\sin\varphi\cdot e^{2ks} - 2\mu g\cos\varphi\cdot e^{2ks}$$

und integriert:

$$v^2\cdot e^{2ks} = 2g\int\sin\varphi\cdot e^{2ks}\cdot ds - 2\mu g\int\cos\varphi\cdot e^{2ks}\cdot ds + C.$$

Nun ist $\quad s = r(\alpha - \varphi)\quad$ und $\quad ds = -r\,d\varphi$,

also $\quad v^2\cdot e^{2ks} = 2g\int[\sin\varphi\cdot e^{2kr(\alpha-\varphi)}\cdot(-r\,d\varphi)] - 2\mu g\int\cos\varphi\cdot$
$$\cdot e^{2kr(\alpha-\varphi)}\cdot(-r\,d\varphi) + C$$
$$= -2gr\cdot e^{2kr\alpha}\int(\sin\varphi\cdot e^{-2kr\varphi}\cdot d\varphi) + 2\mu g r\cdot e^{2kr\alpha}\int\cos\varphi\cdot$$
$$\cdot e^{-2kr\varphi}\cdot d\varphi + C$$
$$= -2gr\cdot e^{2kr\alpha}\left[\int e^{-2kr\varphi}\cdot\sin\varphi\,d\varphi - \mu\int e^{-2kr\varphi}\cdot\cos\varphi\,d\varphi\right] + C,$$

oder, wenn man $-2kr = a$ setzt:

$$v^2\cdot e^{2ks} = -2gr\cdot e^{-a\cdot\alpha}\left[\int e^{a\varphi}\cdot\sin\varphi\,d\varphi - \mu\int e^{a\varphi}\cdot\cos\varphi\,d\varphi\right] + C.$$

Die beiden Integrale in der Klammer lassen sich nun in endlicher Form bestimmen:

$$\int e^{a\varphi}\cdot\sin\varphi\cdot d\varphi = \frac{e^{a\varphi}(a\sin\varphi - \cos\varphi)}{1+a^2}$$

und $\quad\displaystyle\int e^{a\varphi}\cdot\cos\varphi\,d\varphi = \frac{e^{a\varphi}\cdot(\sin\varphi + a\cos\varphi)}{1+a^2}.$

Damit wird:

$$v^2\cdot e^{2ks} = -2gr\cdot e^{2kr\alpha}\left[\frac{e^{-2kr\varphi}(-2kr\sin\varphi - \cos\varphi)}{1+4k^2r^2} - \right.$$
$$\left. - \mu\frac{e^{-2kr\varphi}\cdot(\sin\varphi - 2kr\cdot\cos\varphi)}{1+4k^2r^2}\right] + C =$$
$$= \frac{2gr\cdot e^{2kr\alpha}}{(1+4k^2r^2)\cdot e^{2kr\varphi}}[2kr\sin\varphi + \cos\varphi - \mu(2kr\cos\varphi - \sin\varphi)] + C.$$

Autenrieth-Ensslin, Technische Mechanik. 2. Aufl. 22

338 Dynamik des materiellen Punktes. Krummlinige Bewegung e. mat. Punktes.

Da aber $\dfrac{e^{2kr\alpha}}{e^{2kr\varphi}} = e^{2kr(\alpha-\varphi)} = e^{2ks}$,

so wird
$$v^2 = \frac{2gr}{1 + 4k^2r^2}[2kr(\sin\varphi - \mu\cos\varphi) + \cos\varphi + \mu\sin\varphi] + C.$$

Für $\varphi = \alpha$ ist $v = v_0$.

Dies gibt
$$v_0^2 = \frac{2gr}{1 + 4k^2r^2}[2kr(\sin\alpha - \mu\cos\alpha) + \cos\alpha + \mu\sin\alpha] + C,$$
womit
$$v^2 - v_0^2 = \frac{2gr}{1 + 4k^2r^2}\{2kr[\sin\varphi - \sin\alpha - \mu(\cos\varphi - \cos\alpha)] +$$
$$+ \cos\varphi - \cos\alpha + \mu(\sin\varphi - \sin\alpha)\}.$$

Mittels dieser Gleichung läßt sich die Geschwindigkeit des materiellen Punktes in den verschiedenen Bahnpunkten angeben.

Will man jetzt die Geschwindigkeit eines auf starrer kreisförmiger Bahnlinie lediglich mit Reibung herabgleitenden materiellen Punktes haben, so ist ·in der letzten Gleichung $k = \dfrac{\mu}{r}$ anzunehmen.

Soll dagegen für ein im widerstehenden Mittel schwingendes Pendel die Geschwindigkeit angegeben werden, so hat man in der Gleichung für v das $\mu = 0$ und $k = k'$ zu setzen, womit die erwähnte Gleichung übergeht in:
$$v^2 - v_0^2 = \frac{2gr}{1 + 4k'^2r^2}[2k'r(\sin\varphi - \sin\alpha) + \cos\varphi - \cos\alpha].$$

Wird auch noch vom Widerstand des Mittels abgesehen, so erhält man (mit $k = 0$)
$$v^2 - v_0^2 = 2gr(\cos\varphi - \cos\alpha) = 2g(z - z_0)$$
$$v^2 = v_0^2 + 2g(z - z_0),$$
die in **191** gefundene Gleichung.

199. Bewegung eines materiellen Punktes in einer vertikalen Kurve unter Einwirkung seines Eigengewichtes und eines konstanten Tangentialwiderstandes W_t. Es sei A_0 (Fig. 175a) die Lage des materiellen Punktes in seiner Bahn zur Zeit 0, A zur Zeit t, v_0 die Geschwindigkeit zur Zeit 0, v diejenige zur Zeit t, z die Tiefe des Punktes A unter dem Punkte A_0, dann hat man nach dem Satz von der Arbeit:

§ 40. Beispiele von Bewegungen materieller Punkte auf vorgeschrieb. Bahn. 339

$$\tfrac{1}{2} m v^2 - \tfrac{1}{2} m v_0^2 = m g z - W_t s$$

oder
$$v^2 = v_0^2 + 2 g z - 2 \frac{W_t}{m} s,$$

unter s den Bogen $A_0 A$ verstanden.

Was sodann den Normaldruck N' betrifft, den die Bahnkurve in A von seiten des bewegten Punktes erfährt, so ist derselbe nach **191**

$$N' = m g \cos \varphi + \frac{m v^2}{\varrho},$$

wobei φ der Winkel der Normalen in A mit der Vertikalen und ϱ der Krümmungshalbmesser der Bahnkurve in A.

200. Bewegung eines schweren materiellen Punktes in einem horizontalen Kreis unter Berücksichtigung der Reibung. Es sei der materielle Punkt zur Zeit 0 im Punkte A_0 des Kreises vom Halbmesser r, zur Zeit t

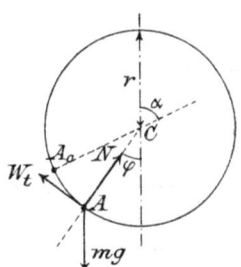

Fig. 175a.

in A und zur Zeit $t + dt$ im benachbarten Punkte A_1, ferner sei die Geschwindigkeit zur Zeit $0 = v_0$, zur Zeit $t = v$, zur Zeit $t + dt = v + dv$; Bogen $A_0 A = s$ und $A A_1 = ds$, W_t der Reibungswiderstand, alsdann hat man nach dem Satz von der Arbeit:

$$\tfrac{1}{2} m (v + d v)^2 - \tfrac{1}{2} m v^2 = - W_t ds = - \left[\mu \sqrt{(m g)^2 + \left(\frac{m v^2}{r}\right)^2} \right] ds,$$

woraus

$$v d v = - \frac{\mu}{r} \sqrt{(r g)^2 + v^4} \cdot ds; \quad ds = - \frac{r}{\mu} \cdot \frac{v d v}{\sqrt{(r g)^2 + v^4}},$$

welche Gleichung auf ein elliptisches Integral führt.

Wäre aber die Unterstützung des materiellen Punktes nach Art der Fig. 176, so könnte man setzen:

$$W_t = \mu m g + \mu \frac{m v^2}{r},$$

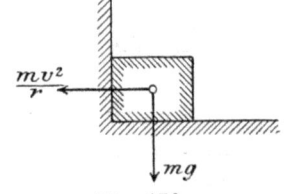

Fig. 176.

womit der Satz von der Arbeit liefert:

$$v d v = - \frac{r}{\mu} (r g + v^2) d s$$

Daraus erhält man durch Integration:

$$s = - \frac{r}{\mu} \int_{v_0}^{v} \frac{v d v}{r g + v^2} = - \frac{r}{\mu} \left[\ln \sqrt{r g + v^2} \right]_{v_0}^{v} =$$

$$= \frac{r}{\mu} \ln \frac{\sqrt{r g + v_0^2}}{\sqrt{r g + v^2}} = \frac{r}{2\mu} \ln \frac{r g + v_0^2}{r g + v^2} \quad \text{oder} \quad e^{\frac{2 \mu s}{r}} = \frac{r g + v_0^2}{r g + v^2},$$

22*

340 Dynamik des materiellen Punktes. Relative Bewegung e. materiell. Punktes.

woraus
$$v^2 = \frac{v_0^2 + rg\left(1 - e^{\frac{2\mu s}{r}}\right)}{e^{\frac{2\mu s}{r}}}.$$

Aus dieser Gleichung geht hervor, daß die Geschwindigkeit des materiellen Punktes fortwährend abnimmt, bis sie schließlich $=0$ wird. Im Punkt A' des Kreises sei der materielle Punkt zur Ruhe gekommen und Bogen $A_0 A' = s'$ oder $v = 0$ für $s = s'$. Damit ergibt die Gleichung für s:

$$s' = \frac{r}{2\mu} \ln\left(1 + \frac{v_0^2}{rg}\right).$$

Will man jetzt auch die Zeit t' haben, die der materielle Punkt braucht, um zur Ruhe zu gelangen, so geht man von der Gleichung aus

$$m \cdot \frac{dv}{dt} = -\mu m g - \mu \frac{m v^2}{r}.$$

Diese Gleichung gibt:

$$dt = -\frac{r}{\mu} \cdot \frac{dv}{rg + v^2}$$

$$t' = -\frac{r}{\mu} \int_{v_0}^{0} \frac{dv}{rg + v^2} = +\frac{r}{\mu} \int_{0}^{v_0} \frac{dv}{rg + v^2} = \frac{r}{\mu} \cdot \frac{1}{\sqrt{rg}} \left(\operatorname{arc\,tg} \frac{v}{\sqrt{rg}}\right)_{0}^{v_0}$$

$$t' = \frac{1}{\mu}\sqrt{\frac{r}{g}} \operatorname{arc\,tg} \frac{v_0}{\sqrt{rg}}.$$

---

14. Kapitel.

Relative Bewegung eines materiellen Punktes.

§ 41. Allgemeine Erläuterungen und Sätze.

201. Über die bei einer relativen Bewegung auftretenden Fragen. Schon in **128** wurde die relative Bewegung eines materiellen Punktes erwähnt. Dort wurde gesagt, daß man unter der relativen Bewegung eines Punktes die Bewegung desselben gegen ein Koordinatensystem verstehe, das selbst eine Bewegung besitze, während man die gegenüber einem ruhenden Koordinatensystem sich ergebende Bewegung, also die wirkliche Bewegung, als absolute zu bezeichnen pflege. Demgemäß wären alle auf der Erde beobachteten Bewegungen, die auf ein mit der Erde fest ver-

§ 41. Allgemeine Erläuterungen und Sätze. 341

bundenes Koordinatensystem bezogen werden, wegen der Bewegung der Erde (Umlauf der Erde um die Sonne unter gleichzeitiger Drehung um ihre Achse) als relative Bewegungen anzusehen. Gewöhnlich sieht man ein mit der Erde fest verbundenes Koordinatensystem als ruhend an, sieht also von der Bewegung der Erde um die Sonne und von ihrer Eigendrehung ab. Ist das zulässig? Täuscht man sich nicht über die wirklich eintretende Bewegung und über die mit ihr verbundenen Kräfte? Vielleicht darf man unter gewissen Umständen ohne merklichen Fehler von den beiden Bewegungen der Erde absehen, unter anderen Verhältnissen nicht. Um diese für den Anfang nicht leicht zu überblickenden Fragen beantworten zu können, haben wir uns eingehend mit den Bewegungs- und Kraftverhältnissen zu beschäftigen, die eintreten, wenn ein Koordinatensystem ruht, das andere sich in diesem bewegt und wenn ein materieller Punkt von beiden aus beobachtet wird.

Zur Veranschaulichung der Verhältnisse bei der relativen Bewegung eines Punktes wollen wir (Fig. 177) den Boden eines auf einem Gleise befindlichen Eisenbahnwagens als xy-Ebene, eine der beiden Langwände als xz-Ebene und eine Stirnwand des Wagens als yz-Ebene eines rechtwinkligen Koordinatensystems und im Innern des Eisenbahnwagens zunächst einen bei A (Fig. 177) frei schwebenden, im Gleichgewicht befindlichen materiellen Punkt m uns vorstellen. Ist nun dieser Punkt dem Erdboden gegenüber tatsächlich in Ruhe, oder sagen wir, befindet sich derselbe in absoluter Ruhe, dagegen der Eisenbahnwagen auf geradem Gleise in Bewegung, so wird sich der Abstand des materiellen Punktes von der Stirnwand des Wagens fortwährend ändern; es wird der materielle Punkt einem im Innern des Wagens befindlichen, von der Bewegung des Wagens nichts merkenden Beobachter als in Bewegung begriffen und zwar parallel der x-Achse (Fig. 177) sich bewegend erscheinen. Die auf diese Weise sich zeigende Bewegung des materiellen Punktes ist eine relative Bewegung.

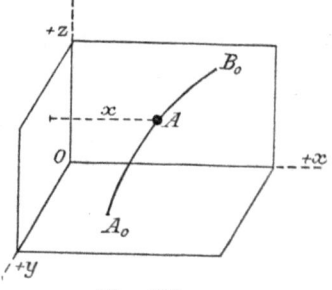

Fig. 177.

Besitzt der Eisenbahnwagen in einem gewissen Augenblick die Geschwindigkeit $u = dx/dt$ in der $+x$-Richtung, so wird der Abstand $+x$ des an der Stelle A schwebenden materiellen Punktes m von der als yz-Ebene angenommenen Stirnwand des Wagens kleiner und kleiner; es hat der tatsächlich ruhende materielle Punkt

m in demselben Augenblick die Geschwindigkeit $v_r = dx/dt$ gegen die yz-Ebene, also eine relative Geschwindigkeit v_r im Sinne der $-x$ gerichtet.

Bewegt sich der Eisenbahnwagen beschleunigt auf dem geraden Gleise, so zeigt auch der materielle Punkt gegen die Stirnwand des Wagens eine beschleunigte geradlinige Bewegung, und es glaubt deshalb ein im Innern des Wagens befindlicher Beobachter, es wirke am materiellen Punkt eine im Sinne der $-x$ gerichtete Beschleunigungskraft, obgleich tatsächlich der materielle Punkt, wie angenommen ist, im Gleichgewicht sich befindet. Diese am materiellen Punkte scheinbar wirkende Kraft ist die relative Beschleunigungskraft, während die absolute Beschleunigungskraft im verliegenden Falle $= 0$ ist. Bewegt sich der materielle Punkt in Wirklichkeit wie der Wagen, also parallel der x-Achse des Koordinatensystems, dann ändert derselbe seine Lage gegen den Wagen nicht, und es wird der erwähnte Beobachter den materiellen Punkt für ruhend halten. Diese Ruhe ist aber nur eine scheinbare, der materielle Punkt befindet sich nur in relativer Ruhe.

Nehmen wir jetzt an, der Eisenbahnwagen bewege sich irgendwie auf beliebig gekrümmtem Gleise, so haben wir den Fall eines beliebig sich bewegenden Koordinatensystems.

Ein Insasse des Wagens, der von dessen Bewegung keine Kenntnis hat, beobachte einen vom Punkte A_0 des Bodens, d. i. der xy-Ebene, ausgehenden, in einem Bogen $A_0 B_0$ sich gegen die Langwand des Wagens, die xz-Ebene, bis zum Punkte B_0 derselben bewegenden materiellen Punkt von der Masse m. Die beobachtete Bahnlinie $A_0 B_0$ ist dann die relative Bahnlinie, desgleichen sind die von dem erwähnten Beobachter wahrgenommenen Geschwindigkeiten in den verschiedenen Punkten dieser Bahnlinie die betreffenden relativen Geschwindigkeiten des materiellen Punktes. Nun haben wir früher bei der absoluten Bewegung gesehen, daß aus der beobachteten Bewegung eines materiellen Punktes die Beschleunigungskraft bestimmt werden kann, die der stattfindenden Bewegung zugrunde liegt, ebenso daß man die Bewegung des materiellen Punktes festsetzen kann, wenn man die Lage und Geschwindigkeit des Punktes in einem Zeitpunkt kennt und die Beschleunigungskraft in jedem Augenblick anzugeben imstande ist. Es kann daher auch der im Wagen befindliche Beobachter aus der von ihm für die wahre, die absolute Bewegung gehaltenen Bewegung des materiellen Punktes in der Bahnlinie $A_0 B_0$ auf eine diese Bewegung erzeugende Beschleunigungskraft schließen und die betreffende relative Beschleunigungskraft

§ 41. Allgemeine Erläuterungen und Sätze.

nach den bei der absoluten Bewegung aufgestellten Regeln aus der relativen Bewegung des materiellen Punktes ermitteln. Anderseits läßt sich aber auch, entsprechend dem Vorgehen bei der absoluten Bewegung, die relative Bewegung des materiellen Punktes bestimmen, wenn man für einen einzigen Zeitpunkt die Lage und die relative Geschwindigkeit des materiellen Punktes und für jeden Augenblick die relative Beschleunigungskraft angeben kann.

Ein weiteres Beispiel zur Aufklärung ist das folgende: Ein hohler Kreiszylinder vom lichten Durchmesser $2r$ und vertikaler Achse, unten mit einem horizontalen Boden verschlossen, drehe sich mit konstanter Winkelgeschwindigkeit ω um seine Achse. Im Innern des Zylinders befinde sich im Abstande a von der Achse und in der Höhe h über dem Boden ein absolut ruhender materieller Punkt. Dieser materielle Punkt wird einem auf dem Boden des Zylinders stehenden und unbewußt an der Drehung des Zylinders teilnehmenden Beobachter als sich bewegend erscheinen, da die Lage des materiellen Punktes gegen den Beobachter sich fortwährend ändert. Der Beobachter sieht den materiellen Punkt in einem horizontalen Kreis vom Halbmesser a mit der konstanten Geschwindigkeit $v_r = a\omega$ sich um die Zylinderachse bewegen und ist daher veranlaßt, den freien materiellen Punkt als angegriffen von einer stets gegen den Kreismittelpunkt gerichteten Kraft von der Größe $ma\omega^2 = mv_r^2/a$ zu halten. In Wirklichkeit ist aber der materielle Punkt in Ruhe und von keiner Kraft angegriffen. Die beobachtete Bewegung ist wiederum eine relative und die Kraft mv_r^2/a die relative Beschleunigungskraft.

Die Fragen über die relative Bewegung, die am Schluß der nächsten vorbereitenden Abschnitte gestellt werden, wollen wir jetzt an Hand eines Beispieles formulieren:

Die Bewegungen auf oder über der Erdoberfläche wie der Flug eines Geschosses, sind relative, weil die Erde sich dreht und um die Sonne kreist.

Ein genau nach Süden abgefeuertes Geschoß bleibt nicht in der Vertikalebene (Meridianebene), sondern wird seitlich abgelenkt, weil sich die Erde unter ihm wegdreht was bei weiten Wurfstrecken bemerkbar wird. Welches ist die (relative) Bahn gegenüber der Erde? Auf diese kommt es ja beim Schießen an. Und welche Kräfte muß man zu den tatsächlich am Geschoß angreifenden Kräften, dem Gewicht und dem Luftwiderstand, sich hinzugefügt denken, wenn man ohne Fehler von der Erdbewegung, insbesondere von der Achsendrehung soll absehen dürfen, die Erde also als ruhend, und die Geschoßbewegung als absolut ansehen will?

202. Absolute, relative und Führungsgeschwindigkeit. Ein Reißbrett werde auf einem Tisch mit der Geschwindigkeit v_f verschoben und bewege sich unter einem (geraden oder krummen) Lineal weg, das mit dem Tisch fest verbunden sein möge. Am Lineal werde ein Schreibstift mit der Geschwindigkeit v_a hinbewegt, und zeichne eine Linie auf dem Reißbrett, die im betrachteten Augenblick mit der Geschwindigkeit v_r aufgeschrieben wird. Welcher Zusammenhang besteht zwischen den 3 Geschwindigkeiten und welches ist die Richtung von v_r? (Fig. 178).

Der Tisch bildet den festen Standpunkt mit einem festen Koordinatensystem, von dem aus die absolute Bewegung wahrgenommen wird, nämlich die Bewegung des Schreibstiftes am Lineal hin mit der sog. absoluten Geschwindigkeit v_a. Das Reißbrett vollführt gegenüber dem festen Tisch die sog. Führungsbewegung mit der sog. Führungsgeschwindigkeit v_f. Mit ihm fest verbunden ist das bewegliche Koordinatensystem, dessen Koordinaten Relativkoordinaten genannt werden. Die Linie, die auf dem Reißbrett aufgezeichnet wird, ist die relative Bahn des Schreibstiftes, wie sie ein die Führungsbewegung mitmachender Beobachter, also eine auf dem Reißbrett stehende Person, wahrnimmt. Die Geschwindigkeit in der relativen Bahn ist die Relativgeschwindigkeit v_r.

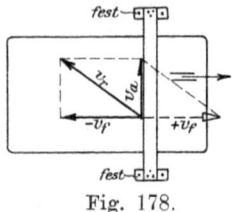

Fig. 178.

Es wird offenbar die gleiche Linie auf der Zeichnungsebene beschrieben, wenn man die letztere festhält und dafür den Schreibstift (unbeschadet seiner absoluten Bewegung) bewegt, wie zuvor die Ebene, nur in entgegengesetztem Sinn. Der Stift macht dann gleichzeitig zwei Bewegungen, die absolute und die entgegengesetzte Führungsbewegung, und besitzt zwei Geschwindigkeiten, deren Resultierende, die Relativgeschwindigkeit, nach dem Parallelogramm der Geschwindigkeiten gefunden wird:

Die Relativgeschwindigkeit v_r ist jederzeit die Resultierende aus der absoluten Geschwindigkeit v_a und der entgegengesetzten Führungsgeschwindigkeit $-v_f$.

Ist die Relativgeschwindigkeit und die Führungsgeschwindigkeit gegeben, so ist damit auch die absolute Bewegung bestimmt. Da der Zusammenhang zwischen $v_a v_f v_r$ durch das oben gezeichnete Geschwindigkeitsparallelogramm ausgedrückt ist, so folgt schon rein geometrisch nach Umkehrung des Sinnes von $-v_f$: Die Absolutgeschwindigkeit ist die Resultierende aus der relativen und aus der Führungsgeschwindigkeit.

§ 41. Allgemeine Erläuterungen und Sätze.

In dem eingangs erwähnten Beispiel haben wir stillschweigend angenommen, die absolute, die Führungs- und die relative Bewegung seien gleichförmig; dann stellen die in Fig. 178 ersichtlichen Strecken nicht nur die Geschwindigkeiten, sondern auch die in 1 sek tatsächlich zurückgelegten absoluten, Führungs- und relativen Wege dar. Die Betrachtung und die abgeleiteten Sätze gelten aber auch, wenn diese Bewegungen ungleichförmig und krummlinig sind. Nur muß man sie auf die innerhalb einer denkbar kurzen Zeit dt sich abspielende Elementarbewegung beschränken. Es sei $\overline{ac}$ ein krummes Rohrstück, das in a auf eine ebenfalls krumme Führung $\overline{ad}$ gesteckt sei, wobei a längs $\overline{ad}$ zu gleiten gezwungen wird. In einer sehr kurzen Zeit Δt gelangt ein von a ausgehender materieller Punkt in der Röhre nach c, während die Röhre selbst nach $\overline{de}$ gelangt. $\overline{ac}$ ist dann der relative Weg, $\overline{ad}$ der Führungsweg und $\overline{ae}$ der absolute Weg des materiellen Punktes in Δt sek. Läßt man Δt und damit $\overline{ac}, \overline{ad}, \overline{ae}$, denkbar klein werden, so stellen die Grenzwerte $\overline{ac}/\Delta t$; $\overline{ad}/\Delta t$; $\overline{ae}/\Delta t$ bei verschwindendem Δt die relative, die Führungs- und die absolute Geschwindigkeit v_r, v_f, v_a dar, die in a tangentiell an $\overline{ac}, \overline{ad}, \overline{ac}$ gerichtet sind. Statt zu sagen, der bewegte Punkt habe in a gleichzeitig die relative und die Führungsgeschwindigkeit v_r und v_f, darf man nach der Parallelogrammregel sagen: er habe die absolute Geschwindigkeit $v_a =$ Resultante aus den beiden vorigen Geschwindigkeiten.

Jetzt stellen die Geschwindigkeitsstrecken $v_r v_f v_a$ nicht mehr die in 1 sek wirklich zurückgelegten relativen, Führungs- und absoluten Wege dar, sondern nach der Definition der Geschwindigkeit diejenigen Wege, die der materielle Punkt in 1 sek in den betreffenden Tangentenrichtungen zurücklegen würde, wenn er sich augenblicklich in a gleichförmig und geradlinig bewegte. Auf die wirklichen krummlinigen Wege kommt man erst, wenn man die Deviation berücksichtigt, was bei der Betrachtung des Beschleunigungszustandes geschehen wird.

Es empfiehlt sich, einige Bewegungen daraufhin anzusehen, was als absolute, relative und Führungungsbewegung aufzufassen ist. Ein Eisenbahnwagen macht auf dem Gleis eine gerade oder krumme Führungsbewegung, ein Fahrgast, der durch den Wagen geht, eine Relativbewegung, von außen, vom festen Boden aus gesehen, eine absolute; eine Telegraphenstange macht für einen Insassen eine Relativbewegung. Ein Geschoß, das auf ein in Fahrt begriffenes Schiff abgefeuert wird, macht eine Absolutbewegung, vom Geschütz aus gesehen. Das Schiff macht die Führungsbewegung und das Geschoß markiert auf dem Schiff mit seinen Durchschlagstellen den relativen Weg. Beim Gewindeschneiden macht das gleichförmig umlaufende Werkstück die Führungsbewegung, der Schneidestahl, der parallel zur Achse des Werkstückes gleichförmig bewegt wird, die absolute Bewegung und schneidet auf dem Werkstück den relativen Weg, das Gewinde, ein. Der Schreibstift eines Indikators macht die absolute Bewegung, die Schreibtrommel die Führungsbewegung, auf dem Diagrammpapier erscheint der relative Weg des Schreibstiftes, das Diagramm.

Ein Flugzeug gehe in einer vertikalen Ebene zur Erde nieder, und zwar gegen einen Wind, dessen Geschwindigkeit unter einem Winkel gegen die Horizontalebene aufwärts gerichtet sei. Die Windgeschwindigkeit liege ebenfalls in der genannten Vertikalebene. Für den Luftwiderstand, den das Flugzeug erfährt, ist die relative Geschwindigkeit des Windes gegen dem Flugzeug maßgebend. Wie groß ist diese?

Das Flugzeug macht die absolute Bewegung, der Wind die Führungsbewegung. Man mag sich ein mit der Windgeschwindigkeit bewegtes und sich stets parallel bleibendes Koordinatensystem denken. Die relative Geschwindigkeit in diesem beweglichen Koordinatensystem ist dann die Resultante aus der absoluten Geschwindigkeit und der entgegengesetzten Führungs- (= Wind-) Geschwindigkeit.

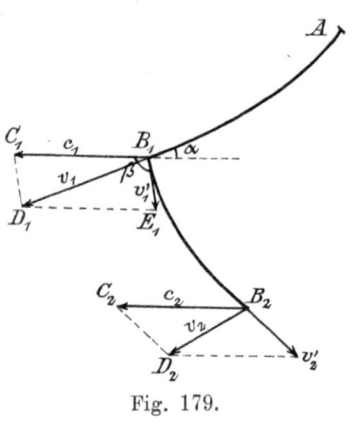

Fig. 179.

203. Beispiel. Es sei bei einem Wasserrad (Fig. 179) AB_1 eine feststehende **Leitschaufel** und $B_1 B_2$ eine sich bewegende **Radschaufel**, v_1 die Geschwindigkeit, mit der ein an der Leitschaufel AB_1 herabgleitendes Wasserteilchen die letztere verläßt, c_1 die Geschwindigkeit des Punktes B_1 der Radschaufel und v_1' die relative Geschwindigkeit des Wasserteilchens bei B_1 gegen die Radschaufel $B_1 B_2$, endlich v_2' die relative Geschwindigkeit bei B_2 und c_2 die Geschwindigkeit von B_2.

Soll nun ein stoßfreier Eintritt des Wassers in das sich bewegende Rad erfolgen, so muß die Tangente in B_1 an die Radschaufel $B_1 B_2$ parallel sein der Seite $C_1 D_1$ des durch Auftragen von $B_1 C_1 = c_1$ und von $B_1 D_1 = v_1$ erhaltenen Dreiecks $B_1 C_1 D_1$. Ist diese Bedingung erfüllt, so ergibt sich die relative Geschwindigkeit v_1' ausgedrückt nach Größe und Richtung durch die Seite $B_1 E_1$ des Parallelogramms $B_1 C_1 D_1 E_1$.

§ 42. Relative Bewegung eines materiellen Punktes bei einer Translation. 347

Will man jetzt auch wissen, welche absolute Geschwindigkeit v_2 das Wasserteilchen in dem Augenblick besitzt, in dem es die Radschaufel $B_1 B_2$ bei B_2 verläßt, so hat man nur aus v_2' und c_2 ein Parallelogramm zu konstruieren; die von B_2 ausgehende Diagonale gibt dann die Resultante von v_2' und c_2, d. h. die gesuchte absolute Geschwindigkeit v_2 an.

§ 42. Relative Bewegung eines materiellen Punktes bei einer Translation des Koordinatensystemes.

204. Absolute, relative und Führungs-Beschleunigung bei einer Relativbewegung mit Translation des bewegten Koordinatensystemes.

Eine Schüttelrinne wird von einem geeigneten Getriebe (Fig. 136) in gerader Bahn hin- und herbewegt; auf ihr liegt Kohle, die ruckweise weiterbefördert werden soll. Dieser Vorgang gibt ein Bild von dem, was wir jetzt eingehend behandeln wollen. Die Schüttelrinne macht die Führungsbewegung, die Kohle der Schüttelrinne gegenüber die Relativbewegung und vom festen Fußboden aus gesehen die absolute Bewegung.

Von einem festen Koordinatensystem aus wird ein bewegtes Koordinatensystem beobachtet, das eine Führungsbewegung von solcher Art macht, daß die Achsen beider Koordinatensysteme einander stets parallel bleiben. Die Führungsbewegung besteht dann in einer **Parallelverschiebung** oder **Translation**. Innerhalb des bewegten Koordinatensystems durchläuft ein Punkt eine Kurve, die **relative Bahn**, die man sich mit dem bewegten Koordinatensystem fest verbunden denken kann; sie bleibt bei einer Translation des bewegten Koordinatensystems sich selbst parallel; jeder Punkt dieser Bahnlinie (wohl zu unterscheiden von dem in dieser Bahnlinie bewegten Punkt) macht die Führungsbewegung des bewegten Koordinatenursprunges mit.

Wir verfolgen die relative, Führungs- und absolute Bewegung während einer sehr kurzen Zeit und fragen nach dem Zusammenhang der Beschleunigungen. Mit der Antwort auf diese Frage ist auch eine Beziehung zwischen den beschleunigenden Kräften gefunden, da diese ja den Beschleunigungen nach dem dynamischen Grundgesetz proportional sind. Was für die Elementarbewegung während dt sek ermittelt wird, gilt dann für jeden Augenblick der ganzen in einem endlichen Zeitraum vor sich gehenden Bewegung, die als Aufeinanderfolge von Elementarbewegungen aufgefaßt werden kann.

Die absolute Lage des bewegten Punktes zur Zeit t sei A in Fig. 180. Er macht gleichzeitig zwei Bewegungen, die Führungsbewegung mit Führungsgeschwindigkeit v_f und die Relativbewegung

348 Dynamik des materiellen Punktes. Relative Bewegung e. materiell. Punktes.

mit Relativgeschwindigkeit v_r zur Zeit t; nach dem Unabhängigkeisprinzip betrachten wir den Verlauf beider Bewegungen, die zusammen die absolute Bewegung ergeben, für sich.

Vermöge der **Führungsbewegung** allein kommt der Punkt A in $\varDelta t$ sek längs des Führungsweges $\mathfrak{D}$ nach A'; vermöge der Relativbewegung allein kommt er in der gleichen Zeit längs der relativen Bahn $A_0 B_0$ von A nach B; bei gleichzeitiger Ausführung beider Bewegungen kommt er nach B', wobei wegen der Translation des bewegten Koordinatensystemes $A'B' \| AB$. Relative und Führungs-Bewegung können dabei krummlinig und ungleichförmig sein. Die Relativgeschwindigkeit v_r, die in A die relative Bahn berührt, und die Führungsgeschwindigkeit v_f, die in A den Führungsweg berührt, geben als Resultante die absolute Geschwindigkeit v_a, die in A den von A nach B verlaufenden absoluten Weg berührt.

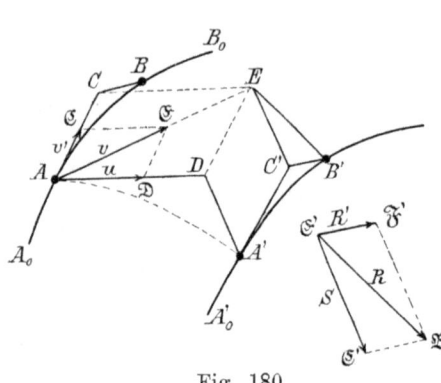

Fig. 180.

Um einen Einblick in die auftretenden **Beschleunigungen** zu erhalten, hat man den absoluten Weg, wie auch den relativen und den Führungsweg so in Komponenten zu zerlegen, daß die eine Komponente denjenigen Weg darstellt, der durchlaufen würde, wenn die Bewegung in $A\,dt$ sek lang gleichförmig wäre, die andere Komponente denjenigen Weg, der eine Folge der auftretenden Beschleunigung ist. Wir nennen die erste Komponente den **Beharrungsweg**, die zweite die **Deviation** der betrachteten Elementarbewegung. So ist für dt sek der relative Weg AB in den Beharrungsweg $AC = v_r \cdot dt$ und in die Deviation CB der relativen Bewegung zerlegt, ebenso der Führungsweg AA' in den Beharrungsweg $AD = v_f \cdot dt$ und die Deviation DA' der Führungsbewegung; nach dem Wegparallelogramm erhält man den Beharrungsweg $AE = v_a \cdot dt$ der absoluten Bewegung und anschließend in EB' deren Deviation. Vervollständigt man noch die Fig. 180 durch Ziehen von $EC' \| DA'$ und $A'C' \| AC$ und $C'B' \| CB$, so kommen alle Deviationen in dem Dreieck $EC'B'$ beisammen zu liegen; sind nun $b_a\,b_f\,b_r$ die absolute, Führungs- und relative Beschleunigung, so ist nach **173**

die Deviation der absoluten Bewegung $EB' = \tfrac{1}{2} \cdot b_a (dt)^2$
,, ,, ,, Führungs- ,, $EC' = \tfrac{1}{2} \cdot b_f (dt)^2$
,, ,, ,, relativen ,, $C'B' = \tfrac{1}{2} \cdot b_r (dt)^2$.

§ 42. Relative Bewegung eines materiellen Punktes bei einer Translation. 349

Demnach sind die Seiten EB', EC', $C'B'$ des Dreiecks $EC'B'$ den Beschleunigungen $b_a\, b_f\, b_r$ proportional; es kommt ihnen überdies ein Richtungssinn zu, der durch die Aufeinanderfolge der Buchstaben EB' usf. ausgedrückt ist. Demnach erscheint die Strecke EB' als die geometrische Resultante der Strecken EC' und $C'B'$ und man kann aussprechen:

Bei einer Translation des bewegten Koordinatensystemes ist die absolute Beschleunigung die Resultante aus der Führungsbeschleunigung b_f und der Relativbeschleunigung b_r, mit andern Worten: Bei einer Translation des bewegten Koordinatensystems ist die relative Beschleunigung die Resultierende aus der absoluten Beschleunigung und der entgegengesetzten Führungsbeschleunigung, also vektoriell geschrieben:

$$\mathfrak{b}_a = \mathfrak{b}_f + \mathfrak{b}_r \quad \ldots \ldots \ldots \quad (142)$$

Die Beschleunigungen $b_a\, b_f\, b_r$ haben im allgemeinen eine Tangential- und Normalkomponente.

205. Die Beschleunigungskräfte der Relativbewegung bei einer Translation des Koordinatensystemes. Durch Multiplikation der absoluten, relativen und Führungsbeschleunigung $b_a\, b_r\, b_f$ mit der Masse des bewegten Punktes erhält man nach dem dynamischen Grundgesetz

die absolute Beschleunigungskraft $P_a = m \cdot b_a$
„ relative „ „ $P_r = m \cdot b_r$
„ sog. Führungskraft $P_f = m \cdot b_f$

der obenstehende Satz läßt sich damit auch wie folgt aussprechen: Bei einer Translation des Koordinatensystemes ist die absolute Beschleunigungskraft die Resultante aus der relativen Beschleunigungskraft und aus der Führungskraft oder: „Bei einer Translation des Koordinatensystemes ist die relative Beschleunigungskraft die Resultante aus der absoluten Beschleunigungskraft und aus der entgegengesetzten Führungskraft".

Man kann dem Satz schließlich noch folgende bequeme Fassung geben: Bei einer Translation des bewegten Koordinatensystemes ist die absolute Beschleunigungskraft mit der entgegengesetzten Führungskraft und der entgegengesetzten relativen Beschleunigungskraft im Gleichgewicht.

Die absolute Beschleunigungskraft ist die Resultante der den bewegten Punkt tatsächlich angreifenden Kräfte, wie Eigengewicht,

Bahnwiderstand, Reibungs- oder Luftwiderstand, Anziehungskraft nach dem Newtonschen oder einem sonstigen Anziehungsgesetz, kurz die Resultante $P_a = m \cdot b_a$, die dem materiellen Punkt seine tatsächliche, auf das feste Koordinatensystem bezogene Beschleunigung erteilt. Ebenso ist die Führungskraft diejenige Beschleunigungskraft $P_f = m \cdot b_f$, die dem bewegten Punkt die zur Zeit t vorhandene Führungsbeschleunigung erteilt; bei der Bestimmung von b_f hat man sich den Punkt mit dem beweglichen, geführten Koordinatensystem fest verbunden zu denken; und ganz Entsprechendes gilt von der relativen Beschleunigungskraft.

Es sei hier daran erinnert, daß nach **128** eine Bewegung in ihrem Verlauf vollständig bestimmt, bzw. berechenbar ist, wenn man jederzeit die Beschleunigung nach Größe und Richtung und außerdem in einem bestimmten Zeitpunkt die Geschwindigkeit und die Lage des Punktes angeben kann. Es ist also z. B. die relative Bewegung vollständig bestimmt, wenn man zu allen Zeiten die relative Beschleunigung, oder die ihr proportionale relative Beschleunigungskraft $P_r = m \cdot b_r$ und zu einer bestimmten Zeit die relative Geschwindigkeit und die relative Lage des Punktes kennt. Ganz dasselbe läßt sich von der absoluten und auch von der Führungsbewegung sagen.

Das Vorhergehende setzt uns in den Stand, von der Führungsbewegung des parallel verschobenen Koordinatensystemes ganz abzusehen und die relative Bewegung wie eine absolute zu behandeln; man hat nur zu den am materiellen Punkt tatsächlich angreifenden (eingeprägten) Kräften, deren Resultante ja die absolute Beschleunigungskraft ist, die entgegengesetzte Führungskraft als eine (fingierte) Ergänzungskraft $K_1 = -m \cdot b_f$ hinzuzufügen. Die Gesamtresultante ist dann die relative Beschleunigungskraft, unter deren Einfluß sich die relative Bewegung vollzieht. Diese aber kann jetzt genau so verfolgt werden, als ob es sich um eine absolute Bewegung handelte.

§ 43. Anwendungen.

206. Beispiel. Ein Fahrstuhl werde mit konstanter Beschleunigung b_f vertikal aufwärts bewegt. Auf seinem horizontalen Boden ruht ein Körper vom Gewicht mg. Wie groß ist der Druck dieses Körpers auf den Boden?

Man kann diese Aufgabe mit Hilfe des D'Alembertschen Prinzips lösen. Wir können jedoch auch davon ausgehen, daß der Fahrstuhl und ein mit ihm verbundenes Koordinatensystem eine in einer Translation bestehende Führungsbewegung macht und daß sich der Körper diesem Koordinatensystem gegenüber in relativer Ruhe befinde.

§ 43. Anwendungen. 351

Nach dem in **146** Bemerkten dürfen wir die Kräfte an dem Körper, der als materieller Punkt bezeichnet werden darf, als im Gleichgewicht befindlich ansehen, wenn wir zu der tatsächlichen Beschleunigungskraft die entgegengesetzte Führungskraft[1]) und die entgegengesetzte relative Beschleunigungskraft hinzufügen. Die absolute Beschleunigungskraft besteht aus den tatsächlich am materiellen Punkt angreifenden Kräften, d. h. aus seinem Eigengewicht und dem Normalwiderstand N der Unterlage, letzterer ist vertikal aufwärts gerichtet; es ist also $P = N - mg$. Die Führungskraft ist, wenn b_f die Führungsbeschleunigung bedeutet, $m \cdot b_f$ und wirkt senkrecht aufwärts wie b_f; die entgegengesetzte Führungskraft also vertikal abwärts. Die relative Beschleunigungskraft ist Null, da der Körper in relativer Ruhe ist; daher hat man

$$N - mg - mb_f = 0,$$
$$N = m(g + b_f).$$

Zur Verschiebung des Körpers auf dem Boden wäre während der Fahrt ein Reibungswiderstand $R = \mu \cdot N = \mu \cdot m(g + b_f)$ zu überwinden. Befände sich der Fahrstuhl in Ruhe oder gleichförmiger Bewegung, d. h. wäre $b_f = 0$, so wäre $N = mg$ und $R = \mu \cdot N$, wie auch unmittelbar klar ist.

Würde sich der Fahrstuhl mit der Beschleunigung $b_f < g$ vertikal abwärts bewegen, so wäre die entgegengesetzte Führungskraft vertikal aufwärts gerichtet und daher:

$$N = mg - mb_f = m(g - b_f).$$

Für $b_f = g$ erhielte man $N = 0$ und für $b_f > g$ würde N negativ, d. h. es müßte auf den Körper, um ihn auf dem Boden zu halten, ein abwärts gerichteter Zug N ausgeübt werden.

207. Beispiel. Eine halbkugelförmig ausgehöhlte Schale werde ohne Drehung mit der konstanten Beschleunigung b_f vertikal aufwärts bewegt (Translationsbewegung). In einem gewissen Augenblick, von dem an wir die Zeit zu zählen anfangen wollen, also zur Zeit 0, befinde sich auf der halbkugelförmigen Innenfläche der Schale im Punkte A des horizontalen Randes der Schale ein beweglicher, schwerer materieller Punkt m (Fig. 181). Dieser materielle Punkt, zur Zeit 0 in absoluter Ruhe, wird infolge der Einwirkung seines Eigengewichtes und der Aufwärtsbewegung der Schale auf der Innenfläche der letzteren eine relative Bewegung gegen die Schale ausführen, welche Bewegung auf dem vertikalen

---

[1]) Über die Natur dieser Ergänzungskraft s. Fußnote in **220**.

Merdiankreis erfolgt, der durch A und den tiefsten Punkt A' der Kugelfläche hindurchgeht. Welches ist die relative Geschwindigkeit v_r des materiellen Punktes in A'?

Ist v_{f0} zur Zeit 0 die Geschwindigkeit der Schale bei ihrer Aufwärtsbewegung, so ist auch die Führungsgeschwindigkeit des materiellen Punktes zur Zeit 0 gleich v_{f0}. Da aber die absolute Geschwindigkeit die Resultante aus Führungsgeschwindigkeit und relativer Geschwindigkeit, und zur Zeit 0 die absolute Geschwindigkeit des materiellen Punktes $= 0$ ist, so ergibt sich die relative Geschwindigkeit des materiellen Punktes zur Zeit 0 gleich und direkt entgegengesetzt der Führungsgeschwindigkeit also $v_{r0} = -v_{f0}$ vertikal abwärts gerichtet.

Wir verfolgen jetzt die relative Bewegung des materiellen Punktes längs AA' und benötigen dazu die Kenntnis der relativen Beschleunigungskraft an jeder Stelle der Bahn, da sich unter ihrem Einfluß ja die relative Bewegung vollzieht. Außerdem muß in einem bestimmten Zeitpunkt die relative Geschwindigkeit und die Lage des Punktes gegeben sein. Nach **205** ist die relative Beschleunigungskraft die Resultante aus der absoluten Beschleunigungskraft und aus der entgegengesetzten Führungskraft.

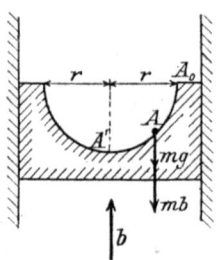

Fig. 181.

Die absolute Beschleunigungskraft ihrerseits ist die Resultante aller tatsächlich am materiellen Punkt angreifenden Kräfte, und das sind, wenn Reibung und Luftwiderstand beiseite gelassen werden, das Gewicht und der Normalwiderstand N der Unterlage. Die Führungskraft erhält man, indem man sich den materiellen Punkt in seiner augenblicklichen Lage an der Führung befestigt denkt, sie beträgt, wenn b_f die Führungsbeschleunigung ist, $m \cdot b_f$ und ist der Aufgabe zufolge vertikal aufwärts gerichtet; die entgegengesetzte Führungskraft, die Zusatz- oder Ergänzungskraft $K_1 = -m \cdot b_f$ der Relativbewegung ist also vertikal abwärts gerichtet. Man kann nun, von der Bewegung der Schale absehen und die Bewegung des materiellen Punktes auf der Innenfläche der Schale wie eine absolute behandeln, wenn man annimmt, daß der materielle Punkt mit der relativen, vertikal abwärts gerichteten Anfangsgeschwindigkeit $v_{r0} = v_{f0}$ den Punkt A verlasse und bei seiner Bewegung auf dem Kreisbogen AA' von dem Normalwiderstand N der Bahn und der vertikal abwärts gerichteten Kraft:

$$G + K_1 = mg + mb_f = m(g + b_f)$$

angegriffen werde.

§ 43. Anwendungen. 353

Zur Bestimmung der relativen Geschwindigkeit v_r' in A' benützt man zweckmäßigerweise den Satz von der Arbeit. Dieser liefert:

$$\tfrac{1}{2} \cdot m v_r'^2 - \tfrac{1}{2} \cdot m v_{r_0}^2 = m \cdot (g + b_f) \cdot r,$$

woraus v_r' berechnet werden kann. Der Normalwiderstand der Bahn in A' ist

$$N = m \cdot (g + b_f) + m \cdot v_r'^2 / r.$$

208. Beispiel. Ein schief abgeschnittener, zwischen horizontalen Führungen beweglicher prismatischer Körper (Fig. 182) werde in der angedeuteten Richtung mit der konstanten Beschleunigung b_f bewegt. Auf der unter dem Winkel α gegen den Horizont geneigten schiefen ebenen Endfläche, deren Horizontalspur senkrecht auf der Translationsrichtung des Körpers stehe, befinde sich in A_0 ein schwerer materieller Punkt m, der ohne relative Anfangsgeschwindigkeit sich infolge der Einwirkung seines Eigengewichtes mg und der beschleunigten Bewegung seiner Unterlage von A_0 aus in Bewegung setze. Welches ist die relative Bewegung des materiellen Punktes auf der schiefen Ebene?

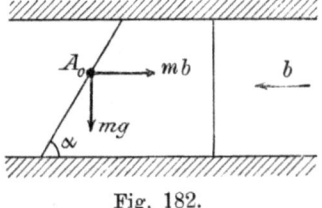

Fig. 182.

Wir können wieder die relative Bewegung des materiellen Punktes wie eine absolute behandeln, wenn wir zu den tatsächlich am materiellen Punkte wirkenden Kräften noch die Ergänzungskraft K_1 gleich und entgegengesetzt der Führungskraft des materiellen Punktes hinzufügen. Letztere ist aber konstant $= m b_f$, horizontal und im Sinne der Bewegung der Unterlage des materiellen Punktes gerichtet, daher $K_1 = m b_f$, im entgegengesetzten Sinne wirkend.

Die beiden Kräfte K_1 und mg bewirken, da der Voraussetzung nach die Anfangsgeschwindigkeit des materiellen Punktes $=0$, eine Bewegung des letzteren in der Linie des größten Gefälles der schiefen Ebene. Dabei ist die relative Beschleunigungkraft, wenn von der Reibung abgesehen wird:

$$P_r = mg \sin \alpha - m b_f \cos \alpha = m (g \sin \alpha - b_f \cos \alpha).$$

Ist $b_f \cos \alpha < g \sin \alpha$ oder $b_f < g \operatorname{tg} \alpha$, so wirkt P_r in der Linie des größten Gefälles abwärts, und wenn $b_f > g \operatorname{tg} \alpha$, aufwärts. Ersterenfalls ergibt sich eine gleichförmig beschleunigte Bewegung des materiellen Punktes abwärts, letzterenfalls aufwärts. Wäre $b_f = g \operatorname{tg} \alpha$, so bliebe der materielle Punkt auf der schiefen Ebene in Ruhe.

209. Beispiel. Es sei $A_0 A$ (Fig. 183) die in der vertikalen Bildebene gelegene Achse einer geraden engen Röhre. Diese Röhre

354 Dynamik des materiellen Punktes. Relative Bewegung e. materiell. Punktes.

werde in der Bildebene mit der konstanten Beschleunigung b_f in horizontaler Richtung parallel mit sich selbst bewegt, wobei v_{f0} die Translationsgeschwindigkeit der Röhre zur Zeit 0 sei. Es fragt sich nun:

1. Welche absolute Geschwindigkeit v_0 muß man einer kleinen Kugel bei A_0 erteilen, wenn diese Kugel zur Zeit 0 bei A_0 ohne Stoß in die Röhre eintreten und gegen letztere die bestimmte relative Anfangsgeschwindigkeit v_{r0} zeigen soll?
2. Wie groß ist die absolute Geschwindigkeit v_a der Kugel in dem Augenblick, in dem sie bei A die Röhre verläßt?

Um die erste Frage zu beantworten, setzt man einfach die verlangte relative Anfangsgeschwindigkeit v_{r0} mit der Führungsgeschwindigkeit v_{f0} der Kugel in A_0 zu einer Resultanten zusammen, dann ist letztere die gesuchte absolute Geschwindigkeit v_{a0}.

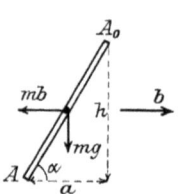

Fig. 183.

Zur Beantwortung der zweiten Frage hat man zunächst die relative Geschwindigkeit v_r der Kugel in der Röhre bei A zu ermitteln.

Zu diesem Zwecke wendet man den Satz von der Arbeit auf die Bewegung längs $A_0 A$ an. Die hierbei in Betracht kommenden Kräfte sind, wenn man bei der Bewegung der Kugel in der Röhre von einem Tangentialwiderstand absieht: das Eigengewicht mg der Kugel und die Ergänzungskraft $K_1 = -mb_f$ horizontal und der Translationsrichtung der Röhre entgegengesetzt. Damit erhält man

$$\tfrac{1}{2} m v_r^2 - \tfrac{1}{2} m v_{r0}^2 = mgh + mb_f \cdot a,$$

woraus v_r berechnet werden kann.

Die Kugel sei in t Sekunden von A_0 nach A gelangt, man hat dann zur Bestimmung von t, da die Bewegung von A_0 bis A wegen der konstanten relativen Beschleunigungskraft

$$P_r = mg \cdot \sin \alpha + m b_f \cos \alpha$$

eine gleichförmig beschleunigte ist

$$A_0 A = s = \frac{1}{2} \frac{P_r}{m} \cdot t^2, \quad \text{woraus} \quad t = \sqrt{\frac{2s}{g \sin \alpha + b_f \cos \alpha}}.$$

In diesen t Sekunden sei die Translationsgeschwindigkeit der Röhre $= v_f$ geworden. Da nun

$$b_f = dv_f/dt,$$

so ergibt sich:

$$v_f = b_f \cdot t + C = b_f \cdot t + v_{f0} = v_{f0} + b_f \sqrt{\frac{2s}{g \sin \alpha + b_f \cos \alpha}}.$$

§ 44. Relativbewegung e. mat. Punktes b. e. Drehung d. Koordinatensystems. 355

Will man jetzt die absolute Geschwindigkeit v_a der Kugel in A erhalten, so hat man nur die relative Austrittsgeschwindigkeit v_r der Kugel mit der Führungsgeschwindigkeit v_f der Kugel in A zu einer Resultanten zusammenzusetzen. Letztere ist dann $= v_a$.

§ 44. Relativbewegung eines materiellen Punktes bei einer Drehung des Koordinatensystems.

210. Absolute, relative und Führungsbeschleunigung. Coriolisbeschleunigung. Beim Nachfolgenden können wir beispielshalber an die Bewegung von Glocke und Klöppel denken.

Gegenüber einem festen Koordinatensystem (Glockenstuhl) führe ein bewegtes Koordinatensystem (Glocke) eine Drehung um eine z-Achse aus. Innerhalb des bewegten Koordinatensystemes durchläuft ein Punkt (dem Klöppel angehörig) eine Kurve, die sog. relative Bahn, die man sich mit dem bewegten Koordinatensystem fest verbunden denken kann. Vom festen Standpunkt aus beobachtet man die absolute Bewegung des Punktes. Die im geführten Koordinatensystem befestigt gedachte relative Bahn macht in allen Punkten die Drehbewegung um die z-Achse mit, die eine beliebig beschleunigte sein kann. Es wird sich im folgenden, wie schon in **205**, als nützlich erweisen, zeitweilig den materiellen Punkt als an das bewegte Koordinatensystem befestigt vorzustellen. Den Weg, die Geschwindigkeit, die Beschleunigung und die Beschleunigungskraft des so befestigt gedachten Punktes bezeichnen wir als Führungsweg, Führungsgeschwindigkeit, Führungsbeschleunigung und Führungskraft.

Über die Geschwindigkeiten eines bewegten Punktes gegenüber dem festen und bewegten Koordinatensystem sind wir durch **202** unterrichtet. Die Absolutgeschwindigkeit ist jederzeit die Resultierende aus der gleichzeitigen Führungs- und Relativgeschwindigkeit. Es ist aber außerdem nötig, den Zusammenhang zwischen den Beschleunigungen kennen zu lernen, um schließlich die beschleunigenden Kräfte zu erfahren. Wir betrachten zu diesem Zweck die Elementarbewegung während dt sek. Denn wenn wir über diese im klaren sind, können wir auch über die Gesamtbewegung Klarheit erlangen, die ja die stetige Aufeinanderfolge unendlich vieler Elementarbewegungen ist.

Die absolute Lage des bewegten Punktes zur Zeit t sei A in Fig. 184; ferner AB die absolute Lage der relativen Bahnlinie zur Zeit t. Diese vollführt eine Drehung um die z-Achse, wobei sie gegen diese oder gegen die Parallelachse AJ, gegen den bewegten Fahrstrahl $OA = r_f (\perp z\text{-Achse})$ und gegen die bewegte Achse AD

($\perp AJ$ und OA) eine unveränderliche Lage beibehält. Das relative Bahnstück AB gelangt durch diese Drehung in dt sek nach $A_1 B_2$; alle Punkte desselben beschreiben Kreise um die Drehachse z, so auch A den „Führungsweg" AA_1. Der Fahrstrahl r_f durchlaufe dabei den Drehwinkel $d\varphi = \omega \cdot dt$, wenn ω die augenblickliche Winkelgeschwindigkeit der Führungsbewegung ist; die Geschwindigkeit im Punkt A des Führungsweges AA_1 die sog. **Führungsgeschwindigkeit** ist $v_f = r_f \cdot \omega$. Der Punkt A macht demnach gleichzeitig zwei Bewegungen: die Führungsbewegung auf AA_1 mit

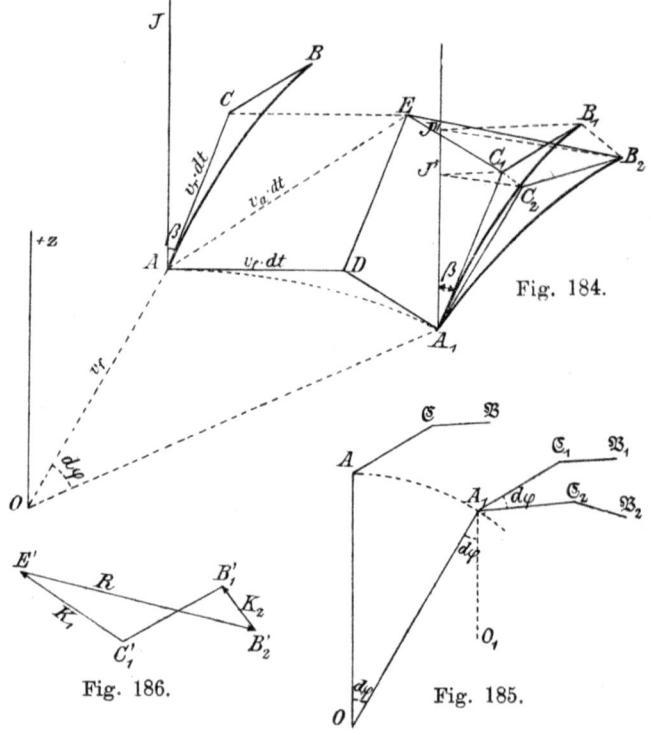

Fig. 184.

Fig. 186.   Fig. 185.

Führungsgeschwindigkeit v_f, die Relativbewegung auf AB mit Relativgeschwindigkeit v_r; die Absolutbewegung erfolgt mit der Absolutgeschwindigkeit v_a, der Resultierenden aus v_r und v_f. Der absolute Weg in dt sek beginnt in A und endigt in B_2 und berührt v_a in A.

Wir zerlegen nunmehr den absoluten, den relativen und den Führungsweg je in den **Beharrungsweg**, der die betreffenden Bahnelemente in A berührt, und die **Deviation**. So ist für dt sek der Beharrungsweg der Relativbewegung $AC = v_r \cdot dt$ und deren Deviation CB; in der Endlage erscheinen diese Wegstrecken in

§ 44. Relativbewegung e. mat. Punktes b. e. Drehung d. Koordinatensystems. 357

A_1C_2 und C_2B_2. Der Führungsweg AA_1 ist in den Beharrungsweg $AD = v_f dt = r_f \omega dt$ und in die Deviation der Führungsbewegung DA_1 zerlegt. Der absolute Weg AB_2 ebenso in Beharrungsweg $AE = v_a dt$ und Deviation EB_2 der absoluten Bewegung. Dabei ist AE die Diagonale des Parallelogrammes mit AC und AD als Seiten, das dem Geschwindigkeitsparallelogramm mit v_r und v_f als Seiten und v_a als Diagonale ähnlich ist.

In die Endlage A_1B_2 kann die relative Bahn AB auch dadurch gebracht werden, daß sie zunächst nach A_1B_1 parallel verschoben wird (durch Translation) und sodann um die zur z-Achse parallele Achse AJ' gedreht wird.

Man vervollständige nunmehr die Figur durch Ziehen der Linien EC_1 ($\| DA_1$) und B_1B_2; dann haben wir in dem verschränkten räumlichen Viereck $EC_1B_1B_2$ in EB_2, C_1B_1, EC_1, die Deviationen der absoluten Bewegung, der relativen und der Führungsbewegung; ohne Drehung, d. h. bei reiner Translation des Koordinatensystemes wäre B_1 die Endlage des bewegten Punktes nach dt sek und wäre die absolute Deviation die Resultante aus der Deviation der relativen und der Führungsbewegung. Infolge der Drehung des bewegten Koordinatensystemes tritt aber noch eine weitere Deviation B_1B_2 hinzu, so daß die Deviation der absoluten Bewegung jetzt als Resultierende aus der Deviation der relativen und der Führungsbewegung und der mit der Drehung zusammenhängenden Deviation B_1B_2 erscheint. Letztere fassen wir jetzt besonders ins Auge.

Der Drehwinkel, durch den A_1B_1 in die Endlage A_1B_2 übergeführt wird, ist $AOA_1 = d\varphi$, was man wie folgt einsieht. Die Punkte B und C werden auf die Ebene OAA_1 nach $\mathfrak{B}$ und $\mathfrak{C}$ projiziert und $OA\mathfrak{C}\mathfrak{B}$ gezogen. Wird nun die Figur ACB durch die Drehung um die z-Achse nach $A_1C_2B_2$ gebracht, so kommt die Projektion $OA\mathfrak{C}\mathfrak{B}$ gleichzeitig nach $OA_1\mathfrak{C}_2\mathfrak{B}_2$ (Fig. 185). Durch die Parallelverschiebung (Translation) von ACB nach $A_1C_1B_1$ gelangte $OA\mathfrak{C}\mathfrak{B}$ nach $O_1A_1\mathfrak{C}_1\mathfrak{B}_1$ (vgl. Fig. 185); da nun

$$\sphericalangle O_1A_1\mathfrak{C}_1 = \sphericalangle OA\mathfrak{C} = \sphericalangle OA_1\mathfrak{C}_2,$$

so muß auch sein

$$\sphericalangle \mathfrak{C}_2A_1C_1 = \sphericalangle OA_1O_1 = d\varphi,$$

womit das oben Behauptete bewiesen ist.

Wir haben jetzt B_1B_2 zu berechnen. Man darf $B_1B_2 = C_1C_2$ setzen, worin eine Vernachlässigung liegt, die gegenüber den Strecken EB_2, EC_2, C_1B_1 unendlich klein von höherer Ordnung ist.

Bei der Drehung der Figur $A_1C_1B_1$ in die Lage $A_1C_2B_2$ (Fig. 184) beschreiben die Punkte C_1 und B_1 Kreisbögen mit den

Halbmessern $J'C_1$ bzw. $J''B_1$, die dem eben Gesagten zufolge gleich groß anzunehmen sind. Es ist dann:

$$B_1 B_2 = C_1 C_2 = (J''B_1) \cdot d\varphi = (J'C_1) \cdot d\varphi$$
$$= (A_1 C_1) \cdot \sin\beta \cdot d\varphi = v_r \cdot dt \cdot \sin\beta \cdot d\varphi.$$

Sind nun $b_a b_r b_f b_k$ die Beschleunigung der absoluten, relativen und Führungsbewegung und der längs $B_1 B_2$ stattfindenden Deviationsbewegung, so ist:

$$EB_2 = \tfrac{1}{2} \cdot b_a (dt)^2 \qquad C_1 B_1 = \tfrac{1}{2} b_r (dt)^2$$
$$EC_1 = \tfrac{1}{2} \cdot b_f (dt)^2 \qquad B_1 B_2 = \tfrac{1}{2} b_k (dt)^2.$$

b_k wird die Coriolis-Beschleunigung genannt.

Da die Deviationen den Beschleunigungen proportional sind, so ist das Viereck $EC_1 B_1 B_2$ der Deviationen ähnlich einem Viereck $E'C_1'B_1'B_2'$ der Beschleunigungen (Fig. 186) und man kann folgenden Satz aussprechen, wenn man beachtet, daß den Deviationen der durch die Buchstabenfolge bestimmte Richtungssinn zukommt: Die absolute Beschleunigung ist die geometrische Resultante aus Führungsbeschleunigung, Relativbeschleunigung und Coriolisbeschleunigung, vektoriell geschrieben:

$$\mathfrak{b}_a = \mathfrak{b}_f + \mathfrak{b}_r + \mathfrak{b}_k \quad \ldots \ldots \quad (143)$$

Die Führungsbeschleunigung b_f ihrerseits ist die Resultante aus der Zentripetalbeschleunigung $r_f \omega^2$ und der Bahnbeschleunigung $d\omega/dt$ der Führungsbewegung des Punktes A, wobei $\omega = d\varphi/dt$.

Für die Coriolisbeschleunigung erhält man

$$B_1 B_2 = \tfrac{1}{2} \cdot b_k \cdot (dt)^2 = v_r \cdot dt \cdot \sin\beta \cdot d\varphi$$
$$= v_r (dt)^2 \cdot \sin\beta \cdot (d\varphi/dt) = v_r (dt)^2 \cdot \sin\beta \cdot \omega,$$

woraus $\qquad b_k = 2 \cdot v_r \cdot \omega \cdot \sin\beta \quad \ldots \ldots \quad (144)$

worin β der Winkel zwischen der Relativgeschwindigkeit v_r und der Drehachse des zur Zeit t mit Winkelgeschwindigkeit ω rotierenden Koordinatensystems ist.

Der Richtungssinn der Coriolisbeschleunigung in Fig. 184 ist $B_1 B_2$, ist also senkrecht zur Ebene $A_1 J''B_2$. Um eine Merkregel zu bilden, nach der man die Richtung bestimmen kann, denke man sich die momentane Winkelgeschwindigkeit ω nach Poinsot (22 und 228) als Strecke senkrecht auf der Drehungsebene in A_1 aufgetragen, also in Richtung der Drehachse z oder $A_1 J''$, ebenso v_r von A_1 aus als Vektor längs $A_1 C_1$; dann steht b_k senkrecht auf der Ebene der Vektoren ω und v_r; ein mit den Füßen in A_1 stehender, mit dem Kopf am Pfeil von ω befindlicher Beobachter, der nach dem Pfeil von v_r hinblickt, hat den Pfeil von b_k zur Rechten. Dies die Merkregel.

§ 44. Relativbewegung e. mat. Punktes b. e. Drehung d. Koordinatensystems.

Liegt die relative Bahn in der zur Drehachse senkrechten Ebene des sich drehenden Koordinatensystems, so ist $\beta = 90^0$, $\sin\beta = 1$ und

$$b_k = 2\cdot v_r\omega \quad \ldots \ldots \quad (144\,a)$$

211. Die Beschleunigungskräfte der Relativbewegung bei einer Drehung des Koordinatensystemes. Die Ergänzungskräfte der Relativbewegung. Durch Multiplikation der absoluten, relativen Führungs- und Coriolisbeschleunigung $b_a\,b_r\,b_f\,b_k$ mit der Masse m des bewegten Pnnktes erhält man nach dem dynamischen Grundgesetz:

die absolute Beschleunigungskraft $P_a = m\cdot b_a$
„ relative „ $P_r = m\cdot b_r$
„ sog. Führungskraft . . . . $P_f = m\cdot b_f$
„ „ Corioliskraft . . . . $P_k = m\cdot b_k$.

$K_2 = -P_k$ wird auch zusammengesetzte Zentrifugalkraft genannt.

Die Richtung der Corioliskraft ist durch die am Schluß von **210** angegebene Merkregel bestimmt. Ihre Größe ist

$$P_k = m\cdot b_k = 2\,m\,v_r\,\omega\sin\beta \quad \ldots \ldots \quad (145)$$

Wegen der Proportionalität zwischen Beschleunigung und Beschleunigungskraft gilt der Satz in **210** nicht nur von den Beschleunigungen, sondern auch von den Kräften und lautet:

(I) **Bei einer Drehung des Koordinatensystemes ist die absolute Beschleunigungskraft die Resultante aus der relativen Beschleunigungskraft, der Führungskraft und der Corioliskraft.**

Oder da die Gegenresultante bekanntlich das Gleichgewicht herstellt:

(II) **Bei einer Drehung des Koordinatensystemes ist die absolute Beschleunigungskraft mit der entgegengesetzten Führungskraft K_1, der entgegengesetzten relativen Beschleunigungskraft und der entgegengesetzten Corioliskraft K_2 ($=$ zusammengesetzte Zentrifugalkraft) im Gleichgewicht.**

Oder für den Fall, daß man die relative Bewegung allein verfolgen will:

(III) **Bei einer Drehung des Koordinatensystemes ist die relative Beschleunigungskraft die Resultante, aus der absoluten Beschleunigungskraft, der entgegengesetzten Führungskraft K_1 und der entgegengesetzten Corioliskraft K_2.**

Bei der Untersuchung einer Relativbewegung eines materiellen Punktes empfiehlt es sich häufig, von der Bewegung des Koordinatensystemes, also hier von dessen Drehung, abzusehen und die relative Bewegung eines materiellen Punktes wie eine absolute zu behandeln. Es wäre aber selbstverständlich falsch, wenn man die Bewegung des Koordinatensystemes einfach ignorieren und nur auf die Kräfte achten würde, die an dem materiellen Punkt tatsächlich angreifen und dessen absolute Bewegung bedingen. Will man, ohne einen Fehler zu machen, von der Führungsbewegung absehen, so muß man zu den tatsächlichen Kräften zwei **Ergänzungs-** oder **Zusatzkräfte**[1]) hinzufügen, die entgegengesetzte Führungskraft $K_1 = - P_f$ und die entgegengesetzte Corioliskraft, m. a. W. die zusammengesetzte Zentrifugalkraft $K_2 = - P_k = - 2 \cdot m \cdot v_r \cdot \omega \sin \beta$. Ihre Resultante ist nach dem obenstehenden Satz die relative Beschleunigungskraft, und wenn man diese jederzeit kennt und überdies für einen bestimmten Zeitpunkt die relative Lage und Geschwindigkeit des materiellen Punktes, so hat man alles, was man zur Ermittlung der relativen Bewegung braucht, d. h. wenn man die relative Bewegung wie eine absolute behandeln will.

Die Führungskraft bestimmt man in der Weise, daß man den materiellen Punkt an das bewegte Koordinatensystem befestigt denkt, die Beschleunigung des so befestigten Punktes bestimmt und mit der Masse multipliziert.

§ 45. Zwangläufige Bewegung und Gleichgewicht eines schweren materiellen Punktes auf einer starren Bahnlinie, die um eine gegebene Achse gedreht wird.

212. Allgemeine Voraussetzung. Im nachstehenden handle es sich um die Bewegung, bzw. das Gleichgewicht einer **kleinen schweren**, als materieller Punkt anzusehenden **Kugel** in einer engen, absolut glatten **Röhre**, welch letztere entweder um eine vertikale oder um eine horizontale Achse mit **konstanter Winkelgeschwindigkeit** ω sich dreht.

213. Röhre horizontal gelegen, Drehachse vertikal. In Fig. 187 bedeute: $A_1 A_2$ die Achse der Röhre, in der sich die Kugel von der Masse m bewegt, also die **relative Bahnlinie**, auf welcher der **materielle Punkt** m seine **relative Bewegung** ausführt, O den Durchschnittspunkt der vertikalen Drehachse mit der Horizontalebene, in der sich die Röhrenachse befindet; v_{r1} die relative Anfangsgeschwindigkeit der Kugel in A_1. Ferner sei A die Lage der

---

[1]) Über die Natur dieser Kräfte s. Fußnote zu **220**.

§ 45. Zwangläufige Bewegung u. Gleichgewicht ein. schwer. mat. Punktes.

Kugel in der Röhre zur Zeit t und v_r ihre Geschwindigkeit zur selben Zeit.

Soll man nun die Bewegung der Kugel in der Röhre, oder sagen wir, die relative Bewegung des materiellen Punktes m in der Bahnlinie $A_1 A_2$ wie eine absolute behandeln dürfen, so hat man zu den tatsächlich am materiellen Punkte wirkenden Kräften, Eigengewicht mg und Bahnwiderstand N, noch die beiden Ergänzungskräfte K_1 und K_2 hinzuzufügen.

Die erste Ergänzungskraft K_1, die entgegengesetzte Führungskraft, stimmt im vorliegenden Fall, da wegen der konstanten Winkelgeschwindigkeit ω die Tangentialkomponente $m \cdot r (d\omega/dt)$ der Führungskraft $= 0$ ist, mit der Zentrifugalkraft $mr\omega^2$ des in A an die Röhre befestigt gedachten materiellen Punktes überein. Man hat also am materiellen Punkt in A in der Richtung OA wirkend anzubringen die erste Ergänzungskraft $K_1 = mr\omega^2$.

Die zweite Ergänzungskraft K_2, die zusammengesetzte Zentrifugalkraft, wird gemäß der Schlußbemerkung von 210:

$$K_2 = 2 \cdot m \cdot v_r \cdot \omega.$$

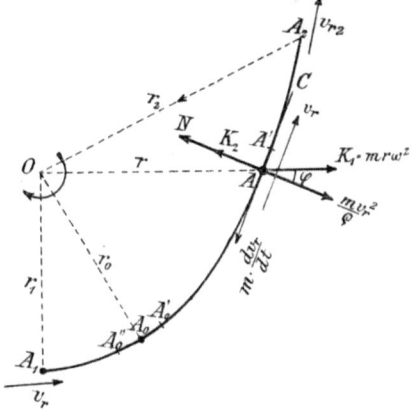

Fig. 187.

Die zusammengesetzte Zentrifugalkraft hat die gleiche Stellung im Raume wie die Coriolisbeschleunigung, aber den entgegengesetzten Richtungssinn. Nach der Merkregel auf S. 358 denke man sich die Winkelgeschwindigkeit ω des bewegten Koordinatensystemes als Poinsotschen Vektor im bewegten Punkt bei A senkrecht auf der Drehungsebene aufgetragen, ebenso v_r von A aus als Vektor, in Richtung von v_r; dann steht die Coriolisbeschleunigung senkrecht auf der Ebene der Vektoren ω und v_r, d. h. sie liegt in der Zeichnungsebene der Fig. 187; ein mit den Füßen in A stehender, mit dem Kopf am Pfeil von ω befindlicher Beobachter, der nach dem Pfeil von v_r blickt, hat den Pfeil der Coriolisbeschleunigung b_k zur Rechten, den der zusammengesetzten Zentrifugalkraft K_2 also zur Linken. Demgemäß ist K_2 in Fig. 187 eingetragen.

Soll jetzt die relative Beschleunigungskraft R' des materiellen Punktes in A bestimmt werden, so hat man die Kräfte mg, K_1 und K_2 mit dem Bahnwiderstand N zu einer Resultanten zusammenzusetzen. Da aber eine Tangentialkomponente des Bahnwiderstandes N nicht vorhanden sein soll und die Komponenten sämtlicher Kräfte normal zur Bahnlinie im Gleichgewicht sind und sich aufheben, so ergibt sich vorliegendenfalls als Resultante sämtlicher Kräfte und damit als relative Beschleunigungskraft

$$R' = K_1 \sin \varphi = m r \omega^2 \cdot \sin \varphi.$$

Kann auf der Bahnlinie ein Punkt A_0 angegeben werden, dessen Verbindungslinie mit O normal auf der Bahnlinie steht, so ist für diesen Punkt $\varphi = 0$ und $R' = 0$. Bringt man nun an die Stelle A_0 einen materiellen Punkt, ohne demselben eine relative Geschwindigkeit zu erteilen, so wird dieser materielle Punkt aus A_0 sich nicht entfernen. Dagegen würde der materielle Punkt, in die unmittelbare Nachbarlage A_0' versetzt, unter dem Einfluß der im Sinn $A_0 A_2$ wirkenden Tangentialkomponente von K_1 sich gegen A_2 hin zu bewegen anfangen, während der materielle Punkt von der Lage A_0'' aus, weil hier die Tangentialkomponente von K_1 im Sinn $A_0 A_1$ wirkte, sich gegen A_1 hin in Bewegung setzte. A_0 bezeichnet also eine **Gleichgewichtslage** des materiellen Punktes, und zwar eine **labile**.

Angenommen, es besitze der materielle Punkt in A_1 gegen A_0 hin die relative Geschwindigkeit v_{r1} und in A die relative Geschwindigkeit v_r, so liefert der Satz von der Arbeit, wenn von A_1 aus die Abstände s in der Bahn gemessen werden,

$$\tfrac{1}{2} \cdot m v_r^2 - \tfrac{1}{2} \cdot m v_{r1}^2 = \sum_0^s m r \omega^2 \sin \varphi \cdot ds$$

oder da $ds \cdot \sin \varphi = dr$

$$\tfrac{1}{2} \cdot m v_r^2 - \tfrac{1}{2} \cdot m v_{r1}^2 = \sum_{r_1}^r m r \omega^2 dr = \tfrac{1}{2} m \omega^2 (r^2 - r_1^2),$$

woraus $\qquad v_r^2 = v_{r1}^2 + \omega^2 (r^2 - r_1^2) \quad \ldots \ldots$ (a)

Damit ergibt sich für die relative Geschwindigkeit v_{r0} des materiellen Punktes in A_0:

$$v_{r0}^2 = v_{r1}^2 + \omega^2 (r_0^2 - r_1^2) = v_{r1}^2 - \omega^2 (r_1^2 - r_0^2).$$

Soll also der Bahnpunkt A_0 vom materiellen Punkt überhaupt erreicht werden, so muß die Anfangsgeschwindigkeit v_{r1} bei A_1

$$v_{r1} \geqq \omega \sqrt{r_1^2 - r_0^2} \ \ldots \ldots \ldots \text{(b)}$$

sein.

Ist $v_{r1} > \omega \sqrt{r_1^2 - r_0^2}$, dann kommt der materielle Punkt über A_0 hinaus, erreicht also den Punkt A_0', und bewegt sich dann mit zunehmender Geschwindigkeit bis zum Ende A_2 der Röhre, woselbst die erlangte **relative Geschwindigkeit** v_{r2} des materiellen Punktes

$$v_{r2} = \sqrt{v_{r1}^2 + \omega^2 (r_2^2 - r_1^2)}.$$

§ 45. Zwangläufige Bewegung u. Gleichgewicht ein. schwer. mat. Punktes. 363

Der materielle Punkt durchläuft also die ganze Bahnlinie $A_1 A_2$. Wäre $v_{r1} = \omega \sqrt{r_1^2 - r_0^2}$, so würde der materielle Punkt nur bis zum Punkt A_0 gelangen und daselbst liegen bleiben.

Wenn aber $v_{r1} < \omega \sqrt{r_1^2 - r_0^2}$, so dringt der materielle Punkt nicht bis zur Gleichgewichtslage A_0 vor, er kommt vielmehr nur bis zu einem gewissen Punkte B_0 auf der relativen Bahnlinie, der näher bei A_1 gelegen ist, als der Punkt A_0. Die relative Geschwindigkeit v_r des materiellen Punktes nimmt von A_1 gegen B_0 immer mehr ab und wird in $B_0 = 0$, hierauf erfolgt eine beschleunigte rückläufige Bewegung im Sinn von B_0 gegen A_1. In A_1 angekommen, hat, wie aus Gl. (a) hervorgeht, der materielle Punkt wieder die Geschwindigkeit v_{r1} erlangt, nur ist v_{r1} jetzt entgegengesetzt gerichtet.

Zur Bestimmung der Lage des Punktes B_0, dessen Abstand von $O = b$ sei, setzen wir in Gl. (a) $v_r = 0$ und $r = b$ und erhalten

$$b = \sqrt{r_1^2 - \frac{v_{r1}^2}{\omega^2}}.$$

Um den Bahnwiderstand N anzugeben, den die Röhre auf den materiellen Punkt ausübt, benützen wir den Satz (II) im Abschn. 211. Senkrecht zur Bewegungsebene wirkt das Eigengewicht, das durch eine gleich große Reaktion aufgehoben wird und jetzt aus der Betrachtung ausscheidet, die sich lediglich auf die Bewegung in der Ebene der relativen Bahn beschränkt. Die absolute Beschleunigungskraft besteht dann noch einzig im Normalwiderstand N der Bahn, der zentripetal gerichtet ist; zur Herstellung des Gleichgewichtes sind die bereits beschriebenen Zusatzkräfte K_1 und K_2 am materiellen Punkt hinzuzudenken und die entgegengesetzte relative Beschleunigungskraft bzw. ihre Tangential- und Normalkomponente, die entgegengesetzte Tangentialkraft $m \cdot (dv_r/dt)$ und die Zentrifugalkraft mv_r^2/ϱ der relativen Bewegung. Aus der Gleichgewichtsbedingung in Richtung von N folgt (vgl. Fig. 187):

$$N = mv_r^2/\varrho + mr\omega^2 \cos\varphi - 2mv_r\omega.$$

Beispiel 1: Fig. 188 zeigt die Schaufel einer inneren Radialturbine, an deren konkaver Seite sich ein Wasserteilchen m von innen nach außen bewege. Für dieses Wasserteilchen sind in Fig. 188 die Ergänzungskräfte K_1 und K_2 in den Bahnpunkten A_1 und A_2 angedeutet, welche Punkte sich in den Entfernungen r_1 und r_2 von der vertikalen Turbinenachse befinden. Zur Bestimmung des Druckes N der Schaufel auf m hat man dann in A_1:

$$N + K_2 + K_1 \cos \varphi_1 = \frac{m v_{r1}^2}{\varrho_1},$$

woraus $$N = \frac{m v_{r1}^2}{\varrho_1} - 2 m v_{r1} \omega - m r_1 \omega^2 \cos \varphi_1.$$

Ebenso ergibt sich für das Wasserteilchen in A_2

$$N + K_2 = \frac{m v_{r2}^2}{\varrho_2} + K_1 \cos \varphi_2.$$

woraus $$N = \frac{m v_{r2}^2}{\varrho_2} - 2 m v_{r2} \omega + m r_2 \omega^2 \cos \varphi_2.$$

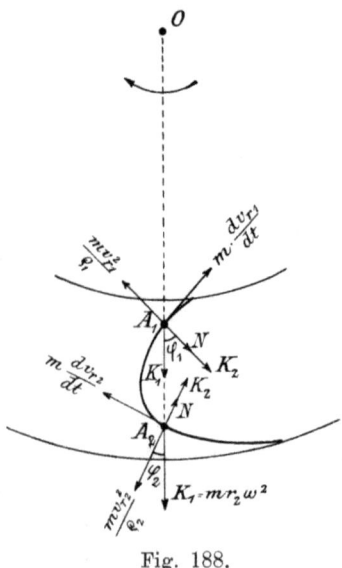

Fig. 188.

Der Normaldruck, den das bewegte Wasserteilchen auf die Schaufel ausübt, ist dann gleich und direkt entgegengesetzt dem Bahnwiderstand N.

Soll nun das an der konkaven Seite der Schaufel sich bewegende Wasserteilchen sich nicht von der Schaufel entfernen, so muß N stets > 0 sein.

Beispiel 2: Ist die Röhre, in der sich die Kugel bewegt, geradlinig, so erhält man die Gleichgewichtslage A_0 der Kugel in der Röhre, wenn man von O das Lot OA_0 auf die Röhrenachse $A_1 A_2$ fällt. Schneidet aber die Röhrenachse die Drehachse, so kommt A_0 nach O zu liegen. Diesen letzteren Spezialfall wollen wir zum Schluß noch in Betracht ziehen.

Wir wählen den Punkt O zum Abszissenursprung und nehmen an, daß der materielle Punkt m zur Zeit 0 sich in O befinde und

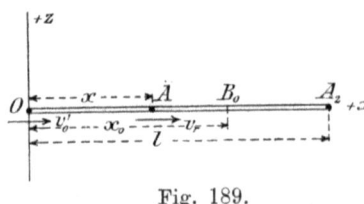

Fig. 189.

daselbst die Geschwindigkeit v_{r0} in der Richtung OA_2 (Fig. 189) besitze. Nach t sek sei der materielle Punkt in A und habe daselbst die Geschwindigkeit v_r. Da nun vorliegendenfalles die zusammengesetzte Zentrifugalkraft K_2 senkrecht auf OA_2 steht, mithin, wie auch das Eigengewicht mg des materiellen Punktes, vom Bahnwiderstand W aufgehoben wird und daher die relative Beschleu-

§ 45. Zwangläufige Bewegung u. Gleichgewicht ein. schwer. mat. Punktes.

nigungskraft R' mit der Ergänzungskraft K_1 zusammenfällt, so ergibt sich

$$m\frac{d^2x}{dt^2} = K_1 = mx\omega^2 \quad \text{oder} \quad \frac{d^2x}{dt^2} = \omega^2 x.$$

Aus dieser Diffentialgleichung erhält man bekanntlich

$$x = Ae^{\omega t} + B \cdot e^{-\omega t},$$

worin A und B die Integrationskonstanten und e die Grundzahl des natürlichen Logarithmensystems bedeuten. Leitet man x nach t ab, so wird

$$\frac{dx}{dt} = v_r = \omega\left(Ae^{\omega t} - Be^{-\omega t}\right).$$

Zur Bestimmung der Integrationskonstanten A und B berücksichtigt man, daß für $t=0$ $v_r = v_{r0}$ und $x=0$ ist.
Dies gibt

$$v_{r0} = \omega(A-B) \quad \text{und} \quad 0 = A+B,$$

woraus $\quad A = \dfrac{v_{r0}}{2\omega}; \quad B = -\dfrac{v_{r0}}{2\omega}$

und $\quad x = \dfrac{v_{r0}}{2\omega}\left(e^{\omega t} - e^{-\omega t}\right) = \dfrac{v_{r0}}{\omega} \mathfrak{Sin}\,\omega t.$

Der absolute Weg ist eine spiralförmige Kurve, die mit Hilfe einer Tafel der Hyperbelfunktionen aufgezeichnet werden kann.

Soll die Geschwindigkeit v_r im Bahnpunkt A angegeben werden, so wendet man den Satz von der Arbeit an. Derselbe liefert:

$$\frac{1}{2}mv_r^2 - \frac{1}{2}mv_{r0}^2 = \sum_0^x m\omega^2 \cdot dx = m\omega^2 \cdot \frac{x^2}{2}$$

oder $\qquad v_r^2 = v_{r0}^2 + x^2\omega^2.$

Die relative Geschwindigkeit des materiellen Punktes am Ende A_2 der Röhre ist dann

$$v_{r2}^2 = v_{r0}^2 + l^2\omega^2$$

und die absolute Geschwindigkeit v_{a2} gleich der Resultierenden aus v_{r2} und der Führungsgeschwindigkeit $l\omega$.

Nehmen wir nunmehr an, daß der materielle Punkt bei A_2 in die um O sich mit der Winkelgeschwindigkeit ω drehende Röhre gebracht und ihm in A_2 eine relative Anfangsgeschwindigkeit v_{r2} gegen den Ursprung O hin erteilt werde. Da fragt es sich denn insbesondere: bis zu welchem Punkt B_0 der relativen Bahnlinie dringt der materielle Punkt ein?

Man hat hier wieder:

$$m \cdot \frac{d^2x}{dt^2} = mx\omega^2,$$

woraus durch Integration dieselben Gleichungen wie oben, nämlich
$$x = A \cdot e^{\omega t} + B \cdot e^{-\omega t} \quad \text{und} \quad v_r = \omega (A e^{\omega t} - B \cdot e^{-\omega t})$$
sich ergeben. Dagegen erhalten die Integrationskonstanten A und B andere Werte, insofern vorliegendenfalles für $t = 0$, $x = l$ und $v_r = -v_{r2}$ wird. Daraus folgt dann:
$$l = A + B \quad \text{und} \quad -v_{r2} = \omega(A - B)$$
$$A = \frac{1}{2}\left(l - \frac{v_{r2}}{\omega}\right); \quad B = \frac{1}{2}\left(l + \frac{v_{r2}}{\omega}\right).$$

Werden diese Werte von A und B in die Gleichungen für x und v_r eingesetzt, so zeigen sich x und v_r in Funktion der Zeit t ausgedrückt. Um aber die Geschwindigkeit v_r in einem beliebigen Bahnpunkt A zu erhalten, wird man am einfachsten wieder den Satz von der Arbeit in Anwendung bringen. Derselbe liefert:
$$\frac{1}{2} m v_r^2 - \frac{1}{2} m v_{r2}^2 = \sum_l^x (m x \omega^2 \cdot dx) = -\frac{m \omega^2}{2}(l^2 - x^2),\text{^{1)}}$$
woraus $\quad v_r^2 = v_{r2}^2 - \omega^2(l^2 - x^2).$

Bezeichnet man die Abszisse des Punktes B_0, in dem die Geschwindigkeit $v_r = 0$ geworden, mit x_0, so hat man
$$0 = v_{r2}^2 - \omega^2(l^2 - x_0^2) \quad \text{und} \quad x_0^2 = l^2 - \frac{v_{r2}^2}{\omega^2}.$$

Sollte der materielle Punkt gerade noch den Ursprung O erreichen, hätte man $x_0 = 0$ zu setzen, womit man erhielte
$$v_{r2} = -l\omega.$$

214. Die Röhrenachse ist in einer durch die vertikale Drehachse gehenden Ebene gelegen. Zur Zeit t sei A (Fig. 190) die Lage und v_r die Geschwindigkeit der Kugel in der Röhre. Von den beiden Ergänzungskräften K_1 und K_2 hat nur die erstere einen Einfluß auf die Bewegung der Kugel in der Röhre, da die Kraft K_2 senkrecht auf der Vertikalebene durch die Richtungslinie von v_r, also normal auf der relativen Bahnlinie steht und daher vom Bahnwiderstand aufgehoben wird. Somit kommen an der Kugel jetzt nur noch drei Kräfte in Betracht, nämlich die Ergänzungskraft K_1 = der Zentrifugalkraft $m y \omega^2$, das

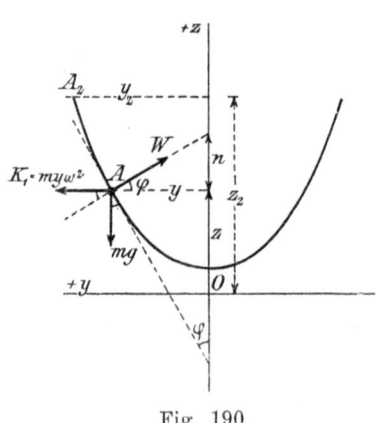

Fig. 190.

---

[1]) Hierbei ist bezüglich des Vorzeichens von dx die betreffende Bemerkung von **149**, γ zu berücksichtigen.

§ 45. Zwangläufige Bewegung u. Gleichgewicht ein. schwer. mat. Punktes. 367

Eigengewicht mg der Kugel und der von K_1 und mg hervorgerufene Bahnwiderstand W in der Zeichnungsebene der Fig. 190, welche Kräfte sämtlich in der Vertikalebene durch die Röhrenachse wirken. Demgemäß ergibt sich für die Beschleunigungskraft R'

$$R' = m y \omega^2 \sin \varphi - mg \cos \varphi = m \omega^2 \cos \varphi \left(y \operatorname{tg} \varphi - \frac{g}{\omega^2} \right).$$

$$y \operatorname{tg} \varphi = y \cdot \frac{dy}{dz}$$

ist aber, wenn wir die mit der Drehachse zusammenfallend angenommene z-Achse als Abszissenachse ansehen, die Subnormale der Röhrenachse im Punkte A. Bezeichnet man diese Subnormale mit n, so wird

$$R' = m \omega^2 \cos \varphi \left(n - \frac{g}{\omega^2} \right).$$

In der Gleichgewichtslage A_0 der Kugel ist $R' = 0$ und demzufolge

$$n = g/\omega^2.$$

Will man daher die Gleichgewichtslage A_0 der Kugel haben, so wird man die Subnormale n der Bahnlinie mit Hilfe der Gleichung der letzteren in Funktion von z ausdrücken, den gefundenen Ausdruck für n gleich $\frac{g}{\omega^2}$ setzen und aus der Gleichung das z bestimmen. Dieses z gibt dann die Abszisse des gesuchten Punktes A_0 an. Nehmen wir jetzt an, daß man die Kugel, ohne ihr eine relative Geschwindigkeit zu erteilen, in die Gleichgewichtslage A_0 bringe nnd dort sich selbst überlasse, so wird die Kugel in der Lage A_0 in relativer Ruhe verharren. Versetzt man aber die Kugel in den höher gelegenen Punkt A_0' der Röhre, so ist, wenn die Subnormale der Bahnlinie nach oben zunimmt, das n für den Punkt A_0' größer, als das n für den Punkt A_0, d. h. es ist $n > \frac{g}{\omega^2}$ und damit R' positiv, nach oben gerichtet; die Kugel bewegt sich also in der Röhre beschleunigt aufwärts. Würde man dagegen die Kugel in einen unterhalb A_0 gelegenen Punkt A_0'' bringen, bewegte sich die Kugel beschleunigt abwärts, weil jetzt für A_0'' die Subnormale $n < \frac{g}{\omega^2}$ und damit R' negativ, nach unten gerichtet wäre. Man kann also sagen: Ist die Bahnlinie der Kugel so geformt, daß ihre auf der Drehachse abzumessende Subnormale nach oben zunimmt, so entfernt sich die Kugel, aus ihrer Gleichgewichtslage A_0 gerückt und sich selbst überlassen, in der Röhre mehr und mehr von

A_0, das Gleichgewicht der Kugel in A_0 ist daher ein labiles. Wäre dagegen die Röhrenachse von einer Form, bei der die Subnormale nach oben abnimmt, so würde die Beschleunigungskraft R' der Kugel in A_0' nach unten und in A_0'' nach oben gerichtet und das Gleichgewicht der Kugel in A_0 ein stabiles sein. Es kann aber auch der Fall indifferenten Gleichgewichtes der Kugel in der Röhre eintreten. Ist nämlich die Röhre so geformt, daß in allen Punkten der Bahnlinie $n = g/\omega^2$, so wird überall $R' = 0$ und es bleibt die Kugel in jeder Lage im Gleichgewicht. Suchen wir nun die betreffende Form für die Röhrenachse auf. Man hat:

$$n = \frac{g}{\omega^2} \quad \text{oder} \quad y \cdot \frac{dy}{dt} = \frac{g}{\omega^2}; \quad y\,dy = \frac{g}{\omega^2} dz$$

$$\frac{y^2}{2} = \frac{g}{\omega^2} \cdot z + C.$$

Dies die Gleichung einer Parabel, deren Achse mit der Drehachse zusammenfällt. Zu jedem Wert von ω gehört eine bestimmte Parabel.

Angenommen, die Röhrenachse habe die für die gegebene Winkelgeschwindigkeit ω_1 festgesetzte parabolische Form, so ist für alle Punkte derselben die Subnormale $n = \dfrac{g}{\omega_1^2}$ und die Beschleunigungskraft $R' = 0$. Nimmt jetzt die Winkelgeschwindigkeit ω_1 zu bis zum Wert ω_2, so wird

$$\frac{g}{\omega_2^2} < \frac{g}{\omega_1^2} \quad \text{und damit} \quad R' = m\omega_2^2 \cos\varphi \left(\frac{g}{\omega_1^2} - \frac{g}{\omega_2^2}\right)$$

positiv, nach oben gerichtet. Wäre dagegen $\omega_2 < \omega_1$, erhielte man R' negativ, nach unten gerichtet. Ersterenfalls würde die Kugel in der Röhre fortwährend steigen, letzterenfalls sinken.

Im tiefsten Punkte der Röhre, d. h. im Scheitel der Parabel, ist $\varphi = 90°$; $\cos\varphi = 0$; $R' = 0$. Es bezeichnet daher dieser tiefste Punkt die Gleichgewichtslage der Kugel in der Röhre sowohl für $\omega > \omega_1$, als auch für $\omega < \omega_1$. Ersterenfalls handelt es sich um labiles, letzterenfalls um stabiles Gleichgewicht.

Will man die Geschwindigkeit v der Kugel an der beliebigen Stelle A (Fig. 190) erfahren, wenn die Kugel bei A_2 die Geschwindigkeit v_2 abwärts erhalten hat, so wendet man den Satz von der Arbeit an. Derselbe ergibt:

$$\frac{1}{2} m v_r^2 - \frac{1}{2} m v_{r2}^2 = mg(z_2 - z) + \sum_{y_2}^{y} m y \omega^2 dy$$

$$= mg(z_2 - z) + \frac{m\omega^2}{2}(y^2 - y_2^2)$$

oder $\quad v_r^2 = v_{r2}^2 + 2g(z_2 - z) - \omega^2(y_2^2 - y^2)$,

womit die Geschwindigkeit v_r bestimmt ist.

§ 45. Zwangläufige Bewegung u. Gleichgewicht ein. schwer. mat. Punktes.

215. Spezielle Fälle. Die Röhrenachse sei gerade und schneide die Drehachse unter dem Winkel α (Fig. 191).

Hier sehen wir unmittelbar, daß die Subnormale für den Punkt A, wenn man mit letzterem auf der Röhrenachse in die Höhe geht, zunimmt. Demgemäß ist auch die Gleichgewichtslage A_0 der Kugel in der Röhre, die man aus

$$\frac{g}{\omega^2} = n_0 = z_0 \operatorname{tg}^2 \alpha \quad \text{oder} \quad z_0 = \frac{g}{\omega^2 \operatorname{tg}^2 \alpha}$$

erhält, eine labile.

Von einem unterhalb A_0 gelegenen Punkte der Röhre aus würde die Kugel sich in der Röhre abwärts, gegen die Drehachse hin bewegen, von einem höher als A_0 gelegenen Punkte aus nach oben, gegen das Röhrenende A_0 hin.

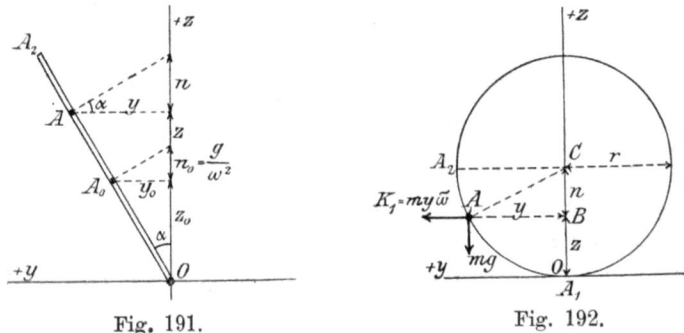

Fig. 191.   Fig. 192.

Wollte man haben, daß der höher als A_0 gelegene Punkte A (Fig. 191) die Gleichgewichtslage bezeichnete, müßte

$$z = \frac{g}{\omega^2 \operatorname{tg}^2 \alpha}, \quad \text{also} \quad \omega^2 = \frac{g}{z \cdot \operatorname{tg}^2 \alpha}$$

sein, womit sich, da $z > z_0$, eine kleinere Winkelgeschwindigkeit ω als zuvor herausstellte.

Ganz ähnlich verhielte sich die Sache bei einer nach einer **Hyperbel** geformten Röhre. Hier nimmt mit z die Subnormale ebenfalls zu. Die aus der Gleichung $y \cdot \dfrac{dy}{dz} = \dfrac{g}{\omega^2}$ festzusetzende Gleichgewichtslage A_0 der Kugel wäre wieder eine labile.

Nehmen wir jetzt an, es werde eine **kreisförmig** gebogene Röhre um den vertikalen Durchmesser gedreht (Fig. 192).

Wir wählen den tiefsten Punkt A_1 des Kreises zum Koordinatenursprung. Aus Fig. 192 ergibt sich unmittelbar, daß die

Subnormale $BC = n = r - z$

Autenrieth-Ensslin, Technische Mechanik. 2. Aufl.

mit zunehmendem z kleiner wird. Will man nun die Gleichgewichtslage A_0 der Kugel in der Röhre bestimmen, so setzt man
$$n = r - z_0 = g/\omega^2,$$
woraus für die Abszisse z_0 des Punktes A_0 erhalten wird:
$$z_0 = r - (g/\omega^2).$$
Je größer ω, um so größer wird z_0; für $\omega = \infty$ wird $z_0 = r$. Bei zunehmender Winkelgeschwindigkeit steigt die Kugel in der Röhre, sie kann aber nie über den Punkt A_2 hinaufkommen.

Wegen der nach oben abnehmenden Subnormale ist die Gleichgewichtslage A_0 der Kugel eine stabile.

Bei der elliptisch gebogenen Röhre ist es ähnlich.

Im Anschluß hieran betrachten wir noch einmal eine **parabolisch** gebogene, sich um die vertikal gestellte Parabelachse drehende Röhre. Bei der Parabel ist die Subnormale n **konstant**, und zwar hat man, wenn $y^2 = 2pz$ dte Parabelgleichung,
$$n = y \cdot \frac{dy}{dz} = p.$$

Setzt man daher zur Bestimmung der Gleichgewichtslage A_0 der Kugel in der Röhre
$$n = g/\omega^2,$$
so folgt hieraus: $\quad p = g/\omega^2$.

Es ergibt sich also bei einer gegebenen parabolischen Röhre nur für die bestimmte Winkelgeschwindigkeit
$$\omega = \sqrt{g/p}$$
das Gleichgewicht der Kugel in der Röhre. Da aber bei dieser bestimmten Winkelgeschwindigkeit an **jeder** Stelle der Röhre $n = g/\omega^2$, so bezeichnet auch jede Stelle der Röhre eine Gleichgewichtslage, d. h. das Gleichgewicht der Kugel in der Röhre ist ein **indifferentes**.

Dies alles steht in Übereinstimmung mit dem, was wir schon in **214** bezüglich der parabolischen Röhre gefunden haben.

216. Gnômemotor (Rotationsmotor). Der Gnômemotor hat eine feststehende Kurbelachse, um die die sternförmig angeordneten Zylinder und das Kurbelgehäuse rotieren. Mit dem rotierenden Gehäuse ist eine Hohlwelle verbunden, die die feststehende Kurbelachse umgibt und an einem Flugzeug den Propeller trägt. Der Kolben bewegt sich längs der Zylinderachse mit der gleichen Geschwindigkeit und Beschleunigung wie bei einem Kurbelgetriebe mit feststehendem Zylinder und umlaufender Kurbel. Es sind die bei Leerlauf am Kolben des Gnômemotors tätigen Kräfte anzu-

§ 45. Zwangläufige Bewegung u. Gleichgewicht ein. schwer. mat. Punktes. 371

geben, unter der Voraussetzung, daß die Umlaufbewegung gleichförmig ist.

Man hat die Sachlage des Abschn. **210** vor sich, die Drehbewegung des umlaufenden Zylinders ist die Führungsbewegung und die Kurbelachse die z-Achse der Fig. 193. Im Abstand $r=1$ von der Kurbelachse ist die Führungsgeschwindigkeit $\omega = \pi n/30$ und die Führungsbeschleunigung ω^2, letztere zentripetal gerichtet. Der Kolben macht im Zylinder die Relativbewegung. Die Kolbengeschwindigkeit und -beschleunigung sind die Relativgeschwindigkeit und -beschleunigung; sie werden nach **160** oder **333** bestimmt. Um die Hauptregel des Abschnittes **210** anwenden zu können, ist noch die Coriolisbeschleunigung $b_k = 2v_r \omega \sin \beta$ anzugeben. Da die Relativbewegung in der Ebene des sich drehenden Koordinatensystems erfolgt, ist nach der Schlußbemerkung in **210** $\sin \beta = 1$, also $b = 2v_r \omega$. Den Richtungssinn der Coriolisbeschleunigung findet man nach der Merkregel S. 358. Solange der Kolben sich nach auswärts bewegt, wirkt b_k senkrecht zur Schubrichtung des Kolbens und im Sinne der Umlaufbewegung des Zylinders, bei Einwärtsbewegung ist der Sinn von b_k umgekehrt. Die Kolbenbeschleunigung wirkt im äußeren Totpunkt zentripetal und im inneren zentrifugal; sie ist

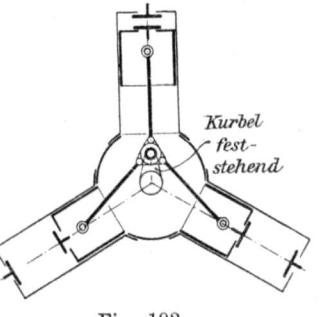

Fig. 193.

in jeder Kolbenstellung gegen den Punkt der Kolbenbahn gerichtet, in dem die Kolbenbeschleunigung Null, m. a. W. die Kolbengeschwindigkeit am größten ist. Die Führungsbeschleunigung des Kolbenschwerpunktes, der in die Kolbenzapfenmitte hineinfallen möge, ist nach der Bemerkung auf S. 360, wenn der Kolbenzapfen im Abstand ϱ von der Kolbenachse steht, $\varrho \omega^2$ und ist zentripetal gerichtet. Mit Hilfe dieser Angaben kann das Diagramm der Beschleunigungen für die Kolbenzapfenmitte gezeichnet werden: die absolute Beschleunigung ergibt sich als Resultierende aus relativer Führungs- und Coriolisbeschleunigung. Dem Studierenden wird empfohlen, das Beschleunigungspolygon für mehrere Kolbenstellungen zu zeichnen; er wird finden, daß die absolute Beschleunigung in der äußeren gestreckten Totlage am größten ist und daß die auf der Kolbenbahn senkrechte Coriolisbeschleunigung in der Nähe der Hubmitte ihren Größtwert erlangt, wo die größte Kolbengeschwindigkeit auftritt. Der Größtwert der Coriolisbeschleunigung ist, da die größte Kolbengeschwindigkeit mit der Umfangs-

24*

geschwindigkeit $r\omega$ im Kurbelkreis fast genau übereinstimmt, $max\, b_k = 2r\omega^2$, übertrifft also die größte Kolbenbeschleunigung $r\omega^2(1\pm\lambda)$.

Infolge der hohen Coriolisbeschleunigung tritt ein starker Druck zwischen Kolben und Zylinderwand auf.

Was die am Kolben angreifenden Kräfte betrifft, so soll von Gewicht und Reibung abgesehen werden. Als tatsächliche Kräfte (Effektivkräfte) hat man dann den Normalwiderstand der Zylinderwand gegen den Kolben und den Stangendruck bzw. Zug am Kolben. Beide ergeben zusammengesetzt die absolute Beschleunigungskraft, die nach D'Alembert mit dem Trägheitswiderstand der Absolutbewegung — $m \cdot b_a$ im Gleichgewicht ist; hierbei ist m die Masse des Kolbens und eines Bruchteiles der Stange (**307**) und b_a die nach dem vorangehenden bestimmbare absolute Beschleunigung. Da der Trägheitswiderstand demzufolge nach Größe und Richtung bekannt und die Richtung des Bahnwiderstandes und der Stangenkraft gegeben ist, so kann man die beiden letzten Kräfte mittels des Kräftedreieckes zeichnen.

§ 46. Einfluß der Erdrotation auf das Verhalten schwerer Körper.

217. Vorbemerkung. Ein auf der Erde ruhender Körper, z. B. ein Senkel, oder ein gegenüber der Erde sich bewegender Körper, z. B. ein fallender Stein, ein im Flug begriffenes Geschoß, ein fahrender Eisenbahnzug befinden sich in **relativer Ruhe** oder in **relativer Bewegung**, denn die Erde dreht sich um ihre Achse und schreitet in ihrer Bahn um die Sonne fort.

Was macht es aus, wenn man, wie fast immer, die Erde als völlig ruhend ansieht?

Wir berücksichtigen vorerst nur die Erdrotation. Um von ihr ohne Fehler absehen und den Ruhe- und Bewegungszustand als einen absoluten behandeln zu dürfen, hat man zu den tatsächlichen an einem ruhenden oder bewegten Massenpunkt angreifenden Kräften die Ergänzungskräfte K_1 und K_2 der relativen Bewegung hinzuzufügen (vgl. **211**).

218. Beeinflussung des Senkels. Wir betrachten zuerst einen gegenüber der Erde ruhenden Körper, z. B. einen an einem Faden aufgehängten Senkel von der Masse m. Nach dem Satz (III) in **211** halten sich an ihm das Gleichgewicht: die Fadenspannung S und die Erdanziehung K (d. s. die tatsächlichen Kräfte), und die Zentrifugalkraft K_1 (d. i. die entgegengesetzte Führungskraft des gleichförmig im Abstand y von der Erdachse kreisenden Körpers).

§ 46. Einfluß der Erdrotation auf das Verhalten schwerer Körper. 373

Die zusammengesetzte Zentrifugalkraft $K_2 = 2mv_r\omega \sin\beta$ ist Null, weil die relative Geschwindigkeit von m gleich Null ist. Von den drei Kräften S, K, K_1 kennt man die Größe und Richtung der Fadenspannung, die nichts anderes ist, als das mit einer Federwage meßbare Gewicht des Senkels, ferner die Größe und Richtung der Zentrifugalkraft $K_1 = my\omega^2 = m \cdot r \cdot \cos\varphi\,\omega^2$. Hierbei ist y der Halbmesser des durch den betreffenden Erdort A (Fig. 194) gehenden Parallelkreises, φ die geographische Breite des Erdortes, $\omega = 2\pi/86164 = 0{,}0000729$ die Winkelgeschwindigkeit der Erde (S. 231) und r der Halbmesser der kugelförmig angenommenen Erde. Die hierdurch bestimmte Resultante aus S und K_1 ist die Erdanziehung K; die Richtung des Senkels, d. h. die Lotlinie oder Vertikale in A, weicht also um einen gewissen Winkel von der Verbindungslinie der Mittelpunkte von Senkel und Erde ab. Die Abweichung der Vertikalen erfolgt auf der nördlichen Halbkugel nach Süden. Sie ist in Wirklichkeit eine sehr geringe; am Pol und Äquator ist sie Null, und hat ihr Maximum unter 45^0 geographischer Breite im Betrag von $0^0\,11'\,30''$.

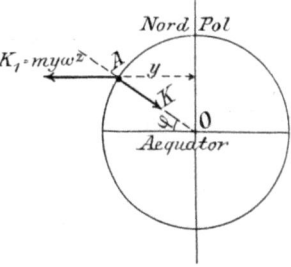

Fig. 194.

219. Einfluß der Erdrotation auf das Gewicht eines Körpers. Da das Gewicht $Q = mg$ eines Körpers anzusehen ist als die Resultante aus der Anziehungskraft K der Erde und der

$$\text{Zentrifugalkraft } K_1 = my\omega^2 = mr\cdot \cos\varphi\cdot\omega^2,$$

so ist das Gewicht eines Körpers, streng genommen, nicht konstant, sondern veränderlich mit der geographischen Breite φ des Erdortes. Indessen ist, wie nachstehend gezeigt wird, diese Änderung sehr unbedeutend.

Am Pol ist die Zentrifugalkraft $= 0$ und daher

$$Q = K \quad \text{oder} \quad mg_1 = K.$$

Am Äquator dagegen, woselbst der Einfluß der Erdrotation auf das Gewicht eines Körpers am größten, hat man

$$Q = mg_0 = K - mr\omega^2.$$

Damit erhält man bei Annahme kugelförmiger Gestalt der Erde:

$$mg_0 = mg_1 - mr\omega^2 \quad \text{oder} \quad g_1 = g_0 + r\omega^2.$$

Aus Pendelversuchen hat sich als Fallbeschleunigung am Äquator ergeben

$$g_0 = 9{,}7807\ [\text{m}/\text{sek}^2].$$

Mit diesem Wert und dem Wert
$$r\omega^2 = \frac{40\,000\,000}{2\pi}\left(\frac{2\pi}{86\,164}\right)^2 = 0{,}0339 \;[\text{m/sek}^2]$$
würde sich ergeben
$$g_1 = 9{,}8146 \;[\text{m/sek}^2].$$

In Wirklichkeit ist aber die Erde nicht kugelförmig, sondern an den Polen abgeplattet und die Fallbeschleunigung am Pol
$$g_1 = 9{,}8315 \;[\text{m/sek}^2].$$

Das Gewicht eines Körpers am Pol verhält sich daher zum Gewicht desselben Körpers am Äquator wie
$$g_1 : g_0 = 9{,}8319 : 9{,}7807 = 1{,}005 : 1,$$

d. h. ein Körper, der am Äquator an einer Federwaage ein Gewicht von 1 kg zeigt, würde am Pol auf der Federwaage 5 g mehr wiegen.

Weiter erkennen wir, daß am Äquator das Verhältnis der Zentrifugalkraft zum Gewicht eines Körpers ausgedrückt ist durch:
$$\frac{m r \omega^2}{m g_0} = \frac{r \omega^2}{g_0} = \frac{0{,}0339}{9{,}7807} \quad \text{oder rund} \quad = \frac{1}{289} = \frac{1}{17^2}.$$

Würde nun die Erde sich 17 mal schneller um ihre Achse drehen, als es tatsächlich der Fall ist, so würde am Äquator ein Körper gar kein Gewicht mehr zeigen und, auf eine horizontale Unterlage gebracht, auf diese auch keinen Druck ausüben.

Das Bisherige läßt sich dahin zusammenfassen:

Das Gewicht eines Körpers ist nicht genau gleich der Erdanziehung, aber mit großer Annäherung. Es ist vielmehr die Resultante aus der Erdanziehung und der von der Erdrotation herrührenden Zentrifugalkraft. Die Erdrotation verursacht auch eine kleine Abweichung der Vertikalen von der Richtung des Erdhalbmessers eines Erdortes.

220. Der freie Fall und die Wurfbewegung. Wir betrachten jetzt die relative Bewegung eines Körpers gegenüber der Erde. Bis jetzt haben wir immer angenommen, daß der durch das Eigengewicht hervorgerufene freie Fall der Körper in einer Geraden, nämlich in der durch den Ausgangspunkt A des Körpers gehenden Lotlinie oder Vertikalen erfolge. Tatsächlich erscheint das so, wenn die Fallhöhen nicht besonders groß sind. Bei größeren Fallhöhen und genauer Beobachtung zeigt sich indessen eine Abweichung der Bahnlinie des fallenden Körpers von der Vertikalen durch den Ausgangspunkt. Diese Abweichung erklärt sich vollständig dadurch, daß die beobachtete Fallbewegung keine absolute, sondern wegen

§ 46. Einfluß der Erdrotation auf das Verhalten schwerer Körper. 375

der Erdrotation eine **relative** ist und daß demgemäß außer der Anziehungskraft F der Erde noch die Ergänzungskräfte K_1 und K_2 in Betracht kommen.

Die Anziehungskraft der Erde mit ihrer Masse m' auf den Körper mit Masse m ist nach dem Newtonschen Gravitationsgesetz (vgl. 185)

$$K = \Gamma \cdot \frac{mm'}{\varrho^2}.$$

Die Anziehungskraft K der Erde, wie auch die Ergänzungskraft $K_1 = m\varrho \cdot \cos\varphi \cdot \omega^2$ ändern sich in praktischen Fällen von Fallbewegungen mit der Entfernung ϱ des fallenden Körpers vom Erdmittelpunkt nur ganz unbedeutend. Von wesentlicherem Einfluß auf die Fallbewegung ist dagegen die zusammengesetzte Zentrifugalkraft $K_2 = 2mv_r\omega\sin\beta$. Diese Kraft ist beim Ausgang des fallenden Körpers aus der Ruhelage $= 0$, weil im Ausgangspunkte A die relative Geschwindigkeit $v_r = 0$ ist. Mit dem Auftreten und Zunehmen von v_r tritt aber auch K_2 mit zunehmender Intensität in Wirksamkeit. Da nun die Drehung der Erde um ihre Achse von West nach Ost erfolgt und die zusammengesetzte Zentrifugalkraft K_2 senkrecht steht auf der Ebene, die durch die jeweilige Richtungslinie der relativen Geschwindigkeit v_r und eine Parallele zur Drehachse bestimmt ist, so wird anfänglich die Kraft K_2 nahezu senkrecht stehen auf der durch den Ausgangspunkt A gehenden Meridianebene, in welch letzterer ja bei Beginn der Fallbewegung die relative Beschleunigungskraft sich befindet und die erste Elementarbewegung erfolgt. Des weiteren erkennt man unter Beobachtung der Regel bezüglich des Wirkungssinnes der zusammengesetzten Zentrifugalkraft[1]), daß im vorliegenden Falle diese Ergänzungskraft gegen Osten gerichtet ist, infolgedessen eine Ab-

---

[1]) Wie man klar sieht, wirkt beim freien Fall nur eine einzige tatsächliche Kraft, die Erdanziehung. Die Ergänzungskräfte der Relativbewegung existieren hierbei gar nicht; sie sind nur hinzugedacht, um den bewegten Standpunkt als einen festen ansehen, die relative Bewegung also wie eine absolute behandeln zu dürfen. So liegt die Sache aber nur bei der **freien** Relativbewegung. Bei der **gezwungenen** dagegen, z. B. bei der Fahrt eines Eisenbahnzuges auf einem nord-südlichen Gleis oder bei einem nord-südlich fließenden Strom u. a. wirken die Ergänzungskräfte der Relativbewegung auf die Absolutbewegung des für einen Augenblick frei beweglich gedachten Körpers ablenkend ein, wie die Zentripetalkraft oder der Bahnwiderstand einer gezwungenen Bewegung. Bei der gezwungenen Relativbewegung werden also die Ergänzungskräfte der Relativbewegung zu tatsächlichen Kräften. Das Verfahren aber, durch Hinzufügen der Ergänzungskräfte eine Aufgabe der Relativbewegung in eine solche der Absolutbewegung zu verwandeln, ist bei freier und gezwungener Relativbewegung völlig gleich.

lenkung des fallenden Körpers von der Vertikalen durch den Ausgangspunkt nicht bloß gegen Süden (eine Wirkung der Ergänzungskraft K_1), sondern auch gegen Osten stattfindet, ein Ergebnis, das durch die Versuche von Reich in Freiberg seine Bestätigung gefunden hat. (Vgl. Enzykl. math. Wiss., Bd. IV, Mechanik, 2. Teilband, S. 50.) Hierin liegt auch ein Beweis für die Achsendrehung der Erde.

Auch die Flugbewegung eines Geschosses ist eine relative Bewegung. Das Geschoß bleibt nicht in der durch die Abgangsrichtung gelegten Vertikalebene, sondern erleidet infolge der Erdrotation eine seitliche Ablenkung. Zur Vereinfachung sehen wir vom Luftwiderstand und vom Geschoßdrall ab. Um die Bewegung wie eine absolute behandeln zu dürfen, hat man zur Erdanziehung K, zur einzigen tatsächlichen Kraft, die zwei Ergänzungskräfte K_1 und K_2 hinzuzufügen; ihre Resultante ist die relative Beschleunigungskraft, unter deren Einfluß die Bewegung gegenüber der nunmehr ruhend zu denkenden Erdoberfläche erfolgt. K und K_1 liegen in der Meridianebene des Erdortes; sie haben beim Schießen nach Norden oder Süden keine aus der Meridianebene heraustretende Komponente. Als seitlich ablenkende Kraft kommt nur die zusammengesetzte Zentrifugalkraft $K_2 = 2 m v_r \omega \sin \beta$, wobei v_r die Geschoßgeschwindigkeit bedeutet. Der Richtungssinn von K_2 folgt aus der Merkregel S. 358; man findet eine Rechtsabweichung des Geschosses sowohl bei nördlicher wie bei südlicher Schußrichtung; ihre Größe hängt vom Winkel β zwischen Geschoßgeschwindigkeit und Erdachse ab. Auch bei östlichem und westlichem Schuß ergibt sich eine Rechtsabweichung des Geschosses, vom Standpunkt des Schießenden aus gesehen. Man erleichtert sich die Anschauung wesentlich, wenn man sich die Sachlage an einem Modell (Fig. 243) klar macht.

III. Abschnitt.
Die Dynamik des materiellen Körpers.

15. Kapitel.
Grundlehren.

§ 47. Allgemeine Erläuterungen.

221. Begriff des materiellen Körpers. Ein materielles Gebilde fassen wir in der Mechanik dann als einen materiellen Punkt auf, wenn die Bewegung desselben hinreichend genau durch die Bewegung eines Punktes beschrieben werden kann, in dem die an dem Gebilde tätigen Kräfte angreifend gedacht werden können, wenn also alle Körperpunkte im großen und ganzen gleiche und parallele Bahnen zurücklegen und eine Drehbewegung entweder gar nicht stattfindet oder sich hinsichtlich der zu untersuchenden Kräfte und Bewegungsverhältnisse nicht wesentlich bemerklich macht. Ist dagegen letzteres der Fall, so ist das Gebilde in der Mechanik als ein **materieller Körper** aufzufassen; man kommt nicht mehr mit Komponentengleichungen der Kräfte aus, sondern muß auch noch die Momentengleichungen hinzuziehen. Einen materiellen Körper fassen wir dann als eine Vereinigung unendlich vieler materieller Punkte auf; er hat eine beständige Form, im Gegensatz zu einer Flüssigkeit oder einem Gas. Die wirklichen Körper sind **elastisch**, sie erleiden durch Kräfte Formänderungen, und die Abstände der einzelnen Körperpunkte können sich ändern. Die Probleme, bei denen man auf die wenn auch kleinen Gestaltänderungen und die zu ihrer Erzeugung erforderliche Arbeit der Kräfte zu achten hat, werden in der Elastizitätslehre behandelt; vielfach kann man aber bei der Untersuchung der Bewegung eines Körpers von den Formänderungen absehen, dann darf man den Körper als **starr**, die Abstände der Körperpunkte als unveränderlich, und die Körperform als stets sich selbst kongruent ansehen und hat dann eine Aufgabe der Mechanik des starren Körpers vor sich; die an einem solchen Körper angreifenden Kräfte leisten keine Formänderungsarbeit, sondern einzig Beschleunigungsarbeit. Es ist ohne weiteres klar, daß wenn die tatsächlichen Kräfte (nicht etwa die Scheinkräfte der relativen Bewegung oder der D'Alembertsche Trägheitswiderstand) die Arbeit Null leisten, der starre Körper in Ruhe oder gleichförmiger Bewegung sich befindet.

Ein materielles System bilden dagegen mehrere materielle Körper, die mit Kräften aufeinander einwirken und sich in ihrer Bewegung gegenseitig beeinflussen, so die Lokomotive mit ihrem Triebwerk, der ganze Eisenbahnzug, Erde und Mond, das Planetensystem usf.

222. Äußere und innere Kräfte. Prinzip von D'Alembert für einen materiellen Körper und für ein materielles System. Ein Planet wird von einem andern Körper, von der Sonne oder anderen Planeten mit einer Kraft angezogen; eine Kegelkugel empfängt von der Hand, also von einem anderen Körper, eine Kraft. Alle Kräfte, die ein Körper von einem andern Körper aus empfängt, nennt man äußere Kräfte. Diese rufen im Innern des Körpers Kräfte hervor, die man innere Kräfte nennt. Denken wir uns einen frei beweglichen Körper, der von einer einzigen beschleunigenden Kraft ergriffen ist. Wir schneiden ihn entzwei und sehen ohne weiteres ein, daß der mit der Beschleunigungskraft behaftete Teil auf den andern mit Kräften eingewirkt hat, die in der Schnittfläche übertragen werden, da ja der abgeschnittene Teil vom andern mitbewegt wird. Wir zwingen uns, indem wir in Gedanken einen Schnitt durch die Körper führen, auf die an dem entstehenden Schnittflächenpaar tätigen inneren Kräfte aufmerksam zu werden. Die inneren Kräfte sind über diese Schnittflächen im allgemeinen ungleichmäßig verteilt; an einem denkbar kleinen Flächenstück ist jedoch die Ungleichmäßigkeit der Kraftverteilung auch denkbar klein, d. h. man darf die innere Kraft an einem unendlich kleinen Flächenstück als gleichmäßig verteilt annehmen. An einem solchen Flächenelement haben die inneren Kräfte demgemäß nur eine Resultante, aber kein Moment (ein solches können nur ungleichmäßig verteilte Kräfte haben). An dem zugehörigen Element des Schnittflächenpaares wirkt die gleiche innere Kraft nur mit entgegengesetztem Richtungssinn, womit das Gegenwirkungsprinzip in einfachster und präzisester Form ausgedrückt ist. Die inneren Kräfte treten also stets paarweise auf, und zwar sind sie einander gleich und entgegengesetzt. Die inneren Kräfte des ganzen Körpers sind demgemäß für sich im Gleichgewicht.

§ 47. Allgemeine Erläuterungen.

Um den Zusammenhang zwischen der äußeren Kraft und den inneren Kräften zu verstehen, denken wir uns durch Schnittflächen ein unendlich kleines Parallelepiped aus dem Körper abgegrenzt. An den Seitenflächen desselben wirken innere Kräfte, die zu einer Resultanten zusammengefaßt sein mögen. Da das Parallelepiped mit dem übrigen Körper zusammen eine beschleunigte Bewegung ausführt, so ist zur Beschleunigung seiner Masse eine Beschleunigungskraft nötig, das ist eben die genannte Resultante der inneren Kräfte, die dem abgetrennten Körperelement die gleiche Beschleunigung erteilt, wie sie ihm im Körper selbst eigen ist. Das ist eine tatsächliche, an dem Körperelement dm angreifende Kraft. Fügt man ihr nach D'Alembert eine gleich große entgegengesetzte Kraft, den Trägheitswiderstand $(-dm \cdot b)$ hinzu, so bilden beide Kräfte ein Gleichgewichtssystem.

An einem im Innern eines Körpers befindlichen Massenelement halten sich also die innern Kräfte und der Trägheitswiderstand das Gleichgewicht. (Erforderlichenfalls treten das Eigengewicht oder sonst der Masse proportionale Anziehungskräfte hinzu.) Betrachten wir noch ein parallelepipedisches Körperelement an der Oberfläche, da wo eine äußere Kraft angreift; an 5 von seinen Seitenflächen wirken innere Kräfte, an der sechsten, der Körperoberfläche angehörigen, die äußere Kraft; die Resultante aller dieser Kräfte ist zur Beschleunigung der Masse des Körperelementes verfügbar. Nach Hinzufügen der d'Alembertschen Scheinkraft, des Trägheitswiderstandes, die der Resultanten gleich groß und entgegengesetzt ist, hat man wieder ein Gleichgewichtssystem.

Die so gebildeten Gleichgewichtssysteme an den sämtlichen Körperelementen geben zusammengefaßt wieder ein Gleichgewichtssystem, aus dem sich die paarweise gleich und einander entgegengesetzten inneren Kräfte herausheben. Am ganzen Körper halten sich daher die äußeren Kräfte und die Trägheitswiderstände das Geichgewicht. Damit ist das d'Alembertsche Prinzip für einen Körper ausgesprochen. Daß dieser Satz für beliebig viele äußere Kräfte und nicht etwa blos für eine gilt, ist ohne weiteres klar.

Statt tatsächlicher, eingeprägter Kraft oder Beschleunigungskraft wird vielfach die Bezeichnung Effektivkraft gebraucht.

Wir werfen noch einen kurzen Blick auf ein materielles System, wie das Planetensystem oder eine Maschine, die aus einer Anzahl materieller Körper bestehen; die einzelnen Körper des Planetensystems wirken mit Fernkräften aufeinander ein, die dem Newtonschen Gravitationsgesetz gehorchen. Zwischen den einzelnen

Teilen einer Maschine werden Kräfte durch unmittelbare Berührung übertragen, so durch Gelenke, Schneiden und ähnliches, durch Verzahnungen, Friktionen, Riemen, Seile, Dampf- und Wasserdruck usf. **Was sind nun da äußere und was innere Kräfte?** Zur Beantwortung ist es vor allem nötig, festzusetzen, was man zum materiellen System rechnet. Nimmt man z. B. das System Erde und Mond, so ist die Anziehung zwischen beiden eine innere Kraft des Systemes, sie ist in der Tat der Definition der inneren Kräfte gemäß doppelt vorhanden, in gleicher Größe und Richtung und mit entgegengesetztem Richtungssinn; die Anziehung der Sonne ist aber für dieses System eine äußere Kraft, denn sie geht von einem nicht zum System gehörigen Körper aus. Betrachtet man dagegen das ganze Planetensystem, so ist die zuletzt genannte Kraft eine innere Kraft dieses Systemes, eine sog. **Systemkraft**. **Eine und dieselbe Kraft muß demnach bald als innere, bald als äußere Kraft aufgefaßt werden, je nach der Abgrenzung des Systemes.**

Ein Beispiel eines materiellen Systemes aus dem Gebiet der Technik bildet eine Lokomotive. Der Dampfdruck im Zylinder ist eine innere Kraft; Kolbendruck und Deckeldruck sind zwei gleich große, gleich gerichtete und einander entgegengesetzte Kräfte, die sich innerhalb des Systemes aufheben. Ebenso heben sich innerhalb des Systemes, das aus dem Gestell samt Lagern und Führungen und den relativ dagegen beweglichen Teilen besteht, folgende Kräfte und Gegenkräfte auf: Stangenkraft gegen die Kurbel, Gegenkraft der Kurbel gegen den Stangendruck; Druck des Kreuzkopfes gegen die Bahn, Gegenkraft der Bahn gegen den Kreuzkopfdruck; Druck einer Achse gegen das Lager, Druck des Lagers gegen die Achse usf. Das sind lauter innere Kräfte. Dagegen sind die Kräfte zwischen Rädern und Schienen keine inneren Kräfte oder Systemkräfte; es sind vielmehr äußere, von einem nicht zum System gehörigen Körper, dem Gleis, ausgehende Kräfte; auch das Gewicht, der Luftwiderstand, die bei der Schlingerbewegung entstehende Schienenreibung, die Kräfte beim Anlaufen der Spurkränze sind äußere Kräfte.

223. Äußere Kräfte durch innere hervorgerufen. Bleiben wir bei dem Beispiel der Lokomotive. Der Dampfdruck ist, wie wir sahen, eine innere Kraft für das System Lokomotive. Der Dampfdruck auf den beweglichen Kolben kommt aber durch die Kolbenstange, die Schubstange, die Kurbel, die Kurbelachse auf das Triebrad und erscheint am Triebradumfang als eine äußere Kraft des Systemes, es ist also durch eine innere Kraft des Systemes eine äußere Kraft hervorgerufen worden.

Voraussetzung hierfür ist das Vorhandensein eines nicht zum System gehörigen Körpers, der die Beweglichkeit einschränkt.

Ähnliche Beispiele sind die inneren Kräfte der Schiffsmaschine oder einer Flugzeugmaschine und die äußere Kraft der Propellerwirkung u. a., auch die von unserem eigenen Körpersystem durch die inneren Kräfte der Muskeln ausgeübten äußeren Kräfte.

§ 48. Aus der Kinematik des starren Körpers.

224. Erklärungen. Diejenigen Bewegungen eines starren Körpers, von denen man unmittelbar eine klare Anschauung besitzt und aus denen auch die anderen Bewegungen der starren Körper zusammengesetzt erscheinen, sind:

1. Die fortschreitende oder Translations-Bewegung oder kurz: die Translation. Ein starrer Körper, der sich zwischen parallelen Führungen hin- und herbewegen, nicht aber drehen kann, zeigt, bewegt, eine solche Translationsbewegung. Bei dieser Bewegung beschreiben die sämtlichen Punkte des Körpers in demselben Zeitelement dt gleiche und parallele Wegstrecken ds, daher sind auch bei der Translation in einem und demselben Augenblick die Geschwindigkeiten $v = ds/dt$ aller Punkte des Körpers von gleicher Größe und Richtung.

2. Die Drehung oder Rotation um eine unbewegliche Achse. Bei dieser Bewegung beschreiben die einzelnen Punkte des Körpers Kreise, deren Ebenen senkrecht auf der Drehachse stehen, deren Mittelpunkte in der Drehachse liegen und deren Halbmesser durch die Abstände r der Punkte von der Drehachse angegeben sind. Für alle Punkte des Körpers ist in einem und demselben Augenblick die Winkelgeschwindigkeit $\omega = d\varphi/dt$ eine und dieselbe, weil in dem Zeitelement dt von allen Radien, die von den einzelnen Punkten des Körpers nach den betreffenden Kreismittelpunkten gezogen sind, die gleichen Winkel $d\varphi$ beschrieben werden. Dagegen sind die Bahngeschwindigkeiten $v = r d\varphi/dt = r\omega$, wie der Ausdruck für dieselbe lehrt, verschieden, nämlich proportional den Abständen r der Punkte von der Drehachse.

Zu den zusammengesetzten Bewegungen der starren Körper gehört zunächst: die Schraubenbewegung, d. h. Drehung des Körpers um eine Achse und gleichzeitige Verschiebung des Körpers nach derselben Achse (Schraubenachse). Projiziert man die verschiedenen Punkte A des Körpers auf die Schraubenachse in die Punkte C und auf eine Ebene senkrecht zur Schraubenachse in die Punkte B, so beschreiben in einem und demselben Zeitelement dt die Punkte C in der Schraubenachse alle die gleichen

Wegstrecken ds_1, es sind daher die Geschwindigkeiten $v_1 = ds_1/dt$ der Projektionen C in einem und demselben Augenblick alle einander gleich, dagegen sind die Geschwindigkeiten v_2 der Punkte B verschieden, was aus $v_2 = r\,d\varphi/dt = r\omega$ hervorgeht.

Die Punkte A des starren Körpers beschreiben bei konstantem v_1 und ω Schraubenlinien. Das darf jedenfalls für eine Elementarbewegung während dt sek angenommen werden. Ist nun ds der von einem Punkte A auf seiner Schraubenlinie in der Zeit dt zurückgelegte Weg, so bildet ds die Hypotenuse eines rechtwinkligen Dreiecks von den Katheten ds_1 und $r\,d\varphi$. Man hat daher für die Geschwindigkeit v des Punktes A in seiner Bahn:

$$v = \frac{ds}{dt} = \frac{\sqrt{ds_1^{\,2} + (r\,d\varphi)^2}}{dt} = \sqrt{v_1^{\,2} + (r\omega)^2}.$$

Die Drehung eines Körpers um einen festen Punkt ist anzusehen als die Aufeinanderfolge von Drehungen um Achsen, die im allgemeinen ihre Lage ändern, dabei aber stets durch den gegebenen Drehpunkt des Körpers hindurchgehen.

Auch bei der rollenden Bewegung eines Körpers auf gegebener fester Unterlage handelt es sich um Drehungen des Körpers um Achsen von veränderlicher Lage.

Wie ist aber die freie Bewegung eines Körpers aufzufassen, der im Raume beliebig sich bewegt?

Um auch hierüber Auskunft zu erhalten, denkt man sich zunächst die Bewegung des Körpers als Aufeinanderfolge von Elementarbewegungen, d. h. von Bewegungen, die je in einem Zeitelement dt erfolgen, worauf man die nähere Beschaffenheit einer beliebigen Elementarbewegung zu ermitteln sucht.

225. Zusammensetzung von Translationen. Wir denken an die Bewegung eines Laufkranes und einer Laufkatze zu einer Zeit, da beide eine Fahrbewegung ausführen. Die Laufkatze macht dann gleichzeitig zwei Translationsbewegungen: ihre eigene auf dem Laufkran und die des Laufkranes, von dem sie mitgenommen wird. Bei beiden Bewegungen legen sämtliche Punkte der Laufkatze in gleichen Zeiten gleiche und parallele Wegstrecken zurück. Es genügt also, einen Punkt zu betrachten, der gleichzeitig unter dem Einfluß einer horizontalen Längs- und Quergeschwindigkeit v_1 und v_2 steht, die während eines Zeitelementes dt als konstant angenommen werden dürfen. Den resultierenden Weg und die resultierende Geschwindigkeit findet man nach der Parallelogrammregel.

Die resultierende Bewegung eines Körpers, der gleichzeitig zwei Translationen ausführt, ist wiederum eine Translation, da sämtliche Körperpunkte in einem Zeitelement gleiche und parallele resultierende Wege zurücklegen und gleiche resultierende Geschwindigkeiten besitzen.

226. Zusammensetzung einer Translation und einer Drehung.
Wir wollen einen Körper K (Fig. 195) annehmen, der sich um die Achse C senkrecht zur Bildebene mit der Winkelgeschwindigkeit ω im Uhrzeigersinn drehe. Dabei sei aber die Drehachse nicht unbeweglich, vielmehr werde dieselbe mit einer Geschwindigkeit v parallel mit sich selbst in einer Richtung senkrecht zur Drehachse verschoben.

Würde der Körper K sich nicht drehen, so führte er in der durch die Geschwindigkeit v angegebenen Richtung eine Translationsbewegung aus. Unterbliebe dagegen die Bewegung der Achse, so handelte es sich lediglich um eine Drehung des Körpers um die Achse C. Um nun über die resultierende Elementarbewegung im vorliegenden Fall Aufschluß

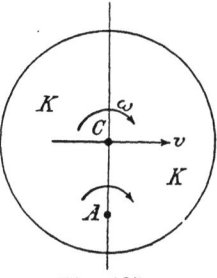

Fig. 195.

zu erhalten, nehmen wir auf der durch C senkrecht zur Translationsrichtung gezogenen Geraden einen Punkt A so an, daß

$$v = (CA) \cdot \omega$$

wird und der Punkt, den wir als dem Körper K angehörend oder doch als mit demselben fest verbunden uns zu denken haben, durch die Drehung um C eine der Translationsrichtung entgegengesetzte Bewegungsrichtung erhält. Wir haben also den Punkt A im Falle der Fig. 195 unter und nicht über dem Punkt C anzunehmen. Infolge der Translation käme der Punkt A in dem Zeitelement dt nach rechts um $v \cdot dt$, vermöge der Drehung um C nach links um $(CA)\omega \cdot dt$, da aber der Voraussetzung nach $v = (CA)\omega$, so bleibt der Punkt A während des Zeitelements dt tatsächlich in Ruhe.

Wie sich der Punkt A des Körpers K verhält, so verhält sich auch jeder andere Punkt desselben, der auf einer durch A parallel der Drehachse C gezogenen Geraden sich befindet, d. h. alle auf dieser Parallelen gelegenen Punkte des Körpers K bleiben während der Zeit dt in Ruhe. Daraus läßt sich aber sofort schließen, daß **die gesuchte resultierende Elementarbewegung eine Drehung um eine durch A gehende, der gegebenen Drehachse parallele Achse ist.** Der momentan allein ruhende Punkt A des Körpers, bzw. die durch A gehende Achse heißt dessen Momentanzentrum bzw. Momentanachse. Die momentane Geschwindigkeit irgendeines Punktes P, die er infolge v und ω besitzt, steht

384 Die Dynamik des materiellen Körpers. Grundlehren.

auf AP senkrecht. Kennt man demnach die Geschwindigkeit eines Punktes P, so liegt das Momentanzentrum auf dem in P auf der Geschwindigkeit errichteten Lot. Die Winkelgeschwindigkeit ω' der resultierenden Elementarbewegung erhält man wie folgt:

Die wirkliche Elementarverschiebung eines auf der Achse C gelegenen Punktes B des Körpers K ist $v\,dt$. Diese Verschiebung soll nun auch durch Drehung des Körpers K um die Parallelachse A mit der Winkelgeschwindigkeit ω' bewirkt werden; es hat daher die Drehung um A, wie die gegebene Drehung um C, ebenfalls im Sinne der Uhrzeigerbewegung zu erfolgen. Weiter muß sein

$$v\,dt = (AC)\,\omega' \cdot dt \quad \text{oder} \quad (CA)\,\omega\,dt = (AC)\,\omega'\,dt,$$

womit $\omega' = \omega$.

Würde die gegebene Drehachse nicht senkrecht stehen auf der Translationsrichtung, so hätte man die gegebene Translation in zwei andere zu zerlegen, von denen die eine parallel der Drehachse und die andere senkrecht zu derselben gerichtet ist. Die letztere Translation setzte man dann mit der gegebenen Drehung zusammen und erhielte als resultierende Bewegung eine Drehung um eine Achse parallel der ersteren Translation. Der Körper K würde sich also drehen um die eben gefundene Achse und sich überdies nach dieser Achse verschieben, oder mit anderen Worten: die resultierende Elementarbewegung des Körpers K wäre eine **Schraubenbewegung**.

227. Zusammensetzung zweier Drehungen um parallele Achsen. Wir nehmen einen rechteckigen Rahmen $C_1 C_1' C_2' C_2$ (Fig. 196) an, der sich um $C_2 C_2'$ mit der Winkelgeschwindigkeit ω_2 drehe. Auf $C_1 C_1'$ dagegen sei ein Körper K aufgesteckt, der sich um $C_1 C_1'$ mit der Winkelgeschwindigkeit ω_1 drehe. Man kann daher sagen, der Körper K führe in einem Zeitelement dt gleichzeitig zwei Drehungen, eine Drehung um

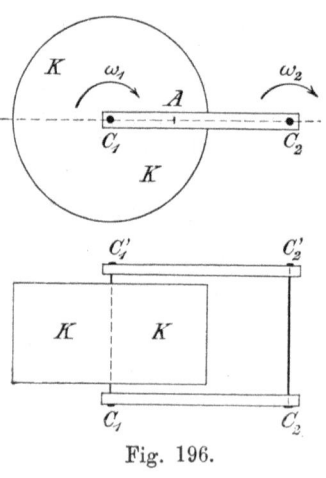

Fig. 196.

die Achse $C_1 C_1'$ und eine solche um die Achse $C_2 C_2'$ aus, und fragen: was ist im vorliegenden Fall die resultierende Elementarbewegung?

a) Zunächst wollen wir voraussetzen, daß die beiden Drehungen im selben Sinn erfolgen (s. Fig. 196).

§ 48. Aus der Kinematik des starren Körpers.

Auf der Geraden $C_1 C_2$ bestimmen wir zwischen C_1 und C_2 einen Punkt A so, daß man hat

$$\omega_1 (C_1 A) = \omega_2 (C_2 A) \quad \text{oder} \quad \frac{AC_1}{AC_2} = \frac{\omega_2}{\omega_1}.$$

Dieser Punkt A, den wir dem Körper K angehörend uns denken, bleibt während des Zeitelements dt tatsächlich in Ruhe, weil derselbe vermöge der Drehung um $C_1 C_1'$ eine Elementarverschiebung nach unten $= (C_1 A) \omega_1 dt$, vermöge der Drehung um $C_2 C_2'$ aber eine solche nach oben $= (C_2 A) \omega_2 dt$, also in Wirklichkeit eine Elementarverschiebung $= 0$ erhält, indem ja der Voraussetzung nach der Punkt A so angenommen ist, daß $(C_1 A) \omega_1 = (C_2 A) \omega_2$. Die gesuchte resultierende Elementarbewegung ist mithin eine Drehung um eine Achse parallel den gegebenen Drehachsen, in der Ebene der letzteren und zwischen denselben so gelegen, daß $\omega_1 (C_1 A) = \omega_2 (C_2 A)$. Was ist nun die Winkelgeschwindigkeit ω' der resultierenden Drehung?

Wir denken uns einen Punkt B in fester Verbindung mit dem Körper K auf der Verlängerung von $C_2 C_2'$ gelegen. Infolge der Drehung um die Achse C_1 ist $(BC_1) \omega_1 dt$ oder $(C_2 C_1) \omega_1 dt$ die nach unten erfolgende Elementarverschiebung des Punktes B. Durch die Drehung um C_2 ergibt sich für B keine Verschiebung, es ist daher die tatsächliche Elementarverschiebung des Punktes $B = (C_1 C_2) \omega_1 dt$. Diese Verschiebung kann auch durch eine im Uhrzeigersinne mit der Winkelgeschwindigkeit ω' erfolgende Drehung um die Parallelachse A bewerkstelligt werden, wobei dann

$$(AB) \omega' \cdot dt = (C_1 C_2) \omega_1 dt.$$

Da aber $C_1 C_2 = C_1 A + A C_2$ und $AB = AC_2$, so wird

$$(AC_2) \omega' = (C_1 A + AC_2) \omega_1$$

oder

$$\omega' = \omega_1 + \frac{C_1 A}{AC_2} \cdot \omega_1 = \omega_1 + \frac{\omega_2}{\omega_1} \cdot \omega_1 = \omega_1 + \omega_2.$$

Die Winkelgeschwindigkeit ω' der resultierenden Drehung ist also gleich der Summe der Winkelgeschwindigkeiten der zusammenzusetzenden Drehungen und der Drehungssinn von ω' übereinstimmend mit demjenigen von ω_1 und ω_2.

b) Hätten die beiden zusammenzusetzenden Drehungen entgegengesetzten Drehungssinn, z. B. ω_1 den Zeigersinn, ω_2 den Gegenzeigersinn, und wäre $\omega_1 > \omega_2$, so erhielte man den Punkt A, der während des Zeitelementes dt seine Lage trotz der beiden Drehungen nicht ändern soll, wieder auf $C_1 C_2$, aber außerhalb der

Strecke C_1C_2 und zwar vorliegendenfalles links von C_1, wobei dann wieder
$$\omega_1 \cdot (AC_1) = \omega_2 (AC_2)$$
sein müßte.

In der Tat wären die Elementarverschiebungen des so bestimmten Punktes A infolge der beiden Drehungen um C_1 und C_2 einander gleich und entgegengesetzt. Die resultierende Bewegung ergibt sich also auch in diesem Fall als eine Drehung um eine Achse durch A parallel den gegebenen Drehachsen C_1 und C_2 und mit diesen in einer Ebene liegend. Was die Winkelgeschwindigkeit ω' der resultierenden Drehung betrifft, so erhält man diese wieder, wie folgt: Vermöge der Drehung um C_1 wird ein auf der Achse C_2 angenommener, mit dem Körper K fest verbundener Punkt B während der Zeit dt sich nach abwärts verschieben um das Stück $(C_1B)\omega_1 dt$. Dieselbe Elementarverschiebung soll aber auch durch die Drehung um die Parallelachse A erzielt werden. Die resultierende Drehung um A muß daher auch im Uhrzeigersinne, d. h. im Sinne der größeren Winkelgeschwindigkeit ω_1 erfolgen. Man hat also
$$(AB)\omega' dt = (C_1B)\omega_1 dt$$
oder $\qquad (AC_2)\omega' = (C_1C_2)\omega_1 = (AC_2 - AC_1)\omega_1,$
woraus
$$\omega' = \left(1 - \frac{AC_1}{AC_2}\right)\omega_1 = \omega_1 - \frac{\omega_2}{\omega_1}\cdot\omega_1 = \omega_1 - \omega_2.$$

Im Falle $\omega_1 < \omega_2$ läge der Punkt A rechts von C_2.

c) Sind die Winkelgeschwindigkeiten ω_1 und ω_2 der zusammenzusetzenden Drehungen einander **gleich und entgegengesetzt**, so rückt der Punkt A ins Unendliche und es wird die resultierende Winkelgeschwindigkeit $\omega' = 0$. Eine Drehung um eine unendlich ferne Achse, die in der durch die beiden Drehachsen C_1 und C_2 gelegten Ebene sich befindet, entspricht aber einer **Translation** des Körpers K senkrecht zu dieser Ebene. Um nun für diese Translation die Geschwindigkeit v zu erhalten, betrachten wir einen Punkt B des Körpers K, links von C_1 und in der Ebene der beiden Achsen C_1 und C_2 gelegen. Dieser Punkt B würde sich während der Zeit dt infolge der im Sinne des Uhrzeigers stattfindenden Drehung um die Achse C_1 über die Ebene C_1C_2 erheben um die Strecke $(BC_1)\omega_1 dt$, dagegen unter diese Ebene sich senken um $(BC_2)\omega_2 dt$ infolge der Drehung um die Achse C_2; B senkt sich daher tatsächlich unter die genannte Ebene um $(BC_2)\omega_2 dt - (BC_1)\omega_1 dt$, wenn die beiden Drehungen um C_1 und C_2 gleichzeitig erfolgen.

§ 48. Aus der Kinematik des starren Körpers. 387

Diese Senkung soll aber durch die resultierende Translation, die demgemäß nach unten mit der Geschwindigkeit v erfolgt, ebenfalls bewerkstelligt werden, man hat daher

$$v \cdot dt = (BC_2)\,\omega_2\,dt - (BC_1)\,\omega_1\,dt, \quad \text{oder da } \omega_1 = \omega_2 = \omega$$
$$= (BC_2 - BC_1)\,\omega \cdot dt = (C_1 C_2)\,\omega\,dt,$$

woraus $\qquad v = (C_1 C_2)\,\omega.$

Bei entgegengesetztem Drehsinn würde eine Translation des Körpers K nach oben erfolgen, gleichfalls mit der Geschwindigkeit $v = (C_1 C_2)\,\omega$.

Die beiden gleichgroßen und einander entgegengesetzten Winkelgeschwindigkeiten ω' und $-\omega'$ um zwei in einem gewissen Abstand $C_1 C_2$ befindliche Drehachsen bezeichnet man als **Drehungspaar**. Ein Drehungspaar ist also einer Translation gleichwertig.

Es erscheint nicht überflüssig, zu sagen, was man unter der Resultante zweier Drehungen versteht. Es ist diejenige Drehung um eine einzige Achse, bei der der Körper die gleichen Drehwinkel mit der gleichen Winkelgeschwindigkeit durchläuft, wie wenn die beiden gegebenen Drehungen um ihre beiden Drehachsen gleichzeitig stattfinden. Bei veränderlicher Winkelgeschwindigkeit ist stets die Elementarbewegung in dt sek gemeint.

228. Vektorielle Darstellung von Winkelgeschwindigkeiten. Zerlegung und Zusammensetzung nach dem Parallelogrammgesetz. Kräftepaare und Winkelgeschwindigkeiten haben die Merkmale einer Strecke, nämlich Größe, Richtung und Richtungssinn. Daher liegt es nahe, die Winkelgeschwindigkeiten ebenso durch Drehstrecken nach Poinsot darzustellen wie Kräftepaare, und man vermutet überdies, man werde Winkelgeschwindigkeiten ebenso nach dem Parallelogrammgesetz zerlegen und zusammensetzen dürfen wie Momente. Bezüglich der Kräftepaare ist alles Erforderliche in **27** ausgeführt und braucht nur auf Winkelgeschwindigkeiten übertragen zu werden. Dreht

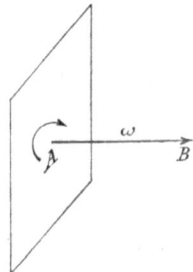

Fig. 197.

sich ein Körper mit der Winkelgeschwindigkeit ω um eine Achse, so trägt man nach Wahl eines Maßstabes für ω auf der Drehachse eine Strecke von so viel Längeneinheiten auf, als ω Maßeinheiten hat, und versieht die Strecke mit einem Pfeil derart, daß, gegen den Pfeil und den sich drehenden Körper gesehen, letzterer sich im Zeigersinn dreht. Damit ist ω eindeutig durch die Drehstrecke oder den Drehvektor AB (Fig. 197) nach Größe, Richtung und Drehsinn dargestellt.

229. Zusammensetzung zweier Drehungen um Achsen, die sich schneiden. Drei Stäbe seien in ihren Endpunkten miteinander zu einem Dreieck ABC verbunden (Fig. 198). Auf AB als Achse sei ein Körper drehbar aufgesteckt und drehe sich mit der Winkelgeschwindigkeit ω_1 um AB. Gleichzeitig drehe sich das ganze Dreieck ABC um die Achse AC mit der Winkelgeschwindigkeit ω_2. Man kann also sagen, der Körper führe in dem Zeitelement dt gleichzeitig Drehungen um die beiden in A sich schneidenden Achsen AB und AC aus, und kann sich demnach die Aufgabe stellen, die resultierende Elementarbewegung des Körpers zu ermitteln, z. B. bei einem Geschoß, das sich um seine eigene Achse dreht, während diese selbst eine Kegelfläche beschreibt.

Wir vermuten, diese Elementarbewegung bestehe wieder in einer Drehung mit der noch unbekannten Winkelgeschwindigkeit ω,

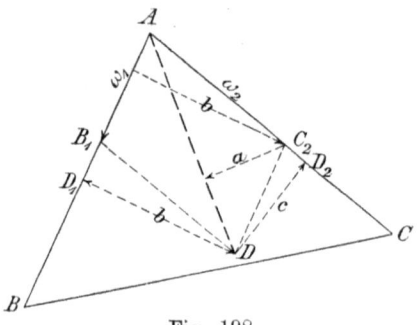

Fig. 198.

und zwar, da der Punkt A offenkundig unbeweglich bleibt, um eine durch A gehende Achse. Tragen wir nun nach Poinsot die Winkelgeschwindigkeiten ω_1 und ω_2 als Drehstrecken auf AB und AC auf und konstruieren das Parallelogramm AB_1DC_2, so wird weiterhin behauptet, daß die Diagonale AD die Achse der resultierenden Drehung sei und die resultierende Winkelgeschwindigkeit nach Größe und Drehsinn darstelle. Zum Beweis bestimmen wir die Elementarverschiebung des mit dem starren Körper in fester Verbindung gedachten Punktes D.

Infolge der Drehung um AB allein würde sich D in der Zeit dt unter die Ebene ABC senken um $\omega_1 \cdot b \cdot dt$, infolge der Drehung um AC allein würde er sich über die genannte Ebene erheben um $\omega_2 \cdot c \cdot dt$, also sich im ganzen senken um $\omega_1 \cdot b \cdot dt - \omega_2 \cdot c \cdot dt$. Da aber $\triangle B_1DD_1$ ähnlich C_2DD_2, weshalb

$$b : c = \omega_2 : \omega_1 \quad \text{oder} \quad \omega_1 b = \omega_2 c,$$

so ist auch die Senkung $(\omega_1 b - \omega_2 c)\,dt$ von D unter die Ebene ABC gleich Null, d. h. während der Zeit dt bleibt der dem starren Körper angehörige Punkt D an der gleichen Stelle. Das gleiche gilt von dem mit dem starren Körper in fester Verbindung gedachten Punkt A. Wenn aber zwei Punkte A und D eines starren Körpers bei einer Bewegung des letzteren ihre Lage nicht ändern, so kann die Bewegung während der Zeit dt nur in einer Drehung um die Achse AD bestehen.

§ 48. Aus der Kinematik des starren Körpers.

Es sind noch die resultierende Winkelgeschwindigkeit und deren Drehsinn zu ermitteln. Zu dem Ende betrachten wir den mit dem starren Körper in fester Verbindung gedachten Punkt C_2. Unter dem alleinigen Einfluß der Drehung um AC behält C_2 seine Lage bei; infolge der Drehung um AB dagegen senkt er sich in dt sek unter die Ebene ABC, um $b \cdot \omega_1 \cdot dt$. Um den gleichen Betrag soll er sich aber in dt sek infolge der Drehung um AD, die mit der Winkelgeschwindigkeit ω erfolgt, senken; er ist auch $= a \cdot \omega \cdot dt$. Wie man hieraus erkennt, vollzieht sich die resultierende Drehung um AD tatsächlich nach Maßgabe des Pfeilsinnes von AD, d. h. so, daß der Körper, gegen den Pfeil von AD gesehen, im Zeigersinn um AD dreht. Die Größe der resultierenden Winkelgeschwindigkeit wird wie folgt bestimmt:

$\triangle ADB_1$ und ADC_2 sind inhaltsgleich, weshalb

$$\tfrac{1}{2} \cdot \overline{AD} \cdot a = \tfrac{1}{2} \cdot \omega_1 \cdot b.$$

Nach dem soeben über die Senkung des Punktes C Bemerkten ist

$$\omega \cdot a = \omega_1 \cdot b.$$

Aus dem Vergleich beider Gleichungen folgt:

$$\overline{AD} = \omega.$$

Durch die Diagonale AD des Parallelogramms AB_1DC_2 ist daher die Achse, die Winkelgeschwindigkeit und der Drehsinn der resultierenden Drehung richtig und eindeutig bestimmt. Damit hat man den **Satz vom Parallelogramm der Winkelgeschwindigkeiten zum Ausdruck gebracht**. Man kann also Drehungen wie Kräfte oder Momente nach der Parallelogrammregel zusammensetzen und zerlegen, wenn man die Winkelgeschwindigkeit nach **Poinsot** durch eine Drehstrecke darstellt. Die Drehachsen müssen dabei durch einen Punkt gehen.

Der Satz gilt, wie ohne weiteres klar, auch für den Raum. Die Drehstrecke ω schließe z. B. mit den x, y, z-Achsen eines rechtwinkligen Koordinatensystems die Winkel α, β, γ ein, dann kann man sie nach den drei Achsen zerlegen in die Komponenten:

$$\omega_x = \omega \cos \alpha \qquad \omega_y = \omega \cos \beta \qquad \omega_z = \omega \cos \gamma \quad . \quad (146)$$

wo $\cos^2 \alpha + \cos^2 \beta + \cos^2 \gamma = 1$

und $\omega = \sqrt{\omega_x^2 + \omega_y^2 + \omega_z^2}.$

230. Zusammenhang zwischen den Komponenten der Umfangs- und Winkelgeschwindigkeit eines um eine Achse kreisenden Punktes. Zusatz: Analogie zwischen der Reduktion von Kräften und Kräftepaaren und der Reduktion von Translationsgeschwindigkeiten und Winkelgeschwindigkeiten. Um die Achse OD der

Fig. 199 kreise im Abstand r von OD ein Punkt P mit der Winkelgeschwindigkeit ω, also der Umfangsgeschwindigkeit $v = r\omega$. Die Komponenten von v nach den drei Koordinatenachsen seien v_x, v_y, v_z (vgl. **176**) und diejenigen von ω seien ω_x, ω_y, ω_z; es ist die Beziehung zwischen diesen Komponenten gesucht.

Der betrachtete Punkt P habe die rechtwinkligen Koordinaten x, y, z. Statt daß er mit ω um die Achse OD rotiert, kann man dem vorigen Abschnitt zufolge auch annehmen, er führe gleichzeitig drei voneinander unabhängige Drehungen um die x- bzw. y- bzw. z-Achse mit den Winkelgeschwindigkeiten ω_x bzw. ω_y bzw. ω_z aus; die Geschwindigkeitskomponenten müssen in beiden Fällen gleich groß sein. Betrachten wir die Drehung von P mit Winkelgeschwindigkeit ω_x um die X-Achse für sich allein: Der Fahrstrahl AP rotiert dann mit ω_x um die X-Achse, und Punkt P hat infolgedessen eine Umfangsgeschwindigkeit $\overline{AP} \cdot \omega_x$, die senkrecht auf $\overline{AP}$ steht; diese Umfangsgeschwindigkeit wird längs y und z in Komponenten zerlegt. Man denke sich mit P einen starren Körper verbunden; sämtliche auf $PP_x \parallel Y$-Achse gelegenen Punkte besitzen Geschwindigkeiten, deren Projektionen auf PP_x gleich groß sein müssen; denn diese könnten nur verschieden sein, wenn der Körperzusammenhang aufgehoben würde. Die y-Komponente der Geschwindigkeit von P ist daher gleich der Geschwindigkeit von P_x und diese ist $-\omega_x \cdot z$; auf dem gleichen Wege erhält man für die z-Komponente $+\omega_x \cdot y$. Diese Betrachtung ist für die drei andern Achsen in genau gleicher Weise zu wiederholen und liefert, wenn man die Drehung von P um die y-Achse allein ins Auge faßt, die x-Komponente $+\omega_y \cdot z$ und die z-Komponente $-\omega_y \cdot x$; schließlich wenn man die Drehung von P um die z-Achse allein nimmt, die x-Komponente $-\omega_z \cdot y$ und die y-Komponente $+\omega_z \cdot x$. Die algebraische Summe der x-Komponenten ist v_x (und Analoges gilt für die beiden andern Achsen), so daß man hat:

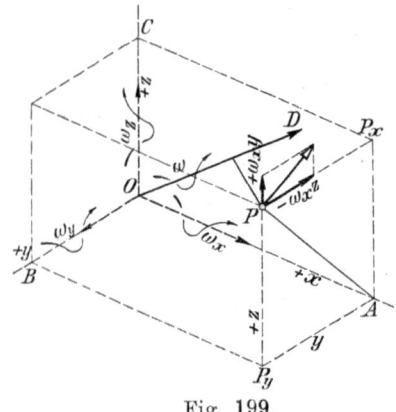

Fig. 199.

$$\left.\begin{aligned} v_x &= \dot{x} = dx/dt = \omega_y z - \omega_z \cdot y \\ v_y &= \dot{y} = dy/dt = \omega_z x - \omega_x \cdot z \\ v_z &= \dot{z} = dz/dt = \omega_x y - \omega_y \cdot x \end{aligned}\right\} \quad \ldots \quad (147)$$

§ 48. Aus der Kinematik des starren Körpers. 391

Diese Gleichungen[1]) gelten während eines Zeitelementes dt, sind aber nicht notwendig an die Voraussetzung gebunden, daß die Drehachse von ω jederzeit die gleiche Lage im Raum einnehme; ω kann sich vielmehr der Richtung und Größe nach mit der Zeit ändern.

Anmerkung: Nachdem wir gesehen haben, daß man Winkelgeschwindigkeiten als Vektoren darstellen und, wenn sie um parallele oder sich schneidende Achsen erfolgen, gerade so zusammensetzen und zerlegen darf wie Vektoren, nachdem wir ferner in **227** das Drehungspaar als einer Translationsgeschwindigkeit gleichwertig erkannt haben, kann auf die Analogie zwischen den Vektoren einer Kraft und eines Kräftepaares einerseits und einer Winkelgeschwindigkeit und eines Drehungspaares (Translationsgeschwindigkeit) anderseits hingewiesen werden. Ein gegebenes Kräftesystem kann man auf unendlich viele Arten auf eine Resultante und auf ein Moment reduzieren; ausgezeichnet ist die mit der Zentralachse zusammenfallende Resultante und das mit seiner Ebene auf der Zentralachse senkrecht stehende Hauptmoment, das von allen Reduktionsmomenten das kleinste ist. Ein gegebenes System von Winkelgeschwindigkeiten und Drehungspaaren (Translationsgeschwindigkeiten) kann man ebenso auf unendlich viele Arten auf eine resultierende Winkelgeschwindigkeit und eine resultierende Translationsgeschwindigkeit reduzieren; ausgezeichnet ist die um die Zentralachse erfolgende resultierende Winkelgeschwindigkeit und die Translationsgeschwindigkeit längs der Zentralachse, die ein Minimum ist unter den anderen reduzierten Translationsgeschwindigkeiten. Die Translation längs der Zentralachse und die Drehung um diese ergeben zusammen eine Schraubenbewegung (vgl. S. 52).

231. Bewegung einer ebenen Figur in ihrer Ebene. Momentanzentrum. In dem starren Körper K, dessen Bewegung in Betracht gezogen werden soll, nehmen wir drei nicht in gerader Linie liegende Punkte ABC an und verbinden diese durch Gerade zu einem Dreieck. Bewegt sich der Körper K, so führt auch das Dreieck ABC im Raume eine bestimmte Bewegung aus, und umgekehrt, wenn das Dreieck ABC sich bewegt, so ist dadurch die Bewegung des ganzen Körpers K bestimmt.

Wir wollen nun annehmen, daß bei der Bewegung des Dreiecks letzteres nicht aus seiner Ebene heraustrete.

Es sei $A_1 B_1 C_1$ (Fig. 200) die Lage des Dreiecks in irgendeinem Augenblick und $A_2 B_2 C_2$ die Lage desselben nach Verfluß der Zeit t,

---

[1]) Durch Kombination folgt $v_x \cdot x + v_y \cdot y + v_z \cdot z = 0$, d. h. nach der analytischen Geometrie: die resultierende Geschwindigkeit v steht senkrecht auf OP (Fig. 199), was von vornherein anschaulich klar ist.

dann kann das Dreieck stets durch Drehung um einen gewissen Punkt O seiner Ebene aus der ersten Lage in die zweite gebracht werden. Zur Bestimmung dieses Punktes O zieht man $A_1 A_2$ und $B_1 B_2$ und errichtet auf diesen Strecken die Mittellote; dieselben schneiden sich in dem gesuchten Punkte O. Der Beweis folgt aus der Kongruenz der beiden Dreiecke $OA_1 B_1$ und $OA_2 B_2$.

In Wirklichkeit wird das Dreieck ABC in der Zeit t aus der Lage $A_1 B_1 C_1$ in die Lage $A_2 B_2 C_2$ im allgemeinen nicht durch eine einzige Drehung um den Punkt O gelangen und demgemäß die Bahnlinie irgendeines Punktes J des Dreiecks bei der Bewegung des letzteren auch nicht auf den aus O mit dem Halbmesser OJ beschriebenen Kreisbogen fallen, es stellt sich jedoch der Unterschied zwischen der wirklichen Bahnlinie des Punktes J und dem erwähnten Kreisbogen um so geringer heraus, je kleiner der Zeitabschnitt t ist, in welchem die Bewegung des Dreiecks in Betracht gezogen wird. Dieser Unterschied darf nicht mehr berücksichtigt werden, wenn t unendlich klein ist. Daraus geht hervor, daß die Elementarbewegung des Dreiecks ABC in jedem Augenblick als eine Drehung um einen gewissen Punkt angesehen werden kann. Dabei nennt man den betreffenden Drehpunkt den augenblicklichen Drehpunkt oder das Momentanzentrum des Dreiecks, bzw. der beweglichen ebenen Figur F, auf der das Dreieck ABC befestigt gedacht ist.

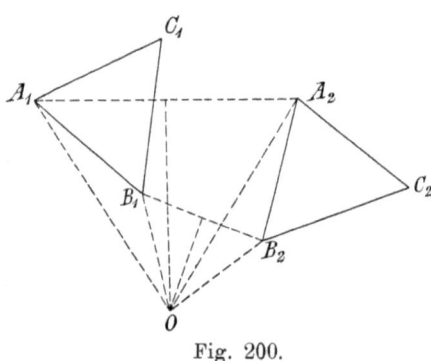

Fig. 200.

Verbindet man einen beliebigen Punkt J der Fläche F mit dem augenblicklichen Drehpunkt O, so ist das in dem Zeitelement dt vom Punkte J bei der Bewegung der Fläche F beschriebene Element ds seiner Bahnlinie ein aus O mit dem Halbmesser OJ beschriebener Kreisbogen, es bildet also die Verbindungslinie JO die Normale im Punkte J der Bahnlinie und läßt sich demgemäß der Satz aufstellen:

Die in irgendeinem Augenblick auf den Bahnlinien der verschiedenen Punkte der Figur F in diesen Punkten errichteten Normalen schneiden sich alle in einem und demselben Punkte O, dem augenblicklichen Drehpunkt.

Da für den angenommenen Punkt J der Figur F die in der Zeit dt zurückgelegte Wegstrecke $ds = (OJ) d\varphi$ ist, wenn mit $d\varphi$ der Winkel bezeichnet wird, den der Fahrstrahl OJ in der Zeit dt

§ 48. Aus der Kinematik des starren Körpers.

beschreibt, so hat man für die Geschwindigkeit v des Punktes J in dem betreffenden Augenblick

$$v = \frac{ds}{dt} = \frac{(OJ)d\varphi}{dt} = (OJ)\omega,$$

wobei ω die Winkelgeschwindigkeit bedeutet, mit der die Drehung des Punktes J und damit auch die Drehung der ganzen Figur F zur betreffenden Zeit um den augenblicklichen Drehpunkt O erfolgt. Aus $v = (OJ)\omega$ geht dann hervor, daß v proportional OJ oder auch, daß **die Geschwindigkeiten der verschiedenen Punkte der Figur in einem und demselben Augenblick sich verhalten wie die Entfernungen der Punkte vom augenblicklichen Drehpunkt.**

Führt die Figur F und damit das Dreieck ABC eine Translationsbewegung aus, so fällt der augenblickliche Drehpunkt ins Unendliche, weil in diesem Falle bei der Elementarverschiebung des Dreiecks die Verbindungslinien $A_1 A_2$ und $B_1 B_2$ und ebenso die auf diesen Strecken errichteten Mittellote, deren Durchschnittspunkt den augenblicklichen Drehpunkt liefert, parallel sind.

Diese Sätze finden vielfache Anwendungen. So z. B., wenn es sich darum handelt, die Bewegung der Schubstange eines Kurbelgetriebes zu bestimmen.

Bei dem Kurbelgetriebe bewegt sich der Endpunkt K (am Kreuzkopf) der Schubstange AK in einer Geraden, der Endpunkt A (am Kurbelzapfen) auf einem Kreis. Um nun für die gezeichnete Lage des Kurbelgetriebes (Fig. 201) die Beziehung zwischen der Winkelgeschwindigkeit ω der Welle C und der Geschwindigkeit v_1 des Kreuzkopfes K zu erhalten, bestimmen wir den augenblicklichen Drehpunkt O für den in einer Ebene senkrecht zur Wellenachse sich bewegenden Längenschnitt der Schubstange, indem wir auf den Bahnlinien der Punkte A und K die Normalen errichten und bis zu ihrem Durchschnittspunkt O verlängern. Diese Normalen sind aber: der von C nach A gezogene Halbmesser und die in K auf der Geraden CK errichtete Senkrechte. Nach dem oben angegebenen Satz über das Verhältnis der Geschwindigkeiten zweier Punkte der bewegten Figur hat man nun im vorliegenden Fall, wenn v_1 die Geschwindigkeit des Kreuzkopfes und $r\omega$ die Geschwindigkeit des Kurbelzapfens A

$$\frac{v_1}{r\omega} = \frac{OK}{OA}; \quad v_1 = \frac{OK}{OA} \cdot r\omega$$

oder wenn man den Durchschnittspunkt der verlängerten Geraden KA mit der auf CK in C errichteten Senkrechten mit B bezeichnet,

$$v_1 = \frac{CB}{r} \cdot r\omega = (CB) \cdot \omega.$$

Man kann also, wenn die Winkelgeschwindigkeit ω der Welle gegeben ist, für jede beliebige Lage des Kreuzkopfes K dessen Geschwindigkeit mit Leichtigkeit bestimmen. Aber auch für einen beliebigen Punkt J der Schubstange läßt sich die Geschwindigkeit v festsetzen, indem man den Punkt J mit dem augenblicklichen Drehpunkt verbindet und die Länge dieser Verbindungslinie angibt. Man hat dann

$$\frac{v}{v_1} = \frac{OJ}{OK}.$$

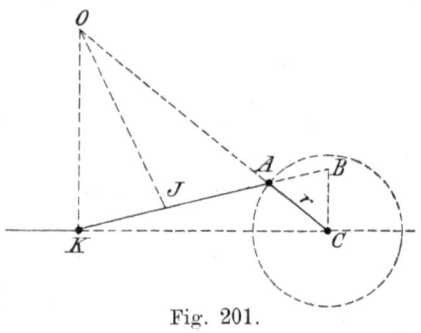

Fig. 201.

232. Elementarbewegung eines um einen unbeweglichen Punkt drehbaren starren Körpers. Um Aufschluß über die Elementarbewegung des Körpers zu erhalten, betrachten wir wieder die Bewegung eines durch drei materielle Punkte $A_1 B_1 C$ des Körpers bestimmten Dreiecks, wobei wir den einen Eckpunkt C im unbeweglichen Drehpunkt des Körpers annehmen.

Bei der Elementarbewegung des Körpers gelangt das Dreieck ABC aus der Lage $CA_1 B_1$ in die unmittelbare Nachbarlage $CA_2 B_2$. Diese Ortsveränderung kann man aber auch dadurch bewerkstelligen, daß man das Dreieck durch Drehung um eine durch C gehende und senkrecht auf der Ebene $CA_1 A_2$ stehende Achse zunächst in eine Zwischenlage $CA_2 B_2'$ und damit CA_1 zur Deckung mit CA_2 bringt und dann erst das Dreieck durch Drehung um die Achse CA_2 in die Lage $CA_2 B_2$ versetzt. Denkt man sich diese beiden Drehungen statt nacheinander, gleichzeitig ausgeführt, so kann man dieselben, da sie um Achsen erfolgen, die beide durch den unbeweglichen Punkt C hindurchgehen, zu einer einzigen Drehung zusammensetzen, deren Achse ebenfalls durch C hindurchgeht. Daraus ergibt sich, daß jede Elementarbewegung eines um einen unbeweglichen Punkt drehbaren starren Körpers aufgefaßt werden kann als eine Drehung um eine durch den festen Drehpunkt gehende Achse.

233. Elementarbewegung eines freien Körpers. Die allgemeinste Elementarbewegung eines freien Körpers ist eine Schraubenbewegung. Um dieses zu beweisen, nehmen wir an, daß das mit dem Körper K sich bewegende Dreieck ABC am Anfang eines Zeitelements dt sich in $A_1 B_1 C_1$ (Fig. 202) und am Ende desselben sich in $A_2 B_2 C_2$ befinde und daß das Dreieck durch Translation

§ 48. Aus der Kinematik des starren Körpers.

zunächst in die parallele Zwischenlage $A_2 B_1' C_2'$, hierauf durch Drehung um den Punkt A_2 in die Lage $A_2 B_2 C_2$ gebracht werde. Die letztere Drehung erfolgt, wie wir vorhin gefunden haben, um eine gewisse, durch den Punkt A_2 gehende Achse $A_2 A_2$. Somit handelte es sich vorliegendenfalles um eine Translation in der Richtung $A_1 A_2$ und eine darauffolgende Drehung um die Achse $A_2 A_2$. Denkt man sich diese beiden Bewegungen gleichzeitig vor sich gehend, so stellt die resultierende Bewegung die Elementarbewegung des Dreiecks ABC und damit auch des Körpers K vor. In **226** haben wir aber gesehen, daß bei der Zusammensetzung einer Drehung und einer Translation, deren Richtung nicht senkrecht steht auf der Drehachse, sich als resultierende Bewegung eine Schraubenbewegung ergibt. Somit wäre tatsächlich die allgemeinste Elementarbewegung des Körpers K eine Schraubenbewegung und die freie Bewegung eines starren Körpers überhaupt als die Aufeinanderfolge solcher schraubenförmiger Elementarbewegungen anzusehen.

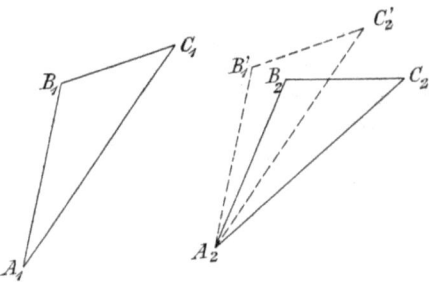

Fig. 202.

Dabei nennt man die im allgemeinen sich in jedem Augenblick ändernde Schraubenachse die augenblickliche Achse der Drehung und Translation oder die Momentanachse.

234. Bestimmung der Momentanachse. Nach dem in **224** über die Schraubenbewegung Gesagten sind die Projektionen der Geschwindigkeiten sämtlicher Punkte des bewegten starren Körpers auf die Momentanachse in einem und demselben Augenblick alle einander gleich. Bezeichnet man nun mit v_1, v_2, v_3 die gegebenen Geschwindigkeiten dreier nicht in einer Geraden liegender Punkte A_1, A_2, A_3 des bewegten Körpers, zieht von einem beliebigen Punkte C des Raumes aus Strahlen parallel diesen Geschwindigkeiten, trägt auf diesen Strahlen die betreffenden Geschwindigkeiten v_1, v_2, v_3 ab, legt durch die Endpunkte D_1, D_2, D_3 dieser Strahlen eine Ebene E und fällt von C aus das Lot CE auf diese Ebene, dann ist die gesuchte Momentanachse parallel diesem Lot CE. Zieht man hierauf in der Ebene E die Geraden ED_1, ED_2, ED_3, so sind durch diese Strecken die Richtungslinien, sowie die Größen der Komponenten von v_1, v_2, v_3 rechtwinklig zur Momentanachse ausgedrückt. Diese letzteren Komponenten sind aber nichts anderes als die bei der Drehung um die Momentanachse sich ergebenden Umfangs-

396 Die Dynamik des materiellen Körpers. Grundlehren.

geschwindigkeiten der Projektionen B_1, B_2, B_3 der Punkte A_1, A_2, A_3 des starren Körpers auf eine Ebene senkrecht zur Momentanachse, d. h. auf eine Ebene parallel der Ebene E. Projiziert man also die Punkte A_1, A_2, A_3 auf eine Ebene parallel der Ebene E und zieht durch die Projektionen B_1, B_2, B_3 dieser Punkte A Parallelen mit den Strahlen ED_1, ED_2, ED_3, errichtet auf den erwähnten Parallelen in den Punkten B_1, B_2, B_3 Lote, so schneiden sich die letzteren in einem einzigen Punkte O, durch den die Momentanachse hindurchgeht. Damit ist die Lage der Momentanachse vollständig bestimmt.

§ 49. Der Schwerpunktssatz des materiellen Körpers.

235. Satz von der Bewegung des materiellen Körpers. Auf einen materiellen Körper wirken eine Anzahl beschleunigender Kräfte, deren zeitlicher Verlauf bekannt ist. Was läßt sich über die Bewegung dieses Körpers aussagen?

Wir denken uns den Körper parallel zu den Ebenen eines rechtwinkligen xyz-Koordinatensystems in unendlich kleine Parallelepipede und erforderlichenfalls an der Körperoberfläche in Tetraeder zerlegt. Die äußeren Kräfte können entweder Kräfte sein, die an einzelnen Punkten der Körperoberfläche angreifen oder über die Körperoberfläche gleichmäßig verteilt sind, oder der Masse proportionale Anziehungs- oder Abstoßungskräfte. Im allgemeinen greifen an einem beliebigen Massenelement mit den Koordinaten $x_i y_i z_i (i=1$ bis $i=i)$ und der Masse dm_i äußere und innere Kräfte (222) an; fügt man zu diesen nach d'Alembert den Trägheitswiderstand als fingierte Kraft hinzu, so bilden sie ein Gleichgewichtssystem. Sind $\ddot{x}_i = d^2 x_i/dt^2$ und analog $\ddot{y}_i, \ddot{z}_i$ die Beschleunigungskomponenten im Punkt x_i, y_i, z_i, so sind die Komponenten der d'Alembertschen Scheinkräfte $-dm \cdot \ddot{x}_i$ usf. Wir denken uns nun für jedes Massenelement die Gleichgewichtsbedingungen der Kraftkomponenten bezüglich der Koordinatenachsen angeschrieben und alle diese Gleichungen addiert; dann werden sich bei dieser algebraischen Addition alle inneren Kräfte wegheben, da sie nach 222 paarweise, in gleicher Größe und mit entgegengesetztem Vorzeichen vorkommen, und es bleiben nur noch äußere Kräfte und Trägheitswiderstände, deren x-y-z-Komponenten sind

$$X = \Sigma dm_i \cdot \ddot{x}_i \qquad Y = \Sigma dm_i \cdot \ddot{y}_i \qquad Z = \Sigma dm_i \cdot \ddot{z}_i.$$

Nach der Lehre vom Schwerpunkt hat man, wenn $x_0 y_0 z_0$ die Koordinaten des Schwerpunktes sind

$$m \cdot x_0 = \Sigma dm_i \cdot x_i; \quad m \cdot y_0 = \Sigma dm_i \cdot y_i; \quad m \cdot z_0 = \Sigma dm_i \cdot z_i,$$

woraus durch zweimaliges Ableiten:

$$m \cdot \ddot{x}_0 = \Sigma dm_i \cdot \ddot{x}_i; \quad m \cdot \ddot{y}_0 = \Sigma dm_i \cdot \ddot{y}_i; \quad m \cdot \ddot{z}_0 = \Sigma dm_i \cdot \ddot{z}_i.$$

§ 49. Der Schwerpunktssatz des materiellen Körpers.

Durch Vergleichen folgt:
$$X = m \cdot \ddot{x}_0 \qquad Y = m \cdot \ddot{y}_0 \qquad Z = m \cdot \ddot{z}_0 \quad (148)$$
oder ausführlich geschrieben
$$X = m \frac{d^2 x_0}{dt^2} \qquad Y = m \frac{d^2 y_0}{dt^2} \qquad Z = m \frac{d^2 z_0}{dt^2} \quad (148\text{a})$$

Das sind genau dieselben Gleichungen, die für einen materiellen Punkt von der Masse m und den Koordinaten $x_0\, y_0\, z_0$ gelten, der von einer Beschleunigungskraft mit den Komponenten XYZ ergriffen ist. Vorliegendenfalls ist $m = \Sigma dm_i$ die Gesamtmasse des Körpers und $\ddot{x}_0\, \ddot{y}_0\, \ddot{z}_0$ die Komponenten der Schwerpunktsbeschleunigung. In Worten lautet der sog. Schwerpunktssatz des materiellen Körpers:

Der Schwerpunkt eines Körpers, der von beschleunigenden Kräften ergriffen ist, bewegt sich so, als ob die ganze Masse des Körpers in ihm vereinigt wäre und als ob sämtliche Beschleunigungskräfte oder deren Komponenten, mit sich selbst parallel verschoben, im Schwerpunkt angreifen würden.

Kennt man anderseits die Schwerpunktsbewegung eines Körpers und damit auch dessen Schwerpunktsbeschleunigung, so ist dadurch erwiesen, daß eine Beschleunigungskraft an ihm wirkt, deren Größe durch die letzte Gleichung bestimmt ist.

Ist im besonderen Fall eine beschleunigende Kraft nicht tätig oder haben die beschleunigenden Kräfte keine Resultante, d. h. ist $X = Y = Z = 0$, so folgt:
$$x_0 = a_1 + b_1 \cdot t \qquad y_0 = a_2 + b_2 \cdot t \qquad z_0 = a_3 + b_3 \cdot t,$$
d. h. der Schwerpunkt kann sich in diesem Fall geradlinig und gleichförmig bewegen; er kann auch, wenn $b_1 = b_2 = b_3 = 0$ ist, in Ruhe bleiben.

Bei der Ableitung des Schwerpunktssatzes ist keinerlei einschränkende Annahme über die beschleunigenden Kräfte und deren Komponenten gemacht worden. Es ist also auch der Fall inbegriffen, daß die Kräfte ein resultierendes Moment haben. Da ein solches in den Bewegungsgleichungen des Schwerpunktes nicht vorkommt, so heißt das: ein Kräftepaar, das an einem materiellen Körper angreift, beschleunigt den Schwerpunkt nicht; dieser verharrt in seinem bisherigen Bewegungszustand. Das Kräftepaar setzt den Körper jedoch in Drehung und zwar, wie man ohne weiteres sieht, um den Schwerpunkt bzw. eine Schwerachse.

Hier entsteht leicht der Gedanke, die beiden überhaupt möglichen Bewegungen eines starren Körpers, die Translation und die Rotation, fänden ganz unabhängig voneinander statt, jene unter dem Einfluß der resultierenden Kraft, diese unter dem Einfluß des resultierenden Momentes. Diese Annahme ist voreilig. Ein rotierendes Langgeschoß, dessen geometrische Achse überdies einen Kegel beschreibt, setzt die umgebende Luft in Bewegung, und die so bewegte Luft wird der fortschreitenden Bewegung des Schwerpunktes einen anderen Luftwiderstand entgegensetzen, als die von der Rotation nicht beeinflußte Luft. Daher wird man nicht die Schwerpunktsbewegung unter dem Einfluß des Luftwiderstandes für sich rechnerisch erledigen dürfen, um ganz unabhängig davon, etwa nachträglich die Rotationsbewegung zu untersuchen. Diese getrennte Integration, m. a. W. die Annahme der völligen Unabhängigkeit der Translation von einer gleichzeitig stattfindenden Rotation, wird nur in bestimmten einfachen Fällen gestattet sein.

236. Bewegung des Schwerpunktes eines materiellen Systems. Nachdem wir uns in 222 darüber verständigt haben, was unter äußeren und inneren Kräften bei einem materiellen System zu verstehen ist, fragen wir schließlich, ob der Schwerpunktssatz auch für ein bewegliches materielles System gültig sei, nicht nur für einen starren Körper.

Wir können dabei ebensowohl an ein System getrennter Massenpunkte (Punkthaufen) oder Körper (Planetensystem) denken, wie an den menschlichen Körper oder eine Maschine (z. B. Automobil, Flugzeug). Tun wir das letztere, so sehen wir, wie das Triebwerk und das Gestell mit Kräften aufeinander einwirken, die in den Berührungsstellen (Lagern, Führungen) auftreten. Stets drückt dabei ein Triebwerksteil auf seine Führung mit der gleichen Kraft, mit der die Führung reagiert. Auch eine etwa auftretende Reibungskraft kommt am System stets doppelt vor, einmal am Triebwerksteil, dann an der Führung oder am Lager und zwar gilt dies für Bewegungsreibung und für Haftreibung. Alle diese Kräfte sind daher innere Kräfte (Systemkräfte), die sich am ganzen System gegenseitig aufheben, also für den Systemschwerpunkt keine beschleunigende Resultante ergeben. Die Bewegung des Schwerpunktes ist daher bei einem beweglichen materiellen System von den inneren (System-)Kräften unabhängig und es gilt auch hier wie für den starren Körper der Schwerpunktssatz, demzufolge der Schwerpunkt des Systems sich so bewegt, als ob die ganze Masse des Systems in ihm vereinigt wäre, und als ob alle äußeren beschleunigenden Kräfte mit sich selbst parallel verschoben im Schwerpunkt angreifen würden.

Ohne Zuhilfenahme äußerer Kraft kann also der Schwerpunkt weder eines einzelnen Körpers noch eines Systems beschleunigt

§ 49. Der Schwerpunktssatz des materiellen Systemes.

werden, er bewegt sich geradlinig und gleichförmig, oder bleibt in Ruhe.

Ein Mensch, dessen Körper auch ein materielles System ist, könnte, wenn er auf einem absolut glatten ebenen Boden stillstände oder läge, seinen Schwerpunkt nicht von der Stelle bewegen. Es gelänge mit einem Stab, dessen Spitze in den Boden eindringen kann und gegen dessen anderes Ende sich die Person stemmt; aber damit ist eben eine Kraft benützt, die von einem nicht zum ursprünglich betrachteten System (menschlicher Körper) gehörigen Körper ausgeht, und das ist eine für dieses System äußere Kraft. Genau das gleiche ließe sich sagen, wenn eine Person sich in einem Schlitten befindet, der auf einer absolut glatten Ebene ruht, und wenn das System (Mensch — Schlitten) von dem auf dem Schlitten Stehenden mit Hilfe eines Spießes fortbewegt wird. Nicht anders geht es beim Rudern, wo das System aus Mensch, Kahn und Rudern besteht; die inneren Kräfte des Systems, hervorgerufen durch die Muskelkraft, schaffen durch die schnelle Bewegung der Ruderflächen im Wasser einen Widerstand am Wasser, also an einem nicht zum System gehörigen Körper; der Druck des Wassers gegen die Ruderschaufel ist die äußere Kraft, die, vermindert um die Reibung des Bootskörpers im Wasser, den Schwerpunkt des Systems beschleunigt.

Die Lokomotive ist mit Rahmen, Kessel, Triebwerk und Rädern ein materielles System, an dem die inneren Kräfte des Dampfdruckes (auf Kolben einerseits und Zylinderdeckel anderseits wirkend) die äußere Kraft der Reibung der Triebräder an den Schienen (Adhäsion) hervorrufen; diese äußere Kraft, vermindert um die äußeren Kräfte des Luftwiderstandes, der Spurkranzreibung und der Rollreibung, dienen zur Beschleunigung der im Schwerpunkt vereinigt gedachten Masse. Auch die Schienenstöße gehören zu den äußeren Kräften des Systems, die den Lokomotivschwerpunkt beschleunigen, ebenso der Druck der Schienen in einer Krümmung gegen die Räder. Wir brauchen die gleichen Gedankengänge für das Fahrrad, Automobil, Luftschiff, Flugzeug nicht weiter auszuführen, überall erkennen wir gleichzeitig den großen Wert der Reibung und des Widerstandes des umgebenden Mittels, wie Luft und Wasser, für die Beschleunigung des Schwerpunktes eines Systems.

Explodiert ein Sprenggeschoß in der Luft, so ist der Explosionsdruck für das System „Geschoß oder Sprengstücke" eine innere Kraft, der Schwerpunkt würde sich wenigstens im luftleeren Raum auf der gleichen Bahn weiterbewegen, gleichviel ob das Sprenggeschoß geplatzt ist oder nicht. Trifft nun ein Sprengstück auf einen nicht zum System gehörigen Körper, so entsteht eine äußere

Kraft am System und der Systemschwerpunkt bewegt sich von jetzt ab anders als es der Schwerpunkt des noch nicht geplatzten Geschosses tun würde. Im lufterfüllten Raum wird sich der Schwerpunkt der Sprengstücke nicht genau so bewegen, wie der Schwerpunkt des ganz gebliebenen Geschosses, weil der Luftwiderstand — d. i. eine am Schwerpunkt angreifende äußere Kraft — an beiden verschieden groß ist.

Unser Planetensystem ist wegen der ungeheuern Entfernung der Fixsterne als ein nur inneren Kräften unterworfenes System anzusehen, es befindet sich daher der Systemschwerpunkt entweder in Ruhe oder in gleichförmiger Bewegung.

§ 50. Anwendung des d'Alembertschen Prinzipes auf die Translation eines materiellen Körpers[1]).

237. Bewegung einer Reihe von starr miteinander verbundenen Massen. Es soll unter Berücksichtigung der Reibung an der horizontalen Auflageebene und Vernachlässigung der Zapfenreibung bei der Rolle C die Bewegung des in Fig. 203 angedeuteten Massensystems bestimmt werden.

Entsprechend dem in **222** Bemerkten hat man, um das Gleichgewichtssystem von Kräften zu erhalten, an den sämtlichen materiellen Punkten des bewegten Systems noch die betreffenden Trägheitskräfte anzubringen. Zum bewegten System gehört aber alles, was sich zusammen bewegt, also die Massen m, m_1 und m_2, sodann die Masse des Verbindungsseiles und diejenige der sich drehenden Rolle C. Indessen wollen wir vorliegendenfalles zur Vereinfachung der Aufgabe die beiden letztgenannten Massen vernachlässigen und überdies die Verbindungsseile als **starr** annehmen.

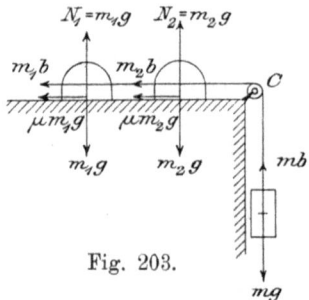

Fig. 203.

Die vertikal abwärts sich bewegende Masse m habe zur Zeit t die Beschleunigung b, es ist daher die Beschleunigungskraft derselben $R = mb$ vertikal abwärts gerichtet, die Trägheitskraft $R' = mb$ dagegen vertikal aufwärts. Die beiden Massen m_1 und m_2 besitzen zur Zeit t ebenfalls die Beschleunigung b, ihre Beschleunigungskräfte R_1 und R_2 sind damit

$$R_1 = m_1 b \quad \text{und} \quad R_2 = m_2 b$$

---

[1]) Das d'Alembertsche Prinzip ist kein **Grundprinzip** der Mechanik; „Prinzip" ist hier, wie auch in den **127** und **151** lediglich in der Bedeutung von „Satz" aufzufassen.

§ 50. Anwendung des d'Alembertschen Prinzipes auf die Translation. 401

horizontal von links nach rechts wirkend, die Trägheitskräfte R_1' und R_2' entgegengesetzt.

Indem man nun zu den tatsächlich am System wirkenden Kräften noch die Trägheitskräfte R', R_1' und R_2' hinzufügt, stellt man damit das Gleichgewicht des ganzen Systems her. Bei dem im Gleichgewicht befindlichen System hat man aber

$$mg - mb = \mu m_1 g + m_1 b + \mu m_2 g + m_2 b$$

oder $\quad b(m + m_1 + m_2) = mg - \mu m_1 g - \mu m_2 g,$

woraus $\quad b = g \cdot \dfrac{m - \mu m_1 - \mu m_2}{m + m_1 + m_2}.$

Die Beschleunigung des Systems ist also konstant und die Bewegung eine gleichförmig beschleunigte.

238. Die Spannungen in den Verbindungsstangen zwischen den einzelnen Wagen eines Eisenbahnzuges mit starren Kupplungen. Es handle sich zunächst um die Stabspannungen beim Anfahren des Zuges.

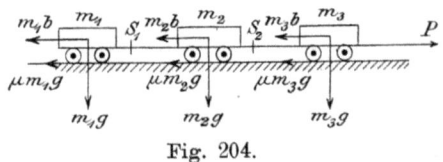

Fig. 204.

Ist hierbei P die Zugkraft der Lokomotive und μ der Widerstandskoeffizient der Bahn, so hat man, nachdem die Trägheitskräfte an sämtlichen Wagen des Zuges angebracht worden sind,

$$P = m_1 b + \mu m_1 g + m_2 b + \mu m_1 g + \ldots,$$

woraus sich die Beschleunigung b des Zuges ergibt:

$$b = \frac{P - \mu g(m_1 + m_2 + \ldots)}{m_1 + m_2 + \ldots}$$

Nun folgt aus dem Gleichgewicht des hintersten Wagens m_1, wenn die Verbindungsstange zwischen m_1 und m_2 durchschnitten und dafür an der Schnittstelle die Spannkraft S_1 angebracht ist:

$$S_1 = m_1 b + \mu m_1 g.$$

Schneidet man dagegen die Verbindungsstange zwischen m_2 und m_3 durch, so ergibt das Gleichgewicht des Systems der beiden Massen m_1 und m_2:

$$S_2 = m_1 b + \mu m_1 g + m_2 b + \mu m_2 g,$$

also $S_2 > S_1$ usf. Überhaupt nehmen die Spannungen S der Verbindungsstangen gegen die Lokomotive hin zu.

Hat der Zug die vorschriftsmäßige gleichmäßige Bewegung erlangt, so ist von da an $b = 0$ und es sind, wie aus den Gleichungen für die Stabspannungen S hervorgeht, nunmehr diese Spannkräfte S wesentlich geringer.

Autenrieth-Ensslin, Technische Mechanik. 2. Aufl.

239. Bremsberg. Unter einem **Bremsberg** versteht man im Bergbau eine geneigte, mit zwei Gleisen versehene Ebene, auf deren einem Gleise die beladenen Wagen vermöge ihres Eigengewichts sich abwärts bewegen und gleichzeitig mittels eines Seiles, das um eine mit einer Bremsvorrichtung versehene Seilscheibe sich windet, die leeren Wagen auf dem anderen Gleise in die Höhe ziehen.

Ob nun die beiden Gleise auf der gleichen schiefen Ebene oder wie in Fig. 205 auf zwei schiefen Ebenen von gleicher Horizontalneigung sich befinden, ist bei Bestimmung der Bewegung des in Betracht kommenden Massensystems gleichgültig.

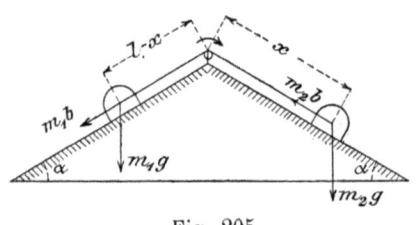

Fig. 205.

Unter Zugrundelegung des in Fig. 205 angedeuteten Falles wollen wir zunächst bei dem bewegten Massensystem nur die beiden Massen m_1 und m_2 berücksichtigen, auch von sämtlichen Reibungswiderständen absehen, desgleichen von der Elastizität des Seiles.

Ist b die Beschleunigung des Massensystems zur Zeit t, so sind $m_1 b$ und $m_2 b$ die zur Herbeiführung des Gleichgewichts an den beiden Massen m_1, beziehungsweise m_2 anzubringenden Trägheitskräfte. Mit diesen erhält man:

$$m_2 g \sin \alpha - m_2 b = m_1 g \sin \alpha + m_1 b,$$

woraus
$$b = g \sin \alpha \cdot \frac{m_2 - m_1}{m_2 + m_1},$$

also eine gleichförmig beschleunigte Bewegung des Massensystems. Weniger einfach wird dagegen die Sache, wenn man zum bewegten Massensystem auch noch die Masse des Seiles rechnet. In diesem Falle werden wir in folgender Weise vorgehen:

Es sei zur Zeit t die Lage des bewegten Massensystems, wie in Fig. 205 angegeben,

l die gesamte Länge des die beiden Massen m_1 und m_2 verbindenden Seiles und

q das Gewicht der Längeneinheit dieses Verbindungsseiles.

Damit erhält man, nach Anbringung der Trägheitskräfte, als Gleichgewichtsbedingung für das Massensystem:

$$m_2 g \sin \alpha + qx \sin \alpha - \frac{q}{g} x \cdot b - m_2 b =$$

§ 50. Anwendung des d'Alembertschen Prinzipes auf die Translation.

$$= m_1 g \sin \alpha + q(l-x) \sin \alpha + \frac{q}{g}(l-x) b + m_1 b,$$

woraus: $b\left(\frac{q}{g} l + m_1 + m_2\right) = [m_2 g - m_1 g + q(2x-l)] \sin \alpha$

oder wenn man die gesamte in Bewegung befindliche Masse mit m bezeichnet:

$$b \cdot m = [m_2 g - m_1 g + q(2x-l)] \sin \alpha$$

$$b = \frac{d^2 x}{dt^2} = \frac{m_2 g - m_1 g + q(2x-l)}{m} \cdot \sin \alpha \quad \ldots \quad (a)$$

Setzt man

$$m_2 g - m_1 g + q(2x-l) = y \quad \ldots \ldots (b)$$

und leitet zweimal nach t ab, wodurch man erhält:

$$q \cdot 2 \cdot \frac{dx}{dt} = \frac{dy}{dt} \quad \text{und} \quad q \cdot 2 \cdot \frac{d^2 x}{dt^2} = \frac{d^2 y}{dt^2}; \quad \frac{d^2 x}{dt^2} = \frac{1}{2q} \cdot \frac{d^2 y}{dt^2},$$

so geht die Gleichung (a) für b oder $\frac{d^2 x}{dt^2}$ über in:

$$\frac{1}{2q} \cdot \frac{d^2 y}{dt^2} = \frac{y}{m} \sin \alpha \quad \text{und mit} \quad \frac{2q \sin \alpha}{m} = a^2,$$

$$\frac{d^2 y}{dt^2} = a^2 \cdot y.$$

Aus dieser Gleichung erhält man bekanntlich durch zweimalige Integration:

$$y = A \cdot e^{at} + B \cdot e^{-at} \quad \ldots \ldots \ldots (c)$$

unter A und B die beiden Integrationskonstanten verstanden. Leitet man diese Gleichung nach t ab, so ergibt sich:

$$\frac{dy}{dt} = a(A \cdot e^{at} - B \cdot e^{-at})$$

oder wenn man die Geschwindigkeit des Massensystems zur Zeit t mit v bezeichnet,

$$v = \frac{dx}{dt} = \frac{1}{2q} \cdot \frac{dy}{dt} = \frac{a}{2q}(A \cdot e^{at} - B \cdot e^{-at}).$$

Ist zur Zeit 0 die Geschwindigkeit $v = 0$ und ebenso $x = 0$, so liefert die letzte Gleichung

$$0 = A - B; \quad B = A.$$

Mit $x = 0$ erhält man aber für y den Wert

$$y = m_2 g - m_1 g - q l$$

404   Die Dynamik des materiellen Körpers. Grundlehren.

und demgemäß aus Gleichung (c), wenn darin $t=0$ gesetzt wird,
$$m_2 g - m_1 g - q l = A + B = 2A,$$
womit $\quad A = \tfrac{1}{2}(m_2 g - m_1 g - q l) \quad \ldots \ldots \quad$ (d)

$$v = \frac{a \cdot A}{2q}(e^{at} - e^{-at}) = \frac{a^2}{2q} \cdot A \cdot \frac{e^{at} - e^{-at}}{a}$$

oder $\quad v = \dfrac{\sin \alpha}{m} \cdot A \cdot \dfrac{e^{at} - e^{-at}}{a} = \dfrac{(m_2 g - m_1 g - q l)\sin \alpha}{m a} \cdot \mathfrak{Sin}\, at \quad$ (e)

Setzt man schließlich noch in Gleichung (c) den Wert von y aus Gleichung (b) und den Wert von $A = B$ aus Gleichung (d) ein, so erhält man eine Beziehung zwischen x und t, d. h. für den materiellen Punkt m_2 die Gleichung der Bewegung in der Bahn. Für kleine Werte von at ist $\mathfrak{Sin}\, at$ genau genug gleich at.

240. Lasten an einer Rollenverbindung. An der losen Rolle C_1 (Fig. 206) hänge eine schwere Masse m_1 und am freien Seilende A eine Masse m_2. Letztere habe das Übergewicht, infolgedessen eine Bewegung der Massen eintritt. Diese Bewegung soll bestimmt werden unter Vernachlässigung der Masse der Rollen und des Seiles, sowie der Zapfenreibung und der Seilsteifigkeit.

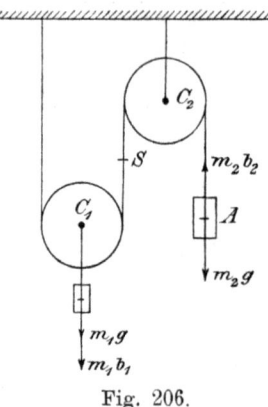

Fig. 206.

Ist $b_1 = \dfrac{dv_1}{dt}$ die Beschleunigung der vertikal aufwärts sich bewegenden Masse m_1 und $b_2 = \dfrac{dv_2}{dt}$ die Beschleunigung der abwärts gehenden Masse m_2, dann liefert das durch die betreffenden Trägkeitskräfte $m_1 b_1$ und $m_2 b_2$ hergestellte Gleichgewicht der Kräfte, wenn S die Spannkraft des Seiles
$$S = m_2 g - m_2 b_2$$
und $\quad 2S = m_1 g + m_1 b_1 \quad \ldots \ldots \ldots \quad$ (a)

Bewegt sich die Masse m_2 in der Zeit dt um ds_2 abwärts, so steigt die Masse m_1 in derselben Zeit um ds_1 aufwärts. Nun hat man aber
$$ds_2 = 2 ds_1,$$
also $\quad \dfrac{ds_2}{dt} = 2 \cdot \dfrac{ds_1}{dt} \quad$ oder $\quad v_2 = 2 v_1.$

§ 50. Anwendung des d'Alembertschen Prinzipes auf die Translation. 405

und damit
$$\frac{dv_2}{dt} = 2 \cdot \frac{dv_1}{dt_1}; \quad b_2 = 2b_1.$$

Berücksichtigt man dies und eliminiert aus den Gleichungen (a) die Spannkraft S, so erhält man:
$$2(m_2 g - 2 m_2 b_1) = m_1 g + m_1 b_1,$$
woraus
$$b_1 = g \cdot \frac{2 m_2 - m_1}{4 m_2 + m_1}.$$

Die Bewegung ist also eine **gleichförmig beschleunigte**.

241. Aufgabe. Ein Wagen von der Masse m_1 stehe auf horizontalem Gleis und erfahre bei seiner Bewegung keinerlei Widerstand. Im Wagen befinde sich ein Kurbelschleifengetriebe vom Halbmesser a, das mit der gleichförmigen Winkelgeschwindigkeit ω umläuft und eine Masse m_2 hin- und herbewegt. Wie bewegt sich der Wagen, der sich bei stillstehendem Getriebe in Ruhe befindet?

Der Wagen und die Masse des Getriebes machen eine gegenläufige Bewegung, bei der der Gesamtschwerpunkt in Ruhe bleibt, da keine äußeren Kräfte auf das System einwirken.

In einem bestimmten Zeitpunkt sei der Schwerpunkt von m_1 um x_1 von einer festen Vertikalachse entfernt, etwa zur Linken derselben, während der Schwerpunkt von m_2 vom Schwerpunkt von m_1 um x_2 nach rechts hin absteht, also von jener Achse um $x_2 - x_1$ nach rechts. Da der Schwerpunkt auf der Vertikalachse bleibt, so ist
$$m_1 \cdot x_1 = m_2 \cdot (x_2 - x_1),$$
$$(m_1 + m_2) x = m_2 x_2,$$
also
$$x_1 = \frac{m_2}{m_1 + m_2} \cdot x_2 = \frac{m_2}{m_1 + m_2} a \cdot \sin \omega t,$$
wenn der Kurbelwinkel ω von der vertikalen Mittelstellung der Kurbel aus gezählt wird. Der Wagen macht also eine verkleinerte Kopie der Kurbelschleifenbewegung.

Man könnte auch den Satz anwenden: Die absolute Beschleunigung b_a ist bei einer Translation des Koordinatensystems (Wagen) die Resultante aus der Führungsbeschleunigung b_f und der Relativbeschleunigung b_r. Da hier $b_a = 0$, so ist $b_r = -b_f$, und da es die gleiche innere Kraft ist, die die Masse der Kurbelschleife nach der einen, die des Wagens nach der andern Seite beschleunigt, so folgt nach dem dynamischen Grundgesetze wieder die obige Gleichung.

Die hier erörterte Einrichtung benützt E. Meyer zur Demonstration des Schwerpunktssatzes, zeigt also daran, daß der Systemschwerpunkt in Ruhe bleibt.

242. Sicherheit gegen das Umkippen bei einem in gleitende Bewegung versetzten Körper. Es handle sich um ein schweres rechtwinkliges Parallelepiped (Fig. 207) von der Grundfläche $2a \cdot c$, der Höhe $2h$ und dem Gewichte $Q = mg$, das auf eine horizontale Auflageebene gestellt, in der Höhe z über letzterer von einer der Kante $2a$ des Parallelepipeds parallelen, die Achse des Parallelepipeds im Punkte B schneidenden Horizontalkraft H in gleitende Bewegung versetzt werde; man soll die Grenzpunkte B' und B'' auf der Achse des Parallelepipeds angeben, zwischen denen der Angriffspunkt B der Kraft H sich befinden muß, wenn ein Kippen des Parallelepipeds weder um die Kante A_1 noch um die Kante A_2 eintreten soll. Zunächst setzen wir, dem d'Alembertschen Prinzip entsprechend, das eine Translationsbewegung ausführende Parallelepiped durch Anbringen der horizontalen, nach links gerichteten Trägheitskraft $m \cdot b$ ins Gleichgewicht und bringen hierauf die Bedingung zum Ausdruck, daß die Gesamtkraft P, die das Parallelepiped gegen seine Auflageebene preßt, diese letztere in einem Punkte C (Druckmittelpunkt) treffe, der innerhalb der Auflagefläche, also zwischen A_1 und A_2 gelegen ist. Dieser Punkt C gibt dann auch den Angriffspunkt des aus den Komponenten $W_t = \mu Q$ und $W_n = Q$ zusammengesetzten Auflagerwiderstandes W an. Nehmen wir nun C als Drehpunkt an und bezeichnen CO mit x, so erfordert das Gleichgewicht des Parallelepipeds:

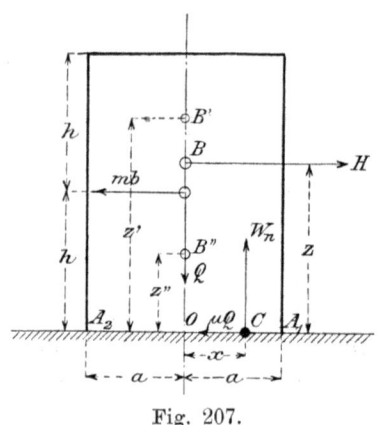

Fig. 207.

$$H \cdot z = Q \cdot x + mb \cdot h \quad \ldots \ldots \quad (\alpha)$$

Es ist aber nach dem Satze von der Bewegung des Schwerpunktes

$$mb = H - \mu Q \quad \ldots \ldots \ldots \quad (\beta)$$

also
$$Hz = Q \cdot x + (H - \mu Q) h,$$

woraus
$$x = \frac{H(z-h)}{Q} + \mu h \quad \ldots \ldots \quad (\gamma)$$

Soll jetzt der Druckmittelpunkt A zwischen A_1 und A_2 sich befinden, so muß x zwischen den Grenzwerten $+a$ und $-a$ enthalten sein. Steht das Parallelepiped im Begriff, um A_1 zu kanten, so hat man $x = +a$ und $z = z'$ zu setzen, womit man erhält:

$$a = \frac{H(z'-h)}{Q} + \mu h \quad \text{und} \quad z' = h + \frac{Q}{H}(a - \mu h).$$

§ 50. Anwendung des d'Alembertschen Prinzipes auf die Translation. 407

Ist nun $a > \mu h$, so liegt der Grenzpunkt B' der Horizontalkraft H über dem Schwerpunkt des Parallelepipeds, andernfalls, wenn $a < \mu h$ oder $h > \dfrac{a}{\mu}$, unterhalb desselben. Auch bemerken wir, daß für $z > z'$ aus Gl. (γ) $x > a$ folgt, wodurch ein Kanten um A_1 angezeigt wird. Mit $x = -a$ ergibt sich aus Gl. (γ)

$$z = z'' = h - \frac{Q}{H}(a + \mu h).$$

Der Angriffspunkt B'' der Horizontalkraft H liegt also, wenn das Parallelepiped im Begriff steht, um A_2 zu kanten unterhalb des Schwerpunktes des letzteren.

Wäre $\quad H = Q\left(\dfrac{a}{h} + \mu\right)$, erhielte man $z'' = 0$,

und wenn $\quad H < Q\left(\dfrac{a}{h} + \mu\right)$, würde z'' negativ,

mit $\quad H > Q\left(\dfrac{a}{h} + \mu\right)$, dagegen positiv.

In letzterem Falle befände sich B'' über der Auflagefläche, so daß die Kraft H die Achse des Parallelepipeds weder über dem Punkte B' noch unter dem Punkte B'' angreifen dürfte, wenn ein Umkippen nicht eintreten sollte.

Ist also

$$H \lessgtr Q\left(\frac{a}{h} + \mu\right),$$

so kann ein Kanten um A_2 nie erfolgen.

243. Die Einwirkung der Trägheitskräfte auf die Insassen eines Eisenbahnwagens. Die Trägheitskräfte können wir selbst wahrnehmen, wenn wir auf dem Boden eines **beschleunigt** oder **verzögert** vorwärts sich bewegenden Eisenbahnwagens stehen. Setzt sich der Wagen in Gang, so ist seine Bewegung eine **beschleunigte Vorwärtsbewegung**, wobei die an den materiellen Punkten des bewegten Systems auftretenden Trägheitskräfte nach **rückwärts** gerichtet sind. Wird dagegen die Bewegung des Wagens durch Bremsen **verzögert**, so sind die Trägheitskräfte **vorwärts** gerichtet. Tatsächlich empfinden wir auch ersterenfalls einen Zug nach rückwärts, letzterenfalls nach vorwärts. Bewegt sich der Wagen mit **konstanter Geschwindigkeit**, so machen sich gar keine Trägheitskräfte geltend.

Während des Bremsens entwickelt unser Körper instinktiv Muskelkräfte, die das Vorwärtskippen durch den Trägheitswiderstand nicht zulassen; oder der Körper wird rückwärts geneigt, so daß ein Moment der Schwerkraft an die Stelle der Muskelkräfte tritt. Hört nun das Bremsen plötzlich auf oder steht der Wagen infolge des Bremsens schließlich still, so hört die Verzögerung und das Kippmoment des Trägheitswiderstandes ebenfalls plötzlich auf, nicht so die Muskelanspannung oder das ihr gleichwertige Schweremoment des rückwärts geneigten Körpers, infolgedessen macht der Körper in diesem Augenblick eine Kippbewegung nach rückwärts.

Die gleichen Erscheinungen zeigen sich bei einem auf dem Boden eines Wagens errichteten Mastbaum. Beim beschleunigten Vorwärtsfahren wird der Mastbaum durch die Trägheitskräfte so gebogen, daß er seine konvexe Seite nach vorne kehrt, bei verzögerter Vorwärtsbewegung kehrt dagegen der Mastbaum seine konvexe Seite nach rückwärts. Wenn nun letzterenfalls die biegenden Trägheitskräfte plötzlich zu wirken aufhören, so bewirken die durch die Biegung hervorgerufenen Elastizitätskräfte die Zurückbewegung des durch die Trägheitskräfte übergeneigten Stabes.

Ähnliches könnte man an einem in einem Eisenbahnwagen aufgehängten Pendelkörper beobachten.

§ 51. Satz von der Arbeit und der kinetischen Energie eines materiellen Körpers.

244. Entwicklung des Satzes. An einem materiellen Körper greifen beschleunigende Kräfte an. Wir fragen, was mit der Arbeit geschieht, die von diesen beschleunigenden Kräften verrichtet wird. Da ist es grundsätzlich verschieden, wenn der Körper elastisch oder wenn er starr ist. Um diesen Unterschied zu verstehen, betrachten wir den allgemeineren Fall eines elastischen Körpers. Zur Erleichterung nehmen wir an, der Körper bestehe aus einzelnen materiellen Punkten mit den Massen $m_1\ m_2\ \ldots$, die auf den gelenkigen Knotenpunkten eines masselosen Fachwerksgerüstes sitzen mögen, wie wir solche früher in der Statik betrachtet haben. Die Fachwerksstäbe mögen lediglich Zug- oder Druck übertragen. An einem Knotenpunkt, der sich ungleichförmig bewegt, wirken äußere Kräfte (gemeint sind die auf den ganzen Körper oder seine Bestandteile von einem anderen Körper ausgeübten Kräfte) und innere Kräfte (Stabkräfte). Die äußeren Kräfte am materiellen Punkt m_1 mögen in der Zeit t die sog. Arbeit (A) der äußeren Kräfte, die inneren anderseits in der gleichen Zeit die sog. Arbeit (B) der inneren Kräfte leisten. Ferner sei v_1 die Geschwindigkeit von m_1 zur Zeit t und v_{01} die Geschwindigkeit zur Zeit 0, dann ist

§ 51. Satz von d. Arbeit u. d. kinetischen Energie ein. materiell. Körpers.

nach dem Satz von der kinetischen Energie eines materiellen Punktes, den wir nacheinander auf alle materiellen Punkte des bewegten Körpers anwenden.

$$\tfrac{1}{2} m_1 v_1^2 - \tfrac{1}{2} m_1 v_{01}^2 = A_1 + B_1$$
$$\tfrac{1}{2} m_2 v_2^2 - \tfrac{1}{2} m_2 v_{02}^2 = A_2 + B_2$$
$$\tfrac{1}{2} m_3 v_3^2 - \tfrac{1}{2} m_3 v_{03}^2 = A_3 + B_3 \text{ usf.}$$

Addiert man alle diese Gleichungen, so erhält man:

$$\Sigma \tfrac{1}{2} m \cdot v^2 - \Sigma \tfrac{1}{2} m \cdot v_0^2 = \Sigma A + \Sigma B \quad \ldots \quad (149)$$

in leicht verständlicher Abkürzung geschrieben.

Unter der lebendigen Kraft eines materiellen Systems versteht man die Summe der lebendigen Kräfte der einzelnen materiellen Punkte des Systems, daher bedeutet $\Sigma \tfrac{1}{2} m v^2$ die lebendige Kraft des Systems zur Zeit t und $\Sigma \tfrac{1}{2} m_0 v^2$ diejenige zur Zeit 0.

Durch Gl. (149) ist nun der Satz von der lebendigen Kraft eines materiellen Systems zum Ausdruck gebracht. Dieser Satz kann so ausgesprochen werden:

Die Änderung der lebendigen Kraft eines bewegten materiellen Systems während irgendeines Zeitabschnittes ist gleich der Arbeit der äußeren Kräfte während dieser Zeit, vermehrt um die Arbeit der inneren Kräfte.

245. Die Arbeit der inneren Kräfte. Wir fassen zwei zur beliebigen Zeit t in A_1 und A_2 gelegene Punkte m_1 und m_2 ins Auge, die um r voneinander entfernt sind und mit der Kraft S längs der Geraden $A_1 A_2$ aufeinander einwirken, wobei man sich eine Zugkraft vorstellen möge. Nach dt sek befinden sich die materiellen Punkte in der unendlich nahen Lage A_1' und A_2', die Zugkraft ist $S + dS$ und der Abstand $r + dr$ geworden. Man kann sich den Vorgang auch so vorstellen: Der Stab $A_1 A_2$ sei starr und gelange ohne Verlängerung in die Endlage, und zwar durch eine Parallelverschiebung und Drehung. Bei der Translation leisten die Kräfte S entgegengesetzt gleiche Arbeit, d. h. die Arbeit Null, bei der Rotation um $d\varphi$ (Fig. 208) ebenfalls die Arbeit Null, da sie fortwährend durch den Drehpunkt gehen. Das wäre

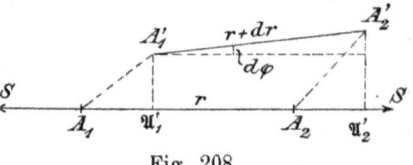

Fig. 208.

nicht anders, wenn sich die Kräfte S auch inzwischen geändert hätten. Sie leisten erst Arbeit, wenn sie den Abstand r ändern. Während einer denkbar kleinen Verlängerung dr darf S als konstant angenommen werden, weshalb die innere Arbeit auf dem Weg dr beträgt

$dB = S \cdot dr$, also im ganzen, wenn der Abstand zwischen m_1 und m_2 in der Anfangslage (zur Zeit $t=0$) $r=r_0$ war und in der Endlage (zur Zeit $t=T$) $r=r$ beträgt:

$$B = \int_{r_0}^{r} S \cdot dr. \qquad \ldots \ldots (150)$$

Solange S und dr den gleichen Richtungssinn haben, ist B positiv; dies ist stets der Fall, wenn sich die Formänderung bei steigender Belastung ausbildet, gleichviel ob sie durch den Zug oder Druck hervorgerufen wird; bei der Rückbildung der Formänderung während der Entlastung z. B. bei einer Schwingung ist B negativ. In der Elastizitätslehre wird diese Betrachtung vervollständigt, indem die Arbeit der Normal- und Schubspannung an einem Körperelement angegeben wird, das eine Dehnung und Schubverzerrung erfährt. Hier genügt ein Hinweis darauf.

Wir sehen jetzt, daß die Arbeitssumme der beiden Kräfte S nur von der relativen Bewegung des einen materiellen Punktes gegen den anderen abhängt, nicht von der absoluten Ortsveränderung der Punkte A_1 und A_2. Bleibt also der Abstand der beiden materiellen Punkte bei der Bewegung stets der gleiche (d. h. ist $dr=0$), so ist die Arbeit der inneren Kräfte S gleich Null. Bei der Bewegung eines **starren** materiellen Körpers ist demnach die Arbeit der inneren Kräfte $S dr$ gleich Null ($B=0$) und der Satz von der kinetischen Energie eines starren Körpers lautet:

$$\Sigma \tfrac{1}{2} m v^2 - \Sigma \tfrac{1}{2} m v_0^2 = \Sigma A \quad \ldots \ldots (149a)$$

während der allgemeinere für den elastischen Körper gültige Satz in Gl. (149) ausgedrückt ist.

246. Die lebendige Kraft eines bewegten Körpers. Die Elementarbewegung des Körpers kann, wie in **235** bemerkt wurde, aufgefaßt werden als zusammengesetzt aus einer durch die Bewegung des Schwerpunktes des Körpers bestimmten Translation und einer Drehung um eine durch den Schwerpunkt gehende Achse.

Nehmen wir zunächst an, daß der Körper nur eine Translationsbewegung ausführe. In diesem Falle besitzen alle materiellen Elemente dm des Körpers gleichzeitig eine und dieselbe Geschwindigkeit v. Man hat daher als lebendige Kraft des Körpers

$$\Sigma \tfrac{1}{2} dm \cdot v^2 = \frac{v^2}{2} \Sigma dm = \tfrac{1}{2} m v^2,$$

unter m die Gesamtmasse des Körpers verstanden.

Findet dagegen lediglich eine Drehung des Körpers um eine beliebige Achse statt, so ergibt sich als lebendige Kraft des Kör-

§ 51. Satz von d. Arbeit u. d. kinetischen Energie ein. materiell. Körpers. 411

pers, wenn man mit ω die Winkelgeschwindigkeit der Drehung und mit ϱ den Abstand eines Elementes dm des Körpers von der Drehachse bezeichnet,

$$\Sigma \tfrac{1}{2} dm \cdot v^2 = \Sigma \tfrac{1}{2} dm \, \varrho^2 \omega^2 = \frac{\omega^2}{2} \Sigma dm \, \varrho^2 = \frac{\omega^2}{2} \Theta,$$

wobei Θ das Trägheitsmoment der Masse des Körpers in bezug auf die Drehachse (vgl. § 54).

Ist unter Berücksichtigung der oben gemachten Bemerkung bezüglich der Elementarbewegung des Körpers zur Zeit t die Translationsgeschwindigkeit des Körpers $= u$ und die Winkelgeschwindigkeit der Drehung um die durch den Schwerpunkt des Körpers gehende Achse $= \omega$, so ist die absolute Geschwindigkeit v eines im Abstand ϱ von der Drehachse befindlichen materiellen Punktes dm des Körpers die Resultierende aus den Geschwindigkeiten u und $\varrho\omega$. Nimmt man nun die Achse der Drehung als z-Achse eines rechtwinkligen Koordinatensystems an und zerlegt die betreffenden Geschwindigkeiten in ihre Komponenten nach den Koordinatenachsen, so erhält man für die absolute Geschwindigkeit v des materiellen Punktes dm, wenn mit α, β, γ die Winkel der Translationsgeschwindigkeit u mit den angenommenen Koordinatenachsen bezeichnet werden, unter Berücksichtigung von Fig. 209

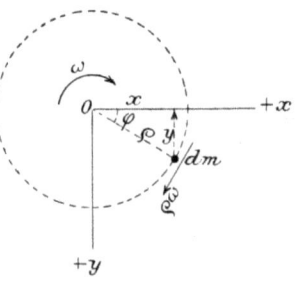

Fig. 209.

$$v^2 = (u \cos \alpha - \varrho \omega \sin \varphi)^2 + (u \cos \beta + \varrho \omega \cos \varphi)^2 + (u \cos \gamma)^2$$
$$= u^2 + \varrho^2 \omega^2 - 2 u \varrho \omega \sin \varphi \cos \alpha + 2 u \varrho \omega \cos \varphi \cos \beta.$$

Damit wird die lebendige Kraft L des Körpers
$$L = \Sigma \tfrac{1}{2} dm \cdot v^2 = \Sigma \tfrac{1}{2} dm \cdot u^2 + \Sigma \tfrac{1}{2} dm \cdot \varrho^2 \omega^2 - \Sigma dm \cdot u \varrho \omega \sin \varphi \cos \alpha +$$
$$+ \Sigma dm \cdot u \varrho \omega \cos \varphi \cos \beta.$$
$$= \tfrac{1}{2} m u^2 + \tfrac{1}{2} \Theta \omega^2 - u \omega \cos \alpha \Sigma dm \cdot y + u \omega \cos \beta \Sigma dm \cdot x.$$

Es ist aber $\Sigma dm \cdot y = 0$ und $\Sigma dm \cdot x = 0$, weil die xz-Ebene und die yz-Ebene des Koordinatensystems durch den Schwerpunkt des Körpers hindurchgehen. Man hat daher schließlich, wie vorauszusehen war:

$$L = \tfrac{1}{2} m u^2 + \tfrac{1}{2} \Theta \omega^2 \quad \ldots \ldots \quad (151)$$

Die gesamte kinetische Energie eines beliebig bewegten starren Körpers besteht demnach aus der kinetischen Energie der Translation ($\tfrac{1}{2} m u^2$) und aus der kinetischen Energie der Rotation ($\tfrac{1}{2} \Theta \omega^2$).

Beispiel: Es soll die kinetische Energie einer 30,5 cm-Granate von 400 kg Gewicht angegeben werden, die das Geschütz mit

$v = 800$ [m/sek] verläßt. Die Züge haben an der Mündung eine Drall-Länge $h = 35$ Kaliber $= 35$ Geschoßdurchmesser $= 35 \cdot 30{,}5$ $1067{,}5$ [cm] $= 10{,}675$ [m].

Die Drall-Länge ist die Ganghöhe der in den Geschützlauf eingeschnittenen schraubenlinienförmigen Züge; ihre Steigung soll hier konstant angenommen werden, sie nimmt in Wirklichkeit allmählich gegen die Mündung hin zu. Ist T die Zeit zum Durchlaufen von h, also die Zeit einer Geschoßumdrehung, so ist $v \cdot T = h$ und $\omega \cdot T = 2\pi$, also $\omega = 2\pi \cdot v / h = 2 \cdot \pi \cdot 800 / 10{,}675 = 471$ [1/sek]. Daher beträgt die minutliche Drehzahl des Geschosses an der Mündung nach (62) $n = 30 \cdot \omega / \pi = 30 \cdot 471 / \pi = 4500$, und die sekundliche Drehzahl $\nu = 75$. Die Umfangsgeschwindigkeit ist daher $u = r\omega = 0{,}1525 \cdot 471 = 71{,}9$ [m/sek] (die Geschwindigkeit längs eines Zuges $v_1 = \sqrt{800^2 + 71{,}9^2} = 803$ m/sek).

Unter Beachtung, daß man bei der Drehung die halbe Geschoßmasse (Geschoß als Zylinder betrachtet) am Umfang vereinigt anzunehmen hat, ist die kinetische Energie nach (151) [$g =$ rd. 10]

$$L = \tfrac{1}{2} m v^2 + \tfrac{1}{2} (\tfrac{1}{2} m \cdot r^2) \cdot \omega^2$$
$$= \tfrac{1}{2} \cdot 40 \cdot 800^2 + \tfrac{1}{4} \cdot 20 \cdot 0{,}1525^2 \cdot 471^2$$
$$= 12\,800\,000 + 51\,500 = 12\,851\,500 \text{ [kgm]}.$$

Die Rotationsenergie des Geschosses ist also gering gegenüber seiner Translationsenergie.

§ 52. Der Satz von der Größe der Bewegung eines materiellen Körpers.

247. Entwicklung des Satzes. In dem Schwerpunktssatz und dem Satz von der Arbeit haben wir zwei wichtige Hilfsmittel zur Untersuchung der Bewegung eines starren Körpers kennen gelernt. Ihnen treten zur Seite der Satz von der Bewegungsgröße (Antrieb, Impuls) und vom Moment der Bewegungsgröße (Drall, Impulsmoment) des starren Körpers.

Es handelt sich um folgende Aufgabe. Der Bewegungszustand eines Körpers zu einer gewissen Zeit t_0 ist bekannt, ebenso zu einer andern Zeit t. In der Zwischenzeit haben beliebige Kräfte gewirkt, und zwar sowohl auf die Verschiebung des Schwerpunktes als auch auf die Drehung des Körpers um den Schwerpunkt. Es wird eine Beziehung zwischen dem Anfangs- und Endzustand der Bewegung einerseits und der zeitlichen Verschiebungswirkung der Kräfte und der zeitlichen Drehwirkung derselben anderseits gesucht, für die beide ein Maß — der sog. Verschiebungs- bzw. Drehimpuls — aufzustellen ist.

§ 52. Der Satz von der Größe der Bewegung eines materiellen Körpers.

Die Ansätze für die Verschiebung des Schwerpunktes und die Drehung um den Schwerpunkt dürfen getrennt angeschrieben, aber nicht immer getrennt integriert werden (vgl. S. 397). Wir wenden uns zunächst der Verschiebung zu (Drehung § 58).

Der starre Körper besitze zur Zeit t_0 eine Schwerpunktsgeschwindigkeit v_0, zur Zeit t sei diese v. In der Zwischenzeit haben an i Punkten des Körpers ($i = 1, 2, 3 \ldots$) äußere aktive oder eingeprägte Kräfte P_i mit Komponenten $X_i Y_i Z_i$ längs drei festliegenden Achsen eines rechtwinkligen Koordinatensystems beschleunigend oder verzögernd gewirkt. Die Schwerpunktsbewegung ist dann durch den Schwerpunktssatz Gl. (148) bestimmt:

$$m \cdot \ddot{x}_0 = \Sigma X_i; \quad m \cdot \ddot{y}_0 = \Sigma Y_i; \quad m \cdot \ddot{z}_0 = \Sigma Z_i,$$

wo die Bezeichnung von 235 benützt ist. Diese Gleichungen lassen sich auch in folgender Form schreiben:

$$m \cdot dv_x = \Sigma X_i dt; \quad m \cdot dv_y = \Sigma Y_i dt; \quad m \cdot dv_z = \Sigma Z_i dt.$$

Integriert man zwischen den Grenzen t und t_0, so folgt

$$\left. \begin{array}{l} m \cdot (v_x - v_{x0}) = \Sigma \int X_i dt \\ m \cdot (v_y - v_{y0}) = \Sigma \int Y_i dt \\ m \cdot (v_z - v_{z0}) = \Sigma \int Z_i dt \end{array} \right\} \quad \ldots \ldots (152)$$

Die Integrale sind zwischen t und t_0 zu nehmen. Links vom Gleichheitszeichen steht die Änderung der Bewegungsgröße der im Schwerpunkt vereinigt gedachten Masse m des starren Körpers und zwar auf die drei Koordinatenrichtungen projiziert. Rechts die Summe der auf die gleichen Achsen projizierten Antriebe oder (Verschiebungs-)Impulse der äußeren Kräfte. Es ist daher die **Änderung der auf irgendeine Koordinatenachse projizierten Bewegungsgröße der im Schwerpunkt vereinigt gedachten Masse eines starren Körpers während irgendeines Zeitabschnittes gleich der Summe der auf die nämliche Achse projizierten Antriebe der äußeren Kräfte.** Die inneren Kräfte kommen nicht in Betracht, sie treten paarweise und entgegengesetzt gleich auf. Der Antrieb eines jeden Paares solcher innerer Kräfte ist also Null.

Für die zeitliche Verschiebungswirkung der äußeren Kräfte haben wir in den rechtsstehenden Integralen, den Komponenten des Verschiebungsimpulses, einen Maßstab gefunden.

In der Tat ist einerseits die Impulskomponente (nebenbei bemerkt Vektorgröße) bekannt, wenn der Anfangs- und Endzustand der Bewegung des Körperschwerpunktes zur Zeit t und t_0 gegeben ist, anderseits ist der Endzustand berechenbar, wenn der Anfangszustand und die Impulskomponenten zwischen t und t_0 gegeben

414 Die Dynamik des materiellen Körpers. Drehung eines starren Körpers.

sind. Im letzteren Fall braucht man über den Verlauf der Kräfte während der Zeit $t-t_0$ nichts zu wissen; im ersteren Fall erfährt man freilich auch nichts über den zeitlichen Verlauf der Kräfte; derselbe bleibt also in beiden Fällen dahingestellt, man darf daher nicht glauben, daß man darüber aus der Gl. (152) etwas erfahren könne.

16. Kapitel.
Drehung eines starren Körpers.

§ 53. Drehung eines starren Körpers um eine feste Achse.

248. Ungleichförmige Drehung eines Umdrehungskörpers um seine geometrische Drehachse. Sätze vom Antrieb und von der Arbeit eines Drehmomentes. Wie sich der Schwerpunkt eines von beschleunigenden Kräften ergriffenen Körpers bewegt, haben wir in 235 gesehen. Über die Drehung, die der Körper neben einer Schwerpunktsbewegung ausführen kann, sagt der Satz von der Bewegung des Schwerpunktes aber nichts aus. Hierüber sind besondere Untersuchungen anzustellen, die wesentlich Neues enthalten. Wir beginnen mit dem einfachsten Fall, der in der Überschrift gekennzeichnet ist und beim Anlauf oder Auslauf eines Schwungrades, einer Fördertrommel, eines Elektromotors usf. vorkommt, sofern diese als Umdrehungskörper angesehen werden dürfen. Wir werden später die Drehung um eine andere Achse, die nicht die geometrische Drehachse ist, betrachten.

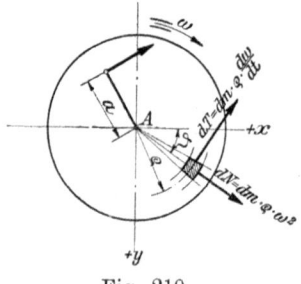

Fig. 210.

Die festgelagerte Dreh- und Schwerachse eines Umdrehungskörpers projiziere sich in A. Die Ebene des beschleunigenden Drehmomentes $M = P \cdot a$ [kgm] steht senkrecht auf der Drehachse, um die auch die ungleichförmige Rotation mit der momentanen Winkelgeschwindigkeit $\omega = d\vartheta/dt$ und der Winkelbeschleunigung $\varepsilon = d\omega/dt$ erfolgt. Ein im Abstand ϱ befindliches Massenteilchen dm wird beschleunigt und widerstrebt mit seinem Trägheitswiderstand; bringt man diesen an allen dm an, so besteht nach dem D'Alembertschen Prinzip Gleichgewicht der Kräfte. Wegen der Kreisbewegung von dm ist die Tangentialbeschleunigung $b_t = \varrho \cdot \varepsilon = \varrho \cdot (d\omega/dt)$ und die Zentripetalbeschleunigung $b_c = \varrho \omega^2$, daher der tangentiale Trägheitswiderstand $dT = -dm \cdot b_t = -dm \cdot \varrho \cdot \varepsilon$ und die Zentrifugalkraft

§ 53. Drehung eines starren Körpers um eine feste Achse.

$dN = dm \cdot \varrho \omega^2$. Beide sind in Fig. 210 eingetragen, was an allen andern dm ebenfalls geschehen sein möge. Das Gleichgewicht zwischen Beschleunigungskräften und Trägheitswiderständen interessiert uns hinsichtlich der Komponenten nicht weiter. Wir schreiben nur das Momentengleichgewicht um die Drehachse hin, wobei offenbar alle Zentrifugalkräfte das Moment Null ergeben, da sie die Drehachse schneiden, weshalb nur übrig bleibt:

$$M = P \cdot a = \Sigma(dm\,\varrho\,\varepsilon) \cdot \varrho.$$

Die Summierung oder Integration ist über den ganzen Drehkörper zu erstrecken; da hierbei in dem betrachteten Zeitelement der Wert $\varepsilon = d\omega/dt$ konstant ist, so darf er vor das Σ-Zeichen treten und man hat

$$M = \varepsilon \cdot \Sigma dm \cdot \varrho^2.$$

Der Wert $\Sigma dm \cdot \varrho^2$ hängt offenbar von der Form und Größe des Drehkörpers und von dem Material, d. h. von dessen Dichte ab und ist für einen bestimmten Drehkörper mit einer bestimmten Drehachse eine Konstante; man nennt sie das **axiale Trägheitsmoment**

$$\Theta = \Sigma dm\,\varrho^2 \quad \dots \dots \dots \quad (153)$$

des Körpers in bezug auf die Drehachse; mit seiner zahlenmäßigen Ausrechnung werden wir uns in § 54 beschäftigen. Θ kann für einen gegebenen Körper auch durch einen Versuch ermittelt werden. Die Dimension des Massenträgheitsmomentes ist [kg·m·sek²] (vgl. auch **255**). Die obige Gleichung enthält das **dynamische Grundgesetz für eine Drehung**, es lautet:

$$M = \Theta \cdot \varepsilon = \Theta \cdot \frac{d\omega}{dt} \quad \dots \dots \quad (154)$$

oder da $\omega = d\vartheta/dt$, also $d\omega/dt = d^2\vartheta/dt^2$:

$$M = \Theta \cdot \frac{d^2\vartheta}{dt^2} \quad \dots \dots \quad (154\text{a})$$

d. h. das beschleunigende Drehmoment ist gleich dem Widerstand der rotierenden Masse gegen eine Drehbeschleunigung. Die Gleichung ist genau so gebaut wie das dynamische Grundgesetz für die Translation eines Massenpunktes, es entsprechen sich:

Beschleunigende Kraft	P	Beschleunigendes Moment	M
Lineare Beschleunigung	b	Winkelbeschleunigung	ε
Masse	m	Trägheitsmoment	Θ

Θ ist eine physikalisch-geometrische Körperkonstante; nach den Betrachtungen in **141** ist darunter die Maßzahl für diejenige Eigenschaft eines rotierenden Körpers zu verstehen, die angibt, welches Drehmoment nötig ist, um dem Körper die Winkelbeschleunigung 1 um die betreffende Drehachse zu erteilen. Der Name Trägheitsmoment wurde für Θ eben darum gewählt, weil Θ das **Moment des Trägheitswiderstandes** einer rotierenden Masse für die Winkelbeschleunigung 1 ist.

Ist das Antriebsmoment M konstant, so ist auch die Winkelbeschleunigung $\varepsilon = M/\Theta$ konstant; die Drehbewegung ist gleichförmig beschleunigt und man hat zur Ermittlung der Winkelgeschwindigkeit ω und des Drehwinkels ϑ nach t sek, wenn die Drehbewegung mit der Anfangsgeschwindigkeit ω_0 zur Zeit $t=0$ beginnt, unter Benützung der Gl. (154), (154a), (88a):

$$\omega = \omega_0 + \frac{M}{\Theta} \cdot t \quad \text{oder} \quad n = n_0 + \frac{30}{\pi} \frac{M}{\Theta} \cdot t:$$

$$\left.\begin{aligned}\vartheta &= \omega_0 t + \frac{1}{2}\frac{M}{\Theta} \cdot t^2 \\ \vartheta &= \frac{\omega^2 - \omega_0^2}{2}\frac{\Theta}{M}\end{aligned}\right\} \quad \ldots \ldots (155)$$

Auch den Satz vom Antrieb des Drehmomentes (Drehimpuls) und den Satz von der Arbeit des beschleunigenden Drehmomentes kann man sofort für den einfachen hier betrachteten Fall hinschreiben, indem man die Grundgleichung integriert.

Man erhält aus $M dt = \Theta \cdot d\omega$

Drehimpuls $\int M dt = \Theta(\omega - \omega_0)$ . . . . . (156)

ferner aus $\qquad M = \Theta (d\omega/dt)$

durch Erweitern mit $d\vartheta = \omega \cdot dt$

$$M \cdot d\vartheta = \Theta \cdot \omega \cdot d\omega = \Theta \cdot d(\omega^2/2)$$

oder da nach **121** $M \cdot d\vartheta$ die Elementararbeit des Drehmomentes beim Durchlaufen von $d\vartheta$ ist,

$$dA = \Theta \cdot d(\omega^2/2) \quad \ldots \ldots (157)$$

woraus

$$A = \Theta \frac{\omega^2 - \omega_0^2}{2} = \Theta \frac{\pi^2}{30^2} \frac{n^2 - n_0^2}{2} \quad \ldots (158)$$

Auf der rechten Seite dieser Gleichung muß, wie auf der linken, eine Arbeitsgröße stehen, nämlich die Arbeit, die aufzuwenden ist, um den Rotationskörper von der Winkelgeschwindigkeit ω_0 auf ω zu beschleunigen, oder auch die Arbeit, die er abgeben kann, wenn seine Winkelgeschwindigkeit von ω auf ω_0 herabgeht. Gibt der Drehkörper die Arbeit A ab oder nimmt er eine Arbeit A auf, so sinkt seine Rotationsenergie oder die lebendige Kraft der Drehung von $\tfrac{1}{2}\Theta\omega^2$ auf $\tfrac{1}{2}\Theta\omega_0^2$ oder umgekehrt; der Satz von der leben-

§ 53. Drehung eines starren Körpers um eine feste Achse. 417

digen Kraft einer Drehung lautet: Die Arbeit eines beschleunigenden (oder verzögernden) Drehmomentes ist gleich der auf dem gleichen Rotationsweg erfolgten Zunahme (oder Abnahme) der lebendigen Kraft des Drehkörpers (Rotationsenergie).

249. Schwungrad als Kraftspeicher (Ilgner-Aggregat). Wir fragen noch nach der Leistung, die aufzuwenden ist, wenn man eine rotierende Masse von der Gestalt eines Umdrehungskörpers in beschleunigte Rotation versetzt, oder die ein solcher Körper zu entwickeln vermag, wenn ihm von seiner Rotationsenergie ein Teil entzogen wird. Die Leistung ist die Arbeit in der Zeiteinheit, also $L = dA/dt$, wobei zur Umrechnung von L [mkg/sek] in N [PS] $L = 75 \cdot N$ zu setzen ist; nach Gl. (157) hat man

$$L = 75 N = dA/dt = \tfrac{1}{2} \cdot \Theta \cdot d(\omega^2)/dt,$$

woraus $\quad N = \dfrac{\Theta}{75 \cdot 2} \dfrac{d(\omega^2)}{dt} = \dfrac{\pi^2 \Theta}{75 \cdot 2 \cdot 30^2} \dfrac{d(n^2)}{dt} = \dfrac{\pi^2 \cdot \Theta \cdot n}{75 \cdot 30^2} \dfrac{dn}{dt}\,.\quad$ (159)

wo $\omega = \pi n/30$ und n die minutliche Umlaufzahl ist. Betrachtet man demnach in bestimmten Zeitabschnitten die Umlaufzahl eines ungleichförmig rotierenden Körpers, so kann man eine Kurve $n = f(t)$ aufzeichnen und durch Tangentenziehen an letztere Kurve dn/dt ermitteln; mit Hilfe der letzten Gleichung kann man dann die augenblickliche Leistung ausrechnen.

Hätte man anderseits z. B. für den Fall, daß vor einem Schwungrad ein Elektromotor, hinter dem Schwungrad eine Dynamomaschine sitzt, die vom Elektromotor und Schwungrad Energie bezieht (Ilgner-Aggregat), die Leistung von Elektromotor und Schwungrad durch ein registrierendes Wattmeter in Abhängigkeit von der Zeit aufzeichnen lassen und die Reibungs- und elektrischen Verluste bestimmt, so könnte man die Beschleunigungs- oder Verzögerungsleistung der umlaufenden Massen $N = \varphi(t)$ aufzeichnen, und da die Beschleunigungs- bzw. Verzögerungsarbeit $A = 75 \cdot \int N \cdot dt$ durch Planimetrieren bestimmbar ist, könnte man mit Hilfe der Gl. (158)

$$n^2 = n_0^2 \pm \frac{2 \cdot 30^2}{\pi^2} \cdot \frac{A}{\Theta}$$

die Umlaufzahl am Ende einer Beschleunigungs- oder Verzögerungsperiode ausrechnen, wenn die anfängliche Umlaufszahl n_0 bekannt oder angenommen ist.

Bei praktischen Überschlagsrechnungen geht man von einer mittleren Umlaufzahl n_m aus, die näherungsweise $\tfrac{1}{2}(n_{max} + n_{min})$ $= \tfrac{1}{2}(n + n_0)$ gesetzt wird; dann erhält man die Zu- oder Abnahme

418 Die Dynamik des materiellen Körpers. Drehung eines starren Körpers.

der Umlaufzahl während einer Beschleunigungs- oder Verzögerungsperiode wie folgt:

$$n^2 - n_0^2 = (n - n_0)(n + n_0) = 2(n - n_0) \cdot \tfrac{1}{2} \cdot (n + n_0)$$

$$= 2(n - n_0) \cdot n_m = \pm \frac{2 \cdot 30^2}{\pi^2} \frac{A}{\Theta}.$$

Ist zufolge Leistungsdiagramm die Dauer einer Beschleunigungs- oder Verzögerungsperiode τ sek und die mittlere Leistung während derselben N_m [PS], d. h. $L_m = 75 N_m$ [mkg/sek], also $A = 75 \cdot N_m \cdot \tau$, so ist die gesuchte Zu- oder Abnahme der Umlaufzahl

$$n - n_0 = \frac{30^2 \cdot 75}{\pi^2} \frac{N_m}{n_m} \frac{\tau}{\Theta} \quad \ldots \ldots \quad (160)$$

Der Bruch N_m/n_m ist nach Gl. (78) das mittlere Drehmoment M_m in [kgm], geteilt durch 716.

Beispiel: Das Ilgner-Aggregat einer Walzenzugmaschine läuft im Mittel mit $n_m = 300$ in 1 min; das Trägheitsmoment der umlaufenden Massen ist $\Theta = 36000$ [mkgsek²]; Beobachtung zufolge ist die mittlere Beschleunigungsleistung während einer Beschleunigungsperiode von $\tau = 3,8$ [sek] $N_m = 2600$ [PS]; die Umlaufzahl des Aggregates steigt in dieser Zeit um:

$$n - n_0 = \frac{900 \cdot 75}{\pi^2} \cdot \frac{2600 \cdot 3,8}{300 \cdot 36000} = 62,5 \text{ [in 1 min]}.$$

250. Beispiel. Bremsen einer Fördermaschine. Eine Fördermaschine hat aus einem 250 [m] tiefen Schacht Kohlen zu fördern mit einer Höchstgeschwindigkeit von 12 [m/sek]. Das Gewicht eines Förderkorbes ist 1400 kg. Die zwei leeren Kohlenwagen im sinkenden Korbe wiegen 450 kg. Im steigenden kommen dazu 1000 kg Kohlen. 1 [m] Seil wiegt 4 kg. Die Seiltrommeln haben einen Durchmesser $2r = 4,3$ [m], ein Gesamtgewicht von 13000 kg. Die Masse der Trommeln $m_0 =$ rd. 1300 kann konzentriert gedacht werden im Abstand gleich 2/3 Halbmesser, d. h. im Abstand $r_0 = (2/3)r = (2/3)(4,3/2) = 1,43$ [m].

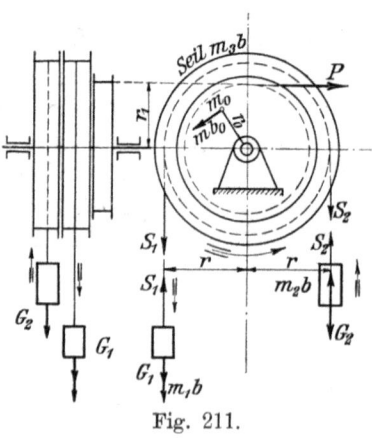

Fig. 211.

Ist die Maschine in voller Fahrt mit 12 [m/sek] Fördergeschwindigkeit, so wird gebremst, indem zwei Bremsklötze gegen eine

§ 53. Drehung eines starren Körpers um eine feste Achse. 419

Bremsscheibe von 4,07 [m] ϕ mit je $P = 9000$ kg angepreßt werden. Welcher Weg wird vom Beginn des Bremsens bis zum Stillstand zurückgelegt? Wie groß sind die Seilzüge? Wie groß ist die Bremszeit?

Sobald die Bremskraft P wirkt, wird die Bewegung verzögert. Die Verzögerung b wirkt der Fahrtrichtung entgegen, die Trägheitswiderstände also in der Fahrtrichtung.

Die Bremskraft an einem Bremsklotz (Pappelholz auf Schmiedeeisen $\mu = 0,6$) ist

$$R = \mu \cdot N = 0,6 \cdot 9000 = 5400 \text{ kg}.$$

Bremskraft beider Klötze:

$$P = 10\,800 \text{ kg}.$$

Bremsmoment $= P \cdot r_1 = 10\,800 \cdot (4,07/2)$ [kgm].

Die Trägheitswiderstände:
Aufsteigender Förderkorb:

$$m_2 \cdot b = \frac{2850}{g} \cdot b \text{ [kg]} \quad \text{(nach oben)}.$$

Sinkender Förderkorb:

$$m_1 b = \frac{1850}{g} \cdot b \text{ [kg]} \quad \text{(nach unten)}.$$

Seil: Die Seilmasse im auflaufenden und im ablaufenden Trum und auch diejenige, die auf die Seiltrommel aufgewickelt ist, befindet sich im Abstand $r = 2,15$ [m] und erfährt überall die Verzögerung b. Die Größe des Trägheitswiderstandes ist also

$$m_3 \cdot b = \frac{2 \cdot 250 \cdot 4}{g} \cdot b = \frac{2000}{g} \cdot b \text{ [kg]}$$

und wirkt im Sinn der Fahrtrichtung.

Trägheitswiderstand der rotierenden Massen, d. h. Seiltrommel und Bremsscheibe

$$m_0 \cdot b_0 = m_0 \cdot b \cdot \frac{r_0}{r} = 1300 \cdot \frac{2}{3} \cdot b.$$

Die Gewichte wirken wie in Fig. 211. Von der Wirkung des Seilgewichtes[1]) ist abgesehen, ebenso von Reibungswiderständen des Seiles und der Lager; diese würden bremsen.

Die Momente der statischen Kräfte und der Trägheitswiderstände in bezug auf die Drehachse sind im Gleichgewicht; daher ist:

---

[1]) Betr. die Berücksichtigung des veränderlichen Seilübergewichtes vgl. Aufgabe in **239**.

420 Die Dynamik des materiellen Körpers. Drehung eines starren Körpers.

$$P\cdot r_1 + G_2\cdot r = G_1\cdot r + m_1\cdot b\cdot r + m_2\cdot b\cdot r + m_3\cdot b\cdot r + m_0\frac{r_0}{r}\cdot b\cdot r_0$$

$$b = \frac{P\cdot\dfrac{r_1}{r} + G_2 - G_1}{G_1 + G_2 + G_3 + G_0\dfrac{r_0^2}{r^2}}\cdot g.$$

Die Verzögerung b ist konstant, die Bewegung ist also gleichförmig verzögert. Einsetzen der Zahlen gibt

$$b = \frac{10800\dfrac{4{,}07}{4{,}3} + 2850 - 1850}{1850 + 2850 + 2000 + 1300\dfrac{4}{9}}\cdot 9{,}81 = 0{,}894\cdot g.$$

Für eine gleichmäßig verzögerte Bewegung mit Anfangsgeschwindigkeit $v_0 = 12$ [m/sek] ist nach Gl. (84):

$$v = v_0 - b\cdot t.$$

Die Bremszeit folgt hieraus, wenn wir am Ende des Bremsens setzen $v = 0$ und $b = 0{,}894\,g$.

$$0 = 12 - 0{,}894\cdot g\cdot t$$

$$t = \frac{12}{0{,}894\cdot g} = 1{,}37\ [\text{sek}].$$

Der Bremsweg ist nach Gl. (91):

$$s = \frac{v + v_0}{2}t$$

$$= \frac{0 + 12}{2}\cdot 1{,}37 = 6\cdot 1{,}37 = 8{,}22\ [\text{m}]$$

oder aus Gl. (92):

$$s = \frac{v^2 - v_0^2}{2b} = \frac{12^2 - 0}{2\cdot 0{,}894\cdot g} = 8{,}22\ [\text{m}],$$

das ist $8{,}22/4{,}3\cdot\pi = 0{,}608$ vom Trommelumfang.

Die Trommel macht also noch 0,608 Umdrehungen bis zum Stillstand.

Die Seilspannung: Im ablaufenden Trum oben ist (Seil ganz abgewickelt) (G_3' Gewicht des an einer Trommel hängenden Seiles von 250 m Länge) $S_{1\,oben} = G_1 + G_3' + m_1 b + m_3' b = 1850 + 1000 + \dfrac{1850}{g}0{,}894\cdot g + \dfrac{1000}{g}0{,}894 g = 1850(1 + 0{,}894) + 1000(1 + 0{,}894)$
$= (1 + 0{,}894)(1850 + 1000);\ S_{1\,oben} = 1{,}894\cdot 2850 = \mathbf{5400\ kg}.$

§ 53. Drehung eines starren Körpers um eine feste Achse.   421

Allgemein:

$$S_{1\,oben} = (G_1 + G_3')\left(1 + \frac{b}{g}\right).$$

Im auflaufenden Trum (Seil direkt am Förderkorb):

$$S_{2\,oben} = G_2 - m_2 b = G_2\left(1 - \frac{b}{g}\right)$$

$$= 2850 \cdot 0{,}106 = 302 \text{ kg}.$$

Man darf nicht so scharf bremsen, daß dieser Seilzug S_2 gleich 0 wird, d. h. so, daß in der letzten Gleichung $b = g$ wird.
Es muß immer $b < g$ sein.

251. Auslaufversuch mit einem Ilgner-Aggregat. Das Aggregat besteht aus Schwungrad, Motor und Dynamo und läuft auf Kugellagern. Um die Reibungsverluste zu finden, wurde das Aggregat auf 590 Umdrehungen in der Minute gebracht und dann sich selbst überlassen. Infolge der Widerstände sinkt die minutliche Drehzahl n mit der Zeit und zwar laut Beobachtung nach Fig. 212 und Tabelle (nach L. Becker, Verluste an Ilgner-Förderanlagen).

Zeit min.	0	1	5	10	20	30	40	60	80	100	140	180	220
n i.d.min.	590	577	543	508	455	390	345	273	218	171	92	21	0
dn/dt	0,163	0,156	0,1408	0,1375	0,107	0,0914	0,0777	0,0602	0,046	0,038	0,0227	0,0147	0,0147
N_v	15,9	14,9	12,65	11,55	7,88	5,9	4,44	2,74	1,66	1,07	0,344	0,05	—
N_k	1,43	1,4	1,32	1,24	1,08	0,95	0,84	0,66	0,53	0,41	0,22	0,05	—
N_l	14,47	13,5	11,33	10,31	6,80	4,95	3,60	2,08	1,13	0,66	0,12	0	—

Die Widerstände bestehen in Luft- und Lagerreibung und in Wirkung von remanentem Magnetismus. Man darf letzteren für geringfügig halten. Gegen Ende des Auslaufens ist die Luftreibung gering und es macht sich fast ausschließlich die Lagerreibung geltend. Ist $M_k = \mu_i G \cdot r_z$ das Reibungsmoment der Kugellager, vgl. Gl. (25a), wo $G = 12\,300$ kg das Gesamtgewicht des Aggre-

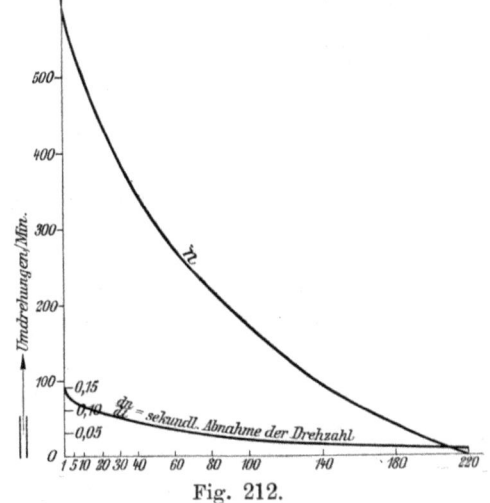

Fig. 212.

gates und $\Theta = 1132$ [kgmsek²] dessen Massenträgheitsmoment und $r_z = 0{,}13$ [m] der Zapfenhalbmesser ist, dann ist nach Gl. (154)

$$M_k = \mu_i G r_z = \frac{\pi}{30} \cdot \Theta \cdot \frac{dn}{dt}$$

$$\mu_i = \frac{\pi}{30} \frac{\Theta}{G \cdot r_z} \cdot \frac{dn}{dt} = 0{,}0739 \cdot \frac{dn}{dt}.$$

Die durch Tangentenziehen ermittelten Werte von dn/dt sind in der Tabelle angegeben. Gegen Ende des Auslaufes ist $dn/dt = 0{,}0147$, womit $\mu_i = 0{,}00109$. Stribeck fand $\mu_i = 0{,}0015$, womit obiger Wert befriedigend stimmt.

Zu einer gewissen Zeit t ist die verlorene Leistung im ganzen nach Gl. (159)

$$N_v = \frac{\pi^2 \cdot \Theta \cdot n}{30^2 \cdot 75} \cdot \frac{dn}{dt} = 0{,}1655 \cdot n \cdot \frac{dn}{dt},$$

die in den Kugellagern verlorene Leistung ist nach Gl. (76)

$$N_k = \frac{M_k \cdot \omega}{75} = \frac{\mu_i \cdot G \cdot r_z \cdot \pi n}{30 \cdot 75}.$$

Der Unterschied $N_l = N_v - N_k$ entfällt auf den Luftwiderstand (vgl. die obige Tabelle).

Von der Gesamtluftreibung entfällt ein Teil auf die Maschinen, ein anderer auf das Schwungrad. Durch besondere, in der Quelle nicht beschriebene Versuche konnten beide Anteile getrennt werden; die Maschinenreibung war $32{,}5\%$ der Gesamtluftreibung.

Nun ist die Luftreibung offenkundig von der Umlaufzahl, der Form und Größe des Rades, auch wie sonstige Beobachtungen lehren, von der Dichte der Luft abhängig. Die Aufgabe wäre dann als gelöst zu betrachten, wenn man den Luftwiderstand an jeder einzelnen Stelle des Rades angeben könnte, worauf man durch Summieren oder Integrieren das Moment des Gesamtwiderstandes ermitteln würde. Sicherlich ist nur die relative Geschwindigkeit des Rades gegen die Luft maßgebend. Diese ist aber wegen des Mitrotierens der Luft schwer angebbar. Wegen der Schwierigkeit der exakten Lösung sucht der Ingenieur die Ergebnisse durch eine empirische Formel auszudrücken. L. Becker gibt für die Luftreibung des Schwungrades (Breite b [m], Durchmesser D [m], Umfangsgeschwindigkeit v [m/sek]) die empirische Formel an:

$$N = (1 + 5 \cdot b^2) D^2 \cdot v^{2,5} \cdot 10^{-5} \text{ [PS]}.$$

Ist R die am Radumfang tangential angreifend gedachte Einzelkraft, die dieselbe Leistung aufzehren würde, so wäre zufolge $N = R \cdot v / 75$

$$R = (1 + 5 \cdot b^2) D^2 v^{1,5} \cdot 75 \cdot 10^{-5} \text{ [kg]}.$$

§ 53. Drehung eines starren Körpers um eine feste Achse.

Dies sind Gebrauchsformeln, denen eine physikalische Bedeutung nicht zukommt.

252. Schwungrad und Gleichförmigkeit des Ganges. Schwungradberechnung und Drehkraftdiagramm nach Radinger. Es soll das Schwungrad einer Kolbenmaschine berechnet werden, deren sämtliche Abmessungen bekannt sind, ebenso sind gegeben die minutliche Umdrehungszahl, das Indikatordiagramm, der Ungleichförmigkeitsgrad δ und — vom Schwungrad abgesehen — sämtliche bewegte Massen. Die Aufgabe bleibt grundsätzlich dieselbe, wenn das Schwungrad gegeben und der Ungleichförmigkeitsgrad gesucht ist.

Radinger hat zur Lösung folgenden Weg angegeben: An den Kurbeln greifen tangential wirkende Drehkräfte an, die vom Dampf oder Gasdruck in den Zylindern einerseits und den Trägheitswiderständen der Kolben und Schubstangen anderseits herrühren. Die Größe der Drehkräfte schwankt periodisch, wenn die Maschine im Beharrungszustand ist; sie ist bald größer, bald kleiner als der Arbeitsverbrauch infolge des äußeren Arbeitswiderstandes und der Eigenreibung der Maschine. Solange die Drehkraft den Widerstand überwiegt, wird die Drehgeschwindigkeit der Maschine beschleunigt, im umgekehrten Fall verzögert, m. a. W. es wird zeitweilig die Überschußarbeit der Drehkräfte in Beschleunigungsarbeit verwandelt und die lebendige Kraft der Schwungmassen vergrößert, zeitweilig wird der Arbeitsmangel der Drehkraft von der lebendigen Kraft der Schwungmassen bestritten; im ersten Fall steigt die Drehzahl der Maschine, im letzteren Fall sinkt sie. Die von der Schubstange auf eine Kurbel übertragene Kraft kann in eine tangential und in eine radial wirkende Komponente zerlegt werden; erstere — die Dreh- oder Tangentialkraft — ist eine Arbeitskomponente, letztere eine arbeitslose Komponente, da sie ja in radialer Richtung keinen Weg zurücklegt.

Die Schwungmasse ist in der Hauptsache im Schwungring enthalten, man kann sie sich im Schwerpunktskreis desselben vereinigt denken; wird das als nicht genügend genau erachtet, so kann man auch noch die Masse der Radarme und die mit der Welle rotierenden Massen auf den Schwerpunktskreis reduzieren (vgl. 308). Sei m die im Schwerpunktskreis vereinigt gedachte Masse und D der Durchmesser desselben, v_{max}, v_{min} und v_m die größte, kleinste und mittlere Umfangsgeschwindigkeit im Schwerpunktskreis, so ist die Zunahme der kinetischen Energie

$$\tfrac{1}{2} m v_{max}^2 - \tfrac{1}{2} m v_{min}^2,$$

wenn die Geschwindigkeit von v_{min} auf v_{max} steigt; währenddessen hat die Drehkraft den Arbeitswiderstand übertroffen und die Be-

424 Die Dynamik des materiellen Körpers. Drehung eines starren Körpers.

schleunigungsarbeit A geleistet. Nach dem Satz von der Arbeit ist dann

$$A = \tfrac{1}{2} m (v_{max}^2 - v_{min}^2) = \frac{m}{2}(v_{max} + v_{min})(v_{max} - v_{min}).$$

Der Ungleichförmigkeitsgrad δ des Schwungrades soll angeben, welchen Bruchteil die größte Geschwindigkeitsschwankung $v_{max} - v_{min}$ von der mittleren Geschwindigkeit v_m bildet und die mittlere Geschwindigkeit sei durch $v_m = (v_{max} + v_{min})/2$ ausdrückbar; damit ist

$$\delta = \frac{v_{max} - v_{min}}{v_m} = \frac{1}{2}\frac{v_{max} - v_{min}}{v_{max} + v_{min}} \quad \ldots \quad (161)$$

Setzt man δ in die obige Gleichung ein, so wird

$$A = m \cdot v_m^2 \cdot \delta \quad \ldots \ldots \quad (162)$$

Die erforderliche Schwungmasse m kann hiernach berechnet werden, wenn A, v_m, δ gegeben sind; oder auch δ, wenn A, m, v_m gegeben sind. Statt m pflegt man in der Technik oft das auf den Schwerpunktskreis bezogene Schwunggewicht G anzugeben bzw. die Größe $G \cdot D^2$ des Schwungrades. Es ist $m = G/g$ [kg sek²/m] und $v_m = D\pi n/60$ [m/sek], wo n die mittlere Drehzahl der Maschinenwelle bedeutet; damit wird

$$A = \frac{G}{g}\frac{D^2 \pi^2 n^2}{3600} \cdot \delta = \text{rd.} \frac{G D^2 n^2 \delta}{3600} \quad \ldots \ldots \quad (163)$$

Das Radingersche Verfahren wird an dem Beispiel eines 4-Zylinder-Automobilmotors durchgeführt, dessen Abmessungen und Gewichte in **309** zu finden sind und dessen Zylinderanordnung in Fig. 213 abgebildet ist. Gesucht wird der Ungleichförmigkeitsgrad δ.

Wir bestimmen zunächst A.

1. **Die Gasdrücke** sind für jede Kolbenstellung und damit für jeden Kurbelwinkel aus dem **Indikatordiagramm** Fig. 214 zu entnehmen. Den zu einer beliebigen Kolbenstellung gehörigen Kurbelwinkel, oder die zu einem beliebigen Kurbelwinkel gehörige Kolbenstellung findet man mit Hilfe eines Kreisbogens, den man um das Kolben- bzw. Kreuzkopfende der Schubstange mit der Stangenlänge als Halbmesser schlägt; die Konstruktion wird am besten über der Basis des Diagrammes ausgeführt. Der Gesamtdruck auf einen Kolben ist $P = f \cdot p_i$

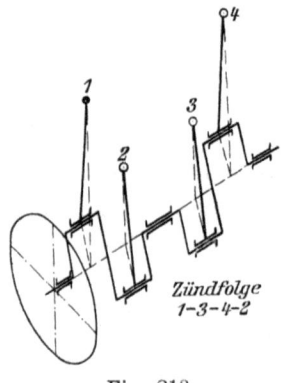

Zündfolge
1-3-4-2

Fig. 213.

§ 53. Drehung eines starren Körpers um eine feste Achse. 425

$= 113$ [qcm]$\cdot p_i$ [kg/qcm] (vgl. linke Skala Fig. 214). Der mittlere Diagrammdruck ergab sich durch Planimetrieren zu $p_i = 7{,}7$ [kg/qcm], die indizierte Leistung des 4 Zylinder-Viertakt-Motors ist beiläufig:

$$N_i = 4\,\frac{f\cdot p_i \cdot s \cdot n}{9000} = \frac{4\cdot 113\cdot 7{,}7\cdot 0{,}15\cdot 1600}{9000} = 92{,}5 \text{ [PS}_i\text{]}.$$

2. Die Massendrücke oder Trägheitswiderstände werden nach Radinger unter der Annahme bestimmt, daß die Umlaufgeschwindigkeit der Maschine konstant sei. Da man die Schwankung der Umlaufzahl gerade sucht, so ist die Annahme konstanter Drehgeschwindigkeit für einen Teil der Lösung streng

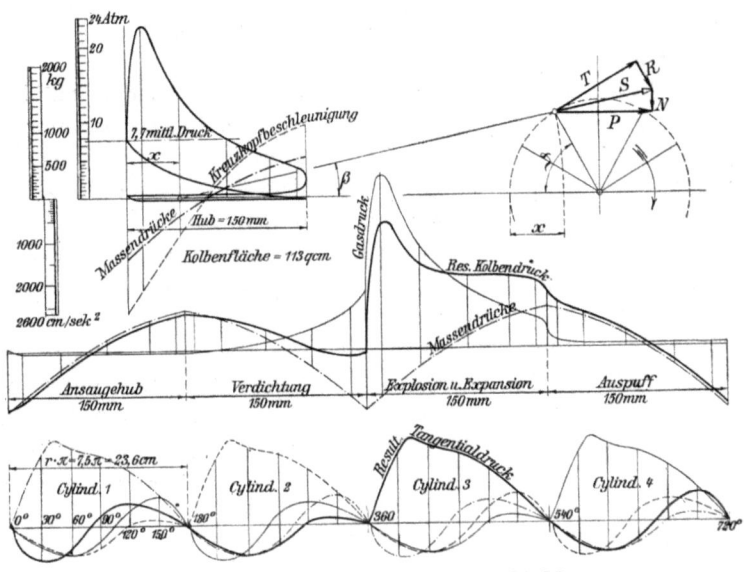

Fig. 214—216. 4 Zylinder-Automobil-Motor
$d = 120$ mm; $s = 150$ mm; $n = 1600$ Min.

genommen nicht zulässig; die Lösung vereinfacht sich aber durch diese Annahme so sehr, daß sie als eine Näherungsannahme dennoch beibehalten wird. Eine genaue und dynamisch korrekte Lösung ist im Kapitel 18, § 65—67 enthalten.

Von den hin- und hergehenden Massen gehen Wirkungen aus, die sich in den Kurbeln scheinbar wie äußere aktive Kräfte geltend machen. Die von beschleunigten oder verzögerten Massen ausgehenden Kräfte sind die d'Alembertschen Trägheitskräfte, d. h. die entgegengesetzt angenommenen Beschleunigungskräfte $(-m\cdot b)$. Die Beschleunigung der Kolben- oder Kreuzkopfbewegung ist in Abschn. **160** ermittelt. Dort wurde auch darauf hingewiesen, daß die Beschleunigung stets gegen einen und denselben Punkt des Hubes hin gerichtet sei, in dem der Kolben seine größte Geschwindigkeit und die Beschleunigung den Wert Null besitzt. Die Trägheitskräfte sind daher von diesem Punkt, der eine Art „Mittelpunkt" der Schwingung ist, weggerichtet. Damit ist der Wirkungssinn der Trägheitskräfte festgelegt; ihre Größe erhält man, indem man die Kolbenbeschleunigung in Abhängigkeit des Hubes entweder rechnerisch nach **160** oder zeichnerisch nach **333** ermittelt, und hierauf mit der Größe der hin- und hergehenden Masse (Kolbenmasse 2,86 [kg sek^2/m], Anteil der Schubstange[1]) 0,291 [kg sek^2/m] (vgl. **307**) multipliziert. Bezieht man, ähnlich dem Gasdruck, die Trägheitskräfte auf 1 qcm Kolbenfläche, indem man $m \cdot b$ durch die Kolbenfläche dividiert, so erhält man die Linie der spezifischen Trägheitskräfte Fig. 214 (Massendrücke).

Gasdrücke und Trägheitskräfte werden nunmehr zu einer Resultierenden vereinigt. Zu diesem Zweck sind die einzelnen Hin- und Hergänge des Kolbens in Fig. 215 in ihrer zeitlichen Folge aneinander gereiht: Ansauge-, Verdichtungs-, Explosions- und Expansions-, Auspuff-Hub, und die Ordinaten der Gas- und Massendrücke algebraisch addiert, wodurch die ausgezogene Kurve der resultierenden Drücke auf den Kolben bzw. Kreuzkopfzapfen entsteht.

3. **Die Tangentialdrücke** enthält man entweder aus dem Kräfteparallelogramm oder mit Hilfe eines besonderen Verfahrens, das auf einfache Durchführbarkeit hin zugeschnitten ist. Das Kräfteparallelogramm wird zuerst für das Kreuzkopf- oder Kolbenende der Schubstange gezeichnet, wo die Resultante aus Gas- und Massendruck, die Stangenkraft und der Druck der Gleitbahn gegen den Kolben- oder Kreuzkopfzapfen sich im Gleichgewicht befinden. Der zuletzt genannte Bahndruck N steht, wenn man von der geringfügigen Gleitreibung absieht, senkrecht auf der Bahn; die andern Kräfte P und S sind beide der Richtung nach (P in Richtung der Kolbenachse, S in Richtung der Stangenachse), die eine auch der Größe nach bekannt. Die hiernach gezeichnete Stangenkraft S wird am Kurbelzapfen senkrecht zum Kurbelarm und nach diesem zerlegt in die Tangential- und Radialkomponenten T und R. Die Konstruktion ist für eine größere Anzahl von Kurbelstellungen am besten an der Kurbelzapfenmitte auszuführen, wobei P jeweils aus Fig. 215 entnommen wird. Vgl. Fig. 214 rechts.

Um die wiederholte Aufzeichnung der einzelnen Getriebestellungen zu vermeiden, kann ein besonderes Verfahren benutzt

---

[1]) Die Schubstangenmasse, in ihrem Schwerpunkt vereinigt gedacht, kann mit großer Annäherung durch zwei Punktmassen ersetzt werden, die nach dem Hebelgesetz auf die beiden Stangenenden verteilt werden. (**310, 311.**)

§ 53. Drehung eines starren Körpers um eine feste Achse. 427

werden. Da die Elementararbeiten von P und T gleich sind, so ist, wenn die zugehörigen Wege dx und ds sind
$$P \cdot dx = T \cdot ds,$$
oder auf die Zeiteinheit bezogen und mit $dx/dt = v$ und $ds/dt = c$
$$P \cdot v = T \cdot c,$$
Einsetzen von v aus Gl. (112) S. 280 ergibt
$$T = P[\sin \vartheta + (\lambda/2)\sin 2\vartheta] \quad \ldots \quad (164)$$

J. Kuhn konstruiert T wie folgt: Es wird $(\lambda/2) = tg\,\alpha$ gesetzt, womit α konstruiert werden kann. Gl. (164) schreibt sich dann:
$$T = P \cdot \sin \vartheta + P \cdot \sin 2\vartheta \cdot tg\,\alpha.$$

In Fig. 217 wird $\angle AOB = BOC = \vartheta$; $DOm = \alpha$ und $OM = ON = P$ gemacht, dann ist:
$$P \cdot \sin \vartheta = MM' \qquad P \cdot \sin 2\vartheta = ON''$$
$$P \cdot \sin 2\vartheta \cdot tg\,\alpha = mN'',$$
womit $\qquad T = MM' + mN''.$

Hierbei bedeutet MM' die Tangentialkraft bei unendlich großer Schubstangenlänge, mN'' den Berichtigungszuschlag für endliche Schubstangenlänge.

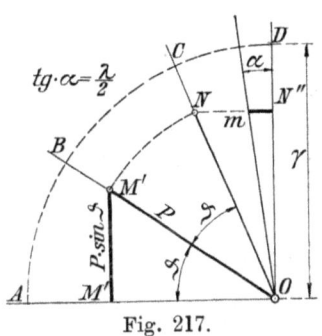

Fig. 217.

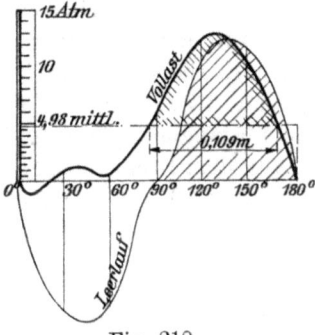

Fig. 218.

Die Tangentialdrücke sind in Fig. 216 in Abhängigkeit des Kurbelwinkels aufgetragen; der so erhaltene Linienzug heißt die **Tangentialdruck-** oder **Drehkraft-Linie**.

Durch das Vorangehende ist die Drehkraftlinie für einen Zylinder ermittelt. Unter Voraussetzung kongruenter Diagramme entspricht jedem der 4 Zylinder eine solche Linie. Sie sind wegen der Kurbelanordnung und der Zündfolge in Fig. 213 um je 180° gegeneinander versetzt. Die algebraische Summierung der Ordinaten der 4 Linienzüge ergibt das resultierende Tangentialdruckdiagramm des ganzen 4 Zylinder-Motors. Da dieses für jede halbe Umdrehung gleich ist, braucht nur der Teil zwischen 0 und 180°

Kurbelwinkel in Fig. 218 wiedergegeben zu werden. In der gleichen Figur ist überdies die Linie des resultierenden Tangentialdruckes des ganzen 4 Zylinder-Motors eingetragen, für den Fall, daß die Maschine einen reibungsfreien Leerlauf bei geöffneten Ventilen macht, so daß nur die Trägheitskräfte der hin- und hergehenden Massen Tangentialdrücke ergeben.

Wird angenommen, daß die **Arbeits- und Reibungswiderstände** längs des ganzen **Kurbelzapfenweges konstant** seien, so ist die gesamte Widerstandsarbeit während der 4 Takte ($=2$ Umdrehungen oder Kurbelweg $2s\pi$) gleich der Diagrammarbeit in allen 4 Zylindern (Kolbenweg $4s$)

$$2\pi s \cdot w \cdot f = 4s \cdot p_i f$$

$$w = \frac{2 p_i}{\pi} = \frac{2 \cdot 7{,}7}{\pi} = 4{,}91 \ [\text{kg/qcm}],$$

wo w [kg/qcm] den Arbeits- und Reibungswiderstand, bezogen auf 1 qcm Kolbenfläche, bedeutet.

Dementsprechend ist die Linie des Arbeitswiderstandes in Fig. 218 eingetragen. Die Fläche oberhalb derselben ist Überschußarbeit und dient zur Beschleunigung der Schwungmassen; die Fläche unterhalb bedeutet Arbeitsmangel, und dieser ist seitens der lebendigen Kraft der Schwungmassen zu decken. Die letzteren haben, auf den Kurbelkreis reduziert, die Größe 6,76 [kg sek²/m] (Schwungrad) und 1,253 [kg sek²/m] (Kurbelwelle) und 0,87 [kg sek²/m] (4 Schubstangenköpfe vgl. 309), im ganzen 8,883 [kg sek²/m].

Aus dem Drehkraftdiagramm Fig. 218 folgt für die Überschußfläche: Basis 0,109 [m]; mittlere Höhe planimetriert: 4,98 [kg/qcm], also Überschußarbeit:

$$A = 0{,}109 \cdot (4{,}98 \cdot 113) = 61{,}3 \ [\text{kgm}].$$

Dies gilt für **Vollast**. Für **Leerlauf** ergibt sich ebenso nach Fig. 218 114,5 [kgm].

Die mittlere Umfangsgeschwindigkeit müßte streng genommen dynamisch korrekt erst ausgerechnet werden; denn es kann nur die Umlaufzahl **in einer bestimmten Kurbelstellung** gegeben werden; die in allen andern Stellungen ist dadurch dynamisch bestimmt und damit auch die mittlere — freilich erst nach längerer dynamischer Berechnung (vgl. 18. Kapitel). Zur Vereinfachung wird die gegebene Umdrehungszahl 1600 nach Radinger als mittlere angesehen und man erhält aus Gl. (162) für den Ungleichförmigkeitsgrad bei **Vollast**

$$\delta = \frac{A}{m v^2} = \frac{61{,}3}{8{,}883 \cdot 12{,}56^2} = \frac{1}{22{,}8},$$

§ 53. Drehung eines starren Körpers um eine feste Achse. 429

bei Leerlauf ohne Reibung und bei offenen Ventilen
$$\delta_0 = \frac{114,5}{8,883 \cdot 12,56^2} = \frac{1}{12,2}.$$

Die Maschine dreht sich also im Leerlauf weniger gleichförmig als bei Vollast, eine Folge der außerordentlich großen Trägheitskräfte der hin- und hergehenden Massen, die diese bei der sehr hohen Drehzahl äußern.

Bei langsamlaufender Maschine träfe das nicht zu. Bei sehr langsamem Gang können die Trägheitskräfte ganz vernachlässigt werden; bei steigender Umlaufzahl (aber stets bei gleichem Diagramm) werden die Trägheitskräfte die Drehkräfte gleichmäßiger machen. Bei sehr hoher Drehzahl wird die Drehkraftlinie durch den überwiegenden Einfluß der Trägheitskräfte wieder ungleichmäßiger, d. h. eine gewisse Drehzahl ist für den gleichförmigen Gang einer Maschine mit gegebenen Abmessungen und gegebenem Indikatordiagramm am günstigsten. Diese günstigste Drehzahl kann aber praktisch meist nicht angewandt werden, weil für die Wahl der Drehzahl andere Gründe, wie geringes Maschinengewicht bei großer Leistung, den Ausschlag geben und nicht allein die Rücksicht auf kleinstes Schwungradgewicht bei vorgeschriebenem Ungleichförmigkeitsgrad.

253. Rollbewegung von Rädern ohne und mit Rücksicht auf den Rollwiderstand. Wenn eine Lokomotive einen Bahnzug in Bewegung setzt, muß nicht allein die Masse des Zuges in fortschreitende Bewegung gebracht, es müssen vielmehr die Räder überdies in Drehung gesetzt werden. Die Bewegung verläuft nicht ganz so, wie wenn der ganzen Masse lediglich eine fortschreitende Bewegung erteilt würde.

Zur Einführung lösen wir folgende einfache Aufgabe. Ein starrer homogener Kreiszylinder vom Halbmesser r und vom Gewicht mg, der auf einer horizontalen Ebene aufruht, werde senkrecht zu seiner Achse von einer durch den Schwerpunkt des Zylinders gehenden Horizontalkraft P angegriffen. Man soll die Bewegung bestimmen, zuerst ohne und später mit Rücksicht auf den Rollwiderstand.

a) Auf einer vollkommen glatten Ebene bewegt sich der Zylinder wie ein Massenpunkt nach dem Schwerpunktssatz **235**. Denn es wirkt auf ihn nur das Eigengewicht mg, die Horizontalkraft P und der Normalwiderstand N der Horizontalebene; die zwei letzteren Kräfte heben sich gegenseitig auf. Eine Horizontalkraft zwischen Zylinder und Ebene ist dagegen nicht vorhanden. Daher wird, wenn P den Zylinderschwerpunkt in fortschreitende Bewegung setzt, weder eine Drehung des Zylinders eingeleitet, noch eine etwa schon bestehende Drehung verändert.

Beides wird aber auf einer **rauhen** Horizontalebene der Fall sein können. Die Bewegung wird dann im allgemeinen in einem **Rollen und Gleiten** des Zylinders auf der Ebene bestehen. Betrachten wir die Elementarbewegung in dt sek gemäß Fig. 219. In dt sek möge der Schwerpunkt C um ds fortschreiten und der Zylinderumfang sich um $r \cdot d\varphi$ weiterbewegen. Die Strecke $ds = BB''$ mag man sich vom Zylinder auf der Ebene aufgezeichnet denken; die Strecke $r \cdot d\varphi = BB'$ umgekehrt von der Ebene auf dem Zylinder, da sich ja beide berühren. Man kann sagen, die beiden Strecken BB' und BB'' seien miteinander **im Eingriff**. Sind nun diese elementaren Eingriffstrecken einander gleich, also

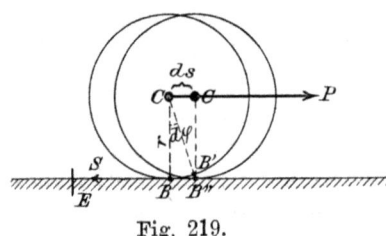

Fig. 219.

$$ds = r \cdot d\varphi \text{ oder } ds/dt = r \cdot d\varphi/dt,$$

so erfolgt offenbar zwischen Zylinder und Ebene keine Relativbewegung, kein Gleiten, sondern **reines Rollen**; die Bewegung ist gleichsam zwangläufig, wie wenn Zylinder und Ebene verzahnt wären. Ist dagegen

$$ds \gtreqless r \cdot d\varphi,$$

so findet gleichzeitig Gleiten und Rollen statt. Ist μ der Reibungskoeffizient der Bewegung, so ist der Tangentialwiderstand im Berührungspunkt B des Zylinders μmg.

Die in den Schwerpunkt verpflanzten Kräfte, die ein Fortschreiten desselben anstreben, sind die Horizontalkraft P und die Umfangsreibung μmg, daher hat man nach dem Schwerpunktssatz **235**:

$$P - \mu mg = m \cdot dv/dt.$$

Auf Beschleunigung oder Verzögerung der **Drehung** wirkt nur die Reibung μmg hin, weshalb nach Gl. (154) ist:

$$\Theta \cdot \frac{d\omega}{dt} = \mu \cdot mg \cdot r,$$

dabei ist v die augenblickliche Schwerpunktsgeschwindigkeit, ω die Winkelgeschwindigkeit der Drehung und Θ das Trägheitsmoment des Zylinders bezüglich der Drehachse. Beide Gleichungen können für sich integriert werden, und der wirkliche Bewegungszustand des Zylinders ist jederzeit durch Zusammensetzen der beiden Einzelbewegungen bestimmbar.

§ 53. Drehung eines starren Körpers um eine feste Achse.

Im Falle vollkommenen Rollens besteht zwischen beiden Bewegungen die kinematische Bedingung $ds = r \cdot d\varphi$ oder $v = r \cdot \omega$; daher ist

$$\frac{dv}{dt} = r \cdot \frac{d\omega}{dt} = \frac{P - \mu m g}{m} = \frac{\mu m g r^2}{\Theta},$$

woraus

$$P = \mu m g \left(1 + \frac{m r^2}{\Theta}\right) = \mu m g \left(1 + \frac{m}{m'}\right),$$

sofern $m' = \Theta/r^2$ die auf den Abstand r des Zylinders reduzierte Masse bedeutet. Die letzte Gleichung gibt denjenigen Wert von P an, den P höchstens annehmen darf, wenn der Zylinder nicht gleiten soll; μ bedeutet dabei den Haftreibungskoeffizienten, nicht mehr den Koeffizienten der Bewegungsreibung wie beim Gleiten.

Unterhalb der Gleitgrenze, wobei ebenfalls kein Gleiten stattfinden soll, sei der Tangentialwiderstand S; man hat dann ähnlich wie oben

$$\frac{dv}{dt} = r \cdot \frac{d\omega}{dt} = \frac{P - S}{m} = \frac{S r^2}{\Theta} = \frac{S}{m'};$$

hieraus folgt

$$S = \frac{m'}{m + m'} \cdot P$$

und damit

$$(m + m') \cdot dv/dt = P.$$

Die anfangs gestellte Frage kann jetzt, wenn man noch bedenkt, daß an Stelle des Zylinders ein Radkörper, dessen Drehachse eine Hauptträgheitsachse ist, treten kann, wie folgt beantwortet werden: Ein Radkörper, der senkrecht zu seiner Drehachse von einer durch den Schwerpunkt gehenden Horizontalkraft P angegriffen wird, führt eine reine Rollbewegung aus, wenn P einen gewissen von der Reibung (Adhäsion) und Masse abhängigen Wert nicht überschreitet; die Bewegung ist gleichförmig beschleunigt und die Beschleunigung kleiner, als wenn die ganze Masse nur eine Translationsbewegung ausführte. Die im Schwerpunkt vereinigte Masse erscheint infolge des Einflusses der rotierenden Masse vergrößert um die auf den Umfang des Rollkreises reduzierte rotierende Masse.

Für eine Lokomotive und analog für einen ganzen Eisenbahnzug ergibt sich

$$P = (M + \Sigma m') \cdot dv/dt,$$

wo M die Gesamtmasse und m' eine auf den Rollkreisumfang reduzierte Masse eines Radsatzes ist. Reine Rollbewegung bleibt die Vorbedingung der letzten Gleichung.

Ein Triebradsatz und ein Kuppelradsatz einer 3/6-gekuppelten Lokomotive mit 1,8 m Laufkreisdurchmesser haben ein Gewicht von 3,62 [t] und 2,51 [t] und zufolge Schwingungsversuch (**294**) ein Trägheitsmoment von 140 und 97,3 [kgmsek^2]. Die Triebwerksmassen erhöhen dasselbe auf 148 bzw. 98,2. Die auf den Laufkreisumfang reduzierten Massen sind demnach, da $m' = \Theta/r^2$ ist, $148/0,9^2 = 183$ bzw. 121 [kg sek^2/m] und für die drei gekuppelten Achsen $\Sigma m' = 183 + 121 + 121 = 425$. Die auf die Rollkreise reduzierten Massen aller Radsätze dürften $6 \div 7\,^0/_0$ der ganzen Lokomotivmasse sein.

b) Die in a) betrachtete Walze erfahre einen Rollwiderstand von der Größe $W = fmg/r$, wo f der sog. Koeffizient der rollenden Reibung ist. Die im Schwerpunkt angreifende Horizontalkraft sei P, dann bleibt als beschleunigende Kraft $P - W$. Die unter a) benützte Gleichung $(m + m') \cdot b = P$ gilt mit der Änderung, daß $P - W$ an Stelle von P tritt, also

$$P - W = P - fmg/r = (m + m') \cdot b.$$

Die Bewegung ist gleichförmig beschleunigt, nur ist die Beschleunigung ein wenig kleiner als unter a).

§ 54. Die Berechnung der Trägheitsmomente.

254. Flächenträgheitsmomente. Trägheitshalbmesser. Dieselben spielen, wie wir wissen, in der Festigkeitslehre eine wichtige Rolle. Multipliziert man jedes Element dF einer begrenzten ebenen Fläche F mit seinem Abstand y von einer beliebigen, in der Ebene der Fläche gezogenen Achse, so bezeichnet $\Sigma dF \cdot y$, wofür man auch setzen kann $F \cdot y_0$, unter y_0 den Abstand des Schwerpunktes der Fläche von der Achse verstanden, das Moment ersten Grades oder das statische Moment der Fläche F in Beziehung auf die angenommene Achse. Multipliziert man dagegen die Flächenelemente je mit den Quadraten ihrer Abstände y von der Achse und bildet $\Sigma dF \cdot y^2 = \Theta$, so nennt man dieses Moment das Moment zweiten Grades oder das Trägheitsmoment der Fläche F in Beziehung auf die gegebene Achse und, wenn man $\Theta = F \cdot r_0^2$ setzt, die Strecke r_0 den Trägheitshalbmesser der Fläche F in Beziehung auf die gleiche Achse.

Hätte man für die Flächenelemente dF die Abstände nicht von einer Achse, sondern von einem in der Ebene der Fläche beliebig gewählten Punkt O bestimmt, so würde man statt des axialen Trägheitsmomentes Θ das polare Trägheitsmoment Θ_0 in Beziehung auf den Punkt oder Pol O erhalten haben. Zieht man durch den Punkt O in der Ebene der Fläche F zwei auf-

§ 54. Die Berechnung der Trägheitsmomente.

einander senkrecht stehende Achsen, bezeichnet die Trägheitsmomente der Fläche F in Beziehung auf diese Achsen mit A und B, wobei $A = \Sigma dF \cdot y^2$ und $B = \Sigma dF \cdot x^2$, ferner mit ϱ den Abstand eines Elements dF der Fläche F von dem Punkt O, so hat man:

$$\varrho^2 = x^2 + y^2 \quad \text{und} \quad \Sigma dF \cdot \varrho^2 = \Sigma dF \cdot x^2 + \Sigma dF \cdot y^2$$

oder $\quad\Theta_0 = B + A.$

Man braucht daher nur die axialen Trägheitsmomente der Fläche F bezogen auf die durch O gezogenen, senkrecht aufeinander stehenden Achsen zu addieren, um das **polare Trägheitsmoment** in Beziehung auf den Punkt O zu erhalten. Weiter: Soll beispielsweise das Trägheitsmoment einer Kreisfläche, aus der ein Viereck herausgeschnitten ist, in Beziehung auf eine beliebige in der Ebene der Kreisfläche gezogene Achse bestimmt werden, so kann man zuerst $\Sigma dF \cdot y^2$ bilden für alle Elemente der Kreisfläche und hierauf die zu viel genommenen Produkte $dF \cdot y^2$, d. h. $\Sigma dF \cdot y^2$ für das Viereck, wieder in Abzug bringen. Damit ergibt sich das Trägheitsmoment der gegebenen Fläche als Differenz der Trägheitsmomente von Kreisfläche und Viereck.

Handelte es sich dagegen um das axiale Trägheitsmoment Θ eines I-Querschnittes F, der aus den Rechtecken F_1, F_2, F_3 zusammengesetzt ist, so ergibt sich Θ oder $\Sigma dF \cdot y^2$ für die ganze Fläche F, gleich $\Sigma dF \cdot y^2$ für die Fläche F_1 plus $\Sigma dF \cdot y^2$ für die Fläche F_2 plus $\Sigma dF \cdot y^2$ für die Fläche F_3, oder:

$$\Theta = \Theta_1 + \Theta_2 + \Theta_3.$$

In diesen zwei angeführten Fällen ist der Satz enthalten:

Es ist das Trägheitsmoment der Summe oder Differenz von Flächen in Beziehung auf eine Achse gleich der Summe, beziehungsweise Differenz der Trägheitsmomente der einzelnen Flächen bezogen auf dieselbe Achse.

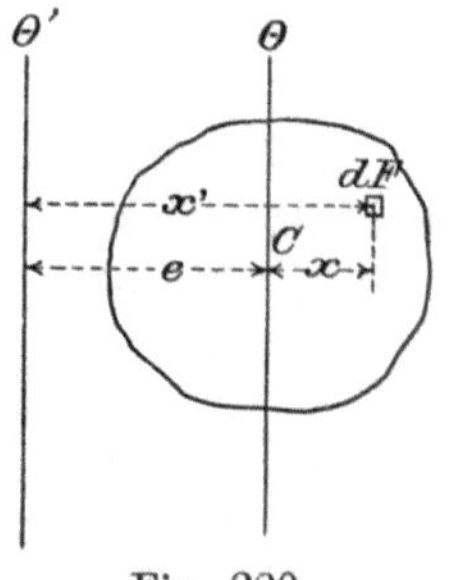

Ist Θ das Trägheitsmoment einer Fläche F bezogen auf eine durch ihren Schwerpunkt C gehende Achse und Θ' dasjenige auf eine zweite, der ersten im Abstand e parallel gezogene Achse (Fig. 220), so hat man

Fig. 220.

$$\Theta' = \Sigma dF \cdot x'^2 = \Sigma dF (x + e)^2 = \Sigma dF (x^2 + 2ex + e^2) =$$
$$= \Sigma dF \cdot x^2 + 2e \Sigma dF \cdot x + e^2 \Sigma dF.$$

Da aber $\Sigma dF \cdot x^2 = \Theta; \quad \Sigma dF \cdot x = x_0 \cdot F = 0; \quad \Sigma dF = F$, ist:

$$\Theta' = \Theta + F \cdot e^2, \quad \ldots \ldots \quad (165)$$

d. h.: Es ist das Trägheitsmoment einer Fläche bezogen auf eine in ihrer Ebene gelegene, aber nicht durch ihren Schwerpunkt gehende Achse, gleich dem Trägheitsmoment der Fläche bezogen auf die parallele Schwerpunktachse, vermehrt um das Produkt aus der Fläche und dem Quadrat des Abstandes der beiden Achsen.

Mit Hilfe der vorstehenden Sätze ist man imstande, die Trägheitsmomente beliebiger ebener Flächen zu bestimmen. So ergibt sich u. a. für ein Rechteck von den Seiten a und b als Trägheitsmoment in bezug auf eine durch den Schwerpunkt des Rechtecks parallel der Seite a gezogene Achse:

$$\Theta_a = \int_{-\frac{b}{2}}^{+\frac{b}{2}} a \cdot dy \cdot y^2 = \frac{1}{12} a b^3,$$

während das Trägheitsmoment in bezug auf eine der Seite b parallele Schwerpunktsachse

$$\Theta_b = \frac{1}{12} b a^3.$$

Für eine Kreisfläche vom Halbmesser r erhält man zunächst als polares Trägheitsmoment:

$$\Theta_0 = \sum_{\varrho=0}^{\varrho=r} dF \cdot \varrho^2 = \int_0^r (2\varrho \pi d\varrho) \cdot \varrho^2 = 2\pi \cdot \frac{r^4}{4} = \frac{r^4 \pi}{2}.$$

Da aber, wenn Θ das axiale Trägheitsmoment der Kreisfläche in Beziehung auf einen beliebigen Durchmesser,

$$\Theta_0 = \Theta + \Theta = 2\Theta, \text{ so ist } \Theta = \frac{\Theta_0}{2} = \frac{r^4 \pi}{4}.$$

255. Axiale Trägheitsmomente von Massen. Trägheitshalbmesser. Auch bei den Trägheitsmomenten von Massen kann man setzen, wie schon in **254** geschehen ist,

$$\Theta = \Sigma dm \cdot \varrho^2 = m \cdot r_0^2 \quad \ldots \ldots \quad (166)$$

wobei dann r_0 den Trägheitshalbmesser der Gesamtmasse m in bezug auf die gegebene Achse bezeichnet. Die Dimension des Trägheitsmomentes ist [kg m sek²].

Um das Trägheitsmoment der Masse eines homogenen Körpers in Beziehung auf irgendeine Achse zu erhalten, nehmen wir diese Achse als x-Achse eines rechtwinkligen Koordinatensystems an und zerlegen den Körper durch Ebenen senkrecht zur genannten x-Achse in lauter unendlich dünne Scheiben von der Dicke dx. Ist nun F

§ 54. Die Berechnung der Trägheitsmomente.

ein Querschnitt des Körpers senkrecht zur x-Achse oder die Basis einer solchen Scheibe und $\delta = \gamma/g$ die Dichte des Körpers, so hat man für das Trägheitsmoment der Scheibe in Beziehung auf die gegebene Achse

$$d\Theta_x = \Sigma dm \cdot \varrho^2 = \Sigma dF \cdot dx \cdot \delta \cdot \varrho^2 = \delta \cdot dx \Sigma dF \cdot \varrho^2 = \delta \cdot dx \Theta_0,$$

unter Θ_0 das polare Trägheitsmoment der Querschnittsfläche F in Beziehung auf den Durchschnittspunkt der gegebenen Achse und der Querschnittsebene verstanden. Damit erhält man dann als Trägheitsmoment der Masse des ganzen Körpers

$$\Theta_x = \delta \cdot \Sigma \Theta_0 \cdot dx.$$

Daß ähnlich wie bei den Flächen das Trägheitsmoment der Summe oder Differenz zweier Massen gleich der Summe, bzw. der Differenz der Trägheitsmomente der einzelnen Massen ist, folgt unmittelbar aus:

$$\Theta = \Sigma dm \cdot \varrho^2.$$

256. Reduktionssatz. Das Trägheitsmoment der Masse eines Körpers in Beziehung auf eine beliebige Achse ist gleich dem Trägheitsmoment der Masse bezogen auf die parallele Schwerpunktsachse, vermehrt um das Produkt aus der ganzen Masse und dem Quadrat des Abstandes der beiden Achsen.

Um diesen Satz zu beweisen, wollen wir (Fig. 221) zwei Koordinatensysteme mit parallelen Achsen annehmen, das eine mit dem Ursprung O, das andere mit dem Ursprung O'. Die Koordinaten

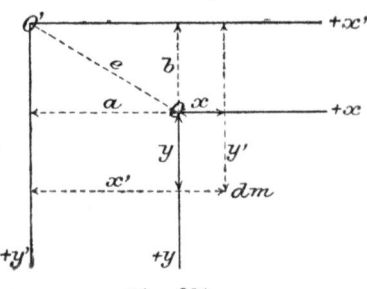

Fig. 221.

eines Massenelementes dm in Beziehung auf das erstere Koordinatensystem seien x, y, z, diejenigen in Beziehung auf das zweite System x', y', z', und a, b, c die Koordinaten des Ursprungs O in Beziehung auf das Koordinatensystem O'.

Man hat nun in bezug auf die z-Achse:

$$\begin{aligned}\Theta_z' &= \Sigma dm (x'^2 + y'^2) = \Sigma dm (x+a)^2 + \Sigma dm (y+b)^2 \\ &= \Sigma dm \cdot x^2 + a^2 \cdot \Sigma dm + 2a \cdot \Sigma dm \cdot x + \\ &\quad + \Sigma dm \cdot y^2 + b^2 \cdot \Sigma dm + 2b \cdot \Sigma dm \cdot y \\ &= \Sigma dm \cdot x^2 + \Sigma dm \cdot y^2 + (a^2 + b^2) m + 2a \Sigma dm \cdot x + 2b \Sigma dm \cdot y \\ &= \Sigma dm (x^2 + y^2) + e^2 \cdot m + 2a \cdot \Sigma dm \cdot x + 2b \cdot \Sigma dm \cdot y \\ &= \Theta_z + m \cdot e^2 + 2a \cdot m x_0 + 2b \cdot m y_0,\end{aligned}$$

436 Die Dynamik des materiellen Körpers. Drehung eines starren Körpers.

wobei x_0 und y_0 die Enfernungen des Schwerpunktes der Gesamtmasse m des gegebenen Körpers von der yz-Ebene bzw. der xz-Ebene des Koordinatensystems O. Im Falle die z-Achse durch diesen Schwerpunkt hindurchginge, wäre $x_0 = 0$ und $y_0 = 0$ und damit

$$\Theta_z' = \Theta_z + me^2 \quad \ldots \ldots \quad (167)$$

Es ist also der angegebene Satz bewiesen.

257. Rechtwinkliges Parallelepiped. Die Kantenlängen seien a, b, c. Um das Trägheitsmoment Θ_x des Parallelepipeds in Beziehung auf seine der Kante a parallele Schwerpunktsachse zu erhalten, setzen wir wieder

$$d\Theta_x = \Theta_0 \cdot dx \cdot \delta,$$

woraus $\quad \Theta_x = \Sigma \Theta_0 \cdot dx \cdot \delta = \Theta_0 \cdot \delta \Sigma dx = \Theta_0 \delta \cdot a$

$$= \delta \cdot a \left(\frac{1}{12} cb^3 + \frac{1}{12} b c^3 \right) = \frac{\delta a \cdot cb}{12} (c^2 + b^2) = \frac{m}{12} \cdot d^2,$$

unter d die Länge der Diagonale des Rechtecks cb verstanden.

258. Kreiszylinder. Reduzierte Masse. Wir wollen die Zylinderachse als die x-Achse des Koordinatensystems annehmen und den Ursprung des letzteren in der Mitte der Zylinderachse. Damit erhält man, wenn r der Halbmesser und l die Länge des Zylinders:

$$\Theta_x = \Sigma \Theta_0 \cdot dx \cdot \delta = \Theta_0 \cdot \delta \Sigma dx = \frac{r^4 \pi}{2} \cdot \delta \cdot l = \frac{r^2 \pi \cdot l \cdot \delta}{2} \cdot r^2 = \frac{m}{2} \cdot r^2.$$

Die auf den Halbmesser r des Zylinders reduzierte Masse m' ist daher gleich der halben Zylindermasse.

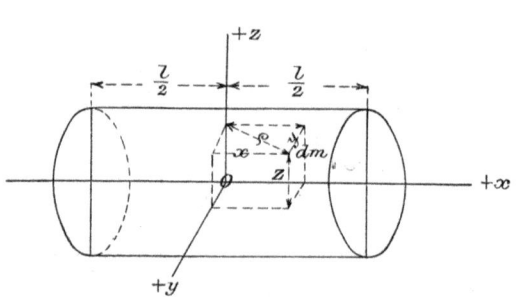

Fig. 222.

Um jetzt auch Θ_z zu erhalten, könnte man wieder den Zylinder durch Ebenen senkrecht zur z-Achse, also parallel der Zylinderachse, in rechteckige unendlich dünne Platten zerlegen, wir wollen aber die zur Bestimmung von Θ_x vorgenommene Einteilung in kreisförmige Scheiben beibehalten. Hierbei ergibt sich für das Trägheitsmoment eines Elementes dm der im Abstand x von der yz-Ebene angenommenen Scheibe

$$dm \cdot \varrho^2 = dm (x^2 + y^2) = dm \cdot x^2 + dm \cdot y^2$$

und daher für das Trägheitsmoment der ganzen Scheibe in Beziehung auf die z-Achse

$$d\Theta_z = \Sigma dm \cdot x^2 + \Sigma dm \cdot y^2 = x^2 \cdot F \cdot dx \cdot \delta + \delta \cdot dx \Sigma dF \cdot y^2$$

§ 54. Die Berechnung der Trägheitsmomente.

oder da $\Sigma dF \cdot y^2$ das Trägheitsmoment der Querschnittsfläche F in Beziehung auf die Durchschnittslinie der xz-Ebene mit der Querschnittsebene,

$$d\Theta_z = x^2 \cdot r^2 \pi \cdot dx \cdot \delta + \delta \cdot dx \cdot \frac{r^4 \pi}{4}.$$

Damit wird:

$$\Theta_z = \int_{x=-\frac{l}{2}}^{x=+\frac{l}{2}} x^2 \cdot r^2 \pi \cdot \delta \cdot dx + \int_{x=-\frac{l}{2}}^{x=+\frac{l}{2}} \delta \cdot dx \cdot \frac{r^4 \pi}{4} = \frac{r^2 \pi \cdot \delta \cdot l^3}{12} + \frac{r^4 \pi \cdot \delta \cdot l}{4}$$

$$= \frac{r^2 \pi \cdot l \cdot \delta}{12}(l^2 + 3r^2) = \frac{m}{12}(l^2 + 3r^2).$$

Ist der Zylinderhalbmesser r sehr klein gegen die Länge l des Zylinders, so kann $3r^2$ gegen l^2 vernachlässigt werden, womit man erhält

$$\Theta_z = \frac{ml^2}{12}.$$

259. Gerader Stab von konstantem Querschnitt. Bei der gleichen Annahme des Koordinatensystems wie beim Kreiszylinder, erhält man für das Trägheitsmoment des Stabes in bezug auf die Stabachse

$$\Theta_x = \Sigma \Theta_0 \cdot dx \cdot \delta = \Theta_0 \cdot \delta \cdot \Sigma dx = \Theta_0 \cdot \delta \cdot l,$$

wobei Θ_0 das polare Trägheitsmoment des Stabquerschnittes in Beziehung auf dessen Schwerpunkt und l die Länge des Stabes bedeutet.

Für die senkrecht auf der Stabachse stehende, durch die Mitte der Stablänge gehende z-Achse ergibt sich dagegen das Trägheitsmoment Θ_z wie oben beim Kreiszylinder aus

$$d\Theta_z = x^2 \cdot F \cdot \delta \cdot dx + \delta \cdot dx \cdot \Sigma dF \cdot y^2$$

und zwar wird, wenn man den Trägheitshalbmesser der Querschnittsfläche F in Beziehung auf die Durchschnittslinie der xz-Ebene mit der Querschnittsebene mit r_0 bezeichnet, also $\Sigma dF \cdot y^2 = F \cdot r_0^2$ setzt,

$$\Theta_z = \int_{x=-\frac{l}{2}}^{x=+\frac{l}{2}} x^2 \cdot F \cdot \delta \cdot dx + \int_{x=-\frac{l}{2}}^{x=+\frac{l}{2}} \delta \cdot dx \cdot F \cdot r_0^2$$

$$= \frac{F \cdot \delta \cdot l^3}{12} + F \cdot \delta \cdot r_0^2 \cdot l = F \cdot l \cdot \delta \left(\frac{l^2}{12} + r_0^2\right) = m\left(\frac{l^2}{12} + r_0^2\right).$$

Bei einem dünnen Stab kann man daher angenähert setzen:
$$\Theta_z = \frac{ml^2}{12}.$$

Das Trägheitsmoment in Beziehung auf eine Parallelachse durch das Stabende ist dann
$$\Theta_z' = \frac{ml^2}{12} + m \cdot \frac{l^2}{4} = \frac{ml^2}{3}.$$

Um die auf die Länge l reduzierte Masse m' zu erhalten, setzt man:
$$m' \cdot l^2 = \frac{ml^2}{3}, \quad \text{woraus } m' = \frac{m}{3}.$$

260. Kreiskegel. Um das Trägheitsmoment der Masse eines Kreiskegels in Beziehung auf die Kegelachse zu erhalten, wählen wir die letztere zur x-Achse des Koordinatensystems und die Kegelspitze zum Ursprung und bestimmen zunächst das Trägheitsmoment des in Fig. 223 angedeuteten abgestumpften Kegels von der Höhe $(x_2 - x_1)$. Für dasselbe ergibt sich:

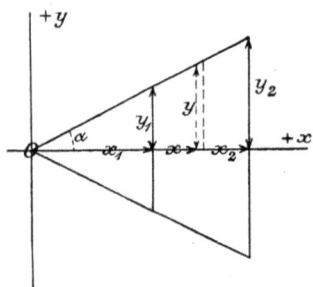

Fig. 223.

$$\Theta_x = \int_{x_1}^{x_2} \Theta_0 \cdot dx \cdot \delta = \int_{x_1}^{x_2} \frac{y^4 \pi}{2} \cdot dx \cdot \delta$$

oder da $x = y \cdot \cotg \alpha$ und damit $dx = dy \cdot \cotg \alpha$

$$\Theta_x = \int_{y_1}^{y_2} \frac{y^4 \pi}{2} \cdot dy \cdot \cotg \alpha \cdot \delta = \frac{\delta \cdot \pi \cotg \alpha}{2} \cdot \frac{y_2^5 - y_1^5}{5}.$$

Nun ist die Masse m des bezeichneten abgestumpften Kegels ausgedrückt durch:

$$m = \int_{y_1}^{y_2} \delta \cdot y^2 \pi \cdot dx = \int_{y_1}^{y_2} \delta \cdot y^2 \cdot \pi \cdot dy \cdot \cotg \alpha = \delta \cdot \pi \cdot \cotg \alpha \cdot \frac{y_2^3 - y_1^3}{3},$$

und demgemäß $\Theta_x = \frac{3}{10} \cdot m \cdot \frac{y_2^5 - y_1^5}{y_2^3 - y_1^3}$, woraus mit $y_2 = r$ und $y_1 = 0$, für den Kreiskegel, dessen Basis den Halbmesser r hat, sich ergibt

$$\Theta_x = \frac{3}{10} \cdot m \cdot r^2.$$

261. Kugel. Für das Trägheitsmoment Θ eines Kugelabschnittes (Fig. 224) in Beziehung auf die geometrische Achse desselben erhält man:

§ 54. Die Berechnung der Trägheitsmomente.   439

$$\Theta_x = \int_x^r \Theta_0 \cdot dx \cdot \delta = \int_x^r \frac{y^4 \pi}{2} \cdot dx \cdot \delta = \frac{\delta \cdot \pi}{2} \int_x^r (r^2 - x^2)^2 \cdot dx$$

$$= \frac{\delta \cdot \pi}{2} \int_x^r (r^4 - 2r^2 x^2 + x^4)\, dx = \frac{\delta \cdot \pi}{2} \left(r^4 x - \frac{2 r^2 x^3}{3} + \frac{x^5}{5} \right)_x^r = \frac{\delta \cdot \pi}{30}(8 r^5 - 15 r^4 x + 10 r^2 x^3 - 3 x^5)$$

und daher für die **Halbkugel** mit $x = 0$

$$\Theta_x = \frac{\delta \pi}{30} \cdot 8 r^5 = \frac{4 r^3 \pi}{3} \cdot \delta \cdot \frac{1}{5} r^2 = \frac{1}{5} m r^2.$$

Das Trägheitsmoment der **ganzen Kugel** in Beziehung auf einen Durchmesser ist somit:

$$\Theta_x = \frac{2}{5} m r^2$$

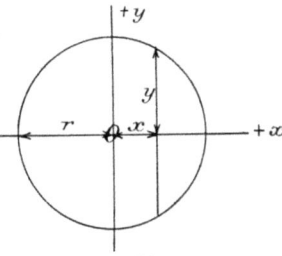

Fig. 224.

und die auf den Kugelhalbmesser r reduzierte Masse m'

$$m' = \frac{2}{5} m.$$

262. Ring. Nehmen wir zunächst einen Ring mit rechteckigem Querschnitt, denselben sehen wir als Differenz zweier Kreiszylinder an. Demgemäß hat man:

$$\Theta_r = \frac{1}{2}\left[(r+a)^4 \pi \cdot 2b - (r-a)^4 \pi \cdot 2 b\right] \cdot \delta = \delta b \pi 8 r a (r^2 + a^2)$$
$$= 4 a b \cdot 2 r \pi \cdot \delta (r^2 + a^2) = m (r^2 + a^2).$$

Handelt es sich um einen Ring mit elliptischem Querschnitt, so zerlegen wir den Ring durch Ebenen senkrecht zur Momentenachse (z-Achse) in unendlich dünne Scheiben und bestimmen das Trägheitsmoment einer solchen Scheibe, indem wir dieselbe als einen Ring von rechteckigem Querschnitt $2 x \cdot dz$ ansehen, entsprechend dem für einen solchen Ring soeben Gefundenen, womit

$$d\Theta_z = \delta \cdot 2 x \cdot dz \cdot 2 r \pi (r^2 + x^2).$$

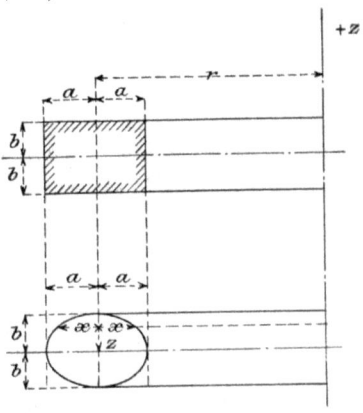

Fig. 225.

440 Die Dynamik des materiellen Körpers. Drehung eines starren Körpers.

Zwischen x und z besteht aber die Beziehung, wenn a und b die beiden Halbachsen des elliptischen Querschnittes

$$\frac{x^2}{a^2} + \frac{z^2}{b^2} = 1, \quad \text{womit} \quad dz = -\frac{b}{a} \cdot \frac{x\,dx}{\sqrt{a^2 - x^2}}.$$

Damit wird:

$$\Theta_z = \delta \cdot 4\,r\,\pi \cdot 2 \int_{z=0}^{z=b} x(r^2 + x^2) \cdot dz$$

$$= 8 \cdot \delta \cdot r\,\pi \left(-\frac{b}{a}\right) \int_{z=0}^{z=b} x(r^2 + x^2) \cdot \frac{x\,dx}{\sqrt{a^2 - x^2}}$$

$$= 8\,\delta\,r\,\pi \left(-\frac{b}{a}\right) \int_a^0 \frac{x^2(r^2 + x^2)}{\sqrt{a^2 - x^2}} \cdot dx = \frac{8\,\delta\,r\,\pi\,b}{a} \left(\frac{3\,a^2}{4} + r^2\right) \frac{a^2\,\pi}{4}$$

$$= 2\,r\,\pi \cdot a\,b\,\pi \cdot \delta \left(\frac{3\,a^2}{4} + r^2\right) = m\left(\frac{3\,a^2}{4} + r^2\right).$$

Ist a klein gegen r, so kann man bei den beiden Arten von Ringen angenähert setzen:

$$\Theta_z = m\,r^2.$$

also die Masse im Schwerpunktskreis des Ringes vereinigt annehmen.

§ 55. Die Hauptträgheitsmomente eines homogenen Körpers.

263. Trägheitsellipsoid. Es sei O der Ursprung eines rechtwinkligen Koordinatensystems und ON die Achse, auf die das Trägheitsmoment Θ der Masse m des homogenen Körpers bezogen werden soll; ferner bezeichnen wir die Winkel der Achse ON mit den positiven Zweigen der Koordinatenachsen mit α, β, γ und mit x, y, z die Koordinaten eines bei M gelegenen Elementes dm der Masse m. Fällt man nun von M das Lot MN auf die Achse ON, so wird

$$(MN)^2 = (OM)^2 - (ON)^2$$

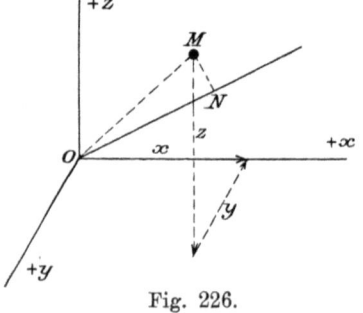

Fig. 226.

oder da ON als die Projektion des Streckenzuges x, y, z (Fig. 226) auf die Achse ON angesehen werden kann:

§ 55. Die Hauptträgheitsmomente eines homogenen Körpers.

$$(MN)^2 = (x^2 + y^2 + z^2) - (x\cos\alpha + y\cos\beta + z\cos\gamma)^2$$
$$= (x^2 + y^2 + z^2) \cdot (\cos^2\alpha + \cos^2\beta + \cos^2\gamma) -$$
$$- (x\cdot\cos\alpha + y\cdot\cos\beta + z\cdot\cos\gamma)^2$$
$$= (y^2 + z^2)\cos^2\alpha + (z^2 + x^2)\cos^2\beta + (x^2 + y^2)\cos^2\gamma -$$
$$- 2xy\cos\alpha\cdot\cos\beta - 2xz\cos\alpha\cdot\cos\gamma - 2yz\cos\beta\cos\gamma,$$

damit wird das Trägheitsmoment $d\Theta$ des Elementes dm in bezug auf die Achse ON:
$$d\Theta = dm(MN)^2,$$
woraus
$$\Theta = \cos^2\alpha \Sigma dm(y^2 + z^2) + \cos^2\beta \Sigma dm(z^2 + x^2)$$
$$+ \cos^2\gamma \Sigma dm(x^2 + y^2) - 2\cos\alpha\cdot\cos\beta \Sigma dm\cdot xy$$
$$- 2\cos\alpha \cos\gamma \Sigma dm\cdot xz - 2\cos\beta \cos\gamma \Sigma dm\cdot yz.$$

Die Ausdrücke
$$\Sigma dm(y^2 + z^2) = A; \quad \Sigma dm(z^2 + x^2) = B; \quad \Sigma dm(x^2 + y^2) = C \quad (168)$$
sind die Trägheitsmomente der Masse m bezogen auf die Koordinatenachsen und zwar A bezogen auf die x-Achse, B auf die y-Achse und C auf die z-Achse. Des weiteren pflegt man die Ausdrücke:
$$\Sigma dm\cdot yz = D; \quad \Sigma dm\cdot zx = E; \quad \Sigma dm\cdot xy = F \quad (169)$$
Zentrifugalmomente zu nennen. Mit diesen Bezeichnungen geht sodann die Gleichung für Θ über in:
$$\Theta = A\cos^2\alpha + B\cos^2\beta + C\cos^2\gamma - 2D\cos\beta\cdot\cos\gamma -$$
$$- 2E\cos\gamma\cos\alpha - 2F\cdot\cos\alpha\cos\beta.$$

Um jetzt zu erkennen, wie das Trägheitsmoment Θ sich ändert, wenn man die Momentenachse ON um O dreht, tragen wir auf dieser Achse von O aus jedesmal eine Länge $n = 1/\sqrt{\Theta}$ ab. Sind dann X, Y, Z die Koordinaten des Endpunktes P der von O ausgehenden Strecke n, so hat man:

$\cos\alpha = X\sqrt{\Theta}; \quad \cos\beta = Y\sqrt{\Theta}; \quad \cos\gamma = Z\sqrt{\Theta}$ und damit:
$$1 = AX^2 + BY^2 + CZ^2 - 2D\cdot YZ - 2E\cdot ZX - 2F\cdot XY \quad (170)$$

Das ist die Gleichung einer Fläche zweiten Grades, deren Mittelpunkt im Koordinatenursprung O liegt. Man kann die Fläche so um O drehen, daß die mit D, E, F behafteten Glieder verschwinden. Die neue Lage der Koordinatenachsen ist dadurch bestimmt, daß für diese Achsen
$$D = 0 \quad E = 0 \quad F = 0$$
ist, daß also für dieselben die Zentrifugalmomente verschwinden. Die Trägheitsmomente Gl. (168) erhalten für diese Achsen die, beiläufig bemerkt, positiven und reellen Werte A, B, C; sie sind, um Indizes zu vermeiden, wie oben bezeichnet, obwohl die Zahlen-

werte jetzt andere sind. Bezeichnet man auch die Koordinaten des gedrehten Systems wieder mit X, Y, Z, so lautet die Gleichung der Fläche zweiten Grades jetzt:

$$1 = A \cdot X^2 + B \cdot Y^2 + C \cdot Z^2 \quad \ldots \ldots \quad (171)$$

Da die Werte A, B, C positiv reell sind, so gehört die Fläche einem Ellipsoid an mit den Halbachsen $1/\sqrt{A}$; $1/\sqrt{B}$; $1/\sqrt{C}$. Man nennt dieses Ellipsoid das **Trägheitsellipsoid** des Körpers für den Punkt O, ferner seine drei aufeinander senkrecht stehenden Achsen die **Hauptachsen** und die auf letztere bezogenen Trägheitsmomente die **Hauptträgheitsmomente**. Die Hauptachsen sind dadurch gekennzeichnet, daß für sie die Zentrifugalmomente Null sind. Unter den Hauptträgheitsmomenten befindet sich das größte und das kleinste, weil der größten Achse des Trägheitsellipsoides das kleinste Trägheitsmoment und der kleinsten Achse das größte Trägheitsmoment entspricht.

Macht man die Hauptachsen zu Koordinatenachsen und sind die Hauptträgheitsmomente A, B, C eines Körpers für einen Punkt O gegeben, so erhält man das Trägheitsmoment Θ in bezug auf eine beliebige durch O gehende Achse, die mit den Hauptachsen die Winkel α, β, γ bildet, indem man in Gl. (171) rückwärts $X = \cos\alpha / \sqrt{\Theta}$, usf. einsetzt; es ergibt sich

$$\Theta = A \cdot \cos^2 \alpha + B \cdot \cos^2 \beta + C \cdot \cos^2 \gamma.$$

Der Bezugspunkt O kann ein beliebiger Körperpunkt sein. Es genügt jedoch und ist auch am übersichtlichsten, unter O den Schwerpunkt zu verstehen. Die Form der Gl. (170) und (171) wird dadurch nicht geändert.

Dasjenige Trägheitsellipsoid, das den Schwerpunkt des Körpers zum Mittelpunkt hat, heißt das **Zentralellipsoid**. Seine Achsen sind die **Schwerpunktshauptachsen**.

In einem geometrisch einfachen Körper haben auch die Trägheitshauptachsen eine geometrisch einfach angebbare Lage.

Hat der Körper eine Symmetralebene und wir nehmen diese als yz-Ebene des Koordinatensystems, so entspricht jedem positiven Produkt $dm \cdot x \cdot z$ ein ebenso großes negatives und jedem $+dm \cdot xy$ ein ebenso großes $-dm \cdot xy$. Es ergibt sich daher

$$E = \Sigma dm \cdot xz = 0 \quad \text{und} \quad F = \Sigma dm \cdot xy = 0$$

und als Gleichung des Trägheitsellipsoides

$$1 = AX^2 + BY^2 + CZ^2 + D \cdot YZ.$$

Diese Gleichung des Ellipsoides zeigt aber, daß die x-Achse des Koordinatensystems mit einer Achse des Ellipsoids zusammenfällt und daß die yz-Ebene die beiden anderen Achsen enthält. Mit anderen Worten: Hat ein Körper eine Symmetralebene, in der der Punkt O angenommen wird, so liegen in dieser Ebene zwei der Hauptachsen des Körpers für den Punkt O, während die dritte derselben in O auf der Symmetralebene senkrecht steht.

§ 56. Lagerdrücke eines rotierenden Körpers.

264. Ermittlung der Lagerdrücke eines rotierenden Körpers. Freie Achsen. Ein starrer Körper von beliebiger Gestalt sei in A' und A'' drehbar gelagert und besitze überdies in A' ein Spurlager zur Aufnahme einer Axialkraft. Der Körper werde von den Kräften $P_1 P_2 P_3 \ldots$ angegriffen und drehe sich um die Achse $A'A''$. Wir fragen: Welche Drücke erfahren die Stützpunkte A' und A'' von seiten des rotierenden Körpers? Oder auch: Welches sind die diesen Stützendrücken entgegengesetzt gleichen Stützenwiderstände, die von den Stützpunkten auf den Körper ausgeübt werden. Hauptsächlich soll gefragt werden, unter welchen Umständen die Massen des rotierenden Körpers keine Wirkung auf die Lager ausüben, woran sich der Begriff der „freien Achse" und eine Erörterung des Ausgleiches rotierender Massen anschließen wird.

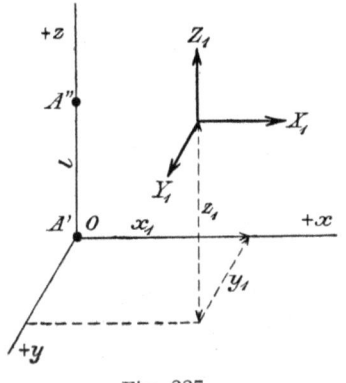

Fig. 227.

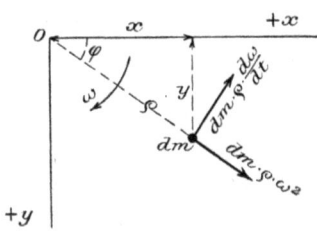

Fig. 228.

Man kann die Fragen mit Hilfe des d'Alembertschen Prinzipes beantworten und hat zu diesem Zweck den Körper durch Hinzufügen der Trägheitskräfte seiner sämtlichen Massenelemente ins Gleichgewicht zu setzen, worauf aus den Gleichgewichtsbedingungen für die Kräfte und Momente die Stützenwiderstände W' und W'' zu bestimmen sind. (Fig. 227 und 228).

Wir nehmen den Stützpunkt A' als Ursprung und die Drehachse $A'A''$ als die z-Achse eines rechtwinkligen Koordinatensystems an, bezeichnen den Abstand $A'A''$ mit l und die Koordinaten der Angriffspunkte der gegebenen Kräfte P_i mit $x_i y_i z_i$; des weiteren mit $X_i Y_i Z_i$ die Komponenten von P_i nach den Koordinatenachsen und mit $X'Y'Z'$; $X''Y''Z''$ die Komponenten von W' und W'' nach diesen Achsen; damit die Lagerung statisch bestimmt bleibt, ist nur in A' ein „Spurlager" angenommen, weshalb $Z' \gtreqless 0$, dagegen $Z'' = 0$.

Ein Massenelement dm des Körpers, das sich im Punkt xyz oder im Abstand ϱ von der z-Achse befinde, beschreibt bei der Drehung des Körpers um die z-Achse einen Kreis vom Halbmesser ϱ; die Trägheitskraft von dm zur Zeit t setzt sich daher zusammen aus der entgegengesetzten Tangentialkraft $dm\varrho\dot\omega$ und aus der Zentrifugalkraft $dm\varrho\omega^2$, wenn ω die Winkelgeschwindigkeit und $\dot\omega = d\omega/dt$ die Winkelbeschleunigung zur Zeit t bedeuten. Außer den gegebenen Kräften P_i greifen an dem Körper die Lagerwiderstände an, die man an ihm nach Entfernen der Lager angebracht denkt. Fügt man noch an allen Massenelementen dm die d'Alembertschen Trägheitskräfte: Zentrifugalkraft und entgegengesetzte Tangentialkraft hinzu, so ist der Körper im Gleichgewicht; es gelten die Gleichgewichtsbedingungen für die Komponenten und für die Momente. Erstere lauten

$$\left.\begin{aligned}\Sigma X_i + \Sigma(dm\varrho\omega^2\cos\varphi + dm\varrho\dot\omega\sin\varphi) + X' + X'' &= 0 \\ \Sigma Y_i + \Sigma(dm\varrho\omega^2\sin\varphi - dm\varrho\dot\omega\cos\varphi) + Y' + Y'' &= 0 \\ \Sigma Z_i \qquad\qquad\qquad\qquad\qquad\qquad\qquad + Z' \quad &= 0\end{aligned}\right\} \quad (172)$$

Die Summierung erstreckt sich über den ganzen Körper hin, wobei ω und $\dot\omega$ als konstant anzusehen sind und vor die Summenzeichen treten dürfen. Bezeichnet man die Koordinaten des Körperschwerpunktes mit $x_0 y_0 z_0$ und die ganze Körpermasse mit m und berücksichtigt (**37**)

$$\Sigma dm\,x = m x_0 \quad \text{und} \quad \Sigma dm\,y = m y_0,$$

so gehen die obigen Gleichungen über in

$$\left.\begin{aligned}\Sigma X_i + m x_0 \omega^2 + m y_0 \dot\omega + X' + X'' &= 0 \\ \Sigma Y_i + m y_0 \omega^2 - m x_0 \dot\omega + Y' + Y'' &= 0 \\ \Sigma Z_i \qquad\qquad\qquad\qquad + Z' \quad &= 0\end{aligned}\right\} \quad \ldots \quad (172a)$$

Von den drei Momentengleichungen lautet die um die x-Achse:

$$\Sigma(Z_i y_i - Y_i z_i) + \Sigma(dm\varrho\dot\omega\cos\varphi - dm\varrho\omega^2\sin\varphi)z - Y''l = 0$$

wofür nach Gl. (10), nach dem vorhin Bemerkten, und mit

$$\Sigma dm\,zx = E \quad \text{und} \quad \Sigma dm\,yz = D$$

(vgl. **263**) erhalten wird:

$$\left.\begin{aligned}M_x + \dot\omega E - \omega^2 D - Y''l &= 0 \\ M_y + \dot\omega D + \omega^2 E + X''l &= 0 \\ M_z + \dot\omega \cdot \Theta_z \qquad\qquad &= 0\end{aligned}\right\} \quad \ldots \quad (173)$$

Ebenso erhält man mit $\Sigma dm\varrho^2 = \Theta_z$

§ 56. Lagerdrücke eines rotierenden Körpers. 445

In diesen 6 Gleichungen sind D, E die Zentrifugal- oder Deviationsmomente und Θ_z das Trägheitsmoment für die Z-Achse, das sind geometrisch bestimmte Größen. Aus der letzten Momentengleichung folgt die Winkelbeschleunigung $\dot\omega$ und durch Integrieren die Winkelgeschwindigkeit ω. Damit liefern die beiden vorhergehenden Gleichungen X'' und Y'' und die drei Komponentengleichungen die Werte $X'Y'Z'$.

Von technischem Interesse ist der Sonderfall des **von aktiven äußeren Kräften freien Körpers**, an dem $\Sigma X_i = \Sigma Y_i = \Sigma Z_i = 0$ und $M_x = M_y = M_z = 0$. Der solcherart kräftefreie Drehkörper dreht sich der letzten Momentengleichung zufolge gleichförmig; mit $\dot\omega = 0$ folgen die Lagerwiderstände aus den Gleichungen

$$\left.\begin{aligned} mx_0\omega^2 + X' + X'' &= 0 \\ my_0\omega^2 + Y' + Y'' &= 0 \\ D\cdot\omega^2 + Y''l &= 0 \\ E\cdot\omega^2 + X''l &= 0 \end{aligned}\right\} \quad \ldots\ldots (174)$$

Wie man sieht, können die Zentrifugalkräfte eines rotierenden Körpers Lagerdrücke hervorrufen, nämlich wenn $x_0 \gtreqless 0$ und $y_0 \gtreqless 0$, d. h. wenn der Schwerpunkt außerhalb der Drehachse liegt, der Körper also exzentrisch auf der Drehachse steckt. Aber selbst wenn der Schwerpunkt auf der Drehachse liegt, d. h. wenn $(x_0 = y_0 = 0)$ und eine resultierende Zentrifugalkraft nicht auftritt [vgl. Gl. (174)], können doch noch Lagerdrücke entstehen und zwar infolge des Moments, das die Zentrifugalkräfte der einzelnen Massenelemente liefern können. Soll also die Zentrifugalkraft gar keine Lagerdrücke zur Folge haben, oder wie man zu sagen pflegt, sollen die **Zentrifugalkräfte am rotierenden Körper vollständig ausgeglichen**, die rotierenden Massen vollständig „ausbalanciert" sein, so dürfen die Zentrifugalkräfte nicht nur keine Resultante, sondern auch kein Moment haben. In diesem Fall ist das Lager von der Wirkung der Zentrifugalkräfte vollständig entlastet, es ist $X' = X'' = Y' = Y'' = 0$, unter den zwei Bedingungen

1. $x_0 = y_0 = 0$, 2. $D = E = 0$.

Gemäß der ersten Bedingung muß die Drehachse durch den Schwerpunkt gehen, gemäß der zweiten muß sie mit einer Hauptträgheitsachse zusammenfallen (vgl. **263**). Beide zusammen verlangen, daß die von Lagerdrücken vollständig entlastete Drehachse eine **Schwerpunkts-Hauptachse** sei. Deren gibt es nach **263** im allgemeinen in jedem Körper drei, man nennt sie „freie Achsen"; rotiert der Körper um eine derselben, so haben die Lager dieser Achsen,

446 Die Dynamik des materiellen Körpers. Drehung eines starren Körpers.

wenigstens seitens der Zentrifugalkräfte, keine Drücke auszuhalten; man könnte in diesem Fall die Lager ganz weglassen. Ob die Rotation um eine freie Achse auch stabil ist, muß besonders entschieden werden. (Vgl. 275.) Wegen der experimentellen Prüfung des Ausgleiches rotierender Massen vgl. 302.

265. Fundamentalaufgabe des Ausgleichs der Drehmassen einer Lokomotivkurbelachse. Beispiel: Fig. 229.

An einer Stirnkurbel mit Halbmesser r_a befindet sich eine Masse m_a, die aus der exzentrischen Masse der Kurbel (270) und dem rotierenden Anteil der Schubstangenmasse (309 u. 310) besteht. Die Masse m_a soll durch zwei in den Radebenen 11 und 22 anzubringende Ausgleichsmassen m_1 und m_2 in den Entfernungen r_1 und r_2 ausbalanciert werden.

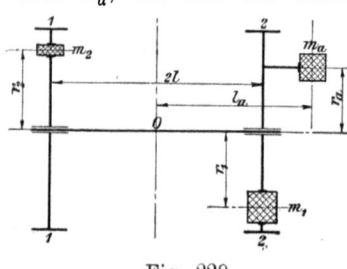

Fig. 229.

Alle drei Massen liegen in einer Ebene. Die Zentrifugalkraft derselben darf weder eine Resultante noch ein Moment haben, weshalb die folgenden 2 Gleichungen erfüllt sein müssen:

$$m_a r_a \omega^2 + m_2 r_2 \omega^2 = m_1 r_1 \omega^2,$$

was nach Wegheben des gemeinsamen Faktors ω (Winkelgeschwindigkeit) die Bedingung des Gewichtsausgleiches der drei Massen um die durch O gehende Radachse darstellt. Die Momentengleichung der Zentrifugalkräfte um O lautet:

$$m_a r_a \omega^2 l_a = m_1 r_1 \omega^2 l + m_2 r_2 \omega^2 l.$$

Aus den beiden Gleichungen folgt zur Bestimmung der zwei gesuchten Massen:

$$m_1 = m_a \frac{r_a}{r_1} \frac{l_a + l}{2l}; \qquad m_2 = m_a \frac{r_a}{r_2} \frac{l_a - l}{2l}.$$

In derselben Weise ist für jede weitere nicht ausgeglichene Drehmasse zu verfahren.

Liegt die auszugleichende Masse m_i innerhalb der beiden Räder im Abstand r_i von der Radachse und im Abstand l_i von der Vertikalen durch 0, so ergibt sich ebenso:

$$m_1 = m_i \frac{r_i}{r_1} \frac{l + l_i}{2l}; \qquad m_2 = m_i \frac{r_i}{r_2} \frac{l - l_i}{2l}.$$

Die in eine Radebene fallenden Ausgleichsgewichte werden schließlich durch ein resultierendes Ausgleichsgewicht ersetzt. An gekröpften Kurbeln können die mit der Kurbel umlaufenden Massen durch zwei Gegengewichte ganz oder teilweise ausgeglichen werden, die der Kurbel gegenüber an beiden Armen angebracht werden; bei Lokomotiven werden solche Gegengewichte an den Kurbelarmen nicht verwendet; die Ausgleichsmassen werden vielmehr ausschließlich in die Radebene verlegt.

Mit rotierenden Massen kann man nur ebenfalls rotierende Massen ausgleichen, nicht aber hin- und hergehende. Über den Ausgleich hin- und hergehender Massen vgl. § 68.

§ 57. Die Zentrifugalkräfte rotierender Körper.

266. Die Resultante und das Moment der Zentrifugalkräfte. In **264** wurde ein Körper betrachtet, der um eine beliebige festgelagerte Achse sich ungleichförmig dreht; es zeigte sich, daß die Lager Drücke auf die Achse ausüben müssen, wenn die Massenpunkte Kreisbahnen beschreiben sollen, oder wie man in diesem Fall meist zu sagen pflegt (S. 325), daß die Zentrifugalkräfte des rotierenden Körpers Lagerdrücke hervorrufen; diese können in einer Resultante und einem Moment bestehen. Man kann dabei z. B. an eine Lokomotivkurbelachse denken, an der die Massen der Kurbeln, Gegengewichte und ein Bruchteil der Schubstangenmasse (**310**) als rotierend anzusehen sind. Wir betrachten jetzt lediglich eine gleichförmige Rotation und fragen nach der Größe der Zentrifugalkraft und nach ihrem Angriffspunkt, sowie nach ihrem Moment; das sind Werte, die man z. B. braucht, wenn man die Gegengewichte zu bestimmen und in den Triebrädern unterzubringen hat. Die Zentrifugalkräfte sind, wie die

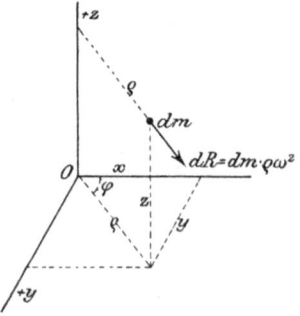

Fig. 230.

Gewichte, Massenkräfte, d. h. der Masse proportionale Kräfte.

Wir machen die Drehachse zur z-Achse eines rechtwinkligen xyz-Koordinatensystemes, ein Massenelement dm eines Drehkörpers (Fig. 230) mit den Koordinaten xyz befinde sich im Abstand $\varrho = \sqrt{x^2 + y^2}$ von der Drehachse und rotiere mit der gleichförmigen Winkelgeschwindigkeit ω. Vom Gewicht werde abgesehen. Die Zentrifugalkraft von dm ist

$$dR = dm \cdot \varrho \cdot \omega^2.$$

Ihre Komponenten nach den drei Achsen sind

$$dX = dm \cdot \varrho \cdot \omega^2 \cdot \cos \varphi = dm \cdot x \cdot \omega^2$$
$$dY = dm \cdot \varrho \cdot \omega^2 \cdot \sin \varphi = dm \cdot y \cdot \omega^2$$
$$dZ = 0$$

448 Die Dynamik des materiellen Körpers. Drehung eines starren Körpers.

Von sämtlichen Massenelementen, d. h. vom ganzen Körper gehen also folgende Komponenten der Zentrifugalkraft aus:

$$\left.\begin{array}{l}X = \Sigma dm \cdot x \cdot \omega^2 = \omega^2 \cdot \Sigma dm \cdot x = \omega^2 \cdot m \cdot x_0 \\ Y = \Sigma dm \cdot y \cdot \omega^2 = \omega^2 \cdot \Sigma dm \cdot y = \omega^2 \cdot m \cdot y_0\end{array}\right\} \quad . \quad . \ (175)$$

wobei x_0 und y_0 die Koordinaten des Schwerpunktes der rotierenden Masse sind. Z ist Null. Die Resultante der Zentrifugalkraft $R = \sqrt{X^2 + Y^2} = m \cdot \omega^2 \sqrt{x_0^2 + y_0^2} = m \cdot \omega^2 \cdot \varrho_0$, ergibt sich daher genau so, als ob die ganze Masse des rotierenden Körpers im Schwerpunkt vereinigt wäre; sie kann daher sehr einfach berechnet werden.

Um den Angriffspunkt der Zentrifugalkraft zu finden, bezeichnen wir dessen Koordinaten mit $x'y'z'$ und schreiben die Momente der Zentrifugalkräfte um die drei Kordinatenachsen an. Da die Zentrifugalkraft eines jeden Massenelementes die Drehachse schneidet, so besitzt sie kein Moment um die Drehachse; um die z-Achse ist also das Moment der Zentrifugalkräfte Null; man erhält demnach, da in dem gesuchten Punkt $x'y'z'$ die Komponenten X und Y angreifen:

$$\left.\begin{array}{l}Y \cdot z' = \Sigma dm \cdot y \cdot \omega^2 \cdot z = \omega^2 \Sigma dm \cdot y \cdot z = \omega^2 \cdot D \\ X \cdot z' = \Sigma dm \cdot x \cdot \omega^2 \cdot z = \omega^2 \Sigma dm \cdot z \cdot x = \omega^2 \cdot E \\ 0 = Y \cdot x' - X \cdot y' = \Sigma dm \cdot y \omega^2 \cdot x - \Sigma dm \cdot x \omega^2 \cdot y \\ = \omega^2 F - \omega^2 \cdot F\end{array}\right\} (176)$$

wobei DEF die durch Gl. (169) definierten Zentrifugalmomente sind. Die letzte der drei Gleichungen bestätigt das unmittelbar vorher Gesagte.

Für die Koordinaten des gesuchten Angriffspunktes der Zentrifugalkraft erhält man aus diesen drei Gleichungen:

$$\left.\begin{array}{l}x' = \dfrac{\omega^2 F}{Y} = \dfrac{\omega^2 \cdot F}{\omega^2 \cdot m \cdot y_0} = \dfrac{F}{m y_0} \\ y' = \dfrac{\omega^2 F}{X} = \dfrac{\omega^2 \cdot F}{\omega^2 \cdot m \cdot x_0} = \dfrac{F}{m x_0} \\ z' = \dfrac{\omega^2 E}{X} = \dfrac{\omega^2 D}{Y} = \dfrac{E}{m x_0} = \dfrac{D}{m y_0}\end{array}\right\} \quad . \ . \ . \ . \ (177)$$

Die Zentrifugalkraft greift also im allgemeinen nicht im Schwerpunkt an, vielmehr in einem Punkt, den wir in den nächsten Abschnitten für einige praktisch vorkommende Fälle bestimmen werden.

267. Besondere Fälle.

1. Nehmen wir an, der rotierende Körper habe eine Symmetralebene, die durch die Drehachse, also die z-Achse, hindurchgehe

§ 57. Die Zentrifugalkräfte rotierender Körper. 449

und die xz-Ebene des Koordinatensystems bilde, dann heben sich die normal zur Symmetralebene gerichteten Komponenten dY der Zentrifugalkräfte $dR = dm \cdot \varrho \omega^2$ gegenseitig auf, so daß nur die Komponenten dX übrig bleiben; ferner ist nach einer Bemerkung auf S. 442 $F = \Sigma dm \cdot xy = 0$ und $D = \Sigma dm \cdot yz = 0$; auch ist $y_0 = 0$. Es ist daher in diesem Falle die Resultante R der Zentrifugalkräfte ausgedrückt durch:

$$R = X = m x_0 \omega^2$$

und deren Lage bestimmt durch

$$z' = \frac{\Sigma dm \cdot xz}{m x_0} = \frac{E}{m x_0}.$$

2. Unter Umständen reduzieren sich die Kräfte dX auf ein **Kräftepaar**. Dieser Fall tritt ein, wenn die Drehachse durch den Schwerpunkt des Körpers hindurchgeht, also $x_0 = 0$ ist und überdies $\Sigma dm \cdot xz$ nicht $= 0$; man hat dann $R = 0$ und $z' = \infty$. Wäre jedoch außer $x_0 = 0$ auch $\Sigma dm \cdot xz = 0$, so ergäbe sich $z' = \frac{0}{0}$ und $R = 0$, es würden sich die Zentrifugalkräfte aufheben.

3. Hätte der um die z-Achse sich drehende Körper eine **Symmetralebene senkrecht zur Drehachse**, so könnte man diese Symmetralebene zur xy-Ebene wählen, dann würde

$$\Sigma dm \cdot xz = 0 \quad \text{und} \quad \Sigma dm \cdot yz = 0,$$

also $\qquad z' = 0.$

Da aber der Schwerpunkt des Körpers in der Symmetralebene liegen muß, hat man auch $z_0 = 0$. Es gibt daher im vorliegenden Falle eine resultierende Zentrifugalkraft und diese geht durch den Schwerpunkt des Körpers hindurch.

4. Handelt es sich um einen Körper mit einer **geraden Achse** (Achse, d. i. Verbindungslinie der Schwerpunkte der einzelnen Querschnitte), die der Drehachse parallel ist, so wird man zur Bestimmung der Größe z' den Körper durch Ebenen senkrecht zur Drehachse, also parallel der xy-Ebene des Koordinatensystems, in unendlich dünne Scheiben zerlegen und zunächst für eine solche Scheibe von der Dicke dz und der Basis F, die sich im Abstand z von der xy-Ebene befindet, die Ausdrücke $\Sigma dm \cdot xz$ und $\Sigma dm \cdot yz$ festsetzen. Indem man sodann die Fläche F durch Gerade parallel der y-Achse in unendlich schmale Streifen $b \cdot dx$ einteilt, erhält man für die betrachtete Scheibe des Körpers, wenn δ die Dichte des Körpers

$$\Sigma dm \cdot x \cdot z = \Sigma (b \cdot dx \cdot dz \cdot \delta) \cdot x \cdot z = \delta \cdot z \cdot dz \Sigma b \cdot dx \cdot x$$
$$= \delta \cdot z \cdot dz \cdot F \cdot x_0 = x_0 \cdot (F \cdot dz \cdot \delta) z$$

und daher für den ganzen Körper durch nochmalige Summation

$$\Sigma\Sigma dm \cdot x \cdot z = \Sigma x_0 (F \cdot dz \cdot \delta) z = x_0 \Sigma dm \cdot z = x_0 \cdot m \cdot z_0,$$

wobei z_0 der Abstand des Schwerpunktes des Körpers von der xy-Ebene. Damit wird

$$z' = \frac{\Sigma dm \cdot xz}{m x_0} = \frac{m x_0 \cdot z_0}{m x_0} = z_0.$$

Es geht also auch hier die resultierende Zentrifugalkraft durch den Schwerpunkt des Körpers hindurch.

268. Zentrifugalkraft einer materiellen ebenen Fläche. Wir wollen annehmen, daß die gegebene Fläche F eine Symmetralachse besitze, die die Drehachse in dem Punkt A unter dem Winkel α schneide, ferner, daß die Ebene der Fläche F senkrecht stehe auf der durch die Symmetralachse AS von F und der Drehachse AB gelegten Ebene. Fig. 231 zeigt die gegebene Fläche F in der Umklappung in die letztgenannte Ebene.

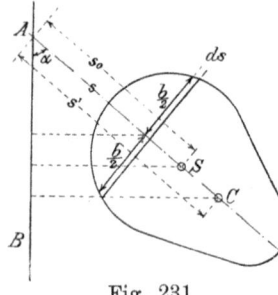

Fig. 231.

Indem man die Fläche F durch Gerade senkrecht zur Symmetralachse AS in unendlich schmale Streifen vom Inhalt $b \cdot ds$ zerlegt, erhält man für jeden solchen Flächenstreifen eine in der Ebene BAS wirkende, senkrecht auf der Drehachse stehende Zentrifugalkraft

$$dR = b \cdot ds \cdot s \cdot \sin \alpha \cdot \omega^2 \quad \ldots \ldots \quad (178)$$

Alle diese Zentrifugalkräfte dR setzen sich zusammen zu einer Resultanten, deren Größe:

$$R = F \cdot s_0 \cdot \sin \alpha \cdot \omega^2,$$

wobei s_0 den Abstand des Schwerpunktes S der Fläche F vom Punkte A bedeutet.

Um nun auch die Lage dieser resultierenden Zentrifugalkraft, beziehungsweise ihren auf der Symmetralachse AS gelegenen Angriffspunkt C im Abstand s' von A zu erhalten, schreiben wir die Momentengleichung um den Punkt A an:

$$R \cdot s' \cdot \cos \alpha = \Sigma b \cdot ds \cdot s \cdot \sin \alpha \cdot \omega^2 \cdot s \cdot \cos \alpha$$

oder $\quad s' \cdot F s_0 \cdot \sin \alpha \cdot \omega^2 \cdot \cos \alpha = \omega^2 \cdot \sin \alpha \cdot \cos \alpha \Sigma b \cdot ds \cdot s^2,$
woraus

$$s' = \frac{\Sigma b \cdot ds \cdot s^2}{F s_0} = \frac{\Theta'}{F s_0} = \frac{\Theta + F s_0^2}{F s_0} = s_0 + \frac{F r_0^2}{F s_0} = s_0 + \frac{r_0^2}{s_0},$$

§ 57. Die Zentrifugalkräfte rotierender Körper.

unter Θ das Trägheitsmoment und unter r_0 den Trägheitshalbmesser der Fläche F in Beziehung auf eine durch den Schwerpunkt S von F senkrecht zu AS gezogene Achse verstanden.
Es ist also

$$SC = \frac{\Theta}{Fs_0} = \frac{Fr_0^2}{Fs_0} = \frac{r_0^2}{s_0} \quad \ldots \ldots \quad (179)$$

Mit s' ist der Angriffspunkt C der Zentrifugalkraft R bestimmt. Dieser Punkt C ist, wie wir sehen, der **Schwingungsmittelpunkt** der Fläche F für die Aufhängeachse A (letztere senkrecht zur Ebene SAB, also in der Ebene von F gelegen) (vgl. **290**).

269. Zentrifugalkraft eines Körpers von gerader Achse. Die geometrische Achse des Körpers schneide die Drehachse im Punkte A (Fig. 232). Ferner sei die durch diese beiden Achsen gehende Ebene **Symmetralebene** des Körpers.

Wir zerlegen den Körper durch Ebenen senkrecht zu seiner Achse in lauter scheibenförmige Elemente.

Für eine solche Scheibe im Abstand s von A ist die Zentrifugalkraft zufolge Gl. (178)

$$dR = F \cdot u \cdot \sin(90^\circ - \alpha) \cdot \delta \cdot ds \cdot \omega^2$$
$$= F \cdot ds \cdot \delta \cdot x \omega^2 = dm \cdot x \omega^2 \, .$$

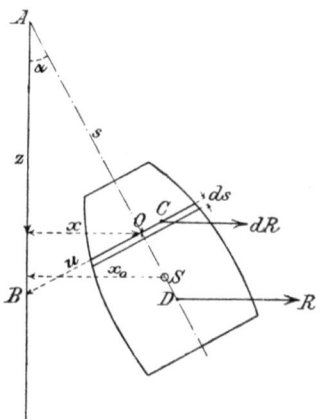

Fig. 232.

Diese senkrecht zur Drehachse AB gerichtete, in der Ebene SAB wirkende Kraft greift die Querschnittsfläche F im Schwingungsmittelpunkt C von F für die Aufhängeachse B ($\perp$ zur Ebene SAB) an. Die resultierende Zentrifugalkraft ist dann:

$$R = \Sigma dm \cdot x \cdot \omega^2 = m x_0 \omega^2 \, .$$

Um jetzt auch die **Lage** der in der Symmetralebene des Körpers und senkrecht zur Drehachse AB wirkenden Resultanten R zu bekommen, schreiben wir die Momentengleichung um den Punkt A an:

$$R \cdot z' = \Sigma dR \, (z - \overline{OC} \cdot \sin \alpha)$$

oder auch nach Einsetzung der Werte von R und dR und mit Berücksichtigung, daß nach Gl. (179):

$$OC = \frac{\Theta}{Fu} = \frac{r_0^2}{u} \, ,$$

(unter Θ das Trägheitsmoment, unter r_0 den Trägheitshalbmesser der Querschnittsfläche F, bezogen auf eine durch den Schwerpunkt O von F gehende, senkrecht auf der Ebene SAB stehende Achse und unter u den Abstand OB verstanden):

$$mx_0\omega^2 \cdot z' = \Sigma F \cdot ds \cdot \delta \cdot x\omega^2 \cdot z - \Sigma F \cdot ds \cdot \delta \cdot x\omega^2 \cdot \frac{r_0^2}{u} \cdot \sin\alpha$$

oder $\quad mx_0 z' = \Sigma F \cdot ds \cdot \delta \cdot x \cdot z - \Sigma F \cdot ds \cdot \delta \cdot \cos\alpha \cdot r_0^2 \cdot \sin\alpha$.

Schneidet die Kraft R die geometrische Achse AS des Körpers in D und bezeichnet man AD mit s', so geht die letzte Gleichung, da

$$x_0 = s_0 \cdot \sin\alpha \quad \text{und} \quad z' = s' \cdot \cos\alpha$$

über in:

$$m \cdot s_0 \cdot \sin\alpha \cdot s' \cdot \cos\alpha =$$
$$= \Sigma F \cdot ds \cdot \delta \cdot s \cdot \sin\alpha \cdot s \cdot \cos\alpha - \Sigma F \cdot ds \cdot \delta \cdot \cos\alpha \cdot r_0^2 \cdot \sin\alpha$$

oder $\quad m \cdot s_0 \cdot s' = \Sigma F \cdot \delta \cdot s^2 \cdot ds - \Sigma F \cdot \delta \cdot r_0^2 \cdot ds$

oder $\quad m s_0 s' = \Sigma F \cdot \delta \cdot s^2 \cdot ds - \Sigma \delta \cdot \Theta \cdot ds$.

Handelt es sich um einen homogenen Körper von konstantem Querschnitte F und der Länge l, bei dem die obere Endfläche im Abstand a vom Punkte A sich befindet, so ergibt sich, da nunmehr auch Θ und r_0^2 konstant sind:

$$F \cdot l \cdot \delta \cdot s_0 \cdot s' = F \cdot \delta \int_a^{a+l} s^2 \cdot ds - F \cdot \delta \cdot r_0^2 \int_a^{a+l} ds$$

oder $\quad l \cdot s_0 \cdot s' = \dfrac{(a+l)^3 - a^3}{3} - r_0^2 \cdot l$

und mit $a = 0$:

$$l \cdot \frac{l}{2} \cdot s' = \frac{l^3}{3} - r_0^2 \cdot l, \quad \text{woraus} \quad s' = \frac{2}{3}l - 2 \cdot \frac{r_0^2}{l}.$$

Bei einem dünnen Stab ist $2 \cdot \dfrac{r_0^2}{l}$ klein gegenüber $\dfrac{2}{3}l$, man kann daher hier annäherungsweise setzen:

$$s' = \frac{2}{3}l.$$

270. Praktische Bestimmung der Zentrifugalkraft eines homogenen Körpers, der eine durch die Drehachse gehende Symmetralebene besitzt. Wir nehmen die Symmetralebene als Bildebene an. Man zerlegt den Körper durch Ebenen BB senkrecht zur Drehachse AA in einzelne Scheiben, bestimmt für jede Schnittebene BB den Inhalt F und Schwerpunkt O der betreffenden Schnittfläche, mißt die Abstände x der Schwerpunkte O von der Drehachse und

§ 58. Drehung eines starren Körpers um eine beliebige, bewegliche Achse. 453

berechnet die Produkte $F \cdot x = \eta$, trägt hierauf die η als Ordinaten zu den Abszissen z auf und verbindet die Endpunkte der Ordinaten η durch eine stetige Linie, dann gibt der Inhalt f der von dieser Linie sowie von der Abszissenachse (Drehachse) gebildeten Fläche, mit $\delta \cdot \omega^2$ multipliziert, die Größe der gesuchten Zentrifugalkraft R des gegebenen Körpers an, desgleichen muß die auf der Drehachse senkrecht stehende Zentrifugalkraft R durch den Schwerpunkt S' der Fläche f hindurchgehen, wodurch auch die Lage von R bestimmt ist. Der Beweis hierfür ist folgender:

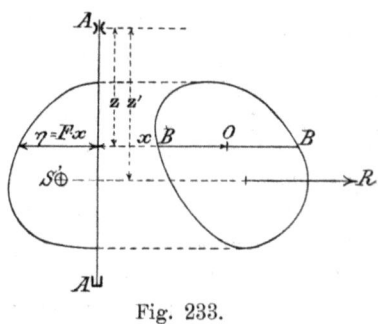

Fig. 233.

Man hat $R = \Sigma F \cdot dz \cdot \delta \cdot x \omega^2 = \delta \omega^2 \Sigma \eta \cdot dz = \delta \omega^2 \Sigma df = \delta \omega^2 \cdot f$;
des weiteren: $R \cdot z' = \Sigma F \cdot dz \cdot \delta \cdot x \omega^2 \cdot z = \delta \omega^2 \Sigma df \cdot z = \delta \omega^2 \cdot f \cdot z_0$
oder $\qquad \delta \omega^2 \cdot f \cdot z' = \delta \omega^2 \cdot f \cdot z_0; \quad z' = z_0$.

Handelt es sich jetzt um die Zentrifugalkraft eines Stabes von gerader Achse und konstantem Querschnitt, dessen Endflächen nicht normal auf der Stabachse, sondern senkrecht auf der Drehachse stehen, so kann hier die Stabachse zugleich als Linie der η dienen, worauf die Trapezfläche $B_1 O_1 O_2 B_2 = f$ mit $F \cdot \delta \omega^2$ multipliziert die Größe der Zentrifugalkraft R des Stabes liefert und der Schwerpunkt S' des genannten Trapezes, durch den R hindurchgehen muß, die Lage von R bestimmt.

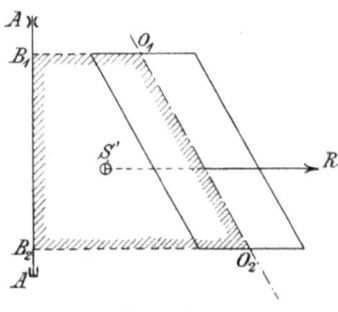

Fig. 234.

Ist der Stab verhältnismäßig lang, so fällt der Umstand, daß im zuletzt betrachteten Falle die Endflächen des Stabes nicht normal zur Stabachse angenommen sind, nur wenig ins Gewicht, es kann daher auch das eben Gefundene für den normal abgeschnittenen Stab als angenähert gültig angesehen werden.

§ 58. Drehung eines starren Körpers um eine beliebige, bewegliche Achse, als Teilaufgabe der allgemeinen Bewegung eines starren Körpers.

271. Moment der Bewegungsgröße. Drall. Zeitliche Änderung des Dralles. Beispiele für eine allgemeine Bewegung eines Körpers bilden die Bewegung eines Langgeschosses, eines Aeroplanes, eines Weltkörpers. Der Schwerpunkt dieser Körper macht eine fortschreitende und der Körper selbst überdies eine drehende oder schwankende Bewegung. Soll ein Versuch gemacht werden, über diese verwickelte Bewegung Klarheit zu gewinnen, so wird man für die erste Betrachtung vereinfachende Annahmen machen müssen. Einmal sei der bewegte Körper starr, damit man nicht auf die Arbeit der elastischen Kräfte, auf elastische Schwingungen einzugehen hat. Sodann soll es zulässig sein, den Zusammenhang zwischen dem Bewegungszustand des umgebenden Mediums und dem bewegten Körper zu vernachlässigen. Tatsächlich wird ein solcher vorhanden sein. Der bewegte Körper setzt die umgebende Luft unter Druck und in wirbelnde oder wellenartige Bewegung, von der die Größe des Luftwiderstandes abhängen wird. Soll man aber bei der Untersuchung der gestellten Aufgabe sowohl den Bewegungszustand des Körpers als auch den der Luft und beide in ihrer gegenseitigen Abhängigkeit ins Auge fassen, so wird die Aufgabe viel zu kompliziert. Es sei daher angenommen, der Luftwiderstand bestehe aus einer Einzelkraft, die durch den Schwerpunkt des bewegten Körpers gehe, und aus einem Moment, und beide seien voneinander unabhängige Funktionen der Zeit, seien also nicht vom augenblicklichen Bewegungszustand des Mediums abhängig. Auch die sonstigen äußeren Kräfte mögen eine Resultante und ein Moment von dieser Art haben. Unter der genannten Voraussetzung wird man die fortschreitende Bewegung des Schwerpunkts nach dem Schwerpunktssatz verfolgen können und die gleichzeitig stattfindende Drehung um den Schwerpunkt unabhängig hiervon nach einem jetzt abzuleitenden Verfahren. Jede der beiden Bewegungen verläuft so, als ob die andere gar nicht vorhanden wäre. Vgl. S. 413 oben.

Demgemäß wird im folgenden von der fortschreitenden Bewegung des Schwerpunktes abgesehen und lediglich auf die Drehung des Körpers um eine durch den Schwerpunkt O gehende Achse geachtet. Ein Geschoß dreht sich um seine eigene Achse, während diese letztere gleichzeitig ihre Richtung ändert. Die Elementarbewegung der ihre Richtung ändernden Drehachse kann innerhalb dt [sek] als eine Drehung um eine Achse aufgefaßt werden, die senkrecht steht auf der Ebene, in der sich die Achse augenblicklich bewegt. Wir haben im Abschn. 229 gesehen, daß sich diese zweifache Drehung durch eine einzige resultierende Drehung um eine durch O gehende Momentanachse ersetzen läßt. Man wird stets imstande sein, eine irgendwie beschaffene schwankende Bewegung eines Körpers um seinen fest gedachten Schwerpunkt O

§ 58. Drehung eines starren Körpers um eine beliebige, bewegliche Achse. 455

als eine Folge von momentanen Drehungen des Körpers um eine durch O gehende Drehachse anzusehen.

Wir betrachten also von jetzt ab lediglich die Bewegung des Körpers um seinen festliegend gedachten Schwerpunkt unter dem Einfluß äußerer (eingeprägter) Momente. Ähnlich wie in 247 fragen wir nach dem Zusammenhang zwischen dem Bewegungszustand zur Zeit t_0 und zur Zeit t einerseits und der zeitlichen Wirkung der Momente anderseits. Für kurze stoßartige Wirkungen hat man den Bewegungsverlauf in dt sek ins Auge zu fassen.

Der Körper sei auf ein raumfestes, rechtwinkliges xyz-Koordinatensystem bezogen, dessen Ursprung im Körperschwerpunkt liege. Die Elementarbewegung um die durch den Schwerpunkt gehende Momentanachse erfolge mit der Winkelgeschwindigkeit ω, deren Komponenten längs der x-, y-, z-Achse ω_x, ω_y, ω_z seien. Der Körper sei aus Massenelementen bestehend gedacht, etwa aus Parallelepipeden, und wenn nötig, an der Oberfläche aus Tetraedern. An einem Massenelement im Innern des Körpers wirken (vgl. 235) — abgesehen von äußeren Kräften, wie Eigengewicht oder der Masse proportionalen Anziehungs- oder Abstoßungskräften — innere Kräfte, die mit dem hinzugedachten Trägheitswiderstand im Gleichgewicht sind. An einem Massenelement der Körperoberfläche können dagegen eine Oberflächenkraft (äußere Kraft des Körpers) und innere Kräfte angreifen, die beide zusammen mit dem Trägheitswiderstand des Massenelementes wieder ein Gleichgewichtssystem bilden. Da nunmehr lauter Gleichgewichtssysteme einzelner Massenelemente vorliegen, so ist das Moment der genannten äußeren und inneren Kräfte sowie der Trägheitswiderstände in bezug auf den Schwerpunkt gleich Null. Das Moment der paarweise auftretenden und einander entgegengesetzt gleichen inneren Kräfte ist aber am ganzen Körper für sich gleich Null; es bleibt also nur das Moment der äußeren Kräfte und Trägheitswiderstände übrig, die miteinander im Gleichgewicht sind. Dieses Moment haben wir aber für einen Massenpunkt, als den wir ein Massenelement ansehen dürfen, schon in 188 abgeleitet. Wir haben also nur noch die zu den einzelnen Massenelementen gehörigen Momente über den ganzen Körper zu summieren, und erhalten, wenn dm die Masse eines Massenelementes ist und wenn $M_x = \Sigma M_{xi}$; $M_y = \Sigma M_{yi}$; $M_z = \Sigma M_{zi}$ ($i = 1, 2, 3, \ldots$) die Komponenten des resultierenden Momentes aller äußeren Kräfte bedeuten und wenn im übrigen die Bezeichnungen von 188 und Fig. 166 benützt werden, nach Gl. (140).

$$M_x = \int \frac{d}{dt} dm \cdot (v_z \cdot y - v_y \cdot z)$$

und analoge Gleichungen für die y- und z-Achse.

Die Integration ist über den ganzen Körper zu erstrecken, wobei t als Konstante zu behandeln ist; es wird:

$$M_x = \frac{d}{dt} \int dm \cdot (v_z \cdot y - v_y \cdot z) \quad \ldots \ldots (180)$$

Bevor die Integration ausgeführt wird, müssen wir uns an die Bedeutung des hinter dem Integral stehenden Ausdruckes erinnern. Aus der Herleitung in 188 ist ersichtlich, daß er nichts anderes ist, als das auf die x-Achse projizierte Moment der Bewegungsgröße von dm. Das Integral ist die algebraische Summe der auf die x-Achse projizierten Momente der Bewegungsgröße des ganzen Körpers, zu welcher Summe jedes Massenelement dm einen Beitrag liefert; das Integral kann daher als das auf die x-Achse projizierte Gesamtmoment D_x der Bewegungsgröße des starren Körpers bezeichnet werden. Das Moment der Bewegungsgröße hat, bezogen auf die im Raum festliegende x-Achse die Komponente

$$D_x = \int dm \, (v_z \cdot y - v_y \cdot z) \quad \ldots \ldots (181)$$

oder mit Gl. (147)

$$D_x = \int dm \cdot (\omega_x y^2 - \omega_y xy - \omega_z zx + \omega_x z^2)$$
$$= \int dm \cdot (y^2 + z^2) \omega_x - \int dm \cdot xy \, \omega_y - \int dm \cdot zx \, \omega_z \quad \ldots (181\,\mathrm{a})$$

Hierin ist das erste Integral zufolge (168) das Trägheitsmoment Θ_x des Körpers in bezug auf die x-Achse, die beiden anderen Integrale die Zentrifugalmomente Θ_{xy} und Θ_{zx}. Damit erhält man folgende Ausdrücke für die Komponenten des Momentes der Bewegungsgröße oder — nach Föppl — des Dralles:

$$\left.\begin{array}{l} D_x = \Theta_x \cdot \omega_x - \Theta_{xy} \cdot \omega_y - \Theta_{zx} \cdot \omega_z \\ D_y = \Theta_y \cdot \omega_y - \Theta_{yz} \cdot \omega_z - \Theta_{xy} \cdot \omega_x \\ D_z = \Theta_z \cdot \omega_z - \Theta_{zx} \cdot \omega_x - \Theta_{yz} \cdot \omega_y \end{array}\right\} \quad \ldots (182)$$

Die Dimension des Dralles oder des Momentes der Bewegungsgröße ist [kg m sek]; er ist ein Vektor wie das Moment einer Kraft, was wir aus der unten stehenden Gl. (186) noch deutlicher sehen können. Der Drallvektor hat den Absolutwert

$$D = \sqrt{D_x^2 + D_y^2 + D_z^2} \quad \ldots \ldots (183)$$

er erweist sich bei der Untersuchung der Drehung von Körpern und Systemen als eine außerordentlich wichtige Hilfsgröße. Mit Benützung von Gl. (181) schreibt sich Gl. (180)

$$M_x = \frac{dD_x}{dt}; \quad M_y = \frac{dD_y}{dt}; \quad M_z = \frac{dD_z}{dt} \quad \ldots (184)$$

§ 58. Drehung eines starren Körpers um eine beliebige, bewegliche Achse. 457

$M_x M_y M_z$ sind die Projektionen des resultierenden Momentes $M = \sqrt{M_x^2 + M_y^2 + M_z^2}$ der äußeren Kräfte, die am Körper angreifen. dD_x, dD_y, dD_z die Projektionen des Zuwachses dD, den der Drall D in dt sek erfährt. Stellen wir uns vor, der Drallvektor D oder mit der üblichen Schreibweise der Vektoren, $\mathfrak{D}$, sei zu Anfang und zu Ende des Intervalles dt sek aus seinen Komponenten $D_x D_y D_z$ konstruiert und habe den Wert $\mathfrak{D}_0$ und $\mathfrak{D}_1$; dann ist $d\mathfrak{D}$ die Änderung des Dralles in dt sek nach Größe und Richtung und wir haben, wenn man die Strecken $\mathfrak{D}_0$, $\mathfrak{D}_1$, $d\mathfrak{D}$ aufzeichnet, geometrisch die gleiche Sachlage wie bei der Geschwindigkeitsänderung $d\mathfrak{v}$ in dt sek, die nach Fig. 289 die geometrische Differenz der Geschwindigkeitsvektoren $\mathfrak{v}_0$ und $\mathfrak{v}_1$ zu Anfang und zu Ende von dt sek ist, wobei $d\mathfrak{v}$ die Komponenten dv_x, dv_y, dv_z nach drei raumfesten x, y, z Achsen hat, Gl. (127). Auch das resultierende Moment M der äußeren Kräfte ist eine gerichtete Größe $\mathfrak{M}$ und man kann kurz schreiben:

$$\mathfrak{M} = d\mathfrak{D}/dt \quad \ldots \ldots \ldots (185)$$

womit der wichtige Zusammenhang des durch Gl. (181) definierten Dralles mit der geläufigen Größe des Momentes der äußeren Kräfte ausgedrückt ist. Unter der zeitlichen Änderung des Dralles $d\mathfrak{D}/dt$ ist die Änderung gegenüber einem ruhenden Raum gemeint, man hat sie schon die absolute Drallgeschwindigkeit genannt, mit welcher Ausdrucksweise Gl. (185) in Worten so lautet: **Die absolute Drallgeschwindigkeit (d. h. die Geschwindigkeit der Spitze des Drallvektors) ist gleich dem Moment der äußeren Kräfte.**

Die Bedeutung des Dralles und sein vektorieller Charakter geht aus den gleichwertigen Gl. (184) und (185) hervor, die sich in Komponenten- bzw. in Vektorform darstellen. Schreibt man $d\mathfrak{D} = \mathfrak{M} \cdot dt$ und integriert, so folgt

$$\mathfrak{D} = \int \mathfrak{M} \cdot dt \quad \ldots \ldots \ldots (186)$$

das Integral genommen zwischen t und t_0. Die analogen Gleichungen in Komponentenform lauten:

$$D_x = \int M_x \cdot dt; \quad D_y = \int M_y \cdot dt; \quad D_z = \int M_z \cdot dt \ . \ . \ (187)$$

Das Integral gleicht dem schon bekannten Antrieb oder Impuls einer Kraft $\int P \cdot dt$; wir werden das Integral Gl. (186) daher als den Antrieb oder Impuls eines Kraftmomentes bezeichnen, kurz als das **Antriebs- oder Impulsmoment der beschleunigenden Kräfte**. In ihm haben wir die zeitliche Wirkung eines Momentes während der Zeit $t - t_0$ zu erblicken. Hierin liegt dann auch die physikalische Bedeutung des Dralles: Der Drall oder das Moment der Bewegungsgröße eines starren Körpers ist gleich dem Impulsmoment der beschleunigenden Kräfte. Damit sind wir im Besitz des gesuchten Maßstabes für die zeitliche Wirkung eines beschleunigenden Momentes.

Nun ist $\mathfrak{M} \cdot dt$ ein mit einer richtungslosen skalaren Größe dt multiplizierter Momentvektor und das ist eben wieder ein Momentvektor; denn durch die Multiplikation mit einer richtungslosen skalaren Größe ändert sich der vektorielle Charakter nicht, ebensowenig durch die Integration. Ist demnach $\int \mathfrak{M} dt$ ein Vektor, so muß auch der Drall $\mathfrak{D}$ zufolge Gl. (186) ein solcher sein.

Wirken gar keine äußeren Kräfte bzw. Momente auf den Körper ein, so ist für den kräftefreien Körper die Drallgeschwindigkeit Null $d\mathfrak{D}/dt = 0$, d. h. der Drall konstant ($\mathfrak{D}$ = konst).

Ein kräftefreier Drehkörper mag also um seinen Schwerpunkt in ganz beliebiger Weise rotieren unter gleichzeitigen Schwankungen der Drehachse, es gibt immer eine gegenüber dem raumfesten Bezugssystem unveränderliche Achse des konstanten Drallvektors und senkrecht darauf eine unveränderliche Ebene (invariable Achse und Ebene); ist der Drall in irgendeinem Augenblick bekannt, so ist auch die invariable Achse oder Gerade bekannt.

Was die Stellung der Achse des Drallvektors betrifft, so fällt sie im allgemeinen weder mit der Achse der resultierenden Winkelgeschwindigkeit, mit anderen Worten der momentanen Drehachse des Körpers, noch mit einer ausgezeichneten geometrischen Achse des letzteren zusammen; vgl. S. 467.

Der Ausdruck für den Drallvektor Gl. (182) und (183) ist kompliziert, was nicht verwunderlich ist, da der Vorgang der Drehung eines Körpers oder eines Systems um seinen Schwerpunkt auch kompliziert ist. Er wird aber bedeutend einfacher, wenn die geometrischen Hauptachsen, die Hauptträgheitsachsen, gerade mit den raumfesten xyz-Achsen zusammenfallen[1]), und noch einfacher, wenn der Körper nur um eine Hauptachse rotiert. Im ersteren Fall verschwinden in Gl. (182) die Zentrifugalmomente, und die Trägheitsmomente werden zu Hauptträgheitsmomenten A, B, C in bezug auf die x, y, z-Achse; man erhält für die Komponenten des Dralles nach den Hauptträgheitsachsen in dem Augenblick, wo diese mit den raumfesten Bezugsachsen zusammenfallen:

$$\left. \begin{array}{l} D_x = A\omega_x, \quad D_y = B\omega_y, \quad D_z = C\omega_z \\ D = \sqrt{(A\omega_x)^2 + (B\omega_y)^2 + (C\omega_z)^2} \end{array} \right\} \quad . \quad (187a)$$

---

[1]) Schärfer ausgedrückt: wenn man den Drall auf die im Körper festen Hauptträgheitsmomente bezieht. Vgl. Anm. S. 464.

§ 58. Drehung eines starren Körpers um eine beliebige, bewegliche Achse. 459

und in dem einfachsten Fall, wenn die Drehung um eine der Hauptachsen erfolgt, z. B. um die x-Achse, so daß $\omega_x > 0$, $\omega_y = \omega_z = 0$:
$$D = D_x = A\omega_x \quad \ldots \ldots \quad (187\,\mathrm{b})$$

Über die gegenseitige Lage der Achse des Dralles, der Momentenachse und der geometrischen Hauptachsen ist das Erforderliche auf S. 467 bemerkt.

Sollen die Kraftwirkungen angegeben werden, die ein Radsatz eines schnellfahrenden Wagens beim gleichförmigen Durchfahren einer Kurve oder bei der plötzlichen Ablenkung durch eine Unebenheit des Bodens erfährt, so genügen dazu die Gl. (182) und (186) in Verbindung mit dem, was zu Gl. (187a) und (187b) bemerkt wurde. Wir werden jedoch die erste Aufgabe in ganz elementarer Weise in **280** behandeln.

Zusatz: Die am Anfang dieses Abschnittes benützte Momentengleichung läßt sich mit Hilfe von einer Art Polarkoordinaten auf eine Form bringen, die man als **Flächensatz des starren Körpers** bezeichnet. Wir knüpfen damit an den Flächensatz der ebenen Bewegung eines Massenpunktes Gl. (131a) an. Das Moment der Bewegungsgröße eines starren Körpers um die z-Achse lautet nach Gl. (182) oder (187)
$$D_z = \int dm\,(v_y \cdot x - v_x \cdot y).$$

Projizieren wir den Massenpunkt dm auf die xy-Ebene und sei r_x die Länge des Fahrstrahles vom Schwerpunkt (Koordinatenanfang) zu dem projizierten Punkt und φ der Winkel zwischen den Richtungen von r_x und x, so ist $x = r_x \cos\varphi$; $y = r_x \sin\varphi$; $dx = -r_x \sin\varphi \cdot d\varphi$; $dy = r_x \cos\varphi \cdot d\varphi$; $v_y = dy/dt$; $v_x = dx/dt$, daher $(x \cdot v_y - y \cdot v_x) = (r_x \cos\varphi \cdot r_x \cos\varphi \cdot d\varphi + r_x \sin\varphi \cdot r_x \sin\varphi \cdot d\varphi)/dt = r_x^2\,d\varphi/dt$.

Nun ist $r_x^2 \cdot d\varphi/dt$ nach Gl. (131) in **180** die doppelte Flächengeschwindigkeit des Fahrstrahles r_x in der xy-Ebene, also gleich $2\,df_x/dt$, womit $D_z = \int dm \cdot 2\,(df_x/dt)$, also
$$dD_z/dt = 2\int dm \cdot (d^2 f_x/dt^2),$$
womit die Gl. (184) übergehen in
$$M_x = 2\int dm\,\frac{d^2 f_x}{dt^2}; \quad M_y = 2\int dm\,\frac{d^2 f_y}{dt^2}; \quad M_z = 2\int dm\,\frac{d^2 f_z}{dt^2}.$$

272. Feste und sich bewegende Achsen. Die absolute Drällgeschwindigkeit (= zeitliche Änderung des Dralles oder des Momentes der Bewegungsgröße) gegenüber einem raumfesten Koordinatensystem Ox, Oy, Oz eines um seinen Schwerpunkt drehbaren starren Körpers ist nach Gl. (185) dem Moment der äußeren Kräfte gleich:
$$\frac{d\mathfrak{D}}{dt} = \mathfrak{M}.$$

460 Die Dynamik des materiellen Körpers. Drehung eines starren Körpers.

Der Gebrauch dieser einfach aussehenden Gleichung wird aber dadurch schwierig, daß der Ausdruck für den Drall nicht einfach ist. Wie schon bemerkt, wird er dann einfacher, wenn die Hauptträgheitsachsen mit den Bezugsachsen zusammenfallen. Will man nun die einfache Form für den Drall sich dauernd zunutze machen, so muß man den Drall dauernd auf die drei im Körper festen Hauptachsen beziehen. Diese bewegen sich aber im Raum, und darauf muß Rücksicht genommen werden, wenn man die Dralländerung in bezug auf die im Körper festen, im Raum aber beweglichen Hauptachsen Ox', Oy', Oz' angeben will.

Sei nun die Projektion des Dralles D auf die drei raumfesten Achsen D_x, D_y, D_z und auf die drei beweglichen Achsen D_1, D_2, D_3. Die sich bewegende Oz'-Achse bilde mit den raumfesten x, y, z-Achsen die Richtungswinkel α, β, γ; dann ist die z-Projektion des Dralles D_z gleich der Summe der Projektionen der Drallkomponenten $D_1 D_2 D_3$, deren Resultante ja D ist; also

$$D_z = D_1 \cdot \cos \alpha + D_2 \cdot \cos \beta + D_3 \cdot \cos \gamma$$

durch Ableiten nach t erhält man

$$\frac{dD_z}{dt} = \frac{dD_1}{dt} \cdot \cos \alpha + \frac{dD_2}{dt} \cdot \cos \beta + \frac{dD_3}{dt} \cdot \cos \gamma$$
$$- D_1 \cdot \sin \alpha \cdot \frac{d\alpha}{dt} - D_2 \cdot \sin \beta \cdot \frac{d\beta}{dt} - D_3 \cdot \sin \gamma \cdot \frac{d\gamma}{dt}.$$

In dieser Gleichung sind $d\alpha/dt$ usf. die sekundlichen Änderungen der Winkel α, β, γ zwischen der beweglichen Oz'-Achse und der raumfesten z-Achse, von denen man annehmen darf, sie bilden sich in der Ebene aus, in der der Winkel α bzw. β bzw. γ gemessen wird. Es sind also Winkelgeschwindigkeiten. Läßt man nun die beweglichen Achsen mit den raumfesten Achsen zusammenfallen, so ist $\alpha = \pi/2$; $\beta = \pi/2$; $\gamma = 0$; $d\alpha/dt$ ist jetzt die Winkelgeschwindigkeit, die sich in der zx-Ebene, wo der Winkel α sich momentan ändert, ausbildet, d. h. die Winkelgeschwindigkeit ω_y; ebenso $d\beta/dt = - \omega_x$. Damit erhält man

$$\frac{dD_z}{dt} = \frac{dD_3}{dt} - D_1 \omega_y + D_2 \omega_x \quad \ldots \quad (188)$$

Die Gleichung wird nachher erörtert. Jetzt wollen wir beachten, daß die letzte Gleichung nicht nur gilt, wenn D der Vektor des Dralles ist; da über den Wert von D nichts Besonderes festgesetzt wurde, so gilt die vorige Ableitung allgemein, wenn D irgendeine vektorielle Größe ist, z. B. auch die Winkelgeschwindigkeit ω des starren Körpers um die Momentanachse, deren Projektionen auf die raumfesten Achsen ω_x, ω_y, ω_z sind und auf die

§ 58. Drehung eines starren Körpers um eine beliebige, bewegliche Achse. 461

im Körper festen Achsen ω_1, ω_2, ω_3 sein mögen. Es ist dann
$D_x = \omega_x$; $D_y = \omega_y$; $D_z = \omega_z$; $D_1 = \omega_1$; $D_2 = \omega_2$; $D_3 = \omega_3$, womit

$$\frac{d\omega_z}{dt} = \frac{d\omega_3}{dt} - \omega_1 \omega_y + \omega_2 \omega_x.$$

Fallen nun die im Körper festen und im Raum beweglichen Achsen Ox', Oy', Oz' mit den raumfesten Achsen Ox, Oy, Oz zusammen, so ist die Projektion der Winkelgeschwindigkeit ω auf beiderlei Achsen in diesem Augenblick gleich, also $\omega_x = \omega_1$; $\omega_y = \omega_2$; $\omega_z = \omega_3$. Damit wird auch:

$$\frac{d\omega_z}{dt} = \frac{d\omega_3}{dt} \qquad \ldots \ldots \ldots (189)$$

Wir haben noch die Gl. (188) zu besprechen; zunächst ist klar, daß sich in bezug auf die y- und x-Achse analoge Gleichungen ergeben. Wir wollen jetzt unter D wieder den Drall verstehen. Dann ist dD_z/dt die auf die z-Achse projizierte absolute Drallgeschwindigkeit: D_1, D_2, D_3 sind nun ebenfalls die Komponenten des Dralles, aber nach den raumbeweglichen Achsen genommen; dD_1/dt, dD_2/dt, dD_3/dt daher die Komponenten der auf die beweglichen Achsen bezogenen Drallgeschwindigkeit, sie soll relative Drallgeschwindigkeit genannt werden. Die absolute Drallgeschwindigkeit und die relative sind nun ebensowenig einander gleich, wie die absolute Geschwindigkeit eines materiellen Punktes in einem festen Koordinatensystem und die relative Geschwindigkeit dieses Punktes gegenüber einem raumbeweglichen System. Gl. (188) gibt nun die Beziehung zwischen der absoluten und der relativen Drallgeschwindigkeit an. Man muß demnach zur Komponente der relativen Drallgeschwindigkeit dD_3/dt noch $D_2 \omega_x - D_1 \omega_y$ hinzufügen, wenn man die Komponente der absoluten Drallgeschwindigkeit erhalten will. Letztere ist nun nach Gl. (184) gleich M_z, also der Komponente des Momentes der äußeren Kräfte gleich, weshalb auch $D_2 \omega_x - D_1 \omega_y$ die Komponente eines Kraftmomentes sein muß. Wir können überdies noch eine Ähnlichkeit mit der z-Komponente eines Kraftmomentes hervorheben; diese ist bekanntlich $Yx - Xy$, was genau ebenso gebaut ist. Und nun ist es am zweckmäßigsten, den Inhalt der Gl. (188), und der zwei analogen für die x- und y-Achse gültigen, sich durch Vektoren zu veranschaulichen. Wir müssen hier freilich ein Resultat der Vektorenrechnung benützen, das erst im Anhang (**334**) bewiesen ist; wer sich mit dem äußeren Produkt zweier Vektoren nicht vertraut gemacht hat, wird das Nachfolgende nicht verstehen können. Das Moment M mit Komponenten $M_x = Zy - Yz$; $M_y = Xz - Zx$; $M_z = Yx - Xy$ ist bekanntlich nach Poinsot als Vektor darstellbar,

462 Die Dynamik des materiellen Körpers. Drehung eines starren Körpers.

und dieser Vektor drückt sich der Vektorenrechnung zufolge durch das äußere oder vektorielle Produkt $[\mathfrak{r}\mathfrak{P}]$ aus, wo $\mathfrak{r}$ die Resultante aus x, y, z und $\mathfrak{P}$ diejenige aus X, Y, Z ist. Analog ist ein Moment, dessen Komponenten $D_3\omega_y - D_2\omega_z$; $D_1\omega_z - D_3\omega_x$; $D_2\omega_x - D_1\omega_y$ sind, durch das Vektorprodukt $[\overline{\omega}\mathfrak{D}]$ ausgedrückt, wo $\overline{\omega}$ der Vektor der Resultanten aus ω_x, ω_y, ω_z und $\mathfrak{D}$ der Vektor der Resultanten aus D_1, D_2, D_3 ist, d. h. der Vektor der Winkelgeschwindigkeit um die Momentenachse bzw. der Vektor des Dralles.

Die Resultante aus dD_x/dt; dD_y/dt; dD_z/dt ist ebenfalls ein Vektor, nämlich der Vektor $d\mathfrak{D}/dt$ der absoluten Drallgeschwindigkeit (gegenüber den raumfesten Achsen), und die Resultante aus dD_1/dt; dD_2/dt; dD_3/dt ist der Vektor $d^*\mathfrak{D}/dt$ der relativen Drallgeschwindigkeit. Die drei fraglichen Gl. (188), die auf kartesische Koordinaten bezogen sind, lassen sich durch eine einzige Vektorgleichung ersetzen:

$$\frac{d\mathfrak{D}}{dt} = \frac{d^*\mathfrak{D}}{dt} + [\overline{\omega}\mathfrak{D}] = \mathfrak{M} \quad \ldots \ldots (190)$$

d. h. **die absolute Drallgeschwindigkeit ist die Resultante aus der relativen Drallgeschwindigkeit und aus einem Vektor** $[\overline{\omega}\mathfrak{D}]$; sie wird nach der Parallelogrammregel aus den beiden letztgenannten Vektoren gefunden. Die physikalische Bedeutung des Vektors $[\overline{\omega}\mathfrak{D}]$, den man die Führungsgeschwindigkeit von $\mathfrak{D}$ nennen könnte, wird sich im nächsten Abschnitt herausstellen.

Man beachte wohl den Unterschied zwischen Gl. (185) und (190). Erstere ist auf ruhende Achsen bezogen, letztere auf die sich bewegenden Schwerpunktshauptachsen des Körpers. Gl. (190) ist vielfach bequemer anzuwenden.

273. Die Eulerschen Gleichungen. Momentanachse. Geometrische Hauptachse. Achse des Dralles und ihre gegenseitige Stellung. Die Frage, wie sich ein in seinem Schwerpunkt drehbar festgehaltener Körper bewegt, ist schon von Euler beantwortet worden. Die Eulersche Beziehung zwischen dem Moment der beschleunigenden Kräfte, der Winkelgeschwindigkeit und -Beschleunigung und der Massenverteilung im Körper ist in Vektorform schon in Gl. (190) enthalten. Der Inhalt dieser Gleichung ist aber zu konzentriert und für den Anfänger zu unfaßbar, so daß schon aus diesem Grunde die Eulersche Gleichung auf andere Weise abgeleitet werden muß, zunächst ohne Benützung des Drallbegriffes und ohne Vektoren, obwohl hiermit die Herleitung am kürzesten und elegantesten wird.

Der Studierende lese den Anfang von **271** bis Gl. (180) nochmals durch; diese lautet:

§ 58. Drehung eines starren Körpers um eine beliebige, bewegliche Achse. 463

$$M_x = \int \frac{d}{dt} \Sigma m(v_z y - v_y z);$$

analoge Gleichungen erhält man für die y- und z-Achse, wofür wir nach Gl. (140) auch schreiben dürfen

$$\left.\begin{array}{l}M_x = \Sigma(Zy - Yz) = \int dm \cdot (yb_z - zb_y) \\ M_y = \Sigma(Xz - Zx) = \int dm \cdot (zb_x - xb_z) \\ M_z = \Sigma(Yx - Xy) = \int dm \cdot (xb_y - yb_x)\end{array}\right\} \quad . . \quad (191)$$

Die hierin vorkommenden Beschleunigungen erhält man durch Ableiten der 3 Gl. (147) nach t; für die erste derselben ergibt sich:

$$b_x = \dot\omega_y \cdot z + z \cdot \dot\omega_y - \omega_z \dot y - \dot\omega_z \cdot y.$$

Durch zyklische Vertauschung entstehen b_y und b_z. Dabei bedeuten $\dot\omega_x = d\omega_x/dt$ usf. Komponenten der Winkelbeschleunigung um die raumfesten xyz-Achsen. Setzt man $\dot x = v_x$; $\dot y = v_y$; $\dot z = v_z$ aus Gl. (147) in die zuletzt angeschriebene Gleichung ein, so folgt:

$$\left.\begin{array}{l}b_x = \dot\omega_y \cdot z - \dot\omega_z \cdot y + (\omega_x \cdot z - \omega_z \cdot x)\omega_z + (\omega_x \cdot y - \omega_y \cdot x)\omega_y \\ b_y = \dot\omega_z \cdot x - \dot\omega_x \cdot z + (\omega_y \cdot x - \omega_x \cdot y)\omega_x + (\omega_y \cdot z - \omega_z \cdot y)\omega_z \\ b_z = \dot\omega_x \cdot y - \dot\omega_y \cdot x + (\omega_z \cdot y - \omega_y \cdot z)\omega_y + (\omega_z \cdot x - \omega_x \cdot z)\omega_x\end{array}\right\} \quad (192)$$

Mit diesen Werten erhält man für das auf der rechten Seite von Gl. (191) stehende Integral

$$\int dm \cdot (yb_z - z \cdot b_y)$$
$$= \int dm \cdot \{[\dot\omega_x y^2 - \dot\omega_y xy + (\omega_z y^2 - \omega_y yz)\omega_y + (\omega_z xy - \omega_x yz)\omega_z]$$
$$\quad - [\dot\omega_z zx - \dot\omega_x z^2 + (\omega_y zx - \omega_x yz)\omega_x + (\omega_y z^2 - \omega_z yz)\omega_z]\}$$
$$= \int dm [\dot\omega_x (y^2 + z^2) + \omega_y \omega_z (y^2 - z^2)$$
$$\quad - yz(\omega_y^2 - \omega_z^2) - zx(\dot\omega_z + \omega_x \omega_y) - xy(\dot\omega_y - \omega_z \omega_x)].$$

Dieser Ausdruck ist gleich M_x; Analoges erhält man für die y- und z-Achse.

Das Bisherige gilt nun, wie auch die im Körper festen, im Raume beweglichen Schwerpunktshauptachsen des Körpers gegenüber den raumfesten xyz-Achsen gelegen sein mögen. Wir betrachten jetzt die besondere Lage, in der beide Achsensysteme gerade zusammenfallen. Hier liegt die Hauptschwierigkeit für das Verständnis dieser Ableitung. Deshalb kann der Studierende nicht weitergehen, ehe er sich den Inhalt von **272** völlig angeeignet hat, in dem die Folgerungen aus der Annahme des Zusammenfallens der festen und beweglichen Achsen gezogen sind. Gl. (188), (189).

Fürs erste haben wir den Vorteil, daß jetzt, wo die Schwerpunktsachsen mit den raumfesten Achsen zusammenfallen, die auf die letzteren bezogenen Trägheitsmomente die Hauptträgheitsmomente für die Schwerpunktshauptachsen sind, und daß weiterhin die Zentrifugalmomente Null werden; die obigen Integrale sind also

$$\int dm \cdot (y^2 + z^2) = A; \quad \int dm \cdot (z^2 + x^2) = B; \quad \int dm \cdot (x^2 + y^2) = C$$
$$\int dm \cdot yz = 0; \quad \int dm \cdot zx = 0; \quad \int dm \cdot xy = 0.$$

Ferner sind die Projektionen der um die Momentanachse vorhandenen Winkelgeschwindigkeit ω auf die festen und beweglichen Achsen gleich groß, d. h. $\omega_x = \omega_1$; $\omega_y = \omega_2$; $\omega_z = \omega_3$ und schließlich ist nach (189) $d\omega_x/dt = d\omega_1/dt$ usf.

Beachtet man all das zuletzt Gesagte, so solgt aus Gl. (191)

$$\left. \begin{array}{l} M_x = A\dot{\omega}_1 + (C-B)\omega_2\omega_3 \\ M_y = B\dot{\omega}_2 + (A-C)\omega_3\omega_1 \\ M_z = C\dot{\omega}_3 + (B-A)\omega_1\omega_2 \end{array} \right\} \quad \ldots \quad (193)$$

Das sind die von Euler abgeleiteten sog. **Eulerschen Gleichungen** für die schwankende oder drehende Bewegung eines Körpers, dessen Schwerpunkt ruht; sie sind auf ein im Körper festes, im Raum bewegliches Koordinatensystem bezogen.[1]) Der Körper dreht sich um eine momentane Drehachse mit der Winkelgeschwindigkeit $\omega = \sqrt{\omega_1^2 + \omega_2^2 + \omega_3^2}$ und wird von einem beschleunigenden Drehmoment $M = \sqrt{M_x^2 + M_y^2 + M_z^2}$ ergriffen. Die Elementarbewegung, die durch die Eulerschen Gleichungen beschrieben wird, verläuft im allgemeinen so, daß infolge der Einwirkung des beschleunigenden Momentes die momentane Dreh-

---

[1]) Die Überlegung, derzufolge man das Zusammenfallen der im Körper festen Hauptträgheitsachsen mit einem raumfesten Achsensystem betrachtet, ruft zunächst den Eindruck hervor, als ob die Eulerschen Gl. (193) nur für diese besondere Lage des Körpers gelten würden. Das Wesen des Kunstgriffes des Zusammenfallenlassens der Achsen liegt jedoch darin, daß man eine nur mit dem D'Alembertschen Prinzip abgeleitete Beziehung erhält, nach der sich die für die allgemeine Drehung maßgebenden Größen der Gl. (193) **relativ auf ein bewegtes Koordinatensystem ändern**. Diese Beziehung ist nicht an eine spezielle Lage des beweglichen Koordinatensystems gebunden, sondern gilt allgemein. Der erwähnte Kunstgriff ist von Euler erstmals angewandt und von Poisson, Routh und Delaunay übernommen worden. Die kurze vektoranalytische Herleitung der Eulerschen Gleichungen findet man in **335**. In einer einzigen Gleichung ist dort ausgedrückt, wie das beschleunigende Moment der äußeren Kräfte, die Dralländerung (worin die Winkelbeschleunigung und die Massengruppierung steckt), und die Winkelgeschwindigkeit um die Momentanachse untereinander zusammenhängen, und zwar von dem bewegten System der Hauptträgheitsachsen aus betrachtet. Die Allgemeingültigkeit der Gl. (193) tritt dort in aller Schärfe hervor.

Die Gl. (193) gestattet, vektoriell gesprochen, die Änderung des Drallvektors gegenüber den Hauptträgheitsachsen, d. h. die dynamischen oder kinetischen Verhältnisse der Drehung zu verfolgen, nicht aber die Lage des Drehkörpers anzugeben; dazu braucht man noch kinematische Beziehungen.

§ 58. Drehung eines starren Körpers um eine beliebige, bewegliche Achse. 465

geschwindigkeit nach Größe und Richtung geändert wird. Es wird also nicht allein die Drehzahl des rotierenden Körpers eine andere, sondern auch die Richtung der Drehachse, ihre Lage im Raum und ihre Lage im Körper selbst.

Was nun die Bedeutung der einzelnen Summanden, die in den Eulerschen Gleichungen vorkommen, anlangt, so sind die in der linken Vertikalreihe stehenden die Komponenten des Momentes der äußeren Kräfte. In den beiden anderen Vertikalreihen stehen aus diesem Grunde jedenfalls auch die Komponenten zweier Momente. Von diesen kann man die Bedeutung desjenigen Momentes, dessen Komponenten in der rechten Vertikalreihe stehen, wie folgt einsehen. Wir bedenken, daß die Eulerschen Gleichungen auch für den besonderen Fall gelten, in dem der Drehkörper um irgendeine raumfeste Schwerpunktsachse gleichförmig rotiert. Wir haben diesen besonderen Fall schon in 264 betrachtet und wissen von dort her, daß nur Zentrifugalkräfte in Tätigkeit sind, die keine Resultante haben, weil der Körperschwerpunkt auf der Drehachse liegt, sondern nur ein Kräftepaar liefern, das Lagerdrücke hervorruft. Das diesem entgegengesetzt gleiche Kräftepaar bildet dann die einzige äußere Kraftwirkung, die die Drehachse entgegen der Wirkung der Zentrifugalkräfte in ihrer Richtung festzuhalten hat; seine Komponenten sind $M_x M_y M_z$, während wegen der gleichförmigen Drehung $\dot{\omega}_1 = \dot{\omega}_2 = \dot{\omega}_3 = 0$ ist. Die Eulerschen Gleichungen vereinfachen sich demnach auf

$$M_x = \omega_2 \cdot \omega_3 \cdot (C - B)$$

Moment d. zentripetalen Kräfte = negatives Moment d. Zentrifugalkr. und die beiden analogen Gleichungen um die beiden anderen Achsen. Wir erkennen jetzt die Bedeutung der zweiten Glieder in den Eulerschen Gleichungen: es sind die auf die x-, y-, z-Achse bezogenen negativen Momente der Zentrifugalkräfte, die bei der Drehung des Körpers um seine Momentanachse mit der Winkelgeschwindigkeit $\omega = \sqrt{\omega_1^2 + \omega_2^2 + \omega_3^2}$ auftreten. Wie schon anschaulich klar, enthält die Ebene des Momentes der Zentrifugalkräfte die Drehachse, mit anderen Worten der Vektor des Momentes der Zentrifugalkräfte steht senkrecht auf dem Vektor der Winkelgeschwindigkeit. Das läßt sich leicht analytisch-geometrisch nachweisen. Der mit der Momentanachse zusammenfallende Vektor der Winkelgeschwindigkeit hat die Richtungskosinusse $(a_1 b_1 c_1)$ oder

$$\omega_1/\omega \quad \omega_2/\omega \quad \omega_3/\omega \quad \ldots \ldots (194)$$

gegen die x-, y-, z-Achsen. Das Moment der Zentrifugalkräfte andersseits ist die Quadratwurzel aus der Quadratsumme der Momentkomponenten $\omega_2 \cdot \omega_3 \cdot (C-B)$ usf. und soll mit G bezeichnet werden. Der Poinsotsche Vektor G des Momentes der Zentrifugalkräfte hat die Richtungskosinusse $(a_2 b_2 c_2)$ oder

$$-\omega_2\omega_3(C-B)/G; \quad -\omega_3\omega_1(A-C)/G; \quad -\omega_1\omega_2(B-A)/G.$$

Der von beiden Vektoren eingeschlossene Winkel hat daher nach einer Grundformel der analytischen Geometrie den Kosinus

$$a_1 \cdot a_2 + b_1 \cdot b_2 + c_1 \cdot c_2,$$

wofür sich nach Einsetzen der obigen Werte der Wert Null ergibt, d. h. die genannten Vektoren stehen senkrecht aufeinander, was zu beweisen war.

Es lohnt sich an dieser Stelle überraschend, auf die analytisch-geometrischen Verhältnisse noch weiter einzugehen.

Da wir die Hauptachsen des Drehkörpers zu x-, y-, z-Achsen gemacht haben, so lautet die Gleichung des Poinsotschen Trägheitsellipsoides nach Gl. (171) $A \cdot x^2 + B \cdot y^2 + C \cdot z^2 = 1$. Dieses Trägheitsellipsoid ist als vollständig gegeben anzusehen. Die momentane Drehachse oder der Vektor ω hat die Gleichung

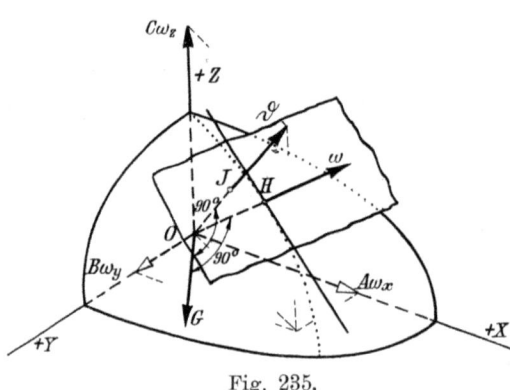

Fig. 235.

$$x/\omega_1 = y/\omega_2 = z/\omega_3.$$

Das Trägheitsellipsoid wird demnach von der Momentanachse in einem Punkt H (Fig. 235) mit den Koordinaten

$$x_1 = \varrho\,\omega_1; \quad y_1 = \varrho\,\omega_2; \quad z_1 = \varrho \cdot \omega_3$$

geschnitten, wo

$$\varrho = \pm 1/\sqrt{A \cdot \omega_1^2 + B \cdot \omega_2^2 + C \cdot \omega_3^2}$$

ist. Nach den Regeln der analytischen Geometrie lautet die Gleichung der Tangentialebene des Trägheitsellipsoides im Punkt H

$$0 = (X-x_1)\,2 \cdot A \cdot x_1 + (Y-y_1)\,2 \cdot B \cdot y_1 + (Z-z_1) \cdot 2 \cdot C \cdot z_1,$$

wo $x_1 y_1 z_1$ die obigen Werte und XYZ die laufenden Koordinaten der Tangentialebene bedeuten. Man schreibe diese Gleichung nochmals mit jenen Werten $x_1 y_1 z_1$.

Die Richtungskosinusse der Flächennormalen in $x_1 y_1 z_1$, oder was dasselbe ist, die Richtungskosinusse des Lotes OJ vom Koordi-

§ 58. Drehung eines starren Körpers um eine beliebige, bewegliche Achse.

natenanfang O auf die in $x_1 y_1 z_1$ an das Trägheitsellipsoid gelegte Tangentialebene sind daher, wenn zur Abkürzung

$$\sqrt{(2Ax_1)^2 + (2By_1)^2 + (2Cz_1)^2} = 2\varrho\sqrt{(A\omega_1)^2 + (B\omega_2)^2 + (C\omega_3)^2}$$
$$= 2\varrho D_1$$

gesetzt wird:

$$A \cdot \omega_1/D_1; \quad B \cdot \omega_2/D_1; \quad C \cdot \omega_3/D_1 \quad \ldots \quad (195)$$

In diese Richtung fällt aber ein wichtiger Vektor hinein, dessen Komponenten $A\omega_1$, $B\omega_2$, $C\omega_3$ sind; das ist der **Vektor des Momentes der Bewegungsgröße**, nach Föppl der **Drallvektor** oder nach Klein-Sommerfeld der **Impulsvektor**, dem wir in **271** und **272** begegnet sind.

Der Drallvektor und der Vektor des Momentes der Zentrifugalkräfte bilden nun wiederum einen rechten Winkel miteinander; denn der Kosinus des eingeschlossenen Winkels, den man wie oben bildet, ergibt wieder den Wert Null. Die Ebene des Momentes der Zentrifugalkräfte enthält demnach nicht allein die Momentanachse bzw. den Vektor der Winkelgeschwindigkeit, sondern auch den Drallvektor. Kurz: **die durch die Momentanachse und den Drallvektor gelegte Ebene ist die Ebene des Momentes der Zentrifugalkräfte.**

Den Drallvektor selbst findet man dem Gesagten gemäß wie folgt: Man lege durch den Schnittpunkt der Momentanachse und des Trägheitsellipsoides eine Tangentialebene und fälle auf diese ein Lot vom Mittelpunkt des Trägheitsellipsoides aus. Trägt man auf diesem Lot einen Vektor $D = \sqrt{(A\omega_1)^2 + (B\omega_2)^2 + (C\omega_3)^2}$ auf, so daß er nach den drei Hauptachsen die Komponenten $A\omega_1$, $B\omega_2$, $C\omega_3$ hat, so ist das der **Drallvektor** (S. 457 u. 458).

Zur Veranschaulichung dieser allgemeinen Darlegungen betrachten wir einen Kreisel, der um seine geometrische Drehachse in rasche Umdrehung versetzt ist und mit geneigter Achse in einem reibungsfreien Spitzenlager läuft. Wie man sich durch einen Versuch überzeugen kann, bewegt sich die geometrische Kreiselachse, die sog. Figurenachse, im großen und ganzen auf dem Mantel eines Kreiskegels; sie **präzessiert**. Die Winkelgeschwindigkeit der Eigendrehung um die Figurenachse und die Winkelgeschwindigkeit der Präzession, mit der die Figurenachse momentan ihre Richtung ändert, geben zusammengesetzt die resultierende Winkelgeschwindigkeit nach **229**. Zu dieser parallel geht durch den Kreiselschwerpunkt die Momentanachse, die also im allgemeinen nicht mit der Figurenachse übereinstimmt. Denkt man sich nach den obigen Angaben die Lage des Drallvektors kon-

468 Die Dynamik des materiellen Körpers. Drehung eines starren Körpers.

struiert, so erkennt man, daß auch dieser im allgemeinen **weder mit der Figurenachse noch mit der Momentanachse** übereinstimmt, auch nicht mit der Achse des beschleunigenden Momentes. Die Momentanachse und der Drallvektor fallen nur dann genau zusammen, wenn der starre Körper um eine Hauptträgheitsachse rotiert. Erfolgt z. B. die Drehung um die x-Achse, in bezug auf die das Trägheitsmoment seinen allergrößten Wert A haben möge, so ist $\omega_2 = \omega_3 = 0$ und die Richtungskosinusse der Momentanachse Gl. (194) und des Dralles Gl. (195) werden gleich groß, der Drallvektor fällt also unter diesen Umständen mit der Momentanachse zusammen.

Nahezu zusammenfallen werden Figurenachse, Momentanachse und Achse des Dralles in dem besonderen Fall, wenn nämlich die Figurenachse nur langsam präzessiert, d. h. ihre Richtung ändert, mit anderen Worten, wenn die Winkelgeschwindigkeit der Eigendrehung (eines Kreisels, eines rotierenden Langgeschosses) groß ist im Vergleich zur Winkelgeschwindigkeit der Präzession. Von dieser Vereinfachung kann man gegebenenfalls mit Vorteil Gebrauch machen.

274. Beispiel. Der Schwungradkranz eines großen Gasmotors wiegt 24000 kg und macht 90 Umläufe in der Minute. Der Schwerpunkt des Kranzquerschnittes, in dem die Kranzmasse vereinigt gedacht werden soll, ist 3,45 m von der Drehachse entfernt. Das Rad sei schief auf die Welle gekeilt und schwanke von der vertikalen Mittelebene aus gemessen, je um 10 mm. Welches Moment wird infolgedessen auf die Welle ausgeübt?

Die Aufgabe ist mit ganz elementaren Hilfsmitteln lösbar; denn das gesuchte Moment rührt von den Zentrifugalkräften her. Man findet die Lösung, die der Studierende in allererster Linie durchführen sollte, in Föppl, Dynamik (Bd. IV der techn. Mechanik), S. 328 der 3. Auflage. Es ergibt sich $M = \tfrac{1}{2} \cdot m \cdot r^2 \omega^2 \delta$, wo m die Kranzmasse, r der Halbmesser des Schwerpunktkreises, $\omega = \pi n/30$ die Winkelgeschwindigkeit und δ die Neigung der Radachse gegen die Drehachse ist. Vgl. auch **264**.

I. Es soll aber vor allem hier die **Anwendung der Eulerschen Gleichungen (193)** an einem einfachen Beispiel gezeigt werden. Die raumbeweglichen Bezugsachsen dieser Gleichungen sind die Schwerpunktshauptachsen des Schwungringes, die Ringachse sei die z-Achse, die beiden anderen liegen in der Ringebene. Die wirkliche Drehachse, d. i. die Mittellinie der Welle, ist die Momentanachse, sie schließe mit der Ringachse den Winkel $\delta = \operatorname{tg} \delta = 10 : 3450 = 1 : 345$ ein. Wir betrachten die Stellung, in der

§ 58. Drehung eines starren Körpers um eine beliebige, bewegliche Achse. 469

Ring- und Drehachse in der Vertikalebene liegen, und mit dieser falle momentan die zx-Ebene der beweglichen xyz-Achsen zusammen.

Die Winkelgeschwindigkeit $\omega = \pi n/30 = \pi 90/30 = 9{,}42$ [1/sek] ist als Drehvektor auf der Momentanachse abzutragen und liefert nach den beweglichen Achsen die Komponenten $\omega_3 = \omega \cdot \cos\delta = \mathrm{rd}.\omega$; $\omega_1 = \omega \cdot \sin\delta = \sim \omega \cdot \delta$; $\omega_2 = 0$, womit die Eulerschen Gl. (193), da überdies die Drehung gleichförmig, also $\dot\omega_1 = \dot\omega_2 = \dot\omega_3 = 0$ sein soll, liefern

$$M_x = M_z = 0$$
$$M_y = -\delta\omega^2(C - A).$$

Nun ist $C = \Sigma dm \cdot (x^2 + y^2) = m \cdot r^2$ und A berechnet sich gemäß Fig. 236 wie folgt ($z = 0$, weil die Radebene die xy-Ebene ist und das Rad in der z-Richtung dünn sein soll):

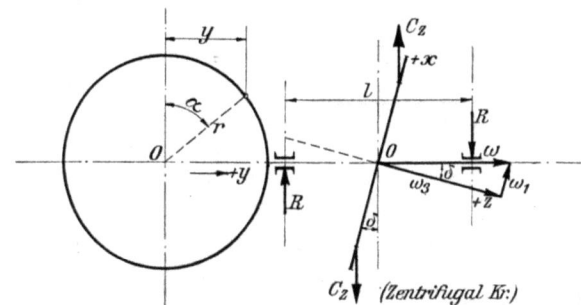

Fig. 236.

$$A = \int dm\,(y^2 + z^2) = \int dm\,y^2 = 4\int_0^{\pi/2} \frac{G}{2\pi r g} \cdot r\,d\alpha \cdot r^2 \cdot \sin^2\alpha$$

$$= 4\,\frac{Gr^2}{2\pi g}\left|-\frac{\sin 2\alpha}{4} + \frac{\alpha}{2}\right|_0^{\pi/2} = \frac{4G}{2\pi g}\,\frac{\pi}{4}\,r^2 = \frac{1}{2}\,\frac{G}{g}\,r^2 = \frac{m r^2}{2}$$

$$A = C/2,$$

womit

$$M_y = -\tfrac{1}{2} \cdot m \cdot r^2 \cdot \omega^2 \cdot \delta$$

in Übereinstimmung mit dem oben angeführten Ergebnis. Das Vorzeichen bestimmt den Drehsinn des Momentes der aktiv beschleunigenden Kräfte (Lagerdrücke der Welle), nicht das des zentrifugalen Trägheitswiderstandes (Zentrifugalkraft).

Das Moment der Lagerdrücke, das die Ablenkung der Ringachse aus ihrer Richtung andauernd erzwingt, läuft mit der Welle um und kann zu den in 302 erörterten Wirkungen führen.

II. Die Eulerschen Gleichungen beziehen sich auf die raumbeweglichen Schwerpunktshauptachsen des rotierenden Körpers, die im vorangehenden Beispiel mit dem Schwungrad umlaufen.

Man kann aber die Lösung auch von einem festen Koordinatensystem aus bewerkstelligen, und zur Bestimmung des gesuchten Momentes den Satz Gl. (185) benützen: Die absolute Drallgeschwindigkeit ist gleich dem Moment der beschleunigenden Kräfte. Die Anwendung des Satzes ist freilich nicht ganz so einfach wie sein Aussehen.

Es ist zuerst die Größe und Stellung des Dralles anzugeben. Dabei wollen wir die schon in Fig. 236 benützte Lage der Ring- und Momentanachse zugrunde legen. Die Größe des Dralles erhalten wir hier am raschesten, wenn wir von seinen Komponenten längs der beweglichen Schwerpunktshauptachsen ausgehen, die sich am leichtesten ausdrücken lassen. Sie sind nach (187a) $A\omega_1$; $B\omega_2$; $C\omega_3$. Nun ist nach den obigen Ermittlungen $C = mr^2$; $A = B = \frac{1}{2}mr^2$; ferner $\omega_1 = \omega \cdot \delta$; $\omega_2 = 0$; $\omega_3 = \omega$. Die Drallkomponenten sind demnach $D_1 = \frac{1}{2} \cdot mr^2\omega\delta$; $D_2 = 0$; $D_3 = mr^2\omega$, daher der Drall:

$$D = \sqrt{D_1^2 + D_2^2 + D_3^2} = mr^2\omega \sqrt{\left(\frac{\delta}{2}\right)^2 + 1},$$

m. a. W. es ist, solange $(\delta/2)^2$ klein gegen 1 ist, sehr angenähert $D = D_3 = mr^2\omega$. Die Richtung des Dralles ist nach der auf S. 467 angeführten Regel aufzeichenbar. Wir brauchen hier nicht das ganze Trägheitsellipsoid, sondern lediglich die in die zx-Ebene des beweglichen xyz-Systemes fallende Trägheitsellipse, wobei in Richtung der z-Achse $\sqrt{1/C}$ und in Richtung der x-Achse $\sqrt{1/A} = \sqrt{2/C}$ als Halbachse aufzutragen ist. Der Durchstoßpunkt der unter $\sphericalangle \delta$ gegen die z-Achse geneigten Ring- oder Momentanachse mit der Trägheitsellipse sei H, in ihm sei die Ellipsentangente gezogen; hierauf wird von der Mitte O des Trägheitsellipsoides das Lot OJ auf die Tangente gefällt. Dieses Lot gibt die Richtung des Drallvektors an. Sei γ der Winkel zwischen der Momentanachse (Wellenachse) und der Drallrichtung, so hat die Spitze des Drallvektors die Entfernung $\mathfrak{D} \cdot \sin\gamma = \text{rd.}\,\mathfrak{D}\gamma$ von der Drehachse und rotiert mit der Winkelgeschwindigkeit ω um die Momentanachse; die absolute Drallgeschwindigkeit ist daher $d\mathfrak{D}/dt = \mathfrak{D} \cdot \gamma \cdot \omega \cdot dt/dt = \mathfrak{D} \cdot \gamma \cdot \omega = mr^2\omega^2\gamma$. Föppl beweist a. a. O. aus den Eigenschaften der Ellipse, daß solange δ und γ klein sind, $\gamma = \delta \cdot [1 - (b/a)^2]$, wo $b = \sqrt{1/C}$; $a = \sqrt{2/C}$, also $(b/a)^2 = \frac{1}{2}$, womit wieder wie früher:

$$\mathfrak{M} = d\mathfrak{D}/dt = \tfrac{1}{2} \cdot m \cdot r^2 \omega^2 \cdot \delta.$$

275. Stabile und instabile Drehachsen. Das Gleichgewicht eines Körpers wird stabil genannt, wenn der Körper nach einer

§ 58. Drehung eines starren Körpers um eine beliebige, bewegliche Achse. 471

kleinen Auslenkung aus der Gleichgewichtslage stets wieder in diese zurückstrebt; instabil oder labil, wenn er immer mehr von der ursprünglichen Gleichgewichtslage weg und einer neuen — stabilen — zustrebt. Indifferent ist das Gleichgewicht des Körpers, wenn er in eine beliebige neue Lage gebracht, auch in dieser sich im Gleichgewicht befindet. Dabei muß die Lagenänderung mit der gegebenen Art der Auflagerung und der dadurch bedingten Bewegungsmöglichkeit als verträglich angenommen werden. Um die stabile Gleichgewichtslage kann der Körper kleine Schwingungen ausführen.

Diese aus der Statik her bekannten Kennzeichen der Stabilität lassen sich auch auf die Bewegung übertragen. Wir wollen den Fall der Drehung eines kräftefreien Kreisels um eine seiner „freien" Achsen betrachten, um die er gleichförmig rotieren kann, ohne auf sie eine Kraft abzusetzen (vgl. 264). Dies sind die drei Schwerpunktshauptachsen. Man mag sich vorstellen, der Körper sei so in das Kardanische Gelenk (Fig. 240) eingesetzt, daß eine seiner Hauptachsen an die Stelle der Figurenachse des dortigen Kreisels tritt. Wir behandeln in dieser Aufgabe ein einfaches typisches Beispiel der Stabilitätsuntersuchung eines bewegten Körpers. Stabil werden wir die Drehachse dann nennen, wenn sie durch einen Impuls ein wenig aus ihrer anfänglichen Richtung gebracht, zwar kleine Schwankungen um die Anfangslage ausführt, aber die Tendenz hat, ihre Anfangsrichtung merklich beizubehalten; instabil oder labil, wenn ihre Richtung sich immer mehr von der anfänglichen entfernt. In der Rechnung darf infolgedessen der Winkel zwischen der Anfangslage, die die Drehachse ohne Empfang eines Impulses dauernd beibehalten würde, und irgendeiner Lage, die sie nach Empfang eines Impulses tatsächlich einnimmt, nur klein sein und keinesfalls mit der Zeit immer größer werden. Wenn die Drehachse nur wenig von der ursprünglichen Richtung abweicht, so heißt das m. a. W. auch: Die Winkelgeschwindigkeit um diese Achse überwiegt bei weitem die Winkelgeschwindigkeitskomponenten um die beiden andern Achsen. Stimmt z. B. die momentane Drehachse merklich mit der y-Achse überein, so ist ω_y groß gegenüber ω_z und ω_x. Wir denken uns, die Richtung der Drehachse sei infolge eines kleinen Impulses nur wenig von der Achse des mittleren Hauptträgheitsmomentes verschieden geworden, und setzen das Produkt der kleinen Werte $\omega_z \cdot \omega_x = 0$; weil der „Kreisel" kräftefrei ist, d. h. weil keine beschleunigenden, verzögernden oder richtungsändernden Momente an ihm angreifen, ist $M_x = M_y = M_z = 0$ und die Eulerschen Gleichungen Gl. (193) lauten:

$$0 = A \cdot \dot{\omega}_x + \omega_y \omega_z \cdot (C-B)$$
$$0 = B \cdot \dot{\omega}_y$$
$$0 = C \cdot \dot{\omega}_z + \omega_x \omega_y \cdot (B-A)$$

Hierin sei $A > B > C$, also B das mittlere Hauptträgheitsmoment. Durch diese Gleichungen ist der Bewegungszustand so lange hinreichend genau beschrieben, als die Voraussetzung $\omega_z \omega_x = \sim 0$ erfüllt ist. Aus der zweiten Gleichung folgt: $\omega_y =$ konst. Leitet man die erste Gleichung nach t ab und setzt $d\omega_z/dt = +(A-B)\omega_x\omega_y/C$ ein, so erhält man

$$0 = \frac{d^2\omega_x}{dt^2} \cdot A + \frac{(C-B)\omega_y{}^2 \cdot (A-B)}{C} \omega_x.$$

Mit der Abkürzung

$$a = \frac{(C-B)(A-B)}{A \cdot C} \omega_y{}^2$$

wird daraus

$$\ddot{\omega}_x + a \cdot \omega_x = 0.$$

Eine analoge Gleichung mit demselben Wert von a ergibt sich für ω_z. Beides wären die Differentialgleichungen einer einfachen harmonischen Schwingung mit kleinem Ausschlag, wenn der Faktor a positiv wäre. Das träfe nur ein, wenn entweder $C > B$ und $A > B$, d. h. wenn B das kleinste Hauptträgheitsmoment wäre, oder wenn $C < B$ und $A < B$, d. h. wenn B das größte Trägheitsmoment wäre. Nun ist aber B nach !Annahme das mittlere Trägheitsmoment und daher a negativ.

Ein partikuläres Integral der letzten Gleichung ist $\omega_x = D \cdot e^{\varrho t}$, wenn die „charakteristische Gleichung"

$$\varrho^2 + a = 0,$$

d. h. wenn $\varrho = \pm \sqrt{-a}$ ist. Der Fall $a > 0$ führt auf die bekannte harmonische Schwingung (vgl. 159 und 283). Der Fall $a < 0$ liefert zwei reelle Wurzeln $\varrho = \pm a_1$, womit das allgemeine Integral wird:

$$\omega_x = D_1 e^{a_1 t} + D_2 e^{-a_1 t}.$$

Eine analoge Gleichung ergibt sich für ω_z; die Geschwindigkeiten ω_x und ω_z werden also mit der Zeit größer, da a_1 ein positiver Wert ist.

Rotiert demnach ein kräftefreier Kreisel
a) um die Schwerpunktsachse seines größten oder kleinsten Trägheitsmomentes, so führt die Achse kleine Schwankungen um die Anfangslage aus (Versuch mit einem Kreisel in Kardanischem Gehänge), wenn die Achse seitlich gestoßen wird. Die Bewegung um die genannten Achsen ist stabil, die Achsen werden als stabile Drehachsen bezeichnet;

b) um die Schwerpunktsachse des mittleren Hauptträgheitsmomentes, so wachsen die Geschwindigkeitskomponenten ω_x und ω_z mit der Zeit und die momentane Drehachse entfernt sich immer mehr von der Anfangsrichtung. **Die Drehung um die mittlere Hauptachse ist also instabil.** (Ein Ellipsoid, das man auf glatter Horizontalebene um die kurze Achse rasch rotieren lassen will, richtet sich auf.)

Die Hauptachsen des größten und kleinsten Hauptträgheitsmomentes sind demnach stabile Drehachsen. Die Achse des mittleren Trägheitsmomentes ist eine instabile Drehachse.

Das Verhalten der Wurzeln der „charakteristischen Gleichung" bildet das Kriterium der Stabilität.

§ 59. Kreisel.

276. Allgemeines. Die Knaben pflegen bei uns mit einem „Tänzer" zu spielen und bringen ihn durch Antreiben mit einer Peitsche dahin, daß er sich schnell umdreht und dann nicht umfällt. Beim Reifspiel gibt man dem Reif eine Drehbewegung und kann ihn so dem Mitspielenden zuwerfen, daß die Drehebene sich selbst parallel bleibt, wodurch das Auffangen des Reifes erleichtert wird. Die Jongleure machen es mit allerhand Gegenständen, wie Teller, weichen Filzmützen u. a. ähnlich. Der in einem Ring gefaßte Spielkreisel erregte auch schon frühzeitig unser Staunen, besonders durch die merkwürdige Kraft, die man fühlt, wenn man ihn mit der Hand hin- und herwendet. Was man demnach erreicht, wenn man einen Körper in rasche Umdrehung versetzt, ist einmal die Erhaltung der Drehachse in paralleler Richtung, wenn der Kreisel frei von Kräften sich selbst überlassen wird, und dann die Stabilisierung der Drehachse, schließlich eigenartige Kraftäußerungen, wenn man die Drehachse selbst zu drehen sucht. Was von den erwähnten und anderen Erscheinungen an schnell rotierenden Körpern die eigentliche Kreiselwirkung bildet und technisch von Bedeutung ist, soll im nachfolgenden erörtert werden.

Wir bezeichnen als Kreisel einen rasch rotierenden Umdrehungskörper, und wollen ihn uns, weil das bei den technischen Anwendungen ausreicht, als einen Schwungring mit verhältnismäßig kleinem Querschnitt vorstellen, dessen Drehachse — die Achse des Kreisels — die Figurenachse genannt wird. Das dem Kreisel eigentümliche Verhalten, die sog. Kreiselwirkung, ist nun keineswegs dadurch erschöpfend gekennzeichnet, daß man sagt, die

474 Die Dynamik des materiellen Körpers. Drehung eines starren Körpers.

Figurenachse des kräftefreien Kreisels habe das Bestreben, in ihrer Richtung zu verharren; die spezifische Kreiselwirkung besteht vielmehr in der Art und Weise, wie der Kreisel reagiert, wenn die Figurenachse mit einer gewissen Winkelgeschwindigkeit ihre Richtung ändert oder, wie man statt dessen sagt, **präzessiert**.

Von der translatorischen Bewegung des Schwerpunktes sehen wir im nachfolgenden ab. Sie unterliegt samt den sie bedingenden translatorischen, im Schwerpunkt angreifenden Kräften dem **Schwerpunktssatz**. Wir haben es jetzt nur noch mit der Drehung um eine Schwerpunktsachse und mit den diese begleitenden Kräftepaaren zu tun. Zur Ermittlung der bei der Kreiselbewegung auftretenden Kräfte könnte man die **Eulerschen Gleichungen** benützen. Wir ziehen jedoch vor, den Bewegungszustand eines Kreisels und die dabei in Betracht kommenden Kräfte zwar etwas umständlicher, aber anschaulich faßbar und sehr elementar zu beschreiben.

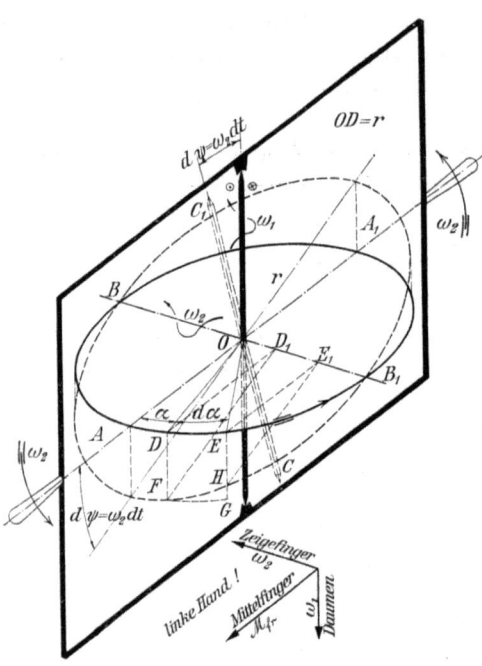

Fig. 237.

277. Hauptgleichung des Kreisels. Kreiselwirkung. Dreifingerregel der linken Hand. Zur Klarlegung des Wesens der Kreiselwirkung betrachten wir einen Kreisel, der mit der Winkelgeschwindigkeit ω_1 um seine Figurenachse rotiert und in einem Rahmen reibungslos gelagert ist. Was geschieht, wenn man dem Rahmen und damit der Figurenachse eine Drehung mit der Winkelgeschwindigkeit ω_2 und zwar in der Ebene des Rahmens erteilt, m. a. W. wenn man die Figurenachse mit der Winkelgeschwindigkeit ω_2 präzessieren läßt? Zunächst ist festzustellen, daß der Kreisel sich mit gleichbleibender Winkelgeschwindigkeit um seine Achse weiter dreht, also keine Energie abgibt: Energie würde seiner Eigendrehung nur durch Umfangskräfte entzogen, und solche treten, wenn man vom Luftwiderstand und von der Lagerreibung absieht, nicht auf; aus dem Kreisel könnte Energie nur durch

§ 59. Kreisel. 475

die Lagerstellen heraustreten, was bei fehlender Reibung nicht möglich ist.

Es werde nunmehr die Bewegung eines beliebigen Punktes D der Mittellinie des Schwungringes, in der man sich die Masse des Kreisels vereinigt zu denken hat, während eines Zeitelementes dt ins Auge gefaßt. In dt sek geht der Kreisel (Fig. 237) infolge der im Sinne des Pfeiles ω_2 ausgeführten Präzession aus der ausgezogenen Lage in die gestrichelte über, wobei sich die Ebene des Schwungringes um den Winkel $d\psi = \omega_2 \cdot dt$ dreht. Punkt D besitzt augenblicklich 1. eine Umfangsgeschwindigkeit $r\omega_1$ um die Figurenachse CC_1; 2. eine Umfangsgeschwindigkeit $DD_1 \cdot \omega_2 = r \cdot \cos \alpha \cdot \omega_2$ um die Achse BB_1 der Präzession. Vermöge der ersteren Geschwindigkeit $r\omega_1$ allein und vermöge der zugehörigen Zentripetalbeschleunigung $r\omega_1^2$ gelangte D auf dem Bogenelement DE nach E; vermöge der zweiten Geschwindigkeit allein und vermöge der zugehörigen Zentripetalbeschleunigung $DD_1 \cdot \omega_2^2$ gelangte D auf dem Bogenelement DF nach F. Unter der gleichzeitigen Einwirkung der genannten Geschwindigkeiten und Zentripetalbeschleunigungen gelangt D dem Wegparallelogramm zufolge nach G, wobei wegen der Kleinheit von dt das Kugelelement $DEGF$ als eben angesehen werden darf. Um den Massenpunkt D nach E zu führen, sind nur Zentripetalkräfte nötig; die von früher genau bekannt sind; da sie aus Symmetriegründen am Kreiselschwungring paarweise, und zwar in gleicher Größe, mit entgegengesetztem Sinn und in der gleichen Geraden wirkend, auftreten, so werden sie nach außen gar nicht bemerkbar; sie heben sich innerhalb des Schwungringes auf, haben also mit der Kreiselwirkung nichts zu tun.

Der Punkt D gelangt aber in dt sek nicht nach G, sondern nach H; er hat eine Deviation GH erlitten (**173**), die mit einer von G nach H gerichteten Beschleunigung und einer ebenso gerichteten Beschleunigungskraft verknüpft ist. Diese Deviationskraft macht sich allerdings nach außen hin bemerklich; die an allen Umfangselementen zusammenwirkenden Kräfte dieser Art bilden in ihrer Gesamtheit die Kreiselwirkung.

Wir bestimmen die Größe dieser Kraft und sehen gleichzeitig, wie sie sich längs des Umfanges des Schwungringes ändert.

Die Deviation GH hat folgende Größe:

$$GH = GE - HE = FD - HE = DD_1 \cdot d\psi - EE_1 \cdot d\psi$$
$$= r \cdot \cos \alpha \cdot \omega_2 \cdot dt - r \cdot \cos(\alpha + d\alpha) \cdot \omega_2 \cdot dt$$
$$= r \cdot \omega_2 \cdot dt \cdot \{\cos \alpha - (\cos \alpha \cdot \cos d\alpha - \sin \alpha \sin d\alpha)\}$$

oder wegen $\cos d\alpha = 1$ und $\sin d\alpha = d\alpha$

$$GH = r \cdot \omega_2 \cdot dt \cdot \sin \alpha \cdot d\alpha.$$

476 Die Dynamik des materiellen Körpers. Drehung eines starren Körpers.

Die Beschleunigung b, die in Richtung des Deviationsweges auftritt, darf nach **132** während dt sek als gleichförmig angenommen werden; dann ist die während dt erfolgte Deviation

$$GH = \tfrac{1}{2} \cdot b \cdot dt^2\,;$$

durch Gleichsetzen und unter Beachtung, daß $d\alpha/dt = \omega_1$ ist, folgt

$$b = 2 \cdot r \cdot \omega_2 \cdot \sin\alpha \cdot (d\alpha/dt) = 2 \cdot r \cdot \omega_1 \cdot \omega_2 \cdot \sin\alpha\,;$$

die an dem Massenelement dm in G angreifende Beschleunigungskraft ist daher:

$$dP = dm \cdot b = dm \cdot 2 \cdot r \cdot \omega_1 \cdot \omega_2 \cdot \sin\alpha\,.$$

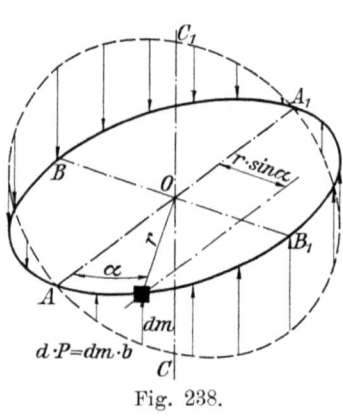

Fig. 238.

Hiernach verteilt sich die beschleunigende Kraft dem Umfang entlang nach einem Sinusgesetz, wie das in Fig. 238 veranschaulicht ist. Die beschleunigende Kraft dP ist proportional mit der Deviation GH und wie diese, im Punkt D bzw. E, von G nach H gerichtet. Man erkennt, daß die Kräfte dP ein Moment um die Achse AA_1 liefern. Da dP am Hebelarm $r \cdot \sin\alpha$ wirkt, so ist das Moment von dP

$$dM = dP \cdot r \cdot \sin\alpha = dm \cdot 2r \cdot \omega_1 \cdot \omega_2 \cdot r \cdot \sin^2\alpha\,.$$

Ist f der Kranzquerschnitt und γ das spezifische Gewicht des Kranzmaterials, so ist, da die Länge eines Kranzelementes $r \cdot d\alpha$ beträgt:

$$dm = f \cdot r \cdot d\alpha \cdot \frac{\gamma}{g}$$

und das Moment der Trägheitskräfte, die durch die Deviationen hervorgerufen werden:

$$M = \int_0^{2\pi} \frac{\gamma}{g} \cdot f \cdot r \cdot d\alpha \cdot 2r^2 \cdot \omega_1 \omega_2 \cdot \sin^2\alpha = 2\,\frac{\gamma}{g} \cdot fr^3 \cdot \omega_1 \omega_2 \cdot \int \sin^2\alpha \cdot d\alpha$$

$$= 2\,\frac{\gamma}{g} \cdot fr^3 \omega_1 \omega_2 \pi\,.$$

Nun ist $(\gamma/g) \cdot 2r\pi \cdot f$ die Masse und $(\gamma/g) \cdot 2r\pi \cdot f \cdot r^2$ deren Trägheitsmoment Θ in bezug auf die Drehachse des Kreisels, daher hat das Moment die Größe

$$M_{fr} = \omega_1 \cdot \omega_2 \cdot \Theta \qquad \ldots \ldots \quad (196)$$

Es ist jetzt noch der **Drehsinn** des Momentes festzulegen. Die Winkelgeschwindigkeit ω_1 des Kreisels und ω_2 der Präzession

§ 59. Kreisel. 477

stellen wir nach Poinsot durch Strecken dar; sie stehen senkrecht aufeinander. Beim Anschreiben des Momentes M hat man bemerkt, daß AA_1 die Achse des Momentes ist, und AA_1 steht senkrecht auf der Ebene der Drehachsen CC_1 des Kreisels und BB_1 der Präzession und daher auch auf der Ebene der Winkelgeschwindigkeitsvektoren ω_1 und ω_2.

Um uns den Drehsinn des Momentes M vor Augen zu führen, erinnern wir uns daran, daß oben von Massenkräften die Rede war, die sich am Kreisel nach außenhin nicht bemerkbar machen, und von solchen, die dies tun, indem sie den Kreisel zu bewegen suchen. Solche Kräfte in einem materiellen System, die dieses zu bewegen suchen, nennt man freie Kräfte, und solche, die sich innerhalb des Systems aufheben und den Bewegungszustand des ganzen Systems nicht beeinflussen, gebundene Kräfte. Zu den letzteren gehören die oben erwähnten Zentrifugalkräfte der Kreiseldrehung und der Präzession; zu den ersteren die Deviationskräfte und deren Momente.

Ehe wir auf den Kreisel selbst eingehen, fragen wir uns, was in einem uns schon geläufigen Fall unter einer freien Kraft zu verstehen ist, und denken dabei etwa an eine stehende Kolbenmaschine, die, ohne äußere Kraft abzugeben, leerläuft. Die stampfende Bewegung dieser Maschine rührt von den freien Kräften der bewegten Massen her, die die ganze Maschine auf- und abwärts zu bewegen suchen. Beim Turnen mit Hanteln hat man eine unmittelbare Empfindung von diesen freien Kräften; führt man nämlich beide Hanteln in stehender Stellung gleichzeitig auf und ab, so hat die Muskelkraft die Massen zu beschleunigen; der Trägheitswiderstand wirkt entgegengesetzt. In der höchsten Stellung fühlen wir, wie unser Körper nach oben gerissen, in der tiefsten umgekehrt, wie er nach unten gedrückt wird. Das ist die Wirkung der Trägheitswiderstände, in denen wir demnach die freien Kräfte zu erblicken haben. (Vgl. die eingehenderen Ausführungen in **304**.)

Die vorhin ermittelten Kräfte und deren Moment M, das mit der Deviation zusammenhängt, waren beschleunigende Kräfte. Der Trägheitswiderstand, oder was das gleiche ist, die freien Kräfte der Deviation am Kreisel, wirken den in Fig. 238 gezeichneten Beschleunigungskräften entgegen. Das sind aber die Kräfte, die am Kreisel in Tätigkeit sind, wenn die Kreiselachse präzessiert und die sich am Kreisel während der Präzession nach außenhin bemerklich machen. Ihr Moment, die Kreiselwirkung, sucht die Kreiselachse in die Richtung der Präzessionsachse zu stellen, so zwar, daß die Drehungen des Kreisels und der Präzession gleichsinnig erfolgen; man kann kurz sagen:

478 Die Dynamik des materiellen Körpers. Drehung eines starren Körpers.

Wenn ein Kreisel präzessiert, so hat die Kreiselachse die Tendenz zum gleichsinnigen Parallelismus mit der Präzessionsachse, und zwar vermöge eines Momentes:

$$M_{fr} = \omega_1 \omega_2 \Theta, \quad \ldots \ldots \ldots \quad (196\,\text{a})$$

das von den freien Kräften der Deviation des Kreisels ausgeht. Im Auftreten dieses Momentes hat man die spezifische Kreiselwirkung zu erblicken.

Weil es dem Anfänger Schwierigkeiten bereiten kann, mit dem Verhalten des Kreisels sich vertraut zu machen, so ist in erster Linie zu empfehlen, selbst einen Kreisel zu beobachten, wozu sich das Modell Fig. 239 sehr gut eignet, oder der Prandtlsche Drehschemel, auf den man sich stellt, indem man gleichzeitig die horizontal gelegte Achse eines schnellumlaufenden Velozipedrades mit beiden Händen faßt. Wird der Beobachter auf dem Drehschemel gedreht, wobei die Kreiselachse, d. h. die Radachse präzessiert, so fühlt er deutlich die Kreiselwirkung als ein Kräftepaar, dessen Ebene senkrecht auf der Ebene der präzessierenden Kreiselachse steht und das die Kreiselachse aus der zuletzt genannten Ebene herauszulenken sucht; die Kreiselachse sucht also senkrecht zur Ebene, in der sie gerade präzessiert, auszuweichen. Der Beobachter hat dann seine Wahrnehmungen etwa mit Hilfe der Dreifingerregel festzuhalten, die sogleich beschrieben wird.

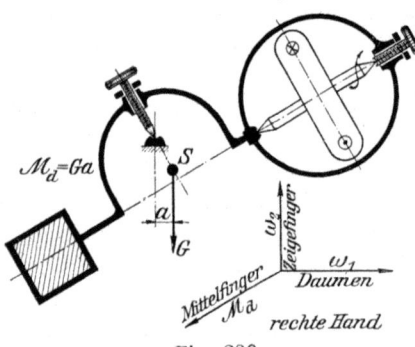

Fig. 239.

Man kann jetzt noch das Vektordiagramm der Fig. 237 ergänzen, indem man den Pfeil des Momentvektors einträgt, der die Kreiselwirkung darstellt. Das hat so zu geschehen, daß, wenn man gegen die Pfeilspitze und die Achsen ω_1 und ω_2 blickt, der Vektor ω_1 (d. h. die Kreiselachse) nach einer zeigermäßigen Drehung um 90^0 mit dem Vektor ω_2, d. h. mit der Drehachse der Präzession zusammenfällt. Man kann die Stellung der drei Vektoren: Kreiseldrehung, Präzession, Kreiselwirkung M_{fr} durch eine Dreifingerregel der linken Hand im Gedächtnis behalten, indem die drei Vektoren aufeinanderfolgen wie Daumen, Zeigefinger und Mittelfinger der linken Hand. Diese Regel gibt den Sinn der Kreiselwirkung an, wenn die Kreiselachse präzessiert.

278. Aktives Moment, das eine Präzession verursacht. Stabilierendes Gegenmoment und Freiheitsgrad zum Präzessieren. Erhaltung der Drehachse des kräftefreien Kreisels. Stabilität der Kreiselachse gegen Stöße. Im vorigen Abschnitt sind wir uns darüber klar geworden, was geschieht, wenn ein in Tätigkeit befindlicher Kreisel präzessiert, d. h. wenn die Kreiselachse mit einer

§ 59. Kreisel. 479

Winkelgeschwindigkeit ω_2 (Geschwindigkeit der Präzession) ihre Richtung ändert: es tritt ein Kräftepaar — die Kreiselwirkung M_{fr} — auf, das die Kreiselachse in die Richtung der Präzessionsachse so einzustellen sucht, daß die beiden Drehungen gleichsinnig verlaufen. Wir fragen jetzt: was geschieht, wenn man auf die Kreiselachse ein aktives Moment M_d ausübt, das der Achsrichtung eine Winkeldrehung zu erteilen, d. h. die Figurenachse zum Präzessieren zu zwingen sucht.

Zunächst sei die physikalische Erscheinung an dem sog. Bohnenbergerschen Apparat Fig. 240 beschrieben. Ein Kreisel ist in einem kardanischen Gelenk allseitig drehbar in Ringen aufgehängt und der Schwerewirkung entzogen, indem der Schwerpunkt in die Mitte der Vorrichtung gelegt ist. Reibung ist durch Spitzenlagerung nach Möglichkeit vermieden. Der Kreisel ist in diesem Gelenk als nahezu kräftefrei anzusehen. Unter diesen Umständen behält die Kreiselachse bei allerhand Bewegungen des Gestelles ihre Richtung bei, sogar wenn der Kreisel nicht rotiert. Das ist nach dem Trägheitsgesetz nicht anders zu erwarten. Man pflegt diese Erscheinung die Erhaltung der Drehachse des kräftefreien Kreisels zu nennen.

Fig. 240.

Außerordentlich auffallend ist aber der große Widerstand, den die Achse eines großen rasch laufenden Kreisels einer Richtungsänderung entgegenzusetzen vermag. Führt man einen Schlag gegen die Achse des laufenden Kreisels, der am Modell Fig. 240 freilich nicht sehr stark sein darf, so erzittert die Achse ein wenig, behält aber ihre Richtung bei. Sie ist stabil, sie führt stabile Schwingungen aus, die durch die kleinen unvermeidlichen Widerstände des Apparates rasch abgedämpft werden. Die Achse setzt dem Schlag einen Widerstand entgegen, beinahe wie ein starrer festgelagerter Körper. Die Figurenachse besitzt eine spezifische Widerstandsfähigkeit gegen Richtungsänderung, eine Art absoluter Orientierung im Raum (Klein-Sommerfeld). Ein derartiger Apparat ist grundsätzlich zum Nachweis der Drehung der Erde um ihre Achse geeignet. Die Figurenachse neigt sich relativ zum Horizont; in Wahrheit ist die Achse raumfest und der Horizont bewegt sich.

Übt man eine andauernde Kraft bzw. ein Moment auf die Kreiselachse aus, so präzessiert sie in der bekannten Weise gemäß der Dreifingerregel der linken Hand. Verhindert man aber die hierbei angestrebte Präzession durch Festhalten des äußeren beweglichen Körpers, so hört die Stabilität auf. Die Kreiselachse läßt sich jetzt genau so drehen, wie wenn das Kreiselrad gar nicht umliefe, wovon man sich durch den Versuch überzeugen kann. Wir stellen daher fest: **Der Kreisel kann nur dann stabilierend wirken, wenn er volle Freiheit zum Präzessieren hat, oder negativ ausgedrückt: Mit der Freiheit zum Präzessieren verliert die Kreiselachse ihre Stabilität, ihren spezifischen Widerstand gegen Richtungsänderung.**

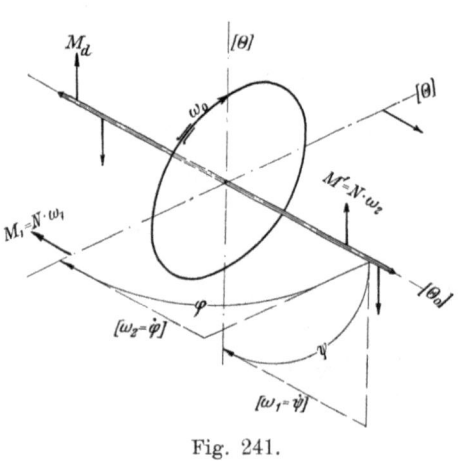

Fig. 241.

Wir werden das an Hand der Fig. 241 verstehen, die den Kreisel im Kardanischen Gehänge darstellen soll. Übt man ein aktives Moment M_d auf ihn aus, so fängt er in der Ebene des Momentes eine Drehbewegung an, indem die Figurenachse den Winkel ψ beschreibt und eine Winkelgeschwindigkeit $\omega_1 = \dot{\psi} = d\psi/dt$ erlangt. Das ist aber eine Präzession, auf die der Kreisel mit einem Kräftepaar, der Kreiselwirkung M_1, reagiert. Nach der Dreifingerregel der linken Hand ergibt sich der in der Figur eingezeichnete Sinn des Momentes M_1, dessen Größe $M_1 = \Theta_0 \omega_0 \omega_1 = N\omega_1$ ist, wo Θ_0 das Trägheitsmoment des Kreisels für die Figurenachse, ω_0 die Winkelgeschwindigkeit der Eigendrehung und $N = \Theta_0 \omega_0$ den sog. Drall bedeutet. Das Kräftepaar M_1 setzt nun seinerseits die Kreiselachse in der Ebene von M_1 in Bewegung, also im Sinn des Winkels φ, nach der Beziehung $M_1 = \Theta \cdot \ddot{\varphi}$, wobei eine Winkelgeschwindigkeit $\omega_2 = \dot{\varphi} = d\varphi/dt$ entsteht. Das ist aber wieder eine Präzession um die Vertikale der Fig. 241, mit welcher Präzession eine Kreiselwirkung $M' = \Theta_0 \omega_0 \omega_2 = N\omega_2$ verbunden ist, die nach der

§ 59. Kreisel.

Dreifingerregel der linken Hand oder nach der Regel von der Tendenz zum gleichsinnigen Parallelismus um die gleiche Achse wirkt wie das ursprüngliche aktive Moment M_d, nur diesem entgegen. Das aktive Moment erregt also an einem frei beweglichen Kreisel sofort ein **Gegenmoment**, und dieses Gegenmoment ist es, das der Kreiselachse die spezifische Widerstandsfähigkeit gegen Richtungsänderung und die Stabilität verleiht. Der Kreisel schafft sich sofort sein stabilisierendes Gegenmoment, wenn ein aktives Moment die Kreiselachse zum Präzessieren zwingen will[1]), aber nur, wenn er die Präzession im Sinne des Winkels φ der Fig. 241 auch wirklich ausführen kann. Sobald diese verhindert wird, womit $\varphi = 0$ und $\dot{\varphi} = \omega_2 = 0$ würde, verschwindet auch das stabilisierende Gegenmoment $M' = N \cdot \omega_2$.

Bei voller Bewegungsfreiheit findet, wie man schließlich einsieht, die anfänglich durch das aktive Moment eingeleitete Drehbewegung im Sinne von ψ nicht allein unter dem Einfluß des aktiven Momentes M_d, sondern unter dem gleichzeitigen Einfluß des Gegenmomentes M' statt. Das beschleunigende Moment beträgt also $M_d - M'$. Die Bewegungsgleichungen lassen sich leicht hinschreiben, wenn man die Momentengleichungen um die beiden Achsen der Fig. 241 ansetzt, in bezug auf die das Trägheitsmoment Θ ist. Man erkennt dann, daß in der Tat eine stabile Schwingung der Kreiselachse möglich ist.

Nach dem dynamischen Grundgesetz lautet die Bewegungsgleichung für den Winkel ψ:

$$M_d - M' = M_d - N \cdot \dot{\varphi} = \Theta \cdot \ddot{\psi},$$

wo Θ das Trägheitsmoment des Kreisels um eine auf der Figurenachse senkrecht stehende Achse und $\ddot{\psi} = d^2\psi/dt^2$ die Winkelbeschleunigung bedeutet. Um die Vertikalachse erhält man ebenso

$$M_1 = N \cdot \dot{\psi} = \Theta \cdot \ddot{\varphi}.$$

Die Integration der beiden simultanen Differentialgleichungen sei für denjenigen Leser, der sich mit der Lehre von den Schwingungen vertraut gemacht hat, angedeutet. Integriert man die letzte Gleichung, so erhält man

$$\Theta \cdot \dot{\varphi} = N \cdot \psi + C \qquad \text{oder} \qquad \dot{\varphi} = \frac{N}{\Theta}\psi + \frac{C}{\Theta}.$$

---

[1]) Schließlich sei noch eine Merkregel erwähnt, die angibt, wie ein Kreisel präzessiert, wenn ein aktives Moment M auf seine Achse einwirkt. Es gilt eine Dreifingerregel der **rechten** Hand:

Daumen	Zeigefinger	Mittelfinger
Kreiselachse	Präzessionsachse	Achse des aktiven Momentes oder Knotenlinie.

482 Die Dynamik des materiellen Körpers. Drehung eines starren Körpers.

Setzt man $\dot{\varphi}$ in die erste Gleichung ein und benützt die Abkürzung $\omega = N/\Theta$, so folgt:

$$\ddot{\psi} + \omega^2 \cdot \psi = \frac{M_d}{\Theta} - \frac{N \cdot C}{\Theta^2}.$$

Dies ist die Differentialgleichung einer Schwingung, und zwar einer stabilen, da ω^2 positiv ist (vgl. S. 472). Beschränkt man sich auf den einfachen Fall, in dem das Moment M_d konstant ist und nur kleine Schwingungen stattfinden, so ist die Lösung bekannt und einfach. Zur Zeit $t = 0$, wo M_d zu wirken anfängt, sei $\varphi = 0$; $\psi = 0$; und $\dot{\varphi} = 0$ und $\dot{\psi} = 0$, d. h. die Achse habe noch keine Geschwindigkeit; dann ergibt sich:

$$\psi = \frac{M_d}{\Theta \omega^2}[1 - \cos \omega t]; \qquad \varphi = \frac{M_d}{\Theta \omega^2}[\omega t - \sin \omega t] \quad . \quad . \quad (197)$$

Erteilt man der Achse einen Stoß, d. h. wirkt M_d nur während einer sehr kurzen Zeit dt, so sind (mit $t = dt$) die Winkelgeschwindigkeiten nach dt sek geworden

$$\dot{\psi} = \frac{M_d \cdot dt}{\Theta} = \omega_a; \qquad \dot{\varphi} = 0,$$

was aus dem Satz vom Antriebsmoment auch unmittelbar folgt. Hört jetzt M_d zu wirken auf, so gelten für die nunmehr eintretende Bewegung die obigen Differentialgleichungen mit $M_d = 0$. Integriert man und setzt in $t = 0$: $\varphi = 0$, $\psi = 0$; $\dot{\varphi} = 0$; $\dot{\psi} = M_d dt/\Theta = \Theta \cdot \omega_a/\Theta = \omega_a$, so ist die Bewegung der Kreiselachse nach dem Stoß bestimmt durch

$$\psi = (\omega_a/\omega) \cdot \cos \omega t; \qquad \varphi = (\omega_a/\omega) \cdot \sin \omega t \quad . \quad . \quad . \quad (198)$$

d. h. die Kreiselachse beschreibt nach dem Stoß einen Präzessionskegel mit der Öffnung (zwischen Mantellinie und Achse) $\omega_a/\omega = \Theta \omega_a/N = M_d \cdot dt/N$. Dieser Winkel ist klein, solange der Antrieb des Stoßmomentes klein ist gegenüber dem Drall des Kreisels. Die Periode der Präzession ist $\tau = 2\pi/\omega$ [vgl. Gl. (100)].

Die Kreiselachse vollführt also in der Tat unter den erwähnten Voraussetzungen (hauptsächlich N groß gegen $M_d \cdot dt$ bzw. $\Theta \omega_a$) kleine stabile Schwingungen.

279. Warum fällt ein schwerer Kreisel nicht um, richtet sich vielmehr auf? Reguläre und pseudoreguläre Präzession. Nutation. Die zugespitzte Achse eines kräftig abgezogenen Kreisels werde in geneigter Lage in ein reibungsfreies Spitzenlager gestellt. Der Kreisel fällt nicht um, sondern präzessiert nach der in der Fußnote S. 481 angegebenen Regel, indem die Kreiselachse im großen und ganzen einen Kreiskegel beschreibt. Sobald man nämlich die geneigt aufgestellte Kreiselachse freigibt, sucht die Schwere den Kreisel umzuwerfen; er fängt an in der Ebene des Schweremomentes zu kippen, aber nur wenig; sofort stellt sich die Präzession um die Vertikalachse des Stützpunktes ein und damit nach 278 das aufrichtende stabilierende Gegenmoment. Die Kreiselachse kippt so lange nach unten, bis die Präzessionsgeschwindigkeit eine Größe erreicht hat, bei der das stabilierende Gegenmoment dem Schweremoment das Gleichgewicht hält. Freilich hört das Abwärtskippen nicht ganz genau in der Gleichgewichtslage auf, es treten vielmehr kleine Schwingungen um die Gleichgewichtslage ein, sog. Nutationen, indem bald das Schweremoment ein wenig größer wird als das stabilierende Moment, bald umgekehrt. Auch die Präzession ist im allgemeinen nicht genau gleichförmig oder regulär, wie man hier zu sagen pflegt, es ist vielmehr der gleichförmigen Präzession eine Schwingung, die in der Ebene der präzessierenden Kreiselspitze verläuft, überlagert. Die Kreiselspitze beschreibt eine häufig dem bloßen Auge nicht sichtbare Zykloide. Die Bewegung wird **pseudoreguläre Präzession** genannt, die nutationsfreie Bewegung dagegen **reguläre Präzession**.

Wegen der Kleinheit der Nutation und weil die präzessierende Kreiselachse fast genau einen Kreiskegel beschreibt, ist das Schweremoment während der ganzen Bewegung merklich konstant; es ist $M_d = G \cdot a$, mit der Bezeichnung der Fig. 239. Daher gelten die schon auf S. 482 angegebenen Gleichungen. Aus der Schlußgleichung (197) ist die Zykloidenbewegung der Kreiselspitze erkennbar.

Daß nun ein schwerer Kreisel sich sogar aufrichtet, wenn er mit geneigter Achse aufgesetzt war, kommt von der Umfangsreibung her, die die stets etwas abgerundete Kreiselspitze auf einer rauhen Unterlage erfährt. Wir haben die Reibung bei der unmittelbar vorhergehenden Beschreibung der regulären oder pseudoregulären Präzession noch nicht berücksichtigt. Die Umfangsreibung an der abgerundeten Kreiselspitze besitzt aber in bezug auf den Schwerpunkt ein Moment, das nach der Merkregel in Fußnote auf S. 481 eine Präzession im Sinne des Aufrichtens der Kreiselachse veranlaßt. Natürlich nimmt dabei die Drehzahl des Kreisels ab.

280. Kreiselwirkungen an schnellaufenden Radsätzen. Schnelllaufende Räder können wie Kreisel wirken, wenn ihre Achsen, die hier die Figurenachsen sind, aus ihrer Richtung gebracht werden. Das geschieht z. B. bei der Kurvenfahrt eines Fahrzeuges oder wenn eines der beiden Räder einen Stoß empfängt, in eine Vertiefung gerät oder über eine Erhöhung hinwegfahren muß. Je größer die Winkelgeschwindigkeit ω_2, mit der die Radachse ihre Richtung ändert, mit andern Worten präzessiert, und je größer die

484 Die Dynamik des materiellen Körpers. Drehung eines starren Körpers.

Winkelgeschwindigkeit ω_1 der Räder, je größer ferner das Trägheitsmoment Θ des Radsatzes in bezug auf seine Drehachse, desto größer die Kreiselwirkung, Gl. (196a):

$$M_{fr} = \omega_1 \cdot \omega_2 \cdot \Theta.$$

Bei der Kurvenfahrt präzessiert die Radachse um den Krümmungsmittelpunkt der Kurve. Welches die auftretende Kreiselwirkung ist, erkennt man mit Hilfe der Dreifingerregel der linken Hand. Die freien Deviationskräfte beider Räder ergeben je ein Moment, das die Radachse um die äußere Schienenkante bzw. Radspur zu kippen sucht, genau wie die Zentrifugalkraft des ganzen Fahrzeuges. Ist m die auf den Radhalbmesser r reduzierte Masse des Radsatzes, also $\Theta = m r^2$ dessen Trägheitsmoment in bezug auf die Radachse, ist ferner v [m/sek] die Geschwindigkeit des Fahrzeuges und R [m] der Krümmungshalbmesser der Kurve, also $\omega_2 = v/R$ die Winkelgeschwindigkeit der Radachse um den Krümmungsmittelpunkt während der Kurvenfahrt, $\omega_1 = v/r$ die Winkelgeschwindigkeit der Räder, so ist das Kippmoment der Kreiselwirkung des Radsatzes bei der Kurvenfahrt nach Gl. (196):

$$M_k = \frac{v^2}{R \cdot r} \cdot m r^2 = m v^2 \cdot \frac{r}{R}.$$

Durch dieses Moment wird der Druck des äußeren Rades gegen die Schiene bzw. gegen die äußere Radspur vermehrt, der Druck des inneren Rades gegen die innere Schiene bzw. gegen den innern Laufkreis der Kurve vermindert. Ist ferner M die Masse des ganzen Fahrzeuges und liegt dessen Schwerpunkt h [m] über der Schienenoberkante bzw. der Fahrbahn, so ist die Zentrifugalkraft von M gleich $Z = M \cdot (v^2/R)$, also deren Kippmoment

$$M_c = M \frac{v^2}{R} \cdot h,$$

somit $$\frac{M_k}{M_c} = \frac{m}{M} \cdot \frac{r}{h},$$

d. h. da m/M und r/h echte Brüche zu sein pflegen, ist das Kippmoment der Kreiselwirkung ein echter Bruchteil des Kippmomentes der Zentrifugalkraft, der bei allen Fahrgeschwindigkeiten und Krümmungen den gleichen Wert hat, während die Absolutwerte der beiden Kippmomente in ersichtlicher Weise von Fahrgeschwindigkeit und Krümmung abhängen. Nach Klein-Sommerfeld, „Theorie des Kreisels" IV, ist für den Schnellbahnwagen Marienfelde-Zossen (1903): $m/M = 1{,}5\,t/15\,t$; $r/h = 0{,}625\,m/1\,m$, also

$$M_k = \frac{1{,}5}{15} \cdot \frac{0{,}625}{1} \cdot M_c = 0{,}0625\, M_c \quad \ldots \quad (199)$$

§ 59. Kreisel. 485

d. h. das Kippmoment der Kreiselwirkung ist $6,25\%$ vom Kippmoment der Zentrifugalkraft, das demnach durch die Kreiselwirkung im vorliegenden Falle nicht erheblich vermehrt wird.

Beim Hinwegfahren eines Rades über eine Unebenheit entsteht selbst in gerader Strecke eine Kreiselwirkung um eine vertikale Achse, z. B. an einem „Gleisbuckel", ebenso beim Befahren des Anstieges oder Abstieges der überhöhten Schiene einer Kurve. Prinzipiell ist die Betrachtung der vorigen gleich, es ist die Dreifingerregel der linken Hand anzuwenden. Das Ergebnis ist (vgl. Klein-Sommerfeld, Kreisel IV, S. 777), daß bei einem Anstieg von 1/300 und 900 m Krümmungshalbmesser die Kreiselwirkung um die Vertikale die vorhin besprochene um das 2,1 fache übertrifft. Hierin liegt, wie a. a. O. ausgeführt ist, der Grund, weshalb an den Oberbau einer Schnellbahn besonders hohe Anforderungen zu stellen sind. Das Schnellbahnproblem wird schließlich eine Frage des Oberbaues.

Auch die Kreiselwirkungen, die entstehen, wenn die Drehachsen eines Automobil- oder Flugzeugmotors oder eines Turbinendampfers oder eines Raddampfers aus ihrer Richtung herausgelenkt werden, lassen sich auf die gleiche Weise mit Hilfe der Dreifingerregel der linken Hand feststellen und in ihrer Größe mittels der Hauptgleichung des Kreisels abschätzen.

281. Der Kreisel als Kompaß. Die großen Eisenmassen der Kriegsschiffe und die starken elektrischen Ströme, die an Bord verwendet werden, stören den Magnetkompaß derart, daß der Ersatz der Magnetnadel dringend erwünscht wurde. Schon Foucault regte an, den Kreisel zu benützen. Erst Anschütz-Kämpfe ist aber eine befriedigende konstruktive Durchbildung eines Kreiselkompasses gelungen. In Fig. 242 sieht man in einem mit Quecksilber gefüllten Trog einen Schwimmer, und

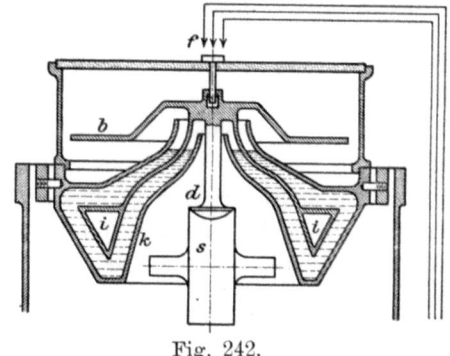

Fig. 242.

mit diesem fest verbunden einen Kreisel mit wagrechter Achse. Er wird durch einen Elektromotor in Gang gehalten, der lediglich die Luft- und Lagerreibung des Kreisels zu überwinden hat, damit der mit 20000 Umdrehungen in der Minute laufende Kreisel nicht zum Stillstand kommt. Der am Schwimmer hängende Kreisel kann um jede beliebige horizontale Achse kleine Pendelungen ausführen und sich hauptsächlich um die Vertikale frei drehen. Der Zweck der

Schwimmeraufhängung besteht darin, der Kreiselachse nur eine Präzession in der Horizontalebene zu gestatten. Damit besitzt der Kreisel den hier erforderlichen Freiheitsgrad.

Weshalb kommt nun an diesem Instrumente eine Kompaßwirkung zustande? Weshalb stellt sich die Kreiselachse in die Nord-Südrichtung ein? Das kommt davon her, daß die Kreiselachse von der Erde mitbewegt und zum Präzessieren gezwungen wird: die hierbei auftretende Kreiselwirkung liefert die Richtkraft für den Kompaß. Das Drahtmodell Fig. 243 soll die Erdachse und einen Meridian vorstellen; die auf dem Drahtmeridian steckende Kugel einen Punkt der Erdoberfläche. Eine durch den Punkt gelegte Horizontalebene kann z. B. der Boden sein, auf dem wir uns befinden, und der schwarz angestrichene Pfeil I die Drehachse des Kompaßkreisels. Es ist nun der blanke Draht H parallel zur Erdachse in die schwarze Kugel gesteckt. Dreht sich der Drahtmeridian um die Erdachse des Modelles, so erkennt man, wie die Kreiselachse anfängt, einen Kegelmantel um den blanken Draht als Achse zu beschreiben, einen sog. Präzessionskegel.

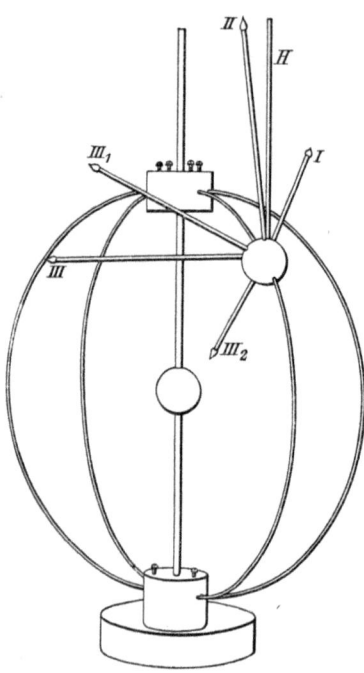

Fig. 243.

Die Kreiselachse präzessiert momentan in der Tangentialebene des Präzessionskegels um eine Achse, die senkrecht auf der Kreiselachse steht und in der Ebene der Achsen des Kreisels und der Achse des Präzessionskegels gelegen ist (weißer Pfeil II des Modelles). Die entstehende Kreiselwirkung ist nach der Dreifingerregel der linken Hand durch den roten Pfeil III dargestellt, es entsprechen sich (der Leser trage die Farben mit Farbstift in die Fig. 243 ein):

    schwarz I - weiß II - roter Pfeil III
    Daumen   Zeigefinger   Mittelfinger
    Kreiselachse   Präzessionsachse   Knotenlinie, d. h. Achse der
                                                    Kreiselwirkung.

Wir zerlegen jetzt den roten Pfeil III nach der Parallelogrammregel in zwei Komponenten längs der Horizontalebene und längs dem Erdhalbmesser oder der Lotlinie unseres Erdortes, worauf wir die Kreiselwirkung durch die beiden Komponenten III_1 und III_2 ersetzen können. Dann erkennt man am Pfeilsinn, daß die Radialkomponente III_2 ein Kräftepaar bedeutet, das den Kreisel in den Meridian zu stellen sucht. In diesem Moment hat man die Richtkraft zu erblicken, die die Kreiselachse stets in die Nord-Südrichtung treibt. Die andere Komponente der Kreiselwirkung ist nebensächlich, sie bewirkt nur eine leichte Schiefstellung des Schwimmers.

Einfache, an Demonstrationsmodellen erläuterte Erklärungen des Schiffskreisels von Schlick und des Bahnkreisels der Einschienenbahn von Brennan und Scherl findet der Leser in Zeitschrift für gewerblichen Unterricht, 1913, Heft 20—22 (Leipzig, Seemann & Co.).

282. Vektorielle Darstellung der Hauptgleichung des Kreisels. Man kann die Kreiselgesetze auch in Vektorform darstellen, wodurch sowohl die Größenbeziehungen als auch die Richtung gleichzeitig zum Ausdruck gelangen; diese Darstellung ist kurz und übersichtlich und wird besonders für denjenigen einen Nutzen und Fortschritt bedeuten, der sich mit der leichtverständlichen, aber etwas längeren Ableitung in den Abschnitten **276** bis **279** vertraut gemacht hat.

Wir setzen nur voraus, der Leser habe sich den Satz vom Drall oder vom Moment der Bewegungsgröße eines starren Körpers zu eigen gemacht: die zeitliche Änderung des Dralles oder des Momentes der Bewegungsgröße ist dem Moment der beschleunigenden (eingeprägten) Kräfte gleich; dagegen braucht der Leser in der Anwendung dieses Satzes nicht weiter geübt zu sein. Das Nachfolgende bildet eine einfache Anwendung dieses Satzes. Vgl. **271**.

Wir denken an einen Kreisel, der in rasche Drehung versetzt mit schiefer Achse auf eine Unterlage gestellt ist. Die abgestützte Kreiselspitze bewege sich reibungslos in einem Spurlager. Die Kreiselachse beschreibt dann langsam einen Kreiskegel, sie präzessiert. Das Schweremoment des Kreiselgewichtes ist das einzige beschleunigende oder eingeprägte Moment.

Wir bestimmen zuerst das Moment der Bewegungsgröße, den Drall des präzessierenden Kreisels und nehmen an, die Winkelgeschwindigkeit ω_1 der Eigendrehung des Kreisels übertreffe die Winkelgeschwindigkeit ω_2 der präzessierenden Figurenachse um ein Bedeutendes (bezüglich der Präzession vgl. S. 474).

Ein im Abstand ϱ von der Figurenachse befindliches Massenelement hat streng genommen gleichzeitig zwei Geschwindigkeiten, fürs erste die Umfangsgeschwindigkeit der Eigendrehung des Kreisels um seine Achse, fürs zweite eine von der Präzession der Kreiselachse herrührende Geschwindigkeitskomponente. Der obigen Annahme zufolge ist diese letztere gegenüber der ersteren vernachlässigbar, das Massenelement führt eine momentane Bewegung aus, die für die Zwecke der nachfolgenden Rechnung genau genug als eine reine Drehung um die Figurenachse gelten kann, und zwar mit der Umfangsgeschwindigkeit $v = \varrho \omega_1$. Die Bewegungsgröße von dm ist dann $dm \cdot v = dm \cdot \varrho \omega_1$ und das Moment der Bewegungsgröße oder der Drall in bezug auf die Figurenachse $dm \varrho \omega_1 \cdot \varrho$. Der Wert $dm \cdot \varrho^2$ ist eine reine Zahlgröße, der keinerlei Richtung zukommt. Dagegen ist ω_1 ein Vektor, der nach dem Poinsotschen Vorgang als Strecke darstellbar ist, die auf der Drehachse abgetragen wird. Das Produkt $\omega_1 \cdot dm \cdot \varrho^2$ ist ein mit einer Zahl multiplizierter Vektor, d. h. eben wieder ein Vektor, der ebenfalls in die Richtung der Kreiselachse fällt. Jedes Massenelement dm des Kreisels liefert einen solchen Beitrag $dm \varrho^2 \cdot \omega_1$. Wir bilden jetzt die geometrische Summe der Vektorgrößen $dm \varrho^2 \cdot \omega_1$ für den ganzen Kreisel, d. i. $\Sigma dm \varrho^2 \omega_1$ oder auch $\omega_1 \Sigma dm \varrho^2$, da bei der Summierung über den Körper hin ω_1 konstant ist. Man hat zu diesem Zweck einfach die einzelnen Vektoren der Summe auf der Kreiselachse aneinanderzufügen, da sie alle gleich gerichtet sind. Nun bedeutet $\Sigma dm \varrho^2 = \Theta$ das Trägheitsmoment der Masse des Kreisels in bezug auf dessen Drehachse, womit wir für das Moment der Bewegungsgröße oder den Drall des Kreisels den Wert erhalten:

$$\mathfrak{D} = \Theta \cdot \omega_1 \; [\mathrm{kg\,m\,sek}].$$

Dem Gesagten zufolge ist der Drall ein Vektor, der im vorliegenden Fall die Richtung der Figurenachse hat[1]; gegen die Pfeilspitze des Vektors blickend, gewahrt man den Kreisel im Uhrzeigersinn sich drehend.

Wir verfolgen nunmehr die mit der Winkelgeschwindigkeit ω_2 präzessierende Kreiselachse während eines Zeitelementes dt. Die Winkelgeschwindigkeit ω_1 des Kreisels bleibt bei fehlender Luft- und Lagerreibung dem Betrag nach konstant, sie ändert nur fortwährend ihre Richtung. Das gilt auch vom Drall, der in dt sek mit der präzessierenden Kreiselachse zusammen den Winkel $\omega_2 dt$

---

[1] Aber nur angenähert, solange ω_1 groß genug gegen ω_2 ist. Im allgemeinen sind die geometrische Achse (Figurenachse), die Momentanachse und die Achse des Dralles verschieden. Eine vereinfachte Darlegung wie obige erregt leicht den Eindruck, als ob diese drei Achsen stets zusammenfielen. Die grundsätzliche Verschiedenheit tritt nur in der genaueren Theorie der Drehung des starren Körpers heraus. Vgl. S. 467.

§ 59. Kreisel. 489

beschreibt. Er sei in seiner neuen Lage $\mathfrak{D}_1$ genannt; die geometrische Differenz $\mathfrak{D}_1 - \mathfrak{D}$ in dt sek ist $d\mathfrak{D}$ und beträgt nach Fig. 244

$$d\mathfrak{D} = \mathfrak{D}\omega_2 \cdot dt,$$

oder
$$\frac{d\mathfrak{D}}{dt} = \mathfrak{D}\omega_2.$$

Der vektorielle Charakter von $d\mathfrak{D}$ wird durch die Division mit dt nicht geändert, es ist also auch $d\mathfrak{D}/dt$ ein in die Richtung von $d\mathfrak{D}$ (Fig. 244) hineinfallender Vektor, nur erscheint er vergrößert. Dieser Vektor ist aber nach dem eingangs erwähnten Satz von der Drallländerung nichts anderes als das Moment $\mathfrak{M}$ der beschleunigenden Kräfte, die die Kreiselachse aus ihrer momentanen Richtung abzulenken suchen, es ist

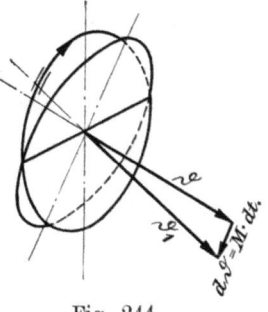

$$\mathfrak{M} = \frac{d\mathfrak{D}}{dt} = \mathfrak{D}\omega_2 = \omega_1\omega_2\,\Theta,$$

sofern der vorhin abgeleitete Wert des Dralles benützt wird. Damit haben wir das von früher her bekannte Hauptgesetz des Kreisels wieder vor uns.

Fig. 244.

Während wir nun früher die gegenseitige Stellung der Achse des Kreisels, der Präzession und des aktiven Momentes durch eine Dreifingerregel (vgl. S. 481) festzuhalten hatten, steht jetzt alles Wissenswerte in bezug auch auf jene Richtungen in dem Vektorbild der Fig. 244 vor uns.

Die Vektoren $\mathfrak{D}$ und $\mathfrak{D}_1$ in Fig. 244 stellen die in dt sek aufeinanderfolgenden Stellungen der Kreiselachse dar, bestimmen also den Sinn der Präzession der Kreiselachse; der Pfeil von $\mathfrak{D}$ drückt den Sinn der Kreiseldrehung aus, gemäß der Poinsotschen Darstellungsweise, und schließlich gibt der Vektor $d\mathfrak{D} = \mathfrak{M}dt$ bzw. der dazu proportionale Vektor $d\mathfrak{D}/dt = \mathfrak{M}$ die Stellung und den Drehsinn des Momentes der äußeren Kräfte an, der zu der genannten Eigendrehung und Präzession gehört.

Wer also die Vektordarstellung kennt, kann auf die Dreifingerregeln verzichten.

Werfen wir noch einen kurzen Blick auf das Verhalten des kräftefreien Kreisels; fehlt das beschleunigende Moment, ist also $\mathfrak{M} = 0$, so ist

$$d\mathfrak{D}/dt = 0, \quad \text{d. h.} \quad \mathfrak{D} = \omega_1 \cdot \Theta = \text{konst},$$

wo ω_1 den Vektor der Winkelgeschwindigkeit der Kreiseldrehung bedeutet. Aus der letzten Gleichung folgt, daß ω_1 nach Größe und

Richtung konstant ist. Damit haben wir den sog. Satz von der Erhaltung der Drehachse des kräftefreien Kreisels: Die Drehachse eines kräftefreien Kreisels bleibt sich stets parallel, oder etwas weniger anschaulich: der Drall eines kräftefreien Kreisels ist nach Größe und Richtung im Raum konstant (S. 458).

---

17. Kapitel.
Lehre von den Schwingungen.

§ 60. Einfache harmonische Schwingung.

283. Die Zentralkraft oder Direktionskraft einer einfachen sinusförmigen harmonischen Schwingung. Die Grundeigenschaften und -Begriffe einer einfachen harmonischen Schwingung, die ein Sinus- oder Kosinusgesetz befolgt, sind am Beispiel einer Kurbelschleife im Abschnitt 139 besprochen worden, der hier nachzulesen ist. Als Merkmal der einfachen harmonischen Schwingung ist dort festgestellt worden, daß die Beschleunigung des schwingenden Punktes dem Abstand von der Mittellage proportional und stets auf die Mittellage zu gerichtet ist. Darf man die ganze schwingende Masse sich in einem Punkt von der Masse m vereinigt vorstellen, so ist auch die beschleunigende Kraft (= Masse mal Beschleunigung) dem Abstand von der Mittellage proportional und stets gegen die Mittellage der Schwingung hin gerichtet. Eine stets durch den gleichen Punkt gehende Kraft heißt Zentralkraft, man nennt sie bei der Schwingung auch Direktionskraft. Man kann diesen Satz auch umkehren: Steht ein Punkt von der Masse m unter dem Einfluß einer Zentral- oder Direktionskraft, die dem Abstand von einem Fixpunkt O proportional ist und überdies eine und dieselbe Gerade zur Richtungslinie hat, so vollführt der Punkt eine geradlinige harmonische Schwingung, nach Art der Bewegung einer Kurbelschleife.

Wegen seiner grundsätzlichen Wichtigkeit soll dieser Satz rechnerisch nachgewiesen werden. Vom Fixpunkt O aus werde auf der gleichbleibenden Richtung der Direktionskraft der Abstand x der schwingenden Masse m gemessen; im Abstand x sei die Direktionskraft $-P$, wobei das Minuszeichen zu wählen ist, weil P im Sinn der abnehmenden x wirkt. Ist c die Direktionskraft im Abstand $x=1$, so hat man $P=c\cdot x$. Bringt man an der schwingenden Masse außer dieser Kraft die entgegengesetzte Beschleunigungskraft $-m\,(d^2x/dt^2)$ an, so ist sie nach dem d'Alembertschen Prinzip im

§ 60. Einfache harmonische Schwingung.

Gleichgewicht: Die algebraische Summe der tatsächlich wirkenden Kraft $-P$ und des Trägheitswiderstandes $-m\ddot{x}$ ist Null; daher lautet die Gleichgewichtsbedingung für die an m wirkenden Kräfte:

$$-m\ddot{x} - P = 0$$

oder

$$-m\ddot{x} - cx = 0$$

oder

$$\ddot{x} + \frac{c}{m} \cdot x = 0.$$

Die Integration der Gleichung

$$\frac{d^2 x}{dt^2} + \omega^2 x = 0 \quad \ldots \ldots \quad (200)$$

wo zur Abkürzung $\omega^2 = c/m$ gesetzt ist, liefert bekanntlich als allgemeine Form der Gleichung einer einfachen harmonischen Schwingung:

$$x = A \cdot \sin \omega t + B \cdot \cos \omega t \quad \ldots \ldots \quad (201)$$

oder auch, wenn man die beiden Integrationskonstanten A und B durch zwei andere a und β ersetzt, die so gewählt werden, daß

$$A = a \cdot \cos \beta \quad \text{und} \quad B = a \cdot \sin \beta,$$

wobei $\quad a = \sqrt{A^2 + B^2} \quad \text{und} \quad \text{tg}\, \beta = B/A:$

$$x = a (\sin \omega t \cdot \cos \beta + \cos \omega t \cdot \sin \beta)$$
$$x = a \cdot \sin (\omega t + \beta) \quad \ldots \ldots \ldots \quad (202)$$

Die Integrationskonstanten A und B oder a und β sind aus zwei Grenzbedingungen zu ermitteln, d. h. es müssen zwei Bewegungszustände der schwingenden Masse bekannt sein, um A und B bzw. a und β zu bestimmen. Die Zeit t soll z. B. von dem Augenblicke an gemessen werden, wo die Masse durch O hindurchgeht, was mit der Geschwindigkeit v_0 geschehe. Damit sind die beiden Grenzbedingungen ($x = 0$ für $t = 0$) und ($v = dx/dt = v_0$ für $t = 0$) ausgesprochen, die zusammen mit der Angabe der Größe der Masse m und der Direktionskraft c im Abstand $x = 1$ die Schwingung eindeutig bestimmen. Es ist nämlich unter Beachtung der beiden Grenzbedingungen und da

$$v = dx/dt = A\omega \cos \omega t - B\omega \sin \omega t:$$
$$0 = B \cdot 1 \quad \text{und} \quad v_0 = A \cdot \omega$$

also $\quad\quad\quad B = 0 \quad \text{und} \quad A = v_0/\omega,$

womit $\quad\quad\quad a = A \quad \text{und} \quad \beta = 0.$

Die Schwingung befolgt daher die Gleichung

$$x = \frac{v_0}{\omega} \cdot \sin \omega t,$$

492   Lehre von den Schwingungen.

wobei $\omega = \sqrt{c/m}$. Der größte Ausschlag, die Amplitude der Schwingung, beträgt, da der Größtwert des Sinus Eins ist, $a = v_0/\omega$. Die Schwingungsdauer τ ist, da nach 139 $2\pi = \omega\tau$:

$$\tau = \frac{1}{\nu} = \frac{2\pi}{\omega} = \frac{2\pi}{\sqrt{c/m}} \quad \ldots \ldots \quad (203)$$

Die Schwingungsdauer ist also von der Amplitude unabhängig und konstant, d. h. die Schwingungen sind isochron.

Die minutliche Schwingungszahl beträgt

$$n = 60 \cdot \nu = \frac{60}{\tau} = \frac{30}{\pi}\omega = \frac{30}{\pi}\sqrt{\frac{c}{m}} \quad \ldots \quad (204)$$

Vergleicht man die Schwingung mit einer Kurbelschleifenbewegung, so entspricht in den vorangehenden Gleichungen ω der konstanten Winkelgeschwindigkeit der Kurbel. Wir wollen dem Wert ω in Zukunft die allgemeinere Benennung **Kreisfrequenz** beilegen.

Als wichtigste Folgerung ergibt sich, daß die Gesetze der einfachen harmonischen Schwingung stets dann gelten, wenn die Direktionskraft, die auf eine geradlinig bewegte Masse wirkt, dem Abstand von einem Fixpunkt proportional ist.

284. Beispiele einfacher harmonischer Schwingungen (nach dem Verfahren in **139**).

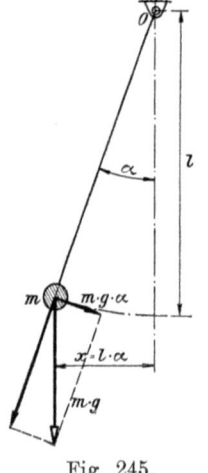

Fig. 245.

1. **Mathematisches Pendel mit kleinem Ausschlag.** Die Punktmasse m sei in O an einem masselosen Faden von der Länge l aufgehängt und führe in einer Ebene kleine Schwingungen aus. Ist m um den kleinen Winkel α aus der Mittellage ausgelenkt, so ist die Direktionskraft gleich der Tangentialkomponente des Gewichtes, nämlich $m \cdot g \cdot \alpha$; die zugehörige Beschleunigung ist $g \cdot \alpha$; sie wirkt im Abstand $l \cdot \alpha$ von der Mittellage und ist diesem proportional; die Beschleunigung im Abstand 1 von der Mittellage ist demnach

$$b_1 = \frac{g \cdot \alpha}{l \cdot \alpha} = \frac{g}{l}.$$

Hiermit erhält man für die volle Schwingungsdauer eines mathematischen Pendels nach Gl. (105) in **139**:

$$\tau = 2\pi\sqrt{\frac{1}{b_1}} = 2\pi\sqrt{\frac{l}{g}}.$$

§ 60. Einfache harmonische Schwingung. 493

Ein Sekundenpendel (1 Hingang = 1 sek) an einem Erdort, wo $g = 9{,}81$ [m/sek] ist, hat demnach die Länge

$$l = \frac{\tau^2}{4\pi^2} \cdot g = \frac{2^2}{4\pi^2} 9{,}81 = 0{,}994 \text{ [m]}.$$

2. Punktmasse an einer Feder. Eine Punktmasse m befinde sich an einem Ende einer masselosen Feder, deren anderes Ende festgehalten sei. Von Gewichtswirkungen und dämpfenden Widerständen sei abgesehen. Die Masse m kann dann freie Schwingungen ausführen, die, wenn nur ein Impuls in der Richtung der Federachse ausgeübt worden ist, geradlinig verlaufen. Die Federkraft P möge der Federdehnung x proportional sein, gemäß $P = c \cdot x$. Gesucht die Schwingungsdauer τ.

Wir haben, um τ zu finden, die Beschleunigung b_1 für den Ausschlag 1 anzugeben und in Gl. (105) einzusetzen. Nach dem dynamischen Grundgesetz ist $P_1 = m \cdot b_1$ der im Abstand 1 auftretende Trägheitswiderstand; er ist nach dem d'Alembertschen Prinzip gleich und entgegengesetzt der beschleunigenden Kraft der Feder. Die Federkraft ist aber im Abstand 1, wo sich die Feder um 1 verlängert hat, gleich c; somit ist $c = m \cdot b_1$, also $b_1 = c/m$, womit die Gl. (105) in 139 ergibt:

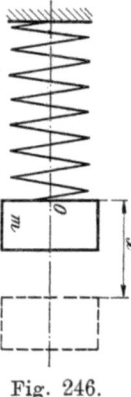

Fig. 246.

$$\tau = 2\pi \sqrt{\frac{m}{c}} \quad \ldots \ldots \ldots \quad (205)$$

Für eine zylindrische Schraubenfeder und einen geraden zylindrischen Stab findet man z. B. c wie folgt:

α) Die durch P kg bewirkte Verlängerung x einer zylindrischen Schraubenfeder aus Stahl von der Drahtstärke d [cm], Windungshalbmesser r [cm], Windungszahl i, Schubkoeffizient $\beta = 1/G$, ist nach der Festigkeitslehre:

$$x = 64 \cdot i \cdot \frac{Pr^3}{d^4} \beta = \frac{P}{c}.$$

Die Spannkraft der Feder ist, wie auch Versuche zeigen, der Verlängerung proportional. Die Kraft P_1 für $x = 1$ ist

$$P_1 = c = \frac{d^4}{64\, i\, r^3 \beta}.$$

β) Die durch die Zug- und Druckkraft P bewirkte Verlängerung oder Verkürzung x eines zylindrischen Stabes von der

Länge l [cm], vom Querschnitt f [qcm], mit Dehnungskoeffizient $\alpha = 1\ E$ [cm² kg] beträgt nach der Festigkeitslehre

$$x = \alpha \cdot l \cdot \frac{P}{f} = \frac{P}{c}.$$

Die Kraft $P_1 = c$, die den Stab um $x = 1$ dehnt, ist also

$$P_1 = c = \frac{f}{\alpha l}.$$

Die Werte von c sind in Gl. (205) einzusetzen und überdies zu beachten, daß als Maßeinheiten [kg, cm, sek] gewählt sind, also $m = Q$ [kg] : 981 [cm/sek²] zu nehmen ist.

3. Punktmasse an einem einseitig eingespannten Biegungsstab. Länge l [cm], Trägheitsmoment des Querschnitts Θ [cm⁴],

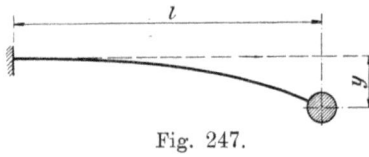

Fig. 247.

trägt am freien Ende eine (gewichtlos gedachte) Masse m, die in ebene Querschwingung versetzt wird. Der Stab ist als masselos gedacht. Wie groß ist die Schwingungsdauer?

Die Direktionskraft P, die mit einer Durchbiegung y verknüpft ist, wirkt quer zur Balkenachse und beträgt für die beschriebene Befestigung und Belastung des Balkens nach der Festigkeitslehre

$$y = \frac{\alpha}{\Theta} \frac{P l^3}{3} = \frac{P}{c},$$

ist also dem Biegungsausschlag proportional.

Die Kraft $P_1 = c$, die die Durchbiegung $y = 1$ hervorruft, ist

$$P_1 = c = \frac{3\,\Theta}{\alpha\,l^3}.$$

Weil die Direktionskraft dem Ausschlag proportional ist, darf Gl. (203) benützt werden und es ist die Schwingungsdauer

$$\tau = \frac{1}{\nu} = 2\pi \sqrt{\frac{m}{c}} = 2\pi \sqrt{\frac{\alpha m l^3}{3\,\Theta}},$$

wobei als Maßgrößen [kg, cm, sek] zu benützen sind, die Masse also z. B. $m = G$ [kg] : 981 [cm/sek²] ist.

§ 61. Geometrische Analyse der Schwingungen.

285. Bedeutung der allgemeinen Gleichung einer einfachen Schwingung. Vor- und Nacheilung. Phasenverschiebung oder -Unterschied. Graphische Darstellungen. Eine Kurbelschleife, die von einer gleichförmig rotierenden Kurbel angetrieben wird, vollführt nach Abschnitt **139** eine einfache harmonische Schwingung.

§ 61. Geometrische Analyse der Schwingungen.

Es ist von großem Nutzen, eine einfache harmonische Schwingung sich auch dann von einer Kurbel mit Kurbelschleife hervorgerufen zu denken, wenn ein unmittelbarer Zusammenhang zwischen der Schwingung und einer Kurbelschleifenbewegung gar nicht besteht. Der Elektrotechniker macht von dieser Vorstellungsweise andauernd Gebrauch unter Verwendung des Polar- und Vektor-Diagramms, das nachher besprochen wird.

Häufig ändern sich mehrere Größen von gleicher Periode oder Frequenz, z. B. Weg, Geschwindigkeit und Beschleunigung einer Schwingung, magnetisches Feld und induzierte Wechselspannung, nach dem Gesetz einer einfachen harmonischen Schwingung miteinander, jedoch so, daß sie nicht zu gleicher Zeit ihren Größtwert erlangen. In einem bestimmten Augenblick haben solche Schwingungen nicht die gleiche Erscheinungsform oder Phase, es besteht

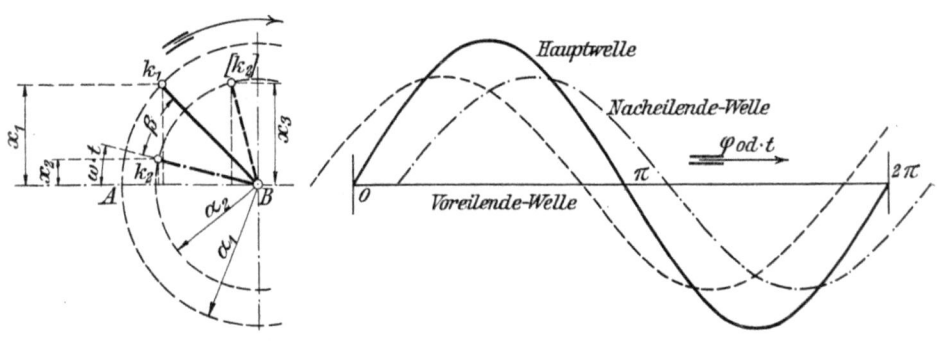

Fig. 248.

ein gewisser Unterschied in den Erscheinungsformen, ein Phasenunterschied, oder eine Phasenverschiebung der Schwingungswellen. Diese Verhältnisse werden durch das Bild von Kurbeln in übersichtlicher Weise veranschaulicht, welches Bild durch das Zeitdiagramm wirksam ergänzt wird.

Auf der gleichen Welle, die sich mit gleichförmiger Winkelgeschwindigkeit ω drehen möge, seien zwei Kurbeln K_1 und K_2 unter dem Winkel β gegeneinander aufgekeilt und drehen sich gleichförmig in der Pfeilrichtung (Fig. 248). Der Maschineningenieur sagt dann, die Kurbel K_1 eile der Kurbel K_2 um Winkel β vor oder K_2 eile K_1 um β nach, je nachdem die Bewegung von K_1 oder K_2 als Hauptbewegung aufgefaßt, d. h. je nachdem die Zeitrechnung begonnen wird, wenn K_2 oder K_1 durch die Richtung AB hindurchgeht, von der aus die Kurbelwinkel ωt gezählt werden. Im ersten Fall lautet die Gleichung der von K_2 und K_1 hervorgerufenen und in der Richtung $A_1 B_1$ sich vollziehenden Kurbelschleifenbewegungen:

für K_2 als Hauptkurbel . . . . . $x_2 = a_2 \cdot \sin \omega t$
für K_1 als voreilende Kurbel . . . $x_1 = a_1 \cdot \sin (\omega t + \beta)$
für K_1 als Hauptkurbel . . . . . $x_1 = a_1 \cdot \sin \omega t$
für K_2 als nacheilende Kurbel . . $x_2 = a_2 \cdot \sin (\omega t - \beta)$

$+\beta$ bedeutet demnach in diesen Gleichungen eine Voreilung, $-\beta$ eine Nacheilung. Die Bilder einer voreilenden Welle und nacheilenden Welle im Zeit-Weg-Diagramm sind in Fig. 248 ersichtlich.

Die beiden Wellen sind bei dieser Bezeichnungsweise in Vergleich gesetzt mit einer zur Zeit $t = 0$ beginnenden Welle, z. B. eilt $\cos \cdot \varphi$ dem $\sin \varphi$ um $\pi/2$ vor oder die Beschleunigung eilt der Geschwindigkeit und diese dem Ausschlag eines harmonisch schwingenden Punktes um 90° vor.

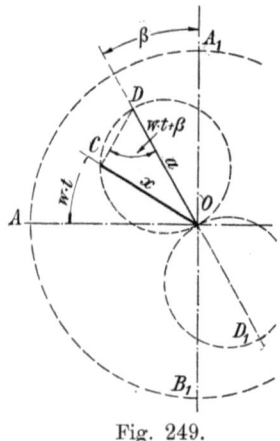

Fig. 249.

Hiermit ist auch die Bedeutung der Größen erklärt, die in der allgemeinen Gleichung $x = a \cdot \sin (\omega t + \beta)$ einer einfachen harmonischen Schwingung vorkommen.

a ist die Amplitude, d. h. der größte Ausschlag der Schwingung, $\pm \beta$ (im Bogenmaß auszudrücken) die Vor- bzw. Nacheilung, ω die Kreisfrequenz (Frequenz schlechthin ist $\nu = 1/\tau$; Kreisfrequenz $\omega = 2\pi/\tau$).

1. Für die Gleichung $x = a \cdot \sin (\omega t + \beta)$ hat Zeuner folgende graphische Darstellung angegeben (Zeunersches Diagramm Fig. 249):

Mache $AOB \perp A_1 B_1$; $DO = OD_1 = a$; $\sphericalangle DOA_1 = \beta$ und beschreibe über OD und OD_1 als Durchmesser Kreise; ist $\sphericalangle AOC = \omega t$, so ist $\sphericalangle CDO = \omega t + \beta$ und $CO = a \cdot \sin (\omega t + \beta) = x$.

Die Sehnen des oberen Kreises stellen die positiven, die des unteren die negativen Schwingungsausschläge dar.

Ist β eine Nacheilung, so ist β von $A_1 B_1$ aus nach links abzutragen.

2. Das Vektor- oder Polardiagramm des Elektrikers stimmt mit dem Diagramm Fig. 249 überein. Zum Beispiel kann a_1 die Maximalstärke eines magnetischen Wechselfeldes und a_2 den Größtwert der vom ersteren induzierten Wechselspannung und β die Nacheilung der Spannung hinter dem magnetischen Feld bedeuten. Die Projektionen x_1 und x_2 sind dann die Momentanwerte der magnetischen Feldstärke und der Spannung zur Zeit t. Beide sind um den „Phasenwinkel β" „phasenverschoben"; β entspricht einer Zeit t_1 und zwar ist:
$$t_1 : \tau = \beta : 2\pi,$$
woraus
$$t_1 = \frac{\beta \tau}{2\pi} = \frac{\beta}{2\pi\nu} \quad \text{oder} \quad \beta = 2\pi \frac{t_1}{\tau} = 2\pi\nu t_1,$$

§ 61. Geometrische Analyse der Schwingungen.

wo τ die Schwingungszeit oder die Periode und ν die Frequenz ($=$ Anzahl der vollen Schwingungen in 1 sek) ist.

Der Elektriker pflegt mit dem Kosinus des Phasenwinkels β zu rechnen; bei 2 phasengleichen Strömen oder Spannungen ist $\cos\beta = \cos 0 = 1$ und wenn ein Phasenunterschied von 90^0 vorhanden ist $\cos\beta = \cos 90^0 = 0$.

286. Zusammensetzung und Zerlegung von Schwingungen. Harmonische Analyse. Fourierscher Satz. Graphisches Verfahren von Fischer-Hinnen. Man hat Apparate konstruiert, die den zeitlichen Verlauf einer Schwingung registrieren, d. h. die Schwingungsausschläge auf eine gleichförmig umlaufende Schreibtrommel aufschreiben, so die Seismographen zum Registrieren der Bodenbewegung bei einem Erdbeben, Schlicks Pallograph zum Registrieren der Schiffsschwingungen, Föttingers Torsionsindikator zum Registrieren der Verdrehung einer Propellerwelle u. dgl., Oszillographen zur Messung der Schwankungen eines elektrischen Wechselstromes oder einer Wechselspannung, neuestens auch der Temperatur im Innern einer Wärmekraftmaschine. Die mit solchen Apparaten aufgenommenen Zeitbilder einer Schwingung sind nun keine einfachen Sinuslinien, sondern meist verwickelte und für die Beurteilung undurchsichtige Kurvenzüge; der Sinn dieser Kurvenschrift wäre größtenteils verborgen und das Eindringen in einen verwickelten Schwingungsvorgang, wie er dem Ingenieur häufig vorliegt, unmöglich, hätte nicht Fourier durch Anwendung des Superpositionsprinzipes diese Schrift entziffert. Er hat gezeigt, daß jeder periodische Kurvenzug sich in einfache Sinuslinien auflösen läßt, deren Schwingungszahlen sich wie $1:2:3:\ldots\infty$ bzw. deren Perioden sich wie $1:\frac{1}{2}:\frac{1}{3}:\ldots 0$ verhalten, mathematisch ausgedrückt:

$$f(\varphi) = A_0 + A_1 \cdot \sin(\varphi + \beta_1) + A_2 \cdot \sin(2\varphi + \beta_2) + A_3 \cdot \sin(3\varphi + \beta_3)$$
$$= A_0 + \sum_{i=1}^{i=\infty} A_i \cdot \sin(i\varphi + \beta_i) \quad \ldots \ldots \ldots \ldots \quad (206)$$

Wir haben die Bedeutung der einzelnen Glieder und die Anwendung der Fourierschen Reihe noch eingehend zu erörtern; es soll jetzt nur die von Fourier angegebene harmonische Analyse, d. h. die Auflösung einer verwickelten Schwingung in einfache Sinusschwingungen durch ein physikalisches Beispiel erläutert werden. Ein Klang beruht auch auf einem Schwingungsvorgang, und zwar im allgemeinen auf keinem einfachen; ein Klang ist vielmehr ein Gemisch von Tönen, wenn man mit dem Wort Ton die einfache akustische Sinusschwingung meint. Helmholtz wies dies mit Hilfe der von ihm angegebenen Resonatoren nach, das sind kugelförmige Hohlkörper aus Messing mit zwei diametral liegenden Öffnungen, deren eine kurz ist und sich nach außen erweitert, während die andere trichterförmige in das Ohr gesteckt werden kann. Ein solcher Resonator spricht merklich nur auf einen Ton von bestimmter Schwingungszahl an, den man mit Hilfe des in das Ohr gesteckten Resonators aus beliebig vielen Tönen heraushören kann. Mit Hilfe von Resonatoren, deren Schwingungszahlen sich wie $1:2:3:4$ usf. verhielten, untersuchte Helmholtz einen Klang, etwa von der Tonhöhe des tiefsten Resonatortones und fand, daß nicht nur dieser sog. Grundton, sondern auch noch eine Anzahl „Obertöne", deren Schwingungszahlen ganze Vielfache von der des Grundtones sind, erklingen; die Zahl und Intensität der mit dem Grundton gleichzeitig auftretenden Obertöne bedingen die Klangfarbe. Durch diesen Versuch ist der Klang harmonisch analysiert; d. h. seine zusammengesetzte Natur als zerlegbar nachgewiesen in eine Summe von einfachen Schwingungen, deren Schwingungszahlen ganze Vielfache von der Schwingungszahl des Grundtones sind. Wenn in der Reihe der Obertöne einzelne fehlen, oder unmerklich klein sind, so ändert das an der Gültigkeit des vorigen Satzes nichts. Das Ergebnis der Analyse eines Klanges mittels der Helmholtzschen Resonatoren ist ein Einzelergebnis, dessen allgemeiner Ausdruck das Fouriersche Prinzip ist.

Die harmonische Analyse einer periodischen Schwankung irgend einer physikalischen Größe nach Fouriers Vorgang bildet den Schlüssel zum tieferen Eindringen in die Schwingungsvorgänge, besonders noch Hand in Hand mit der Erfahrungstatsache, daß bei gleichzeitigem Auftreten beliebig vieler einfacher harmonischer Schwingungen jede einzelne physikalisch ebenso zur Wirkung kommt, wie wenn die andern gar nicht da wären.

Wegen der Wichtigkeit der Zusammensetzung und Zerlegung von Schwingungen wird im nachfolgenden eine kurze Grammatik derselben aufgeführt, die in einigen trigonometrischen Umformungen und ihrer Deutung besteht; es mag im voraus darauf hingewiesen werden, daß gleichzeitig auftretende Schwingungen, deren Schwingungszahlen nicht ganzzahlige Vielfache einer Grundschwingungszahl sind, keine periodische Schwingung ergeben, sondern ein Resultat liefern, das man „Schwebung" nennt.

Wir beginnen mit einfachen Fällen und schreiten zu den zusammengesetzten vor.

a) Die Gleichung $x = a \cdot \sin(\omega t \pm \beta)$ einer harmonischen Bewegung erscheint im Weg-Zeit-Diagramm als Sinuswelle mit Amplitude a und Vor- und Nacheilung $\pm \beta$. Man hat aber auch

$$x = a \cdot \cos\beta \cdot \sin\omega t \pm a \cdot \sin\beta \cdot \cos\omega t = A \cdot \sin\omega t \pm B \cdot \cos\omega t,$$

wenn $A = a \cdot \cos\beta$ und $B = + a \cdot \sin\beta$ gesetzt wird.

§ 61. Geometrische Analyse der Schwingungen.

Die Sinuswelle $x = a\sin(\omega t \pm \beta)$ kann demnach als Summe zweier Sinus- und Kosinuswellen $x_1 = A\cdot\sin\omega t$ und $x_2 = B\cdot\cos\omega t$ von gleicher Periode, aber verschiedener Amplitude aufgefaßt werden.

b) Umgekehrt kann die Summe zweier Sinus- und Kosinuswellen von gleicher Periode, aber verschiedener Amplitude durch eine einzige Sinuswelle ersetzt werden; es sei gegeben:
$$x = A\sin\omega t + B\cos\omega t.$$
Nach Einsetzung von $A = a\cdot\cos\beta$ und $B = a\cdot\sin\beta$ wird hieraus
$$x = a\cdot\sin(\omega t + \beta),$$
wobei zur Berechnung von a und β aus den gegebenen Größen dient:
$$a = \sqrt{A^2 + B^2} \quad \text{und} \quad \operatorname{tg}\beta = B/A.$$

Im Diagramm, das der Leser selbst zeichnen möge, ist die algebraische Operation im Fall a) dahin zu deuten, daß die Kurbel a durch 2 stets einen rechten Winkel einschließende Kurbeln $A = a\cdot\cos\beta$ und $B = a\cdot\sin\beta$ ersetzt ist, wobei A mit a den Winkel β bildet; im Fall b) hat man umgekehrt die zwei den rechten Winkel einschließenden Kurbeln A und B nach dem Pythagoräer zu einer einzigen resultierenden Kurbel a zusammenzusetzen, die mit A den Winkel β bildet.

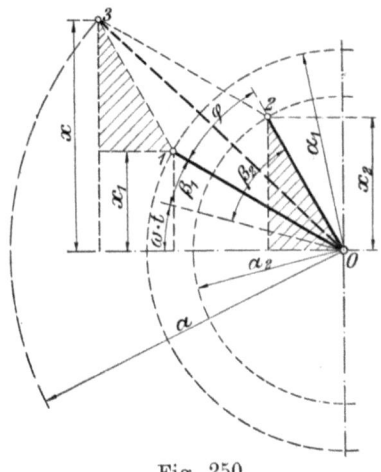

Fig. 250.

Die resultierende Kurbel a und die Komponentenkurbeln A und B haben unveränderliche Länge und drehen sich mit der gleichen Geschwindigkeit ω.

c) Zusammensetzung zweier Sinusschwingungen von gleicher Periode $\omega = 2\pi/\tau$, verschiedener Amplitude und verschiedener Phase β_1 und β_2.

Mit den Bezeichnungen der Fig. 250 ist
$$x = a_1\sin(\omega t + \beta_1) + a_2\cdot\sin(\omega t + \beta_2)$$
$$= a\cdot\sin(\omega t + \beta).$$

Man sieht aus dem Polardiagramm Fig. 250 (vgl. S. 495) sofort, daß die Komponentenkurbeln $\overline{O1} = a_1$ und $\overline{O2} = a_2$ nach der Parallelogrammregel durch die Kurbel $\overline{O3} = a$, die mit der gleichen unveränderlichen Geschwindigkeit ω umläuft, ersetzt werden können. Es ist nämlich wegen der Kongruenz der schraffierten Dreiecke die Ordinate von 3 gleich der Summe der Ordinaten von 1 und 2. Zur Berechnung von a und β hat man, wenn $\beta_2 - \beta_1 = \varphi$ geschrieben wird:

$$a = \sqrt{a_1^2 + a_2^2 + 2 a_1 a_2 \cos \varphi}$$

$$\operatorname{tg} \beta = \frac{a_1 \cdot \sin \beta_1 + a_2 \cdot \sin \beta_2}{a_1 \cdot \cos \beta_1 + a_2 \cdot \cos \beta_2}.$$

Wäre ein Summand $a_2 \cdot \cos(\omega t + \beta_2)$ vorhanden, so wäre statt dessen zu setzen

$$a_2 \cdot \sin\left[\omega t + \left(\beta + \frac{\pi}{2}\right)\right],$$

womit die Form der ersten Gleichung dieses Unterabschnitts hergestellt ist.

Anwendung: Wie man aus dem Vorangehenden sieht, kann man Sinusschwingungen von gleicher Periode, aber verschiedener Phase stets dadurch zu einer resultierenden Schwingung zusammensetzen, daß man die Amplituden der einzelnen Schwingungen als Vektoren („Kurbeln") in ein Polardiagramm einträgt unter Berücksichtigung der Phasenverschiebung zwischen den einzelnen Amplituden (bezügl. der Phasenwinkel vgl. 285, Ziff. 2).

Von besonderer Wichtigkeit ist bei praktischen Anwendungen der Fall, in dem die Amplituden der einzelnen Schwingungen gleich groß, ferner die Phasenwinkel gleich groß und echte Bruchteile von 2π oder 360^0 sind. In diesen Fällen ergibt sich die resultierende Amplitude Null; die Schwingungen heben sich gegenseitig auf. Der Studierende versäume nicht, sich das Gesagte durch Skizzen zu vergegenwärtigen.

d) **Zusammensetzung zweier Sinusschwingungen von verschiedener Periode, Amplitude und Phase**:

$$x = a_1 \cdot \sin(\omega_1 t + \beta_1) + a_2 \cdot \sin(\omega_2 t + \beta_2).$$

Substituiert man $\psi = (\omega_2 t + \beta_2) - (\omega_1 t + \beta_1)$, so wird nach kurzer Umformung:

$$x = (a_1 + a_2 \cdot \cos \psi) \cdot \sin(\omega_1 t + \beta_1) + a_2 \cdot \sin \psi \cdot \cos(\omega_1 t + \beta_1).$$

Damit ist die Form auf diejenige in Absatz c) zurückgeführt und man erhält auf dem gleichen Wege wie dort:

$$x = r \cdot \sin(\omega_1 t + \beta_1 + \vartheta)$$

wenn:

$$r = \sqrt{(a_1 + a_2 \cdot \cos \psi)^2 + a_2^2 \cdot \sin^2 \psi}$$

$$\operatorname{tg} \vartheta = \frac{a_2 \cdot \sin \psi}{a_1 + a_2 \cdot \cos \psi}.$$

Damit ist zwar die Gleichung für den resultierenden Ausschlag x auf die Form einer einfachen harmonischen Schwingung gebracht; die Schwingung selbst ist jedoch im allgemeinen weder einfach

§ 61. Geometrische Analyse der Schwingungen.

noch periodisch; die Gleichung für x läßt indes wenigstens das eine erkennen, daß der Phasenwinkel ϑ von ψ und damit von der Zeit abhängt, desgleichen der Fahrstrahl r. Der Phasenwinkel und der Fahrstrahl ändern sich also mit der Zeit fortwährend[1]) und der Verlauf der Schwingung ist im allgemeinen sehr verwickelt; einen weiteren Einblick vermag die obige Gleichung nicht zu gewähren.

Ein teilweiser Einblick wird wie folgt erlangt:

Die mit konstanter aber verschiedener Winkelgeschwindigkeit ω_1 bzw. ω_2 ($\omega_1 > \omega_2$) rotierenden Kurbeln a_1 und a_2 denken wir uns im Polardiagramm zu einer Zeit, da sie sich gerade decken; nach τ_0 sek wird das wieder eintreten. Dann hat die schneller laufende Kurbel a_1 den Weg $\omega_1 \tau_0$ und die langsamer laufende Kurbel a_2 den Weg $\omega_2 \tau_0$ zurückgelegt; hat die rascher laufende Kurbel die andere eingeholt, so hat sie einen Umlauf mehr gemacht als die andere (die Wege sind im Winkelmaß gemessen); es ist also:

$$\omega_1 \tau_0 - \omega_2 \tau_0 = 2\pi$$

oder nach Division durch τ_0 und mit $\omega = 2\pi/\tau$:

$$\frac{2\pi}{\tau_1} - \frac{2\pi}{\tau_2} = \frac{2\pi}{\tau_0} \quad \text{oder} \quad \nu_1 - \nu_2 = \nu_0,$$

d. h.
$$\frac{1}{\tau_1} - \frac{1}{\tau_2} = \frac{1}{\tau_0},$$

woraus
$$\tau_0 = \frac{\tau_1 \tau_2}{\tau_2 - \tau_1} = \frac{1}{\nu_1 - \nu_2} \quad \ldots \ldots (207)$$

als Wert des gesuchten Zeitabschnittes τ_0 (Schwebungsdauer) s. u. Andere Überlegung: Die konstante relative Geschwindigkeit der beiden Kurbeln ist $\omega_1 - \omega_2$, der relative Weg zwischen zwei sich folgenden Deckungslagen 2π; daher die Zeit τ_0, in der der relative Weg durchlaufen wird.

$$\tau_0 = \frac{\text{relativer Weg}}{\text{relat. Geschwindigkeit}} = \frac{2\pi}{\omega_1 - \omega_2}.$$

Nach Verfluß weiterer τ_0 sek decken sich die beiden Kurbeln aufs neue usf. Dabei ist die Stellung, in der sich die Kurbeln decken, durchaus nicht stets die gleiche, man denke z. B. an die Zeiger einer Uhr. Diese sind jedoch immer noch ein besonderer Fall der erörterten Bewegung. Denn während sich die Uhrzeiger nach Verlauf von 12 Stunden stets in der gleichen Stellung decken, muß

---

[1]) Was bedeutet, daß die resultierende Kurbel außer ihrer Länge auch ihre Umlaufsgeschwindigkeit ändert.

das im allgemeinen bei den von uns betrachteten Kurbeln durchaus nicht der Fall sein. Diese Bewegung hat im allgemeinen durchaus keinen periodischen Charakter — im Gegensatz zur Uhrzeigerbewegung mit ihrer 12stündigen Periode. Die gleich langen, der allgemeinen Schwingungsbewegung eigentümlichen Zeitabschnitte τ_0 dürfen daher nicht als Schwingungsdauer bezeichnet werden, sondern werden **Schwebungsdauer** genannt. Das Zeitdiagramm einer Schwebung zeigt Fig. 251. Das Ergebnis dieses Unterabschnittes ist dahin zusammenzufassen: Ist ein schwingender Körper gezwungen, mehrere Sinusschwingungen von verschiedener Frequenz gleichzeitig auszuführen, so resultiert eine nicht periodische Schwingungsbewegung vom Charakter einer Schwebung; und umgekehrt eine „Schwebung" kann aufgefaßt werden als zu-

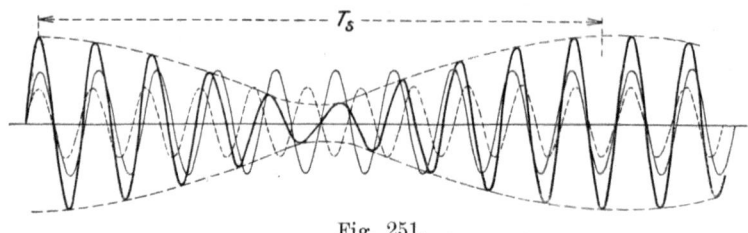

Fig. 251.

sammengesetzt aus einfachen Sinusschwingungen, die jedoch verschiedene Frequenz haben; die Frequenzen sind ganz willkürlich; sie sind vor allem nicht ganzzahlige Vielfache einer Grundfrequenz. Letzteres ist die Bedingung für eine periodische Schwingung.

e) **Harmonische Analyse einer periodischen Funktion nach dem Satz von Fourier. Graphisches Verfahren von Fischer-Hinnen.**

Man begegnet in der Technik häufig Größen, die nach Verfluß einer gewissen Zeit immer wieder den gleichen Wert annehmen. Man nennt diese Zeit die **Periode** und die **Größe periodisch**. Wir denken dabei etwa an den Weg, die Geschwindigkeit und Beschleunigung eines Kreuzkopfes oder eines Ventiles, dessen Antrieb von einer gleichförmig umlaufenden Kurbel besorgt wird, ferner an die Kurbelkräfte oder Drehmomente einer Kolbenmaschine, die im Beharrungszustand der Maschine mit jedem Arbeitsspiel in stets gleicher Weise wiederkehren. Den Verlauf dieser und ähnlicher Größen pflegen wir in der Technik bildlich darzustellen, indem wir die verflossenen Zeiten als wagrechte Abszissen und die zugehörigen Momentanwerte der periodisch veränderlichen Größe als senkrechte Ordinaten auftragen. Gelegentlich wird ein solcher Wellenzug auch

§ 61. Geometrische Analyse der Schwingungen.

selbsttätig von einem Zeitindikator registriert; der Schreibstift des Indikators macht die Ordinatenbewegung proportional der periodisch schwankenden Größe und zeichnet den periodischen Linienzug auf einen Papierstreifen, dem eine gleichförmige, also der Zeit proportionale Abszissenbewegung erteilt wird. Die entstehende Wellenlinie kann man nun nach Fourier als algebraische Summe einer Anzahl einfacher Sinus- oder Kosinuslinien auffassen. Die Summe hat im allgemeinen unendlich viele Glieder; tatsächlich kommt man aber unter Erzielung befriedigender Genauigkeit meist mit wenigen Wellen aus.

Analytisch wird das Gesagte durch die sog. Fouriersche Reihe ausgedrückt:

$$y = P_m + A_1 \sin \varphi + A_2 \sin 2\varphi + A_3 \sin 3\varphi + \ldots \\ + B_1 \cos \varphi + B_2 \cos 2\varphi + B_3 \cos 3\varphi + \ldots \\ = P_m + \Sigma A_i \sin i\varphi + \Sigma B_i \cos i\varphi \quad \ldots \ldots \quad (208)$$

worin i die Reihe der ganzen Zahlen von 1 bis ∞ durchläuft. P_m, A_i und B_i sind Konstante und φ ist das der Zeit proportionale Argument. Setzt man $A_i = P_i \cos i\beta_i$ und $B_i = P_i \sin i\beta_i$, also

$$P_i = \sqrt{A_i^2 + B_i^2} \quad \text{und} \quad \operatorname{tg} i\beta_i = B_i/A_i,$$

so schreibt sich die Fouriersche Reihe auch in der Form:

$$y = P_m + P_1 \sin(\varphi + \beta_1) + P_2 \sin 2(\varphi + \beta_2) + P_3 \sin 3(\varphi + \beta_3) + \ldots \\ = P_m + \Sigma P_i \sin i(\varphi + \beta_i) \quad \ldots \ldots \ldots \quad (208a)$$

hierin bedeuten P_m und P_i wieder Konstante und $\pm \beta_i$ eine Vor- oder Nacheilung (**285**).

Die einzelnen Glieder $P_i \sin i(\varphi + \beta_i)$ nennt man die „Harmonischen" der Fourierschen Reihe, und zwar die 1., 2. usf., i-te Harmonische. Ihre graphische Darstellung als Sinuslinie im Zeitdiagramm ist in **285** ausführlich beschrieben.

Um sich mit der Fourierschen Reihe vertraut zu machen, vergegenwärtige sich der Studierende, daß die 2., 3., ... i-te Harmonische im Zeitdiagramm die halbe, ... $1/i$-te Wellenlänge hat wie die erste Harmonische. Er zeichne einige Harmonische hin, und erinnere sich daran, daß die Größe P_i lediglich die Amplitude der einzelnen Welle bestimmt.

Es werde z. B. die Harmonische $P_i \sin i(\varphi + \beta_i)$ gezeichnet.

Die Welle beginnt bei $\varphi = -\beta_i$ mit dem Ordinatenwert Null und erlangt in $\varphi = 0$ den Wert $P_i \sin i\beta_i$. Wir haben diese Bezeichnungsweise mit der Bezeichnung des Sinusliniendiagrammes Fig. 248 in Einklang zu bringen. Hat man in diesem Diagramm die Voreilung β_i genannt, so hat man die i-te Harmonische in der

Form $P_i \sin i(\varphi + \beta_i)$ zu schreiben[1]) und die Wellenordinate für $\varphi = 0$ ist $P_i \sin i\beta_i$ und nicht etwa $P_i \sin \beta_i$. Durch die Phasenwinkel β_i ist die Stellung der einzelnen Wellen gegeneinander bzw. gegenüber einer im Koordinatenanfang ($\varphi = 0$ oder $t = 0$) beginnenden und positiv ansteigenden Welle bestimmt. Hierauf mag der Studierende zwei Harmonische aufzeichnen, etwa $P_1 \sin (\varphi + \beta_1)$ und $P_2 \sin 2(\varphi + \beta_2)$ und deren Ordinaten graphisch addieren, wobei er die Phasenwinkel und auch die Amplituden variieren kann.

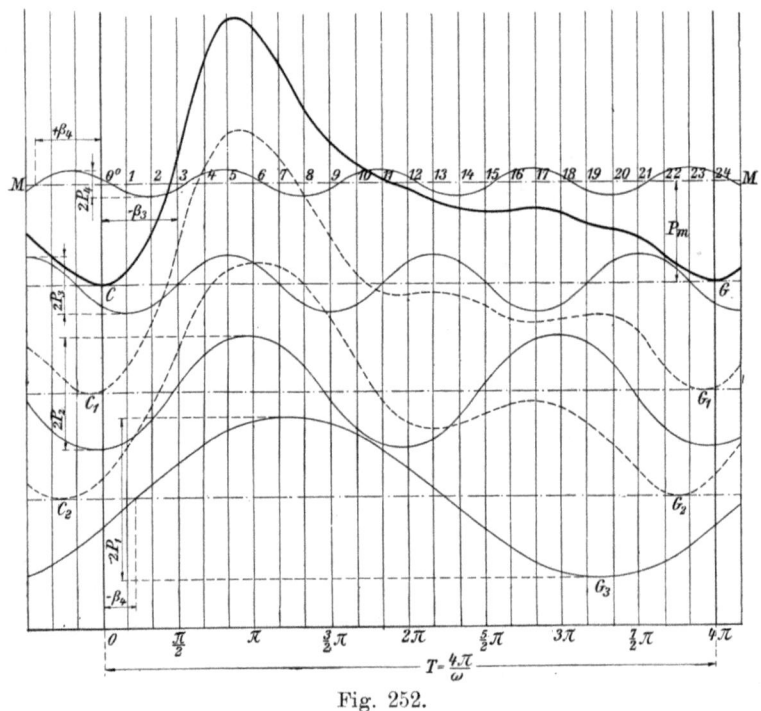

Fig. 252.

Zwei ausgeführte Beispiele sind in Thomson und Tait, Theoretische Physik, deutsch von Helmholtz und Wertheim, S. 48, zu finden. Der Studierende wird überrascht sein, welche Mannigfaltigkeit der Formen von Wellenzügen sich durch Summieren von einfachen Sinuslinien erzielen läßt. Er wird allmählich das Zutrauen fassen, daß jeder harmonische Wellenzug durch Summieren einfacher Sinuslinien gebildet werden kann.

---

[1]) Würde man die Form $a_i \sin (i\varphi + \beta_i')$ benützen, so müßte man den im Sinusdiagramm erscheinenden Phasenwinkel β_i von β_i' unterscheiden und es wäre $\beta_i' = i\beta_i$.

§ 61. Geometrische Analyse der Schwingungen.

Es wird ihm auch nicht entgehen, daß, wenn der resultierende Linienzug z. B. sechs Wendepunkte enthält, eine 6 : 2 = 3. Harmonische darin steckt und umgekehrt, worin ein Fingerzeig erblickt werden kann, von welcher Ordnung die höchste in einem gegebenen Wellenzug enthaltene Harmonische sein werde.

Jetzt kann an die wichtige Aufgabe herangegangen werden, einen graphisch gegebenen Linienzug in seine einzelnen Harmonischen aufzulösen. Da entsteht als erste Frage, wieviel Harmonische wird man in der Fourierschen Reihe zu berücksichtigen haben, wenn die gegebene Funktion hinreichend genau wiedergegeben werden soll. Die Ordnung der höchsten Harmonischen wird man, wie soeben angegeben, aus der Anzahl der Wendepunkte des gegebenen Linienzuges abzuschätzen suchen. Fände sich bloß eine ungerade Anzahl, so wäre entweder ein schwach ausgeprägter Wendepunkt übersehen worden, in welchem Fall man einen Wendepunkt weniger zählen kann, oder es könnte der Linienzug zwar im großen und ganzen einen periodischen Charakter haben, jedoch mit Überlagerung einer Schwebung, wodurch streng genommen der harmonische Charakter aufgehoben wird. Hier muß man im einzelnen Fall selbst das Geeignetste zu treffen suchen.

Ist z. B. der Kurvenzug Fig. 252 über der Achse CG der Fig. 252 gegeben und harmonisch zu analysieren, so wird man es dem Gesagten zufolge mit vier Harmonischen versuchen, also den folgenden Teil der Fourierschen Reihe beibehalten

$$y = P_m + P_1 \sin(\varphi + \beta_1) + P_2 \cdot \sin 2(\varphi + \beta_2) \\ + P_3 \sin 3(\varphi + \beta_3) + P_4 \cdot \sin 4(\varphi + \beta_4).$$

Welche Werte haben nun vorliegendenfalles die Konstanten P_i und β_i.

Man kann sie analytisch und graphisch ermitteln.

Jeder Leser dieses Abschnittes hat schon eine Fläche planimetriert, er weiß daher, daß P_m die mittlere Höhe des gegebenen Linienzuges, m. a. W. der Mittelwert der periodischen Größe y innerhalb einer Periode bedeutet; P_m kann also durch Planimetrieren gefunden werden. Die übrigen Konstanten der Fourierschen Reihe kann man analytisch auf verschiedenerlei Weise berechnen. In dieser Beziehung sei auf Lorenz, Techn. Mechanik, S. 68 und Perry, Höhere Analysis für Ingenieure, S. 232; Meuth, Dinglers polyt. Journal 1905, S. 535 usf. verwiesen.

Graphisch kann ein gegebener periodischer Linienzug Fig. 252 nach Fischer-Hinnen wie folgt harmonisch analysiert, d. h. in Sinuslinien zerlegt werden.

Man verbinde die tiefsten Punkte einer Welle des Linienzuges Fig. 252 durch eine Tangente CG, von der aus die Ordinaten gemessen werden, die nun alle positiv sind. C sei der Ursprung des Koordinatensystemes und $CG = T = 2\pi k/\omega$ die Periode der Bewegung. Hierbei entspricht $k = 1$ einem sog. Zweitakt, $k = 2$ einem sog. Viertakt.

Das graphische Verfahren besteht darin, daß die einzelnen Harmonischen der Reihe nach aus dem gegebenen Linienzug herausgelöst werden, und zwar zuerst die Harmonische der höchsten Ordnung; wir nehmen, wie oben, die vierte als höchste an und teilen die Wellenlänge CG in $4 \cdot 3 \cdot 2 \cdot 1 = 24$ gleiche Teile ein. Um die vierte Harmonische herauszulösen, nimmt man vier gleich weit voneinander entfernte Ordinaten y_0, y_6, y_{12}, y_{18} und bildet deren arithmetisches Mittel. Dieses wird auf sämtlichen vier Ordinatenrichtungen von CG aus abgetragen, damit ist ein Punkt der vierten Harmonischen gefunden. Ganz ebenso findet man weitere Punkte der Welle vierter Ordnung; z. B. sind die Ordinaten y_1, y_7, y_{13}, y_{19} abgemessen, ihr arithmetisches Mittel gebildet und auf den Ordinatenrichtungen 1, 7, 13, 19, von CG aus nach oben abgetragen. Jetzt legt man durch die erhaltenen Punkte eine schöne Sinuslinie hindurch und kann darauf für die vierte Harmonische die Amplitude P_4 und die Phasenverschiebung β_4 gegenüber Punkt C ($t = 0$) aus der Figur ablesen. Die Achse MM ist die mittlere Höhe des über CG stehenden Wellenzuges, die Entfernung zwischen CG und MM also P_m. Die vierte Harmonische nimmt schon vor Punkt C, d. h. vor $t = 0$ positive Werte an, sie besitzt also eine Voreilung $+\beta_4$.

Jetzt hat man die Ordinaten der vierten Harmonischen von den Ordinaten des gegebenen Wellenzuges abzuziehen. Wenn man diesen gleichzeitig um P_m parallel nach unten verschiebt, so kann man die Subtraktion so bewerkstelligen, daß man die Ordinatenabstände von CG bis zur vierten Harmonischen in den Zirkel nimmt und von dem gegebenen Wellenzug aus auf den entsprechenden Ordinaten nach unten abträgt. Die erhaltenen Punkte sind durch den gestrichelten Linienzug CG verbunden. Aus diesem wird nunmehr die dritte Harmonische herausgeholt. Man nimmt drei im Abstand von je ein Drittel-Periode aufeinanderfolgende Ordinaten, z. B. y_2, y_{10}, y_{18}, die von CG aus gemessen werden, und verfährt wie oben. Auf die gleiche Weise zeichnet man die zweite Harmonische, wobei man die gesuchte Sinuslinie durch die zeichnerisch gefundenen Punkte so hindurchzieht, daß etwaige Zeichnungsungenauigkeiten nach Möglichkeit ausgeglichen werden. Am Schluß muß die erste Harmonische als reine Sinuslinie übrig bleiben, sofern man genügend viele Wellen genommen und sorgfältig gezeichnet hat.

§ 61. Geometrische Analyse der Schwingungen.

Auf diese Weise erledigt sich auch die Frage nach der Konvergenz der Fourierschen Reihe. Der Zeichnende bemerkt ganz unwillkürlich, daß die hohen Harmonischen keinen nennenswerten Einfluß auf das Endresultat haben werden. Die schwierigen Konvergenzuntersuchungen der Fourierschen Reihe kann der Studierende, der weitergehende intellektuelle Ansprüche stellt, in mathematischen Werken nachlesen.

Sind alle Harmonischen ermittelt und die Amplituden und Phasenwinkel aus der Figur abgelesen, so kann die Fouriersche Reihe hingeschrieben werden; hierbei ist jedoch darauf zu achten, ob die periodisch veränderliche Größe im Viertakt oder im Zweitakt schwankt.

Die Viertaktperiode CG ist 4π, die Zweitaktperiode CG dagegen 2π; bei Viertakt wäre also aus Fig. 252 $\beta_1 = -\pi/4$, bei Zweitakt $\beta_1 = -\pi/8$ abzulesen.

Bei Zweitakt würde die Fouriersche Reihe zu Fig. 252 lauten:

$$y = P_m + \Sigma P_i \cdot \sin i(\varphi + \beta_i)$$
$$= 0{,}38 + 0{,}315 \cdot \sin\left(\varphi - \frac{\pi}{8}\right) + 0{,}216 \cdot \sin 2 \cdot \left(\varphi - \frac{\pi}{4{,}46}\right)$$
$$+ 0{,}111 \cdot \sin 3\left(\varphi - \frac{\pi}{4}\right) + 0{,}056 \cdot \sin 4 \cdot \left(\varphi + \frac{\pi}{4{,}36}\right).$$

Nehmen wir an, es handle sich um eine im Zweitakt arbeitende Dampf- oder Gasmaschine, deren Kurbel mit nahezu konstanter Winkelgeschwindigkeit $\omega = \pi n/30$ umlaufen möge, so bedeutet $\varphi = \omega t$ den Kurbelwinkel, der von einer gewissen Anfangslage ($t = 0$) aus gemessen wird, und es ist $\omega T = 2\pi$, d. h. $\omega = 2\pi/T$, also

$$\varphi = 2\pi \frac{t}{T}.$$

Bei Viertakt würde die Fouriersche Reihe zu Fig. 252 lauten:

$$y = P_m + \Sigma P_i \cdot \sin \frac{i}{k}(\varphi + \beta_i),$$

wo $k = 2$ ist.

$$y = 0{,}38 + 0{,}315 \cdot \sin \frac{1}{2}\left(\varphi - \frac{\pi}{4}\right) + 0{,}216 \cdot \sin \frac{2}{2}\left(\varphi - \frac{\pi}{2{,}23}\right)$$
$$+ 0{,}111 \cdot \sin \frac{3}{2}\left(\varphi - \frac{\pi}{2}\right) + 0{,}056 \cdot \sin \frac{4}{2}\left(\varphi + \frac{\pi}{2{,}18}\right).$$

Wir beweisen das Fischer-Hinnensche Verfahren dadurch, daß wir seine Richtigkeit für das Herauslösen der höchsten Harmonischen aus dem gegebenen Wellenzug zeigen. Für die andern Harmonischen verläuft der Beweis gleich. Es war angenommen, daß vier Harmonische ausreichen. Beim Herauslösen der vierten Harmonischen wurde das arithmetische Mittel von vier um eine Viertelperiode aufeinanderfolgenden Ordinaten y_0, y_6, y_{12}, y_{18} gebildet und behauptet, es sei dies die Ordinate der vierten Harmonischen auf den vier bezeichneten Ordinatenrichtungen. Wäre die vierte Harmonische allein vorhanden, so wäre die Behauptung eine Binsenwahrheit, da jene vier Ordinaten gleich groß sein würden. Was also einzig eines Nachweises bedarf, ist die in der Behauptung enthaltene Aussage, daß bei der Mittelbildung die Harmonischen niedrigerer Ordnung ohne Einfluß sind; es ist geradeso, als ob die vierte Harmonische allein da wäre.

Wir schreiben die algebraischen Ausdrücke der vier Ordinaten hin und bilden darauf das arithmetische Mittel. Bezeichnet man den Winkel, der einem der 24 gleichen Abszissenabstände entspricht, mit $\psi = 4\pi/24$, so sind die Ordinaten für $\varphi = 0; 6\psi; 12\psi; 18\psi$:

$$
\begin{aligned}
y_0 &= P_m + P_1 \cdot \sin \tfrac{1}{2}\beta_1 & &+ P_2 \cdot \sin \tfrac{2}{2}\beta_2 \\
y_6 &= P_m + P_1 \cdot \sin \tfrac{1}{2}(6\psi + \beta_1) & &+ P_2 \cdot \sin \tfrac{2}{2}(6\psi + \beta_2) \\
y_{12} &= P_m + P_1 \cdot \sin \tfrac{1}{2}(12\psi + \beta_1) & &+ P_2 \cdot \sin \tfrac{2}{2}(12\psi + \beta_2) \\
y_{18} &= P_m + P_1 \cdot \sin \tfrac{1}{2}(18\psi + \beta_1) & &+ P_2 \cdot \sin \tfrac{2}{2}(18\psi + \beta_2)
\end{aligned}
$$

$$
\begin{aligned}
&+ P_3 \cdot \sin \tfrac{3}{2}\beta_3 & &+ P_4 \cdot \sin \tfrac{4}{2}\beta_4 \\
&+ P_3 \cdot \sin \tfrac{3}{2}(6\psi + \beta_3) & &+ P_4 \cdot \sin \tfrac{4}{2}(6\psi + \beta_4) \\
&+ P_3 \cdot \sin \tfrac{3}{2}(12\psi + \beta_3) & &+ P_4 \cdot \sin \tfrac{4}{2}(12\psi + \beta_4) \\
&+ P_3 \cdot \sin \tfrac{3}{2}(18\psi + \beta_3) & &+ P_4 \cdot \sin \tfrac{4}{2}(18\psi + \beta_4).
\end{aligned}
$$

Das arithmetische Mittel der ersten Vertikalspalte links vom Gleichheitszeichen ist P_m; die übrigen Vertikalspalten summieren wir jeweils dadurch, daß wir jeden Summanden $P_i \sin \dfrac{i}{k} \cdot (\varphi + \beta_i)$ nach S. 500 als eine „Kurbel" im Polardiagramm darstellen und die vier „Kurbeln" zu einer Resultierenden vereinigen. Die vier Kurbeln von der Länge P_1 sind um $3\psi = \pi/2 = 90^0$ gegeneinander versetzt; die resultierende Kurbel ist Null, daher auch die Summe der zweiten Vertikalreihe. Die vier Kurbeln von der Länge P_2 sind um $6\psi = \pi = 180^0$ gegeneinander versetzt, heben sich also ebenfalls auf; auch die zweite Vertikalreihe hat die Summe Null. Die vier Kurbeln von der Länge P_3 sind um je $9\psi = 3\cdot\pi/2 = 270^0$ gegeneinander versetzt; man sieht leicht ein, daß auch diese eine resultierende Kurbel von der Länge Null liefern; auch die vierte Vertikalreihe hat die Summe Null. Bleibt noch die fünfte. Die vier Kurbeln P_4 sind um je $12\psi = 2\pi = 360^0$ gegeneinander versetzt; die resultierende Kurbel hat die Länge $4P_4$ und liefert demnach — abgesehen von P_m — einzig einen Beitrag zum arithmetischen

Mittel, m. a. W. es ist geradeso, als ob beim Herauslösen der vierten Harmonischen nach dem angegebenen Verfahren die drei niedrigeren Harmonischen gar nicht da wären.

Nach Abziehen der Ordinaten der vierten Harmonischen hat die übrigbleibende Fouriersche Reihe nur noch drei Harmonische. Daß nunmehr die dritte Harmonische nach dem Fischer-Hinnenschen Verfahren richtig herausgelöst wird, kann genau wie zuvor bewiesen werden.

Bezüglich der Anwendung der Fourierschen Reihe zur Darstellung der periodisch veränderlichen Größen eines Kurbelgetriebes oder eines sonstigen zwangläufigen Mechanismus (wie Geschwindigkeit, Beschleunigung, Kräfte, Drehmomente) ist noch eine grundsätzliche Bemerkung nötig. Ist der Kurbelmechanismus im Beharrungszustand, so können die periodisch veränderlichen Größen als Funktionen des Kurbelwinkels oder der Zeit angesehen werden. Es ist aber im allgemeinen nicht ohne weiteres zulässig, den Kurbelwinkel mit der Zeit proportional zu setzen ($\varphi = \omega t$); das ist nur dann statthaft, wenn die Kurbel hinreichend gleichmäßig umläuft, und dann wie ein Uhrzeiger die Zeit anzeigt. Bei erheblich ungleichförmiger Kurbeldrehung ist es falsch, den Kurbelwinkel der Zeit proportional einzuführen. Man unterscheide also grundsätzlich, ob die periodisch wechselnde Größe als Funktion der Lage oder des Ortes (Kurbelwinkel) oder als Funktion der Zeit gegeben ist.

§ 62. Drehende Schwingungen[1]).

287. Ableitung der Gleichung einer einfachen Torsionsschwingung. An einer Torsionsfeder, z. B. an einem Draht, einer zylindrischen Schraubenfeder, sei ein Umdrehungskörper so befestigt, daß seine Achse mit der Federachse zusammenfällt. An Stelle des Drehkörpers kann auch ein beliebiger Körper treten, nur muß dann die Achse der Torsionsfeder mit einer freien Achse des Körpers zusammenfallen. Sieht man von Gewichtswirkungen ab, so führen die genannten Körper, wenn sie einen Drehimpuls empfangen haben, drehende Schwingungen, sog. Torsionsschwingungen aus, wobei ein fortwährendes Hin- und Herfließen von kinetischer Energie der Drehbewegung und potentieller Energie der Feder zwischen Drehkörper und Torsionsfeder stattfindet. Bei der früher betrachteten geradlinigen Schwingung suchte eine sog. Zentral- oder Direktionskraft den schwingenden Körper stets in seine

---

[1]) Kenntnis des Abschnittes 283 ist zum Verständnis des Nachfolgenden erforderlich.

Mittellage zurückzuführen; hier besorgt dies ein „Direktionsmoment". Zwischen der geradlinigen und drehenden Schwingung besteht eine augenfällige Ähnlichkeit. Beides sind ungleichförmige Bewegungen, die dem dynamischen Grundgesetz unterliegen. Dieses lautet bei der geradlinigen Bewegung: „Beschleunigende Kraft = Masse mal (Linear-)Beschleunigung" und bei der Drehbewegung: „Beschleunigendes Moment = Trägheitsmoment mal Winkel-Beschleunigung". Hält man diese Ähnlichkeit fest, so kann man die Gesetze der geradlinigen harmonischen Schwingung unmittelbar auf die Torsionsschwingung übertragen. Die Differentialgleichung der ersteren lautete nach Gl. (200)

$$m \cdot \ddot{x} + c x = 0.$$

An Stelle des geradlinigen Weges x tritt nunmehr der Torsionswinkel φ (in Bogenmaß), der von der Mittellage des schwingenden Körpers aus gemessen wird, in der die Torsionsfeder spannungslos ist; an Stelle von m tritt das Trägheitsmoment Θ um die Achse der Torsionsschwingung; an Stelle der Direktionskraft c im Abstand $x = 1$ ferner das Direktionsmoment c_1, das einen Torsionswinkel $\varphi = 1$ hervorrufen würde. Wie bei der geradlinigen harmonischen Schwingung die Direktionskraft dem Ausschlag proportional war, so muß auch das Direktionsmoment $M = c_1 \cdot \varphi$ dem Torsionsausschlag proportional sein, sonst kommt keine harmonische Schwingung zustande. Die Differentialgleichung der Torsionsschwingung lautet dann:

$$\Theta \cdot \ddot{\varphi} + c_1 \cdot \varphi = 0 \quad \ldots \ldots \quad (209)$$

Das allgemeine Integral lautet zufolge (201) mit $\omega^2 = c_1/\Theta$:

$$\varphi = A \cdot \sin \omega t + B \cdot \cos \omega t \quad \ldots \quad (210)$$

oder mit andern Integrationskonstanten

$$\varphi = a \cdot \sin(\omega t + \beta) \quad \ldots \ldots \quad (211)$$

sofern nämlich $a = \sqrt{A^2 + B^2}$ und $\operatorname{tg}\beta = B/A$.

Geht der Drehkörper zur Zeit $t = 0$ durch die Mittellage mit der Winkelgeschwindigkeit ω_0, so hat man folgende zwei Grenzbedingungen zur Bestimmung der beiden Integrationskonstanten

$$\{\varphi = 0 \text{ für } t = 0\} \quad \text{und} \quad \{\dot{\varphi} = d\varphi/dt = \omega_0 \text{ für } t = 0\},$$

womit auf demselben Weg wie in **283** folgt:

$$\varphi = \frac{\omega_0}{\omega} \cdot \sin \omega t$$

als Gleichung der **einfachen harmonischen Torsionsschwingung**. Sie ist isochron und die Schwingungsdauer beträgt

$$\tau = 1/\nu = 2\pi/\omega = 2\pi/\sqrt{c_1/\Theta} \quad \ldots \quad (212)$$

und der größte Ausschlag: $\varphi_{max} = \omega_0/\omega$, wo $\omega = \sqrt{c_1/\Theta}$.

§ 62. Drehende Schwingungen.

Die minutliche Schwingungszahl beträgt:
$$n = 60\nu = \frac{60}{\tau} = \frac{30}{\pi}\omega = \frac{30}{\pi}\sqrt{\frac{c_1}{\Theta}} \quad \ldots \quad (213)$$

288. Einfaches Verfahren zur Ermittlung der Schwingungsdauer einer harmonischen Drehungsschwingung. Ist bei einer geradlinigen Schwingung die Direktionskraft dem Ausschlag proportional, so kann die Schwingungsdauer aus der Gl. (105) in **139**
$$\tau = 2\pi\sqrt{\frac{1}{b_1}}$$
berechnet werden, wo b_1 die (Linear)-Beschleunigung im Abstand 1 von der Mittellage ist.

Dieses Ergebnis kann mit Rücksicht auf die in **287** erwähnte Analogie auch auf eine Torsionsschwingung übertragen werden, nur hat man unter b_1 die **Winkel-Beschleunigung** ε_1 zu verstehen, die aufträte, wenn sich der schwingende Körper um den Torsionswinkel 1 aus der Mittellage heraus gedreht hätte; man hat also die Schwingungsdauer einer harmonischen Torsionsschwingung zu berechnen aus der Gleichung
$$\tau = 2\pi\sqrt{\frac{1}{\varepsilon_1}} \quad \ldots \ldots \quad (214)$$

Bedeutet nun c_1 dasjenige Drehmoment M_1, das auftritt, wenn der Drehkörper um den Torsionswinkel 1 aus der spannungslosen Lage herausgedreht ist, so ist nach dem dynamischen Grundgesetz
$$M_1 = c_1 = \Theta \cdot \varepsilon_1,$$
also
$$\varepsilon_1 = \frac{c_1}{\Theta},$$
womit
$$\tau = 2\pi\sqrt{\frac{\Theta}{c_1}} \quad \ldots \ldots \quad (215)$$
wo Θ das Massenträgheitsmoment des Drehkörpers in bezug auf die Drehachse ist.

289. Physisches Pendel. Ein mathematisches Pendel, d. h. einen Massenpunkt, an einer masselosen Schwinge hängend, gibt es in Wirklichkeit nicht; höchstens kann man ein Pendel mit **Annäherung** als ein mathematisches ansehen. Einen wirklichen materiellen Pendelkörper nennt man dagegen ein **physisches Pendel.** Es erleichtert die Untersuchung der Schwingung eines physischen Pendels außerordentlich, wenn man dieses mit einem mathematischen vergleicht, das die gleiche Masse und die gleiche Schwingungsdauer hat. Die Masse des physischen Pendels hat man sich im sog.

Schwingungsmittelpunkt S_m vereinigt zu denken, der im Abstand l', der sog. reduzierten Pendellänge des physischen Pendels, gelegen ist. Das mathematische Vergleichspendel hat dann die volle Schwingungsdauer:

$$\tau = 2\pi \sqrt{\frac{l'}{g}} \quad \ldots \ldots \ldots \quad (216)$$

Wir bestimmen nun l' und erhalten damit auch die Schwingungsdauer des physischen Pendels.

In Fig. 253 ist ein physisches Pendel um den kleinen Winkel α aus der Mittellage ausgelenkt gezeichnet. Im Punkt S_m ist die Umfangsbeschleunigung in der Kreisbahn $b = g \cdot \alpha$, oder auch, wenn ε die Winkelbeschleunigung bedeutet, $b = \varepsilon \cdot l'$; somit ist unter gleichzeitiger Erweiterung mit m:

$$m g \alpha = m l' \varepsilon.$$

Das physische Pendel kann nun auch als ungleichförmig um den Aufhängungspunkt O rotierender Körper angesehen werden; in bezug auf O gilt dann das dynamische Grundgesetz $M = \Theta \cdot \varepsilon$, wo Θ das Massenträgheitsmoment des Pendelkörpers in bezug auf den Aufhängepunkt ist. Die äußere Kraft ist hier das im Schwerpunkt S des Pendels angreifende Gewicht mg, dessen Hebelarm in bezug auf die durch O gehende Vertikale die Größe $a \cdot \alpha$ hat, womit das dynamische Grundgesetz ergibt:

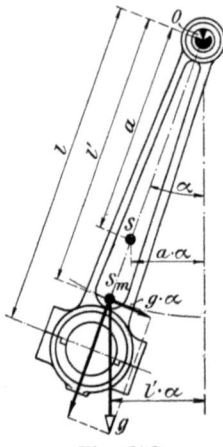

Fig. 253.

$$m g a \alpha = \Theta \cdot \varepsilon.$$

Aus dem Vergleich der beiden letzten Gleichungen erhält man für die „reduzierte Pendellänge":

$$l' = \frac{\Theta}{m \cdot a} \quad \ldots \ldots \ldots \quad (217)$$

und für die Schwingungsdauer des physischen Pendels durch Einsetzen von l' in die obige Gl. (216) für τ:

$$\tau = 2\pi \sqrt{\frac{\Theta}{m g a}} = 2\pi \sqrt{\frac{\Theta}{G \cdot a}} \quad \ldots \quad (218)$$

290. Der Schwingungsmittelpunkt. Wir haben soeben die Lage des Schwingungsmittelpunktes eines physischen Pendels bestimmt. Denkt man sich die ganze Masse des physischen Pendels als materiellen Punkt im Schwingungsmittelpunkt vereinigt und durch einen masselosen Faden, dessen Länge die reduzierte Pendellänge l' heißt, mit dem Aufhängepunkt verbunden, so vollführt das

§ 62. Drehende Schwingungen. 513

so entstandene mathematische Pendel die gleichen Schwingungen wie das physische. Die reduzierte Pendellänge bestimmt nach Gl. (216) die Schwingungsdauer des physischen Pendels. Der Schwingungsmittelpunkt liegt nach Gl. (217) im Abstand (Fig. 254)

$$l' = \frac{\Theta}{ma} = \frac{\Theta_s + ma^2}{ma} = \frac{mr_0^2 + ma^2}{ma} = \frac{r_0^2}{a} + a \qquad (219)$$

vom Aufhängepunkt, wenn Θ und Θ_s die Trägheitsmomente der Pendelmasse bezüglich des Aufhängepunktes bzw. des Schwerpunktes und r_0 den Trägheitshalbmesser der Pendelmasse in bezug auf den Schwerpunkt bedeutet ($\Theta_s = m \cdot r_0^2$, s. S. 434).

Da a die Entfernung des Schwerpunktes vom Aufhängepunkt ist, so ist nach Gl. (219) r_0^2/a der Abstand des Schwingungsmittelpunktes vom Schwerpunkt und man findet den Schwingungsmittelpunkt, indem man die Verbindungslinie OS des Aufhängepunktes und des Schwerpunktes über den Schwerpunkt hinaus um das Stück $r_0^2/a = SS_m$ verlängert.

Wir fragen jetzt: Wie schwingt das physische Pendel, wenn man es im Schwingungsmittelpunkt aufhängt, und erhalten die Antwort, wenn wir den zu dem neuen Aufhängepunkt gehörigen Schwingungsmittelpunkt bzw. die reduzierte Pendellänge angeben. Jetzt ist der neue Aufhängepunkt vom Schwerpunkt um $a_1 = r_0^2/a$ entfernt, und man muß nach dem Gesagten die Verbindungslinie beider Punkte über den Schwerpunkt hinaus um das Stück $r_0^2/a_1 = r_0^2/(r_0^2:a_1) = a_1$ verlängern, um den neuen Schwingungsmittelpunkt zu erhalten.

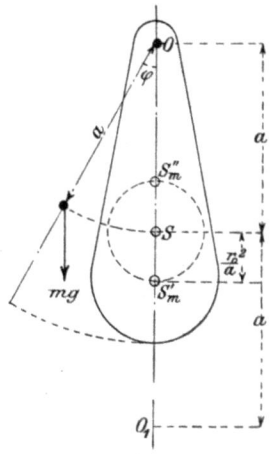

Fig. 254.

Man erkennt nun, daß der neue Schwingungsmittelpunkt nichts anderes ist, als der alte Aufhängepunkt, d. h. bei einem physischen Pendel sind Aufhängepunkt und Schwingungsmittelpunkt miteinander vertauschbar, es werden um beide die gleichen Schwingungen ausgeführt.

Man findet auf der durch O und S gehenden Geraden noch zwei weitere Punkte S_1 und O_1, um die das physische Pendel genau ebenso schwingt, wie um den ursprünglichen Aufhängepunkt O. Punkt S_1 liegt zwischen S und O, und zwar ist $S_1 S = SS_m$. Punkt O_1 liegt dem Punkt O symmetrisch in bezug auf S gegenüber auf der Verlängerung von OS. Man weist leicht wie oben nach, daß die reduzierte Pendellänge in allen Fällen gleich groß ist und die

Länge eines mathematischen Pendels von der gleichen Schwingungsdauer hat, wie sie das physische besitzt.

Dem Schwingungsmittelpunkt werden wir in der Lehre vom Stoß wieder begegnen. Der Begriff des Schwingungsmittelpunktes hat also eine weitergehende Anwendungsfähigkeit, vgl. 268, Schluß.

291. Der Druck im Aufhängepunkt eines physischen Pendels.
Um den Druck im Aufhängepunkt eines physischen Pendels anzugeben, machen wir das Pendel im Aufhängepunkt „frei" und bringen den Auflagerwiderstand am Pendelkörper als äußere Kraft an, der vor dem Freimachen tätig gewesen ist. Er wird eine Horizontalkomponente H und eine Vertikalkomponente V besitzen. Wir fügen jetzt nach d'Alembert zu den tatsächlich am Pendelkörper angreifenden Kräften, d. h. zum Gewicht und Auflagerwiderstand (von Reibung und Luftwiderstand wird abgesehen) an jedem Massenelemente dm die Trägheitswiderstände als Scheinkräfte hinzu und haben dann ein Gleichgewichtssystem von Kräften vor uns.

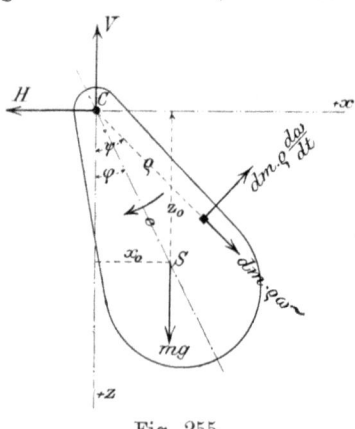

Fig. 255.

Wir betrachten das Pendel in der in Fig. 255 gezeichneten Lage, bezogen auf ein durch den Aufhängepunkt gelegtes rechtwinkliges (xz)-Koordinatensystem; der im Abstand e vom Aufhängepunkt befindliche Schwerpunkt hat die Koordinaten $x = e \cdot \sin\varphi$ und $z = e \cdot \cos\varphi$, wo φ der Ausschlag des Pendels ist. Die Lage eines Massenelementes dm ist bestimmt durch seinen Abstand ϱ von C und den $\sphericalangle\, \psi - \varphi$ zwischen ϱ und CS oder auch durch seine Koordinaten (x, z); nach Anbringen der bekannten d'Alembertschen Trägheitswiderstände liest man folgende zwei Gleichgewichtsbedingungen ab $(\dot\omega = d\omega/dt)$:

$$\left.\begin{aligned}
H &= \Sigma\, dm\,\varrho\,\dot\omega \cos\psi + \Sigma\, dm\,\varrho\,\omega^2 \sin\psi \\
&= \dot\omega \cdot \Sigma\, dm \cdot z + \omega^2 \cdot \Sigma\, dm \cdot x \\
&= \dot\omega \cdot m \cdot z_0 + \omega^2 \cdot m \cdot x_0 \\
V &= mg - \Sigma\, dm\,\varrho\,\dot\omega \sin\psi + \Sigma\, dm \cdot \varrho \cdot \omega^2 \cdot \cos\psi \\
&= mg - \dot\omega \cdot m \cdot x_0 + \omega^2 \cdot m \cdot z_0
\end{aligned}\right\} \quad . \quad (220)$$

Die Summierung ist dabei (unabhängig von der Zeit) über den ganzen Pendelkörper zu erstrecken.

Ferner hat man nach Gl. (154) $\dot\omega \cdot \Theta' = m \cdot g \cdot e \cdot \sin\varphi$, wo Θ' das Trägheitsmoment der Pendelmasse bezüglich des Aufhängepunktes ist.

§ 62. Drehende Schwingungen. 515

In den Gleichungen für V und H ist noch ω^2 unbekannt. Man findet ω^2 mit Hilfe des Satzes von der Arbeit. Bedeutet α den größten Ausschlag der Mittellinie CS des Pendels, so ist

$$\tfrac{1}{2}\Theta' \cdot \omega^2 - 0 = mge(\cos\varphi - \cos\alpha)$$

$$\omega^2 = \frac{2mge(\cos\varphi - \cos\alpha)}{\Theta'}.$$

Setzt man jetzt $\dot\omega$ und ω^2, $x = e\cdot\sin\varphi$ und $z = e\cdot\cos\varphi$ in die Gleichungen für H und V ein, so liefern diese

$$\left.\begin{aligned}
H &= \frac{m^2 e^2 g}{\Theta'}[3\sin\varphi\cos\varphi - 2\sin\varphi\cos\alpha] \\
V &= mg + \frac{m^2 e^2 g}{\Theta'}[2(\cos\varphi - \cos\alpha)\cos\varphi - \sin^2\varphi] \\
  &= mg + \frac{m^2 e^2 g}{\Theta'}[3\cos^2\varphi - 2\cos\alpha\cos\varphi - 1]
\end{aligned}\right\} \quad (221)$$

Damit ist die Aufgabe gelöst. Wir können den Auflagerwiderstand für den besonderen Fall angeben, daß nur **kleine Schwingungen** ausgeführt werden, es ist dann $\cos\varphi = \cos\alpha = $ rd. 1 und $\sin\varphi = \varphi$, und $\sin\alpha = \alpha$, die Winkel im Bogenmaß ausgedrückt, womit mit Gl. (221):

$$\left.\begin{aligned}
H &= \frac{m^2 e^2 g \varphi}{\Theta'} = mg \cdot \frac{e}{l} \cdot \varphi \\
V &= mg
\end{aligned}\right\} \quad \ldots \ldots (221\mathrm{a})$$

d. h. bei kleinem Pendelausschlag macht sich der Einfluß der Zentrifugalkraft auf V und H nicht geltend, auf H nur der Einfluß der tangentialen Beschleunigungen und Verzögerungen.

Wir können aber auch den Lagerwiderstand bei **großen Pendelausschlägen** verfolgen und fassen besonders die Größtwerte ins Auge, die auftreten können.

Soll H den größten Wert besitzen, so muß sein

$$\frac{d(3\sin\varphi\cos\varphi - 2\sin\varphi\cos\alpha)}{d\varphi} = 0$$

oder $\qquad \cos\varphi = \frac{\cos\alpha}{6} \pm \sqrt{\frac{1}{2} + \left(\frac{\cos\alpha}{6}\right)^2}.$

Nimmt man jetzt den größten Ausschlagwinkel $\alpha = 90^0$ an, so ergibt sich:

$$\cos\varphi = \pm\sqrt{\tfrac{1}{2}}$$

oder mit Rücksicht darauf, daß tatsächlich der Wert von φ nur zwischen den Grenzen $+\alpha$ und $-\alpha$ sich bewegt, also $\cos\varphi$ stets positiv ist,

$$\cos\varphi = +\sqrt{\tfrac{1}{2}}; \qquad \varphi = \pm 45^0.$$

Mit diesen Werten von φ erreicht H sein Maximum, nämlich
$$H_{max} = \frac{m^2 e^2 g}{\Theta'} \cdot \frac{3}{2} = \frac{3}{2} Q \cdot \frac{e}{l'},$$
unter Q das Gewicht des Pendels und unter $l' = \Theta'/me$ die entsprechende reduzierte Pendellänge verstanden.

Den kleinsten Wert dagegen, nämlich $H = 0$, erreicht H mit $\varphi = 0$; es zeigt das unmittelbar die Gleichung für H.

Bezüglich der ausgezeichneten Werte von V ist zu bemerken, daß dieselben eintreten, wenn
$$\frac{d(3\cos^2\varphi - 2\cos a \cos\varphi - 1)}{d\varphi} = 0$$
oder $\qquad -6\cos\varphi \sin\varphi + 2\cos\alpha \sin\varphi = 0$.

Diese Gleichung ist mit $\varphi = 0$ erfüllt, desgleichen mit
$$\cos\varphi = \tfrac{1}{3}\cos\alpha$$
und wenn α wieder $= 90^0$ angenommen wird, mit
$$\cos\varphi = 0; \qquad \varphi = \pm 90^0.$$

Für $\varphi = 0$ und $\alpha = 90^0$ erhält man
$$V = mg + \frac{m^2 e^2 g}{\Theta'}(3 - 1) = Q\left(1 + 2\frac{e}{l'}\right),$$
für $\varphi = \pm 90^0$ dagegen
$$V = mg + \frac{m^2 e^2 g}{\Theta'}(-1) = Q\left(1 - \frac{e}{l'}\right).$$

Man sieht also, daß das Maximum von V eintritt bei $\varphi = 0$, nämlich
$$V_{max} = Q\left(1 + 2\frac{e}{l'}\right),$$
das Minimum von V bei $\varphi = \pm 90_0$, nämlich
$$V_{min} = Q\left(1 - \frac{e}{l'}\right).$$

292. Experimentelle Ermittlung des Trägheitsmomentes durch einen Schwingungsversuch. Um das Trägheitsmoment eines materiellen Körpers in bezug auf einen bestimmten Punkt experimentell zu ermitteln, läßt man den Körper um den betreffenden Punkt schwingen und beobachtet die Anzahl z der Schwingungen in 1 min. Versteht man unter z die Anzahl der halben Schwingungen (eine Halbschwingung = 1 Hingang = 1 Hergang), so ist die Schwingungsdauer einer Halbschwingung nach Gl. (218):
$$\tau' = \pi\sqrt{\frac{\Theta}{G \cdot a}},$$

§ 62. Drehende Schwingungen.

ferner ist $\tau' = 60/z$, womit die letzte Gleichung ergibt

$$\Theta = \frac{60^2}{\pi^2} \frac{G \cdot a}{z^2} = 364 \frac{G \cdot a}{z^2} [\text{kg m sek}^2]. \quad \ldots \quad (222)$$

Hierbei ist G in kg und a in m einzuführen. Der Schwerpunktsabstand kann auch in geeigneter Weise experimentell bestimmt werden. Trägheitsmomente von Schubstangen, auf vorstehende Weise ermittelt, finden sich in Dinglers pol. Journal. 1907, Heft 39.

Das Trägheitsmoment in bezug auf den Schwerpunkt ist

$$\Theta_s = \Theta - a^2 \cdot \frac{G}{g}.$$

293. Schwingungsdauer einer Magnetnadel.
Die beiden Pole einer Magnetnadel mögen sich im Abstand l befinden und die magnetische Masse m [kg$\frac{1}{2}$·cm] besitzen. Ist H [kg$\frac{1}{2}$·cm^{-1}] die Intensität des magnetischen Feldes, so ist das Direktionsmoment für den Ausschlag 1:

$$M_1 = c_1 = m \cdot l \cdot H \,[\text{kg cm}],$$

damit gibt Gl. (215) für die Schwingungsdauer der Magnetnadel:

$$\tau = 2\pi \sqrt{\frac{\Theta}{m \cdot H \cdot l}} [\text{sek}].$$

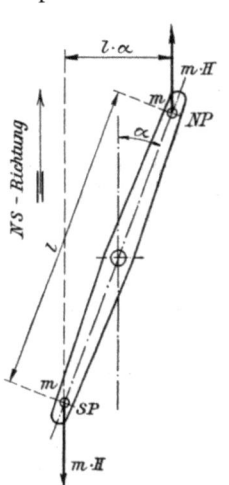

294. Bifilare Aufhängung und experimentelle Ermittlung des Trägheitsmomentes von Rotationskörpern. Ein Rotationskörper oder ein zylindrischer Stab vom Gewicht G ist an zwei parallelen Fäden von der Länge l aufgehängt, die sich im Abstand $2a$ voneinander befinden (Fig. 257). Bei kleiner Auslenkung um ψ aus der Gleichgewichtslage in der Horizontalebene ist auch die Neigung φ des Fadens gegen die Vertikale klein. Die Horizontalkomponente der Fadenspannung ist $(G/2) \cdot \varphi$ und liefert das in die Gleichgewichtslage zurückdrehende Direktionsmoment

Fig. 256.

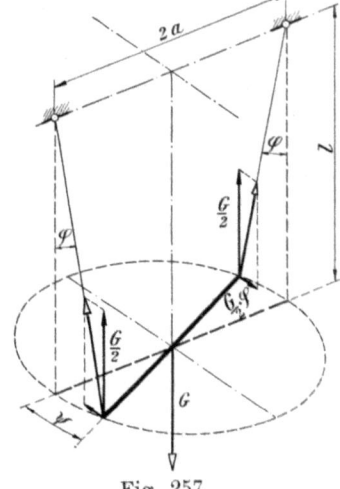

Fig. 257.

$$M = 2 \cdot \frac{G}{2} \cdot \varphi \cdot a,$$

oder da $l \cdot \varphi = a \cdot \psi$ ist

$$M = \frac{G a^2}{l} \cdot \psi,$$

daher ist das Direktionsmoment $M_1 = c_1$ für den Ausschlag $\psi = 1$:

$$M_1 = c_1 = \frac{G a^2}{l}.$$

Setzt man c_1 in Gl. (215) ein, so erhält man für die Schwingungsdauer einer bifilaren Aufhängung

$$\tau = 2\pi \sqrt{\frac{\Theta l}{G a^2}} \quad \ldots \ldots \quad (223)$$

wobei als Maße kg, m, sek, also $g = 9{,}81$ m/sek² zu benützen sind, oder kg, cm, sek, wobei $g = 981$ cm sec².

Sollte es zweckmäßig erscheinen, den Körper mit 3 Fäden „trifilar" aufzuhängen, so bleibt die letzte Gleichung unverändert; a bedeutet dann den Abstand eines jeden der 3 Aufhängepunkte von der Achse der Schwingung.

Beispiel: Das Trägheitsmoment eines Rotationskörpers von 9,55 kg Gewicht wurde mit einer trifilaren Aufhängung ($a = 14{,}7$ cm; $l = 97$ cm) bestimmt. Die minutliche Schwingungszahl $n = 60/\tau$ ergab sich zu 42,3 vollen Schwingungen.

Aus Gl. (223) folgt mit $n = 60/\tau$:

$$\Theta = \frac{G a^2}{l} \cdot \frac{60^2}{4\pi^2 \cdot n^2} = \frac{9{,}55 \cdot 14{,}7^2 \cdot 3600}{97 \cdot 4\pi^2 \cdot 42{,}3^2} = 1{,}08 \ [\text{kg cm sek}^2]$$
$$= 0{,}0108 \ [\text{kg m sek}^2].$$

§ 63. Gedämpfte Schwingungen.

295. Vorbereitung: Kurbelschleife, angetrieben von einer nach einem Exponentialgesetz veränderlichen Kurbel. Fig. 258.

Ehe die einfache harmonische Schwingung eines Massenpunktes in allgemeiner Weise behandelt wurde, haben wir, an vorhandene Anschauungen des Maschineningenieurs anknüpfend, die schwingende Bewegung einer Kurbelschleife besprochen und an dieser die Grundbegriffe einer Schwingung erläutert. Das war ja nur ein Einzelfall einer Schwingung; wir haben aber erkannt, daß die Grundeigenschaft derselben, nämlich die Proportionalität zwischen Direktionskraft und Schwingungsausschlag, einer großen Anzahl einfacher Schwingungen gemeinsam ist, so daß der Einzelfall der Kurbelschleifenbewegung sich als typisch herausstellte für viele physikalisch vorkommende Schwingungen, deren Schwingungsgleichung und Schwingungszahl unmittelbar niedergeschrieben werden konnte, nach dem die Kurbelschleifenbewegung eingehend erörtert war. Ähnlich wollen wir bei einer gedämpften oder anschwellenden Schwingung verfahren, die nach Perry ebenfalls als Schwingung einer Kurbelschleife aufgefaßt werden kann, deren Antriebskurbel mit konstanter Winkelgeschwindigkeit umläuft, während die Kurbellänge ver-

§ 63. Gedämpfte Schwingungen.

änderlich ist und nach einem Exponentialgesetz ($r = e^{nt}$) ab- oder zunimmt. Von dieser Schwingungsart wird sich später zeigen, daß sie physikalisch vorkommt. Hat sich nun der Studierende mit der Bewegung der Kurbelschleife von wachsender oder abnehmender Kurbellänge vorher vertraut gemacht, so wird ihm dies bei der korrekten rechnerischen Behandlung der gedämpften Schwingung zu statten kommen.

Eine Kurbel mit der veränderlichen Länge $r = a \cdot e^{nt}$ rotiere mit gleichmäßiger Winkelgeschwindigkeit ω. Je nachdem n positiv oder negativ ist, nimmt die Länge der Kurbel während ihrer Umdrehung beständig zu oder ab und beschreibt eine sog. logarithmische Spirale. Die Werte von e^{nt} ($e = 2{,}7183$) sind in mathematischen Tabellen zu finden. Die Projektionen des Kurbelendpunktes auf eine durch den Drehpunkt gehende Gerade AB sind identisch mit den Stellungen einer Kurbelschleife, die in der Geradführung AB

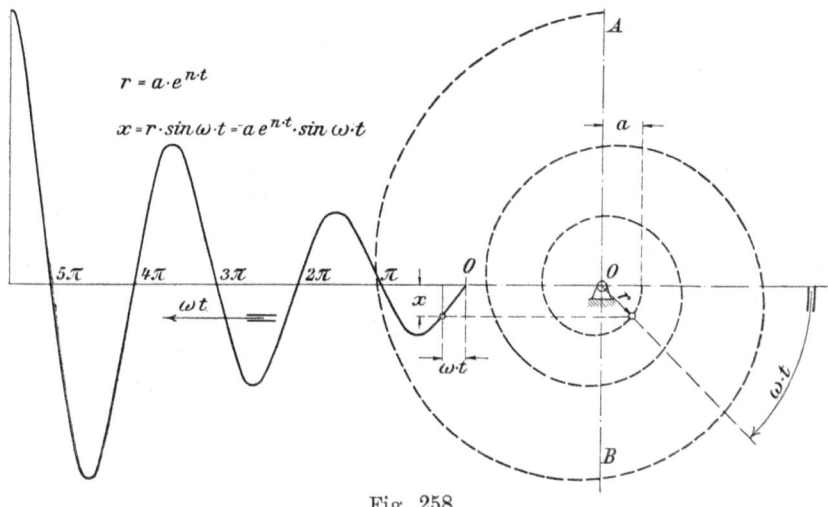

Fig. 258.

hin- und hergeht und von der Kurbel mit Halbmesser r angetrieben wird. Man soll die dieser Bewegung eigentümlichen Merkmale angeben.

Der Weg x der Kurbelschleife werde von O aus auf der Schubrichtung AB gemessen und der Kurbelwinkel ϑ von einem Lot auf AB aus gezählt. Zur Zeit $t = 0$, d. h. zu Beginn der Zeitrechnung betrage die Kurbellänge a; dann ist zur Zeit t der Kurbelschleifenweg

$$x = r \cdot \sin \omega t = a \cdot e^{nt} \cdot \sin \omega t.$$

Es handelt sich, wie anschaulich klar ist, um eine isochrone Schwingung, deren beiderseitige Ausschläge nicht gleich sind und mit der Zeit anschwellen oder verlöschen, je nachdem die Kurbellänge mit der Zeit zu- oder abnimmt. Die Periodizität ist durch die Sinusfunktion, das Anschwellen bzw. Verlöschen der Amplituden durch die Exponentialfunktion ausgedrückt; die Periode oder Schwingungszeit τ folgt aus der konstanten Winkelgeschwindigkeit ω der Kurbel zu $\tau = 2\pi/\omega$. In welchem Maße die Amplituden, d. h. die in den Umkehrpunkten vorhandenen Ausschläge dieser Schwingung zu- oder abnehmen, hängt von der Geschwindigkeit ab, mit der die Kurbellänge zu- oder abnimmt, im Vergleich zu der Umlaufgeschwindigkeit ω der Kurbel. Die Kurbelschleife passiert die Mittellage, so oft $\sin \omega t$ den Wert 0 annimmt und befindet sich in einer Totlage, wenn immer $\sin \omega t = \pm 1$.

Es genügt, im folgenden die allmählich verlöschende Schwingung, d. h. den Fall eines negativen Exponenten nt zu verfolgen, gemäß der Gleichung:

$$x = a \cdot e^{-nt} \cdot \sin \omega t. \quad \ldots \ldots (224)$$

Wir drücken zuerst die nach Beginn der Zeitrechnung aufeinanderfolgenden Amplituden $x_1\, x_2\, x_3 \ldots$ aus, d. h. die aufeinanderfolgenden Abstände der Totlage vom Mittelpunkt O der Kurbelschleifenbewegung: die erste Totlage der Kurbel wird nach einer Viertelumdrehung, die folgenden nach einer weiteren halben Umdrehung erreicht, also bei den Kurbelwinkeln $\omega t = \pi/2$; $\pi/2 + \pi$; $\pi/2 + 2\pi$; $\pi/2 + 3\pi$ usf.

Vom Beginn der Zeitrechnung bis zur Erreichung der Totlagen verstreichen demnach die Zeiten $t_1 = (\pi/2\omega)$; $t_2 = (\pi/2\omega) + (\pi/\omega)$; $t_3 = (\pi/2\omega) + (2\pi/\omega)$; $t_4 = (\pi/2\omega) + (3\pi/\omega)$; usf. = m. a. W. die Zeiten t_1; $3t_1$; $5t_1$; $7t_1$; $\ldots$ Die zugehörigen Werte von $\sin \omega t$ sind abwechslungsweise $+1$ und -1.

Also sind die sich folgenden Amplituden

$$x_1 = + a \cdot e^{-nt_1}; \quad x_2 = - a \cdot e^{-nt_2};$$

oder

$$x_1 = + a \cdot e^{-\frac{n}{\omega}\frac{\pi}{2}}$$

$$x_2 = - a \cdot e^{-\frac{n}{\omega}\left(\frac{\pi}{2}+\pi\right)} = - a \cdot e^{-\frac{n}{\omega}\frac{\pi}{2}} \cdot e^{-\frac{n\pi}{\omega}}$$

$$x_3 = + a \cdot e^{-\frac{n}{\omega}\left(\frac{\pi}{2}+2\pi\right)} = + a \cdot e^{-\frac{n}{\omega}\frac{\pi}{2}} \cdot e^{-\frac{n\pi}{\omega}} \cdot e^{-\frac{n\pi}{\omega}}$$

$$x_4 = - a \cdot e^{-\frac{n}{\omega}\left(\frac{\pi}{2}+3\pi\right)} = - a \cdot e^{-\frac{n}{\omega}\frac{\pi}{2}} \cdot e^{-\frac{n\pi}{\omega}} \cdot e^{-\frac{n\pi}{\omega}} \cdot e^{-\frac{n\pi}{\omega}}$$

$$x_i = -(-1)^i \cdot a \cdot e^{-\frac{n}{\omega}\cdot\frac{\pi}{2}} \cdot \left(e^{-\frac{n\pi}{\omega}}\right)^{i-1}$$

Das Verhältnis der Absolutwerte zweier aufeinanderfolgender Amplituden ist demnach konstant:

$$\frac{x_2}{x_1} = \frac{x_3}{x_2} = \frac{x_4}{x_3} = \frac{x_{i+1}}{x_i} = e^{-\frac{n\pi}{\omega}}.$$

§ 63. Gedämpfte Schwingungen.

Die Amplituden bilden eine geometrische Reihe mit dem Quotienten $e^{-\frac{n\pi}{\omega}}$. Wenn man die i-te und $(i+1)$-te Amplitude herausgreift und den natürlichen Logarithmus bildet, so wird

$$\ln \frac{x_{i+1}}{x_i} = \ln e^{-\frac{n\pi}{\omega}} = -\frac{n\pi}{\omega}$$

oder $\qquad \ln \dfrac{x_i}{x_{i+1}} = +\dfrac{n\pi}{\omega}. \qquad \ldots \ldots \ldots$ (225)

Diese konstante Zahl nennt man das **logarithmische Dekrement** der verlöschenden Schwingung $x = a \cdot e^{-nt} \sin \omega t$; man versteht darunter den natürlichen Logarithmus des Quotienten aus einer Amplitude und der unmittelbar vorangehenden; oder auch die Differenz der Logarithmen zweier aufeinanderfolgender Amplituden.

Denkt man sich mit der Kurbelschleife einen Schreibstift verbunden, und unter ihm senkrecht zur Kurbelschleifenbahn einen Papierstreifen mit gleichförmiger Geschwindigkeit weggezogen, so zeichnet der Schreibstift das Zeit-Weg-Diagramm einer verlöschenden, „gedämpften" Schwingung $x = a \cdot e^{-nt} \sin \omega t$ auf, deren charakteristischer Verlauf in Fig. 258 ersichtlich ist. Mit $n = 0$ ergibt sich die bekannte einfache Kurbelschleifenbewegung mit konstanter Kurbellänge, deren Zeit-Weg-Diagramm eine Sinuslinie ist.

Die Geschwindigkeit der hier betrachteten gedämpften Schwingung einer Kurbelschleife Fig. 258 wird durch Ableiten von Gl. (224) nach t erhalten:

$$v = dx/dt = a\,(\omega e^{-nt} \cdot \cos \omega t - n e^{-nt} \sin \omega t)$$
$$= a e^{-nt} \cdot (\omega \cdot \cos \omega t - n \cdot \sin \omega t)$$

oder mit $\qquad \omega = a_1 \cos \beta \quad$ und $\quad n = a_1 \sin \beta$:

$$v = a e^{-nt} \cdot (a_1 \cos \beta \cos \omega t - a_1 \sin \beta \sin \omega t)$$
$$= a a_1 e^{-nt} \cdot \cos(\omega t + \beta) = a a_1 e^{-nt} \cdot \sin\left(\omega t + \beta + \frac{\pi}{2}\right)$$

worin $\qquad a_1 = \sqrt{n^2 + \omega^2} \quad$ und $\quad tg\,\beta = n/\omega$.

Hiernach befolgt die Geschwindigkeit der gedämpften Schwingungsbewegung das gleiche Gesetz wie der Ausschlag. Die Geschwindigkeits-Zeit-Kurve ist von ähnlicher Form wie die Zeit-Weg-Kurve Fig. 258, nur ist sie **phasenverschoben**; sie eilt der letzteren um $\beta + \dfrac{\pi}{2}$ vor, wo β aus $tg\,\beta = \dfrac{n}{\omega}$ zu bestimmen ist. Bei einer einfachen Schwingung ist $n = 0$ und $\beta = 0$ und $a_1 = \omega$, wie nebenbei bemerkt sei.

522   Lehre von den Schwingungen.

Durch nochmaliges Ableiten der letzten Gleichung erhält man die **Beschleunigung der gedämpften Schwingung der Kurbelschleife** Fig. 258

$$b = d^2x/dt^2 = a a_1 e^{-nt}[-\omega \cdot \sin(\omega t + \beta) - n \cdot \cos(\omega t + \beta)],$$

oder mit der obigen Substitution $\omega = a_1 \cdot \cos\beta$ und $n = a_1 \cdot \sin\beta$

$$b = -a a_1^2 e^{-nt}[\sin(\omega t + \beta) \cdot \cos\beta + \cos(\omega t + \beta) \cdot \sin\beta]$$
$$= -a a_1^2 e^{-nt} \cdot \sin(\omega t + 2\beta) = +a a_1^2 e^{-nt} \cdot \sin(\omega t + 2\beta + \pi).$$

Auch die Beschleunigung der gedämpften Schwingung befolgt hiernach das Gesetz der Schwingungsausschläge Gl. (224); nur ist die Beschleunigungs-Zeit-Kurve gegen die Weg-Zeit-Kurve **phasenverschoben**, und zwar eilt sie ihr um $\pi + 2\beta$ vor; der Geschwindigkeits-Zeit-Kurve eilt sie um $\dfrac{\pi}{2} + \beta$ vor.

Stellt man die Gleichung der gedämpften Schwingung und ihre beiden Ableitungen nach der Zeit zusammen, ohne jedoch von der obigen Substitution Gebrauch zu machen, so hat man

$$x = a \cdot e^{-nt} \cdot \sin \omega t$$
$$v = dx/dt = a \cdot e^{-nt}(\omega \cdot \cos\omega t - n \cdot \sin\omega t)$$
$$b = d^2x/dt^2 = a \cdot e^{-nt}[(n^2 - \omega^2)\sin\omega t - 2n\omega \cos\omega t].$$

Bildet man nun $b + 2nv + (n^2 + \omega^2)x$, so findet man den Wert Null. Es besteht also zwischen den drei Größen x, v, b der Zusammenhang

$$\frac{d^2x}{dt^2} + 2n\frac{dx}{dt} + (n^2 + \omega^2) \cdot x = 0,$$

womit die vorliegende Bewegung mathematisch in allgemeiner Weise gekennzeichnet ist. Wie aus dem Vergleich mit der entsprechenden Gleichung (200) einer einfachen harmonischen Schwingung hervorgeht, enthält die, eine gedämpfte Schwingung kennzeichnende Gleichung das Glied $2n\dot{x}$ mehr, als die Differentialgleichung einer harmonischen Schwingung; sonst sind beide Gleichungen von gleicher Form. Durch das Glied $2n\dot{x}$ ist demnach offenkundig das Abschwellen der gedämpften Schwingung ausgedrückt. Die physikalische Bedeutung des Gliedes $2n \cdot \dot{x}$ werden wir im nächsten Abschnitt kennen lernen.

296. Gedämpfte Schwingung; dämpfender Widerstand der Geschwindigkeit proportional. Eine Masse führt eine einfache harmonische Schwingung aus, wenn sie stets unter dem Einfluß einer Zentral- oder Direktionskraft steht, die dem Abstand von einem Fixpunkt (Attraktionszentrum) proportional ist. Ohne Auftreten eines dämpfenden Widerstandes würde die „widerstandsfreie Schwingung" ewig fortdauern, indem die Energie der Schwingung, die sich aus

§ 63. Gedämpfte Schwingungen.

lebendiger Kraft und potentieller Energie der Direktionskraft zusammensetzt, unverändert bleibt. In Wirklichkeit treten stets Widerstände auf, die die Schwingung dämpfen und die Schwingungsenergie allmählich aufzehren. Von den physikalisch vorkommenden Widerständen, die im Abschnitt 164 erwähnt worden sind, verfolgen wir zunächst durch die Rechnung denjenigen, der der Geschwindigkeit der schwingenden Masse proportional ist. Schwingt die Masse momentan mit der Geschwindigkeit 1 m/sek, so erfahre sie einen dämpfenden Widerstand k, er wirkt der Bewegung entgegen; k heißt der Dämpfungsfaktor. Wie man ihn experimentell bestimmt, wird nachher gesagt. Wählen wir Koordinatensystem und Bezeichnungen wie im Abschnitt 283, wo die einfache geradlinige harmonische Schwingung betrachtet wurde, so tritt z. B. bei der Auswärtsbewegung zu den dort angegebenen Kräften, d. h. zur Direktionskraft $-cx$ und dem Trägheitswiderstand $-m\ddot{x} = -m(d^2x/dt^2)$ jetzt noch im Sinne der abnehmenden x der dämpfende Widerstand $-k(dx/dt)$ hinzu. Die Gleichgewichtsbedingung der Kräfte in der x-Richtung lautet:

$$-m\frac{d^2x}{dt^2} - k\frac{dx}{dt} - cx = 0.$$

Die Gleichung gilt ohne Änderung auch für den Rückgang; vom ersten und dritten Summanden ist das schon früher gezeigt. Der zweite, der Dämpfungswiderstand, ändert beim Rückgang allerdings den Richtungssinn und damit auch das Vorzeichen; es wechselt aber gleichzeitig auch dx/dt das Vorzeichen, so daß der doppelte Vorzeichenwechsel das Gesamtvorzeichen nicht ändert.

Die obige Differentialgleichung der gedämpften Schwingung

$$\ddot{x} + \frac{k}{m}\dot{x} + \frac{c}{m}x = 0 \quad \ldots \ldots (226)$$

ist eine sog. lineare Differentialgleichung zweiter Ordnung mit konstanten Koeffizienten. Ein Integral dieser Art von Gleichung ist, wie die Mathematiker gefunden haben, $x = A \cdot e^{\varrho t}$ unter einer Bedingung, die man erhält, wenn $x = A \cdot e^{\varrho t}$ in die gegebene Differentialgleichung eingesetzt wird; tut man das, so erhält man die sog. „charakteristische Gleichung"

$$\varrho^2 + \frac{k}{m}\varrho + \frac{c}{m} = 0,$$

deren zwei Wurzeln

$$\varrho = -\frac{k}{2m} \pm \frac{1}{2}\sqrt{\left(\frac{k}{m}\right)^2 - 4\frac{c}{m}} = \frac{1}{2m}(-k \pm \sqrt{k^2 - 4mc})$$

in die Gleichung $x = A \cdot e^{\varrho t}$ eingesetzt, die zwei partikulären Integrale der gegebenen Differentialgleichung bilden. Man erkennt, daß die gegebene Differentialgleichung durch das allgemeine Integral

$$x = A_1 \cdot e^{\varrho_1 t} + A_2 \cdot e^{\varrho_2 t}, \qquad (227)$$

das die Summe der partikulären Integrale ist, befriedigt wird. A_1 und A_2 sind Integrationskonstanten, die aus den Anfangsbedingungen der Schwingung zu bestimmen sind (s. u.).

Der Verlauf der Schwingungsbewegung hängt von der Stärke der Dämpfung ab, mathematisch gesprochen davon, ob die Wurzeln ϱ reell und dann negativ, oder komplex konjugiert sind. Das ist durch das Vorzeichen der sog. Diskriminante $k^2 - 4mc$ der quadratischen Wurzelgleichung bedingt. Demgemäß können folgende besondere Fälle eintreten:

Der Sonderfall $k = 0$, d. h. Dämpfung nicht vorhanden, führt auf die einfache ungedämpfte Schwingung und bedarf keiner weiteren Erörterung mehr.

Ist $k^2 = 4mc$, so ist $\varrho_1 = \varrho_2 = -\dfrac{k}{2m}$ und die Gleichung der gedämpften Schwingung lautet:

$$x = (A_1 + A_2 t) e^{-\frac{kt}{2m}}. \qquad (228)$$

Weshalb hier $A_2 t$ und nicht etwa A_1 allein zu setzen ist, wird in den Lehrbüchern der höheren Analysis gezeigt. Mit den Anfangsbedingungen $x = 0$ für $t = 0$ und mit $dx/dt = v_0$ für $t = 0$ folgt: $A_1 = 0$ und $A_2 = v_0$, daher ist

$$x = v_0 \cdot t \cdot e^{-\frac{k}{2m} \cdot t} \qquad (229)$$

den Verlauf der Schwingung zeigt Fig. 259. Der schwingende Körper macht nur einen Ausschlag und kehrt dann allmählich in die Anfangslage zurück, die er nach $t = \infty$ erreicht. Den größten Ausschlag erhält man, wenn man $(dx/dt) = 0$ setzt; er wird nach $t = 2 \cdot m/k$ [sek] erreicht und beträgt

$$x_{max} = \frac{2 m v_0}{k \cdot e}.$$

Ist ferner $k^2 > 4mc$, d. h. die Dämpfung noch größer als im vorigen Fall, so sind die beiden Wurzeln der charakteristischen Gleichung negativ und seien $-\varrho_1$ und $-\varrho_2$; die Gleichung der übergedämpften Schwingung lautet dann:

$$x = A_1 \cdot e^{-\varrho_1 t} + A_2 e^{-\varrho_2 t}. \qquad (230)$$

Der Verlauf der Schwingung ist ähnlich dem zuletzt besprochenen, nur ist der Maximalausschlag kleiner und die schwingende Masse

§ 63. Gedämpfte Schwingungen.

nähert sich der Anfangslage langsamer, — eine Folge der überaus starken Dämpfung. Die beiden zuletzt besprochenen Arten einer gedämpften Schwingung nennt man **aperiodisch**; ist dabei die Dämpfung noch größer als sie zu sein braucht, damit die Schwingung gerade aperiodisch gedämpft wird, so sei die Schwingung **übergedämpft** genannt ($k^2 > 4mc$).

Ist schließlich $k^2 < 4mc$, d. h. die Dämpfung nicht so groß wie in den beiden vorigen Fällen, so ist $\sqrt{k^2 - 4mc}$ imaginär und die Wurzeln sind komplex konjugiert

$$\varrho = \frac{1}{2m}(-k \pm i\sqrt{4mc - k^2}) = -n \mp i\omega.$$

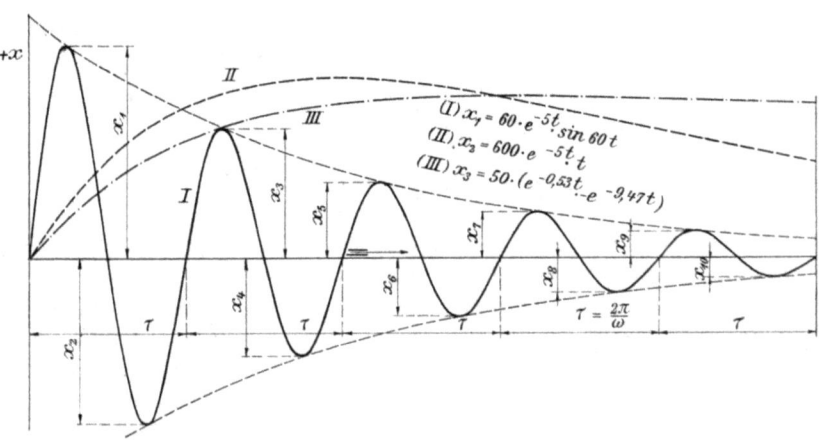

Fig. 259.

Die Gleichung der gedämpften Schwingung wird

$$x = A_1 \cdot e^{(-n + i\omega)t} + A_2 \cdot e^{(-n - i\omega)t} = e^{-nt}(A_1 \cdot e^{+i\omega t} + A_2 e^{-i\omega t})$$

oder da nach der Lehre von den komplexen Zahlen die Beziehungen gelten:

$$e^{-i\omega t} = \cos\omega t - i \cdot \sin\omega t$$
$$e^{+i\omega t} = \cos\omega t + i \cdot \sin\omega t,$$

so ist auch

$$x = e^{-nt} \cdot (A' \cdot \sin\omega t + A'' \cdot \cos\omega t),$$

wenn $A'' = A_1 + A_2$ und $A' = +i(A_1 - A_2)$ gesetzt wird. Man überzeugt sich leicht durch Einsetzen der Werte A' und A'' in die gegebene Differentialgleichung, daß die letztere auch durch die reelle Form der Integrationskonstanten befriedigt wird. Mit der Substitution $A' = a \cdot \cos\beta$ und $A'' = a \cdot \sin\beta$ folgt

$$x = a \cdot e^{-nt} \cdot \sin(\omega t + \beta) \quad \ldots \ldots \quad (231)$$

Die beiden Integrationskonstanten a und β folgen aus dem gegebenen Anfangsbedingungen; es durchlaufe etwa zur Zeit $t=0$ die schwingende Masse die Mittellage $x=0$. Dann folgt aus Gl. (231):
$$0 = a \cdot 1 \cdot \sin(0+\beta) \quad \text{zunächst} \quad \beta = 0,$$
und damit nimmt die Gleichung der gedämpften Schwingung die Form an
$$x = a \cdot e^{-nt} \cdot \sin \omega t \quad \ldots \ldots (232)$$
Diese Gleichung ist im vorigen Abschnitt eingehend diskutiert und als mit der Differentialgleichung der gedämpften Schwingung Gl. (226) verträglich gefunden worden. Jetzt erkennen wir überdies, daß diese Differentialgleichung das allgemeine mathematische Kennzeichen einer gedämpften Schwingung ist, einer periodischen sowohl wie einer aperiodischen und auch einer übergedämpften.

Man kann jetzt noch die physikalische Bedeutung von n und ω angeben. Es ist nach obigem
$$n = \frac{k}{2m} \quad \text{und} \quad \omega = \frac{\sqrt{4mc - k^2}}{2m},$$
damit sind die beiden Werte n und ω durch Größen ausgedrückt, deren physikalische Bedeutung bekannt ist.

Wir haben jetzt der Diskussion der Gleichung der gedämpften Schwingung, die im vorigen Abschnitt steht, einiges nachzutragen. Wegen der Unveränderlichkeit von ω ist auch die **gedämpfte Schwingung isochron**. Ihre Periode oder Schwingungszeit τ erhält man aus Gl. (100), wenn man den zuletzt angeschriebenen Wert von ω einsetzt:
$$\tau = \frac{2\pi}{\omega} = \frac{4\pi m}{\sqrt{4mc - k^2}} \quad \ldots \ldots (233)$$
Wäre keine Dämpfung vorhanden, d. h. $k=0$, so wäre $\tau = \tau_0 = 2\pi/\sqrt{c/m}$, das ist die schon früher gefundene Schwingungszeit der widerstandsfreien harmonischen Schwingung eines Massenpunktes. Die Schwingungszeit einer gedämpften Schwingung ist hiernach größer als die einer ungedämpften, und zwar um so größer, je stärker die Dämpfung ist. Die Stärke der Dämpfung, den Dämpfungsfaktor, bestimmt man experimentell, indem man die aufeinanderfolgenden Ausschläge, die nach den Ausführungen des vorigen Abschnittes eine geometrische Reihe bilden, beobachtet und mit Hilfe des logarithmischen Dekrementes den Dämpfungsfaktor berechnet. Man hat bei der Beobachtung vor allem zu prüfen, ob die Amplituden tatsächlich eine geometrische Reihe bilden, widrigenfalls das hier zugrunde liegende Widerstandsgesetz $W = k \cdot (dx/dt)$

§ 63. Gedämpfte Schwingungen.

und die ganze darauf aufgebaute Entwicklung nicht brauchbar wäre. Hat jedoch für die Amplituden das Gesetz der geometrischen Reihe Gültigkeit, dann ist (vgl. S. 521) $x_1 = a \cdot e^{-\frac{n\pi}{2\omega}}$ die erste und $x_i = a \cdot e^{-\frac{n\pi}{2\omega}} \left(e^{-\frac{n\pi}{\omega}}\right)^{(i-1)}$ die i-te Amplitude, die beobachtet wurde, und man hat

$$\frac{x_1}{x_i} = \left(e^{\frac{n\pi}{\omega}}\right)^{(i-1)}, \quad \text{also} \quad \ln\frac{x_1}{x_i} = (i-1)\frac{n\pi}{\omega}$$

oder da nach obigem

$$\frac{\pi}{\omega} = \frac{\tau}{2} \quad \text{und} \quad n = \frac{k}{2m}$$

ist, so wird

$$\ln\frac{x_1}{x_i} = (i-1)\frac{k\tau}{4m} \quad \ldots \ldots \quad (234)$$

Dieses logarithmische Dekrement der ersten und i-ten Amplitude eignet sich zur Ermittlung des Dämpfungsfaktors k aus einem Schwingungsversuch. Wir wollen das logarithmische Dekrement, das außer von dem Dämpfungsfaktor noch von Masse und Direktionskraft abhängt, in anderer Form anschreiben unter Benützung des „Dämpfungsgrades ψ", worunter folgendes verstanden sei. Wir sahen, daß eine gedämpfte Schwingung periodisch oder aperiodisch sein kann, und zwar im letzteren Fall gerade aperiodisch oder übergedämpft, je nachdem die Diskriminante der „charakteristischen Gleichung" den Wert $k^2 \gtreqless 4mc$ hat; wir setzen

$$k^2 = \psi \cdot 4mc \quad \ldots \ldots \quad (235)$$

und nennen ψ den Dämpfungsgrad; er ist $\psi = 0$ bei einer ungedämpften, $0 < \psi < 1$ bei einer periodisch gedämpften, $\psi = 1$ bei einer gerade aperiodisch gedämpften und $\psi > 1$ bei einer übergedämpften Schwingung. Mit Hilfe dieses Begriffes läßt sich die Schwingungszeit und das logarithmische Dekrement in sehr einfacher Form ausdrücken. Die Schwingungszeit der periodisch gedämpften Schwingung Gl. (233) schreibt sich mit Benützung des Dämpfungsgrades aus (Gl. 235):

$$\tau = \frac{4\pi m}{\sqrt{4mc - \psi \cdot 4mc}} = 2\pi\frac{2m}{\sqrt{4mc(1-\psi)}} = 2\pi\sqrt{\frac{m}{c}} \cdot \frac{1}{\sqrt{1-\psi}}.$$

Nun ist $2\pi\sqrt{m/c} = \tau_0$ die Schwingungsdauer der ungedämpften Schwingung unter sonst gleichen Verhältnissen, womit aus der letzten Gleichung folgt

$$\tau = \tau_0/\sqrt{1-\psi} \quad \ldots \ldots \quad (236)$$

Durch Einsetzen des ausführlicheren Wertes von τ in die Gl. (234) des logarithmischen Dekrementes der ersten und i-ten Schwingung erhält man

$$\ln\frac{x_1}{x_i} = (i-1)\frac{k\cdot 2\pi}{4m}\sqrt{\frac{m}{c}}\frac{1}{\sqrt{1-\psi}} \quad \ldots \quad (237)$$

$$= \frac{(i-1)\pi}{\sqrt{1-\psi}}\sqrt{\frac{k^2}{4mc}} = (i-1)\pi\sqrt{\frac{\psi}{1-\psi}},$$

womit das logarithmische Dekrement abgesehen von der Konstanten π nur noch von dem Dämpfungsgrad ψ abhängig erscheint.

Über die Abhängigkeit der Schwingungszeit und des logarithmischen Dekrementes der i-ten und $(i+1)$-ten Amplitude gibt nachstehende Tabelle Aufschluß.

$\psi =$	0	0,1	0,2	0,3	0,4	0,5	0,6	0,7	0,8	0,9	1,0
$\dfrac{\tau}{\tau_0} =$	1	1,05	1,12	1,19	1,29	1,41	1,57	1,83	2,24	3,16	∞
$\dfrac{x_i}{x_{i+1}} =$	1	2,84	4,8	7,85	13,0	23,1	46,5	121,5	534,0	12333,0	∞

Die Dämpfung beeinflußt demnach in hohem Grade die Amplituden, und in viel geringerem Grad die Schwingungszeit. Eine schwach gedämpfte Schwingung hat also fast die gleiche Schwingungszeit, wie eine ungedämpfte, zeigt jedoch ausgeprägte Abnahme der Amplituden.

Beispiel. Eine Masse $m = 0,2$ (kg sek^2/m) macht einem Versuch zufolge 1 Schwingung in der sek; die 1. Amplitude ist zu $x_1 = 60$, die 12. zu $x_{12} = 25,8$ mm beobachtet. Wie groß ist der Dämpfungsfaktor und der Dämpfungsgrad.

Nach Gl. (234) ist

$$\ln\frac{60}{25,8} = 2,3\cdot 0.3662 = \frac{11\cdot k\cdot 1}{4\cdot 0,2}$$

$$k = 0,0612$$
$$\psi = 0,00059.$$

Die vorstehenden Betrachtungen und Gleichungen lassen sich ohne weiteres auf die gedämpfte Torsionsschwingung anwenden; an die Stelle der Masse m tritt dann das Massenträgheitsmoment Θ des schwingenden Körpers in bezug auf die Schwingungsachse und an die Stelle der Di   onskraft c im Abstand 1 von der Mittellage nunmehr das D   ionsmoment c_1 für den Ausschlagwinkel 1. Der Dämpfungsgrad   z. B. bei der Torsionsschwingung durch die Gleichung definiert:

$$k^2 = \psi\cdot 4\Theta c_1.$$

§ 63. Gedämpfte Schwingungen.

297. Gedämpfte Schwingung; dämpfender Widerstand folgt dem Reibungsgesetz $R = \mu N$. Wie sieht die Zeit-Weg-Kurve eines geradlinig schwingenden Punktes aus, auf den ein Reibungswiderstand $R = \mu N$ seiner augenblicklichen Geschwindigkeit entgegenwirkt? Der materielle Punkt mag sich auf einer rauhen Horizontalebene hin- und herbewegen, etwa unter dem Einfluß der Direktionskraft einer elastischen Feder, die dem Abstand x von der spannungslosen Lage ($x = 0$) proportional ist. Ist N der Normaldruck des Massenpunktes auf die Unterlage, so ist μN der die Geschwindigkeit abdämpfende Bewegungswiderstand. In den Totlagen der Schwingung kehrt die Reibung ihren Sinn um; der Massenpunkt ist einen Moment lang in Ruhe, die Bewegungsreibung verwandelt sich in die größere Haftreibung; da man nicht genau weiß, ob dieser Übergang stetig oder unstetig erfolgt, sei hier die Annahme gemacht, die Reibung bleibe stets unverändert groß und sei $R = \mu N$. Die aus dieser Annahme abgeleitete Zeit-Weg-Kurve kann durch Vergleich mit der Beobachtung geprüft werden, woraus Schlüsse auf das Verhalten der Reibung bei der Bewegungsumkehr gezogen werden können. Unserer Annahme gemäß wäre die Größe der Reibung konstant, sie würde aber ihre Richtung in den Totlagen sprungweise ändern. Wir werden demnach für Hin- und Hergang zwei durch das Vorzeichen der Reibung verschiedene Gleichungen erhalten.

Beim Vorwärtsgang in der $+x$-Richtung wirkt der Reibungswiderstand im Sinne der abnehmenden x, ist also $-\mu N = -R$; die dem Abstand x, d. h. der Federverlängerung proportionale Direktionskraft hat den gleichen Richtungssinn und der Trägheitswiderstand beträgt $-m \cdot \ddot{x}$. Nach dem d'Alembertschen Prinzip sind die Kräfte im Gleichgewicht, also ist:

$$-m \cdot \ddot{x} - cx - R = 0.$$

Für den Rückwärtsgang in der $-x$-Richtung ergibt sich ebenso, da die Reibung jetzt ihren Sinn umgekehrt hat, während sich an den beiden andern Kräften nichts geändert hat:

$$-m\ddot{x} - cx + R = 0.$$

Wir müssen daher Hin- und Rückgang bei der Integration gesondert behandeln; zuerst den Hingang.

Vereinfacht man die letzte Gleichung mit m und setzt $c/m = \omega^2$ und $R/c = x_0$, so wird

$$\ddot{x} + \omega^2 x + c \cdot x_0/m = \ddot{x} + \omega^2(x + x_0) = 0$$

und da $\ddot{x} = d^2(x + x_0)/dt^2$, so ist auch

$$\frac{d^2(x + x_0)}{dt^2} + \omega^2 \cdot (x + x_0) = 0.$$

Die Integration liefert analog Gl. (201)
$$(x + x_0) = A \cdot \sin \omega t + B \cdot \cos \omega t.$$

Die Bewegung auf dem Hingang stimmt also mit einer einfachen ungedämpften Schwingung überein, die die gleiche Schwingungsdauer

$$\tau = \frac{2\pi}{\omega} = \frac{2\pi}{\sqrt{c/m}}$$

hat; nur erscheint der Ausschlag $x + x_0$ der Sinusschwingung nicht von dem bisherigen Nullpunkt $O(x=0)$ aus gezählt, sondern von einem Punkt O_1 aus, der auf dem $-x$-Zweig der Bahn im Abstand $-x_0$ von O liegt. Fig. 260.

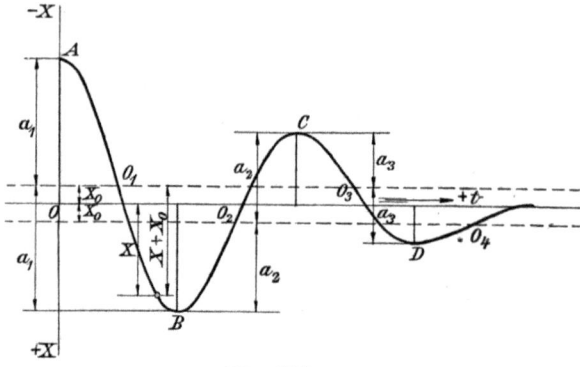

Fig. 260.

Beginnen wir die Zeitmessung, wenn der schwingende Massenpunkt durch O_1 geht, was überdies mit Geschwindigkeit v_0 geschehe, so ist

$$(x + x_0) = 0 \text{ für } t = 0; \quad v = v_0 \text{ für } t = 0$$

und man hat zur Bestimmung der Integrationskonstanten

$$0 = B \quad \text{und} \quad v_0 = A\omega,$$

womit

$$x + x_0 = \frac{v_0}{\omega} \sin \omega t.$$

Hiernach ist der Verlauf der Zeit-Weg-Kurve in Fig. 260 als eine durch O_1 gehende Sinuslinie AO_1B eingetragen; der Punkt O, bei dessen Durchschreiten die Federspannung Null ist, ist um $+x_0$ auf der x-Richtung gegen O_1 verschoben; von diesem Punkt O aus werden die Schwingungsausschläge bei einem Versuch beobachtet.

§ 64. Erzwungene Schwingungen.

Für den Rückgang findet man mit den gleichen Substitutionen wie oben:
$$x - x_0 = A \cdot \sin \omega t + B \cdot \cos \omega t,$$
das ist wieder eine harmonische Schwingung von der gleichen Schwingungsdauer
$$\tau = \frac{2\pi}{\sqrt{c/m}}.$$

Ihre Ordinaten $(x - x_0)$ erscheinen von einem Punkt O_2 der Bahn des bewegten Punktes aus gezählt, der auf dem $+x$-Zweig der Bahn im Abstand $x = +x_0$ liegt.

Die Zeit-Weg-Kurve setzt sich also im Anschluß an den bisher gezeichneten Linienzug durch ein weiteres Stück einer Sinuslinie fort, das im Anschlußpunkt die gleiche Ordinate hat wie das alte. Die Zeitachse des neuen Stückes erscheint aber gegen die Zeitachse des früheren um $2 x_0$ parallel verschoben.

In derselben Weise kann die Zeit-Weg-Kurve weiter gezeichnet werden.

Schreibt man die aufeinanderfolgenden Schwingungsamplituden nach Fig. 260 hin, so lauten sie

$$a_1 + x_0; \quad a_1 - x_0 = a_2 + x_0; \quad a_2 - x_0 = a_3 + x_0 \text{ usf.}$$

Die Differenz zweier aufeinanderfolgender Amplituden ist demnach konstant $= 2 x_0$; die Amplituden bilden eine **arithmetische Reihe**, während sie bei einem der Geschwindigkeit proportionalen Dämpfungswiderstand eine **geometrische Reihe** bilden (vgl. **295**). Grundsätzlich unterscheiden sich die beiden Arten der gedämpften Schwingung noch dadurch, daß die Schwingungsdauer der soeben betrachteten mit derjenigen der ungedämpften Schwingung übereinstimmt, also von der Größe der Reibung völlig unabhängig ist; dies kann bei Beurteilung von Versuchen, wenigstens wenn die Dämpfung stark ist, von Wert sein.

Den Reibungskoeffizienten findet man aus
$$x'_{n+1} - x'_n = 2 x_0 = 2 \frac{R}{c} = 2 \frac{\mu N}{c} = 2 \frac{\mu G}{c} = 2 \frac{\mu m g}{c}.$$

wenn links vom Gleichheitszeichen 2 aufeinanderfolgende Amplituden stehen und $R = \mu N = \mu G = \mu m g$ ist.

Beim Aufzeichnen der Fig. 260 bemerkt man, daß die Schwingung plötzlich erlischt, also nicht wie in **296** allmählich abklingt.

§ 64. Erzwungene Schwingungen.

298. Allgemeines. Einfaches Beispiel. Resonanz. Wir haben im § 60 und 62 die freien oder Eigenschwingungen betrachtet, die ein Pendel, eine an einer Feder aufgehängte Masse, ein an einer Torsionsfeder befestigter Umdrehungskörper ausführt, wenn diese Körper nach Empfang eines Impulses ohne weitere äußere Einwirkung sich selbst überlassen werden. Wir nehmen nun an, der Aufhängepunkt z. B. der an der Feder hängenden Masse werde in Richtung der Eigenschwingung selbst in eine schwingende Bewegung versetzt, oder eine periodisch wechselnde Kraft wirke auf den Aufhängepunkt oder auf die Masse selbst ein; dann führt die Masse sog. erzwungene Schwingungen aus. Die Bewegung des Aufhängepunktes nennt man Erregerschwingung, die Kraft, die die erzwungenen Schwingungen verursacht, die erregende oder störende Kraft.

Der Wagenkasten z. B. eines Automobils ruht auf Federn und führt nach Empfang eines Impulses Eigenschwingungen aus und zwar geradlinige oder drehende, je nach Art des Impulses; sie werden durch Reibungswiderstände in Wirklichkeit rasch abgedämpft. Ein einziger Impuls würde nur die Eigenschwingung zum Ansprechen bringen. Die wiederholten Stöße seitens der Unebenheiten der Fahrbahn oder die freien Massenkräfte des Motors sind im oben angegebenen Sinne die erregenden oder störenden Kräfte, die erzwungene Schwingungen des Wagenkastens verursachen und diesen immer neue Energie zuführen. Ein Schiffskörper kann vermöge seiner Elastizität Biegungs- und Torsionsschwingungen im Wasser ausführen; die Kolbenmaschinen liefern in den Massenkräften ihrer Stampfbewegung erregende oder störende Kräfte, die erzwungene Schwingungen des Schiffskörpers veranlassen können, die den Fahrgästen lästig zu werden vermögen und den Schiffsverband beanspruchen. Beispiele von Eigenschwingungen, erregenden Kräften und erzwungenen Schwingungen könnten aus dem Gebiet der Technik noch viele angeführt werden, es sei nur noch an die vom Seegang herrührenden Schiffsschwingungen, an die störenden Bewegungen der Lokomotiven, an die Schwingungen an Kurbelwellen erinnert.

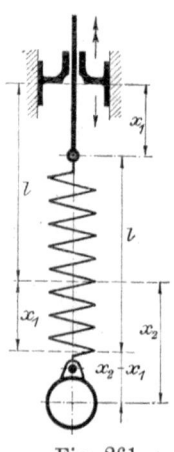

Fig. 261.

Zur Vorbereitung auf die schwierigeren Probleme beginnen wir mit einem einfachen Fall, der an einer Feder hängenden Masse, deren Aufhängepunkt bewegt wird (Fig. 261). Die ungespannte Länge sei l [cm]. Zur Zeit t sei der Aufhängepunkt um x_1, das untere Federende mit der Masse m um x_2 in der $+x$-Richtung fortgeschritten. Die Federdehnung beträgt dann $(x_2 - x_1)$ und die

§ 64. Erzwungene Schwingungen.

Federkraft ist mit der Bezeichnung des Abschn. **283** $-c(x_2-x_1)$, während der Trägheitswiderstand die Größe $-m\cdot(d^2x_2/dt^2) = -m\ddot{x}_2$ hat. Die Gleichgewichtsbedingung der an m tätigen Kräfte lautet:

$$-m\cdot\ddot{x}_2 - c(x_2-x_1) = 0.$$

Macht nun der Aufhängepunkt eine einfache Sinusbewegung gemäß $x_1 = a\cdot\sin\omega_1 t$ (der Grund für die Wahl dieser Bewegungsart wird noch angeführt), so wird

$$\frac{d^2x_2}{dt^2} + \frac{c}{m}x_2 = \frac{c}{m}\cdot a\cdot\sin\omega_1 t \quad \ldots \ldots \quad (238)$$

Mit der Abkürzung $\omega_2^2 = c/m$, wird

$$\ddot{x}_2 + \omega_2^2\cdot x_2 = a\omega_2^2\sin\omega_1 t.$$

Zweimal nach t abgeleitet, gibt (Perry):

$$x_2^{(4)} + \omega_2^2\cdot x_2^{(2)} = -a\omega_1^2\omega_2^2\cdot\sin\omega_1 t.$$

Hierzu wird die mit ω_1^2 erweiterte vorige Gleichung addiert, womit

$$x_2^{(4)} + (\omega_1^2 + \omega_2^2)x_2^{(2)} + \omega_1^2\omega_2^2 x_2 = 0.$$

Die „charakteristische Gleichung" (vgl. 523)

$$\varrho^4 + (\omega_1^2 + \omega_2^2)\varrho^2 + \omega_1^2\omega_2^2 = 0$$

hat die Wurzeln $\varrho = \pm\omega_1 i$ und $\varrho = \pm\omega_2 i$, und das allgemeine Integral der obigen Differentialgleichung lautet [vgl. Gl. (231)].

$$x_2 = A_1\cdot\sin(\omega_1 t + \beta_1) + A_2\cdot\sin(\omega_2 t + \beta_2) \quad \ldots \quad (238\,\text{a})$$

Das ist die Gleichung der erzwungenen Schwingung die hiernach aus zwei übereinander gelagerten Schwingungen besteht. Die Frequenz der einen stimmt mit der Frequenz ω_1 der Erregerschwingung und die der anderen mit der Frequenz der Eigenschwingung ω_2 der Feder mit festem Aufhängepunkt überein; letztere ist ja nach (205) $\omega_2 = \sqrt{c/m}$. Dieses Ergebnis hat eine weitergehende Bedeutung; es läßt sich nämlich die erzwungene Schwingung immer als die Überlagerung zweier Schwingungen von der Frequenz der Eigenschwingung und der Erregerschwingung auffassen. In Wirklichkeit wird die Eigenschwingung durch dämpfende Widerstände rasch ausgelöscht und es wird in der Hauptsache nur der zweite Schwingungsbestandteil übrig bleiben; die Eigenschwingung kann aber auch durch Impulse aufs neue erregt werden.

Die obige Lösungsmethode hat es mit sich gebracht, daß in der Integralgleichung 4 Integrationskonstanten A_1, A_2, β_1, β_2 vorkommen. Die zwei zur Erregerschwingung gehörigen Konstanten sind aber nicht durch Grenzbedingungen, sondern durch die vorangehende Rechnung selbst bestimmt. Setzt man nämlich die Werte

Lehre von den Schwingungen.

von x_2 und seinen Ableitungen in die gegebene Differentialgleichung ein, so folgt nach Wegheben entgegengesetzt gleicher Glieder:

$$A_1(\omega_2^2 - \omega_1^2)\sin(\omega_1 t + \beta_1) = a\,\omega_2^2 \cdot \sin \omega_1 t.$$

Diese Gleichung muß für jeden Wert von t befriedigt sein und zwar durch konstante Werte von A_1 und β_1; das ist nur möglich, wenn

$$\beta_1 = 0 \quad \text{und} \quad A_1 = \frac{a\,\omega_2^2}{\omega_2^2 - \omega_1^2} = \frac{a}{1 - (\omega_1/\omega_2)^2}.$$

Die jetzt noch unbestimmten Integrationskonstanten A_2 und β_2 sind von den Grenzbedingungen abhängig; es sei z. B. anfänglich (d. h. in $t=0$) die aufgehängte Masse in Ruhe, also gar keine Eigenschwingung vorhanden, dann ist $A_2 = 0$ und $\beta_2 = 0$ und die Erregerschwingung bewirkt in diesem Fall lediglich die erzwungene Schwingung:

$$x_2 = A_1 \sin(\omega_1 t + \beta_1) = \frac{a}{1 - (\omega_1/\omega_2)^2} \cdot \sin \omega_1 t \quad . \quad (239)$$

Die erzwungene Schwingung hat also die gleiche Periode und die gleiche Phase wie die Erregerschwingung und ihre Amplitude hängt allein von dem Frequenzverhältnis ω_1/ω_2 zwischen Erreger- und Eigenschwingung ab. Wäre anfänglich schon eine Eigenschwingung $x_e = A_2 \cdot \sin(\omega_2 t + \beta_2)$ vorhanden, so käme dies gemäß Gl. (238a) in der resultierenden erzwungenen Schwingung dadurch zur Geltung, daß sich die Eigenschwingung den Schwingungsausschlägen x_2 in Gl. (239) überlagert. Wir diskutieren aber bloß den übersichtlicheren einfachen Fall, indem wir von der Eigenschwingung absehen. Dabei möge eine verhältnismäßig kleine Masse an einer verhältnismäßig starken Feder hängen, was zur Folge hat, daß die Eigenschwingung eine hohe Frequenz aufweist, z. B. $\nu_2 = 20$ i. d. sek, also $\omega_2 = 2\pi\nu_2 = 125{,}7$. Wir stellen uns nun vor, die erregenden Schwingungen gehen von einer Kurbelschleife mit Kurbelhalbmesser a aus; wir lassen die Kurbel sich gleichmäßig drehen und zwar einmal mit $n=12$, dann mit $n=120$, 240, 480, 960, 1200, 1440, 1800 und 2400 Umläufen i. d. Min., wobei $\nu_1 = n/60$ in 1 sek und $\omega_1 = 2\pi\nu_1$, weshalb $\omega_1/\omega_2 = \nu_1/\nu_2$ oder $= n_P/n_e$ ist, wenn man noch auf die minutlichen Frequenzen n_P der Erregerschwingung und n_e der Eigenschwingung übergeht. Die Feder werde durch $c = 15800$ kg um 1 m verlängert (d. h. durch 158 kg um 1 cm), die schwingende Masse sei $m = 1$ (ihr Gewicht 9,81 kg), wobei $\omega_2^2 = c/m = 15800 = 125{,}7^2$, im Einklang mit obigem Wert ω_2 sich ergibt. Die jeweiligen Amplituden und größten Federkräfte, die sich bei verschiedenen Umlaufszahlen der Antriebkurbel,

§ 64. Erzwungene Schwingungen.

d. h. für verschiedene Frequenzen der erregenden Kraftschwingung einstellen, enthält die folgende Tabelle:

$\omega_1/\omega_2 = n_P/n_e =$	0,01	0,1	0,2	0,4	0,8	0,95	1	1,2	1,5	2
$(x_2)_{max} =$	1	1	1,04	1,19	2,78	10,3	∞	$-2,27$	$-0,8$	$-0,33\,a$
$(x_2 - x_1)_{max} =$	0	0,01	0,04	0,19	1,78	9,3	∞	$-3,27$	$-1,8$	$-1,33\,a$
Gr. Federkraft kg =	0	1,58	6,3	30	282	1480	∞	-516	-285	$-210\,a$

Die Tabelle besagt folgendes: Solange die Frequenz ω_1 der Erregerschwingung klein genug ist gegenüber der Frequenz ω_2 der Eigenschwingnng, ist die erzwungene Schwingung der Masse m eine fast genaue Kopie der Erregerschwingung des Aufhängepunktes der Feder, mit anderen Worten des Weges der erregenden Kraftschwingung. Wächst nun die Frequenz der Erregerschwingung, d. h. läßt man die Antriebkurbel schneller laufen, so macht die Masse immer größere Ausschläge, womit auch die Spannkräfte in der Feder immer größer werden. Das steigert sich so weit, bis die Schwingungsausschläge rechnungsmäßig unendlich groß werden, was nichts anderes bedeutet, als daß die Feder zerreißt; das geschieht in Wirklichkeit freilich schon, ehe die Schwingungsausschläge unendlich groß geworden sind, nämlich wenn die Spannkraft der Feder deren Festigkeit überwindet. Obgleich die Feder in Wirklichkeit schon früher gefährdet ist, ehe der Schwingungsausschlag unendlich groß geworden ist, empfiehlt es sich doch, diejenigen Verhältnisse zur Grundlage der Beurteilung zu machen, unter denen der Ausschlag x_2 rechnungsmäßig unendlich groß würde. Nach Gl. (239) wird $x_2 = \infty$, wenn $\omega_1 = \omega_2$ oder, was dasselbe ist, wenn $\nu_1 = \nu_2$ oder $n_P = n_e$ geworden ist, d. h. wenn die Frequenz ω_1 der Erregerschwingung mit der Frequenz ω_2 der Eigenschwingung gerade übereinstimmt, oder noch anders ausgedrückt, wenn die Erregerschwingungen den gleichen Takt oder Rhythmus haben wie die Eigenschwingungen. Man spricht in diesem Falle von Resonanz zwischen der Erregerschwingung und Eigenschwingung.

In dem vorhin geschilderten Beispiel empfing der Aufhängepunkt der Feder die erregende oder störende Schwingung von einer Kurbelschleife, die von einer gleichmäßig umlaufenden Welle (Drehzahl n_P) angetrieben wurde. Je näher die Winkelgeschwindigkeit oder die Kreisfrequenz ω_1 dieser Welle an die Kreisfrequenz ω_2 der Eigenschwingung heranrückt, desto näher kommt die Feder dem gefährlichen Zustand der Resonanz. Im Augenblick der Resonanz dreht sich die Welle, von der die störenden oder erregenden Schwingungen ausgehen, mit einer Umlaufzahl, die man die kritische Umlaufzahl n_k nennt; es ist also $n_k = n_e$.

Wenn hier mit einer kritischen Umlaufzahl das Auftreten eines rechnungsmäßig unendlich großen Schwingungsausschlages festzustellen war, so werden wir im Abschn. 300 erkennen, daß dies nur bei einer widerstandsfreien Schwingung zutrifft. In Wirklichkeit gibt es eine solche aber nicht, und die dämpfende Wirkung von Luft-, Flüssigkeits- oder Gleitreibung hat zur Folge, daß im Resonanzfall zwar ein besonders großer und damit gelegentlich auch gefährlicher Schwingungsausschlag, aber niemals ein unendlich großer vorkommt, auch nicht rechnungsmäßig.

Wir betrachten jetzt das Verhalten der Feder nach dem Durchschreiten der Resonanz. Daß die Feder nicht schon vorher beschädigt wird, kann man auf zwei Arten erreichen. Entweder begrenzt man die Schwingungsausschläge der Masse durch Anschläge oder man steigert die Drehzahl der Antriebkurbel möglichst rasch über die kritische hinaus. Nach dem Überschreiten der kritischen Umlaufzahl beruhigen sich die Schwingungen der Masse wieder und die Schwingungsausschläge werden immer kleiner, je schneller man die Antriebkurbel laufen läßt. Etwas außerordentlich Merkwürdiges tritt bei sehr hoher Frequenz der Erregerschwingung, d. h. bei sehr hoher Drehzahl der Antriebkurbel oder bei sehr raschem Auf- und Abbewegen der Federaufhängung auf: die Masse schwingt gar nicht mehr, sie bleibt in Ruhe. Sie hat nämlich keine Zeit mehr, von der Stelle zu kommen; denn kaum hat sie nach Empfang eines Impulses angefangen, diesem zu folgen, so kommt schon wieder ein neuer von entgegengesetztem Sinne und gleicher Größe, der die Wirkung des ersten wieder aufhebt. Die Feder wird unter diesen Verhältnissen abwechselnd um $\pm a$ (= Halbmesser der Antriebkurbel = halber Weg der erregenden Kraft) gedehnt und gekürzt; der geschilderte Zustand läßt sich physikalisch verwirklichen, sofern die Feder eine solche Dehnung und Kürzung aushalten kann.

Der Vorzeichenwechsel der Amplitude der erzwungenen Schwingung bei Durchschreiten der Resonanz hat physikalisch die Bedeutung, daß von da ab die erregende Kraftschwingung bzw. die Schwingung des Aufhängepunktes der Feder $x = a \cdot \sin \omega_1 t$ und die erzwungene Schwingung $x_2 = A_2 \cdot \sin \omega_1 t$ einander stets entgegengesetzt verlaufen, also in der Phase um eine halbe Periode gegeneinander verschoben sind. Der „Phasensprung" bei Durchschreiten der Resonanz wird im Abschnitt 300 nochmals zu besprechen sein.

Es unterliegt keinem Zweifel, daß der tatsächliche Verlauf der Schwingung in der Nähe der Resonanz sich anders gestaltet, als die Gl. (239) oder die Tabelle angibt. Denn die vorliegende Be-

§ 64. Erzwungene Schwingungen. 537

rechnung ist nur so lange richtig, als die Federkräfte den Federdehnungen proportional sind, und so lange keine Widerstände auftreten. Schon vor der Resonanz werden jedoch die Federschwingungen so groß, daß jene Proportionalität aufhört und gleichzeitig tritt in der Feder innere Reibung auf. Die vorliegende Rechnung hat in erster Linie den Zweck, auf die Resonanzgefahr aufmerksam zu machen und zu zeigen, daß die Resonanz $n_P = n_e$ zu meiden ist; dieser Zweck wird auch dann erreicht, wenn die Rechnung in der Gegend der Resonanz den gerügten Mangel hat.

Wie sich die Größe der Amplituden der erzwungenen Schwingung ändert, wenn man die Frequenz der erregenden Kraftschwingung steigert, zeigt die Fig. 262, deren wagrechte Abszissen das Frequenzverhältnis zwischen Erreger- und Eigenschwingung und deren senkrechte Ordinaten die zugehörigen Amplituden der erzwungenen Schwingung bedeuten.

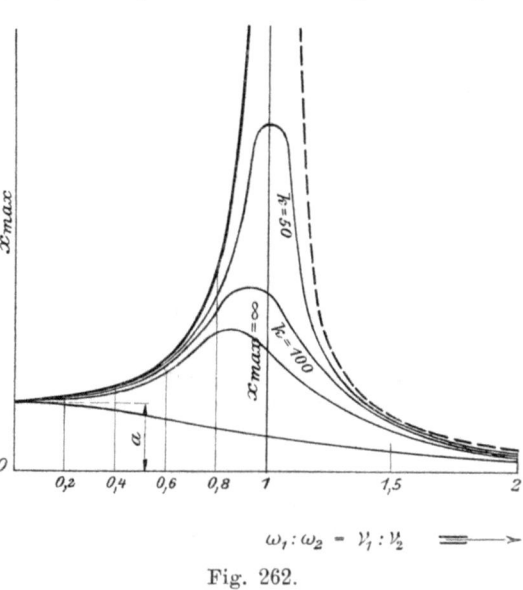

Fig. 262.

299. Die erregende Kraft ist keine einfache Sinusfunktion, sondern eine beliebige periodische Funktion. Beispiel. Torsionsschwingungen einer Schiffswelle, kritische Umlaufzahlen. Im vorigen Abschnitt wurde angenommen, die erregende Kraft schwanke nach einem einfachen Sinusgesetz. Das ist mathematisch am einfachsten zu erledigen, kommt aber in Wirklichkeit nur selten vor. Trotzdem enthält dieser Sonderfall die Lösung auch für den allgemeinsten Fall, in dem die erregende Kraft beliebig schwankt. Die Drehkräfte an den Kurbeln einer Kraftmaschinenwelle ändern sich z. B. periodisch, aber in einer unübersichtlichen Weise; man kann sie jedoch nach Fourier in eine Summe unendlich vieler einfacher Sinusschwingungen auflösen, deren Frequenzen ganze Vielfache einer Grundfrequenz sind, gemäß der Gleichung:

$$P = P_m + P_1 \sin(\omega_1 t + \beta_1) + P_2 \sin(2\omega_1 t + \beta_2) + \ldots$$
$$= P_m + A_1 \sin \omega_1 t + A_2 \sin 2\omega_1 t + A_3 \sin 3\omega_1 t + \ldots$$
$$+ B_1 \cos \omega_1 t + B_2 \cos 2\omega_1 t + B_3 \cos 3\omega_1 t + \ldots$$

Jede Harmonische wirkt nun physikalisch ebenso, wie wenn die übrigen gar nicht vorhanden wären. An der erwähnten Maschinenwelle greift gleichsam nicht eine Drehkraft, sondern es greifen deren viele gleichzeitig an, nämlich so viele, als man Harmonische braucht, um das Drehkraftdiagramm der Maschine mit hinreichender Genauigkeit wiederzugeben. Die Wirkung der einzelnen sinusartig verlaufenden Drehkräfte, in die das Drehkraftdiagramm bei der harmonischen Analyse zerlegt wird, ist genau in der Weise zu untersuchen, wie das im letzten Abschnitt geschehen ist, wo die erregende Kraftschwingung dem einfachen Sinusgesetz $a \cdot \sin \omega_1 t$ folgte. Die Berechnung im vorigen Abschnitt ist bloß dahin abzuändern, daß an die Stelle der erregenden Kraft $a \cdot \sin \omega t$ auf der rechten Seite der Differentialgleichung der erzwungenen Schwingung Gl. (238) Seite 533 der Reihe nach die Harmonischen $A_1 \cdot \sin \omega_1 t$; $A_2 \cdot \sin 2\omega_1 t$; $A_3 \cdot \sin 3\omega_1 t; \ldots$; $B_1 \cdot \cos \omega_1 t; \ldots$ einzusetzen sind. Die Lösung verläuft im übrigen genau wie im vorigen Abschnitt. Es genügt jetzt die Größe der Amplitude der erzwungenen Schwingung anzuschreiben, die man in erster Linie kennen muß, wenn gefährliche Zustände der Welle vermieden werden sollen. Die Amplitude der erzwungenen Schwingung betrug $a : [1 - (\omega_1/\omega_2)^2]$, wo ω_1 die Frequenz der erregenden Kraftschwingung und ω_2 die Frequenz der Eigenschwingung bedeutete. Jetzt hat man, um die den einzelnen Harmonischen entsprechenden Amplituden zu erhalten, der Reihe nach $\omega_1 = \omega$; $\omega_1 = 2\omega$; $\omega_1 = 3\omega \ldots$ zu setzen, womit diese Amplituden die Werte annehmen:

$$\frac{A_1}{1-(\omega/\omega_2)^2}; \qquad \frac{A_2}{1-(2\omega/\omega_2)^2}; \qquad \frac{A_3}{1-(3\omega/\omega_2)^2}; \ldots$$

Diese werden unendlich groß, wenn $\omega = \omega_2$; $\omega = \omega_2/2$; $\omega = \omega_2/3 \ldots$ wird, d. h. wenn die Frequenz ω_2 der Eigenschwingung = der Frequenz ω der erregenden Kraft oder = der Hälfte, einem Drittel usf. der letzteren wird. Steigt also die Frequenz der erregenden Kraftschwingung z. B. von $\omega = 0$ bis $\omega = \omega_2$, so kann jede Harmonische der erregenden Kraft in Resonanz mit der Eigenschwingung treten und einen kritischen Zustand herbeiführen, in dem die erzwungene Schwingung rechnungsmäßig unendlich große und in Wirklichkeit gefährlich hohe Amplituden annehmen kann. Welche Harmonische am stärksten wirkt, läßt sich vor Ausführung der harmonischen Analyse nicht voraussagen; es muß das aber keineswegs immer die erste Harmonische sein. Es kann sogar vorkommen, daß eine Har-

§ 64. Erzwungene Schwingungen.

monische eine größere Amplitude hat als die resultierende Schwingung, die der harmonischen Analyse unterzogen wird. Meist erweisen sich die über der sechsten liegenden Harmonischen als bedeutungslos; vielfach kann man sich sogar mit nur drei Harmonischen begnügen.

Ein praktisches Beispiel soll das Vorangehende der Anschauung des Maschineningenieurs näher bringen; vorher wollen wir die Kreisfrequenzen ω_1 der erregenden Kraft und ω_2 der Eigenschwingung durch die minutlichen Frequenzen n_P der Kraftschwingung und n_e der Eigenschwingung ersetzen; gemäß Gl. (204) ist nämlich: $n_P = 30\,\omega_1/\pi$ und $n_e = 30\,\omega_2/\pi$. Bei einer Maschinenwelle sind die erregenden Kräfte die Tangentialdrücke oder Drehkräfte und deren minutliche Frequenz n_P die minutliche Drehzahl n der Welle.

Wir nehmen jetzt als Beispiel eine Schiffswelle; am einen Ende der Welle befindet sich der Propeller, am andern die Maschine, deren umlaufende Massen hier allein in Betracht kommen. Die Propellermasse und die umlaufenden Massen der Maschine sind durch eine lange Welle verbunden; sie können wegen der Elastizität der Welle Torsionsschwingungen gegeneinander ausführen, deren Frequenz nach 303 berechnet werden kann. Die minutliche Anzahl der widerstandsfreien Eigenschwingungen sei n_e. Die an den Kurbeln angreifenden Drehkräfte (= Resultierende aus Dampfdruck und Massendruck des Kurbelgetriebes) sind in den einzelnen Kurbelstellungen verschieden; man kann sie in Funktion der Kurbelwinkel ausdrücken und pflegt sie meist unter Annahme gleichbleibender Winkelgeschwindigkeit als Funktion der Zeit darzustellen; im letzteren Fall lassen sie sich in eine Fouriersche Reihe entwickeln:

$$P = P_m + P_1 \sin(\omega_1 t + \beta_1) + P_2 \sin(2\omega_1 + \beta_2) + \ldots$$
$$= P_m + A_1 \sin \omega_1 t + A_2 \sin 2\omega_1 t + \ldots + B_1 \cos \omega_1 t + \ldots$$

wo $P_i = \sqrt{A_i^2 + B_i^2}$ ist. Die Schwankungen der Drehkräfte erregen an der Welle eine erzwungene Schwingung, bestehend in einer Torsionspendelung der zwei genannten Massen gegeneinander. Die mittlere Drehkraft P_m erzeugt eine konstante Verdrehung der Welle; die Drehkraft schwankt aber um diesen Mittelwert, wodurch eben erzwungene Schwingungen der beiden Massen erzeugt werden. Durch das Auftreten rätselhafter Brüche sah sich Frahm 1899 veranlaßt, die Erscheinung zu studieren. Seine Untersuchung ist die erste dieser Art und ist durch glückliche Vereinigung von Versuch und wissenschaftlicher Durchdringung vorbildlich. Frahm berechnete die minutliche Eigenschwingungszahl der relativen Torsionsschwingungen der Propellermasse gegenüber den Schwungmassen der Maschine aus

$$n_e = \frac{30}{\pi}\sqrt{\frac{m_1+m_2}{m_1 \cdot m_2}\cdot c_1} = \frac{30}{\pi}\sqrt{\frac{m_1+m_2}{m_1 m_2}\cdot \frac{\pi d^4}{32\cdot \beta l\cdot R^2}}$$

(m_1 und m_2 sind die auf den Kurbelhalbmesser R reduzierten Massen des Propellers und des Triebwerks, d der Wellendurchmesser, l die Wellenlänge, β der Schubkoeffizient des Wellenmateriales) zu $n_e = 257{,}4$ in der Minute (Dampfer Besöki) und zerlegte ferner das Drehkraftdiagramm der Maschine in die drei ersten Harmonischen, wodurch das wirkliche Diagramm hinreichend genau wiedergegeben erschien. Die minutlichen Frequenzen der drei Harmonischen sind n, $2n$, $3n$, also gleich der einfachen, doppelten und dreifachen Drehzahl der Maschine. Jede Harmonische, die in der Drehkraftlinie steckt und bei der harmonischen Analyse zum Vorschein kommt, wirkt nun erfahrungsgemäß physikalisch ebenso, wie wenn sie ganz allein vorhanden wäre. Jede Harmonische der Drehkraft kann für sich gegebenenfalls mit der Eigenschwingung in Resonanz treten und die Eigenschwingung in gefährlicher Weise zum Mitschwingen zwingen, besonders wenn sie selbst kräftige Schwankungen macht, d. h. eine große Amplitude P_1 ($P_2 P_3$) hat.

Die erste Harmonische mit der minutlichen Frequenz n tritt nun in Resonanz mit der Eigenschwingung n_e, wenn $n = n_e$ ist, d. h. wenn die Drehzahl der Welle mit deren Eigenschwingungszahl zusammenfällt. Man nennt diese Drehzahl der Welle die **kritische Umlaufzahl erster Ordnung**. Sie kommt bei der betrachteten Maschine nicht in Frage, weil diese normal nur 70 bis 75 Umläufe in der Minute macht; man läßt die Propellerwellen langsam laufen, weil hohe Umlaufzahlen schlechten Wirkungsgrad des Propellers zur Folge haben.

Die zweite Harmonische der erregenden Kraft, deren minutliche Frequenz $2n$ beträgt, tritt mit der Eigenschwingung in Resonanz, wenn $2n = n_e$ ist, d. h. wenn die Drehzahl der Welle ($n = n_e/2$) die Hälfte der Eigenschwingungszahl beträgt. Machte also die erwähnte Maschine 128,7 Umdrehungen in der Minute, so würde die zweite Harmonische im Drehkraftdiagramm die Eigenschwingung besonders stark zum Ansprechen bringen; dies trifft an der Welle unsres Beispiels deswegen nicht zu, weil die Maschine normal nicht so schnell läuft. Diejenige Drehzahl der Welle, bei der die zweite Harmonische der Drehkraftschwingung mit der Eigenschwingung in Resonanz stehen würde, nennt man die **kritische Umlaufzahl zweiter Ordnung**.

Ganz Entsprechendes ist von den höheren Harmonischen zu sagen. Bei den Versuchen an der Welle des Dampfers Besöki fand

§ 64. Erzwungene Schwingungen. 541

Frahm die stärkste Wellenschwingung, wenn die Maschine mit rd. 83 Umdrehungen i. d. Min. lief. Diese Zahl ist aber nahezu ein Drittel der Eigenschwingung ($n_e/3 = 257{,}4/3 = 85{,}8$). Das bedeutet, daß die dritte Harmonische $A_3 \cdot \sin(3\omega_1 t + \beta_3)$ in Resonanz mit der Eigenschwingung der Welle stand; in der Tat war zufolge der harmonischen Analyse des Drehkraftdiagramms die dritte harmonische am stärksten ausgeprägt, der Wert A_3 also der größte von A_1, A_2, A_3. Der Verdrehungswinkel schwankt in Übereinstimmung hiermit während einer Wellenumdrehung deutlich dreimal um seinen Mittelwert hin und her, indem er diesen um das **2,76**fache übertraf. Nach einer Bemerkung Frahms wäre voraussichtlich eine **3,72**fache Überschreitung des Mittelwertes beobachtet worden, wenn man die Maschine genau mit der kritischen Umlaufzahl 3. Ordnung hätte laufen lassen können. Die erregende Kraft, die Drehkraft an der Maschinenkurbel, schwankte dem Drehkraftdiagramm zufolge viel weniger, indem die größte Drehkraft das **1,67**fache der mittleren war. Der auf S. 536 erwähnte Phasensprung beim Durchschreiten der kritischen Umlaufzahl ist von Frahm ebenfalls festgestellt worden.

Als praktische Lehre ergibt sich aus dem Gesagten, daß die normale Umlaufzahl einer Propellerwelle genügend weit von irgendeiner der kritischen Umlaufzahlen ferngehalten werden muß; nach Frahm um mindestens 8 bis 10 Umdrehungen. Man kann dies grundsätzlich durch Ändern der Massen, der Länge und des Durchmessers der Welle erreichen. An den Massen und der Länge der Welle kann aber der Schiffsbauingenieur kaum Nennenswertes ändern, die Eigenschwingungszahl der Schiffswelle kann also praktisch nur durch Ändern des Wellendurchmessers beeinflußt werden. Die Welle muß einerseits den Forderungen der statischen Festigkeit genügen (worüber die Klassifikationsgesellschaften Regeln vereinbart haben) und muß dann noch daraufhin geprüft werden, ob ihre minutliche Eigenschwingungszahl genügend weit von der vollen Drehzahl der Maschine, wie auch von der Hälfte und einem Drittel dieser Drehzahl entfernt ist. Sollte dies nicht der Fall sein, so wird man den Wellendurchmesser meist verstärken.

300. Erzwungene Schwingung mit Dämpfung. Allgemeiner Lösungsgang. Die Differentialgleichung einer erzwungenen Schwingung mit Dämpfung lautet:

$$m\ddot{x} + k\dot{x} + cx = a \cdot \sin \omega t \quad \ldots \ldots \quad (240)$$

wenn die erregende Kraft in der einfachen Form $a \cdot \sin \omega t$ angenommen wird. Eine Herleitung der Gleichung ist nicht mehr nötig, nachdem dieselbe in den Abschnitten **283** und **296** betr. die freien und gedämpften Eigenschwingungen ausführlich gezeigt worden ist. Wäre die erregende Kraft in Form einer Fourierschen Reihe gegeben, so müßte man sämtliche Harmonische analog behandeln, wie das jetzt mit dem einfachsten Glied der Reihe ($a \cdot \sin \omega t$) geschieht (vgl. Abschn. 299). Wir können unsere Aufmerksamkeit jetzt ganz auf die formale Behandlung der obigen Gleichung richten. Wir zerlegen x in zwei Bestandteile $x_1 + x_2$, was auf unendlich verschiedene Art gemacht werden kann. Es wird

$$(m\ddot{x}_1 + k\dot{x}_1 + cx_1) + (m\ddot{x}_2 + k\dot{x}_2 + cx_2) = P_0 \sin \omega t.$$

x werde nun so auf x_1 und x_2 verteilt, daß der erste Klammerausdruck für sich gleich Null ist. Nach **296** ist dann x_1 die gedämpfte Eigenschwingung des Massenpunktes m; den andern Bestandteil x_2 der erzwungenen Schwingung x erhalten wir durch Integration des Restes der letzten Differentialgleichung. Dieser Bestandteil ist indes schon zum voraus als der Hauptbestandteil der ganzen erzwungenen Schwingung anzusprechen; denn die gedämpfte Eigenschwingung klingt rasch ab, sofern sie nicht durch in dieser Betrachtung allerdings nicht berücksichtigte Impulse neu erregt wird. Ein Integral der Gleichung

$$m\ddot{x}_2 + k\dot{x}_2 + cx_2 = P_0 \cdot \sin \omega t$$

ist $x_2 = D \cdot \sin(\omega t + \beta)$, unter sofort zu ermittelnden Bedingungen. Einsetzen des Wertes x_2 in die gegebene Differentialgleichung liefert nämlich:

$$-Dm\omega^2 \cdot \sin(\omega t + \beta) + Dk\omega \cdot \cos(\omega t + \beta)$$
$$+ Dc \cdot \sin(\omega t + \beta) = P_0 \cdot \sin \omega t$$

oder wenn man die sin und cos der Winkelsumme durch die sin und cos der Einzelwinkel ausdrückt und $\sin \omega t$ und $\cos \omega t$ als gemeinsame Faktoren vor die Klammern setzt:

$$\sin \omega t (-Dm\omega^2 \cdot \cos \beta + Dc \cdot \cos \beta - Dk\omega \cdot \sin \beta - P_0)$$
$$+ \cos \omega t (-Dm\omega^2 \cdot \sin \beta + Dc \cdot \sin \beta + Dk\omega \cdot \cos \beta) = 0.$$

Diese Gleichung muß für jeden Wert von t befriedigt sein, was nur der Fall ist, wenn jeder der beiden von t unabhängigen Klammerausdrücke für sich gleich Null ist. Das Verschwinden des zweiten Klammerausdruckes liefert zur Berechnung der Konstanten β:

$$\operatorname{tg} \beta = \frac{-\dfrac{k}{c} \cdot \omega}{1 - \dfrac{m}{c} \cdot \omega^2}.$$

Da $\omega_e = \sqrt{c/m}$ die Frequenz der freien Eigenschwingung der Masse m ist, so kann man auch schreiben

§ 64. Erzwungene Schwingungen. 543

$$\operatorname{tg}\beta = \frac{-\frac{k}{c}\omega}{1-(\omega/\omega_e)^2} = \frac{-\frac{k}{c}\omega}{1-(n_P/n_e)^2} \quad \ldots \quad (241)$$

wo $n_P = 30\omega/\pi$ und $n_e = 30\omega_e/\pi$ die minutlichen Schwingungszahlen der erregenden Kraft und der Eigenschwingung sind. Das Verschwinden des ersten Klammerwertes liefert für die Konstante D:

$$D = \frac{P_0}{(c-m\omega^2)\cos\beta - k\omega\sin\beta} = \frac{\frac{P_0}{c}}{\left(1-\frac{m}{c}\omega^2\right)\cos\beta - \frac{k\omega}{c}\sin\beta} \quad (242\,\mathrm{a})$$

Ersetzt man wieder c/m durch ω_e^2 und drückt $\cos\beta$ und $\sin\beta$ nach der Trigonometrie durch $\operatorname{tg}\beta$ aus, so erhält man nach kurzer Umformung:

$$D = \frac{P_0/c}{\sqrt{\{1-(n_P/n_e)^2\}^2 + (k^2/mc)\cdot(n_P/n_e)^2}} \quad \ldots \quad (242\,\mathrm{b})$$

Wir diskutieren nunmehr die erhaltenen Ergebnisse. Die erzwungene Schwingung läßt sich nach dem eingangs Bemerkten in die gedämpfte Eigenschwingung und einen zweiten Schwingungsbestandteil $x_2 = D\cdot\sin(\omega t + \beta)$ zerlegen; die Eigenschwingung klingt bei genügend starker Dämpfung bald ab und es verbleibt der zweite Bestandteil als die Hauptsache. Diesen wollen wir auch ausschließlich von jetzt ab betrachten und ihn einfach die erzwungene Schwingung nennen, obwohl streng genommen die gedämpfte Eigenschwingung zu überlagern wäre. Die erzwungene Schwingung hat zwar die gleiche Frequenz ω, wie die erregende Kraft, ist aber in der Phase um den Winkel β gegen diese verschoben; erregende Kraft und erzwungene Schwingung erreichen ihre Größtwerte nicht gleichzeitig. Die Phasenverschiebung und der Ausschlag der erzwungenen Schwingung sind von der Frequenz der erregenden Kraft im Verhältnis zur Frequenz der freien Eigenschwingungen des Massenpunktes abhängig.

Diese Verhältnisse sollen an einem Beispiel veranschaulicht werden. Ein Wagengestell mit einem Automobilmotor sei auf Federn gelagert; Gestell und Motor betrachten wir der Einfachheit halber als Massenpunkt, der Vertikalschwingungen ausführen kann, wenn er von einem senkrechten Impuls getroffen wird. Ein einziger Impuls dieser Art erregt die Eigenschwingung der abgefederten Masse, deren minutliche Schwingungszahl n_e sein möge.

Der Automobilmotor besitze Kurbelschleifengetriebe, was wir der Einfachheit halber annehmen, weil dann die freien Massenkräfte nach einem einfachen Sinusgesetz $mr\omega^2\sin\omega t$ schwanken.

Die freien Kräfte bilden hier die „erregende Kraft", deren minutliche Frequenz (= Zahl der Kraftwechsel in 1 min) gleich der Drehzahl n_P der Motorwelle ist. Wir fragen jetzt nach der Größe der Amplitude D der erzwungenen Schwingung des Wagengestelles und nach der Phasenverschiebung β dieser Schwingung gegenüber der erregenden Kraft, wenn die Drehzahl des Motors allmählich gesteigert wird.

Was man am Wagengestell tatsächlich beobachtet, wenn man die Drehzahl des leerlaufenden Motors langsam steigert, ist kurz zu beschreiben. Das Gestell gerät mit steigender Motor-Drehzahl in immer stärkere Schwingungen, die bei einer bestimmten Drehzahl am größten sind, um bei weiterer Steigerung der Drehzahl sich wieder zu beruhigen. Genaueres über die dabei auftretenden Verhältnisse erfährt man nur aus der Diskussion der Gleichungen.

Bei sehr kleiner Drehzahl des Motors $n_P = $ rd. 0 ist zufolge Gl. (242) die Amplitude D der Gestellschwingung $D = P_0/c$; das ist nichts anderes, als die statische Durchbiegung der Wagenfeder unter der Last P_0; c bedeutet ja die Kraft, die die Feder um 1 cm durchbiegt. Steigert man die Drehzahl des Motors, d. h. allgemeiner gesprochen, die Frequenz der erregenden Kraft, so wird der Nenner von D kleiner als vorhin und D selbst größer. Man erkennt aber sofort, daß ein unendlich großer Wert jetzt nicht mehr auftritt, weil der Nenner von D im Fall der Resonanz $n_P = n_e$ zwischen erregender Kraft und freier ungedämpfter Eigenschwingung den positiven Wert $k/\sqrt{mc}$ annimmt, womit die Amplitude der erzwungenen Schwingung (des abgefederten Wagengestells) den endlichen Wert

$$D_{(n_P = n_e)} = \frac{P_0}{c} \frac{\sqrt{mc}}{k} = \frac{P_0}{k}\sqrt{\frac{m}{c}} = \frac{P_0}{k\omega_e} = \frac{30 P_0}{\pi k n_e} \quad . \quad (243)$$

erhält. Die Ursache, weshalb die Amplitude der erzwungenen Schwingung auch im Fall der Resonanz endlich groß bleibt, ist in der Dämpfung gelegen. Sobald der Dämpfungsfaktor $k = 0$ ist, stellt sich das frühere Ergebnis des Abschnittes **298** ein, nämlich $D = \infty$. Übrigens ist die im Resonanzfall $n_P = n_e$ auftretende Amplitude nicht die überhaupt größte. Diese tritt schon bei $n_P < n_e$ auf und zwar zufolge einer einfachen Maximumrechnung bei

$$n_P/n_e = \sqrt{1 - (k^2/2mc)}$$

und beträgt

$$D_{max} = 2m P_0/k \cdot \sqrt{4mc - k^2} = 30 P_0/\pi k n_{e\,ged} \quad . \quad (244)$$

worin nach Gl. (204):

$$n_{e\,ged} = \frac{30}{\pi} \omega_{e\,ged} = \frac{30}{\pi} \frac{\sqrt{4mc - k^2}}{2m} \quad . \quad . \quad . \quad (245)$$

§ 64. Erzwungene Schwingungen. 545

oder mit Benützung des „Dämpfungsgrades" ψ (Gl. 235):

$$n_{e\,ged} = n_e \cdot \sqrt{1-\psi} \qquad \ldots \ldots (246)$$

Da, wie auch die zuletzt geschriebene Gleichung zeigt, die Frequenz der gedämpften Eigenschwingung kleiner ist, als die der widerstandsfreien Eigenschwingung, so ist die überhaupt größte Amplitude im Verhältnis $n_e/n_{e\,ged}$ größer als die im Resonanzfall $n_P = n_e$ auftretende. Die Frequenz der erregenden Kraft, die die stärkste erzwungene Schwingung hervorruft, stimmt weder mit der Frequenz der freien, noch mit der der gedämpften Eigenschwingung überein; sie liegt noch unterhalb $n_{e\,ged}$. Bei mäßig großer Dämpfung fallen alle drei Frequenzen praktisch zusammen. Hervorgehoben sei, daß wenn von Resonanz gesprochen wird, man darunter das Übereinstimmen der Frequenzen der erregenden Kraft und der freien Eigenschwingung meint.

Nach dem Überschreiten der Resonanz, oder genauer, schon nach dem Überschreiten der Frequenz der erregenden Kraft, die D_{max} hervorruft, beruhigt sich die erzwungene Schwingung immer mehr; D wird mit wachsendem n_P immer kleiner. Es ist darauf hinzuweisen, daß zufolge Gl. (242b) die Amplitude D vor und nach Durchlaufen der Resonanz das gleiche Vorzeichen behält. Wird das Resonanzgebiet rasch durchlaufen, also in dem oben angezogenen Beispiel die Drehzahl des Motors rasch über n_e hinweg gesteigert, so bemerkt man von dem kritischen Zustand wenig und die Masse des Wagengestells gerät bei weitem nicht in die starken erzwungenen Schwingungen, die auftreten würden, wenn der Motor dauernd mit der Drehzahl der Resonanz laufen würde. Über den Einfluß der Frequenz der erregenden Kraft auf die Amplitude D der erzwungenen Schwingung gibt Fig. 262 Aufschluß. Dort sind in der Wagrechten die Werte n_P/n_e und in der Senkrechten die zugehörigen Werte D gemäß Gl. (242b) aufgetragen.

Wir wenden uns jetzt der Phasenverschiebung β zwischen der erregenden Kraft und der erzwungenen Schwingung zu. Nach Gl. (241) ist bei sehr kleiner Frequenz der erregenden Kraft ($n = $ rd. 0) $\operatorname{tg}\beta = $ rd. 0, d. h. $\beta = 0$ (oder 180°, was auf das gleiche hinauskommt); erregende Kraft und erzwungene Schwingung sind also bei $n = $ rd. 0 nahezu phasengleich. Mit Zunahme der Frequenz der erregenden Kraft (Motordrehzahl im obigen Beispiel) wird $\operatorname{tg}\beta$ negativ; denn der Zähler von $\operatorname{tg}\beta$ ist stets negativ, während der Nenner, solange $n_P > n_e$, positiv bleibt. Solange die Motordrehzahl zwischen $n_P = 0$ und n_e liegt, eilt die erzwungene Schwingung (Wagengestell) der erregenden Kraft (freie Massenkräfte am Motor) stets um einen $\not\geq \beta$ nach, der aus Gl. (241) berechnet und nach S. 496 in Zeiteinheiten ausgedrückt werden kann. Im Resonanzfall $n_P = n_e$ ist tg$\beta = \infty$, also $\beta = \pi/2$; die erzwungene Schwingung eilt der erregenden Kraft um $\beta = \pi/2$, d. h. um eine Viertelperiode nach. Die Ursache dieser Phasendifferenz liegt wiederum in der Dämpfung; ohne Dämpfung ($k = 0$) wären, wie aus Abschn. **298** bekannt, erzwungene Schwingung und erregende Kraft phasengleich, was auch aus Gl. (241) hervorgeht.

Nach Überschreiten der Resonanz ($n_P > n_e$) wird der Nenner von tgβ negativ; die Nacheilung β wird noch größer als 90°. Im einzelnen hängt die Phasenverschiebung von der Größe der Dämpfung ab, das soll in Fig. 263 dargestellt werden, wo die Abszissen n_P/n_e und die Ordinaten den Wert β der Nacheilung der erzwungenen Schwingung gegenüber der erregenden Kraft bedeuten. Die Linien der β sind für eine kleinere Dämpfung ($k = 10$) und für eine starke Dämpfung ($k = 100$) eingetragen.

Man erkennt folgendes: Je kleiner die Dämpfung, desto kleiner bleibt die Phasenverschiebung bis gegen die Resonanz hin, wo sie

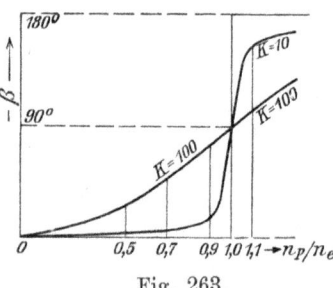

Fig. 263.

eine Viertelperiode beträgt, um nach Durchschreiten der Resonanz plötzlich auf den Wert 180° anzuwachsen. Das Durchschreiten der Resonanz ist also bei einer erzwungenen Schwingung ohne dämpfende Widerstände mit einem „Phasensprung" von 180° verbunden. Das ist in der Berechnung des Abschn. **298** durch den Vorzeichenwechsel der Amplitude der erzwungenen Schwingungen beim Durchschreiten der Resonanz zum Ausdruck gekommen. Physikalisch ausgedrückt heißt das:

Die erregende Kraft schwingt gerade entgegengesetzt, wie die erzwungene Schwingung, wenn beide um eine halbe Periode phasenverschoben sind.

301. Schleudern einer Welle infolge der Exzentrizität eines auf ihr sitzenden Rades. In der Mitte einer dünnen Welle, die zweimal gelagert sein möge, sitze ein Rad, dessen Schwerpunkt um einen kleinen Betrag e von der Wellenachse entfernt sei. Dieser kleine Fehler verursacht das „Schleudern" der Welle, und dieses kann bei hoher Umlaufzahl einen gefährlichen labilen Zustand herbeiführen, in dem die Zentrifugalkraft die elastische Kraft der Welle überwiegt und die letztere zum seitlichen Ausknicken bringt. Auch wird die Welle schon bei niedrigerer Umlaufzahl sich so stark verbiegen und gegen das Lager schief stellen, daß dieses heiß-

§ 64. Erzwungene Schwingungen.

läuft. Um von der Biegung durch das Eigengewicht des Rades absehen zu können, denken wir uns die Welle vertikal stehend. Auch die Masse der Welle wollen wir als klein annehmen gegenüber der Masse des Rades. Diese kann in ihrem Schwerpunkt vereinigt gedacht werden. Infolge der Zentrifugalkraft der Welle, die hier in der gebräuchlichen Weise (vgl. S. 326) als eine aktive Kraft angesehen wird, biegt sich die Welle aus, und zwar am Sitz des Rades um y, so daß der Schwerpunkt des Rades um $y+e$ von der Verbindungsgeraden der Lagermitten absteht. Ist $\omega = \pi n / 30$ die Winkelgeschwindigkeit der Welle, und n deren minutliche Drehzahl, so ist die Zentrifugalkraft des Rades $m(y+e)\omega^2$; die elastische Kraft der durchgebogenen Welle sucht die Masse m zurückzuführen mit der Intensität $P = c \cdot y$, streng genommen nur so lange, als die Durchbiegung der Belastung P proportional ist; sie bildet die Gegenwirkung für die Zentrifugalkraft; es ist also

$$m \cdot (y+e)\omega^2 = c \cdot y,$$

woraus
$$x = y + e = \frac{ce}{c - m\omega^2} = \frac{e}{1 - \frac{m}{c}\omega^2}.$$

Das ist der Abstand der rotierenden Masse von der Drehachse, wenn sich die Welle mit der konstanten Geschwindigkeit ω dreht.

Würde man die Masse m auf der ruhenden Welle in Biegungsschwingungen versetzen, so wären dies wie in **284** harmonische Schwingungen mit der Frequenz

$$\nu_e = \frac{\omega_e}{2\pi} = \frac{1}{2\pi}\sqrt{\frac{c}{m}},$$

die Eigenschwingungszahl in der Minute ist dann

$$n_e = 60\,\nu_e = \frac{30\,\omega_e}{\pi} = \frac{30}{\pi}\sqrt{\frac{c}{m}},$$

ferner ist die Umlaufzahl der Welle

$$n = 30\,\omega/\pi.$$

Ersetzt man in der Gleichung für x die Größen ω und $\sqrt{c/m}$ durch obige Werte, so erhält man

$$x = y + e = \frac{e}{1 - (n/n_e)^2} \quad \ldots \ldots \quad (247)$$

Mit Erhöhung der Umdrehungszahl nimmt demnach der Abstand x des Radschwerpunktes von der Drehachse zu und zwar von $x = e$ im Ruhezustand der Welle $(n = 0)$ bis $x = \infty$, wenn $n = n_e$, d. h. wenn die Umlaufzahl der Welle so groß geworden ist wie die Eigenschwingungszahl der Masse m, sofern diese freie Biegungsschwingungen bei ruhender Welle ausführt. **Die Welle erreicht ihre kritische Umlaufzahl, wenn diese in Resonanz mit der Eigenschwingungszahl der freien Biegungsschwingungen der Masse getreten ist.** „Der Ausschlag oder die Ausbiegung der Welle im Sitz des Rades wird unendlich groß", ist eine Ausdrucksweise dafür, daß die Ausbiegung schon vor Eintritt der kritischen Umlaufzahl unzulässig groß wird. Vgl. auch S. 535. Eine genau zentrierte Masse befände sich bei der kritischen Umlaufzahl in einem labilen Zustande.

Sobald Widerstände auftreten, die die Ausbiegung dämpfen, wird der Ausschlag für $n = n_e$ selbst rechnungsmäßig nicht mehr unendlich (vgl. **300**). Gelingt es, die Drehzahl der Welle über die kritische zu steigern, etwa indem man die Ausbiegung durch einen Anschlag begrenzt, so nimmt x wieder ab; je höher die Umlaufzahl von jetzt ab steigt, desto weniger schleudert die Welle; schließlich würde der Ausschlag sogar $x = 0$ für $n = \infty$; d. h. die **exzentrische Masse erhält bei sehr hoher Umlaufzahl die Tendenz, ihren Schwerpunkt in die Drehachse einzustellen, sich selbst zu zentrieren.** Der Vorzeichenwechsel beim Überschreiten der kritischen Umlaufzahl ist schon in **300** besprochen, wie denn überhaupt die Erscheinung mit der typischen Resonanzerscheinung Abschn. **298** und Fig. 262 übereinstimmt.

Ist α der Dehnungskoeffizient des Materials (reziproker Elastizitätsmodul), Θ das Trägheitsmoment des unveränderlich angenommenen Wellenquerschnittes, l die Entfernung der Lagermitten, so ist nach der Festigkeitslehre:

für die zweimal frei aufgestützte Welle $c = 48\,\Theta/\alpha l^3$,

„ „ „ eingespannte „ $c = 192\,\Theta/\alpha l^3$.

Die kritische Umlaufzahl wurde an einer stehenden Welle aus Silberstahl mit 3 mm Durchmesser und 40 cm Stützweite, in deren Mitte eine 1 kg schwere Scheibe aufgekeilt war, zu $n_k = 290$ in der Minute beobachtet (vgl. Klein-Sommerfeld, Kreisel, Bd. IV, S. 891). Sie berechnet sich zu 230 bei freier Beweglichkeit der Welle im Lager und zu 460 bei vollkommener Einspannung. Der beobachtete Wert ist also höher als der berechnete, was auf eine einspannende Wirkung der Lager auf die Welle hindeutet. Das nicht berücksichtigte Eigengewicht würde im entgegengesetzten Sinne wirken; es würde den beobachteten Wert der kritischen Umlaufzahl gegenüber dem Rechnungswert heruntersetzen. Man ist also berechtigt, vom Eigengewicht im vorliegenden Fall abzusehen.

302. Ausgleich rotierender Massen. Soll die Masse eines rotierenden Körpers vollständig ausgeglichen, «ausbalanziert» sein,

§ 64. Erzwungene Schwingungen. 549

derart, daß die Zentrifugalkräfte keine störenden Wirkungen nach außenhin ausüben, so dürfen nach Abschn. **264** die Zentrifugalkräfte nicht nur keine Resultante, sondern auch kein Moment besitzen. Die störenden Folgen einer resultierenden Zentrifugalkraft sind im vorigen Abschnitt betrachtet worden. Aber auch bei fehlender Resultante kann ein nicht ausgeglichenes Moment der Zentrifugalkräfte unerwünschte Folgen nach sich ziehen, die in Lagerdrücken von stets wechselnder Richtung und in Schwingungen bestehen können. Der Einfachheit halber kann man sich vorstellen, das nicht ausgeglichene Moment M_c gehe von zwei gleich großen in gleichem Abstand von der Wellenachse befindlichen Massen aus, die in einer Axialebene liegen. Die Welle[1]) sei in 2 Punkten drehbar gelagert; der eine bestehe aus einem im Raume festen Kugelgelenk, der andere sei in einer wagrechten Führung verschieblich, werde jedoch durch zwei Federn stets in die Mittellage zurückgeführt, wenn er sich aus dieser herausbewegt haben sollte. Ge-

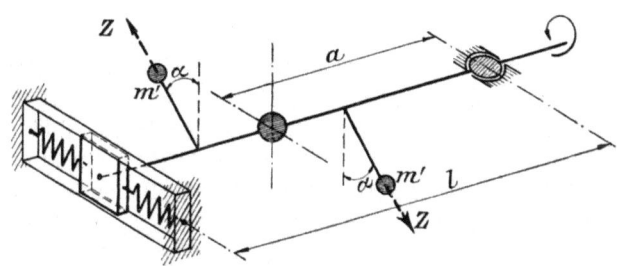

Fig. 264.

eignete Kräfte werden dann die Drehachse in der Horizontalebene in Schwingung versetzen können. Beträgt die Auslenkung des Lagers x_1, so ist die zurückführende Kraft $c_1 \cdot x_1$ und wenn sie auf den Schwerpunkt der rotierenden Masse reduziert wird, der gleichzeitig den Weg x macht, $P = c \cdot x = c_1 \cdot (l/a) \cdot x$. Die Gesamtmasse des rotierenden Körpers m kann dann in der Horizontalebene freie Eigenschwingungen ausführen, deren minutliche Schwingungszahl $n_e = (30/\pi) \cdot \sqrt{c/m}$ ist, wenn von dämpfenden Widerständen abgesehen wird. Es tritt aber ein erregendes Moment M_c seitens der Zentrifugalkräfte auf, das erzwungene Schwingungen hervorruft. Das unausgeglichene Moment M_c der Zentrifugalkraft liefert nach der Schwingungsebene die Komponente $M_c \cdot \sin \alpha$, wo α der Winkel

---

[1]) E. Meyer hat ein Modell zur Demonstration des Massenausgleiches, dessen Schema Fig. 264 zeigt, angegeben. Dieses und andere Mechanikmodelle können von der Firma Max Kohl-Chemnitz bezogen werden.

zwischen der Ebene des Kräftepaares M_c und der Vertikalebene ist, der bei gleichförmig vorausgesetzter Rotation den Wert $a = \omega t$ hat. Die Differentialgleichung der erzwungenen Schwingung des Punktes m lautet dann

$$m \ddot{x} a + cxa = M_c \cdot \sin \omega t$$

oder mit der Kürzung $P_0 = M_c/am$ und $\omega_e^2 = c/m$:

$$\ddot{x} + \omega_e^2 x = P_0 \cdot \sin \omega t.$$

Diese Gleichung einer ungedämpften erzwungenen Schwingung ist schon in Abschn. 298 eingehend behandelt worden. Ein Integral derselben ist:

$$x = D \cdot \sin \omega t \quad \ldots \ldots \quad (248)$$

wo

$$D = \frac{P_0}{1 - (\omega/\omega_e)^2} = \frac{M_c/am}{1 - (n_e/n)^2} \quad \ldots \quad (249)$$

Wir haben wieder den Typus einer Resonanzerscheinung vor uns, der im Abschn. 298 ausführlich geschildert ist, und zwar tritt Resonanz ein, wenn

$$n = n_e = (30/\pi)\sqrt{c/m}.$$

Man kann nun zur experimentellen Ermittlung des unausgeglichenen Momentes M_c der Zentrifugalkräfte die zu untersuchende Schwungmasse auf eine nach Fig. 264 gelagerte Achse stecken und mit einer gewissen Drehzahl n umlaufen lassen. Nunmehr wird der größte Ausschlag des Wellenendes beobachtet und auf den Schwerpunkt umgerechnet, womit D erhalten ist. Die Eigenschwingungszahl n_e kann entweder durch einen Vorversuch ermittelt oder nach Abschn. 284 ausgerechnet werden, da ja die Federkonstante c durch die Federabmessungen und die Abmessungen l und a Fig. 264 bestimmt sind. Nunmehr kann M_c berechnet und zwei Massen m so im Abstand ϱ von der Achse und im Abstand e voneinander angebracht werden, daß $M_c = m \cdot \varrho \omega^2 \cdot e$ ist. Die Axialebene, in der die Massen anzubringen sind, ist durch die Stellung des Schwungkörpers bestimmt, für die der größte Ausschlag D beobachtet wurde, da M_c und x phasengleich sind. Damit ist die Masse des rotierenden Körpers vollständig ausgeglichen, und die Zentrifugalkräfte liefern weder eine freie Kraft noch ein freies Moment.

Diese kurzen Hinweise sollen zeigen, welche Wirkung von einer nicht ausgeglichenen Schwungmasse ausgehen können, und welchen Weg man einzuschlagen hat, um die umlaufenden Massen auch hinsichtlich der von Zentrifugalkräften herrührenden Momente auszubalancieren. (Vgl. Tolle, Z. Ver. deutsch. Ing. 1906, S. 459.)

Man kann die Welle, auf der das auszubalancierende Rad sitzt, in 2 Lagern auch bifilar aufhängen und von einem Elektro-

§ 64. Erzwungene Schwingungen.

motor in Drehung versetzen lassen. Das freie Moment M_c der Zentrifugalkräfte wird dann die bifilare Aufhängung zum Schwingen bringen; die Welle schwingt merklich nur in der Horizontalebene; Vertikalschwingungen entstehen schwer, weil das Schweremoment des Rades entgegenwirkt. Das Trägheitsmoment Θ der Radmasse um die Vertikale kann durch einen Vorversuch nach 294 bestimmt werden. Das rückdrehende Moment der bifilaren Aufhängung sei für den Verdrehungswinkel $\varphi = 1$ mit M_f bezeichnet[1]). Außerdem wirke ein der Winkelgeschwindigkeit $\dot{\varphi}$ proportional zu setzender Dämpfungswiderstand, der die Größe M_r hat, wenn $\dot{\varphi} = 1$ ist. Dann lautet, wie nach dem Vorgang in 300 leicht nachzuprüfen ist, die Gleichgewichtsbedingung der bifilaren Aufhängung:

$$\Theta \cdot \ddot{\varphi} + M_r \cdot \dot{\varphi} + M_f \cdot \varphi = M_c \sin \omega t,$$

wo $\omega = \pi n/30$ die Winkelgeschwindigkeit des zu untersuchenden Rades ist. Ein Integral der Gleichung ist

$$\varphi = D \cdot \sin(\omega t + \beta) \quad \ldots \ldots \quad (250)$$

wo ebenso wie in Gl. (242b) und (241)

$$D = \frac{M_c/M_f}{\sqrt{[1 - (n/n_e)^2]^2 + (M_r^2/\Theta \cdot M_f)(n/n_e)^2}} \quad \ldots \quad (251)$$

$$\operatorname{tg} \beta = -\frac{M_r \omega / M_f}{1 - (n/n_e)^2} \quad \ldots \ldots \quad (252)$$

Der Versuch ist dem obigen ähnlich anzustellen. Nur ist die Radebene, in der das Zentrifugalkräftepaar M_c tätig ist, und die andere Radebene, in der der größte Winkelausschlag $\varphi_{max} = D$ auftritt, um β gegeneinander phasenverschoben. Einen Punkt der letzteren Ebene erhält man auf dem Radumfang dadurch, daß man dem umlaufenden Rad in der Ebene der Schwingung ein Kreidestück nähert, das jenen Punkt beim Anstreifen anzeichnet. Wiederholt man dies bei entgegengesetzter Umlaufrichtung, so schließen beide Ebenen den $\sphericalangle 2\beta$ ein. Durch Halbieren erhält man schließlich die Ebene des Zentrifugalkräftepaares.

303. Gekoppelte Schwingungen. Auf einer Maschinenwelle mögen Schwungmassen sitzen, z. B. ein Schwungrad, elektrische Generatoren, mit den Kurbeln verbundene Massen, Gegengewichte, Schubstangenköpfe. Das ganze Massensystem befinde sich anfänglich in Ruhe oder in gleichförmiger Umlaufbewegung. Die elastische Welle ist eine Art Torsionsfeder, die durch ein Drehmoment gespannt werden kann; wird dieses Drehmoment plötzlich entfernt

---

[1]) M_r [kg cm sek] ist das dämpfende Moment für die Einheit der Winkelgeschwindigkeit.

oder erteilt man dem anfänglich spannungslosen System einen Drehimpuls, und überläßt es hierauf sich selbst, so geraten die Schwungmassen in Torsionsschwingungen, die bei fehlender äußerer und innerer Reibung, sowie bei fehlendem Luftwiderstand **frei und ungedämpft** verlaufen. Man bezeichnet sie als die gekoppelten Eigenschwingungen des Systems, da die pendelnden Massen durch elastische Zwischenglieder „gekoppelt" sind. Die Kenntnis derselben ist von technischer Wichtigkeit. Sind die Schwungmassen groß im Vergleich zu der Masse der sie verbindenden elastischen Wellenstücke, so darf man die vereinfachende Annahme machen, die Schwungmassen seien durch **masselose elastische Zwischenstücke** — Torionsfedern — verbunden. Je mehr diese Annahme zutrifft, um so besser wird die darauf beruhende Rechnung, den tatsächlichen Bewegungszustand wiedergeben. Der Gang der Berechnung und die Art der Schwingungserscheinungen sind gleich, wenn eine Anzahl geradlinig angeordneter Massen durch elastische Zwischenstücke — Zug- und Druckfedern —, die als masselos angesehen werden dürfen, etwa durch einen Verschiebungsimpuls in eine geradlinige widerstandsfreie Schwingung versetzt werden, wobei sich wiederum die schwingenden Massen durch die Spannkräfte der elastischen Zwischenglieder, das sind Direktions- oder Zentralkräfte, gegenseitig beeinflussen. Gekoppelte Schwingungen kommen auch in der Elektrotechnik vor. Alle diese Schwingungen werden nach der gleichen Methode untersucht; wir brauchen also die Schwingungsgleichungen nur für eine Art dieser Schwingungen abzuleiten und zu erörtern. Rechnungsgang und Ergebnisse sind ohne weiteres auf die andern Schwingungsarten übertragbar.

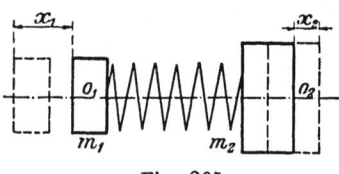

Fig. 265.

Es sollen zwei Wege eingeschlagen werden, ein spezieller, auf einer unmittelbaren Anschauung eines Einzelfalles beruhender, und ein allgemeiner, der das korrekte Vorgehen darstellt.

1. **Zwei Massen mit einem masselosen elastischen Zwischenglied.** Nach Empfang eines Impulses führen die sich selbst überlassenen Massen freie oder Eigen-Schwingungen aus. Wir betrachten die geradlinige Schwingung zweier durch eine Schraubenfeder verbundener Massen, indem wir uns bewußt sind, daß bei Torsionsschwingungen analog verfahren werden kann.

Die zwei Massen und die Feder bilden ein materielles System, auf das keine äußeren Kräfte einwirken; die Federspannungen sind innere Systemkräfte; unter diesen Umständen muß der System-

§ 64. Erzwungene Schwingungen.

schwerpunkt in Ruhe bleiben. Beide Massen führen phasengleiche harmonische Gegenschwingungen von gleicher Frequenz um die spannungslose Lage aus. Wegen der Unveränderlichkeit des Systemschwerpunktes müssen die beiden nach entgegengesetzten Seiten erfolgenden Ausschläge x_1 und x_2 sich wie $m_2 : m_1$ verhalten; es ist also, wenn x_1 und x_2 bei der Auswärtsbewegung positiv genommen werden:

$$x_1 = Cm_2 \cdot \sin \omega t; \qquad x_2 = Cm_1 \cdot \sin \omega t,$$

wo C und ω durch folgende Überlegung gefunden werden: Beide Massen erreichen gleichzeitig die äußeren Totlagen nach $t' = \pi/2\omega$, (wobei $\sin \omega t' = 1$); ferner erlangen x_1 und x_2 gleichzeitig ihren Größtwert und es stellt $(x_{1\,max} + x_{2\,max})$ die größte Verlängerung w des elastischen Zwischengliedes dar, es ist also:

$$x_{1\,max} + x_{2\,max} = w = C \cdot (m_1 + m_2),$$

wodurch C bestimmt ist.

Ist ferner c die elastische Kraft, die die Feder um 1 verlängert, so ist zur Zeit t, wo die Verlängerung $x_1 + x_2$ beträgt, die elastische Kraft $(x_1 + x_2) \cdot c$, und zwar ist sie gegen die Mittellage von m_1 bzw. m_2 gerichtet. Ebenso groß ist auch die beschleunigende Kraft $m_1 \cdot \ddot{x}_1$ und $m_2 \cdot \ddot{x}_2$, die an der Masse m_1 bzw. m_2 in gleicher Größe, aber entgegengesetztem Sinne wirkt; nach dem d'Alembertschen Prinzip hat man

$$m_1 \ddot{x}_1 + c(x_1 + x_2) = 0 \quad \text{und} \quad m_2 \ddot{x}_2 + c(x_1 + x_2) = 0.$$

Einsetzen der Werte von x_1 und x_2 in eine dieser Gleichungen gibt:

$$-m_1 C m_2 \omega^2 \sin \omega t + cC(m_1 + m_2) \sin \omega t = 0$$

woraus
$$\omega^2 = \frac{m_1 + m_2}{m_1 m_2} \cdot c \quad \ldots \ldots \ldots (253)$$

womit auch ω bekannt ist; die Schwingungsgleichungen für m_1 und m_2 lauten daher

$$x_1 = \frac{m_2 w}{m_1 + m_2} \sin \omega t; \qquad x_2 = \frac{m_1 w}{m_1 + m_2} \sin \omega t \quad . \quad . \quad (254)$$

Unter Beachtung von 287 lassen sich auch die Gleichungen für die Torsionseigenschwingung zweier auf einer elastischen Welle sitzender Drehkörper sofort hinschreiben[1]).

---

[1]) Bei Torsionsschwingungen ist c das Drehmoment für den Winkelausschlag 1; an Stelle der Spannkraft tritt ein Drehmoment, an Stelle der Verlängerung x der Verdrehungswinkel φ, an Stelle der Masse m das Trägheitsmoment Θ der Schwungmasse. Vergleiche in dieser Hinsicht die Figuren 266a und 266b.

Bei homogener Feder hätte man sagen können, der Systemschwerpunkt teile die Feder im Verhältnis $m_1 : m_2$, und dieser Punkt, sofern er als der Feder angehörig angesehen wird, bleibe in Ruhe, worauf man die Schwingungsgleichung für jeden Teil unmittelbar hinschreiben kann, genau wie bei einer einfachen harmonischen Schwingung der an einem Teil der Feder befestigten Masse.

Die relative Bewegung von m_1 gegenüber m_2, m. a. W. die Deformation des elastischen Zwischengliedes beträgt:

$$x = x_1 + x_2 = w \cdot \sin \omega t \quad \ldots \ldots \quad (255)$$

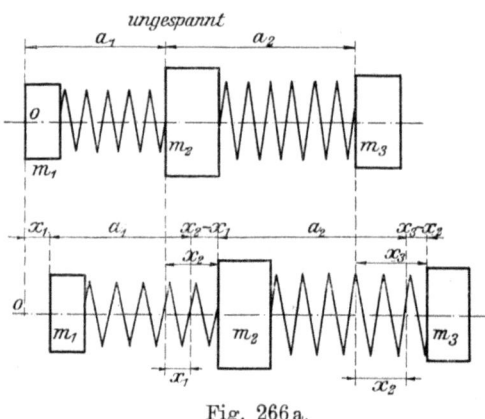

Fig. 266a.

Dieser Gleichungsform werden wir auch im nächsten Abschnitt wieder begegnen.

2. **Drei Massen mit zwei masselosen elastischen Zwischengliedern.** In Fig. 266a sind die drei Massen $m_1 m_2 m_3$ gezeichnet in der Lage, in der die elastischen Zwischenglieder spannungslos sind und ferner in der Lage, in der das erste um $x_2 - x_1$ und die zweite um $x_3 - x_2$ gespannt ist. Die Abstände $x_1 x_2 x_3$ sind von der spannungslosen Lage aus gemessen. Es bedeutet ferner c_1 und c_2 die Spannkraft im 1. bzw. 2. elastischen Zwischenglied, die auftritt, wenn die Verlängerung 1 beträgt. Die

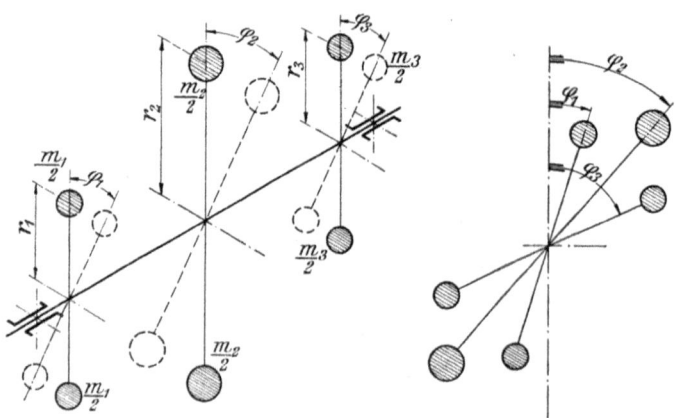

Fig. 266b.

§ 64. Erzwungene Schwingungen.

Spannkraft zwischen m_1 und m_2 beträgt demnach $c_1 \cdot (x_2 - x_1)$ und zwischen m_2 und m_3 beträgt sie $c_2 \cdot (x_3 - x_2)$, und zwar ist das $\pm$-Zeichen beizusetzen, wenn die Kraft im Sinn der zunehmenden bzw. abnehmenden x wirkt.

Die Schwingungsgleichung des Systems wird erhalten, wenn man das Gleichgewicht der drei Massen nacheinander betrachtet; nach dem d'Alembertschen Prinzip bilden die Kräfte an einer Masse ein Gleichgewichtssystem, wenn man zu den Kräften und Widerständen noch den Trägheitswiderstand $-m \cdot \ddot{x}$ hinzufügt. Demzufolge erhält man die drei Gleichungen:

$$\left.\begin{array}{l} m_1 \ddot{x}_1 + c_1 \cdot (x_2 - x_1) = 0 \ . \ . \ (a) \\ m_2 \ddot{x}_2 - c_1 (x_2 - x_1) + c_2 (x_3 - x_2) = 0 \ . \ . \ (b) \\ m_3 \ddot{x}_3 - c_2 (x_3 - x_2) = 0 \ . \ . \ (c) \end{array}\right\} \quad (256)$$

Man drückt x_2 und x_1 zunächst durch x_3 allein aus, ebenso die relativen Wege von m_3 gegen m_2 bzw. m_2 gegen m_1, m. a. W. die Verlängerungen der elastischen Zwischenglieder, nämlich $x_3 - x_2$ und $x_2 - x_1$; das geschieht wie folgt: Aus der Gl. (c) folgt:

$$x_3 - x_2 = -\frac{m_3}{c_2} \ddot{x}_3 \ \ldots \ldots \ldots \ (e)$$

$$x_2 = x_3 + \frac{m_3}{c_2} \ddot{x}_3 \ \ldots \ldots \ldots \ (f)$$

Einsetzen in die Gleichung (b) gibt:

$$x_2 - x_1 = -\frac{m_2 + m_3}{c_1} \ddot{x}_3 - \frac{m_2 m_3}{c_1 c_2} \ddddot{x}_3 \ \ldots \ldots \ (g)$$

$$x_1 = x_3 + \left(\frac{m_2 + m_3}{c_1} + \frac{m_3}{c_2}\right) \ddot{x}_3 + \frac{m_2 m_3}{c_1 c_2} \ddddot{x}_3 \ \ldots \ (h)$$

Einsetzen dieser Werte in Gleichung (a) gibt[1]):

$$-m_1 x_3^{(2)} - m_1 \left(\frac{m_2 + m_3}{c_1} + \frac{m_3}{c_2}\right) x_3^{(4)} - \frac{m_1 m_2 m_3}{c_1 c_2} x_3^{(6)}$$
$$- (m_2 + m_3) x_3^{(2)} - \frac{m_2 m_3}{c_2} x_3^{(4)} = 0$$

oder

$$\frac{m_1 m_2 m_3}{c_1 c_2} x_3^{(6)} + \left[\frac{m_1 (m_2 + m_3)}{c_1} + \frac{(m_1 + m_2) m_3}{c_2}\right] x_3^{(4)}$$
$$+ (m_1 + m_2 + m_3) x_3^{(2)} = 0 \ \ldots \ldots \ (257)$$

Ein partikuläres Integral dieser „linearen Differentialgleichung 6. Ordnung mit konstanten Koeffizienten" ist $x_3 = A \cdot e^{\varrho t}$, unter der Bedingung, daß ϱ die „charakteristische Gleichung"

$$a_6 \varrho^6 + a_4 \varrho^4 + a_2 \varrho^2 = 0$$

---

[1]) Die eingeklammerten Potenzen bedeuten die Ordnung der Ableitung.

556   Lehre von den Schwingungen.

als deren Wurzel befriedigt, wobei a_6, a_4, a_2 zur Abkürzung für die positiven und reellen Koeffizienten von $x^{(0)}$, $x^{(4)}$, $x^{(2)}$ gesetzt sind. Von den 6 Wurzeln dieser Gleichung sind 2 gleich Null; aus:
$$a_6 \varrho^4 + a_4 \varrho^2 + a_2 = 0$$
folgt dann:
$$\varrho^2 = \frac{-a_4 \pm \sqrt{a_4^2 - 4 a_6 a_2}}{2 a_6} = \begin{cases} -\omega_1^2 \\ -\omega_2^2 \end{cases},$$
d. h. zwei negative reelle Wurzeln ϱ^2, woraus:
$$\varrho_1 = +i\omega_1; \quad \varrho_2 = -i\omega_1; \quad \varrho_3 = +i\omega_2; \quad \varrho_4 = -i\omega_2.$$
Die Richtigkeit hiervon bestätigt man durch Ausmultiplizieren der Gleichung
$$(\varrho - i\omega_1)(\varrho + i\omega_1)(\varrho - i\omega_2)(\varrho + i\omega_2)\varrho^2 = 0,$$
die mit der charakteristischen Gleichung insofern übereinstimmt, als sie lauter positive reelle Koeffizienten hat. Das allgemeine Integral lautet demnach:
$$x_3 = A' \cdot e^{\varrho_1 t} + A'' \cdot e^{\varrho_2 t} + A''' \cdot e^{\varrho_3 t} + A'''' \cdot e^{\varrho_4 t} + Bt + C \quad . \quad . \; (258)$$
was nach Einführen von $\varrho_1 \varrho_2 \varrho_3 \varrho_4$ auf die Form gebracht werden kann (vgl. auch **296**):
$$x_3 = A_1 \cdot \sin(\omega_1 t + \beta_1) + A_2 \cdot \sin(\omega_2 t + \beta_2) + Bt + C \quad . \quad . \; (258)$$
Da x_3 mit t weder unbegrenzt zu- noch abnehmen kann, wenn der Systemschwerpunkt in Ruhe bleibt, so muß $B = 0$ sein; es verbleibt:
$$x_3 = A_1 \cdot \sin(\omega_1 t + \beta_1) + A_2 \cdot \sin(\omega_2 t + \beta_2) + C$$
Einsetzen in (f) und (h) gibt:
$$x_2 = \left(1 - \frac{m_3}{c_2}\omega_1^2\right) A_1 \cdot \sin(\omega_1 t + \beta_1) + \left(1 - \frac{m_3}{c_2}\omega_2^2\right) A_2 \sin(\omega_2 t + \beta_2) + C$$
$$x_1 = \left[1 - \left(\frac{m_1 + m_3}{c_1} + \frac{m_3}{c_2}\right)\omega_1^2 + \frac{m_2 m_3}{c_1 c_2}\omega_1^4\right] A_1 \sin(\omega_1 t + \beta_1)$$
$$+ \left[1 - \left(\frac{m_1 + m_3}{c_1} + \frac{m_3}{c_2}\right)\omega_2^2 + \frac{m_2 m_3}{c_1 c_2}\omega_2^4\right] A_2 \sin(\omega_2 t + \beta_2) + C$$
und ferner erhält man für die relativen Wege von m_3 gegen m_2 bzw. von m_2 gegen m_1:
$$x_3 - x_2 = \frac{m_3}{c_2}[A_1 \omega_1^2 \cdot \sin(\omega_1 t + \beta_1) + A_2 \omega_2^2 \cdot \sin(\omega_2 t + \beta_2)]$$
$$x_2 - x_1 = \left(\frac{m_2 + m_3}{c_1} - \frac{m_1 m_3}{c_1 c_2}\omega_1^2\right)\omega_1^2 A_1 \cdot \sin(\omega_1 t + \beta_1)$$
$$+ \left(\frac{m_2 + m_3}{c_1} - \frac{m_1 m_3}{c_1 c_2}\omega_2^2\right)\omega_2^2 A_2 \cdot \sin(\omega_2 t + \beta_2).$$

Diese Gleichungen drücken die gekoppelte Eigenschwingung des Systems aus. Die relative Bewegung von m_2 gegenüber m_1

§ 64. Erzwungene Schwingungen.

kommt dadurch zustande, daß sich 2 einfache harmonische Schwingungen von den Kreisfrequenzen ω_1 und ω_2 zu einer **Schwebung** (vgl. S. 502) überlagern. Gleiches gilt von der relativen Bewegung der Masse m_3 und m_2. In beiden Fällen sind nur die Amplituden verschieden; die auftretende Schwingung ist im allgemeinen verwickelt und keineswegs immer periodisch. Vielfach braucht man den Verlauf in seinen Einzelheiten gar nicht zu kennen; es genügt, die Frequenzen der beiden Eigenschwingungskomponenten $\nu_1 = \omega_1/2\pi$ und $\nu_2 = \omega_2/2\pi$ zu ermitteln, damit geprüft werden kann, ob die Gefahr der Resonanz zwischen einer Eigenschwingung und rhythmischen Impulsen besteht, die auf das System treffen.

Wegen der weiteren rechnerischen Behandlung und auch wegen des Falles von mehr als 3 Massen sind einige Fingerzeige betreffs der Integrationskonstanten nötig. Bei 3 Massen enthalten die Schwingungsgleichungen 6 Integrationskonstanten $A_1 A_2 \beta_1 \beta_2 BC$, weil eine Differentialgleichung von der 6. Ordnung zu integrieren war. Von diesen konnte $B = 0$ gesetzt werden. Die übrigen sind durch die Anfangsbedingungen bestimmt, also etwa dadurch, daß zur Zeit $t = 0$ die Verlängerung der elastischen Zwischenglieder $(x_2 - x_1) = w_1$ und $(x_3 - x_2) = w_2$ beträgt und die Geschwindigkeit aller 3 Massen Null ist $(\dot{x}_1 = \dot{x}_2 = \dot{x}_3 = 0)$. Der Studierende mag die algebraische Rechnung selbst ausführen. Er wird finden, daß $\beta_1 = \beta_2 = \pi/2$ ist und daß die Konstante C den Abstand der Masse m_1 vom Koordinatenanfang zur Zeit $t = 0$ bedeutet; da dieser willkürlich wählbar ist, darf auch ohne weiteres $C = 0$ gesetzt werden.

Die gekoppelten Eigenschwingungen von 3 Massen sind daher ausgedrückt durch die Gleichungen

$$\left.\begin{aligned} x_1 &= A_1 \cdot \sin(\omega_1 t + \beta_1) + A_2 \cdot \sin(\omega_2 t + \beta_2) \\ x_2 &= B_1 \cdot \sin(\omega_1 t + \beta_1) + B_2 \cdot \sin(\omega_2 t + \beta_2) \\ x_3 &= C_1 \cdot \sin(\omega_1 t + \beta_1) + C_2 \cdot \sin(\omega_2 t + \beta_2), \end{aligned}\right\} \quad (258)$$

wobei jedoch die Konstanten B und C in bestimmter Weise (s. oben) von den Konstanten A_1 und A_2 abhängen. Die gekoppelte Schwingung der Massen besteht aus zwei übereinander gelagerten Eigenschwingungen, deren Kreisfrequenzen ω_1 und ω_2 aus der „charakteristischen Gleichung" zu berechnen sind. Damit ist auch der Weg zur Lösung gewiesen, wenn **beliebig viele Massen** durch masselose elastische Zwischenglieder verbunden sind und freie ungedämpfte gekoppelte Eigenschwingungen ausführen. (Vgl. hierzu H. Holzer, im „Schiffbau" 1907, S. 823.)[1]

---

[1] Erzwungene Schwingungen eines gekoppelten Systemes und Resonanzfälle behandelt Malmström in Z. f. Math. u. Phys. 1912, S. 136; instruktiver Modellversuch von Prof. Dr. E. Meyer, Charlottenburg.

18. Kapitel.
Dynamik des Kurbelgetriebes als Beispiel aus der Systemdynamik in einfacher Behandlung.

304. Aufgabestellung. Eine Kolbenmaschine mit dem üblichen einfachen Kurbelmechanismus habe an der Kurbelwelle einen gleichbleibenden Arbeitswiderstand in Form eines konstanten Drehmomentes zu überwinden. Die Maschinenwelle dreht sich trotzdem nicht gleichförmig, weil einesteils die treibende Kraft des Dampfes, Gases oder Wassers im Zylinder veränderlich ist und selbst bei unveränderlicher Größe wegen des fortgesetzt sich ändernden Übersetzungsverhältnisses Drehkräfte von schwankender Größe auf die Kurbel absetzt, und weil andernteils die Wirkung der hin- und hergehenden Massen im Verlauf einer Wellenumdrehung sich fortwährend ändert, kurz: weil das Kraftfeld der Maschine und die Massengruppierung zeitlichen Schwankungen unterliegen. So lange die Triebkraft und der Trägheitswiderstand der hin- und hergehenden Massen den Arbeitswiderstand überwiegen, wird die Umlaufgeschwindigkeit beschleunigt, im entgegengesetzten Fall verzögert. Die hierdurch bedingte **Ungleichförmigkeit des Ganges** muß durch Anordnen genügend großer Schwungmassen auf ein zulässiges Maß gebracht werden, das sich in den einzelnen Fällen nach den jeweiligen Anforderungen richtet; die Gleichförmigkeit des Ganges, kurz der „Gleichgang", muß z. B. groß sein, wenn die Maschine elektrisches Licht erzeugt oder eine Spinnmaschine antreibt, während bei Pumpenantrieb keine große Gleichförmigkeit erfordert wird. Eine der Hauptaufgaben des Kapitels ist also die Ermittlung der Gleichförmigkeit des Ganges einer Maschine von gegebener mittlerer Drehzahl, mit gegebenen Trieb- und Widerstandskräften und gegebenen Massen; oder umgekehrt die Ermittlung der Schwungmassen, die zur Erzielung eines vorgeschriebenen Gleichförmigkeitsgrades nötig sind.

Andererseits verursachen die hin- und hergehenden Massen Drücke in den Lagern, Führungen und Fundamenten, deren Kenntnis wegen des Warmlaufens der Lager und Führungen, wegen der Festigkeit der Maschine und wegen der entstehenden Erzitterungen nötig wird, welch letztere der Umgebung lästig werden können, auch gelegentlich Verbindungsschrauben und -Nieten lockern. Hier treten zwei neue Aufgaben auf, eine **kinetostatische**, die Ermittlung der Lager- und Führungsdrücke sowie der inneren Spannungen der Maschinenteile seitens der dynamischen Kräfte, und eine **dynamische**, die Verfolgung der sog. „freien Kräfte und Momente" in ihrem Einfluß auf den Bewegungszustand. So bezeichnen wir diejenigen Massenkräfte, die den ganzen Körper, an dem sie angreifen, in Bewegung zu setzen suchen. Das wird am besten an einem unserm Muskelsinn leicht zugänglichen Beispiel verständlich. Wir stellen uns vor, wir fassen mit jeder Hand eine Hantel und bewegen sie beide gleichzeitig rasch auf und ab. Von der Gewichtswirkung wollen wir absehen und nur auf die Massenkräfte achten, die bekanntlich selbst bei leichten Hanteln das Gewicht weit übertreffen, wenn man sie rasch genug hin- und herbewegt. In der oberen und unteren Endlage ist die Geschwindigkeit Null, dazwischen an einer Stelle am größten. Man bemerkt bald, daß unsere Muskelkraft bei der geschilderten Turnbewegung stets gegen die Stelle der größten Geschwindigkeit gerichtet ist und eine Zentralkraft genannt werden kann. Die Reaktion gegen diese bald nach oben, bald nach unten gerichtete (aktiv beschleunigende) Muskelkraft muß in gleicher Größe und entgegengesetztem Sinn unser Körper aufnehmen, der so abwechselnd auf und abwärts gerichtete Beschleunigungen empfängt, denen er zu folgen sucht. An die Stelle dieser Reaktion pflegt man nun den ebenso großen und gleichsinnig wirkenden Trägheitswiderstand zu setzen und als eine aktiv wirkende Kraft zu fingieren, eine Scheinkraft, die von d'Alembert eingeführt ist. Man sagt: der Trägheitswiderstand oder der Massendruck der Hanteln rüttle den Körper auf und ab. Er wirkt auf unsern Körper wie eine von außen auf ihn ausgeübte aktive Beschleunigungskraft und wird als freie Kraft bezeichnet. Eine solche freie Kraft tritt an jedem einzelnen Kurbelgetriebe auf. Wenn die Wirkungen auf das Fundament, die hervorgebrachten Erzitterungen und Schwingungen zu groß werden, sucht man die freien Kräfte dadurch unschädlich zu machen, daß man ihnen solche von entgegengesetztem Sinn und womöglich gleicher Größe entgegenstellt; man strebt einen teilweisen oder vollständigen „Massenausgleich" an. Bewegen wir die beiden Hanteln in Richtung der seitlich ausgestreckten Arme gegenläufig hin und her, so bleibt unser Körper in Ruhe, da sich die freien Kräfte innerhalb des Körpers gegenseitig aufheben und die algebraische Summe Null haben. Etwas Derartiges ist in der Öchelhäuser-Zweitaktmaschine angenähert verwirklicht.

Auch ein freies Moment können wir durch Hantelbewegung nachahmen; wir bewegen die beiden Hanteln vertikal und gegenläufig (Zweizylindermotor mit um 90^0 versetzten Kurbeln) und fühlen, daß der Körperschwerpunkt zwar in Ruhe bleibt, daß sich unser Körper jedoch in einer durch die seitlich ausgestreckten Arme gehenden Vertikalebene hin- und herdreht. Auch die freien

Momente sucht man an den Maschinen auszugleichen, z. B. dadurch, daß man die ebenerwähnte Kurbelwelle eines Zweizylindermotors in ihre verlängerte Richtung um ein Außenlager umklappt, womit die 4-Zylinderkurbelwelle mit ausgeglichenen freien Momenten entsteht. **In dem Verschwinden der freien Kräfte und Momente ist das Wesen des Massenausgleiches gelegen;** mit diesem haben wir uns später zu beschäftigen. Dabei soll auch die Rede sein vom Einfluß der endlichen Schubstangenlänge und von den freien Momenten der Führungs- und Lagerdrücke, welch letztere allerdings erst in zweiter Linie stehen. Im ganzen sieht man, daß wenn man die Maschine als bewegliches System starrer Körper auffaßt, der Maschinenschwerpunkt durch die freien Kräfte hin- und herverschoben und die ganze Maschine durch die freien Momente in eine Drehschwingung versetzt werden kann. Die freien Kräfte und Momente sowie die von ihnen hervorgerufene Bewegung kann man sich in Komponenten nach drei rechtwinkligen Koordinatenachsen zerlegt denken.

Daß die freien Kräfte und Momente, wie übrigens auch die gebundenen, und dann innerhalb der Maschine sich aufhebenden, elastische Schwingungen veranlassen können, sei erwähnt; wir beschränken uns jedoch hier darauf, die Maschinenteile als starr anzusehen.

Im nachfolgenden wird ein einfacher Weg der Lösung eingeschlagen, der im Vergleich zu einer höheren Methode vielleicht etwas länger, aber dafür anschaulich und leicht verständlich ist. Die höhere Methode sind die Lagrangeschen Gleichungen für die Bewegungen eines materiellen Systems, die fast mechanisch hingeschrieben werden können und der Lösung nur formal mathematische Schwierigkeiten entgegensetzen[1]).

Da diese abstrakte Methode nur in der Hand dessen von Nutzen sein wird, der sich — ganz abgesehen von formaler Gewandtheit in der Mathematik — schon eine hinreichende Anschauung in der Mechanik erworben hat, so empfiehlt sich der einfache anschauliche Weg auch dann, wenn man sich später mit der höheren abstrakten Methode von Lagrange vertraut zu machen gedenkt. Es wird sogar die Eigenart der beiden Methoden um so deutlicher zum Bewußtsein kommen.

§ 65. Gleichförmigkeit des Ganges.

305. Ungleichförmigkeitsgrad. Ist v_m die mittlere, v_{max} die größte und v_{min} die kleinste Umfangsgeschwindigkeit eines auf der Maschinenwelle festgekeilten Rades, so ist die größte Schwankung

---

[1]) Vgl. Meuth, Kinetik und Kinetostatik des Schubkurbelgetriebes, Dinglers pol. Journ. 1905, wo die Lagrangeschen Gleichungen auf ein Zahlenbeispiel angewandt sind.

§ 65. Gleichförmigkeit des Ganges.

der Geschwindigkeit $v_{max} - v_{min}$, was in Bruchteilen der mittleren Geschwindigkeit ausgedrückt ergibt:

$$\delta = \frac{v_{max} - v_{min}}{v_m} = \frac{n_{max} - n_{min}}{n_m} = \frac{\omega_{max} - \omega_{min}}{\omega_m} \quad (259)$$

δ heißt der **Ungleichförmigkeitsgrad der Drehbewegung**.

Sofern angenommen werden darf, daß die größte und kleinste Geschwindigkeit sich um gleichviel von der mittleren unterscheidet, ist $n_m = (n_{max} + n_{min})/2$ und damit

$$\delta = 2\frac{n_{max} - n_{min}}{n_{max} + n_{min}}.$$

Die Zeitdauer, auf die man den Ungleichförmigkeitsgrad bezieht, ist eine Arbeitsperiode der Maschine, z. B. bei einem im Beharrungszustand befindlichen, gleichmäßig belasteten Viertaktmotor zwei Umdrehungen, bei einem Zweitaktmotor oder einer im Zweitakt arbeitenden Dampfmaschine eine Umdrehung, d. h. im Winkelmaß ausgedrückt 4π bzw. 2π. Dabei ist meistens vorausgesetzt, es sei der von der Maschine zu überwindende Widerstand unveränderlich und nur die Triebkraft schwanke innerhalb einer Arbeitsperiode (Eintakt, Zweitakt, Viertakt) so, daß die einzelnen Arbeitsperioden der Triebkraft unter sich gleich sind; das ist z. B. der Fall bei einer im Beharrungszustande befindlichen Dampf- oder Gasmaschine. Die Voraussetzung eines unveränderlichen Arbeitswiderstandes ist aber nicht grundsätzlich erforderlich, der Arbeitswiderstand kann auch periodisch schwanken, wie z. B. bei einem Sägegatter.

Es kommt indessen vor, daß der Arbeitswiderstand sich innerhalb einer größeren Anzahl von Wellenumdrehungen ändert, und daß infolge davon die Umlaufzahl in diesem Zeitabschnitt steigt oder fällt. Wird z. B. eine Turbine mit indirekt wirkendem Regulator oder eine Mehrzylinder-Verbunddampfmaschine plötzlich um ein Beträchtliches be- oder entlastet, so dauert es längere Zeit, bis bei dem indirekt wirkenden Regulator die Leitschaufeln verstellt oder bis die Regulierwirkung des nur vor dem Hochdruckzylinder beeinflußten Dampfes sich durch alle Zylinder fortgepflanzt hat, und die Umlaufzahl kann sich stärker ändern als z. B. bei einem Mehrzylinder-Gasmotor, wo die Regulierung sofort auf alle Zylinder einwirkt. In diesen Fällen kann man vom **Ungleichförmigkeitsgrad einer Regulierperiode** sprechen.

Schließlich treten bei einer Schachtfördermaschine oder einer Walzenzugsmaschine, die elektrisch von einem sog. Ilgner-Aggregat angetrieben werden, deutlich einzelne, wenn auch unter sich nicht ganz gleiche, Belastungsperioden auf, während derer die Umlaufzahl des Ilgner-Schwungrades sich nicht zu sehr vermindern soll Hierbei kann man vom **Ungleichförmigkeitsgrad einer Belastungsperiode** sprechen.

Es erscheint somit die Größe des Schwungrades bestimmt durch die Rücksicht auf die Ungleichförmigkeit während einer Arbeits-, oder einer Regulier-, oder einer Belastungsperiode.

K. Heun schlägt vor, als Ungleichförmigkeitsgrad den Mittelwert gemäß folgender Gleichung aufzufassen

$$\delta' = \frac{1}{i\pi}\int_0^{i\pi}\left(1 - \frac{\omega}{\omega_m}\right)^2 d\vartheta,$$

worin bei Ein-, Zwei- oder Viertakt $i = 1, 2, 4$ zu setzen ist, $i\pi$ den Kurbelwinkel einer Arbeitsperiode bedeutet. Dieser Vorschlag geht von dem Gedanken aus, daß die Maßzahl für den Ungleichförmigkeitsgrad nicht durch die extremen Werte n_{max} und n_{min} ausgedrückt werden dürfe, sondern durch einen Mittelwert, bei dessen Bildung der funktionale Verlauf der Geschwindigkeitsschwankung zu berücksichtigen sei.

306. Die Berechnung der Umlaufgeschwindigkeit nach dem Energiegesetz. Wir denken zunächst an die Geschwindigkeitsschwankung einer Maschine im engeren Sinn, d. h. an die Schwankung während einer Arbeitsperiode der Triebkraft, die sich bei einer Zweitaktmaschine auf eine, bei einer Viertaktmaschine auf zwei Umdrehungen erstreckt. In einer bestimmten Kurbelstellung, etwa in einer Totlage, sei die Umlaufzahl n_0 der Maschinenwelle bekannt, und man fragt jetzt nach der Umlaufzahl n in einer andern Kurbelstellung. Anfänglich besitzt die lebendige Kraft der bewegten Massen den Wert E_0, schließlich den Wert E, in der Zwischenzeit haben treibende und hemmende Kräfte gewirkt und die Arbeit A geleistet, treibend etwa Dampf, Gas, Preßluft, Wasser (A_T), hemmend der von der Maschine abgegebene Nutz- und Reibungswiderstand (A_w), so daß $A = A_T - A_w$ ist. Nach dem Satz von der Erhaltung der Energie ist dann

$$E = E_0 + A = E_0 + A_T - A_w.$$

Da hierin E_0 und A aus bekannten Angaben ermittelbar sind, kann E und damit auch die gesuchte Umlaufzahl berechnet werden. Indem man dies für eine Reihe von Kurbelstellungen wiederholt, erhält man ein Bild von dem Verlauf der Geschwindigkeitsschwankung und sodann den Wert des Ungleichförmigkeitsgrades. **Ausdrücklich sei hervorgehoben, daß bei dieser Berechnung die Winkelgeschwindigkeit der Kurbel nicht als konstant vorausgesetzt wird**, wie in der üblichen, nach dem Vorgang Radingers ausgeführten Schwungradberechnung. Radinger ermittelt die Trägheitskräfte der hin- und hergehenden Massen unter

§ 65. Gleichförmigkeit des Ganges.

der Voraussetzung konstanter Drehgeschwindigkeit. Wir werden späterhin imstande sein, die Ergebnisse der genauen Methode mit denen der Näherungsrechnung zu vergleichen. Einen Fall, in dem die Näherungsmethode Radingers sicherlich nicht anwendbar ist, kann man indessen jetzt schon angeben. Es ist die rechnerische Verfolgung der Anlaufperiode einer Maschine. — Im nachfolgenden wird also den tatsächlichen dynamischen Verhältnissen ganz korrekt Rechnung getragen.

Zur Durchführung der genauen Berechnung der Geschwindigkeit muß die Geschwindigkeitsenergie der bewegten Maschinenteile, wie Kolben, Schubstange, Welle und Schwungrad, und ferner die von den Trieb- und Widerstandskräften geleistete Arbeit ermittelt werden, was in den nächsten Abschnitten geschehen soll.

307. Geschwindigkeitsenergie und reduzierte Masse der Schubstange. Die Schubstange ist ein materieller Körper, dessen lebendige Kraft nach 246 zusammengesetzt ist:

a) aus der Geschwindigkeitsenergie der fortschreitenden Bewegung des Stangenschwerpunktes, in dem die Stangenmasse m_1 vereinigt gedacht werden darf, d. h. $\frac{1}{2} \cdot m_1 v_S^2$, sofern v_S die Schwerpunktsgeschwindigkeit der Stange ist;

b) aus der lebendigen Kraft der Drehung der Stange um ihren Schwerpunkt, d. h. sofern ω_S die Winkelgeschwindigkeit dieser Drehung und Θ_S das Trägheitsmoment der Stangenmasse in bezug auf den Schwerpunkt ist: $\frac{1}{2}\Theta_S\omega_S^2$.

Die ganze Geschwindigkeitsenergie der Schubstange ist daher

$$E_1 = \tfrac{1}{2} m_1 v_S^2 + \tfrac{1}{2}\Theta_S\omega_S^2 \quad\ldots\ldots \quad (260)$$

Ist nun in einer bestimmten, sonst beliebigen Kurbelstellung die Geschwindigkeit eines Stangenpunktes, z. B. des Kurbelzapfens, nach Größe und Richtung gegeben, so ist durch den Zwanglauf der Stange in der gleichen Kurbelstellung die Geschwindigkeit aller übrigen Stangenpunkte bestimmt; das trifft in jeder Kurbelstellung zu. Wie die Geschwindigkeit des Kreuzkopfendes und weiterhin eines beliebigen Punktes x der Stange, unter dem man sich jetzt den Schwerpunkt zu denken hat, gefunden wird, ist im Anhang Abschnitt **333** gezeigt und in Fig. 267 wiederholt. Wählt man den Geschwindigkeitsmaßstab so, daß die Kurbelzapfengeschwindigkeit $c = r = Mp$ wird, d. h. setzt man die Winkelgeschwindigkeit der Kurbel $\omega = 1$, so ist $\overline{MC} = v$ die Kreuzkopfgeschwindigkeit und $\overline{Cp} = u$ die relative Geschwindigkeit des einen Stangenendes gegen das andere; unter dem Einfluß von u allein, d. h. wenn von der Translation für den Augenblick abgesehen wird, würde sich die

Stange mit der Winkelgeschwindigkeit $\omega = u/l$ um einen ihrer Endpunkte drehen. Man überzeugt sich nun leicht, daß, wo man auch den Drehpunkt der Stange in der Kurbelebene annehmen mag, die Winkelgeschwindigkeit der Stange stets die gleiche ist, so auch um den Schwerpunkt S; es ist also $\omega_S = \omega = u/l$ (vgl. **226**). Die Schwerpunktsgeschwindigkeit $\overline{Ms} = v_S$ läßt sich mit Hilfe des Geschwindigkeitsplanes MCp der Stange (vgl. **333**) auch rechnerisch ausdrücken; es ist $\sphericalangle MCp = 90° - \beta$ und $\overline{Cs} = (a/l)u$, weshalb nach dem Kosinussatz der Trigonometrie ist[1]):

$$v_S^2 = \overline{Ms}^2 = v^2 + (a/l)^2 \cdot u^2 - 2v \cdot (a/l) \cdot u \cdot \sin\beta.$$

Setzt man v_S und ω_S in die obige Gl. (260) für E_1 ein und setzt ferner nach S. 436 $\Theta_q = \Theta_S + m_1 a^2$ oder $\Theta_S = \Theta_q - m_1 a^2$,

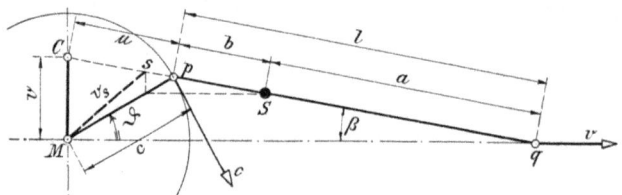

Fig. 267.

bezeichnet man außerdem den auf Punkt q bezogenen Trägheitshalbmesser mit k, so wird $\Theta_q = m_1 k^2$ und man erhält für die Geschwindigkeitsenergie der Schubstange

$$E_1 = \frac{m_1}{2}[v^2 + (a/l)^2 u^2 - 2v(a/l)u \cdot \sin\beta] + \frac{m_1(k^2 - a^2)u^2}{2 \, l^2}$$

Aus dem Geschwindigkeitsdreieck MCp folgt auch:

$$c^2 = v^2 + u^2 - 2uv\sin\beta,$$

d. h.
$$-2uv\sin\beta = c^2 - v^2 - u^2.$$

In die vorige Gleichung eingesetzt und umgeformt gibt:

$$E_1 = \frac{m_1}{2}\left[v^2\frac{b}{l} + c^2\frac{a}{l} - u^2\left(\frac{a}{l} - \frac{k^2}{l^2}\right)\right] \quad \ldots \quad (260\,\mathrm{a})$$

Ist nun in einer beliebigen Kurbelstellung die Kurbelzapfengeschwindigkeit c gegeben, so stehen die Kolbengeschwindigkeit v und die Relativgeschwindigkeit u der Stangenenden in einem bestimmten Verhältnis zu c, das bei einem gewöhnlichen Kurbeltrieb lediglich vom Stangenverhältnis $\lambda = r/l$ abhängt; man darf also für ein bestimmtes λ setzen:

$$v = \varkappa_1 \cdot c \quad \text{und} \quad u = \varkappa_2 \cdot c \quad \ldots \quad (261)$$

[1]) Die Ableitung ist nach dem Vorgang von Mollier gegeben.

§ 65. Gleichförmigkeit des Ganges.

worin dem Geschwindigkeitsdreieck MCp zufolge ist:

$$\varkappa_1 = \sin(\vartheta + \beta) : \cos\beta; \qquad \varkappa_2 = \cos\vartheta : \cos\beta; \quad . \ (261\,\mathrm{a})$$

damit erhält man

$$E_1 = \frac{1}{2} m_1 \left[\frac{b}{l} \varkappa_1{}^2 + \frac{a}{l} - \left(\frac{a}{l} - \frac{k^2}{l^2}\right) \varkappa_2{}^2\right] \cdot c^2 \ldots \ (260\,\mathrm{b})$$

Eine im Kurbelzapfen konzentrierte Masse m_1' hätte die lebendige Kraft $\tfrac{1}{2} \cdot m_1' c^2$; das ist derselbe Wert wie E_1, wenn

$$m_1' = m_1 \left[\frac{b}{l} \varkappa_1{}^2 + \frac{a}{l} - \left(\frac{a}{l} - \frac{k^2}{l^2}\right) \varkappa_2{}^2\right] \quad \ldots \ (262)$$

wäre. Man nennt m_1' die auf den Kurbelzapfen reduzierte Masse der Schubstange, die damit durch eine einzige in die Kurbelzapfenmitte verlegte Punktmasse ersetzt ist, deren Wert allerdings veränderlich ist und von der Kurbelstellung abhängt.

Es empfiehlt sich noch, die beiden zuletzt angeschriebenen Werte von E_1 zu betrachten. Läßt man das negative Glied in der Klammer weg, so heißt das anschaulich gesprochen: die Stange ist durch zwei Punktmassen $m_1\,(a/l)$ und $m_1\,(b/l)$ ersetzt, die nach dem Hebelgesetz auf die beiden Stangenenden verteilt sind. Die lebendige Kraft der Schubstange wird durch diese vereinfachende Annahme überschätzt; um wieviel ist durch zahlenmäßige Berechnungen für verschiedene Stangen zu prüfen. Eine Bemerkung über einen Einzelfall folgt später.

Über den Sinn der Reduktion vgl. **310**.

308. Lebendige Kraft des Kolbens, der Welle und des Schwungrades. Die Kolbenmasse m_2 kann in Kreuzkopf- oder Kolbenzapfenmitte punktförmig vereinigt gedacht werden. Da sich diese Punktmasse mit der Kreuzkopfgeschwindigkeit v bewegt, so ist ihre lebendige Kraft $\tfrac{1}{2} m_2 v^2$, oder da nach dem vorigen Abschnitt $v = \varkappa_1 \cdot c$ gesetzt werden darf:

$$E_2 = \tfrac{1}{2} \cdot m_2 \varkappa_1{}^2 c^2 = \tfrac{1}{2} \cdot m_2' c^2, \ \ldots \ (263)$$

wo
$$m_2' = m_2 \varkappa_1{}^2 \ \ldots \ (264)$$

die auf Kurbelzapfenmitte reduzierte Kolbenmasse m_2' bedeutet. Auch dieser Wert ist von $\varkappa_1$, d. h. von der Kurbelstellung abhängig und daher veränderlich.

Für die Kurbelwelle kann das auf die Wellenmittellinie bezogene Trägheitsmoment Θ_w mittels bifilarer Aufhängung bestimmt werden, vgl. **294**.

Die augenblickliche Winkelgeschwindigkeit der Kurbel sei ω, die Kurbelzapfengeschwindigkeit $c = r\omega$.

Die lebendige Kraft der Welle ist dann:

$$E_3 = \tfrac{1}{2} \cdot \Theta_w \omega^2 = \tfrac{1}{2} \cdot \Theta_w \cdot \frac{c^2}{r^2} \quad \ldots \ldots (265)$$

Eine mit der Kurbelzapfenmitte verbundene Masse m_3' hätte die lebendige Kraft $\tfrac{1}{2} m_3' c^2$ und beide letzteren Geschwindigkeitsenergien sind gleich, wenn

$$\tfrac{1}{2} \cdot \Theta_w \cdot \frac{c^2}{r^2} = \tfrac{1}{2} \cdot m_3' \cdot c^2.$$

d. h. wenn

$$m_3' = \frac{\Theta_w}{r^2} \quad \ldots \ldots \ldots (266)$$

m_3' ist die auf Kurbelzapfenmitte reduzierte Kurbelwellenmasse m_3 [1]). Es handelt sich hier um eine rein rotierende Masse, im Unterschied zur Masse des Kolbens und der Schubstange, die hin- und hergeht, bzw. gleichzeitig pendelt. Die reduzierte Masse eines nur rotierenden Körpers hat die Eigenschaft, daß deren lebendige Kraft und außerdem zufolge $\Theta_w = m_3' \cdot r^2$ auch deren Trägheitsmoment gleich groß sind wie die betreffenden Größen des rotierenden Körpers selbst. Man denke sich dabei die reduzierte Masse gleichmäßig auf den Kurbelkreis verteilt.

Wir machen hiervon sofort Gebrauch, indem wir die reduzierte Masse des Schwungrades angeben. Das Schwungrad habe das Trägheitsmoment Θ_{sd} oder wenn, wie häufig zum Zweck der Annäherung, die Kranzmasse m_k im Kranzschwerpunkt, d. h. im Abstand r_k von der Wellenachse vereinigt gedacht wird: $m_k \cdot r_k^2$. Die auf den Kurbelkreis mit Halbmesser r reduzierte Schwungradmasse m_4' ergibt sich wegen der Gleichheit der Trägheitsmomente

$$\Theta_{sd} = m_4' \cdot r^2 = \text{rd. } m_k \cdot r_k^2$$

zu
$$m_4' = \frac{\Theta_{sd}}{r^2} = \text{rd. } m_k \cdot \left(\frac{r_k}{r}\right)^2 \quad \ldots \ldots (267)$$

Damit nimmt die lebendige Kraft des Schwungrades die Form an

$$E_4 = \tfrac{1}{2} \cdot m_4' c^2 \ldots \ldots \ldots (268)$$

Die gesamte Geschwindigkeitsenergie des Kurbelgetriebes in einer beliebigen Kurbelstellung hat daher die Größe

$$E = E_1 + E_2 + E_3 + E_4 = \tfrac{1}{2}(m_1' + m_2' + m_3' + m_4')c^2, \quad (269)$$

wo in der Klammer die auf den Kurbelkreis reduzierten Massen von Schubstange, Kolben, Welle und Schwungrad, und zwar für

---

[1]) Dr.-Ing. Kölsch fand durch Schwingungsversuch mit bifilarer Aufhängung an einer 4-Zylinder-Automobilkurbelwelle $m_3' = 0{,}5\, m_3$.

§ 65. Gleichförmigkeit des Ganges. 567

die betreffende Kurbelstellung, stehen und c die in der gleichen Stellung vorhandene Umfangsgeschwindigkeit $c = r\omega$ im Kurbelkreis ist.

309. Zahlenbeispiel. Ungleichförmigkeitsgrad eines Vierzylinder-Automobilmotors im Leerlauf. Ein Vierzylinder-Automobilmotor hat 120 mm Zylinderdurchmesser, 150 mm Hub und macht $n = 1600$ Umläufe in der Minute in dem Augenblick, in dem die Kurbel die Totlage passiert. Der Kolben samt Bolzen wiegt 2,8 kg; die Schubstange 2,85 kg, die Welle 24,8 kg. Die Länge der Schubstange ist 32 cm, ihr Schwerpunkt 24 cm von Mitte Bolzenlager entfernt; das Stangenverhältnis ist $\lambda = r : l = 7,5 : 32 = 1 : 4,25$. Das Trägheitsmoment des Schwungrads ist $\Theta_{sd} = 3,8$ [kg cm sek^2]. Es sollen für eine Anzahl von Kurbelstellungen, etwa von 30 zu 30°, die reduzierten Massen der einzelnen Getriebeteile und der Gesamtwert der reduzierten Massen angegeben werden, fernerhin die lebendige Kraft des ganzen Getriebes, wenn die Umlaufzahl im Totpunkt 1600 ist und von Reibungs-, Saug- und Auspuffwiderständen und Nutzlast abgesehen wird; es soll also nur der reibungsfreie Leerlauf betrachtet werden. Dieser ist dadurch gekennzeichnet, daß die Geschwindigkeitsenergie der bewegten Massen der Maschine konstant bleibt; sie flutet zwischen den hin- und hergehenden und den umlaufenden Massen hin und her. Solange die geradlinig bewegten Massen beschleunigt werden, nehmen sie Bewegungsenergie von den umlaufenden Massen auf, deren Drehgeschwindigkeit dabei abnimmt; während die oszillierenden Massen anderseits verzögert werden, geben sie Geschwindigkeitsenergie an die Schwungmassen zurück, deren Drehgeschwindigkeit dann wieder auf die alte Größe steigt. Vgl. Fig. 213.

Gesucht wird die mittlere, größte und kleinste Umfangsgeschwindigkeit der Welle und der Ungleichförmigkeitsgrad.

Die auf den Kurbelkreis reduzierte Masse des Schwungrads ist nach Gl. (267):

$$m_4' = \frac{\Theta_{sd}}{r^2} = \frac{3,8}{7,5^2} = 0,0676 \text{ [kgsek}^2\text{/cm[}.$$

Die ebendahin reduzierte Masse der Welle ist unter Benützung der Angabe in der Fußbemerkung S. 566.

$$m_3' = 0,5\, m_3 = 0,5 \frac{24,8}{981} = 0,0127 \text{ [kgsek}^2\text{/cm]}.$$

Die reduzierte Masse m_1' der Schubstange, deren Masse $m_1 = 2,85/981 = 0,002\,906$ ist, ist von der Kurbelstellung abhängig zufolge Gl. (262). Es ist zu bedenken, daß zwei Kurbelpaare parallel und gleichgerichtet und gegen die beiden anderen um 180° versetzt sind. In einer gewissen Kurbelstellung ist daher das eine Kurbelpaar um ϑ^0 aus der inneren, das andere um gleichviel aus der äußeren Totlage herausgedreht. Die zugehörigen Kurbelgeschwindigkeiten sind zwar gleich, die Kolbengeschwindigkeiten dagegen infolge der endlichen Schubstangenlänge verschieden, weshalb auch die Größen $\varkappa_1$ und $\varkappa_2$ Gl. (261) und die reduzierten Massen für die beiden diametral gegenüberstehenden Kurbeln verschieden ausfallen.

Die beiden in Gl. (262) vorkommenden Größen $\varkappa_1$ und $\varkappa_2$ können aus dem Dreieck MCp Fig. 260 bestimmt und für die Stangenverhältnisse $\lambda = 1:5$; $1:4{,}25$; $1:4$ aus der nachfolgenden Tabelle entnommen werden. In Gl. (262) sind ferner

$$b/l = 0{,}25; \qquad a/l = 0{,}75;$$
$$k^2 = \Theta_q/m = (G/g) \cdot a \cdot l' \cdot (g/G) = a \cdot l' = a \cdot (l/1{,}07) = 24 \cdot 32/1{,}07 \text{ cm}$$
$$k^2 : l^2 = (24 \cdot 32/1{,}07) : 32^2 = 24 : (1{,}07 \cdot 32) = 0{,}702;$$

somit $\qquad (a/l) - (k/l)^2 = 0{,}75 - 0{,}702 = 0{,}048.$

Mit diesen Werten und den Werten von $\varkappa_1^2$ und $\varkappa_2^2$ sind die reduzierten Massen der Schubstange für Kurbelwinkel von 30° zu 30° ausgerechnet und in der Tabelle II zusammengestellt.

Tabelle I.

ϑ	$\lambda = 1:5$				$\lambda = 1:4{,}25$				$\lambda = 1:4$			
	$\varkappa_1$	$\varkappa_2$	$\varkappa_1^2$	$\varkappa_2^2$	$\varkappa_1$	$\varkappa_2$	$\varkappa_1^2$	$\varkappa_2^2$	$\varkappa_1$	$\varkappa_2$	$\varkappa_1^2$	$\varkappa_2^2$
0°	0	1	0	1	0	1	0	1	0	1	0	1
30°	0,589	0,871	0,347	0,758	0,606	0,873	0,367	0,762	0,611	0,8745	0,373	0,764
60°	0,956	0,506	0,913	0,256	0,975	0,512	0,95	0,262	0,980	0,516	0,96	0,266
90°	1	0	1	0	1	0	1	0	1	0	1	0
120°	0,781	0,506	0,610	0,256	0,766	0,672	0,586	0,262	0,754	0,516	0,568	0,266
150°	0,4125	0,871	0,17	0,758	0,399	0,873	0,159	0,762	0,390	0,8745	0,152	0,764
180°	0	1	0	1	0	1	0	1	0	1	0	1

Die reduzierten Massen m_2' der vier Kolben, von denen jeder eine Masse $m = 0{,}00286$ [kg·sek²/cm] hat, sind aus dem vorhin dargelegten Grund für die Kolben 1 und 4 von denjenigen für die Kolben 2 und 3 verschieden. Nach Gl. (261a) sind die Werte unter Benützung der in Tabelle I stehenden $\varkappa_2^2$ berechnet und in Tabelle II zusammengestellt.

Die ganze auf den Kurbelkreis reduzierte Masse des Triebwerkes besteht aus zwei konstanten Anteilen, herrührend von Schwungrad und Welle und aus den zwei veränderlichen Anteilen[1]

---

[1] Für das gebrauchsmäßige Rechnen mit reduzierten Massen finden sich wertvolle Angaben und graphische Darstellungen in der Dissertation von Kölsch, Gleichgang und Massenkräfte bei Fahr- und Flugzeugmaschinen.

§ 65. Gleichförmigkeit des Ganges.

Tabelle II.
Auf den Kurbelradius $r = 7,5$ [cm] reduzierte Massen eines Vierzylinder-Automobilmotors in [kgsek²/cm].

ϑ	Schubstange I und IV $m_1 = 0,002906$	Schubstange II und III	Kolben I und IV $m_2 = 0,00286$	Kolben II und III	Welle $m_3 = 0,0254$	Schwungrad m_4	Insgesamt m_{red}
0°	$2 \cdot 0,002906 (0 + 0,75 - 0,048)$ $= 0,00408$	0,00408	0	0	0,0127	0,0676	0,08829
30°	$2 \cdot m_1 (0,0917 + 0,75 - 0,0364)$ $= 0,00468$	0,00437	$2 \cdot m_2 \cdot 0,606^2$ $= 0,0021$	0,00091	„	„	0,09128
60°	$2 \cdot m_1 (0,238 + 0,75 - 0,0125)$ $= 0,00566$	0,00513	$2 m_2 \cdot 0,975^2$ $= 0,00544$	0,00335	„	„	0,09636
90°	$2 m_1 (0,25 + 0,75 \pm 0)$ $= 0,005812$	0,005812	$2 m_2 \cdot 1,0^2$ $= 0,00572$	0,00572	„	„	0,09757
120°	$2 m_1 (0,1456 + 0,75 - 0,0126)$ $= 0,00513$	0,00566	$2 m_2 \cdot 0,766^2$ $= 0,00335$	0,00544	„	„	0,09427
150°	$2 m_1 (0,0398 + 0,75 - 0,0367)$ $= 0,00437$	0,00468	$2 m_2 \cdot 0,399^2$ $= 0,00091$	0,00210	„	„	0,09009
180°	$2 m_1 (0 + 0,75 - 0,048)$ $= 0,00408$	0,00408	0	0	„	„	0,08829

herrührend von den 4 Kolben und den 4 Schubstangen. Wird die gesamte reduzierte Masse in der Totlage mit $m_{0\,red}$ und in einer beliebigen Kurbelstellung m_{red} bezeichnet und die zugehörigen Kurbelgeschwindigkeiten mit c_0 bzw. c, so ist $E_0 = \frac{1}{2} \cdot m_{0\,red} \cdot c_0^2$ und $E = \frac{1}{2} \cdot m_{red} \cdot c^2$ und da bei reibungslosem Leerlauf ohne Kompression in allen Kurbellagen:
$$E = E_0$$
ist, so hat man
$$\tfrac{1}{2} m_{red} \cdot c^2 = \tfrac{1}{2} \cdot m_{0\,red} \cdot c_0^2,$$
daher
$$c = c_0 \sqrt{\frac{m_{0\,red}}{m_{red}}} \quad \ldots \ldots \ldots (270)$$

Aus dieser Gleichung sind die Umfangsgeschwindigkeiten für eine Anzahl von Kurbelstellungen mit Hilfe der Tabelle II berechnet und der Verlauf der Geschwindigkeit während einer halben Kurbelumdrehung in Fig. 271a dargestellt. Die mittlere Kurbelgeschwindigkeit ist durch Planimetrieren zu 1225 [cm/sek] gefunden, die größte und kleinste sind 1256 und 1194 [cm/sek]. Der Ungleichförmigkeitsgrad bei Leerlauf beträgt nach Gl. (259):
$$\delta = \frac{c_{max} - c_{min}}{c_m} = \frac{1256 - 1194}{1225} = \frac{1}{19,5},$$
gegenüber 1/12,2 nach Radinger (s. 252).

Im vorliegenden Fall erhält man für die mittlere Umfangsgeschwindigkeit der Kurbel den gleichen Wert 1225 cm/sek, wenn man das arithmetische Mittel aus c_{max} und c_{min} bildet. Das muß jedoch nicht immer so sein.

§ 66. Von der Reduktion der Massen und Kräfte.

310. Ersatz eines materiellen Körpers durch materielle Punkte. Bedeutung der Ersatzpunkte und reduzierten Massen. Wir sahen am Schluß von **307**, daß man die Masse der Schubstange angenähert durch zwei Punktmassen ersetzen kann, die auf die Stangenenden nach dem Hebelgesetz verteilt sind. Dabei sollte, wenigstens genähert, die lebendige Kraft der Schubstange und die der Ersatzmassen gleich sein. Ein solcher Ersatz wird vorgenommen zum Zweck der Vereinfachung der dynamischen Berechnungen. Man kann den Ersatz auch so vornehmen, daß die lebendige Kraft in beiden Fällen genau gleich wird. Dazu braucht man dann allerdings mehr als zwei Ersatzpunkte; bei einer Schubstange mit einer Symmetralebene, in der die Bewegung stattfindet, z. B. drei, die beiden Stangenenden und der Schwerpunkt. Sei $AB = l$ die Stangenlänge, S der Schwerpunkt, wobei $AS = a$; $SB = b$ sind, ferner $m_1\, m_2\, m_3$ die in A, B, S anzubringenden Ersatzmassen; dann sollen diese die gleiche Gesamtmasse, den gleichen Schwerpunkt und das gleiche Trägheitsmoment haben, wie die Schubstange, d. h. es muß sein.

$$m_1 + m_2 + m_3 = m$$
$$m_1 \cdot a - m_2 b = 0$$
$$m_1 a^2 + m_2 b^2 = m \varrho^2,$$

wo ϱ der Trägheitsradius der Schubstangenmasse in bezug auf den Schwerpunkt ist. Man findet:

$$m_1 = \frac{\varrho^2}{al} m; \quad m_2 = \frac{\varrho^2}{bl} m; \quad m_3 = \left(1 - \frac{\varrho^2}{ab}\right) m.$$

Der Studierende führt leicht selbst den Nachweis, daß die Ersatzmassen die gleiche lebendige Kraft haben wie die Schubstange.

Ein nur geradlinig bewegter Körper oder ein nur rotierender Körper können durch eine einzige Punktmasse ersetzt werden.

Sind nun die wirklichen Körper eines Getriebes erst einmal durch Punktmassen ersetzt, so kann man, wie das in den vorhergehenden Abschnitten gezeigt wurde, die Punktmassen auf einen Reduktionspunkt reduzieren und hat nun nur noch einen einzigen materiellen Punkt vor sich, also das dynamisch einfachste Gebilde,

§ 66. Von der Reduktion der Massen und Kräfte. 571

dessen Bewegung, wenn noch die reduzierten Kräfte berechnet sind, genau wie die Bewegung des materiellen Punktes bestimmt wird.

Man würde sich aber täuschen, wenn man glaubte, daß die reduzierten Massen in jeder Hinsicht dynamisch ebenso wirkten, wie der wirkliche Körper. Es ist stets im Auge zu behalten, in welcher Absicht eine Reduktion vorgenommen wird. In den vorigen Abschnitten wurden wirkliche Körper durch reduzierte Massen so ersetzt, daß die Geschwindigkeitsenergie beider gleich groß war. Bei rein rotierenden Massen stellte sich dann auch das Trägheitsmoment der wirklichen und der reduzierten Masse als gleich heraus. Mit dergestalt reduzierten Massen darf man in die Energiegleichung eingehen und aus dieser die Geschwindigkeit berechnen. Wie sich jedoch diese reduzierten Massen hinsichtlich der Massenkräfte verhalten, ist eine noch offene Frage, die im einzelnen Fall untersucht werden muß. Es darf im allgemeinen wenigstens nicht ohne weiteres vorausgesetzt werden, daß die reduzierten Massen den gleichen Trägheitswiderstand entgegensetzen oder die gleichen Massenkräfte äußern. Der wirkliche Körper verhält sich eben dynamisch nicht genau wie ein, zwei oder drei Ersatzmassenpunkte, sondern kann nur in einer bestimmten Hinsicht durch solche vertreten gedacht werden, in anderer Hinsicht aber nicht, oder nur mit Annäherung; das gleiche gilt von der reduzierten Masse.

Wegen des Ersatzes der Schubstangenmasse ist noch eine Bemerkung angezeigt. In der vorangehenden Rechnung ist die lebendige Kraft der Schubstange exakt ohne Vernachlässigung ausgedrückt worden, ebenso der Anteil der auf den Kurbelzapfen reduzierten Masse, der von der Schubstange herrührt. Wie schon am Schluß von 307 erwähnt, kann man den materiellen Körper der Schubstange annäherungsweise durch zwei Punktmassen ersetzen, indem man die im Schwerpunkt vereint gedachte Schubstangenmasse nach dem Hebelgesetz auf die Stangenenden verteilt. Diese Annäherung läuft auf das gleiche hinaus, wie wenn man in Gl. (262) das negative Glied vernachlässigt. Die Zahlen in Tabelle II S. 569 lassen nun erkennen, daß der hierdurch begangene Fehler auf die Berechnung der reduzierten Masse von nicht sehr großem und auf das Endergebnis der Berechnung des Ungleichförmigkeitsgrades von geringfügigem Einfluß ist. **Man darf also mit genügender Genauigkeit die Schubstange in der bezeichneten Weise durch zwei Punktmassen ersetzen**, wenn man die lebendige Kraft und die Geschwindigkeitsschwankungen der Wellenumdrehungen eines Kurbelgetriebes ausrechnen will.

311. Reduktion einer Masse und einer Kraft. Beziehungen zwischen reduzierter Kraft und reduzierter Masse. Sollen die arbeitleistenden Kräfte und der Bewegungszustand eines zwangläufigen Getriebes untersucht werden, so erleichtert man sich die Aufgabe dadurch, daß man die Kräfte und Massen auf einen bestimmten, sonst willkürlichen Punkt — den Reduktionspunkt — reduziert, so zwar, daß die Reduktionskräfte die gleiche Arbeit leisten wie die wirklichen, und so, daß die Geschwindigkeitsenergie der reduzierten Masse derjenigen der gegebenen Massen gleich ist, also nach der Anweisung:

$$\left.\begin{array}{l}\text{reduz. Kraft:}\quad P_r = \Sigma P_n \dfrac{v_n}{v_r} \cdot \cos\alpha = \Sigma P_n \varphi_{vn} \cos\alpha \\[2mm] \text{reduz. Masse:}\quad M_r = \Sigma m_n \left(\dfrac{v_n}{v_r}\right)^2 = \Sigma m_n \varphi_{vn}^2\end{array}\right\} \quad (271)^1)$$

worin v_r die Geschwindigkeit des Reduktionspunktes, v_n die eines beliebigen Getriebepunktes, m_n dessen Masse, P_n die in dem beliebigen Punkt angreifende Kraft (Triebkraft, Arbeitswiderstand, Bewegungsreibung), α den Winkel zwischen P_n und v_n und φ_{vn} die Weg- oder Geschwindigkeitsübersetzung zwischen dem Reduktionspunkt und Getriebepunkt bedeutet, vgl. Gl. (68).

Nach Vornahme dieser Reduktion hat man statt der Bewegung des Getriebes die Bewegung eines Punktes — des Reduktionspunktes — von im allgemeinen veränderlicher Masse unter dem Einfluß einer veränderlichen Kraft zu verfolgen, man hat also eine Aufgabe der Punktmechanik vor sich.

Zwischen der Geschwindigkeitsenergie und der Arbeit der beschleunigenden oder verzögernden Kräfte, die beide durch die Reduktion nicht geändert werden, besteht der Energiesatz:

$$\tfrac{1}{2} M v^2 - \tfrac{1}{2} M_0 v_0^2 = \int P \cdot ds = A \quad \ldots \ldots (272)$$

wobei der Index r weggelassen wurde, s den Weg des Reduktionspunktes bedeutet und der Index o sich auf einen Anfangszustand bezieht.

Nun ist, wie ja auch aus dem bereits durchgeführten Beispiel hervorgeht, die reduzierte Masse und Kraft eines zwangläufigen

---

[1]) Bei nur rotierenden Massen ist

$$M_r = \frac{1}{r_r^2} \Sigma \Theta_n \left(\frac{\omega_n}{\omega_r}\right)^2 = \frac{1}{r_r^2} \Sigma \Theta \varphi_\omega^2.$$

Hierin bedeutet ω_n die Winkelgeschwindigkeit einer Getriebewelle, in bezug auf welche die auf ihr sitzenden Massen das Massenträgheitsmoment Θ_n haben. Der Reduktionspunkt, in dem die reduzierte Masse M_r vereinigt gedacht ist, befindet sich im Abstand r_r einer anderen Getriebewelle, die mit ω_r umläuft. $\varphi_\omega = \varphi_n = \omega_n : \omega_r = n_n : n_r$ bedeutet nach **117** die Tourenübersetzung. $M_r \cdot r_r^2$ kann man als das reduzierte Trägheitsmoment ansehen.

§ 66. Von der Reduktion der Massen und Kräfte.

Getriebes von der Getriebestellung abhängig, m. a. W. von der Längen- oder Winkelkoordinate, deren Angabe eine Getriebestellung vollständig bestimmt; z. B. vom Weg s des Reduktionspunktes. Es ist dann die reduzierte Kraft und Masse eine Funktion von s. Leitet man Gl. (272) ab und beachtet daß $v = ds/dt$ ist, so folgt:

$$M \cdot v \cdot dv + \tfrac{1}{2} \cdot v^2 \cdot dM = P \cdot ds$$

$$M \cdot ds \cdot \frac{dv}{dt} + \frac{1}{2} v^2 \cdot dM = P \cdot ds$$

$$b = \frac{dv}{dt} = \frac{P - \dfrac{1}{2} v^2 \dfrac{dM}{ds}}{M} \quad \ldots \ldots (273)$$

d. h. das dynamische Grundgesetz: Beschleunigung = Kraft : Masse gilt für die reduzierte Masse nicht mehr, wenn diese veränderlich ist. Ist letztere dagegen unveränderlich, wie z. B. bei einem zwangläufigen Rädergetriebe, so ist $dM/ds = 0$ und es gilt in diesem besonderen Fall wieder das dynamische Grundgesetz des Massenpunktes. Es hat dann die reduzierte Masse nicht nur die gleiche Geschwindigkeitsenergie, wie die wirklichen Massen; sie äußert vielmehr in der Bewegungsrichtung auch den gleichen Trägheitswiderstand wie die wirklichen Massen. Bei einem Flaschenzug kann die reduzierte Masse nur dann als konstant angesehen werden, wenn man von der Seilmasse ohne größeren Fehler absehen darf.

Es sei nochmals betont, daß eine Reduktion der Massen nur bei einem zwangläufigen Mechanismus vorgenommen werden darf, dessen Stellungen eindeutig durch Angabe einer einzigen Koordinate (z. B. Drehwinkel, Kolbenweg) bestimmt sind. Man findet aber nicht selten eine Berechnung der reduzierten Masse eines elastischen Körpers wie eines Zugstabes oder eines auf Biegung beanspruchten Trägers. Wird ein solcher sehr langsam durch eine an bestimmter Stelle angreifende Last deformiert, so bewegen sich allerdings alle übrigen Körperpunkte in ganz bestimmter Weise mit und man kann den elastischen Körper in der Tat als ein zwangläufiges System ansehen. Sobald aber die Belastung stoßweise wirkt, erkennt man leicht, daß der elastische Körper eine Reihe anderer Bewegungszustände annehmen kann, entsprechend einer Grundschwingung und den geraden Vielfachen derselben. Die Fortpflanzung der Bewegung erfordert auch Zeit. Jetzt kann der elastische Körper nicht mehr als zwangläufiges System angesehen werden, wo die Lage eines bestimmten Punktes die Lage aller anderen mitbestimmt. Es kann z. B. ein längs seiner Achse gestoßener Stab am gestoßenen Ende eine merkliche Zusammendrückung erfahren haben, während am anderen Ende zu gleicher Zeit noch keine Formänderung sich bemerkbar macht.

Wenn trotzdem der elastische Stab hier und in ähnlichen Fällen als ein zwangläufiges materielles System aufgefaßt wird, und die auf das gestoßene Ende eines Zugstabes reduzierte Masse zu $m' = m/3$, die auf die Mitte eines zweimal frei aufliegenden Trägers reduzierte Masse zu $m' = (17/35) \cdot m$ berechnet wird, so liegt hierin eine Annäherung, die in den einzelnen Fällen einer Prüfung bedarf.

312. Beispiel der Reduktion der Massen einer Motorwinde.
Es sollen die Massen der bewegten Teile der Motorwinde Fig. 126 (Nutzlast 30 t) auf die Motorwelle reduziert werden. Die reduzierte Masse M im Abstand r_0 von der Motorachse vereinigt gedacht, soll die gleiche Geschwindigkeitsenergie haben wie die wirklichen Triebwerksmassen.

Beträgt die Übersetzung zwischen Motorwelle und einer beliebigen Vorgelegewelle $\varphi_\omega = \omega/\omega_0 = n/n_0$ (vgl. **117**) und ist Θ das Trägheitsmoment der auf dieser Vorgelegewelle sitzenden rotierenden Massen in bezug auf die Vorgelegeachse, so ist:

$$\tfrac{1}{2} m_r r_0^2 \omega_0^2 = \tfrac{1}{2} \Theta \omega^2$$

$$m_r = \frac{\Theta}{r_0^2} \varphi_\omega^2.$$

Soll eine **geradlinig** mit v m/sek bewegte Masse m ebenfalls auf die Motorwelle reduziert werden und bedeutet $\varphi_v = v : v_0$ die Geschwindigkeitsübersetzung (vgl. **117**), so ist:

$$\tfrac{1}{2} m_r r_0^2 \omega_0^2 = \tfrac{1}{2} m v^2$$

$$m_r = \left(\frac{v}{v_0}\right)^2 m = \varphi_v^2 \cdot m.$$

Unter Benützung dieser beiden Gleichungen ergibt sich folgende Zusammenstellung:

Triebwerkselement	Trägheitsmoment kg cm sek²	Übersetzung φ_v	Reduz. Masse m_r auf $r_0 = 1$ cm
Ankerwelle mit Zubehör	72,75	1	72,75
1. Vorlegewelle samt Zubehör . .	87,87	1 : 5	3,51
2. „ „ „ . .	68,9	1 : 15	0,306
Trommelachse u. Drahtseil bis zur 2. Rolle	860,0	1 : 60	0,263
Last samt Haken und Unterflasche	31,1 (Masse)	1 : 9,92 (φ_v)	0,315

Gesamtgröße der reduzierten Masse

in $r_0 = 1$ cm Entfernung von Motorachse rd. 77,0 kg sek²/cm.

Die Ankerwelle mit Zubehör bildet also den weitaus überwiegenden Anteil der reduzierten Masse. Wenn das Triebwerk der Motorwinde beschleunigt oder verzögert werden soll, so ist es beinahe so, als ob die Masse der Motorwelle allein zu beschleunigen oder zu verzögern wäre. Die Größe dieser Masse ist demnach besonders genau zu bestimmen.

313. Beispiel der Reduktion der Kräfte an einer Motorwinde. Bemerkung über die Reibungswiderstände.

§ 66. Von der Reduktion der Massen und Kräfte.

Zu den beschleunigend oder verzögernd wirkenden äußeren (aktiven, eingeprägten) Kräften gehören die Last Q, die Reibungswiderstände an allen Gleitstellen und die Triebkraft des Motors. Die Reduktion geschieht nach Gl. (271); der Reduktionspunkt ist im Abstand $r_0 = 1$ cm von der Motorachse angenommen.

Reduzierte Last: $\qquad P = Q \cdot \varphi_v = 30000 \cdot \dfrac{36{,}6}{60 \cdot 2 \cdot 3}$.

Der Motor leistet bei $n = 450$ Umdr. i. d. Min. $N = 30$ PS, daher Drehmoment des Motorankers

$$M = 71\,600\, N/n = 71\,600 \cdot 30/450 = 4770\ [\text{kg cm}].$$

Reduz. Triebkraft: $\qquad P = \dfrac{M}{r_0} = \dfrac{4770}{1} = 4770\ [\text{kg}].$

In gleicher Weise ist ein Bremswiderstand oder ein sonstiger konstanter Widerstand zu reduzieren.

Bei den Reibungswiderständen in den Lagern trifft man aber auf eine grundsätzliche Schwierigkeit. Die Lagerdrücke, Zahndrücke u. a. sind nämlich von den Trägheitswiderständen abhängig. Ein an einer bestimmten Stelle gelegenes Triebwerkselement äußert nun Trägheitswiderstände, die sich von da ab bis zum Reduktionspunkt hin in den Lagern und Zahnrädern usf. geltend machen und dort Reibungswiderstände hervorrufen. Der Reibungswiderstand, der von den Trägheitswiderständen eines bestimmten Triebwerkselementes ausgeht, hängt von der Masse dieses letzteren ab. Einen genauen Ausdruck hierfür aufzustellen, ist nach den Wahrnehmungen gelegentlich des einfachen Falles des Rades und der Welle oder des Hebels in 86 ungemein umständlich. Man würde dadurch die Einfachheit der Rechnung gänzlich aufgeben, die man doch mit der Einführung der reduzierten Masse erstrebt. Auch die Berücksichtigung der Reibung von dem betrachteten Triebwerkselement an bis zum Reduktionspunkt durch einen Wirkungsgrad, der gleich dem Produkt der Wirkungsgrade der zwischenliegenden Triebwerkselemente wäre, empfiehlt sich nicht, denn in dem Ausdruck für den Reibungswiderstand kommt die Masse des betrachteten Triebwerksteiles multipliziert mit einem Wirkungsgrad und einem Übersetzungsverhältnis vor, und wenn man alle so reduzierten Reibungswiderstände addiert, so bildet die reduzierte Masse des ganzen Getriebes keinen gemeinsamen Faktor dieses Ausdruckes, d. h. der Versuch, die Reibungswiderstände zu reduzieren, mit Rücksicht auf ihre Abhängigkeit von den Massenkräften, ist mit dem Rechnen mit einer reduzierten Masse nicht vereinbar. Wenn man sich nicht damit begnügt, die Reibungswiderstände überschlägig durch Multiplikation der treibenden Kräfte mit einem einzigen Wirkungsgrad zu berücksichtigen, so muß man das Rechnen mit der reduzierten Masse überhaupt aufgeben.

§ 67. Ungleichförmigkeitsgrad der belasteten Maschine.

314. Bestimmung der Arbeit der treibenden und widerstehenden Kräfte. Graphische Integration. Fortsetzung des Beispieles in 309. Wir kehren zu der in 306 bis 308 behandelten Aufgabe und zu dem Zahlenbeispiel in 309 zurück. Von der Totlage bis zu einer bestimmten Kurbelstellung soll die treibende Kraft des indizierten Dampf-, Gas- oder Wasserdruckes die Arbeit A_T, der (als konstant angenommene) Nutzwiderstand die Arbeit A_n und der (ebenfalls als konstant angenommene) Reibungswiderstand die Arbeit A_r geleistet haben, also die Arbeit $A = A_T - A_n - A_r$ zur Beschleunigung bzw. Verzögerung der Massen verfügbar sein, dann ist nach dem Energiegesetz

$$E = E_0 + A.$$

Soll E angegeben werden, so muß außer E_0 (**307** u. **308**) auch A bekannt sein, dessen Ermittlung jetzt gezeigt werden soll. Wir betrachten der Einfachheit halber eine Einzylindermaschine. In einem Viertaktmotor z. B. wird während zweier Umdrehungen ($=$ 1 Viertakt) von der treibenden Kraft des Gasdruckes die indizierte Diagrammarbeit f [qcm] $\cdot p$ [kg/qcm] $\cdot s$ [m] entwickelt (Kolbenfläche mal mittl. indiz. Druck mal Kolbenweg). Ist die Maschine im Beharrungszustand, so ist gleichzeitig eine ebenso große Nutz- und Reibungsarbeit $A_n + A_r$ geleistet worden. Sie ist nach Voraussetzung gleichmäßig über den Kurbelweg verteilt. Statt nun in der üblichen Weise die treibende und widerstehende Drehkraft für jede Kurbelstellung zu ermitteln und graphisch in Abhängigkeit vom Kurbelweg im sog. Drehkraftdiagramm (s. Abschn. **252**) aufzutragen und die Arbeitsüberschüsse durch Planimetrieren zu bestimmen, kann man die erwähnten Arbeiten durch graphische Integration, zu der nur das Lineal gebraucht wird, ermitteln.

Die Arbeit $A_w = A_n + A_r$ der konstanten Widerstandskräfte, von der Totlage aus gerechnet beim Durchlaufen eines Kurbelwinkels ϑ, ist offenbar diesem Winkel proportional. Am Ende der Arbeitsperiode, d. h. hier des Viertaktes (Kurbelwinkel 4π). ist die Arbeit $f \cdot p \cdot s$ [kgm], zu Anfang Null. Trägt man diese beiden Werte in ein Koordinatensystem ein, dessen wagrechte Abszissen die Kurbelwinkel ϑ und dessen senkrechte Ordinaten die Arbeiten A sind, so hat man die Anfangs- und Endordinate durch eine Gerade zu verbinden und kann die von der Totlage bis zu

§ 67. Ungleichförmigkeitsgrad der belasteten Maschine. 577

einem beliebigen Kurbelwinkel geleistete Arbeit $A_w = A_n + A_r$ der widerstehenden Kräfte sofort ablesen.

Die im gleichen Zeitabschnitt geleistete **indizierte Arbeit** findet man aus dem Indikatordiagramm durch ein graphisches Integrationsverfahren, das — beiläufig bemerkt — allgemein verwendbar ist, wenn der Inhalt einer gegebenen Fläche ermittelt werden soll. Die Ordinaten des Indikatordiagrammes sind die indizierten Drücke p [kg/qcm] oder auch die dazu proportionalen Kolbenkräfte $P = f \cdot p$ [kg], die Abszissen die Kolbenwege s [m]. Die indizierte Arbeit der Triebkraft auf ds ist

$$dA_T = P \cdot ds \quad \text{woraus} \quad P = \frac{dA_T}{ds}.$$

In dem zu entwerfenden Diagramm (Fig. 268) seien die Werte s als Abszissen, wie im Indikatordiagramm, die Werte A_T als Ordinaten aufgetragen. dA_T/ds ist dann die Tangens des Neigungswinkels α, den die Tangente an die (A_T, s)-Kurve mit der $+s$-Achse einschließt; es ist also

$$\operatorname{tg}\alpha = \frac{dA_T}{ds} = \frac{P}{1}.$$

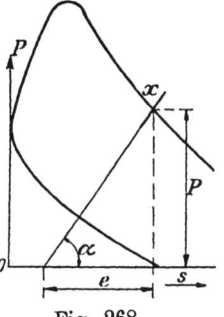

Fig. 268.

Es ist daher die Neigung der gesuchten (A_T, s)-Kurve an der durch die Abszisse s bestimmten Stelle gleich der Triebkraft P an der gleichen Stelle; P ist aber im Indikatordiagramm gegeben und damit auch $\operatorname{tg}\alpha$. Kennt man nun an hinreichend vielen und hinreichend benachbarten Stellen die Richtung der Kurve, so kann die Kurve aus ihren Kurvenelementen durch schrittweises Aneinanderfügen konstruiert werden.

Die Länge der Einheitsstrecke in der Gleichung

$$\operatorname{tg}\alpha = \frac{P}{1} = \frac{dA_T}{ds}$$

ist von den gewählten Maßstäben abhängig.

Es sei der Maßstab der P: 1 kg $= \mu_1$ mm
„ „ „ „ s: 1 m $= \mu_2$ mm
„ „ „ „ A: 1 kgm $= \mu_3$ mm.

Ist e mm die Länge der Einheitsstrecke, so ist

$$\frac{P \cdot \mu_1 \,[\text{mm}]}{e\,[\text{mm}]} = \frac{dA_T \cdot \mu_3 \,[\text{mm}]}{ds \cdot \mu_2 \,[\text{mm}]}.$$

Nun ist in den ursprünglichen Einheiten ausgedrückt:

$$P = dA_T/ds,$$

578   Dynamik des Kurbelgetriebes.

womit die Länge der Einheitsstrecke sich ergibt zu

$$e = \frac{\mu_1 \mu_2}{\mu_3} [\text{mm}] \quad \ldots \ldots \ldots \quad (274)$$

Der Neigungswinkel α der $(A_T s)$-Kurve für den Punkt x des Indikatordiagrammes wird also erhalten (Fig. 268), indem man am Fußpunkt der durch x gehenden Ordinate die Einheitsstrecke e in der ersichtlichen Weise abträgt, worauf die Neigung α gezeichnet werden kann.

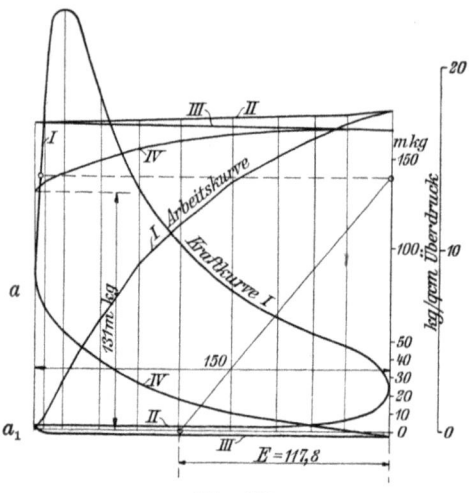

Fig. 269 a.

Die Konstruktion der (A_T, s)-Kurve[1]) hat bei der Kurbelstellung zu beginnen, von der aus die Arbeit der treibenden Kraft gemessen werden soll, d. h. im vorliegenden Beispiel im Totpunkt. Nimmt man genügend viele Elemente ds, innerhalb derer P als konstant angenommen werden kann, so wird die (A_T, s)-Kurve befriedigend genau. Ihre Endordinate muß mit der indizierten Diagrammarbeit übereinstimmen, was durch Planimetrieren der letzteren geprüft werden kann.

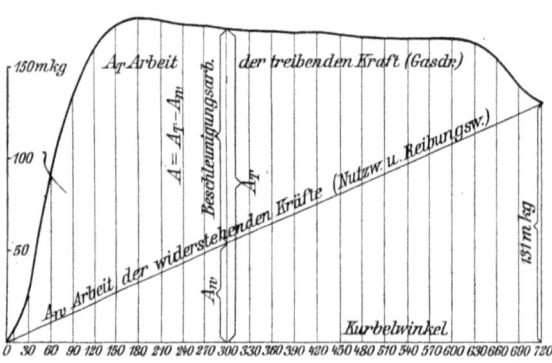

Fig. 269 b.

Die graphische Integration ist in Fig. 269a am Beispiel des Indikatordiagrammes eines Einzylinderviertaktmotors durchgeführt. Nachdem die Maßstäbe $\mu_1 \mu_2 \mu_3$ gewählt

---

[1]) Die (A_T, s)-Kurve (oder Arbeitskurve) einer (P, s)-Kurve (oder Kraftkurve) heißt geometrisch die Integralkurve der letzteren Kurve; die Integralkurve kann mechanisch mit einem sog. Integraphen (Abdank-Abakanowicz; ausgeführt von Coradi-Zürich) aufgezeichnet werden.

§ 67. Ungleichförmigkeitsgrad der belasteten Maschine. 579

sind, wird die Einheitsstrecke e aus Gl. (274) berechnet und damit die Arbeitslinie (A_T-Linie) des Gasdruckes gezeichnet. Der Anfangspunkt dieser Aufzeichnung ist willkürlich z. B. die Explosionstotlage, Punkt a. Die nach Fig. 268 ausgeführte Konstruktion ergibt die Richtung der A_T-Linie in deren Anfangspunkt a_1. Sie ist bis zu der durch Kurbelwinkel 15^0 bestimmten Ordinate fortgesetzt; hierauf ist die Konstruktion in gleicher Weise in den Diagrammpunkten wiederholt, die zu den Kurbelwinkeln 15^0, 30^0, 45^0, 60^0 usf. gehören. Ist der Totpunkt erreicht, so führt man die Konstruktion, der Diagrammlinie folgend, fort bis zum Ende, wo die gesamte indizierte Arbeit des Diagrammes $A_T = 131$ [kgm] gefunden wird. Zur Probe ist das Diagramm planimetriert und $p_i = 7{,}7$ [kg/qcm] gefunden worden. Damit berechnet sich die Diagrammarheit zu $f \cdot p_i \cdot s = 113{,}1 \cdot 7{,}7 \cdot 0{,}15 = [131]$ kgm, d. i. die Zeichnung stimmt genau

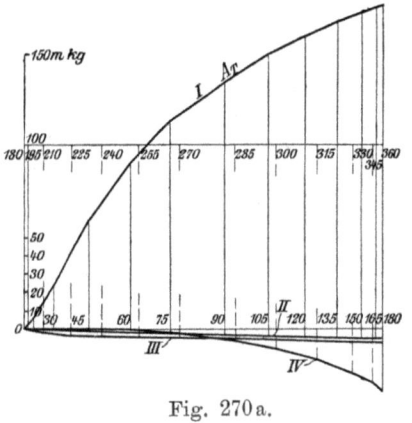
Fig. 270a.

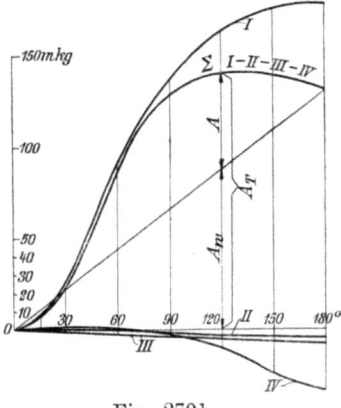
Fig. 270b.

mit dem Planimetrieren überein. Die zunächst in Funktion des Kolbenweges erhaltene A_T-Linie ist sodann in Abhängigkeit des Kurbelwinkels umgezeichnet (Fig. 269b).

Wie man das Arbeitsdiagramm einer Mehrzylindermaschine zeichnet, kann sich der Studierende selbst zurechtlegen; grundsätzlich ist aus diesem Anlaß zum Vorhergehenden nichts hinzuzufügen. Für den 4-Zylinder-Automobilmotor des Beispieles in **309** ist die Zeichnung in Fig. 270a und 270b durchgeführt.

Die Arbeitslinie der Nutz- und Reibungswiderstände A_w führt je auf die gleiche Endordinate 131 [mkg]; die Maschine soll sich ja im Beharrungszustand befinden. Durch die hier durchgeführte graphische Integration und die Aufzeichnung der A_T- und A_w-Linie in Abhängigkeit des Kurbelwinkels ist nun keineswegs bloß der Endwert der Arbeit am Schluß einer Arbeitsperiode bestimmt, vielmehr

mehr kann für jede Kurbelstellung angegeben werden, wie groß von der gewählten Anfangsstellung bis zu dieser hin die Arbeit der treibenden Kräfte A_T, die Arbeit der widerstehenden Kräfte A_w und die zur Massenbeschleunigung aufgewendete Arbeit $A = A_T - A_w$ ist; alle drei Größen sind in Fig. 269b bzw. 270b kenntlich gemacht.

Nachdem die lebendige Kraft F der bewegten Maschinenteile für den Kurbelwinkel 0

$$E_0 = \tfrac{1}{2} m_{0\,red} \cdot c_0^2 = \tfrac{1}{2} \cdot 0{,}088\,29 \cdot 1256^2 = 697\,00 \text{ [kgcm]}$$

von früher her (vgl. S. 569 und Tabelle S. 569) bekannt ist und ebenso die von da ab bis zu einem bestimmten, sonst aber beliebigen Kurbelwinkel geleistete Beschleunigungsarbeit A, so ist nach dem Energiegesetz

$$E = E_0 + A$$

oder mit den reduzierten Massen m_{red} und $m_{0\,red}$ und den zugehörigen Geschwindigkeiten c und c_0

$$\tfrac{1}{2} m_{red} \cdot c^2 = \tfrac{1}{2} m_{0\,red} \cdot c_0^2 + A,$$

woraus für die Geschwindigkeit in der betreffenden Kurbelstellung folgt

$$c = \sqrt{\frac{m_{0\,red} \cdot c_0^2 + 2A}{m_{red}}} \quad \ldots \ldots \quad (275)$$

Die Fig. 270 und die Tabelle S. 569 gilt für den früher betrachteten 4-Zylinder-Automobilmotor, wobei angenommen ist, daß die Kraftentwicklung in allen 4 Zylindern in der gleichen Weise verlaufe und der Motor im Beharrungszustand sich befinde. Unter dieser Voraussetzung wiederholen sich mit jeder halben Umdrehung die Kraft- und Geschwindigkeitsverhältnisse in stets gleicher Weise; es genügt daher, den Geschwindigkeitsverlauf während eines Taktes oder Hubes festzustellen. Es sei z. B. der Kurbelwinkel 150° herausgegriffen. Für diesen ist nach Tabelle S. 569 $m_{red} = 0{,}090\,09$, nach Fig. 270 ist $A = 28{,}8$ [kgm] $= 2880$ [kgcm]; ferner ist gegeben $m_{0\,red} = 0{,}088\,29$ und $c_0 = 1256$ [cm/sek], womit Gl. (275) ergibt

$$c = \sqrt{\frac{0{,}088\,29 \cdot 1256^2 + 2 \cdot 2880}{0{,}090\,09}} = 1270 \text{ [cm/sek]}.$$

Die so erhaltenen Kurbelzapfengeschwindigkeiten sind in Fig. 271a in Abhängigkeit vom Kurbelwinkel aufgetragen. Die mittlere Geschwindigkeit fand sich durch Planimetrieren zu $c_m = 1253$; die größte und kleinste Geschwindigkeit sind 1270 und 1235, daher ist der Ungleichförmigkeitsgrad bei Vollast nach Gl. (259):

$$\delta = \frac{1270 - 1235}{1253} = \frac{1}{35{,}8}.$$

gegenüber 1/22,8 nach Radinger (vgl. 252).

315. Winkelbeschleunigung der Kurbel. Für viele Zwecke genügt es, die Winkelgeschwindigkeit einer im Beharrungszustand befindlichen Kolbenmaschine als unveränderlich anzusehen. Dies geschieht auch bei der üblichen Schwungradberechnung nach Radingers Vorgang. Es wird hier gezeigt, wie die Winkelbeschleunigung der Kurbel ermittelt wird, nachdem die Winkel-

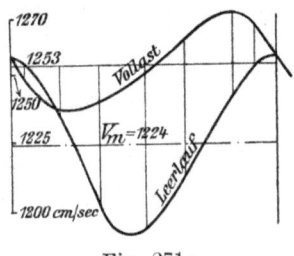

Fig. 271 a.

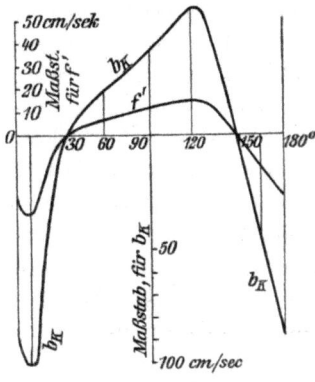

Fig. 271 b.

geschwindigkeit in Funktion des Kurbelwinkels oder Kurbelweges s_k gefunden ist, also $c = f(s_k)$. Leitet man c nach s_k ab, so erhält man

$$\frac{dc}{ds_k} = f'(s_k).$$

Diese Hilfsgröße läßt sich durch Ziehen von Tangenten an die Kurve Fig. 271a graphisch ermitteln; man hat dann weiterhin, indem man die letzte Gleichung mit $1/dt$ erweitert:

$$\frac{dc}{dt} = f'(s_k) \cdot \frac{ds_k}{dt}.$$

Nun ist dc/dt die Umfangsbeschleunigung b des Kurbelzapfens $b_k = r \cdot \varepsilon$, wo ε die Winkelbeschleunigung der Kurbel ist, und ferner $ds_k/dt = c$ die Kurbelzapfengeschwindigkeit, daher ist die Winkelbeschleunigung der Kurbel

$$\varepsilon = \frac{b_k}{r} = f'(s_k) \cdot \frac{c}{r}.$$

Die graphisch ermittelten Werte von f' sind in Fig. 271b in Abhängigkeit des Kurbelwinkels aufgetragen. Durch Multiplikation mit den zugehörigen Werten von c/r wird die Winkelbeschleunigung der Kurbel erhalten. Sie ist der Übersichtlichkeit halber in Fig. 272 auf der jeweiligen Kurbelrichtung abgetragen und zum Vergleich die mittlere Zentripetalbeschleunigung c_m^2/r eingezeichnet.

316. Das Energie-Massendiagramm nach Wittenbauer. (Z. Ver. deutsch. Ing. 1905, S. 471). Man kann mit Hilfe eines einzigen

582　Dynamik des Kurbelgetriebes.

Diagrammes die erforderlichen Schwungradgewichte einer Maschine für alle möglichen mittleren Umlaufzahlen und Ungleichförmigkeitsgrade angeben. Zu diesem Zweck ist nach Wittenbauer für eine Anzahl von Stellungen des Getriebes die reduzierte Masse des Getriebes als wagrechte Abszisse und die Energie $E = E_0 + A =$ anfängliche Bewegungsenergie $+$ Beschleunigungsarbeit als senkrechte Ordinate aufzutragen, was voraussetzt, daß die reduzierte Masse und die Beschleunigungsarbeit schon bestimmt sind (**309** u. **314**). Ist das Getriebe im Beharrungszustande, so ergibt sich eine geschlossene Kurve; das Diagramm hat Wittenbauer das **Energie-Massen-Diagramm** genannt. Statt der reduzierten Massen m_{red} können auch die reduzierten Gewichte des Getriebes $G_{red} = m_{red} \cdot g$ aufgetragen werden[1]). Fig. 273.

Um zunächst die Eigenschaften dieses Diagrammes festzustellen, sei angenommen, das Diagramm liege für eine gegebene Maschine

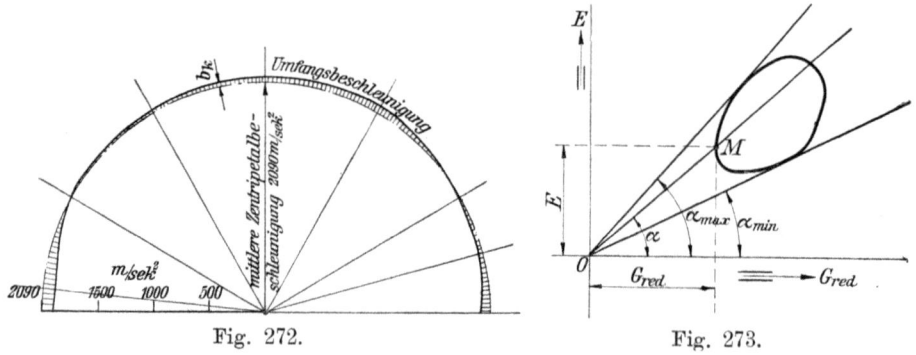

Fig. 272.　　　　　　　Fig. 273.

fertig gezeichnet vor. Ein Punkt M des Diagrammes gibt den Geschwindigkeitszustand des Getriebes an. Verbindet man nämlich M mit dem Ursprung O und nennt den Winkel zwischen MO und der positiven Abszissenachse α, so ist

$$\operatorname{tg} \alpha = \frac{E}{G_{red}} = \frac{\tfrac{1}{2} m_{red} \cdot c^2}{m_{red} \cdot g} = \frac{c^2}{2g} = h \quad \ldots \quad (276)$$

wobei c die Geschwindigkeit des Reduktionspunktes ist und $c^2/2g$ eine sog. Geschwindigkeitshöhe h. Der Winkel α ist demnach ein Maß für die Geschwindigkeit des Reduktionspunktes.

Zieht man von O aus die äußersten Tangenten an das Diagramm, so erhält man die Größt- und Kleinstwerte des Winkels α

---

[1]) Mit Einführung dieser Bezeichnungen nimmt die Energiegleichung die Form an
$$G_{red} \cdot h = G_{0\,red} \cdot h_0 + A.$$

§ 67. Ungleichförmigkeitsgrad der belasteten Maschine.

und damit auch der Geschwindigkeit, bzw. Geschwindigkeitshöhe gemäß

$$\operatorname{tg} \alpha_{max} = \frac{c_{max}^2}{2g} = h_{max}; \quad \operatorname{tg} \alpha_{min} = \frac{c_{min}^2}{2g} = h_{min} \quad . \quad (277)$$

Hiermit soll der Ungleichförmigkeitsgrad ausgedrückt werden, wenn angenommen werden darf, die größte und kleinste Geschwindigkeit unterscheiden sich um gleichviel von der mittleren Geschwindigkeit c, es sei also

$$c_{max} = c\left(1 + \frac{\delta}{2}\right); \quad c_{min} = c\left(1 - \frac{\delta}{2}\right),$$

womit
$$\left.\begin{array}{l}\operatorname{tg} \alpha_{max} = h_{max} = h\left(1 + \dfrac{\delta}{2}\right)^2 = \operatorname{rd.} h\,(1+\delta) \\[2mm] \operatorname{tg} \alpha_{min} = h_{min} = h\left(1 - \dfrac{\delta}{2}\right)^2 = \operatorname{rd.} h\,(1-\delta)\end{array}\right\} \quad . \quad (278)$$

durch Abziehen folgt:

$$\operatorname{tg} \alpha_{max} - \operatorname{tg} \alpha_{min} = 2\,h\,\delta = \frac{c^2}{g} \cdot \delta \quad . \quad . \quad . \quad . \quad (279)$$

Jetzt läßt sich die Aufgabe lösen, das Schwungradgewicht einer Maschine anzugeben, deren (E, G_{red})-Diagramm vorliegt und deren ursprüngliche Umlaufzahl geändert wird, wobei sie einen vorgeschriebenen Ungleichförmigkeitsgrad haben soll. Sei c die entsprechende mittlere Geschwindigkeit des Reduktionspunktes (demnach $h = c^2/2g$) und δ der Ungleichförmigkeitsgrad, so kann α_{max} und α_{min} aus (278) berechnet werden. Zieht man unter diesen Winkeln die äußersten Tangenten an das (E, G)-Diagramm, so erhält man in dem Schnittpunkt O den Ursprung eines dem anfänglichen parallelen Koordinatensystems, aus dem das gesuchte Schwungradgewicht entnommen werden kann. Bei Aufzeichnung des (E, G_{red})-Diagrammes empfiehlt es sich, die reduzierten Gewichte in einen konstanten Anteil $G_r = G_{r1} + G_{r2} + G_{r3}$, herrührend von den rein rotierenden Massen des Schwungrades, der Welle, und einem angenähert konstanten Bruchteil der Stangenmasse, und andererseits in einen veränderlichen Anteil $G_h = G_{h1} + G_{s2}$, herrührend von einem angenähert konstanten Bruchteil der Stangenmasse und von der Kolbenmasse zu zerlegen.

Soll das Energie-Massen-Diagramm in der Zeichnung nicht zu klein ausfallen, so muß ein sehr großer Zeichenmaßstab gewählt werden. Wie Wittenbauer verfährt, um schiefe und über die Zeichnung hinausfallende Schnittpunkte zu vermeiden, findet der Leser in der Originalabhandlung.

§ 68. Massendrücke und Massenausgleich.

317. Massenausgleich an Maschinen mit hin- und hergehenden Massen. Von den „freien Kräften und Momenten" an Maschinen mit hin- und hergehenden Teilen, sowie von den störenden Wirkungen, die jene ausüben können, war schon im Abschn. 304 die Rede. Je größer die hin- und hergehenden Massen und je höher die Beschleunigungen derselben sind, um so stärker werden die Massenwirkungen und um so mehr müssen die Hilfsmittel der Mechanik herangezogen werden, um die „Massen auszugleichen", sofern nicht die Maschinen mit hin- und hergehenden Massen durch solche mit nur rotierenden Massen ersetzt werden. Die großen mehrzylindrigen Kolbenmaschinen der transatlantischen Dampfer verlangen sorgsamste Berücksichtigung der Massenkräfte. Bei den Schnelldampfern Lucania und Carmania der Cunard-Linie konnte, obwohl die Maschinen stark genug waren, die Fahrgeschwindigkeit nicht auf die volle beabsichtigte Höhe gesteigert werden, weil der Schiffskörper in so starke Schwingungen geriet, daß der Aufenthalt für die Fahrgäste unerträglich wurde und die Festigkeit des Schiffes gefährdet erschien. Schlick hat gezeigt, wie die störenden Massenwirkungen durch geeignete Wahl der Kurbelversetzungswinkel, der Zylinderabstände und der hin- und hergehenden Massen auf ein zulässiges Maß herabgedrückt werden können. Die Frage des Massenausgleiches ist auch für Flug- und Fahrzeugmotoren von Bedeutung.

Ehe wir an die Berechnung gehen, sei vorausgeschickt, daß es der Dampf- oder Gasdruck in den Zylindern, und auch die Reibung in Lagern und Führungen nicht ist, was die Maschinen als Ganzes oder die Umgebung in Schwingung versetzt. Wir wollen uns dabei die sämtlichen Teile der Maschine selbst als starr vorstellen. In einer Kolbenmaschine drückt der Dampf oder das Gas auf den Zylinderdeckel und mit gleicher Stärke, aber in entgegengesetzter Richtung auf den Kolben, der Kolbendruck pflanzt sich durch das Gestänge fort und setzt eine gleich große Kraftkomponente auf die Hauptlager ab; Kolbendruck und Lagerwiderstand heben sich bezüglich ihrer in Richtung der Zylinderachse tätigen Komponenten auf, Deckeldruck und Lagerdruck innerhalb des Maschinengestelles, das ja einen in sich fest verbundenen Körper bildet. Von der Führungs- und Kolbenreibung gilt gleiches. Diese Kräfte wirken also auf die ganze Maschine nicht beschleunigend; Erzitterungen und ähnliches sind demnach keineswegs als Folge z. B. der Explosionen im Gasmaschinenzylinder anzusehen. Anders verhält es sich mit dem Drehmoment an den Kurbeln. Diesem

§ 68. Massendrücke und Massenausgleich.

entgegen wirkt das Moment der widerstehenden Kräfte einer Dynamomaschine, einer Riemen- oder Seilscheibe, eines Propellers, das, wenn die Maschine selbst z. B. mit einem Schiff oder einem Flugzeug zusammen einen beweglichen Körper bildet, gleichsam ein festes Widerlager darstellt. Jenes Moment sucht die Maschine zu kippen oder zum mindesten schief zu stellen, da ja sogleich Gegenkräfte wachgerufen werden. Das Kippmoment ist dem Moment der treibenden Kräfte entgegengesetzt gleich. In einer Kolbenmaschine wird es durch den Bahndruck des Kreuzkopfes und eine gleich große Gegenkraft im Hauptlager gebildet; dieses Moment tritt aber auch bei einer rein rotierenden Maschine, also bei einer Turbine auf, wo es am Gehäuse angreift. Schwankungen des treibenden Drehmomentes können grundsätzlich auch auf eine Schwankung der ganzen Maschine hinwirken, hauptsächlich aber auf Schwingung elastischer Teile. Von all dem soll aber jetzt nicht die Rede sein, sondern ausschließlich von den „freien Kräften und Momenten" und deren zeitlichen Schwankungen. Es empfiehlt sich auch, die konstanten Gewichtswirkungen außer acht zu lassen.

Die Lagerdrücke der freien Kräfte und Momente lassen sich für die einzelnen Lagerstellen nicht ohne weiteres berechnen, weil im allgemeinen mehr als zwei Lagerstellen angeordnet sind und die Aufgabe dann statisch unbestimmt wird. Dagegen kann man die Resultante der Lagerdrücke angeben, und um diese handelt es sich in erster Linie. Denn wenn sie gleich Null ist, dann wirken keine Kraftkomponenten auf das Maschinensystem beschleunigend ein, sein Schwerpunkt bleibt in Ruhe (oder in gleichförmiger Bewegung, falls er sich schon vorher bewegte und sofern außer den freien Kräften nicht andere Beschleunigungskräfte in Tätigkeit sind). Ist nun ferner Vorsorge getroffen, daß auch die Momente der freien Kräfte sich innerhalb der Maschine aufheben, so spricht man von einem vollkommenen Massenausgleich.

Wir wollen das noch deutlicher ausdrücken. Das Maschinensystem, bestehend aus dem Maschinengestell und den in diesem beweglichen Teilen, wie Welle, Kurbeln, Gegengewichte, Schubstange, Kolben, Kolbenstangen, Kreuzköpfen, sei für einen Augenblick gewichtlos vorgestellt und im Raum frei schwebend. Machte nun diese Maschine einen reibungsfreien Leerlauf mit geöffneten Zylinderdeckeln, so bliebe der Gesamtschwerpunkt von Gestell und beweglichen Teilen im Raum fest, da keine äußeren Kräfte auf ihn einwirken. Dabei brauchen die Massen nicht ausgeglichen zu sein. Die Lagerdrücke der freien Kräfte haben in diesem Fall eine Resultante und ein resultierendes Moment, die das Maschinengestell in translatorische und rotatorische Schwingungen versetzen. Die beweglichen Massen anderseits führen eine Gegenbewegung aus, und zwar der Schwerpunkt derselben eine periodische Translation, während um den Schwerpunkt eine drehende Schwingung stattfindet. Der Gesamtschwerpunkt von Gestell und Getriebe bleibt in Ruhe. Im Fall eines vollkommenen Massenausgleiches ist aber die Gesamtreaktion der freien Kräfte Null und zwar sowohl hinsichtlich der Resultante als hinsichtlich des Momentes, die die einzelnen Lagerdrücke liefern. Das Gestell bleibt dann in Ruhe und damit auch dessen Schwerpunkt. Weil aber der Gesamtschwerpunkt nach wie vor in Ruhe bleibt, so verharrt im Falle des Massenausgleiches auch der Schwerpunkt der beweglichen Teile für sich in Ruhe.

Um unsere Gedanken ausschließlich auf die Massenwirkungen zu richten, betrachten wir eine Maschine, die mit geöffneten Zylinderdeckeln leerläuft. Reibungswiderstände an Lagern und Führungen mögen nicht berücksichtigt werden, man müßte die „Reibung der Bewegung" in diesem Zusammenhang zu den äußeren Kräften zählen, und von deren Wirkung ist schon oben gesprochen worden.

Die ohne Widerstände leerlaufende Maschine drehe sich gleichförmig, was nicht genau zutrifft, aber die mit dem Ungleichförmigkeitsgrad zusammenhängenden Winkelbeschleunigungen sind im vorliegenden Fall bedeutungslos. Auch die Massen der Steuerungen und Nebenmaschinen sollen vernachlässigt werden.

Um die Berechnungen möglichst zu vereinfachen und den dynamischen Gedankengang möglichst wenig durch algebraische Zwischenrechnungen zu stören, sollen noch weitere Vereinfachungen getroffen werden. Die Masse der Schubstange wird durch zwei Punktmassen ersetzt, indem man sie nach dem Hebelgesetz auf die beiden Stangenenden verteilt. Die Kurbeln und der mit ihnen verbundene Teil der Schubstangenmasse seien durch Gegengewichte schon im voraus ausgeglichen (vgl. Abschn. 265). So brauchen wir uns schließlich bloß noch mit den hin- und hergehenden Massen zu beschäftigen, die in der Kreuzkopf- oder Kolbenzapfenmitte vereinigt gedacht werden können. Wir berücksichtigen in unserer ersten Berechnung nur das einfachste Kurbelgetriebe, die Kurbelschleife. Das Kurbelgetriebe mit endlicher Schubstangenlänge läßt sich dann, wenn einmal der einfachste Fall geklärt ist, mit wenigen zusätzlichen Worten erledigen.

Eine beliebige Anzahl von Kurbelschleifen arbeiten auf eine Kurbelwelle. Die Schubrichtungen schneiden die Wellenachse. Im Schnittpunkt der ersten Schubrichtung mit der Welle liege der Ursprung O eines rechtwinkligen linkshändigen Koordinatensystems: z-Achse-Wellenachse, — y-Achse vertikal, x-Achse horizontal (Fig. 274, wo $+z$ nach hinten geht). Es bedeuten:

$r_1 r_2 \ldots$ die Längen der Kurbelarme,
$(l_1 l_2 \ldots$ die Längen der Schubstangen),
$(\lambda_1 = r_1 : l_1; \; \lambda_2 = r_2 : l_2; \ldots$ die sog. Stangenverhältnisse),

§ 68. Massendrücke und Massenausgleich.

$\overline{O1}$ eine mit der Welle fest verbundene und mit ihr rotierende Richtung, besser gesagt, eine in der Welle feste und mit ihr rotierende Axialebene,

$\beta_1 \beta_2 \ldots$ die Winkel zwischen x-Achse und den Schubrichtungen,

ϑ den Winkel zwischen x-Achse und der Richtung $\overline{O1}$, der die Getriebestellung der ganzen Maschine angibt,

$\varphi_1 \varphi_2 \ldots$ die Kurbelwinkel der einzelnen Getriebe, von deren Totlage aus gerechnet,

$\alpha_1 \alpha_1 \ldots$ die Kurbelversetzungswinkel von $r_1 r_2 \ldots$ gegenüber $\overline{O1}$,

$z_1 z_2 \ldots$ die Abstände der 2., 3. usf. Getriebe-Ebene von der (xy) Ebene des ersten Getriebes.

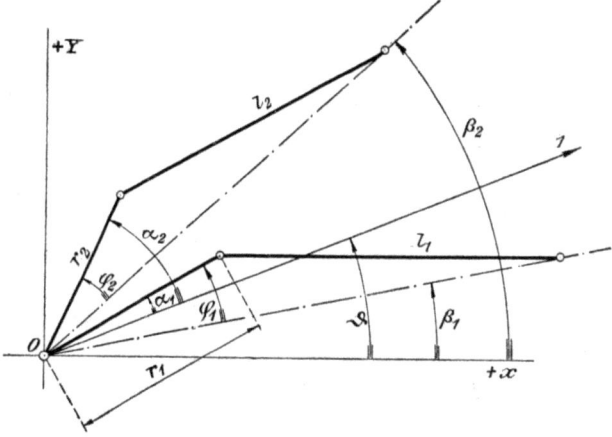

Fig. 274.

Die Massen der einzelnen Getriebe seien symmetrisch zur Bewegungsebene der jeweiligen Getriebe angeordnet. Die Bezeichnungen sind so gewählt, daß die Schreibweise der analytischen Ausdrücke eine einheitlich geordnete wird. Aus Fig. 274 und mit Einführen einer Abkürzung folgt für den Kurbelwinkel des i-ten Getriebes

$$\varphi_i = \vartheta + \alpha_i - \beta_i = \vartheta + \gamma_i \quad \ldots \ldots \quad (280)$$

Sind ferner $d_1 d_2 \ldots$ die Schwerpunktsabstände der hin- und hergehenden Massen der einzelnen Kurbelschleifengetriebe von den jeweiligen Kurbelschleifen, so ist

$$\left. \begin{array}{l} x_i = [r_i + d_i - r_i(1 - \cos \varphi_i)] \cos \beta_i \\ y_i = [r_i + d_i - r_i(1 - \cos \varphi_i)] \sin \beta_i \end{array} \right\} \quad \ldots \quad (281)$$

Unter der oben besprochenen Annahme konstanter Winkelgeschwindigkeit ω der Welle ist $\dot{\vartheta} = \dot{\varphi}_i = \omega$ und man erhält durch zweimaliges Ableiten von (281) nach t für die Beschleunigungskomponenten der Kreuzkopf- oder Kolbenbewegung:

$$\ddot{x}_i = -r_i\omega^2 \cos\varphi_i \cos\beta_i \qquad \ddot{y}_i = -r_i\omega^2 \cos\varphi_i \sin\beta_i \quad . \quad (282)$$

In der Achsrichtung (z-Richtung) wird von den bewegten Massen kein Weg zurückgelegt, es ist daher auch $\ddot{z} = 0$.

Die freien Kräfte und Momente der hin- und hergehenden Massen haben dann folgende Komponenten [vgl. Gl. (148) und (140)]:

$$\left.\begin{array}{ll} X = \Sigma m_i \ddot{x}_i & Y = \Sigma m_i \ddot{y}_i \\ M_x = \Sigma m_i(-z_i \ddot{y}_i) + Y \cdot z_0 & M_y = \Sigma m_i z_i \ddot{x}_i - X z_0 \end{array}\right\} \quad . \quad (283)$$

Einsetzen von (282) liefert:

$$\left.\begin{array}{l} X = -\Sigma m_i r_i \omega^2 \cos\varphi_i \cos\beta_i \\ Y = -\Sigma m_i r_i \omega^2 \cos\varphi_i \sin\beta_i \\ M_x = +\Sigma m_i z_i r_i \omega^2 \cos\varphi_i \sin\beta_i + Y z_0 \\ M_y = -\Sigma m_i z_i r_i \omega^2 \cos\varphi_i \cos\beta_i - X z_0 \end{array}\right\} \quad . \quad (284)$$

Die hin- und hergehenden Massen werden als vollkommen ausgeglichen bezeichnet, wenn die freien Kräfte und Momente verschwinden, wenn sich also die Trägheitskräfte der hin- und hergehenden Massen hinsichtlich ihrer Komponenten und Momente innerhalb der Maschine gegenseitig aufheben, d. h. wenn $X = Y = 0$ und $M_x = M_y = 0$. Setzt man aus (280) $\varphi_i = \vartheta + \gamma_i$ ein und beachtet, daß $\cos\varphi_i = \cos(\vartheta + \gamma_i) = \cos\vartheta \cdot \cos\gamma_i - \sin\vartheta \sin\gamma_i$, so wird aus (284), nach Wegheben des gemeinsamen Faktors ω^2:

$$0 = \Sigma(m_i r_i \cos\vartheta \cos\gamma_i \cos\beta_i - m_i r_i \sin\vartheta \sin\gamma_i \cos\beta_i)$$
$$0 = \Sigma(m_i r_i \cos\vartheta \cos\gamma_i \sin\beta_i - m_i r_i \sin\vartheta \sin\gamma_i \sin\beta_i)$$
$$0 = \Sigma(m_i r_i z_i \cos\vartheta \cos\gamma_i \sin\beta_i - m_i r_i z_i \sin\vartheta \sin\gamma_i \sin\beta_i)$$
$$0 = \Sigma(m_i r_i z_i \cos\vartheta \cos\gamma_i \cos\beta_i - m_i r_i z_i \sin\vartheta \sin\gamma_i \cos\beta_i).$$

Diese Gleichungen müssen für jeden Wert von ϑ erfüllt sein, da ja der Massenausgleich in jeder Kurbelstellung vorhanden sein soll. Das kann nur dann der Fall sein, wenn jeder der Faktoren von $\sin\vartheta$ und $\cos\vartheta$ für sich gleich Null ist, d. h. wenn unter Weglassen des Index i:

$$\left.\begin{array}{ll} \Sigma mr \cos\gamma \cos\beta = 0; & \Sigma mr \sin\gamma \cos\beta = 0 \\ \Sigma mr \cos\gamma \sin\beta = 0; & \Sigma mr \sin\gamma \sin\beta = 0 \\ \Sigma mrz \cos\gamma \sin\beta = 0; & \Sigma mrz \sin\gamma \sin\beta = 0 \\ \Sigma mrz \cos\gamma \cos\beta = 0; & \Sigma mrz \sin\gamma \cos\beta = 0 \end{array}\right\} \quad . \quad (285)$$

Bei dem Kurbelgetriebe mit endlicher Stangenlänge erweitern sich Gl. (284) und (285) durch Hinzutritt von Gliedern, die den Ein-

§ 68. Massendrücke und Massenausgleich.

fluß der endlichen Stangenlänge zum Ausdruck bringen. Behält man nur das erste derselben bei, so wird mit der Abkürzung $r_i' = \lambda_i r_i/4 = l_i \lambda_i^2/4$ und mit $d_i = l_i$ nach Gl. (111) und (113) S. 280:

$$x_i = [r_i + l_i - r_i(1 - \cos\varphi_i) - r_i'(1 - \cos 2\varphi_i)]\cos\beta_i$$
$$= \{l_i - r_i' + r_i[\cos\varphi_i + (\lambda_i/4)\cdot\cos 2\varphi_i]\}\cos\beta_i$$
$$y_i = \{l_i - r_i' + r_i[\cos\varphi_i + (\lambda_i/4)\cdot\cos 2\varphi_i]\}\sin\beta_i$$
$$\ddot{x}_i = -r_i\omega^2(\cos\varphi_i + \lambda_i\cos 2\varphi_i)\cos\beta_i$$
$$\ddot{y}_i = -r_i\omega^2(\cos\varphi_i + \lambda_i\cos 2\varphi_i)\sin\beta_i.$$

Verfährt man von hier ab genau so, wie oben beim einfachen Kurbelschleifengetriebe, so ergeben sich schließlich als Bedingungen für den vollkommenen Massenausgleich einer **Kolbenmaschine mit endlicher Schubstangenlänge** außer den obigen Gl. (285) noch die folgenden (Index i weggelassen):

$$\left.\begin{array}{ll} \Sigma mr\lambda\cos 2\gamma\cdot\cos\beta = 0; & \Sigma mr\lambda\sin 2\gamma\cdot\cos\beta = 0 \\ \Sigma mr\lambda\cos 2\gamma\cdot\sin\beta = 0; & \Sigma mr\lambda\sin 2\gamma\cdot\sin\beta = 0 \\ \Sigma mr\lambda z\cos 2\gamma\cdot\sin\beta = 0; & \Sigma mr\lambda z\sin 2\gamma\cdot\sin\beta = 0 \\ \Sigma mr\lambda z\cos 2\gamma\cdot\cos\beta = 0; & \Sigma mr\lambda z\sin 2\gamma\cdot\cos\beta = 0 \end{array}\right\} \quad (286)$$

Man spricht von einem Massenausgleich erster Ordnung an einer Maschine, wenn die Gl. (285) erfüllt sind, und von einem solchen zweiter Ordnung, wenn noch die Gl. (286) erfüllt sind. Im zweiten Fall ist dem Einfluß der endlichen Stangenlänge auf den Verlauf der Beschleunigung der hin- und hergehenden Massen Rechnung getragen. Würde man in der Reihenentwicklung für den Wert der Kolbenbeschleunigung noch höhere Glieder beibehalten, so erhielte man für jedes eine weitere Gleichungsgruppe als Bedingung für einen Massenausgleich der dritten, vierten usf. Ordnung, was weiter auszuführen keinen praktischen Wert hat, weil es sich um vernachlässigbare Größen handelt.

Was zu tun ist, um einen befriedigenden Massenausgleich zu erzielen, ist in einfacher Weise mit Hilfe der Gl. (285) und (286) schwer zu sagen. Nur das eine läßt sich erkennen: der Massenausgleich wird von der Wahl der Größen m, r, γ, β, z abhängen und von der Zahl i, d. h. von der Zahl der Getriebe des Maschinensystems. Und noch ein anderer Punkt ist im voraus klar gewesen: man sucht eine Massenwirkung durch eine entgegengesetzt gleiche aufzuheben.

An einem einzigen Kurbelgetriebe sind die Massen offenkundig nicht ausgeglichen, man braucht zum Massenausgleich mehrere Getriebe. Sind doch die Komponenten- und Momentenbedingung in Gl. (285) und (286) für den Massenausgleich erster und zweiter Ordnung zu erfüllen. Wir wollen uns nicht mit der Frage beschäftigen, wieviel Getriebe zum Massenausgleich mindestens erforderlich sind. Es sei nur auf die verschiedenen Möglichkeiten hingewiesen. Fürs erste können eine Anzahl von Getrieben in ebenso vielen Parallelebenen angeordnet werden, im einfachsten und nächstliegenden Fall mit parallelen Schubrichtungen; hierfür vereinfachen sich die die Gl. (285) und (286), wie gleich nachher gezeigt wird. Fürs zweite kann man darauf ausgehen, die Getriebe mit **verschiedenen Schubrichtungen** auszuführen und möglichst in eine Ebene zu legen, das führt zur **Fächer- oder Sternanordnung**; einen besonderen Fall dieser Anordnung bilden zwei Maschinen mit gegenläufigem Kolben und einander gerade entgegengesetzten Schubrichtungen. Für die zu treffende Wahl ist auch zu bedenken, daß Getriebe mit parallelen und gleich gerichteten Schubrichtungen weniger Platz erfordern, als solche mit entgegengesetzten Schubrichtungen.

Es würde zu viel Raum beanspruchen, die hier auftretenden Fragen bis ins einzelne zu klären; dazu muß auf die vorhandenen Monographien hingewiesen werden (H. Lorenz, Dynamik der Kurbelgetriebe; H. Schubert, Zur Theorie des Schlickschen Massenausgleiches; R. Knoller, Z. östr. Arch. u. Ing.-V. 1887; Kölsch, Gleichgang und Massenkräfte bei Fahrzeug- und Flugmaschinen). Wir begnügen uns damit, die Anwendung der Gl. (285) und (286) auf einige besondere Fälle zu zeigen.

Allgemein sei bemerkt, daß man mit rotierenden Massen hin- und hergehende Massen nicht ausgleichen kann. Sodann sei noch der Vorschlag O. Fischers erwähnt, den Schwerpunkt der Schubstange in den Kurbelzapfen zu verlegen, so daß sie angenähert durch ein Gegengewicht an der Kurbel ausgeglichen werden kann, abgesehen von den Trägheitswirkungen der um den Schwerpunkt erfolgenden Pendelungen der Stange, die auch in den obigen Berechnungen des Massenausgleiches unberücksichtigt geblieben sind.

Für parallele und gleichgerichtete Schubrichtungen ist bei liegenden Maschinen $\beta_1 = \beta_2 = \beta_i = 0$ und $\gamma_i = \alpha_i$ (Fig. 274); bei stehenden $\beta_i = \pi/2$ und $\gamma_i = \alpha_i - \pi/2$, womit als Bedingung für den Massenausgleich erster und zweiter Ordnung dieser Maschinen sich ergibt

$$\left. \begin{array}{ll} \Sigma m r \left\{ \begin{array}{l} \cos \alpha \\ \sin \alpha \end{array} \right\} = 0 & \Sigma m r z \left\{ \begin{array}{l} \cos \alpha \\ \sin \alpha \end{array} \right\} = 0 \\ \Sigma m r \lambda \left\{ \begin{array}{l} \cos 2\alpha \\ \sin 2\alpha \end{array} \right\} = 0 & \Sigma m r \lambda z \left\{ \begin{array}{l} \cos 2\alpha \\ \sin 2\alpha \end{array} \right\} = 0 \end{array} \right\} \quad (287)$$

d. h. geometrisch ausgedrückt: Die Strecken $m \cdot r$ bzw. $m \cdot r \cdot z$ je unter den Winkeln α geometrisch aneinandergefügt, müssen ein geschlossenes Polygon ergeben. Ebenso die Strecken $m \cdot r \cdot \lambda$ bzw. $m \cdot r \cdot \lambda \cdot z$

§ 68. Massendrücke und Massenausgleich. 591

jeweils unter den Winkeln 2α aneinandergereiht. (Der Index i ist überall, wie schon oben, weggelassen.)

Der Inhalt der Gl. (287) läßt sich wie folgt in Worte fassen: Zum vollständigen Massenausgleich erster und zweiter Ordnung gehören zwei Bedingungen. Es müssen die Massen der gegebenen Maschinen ausgeglichen sein, wenn diese Kurbelschleifengetriebe besäßen. Es müssen ferner die Massen einer zweiten mit Kurbelschleifen arbeitenden Maschine ausgeglichen sein, die Kurbelarme von der Länge $r \cdot \lambda$ hat und doppelt so schnell läuft wie die erste, und aus ihr durch Verdopplung der Kurbelversetzungswinkel α entsteht.

Sind, wie häufig, die Stangenverhältnisse λ an allen Getrieben der Maschine gleich, so fällt λ als gemeinsamer Faktor aus den Gl. (285) bis (287) heraus.

Es sei nochmals daran erinnert, daß unter m_i nur die hin- und hergehenden Massen verstanden sind, daß die Schubstangen durch je zwei Punktmassen ersetzt wurden und daß von den rotierenden Massen angenommen wurde, sie seien für sich ausgeglichen. Die Coriolisbeschleunigungen der hin- und hergehenden Massen betragen nach S. 371 $b_{ki} = 2 v_{ri} \omega$, wo v_{ri} die Geschwindigkeit der hin- und hergehenden Bewegung in der Schubrichtung und ω die Winkelgeschwindigkeit der Schubrichtungen bedeutet und v_{ri} bei Auswärts- bzw. Einwärtsbewegung $\pm$ ist. Die Coriolisbeschleunigung steht auf der Schubrichtung senkrecht und wirkt bei Auswärtsbewegung des Kolbens im Sinn der Umlaufbewegung. Die x- und y-Komponente von b_{ki} ist $- b_{ki} \sin \beta_i$ und $+ b_{ki} \cos \beta_i$. Man sieht, daß die Coriolisbeschleunigung nur dann eine Bedeutung erlangen wird, wenn die Zylinder selbst rotieren, also bei sog. Rotationsmotoren. Sonst kann von ihnen abgesehen werden.

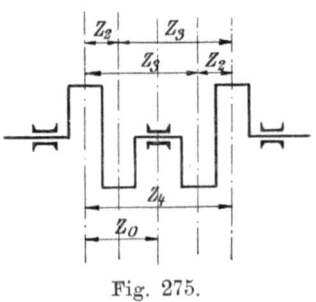

Fig. 275.

318. Anwendung auf Vier- und Sechszylinder-Automobilmotor. Rechnerisches und graphisches Verfahren. Beispiel 1: Ist durch die Kurbelanordnung Fig. 275 eines Vierzylinder-Automobilmotors Massenausgleich erreicht?

Da alle Schubrichtungen parallel und gleich gerichtet sind, müßten im Falle des Massenausgleiches die Gl. (287) erfüllt sein. Alle Kurbeln, Stangenverhältnisse und Massen sind einander gleich, also können r_i, λ_i, m_i als gemeinsame Faktoren vor die Σ der Gl. (287) treten. Läßt man die $O1$-Richtung in Fig. 274 mit der ersten Kurbel zusammenfallen, so ist $\alpha_1 = 0$, $\alpha_2 = 180^0$, $\alpha_3 = 180^0$ und $\alpha_4 = 360^0$. Ferner ist wegen der Symmetrie der Zylinderabstände $z_1 = 0$, $z_2 + z_3 = z_4$ (vgl. Fig. 275).

Die Bedingungen für den Massenausgleich 1. Ordnung lauten:

$$\cos \alpha_1 + \cos \alpha_2 + \cos \alpha_3 + \cos \alpha_4$$
$$= \cos 0^0 + \cos 180^0 + \cos 180^0 + \cos 360^0$$
$$= 1 - 1 - 1 + 1 - = 0$$

$$z_1 \cos \alpha_1 + z_2 \cos \alpha_2 + z_3 \cos \alpha_3 + z_4 \cos \alpha_4$$
$$= 0 + z_1(-1) + z_3(-1) + (z_2 + z_3) \cdot (+1) = 0.$$

Diese Bedingungen sind also erfüllt. Dagegen ist

$$\cos 2\alpha_1 + \cos 2\alpha_2 + \cos 2\alpha_3 + \cos 2\alpha_4$$
$$= \cos 0^0 + \cos 360^0 + \cos 360^0 + \cos 720^0 = 4,$$

also die „freien Kräfte 2. Ordnung" verschwinden nicht und der Massenausgleich 2. Ordnung ist nicht vorhanden, wenngleich die freien Momente 2. Ordnung mit $z_0 = (z_2 + z_3) : 2$, nämlich:

$$z_1 \cos 2\alpha_1 + z_2 \cos 2\alpha_2 + z_3 \cos 2\alpha_3 + z_4 \cos 2\alpha_4 - 4 z_0$$
$$= 0 + z_2 + z_3 + (z_2 + z_3) - 4(z_2 + z_3) : 2 = 0$$

verschwinden.

Man erkennt unmittelbar aus der Anschauung, daß der Massenausgleich der Vierzylindermaschine vollkommen wird,

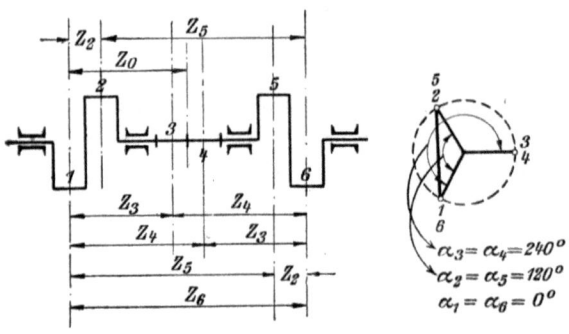

Fig. 276.

wenn die Schubrichtungen parallel bleiben, aber die der beiden mittleren Zylinder denen der beiden äußeren entgegengesetzt angeordnet, also die mittleren Zylinder auf die entgegengesetzte Seite verlegt werden. Das läßt sich auch mit Hilfe von Gl. (285) und (286) nachweisen. Der Platzbedarf ist hierfür bedeutend größer.

Lehre vom Stoß. § 69. Der Stoß freier Körper.

Beispiel 2: Sechszylinder-Automobilmotor mit parallelen und gleichgerichteten Zylinderachsen. Nach Fig. 276 ist

$\alpha_1 = 0$; $\alpha_2 = 120^0$; $\alpha_3 = 240^0$; $\alpha_4 = 240^0$; $\alpha_5 = 120^0$; $\alpha_6 = 0^0$;
$z_1 = 0$; $z_4 = z_6 - z_3$; $z_5 = z_6 - z_2$; $z_0 = z_6/2$.

Wir prüfen den Massenausgleich diesmal nicht rechnerisch, sondern mit der auf S. 590 angegebenen Methode, indem wir die Strecken $m_i r_i$, $m_i r_i z_i$ bzw. $m_i r_i \lambda_i$, $m_i r_i \lambda_i z_i$ je unter den Winkeln α_i bzw. $2\alpha_i$ aneinanderfügen. Dabei kann wegen der Gleichheit aller m_i und r_i für $m_i r_i$ der Wert 1 gesetzt werden.

Da sich sämtliche Polygone schließen, so besitzt der Sechszylinder-Automobilmotor vollständigen Massenausgleich der ersten und zweiten Ordnung. Fig. 277 u. 278.

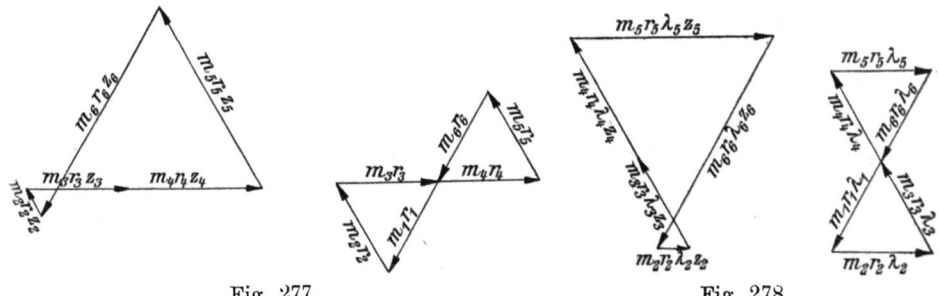

Fig. 277.   Fig. 278.

Das gleiche gilt von einem Achtzylindermotor, dessen Kurbelversetzungswinkel 180°, 90°, 180°, 0°, 180°, 90°, 180° sind, wobei die Winkel zwischen 1. und 2., 2. und 3., 3. und 4. usf. Kurbel gemeint sind.

Die Massen sind also am Sechszylinder- und Achtzylindermotor schon vollständig ausgeglichen. Wegen des Ausgleiches der hin- und hergehenden Massen braucht man nicht mehr als 6 Zylinder zu nehmen.

19. Kapitel.
Lehre vom Stoß.
§ 69. Der Stoß freier Körper.

319. Allgemeine Bemerkung. Wir wollen zwei im Raum sich frei bewegende Körper I und II annehmen, die sich mehr und mehr nähern und schließlich in einem Punkte B berühren. Sucht nun im weiteren Verlauf der Bewegung der eine Körper den andern zu verdrängen, so entsteht ein Stoß, es erwachen an der Berührungstelle wechselseitige Druckkräfte, sog. Stoßdrücke, die die Bewegungszustände der beiden Körper erfahrungsgemäß in ungemein kurzer Zeit sehr merklich ändern, mithin eine sehr bedeutende Wirkung äußern. Dieser Stoß ist ein zentrischer oder zentraler, wenn die im Berührungspunkt B der Körper auf der gemeinschaftlichen Berührungsebene errichtete Normale durch die Schwerpunkte der beiden aufeinanderstoßenden Körper hindurchgeht, andernfalls ein exzentrischer. Stehen die Bewegungsrichtungen der beiden in B in Berührung tretenden Punkte B_1 und B_2 der Körper I und II unmittelbar vor dem Stoß senkrecht auf der gemeinschaftlichen Berührungsebene, so heißt der Stoß ein gerader, andernfalls ein schiefer.

320. Gerader Zentralstoß zweier freier Körper. Ein solcher erfolgt, wenn zwei Kugeln I und II sich mit ihren Mittelpunkten auf einer und derselben Geraden in den gleichen Richtungen, aber mit verschiedenen Geschwindigkeiten c_1 und c_2 bewegen, wobei die Geschwindigkeit c_2 der vorderen Kugel II kleiner ist als die Geschwindigkeit c_1 der Kugel I.

In dem Augenblick, in dem die Berührung der beiden Kugeln eintritt, beginnt der Stoß, indem nunmehr die Kugel I in den von der Kugel II eingenommenen Raum einzudringen sucht. Es findet an der Stoßstelle B eine Zusammendrückung, eine Formänderung der beiden Kugeln statt, und es erwachen in B wechselseitige Druckkräfte, die sog. Stoßdrücke. Dabei erfährt die Kugel II von seiten der Kugel I einen in der gemeinschaftlichen Normalen wirkenden, die Geschwindigkeit der Kugel II vergrößernden Druck N, die Kugel I dagegen von der Kugel II einen ebenso großen, die Geschwindigkeit der Kugel I verringernden Gegendruck N. Der Unterschied der Geschwindigkeit beider Kugeln wird damit kleiner und kleiner. So lange aber die Geschwindigkeit der stoßenden Kugel I noch größer ist als diejenige der gestoßenen Kugel II, nimmt die Zusammendrückung beider Kugeln an der Stoßstelle zu. Erst wenn diese Geschwindigkeiten gleich geworden sind, hat die Zusammendrückung ihr Maximum erreicht, indem dann zu einer weiteren Zusammendrückung kein Anlaß mehr vorliegt. Diesen Augenblick wollen wir als das Ende einer ersten Periode des Stoßes ansehen. Unter Umständen ist mit dieser ersten Periode des Stoßes der Stoß überhaupt beendigt. Sind nämlich die Kugeln vollkommen unelastisch, mit andern Worten vollkommen plastisch, so zeigen sie nach der erlangten größten Formänderung an der Stoßstelle keinerlei Bestreben, ihre ursprüngliche Form wieder anzunehmen, sie bleiben deformiert und gehen in diesem Zustande

§ 69. Der Stoß freier Körper. 595

zusammen weiter mit ihren nunmehr übereinstimmenden Geschwindigkeiten. Sind dagegen die Kugeln elastisch, so haben sie das Bestreben, die während der ersten Periode des Stoßes erlittene Formänderung während einer zweiten Periode wieder rückgängig zu machen.

Statt die aufeinanderstoßenden Körper zusammendrückbar und elastisch anzunehmen, können wir dieselben auch starr voraussetzen, wenn wir dafür zwischen den beiden Körpern längs der Normalen im Berührungspunkte B eine masselose elastische Spiralfeder als Puffer eingeschaltet uns denken. In diesem Falle wird die Feder während der ersten Periode des Stoßes infolge der ungleichen Geschwindigkeiten der aufeinanderstoßenden Körper mehr und mehr zusammengedrückt; sobald aber die Gleichheit der beiden Geschwindigkeiten hergestellt ist, also kein Grund zu weiterer Zusammendrückung der Feder mehr vorliegt, fängt die Feder an, während der zweiten Periode des Stoßes sich wieder auszudehnen und weiter verzögernd auf den stoßenden Körper I, dagegen beschleunigend auf den gestoßenen Körper II einzuwirken. Mit der Abnahme der Geschwindigkeit von I und der Zunahme der Geschwindigkeit von II nimmt aber die Federspannung allmählich ab. Ist die Spannung gleich Null geworden, so ist auch die zweite Periode des Stoßes und damit der Stoß überhaupt beendigt, worauf die beiden Kugeln getrennt sich weiter bewegen vermöge der erlangten Geschwindigkeiten.

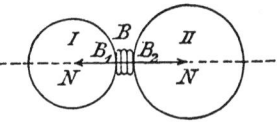

Fig. 279.

Schließlich ist noch zu bemerken, daß gegenüber der bedeutenden kinetischen Wirkung der Stoßkräfte die Wirkungen anderer äußerer Kräfte, die an den beiden Kugeln etwa noch tätig sind, während der Dauer des Stoßes nicht in Betracht kommen können, daß also von diesen letzteren Kräften beim Stoß abzusehen ist. Die Reibung hat dann den Charakter einer Stoßkraft, wenn der Normaldruck auch diesen Charakter hat; sonst nicht. Ist also die Reibung in einem bestimmten Fall nicht als Stoßkraft anzusehen, so hat sie auf den Stoßverlauf keinen Einfluß.

Bezeichnet man die gemeinschaftliche Geschwindigkeit beider Kugeln am Ende der ersten Periode des Stoßes mit u, ferner mit N die veränderlichen Drücke, die die beiden Kugeln während der ersten Periode des Stoßes wechselseitig aufeinander ausüben, so ergibt der Satz von der Bewegungsgröße, wenn τ_1 die Dauer der ersten Periode des Stoßes bezeichnet,

38*

$$m_1 u - m_1 c_1 = -\int_0^{\tau_1} N dt = -H_1$$
$$m_2 u - m_2 c_2 = +\int_0^{\tau_1} N dt = +H_1$$
$$\quad \ldots \text{(288)}$$

in Worten: Was der eine Körper an Bewegungsgröße gewinnt, verliert der andere an Bewegungsgröße; wirkt doch auf die beiden Körper in jedem Augenblick eine gleich große Kraft und Gegenkraft N, die den Körpern gleiche und entgegengesetzte Elementarantriebe $N dt$ erteilen. Durch Addition der Gl. (288) erhält man:

$$(m_1 + m_2) u = m_1 c_1 + m_2 c_2; \quad u = \frac{m_1 c_1 + m_2 c_2}{m_1 + m_2} \quad . \text{(289)}$$

Auf der rechten Seite der ersten Gleichung steht die Summe der Bewegungsgrößen der beiden stoßenden Körper vor dem Stoß, links die gleichgroße Summe am Ende der ersten Stoßperiode, d. h. die Bewegungsgröße eines von keinen äußeren Kräften angegriffenen materiellen Systems ist konstant.

Am Anfang der zweiten Periode des Stoßes haben beide Kugeln die Geschwindigkeit u, am Ende dieser Periode seien die Geschwindigkeiten v_1 bzw. v_2. Damit liefert der Satz von der Bewegungsgröße, wenn τ_2 die Dauer der zweiten Periode des Stoßes,

$$\left. \begin{array}{l} m_1 v_1 - m_1 u = -H_2 \\ m_2 v_2 - m_2 u = +H_2 \end{array} \right\} \quad \ldots \ldots \text{(290)}$$

woraus wieder durch Addition:
$$m_1 v_1 + m_2 v_2 = (m_1 + m_2) u = m_1 c_1 + m_2 c_2,$$
ein nach dem Satz von der Konstanz der Bewegungsgröße vorauszusehendes Resultat.

Weiche Lehmkugeln wollen wir als vollkommen unelastisch, Elfenbeinkugeln als vollkommen elastisch ansehen; in Wirklichkeit zeigen die festen Naturkörper mehr oder weniger unvollkommene Elastizität. Um nun dieser letzteren in der Theorie des Stoßes Rechnung zu tragen, nehmen wir an, daß bei den unvollkommen elastischen Körpern der Antrieb der Stoßdrücke während der zweiten Periode des Stoßes geringer sei als während der ersten, so daß man setzen kann:

$$H_2 = \varepsilon \cdot H_1 \ldots \ldots \ldots \text{(291)}$$

wobei ε einen zwischen 0 und 1 gelegenen, insbesondere von der materiellen Beschaffenheit der aufeinanderstoßenden Körper ab-

§ 69. Der Stoß freier Körper.

hängigen Koeffizienten, den sog. Stoßkoeffizienten, bedeutet. Bei vollkommener Elastizität der stoßenden Körper oder, wie man zu sagen pflegt, bei vollkommen elastischem Stoße ist $H_1 = H_2$ ($\varepsilon = 1$), d. h. der Antrieb der Stoßkraft ist in beiden Stoßperioden gleich groß. Mit Rücksicht auf die letzte Beziehung $H_2 = \varepsilon \cdot H_1$ erhält man aus den früheren Gleichungen:

$$m_1 v_1 - m_1 u = -\varepsilon \cdot H_1 = \varepsilon(m_1 u - m_1 c_1) \quad \ldots \quad (292)$$
$$m_2 v_2 - m_2 u = +\varepsilon \cdot H_1 = \varepsilon(m_2 u - m_2 c_2)$$

und damit

$$\left. \begin{array}{l} v_1 = u(1+\varepsilon) - \varepsilon c_1 = \dfrac{m_1 c_1 + m_2 c_2}{m_1 + m_2}(1+\varepsilon) - \varepsilon c_1 \\[2mm] v_2 = u(1+\varepsilon) - \varepsilon c_2 = \dfrac{m_1 c_1 + m_2 c_2}{m_1 + m_2}(1+\varepsilon) - \varepsilon c_2 \end{array} \right\} \quad (293)$$

Bei **vollkommen unelastischen** Körpern ist $\varepsilon = 0$, womit

$$v_1 = u \quad \text{und} \quad v_2 = u \quad \ldots \ldots \quad (294)$$

bei **vollkommen elastischen** Körpern dagegen ist $\varepsilon = 1$ und demgemäß im letzteren Fall:

$$\left. \begin{array}{l} v_1 = 2u - c_1 = \dfrac{2(m_1 c_1 + m_2 c_2)}{m_1 + m_2} - c_1 = \dfrac{m_1 c_1 + 2 m_2 c_2 - m_2 c_1}{m_1 + m_2} \\[2mm] v_2 = 2u - c_2 = \dfrac{2(m_1 c_1 + m_2 c_2)}{m_1 + m_2} - c_2 = \dfrac{m_2 c_2 + 2 m_1 c_1 - m_1 c_2}{m_1 + m_2} \end{array} \right\} \quad (295)$$

Wäre hierbei $m_1 = m_2$, so würde $v_1 = c_2$ und $v_2 = c_1$; es tauschten also die Kugeln ihre Geschwindigkeiten gegenseitig aus. Bewegten sich aber die beiden Kugeln gegeneinander, so setzte man c_2 negativ und erhielte damit $v_1 = -c_2$, $v_2 = c_1$, d. h. die Kugeln gingen beide nach dem Stoß wieder zurück. Würde endlich die Kugel m_1 normal gegen eine feste ruhende Wand stoßen, so hätte man zu setzen $c_2 = 0$ und $m_2 = \infty$, womit sich ergäbe, wieder bei Annahme vollkommener Elastizität,

$$v_1 = \dfrac{\dfrac{m_1 c_1}{m_2} + 2 c_2 - c_1}{\dfrac{m_1}{m_2} + 1} = -c_1$$

und

$$v_2 = \dfrac{c_2 + 2\dfrac{m_1 c_1}{m_2} - \dfrac{m_1 c_2}{m_2}}{\dfrac{m_1}{m_2} + 1} = 0.$$

Die Kugel m_1 prallte also von der Wand wieder zurück mit der Geschwindigkeit c_1, mit der sie auf die Wand aufstieß.

Nehmen wir jetzt den in Fig. 280 angedeuteten Fall an, in dem eine Reihe von gleichen Elfenbeinkugeln pendelartig aufgehängt sind. Bringt man von diesen Kugeln die mit I bezeichnete aus ihrer Gleichgewichtslage und läßt sie gegen die Kugel II sich bewegen, so wird sie die letztere mit einer gewissen Geschwindigkeit c_1 stoßen. Durch den Stoß erhält die Kugel II, dem Vorhergehenden entsprechend, plötzlich die Geschwindigkeit $v_2 = c_1$, während die Geschwindigkeit der Kugel I zu Null wird. Die gestoßene Kugel II stößt aber nach erhaltener Geschwindigkeit c_1 sofort gegen die ruhende Kugel III und erteilt dieser die Geschwindigkeit $v_3 = c_1$, während sie selbst die Geschwindigkeit 0 erhält usf. Schließlich empfängt auch die Kugel V die Geschwindigkeit c_1, vermöge der sie sich um ihren Aufhängepunkt nach außen dreht, während alle übrigen Kugeln in Ruhe verharren. Dieses Verhalten der Kugeln bestätigt bekanntlich das Experiment.

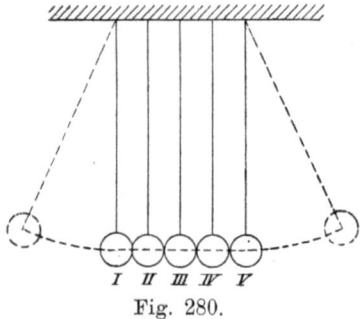

Fig. 280.

321. Der Verlust an lebendiger Kraft beim Stoß. Zieht man von der lebendigen Kraft L, die das System der beiden aufeinander stoßenden Massen m_1 und m_2 unmittelbar vor dem Stoße hatte, die lebendige Kraft L_1 des Systems nach vollendetem Stoß ab, so erhält man den Verlust $\Delta L = L_2$ an lebendiger Kraft:

$$L_2 = (\tfrac{1}{2} m_1 c_1^2 + \tfrac{1}{2} m_2 c_2^2) - (\tfrac{1}{2} m_1 v_1^2 + \tfrac{1}{2} m_2 v_2^2)$$
$$= (1 - \varepsilon^2) \cdot \frac{m_1 m_2}{m_1 + m_2} \cdot \frac{(c_1 - c_2)^2}{2} \quad \ldots \ldots \ldots (296)$$

Beim vollkommen elastischen Stoß ist $\varepsilon = 1$ und damit
$$L_2 = 0,$$
beim vollkommen unelastischen Stoß hat man dagegen $\varepsilon = 0$

und $$L_2 = \frac{m_1 m_2 (c_1 - c_2)^2}{2 (m_1 + m_2)} = \frac{m_1 (c_1 - c_2)^2}{2} \cdot \frac{1}{\dfrac{m_1}{m_2} + 1},$$

d. h. der Energieverlust erlangt einen Größtwert.

Aus $L = L_1 + L_2$ ersieht man, daß die vor dem Stoß vorhandene lebendige Kraft L des materiellen Systems aus zwei Teilen bestehend angenommen werden kann, mit deren einem, L_1, die Weiterbewegung des Systems nach vollendetem Stoß erfolgt,

§ 69. Der Stoß freier Körper. 599

während der andere Teil, L_2, für diese Weiterbewegung verloren geht, dafür aber zur Hervorbringung von bleibenden Formänderungen der aufeinander stoßenden Körper und von Vibrationen dieser Körper und des sie umgebenden Mittels dient.

Handelt es sich nun darum, durch Stoß einen Nagel in die Wand oder einen Pfahl in den Boden zu treiben, so sollte nach vollendetem Stoß das materielle System (Hammer + Nagel, Rammbär + Pfahl) noch möglichst viel lebendige Kraft für seine Weiterbewegung, also zum Eindringen in das entgegenstehende Hindernis, besitzen, d. h. es sollte L_1 möglichst groß und damit L_2 möglichst klein sein. Bei Voraussetzung eines vollkommen unelastischen Stoßes erhält man, wenn die Geschwindigkeit c_2 des gestoßenen Körpers $= 0$,

$$L_2 = \frac{m_1 c_1^2}{2} \cdot \frac{1}{\frac{m_1}{m_2} + 1} \quad \text{und} \quad L_2 = \frac{m_1 c_1^2}{2} \cdot \frac{1}{\frac{m_2}{m_1} + 1}.$$

Damit zeigt sich, daß, um ein möglichst kleines L_2 zu erzielen, das Verhältnis der stoßenden Masse m_1 zur gestoßenen m_2 möglichst groß genommen werden sollte. Ist aber mit dem Stoß bezweckt, eine Formänderung des gestoßenen Körpers hervorzubringen, wie beim Schmieden, Nieten usw., so sollte in diesem Fall L_2 möglichst groß sein, also das Verhältnis $m_1 : m_2$ möglichst klein und damit die gestoßene Masse m_2 möglichst groß im Vergleich mit der stoßenden Masse m_1 (möglichst schwerer Amboß usw.).

322. Experimentelle Bestimmung des Stoßelastizitätskoeffizienten ε. Läßt man eine Kugel von der Masse m_1 aus der Höhe h auf einen auf dem Boden ruhenden, horizontal abgeglichenen Körper m_2 frei herabfallen, so ergibt sich aus der oben gefundenen Gl. (293) für die Geschwindigkeit v_1 der Kugel m_1 nach vollendetem Stoß, mit $c_2 = 0$, zunächst:

$$v_1 = \frac{\frac{m_1}{m_2} c_1}{\frac{m_1}{m_2} + 1} (1 + \varepsilon) - \varepsilon c_1$$

oder da man m_2 im vorliegenden Fall $= \infty$ zu setzen hat:

$$v_1 = -\varepsilon c_1.$$

Hierbei deutet das $-$-Zeichen an, daß die Kugel m_1 sich nach vollendetem Stoß mit der Geschwindigkeit v_1 rückwärts, also vertikal aufwärts bewegt. Das Vorzeichen kann von jetzt ab wegbleiben.

Springt nun in Wirklichkeit die Kugel m_1 wieder bis zur Höhe h' empor, so muß sein, da die Anfangsgeschwindigkeit $c_1 = \sqrt{2gh}$ und die Endgeschwindigkeit $v_1 = \sqrt{2gh'}$,

$$\varepsilon = \frac{v_1}{c_1} = \frac{\sqrt{2gh'}}{\sqrt{2gh}} = \sqrt{\frac{h'}{h}} \ \ldots \ \ldots \ (297)$$

Durch Beobachtung von h und h' könnte man daher den Stoßelastizitätskoeffizienten ε für die beiden Versuchskörper m_1 und m_2 erhalten.

323. Schiefer Zentralstoß zweier freier Körper. Es handle sich wieder um zwei Kugeln von den Massen m_1 und m_2, die in einem gewissen Augenblick im Punkte B zusammenstoßen. Dabei seien bei Beginn des Stoßes die Geschwindigkeiten der Kugeln c_1 bzw. c_2 und α_1 und α_2 die Winkel dieser Geschwindigkeiten mit der gemeinschaftlichen Normalen in B. Zwischen den beiden Kugeln denken wir uns, wie früher, an der Stoßstelle B längs der Normalen in B eine elastische Spiralfeder eingeschaltet, bei deren Zusammendrückung sich (unter Vernachlässigung der Reibung an der Stoßstelle) die Stoßdrücke N in der Normalen in B entwickeln.

Hat die Zusammendrückung der Feder und damit der Stoßdruck N das Maximum erreicht, so ist die erste Periode des Stoßes vollendet. Bezeichnet man nun mit w_1 und w_2 die Geschwindigkeiten, die die Massen m_1 und m_2 am Ende der ersten Periode des Stoßes infolge der Stoßdrücke allein erhalten hätten, dann ist die Geschwindigkeit u_1 der Kugel m_1 am Ende der ersten Periode des Stoßes die Resultierende aus c_1 und w_1. Ebenso ist die Geschwindigkeit u_2 der Kugel m_2 die Resultierende aus c_2 und w_2. Wendet man jetzt den Satz von der Bewegungsgröße an, indem man als Projektionsachse die Normale in B voraussetzt, so erhält man, wenn die Winkel von u_1 und u_2 mit der Normalen in B mit φ_1 und φ_2 bezeichnet werden (Fig. 281):

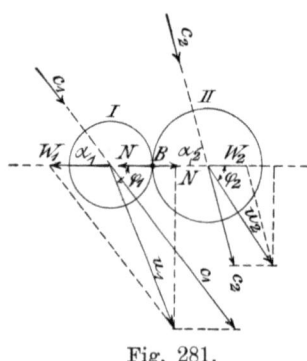

Fig. 281.

$$m_1 u_1 \cos \varphi_1 - m_1 c_1 \cos \alpha_1 = -\int_0^{\tau_1} N dt = -H_1$$

$$m_2 u_2 \cos \varphi_1 - m_2 c_2 \cos \alpha_2 = +\int_0^{\tau_1} N dt = +H_1.$$

§ 69. Der Stoß freier Körper.

Da aber am Ende der ersten Periode des Stoßes die Kugel m_1 gegen die Kugel m_2 längs der Feder, also nach der Normalen in B keine Geschwindigkeit besitzt, so ist

$$u_1 \cos \varphi_1 = u_2 \cos \varphi_2 = u,$$

also:
$$m_1 u - m_1 c_1 \cos \alpha_1 = -H_1$$
$$m_2 u - m_2 c_2 \cos \alpha_2 = +H_1$$

woraus:
$$u = \frac{m_1 c_1 \cos \alpha_1 + m_2 c_2 \cos \alpha_2}{m_1 + m_2}.$$

Ferner hat man
$$u_1 \sin \varphi_1 = c_1 \sin \alpha_1$$
und
$$u_2 \sin \varphi_2 = c_2 \sin \alpha_2.$$

Es sind daher die Geschwindigkeiten u_1 und u_2 vollständig bestimmt.

Für die zweite Periode des Stoßes sind u_1 und u_2 die Anfangsgeschwindigkeiten, während die Endgeschwindigkeiten mit v_1 und v_2 und deren Winkel mit der Normalen in B mit ψ_1 und ψ_2 bezeichnet werden mögen (Fig. 282). Bezeichnet man wieder mit $H_2 = \int_0^{\tau_2} N\,dt = \varepsilon H_1$ den Antrieb der Stoßkraft während der zweiten Periode des Stoßes, so ergibt sich:

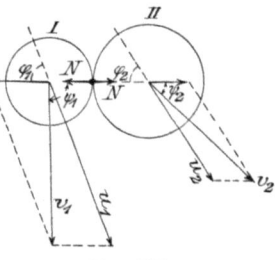

Fig. 282.

$$m_1 v_1 \cos \psi_1 - m_1 u_1 \cos \varphi_1 = -H_2 = -\varepsilon \cdot H_1 = \varepsilon(m_1 u - m_1 c_1 \cos \alpha_1)$$
$$m_2 v_2 \cos \psi_2 - m_2 u_2 \cos \varphi_2 = +H_2 = +\varepsilon \cdot H_1 = \varepsilon(m_2 u - m_2 c_2 \cos \alpha_2),$$

woraus:
$$v_1 \cos \psi_1 = u(1+\varepsilon) - \varepsilon c_1 \cos \alpha_1$$
$$v_2 \cos \psi_2 = u(1+\varepsilon) - \varepsilon c_2 \cos \alpha_2.$$

Ferner ist:
$$v_1 \sin \psi_1 = u_1 \sin \varphi_1 = c_1 \sin \alpha_1$$
$$v_2 \sin \psi_2 = u_2 \sin \varphi_2 = c_2 \sin \alpha_2.$$

Damit wären die Endgeschwindigkeiten v_1 und v_2 ebenfalls vollständig bestimmt.

324. Stoß einer Kugel gegen eine feste Ebene. Man hat hier $m_2 = \infty$ und $c_2 = 0$ zu setzen, womit bei vollkommener Elastizität, d. h. $\varepsilon = 1$

$$u = 0; \quad v_1 \cos \psi_1 = -c_1 \cos \alpha_1; \quad v_1 \sin \psi_1 = +c_1 \sin \alpha;$$
$$\operatorname{tg} \psi_1 = -\operatorname{tg} \alpha_1; \quad \psi_1 = -\alpha_1;$$
$$v_1 \cos(-\alpha_1) = -c_1 \cos \alpha_1; \quad v_1 \cos \alpha_1 = -c_1 \cos \alpha_1; \quad v_1 = c_1.$$

Hierdurch ist das bekannte Reflexionsgesetz angegeben.

§ 70. Der unfreie Stoß.

325. Stoß eines materiellen Punktes gegen einen materiellen Körper. Stoßmittelpunkt. Aufhängung eines Pendelkörpers, der einen Stoß erfährt. Ballistisches Pendel. Wir fragen nach der Bewegung eines freien Körpers (Fig. 283), der anfangs in Ruhe befindlich, von einem materiellen Punkt mit Masse m_1 einen **geraden exzentrischen Stoß** empfängt. Der Einfachheit halber nehmen wir einen Körper mit einer Symmetrieebene und lassen den Stoß in dieser Ebene erfolgen. Dann ist die Bewegung eine ebene, alle Körperpunkte bewegen sich in Parallelebenen. Der Stoß wird nun den Körper in Translation und Rotation versetzen; dem Schwerpunkt wird eine Translationsgeschwindigkeit v_S in der Stoßrichtung, und dem ganzen Körper eine Winkelgeschwindigkeit ω erteilt. Nach **226** ist die resultierende Elementarbewegung eine Drehung um das Momentanzentrum C, das auf einem Lot gelegen ist, das auf der Schwerpunktsgeschwindigkeit im Schwerpunkt errichtet ist. Die Lage des Momentanzentrums C ist unbekannt und wird nachher gesucht.

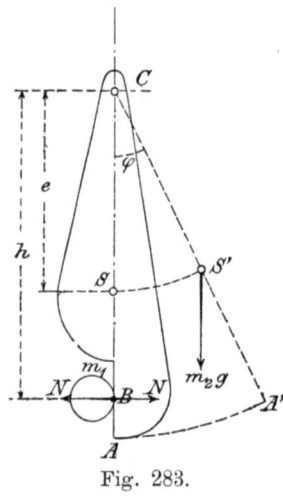

Fig. 283.

Sei nach dem Stoß ω die momentane Winkelgeschwindigkeit des Körpers um den Schwerpunkt S und damit auch um das Momentanzentrum C (S. 231), dann ist mit den Bezeichnungen der Fig. 283 die Schwerpunktsgeschwindigkeit $v_s = e\omega$ und die Geschwindigkeit von B ist $u = h\omega$. Wird der Stoß als unelastisch aufgefaßt, so bewegen sich am Ende des Stoßes der gestoßene und der stoßende Körper am sog. **Stoßpunkt** B mit der gleichen Geschwindigkeit u. Unter dem **Stoßpunkt** sei der Fußpunkt des vom Schwerpunkt auf die Stoßnormale gefällten Lotes verstanden. Ist ferner c_1 die Geschwindigkeit des stoßenden Körpers m_1 vor dem Stoß, so ist für diesen nach dem Satz vom Antrieb

$$+ m_1 u - m_1 c_1 = -\int N \cdot dt$$

unter N den Stoßdruck in B verstanden; denkt man sich $+N$ und $-N$ im Schwerpunkt hinzugefügt, so ist der Antrieb von N am gestoßenen Körper

$$-0 + m_2 v_s = +\int N \cdot dt,$$

ferner ist das Antriebsmoment um den Schwerpunkt, wenn Θ_s das Trägheitsmoment des gestoßenen Körpers in bezug auf die zur

§ 70. Der unfreie Stoß. 603

Symmetralebene senkrechte Schwerpunktsachse bedeutet, und $h - e = s$ gesetzt wird:
$$-0 + \Theta_s \omega = \int N \cdot s \cdot dt = s \cdot \int N \cdot dt.$$

Aus der Verbindung der zwei letzten Gleichungen und mit $v_s = e\omega$ erhält man eine Beziehung, durch die e und damit die Lage des Momentanzentrums bestimmt ist, wie folgt:

$$\frac{\omega \Theta_s}{s} = m_2 \cdot v_s = m_2 e \omega$$

$$e = \frac{\Theta_s}{m_2 s}.$$

Die ganze Entfernung h vom Momentanzentrum bis zum Stoßpunkt ist

$$h = e + s = \frac{\Theta_s + m_2 s^2}{m_2 s} \quad \ldots \ldots \quad (298)$$

Dieser Wert stimmt mit der reduzierten Pendellänge Gl. (219) genau überein. Es entspricht der Stoßpunkt B dem Schwingungsmittelpunkt S_m der Fig. 254 und das Momentanzentrum der Stoßbewegung dem Aufhängepunkt des physischen Pendels. Befände sich im Momentanzentrum eine festgelagerte Drehachse, senkrecht zur Ebene der Bewegung, so würde die Stoßbewegung dadurch nicht beeinflußt. Diese Achse hat auch keinen Stoß aufzunehmen. Nun verschwindet die Stoßkraft momentan wieder; daher ist kein Anlaß vorhanden, daß das Momentanzentrum des Stoßes, der sog. Stoßmittelpunkt, seine Lage ändern sollte. Er bleibt also stoßfrei und die Drehachse hat nur solche Kräfte aufzunehmen, wie sie der Aufhängepunkt eines Pendels auch aufzunehmen hat. Eine nicht durch den Stoßmittelpunkt gehende Drehachse würde offenbar einen Stoßdruck erfahren.

Ein Körper, der in einer Symmetralebene gestoßen wird, wie das Pendel eines Schlagwerkes, der Klöppel einer Glocke, das sog. ballistische Pendel, kann so aufgehängt werden, daß die Drehachse keinen Stoßdruck erfährt; man muß zu diesem Zweck die Drehachse durch den Stoßmittelpunkt legen. Auch ein Hammer oder ein Beil hat einen durch Stoßpunkt, Schwerpunkt und Massenverteilung bestimmten Stoßmittelpunkt, in dem man den Hammerstiel fassen muß, wenn die Hand beim Hämmern keinen Prellstoß aushalten soll. Die Hammerstiele sind gewöhnlich so lang gemacht, daß letzteres zutrifft, wenn man den Stiel am Ende anfaßt.

Es ist leicht, die Geschwindigkeit des Stoßpunktes nach dem (unelastischen) Stoße anzugeben. Aus der ersten und zweiten Gleichung folgt mit $v_s = (e/h) \cdot u$

$$m_1 u - m_1 c_1 = m_2 \cdot (e/h) \cdot u$$

$$u = \frac{m_1 c_1}{m_1 + m_2 \dfrac{e}{h}} \qquad \ldots \ldots \ldots (299)$$

Das Verhältnis e/h ist durch die Lage des Stoßpunktes, des Schwerpunktes und der Massenverteilung bestimmt und berechenbar. Wir schreiben es noch in anderer Form, indem wir den Trägheitshalbmesser r_0 der Masse m_2 bezüglich des Schwerpunktes benützen, wobei $m_2 r_0^2 = \Theta_s$ ist:

$$\frac{e}{h} = \frac{\Theta_s}{\Theta_s + m_2 s^2} = \frac{m_2 r_0^2}{m_2 r_0^2 + m_2 s^2} = \frac{r_0^2}{r_0^2 + s^2} = \frac{1}{1 + (s/r_0)^2},$$

damit wird

$$u = \frac{m_1 c_1}{m_1 + m_2'}, \qquad \ldots \ldots \ldots (300)$$

Hierin ist $m_2' = m_2 \cdot (e/h) = m_2 / [1 + (s_1/r_0)^2]$ die auf den Stoßpunkt reduzierte Masse des gestoßenen Pendels. Sie hat die gleiche kinetische Energie wie der gestoßene Körper; denn es ist, mit $\Theta_s = m_2 \cdot e \cdot s$ und $v_s = e\omega$ nach **246**:

$$\tfrac{1}{2} \cdot m_2 v_s^2 + \tfrac{1}{2} \Theta_s \omega^2 = \tfrac{1}{2} m_2 e^2 \omega^2 + \tfrac{1}{2} m_2 \cdot e \cdot s \cdot \omega^2$$

$$= \tfrac{1}{2} m_2 \omega^2 \cdot e \cdot (e + s) = \tfrac{1}{2} m_2 e h \omega^2 = \tfrac{1}{2} m_2 \cdot \frac{e}{h} (h \omega)^2$$

$$\tfrac{1}{2} \cdot \left(m_2 \frac{e}{h}\right) \cdot u^2.$$

Das ist genau die kinetische Energie der reduzierten Masse m_2', nämlich $\tfrac{1}{2} m_2' \cdot u^2$.

Vergleicht man nun Gl. (299) oder (300) mit (289), so darf man den oben betrachteten Stoßvorgang durch den unelastischen geraden zentralen Stoß zweier Punktmassen m_1 und m_2' ersetzen; man kommt dann bezüglich der Geschwindigkeit nach dem Stoß zum gleichen Endergebnis.

Ist nun die Momentanachse des gestoßenen Körpers drehbar gelagert, so wird derselbe vermöge der beim Stoß aufgenommenen kinetischen Energie eine Pendelung ausführen, deren größten Ausschlagwinkel man mit Hilfe des Satzes von der Arbeit wie folgt berechnen kann:

$$0 - \tfrac{1}{2} m_2' u^2 = m_2 g \cdot e \cdot (1 - \cos \varphi)$$

$$u = \sqrt{\frac{2 \cdot m_2 g \cdot e \cdot (1 - \cos \varphi)}{m_2'}} \quad \ldots (301)$$

Bei einem ballistischen Pendel, das in C (Fig. 283) drehbar aufgehängt ist, trifft das Geschoß in B auf eine geeignete

Masse, in der es stecken bleibt. Man beobachtet dann den größten Ausschlag φ des Pendels und kann, nachdem man vorher die reduzierte Masse des Pendels bestimmt hat, u aus Gl. (301) und hierauf die Geschwindigkeit c_1 aus (300) berechnen.

326. Stoß gegen einen Körper mit fester Drehachse. Ein Körper sei um eine feste Achse drehbar; er besitze eine auf dieser senkrecht stehende Symmetralebene und werde in dieser von einem zweiten Körper exzentrisch gestoßen; der Stoß sei ein gerader. Greift die Stoßkraft P im Abstand a von der Drehachse an, und hat der stoßende Körper, den wir als materiellen Punkt von der Masse m annehmen, die Geschwindigkeit c vor dem Stoß, hat ferner der drehbare Körper das Trägheitsmoment Θ in bezug auf die Drehachse, so ist nach Gl. (154)

$$P \cdot a = \Theta \frac{d\omega}{dt}.$$

Der Stoß sei vollkommen unelastisch, es haben also beide Körper am Ende des Stoßes gleiche Geschwindigkeit $u = \omega' \cdot a$, wenn ω' die Winkelgeschwindigkeit nach erfolgtem Stoß ist.

Der Satz vom Antrieb liefert dann für den ersten Körper

$$m(c - u) = \int P\,dt$$

und für den Drehkörper

$$\frac{\Theta}{a} \cdot \omega' = \int P\,dt.$$

Durch Gleichsetzen und mit $u = \omega' \cdot a$ folgt:

$$u = \frac{mc}{m + \dfrac{\Theta}{a^2}} = \frac{mc}{m + m'} \quad \ldots \ldots \quad (302)$$

wenn $m' = \Theta/a^2$ die auf den Stoßpunkt reduzierte Masse ist, der im Abstand a von der Drehachse liegt. Damit haben wir wieder die gleiche Form für u wie in Gl. (300) und dürfen den Vorgang des unelastischen Stoßes durch den geraden zentralen Stoß zweier Punktmassen m und m' ersetzen.

327. Stoß rotierender Körper. Es handle sich um den Stoß zweier, um parallele Drehachsen mit den Winkelgeschwindigkeiten ω_1 bzw. ω_2 rotierender Körper (Fig. 284).

Entsprechend dem Vorhergehenden erhält man bei Voraussetzung vollkommen

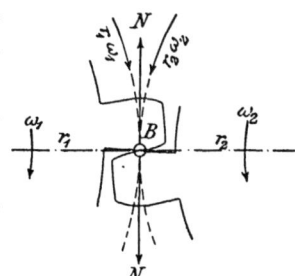

Fig. 284.

unelastischen Stoßes für die Geschwindigkeit der Stoßstelle B nach vollendetem Stoß, wenn m_1' und m_2' die auf den Stoßpunkt B reduzierten Massen der beiden rotierenden Körper.

$$u = \frac{m_1' r_1 \omega_1 + m_2' r_2 \omega_2}{m_1' + m_2'} \quad \ldots \quad (303)$$

und für den Verlust an lebendiger Kraft infolge des Stoßes:

$$\Delta L = \frac{m_1' m_2' (r_1 \omega_1 - r_2 \omega_2)^2}{2 (m_1' + m_2')} \quad \ldots \quad (304)$$

328. Stoß eines rotierenden Körpers gegen einen zwischen parallelen Führungen beweglichen (Fig. 285). Die beiden im Stoßpunkt B in Berührung tretenden materiellen Elemente der aufeinanderstoßenden Körper m_1 und m_2 seien wieder dm_1 und dm_2, an deren Stelle wir die auf den Stoßpunkt B reduzierten Massen $m_1' = \frac{\Theta'}{\varrho^2}$ und $m_2' = m_2$ der Körper m_1 und m_2 setzen können, wobei dann m_1' und m_2' als frei beweglich auf den betreffenden vorgeschriebenen Bahnlinien anzusehen sind.

Bei Beginn des Stoßes habe der materielle Punkt dm_1 die Geschwindigkeit $c_1 = \omega(CB)$ und der materielle Punkt dm_2 die Geschwindigkeit c_2, ferner seien v_1 und v_2 die Geschwindigkeiten dieser Punkte am Ende der ersten Periode des Stoßes und damit bei Voraussetzung eines vollkommen unelastischen Stoßes, am Ende des Stoßes überhaupt. Indem man nun an der Stoßstelle B sich wieder in der Normalen die elastische Spiralfeder eingeschaltet denkt, die während des Stoßes die veränderlichen Drücke N auf die zusammenstoßenden Massen ausübe, ergibt der Satz von der Bewegungsgröße für die Masse m_1', wenn man die Gerade $AB \perp BC$ als Projektionsachse annimmt:

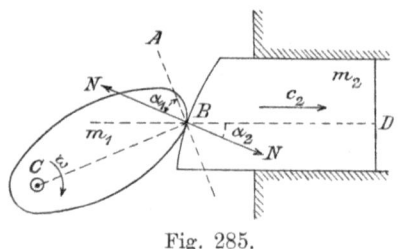

Fig. 285.

$$m_1' v_1 - m_1' c_1 = -\int_0^\tau N \cos \alpha_1 \cdot dt = -\cos \alpha_1 \int_0^\tau N dt.$$

Desgleichen liefert der Satz von der Bewegungsgröße für die Masse m_2' bei Annahme der Projektionsachse BD parallel den Führungen

$$m_2' v_2 - m_2' c_2 = \int_0^\tau N \cos \alpha_2 \cdot dt = \cos \alpha_2 \int_0^\tau N dt.$$

§ 71. Experimentelle Ermittlung des Stoßverlaufes u. der größten Stoßkraft.

Multipliziert man nun die erste dieser Gleichungen mit $\cos \alpha_2$, die zweite mit $\cos \alpha_1$ und addiert beide Gleichungen, so ergibt sich

$$m_1' v_1 \cos \alpha_2 - m_1' c_1 \cos \alpha_2 + m_2' v_2 \cos \alpha_1 - m_2' c_2 \cos \alpha_1 = 0.$$

Am Ende des Stoßes hat die bei B eingeschaltet gedachte Spiralfeder das Maximum ihrer Zusammendrückung erfahren, es sind daher auch die Komponenten der Geschwindigkeiten v_1 und v_2 nach der Normalen in B einander gleich oder

$$v_1 \cos \alpha_1 = v_2 \cos \alpha_2,$$

womit die vorletzte Gleichung übergeht in:

$$m_1' \cdot v_2 \cdot \frac{\cos^2 \alpha_2}{\cos \alpha_1} + m_2' v_2 \cos \alpha_1 = m_1' c_1 \cos \alpha_2 + m_2' c_2 \cos \alpha_1.$$

Hieraus bestimmt sich v_2 und mit $v_1 \cos \alpha_1 = v_2 \cos \alpha_2$ dann auch v_1.

Als Verlust an lebendiger Kraft infolge des Stoßes erhält man:

$$\Delta L = \tfrac{1}{2} m_1' c_1^2 + \tfrac{1}{2} m_2' c_2^2 - (\tfrac{1}{2} m_1' v_1^2 + \tfrac{1}{2} m_2' v_2^2).$$

§ 71. Experimentelle Ermittlung des Stoßverlaufes und der größten Stoßkraft.

329. Der Stoßdruck. Versuche über Stoß. Die der Lehre vom Stoß zugrunde liegenden Annahmen. Wird ein Körper auf Stoß beansprucht, so ist es von größter Wichtigkeit, zu erfahren, ob er den Stoß ohne Gefährdung seiner Festigkeit aushalten kann. Das führt auf die Frage nach dem Größtwert der Stoßkraft. Wir werden sofort sehen, daß die bisher über den Stoß angestellten Betrachtungen und Berechnungen keine Antwort auf diese Frage geben können. Es liegt vielmehr eine Aufgabe vor, die u. a. ein Eingehen auf die Elastizität des Materials fordert; auch die eintretenden Formänderungsbewegungen und Schwingungen werden von wesentlicher Bedeutung sein. Die Aufgabe gehört also nicht mehr der Mechanik des starren Körpers an. Die Hypothese des starren Körpers schließt vielmehr die Antwort auf unsere Frage völlig aus. Nur der Versuch vermag hier Klarheit zu bringen, und erst wenn der Stoßvorgang experimentell festgestellt ist, wird man vielleicht imstande sein, vereinfachende Annahmen zu machen, die auf Tatsachen beruhen.

Wir knüpfen darum am zweckmäßigsten an einen Versuch an. R. Plank[1] hat einen 10 mm starken, 225 mm langen flußeisernen Zugstab durch ein aus 0,1 bis 4 m Höhe herabfallendes Gewicht

---

[1] Mitteilungen Forsch.-Arbeiten d. Ver. deutsch. Ing., Heft 133.

von 25 kg auf Stoß beansprucht und den zeitlichen Verlauf des Weges des Fallgewichtes während des Stoßes beobachtet. Das Gewicht traf bei einem Versuch mit 6,1 [m/sek] Geschwindigkeit auf den Zugstab auf und kam nach $\tau_1 = 0{,}0065$ sek zur Ruhe, womit die erste Stoßperiode abgeschlossen ist. Nach weiteren $\tau_2 = 0{,}00344$ sek war die zweite Stoßperiode zu Ende, das Fallgewicht prallte mit 0,80 [m/sek] Geschwindigkeit von dem Zugstab zurück.

Wir können mit Hilfe dieser Beobachtungen einige der früher vorkommenden Rechnungsgrößen angeben.

In der ersten Stoßperiode ist nach dem Satz vom Antrieb:

$$m_1 c_1 - 0 = \int P \cdot dt = P_m \cdot \tau_1$$
$$(25/9{,}81) \cdot 6{,}1 = P_m \cdot 0{,}00655; \quad P_m = 2380 \text{ kg}.$$

Ohne Kenntnis der Versuchsangaben, insbesondere ohne Kenntnis der Stoßzeit τ_1, konnte mit Hilfe der früher entwickelten Stoßgleichungen nur der Antrieb $\int P \cdot dt$ angegeben werden. Durch Beobachtung der Stoßzeit ist nunmehr wenigstens der zeitliche Mittelwert der Stoßkraft bestimmbar geworden, wenn auch noch nicht der wichtigste Wert, die **größte Stoßkraft**.

Während der zweiten Stoßperiode ergibt sich ebenso $P_m = 590$ kg und während beider Stoßperioden, also während des ganzen Stoßes $P_m = 1535$ kg. Der Stoßkoeffizient ist nach Gl. (297): $\varepsilon = v_1/c_1 = 0{,}8/6{,}1 = 0{,}131$. Der Arbeitsverlust des Fallgewichtes während des Stoßes

$$\tfrac{1}{2} m_1 (c_1^2 - v_1^2) = \tfrac{1}{2} m_1 c_1^2 (1 - \varepsilon^2).$$

(vgl. 321), ist nach den Feststellungen Planks zum weitaus größten Teil zur bleibenden Dehnung des gezogenen Zugstabes verwendet worden, dessen ursprüngliche Länge 225 mm sich während des Versuches um 14,5 mm vergrößerte, wovon 0,8 mm elastische und 13,7 mm bleibende Verlängerung waren, entsprechend einer Gesamtdehnung $\varepsilon_g = 14{,}5/225 = 0{,}0645$, einer Federung von $\varepsilon_e = 0{,}8/225 = 0{,}0035$ und einem Dehnungsrest von $\varepsilon_b = 13{,}7/225 = 0{,}061$. Die in Vibration des gestoßenen Körpers und des Fallwerkes samt Fundament verwandelte Arbeit war dagegen bei der von Plank benützten Einrichtung gering.

Den Verlauf der Stoßkraft ermittelte Plank aus der von ihm indizierten Zeit-Weg-Kurve des Fallgewichtes, aus der während der Stoßzeit Geschwindigkeit, Verzögerung und damit die verzögernde Kraft bestimmbar ist. Der größte Stoßdruck betrug 4320 kg und war kurz nach Beginn des Stoßes nach 0,00052 sek erreicht. Der **größte Stoßdruck wurde also bedeutend größer gefunden als der oben berechnete Mittelwert** (vgl. Fig. 286).

§ 71. Experimentelle Ermittlung des Stoßverlaufes u. der größten Stoßkraft. 609

Den größten Stoßdruck kann man aber mit Hilfe der oben abgeleiteten Stoßgleichungen auf keine Art berechnen. Man kann wohl eine Beziehung zwischen den am Stoß beteiligten Massen und ihrer Geschwindigkeit vor und nach dem Stoß aufstellen, wenn man den Stoßkoeffizienten einführt, der den Grad der Elastizität und Plastizität des Materiales ausdrücken soll, gelegentlich auch noch andere Einflüsse, wie Vibrationen, enthalten wird, besonders bei sehr schwingungsfähigen Körpern, die man nicht mehr als materielle Punkte behandeln kann. Der die Stoßkraft und Stoßzeit enthaltende Antrieb $H = \int P \cdot dt$ kommt jedoch nur als Ganzes in den Rechnungen vor, oder kann als Ganzes aus den Bewegungsgrößen vor und nach dem Stoß berechnet werden. Der zeitliche Verlauf des Stoßdruckes P bleibt aber dabei gänzlich außer Betracht, darin liegt einesteils ein Vorzug, wenn man sich bloß mit den Anfangs- und Endgeschwindigkeiten beim Stoß befaßt; anderenteils aber ein nicht überwindlicher Mangel, wenn man nach dem praktisch wichtigsten größten Stoßdruck fragt. Diesen kann man nur aus Versuchen finden. Die Hypothese des starren Körpers aber ist in diesem Zusammenhang geradezu ein Hindernis; denn am starren Körper muß sich der Stoß in unendlich kurzer Zeit abspielen; da nun der Antrieb $H = \int P \cdot dt$ eine endliche Größe hat, so müßte der Stoßdruck P unendlich groß sich ergeben, ein unbrauchbares Ergebnis.

Man könnte nun daran denken, den größten Stoßdruck bei dem oben beschriebenen Schlagzugversuch oder bei einem ähnlichen Vorgang dadurch einfach experimentell zu bestimmen, daß man die bleibende Dehnung mißt, die der Stoß bewirkt hat, und nun die Kraft auf einer Zerreißmaschine bestimmt, die eine gleich große bleibende Dehnung hervorruft. Diese Methode erfordert eine grundsätzliche Bemerkung. Die bleibende Dehnung beim Stoß erfolgt in kürzester Zeit, also außerordentlich schnell, auf der Materialprüfmaschine dagegen sehr langsam. Nach Beobachtungen von P. Ludwik braucht man aber eine viel höhere Kraft, wenn ein Stab schnell gedehnt wird, als wenn man ihn um ein gleich langes Stück langsam dehnt. Mit zunehmender Streckgeschwindigkeit wächst auch die zu einer bestimmten Dehnung erforderliche Kraft. Eine bleibende Dehnung des von Plank benützten Zugstabes um $\varepsilon_b = 0{,}061 = 6{,}1\%$ erfordert bei langsamer Belastungssteigerung etwa 2500 kg Zugkraft, während Plank bei hoher Streckgeschwindigkeit eine solche von 4350 kg fand.

Es ist also grundsätzlich falsch, aus der bleibenden Zugdehnung nach einem Stoß ohne Berücksichtigung der Streckgeschwindigkeit auf die größte Stoßkraft zu schließen.

Autenrieth-Ensslin, Technische Mechanik. 2. Aufl.

Es wurde schon oben bemerkt, daß die größte Stoßkraft bei stoßweiser Zugbeanspruchung kurz nach Beginn des Stoßes auftrete; man würde dies nicht erwarten, vielmehr vermutet man, die größte Stoßkraft trete mit der größten Formänderung zusammen auf in dem Augenblick, wo die relative Stoßgeschwindigkeit Null ist. Das trifft jedenfalls bei einem vollkommen elastischen Stoß auch zu. Bei der stoßweisen Zugbeanspruchung, die über die Elastizitätsgrenze hinausgeht, beobachteten aber Plank und früher schon Pérot und H. M. Levy, daß die Stoßkraft nicht bei allen Stoffen mit der Verlängerung wachse, daß sie vielmehr rasch einen Größtwert erreiche und dann mit wachsender Dehnung wieder abnehme, im oben angeführten Beispiel von P_{max} = 4320 kg auf 900 kg am Ende der ersten Stoßperiode (vgl. Fig. 286).

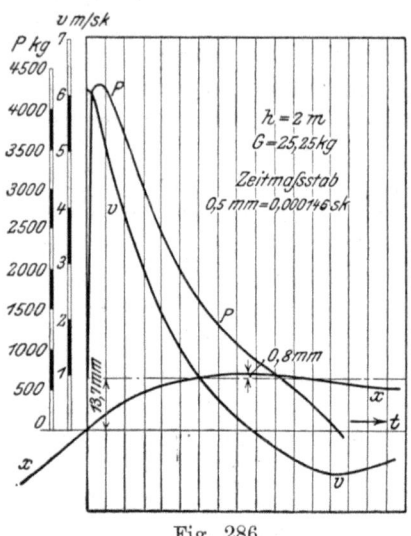

Fig. 286.

Bei stoßweiser Druckbeanspruchung hat Höniger (Diss. Berlin 1910, Verfahren zur Ermittlung des Verlaufes der veränderlichen Stoßkraft bei Stauchversuchen) im Gegensatz zu dem bei Schlagzugversuchen Beobachteten ein fortwährendes Anwachsen des Stoßdruckes mit zunehmender Stauchung festgestellt. Der Stoßdruck erreicht seinen Größtwert am Ende der ersten Stoßperiode (s. Fig. 287). Es wäre sehr erwünscht, den Stoßvorgang beim Stauch- und Zugversuch mit den gleichen experimentellen Hilfsmitteln zu beobachten.

Die zur Erzeugung einer bestimmten Dehnung erforderliche Kraft hat sich auch bei den Stauchversuchen größer ergeben als bei dem statischen Druckversuche, und zwar wurde der Unterschied bei Blei größer gefunden (bis über den doppelten Betrag der statischen Kraft) als bei Kupfer, Gußeisen und Stahl; der Unterschied war bei dem zuletzt genannten Material am kleinsten.

Der Stoßkoeffizient ε berechnet sich nach Gl. (293) aus den für Kupfer ermittelten Versuchswerten zu 0,2 bis 0,16, entsprechend 20 bis 50 cm Fallhöhe; bei Stahl ε = rd. 0,3 (bei größter Druckspannung von gegen 10000 kg/qcm); bei Blei ε = rd. 0,07. Der Stoßkoeffizient ist demnach bei vorwiegend plastischen Materialien

§ 71. Experimentelle Ermittlung des Stoßverlaufes u. der größten Stoßkraft. 611

klein, bei elastischeren höher; bei letzteren wird er um so kleiner, je mehr die Elastizitätsgrenze beim Stoß überschritten wurde. **Der Stoßkoeffizient ist also auch für ein und dasselbe Material keine unveränderliche Zahl.**

Man hat häufig den größten Explosionsdruck des Pulvers in Geschützen und ähnliches mit Hilfe von Kupferzylindern, sog. crushers, zu ermitteln gesucht. Der crusher wird durch einen Schlag oder einen Explosionsstoß bleibend zusammengedrückt und ein gleich großer crusher durch ruhende Belastung ebenso stark bleibend zusammengedrückt; der hierzu erforderliche ruhende Druck, der

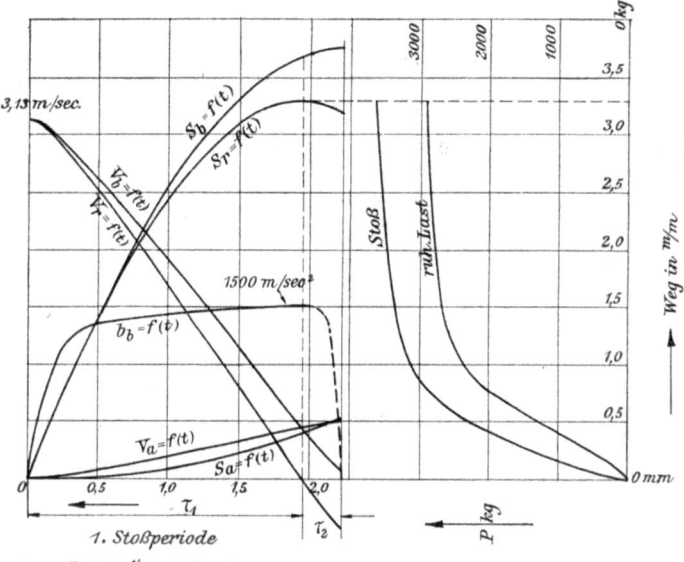

Fig. 287. (Kupfer.)

beobachtet wird, wird dem Stoßdruck gleichgesetzt. Nach den Versuchen Hönigers ist die dynamische Kraft, die eine bestimmte Gesamtstauchung (= bleibende und elastische) hervorruft, größer als die entsprechende ruhende Belastung, in ganz roher Zahl im Verhältnis 5 : 4 bei Kupfer. Wenn nun die Druckmessung mittels Kupfer-crusher auch nicht ganz genau ist, so ist sie doch zu einer Abschätzung des Stoßdruckes nicht ungeeignet, während das analoge Verfahren bei stoßweiser Zugbeanspruchung unbrauchbar ist.

Der größte Stoßdruck hängt dem Gesagten zufolge außer von der Masse und Geschwindigkeit der stoßenden Körper noch von deren Form, der Elastizität bzw. Plastizität des Materiales und der Formänderungsgeschwindigkeit ab, es besteht heutzutage

39*

wenigstens noch keine Aussicht auf eine exakte Berechnung des Stoßdruckes; vielmehr ist man noch auf Versuche angewiesen, die auch noch weitere Aufklärung über das Verhalten der Konstruktionsmaterialien gegen stoßweiße Beanspruchung zu bringen haben.[1]

Trotzdem erscheint es lehrreich, zu sehen, wie einfach die Sachlage sein müßte, wenn die Vorausberechnung der größten Stoßkraft möglich sein sollte. Diese Sachlage müßte dem Stoß gegen einen Puffer ähnlich sein; der Widerstand der Pufferfeder gegen den stoßenden Körper ist hier als bekannt anzunehmen und kann der Zusammendrückung x der Feder proportional angenommen werden,

$$W = c \cdot x.$$

Der Puffer sei festgelagert, die stoßende Masse m treffe mit der Geschwindigkeit v zentral auf ihn. Dann ist am Ende der ersten Stoßperiode die Bewegungsenergie der Masse ganz in Arbeit zum Zusammendrücken der Feder $\tfrac{1}{2} c x \cdot x$ umgewandelt, wo x die größte Zusammendrückung der Feder ist und in vollständig umkehrbarer Weise in dieser aufgespeichert; nach dem Satz von der Arbeit ist dann

$$\tfrac{1}{2} m v^2 - 0 = \tfrac{1}{2} c \cdot x^2$$

$$x = v \sqrt{\frac{m}{c}}$$

$$P_{max} = c \cdot x = c \cdot v \sqrt{\frac{m}{c}} = v \sqrt{m c}.$$

Die Konstante c besteht der Festigkeitslehre zufolge aus einem Faktor, der von der Form und der Größe der Feder abhängt, und aus einem vom Material abhängigen Faktor. Schon der erstere ist bei vielen Formen der stoßenden Körper nicht bekannt, und noch viel mehr gilt das von dem Materialfaktor, der bei nicht vollkommen elastischem Stoß vom Grad der Plastizität und der Formänderungsgeschwindigkeit abhängt (vgl. auch S. 609).

Handelt es sich gar um das Einrammen eines Pfahles zum Zweck der Herstellung eines sicheren Fundamentes für ein auf schlechtem Baugrund zu errichtendes Gebäude, so ist der Stoß des Rammbärs auf den Pfahl noch viel schwieriger zu verfolgen, weil der eine der beiden Körper nicht frei beweglich ist und an ihm stoß-

---

[1] Das Stoßproblem ist mit den Hilfsmitteln der Elastizitätslehre allein nicht lösbar, da die Möglichkeit des Überschreitens der Elastizitätsgrenze vorliegt. Die Untersuchung schwacher Stöße, bei denen die Elastizitätsgrenze nicht überschritten wird, hat, korrekt durchgeführt, wohl einen informatorischen Wert, ist aber keine vollständige Lösung des Stoßproblemes.

artige Widerstände entstehen. Die Pfahlspitze muß den Normaldruck des Bodens überwinden, der als Stoßdruck auftritt, und es kommt zu den Massenwirkungen noch die Reibung an der Pfahlspitze und dem im Boden steckenden Pfahlumfang. Da die Beschaffenheit des Baugrundes zunächst unbekannt ist, muß die Höhe und Dicke des Pfahles, der nachher einen Teil der Baulast mit Sicherheit tragen soll, durch Schlagen von Probepfählen, so gut als möglich ermittelt werden. Auch auf die Festigkeit des Pfahles selbst gegenüber der Stoßkraft ist zu achten. Eine Besprechung des Vorgangs beim Einrammen von Pfählen und der heute gebräuchlichen Auffassung findet der Studierende in Föppl, Mechanik, Bd. I.

Anhang.
Einiges aus der Vektorenrechnung.

330. Begriff des Skalars und des Vektors. Addition und Subtraktion. Arbeit, Trägheitsmoment, Masse, Zeit, Temperatur, Dichte sind Größen, zu deren wesentlichen Merkmalen der Zahlenwert, nicht aber die Richtung gehört; solche Größen nennt man Skalare. Dagegen haben Geschwindigkeit, Beschleunigung, Kraft, Drehmoment, Impuls, Impulsmoment usf. außer dem Zahlenwert das Merkmal der Richtung, genau wie in der Geometrie eine Strecke, die eine bestimmte Länge, Richtung und einen bestimmten Richtungssinn hat; diese Größen nennt man Vektoren. (Bezeichnung fette gotische Buchstaben.) Zwei Vektoren sind demnach gleich, wenn ihre Größen (ihre sog. Beträge) gleich sind und ihre Richtungen und ihr Richtungssinn übereinstimmen. Stimmen sie bis auf ihren Richtungssinn überein, so sind sie einander entgegengesetzt gleich. Der Einheitsvektor $\mathfrak{i}$ ist eine Strecke von der Länge oder dem Betrag 1; reiht man v Einheitsvektoren in ihrer eigenen Richtung aneinander, so entsteht ein Vektor

$$\mathfrak{v} = \mathfrak{i} \cdot v, \quad \ldots \ldots \quad (305)$$

wobei $\mathfrak{i}$ die Richtung, v den Betrag angibt. Auf einer Richtung können zwei Richtungssinne unterschieden werden (vorwärts, rückwärts; aufwärts, abwärts), denen man das $+$- und $-$-Zeichen beilegt. Der Vektor $+\mathfrak{v}$ ist dem Vektor $-\mathfrak{v}$ gleich und entgegengesetzt.

Definition der Vektorsumme: Gleichgerichtete Vektoren werden algebraisch addiert (und subtrahiert); verschieden gerichtete

614 Anhang.

nach der Parallelogrammregel „geometrisch addiert"; das soll durch die Gleichung ausgedrückt werden (Fig. 288)

$$\mathfrak{v}_1 + \mathfrak{v}_2 = \mathfrak{v}. \qquad \qquad (306)$$

Durch die Definition ist gleichzeitig festgesetzt, daß die Summanden auch vertauschbar sind:

$$\mathfrak{v}_1 + \mathfrak{v}_2 = \mathfrak{v}_2 + \mathfrak{v}_1 = \mathfrak{v}.$$

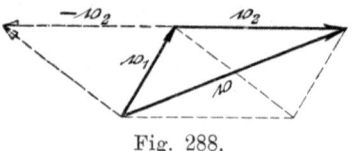

Fig. 288.

Ein Vektor wird von einem andern subtrahiert, indem man seinen Richtungssinn umkehrt und den Vektor sodann geometrisch addiert.

Man weist aus der Definition der Summe leicht nach, daß gilt

$$(\mathfrak{a}_1 + \mathfrak{b}_1) + \mathfrak{c} = \mathfrak{a}_1 + (\mathfrak{b}_1 + \mathfrak{c}).$$

331. Differential eines Vektors. Eine denkbar kleine Änderung des Einheitsvektors $\mathfrak{i}$ um $d\mathfrak{i}$ kann nur in einer denkbar kleinen Richtungsänderung oder Drehung von $\mathfrak{i}$ bestehen. Der neue Vektor ist dann $\mathfrak{i}_1 = \mathfrak{i} + d\mathfrak{i}$, wobei nach Maßgabe der Fig. 289a $d\mathfrak{i} \perp \mathfrak{i}$. Demnach stellt sich eine denkbar kleine Änderung eines Vektors $\mathfrak{v} = \mathfrak{i}v$, wenn sie lediglich der Richtung nach erfolgt und wenn der Betrag v konstant bleibt, durch eine Parallele zu $d\mathfrak{i}$ dar, wobei man sich die Fig. 289a sich selbst ähnlich vergrößert oder verkleinert vorstelle.

Eine denkbar kleine Änderung des Betrages v des Vektors ist dv, sie erfolgt in der Richtung von $\mathfrak{v}$.

Eine denkbar kleine Änderung eines Vektors $\mathfrak{v} = \mathfrak{i}v$ besteht demnach im allgemeinen aus einer Änderung der Größe und Richtung; $\mathfrak{v}$ ändert sich in $\mathfrak{v} + d\mathfrak{v}$; $\mathfrak{i}$ in $\mathfrak{i} + d\mathfrak{i}$ und v in $v + dv$

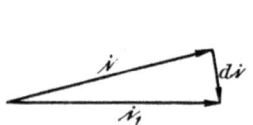 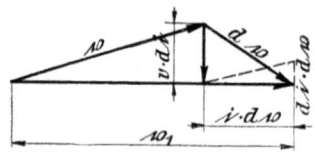

Fig. 289a und b.

(s. Fig. 289b); die Änderung kann so vollzogen gedacht werden, daß zunächst der Betrag v konstant bleibt und nur die alte Richtung in die neue übergeht, wobei der Einheitsvektor um $d\mathfrak{i}$, mithin $\mathfrak{v} = \mathfrak{i} \cdot v$ um $v \cdot d\mathfrak{i}$ sich ändert ($v \cdot d\mathfrak{i}$ steht senkrecht auf $\mathfrak{v}$); hierauf erfolgt noch die Änderung des Betrages um dv in der Richtung $\mathfrak{i}$ um $\mathfrak{i} \cdot dv$, so daß

$$d\mathfrak{v} = v \cdot d\mathfrak{i} + \mathfrak{i} \cdot dv.$$

Streng genommen bildet sich dv in der Richtung $\mathfrak{i}+d\mathfrak{i}$ aus; der hierdurch bezüglich $d\mathfrak{v}$ bedingte Unterschied ist, wie man sich auch an der Fig. 289b klar machen kann, unendlich klein von höherer Ordnung gegen $v \cdot d\mathfrak{i}$, wie auch gegen $\mathfrak{i} \cdot dv$, ist also zu vernachlässigen.

Man erhält das Ergebnis analytisch auch wie folgt, indem man lediglich die durch Gl. (305) definierte Multiplikation eines Vektorbetrages mit dem Einheitsvektor benützt:

$$\mathfrak{v}+d\mathfrak{v}=(\mathfrak{i}+d\mathfrak{i})(v+dv)$$
$$=\mathfrak{i}v+\mathfrak{i} \cdot dv+v \cdot d\mathfrak{i}+d\mathfrak{i}\,dv,$$

oder mit Vernachlässigung eines Vektors von höherer Ordnung der Kleinheit und nach Wegheben von $\mathfrak{v}=\mathfrak{i} \cdot v$:

$$d\mathfrak{v}=d(\mathfrak{i}v)=v \cdot d\mathfrak{i}+\mathfrak{i} \cdot dv, \quad \ldots \quad (307)$$

wobei $v \cdot d\mathfrak{i} \perp \mathfrak{i} \cdot dv$ und die Summe geometrisch zu bilden ist. Man darf daher den Vektor $\mathfrak{v}=\mathfrak{i} \cdot v$ nach der aus der Analysis bekannten Regel für die Ableitung von Produkten differenzieren.

Der Einheitsvektor soll als dimensionslose Größe aufgefaßt werden, die Dimension wird dem Betrag des Vektors zugeschrieben.

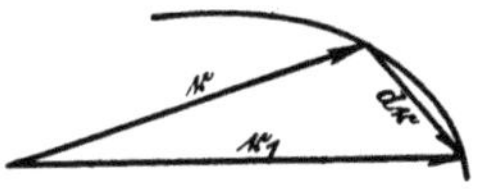

Anwendung: Aus der vektoriellen Bahngleichung eines Punktes die Geschwindigkeit abzuleiten.

Fig. 290.

Die Lage des beweglichen Punktes kann durch den von einem festen Bezugspunkt ausgehenden Vektor $\mathfrak{r}$ eindeutig angegeben werden; dieser Vektor ist eine Funktion der Zeit, Fig. 290

$$\mathfrak{r}=f(t)=\mathfrak{i} \cdot r.$$

In dt sek wird das Bahnelement

$$d\mathfrak{r}=\mathfrak{i} \cdot dr+r \cdot d\mathfrak{i}$$

durchlaufen; die Vektoren des Anfangs- und Endpunktes von $d\mathfrak{r}$ sind $\mathfrak{r}$ und $\mathfrak{r}+d\mathfrak{r}$; durch Division mit dem Skalar dt wird die Geschwindigkeit

$$\mathfrak{v}=\frac{d\mathfrak{r}}{dt}=\frac{d\mathfrak{i}r}{dt}=\mathfrak{i}\frac{dr}{dt}+r\frac{d\mathfrak{i}}{dt} \quad \ldots \quad (308)$$

Die Geschwindigkeit $\mathfrak{v}$ hat die Richtung von $d\mathfrak{r}$, d. h. die Richtung der Bahntangente. Sie erscheint in zwei Komponenten zerlegt: $\mathfrak{i} \cdot (dr/dt)$ längs des Radius (Richtung $\mathfrak{i}$) und $r\,(d\mathfrak{i}/dt)$ senkrecht zum Radius ($d\mathfrak{i} \perp \mathfrak{i}$ s. oben). Letztere Komponente ist die Umfangsgeschwindigkeit im Abstand r; die Umfangsgeschwindigkeit im Abstand $r=1$ ist daher $d\mathfrak{i}/dt$ und bedeutet die Winkelgeschwindigkeit $\overline{\omega} = \mathfrak{w}$, wenn ausnahmsweise der Vektor durch den übergelegten Strich bezeichnet wird; es ist also der Vektor der Winkelgeschwindigkeit:

$$\overline{\omega} = \frac{d\mathfrak{i}}{dt} = \mathfrak{w} \quad \ldots \ldots \ldots (309)$$

332. Inneres, skalares Produkt zweier Vektoren $\mathfrak{a}$ und $\mathfrak{b}$.
Darunter soll das Produkt aus den Beträgen a und b der beiden Vektoren und aus dem Kosinus des eingeschlossenen Winkels verstanden sein, oder, was dasselbe ist, das Produkt aus dem Betrag des einen Vektors und dem Betrag der Projektion des andern Vektors auf ihn; Schreibweise $\mathfrak{a}\,|\,\mathfrak{b}$; sprich inneres Produkt ab:

$$\mathfrak{a}\,|\,\mathfrak{b} = a \cdot b \cdot \cos(\mathfrak{a}\mathfrak{b}) = ab \cdot \cos\alpha. \quad \ldots (310)$$

Das innere Produkt soll ein Skalar sein. Dem entspricht in der Mechanik genau der Arbeitsbegriff. Wirkt eine Kraft $\mathfrak{P}$ längs des Weges $d\mathfrak{s}$ ($\measuredangle \mathfrak{P}d\mathfrak{s} = \alpha$), so ist die Arbeit

$$\mathfrak{P}\,|\,d\mathfrak{s} = P \cdot ds \cdot \cos\alpha$$

d. i. Definitionsgleichung der Arbeit, die auch eine richtungslose, skalare Größe ist. Aus der Definition des inneren Produktes folgt unmittelbar

$$\mathfrak{a}\,|\,\mathfrak{b} = \mathfrak{b}\,|\,\mathfrak{a},$$

die vektoriellen Faktoren des inneren Produktes sind vertauschbar.

Ferner kann man aus einer geometrischen Figur sofort ablesen

$$(\mathfrak{a}+\mathfrak{b})\,|\,\mathfrak{c} = \mathfrak{a}\,|\,\mathfrak{c} + \mathfrak{b}\,|\,\mathfrak{c},$$

Fig. 291.

es gilt mithin das sog. distributive Gesetz. Ferner ist

$$\mathfrak{a}\,|\,\mathfrak{b} = \mathfrak{i}_1 a\,|\,\mathfrak{i}_2 b = (\mathfrak{i}_1\,|\,\mathfrak{i}_2)\,ab,$$

daher ist $\mathfrak{i}_1\,|\,\mathfrak{i}_2 = \cos\alpha$. Stehen $\mathfrak{i}_1$ und $\mathfrak{i}_2$ senkrecht aufeinander, so ist $\mathfrak{i}_1\,|\,\mathfrak{i}_2 = 0$, also auch $\mathfrak{a}\,|\,\mathfrak{b} = 0$.

Sind $\mathfrak{i}_1$ und $\mathfrak{i}_2$ gleichgerichtet, so ist

$$\mathfrak{i}_1\,|\,\mathfrak{i}_2 = \mathfrak{i}\,|\,\mathfrak{i} = \mathfrak{i}^2 = 1; \quad \mathfrak{a}\,|\,\mathfrak{b} = ab; \quad \mathfrak{a}^2 = a^2.$$

Differential des inneren Produktes zweier veränderlicher Vektoren $\mathfrak{u}$ und $\mathfrak{v}$. Es seien $\mathfrak{u}$ und $\mathfrak{v}$ Funktionen von t. Zum Wert t der unabhängigen Veränderlichen gehört der Wert $\mathfrak{u}$ und $\mathfrak{v}$ der abhängigen Veränderlichen und deren inneres Produkt $\mathfrak{u}\,|\,\mathfrak{v}$; zum Wert $t+dt$ der Wert $\mathfrak{u}+d\mathfrak{u}$ und $\mathfrak{v}+d\mathfrak{v}$ und das innere Produkt $(\mathfrak{u}+d\mathfrak{u})\,|\,(\mathfrak{v}+d\mathfrak{v})$. Die Änderung des inneren Produkts $d(\mathfrak{u}\,|\,\mathfrak{v})$ ist demnach:

$$\begin{aligned}d(\mathfrak{u}\,|\,\mathfrak{v}) &= (\mathfrak{u}+d\mathfrak{u})\,|\,(\mathfrak{v}+d\mathfrak{v}) - \mathfrak{u}\,|\,\mathfrak{v}\\ &= \mathfrak{u}\,|\,\mathfrak{v} + \mathfrak{u}\,|\,d\mathfrak{v} + \mathfrak{v}\,|\,d\mathfrak{u} + d\mathfrak{u}\,|\,d\mathfrak{v} - \mathfrak{u}\,|\,\mathfrak{v}\\ &= \mathfrak{u}\,|\,d\mathfrak{v} + \mathfrak{v}\,|\,d\mathfrak{u},\end{aligned}$$

Einiges aus der Vektorenrechnung.

wenn die unendlich kleine Größe höherer Ordnung $d\mathfrak{u}\,|\,d\mathfrak{v}$ gegenüber den anderen vernachlässigt wird. Die Ableitung eines inneren Produktes erfolgt daher nach der aus der Analysis bekannten Regel für die Ableitung von Produkten.

Dividiert man mit dem Skalar dt durch, so wird

$$\frac{d(\mathfrak{u}\,|\,\mathfrak{v})}{dt} = \mathfrak{u}\,\Big|\,\frac{d\mathfrak{v}}{dt} + \mathfrak{v}\,\Big|\,\frac{d\mathfrak{u}}{dt}.$$

333. Anwendung: Bewegung einer geraden starren Stange (Schubstange).

I. **Lage der Punkte, Geschwindigkeit und Beschleunigung einer starren Geraden.** Fig. 292.

Von einem Fixpunkte O gehen zu den Endpunkten 1 und 3 und zum beliebigen Punkt 2 einer starren Geraden die Vektoren $\mathfrak{p}$, $\mathfrak{q}$ und $\mathfrak{r}$. Die Länge $\overline{13} = l$ sei durch 2 im Verhältnis $\lambda:\mu$ geteilt, so daß $\overline{12} = \lambda l$ und $\overline{23} = \mu l$; vektoriell geschrieben lautet dies:

$$(\mathfrak{r} - \mathfrak{p}) = \lambda(\mathfrak{q} - \mathfrak{p}) \quad \text{und} \quad (\mathfrak{q} - \mathfrak{r}) = \mu \cdot (\mathfrak{q} - \mathfrak{p}),$$

also $\qquad\qquad\qquad\lambda + \mu = 1$.

Es folgt: $\qquad\qquad\mu(\mathfrak{r} - \mathfrak{p}) = \lambda(\mathfrak{q} - \mathfrak{r})$,

woraus $\qquad\qquad \mathfrak{r} = \dfrac{\lambda\mathfrak{q} + \mu\mathfrak{p}}{\lambda + \mu} = \lambda\mathfrak{q} + \mu\mathfrak{p}\quad\ldots\ldots$ (311)

Diese Gleichung drückt in Vektorform die Bedingung aus, daß der Endpunkt 2 des Vektors $\mathfrak{r}$ die Verbindungsgerade $\overline{12}$ der Endpunkte 1 und 2 der von einem Fixpunkt ausgehenden Vektoren $\mathfrak{p}$ und $\mathfrak{q}$ im Verhältnis $\lambda:\mu$ teilt.

Ist die Stange starr, so sind λ und μ konstant und es sind bei einer Bewegung der Stange, nur $\mathfrak{p}$, $\mathfrak{q}$, $\mathfrak{r}$ Funktionen der Zeit t. Durch zweimaliges Ableiten nach t erhält man aus Gl. (311) für die Geschwindigkeiten und die Beschleunigungen

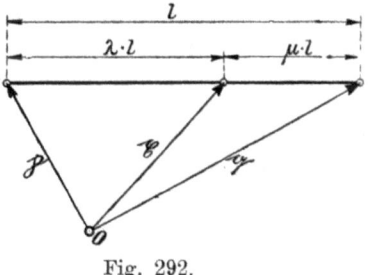

Fig. 292.

$$\left.\begin{aligned}\frac{d\mathfrak{r}}{dt} &= \lambda \cdot \frac{d\mathfrak{q}}{dt} + \mu\,\frac{d\mathfrak{p}}{dt} \quad \text{oder}\quad \dot{\mathfrak{r}} = \lambda\dot{\mathfrak{q}} + \mu\dot{\mathfrak{p}} \\ \frac{d^2\mathfrak{r}}{dt^2} &= \lambda \cdot \frac{d^2\mathfrak{q}}{dt^2} + \mu\,\frac{d^2\mathfrak{p}}{dt^2} \quad \text{oder}\quad \ddot{\mathfrak{r}} = \lambda\ddot{\mathfrak{q}} + \mu\ddot{\mathfrak{p}}.\end{aligned}\right\} \quad (312)$$

Die Gl. (312) stimmen in der Form genau mit (311) überein, woraus folgt (Mehmke): Trägt man die Geschwindigkeiten — und gleiches gilt von den Beschleunigungen — einer Punktreihe einer starren Geraden von einem Fixpunkt O aus ab, so liegen die Endpunkte auf einer Geraden und bilden eine zur gegebenen Geraden ähnliche Punktreihe.

Daraus läßt sich einfach geometrisch einsehen (Satz I), daß „die Endpunkte der Geschwindigkeiten und Beschleunigungen einer auf einer starren Geraden befindlichen Punktreihe wieder je auf einer Geraden liegen und eine zur gegebenen Punktreihe ähnliche Punktreihe bilden."

Hiernach kann man die Geschwindigkeiten und Beschleunigungen aller Punkte durch Proportionalteilung konstruieren, wenn die Geschwindigkeiten und Beschleunigungen von zwei Punkten der starren Geraden nach Größe und Richtung gegeben sind.

II. **Ermittlung der Geschwindigkeit.** Die Stange von Länge l kann eine beliebige räumliche oder ebene, freie oder zwangläufige Bewegung machen. Die augenblickliche Lage der Stange ist mit den Bezeichnungen der Fig. 292 durch den Vektor $(\mathfrak{q} - \mathfrak{p})$ nach Größe und Richtung dargestellt. Wir bilden das innere Produkt $(\mathfrak{q} - \mathfrak{p})(\mathfrak{q} - \mathfrak{p})$ oder $(\mathfrak{q} - \mathfrak{p})^2$; es ist nach der Definition des inneren Produktes gleich dem skalaren Wert l^2:

$$(\mathfrak{q} - \mathfrak{p})^2 = l^2$$

durch Ableiten nach der Zeit t folgt:

$$2(\mathfrak{q} - \mathfrak{p}) \mid \left(\frac{d\mathfrak{q}}{dt} - \frac{d\mathfrak{p}}{dt}\right) = 0 \quad \ldots \quad (313)$$

oder mit der abgekürzten Bezeichnung $\dot{\mathfrak{p}}$ und $\dot{\mathfrak{q}}$ für die Geschwindigkeiten der Stangenenden 1 und 2:

$$(\mathfrak{q} - \mathfrak{p}) \mid (\dot{\mathfrak{q}} - \dot{\mathfrak{p}}) = 0. \quad \ldots \quad (314)$$

Die durch die beiden Klammern dargestellten Vektoren stehen daher nach der Definition des inneren Produktes senkrecht aufeinander, d. h. die geometrische Differenz der Geschwindigkeiten $(\dot{\mathfrak{q}} - \dot{\mathfrak{p}})$ der Stangenenden steht senkrecht auf der Stange oder ihrem Vektor $(\mathfrak{q} - \mathfrak{p})$.

Den Grundeigenschaften der inneren Multiplikation zufolge darf man die letzte Gleichung auch in der Form schreiben:

$$(\mathfrak{q} - \mathfrak{p}) \mid \dot{\mathfrak{q}} = (\mathfrak{q} - \mathfrak{p}) \mid \dot{\mathfrak{p}},$$

d. h. die Projektionen der Geschwindigkeiten der Stangenenden auf die Stange sind gleich lang und gleich gerichtet, eine Folge der Starrheit der Stange. In Verbindung mit den Sätzen des letzten Abschnittes folgt: Trägt man die Geschwindigkeiten einer Punktreihe einer starren Geraden von einem Fixpunkt

Einiges aus der Vektorenrechnung. 619

aus ab (Geschwindigkeitsplan), so liegen die Endpunkte auf einer zur Stangenrichtung senkrechten Geraden und bilden eine zur gegebenen Punktreihe ähnliche Punktreihe, und ferner: Die Projektionen der Geschwindigkeiten sämtlicher Stangenpunkte auf die Stangenrichtung sind in einem beliebigen, aber bestimmten Zeitpunkt gleich groß und gleich gerichtet.

Ist demnach die Geschwindigkeit eines Stangenpunktes nach Größe und Richtung gegeben, und die eines zweiten Stangenpunktes der Richtung nach, so ist wegen der Gleichheit der Projektionsgeschwindigkeit auch die Geschwindigkeit des zweiten Punktes der Größe nach konstruierbar; die Geschwindigkeiten anderer Stangenpunkte werden durch Proportionalteilung gefunden.

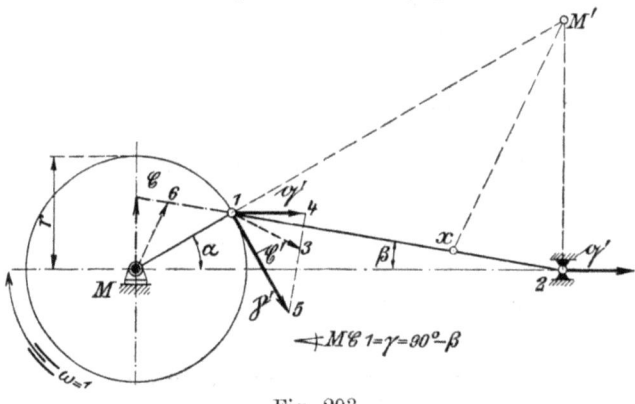

Fig. 293.

Beispiel: Zeichnerische Ermittlung der Kreuzkopfgeschwindigkeit in einem einfachen Kurbelgetriebe. Fig. 293[1]).

Gegeben sei die Umfangsgeschwindigkeit $\mathfrak{p}$ des Kurbelzapfens 1, tangential an dem Kurbelkreis vom Halbmesser r wirkend. Man kann den Geschwindigkeitsmaßstab so wählen, daß die Länge von $\mathfrak{p}$ gleich r wird; d. h. $\overline{15} = r =$ Kurbelzapfengeschwindigkeit.

Die Anwendung der obigen Sätze liefert folgende Konstruktion: Fälle von Punkt 5 das Lot auf die Stange, ziehe 14 parallel zur Kreuzkopfbahn, dann ist $\overline{14}$ die Kreuzkopfgeschwindigkeit des Punktes 2.

Beweis: 14 hat die vorgeschriebene Richtung und den Richtungssinn der Kreuzkopfbewegung, und die Projektion von $\overline{14}$ auf die Schubstange ist gleich groß und gleich gerichtet wie die Projektion von 15 auf die Stange. Die Konstruktion genügt also dem oben angegebenen allgemeinen Satz.

[1]) In Fig. 293 ist $\mathfrak{p}'\ \mathfrak{q}'\ \mathfrak{x}'$ geschrieben statt $\mathfrak{p}\ \mathfrak{q}\ \mathfrak{x}$.

Kürzere Konstruktion: Verlängere die Stange bis C. Ist dann $\overline{M1} = r = c/\omega$ die Kurbelgeschwindigkeit, so ist $MC =$ Kreuzkopfgeschwindigkeit v/ω und $\overline{C1} =$ der Drehgeschwindigkeit der Stange um 2.

Dreieck 145 ist kongruent $MC1$, da die entsprechenden Seiten aufeinander senkrecht stehen und $\overline{15} = \overline{M1}$ ist.

Die Geschwindigkeitsstrecken im Geschwindigkeitsplan $MC1$ sind gegen diejenigen im Dreieck 145 um 90^0 gedreht (um 90^0 gedrehter Geschwindigkeitsplan $MC1$).

Die Geschwindigkeit $\mathfrak{x}$ eines beliebigen Stangenpunktes 3 findet man, indem man im Geschwindigkeitsplan 145 die Strecke $\overline{45}$ so teilt, daß $\overline{53}:\overline{34} = \overline{2x}:\overline{x1}$; einfach gestaltet sich diese Konstruktion im gedrehten Geschwindigkeitsplan $MC1$, indem $\overline{M6}$ parallel zu $\overline{M'x}$ gezogen wird. Vgl. auch Fig. 267.

III. **Beschleunigungszustand einer geraden starren Stange.**

Durch nochmaliges Ableiten von Gl. (313) nach der Zeit erhält man:

$$(\mathfrak{p} - \mathfrak{q}) \mid \left(\frac{d^2\mathfrak{p}}{dt^2} - \frac{d^2\mathfrak{q}}{dt^2}\right) + \left(\frac{d\mathfrak{p}}{dt} - \frac{d\mathfrak{q}}{dt}\right)^{\underline{2}} = 0,$$

wo der unterstrichene Exponent ein inneres Produkt (inneres Quadrat) bedeuten soll, oder abgekürzt:

$$(\mathfrak{p} - \mathfrak{q}) \mid (\ddot{\mathfrak{p}} - \ddot{\mathfrak{q}}) + (\dot{\mathfrak{p}} - \dot{\mathfrak{q}})^{\underline{2}} = 0,$$

woraus $(\mathfrak{p} - \mathfrak{q}) \mid (\ddot{\mathfrak{p}} - \ddot{\mathfrak{q}}) = -(\dot{\mathfrak{p}} - \dot{\mathfrak{q}})^{\underline{2}}$

oder $(\mathfrak{p} - \mathfrak{q}) \mid (\ddot{\mathfrak{q}} - \ddot{\mathfrak{p}}) = (\dot{\mathfrak{p}} - \dot{\mathfrak{q}})^{\underline{2}}$ . . . . . (315)

Gl. (315) läßt sich geometrisch deuten. Es ist nämlich $(\mathfrak{p} - \mathfrak{q})$ der Vektor der Stange mit Absolutwert oder Betrag l; $(\ddot{\mathfrak{q}} - \ddot{\mathfrak{p}})$ ist der Vektor der Beschleunigungsdifferenz beider Stangenenden q und p (Fig. 294); das innere Produkt dieser beiden Vektoren ist das skalare Produkt aus Stangenlänge und Projektion der Beschleunigungsdifferenz der Stangenenden auf die Stange; der Absolutwert dieser Projektion sei d genannt. $(\dot{\mathfrak{p}} - \dot{\mathfrak{q}})$ ist der Vektor der Geschwindigkeitsdifferenz beider Stangenenden, dessen Absolutwert u nach dem

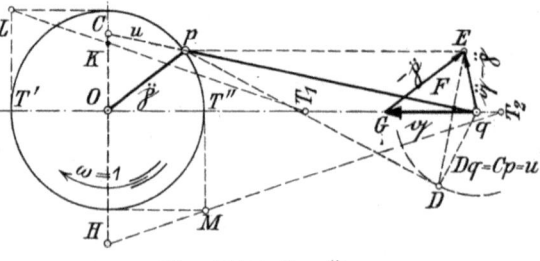

Fig. 294 ($qG = \ddot{\mathfrak{q}}$).

letzten Abschnitt ermittelbar ist, das innere Produkt $(\mathfrak{p} - \mathfrak{q})^2$ hat den Wert u^2; Gl. (315) besagt also, wenn man lediglich die „Beträge" der Vektoren betrachtet:

$$l \cdot d = u^2.$$

Die einzige Unbekannte d dieser Gleichung ist konstruierbar. Man kann d als die in die Stangenrichtung fallende Vektorkomponente ansehen (streng genommen ist d ein Skalar), dessen Richtungssinn nach Gl. (315) oder Fig. 294 dem Stangenvektor entgegengesetzt ist; diese Vektorkomponente ist demnach nach Größe und Richtung bekannt. Nach sofort anzugebender Konstruktion findet sich der projizierte Vektor $\ddot{\mathfrak{q}} - \ddot{\mathfrak{p}}$ und schließlich, da $\ddot{\mathfrak{p}}$ gegeben ist, noch der gesuchte Vektor $\ddot{\mathfrak{q}}$ der Beschleunigung des Punktes q (Kreuzkopf).

Nach vorstehendem ist vor allem d so zu konstruieren, daß u die mittlere Proportionale von l und d ist.

Hierfür sind von Mohr, Rittershaus, Kirsch, Land, Autenrieth, Mehmke Konstruktionen angegeben worden.

Von den beiden letzten Autoren stammt das folgende Verfahren zur Aufzeichnung der Beschleunigung eines einfachen Kurbelgetriebes (Fig. 294): Ist die Umfangsgeschwindigkeit der Kurbel $v = r$ gewählt, was $\omega = 1$ voraussetzt, so ist auch die Zentripetalbeschleunigung des Kurbelzapfens $r\omega^2 = r$; sofern sich die Kurbel gleichförmig dreht, ist außer $r\omega^2$ keine andere Beschleunigungskomponente am Kurbelzapfen p vorhanden.

Beschreibe zur Ausführung der Konstruktion in Fig. 294 mit $\overline{Cp}$ [$=$ Betrag $\mathfrak{u} = \dot{\mathfrak{p}} - \dot{\mathfrak{q}}$] als Halbmesser einen Kreis um das Kreuzkopfende q der Stange, ziehe von p die Tangente pD an diesen Kreis und ziehe $qD \perp pD$. Fälle von D das Lot DFE auf die Stange, das die Stange in F schneidet. Ziehe $pE \parallel Oq$ und durch E die Parallele EG zu $\ddot{\mathfrak{p}}$, dann ist $\overline{qG} = \ddot{\mathfrak{q}}$ nach Größe und Richtung die gesuchte Kreuzkopfbeschleunigung.

Beweis: Nach Konstruktion ist:

$$(qD)^2 = (qF) \cdot (pq).$$

Hierin ist, ebenfalls nach Konstruktion, qD der Absolutwert der Geschwindigkeitsdifferenz (oder relativen Geschwindigkeit) $\mathfrak{u} = \dot{\mathfrak{p}} - \dot{\mathfrak{q}}$ der beiden Stangenenden und $pq = l$ die Stangenlänge. Daher ist qF identisch mit der in der obigen Herleitung vorkommenden Größe d und bedeutet die Projektion der Beschleunigungsdifferenz $\ddot{\mathfrak{q}} - \ddot{\mathfrak{p}}$ der beiden Stangenenden. Die Konstruktion liefert diese Projektion in bequemer Lage; ihre vektorielle Richtung ist dem Stangenvektor entgegengesetzt, geht also von q nach F.

Man sieht: da $EG = \ddot{\mathfrak{p}}$ gemacht wurde, folgt aus dem Bisherigen:

$$\text{Vektor } \overline{qG} = \ddot{\mathfrak{q}} - \ddot{\mathfrak{p}} + \ddot{\mathfrak{p}} = \ddot{\mathfrak{q}},$$

d. h. $\overline{qG}$ bedeutet die Kreuzkopfbeschleunigung nach Größe und Richtung.

Diese Strecke ist mit dem gleichen Maßstab, wie die Strecke $Op = r$ abzumessen und mit ω^2 zu multiplizieren.

Die Konstruktion kann ohne Schwierigkeit auch auf den Fall übertragen werden, in dem die **Kurbel sich ungleichförmig dreht**, in dem also die Kurbelbeschleunigung $\ddot{\mathfrak{p}}$ eine zentripetale Komponente $r\omega^2$ und eine tangentiale Komponente $\psi r\omega^2$ besitzt, die meist ein Bruchteil ψ der Zentripetalbeschleunigung sein wird. Die obige Konstruktion kann der Studierende leicht selbst abändern.

334. Das äußere, vektorielle Produkt zweier Vektoren. Zwei aneinandergereihte Vektoren $\mathfrak{a}$ und $\mathfrak{b}$ bestimmen ein Parallelo-

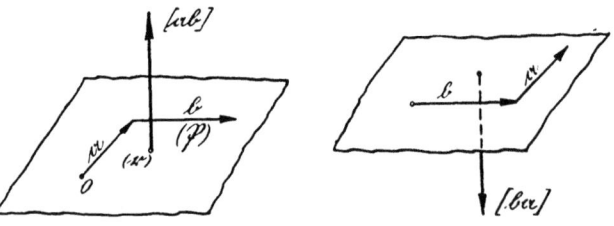

Fig. 295.

gramm. Ist α der von $\mathfrak{a}$ und $\mathfrak{b}$ eingeschlossene Winkel, so hat die Parallelogrammfläche den Inhalt $a \cdot b \cdot \sin \alpha$. Wir legen der Fläche einen Umlaufsinn bei, der durch die Pfeilfolge der Strecken $\mathfrak{a}$ und $\mathfrak{b}$ bestimmt sein soll. Wie die Fig. 295 erkennen läßt, sind zwei Fälle möglich; sie müssen im nachfolgenden durch eine bestimmte Vereinbarung unterschieden werden. Das Parallelogramm hat mithin drei wesentliche Merkmale: Flächeninhalt, Stellung der Fläche im Raum, Umlaufsinn. Entsprechende Merkmale hat auch ein Vektor, der senkrecht auf der Parallelogrammfläche errichtet und mit einem Richtungspfeil so versehen wird, daß man gegen den Pfeil und die Fläche blickend einen uhrzeigermäßigen Umlaufsinn gewahrt; der Vektor ist der Parallelogrammfläche eindeutig zugeordnet und hat den Betrag $a \cdot b \cdot \sin \alpha$ und er soll als das **äußere oder vektorielle Produkt** der Vektoren $\mathfrak{a}$ und $\mathfrak{b}$ bezeichnet werden. Das vektorielle Produkt zweier Vektoren ist also im Gegensatz zum innern oder skalaren Produkt wieder ein Vektor. Das äußere oder vektorielle Produkt von $\mathfrak{a}$ und $\mathfrak{b}$ wird [𝖆𝖇] geschrieben, und gesprochen: Äußeres Produkt ab, oder Vektorprodukt ab.

Betrag $[\mathfrak{ab}] = a \cdot b \cdot \sin(\mathfrak{ab}) = ab \sin \alpha$ . . . . (316)

Läßt man die Vektoren 𝖆 und 𝖇 unverändert und vertauscht nur ihre Reihenfolge, so erkennt man, daß der Umlaufsinn des Parallelogramms der beiden Vektoren umgekehrt worden ist, während die Fläche und deren Stellung im Raum ungeändert geblieben ist; durch die Vertauschung der Vektoren des Vektorproduktes bleibt mithin der Betrag und die Richtung des Vektors dieses Produktes ungeändert, der Richtungssinn (und damit das Vorzeichen) wird aber entgegengesetzt:

$$[\mathfrak{ab}] = -[\mathfrak{ba}] \quad \ldots \ldots \quad (317)$$

Die Faktoren des Vektorproduktes sind also nicht vertauschbar. Es ist die Reihenfolge der Vektoren zu beachten. Die Buchstabenfolge [𝖆𝖇] soll bei einem Vektorprodukt bedeuten, daß an die Pfeilspitze des Vektors 𝖆 das pfeilfreie Ende des Vektors 𝖇 angefügt sei, womit ein Umlaufsinn festgelegt wird. Die Richtung des Produktenvektors ergibt sich nach der oben angeführten Regel; nachdem wir hier wie immer in diesem Buch ein Links-Koordinatensystem verwendet haben, kann man sich die Stellung der drei Vektoren 𝖆, 𝖇, [𝖆𝖇] mit Hilfe einer Dreifingerregel der linken Hand merken, indem der Daumen den Vektor 𝖆, der Zeigefinger den Vektor 𝖇 und der Mittelfinger den Vektor des äußeren Produktes [𝖆𝖇] bedeutet.

Für das Vektorprodukt gilt das distributive Gesetz, wie sofort bewiesen werden soll:

$$[(\mathfrak{a}+\mathfrak{b})\mathfrak{c}] = [\mathfrak{ac}] + [\mathfrak{bc}].$$

Geometrisch bedeuten die einzelnen Vektorprodukte wieder Vektoren: es ist die geometrische Summe der rechts vom Gleichheitszeichen stehenden Vektoren gleich dem links stehenden Vektor, m. a. W. die Summe der Projektionen, der beiden rechts stehenden Vektoren auf die Richtung des links stehenden Vektors ist diesem gleich. Nun handelt es sich hier um Vektoren von äußeren Produkten, und diesen sind definitionsgemäß Flächen zugeordnet, die auf den Vektoren senkrecht stehen. Statt des Vektors darf man daher die zugeordnete Fläche setzen und statt der Vektorprojektion die projizierte Fläche; man kann den letzten Satz daher auch so aussprechen (Fig. 296): Die links stehende Parallelogrammfläche (mit Seiten 𝖆 + 𝖇 und 𝖈) ist gleich der algebraischen Summe der Projektionsflächen, die man erhält, wenn man die rechts stehenden Parallelogrammflächen (mit Seiten 𝖆 und 𝖈 bzw. mit Seiten 𝖇 und 𝖈) auf die Ebene des erstgenannten Parallelogrammes projiziert. Dieser letztere Satz ist aber aus der Geometrie her bekannt. Um sich den Beweis wieder ins Gedächtnis zu rufen, verschiebe man die zu projizierenden Parallelogramme in ihrer Ebene so, daß das Dreieck mit Seiten [𝔞, 𝔟, (𝔞 + 𝔟)] in die gestrichelte auf der Parallelogrammfläche mit Seiten (𝔞 + 𝔟) und 𝔠 senkrecht stehende Lage kommt; dadurch wird am Flächeninhalt (und am Betrag des zugeordneten Vektorproduktes) nichts geändert und man sieht die Richtigkeit des Projektionssatzes jetzt unmittelbar ein. Es ist also in der Tat:

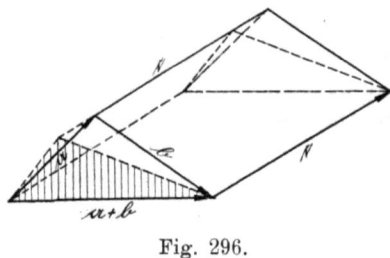

Fig. 296.

$$[(\mathfrak{a}+\mathfrak{b})\mathfrak{c}]=[\mathfrak{a}\mathfrak{c}]+[\mathfrak{b}\mathfrak{c}] \quad \ldots \ldots \quad (318)$$

d. h. das distributive Gesetz gilt für die vektorielle Multiplikation.

Aus der Definition des Vektorproduktes folgt, daß wenn dessen beide Vektoren zusammenfallen oder parallel sind, das Vektorprodukt Null ist:

$$[\mathfrak{a}\mathfrak{b}]=0, \qquad \text{wenn } \mathfrak{a} \| \mathfrak{b}.$$

Das Vektorprodukt wird nach der gleichen Regel differenziert wie das skalare Produkt; es ist:

$$d[\mathfrak{a}\mathfrak{b}]=[\mathfrak{a}d\mathfrak{b}]+[d\mathfrak{a},\mathfrak{b}\mathfrak{c}],$$

was wie auf S. 616 bewiesen wird. Hierbei ist aber die Reihenfolge der Faktoren des Vektorproduktes zu beachten.

Dem Begriff des Vektorproduktes entspricht in der Mechanik z. B. das Moment einer Kraft 𝔓 in bezug auf einen Punkt 0: 𝔐 = [𝔯𝔓]; vgl. die eingeklammerten Bezeichnungen in Fig. 295. Auch dieses hat drei Merkmale: Größe, Stellung im Raum, Drehsinn.

335. Vektorielle Ableitung der Hauptgleichung der allgemeinen Drehung eines starren Körpers. Drall. Satz von der absoluten und relativen Drallgeschwindigkeit. Ein starrer Körper möge sich um seinen Schwerpunkt drehen, der selbst in Ruhe bleibt.

Nach den Darlegungen in **233** kann die Bewegung einen Augenblick dt lang als Drehung um eine durch den Schwerpunkt gehende sog. Momentanachse angesehen werden. Die Lage der Momentanachse und die Winkelgeschwindigkeit um dieselbe werden sich im allgemeinen mit der Zeit ändern.

a) Ehe wir die Beziehung zwischen den äußeren Kräften bzw. Momenten und dem Bewegungszustand betrachten, wollen wir den Geschwindigkeitszustand eines beliebigen Punktes P des starren

Einiges aus der Vektorenrechnung.

Körpers ins Auge fassen und daraus den **Beschleunigungszustand**
ableiten. Die Lage dieses Punktes geben wir durch den vom Schwerpunkt zu ihm führenden Vektor $\mathfrak{r}$ an, indem wir den Schwerpunkt als raumfesten Bezugspunkt O wählen.

Wegen der Starrheit des Körpers ist die Entfernung OP konstant, der Vektor $OP = \mathfrak{r}$ hat also einen unveränderlichen **Betrag** und ändert sich im Lauf der Zeit nur der Richtung nach; es ist also die Geschwindigkeit von P nach Gl. (308)

$$\mathfrak{v} = \frac{d\mathfrak{r}}{dt} = \mathfrak{i}\frac{dr}{dt} + r\frac{d\mathfrak{i}}{dt} = r \cdot \mathfrak{w},$$

da dr/dt dem Gesagten zufolge $= 0$ und nach (309) $(d\mathfrak{i}/dt) = \mathfrak{w}$ ist. Die einzige Geschwindigkeit, die P momentan besitzt, ist bei starrem Körper die Umfangsgeschwindigkeit $\mathfrak{u}$ um die Momentanachse; es ist also

$$\mathfrak{v} = \mathfrak{u}.$$

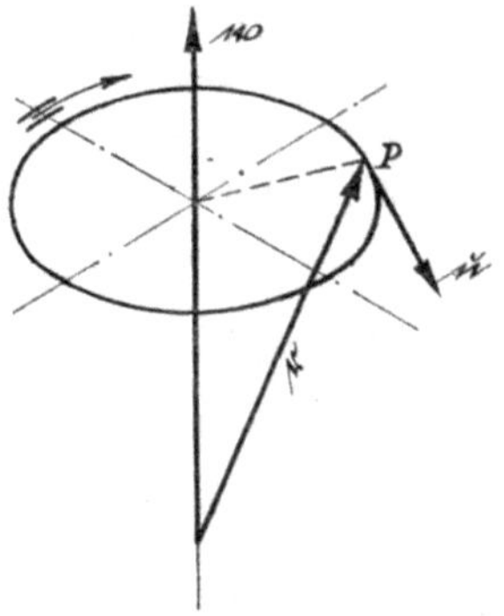

Die Winkelgeschwindigkeit ω um die Momentanachse ist allen Körperpunkten momentan gemeinsam, wir fassen sie als einen Vektor $\mathfrak{w}$ auf, der auf der Momentanachse so aufgetragen wird, daß gegen die Pfeilspitze des Vektors gesehen, der Körper im Uhrzeigersinn rotiert. Nun kann nach **334** und Fig. 297 die Umfangsgeschwindigkeit $\mathfrak{u}$ als das Vektorprodukt von $\mathfrak{r}$ und $\mathfrak{w}$ angesehen werden:

$$\mathfrak{v} = \mathfrak{u} = [\mathfrak{w}\,\mathfrak{r}],$$

Fig. 297.

wobei die Reihenfolge der Vektoren gemäß S. 623 gewählt wurde.

Die Beschleunigung von P folgt durch Ableiten nach der Zeit zu

$$\frac{d\mathfrak{v}}{dt} = \frac{d\mathfrak{u}}{dt} = \left[\mathfrak{w}\,\frac{d\mathfrak{r}}{dt}\right] + \left[\frac{d\mathfrak{w}}{dt}\,\mathfrak{r}\right]$$

oder da $d\mathfrak{r}/dt = \mathfrak{v} = \mathfrak{u}$ ist:

$$\frac{d\mathfrak{v}}{dt} = \frac{d\mathfrak{u}}{dt} = [\mathfrak{w}\,\mathfrak{u}] + \left[\frac{d\mathfrak{w}}{dt}\,\mathfrak{r}\right].$$

Das erste Vektorprodukt rechts ist ein auf $\mathfrak{w}$ und $\mathfrak{u}$ senkrecht stehender Vektor, der nach der Regel S. 623 zentripetal gerichtet ist; er bedeutet die zentripetale Beschleunigung von P. Der zweite Vektor bedeutet diejenige Beschleunigungskomponente, die infolge der Änderung der Winkelgeschwindigkeit und der Lage der Momentanachse auftritt.

Autenrieth-Ensslin, Technische Mechanik. 2. Aufl.

b) **Gleichgewichtsbedingung.** Wir setzen nunmehr den rotierenden Körper ins Gleichgewicht, indem wir zu den äußeren (eingeprägten) Kräften an jedem Massenelement dm die Trägheitswiderstände $-dm\cdot(d\mathfrak{v}/dt)$ hinzufügen. Das Momentengleichgewicht der äußeren Kräfte und Trägheitswiderstände um den Schwerpunkt ergibt:

$$\mathfrak{M} = \Sigma[\mathfrak{r}\mathfrak{P}] = \int\left[\mathfrak{r}\,dm\cdot\frac{d\mathfrak{v}}{dt}\right].$$

Die inneren Kräfte kommen in der Gleichgewichtsbedingung nicht vor, da sie paarweise in gleicher Größe und mit entgegengesetztem Richtungssinn auftreten (s. S. 378), so daß sich ihre Momente paarweise aufheben.

c) Der **Drall** $\mathfrak{D}$ ist das Moment der Bewegungsgröße in bezug auf einen Punkt. Die Bewegungsgröße des Massenelementes dm in Punkt P des starren Körpers, dessen Geschwindigkeit $\mathfrak{v}=\mathfrak{u}$ ist, beträgt $dm\cdot\mathfrak{v}=dm\,\mathfrak{u}$, also ihr Moment bezüglich des Schwerpunktes $dm\,[\mathfrak{r}\mathfrak{u}]$; für den ganzen Körper erhält man

$$\mathfrak{D} = \int dm\,[\mathfrak{r}\mathfrak{u}] \quad \ldots \ldots \ldots \quad (319)$$

Die zeitliche Änderung des Dralles, die sog. **Drallgeschwindigkeit**, ist:

$$\frac{d\mathfrak{D}}{dt} = \int dm\left\{\left[\mathfrak{r}\frac{d\mathfrak{u}}{dt}\right] + \left[\frac{d\mathfrak{r}}{dt}\mathfrak{u}\right]\right\}$$

oder da $d\mathfrak{r}/dt = \mathfrak{u}$ ist und $[\mathfrak{u}\mathfrak{u}] = 0$

$$\frac{d\mathfrak{D}}{dt} = \int dm\left[\mathfrak{r}\frac{d\mathfrak{u}}{dt}\right] = \int\left[\mathfrak{r}\,dm\frac{d\mathfrak{v}}{dt}\right].$$

Dies ist aber nichts anderes als das Moment der Beschleunigungskräfte, also ist nach dem d'Alembertschen Prinzip, demzufolge die äußeren Kräfte und die Trägheitswiderstände an einem starren Körper ein Gleichgewichtssystem bilden,

$$\mathfrak{M} = \Sigma[\mathfrak{r}\mathfrak{P}] = \int\left[\mathfrak{r}\,dm\frac{d\mathfrak{v}}{dt}\right] = \frac{d\mathfrak{D}}{dt} \quad \ldots \quad (320)$$

Die zeitliche Änderung des Dralles ist also gleich dem Moment der äußeren Kräfte, die an einem starren Körper angreifen, dessen Schwerpunkt ruht, also keine Translationsbewegung macht. Die zeitliche Änderung des Dralles ist hier gegenüber einem ruhenden Raum gemeint; sie heißt nach Föppl Drallgeschwindigkeit, und zwar hier absolute Drallgeschwindigkeit. Es ist die absolute Geschwindigkeit der Spitze des Drallvektors. Damit sind die dynamischen Verhältnisse bei der Drehung eines starren Körpers um seinen Schwerpunkt in einfachster Weise im Bild eines mit der Zeit veränderlichen Vektors, d. h. in einem kinematischen Bild, dargestellt.

d) Betrachtet man wie im vorangehenden die Bewegung der Spitze des Drallvektors von einem ruhenden Raum aus, so bewegt sie sich mit der sog. absoluten Drallgeschwindigkeit $d\mathfrak{D}/dt$.

Beobachtet man aber die gleiche Bewegung von einem beweglichen Koordinatensystem aus, so gewahrt man die relative Drallgeschwindigkeit $d^*\mathfrak{D}/dt$. Diese ist von der absoluten Drallgeschwindigkeit verschieden. Es ist nun für die rechnerische Untersuchung der Drehung des starren Körpers vorteilhaft, die absolute Drallgeschwindigkeit durch die relative zu ersetzen, was man nach der Regel in 202 tun kann, wenn man den Bewegungszustand des bewegten Koordinatensystemes kennt. Als ein geeigneter bewegter Standpunkt erweist sich das im Körper feste System der drei Schwerpunktshauptachsen, weil in bezug auf dieses der analytische Ausdruck des Dralles am einfachsten wird, vgl. Gl. (187). Dieses macht die Körperbewegung um den Schwerpunkt mit und bewegt sich wie der Körper während dt sek um die durch den Schwerpunkt gehende Momentanachse mit der Winkelgeschwindigkeit $\mathfrak{w}$. Denken wir uns vorübergehend die Spitze des Drallvektors am bewegten Koordinatensystem befestigt, so macht sie mit diesem nach der Ausdrucksweise, die im Abschnitt über die Relativbewegung eines Punktes benützt wurde, die sog. Führungsbewegung, das ist hier die Drehung um die Momentanachse. Die Führungsgeschwindigkeit der so befestigt gedachten Spitze des Drallvektors ist nach einer Betrachtung, die der gelegentlich Fig. 297 angestellten genau gleicht, durch das vektorielle Produkt aus Winkelgeschwindigkeit $\mathfrak{w}$ und Drallvektor $\mathfrak{D}$ ausdrückbar, also gleich
$$[\mathfrak{w}\mathfrak{D}].$$

Nun ist nach 202 die absolute Geschwindigkeit eines Punktes, d. h. der Spitze des Drallvektors, die Resultante oder geometrische Summe der relativen Geschwindigkeit $d^*\mathfrak{D}/dt$ und der Führungsgeschwindigkeit $[\mathfrak{w}\mathfrak{D}]$, also

$$\frac{d\mathfrak{D}}{dt} = \frac{d^*\mathfrak{D}}{dt} + [\mathfrak{w}\mathfrak{D}] \quad \ldots \ldots \quad (321)$$

Nach Obigem ist aber $d\mathfrak{D}/dt = \mathfrak{M}$, d. h. gleich dem Moment der um den Schwerpunkt drehenden äußeren Kräfte, also ist:

$$\mathfrak{M} = \frac{d^*\mathfrak{D}}{dt} + [\mathfrak{w}\mathfrak{D}]. \quad \ldots \ldots \quad (322)$$

Das ist die Eulersche Gleichung in Vektorform auf kürzestem Wege abgeleitet. Die Drallgeschwindigkeit $d^*\mathfrak{D}/dt$ ist auf einen mit dem Körper fest verbundenen Standpunkt bezogen, am einfachsten auf die Hauptträgheitsachsen, in welchem Fall die Gl. (187) für den Drall gelten. Die Gl. (322) gilt allgemein, ist also nicht an irgendeine spezielle Stellung des Körpers gegenüber einem ruhenden Koordinatensystem gebunden; das bleibt auch richtig, wenn man von der Vektorform der Gl. (322) auf die Koordinatenform der Eulerschen Gleichungen (193) übergeht. Vgl. hierzu auch **273**, S. 464.

Für den Anfänger empfiehlt es sich, in diese schwierige Materie erstmals nicht auf dem kürzesten Weg einzudringen, sondern einen bequemeren, wenn auch viel längeren zu wählen.

Nachtrag zu 4 bis 6 und 141.

Übergang von der Dynamik zur Statik. Dieser auch von Autenrieth auf S. VI erwähnte Übergang vom allgemeinen zum besonderen Fall kann logisch wie folgt vollzogen werden, wenn das dynamische Grundgesetz und das Kräfteparallelogramm als bekannt vorausgesetzt werden dürfen, also im Unterricht schon behandelt sind: Auf einen anfänglich ruhenden materiellen Punkt wirke fürs erste eine Anzahl äußerer Kräfte mit einer Resultanten R_1, die ihm eine Beschleunigung b_1 erteile; ein zweites Mal werde derselbe materielle Punkt von anderen äußeren Kräften mit Resultante R_2 ergriffen, die ihm eine Beschleunigung b_2 erteilen. Sind nun beide Beschleunigungen einander entgegengesetzt gleich, so sind es auch die Kräfte, und wenn beide Kräftesysteme gleichzeitig angreifen, so vernichten sich beide Beschleunigungen gegenseitig; **der materielle Punkt verharrt in der Ruhe und die Kräfte sind, wie man sagt, im Gleichgewicht.** Das wäre auch dann noch der Fall, wenn der materielle Punkt eine andere Masse hätte als vorhin. Damit sieht man, warum in den statischen Betrachtungen die Masse nicht vorkommt, und man sieht auch, weshalb das Bedürfnis entsteht, die statischen Kräfte nicht dynamisch nach $P = m \cdot b$ zu messen, sondern durch die statische Wirkung, die sie an einem in Wirklichkeit elastischen Körper hervorbringen und die in Zug, Druck, Schub, Biegung oder Drehung besteht. Daß das neue statische Kraftmaß (vgl. S. 7) mit dem dynamischen übereinstimmt, ist durch Versuch nachzuweisen (vgl. S. 247 f.).

Zu S. 250: Die Masse ist das Maß der Quantität der Materie; sie ist die Grundeigenschaft der Materie, im Vergleich zu der Härte usf. Nebeneigenschaften sind. Eine bestimmt abgegrenzte sichtbare und wägbare Stoffmenge hat eine unveränderliche Masse (zum mindesten unter Geschwindigkeitsverhältnissen, wie sie in der technischen Mechanik vorkommen).

Zu S. 250: Zur Festsetzung der Krafteinheit ist die Hebelwage nicht geeignet.

Sachregister.

Die Zahlen bedeuten Seiten.

Ablenkung 297.
— seitliche, der Geschosse 376.
Absolut und relativ s. Geschwindigkeit und Bewegung.
Adhäsion 103. 192.
d'Alembertsches Prinzip 259. 325. 379. 396. 400 f. 414. 455. 626.
Amplitude 238. 492.
Analogie zwischen Kräfte- und Bewegungszustand 52. 391.
Analyse, harmonische 502.
Anfahren 293. 563.
Angriffspunkt 8. 22. 38.
— der Zentrifugalkraft 448 f.
Antrieb 263. 283. 313. 413. 595. 608.
Antriebmoment 416. 456. 457. 626.
Aperiodische Bewegung 525.
Arbeit und Energie 208.
— einer Kraft 202.
— eines Kräftepaares 205.
— und Leistung 210.
Arbeitsprinzip und Gleichgewichtsbedingung 206. 216 f. 427.
Auslauf 293. 418. 424.
Äußere Kräfte 9. 378.
Äußeres Produkt 622.
Aufbereiten von Erzen 290.
Automobilmotor, Gleichförmigkeit des Ganges 424. 567. 576.
— Kupplung 212.
— Massenausgleich 592.

Bahn 220. 237.
Bahnbeschleunigung 295. 299. 303.
Bahnwiderstand 322 f.
Ballistisches Pendel 604.
Beharrungsweg 297.
Beharrungszustand 11. 194.
Beschleunigung 228.
— Graphische Ermittlung 230.
— Haupt- oder Gesamt- 297. 300.
— Vektor- 245. 296.
— Zusammensetzung 244.

Beschleunigungskraft 249. 260.
Bewegliche Stabverbindungen 157 f.
Bewegung, absolute und relative 221.
— ebene 295. 303. 391. 602.
— räumliche 299.
— geradlinige 261 f.
— krummlinige 295 f. 302. 303.
— periodische 238. 490 f.
— eines freigemachten Massenpunktes 259.
— eines Körpers 394 f.
— allgemeinste, = Schraubung 381. 384. 394.
— parabolische Wurf- 306.
— des Schwerpunktes 396.
— unfreie, freie 322.
— im widerstehenden Mittel 285 f.
Bewegungsgröße s. Antrieb.
— Moment der —, s. Antriebmoment, Drall.
Bezugssystem 221.
Biegungsfeder, schwingende Masse an einer — 494.
Biegungsmomentenlinie 79.
Bifilare Aufhängung 517.
Bohnenbergers Kreiselapparat 479.
Bohrreibung 111.
Bremsberg 402.
Bremse 189 f.
Bremsen eines Eisenbahnzugs 103.
— einer Fördermaschine 418.
Bremszaum (Prony) 212.
Brückenwage 217.

Cardanisches Gelenk 479.
Coriolisbeschleunigung 358.
Coulombsches Reibungsgesetz 92. 99. 103. 113.
Culmannsche Gerade 182.
Culmanns Methode der Fachwerksberechnung 155.

Dämpfung 522.
Dämpfungsfaktor 523.

Dämpfungsgrad 527.
Dekrement 521.
Deviation 297. 475.
Deviationswiderstand 477.
Dezimegadyn 255.
Differential 226.
— eines Vektors 614.
Differentialquotient 225.
Dimensionen 253.
Direktions- oder Zentralkraft 490.
— Moment 510.
Drall eines Geschosses 412.
Drall = Moment der Bewegungsgröße 316. 456. 626.
— Achse des — 467.
Drallgeschwindigkeit = Geschwindigkeit der Spitze des Drallvektors 457.
— absolute 457. 461.
— relative 461. 626.
Drehung 195. 231. 383f.
— um eine feste Achse 414f. 443f. 447f. 509.
— um eine bewegliche Achse 453.
— — in analytischer Darstellung 453.
— — in vektorieller Darstellung 624.
Drehmoment 23. 27f. 41f. 414.
Drehungspaar 387.
Drehschemel 478.
Dreifingerregeln bei Kreiselwirkung 478. 481.
Dreigelenkbogen 81. 159. 184.
Druck auf die Achse eines Pendels 514.
Durchhang 186. 192.
Dyn 255.
Dynamisches Grundgesetz 249.
Dynamometer 7.

Ebene Bewegung s. Bewegung.
Eigenschwingung 531f. 552.
Eingeprägte Kraft 72. 89. 260.
Einspannungsmoment 84. 88.
Eisenbahnwagenachse, Querverschiebung einer — 94.
Elastisch 9. 21. 377. 408. 454.
Empfindlichkeit einer Wage 138.
Energie = Arbeitsfähigkeit 207.
— potentielle 266.
— aktuelle 266.
— einer Rotation 411.
— kinetische 266.
— Erhaltung der — 206.
— Umwandlung 207f.
— einer Translation 411.
— -Massen-Diagramm nach Wittenbauer 581.
— -ströme 207. 209.
Erdrotation, Winkelgeschwindigkeit der — 231.
— Einfluß auf das Gewicht 373.

Erdrotation, Einfluß auf den Senkel 372.
— — auf den freien Fall und den Wurf 374.
Ergänzungskräfte der Relativbewegung 350. 360. 375.
Erhaltung der Drehachse eines Kreisels 478.
Erregende Kraft 532.
Ersatzmassen 570.
Erzwungen s. Schwingung.
Eulersche Gleichungen (Kreisel) 464. 627.

Fachwerk 138f. 143.
Fall, freier ohne Luftwiderstand 234. 269.
— mit Luftwiderstand 287.
Fallschirm 289.
Federkraft 282. 493. 532. 552.
Feder mit einer Masse 493.
— mit zwei Massen 552.
Federn, zwei mit drei Massen 554.
Feste und sich bewegende Achsen 459.
Figurenachse 467. 473.
Flächengeschwindigkeit 305.
Flächensatz 305. 319.
Flaschenzug 175. 201. 206.
Fördermaschine 418.
Fouriersche Reihe 497f.
Freie Achse 445.
Freiheitsgrade und Stützenwiderstände 75.
— und Kreiselstabilität 480.
„Freimachen" 71. 72. 84. 259.
Führungsgeschwindigkeit 344. 462.
— Beschleunigung 347. 355.
— Reibung 116f.
Fuhrwerk, Fahrzeug, Widerstand 290.
— Rollbewegung der Räder 429.
Fundamentale und abgeleitete Einheiten 252.

Gegenwirkungsprinzip 8. 258.
Geometrie der Kräfte und Bewegungen 52. 391.
Geschoßgeschwindigkeit 284.
Geschwindigkeit 194. 291f.
— Graphische Ermittlung der — 226.
Geschwindigkeits-Energie 266.
— -Höhe 271.
— -Parallelogramm 240.
— -Plan 564. 619.
— -Vektor 245. 295. 615.
Gewicht 7. 373.
Gewinde 128.
Gleichförmig beschleunigte oder verzögerte Bewegung 233. 235.
Gleichförmigkeit des Ganges 423. 560.

Sachregister. 631

Gleichgewicht eines Körpers 10.
— der Kräfte an einem Körper 10.
— Bedingungen 16. 18. 27. 37. 47.
— stabil, labil, indifferent 74.
Gleichwertigkeit von Kräften 257.
Gleiten und Rollen 429.
Gleitreibung 88 f.
Graphische Integration 578.
Gravitation 311.
Gravitationskonstante 313.
Grundschwingung und höhere Harmonische 498. 503. 540.
Guldinsche Regel 70.

Haftreibung 88 f.
Hängwerk 171.
Harmonische Schwingungen 490 f.
— Analyse 502.
Hauptmoment eines Kräftesystems 50.
Hauptträgheitsachsen 442.
Hebel 22. 83 136. 200. 214.
Hebelgesetz 22.
Hodograph 299.

Ilgner-Aggregat 417. 420.
Impuls s. Antrieb, Drall.
— Drehungs- 412.
— Verschiebungs- 412.
Indikatordiagramm 425. 578.
Ingangsetzen 293.
Innere Kräfte 378. 409.
Inneres Produkt 616.
Invariable Ebene und Achse 458.
Isochrone Schwingung 238. 492.

Keil 124.
Keplers Gesetze 311.
Kettenlinie 184.
Kinematik 220.
Kinetik 220.
Kinetostatik 220. 558.
Klemmen eines geführten Körpers 118.
Kniehebel 159.
Knotenlinie 481. 486.
Knotenpunkte 138. 143.
Kompaßkreisel 485.
Konus 121.
Koordinatensystem, in diesem Lehrbuch angewandtes 17. 44.
Körper, fester und starrer 21.
Kraft und Gegenkraft 8. 258.
— äußere und innere 378.
— und Widerstand 258.
— eingeprägte, effektive, tatsächliche 72. 89. 260. 379.
— fingierte 259.
— freie und gebundene 477. 558.
— Ergänzungskräfte der Relativbewegung 350. 366. 375.

Kraft, statische und dynamische 12. 246.
— Zwangs-, Zentrifugal-, Zentripetal- 323 f.
— Zusammengesetzte Zentrifugal- 359.
Krafteck 15.
— und Seileck 25. 181 f.
Krafteinheit 7. 246. 255.
Kraftfeld 558.
Kräftedreieck 16.
Kräftepaar 30 f.
— Zusammensetzung und Zerlegung 34. 41.
— beschleunigendes 414.
Kräfteparallelogramm 257.
Kräftepläne 146 f.
Kräftepolygon 15.
Kreisbewegung, gleichförmige 298. 308.
Kreisfrequenz 492.
Kreisel 473.
— Hauptgleichung 474 f.
— vektoriell abgeleitet 487. 624.
— Erhaltung der Drehachse 479.
— Stabilität der Drehachse 480.
— schwerer, fällt nicht um 482.
— kräftefreier 458. 479. 489.
— als Kompaß 485.
Kreiselbewegung 478 f.
Kreiselwirkungen in der Technik 483 f.
Kreuzkopfbewegung 279.
Kritische Umlaufzahl 535. 540. 548.
Kugellager 108.
Kuppeldach 166.
Kupplung mittels Konus 121. 212.
Kurbelgetriebe mit endlicher Stangenlänge 279. 588.
Kurbelschleife 238. 278. 587.
— mit veränderlichem Kurbelarm 518.

Lagerdrücke 71. 72.
Lagerreibung 99.
Lagerwiderstand 72 s. Stützenwiderstand.
Lebendige Kraft 264. 315. 409. 410. 416. 563.
Leiter 113.
Lokomotivkurbelachse, Trägheitsmoment 432.
— Ausgleich der Drehmassen 446.
Luftwiderstand 285.

Magnetnadel, Schwingung 517.
Maschine s. a. 198. 199. 209.
— einfache 122.
— zusammengesetzte 210. 379. 399.
— ideale 209.
Masse, Masseneinheit 246. 250. 255.
Maßeinheiten 252 f.

Maßsystem, technisches und absolutes 254.
Massenausgleich 559. 584.
— hin- und hergehender Massen 584.
— rotierender Massen 445. 548.
— an einer Lokomotivkurbelachse 446.
Massengruppierung 558.
Massenmittelpunkt s. Schwerpunkt.
Materieller Punkt, Körper, System 256. 377. 398.
Mittelpunkt eines Kräftesystems 50.
— paralleler Kräfte 54.
Modelle zur Demonstration X, 405. 478. 487. 549. 557.
Moment für einen Punkt 23.
— für eine Achse 46. 65.
Momentanachse 395. 454.
Momentanzentrum 383. 391. 602.
Momentensätze 57.
Momentenvektor (Poinsot) 42.

Newtons, Gravitationsgesetz 312.
Normalbeschleunigung s. Zentripetalbeschleunigung.
Nullsystem 51.
Nutation 483.

Parallelogrammregel 241.
Parallelkräfte 52. 78.
Pendel, mathematisches 329. 492.
— physisches 511 f.
— Sekunden- 330. 493.
— Länge, reduzierte 512. 513.
— konisches 333.
Periode 238.
Pferdekraft 211.
— Großpferd 256.
Phase einer Schwingung 495. 499. 500.
Phasenunterschied 495.
Phasenwinkel 496.
Phasensprung 536. 546.
Phoronomie 220.
Planetenbewegung 311.
Poinsotscher Vektor eines Momentes 42.
— — einer Winkelgeschwindigkeit 387.
Pol des Kräftepolygones 25.
Polachse 182.
Polarachse 182.
Polarkoordinaten, bei ebener, krummliniger Bewegung 303.
Polar- oder Vektordiagramm 495.
Polstrahlen 25.
Präzession 467. 474. 479.
— Apparat 478.
— reguläre 483.
— pseudoreguläre 483.

Preßlufthammer, Geschwindigkeit eines 284.
Prinzip von d'Alembert s. d'Alembert.
— der Arbeit s. Arbeit.
— Superposition (Überlagerung), Trennung 241.

Quetschwalze 128.

Rad an der Welle 133. 214.
Rauh und glatt 73.
Reaktion 73 s. Stützenwiderstand.
Reduktion von Kräften 35. 43. 572. 575.
Reduzierte Masse 436. 563 f. 566. 569. 570 bis 576. 604.
— Pendellänge 512 f.
Reibung 88 f.
— gleitende 89.
— rollende 104 f.
— Tragzapfen- 99.
— Spurzapfen- 111.
— der Ruhe 88.
— der Bewegung 88.
— Schmier- 96. 214.
— in Führungen 116 f.
— von Seilen 187. 194.
— im Konus 121. 212.
Reibungskegel 93.
Reibungskreis 136.
Reibungskoeffizient 91. 112.
Reibungswinkel 93.
Relativbewegung 340 f.
— Geschwindigkeit 344.
— Beschleunigung 347. 355.
— bei einer Translation 347.
— bei einer Drehung des Koordinatensystems 355.
Resonanz 535.
Resultante 14.
— von Kräften 15. 257.
— von Geschwindigkeiten 243.
— von Beschleunigungen 244.
— von Vektorgrößen 613.
Reziproker Kräfteplan 148 f.
Riemen 190.
Ritters Momentenmethode 156.
Robervalsche Wage 218.
Rolle, lose und feste 173.
Rollreibung 104 f.
Rotation s. Drehung.
Rotationsmotor 370.

Scheinkräfte s. Kraft, fingierte.
Schiefe Ebene 122. 200. 272 f.
Schiefer Wurf 319.
Schiffswelle, Torsionsschwingungen 537.
Schienenüberhöhung 334.

Sachregister.

Schleudern einer Welle 546.
Schlußlinie 79.
Schmiegungsebene 299. 310. 323.
Schmierreibung 96. 214.
Schneckengetriebe 198.
Schnittmethode 154.
Schraube 128 f. 201.
Schraubenlinienbewegung 309.
Schraubung, allgemeinste Bewegung eines Körpers 394 f.
Schubstange, Trägheitsmoment 512. 516.
— reduzierte Masse 565.
— lebendige Kraft 563.
— Bewegung in vektorieller Darstellung 617.
Schwebung 502.
Schwerachse 56.
Schwerkraft 55.
Schwerpunktssatz 396. 398.
Schwerpunkte von Linien, Flächen, Körpern 58 f.
Schwingung, freie 531. 552.
— erzwungene 532. 557.
— — mit Dämpfung 541.
— gedämpfte 518. 522.
— mit Coulombscher Reibung 529.
– gekoppelte 551 f.
— Grundbegriffe 238.
Schwingungsmittelpunkt 451. 512. 603.
Schwungrad, schief aufgekeiltes 468.
— als Kraftspeicher 417.
— und Gleichförmigkeit des Ganges 423. 560.
Seil, ideales und wirkliches 171 f.
Seileck oder -Polygon 25. 64. 78. 178 f.
Seilkurve 184.
Seilsteifigkeit 173.
Seilreibung 187.
Selbsthemmung 124. 130. 214.
Sinusschwingungen 238. 490 f.
Skalar und Vektor 613.
Sonnen- und Sterntag 13.
Sprengwerk 157 f.
Stabile Drehachse 470 f.
Stabilität, statische 84.
— der Bewegungen 471.
— des Kreisels gegen Umfallen 481.
Stabilierendes Moment am Kreisel 482.
Stabverbindungen, starre 138 f.
— bewegliche 157 f.
Starr und elastisch 21. 377.
Statisch bestimmt und unbestimmt 85. 145.
Steigung einer Schraube 128.
Steigungswiderstand eines Fahrzeugs 291.
Stoß, exzentrischer 594. 602.
— freier 593 f.

Stoß gegen eine feste Wand 601.
— gerader 594.
— schiefer 594. 600.
— unfreier 602 f.
— zentraler 594.
Stoßdruck 607.
Stoßelastizitätskoeffizient 597. 599. 610.
Stoßfreie Aufhängung 603.
Stoßmittelpunkt 603.
Stoßperioden 594.
Stoßpunkt 603.
Stoßversuche 607 f.
Stoßzeit 608.
Stützenwiderstand und Freiheitsgrade 75.
System, Körper, Punkt s. materiell.

Tangentialbeschleunigung = Bahnbeschleunigung 297. 300.
Tangentialdruckdiagramm 423.
Tangentialkraft 301.
Trägheit 246.
Trägheitsellipsoid 442.
Trägheitsgesetz 10. 246.
Trägheitshalbmesser 432. 434. 513. 564.
Trägheitsmoment von Flächen 432.
— von Massen 434.
— experimentelle Bestimmung des Massenträgheitsmomentes 516. 517.
Trägheitswiderstand 258.
Translation 381.
— mit Drehung zusammengesetzt 383.
Trennungsfläche, Spannungen in einer gedachten 378.
Trockene Reibung 96.

Übergangsbogen vom geraden Gleis in die Kurve 334.
Übersetzung 196.
— der Kraft 213.
— des Weges oder der Geschwindigkeit 200.
— des Drehmomentes 213.
— der Drehzahl 196.
— ins Langsame oder Schnelle 196.
Unabhängigkeitsprinzip 242. 257.
Ungleichförmigkeit 424. 561.

Vektoren 8. 245. 295. 613.
Verlust an lebendiger Kraft beim Stoß 598.
Verschiebbarkeit einer Kraft 21.
Vorgeschriebene Bahn, Bewegung auf — 322.
Vor- und Nacheilung s. Phasenunterschied.

Wälzbewegung eines Rades 429.
Wälzwiderstand s. Rollwiderstand.

Wage 137. 217. 218.
Watt und Kilowatt 256.
Wechselwirkungsprinzip 8. 258.
Weg 221. 237.
Widerstand s. Luft-; Stützen-, Reibung, Freiheitsgrad.
Widerstandsgesetz (Luft, Flüssigkeit).
— lineares 286.
— quadratisches 286. 287 f. 336.
Winkelbeschleunigung 232. 236. 414.
— Geschwindigkeit 195. 231.
Winkel, Rechnen mit kleinen — 188.
Winde 201. 214. 574.
Wirkungsgrad 209 f. 214.
Wurf 270. 319.

Zähigkeit des widerstehenden Mittels 286.
Zahnrädergetriebe 197.
Zapfen- oder Lagerreibung 99.

Zeitdiagramm 227. 240. 495. 504. 519. 525. 530. 610. 611.
Zeitindikatoren 283. 284. 294. 497. 608.
Zeitliche Wirkung einer Kraft 263. 412.
— eines Momentes 457.
Zeitmessung 12.
Zentralachse 48.
Zentralbewegung 305.
Zentralkraft 305.
Zentrifugalkraft 323.
—. Moment der 444. 447. 465. 550.
— zusammengesetzte 359.
Zentrifugal- oder Deviationsmoment 441.
Zentripetalkraft 323.
Zerlegen s. Resultante.
Zugbrücke 218.
Zusammensetzen s. Resultante.
Zwangskraft 324.
Zwangläufig 76. 198.
Zykloide, Bewegung auf der — 334.

Verlag von Julius Springer in Berlin.

Aufgaben aus der Technischen Mechanik. Von Prof. Ferd. Wittenbauer, Graz.
I. Allgemeiner Teil. Dritte, umgearb. Aufl. Unter der Presse.
II. Festigkeitslehre. 591 Aufgaben nebst Lösungen und einer Formelsammlung. Zweite, verbesserte Auflage. Mit 490 Textfiguren.
Preis M. 6,—; in Leinw. geb. M. 6,80.
III. Flüssigkeiten und Gase. 504 Aufgaben nebst Lösungen und einer Formelsammlung. Mit 347 Textfiguren.
Preis M. 6,—; in Leinw. geb. M. 6,80.

Festigkeitslehre nebst Aufgaben aus dem Maschinenbau und der Baukonstruktion. Ein Lehrbuch für Maschinenbauschulen und andere technische Lehranstalten, sowie zum Selbstunterricht und für die Praxis. Von **Ernst Wehnert**, Ingenieur und Lehrer an der Städt. Gewerbe- und Maschinenbauschule in Leipzig.
I. Band: Einführung in die Festigkeitslehre. Zweite, verbesserte und vermehrte Auflage. Mit 247 Textfiguren. In Leinw. geb. Preis M. 6,—.
II. Band: Zusammengesetzte Festigkeitslehre. Mit 142 Textfiguren.
In Leinw. geb. Preis M. 7,—.

Elemente der technologischen Mechanik. Von Ing. Dr. Paul Ludwik, Wien. Mit 20 Textfiguren und 3 Tafeln. Preis M. 3,—.

Elementarmechanik für Maschinentechniker. Von Dipl.-Ing. R. Vogdt, Oberlehrer an der Kgl. Maschinenbauschule in Essen (Ruhr), Regierungsbaumeister a. D. Mit 154 Textfiguren. In Leinw. geb. Preis M. 2.80.

Elastizität und Festigkeit. Die für die Technik wichtigsten Sätze und deren erfahrungsmäßige Grundlage. Von Prof. Dr.-Ing. C. v. Bach, Stuttgart. Sechste vermehrte Auflage. Unter Mitwirkung von Professor R. Baumann, Stuttgart. Mit Textabbildungen und 20 Lichtdrucktafeln.
In Leinw. geb. Preis M. 20,—.

Grundzüge der Kinematik. Von A. Christmann, Dipl.-Ing. in Berlin, und Dr.-Ing. H. Baer, Professor an der Technischen Hochschule in Breslau. Mit 161 Textfiguren. Preis M. 4,80; in Leinw. geb. M. 5,80.

Technische Schwingungslehre. Einführung in die Untersuchung der für den Ingenieur wichtigsten periodischen Vorgänge in der Mechanik starrer, elastischer, flüssiger und gasförmiger Körper, sowie aus der Elektrizitätslehre. Von Dr. Wilhelm Hort, Dipl.-Ing. Mit 87 Textfiguren.
Preis M. 5,60; in Leinw. geb. M. 6,40.

Zu beziehen durch jede Buchhandlung.

Verlag von Julius Springer in Berlin.

Einführung in die energetische Baustatik. Einiges über die physikalischen Grundlagen der energetischen Festigkeitslehre. Von **Carl Kriemler**, Professor der Technischen Mechanik an der K. Technischen Hochschule zu Stuttgart. Mit 18 Textfiguren. Preis M. 2,40.

Studien über strebenlose Raumfachwerke und verwandte Gebilde. Von Dr.-Ing. **Henri Marcus**. Mit 48 Textabbildungen. Preis M. 5,60.

Anleitung zur statischen Berechnung von Eisenkonstruktionen im Hochbau. Von H. **Schloesser**, Ingenieur. Dritte, verbesserte Auflage, bearbeitet und herausgegeben von **W. Will**, Ingenieur. Mit 160 Textabbildungen, einer Beilage u. einem Bauplan. In Leinw. geb. Preis M. 7,—.

Eisen im Hochbau. Ein Taschenbuch mit Zeichnungen, Tabellen und Angaben über die Verwendung von Eisen im Hochbau. Herausgegeben vom **Stahlwerks-Verband A.-G., Düsseldorf.** Vierte Auflage. Mit zahlreichen Figuren und Tabellen. In Leinw. geb. Preis M. 3,—.
Bei gleichzeitigem Bezug von 20 Exempl. je M. 2,75; 50 Exempl. je M. 2,60; 100 Exempl. je M. 2,50.

Widerstandsmomente, Trägheitsmomente und Gewichte von Blechträgern, nebst numerisch geordneter Zusammenstellung der Widerstandsmomente von 59 bis 113930, zahlreichen Berechnungsbeispielen und Hilfstafeln. Bearbeitet von **B. Böhm**, Königl. Gewerberat in Bromberg, und **E. John**, Königl. Regierungs- und Baurat in Essen. Zweite, verbesserte und vermehrte Auflage. In Leinw. geb. Preis M. 12,—.

Die Eisenkonstruktionen. Ein Lehrbuch für bau- und maschinentechnische Fachschulen, zum Selbststudium und zum praktischen Gebrauch. Nebst einem Anhang, enthaltend Zahlentafeln für das Berechnen und Entwerfen eiserner Bauwerke. Von **L. Geusen**, Dipl.-Ing. und Kgl. Oberlehrer in Dortmund. Mit 518 Figuren im Text und auf 2 farbigen Tafeln.
In Leinw. geb. Preis M. 12,—.

Taschenbuch für Bauingenieure. Unter Mitwirkung zahlreicher Fachgelehrter herausgegeben von Prof. **M. Foerster**, Dresden. Mit 2723 Textfiguren. In Leinw. geb. Preis M. 20,—.

Hilfsbuch für den Maschinenbau. Für Maschinentechniker sowie für den Unterricht an technischen Lehranstalten. Von **Fr. Freytag**, Professor, Lehrer an den technischen Staatslehranstalten in Chemnitz. Vierte, erweiterte und verbesserte Auflage. Mit 1108 in den Text gedruckten Figuren, 10 Tafeln und einer Beilage für Österreich. In Leinw. geb. Preis M. 10,—; in Ganzled. geb. M. 12,—.

Eisenbahn-Balkenbrücken. Ihre Konstruktion und Berechnung, nebst sechs zahlenmäßig durchgeführten Beispielen. Von Ingenieur **Johannes Schwengler**. Mit 84 Textfiguren u. 8 lithogr. Tafeln. Kartoniert Preis M. 4,—.

Zu beziehen durch jede Buchhandlung.

| MIX |
| Papier aus verantwortungsvollen Quellen |
| Paper from responsible sources |
| FSC® C105338 |

If you have any concerns about our products,
you can contact us on
ProductSafety@springernature.com

In case Publisher is established outside the EU,
the EU authorized representative is:
**Springer Nature Customer Service Center GmbH
Europaplatz 3, 69115 Heidelberg, Germany**

Printed by Libri Plureos GmbH
in Hamburg, Germany